U0263953

广东昆虫名录

李志强　梁晓东　杨星科　林绪平　主编

SPM 南方传媒 | 广东科技出版社
全国优秀出版社
·广州·

图书在版编目（CIP）数据

广东昆虫名录 / 李志强等主编 . —广州：广东科技出
版社，2023.11

ISBN 978-7-5359-8050-2

Ⅰ．①广… Ⅱ．①李… Ⅲ．①昆虫—广东—名录
Ⅳ．① Q968.226.5-62

中国国家版本馆 CIP 数据核字（2023）第 013840 号

广东昆虫名录

Guangdong Kunchong Minglu

出 版 人：严奉强
责任编辑：区燕宜　于　焦　谢绮彤
封面设计：柳国雄
责任校对：李云柯　陈　静　于强强
责任印制：彭海波
出版发行：广东科技出版社
　　　　　（广州市环市东路水荫路 11 号　邮政编码：510075）
销售热线：020-37607413
https://www.gdstp.com.cn
E-mail：gdkjbw@nfcb.com.cn
经　　销：广东新华发行集团股份有限公司
印　　刷：广州市彩源印刷有限公司
　　　　　（广州市黄埔区百合三路 8 号　邮政编码：510700）
规　　格：787 mm×1 092 mm　1/16　印张 68.25　字数 1 640 千
版　　次：2023 年 11 月第 1 版
　　　　　2023 年 11 月第 1 次印刷
定　　价：398.00 元

《广东昆虫名录》编委会

组编单位：广东省林业局
　　　　　广东省科学院动物研究所

主　　编：李志强　梁晓东　杨星科　林绪平
副 主 编：庞　虹　柯云玲　俞雅丽　李爱英　刘建锋　叶燕华
　　　　　刘经贤
编　　委：（按姓氏笔画排序）

广东省林业局

王　姣　王冰洋　叶燕华　刘建锋　李爱英　林绪平
胡喻华　梁晓东

广东省科学院动物研究所

叶　飞　刘振华　李志强　杨星科　周艳艳　郑基焕
柯云玲　俞雅丽

中山大学·深圳

张丹丹　庞　虹

华南农业大学

王兴民　刘经贤

暨南大学

唐红渠

前　言

F o r e w o r d

物种多样性信息，是生物多样性研究的基础数据，是生态环境建设与修复的科学依据，是生物资源开发利用的资料来源，是生物安全防护的基本保障，是国家重要的战略资源。

广东省地处南岭以南、云贵高原以东，受太平洋气候和东亚季风影响强烈，作为亚热带和热带的过渡地区，其生物多样性十分丰富，特有特种显著，成为世界生物多样性热点地区，受到世界高度关注。

但是，长期以来，生物多样性保护行动多关注那些曝光度高的大型动物，昆虫作为动物界中种类最多的类群，却没有得到应有的重视，目前广东省昆虫本底资源仍然不清。近年来，中共广东省委、省政府高度关注广东省生物多样性，通过实施生物多样性保护重大工程等举措，推动生物多样性保护工作发展。广东省林业局按照省委、省政府的统一部署，高度重视野生动植物保护，率先将"禁食野生动物"写入地方性法规，积极开展华南国家植物园建设，创建南岭国家公园，统筹资源，加快生物多样性的本底资源调查和物种编目工作进程。

在新的时代背景和国家战略布局下，为了推动广东省生物多样性保护与生态安全、生物安全工作，广东省科学院动物研究所组织力量，启动了广东省昆虫物种名录编纂工作，工作中得到了广东省林业局、广东省科学院等相关部门的高度重视和大力支持。经过约两年的不懈努力，编者对前人的工作进行了系统的梳理，首次系统地整理出《广东昆虫名录》，包括4纲34目475科5 198属12 093种昆虫，为进一步摸清广东省昆虫的家底，推动南岭及粤港澳大湾区昆虫多样性研究与生态环境保护工作奠定了良好的基础。

《广东昆虫名录》参考六足总纲最新分类系统进行编纂，高级阶元尽量按照系统发育关系编排。原尾纲、弹尾纲、双尾纲和昆虫纲各目的科、属、种级阶元为连续编号，在各纲或目后均列有相关参考文献。资料来源主要为动物学记录（zoological record）及国内外专家公开发表有记录广东的论文、专著、名录等，资料基本截止日期为2021年底。

感谢所有在本名录编研过程中给予帮助的专家学者。中山大学梁铬球教授、贾凤龙教授，华南农业大学童晓立教授、陈宏伟教授、王敏教授、田明义教授，中国农业大学杨定教授、刘星月教授，河北大学石福明教授、张道川教授，南开大学刘国卿教授、李艳飞博士，浙江大学唐璞教授，西北农林科技大学花保祯教授，扬州大学杜予州教授，华南师范大学栾云霞教授，西南大学王宗庆教授，南京农业大学孙长海教授，南京师范大学周长发教授，重庆师范大学于昕博士，浙江师范大学张加勇教授，中国科学院动物研究所刘春香副研究员，上海自然博物馆卜云博士，广东省科学院动物研究所 Daniel Roland Gustafsson 博士，陕西省动物研究所杨美霞博士，广东省林业科学研究院陈刘生博士等对本名录相关类群进行了审阅，在此一并表示感谢。

本名录得到广东省科学院科技发展专项资金（2020GDASYL-20200301003、2020GDASYL-20200102021、2021GDASYL-20210103049、021GDASYL-20210103055、2022GDASZH-2022010106）和广东省林业局专项经费的资助。

虽然我们在工作中尽量做到准确，但由于水平所限、时间仓促，书中难免有疏漏、错误之处，敬请读者批评指正，以便今后改进、完善。

编　者

2022 年 8 月 7 日

目　录

C o n t e n t s

原尾纲 Protura

蚖目 Acerentomata

襟蚖科 Berberentulidae Yin, 1983

1. 肯蚖属 *Kenyentulus* Tuxen, 1981

（1）毛萼肯蚖 *Kenyentulus ciliciocalyci* Yin, 1987

   分布：广东、浙江、湖南、海南、香港、重庆、四川、贵州、云南。

（2）海南肯蚖 *Kenyentulus hainanensis* Yin, 1987

   分布：广东、海南。

2. 兼蚖属 *Amphientulus* Tuxen, 1981

（3）中华兼蚖 *Amphientulus sinensis* Xiong, Xie *et* Yin, 2005

   分布：广东（肇庆）、海南。

华蚖目 Sinentomata

华蚖科 Sinentomidae Yin, 1965

华蚖属 *Sinentomon* Yin, 1965

   红华蚖 *Sinentomon erythranum* Yin, 1965

   分布：广东、江苏、上海、安徽、浙江、湖南、福建、海南、广西、贵州、云南。

古蚖目 Eosentomata

古蚖科 Eosentomidae Berlese, 1909

1. 中国蚖属 *Zhongguohentomon* Yin, 1979

（1）多毛中国蚖 *Zhongguohentomon piligeroum* Zhang *et* Yin, 1981

   分布：广东、广西、贵州、湖北、四川。

2. 异蚖属 *Anisentomon* Yin, 1977

（2）四毛异蚖 *Anisentomon quadrisetum* Zhang *et* Yin, 1981

   分布：广东、广西。

3. 古蚖属 *Eosentomon* Berlese, 1908

（3）海滨古蚖 *Eosentomon actitum* Zhang, 1983

   分布：广东、海南、四川。

（4）短身古蚖 *Eosentomon brevicorpusculum* Yin, 1965

   分布：广东、辽宁、河北、山西、山东、河南、陕西、江苏、上海、安徽、浙江、湖北、江西、湖南、福建、广西、重庆、四川、贵州。

（5）栖霞古蚖 *Eosentomon chishiaensis* Yin, 1965

   分布：广东、陕西、江苏、上海、安徽、浙江、湖北、湖南。

（6）珠目古蚖 *Eosentomon margarops* Yin *et* Zhang, 1982

分布：广东、海南、四川。

（7）南宁古蚖 *Eosentomon nanningense* Yin *et* Zhang, 1982

分布：广东、广西、贵州、湖南、江苏、江西、四川、云南。

（8）东方古蚖 *Eosentomon orientalis* Yin, 1965

分布：广东、辽宁、陕西、宁夏、江苏、上海、安徽、浙江、湖北、江西、湖南、海南、广西、重庆、四川、贵州。

（9）樱花古蚖 *Eosentomon sakura* Imadaté *et* Yosii, 1959

分布：广东、陕西、江苏、上海、安徽、浙江、湖北、江西、湖南、福建、台湾、海南、香港、广西、四川、贵州、云南；日本。

（10）雁山古蚖 *Eosentomon yanshanense* Yin *et* Zhang, 1982

分布：广东、湖北、江西、湖南、福建、海南、广西、云南。

（11）伊岭古蚖 *Eosentomon yilingense* Yin *et* Zhang, 1982

分布：广东、福建、广西、湖南、云南。

（12）湛江古蚖 *Eosentomon zhanjiangense* Zhang, 1983

分布：广东、海南。

4. 新异蚖属 *Neanisentomon* Zhang *et* Yin, 1984

（13）粤新异蚖 *Neanisentomon yuenicum* Zhang *et* Yin, 1984

分布：广东（汕头）、海南。

5. 拟异蚖属 *Pseudanisentomon* Zhang *et* Yin, 1984

（14）惠州拟异蚖 *Pseudanisentomon huichouense* Zhang *et* Yin, 1984

分布：广东（惠州）、云南。

（15）软拟异蚖 *Pseudanisentomon molykos* Zhang *et* Yin, 1984

分布：广东（肇庆）、海南、广西、云南。

（16）三纹拟异蚖 *Pseudanisentomon trilinum*（Zhang *et* Yin, 1981）

分布：广东、浙江、江西、福建、广西、四川、贵州、云南。

6. 近异蚖属 *Paranisentomon* Zhang *et* Yin, 1984

（17）三珠近异蚖 *Paranisentomon triglobulum* (Yin *et* Zhang, 1982)

分布：广东、陕西、甘肃、安徽、江西、湖南、广西、贵州。

（18）土栖近异蚖 *Paranisentomon krybetes* Zhang *et* Yin, 1984

分布：广东（肇庆）、湖南、贵州、安徽。

参考文献：

熊燕，2005. 热带、亚热带土壤动物群落多样性及弹尾纲系统发生的研究［D］. 上海：华东师范大学.

张超，2009. 甘肃原尾虫分类与物种多样性研究［D］. 兰州：西北师范大学.

尹文英，1999. 中国动物志：节肢动物门：原尾纲［M］. 北京：科学出版社.

BU Y，XIONG Y，LUAN Y X，et al.，2019. Protura from Hainan Island, China: new species, checklist and distribution

［J］.ZooKeys, 879: 1-21.

XIONG Y, XIE R D, YIN W Y, 2005. First record of the genus *Amphientulus* Tuxen, 1981 (Protura: Berberentulidae) from China, with description of a new species ［J］. The raffles bulletin of zoology, 53（2）：183-187.

弹尾纲 Collembola

原蛛目 Poduromorpha

一、疣蛛科 Neanuridae Börner, 1901

1. 奇刺蛛属 *Friesea* Von Dalla Torre, 1895

（1）异奇刺蛛 *Friesea sublimis* MacNamara, 1921

分布：广东（肇庆）等；越南，尼泊尔；欧洲，非洲，北美洲。

（2）截毛奇刺蛛 *Friesea truncatopilosa* Rusek, 1971

分布：广东。

2. 古疣蛛属 *Paleonura* Cassagnau, 1982

（3）细古疣蛛 *Paleonura angustior* (Rusek, 1971)

分布：广东。

3. 微疣蛛属 *Vitronura* Yosii, 1969

（4）宽微疣蛛 *Vitronura latior* (Rusek, 1967)

分布：广东。

4. 颚毛蛛属 *Crossodonthina* Yosii, 1954

（5）三齿颚毛蛛 *Crossodonthina tridentiens* Yue *et* Yin, 1999

分布：广东、江苏、上海、广西。

二、球角蛛科 Hypogastruridae Börner, 1906

5. 泡角蛛属 *Ceratophysella* Börner, 1932

（6）四刺泡角蛛 *Ceratophysella duplicispinosa* (Yosii, 1954)

分布：广东、上海、浙江、湖南、福建；俄罗斯，日本。

三、棘蛛科 Onychiuridae Börner, 1901

6. 直棘蛛属 *Orthonychiurus* Stach, 1954

（7）卡氏直棘蛛 *Orthonychiurus kowalskii* (Stach, 1964)

分布：广东、江苏、上海。

7. 滨棘蛛属 *Thalassaphorura* Bagnall, 1949

（8）鼎湖滨棘蛛 *Thalassaphorura dinghuensis* (Lin *et* Xia, 1985)

分布：广东（肇庆）。

（9）广东滨棘蛛 *Thalassaphorura guangdongensis* Sun *et* Li, 2015

分布：广东。

四、土蛛科 Tullbergiidae Bagnall, 1935

  8. 美土蛛属 *Mesaphorura* Börner, 1901

  （10）吉井氏美土蛛 *Mesaphorura yosiii* (Rusek, 1967)

    分布：广东、山东、江苏、上海、浙江、湖南、海南、云南、西藏；世界广布。

愈腹蛛目 Symphypleona

一、握角圆蛛科 Sminthurididae Börner, 1906

  1. 球圆蛛属 *Sphaeridia* Linnaniemi, 1912

  （1）亚洲球圆蛛 *Sphaeridia asiatica* Rusek, 1971

    分布：广东。

二、卡天圆蛛科 Katiannidae Börner, 1913

  2. 小圆蛛属 *Sminthurinus* Börner, 1901

  （2）广东小圆蛛 *Sminthurinus cantonensis* Rusek, 1971

    分布：广东。

三、羽圆蛛科 Dicyrtomidae Börner, 1906

  3. 锯蛛属 *Ptenothrix* Börner, 1906

  （3）环锯蛛 *Ptenothrix annulata* Lin *et* Xia, 1985

    分布：广东（肇庆）。

  （4）鼎湖锯蛛 *Ptenothrix dinghuensis* Lin *et* Xia, 1985

    分布：广东（肇庆）。

  （5）掌毛锯蛛 *Ptenothrix palmisetacea* Lin *et* Xia, 1985

    分布：广东（肇庆）。

  （6）中华锯蛛 *Ptenothrix sinensis* Lin *et* Xia, 1985

    分布：广东（肇庆）。

  4. 羽圆蛛属 *Dicyrtoma* Bourlet, 1842

  （7）斑足羽圆蛛 *Dicyrtoma balicrura* Lin *et* Xia, 1985

    分布：广东（肇庆）。

  5. 齿蛛属 *Dicytomina* Börner, 1903

  （8）大毛齿蛛 *Dicyrtomina gigantisetae* (Lin *et* Xia, 1985)

    分布：广东（肇庆）。

长角蛛目 Entomobryomorpha

一、等节蛛科 Isotomidae Schäffer, 1896

  1. 隐蛛属 *Cryptopygus* Willem, 1901

  （1）嗜温隐蛛 *Cryptopygus thermophilus* (Axelson, 1900)

    分布：广东、上海、台湾；印度，缅甸，尼泊尔，澳大利亚，美国；欧洲。

  2. 符蛛属 *Folsomia* Willem, 1902

（2）白符䖸 *Folsomia candida* Willem, 1902

    分布：广东、内蒙古、宁夏、上海、浙江、湖北、湖南、福建、贵州、西藏；世界广布。

（3）八眼符䖸 *Folsomia octoculata* Handschin, 1925

    分布：广东、吉林、辽宁、江苏、浙江、湖北、湖南、福建、海南、广西、贵州、云南；韩国，日本，印度，印度尼西亚，美国（夏威夷）。

3．类符䖸属 *Folsomina* Denis, 1931

（4）棘类符䖸 *Folsomina onychiurina* Denis, 1931

    分布：广东、山西、江苏、上海、浙江、湖南、海南、四川、贵州、西藏；世界广布。

4．原等䖸属 *Proisotoma* Börner, 1901

（5）*Proisotoma fraterna* Rusek, 1967

    分布：广东、上海。

5．小等䖸属 *Isotomiella* Bagnall, 1939

（6）微小等䖸 *Isotomiella minor* (Schäffer, 1896)

    分布：广东、宁夏、上海、浙江、湖北、湖南、贵州、云南；世界广布。

6．陷等䖸属 *Isotomurus* Börner, 1903

（7）*Isotomurus quadrisetosus* Rusek, 1971

    分布：广东。

7．似等䖸属 *Isotomodes* Axelson, 1907

（8）西沙似等䖸 *Isotomodes xishaensis* Chen, 1986

    分布：广东、海南。

8．近等䖸属 *Hemisotoma* Bagnall, 1949

（9）嗜热近等䖸 *Hemisotoma thermophila* (Axelson, 1900)

    分布：广东、上海、台湾。

二、长角䖸科 Entomobryidae Schäffer, 1896

9．拟裸长角䖸属 *Coecobrya* Yosii, 1956

（10）*Coecobrya brevis* Xu, Yu *et* Zhang, 2012

    分布：广东（龙门）。

（11）*Coecobrya xui* Zhang *et* Dong, 2014

    分布：广东（鹤山）。

10. 长角䖸属 *Entomobrya* Rondani, 1861

（12）*Entomobrya marginata* (Tullberg, 1871)

    分布：广东、河北；欧洲。

（13）黑长角䖸 *Entomobrya proxima* Folsom, 1924

    分布：广东、吉林、河北、江苏、上海、浙江；日本，新加坡，印度尼西亚，巴布亚新几内亚。

11. 刺齿䖸属 *Homidia* Börner, 1906

（14）黄刺齿䖸 *Homidia chroma* Pan *et* Yang, 2019

分布：广东（广州）。

（15）泛刺齿䖴 *Homidia laha* Christiansen *et* Bellinger, 1992

分布：广东、吉林、北京、河北、河南、陕西、江苏、安徽、浙江、湖北、湖南、福建、海南、广西、重庆；韩国，日本，美国（夏威夷）。

（16）光毛刺齿䖴 *Homidia leniseta* Pan *et* Yang, 2019

分布：广东（广州）。

（17）纵纹刺齿䖴 *Homidia socia* Denis, 1929

分布：广东、吉林、陕西、江苏、安徽、浙江、江西、福建、台湾、广西、重庆；日本，越南，美国（弗吉尼亚、夏威夷）。

（18）天台刺齿䖴 *Homidia tiantaiensis* Chen *et* Lin, 1998

分布：广东、江苏、安徽、浙江、湖北、江西、湖南、福建、广西、重庆、贵州。

12. 鳞齿䖴属 *Lepidodens* Zhang *et* Pan, 2016

（19）黑纹鳞齿䖴 *Lepidodens nigrofasciatus* Zhang *et* Pan, 2016

分布：广东（龙门）。

（20）似鳞齿䖴 *Lepidodens similis* Zhang *et* Pan, 2016

分布：广东（乳源、龙门）。

13. 裸长角䖴属 *Sinella* Brook, 1882

（21）蛇纹裸长角䖴 *Sinella colubra* Xu *et* Chen, 2016

分布：广东（乳源、龙门）。

（22）曲毛裸长角䖴 *Sinella curviseta* Brook, 1882

分布：广东、吉林、北京、山东、陕西、青海、江苏、上海、安徽、浙江、湖北、江西、湖南、福建、广西、四川、贵州、云南；南亚，欧洲，北美洲。

（23）霍氏裸长角䖴 *Sinella hoefti* Schäffer, 1896

分布：广东；日本，马来西亚，南非；欧洲，北美洲。

（24）长感裸长角䖴 *Sinella longisensilla* Zhang, 2013

分布：广东（龙门）。

（25）张氏裸长角䖴 *Sinella zhangi* Xu *et* Chen, 2016

分布：广东（鹤山）。

14. 拟裸长角䖴属 *Pseudosinella* Schäffer, 1897

（26）三齿拟裸长角䖴 *Pseudosinella tridentifera* Rusek, 1971

分布：广东。

15. 拟刺齿䖴属 *Sinhomidia* Zhang *et* Deharveng, 2009

（27）双色拟刺齿䖴 *Sinhomidia bicolor* (Yosii, 1965)

分布：广东、安徽、台湾。

（28）单毛拟刺齿䖴 *Sinhomidia uniseta* Pan, Si *et* Zhang, 2019

分布：广东（广州）。

16. 谢氏䖴属 *Szeptyckiella* Zhang, Bedos *et* Deharveng, 2014

（29）李谢氏姚 *Szeptyckiella lii* Zhang, Bedos *et* Deharveng, 2014

　　分布：广东（乳源）。

17. 柳姚属 *Willowsia* Shoebotham, 1917

（30）广东柳姚 *Willowsia guangdongensis* Zhang, Xu *et* Chen, 2007

　　分布：广东（鹤山）。

18. 鳞长姚属 *Lepidocyrtus* Bourlet, 1839

（31）惠州鳞长姚 *Lepidocyrtus* (*Acrocyrtus*) *huizhouensis* Ma, 2019

　　分布：广东（龙门）。

19. *Alloscopus* Börner, 1906

（32）*Alloscopus liuae* Zhang, 2020

　　分布：广东（广州）。

20. 六长姚属 *Dicranocentrus* Schött, 1893

（33）*Dicranocentrus wangi* Ma *et* Chen, 2007

　　分布：广东（广州）。

三、爪姚科 Paronellidae Börner, 1906

21. 丽姚属 *Callyntrura* Börner, 1906

（34）广东丽姚 *Callyntrura guangdongensis* Ma, 2012

　　分布：广东（龙门）。

22. 驼姚属 *Cyphoderus* Nicolet, 1842

（35）亚驼姚 *Cyphoderus asiaticus* Yosii, 1959

　　分布：广东；新加坡。

（36）力氏驼姚 *Cyphoderus hrdyi* Rusek, 1971

　　分布：广东。

23. 盐长角姚属 *Salina* MacGillivray, 1894

（37）中华盐长角姚 *Salina sinensis* Lin, 1985

　　分布：广东（电白）。

四、鳞姚科 Tomoceridae Schäffer, 1896

24. 鳞姚属 *Tomocerus* Nicolet, 1842

（38）黄氏鳞姚 *Tomocerus huangi* Yu, 2018

　　分布：广东（乳源）。

（39）条纹鳞姚 *Tomocerus virgatus* Yu, 2018

　　分布：广东（乳源、龙门）。

参考文献：

高艳，2007. 弹尾纲系统分类学与土壤动物应用生态学研究［D］. 上海：中国科学院上海生命科学研究院植物生理生态研究所.

林善祥，1985. 食用真菌跳虫研究Ⅱ——长角跳虫科三新种记述（弹尾目）［J］. 动物分类学报，10（2）：196-202.

林善祥，夏风，1983．蘑菇跳虫一新种（弹尾目：球角跳虫科）［J］．昆虫学报，26（4）：426-427，484.

林善祥，夏风，1985．齿跳虫科二新种（弹尾目：合腹亚目）［J］．昆虫学报，28（2）：206-209.

林善祥，夏风，1985．广东鼎湖山锯跳虫属四新种（弹尾目：齿跳虫科）［J］．昆虫分类学报，7（1）：61-67.

林善祥，夏风，1985．棘跳虫属一新种（弹尾目：棘跳科）［J］．昆虫学报，28（1）：80-82，124.

刘永琴，侯大斌，李忠诚，1998．中国弹尾目种目录［J］．西南农业大学学报，20（2）：125-131.

JIA J L, WANG Z J, SKARŻYŃSKI, 2020. Notes on the genus *Xenylla* Tullberg (Collembola: Hypogastruridae) from China,with description of a new species［J］. Entomotaxonomia, 42（3）：178-184.

MA Y T, 2012. A new species of *Callyntrura* (Collembola: Paronellidae) from Guangdong Province, China［J］. Entomotaxonomia, 34（2）：103-108.

MA Y T, 2013. A new species and a newly recorded species of Paronellinae (Collembola: Paronellidae) from China［J］. Entomotaxonomia, 35（1）：1-5.

MA Y T, 2019. Two new species of *Lepidocyrtus* Bourlet s. lat. (Collembola: Entomobryidae) from China［J］. European journal of taxonomy, 565：1-21.

MA Y T, Chen J X, 2007. A new *Dicranocentrus* species (Collembola: Entomobryidae) from China with a key to all species in the genus from Asia［J］. Zootaxa, 1633：63-68.

PAN Z X, YANG W Q, 2019. Reports of two peculiar pigmented new species of genus *Homidia* (Collembola: Entomobyridae) from southern China, with description of subadults chaetotaxy［J］.Zootaxa, 4671（3）：369-380.

PAN Z X, SI C C, ZHANG S S, 2019. Close relationship between the genera *Sinhomidia* and *Homidia* (Collembola, Entomobryidae) revealed by adult and first instar characters,with description of a new *Sinhomidia* species［J］. ZooKeys, 872：41-55.

SUN X, LI Y, 2015. New Chinese species of the genus *Thalassaphorura* Bagnall, 1949 (Collembola: Onychiuridae)［J］. Zootaxa, 3931（2）：261-271.

XU G L, YU D Y, ZHANG F, 2012. Two new species of *Coecobrya* (Collembola: Entomobryidae: Entomobryinae) from China, with a key to the Chinese species of the genus［J］. Zootaxa, 3399：61-68.

XU G L, CHEN W Y, 2016. Two new species of *Sinella* from Guangdong Province, China (Collembola: Entomobryidae)［J］. ZooKeys, 611：1-10.

YU D Y, QIN C Y, DING Y H, et al., 2018. Revealing species diversity of *Tomocerus ocreatus* complex (Collembola: Tomoceridae): integrative species delimitation and evaluation of taxonomic characters［J］. Arthropod systematics & phylogeny, 76（1）：147-172.

ZHANG F, 2013. Five new eyed species of *Sinella* (Collembola: Entomobryidae) from China, with a key to the eyed species of the genus［J］. Zootaxa, 3736（5）：549-568.

ZHANG F, DONG R R, 2014. Three new species of *Coecobrya* (Collembola: Entomobryidae) from southern and northwest China［J］. Zootaxa, 3760（2）：260-274.

ZHANG F, XU G L, CHEN J X, 2007. A new species of *Willowsia* (Collembola: Entomobryidae) from south China［J］. Zootaxa, 1645：63-68.

ZHANG F, BEDOS A, DEHARVENG L, 2014. Disjunct distribution of *Szeptyckiella* gen. nov. from New Caledonia and south China undermines the monophyly of Willowsiini (Collembola: Entomobryidae)［J］. Journal of natural history，48（21/22）：1299-1317.

ZHANG F, CIPOLA N G, PAN Z X, et al., 2020. New insight into the systematics of Heteromurini (Collembola:
Entomobryidae: Heteromurinae) with special reference to *Alloscopus* and *Sinodicranocentrus* gen. n［J］. Arthropod
systematics & phylogeny，78（1）：1-16.

ZHANG F, PAN Z X, WU J, et al., 2016. Dental scales could occur in all scaled subfamilies of Entomobryidae (Collembola):
new definition of Entomobryinae with description of a new genus and three new species［J］. Invertebrate
systematics，30（6）：598-615.

双尾纲 Diplura

双尾目 Diplura

一、康虮科 Campodeidae Lubbock, 1873

1. 鳞虮属 *Lepidocampa* Oudemans, 1890

（1）韦氏鳞虮 *Lepidocampa weberi* Oudemans, 1890

分布：广东、江苏、上海、安徽、浙江、湖北、江西、湖南、海南、广西、四川、贵州、云南；世界广布。

2. 拟黎虮属 *Pseudlibanocampa* Xie *et* Yang, 1991

（2）中国拟黎虮 *Pseudlibanocampa sinensis* Xie *et* Yang, 1991

分布：广东（广州）。

二、副铗虮科 Parajapygidae Womersley, 1939

3. 副铗虮属 *Parajapyx* Silvestri, 1903

（3）爱媚副铗虮 *Parajapyx emeryanus* Silvestri, 1928

分布：广东、吉林、北京、山东、河南、宁夏、甘肃、江苏、上海、安徽、浙江、湖北、湖南、福建、广西、四川、贵州、云南；日本。

（4）黄副铗虮 *Parajapyx isabellae* (Grassi, 1886)

分布：广东、吉林、北京、山东、河南、宁夏、甘肃、江苏、上海、安徽、浙江、湖北、湖南、福建、广西、四川、贵州、云南；世界广布。

三、铗虮科 Japygidae Lubbock, 1873

4. 巨铗虮属 *Gigasjapyx* Chou, 1984

（5）尉友巨铗虮 *Gigasjapyx termitophilous* Chou, 1984

分布：广东（徐闻）。

5. 偶铗虮属 *Occasjapyx* Silvestri, 1948

（6）日本偶铗虮 *Occasjapyx japonicus* (Enderlein, 1907)

分布：广东、北京、河北、陕西、江苏、上海、安徽、浙江、湖北、广西。

四、八孔蚖科 Octostigmatidae Rusek, 1982

6. 八孔蚖属 *Octostigma* Rusek, 1982

（7）中国八孔蚖 *Octostigma sinensis* Xie *et* Yang, 1991

分布：广东（湛江）、云南。

参考文献：

谢荣栋，杨毅明，1991. 八孔（蚖）在中国的发现和偶铗（蚖）属一新种的记述（双尾目：八孔（蚖）科、铗（蚖）科）
[J]. 昆虫学研究集刊，10：87-93.

谢荣栋，杨毅明，1991. 中国康蚖科两新属及三新种的记述（双尾目）[J]. 昆虫学研究集刊，10：95-102.

周尧，1984. 铗（蚖）科昆虫的研究（Ⅵ）[J]. 昆虫分类学报. 6（1）：55-57.

XIE R D，YANG Y M，1991. The discovery of *Octostigma* and description of one new species of *Occasjapyx* in China
(Diplura: Octostigmatidae, Japygidae) [J]. Contributions from Shanghai institute of entomology，10：87-93.

昆虫纲 Insecta

石蛃目 Microcoryphia

石蛃科 Machilidae Grassi, 1888

跳蛃属 *Pedetontus* Silvestri, 1911

边氏跳蛃 *Pedetontus bianchii* Silvestri, 1936

分布：广东、湖南、香港。

参考文献：

俞丹娜，张巍巍，张加勇，2010. 中国跳蛃属（石蛃目，石蛃科）两新种[J]. 动物分类学报，35（3）：444-450.

衣鱼目 Zygentoma

土衣鱼科 Nicoletiidae (Lubbock, 1873)

Gastrotheellus Silvestri, 1942

Gastrotheellus notabilis Silvestri, 1942

分布：广东（广州）。

参考文献：

SILVESTRI F，1942. *Tisanuri Lepismatidi* (Insecta) della Cina Continentale [J]. Acta pontificia academia
scientiarum，8：303-322.

蜉蝣目 Ephemeroptera

一、古丝蜉科 Siphluriscidae Zhou *et* Peters, 2003

1. 古丝蜉属 *Siphluriscus* Ulmer, 1920

（1）中华古丝蜉 *Siphluriscus chinensis* Ulmer, 1920

分布：广东（惠州、兴宁）、浙江、江西、广西、贵州。

二、等蜉科 Isonychiidae Burks, 1953

2. 等蜉属 *Isonychia* Eaton, 1871

（2）日本等蜉 *Isonychia japonica* Ulmer, 1919

分布：广东、甘肃、四川；俄罗斯（远东），朝鲜，日本。

（3）江西等蜉 *Isonychia kiangsinensis* Hsu, 1935

分布：广东、浙江、江西、福建、广西。

三、扁蜉科 Heptageniidae Needham, 1901

3. 亚非蜉属 *Afronurus* Lestage, 1924

（4）湖南亚非蜉 *Afronurus hunanensis* (Zhang *et* Cai, 1991)

分布：广东、湖南。

（5）斜纹亚非蜉 *Afronurus obliquistriata* (You, Wu, Gui *et* Hsu, 1981)

分布：广东、江苏、安徽、浙江。

（6）红斑亚非蜉 *Afronurus rubromaculata* (You, Wu, Gui *et* Hsu, 1981)

分布：广东、江苏、安徽。

（7）宜兴亚非蜉 *Afronurus yixingensis* (Wu *et* You, 1986)

分布：广东、江苏、安徽。

4. 高翔蜉属 *Epeorus* Eaton, 1881

（8）棱高翔蜉 *Epeorus carinatus* Braasch *et* Soldán, 1984

分布：广东、安徽、浙江、贵州；越南。

（9）何氏高翔蜉 *Epeorus herklotsi* (Hsu, 1936)

分布：广东、江苏、安徽、浙江、湖北、福建、海南、香港。

（10）美丽高翔蜉 *Epeorus melli* (Ulmer, 1926)

分布：广东（博罗）、安徽、浙江、湖北、江西、湖南、福建、广西、贵州。

（11）中华高翔蜉 *Epeorus* (*Iron*) *sinensis* (Ulmer, 1925)

分布：广东。

5. 扁蜉属 *Heptagenia* Walsh, 1863

（12）淡黄扁蜉 *Heptagenia flavata* Navás, 1922

分布：广东。

（13）黑扁蜉 *Heptagenia ngi* Hsu, 1936

分布：广东、浙江、海南、香港。

6. 赞蜉属 *Paegniodes* Eaton, 1881

（14）桶形赞蜉 *Paegniodes cupulatus* (Eaton, 1871)

　　分布：广东、江苏、浙江、湖北、江西、湖南、福建、香港、四川、贵州、云南、西藏等。

7. 拟亚非蜉属 *Parafronurus* Zhou *et* Braasch, 2003

（15）尤氏拟亚非蜉 *Parafronurus youi* Zhou *et* Braasch, 2003

　　分布：广东、江苏。

8. 短腮蜉属 *Thalerosphyrus* Eaton, 1881

（16）美丽短腮蜉 *Thalerosphyrus melli* Ulmer, 1925

　　分布：广东（博罗）、浙江、湖北、福建。

四、四节蜉科 Baetidae Leach, 1815

9. 黎氏蜉属 *Liebebiella* Waltz *et* McCafferty, 1987

（17）真黎氏蜉 *Liebebiella vera* (Müller-Liebenau, 1982)

　　分布：广东（广州、始兴、翁源、惠州、深圳）、香港。

10. 花翅蜉属 *Baetiella* Uéno, 1931

（18）双突花翅蜉 *Baetiella bispinosa* (Gose, 1980)

　　分布：广东（阳山、乐昌、龙门、阳春）、山西、河南、新疆、安徽、浙江、湖北、福建、台湾、海南、香港；日本。

（19）麦氏花翅蜉 *Baetiella macani* (Müller-Liebenau, 1985)

　　分布：广东（英德、乳源、始兴、翁源、乐昌、信宜）、河南、浙江、湖北、福建；越南。

（20）三突花翅蜉 *Baetiella trispinata* Tong *et* Dudgeon, 2000

　　分布：广东（阳山、英德、仁化、河源、龙门、信宜）、安徽、浙江、香港、广西、云南。

11. 四节蜉属 *Baetis* Leach, 1815

（21）斑腹四节蜉 *Baetis maculosus* Tong, Dudgeon *et* Shi, 2014

　　分布：广东（广州）、江西、湖南、香港、贵州。

12. *Bungona* Harker, 1957

（22）*Bungona* (*Chopralla*) *fusina* (Tong *et* Dudgeon, 2003)

　　分布：广东（始兴）、海南、香港。

（23）*Bungona* (*Chopralla*) *liebenauae* (Soldán, Braasch *et* Muu, 1987)

　　分布：广东（龙门、阳春、信宜）、广西、云南；越南。

（24）*Bungona* (*Centroptella*) *longisetosa* (Braasch *et* Soldán, 1980)

　　分布：广东（广州、翁源、东莞）、海南、香港。

（25）*Bungona* (*Centroptella*) *quadrata* Shi *et* Tong, 2019

　　分布：广东（英德、河源）、广西。

13. 二翅蜉属 *Cloeon* Leach, 1815

（26）边缘二翅蜉 *Cloeon marginale* Hagen, 1858

　　分布：广东（广州）、台湾、海南、澳门；日本，尼泊尔，斯里兰卡，印度尼西亚。

（27）绿二翅蜉 *Cloeon virens* Klapálek, 1905

　　分布：广东（广州）、台湾、海南；印度尼西亚，澳大利亚。

（28）哈氏二翅蜉 *Cloeon harveyi* (Kimmins, 1947)

分布：广东（广州、五华）、海南、香港、云南；印度。

14. 异唇蜉属 *Labiobaetis* (Novikova *et* Kluge, 1987)

（29）锚纹异唇蜉 *Labiobaetis ancoralis* Shi *et* Tong, 2014

分布：广东（阳山、南雄、始兴、五华）、湖南。

（30）紫腹异唇蜉东洋亚种 *Labiobaetis atrebatinus orientalis* (Kluge, 1983)

分布：广东（广州、始兴、翁源）、河南、陕西、浙江、湖北、湖南、台湾、海南、香港、广西、贵州；俄罗斯（远东），韩国，日本。

（31）突颚异唇蜉 *Labiobaetis numeratus* (Müller-Liebenau, 1984)

分布：广东（五华）、海南；马来西亚。

（32）鲜异唇蜉 *Labiobaetis mustus* (Kang *et* Yang, 1996)

分布：广东（英德）、台湾、海南、香港。

15. 黑四节蜉属 *Nigrobaetis* (Novikova *et* Kluge, 1987)

（33）优雅黑四节蜉 *Nigrobaetis facetus* (Chang *et* Yang, 1994)

分布：广东（连州、江门、云浮、茂名）、台湾、海南、广西。

16. 扁四节蜉属 *Platybaetis* Müller-Liebenau, 1980

（34）毕氏扁四节蜉 *Platybaetis bishopi* Müller-Liebenau, 1980

分布：广东、香港；马来西亚。

五、小蜉科 Ephemerellidae Klapálek, 1909

17. 带肋蜉属 *Cincticostella* Allen, 1971

（35）宝加带肋蜉 *Cincticostella femorata* (Tshernova, 1972)

分布：广东、陕西、浙江、福建、广西；越南，泰国。

18. 缺须蜉属 *Teloganopsis* Ulmer, 1939

（36）景洪缺须蜉 *Teloganopsis jinghongensis* Xu, You *et* Hsu, 1984

分布：广东、秦岭以南大部分地区。

（37）条背缺须蜉 *Teloganopsis punctisetae* (Matsumura, 1931)

分布：广东、香港。

19. 大鳃蜉属 *Torleya* Lestage, 1917

（38）长铗大鳃蜉 *Torleya longforceps* (Gui, Zhou *et* Su, 1999)

分布：广东。

（39）膨铗大鳃蜉 *Torleya nepalica* (Allen *et* Edmunds, 1963)

分布：广东、陕西、甘肃、安徽、浙江、湖南、四川、贵州、云南；亚洲。

六、越南蜉科 Vietnamellidae Allen, 1984

20. 越蜉属 *Vietnamella* Tshernova, 1972

（40）车八岭越蜉 *Vietnamella chebalingensis* Tong, 2020

分布：广东（始兴）。

（41）中华越蜉 *Vietnamella sinensis* (Hsu, 1936)

分布：广东（乳源、始兴、河源）、安徽。

七、细蜉科 Caenidae Newman, 1853

21. 细蜉属 *Caenis* Stephens, 1835

（42）点刻细蜉 *Caenis aspera* Tong *et* Dudgeon, 2002

分布：广东（广州）、香港。

（43）双突细蜉 *Caenis bicornis* Tong *et* Dudgeon, 2002

分布：广东（广州、惠州、深圳）、湖南、香港、广西。

（44）光滑细蜉 *Caenis lubrica* Tong *et* Dudgeon, 2002

分布：广东（广州）、湖北、香港。

（45）中华细蜉 *Caenis sinensis* Gui, Zhou *et* Su, 1999

分布：广东、北京、陕西、江苏、安徽、浙江、福建、海南、贵州。

八、细裳蜉科 Leptophlebiidae Banks, 1900

22. 宽基蜉属 *Choroterpes* Eaton, 1881

（46）面宽基蜉 *Choroterpes facialis* (Gillies, 1951)

分布：广东、河南、陕西、甘肃、安徽、浙江、福建、香港、贵州；泰国。

（47）宜兴宽基蜉 *Choroterpes yixingensis* Wu *et* You, 1989

分布：广东（广州）、江苏、安徽、浙江、江西、湖南、海南、广西、贵州。

23. 柔裳蜉属 *Habrophlebiodes* Ulmer, 1920

（48）紫金柔裳蜉 *Habrophlebiodes zijinensis* Gui, Zhang *et* Wu, 1996

分布：广东、北京、河南、陕西、江苏、浙江、湖北、江西、湖南、福建、海南、广西、贵州、香港。

九、河花蜉科 Potamanthidae Albarda, 1888

24. 河花蜉属 *Potamanthus* Pictet, 1845

（49）美丽河花蜉 *Potamanthus* (*Potamanthus*) *formosus* Eaton, 1892

分布：广东（封开）、安徽、江西、福建、海南、云南等；日本；南亚。

（50）广西河花蜉 *Potamanthus* (*Potamanthus*) *kwangsiensis* (Hsu, 1937)

分布：广东、浙江、江西、湖南、福建、广西。

25. 红纹蜉属 *Rhoenanthus* Eaton, 1881

（51）大红纹蜉 *Rhoenanthus magnificus* Ulmer, 1920

分布：广东、贵州、云南；东南亚。

十、蜉蝣科 Ephemeridae Latreille, 1810

26. 蜉蝣属 *Ephemera* Linnaeus, 1758

（52）台湾蜉 *Ephemera formosana* Ulmer, 1919

分布：广东、台湾。

（53）毛阳蜉 *Ephemera maoyangensis* Zhang, Gui *et* You, 1995

分布：广东、海南。

（54）间蜉 *Ephemera media* Ulmer, 1935

分布：广东（博罗）、北京。

（55）长茎蜉 *Ephemera pictipennis* Ulmer, 1924

分布：广东、江苏、上海、安徽、浙江、湖北、江西、福建、广西。

（56）华丽蜉 *Ephemera pulcherrima* Eaton, 1892

分布：广东、福建、香港、贵州；印度。

（57）紫蜉 *Ephemera purpurata* Ulmer, 1919

分布：广东、贵州。

（58）似袋蜉 *Ephemera sauteri* Ulmer, 1912

分布：广东、台湾、海南。

（59）绢蜉 *Ephemera serica* Eaton, 1871

分布：广东、江苏、上海、安徽、浙江、江西、福建、香港、贵州等华南和华东地区；日本，越南。

十一、新蜉科 Neoephemeridae Traver, 1935

27. 小河蜉属 *Potamanthellus* Lestage, 1930

（60）可爱小河蜉 *Potamanthellus amabilis* (Eaton, 1892)

分布：广东、北京；越南，泰国，缅甸。

（61）埃氏小河蜉 *Potamanthellus edmundsi* Bae *et* McCafferty, 1998

分布：广东、湖南；泰国，马来西亚。

十二、鲎蜉科 Prosopistomatidae Geoffroy, 1762

28. 鲎蜉属 *Prosopistoma* Latreille, 1833

（62）中华鲎蜉 *Prosopistoma sinense* Tong *et* Dudgeon, 2000

分布：广东（五华、龙门、信宜）、香港；泰国。

参考文献：

高亚杰，2018. 浙江省蜉蝣目稚虫分类研究（昆虫纲：蜉蝣目）［D］. 金华：浙江师范大学.

孙俊芝，2016. 海南蜉蝣多样性初探（昆虫纲：蜉蝣目）［D］. 南京：南京师范大学.

王艳霞，2014. 中国大陆四节蜉亚科初步分类（昆虫纲：蜉蝣目）［D］. 南京：南京师范大学.

周长发，2002. 中国大陆蜉蝣目分类研究（昆虫纲：蜉蝣目）［D］. 天津：南开大学.

尤大寿，归鸿，1995. 中国经济昆虫志：第48册：蜉蝣目［M］. 北京：科学出版社.

周长发，周开亚，归鸿，2003. 蜉蝣属 *Ephemera* 五种稚虫描述［J］. 南京师大学报（自然科学版），26（1）：69-73.

周丹，2015. 中国二翅蜉亚科初步分类（昆虫纲：蜉蝣目：四节蜉科）［D］. 南京：南京师范大学.

LUO Y P, JIANG J, WANG L L, et al., 2020. *Vietnamella chebalingensis*, a new species of the family Vietnamellidae (Ephemeroptera) from China based on morphological and molecular data［J］. Zootaxa, 4868（2）：208-220.

SHI W F, TONG X L, 2014. The genus *Labiobaetis* (Ephemeroptera: Baetidae) in China, with description of a new species［J］. Zootaxa, 3815（3）：397-408.

SHI W F, TONG X, 2015. Taxonomic notes on the genus *Baetiella* Uéno from China, with the descriptions of three new species (Ephemeroptera: Baetidae)［J］. Zootaxa, 4012（3）：553-569.

SHI W F, TONG X L, 2019. Genus *Bungona* Harker, 1957 (Ephemeroptera: Baetidae) from China, with descriptions of three new species and a key to Oriental species [J]. Zootaxa, 4586（3）：571-585.

TONG X L, DUDGEON D, 2000. A new species of *Prosopistoma* from China (Ephemeroptera: Prosopistomatidae)[J]. Aquatic insects, 22（2）：122-128.

TONG XL, DUDGEON D, 2000. *Baetiella* (Ephemeroptera: Baetidae) in Hong Kong, with description of a new species[J]. Entomological news, 111（2）：143-148.

TONG X L, DUDGEON D, 2002. *Platybaetis*, a newly record genus of Baetidae from China (Insecta: Ephemeroptera) [J]. Wuyi science journal, 18: 24-26.

TONG X L, DUDGEON D, 2002. Three new species of the genus *Caenis* from Hong Kong, China（Ephemeroptera: Caenidae）[J]. Zoological research, 23（3）：232-238.

TONG X L, DUDGEON D, SHI W F, 2014. A new species of the genus *Baetis* from China (Ephemeroptera: Baetidae) [J]. Entomological news, 123（5）：333-338.

TONG X L, DUDGEON D, 2021. A new species of the genus *Cloeon* Leach，1815 from China (Ephemeroptera: Baetidae) [J]. Aquatic insects, 42（1）：12-22.

蜻蜓目 Odonata

一、色蟌科 Calopterygidae Selys, 1850

1. 基色蟌属 *Archineura* Kirby, 1894

（1）赤基色蟌 *Archineura incarnata* (Karsch, 1891)

分布：广东（广州、阳山、佛冈、连州、乳源、始兴、龙门、德庆）、浙江、湖北、江西、福建、广西、四川、贵州。

2. 暗色蟌属 *Atrocalopteryx* Dumont, Vanfleteren, De Jonckheere *et* Weekers, 2005

（2）黑色蟌 *Atrocalopteryx atrata* (Selys, 1853)

分布：广东、辽宁、北京、山东、陕西、江苏、浙江、湖南、福建、广西、贵州；东亚。

（3）黑蓝暗色蟌 *Atrocalopteryx atrocyana* (Fraser, 1935)

分布：广东、贵州。

（4）黑顶色蟌 *Atrocalopteryx melli* Ris, 1912

分布：广东（广州、阳山、佛冈、乳源、始兴、大埔、龙门、肇庆）、浙江、江西、福建、海南、广西。

3. 闪色蟌属 *Caliphaea* Hagen, 1859

（5）亮闪色蟌 *Caliphaea nitens* Navás, 1934

分布：广东（乳源、始兴、高州、信宜）、甘肃、浙江、湖北、江西、湖南、福建、广西、重庆、四川、贵州。

4. 单脉色蟌属 *Matrona* Selys, 1853

（6）安娜单脉色蟌 *Matrona annina* Zhang *et* Hämäläinen, 2012

分布：广东（英德、翁源）、广西。

（7）透顶单脉色蟌 *Matrona basilaris* Selys, 1853

  分布：广东（英德、始兴、肇庆）、北京、天津、河北、山西、山东、河南、江苏、上海、安徽、浙江、湖北、江西、湖南、福建、广西、重庆、四川、贵州、云南、西藏。

5. 绿色蟌属 *Mnais* Selys, 1853

（8）烟翅绿色蟌 *Mnais mneme* Ris, 1916

  分布：广东（珠海）、福建、海南、香港、广西、云南。

（9）黄翅绿色蟌 *Mnais tenuis* Oguma, 1913

  分布：广东（广州、英德、乳源）、山西、河南、陕西、甘肃、安徽、浙江、江西、福建、台湾。

6. 艳色蟌属 *Neurobasis* Selys, 1853

（10）华艳色蟌 *Neurobasis chinensis* (Linnaeus, 1758)

  分布：广东（珠海）、海南、香港、广西、贵州、云南。

7. 宛色蟌属 *Vestalaria* May, 1935

（11）盖宛色蟌 *Vestalaria velata* (Ris, 1912)

  分布：广东、安徽、浙江、江西、福建、四川。

二、溪蟌科 Euphaeidae Selys, 1853

8. 异翅溪蟌属 *Anisopleura* Selys, 1853

（12）庆元异翅溪蟌 *Anisopleura qingyuanensis* Zhou, 1982

  分布：广东、甘肃、浙江、江西、广西、四川、贵州。

9. 尾溪蟌属 *Bayadera* Selys, 1853

（13）大陆尾溪蟌 *Bayadera continentalis* Asahina, 1973

  分布：广东（乳源）、浙江、江西、湖南、福建、广西。

（14）巨齿尾溪蟌 *Bayadera melanopteryx* Ris, 1912

  分布：广东、山西、河南、陕西、浙江、湖北、福建、广西、四川、贵州。

10. 溪蟌属 *Euphaea* Selys, 1840

（15）方带溪蟌 *Euphaea decorata* Hagen, 1853

  分布：广东、浙江、湖北、江西、福建、香港、广西、云南。

（16）黄翅溪蟌 *Euphaea ochracea* Selys, 1859

  分布：广东、海南、贵州、云南。

（17）褐翅溪蟌 *Euphaea opaca* Selys, 1853

  分布：广东、安徽、浙江、湖北、福建、香港、云南。

三、大溪蟌科 Philogangidae Kennedy, 1920

11. 大溪蟌属 *Philoganga* Kirby, 1890

（18）古老大溪蟌 *Philoganga vetusta* Ris, 1912

  分布：广东、福建、海南、香港。

四、隼蟌科 Chlorocyphidae Cowley, 1937

12. 圣鼻蟌属 *Aristocypha* Laidlaw, 1950

（19）赵氏圣鼻蟌 *Aristocypha chaoi* (Wilson, 2004)

分布：广东、福建、广西、贵州。

13. 阳鼻蟌属 *Heliocypha* Fraser, 1949

（20）三斑阳鼻蟌 *Heliocypha perforata* (Percheron, 1835)

分布：广东、浙江、福建、台湾、海南、香港、广西、贵州、云南。

14. 隼蟌属 *Libellago* Selys, 1840

（21）点斑隼蟌 *Libellago lineata* (Burmeister, 1839)

分布：广东、福建、台湾、海南、广西。

五、蟌科 Coenagrionidae Kirby, 1890

15. 狭翅蟌属 *Aciagrion* Selys, 1891

（22）灰蓝狭翅蟌 *Aciagrion approximans* (Selys, 1876)

分布：广东、海南、广西。

（23）针尾狭翅蟌 *Aciagrion migratum* (Selys, 1876)

分布：广东（封开）、浙江、江西、湖南、福建、台湾、海南、广西、四川、贵州、云南；印度；东南亚。

（24）森狭翅蟌 *Aciagrion pallidum* Selys, 1891

分布：广东、福建、云南。

16. 小蟌属 *Agriocnemis* Selys, 1877

（25）杯斑小蟌 *Agriocnemis femina* (Brauer, 1868)

分布：广东（珠海）、河南、甘肃、上海、安徽、浙江、湖北、江西、湖南、福建、台湾、海南、香港、广西、重庆、四川、贵州、云南；日本；东南亚。

（26）白腹小蟌 *Agriocnemis lacteola* Selys, 1877

分布：广东（始兴）、浙江、福建、海南、香港、广西、贵州、云南；泰国，印度，尼泊尔，孟加拉国。

17. 安蟌属 *Amphiallagma* Kennedy, 1920

（27）天蓝安蟌 *Amphiallagma parvum* (Selys, 1876)

分布：广东。

18. 黄蟌属 *Ceriagrion* Selys, 1876

（28）翠胸黄蟌 *Ceriagrion auranticum* Fraser, 1922

分布：广东、山东、安徽、浙江、湖北、江西、福建、台湾、海南、香港、广西、云南；日本；东南亚。

（29）天蓝黄蟌 *Ceriagrion azureum* (Selys, 1891)

分布：广东、云南。

（30）长尾黄蟌 *Ceriagrion fallax* Ris, 1914

分布：广东、河南、浙江、湖北、江西、湖南、福建、台湾、海南、广西、重庆、四川、贵州、云南、西藏；印度；东南亚。

19. 异痣蟌属 *Ischnura* Charpentier, 1840

（31）赤斑异痣螅 *Ischnura rufostigma* Selys, 1876

分布：广东、福建、广西、四川、贵州、云南。

（32）褐斑异痣螅 *Ischnura senegalensis* (Rambur, 1842)

分布：广东（珠海）、河南、江苏、安徽、浙江、湖北、江西、湖南、福建、台湾、海南、广西、重庆、四川、贵州、云南。

20. 妹螅属 *Mortonagrion* Fraser, 1920

（33）广濑妹螅 *Mortonagrion hirosei* Asahina, 1972

分布：广东、香港。

21. 尾螅属 *Paracercion* Weekers *et* Dumont, 2004

（34）蓝纹尾螅 *Paracercion calamorum* (Ris, 1916)

分布：广东（英德）等；日本，朝鲜，印度，印度尼西亚，尼泊尔。

（35）隼尾螅 *Paracercion hieroglyphicum* (Brauer, 1865)

分布：广东等；朝鲜，日本。

（36）蓝面尾螅 *Paracercion melanotum* (Selys, 1876)

分布：广东、天津、山东、河南、江苏、上海、安徽、浙江、湖北、江西、湖南、福建、台湾、海南、香港、澳门、广西、贵州、云南；朝鲜，日本。

（37）捷尾螅 *Paracercion v-nigrum* (Needham, 1930)

分布：广东等；朝鲜，日本。

22. 斑螅属 *Pseudagrion* Selys, 1876

（38）赤斑螅 *Pseudagrion pruinosum* (Burmeister, 1839)

分布：广东、海南、广西、四川、贵州、云南。

（39）丹顶斑螅 *Pseudagrion rubriceps* Selys, 1876

分布：广东、台湾、海南、广西、贵州、云南。

（40）褐斑螅 *Pseudagrion spencei* Fraser, 1922

分布：广东（珠海）、浙江、江西、福建、海南、广西、四川、贵州、云南。

六、扇螅科 Platycnemididae Tillyard *et* Fraser, 1938

23. 丽扇螅属 *Calicnemia* Strand, 1928

（41）赵氏丽扇螅 *Calicnemia chaoi* Wilson, 2004

分布：广东（阳山、乳源）、福建。

（42）华丽扇螅 *Calicnemia sinensis* Lieftinck, 1984

分布：广东、浙江、湖南、福建、香港、云南。

24. 长腹扇螅属 *Coeliccia* Kirby, 1890

（43）黄纹长腹扇螅 *Coeliccia cyanomelas* Ris, 1912

分布：广东、河南、陕西、甘肃、安徽、浙江、湖北、江西、湖南、福建、台湾、海南、广西、重庆、四川、贵州、云南；日本；东南亚。

25. 拟狭扇螅属 *Pseudocopera* Fraser, 1922

（44）毛拟狭扇螅 *Pseudocopera ciliata* (Selys, 1863)

分布：广东、台湾、海南、香港、广西、云南。

26. 同痣螅属 *Onychargia* Selys, 1865

（45）毛面同痣螅 *Onychargia atrocyana* Selys, 1865

分布：广东、台湾、海南、香港、广西、云南。

27. 微桥螅属 *Prodasineura* Cowley, 1934

（46）乌微桥螅 *Prodasineura autumnalis* (Fraser, 1922)

分布：广东、浙江、福建、海南、广西、贵州、云南。

（47）朱背微桥螅 *Prodasineura croconota* (Ris, 1916)

分布：广东（鼎湖）、台湾、海南、香港、广西。

（48）黄条微桥螅 *Prodasineura sita* (Kirby, 1893)

分布：广东、福建、海南、云南。

七、丝螅科 Lestidae Calvert, 1901

28. 丝螅属 *Lestes* Leach, 1815

（49）整齐丝螅 *Lestes concinnus* Hagen, 1862

分布：广东（广州）、台湾、海南。

（50）蕾尾丝螅 *Lestes nodalis* Selys, 1891

分布：广东、海南、香港、云南。

八、综螅科 Synlestidae Tillyard, 1917

29. 绿综螅属 *Megalestes* Selys, 1862

（51）细腹绿综螅 *Megalestes micans* Needham, 1930

分布：广东、河南、浙江、江西、湖南、福建、广西、四川、贵州、云南；印度，越南。

30. 华综螅属 *Sinolestes* Needham, 1930

（52）黄肩华综螅 *Sinolestes edita* Needham, 1930

分布：广东（广州、乳源、肇庆）、安徽、浙江、湖南、福建、台湾、海南、广西、四川、贵州。

九、扁螅科 Platystictidae Tillyard *et* Fraser, 1938

31. 镰扁螅属 *Drepanosticta* Laidlaw, 1917

（53）包氏镰扁螅 *Drepanosticta brownelli* (Tinkham, 1938)

分布：广东（博罗、肇庆）、广西。

（54）香港镰扁螅 *Drepanosticta hongkongensis* Wilson, 1997

分布：广东（深圳）、福建、香港、广西。

32. 原扁螅属 *Protosticta* Selys, 1885

（55）黄颈原扁螅 *Protosticta beaumonti* Wilson, 1997

分布：广东（肇庆）、香港、广西。

（56）白瑞原扁螅 *Protosticta taipokauensis* Asahina *et* Dudgeon, 1987

分布：广东、福建、香港。

33. 华扁螅属 *Sinosticta* Wilson, 1997

（57）黛波华扁螅 *Sinosticta debra* Wilson *et* Xu, 2007

分布：广东（始兴）。

（58）绪方华扁螅 *Sinosticta ogatai* (Matsuki *et* Saito, 1996)

分布：广东（深圳）、香港。

十、山螅科 Megapodagrionidae Tillyard, 1917

34. 野螅属 *Agriomorpha* May, 1933

（59）白尾野螅 *Agriomorpha fusca* May, 1933

分布：广东（肇庆）、湖南、福建、海南、香港、广西、云南。

35. 黑山螅属 *Philosina* Ris, 1917

（60）覆雪黑山螅 *Philosina alba* Wilson, 1999

分布：广东（肇庆）、海南。

36. 扇山螅属 *Rhipidolestes* Ris, 1912

（61）黄蓝扇山螅 *Rhipidolestes cyanoflavus* Wilson, 2000

分布：广东（高州、信宜）。

（62）珍妮扇山螅 *Rhipidolestes janetae* Wilson, 1997

分布：广东（广州、博罗）、福建、香港。

（63）褐顶扇山螅 *Rhipidolestes truncatidens* Schmidt, 1931

分布：广东（始兴）、浙江、福建。

十一、蜓科 Aeshnidae Leach, 1815

37. 翠蜓属 *Anaciaeschna* Selys, 1878

（64）碧翠蜓 *Anaciaeschna jaspidea* (Burmeister, 1839)

分布：广东、台湾、香港、广西。

（65）马氏翠蜓 *Anaciaeschna martini* (Selys, 1897)

分布：广东、台湾、贵州、云南。

38. 伟蜓属 *Anax* Leach, 1815

（66）斑伟蜓 *Anax guttatus* (Burmeister, 1839)

分布：广东、浙江、台湾、海南、广西；日本，澳大利亚；东南亚。

（67）黄伟蜓 *Anax immaculifrons* Rambur, 1842

分布：广东（肇庆）、海南。

（68）黑纹伟蜓 *Anax nigrofasciatus* Oguma, 1915

分布：广东（信宜）、黑龙江、大连、内蒙古、北京、河北、山东、河南、陕西、安徽、浙江、福建、台湾、广西、贵州。

（69）碧伟蜓 *Anax parthenope* (Selys, 1839)

分布：广东等；朝鲜，日本；东南亚。

39. 头蜓属 *Cephalaeschna* Selys, 1883

（70）鼎湖头蜓 *Cephalaeschna dinghuensis* Wilson, 1999

分布：广东（肇庆）。

（71）李氏头蜓 *Cephalaeschna risi* Asahina, 1981

分布：广东、湖北、福建、台湾、四川。

40. 长尾蜓属 *Gynacantha* Rambur, 1842

（72）日本长尾蜓 *Gynacantha japonica* Bartenev, 1909

分布：广东、河南、浙江、福建、台湾、香港、广西、四川、云南；日本。

（73）跳长尾蜓 *Gynacantha saltatrix* Martin, 1909

分布：广东、福建、台湾、海南、香港、四川。

（74）细腰长尾蜓 *Gynacantha subinterrupta* Rambur, 1842

分布：广东、海南、广西。

41. 佩蜓属 *Periaeschna* Martin, 1908

（75）福临佩蜓 *Periaeschna flinti* Asahina, 1978

分布：广东（英德）、安徽、浙江、湖北、江西、福建、广西、四川。

42. 黑额蜓属 *Planaeschna* McLachlan, 1896

（76）联纹黑额蜓 *Planaeschna gressitti* Karube, 2002

分布：广东。

（77）郝氏黑额蜓 *Planaeschna haui* Wilson *et* Xu, 2008

分布：广东（英德）、广西。

（78）南昆黑额蜓 *Planaeschna nankunshanensis* Zhang, Yeh *et* Tong, 2010

分布：广东（惠州）、广西。

（79）南岭黑额蜓 *Planaeschna nanlingensis* Wilson *et* Xu, 2008

分布：广东（乳源）。

（80）幽灵黑额蜓 *Planaeschna skiaperipola* Wilson *et* Xu, 2008

分布：广东（英德）、香港。

（81）遂昌黑额蜓 *Planaeschna suichangensis* Zhou *et* Wei, 1980

分布：广东、浙江、福建、广西。

43. 多棘蜓属 *Polycanthagyna* Fraser, 1933

（82）红褐多棘蜓 *Polycanthagyna erythromelas* (McLachlan, 1896)

分布：广东（肇庆）、甘肃、台湾、广西。

44. 四棘蜓属 *Tetracanthagyna* Selys, 1883

（83）沃氏四棘蜓 *Tetracanthagyna waterhousei* McLachlan, 1898

分布：广东（肇庆）、海南、广西。

十二、春蜓科 Gomphidae Rambur, 1842

45. 安春蜓属 *Amphigomphus* Chao, 1954

（84）汉森安春蜓 *Amphigomphus hansoni* Chao, 1954

分布：广东、浙江、江西、福建、海南。

46. 亚春蜓属 *Asiagomphus* Asahina, 1985

（85）凹缘亚春蜓 *Asiagomphus septimus* (Needham, 1930)

分布：广东、江西、福建、海南、广西。

47. 缅春蜓属 *Burmagomphus* Williamson, 1907

（86）联纹缅春蜓 *Burmagomphus vermicularis* (Martin, 1904)

分布：广东（肇庆）、福建、台湾、海南、香港。

48. 闽春蜓属 *Fukienogomphus* Chao, 1954

（87）深山闽春蜓 *Fukienogomphus prometheus* (Lieftinck, 1939)

分布：广东、浙江、福建、台湾、海南、香港。

（88）显著闽春蜓 *Fukienogomphus promineus* Chao, 1954

分布：广东、福建。

49. 小叶春蜓属 *Gomphidia* Selys, 1854

（89）并纹小叶春蜓 *Gomphidia kruegeri* Martin, 1904

分布：广东、浙江、福建、台湾、海南、云南。

50. 曦春蜓属 *Heliogomphus* Laidlaw, 1922

（90）扭尾曦春蜓 *Heliogomphus retroflexus* (Ris, 1912)

分布：广东（肇庆）、浙江、福建、台湾、海南、贵州；越南。

（91）独角曦春蜓 *Heliogomphus scorpio* (Ris, 1912)

分布：广东、浙江、福建、海南、香港、广西；越南，老挝。

51. 叶春蜓属 *Ictinogomphus* Cowley, 1934

（92）小团扇春蜓 *Ictinogomphus rapax* (Rambur, 1842)

分布：广东（珠海）、河南、陕西、江苏、浙江、湖北、江西、福建、台湾、海南、广西、四川；日本；南亚，东南亚。

52. 猛春蜓属 *Labrogomphus* Needham, 1931

（93）凶猛春蜓 *Labrogomphus torvus* Needham, 1931

分布：广东（肇庆）、浙江、湖北、福建、海南、香港、广西、贵州。

53. 环尾春蜓属 *Lamelligomphus* Fraser, 1922

（94）驼峰环尾春蜓 *Lamelligomphus camelus* (Martin, 1904)

分布：广东、海南、广西。

（95）海南环尾春蜓 *Lamelligomphus hainanensis* (Chao, 1954)

分布：广东、福建、海南、香港。

（96）双髻环尾春蜓 *Lamelligomphus tutulus* Liu *et* Chao, 1990

分布：广东、广西、四川、贵州。

54. 纤春蜓属 *Leptogomphus* Selys, 1878

（97）歧角纤春蜓 *Leptogomphus divaricatus* Chao, 1984

分布：广东、福建。

（98）居间纤春蜓 *Leptogomphus intermedius* Chao, 1982

分布：广东。

（99）圆腔纤春蜓 *Leptogomphus perforatus* Ris, 1912

分布：广东（肇庆）、福建、广西。

55. 弯尾春蜓属 *Melligomphus* Chao, 1990

（100）广东弯尾春蜓 *Melligomphus guangdongensis* (Chao, 1994)

分布：广东（封开）。

56. 日春蜓属 *Nihonogomphus* Oguma, 1926

（101）长钩日春蜓 *Nihonogomphus semanticus* Chao, 1954

分布：广东、浙江、福建。

57. 蛇纹春蜓属 *Ophiogomphus* Selys, 1854

（102）中华长钩春蜓 *Ophiogomphus sinicus* (Chao, 1954)

分布：广东、浙江、香港、广西。

58. 副春蜓属 *Paragomphus* Cowley, 1934

（103）羊角副春蜓 *Paragomphus capricornis* (Förster, 1914)

分布：广东、香港、广西。

（104）豹纹副春蜓 *Paragomphus pardalinus* Needham, 1942

分布：广东、海南、广西。

59. 显春蜓属 *Phaenandrogomphus* Lieftinck, 1964

（105）沿海显春蜓 *Phaenandrogomphus tonkinicus* (Fraser, 1926)

分布：广东。

60. 新叶春蜓属 *Sinictinogomphus* Fraser, 1939

（106）大团扇春蜓 *Sinictinogomphus clavatus* (Fabricius, 1775)

分布：广东（珠海）等；朝鲜，日本，越南。

61. 扩腹春蜓属 *Stylurus* Needham, 1897

（107）黑面扩腹春蜓 *Stylurus clathratus* (Needham, 1930)

分布：广东（肇庆）、湖北、福建、四川。

62. 棘尾春蜓属 *Trigomphus* Bartenev, 1911

（108）黄唇棘尾春蜓 *Trigomphus beatus* Chao, 1954

分布：广东、湖北、湖南、福建、广西。

十三、大蜓科 Cordulegastridae Tillyard, 1917

63. 圆臀大蜓属 *Anotogaster* Selys, 1854

（109）巨圆臀大蜓 *Anotogaster sieboldii* (Selys, 1854)

分布：广东（信宜）、山东、河南、安徽、浙江、湖北、福建、台湾、四川。

十四、裂唇蜓科 Chlorogomphidae Carle, 1995

64. 裂唇蜓属 *Chlorogomphus* Selys, 1854

（110）金氏华裂唇蜓 *Chlorogomphus kitawakii* Karube, 1995

分布：广东、广西。

（111）长鼻裂唇蜓 *Chlorogomphus nasutus* Needham, 1930

分布：广东、浙江、湖南、福建、广西、四川、贵州。

（112）蝴蝶裂唇蜓 *Chlorogomphus papilio* Ris, 1927

分布：广东（连州、乳源）、湖南、福建、广西、四川、贵州、云南。

（113）粤山裂唇蜓 *Chlorogomphus shanicus* Wilson, 2002

分布：广东（德庆）。

65. 瓣裂唇蜓属 ***Chloropetalia* Carle, 1995**

（114）翔瓣裂唇蜓 *Chloropetalia soarer* Wilson, 2002

分布：广东（德庆）。

十五、伪蜻科 Corduliidae Kirby, 1890

66. 异伪蜻属 ***Idionyx* Hagen, 1867**

（115）脊异伪蜻 *Idionyx carinata* Fraser, 1926

分布：广东（韶关）、浙江、福建。

（116）郁异伪蜻 *Idionyx claudia* Ris, 1912

分布：广东、江西、香港、贵州。

67. 中伪蜻属 ***Macromidia* Martin, 1907**

（117）克氏中伪蜻 *Macromidia kelloggi* Asahina, 1978

分布：广东、浙江、福建。

（118）飓中伪蜻 *Macromidia rapida* Martin, 1907

分布：广东（肇庆）、海南、广西。

十六、蜻科 Libellulidae Leach, 1815

68. 疏脉蜻属 ***Brachydiplax* Brauer, 1868**

（119）蓝额疏脉蜻 *Brachydiplax chalybea* Brauer, 1868

分布：广东、河北、山东、河南、江苏、上海、安徽、浙江、江西、福建、台湾、海南、广西、云南；印度。

69. 黄翅蜻属 ***Brachythemis* Brauer, 1868**

（120）黄翅蜻 *Brachythemis contaminata* (Fabricius, 1793)

分布：广东（珠海）、河南、陕西、江苏、浙江、湖北、江西、湖南、福建、台湾、海南、香港、广西、云南。

70. 红蜻属 ***Crocothemis* Brauer, 1868**

（121）红蜻 *Crocothemis servilia* (Drury, 1773)

分布：广东（珠海）等；俄罗斯，朝鲜，日本。

71. 蓝小蜻属 ***Diplacodes* Kirby, 1889**

（122）斑蓝小蜻 *Diplacodes nebulosa* (Fabricius, 1793)

分布：广东、江西、福建、海南、香港、广西。

72. 宽腹蜻属 ***Lyriothemis* Brauer, 1868**

（123）华丽宽腹蜻 *Lyriothemis elegantissima* Selys, 1883

分布：广东、福建、台湾、香港、广西。

73. 漭蜻属 ***Macrodiplax* Brauer, 1868**

（124）高翔漭蜻 *Macrodiplax cora* (Kaup in Brauer, 1867)

　　分布：广东、台湾、海南、香港。

74. 斑小蜻属 *Nannophyopsis* Lieftinck, 1935

（125）膨腹斑小蜻 *Nannophyopsis clara* (Needham, 1930)

　　分布：广东、江苏、浙江、福建、台湾、海南、香港、广西。

75. 脉蜻属 *Neurothemis* Brauer, 1867

（126）网脉蜻 *Neurothemis fulvia* (Drury, 1773)

　　分布：广东（信宜）、江苏、江西、福建、台湾、海南、香港、广西、云南。

（127）截斑脉蜻 *Neurothemis tullia* (Drury, 1773)

　　分布：广东（珠海）、浙江、江西、福建、台湾、海南、香港、广西、云南；印度。

76. 爪蜻属 *Onychothemis* Brauer, 1868

（128）雨林爪蜻 *Onychothemis testacea* Laidlaw, 1902

　　分布：广东、台湾、海南、广西、云南。

77. 灰蜻属 *Orthetrum* Newman, 1833

（129）白尾灰蜻 *Orthetrum albistylum* Selys, 1848

　　分布：广东等；俄罗斯，朝鲜，日本。

（130）华丽灰蜻 *Orthetrum chrysis* (Selys, 1891)

　　分布：广东、浙江、福建、广西、香港、海南、云南；印度。

（131）黑尾灰蜻 *Orthetrum glaucum* (Brauer, 1865)

　　分布：广东等；日本；东南亚。

（132）吕宋灰蜻 *Orthetrum luzonicum* (Brauer, 1868)

　　分布：广东（珠海）、浙江、福建、广西、四川、云南。

（133）赤褐灰蜻 *Orthetrum pruinosum* (Burmeister, 1839)

　　分布：广东（信宜）、浙江、江西、福建、广西、云南。

（134）鼎脉灰蜻 *Orthetrum triangulare* (Selys, 1878)

　　分布：广东、河南、湖北、浙江、海南、香港、广西。

78. 曲缘蜻属 *Palpopleura* Rambur, 1842

（135）六斑曲缘蜻 *Palpopleura sexmaculata* (Fabricius, 1787)

　　分布：广东（信宜）、浙江、湖北、江西、福建、海南、重庆、四川、云南、西藏。

79. 黄蜻属 *Pantala* Hagen, 1861

（136）黄蜻 *Pantala flavescens* (Fabricius, 1798)

　　分布：广东（珠海）等；世界广布。

80. 胭蜻属 *Rhodothemis* Ris, 1909

（137）红胭蜻 *Rhodothemis rufa* (Rambur, 1842)

　　分布：广东、台湾、香港、广西。

81. 丽翅蜻属 *Rhyothemis* Hagen, 1867

（138）三角丽翅蜻 *Rhyothemis triangularis* Kirby, 1889

分布：广东（肇庆）、台湾、香港。

（139）斑丽翅蜻 *Rhyothemis variegata* (Linnaeus, 1763)

分布：广东、浙江、福建、海南、香港、云南。

82. 赤蜻属 *Sympetrum* Newman, 1833

（140）夏赤蜻 *Sympetrum darwinianum* Selys, 1883

分布：广东（信宜）、天津、湖北、福建、广西、四川。

（141）竖眉赤蜻 *Sympetrum eroticum* (Selys, 1883)

分布：广东等；俄罗斯，朝鲜，日本。

（142）小赤蜻 *Sympetrum parvulum* (Bartenev, 1912)

分布：广东、浙江、湖北；日本。

（143）李氏赤蜻 *Sympetrum risi* Bartenev, 1914

分布：广东、吉林、湖北、四川。

83. 方蜻属 *Tetrathemis* Brauer, 1868

（144）宽翅方蜻 *Tetrathemis platyptera* Selys, 1878

分布：广东、海南、广西、云南。

84. 云斑蜻属 *Tholymis* Hagen, 1867

（145）云斑蜻 *Tholymis tillarga* (Fabricius, 1798)

分布：广东、香港、云南。

85. 斜痣蜻属 *Tramea* Hagen, 1861

（146）华斜痣蜻 *Tramea virginia* (Rambur, 1842)

分布：广东（珠海）、北京、天津、河南、江苏、安徽、浙江、湖北、江西、湖南、福建、台湾、海南、香港、广西、重庆、四川、贵州、云南。

86. 褐蜻属 *Trithemis* Brauer, 1868

（147）晓褐蜻 *Trithemis aurora* (Burmeister, 1839)

分布：广东等；日本；东南亚。

（148）庆褐蜻 *Trithemis festiva* (Rambur, 1842)

分布：广东（信宜）、台湾、海南、广西、贵州、云南。

（149）灰脉褐蜻 *Trithemis pallidinervis* (Kirby, 1889)

分布：广东、台湾、香港。

87. 曲钩脉蜻属 *Urothemis* Brauer, 1868

（150）曲钩脉蜻 *Urothemis signata* (Rambur, 1842)

分布：广东、福建、台湾、海南、香港、广西。

88. 虹蜻属 *Zygonyx* Hagen, 1867

（151）朝比奈虹蜻 *Zygonyx asahinai* Matsuki *et* Saito, 1995

分布：广东、浙江、福建、香港、广西。

（152）塔卡虹蜻 *Zygonyx takasago* Asahina, 1966

分布：广东（肇庆）、台湾、海南。

89. 细腰蜻属 *Zyxomma* **Rambur, 1842**

（153）绿眼细腰蜻 *Zyxomma petiolatum* Rambur, 1842

分布：广东、浙江、福建。

十七、大伪蜻科 Macromiidae Needham, 1903

90. 丽大伪蜻属 *Epophthalmia* **Burmeister, 1839**

（154）闪蓝丽大伪蜻 *Epophthalmia elegans* (Brauer, 1865)

分布：广东（珠海）等；俄罗斯，朝鲜，日本，越南，老挝。

91. 大伪蜻属 *Macromia* **Rambur, 1842**

（155）伯兰大伪蜻 *Macromia berlandi* Lieftinck, 1941

分布：广东、海南、云南。

（156）笛尾大伪蜻 *Macromia calliope* Ris, 1916

分布：广东、海南、云南。

（157）*Macromia chui* Asahina, 1968

分布：广东、台湾。

（158）海神大伪蜻 *Macromia clio* Ris, 1916

分布：广东、浙江、福建、台湾、海南、广西、贵州；日本，越南。

（159）福建大伪蜻 *Macromia malleifera* Lieftinck, 1955

分布：广东、浙江、福建。

（160）东北大伪蜻 *Macromia manchurica* Asahina, 1964

分布：广东、黑龙江、北京、贵州。

（161）弯钩大伪蜻 *Macromia unca* Wilson, 2004

分布：广东（连州）、福建、贵州。

（162）天王大伪蜻 *Macromia urania* Ris, 1916

分布：广东（肇庆）、福建、台湾、海南、香港。

参考文献：

欧剑峰，黄鸿，刘桂清，等，2009. 广东省珠海地区蜻蜓目昆虫物种多样性调查［J］. 环境昆虫学报，31（4）：356-360.

于昕，2017. 中国色蟌科 Calopterygidae 昆虫名录（昆虫纲：蜻蜓目）［J］. 中国科技论文在线精品论文，10（15）：1701-1706.

张兵兰，庞虹，贾凤龙，等，2003. 广东大雾岭自然保护区蜻蜓调查初报［J］. 环境昆虫学报，25（2）：55-58.

赵修复，1994. 广东蛇纹春蜓属 *Ophiogomphus* Selys 一新种描述（蜻蜓目：春蜓科）［J］. 武夷科学，11：73-75.

GUAN Z Y, DUMONT H J, HAN B P, 2012. *Archineura incarnata* (Karsch, 1892) and *Atrocalopteryx melli* (Ris, 1912) in southern China (Odonata: Calopterygidae) ［J］. International journal of odonatology，15（3）：229-239.

REELS G T, 2001. Two Hong Kong 'endemics' sunk at Wutongshan ［J］. Porcupine，23：5.

WILSON K D P, 1997. The Platystictidae of Hong Kong and Guangdong, with descriptions of a new genus and two new species (Zygoptera) ［J］. Odonatologica，26（1）：53-63.

WILSON K D P，1997．*Rhipidolestes* from Guangdong and Hong Kong, with a description of *R．janetae* spec．nov．(Zygoptera: Megapodagrionidae)［J］．Odonatologica，26（3）：329–335.

WILSON K D P，1999．Dragonflies (Odonata) of Dinghu Shan biosphere reserve, Guangdong province, China［J］．International journal of odonatology，2（1）：23–53.

WILSON K D P，2002．Notes on Chlorogomphidae from southern China, with descriptions of two new species (Anisoptera)［J］．Odonatologica，31（1）：65–72.

WILSON K D P，2004．New Odonata from south China［J］．Odonatologica，33（4）：423–432.

WILSON K D P，XU Z F，2007．Odonata of Guangdong, Hong Kong and Macau, south China, part 1：Zygoptera［J］．International journal of odonatology，10（1）：87–128.

WILSON K D P，XU Z F，2008．Aeshnidae of Guangdong and Hong Kong (China)，with the descriptions of three new *Planaeshna* species (Anisoptera)［J］．Odonatologica，37（4）：329–360.

ZHANG H M，YEH W C，TONG X L，2010．Descriptions of two new species of the genus *Planaeschna* from China (Odonata: Anisoptera: Aeshnidae)［J］．Zootaxa，2674：51–60.

ZHANG H M，HÄMÄLÄINEN M，2012．*Matrona annina* sp．n．from southern China (Odonata, Calopterygidae)［J］．Tijdschrift voor entomologie，155 (2/3)：285–290.

革翅目 Dermaptera

一、大尾蠼科 Pygidicranidae Verhoeff, 1902

1. 瘤蠼属 *Challia* Burr, 1904

（1）瘤蠼 *Challia fletcheri* Burr, 1904

分布：广东北部、北京、山东、安徽、浙江、江西、湖南、福建、西藏。

2. 盔蠼属 *Cranopygia* Burr, 1908

（2）带盔蠼 *Cranopygia vitticollis* (Stål, 1855)

分布：广东、湖南、福建、海南、香港；越南。

二、丝尾蠼科 Diplatyidae Verhoeff, 1902

3. 裂丝尾蠼属 *Nannopygia* Dohrn, 1863

（3）黑裂丝尾蠼 *Nannopygia nigriceps* (Kirby, 1891)

分布：广东、海南、香港、广西；泰国，印度，缅甸，菲律宾，马来西亚。

三、肥蠼科 Anisolabididae Verhoeff, 1902

4. 小肥蠼属 *Euborellia* Burr, 1910

（4）袋小肥蠼 *Euborellia annulata* (Fabricius, 1793)

分布：广东、江苏、湖北、湖南、福建、海南；印度尼西亚。

（5）密点小肥蠼 *Euborellia punctata* Borelli, 1927

分布：广东、江苏、香港、广西。

5. 扁肥蠼属 *Platylabia* Dohrn, 1891

（6）扁肥蠼 *Platylabia major* Dohrn, 1867

分布：广东、福建、湖南、海南、广西、云南。

四、蠼螋科 Labiduridae Verhoeff, 1902

6. 蠼螋属 *Labidura* Lench, 1815

（7）溪岸蠼螋 *Labidura riparia* (Pallas, 1773)

分布：广东、内蒙古、河北、甘肃、新疆、江苏、湖南、福建、海南、贵州、云南；俄罗斯，日本，越南，印度，缅甸，菲律宾，法国，美国；非洲北部。

五、球螋科 Forficulidae Stephens, 1829

7. 异螋属 *Allodahlia* Verhoeff, 1902

（8）异螋 *Allodahlia scabriuscula* Serville, 1839

分布：广东、天津、河北、河南、甘肃、湖北、湖南、台湾、广西、四川、云南、西藏；越南，印度，缅甸，不丹，印度尼西亚。

8. 敬螋属 *Cordax* Burr, 1910

（9）单齿敬螋 *Cordax unidentatus* (Borelli, 1915)

分布：广东、山西、陕西、浙江、江西、湖南、福建、台湾、广西、贵州、云南。

9. 慈螋属 *Eparchus* Burr, 1907

（10）慈螋 *Eparchus insignis* (De Haan, 1842)

分布：广东、新疆、福建、台湾、海南、广西、四川、贵州、云南、西藏；泰国，印度，缅甸，尼泊尔，斯里兰卡，马来西亚，印度尼西亚。

10. 垂缘螋属 *Eudohrnia* Burr, 1907

（11）垂缘螋 *Eudohrnia metallica* (Dohrn, 1865)

分布：广东、湖北、湖南、福建、海南、广西、重庆、四川、云南、西藏；越南，印度，缅甸，尼泊尔。

11. 球螋属 *Forficula* Linnaeus, 1758

（12）饰球螋 *Forficula ornata* Bormans, 1884

分布：广东、湖南、海南、广西、云南、西藏；越南，缅甸，尼泊尔，不丹。

12. 乔球螋属 *Timomenus* Burr, 1907

（13）净乔球螋 *Timomenus inermis* Borelli, 1915

分布：广东（广州）、河北、山西、陕西、湖北、福建、台湾、云南。

（14）皮乔球螋 *Timomenus pieli* Hincks, 1941

分布：广东、海南；越南。

（15）社乔球螋 *Timomenus shelfordi* (Burr, 1904)

分布：广东、浙江、江西、台湾、海南；越南，马来西亚。

（16）齿乔球螋 *Timomenus unidentatus* Borelli, 1915

分布：广东（广州）、吉林、山东。

参考文献：

陈一心，马文珍，2004. 中国动物志：昆虫纲：第三十五卷·革翅目［M］. 北京：科学出版社.

宋烨龙，任国栋，2015. 京津冀革翅目昆虫资源［J］. 河北大学学报（自然科学版），35（2）：169-176.

孙美玲，2016. 中国枝蠼亚科、库蠼亚科和缘蠼亚科系统分类学研究（革翅目：球蠼科）［D］. 上海：华东师范大学.

张晓春，杨集昆，1993. 贵州省革翅目昆虫纪要［J］. 昆虫分类学报，15（4）：252-254.

HO G W C，NISHIKAWA M，2009. A new species of the genus *Challia* Burr (Dermaptera, Pygidicranidae, Challinae) from Hong Kong and a new record of *Challia fletcheri* Burr from North Guangdong，China［J］. Japanese journal of systematic entomology，15（2）：367-374.

NISHIKAWA M，2006. Notes on the Challinae (Dermaptera: Pygidicranidae), with descriptions of three new species from China, Korea and Japan［J］. Japanese journal of systematic entomology，12（1）：17-31.

YE X H，GU J，ZHANG M，et al.，2020. Description of *Chelisoches chongqingensis* sp. nov. (Dermaptera: Chelisochidae) and redescription of *Platylabia major* Dohrn, 1867 from China［J］. Zootaxa，4790（3）：551-563.

襀翅目 Plecoptera

一、卷襀科 Leuctridae Klapálek, 1905

1. 诺襀属 *Rhopalopsole* Klapálek, 1912

（1）广东诺襀 *Rhopalopsole guangdongensis* Li *et* Yang, 2011

分布：广东（乳源）。

（2）长刺诺襀 *Rhopalopsole longispina* Yang *et* Yang, 1991

分布：广东（乳源）、浙江。

（3）南岭诺襀 *Rhopalopsole nanlinga* Yang *et* Du, 2022

分布：广东（乳源）。

（4）石门台诺襀 *Rhopalopsole shimentaiensis* Yang, Li *et* Zhu, 2004

分布：广东（英德）。

（5）中华诺襀 *Rhopalopsole sinensis* Yang *et* Yang, 1993

分布：广东、河南、陕西、宁夏、浙江、湖北、福建、广西、四川、贵州、云南；越南。

（6）许氏诺襀 *Rhopalopsole xui* Yang, Li *et* Zhu, 2004

分布：广东（乳源）、江苏。

二、叉襀科 Nemouridae Newman, 1853

2. 倍叉襀属 *Amphinemura* Ris, 1902

（7）钩突倍叉襀 *Amphinemura ancistroidea* Li *et* Yang, 2007

分布：广东（英德）。

（8）朱氏倍叉襀 *Amphinemura chui* (Wu, 1935)

分布：广东（英德、乳源）、浙江。

（9）细臂倍叉襀 *Amphinemura filarmia* Li *et* Yang, 2007

分布：广东（乳源）、浙江。

（10）鸢尾倍叉襀 *Amphinemura fleurdelia* (Wu, 1949)

分布：广东（英德、乳源）、福建。

（11）梅州倍叉襀*Amphinemura meizhouensis* Mo, Wang, Yang, Li *et* Murányi, 2021

分布：广东（梅州）。

（12）南岭倍叉襀*Amphinemura nanlingensis* Yang, Li *et* Sivec, 2005

分布：广东（乳源）。

（13）皮氏倍叉襀*Amphinemura pieli* (Wu, 1938)

分布：广东、浙江。

（14）缺突倍叉襀*Amphinemura retusilobata* Mo, Wang, Yang, Li *et* Murányi, 2020

分布：广东（信宜）、广西。

（15）似鸢尾倍叉襀*Amphinemura simifleurdelia* Mo, Wang, Yang, Li *et* Murányi, 2020

分布：广东（信宜）。

3. 印叉襀属 *Indonemoura* Baumann, 1975

（16）分叉印叉襀*Indonemoura bifida* Mo, Wang, Yang *et* Li, 2019

分布：广东（信宜）。

（17）广东印叉襀*Indonemoura guangdongensis* Li *et* Yang, 2006

分布：广东（阳春）。

（18）刀突印叉襀*Indonemoura scalprata* (Li *et* Yang, 2007)

分布：广东（英德）、福建。

（19）三尖印叉襀*Indonemoura trispina* Li *et* Sivec, 2005

分布：广东（乳源、信宜）。

4. 叉襀属 *Nemoura* Latreille, 1796

（20）基刺叉襀*Nemoura basispina* Li *et* Yang, 2006

分布：广东（乳源）。

（21）花突叉襀*Nemoura floralis* Li *et* Yang, 2006

分布：广东（乳源）。

（22）广东叉襀*Nemoura guangdongensis* Li *et* Yang, 2006

分布：广东（乳源）、江苏、浙江、贵州、云南。

5. 原叉襀属 *Protonemura* Kempny, 1898

（23）凹缘原叉襀*Protonemura biintrans* Li *et* Yang, 2008

分布：广东（龙门）。

三、襀科 Perlidae Latreille, 1802

6. 锤襀属 *Claassenia* Wu, 1934

（24）内曲锤襀*Claassenia bischoffi* (Wu, 1935)

分布：广东。

（25）大型锤襀*Claassenia magna* Wu, 1948

分布：广东、福建。

7. 瘤钮襀属 *Hemacroneuria* Enderlein, 1909

（26）浅紫瘤钮𫌇 *Hemacroneuria violacea* Enderlein, 1909

  分布：广东、福建、广西、贵州；越南。

8. 钩𫌇属 *Kamimuria* Klapálek, 1907

（27）梅氏钩𫌇 *Kamimuria melli* Wu, 1935

  分布：广东。

9. 扣𫌇属 *Kiotina* Klapálek, 1907

（28）蒋氏扣𫌇 *Kiotina chiangi* (Banks, 1939)

  分布：广东（梅县）。

10. 新𫌇属 *Neoperla* Needham, 1905

（29）卡氏新𫌇 *Neoperla cavaleriei* (Navás, 1922)

  分布：广东、贵州、云南、台湾；越南，泰国。

（30）车八岭新𫌇 *Neoperla chebalinga* Chen *et* Du, 2016

  分布：广东（始兴）。

（31）鞭突新𫌇 *Neoperla flagellata* Li *et* Murányi, 2012

  分布：广东（英德）。

（32）烟褐新𫌇 *Neoperla infuscata* Wu, 1935

  分布：广东、江西、福建、广西。

（33）芒新𫌇 *Neoperla mnong* Stark, 1987

  分布：广东（始兴）、广西；越南，泰国。

（34）似直新𫌇 *Neoperla similiserecta* Wang *et* Li, 2012

  分布：广东（新丰）、福建。

（35）定武山新𫌇 *Neoperla tingwushanensis* Wu, 1935

  分布：广东（肇庆）、云南。

（36）瑶族新𫌇 *Neoperla yao* Stark, 1987

  分布：广东；越南。

11. 近𫌇属 *Neoperlops* Banks, 1939

（37）嘉氏近𫌇 *Neoperlops gressitti* Banks, 1939

  分布：广东（梅县）、广西、江西。

（38）暗翅近𫌇 *Neoperlops obscuripennis* Banks, 1939

  分布：广东（梅县）。

12. 襟𫌇属 *Togoperla* Klapálek, 1907

（39）齿臂襟𫌇 *Togoperla canilimbata* (Enderlein, 1909)

  分布：广东、广西、贵州；越南。

四、刺𫌇科 Styloperlidae Illies, 1966

13. 刺𫌇属 *Styloperla* Wu, 1935

（40）江西刺𫌇 *Styloperla jiangxiensis* Yang *et* Yang, 1990

  分布：广东（乳源）、江西。

（41）棘尾刺襀 *Styloperla spinicercia* Wu, 1935
分布：广东、浙江、福建、广西、贵州。

参考文献：

陈志腾，2018. 中国襀翅目分子系统学及真颚组系统分类研究［D］. 扬州：扬州大学.

杨定，李卫海，2018. 中国生物物种名录：第二卷：动物：昆虫（Ⅲ）·襀翅目［M］. 北京：科学出版社.

杨定，李卫海，祝芳，2014. 中国动物志：昆虫纲：第五十八卷：襀翅目：叉襀总科［M］. 北京：科学出版社.

杨集昆，杨定，1994. 陕西诺襀属二新种（襀翅目：卷襀科）［J］.昆虫分类学报，16（3）：189-191.

BAUMANN R W，1975. Revision of the stonefly family Nemouridae（Plecoptera）：A study of the world fauna at the generic level［J］. Smithsonian contributions to zoology，211：1-74.

CHEN Z T，DU Y Z，2016. A new species of *Neoperla* from China, with a redescription of the female of *N. mnong* Stark，1987（Plecoptera，Perlidae）［J］. ZooKeys，616：103-113.

HARRISON A B，STARK B P，2008. *Rhopalopsole alobata*（Plecoptera：Leuctridae），a new stonefly species from Vietnam［J］. Illiesia，4（7）：76-80.

HUO Q B，ZHU B Q，DU Y Z，2021. New illustrations, new species and new combination of *Hemacroneuria* Enderlein（Plecoptera：Perlidae）from China［J］. Zootaxa，5032（4）：563-576.

LI W H，MO R R，DONG W B，et al.，2018. Two new species of *Amphinemura*（Plecoptera：Nemouridae）from the southern Qinling Mountains of China, based on male, female and larvae［J］.ZooKeys，808：1-21.

LI W H，YANG D，2006. New species of *Nemoura*（Plecoptera：Nemouridae）from China［J］. Zootaxa，1137：53-61.

LI W H，YANG D，2006. The genus *Indonemoura* Baumann，1975（Plecoptera：Nemouridae）from China［J］. Zootaxa，1283（1）：47-61.

LI W H，YANG D，2007. Review of the genus *Amphinemura*（Plecoptera：Nemouridae）from Guangdong，China［J］. Zootaxa，1511（1）：55-64.

LI W H，YANG D，2008. New species of Nemouridae（Plecoptera）from China［J］. Aquatic insects，30（3）：205-221.

LI W H，YANG D，2011. A new species of *Rhopalopsole dentata* group from China（Plecoptera：Leuctridae）［J］. Transactions of the american entomological society，137（1/2）：199-201.

LI W H，YANG D，2012. A review of *Rhopalopsole magnicerca* group（Plecoptera：Leuctridae）from China［J］. Zootaxa，3582（1）：17-32.

LI W H，YANG D，SIVEC I，2005. Two new species of *Indonemoura*（Plecoptera：Nemouridae）from China［J］. Zootaxa，893（1）：1-5.

LI W H，WANG G Q，L L WH，et al.，2012. Review of *Neoperla*（Plecoptera：Perlidae）from Guangdong Province of China［J］. Zootaxa，3597（1）：15-24.

MO R R，WANG G Q，YANG D，et al.，2019. A new species of *Indonemoura*（Plecoptera：Nemouridae）from Guangdong province of southern China［J］. Zootaxa，4658（3）：585-590.

MO R R，WANG G Q，YANG D，et al.，2019. Two new species and one new regional record of *Indonemoura* from

Guangxi，China，with additions to larval characters (Plecoptera, Nemouridae) ［J］．ZooKeys，825：25-42.

MO R R，WANG G Q，LI W H，et al.，2020．Review of the Oriental genus *Neoperlops* Banks，1939 (Plecoptera: Perlidae) ［J］．Zootaxa，4763（3）：405-418.

MO R R，WANG G Q，YANG D，et al.，2020．Two new species of the *Amphinemura sinensis* group (Plecoptera: Nemouridae) from southern China ［J］．Zootaxa，4820（2）：337-350.

MO R R，WANG G Q，YANG D，et al.，2021．Two new species and four unknown larvae of Amphinemurinae (Plecoptera: Nemouridae) from southern China ［J］．Zootaxa，5040（1）：77-101.

QIAN Y H，DU Y Z，2012．A new stonefly species，*Rhopalopsole tricuspis* (Leuctridae: Plecoptera)，and three new records of stoneflies from the Qinling Mountains of Shaanxi, China ［J］．Journal of insect science，12（47）：1-9.

SIVEC I，HARPER P P，SHIMIZU T，2008．Contribution to the study of the Oriental genus *Rhopalopsole* (Plecoptera: Leuctridae) ［J］．Scopolia，64：1-122.

WANG Z J，DU Y Z，SIVEC I，et al.，2006．Records and descriptions of some Nemouride species (Order: Plecoptera) from Leigong Mountain，Guizhou province，China ［J］．Illiesia，2（7）：50-56.

WU C F，1935．New species of stoneflies from East and south China ［J］．Bulletin of the peking Society of natural history，9（3）：227-243.

YANG D，LI W H，ZHU F，2005．Two new species of *Rhopalopsole* (Plecoptera: Leuctridae) from China ［J］．Entomological news，115（5）：279-282.

YANG D，LI W H，SIVEC I，2005．A new species of *Amphinemura* from south China (Plecoptera: Nemouridae) ［J］．Zootaxa，805（1）：1-4.

YANG Y B，DU Y Z，2022．A new synonym species with description of a new species of *Rhopalopsole* from China (Plecoptera：Leuctridae) ［J］．The european zoological journal，89（1）：183-189.

ZHAO M Y，DU Y Z，2020．A new species of *Protonemura* (Plecoptera: Nemouridae) from China and new images of three other species of the genus ［J］．Zootaxa，4802（2）：250-260.

ZHAO M Y，DU Y Z，2021．A new species and new synonym of *Amphinemura* (Plecoptera: Nemouridae) from Zhejiang province of China ［J］．Journal of natural history，55（11/12）：699-711.

直翅目 Orthoptera

一、剑角蝗科 Acrididae MacLeay, 1821

1. 剑角蝗属 *Acrida* Linnaeus, 1758

（1）中华剑角蝗 *Acrida cinerea* (Thunberg, 1815)

分布：广东、北京、河北、山西、山东、陕西、宁夏、甘肃、江苏、安徽、浙江、湖北、江西、湖南、福建、澳门、广西、四川、贵州、云南。

（2）梁氏剑角蝗 *Acrida liangi* Woznessenskij, 1998

分布：广东（广州、丰顺、鼎湖、高要）、广西。

（3）威廉剑角蝗 *Acrida willemsei* Dirsh, 1954

分布：广东（连州、台山、茂名、湛江）、海南、广西、西藏；缅甸，菲律宾，马来西亚。

2. 细肩蝗属 *Calephorus* Fieber, 1853

（4）细肩蝗 *Calephorus vitalisi* Bolívar, 1914

分布：广东（丰顺、博罗、中山、茂名）、海南、广西、云南；印度。

3. 埃蝗属 *Eoscyllina* Rehn, 1909

（5）贵州埃蝗 *Eoscyllina kweichowensis* Cheng, 1977

分布：广东（大埔）、福建、广西、贵州。

4. 蟋蚸蝗属 *Gelastorhinus* Brunner von Wattenwyl, 1893

（6）中华蟋蚸蝗 *Gelastorhinus chinensis* Willemse, 1932

分布：广东（连州、肇庆、徐闻）、福建、海南、香港、澳门、广西、四川。

（7）圆翅蟋蚸蝗 *Gelastorhinus rotundatus* Shiraki, 1910

分布：广东、山东、江苏、台湾、香港、广西、贵州。

5. 戛蝗属 *Gonista* Bolívar, 1898

（8）二色戛蝗 *Gonista bicolor* (De Haan, 1842)

分布：广东、河北、山东、陕西、甘肃、江苏、浙江、湖南、福建、台湾、海南、澳门、广西、四川、贵州、云南、西藏；日本，新加坡，印度尼西亚。

（9）云南戛蝗 *Gonista yunnana* Zheng, 1980

分布：广东（连州）、广西、云南。

6. 长腹蝗属 *Leptacris* Walker, 1870

（10）绿长腹蝗 *Leptacris taeniata* (Stål, 1873)

分布：广东（广州、连州、梅县）、福建、广西；越南。

（11）白条长腹蝗 *Leptacris vittata* (Fabricius, 1787)

分布：广东（广州、连州、汕头、博罗、广宁）、福建、海南、香港、广西、贵州。

7. 小戛蝗属 *Paragonista* Willemse, 1932

（12）小戛蝗 *Paragonista infumata* Willemse, 1932

分布：广东（广州、阳山、英德、乐昌、博罗、肇庆）、江苏、湖南、福建、海南、广西、贵州、云南。

8. 佛蝗属 *Phlaeoba* Stål, 1860

（13）白纹佛蝗 *Phlaeoba albonema* Zheng, 1981

分布：广东（连州、乳源、曲江、龙门、博罗）、福建、四川、贵州。

（14）短翅佛蝗 *Phlaeoba angustidorsis* Bolívar, 1902

分布：广东、江苏、浙江、江西、湖南、福建、四川、贵州。

（15）长角佛蝗 *Phlaeoba antennata* Brunner von Wattenhwyl, 1893

分布：广东（博罗、东莞、深圳）、福建、台湾、海南、香港、澳门、广西、贵州、云南；缅甸，新加坡，印度尼西亚。

（16）僧帽佛蝗 *Phlaeoba infumata* Brunner von Wattenwyl, 1893

分布：广东、陕西、江苏、湖北、江西、福建、海南、四川、贵州、云南；缅甸。

9. 腹声蝗属 *Phonogaster* Henry, 1940

（17）长膝腹声蝗 *Phonogaster longigeniculata* Zheng, 1982

　　分布：广东（英德）、广西、贵州。

10. 荒地蝗属 *Truxalis* Fabricius, 1775

（18）广州荒地蝗 *Truxalis guangzhouensis* Liang, 1989

　　分布：广东（广州）。

二、网翅蝗科 Arcypteridae Bolívar, 1914

11. 竹蝗属 *Ceracris* Walker, 1870

（19）黑翅竹蝗 *Ceracris fasciata fasciata* (Brunner von Wattenwyl, 1893)

　　分布：广东、福建、海南、香港、澳门、广西、云南。

（20）贺氏竹蝗 *Ceracris hoffmanni* Uvarov, 1931

　　分布：广东、福建、海南、广西。

（21）黄脊竹蝗 *Ceracris kiangsu* Tsai, 1929

　　分布：广东、陕西、江苏、安徽、浙江、湖北、江西、湖南、福建、澳门、广西、四川、
云南。

（22）大青脊竹蝗 *Ceracris nigricornis laeta* (Bolívar, 1914)

　　分布：广东、广西、海南、四川、贵州、云南。

12. 雏蝗属 *Chorthippus* Fieber, 1852

（23）湖南雏蝗 *Chorthippus hunanensis* Yin *et* Wei, 1986

　　分布：广东（仁化）、湖南。

13. 暗蝗属 *Dnopherula* Karsch, 1896

（24）无斑暗蝗 *Dnopherula svenhedini* (Sjöstedt, 1933)

　　分布：广东、河南、陕西、江西、海南、四川、云南；泰国。

（25）条纹暗蝗 *Dnopherula taeniatus* (Bolívar, 1902)

　　分布：广东、江西、湖南、澳门、广西、四川、贵州、云南、西藏；南亚，东南亚。

（26）短角暗蝗 *Dnopherula brevicornis* (Bi *et* Xia,1987)

　　分布：广东、江西、湖南、广西、四川、贵州、云南、西藏。

三、斑腿蝗科 Catantopidae Brunner von Wattenwyl, 1893

14. 胸斑蝗属 *Apalacris* Walker, 1870

（27）黑膝胸斑蝗 *Apalacris nigrogeniculata* Bi, 1984

　　分布：广东、安徽、湖南、福建、海南、四川、贵州。

（28）异角胸斑蝗 *Apalacris varicornis* Walker, 1870

　　分布：广东（广州、英德、梅县、龙门、博罗、南海）、陕西、福建、海南、广西、四川、
贵州、云南；日本，越南，泰国，印度，马来西亚，印度尼西亚。

15. 卫蝗属 *Armatacris* Yin, 1979

（29）西沙卫蝗 *Armatacris xishaensis* Yin, 1979

　　分布：广东、海南。

16. 星翅蝗属 *Calliptamus* Serville, 1831

（30）短星翅蝗 *Calliptamus abbreviatus* Ikonnikov, 1913

分布：广东（连州、乐昌）、黑龙江、吉林、辽宁、内蒙古、河北、山西、山东、陕西、甘肃、江苏、安徽、浙江、江西、四川、贵州；蒙古国，俄罗斯，朝鲜。

17. 卵翅蝗属 *Caryanda* Stål, 1878

（31）细卵翅蝗 *Caryanda gracilis* Liu *et* Yin, 1987

分布：广东（乳源、信宜）、湖南。

（32）柱突卵翅蝗 *Caryanda haii* (Tinkham, 1940)

分布：广东（龙门）、广西。

（33）黑条卵翅蝗 *Caryanda nigrolineata* Liang, 1987

分布：广东（始兴、和平、封开）。

（34）宽顶卵翅蝗 *Caryanda platyvertica* Yin, 1980

分布：广东（乳源）、四川。

18. 斑腿蝗属 *Catantops* Schaum, 1853

（35）红褐斑腿蝗 *Catantops pinguis pinguis* (Stål, 1860)

分布：广东、河北、陕西、江苏、湖北、江西、福建、台湾、海南、广西、四川、贵州、云南、西藏；日本，印度，缅甸，斯里兰卡。

19. 棉蝗属 *Chondracris* Uvarov, 1923

（36）棉蝗 *Chondracris rosea rosea* (De Geer, 1773)

分布：广东、内蒙古、河北、山东、陕西、江苏、浙江、湖北、湖南、福建、台湾、海南、澳门、广西、贵州、云南。

20. 长夹蝗属 *Choroedocus* Bolívar, 1914

（37）长夹蝗 *Choroedocus capensis* (Thunberg, 1815)

分布：广东、福建、海南、广西、贵州、云南；越南，柬埔寨，泰国，印度，缅甸，斯里兰卡。

21. 切翅蝗属 *Coptacra* Stål, 1873

（38）小切翅蝗 *Coptacra foedata* (Serville, 1839)

分布：广东（大埔）、台湾、香港；日本，越南，柬埔寨，缅甸，菲律宾，印度尼西亚。

（39）海南切翅蝗 *Coptacra hainanensis* Tinkham, 1940

分布：广东、海南、贵州。

22. 刺胸蝗属 *Cyrtacanthacris* Walker, 1870

（40）塔达刺胸蝗 *Cyrtacanthacris tatarica* (Linnaeus, 1758)

分布：广东、海南、云南；泰国，印度，斯里兰卡，孟加拉国，巴基斯坦。

23. 罕蝗属 *Ecphanthacris* Tinkham, 1940

（41）罕蝗 *Ecphanthacris mirabilis* Tinkham, 1940

分布：广东（大埔、龙门、博罗、封开）、广西、贵州、云南、西藏。

24. 疹蝗属 *Ecphymacris* Bi, 1984

（42）罗浮山疹蝗 *Ecphymacris lofaoshana* (Tinkham, 1940)

分布：广东（乳源、博罗）、广西、贵州、云南。

25. 十字蝗属 *Epistaurus* Bolívar, 1889

（43）长翅十字蝗 *Epistaurus aberrans* Brunner von Wattenwyl, 1893

分布：广东、海南、澳门、台湾、广西、贵州、云南；越南，泰国，缅甸。

（44）南方十字蝗 *Epistaurus meridionalis* Bi, 1984

分布：广东（新会、鼎湖）、浙江、台湾、海南、广西。

26. 斜翅蝗属 *Eucoptacra* Bolívar, 1902

（45）秉汉斜翅蝗 *Eucoptacra binghami* Uvarov, 1921

分布：广东（大埔、龙门、博罗、封开、信宜）、海南、云南；越南，印度，缅甸，泰国。

（46）广东斜翅蝗 *Fucoptacra kwangtungensis* Tinkham, 1940

分布：广东（博罗、高要、封开）、福建、广西。

（47）斜翅蝗 *Eucoptacra praemorsa* (Stål, 1860)

分布：广东、浙江、江西、福建、海南、澳门、台湾、广西；印度，缅甸，尼泊尔。

27. 黑背蝗属 *Eyprepocnemis* Fieber, 1853

（48）短翅黑背蝗 *Eyprepocnemis hokutensis* Shiraki, 1910

分布：广东（广州、连州、乐昌、和平、梅县、博罗、封开）、江苏、浙江、湖北、江西、福建、台湾、澳门、广西。

28. 腹露蝗属 *Fruhstorferiola* Willemse, 1922

（49）越北腹露蝗 *Fruhstorferiola tonkinensis* Willemse, 1922

分布：广东（阳山、英德、连州、新丰、连平、怀集）、广西；越南。

（50）绿腿腹露蝗 *Fruhstorferiola viridifemorata* (Caudell, 1921)

分布：广东（阳山）、浙江、安徽、江苏、湖北。

29. 芋蝗属 *Gesonula* Uvarov, 1940

（51）芋蝗 *Gesonula punctifrons* (Stål, 1860)

分布：广东（广州、南海、封开）、浙江、江西、福建、台湾、海南、澳门、广西、四川、云南；日本，印度，缅甸，斯里兰卡。

30. 蔗蝗属 *Hieroglyphus* Krauss, 1877

（52）斑角蔗蝗 *Hieroglyphus annulicornis* (Shiraki, 1910)

分布：广东（广州、连州、英德、乳源、乐昌、梅县、博罗、台山）、河北、山东、江苏、安徽、浙江、湖北、江西、湖南、福建、台湾、澳门、广西、四川、云南；日本，越南，泰国，印度。

（53）等岐蔗蝗 *Hieroglyphus banian* (Fabricius, 1798)

分布：广东、福建、广西、四川；越南，泰国，印度，缅甸，尼泊尔，不丹，斯里兰卡，孟加拉国，巴基斯坦，阿富汗。

（54）异岐蔗蝗 *Hieroglyphus tonkinensis* Bolívar, 1912

分布：广东、福建、海南、广西、贵州；越南，泰国，印度。

31. 龙州蝗属 *Longzhouacris* You *et* Bi, 1983

（55）金秀龙州蝗 *Longzhouacris jinxiuensis* Li *et* Jin, 1984

分布：广东（连州、龙门、封开）、广西。

32. 稻蝗属 *Oxya* Serville, 1831

（56）山稻蝗 *Oxya agavisa* Tsai, 1931

分布：广东（英德、连州、乳源、始兴、乐昌、和平、大埔、封开、广宁）、江苏、上海、安徽、浙江、湖北、江西、湖南、福建、广西、四川、贵州、云南等。

（57）中华稻蝗 *Oxya chinensis* (Thunberg, 1825)

分布：广东、黑龙江、吉林、辽宁、北京、天津、河北、山东、河南、陕西、江苏、上海、安徽、浙江、湖北、江西、湖南、福建、台湾、海南、澳门、广西、四川；朝鲜，日本，越南，泰国。

（58）海南稻蝗 *Oxya hainanensis* Bi, 1986

分布：广东、海南。

（59）小稻蝗 *Oxya intricata* (Stål, 1861)

分布：广东、山东、陕西、江苏、上海、安徽、浙江、湖北、江西、湖南、福建、台湾、香港、广西、贵州、云南、西藏；越南，泰国，菲律宾，马来西亚，新加坡，印度尼西亚；琉球群岛。

（60）日本稻蝗 *Oxya japonica* (Thunberg, 1824)

分布：广东、河北、山东、江苏、浙江、湖北、台湾、广西、四川、西藏；日本，越南，泰国，印度，缅甸，斯里兰卡，菲律宾，马来西亚，新加坡，巴基斯坦。

（61）丁氏稻蝗 *Oxya tinkhami* Uvarov, 1935

分布：广东（广州、龙门、博罗）。

（62）云南稻蝗 *Oxya yunnana* Bi, 1986

分布：广东（乐昌）、云南。

33. 大头蝗属 *Oxyrrhepes* Stål, 1873

（63）广东大头蝗 *Oxyrrhepes cantonensis* Tinkham, 1940

分布：广东（广州、英德、博罗）、海南、广西。

（64）长翅大头蝗 *Oxyrrhepes obtusa* (De Haan, 1842)

分布：广东、江西、台湾、海南、广西、云南。

（65）四点大头蝗 *Oxyrrhepes quadripunctata* Willemse, 1939

分布：广东（广州、连州、封开）、台湾、海南、广西。

34. 厚蝗属 *Pachyacris* Uvarov, 1923

（66）厚蝗 *Pachyacris vinosa* (Walker, 1870)

分布：广东（梅县、博罗、封开）、广西、海南、云南；越南，泰国，印度，缅甸，孟加拉国。

35. 扮桃蝗属 *Paratoacris* Li et Jin, 1984

（67）网翅扮桃蝗 *Paratoacris reticulipennis* Li et Jin，1984

分布：广东（乳源、封开）、广西。

36. 黄脊蝗属 *Patanga* Uvarov, 1923

（68）日本黄脊蝗 *Patanga japonica* (Bolívar, 1898)

分布：广东（连州、乳源、曲江、乐昌、大埔、博罗、信宜）、山东、河南、陕西、甘肃、江苏、安徽、浙江、江西、福建、台湾、广西、四川、贵州、云南、西藏；朝鲜，日本，印度，伊朗。

（69）印度黄脊蝗 *Patanga succincta* (Johansson, 1763)

分布：广东、福建、台湾、海南、澳门、广西、贵州、云南；印度，马来西亚，巴基斯坦。

37. 伪稻蝗属 *Pseudoxrya* Yin *et* Liu, 1987

（70）赤胫伪稻蝗 *Pseudoxya diminuta* (Walker, 1871)

分布：广东、福建、澳门、广西、贵州、云南。

38. 稞蝗属 *Quilta* Stål, 1860

（71）短翅稞蝗 *Quilta mitrata* Stål, 1860

分布：广东（博罗、四会）、江西、福建、海南、广西、云南。

（72）稻稞蝗 *Quilta oryzae* Uvarov, 1925

分布：广东（广州）、山东、江苏、湖北、湖南、福建、广西、云南。

39. 素木蝗属 *Shirakiacris* Dirsh, 1957

（73）长翅素木蝗 *Shirakiacris shirakii* (Bolívar, 1914)

分布：广东（乐昌）、河北、山东、河南、陕西、甘肃、江苏、安徽、浙江、江西、福建、广西；俄罗斯，朝鲜，日本，泰国，印度。

（74）云贵素木蝗 *Shirakiacris yunkweiensis* (Chang, 1937)

分布：广东（广州、英德、乐昌、汕头、深圳、博罗、封开）、海南、四川、贵州、云南。

40. 华蝗属 *Sinacris* Tinkham, 1940

（75）爱山华蝗 *Sinacris oreophilus* Tinkham, 1940

分布：广东（英德、梅县）、福建、广西、贵州、云南。

41. 蹦蝗属 *Sinopodisma* Chang, 1940

（76）二齿蹦蝗 *Sinopodisma bidenta* Liang, 1989

分布：广东（连州）。

（77）山蹦蝗 *Sinopodisma lofaoshana* (Tinkham, 1936)

分布：广东（广州、英德、连州、乳源、始兴、和平、博罗）、广西。

（78）英德蹦蝗 *Sinopodisma yingdensis* Liang, 1988

分布：广东（英德）。

42. 板胸蝗属 *Spathosternum* Krauss, 1877

（79）长翅板胸蝗 *Spathosternum prasiniferum prasiniferum* (Walker, 1871)

分布：广东（连州）、江苏、浙江、广西、四川、贵州、云南；越南，泰国，印度，缅甸，尼泊尔，孟加拉国，巴基斯坦。

（80）中华板胸蝗 *Spathosternum prasiniferum sinense* Uvarov, 1931

分布：广东、江苏、浙江、湖北、福建、海南、广西、四川。

43. 直斑腿蝗属 *Stenocatantops* Dirsh, 1953

（81）短角直斑腿蝗 *Senocatantops mistshenkoi* Willense, 1968

分布：广东（乳源）、陕西、江苏、安徽、浙江、湖北、江西、福建、台湾、广西、四川。

（82）长角直斑腿蝗 *Stenocatantops splendens* (Thunberg, 1815)

分布：广东、福建、台湾、海南、澳门、云南；越南，泰国，缅甸，尼泊尔，斯里兰卡，菲律宾，马来西亚，文莱，印度尼西亚。

44. 杜蝗属 *Toacris* Tinkham, 1940

（83）沙洛山杜蝗 *Toacris shaloshanensis* Tinkham, 1940

分布：广东（英德、乳源、新丰、龙门、大埔、肇庆）、广西。

（84）瑶山杜蝗 *Toacris yaoshanensis* Tinkham, 1940

分布：广东（黄埔、连州、乳源、龙门、肇庆）、福建。

45. 凸额蝗属 *Traulia* Stål, 1873

（85）短胫凸额蝗 *Traulia brachypeza* Bi, 1986

分布：广东（连州）、广西。

（86）罗浮山凸额蝗 *Traulia lofaoshana* Tinkham, 1940

分布：广东（广州、连州、始兴、新丰、大埔、博罗、肇庆）、福建、澳门、广西。

（87）黑胫凸额蝗 *Traulia nigritibialis* Bi, 1986

分布：广东、海南。

（88）东方凸额蝗 *Traulia orientalis* Ramme, 1941

分布：广东、福建、湖南、广西、贵州、云南。

（89）饰凸额蝗 *Traulia ornata* Shiraki, 1910

分布：广东（连州、博罗、封开）、台湾、福建、浙江、安徽。

46. 梭蝗属 *Tristria* Stål, 1873

（90）鱼形梭蝗 *Tristria pisciforme* (Serville, 1839)

分布：广东（广州、英德、南雄、南海、封开、湛江）、海南、香港、澳门、广西、贵州；泰国，印度尼西亚。

47. 外斑腿蝗属 *Xenocatantops* Dirsh, 1953

（91）短角外斑腿蝗 *Xenocatantops brachycerus* (Willemse, 1932)

分布：广东、河北、陕西、甘肃、江苏、浙江、湖北、福建、台湾、海南、贵州、云南、西藏；印度，尼泊尔，不丹。

四、瘤锥蝗科 Chrotogonidae Bolívar, 1884

48. 黄星蝗属 *Aularches* Stål, 1873

（92）黄星蝗 *Aularches miliaris* (Linnaeus, 1758)

分布：广东（湛江、封开）、海南、广西、四川、贵州、云南、西藏；越南，老挝，泰国，印度，缅甸，尼泊尔，斯里兰卡，马来西亚，印度尼西亚，孟加拉国，巴基斯坦。

49. 橄蝗属 *Tagasta* Bolívar, 1905

（93）印度橄蝗 *Tagasta indica* Bolívar, 1905

分布：广东（广州、英德、始兴、仁化、博罗）、福建、广西、云南、西藏；越南，泰国，印度，缅甸，不丹，尼泊尔。

（94）越北橄蝗 *Tagasta tonkinensis* Bolívar, 1905

分布：广东、福建、海南、广西；越南。

（95）云南橄蝗 *Tagasta yunnana* Bi, 1983

分布：广东（乐昌）、云南。

五、斑翅蝗科 Oedipodidae Walker, 1871

50. 绿纹蝗属 *Aiolopus* Fieber, 1853

（96）花胫绿纹蝗 *Aiolopus tamulus* (Fabricius, 1798)

分布：广东、辽宁、北京、河北、陕西、宁夏、甘肃、江苏、安徽、浙江、福建、台湾、海南、澳门、广西、四川、贵州、云南；韩国，日本，印度，缅甸，印度尼西亚，伊朗。

51. 车蝗属 *Gastrimargus* Saussure, 1884

（97）非洲车蝗 *Gastrimargus aficanus* (Saussure, 1888)

分布：广东、福建、广西、四川、贵州、云南、西藏；泰国，印度，缅甸，尼泊尔，斯里兰卡，印度尼西亚，巴基斯坦，阿富汗。

（98）云斑车蝗 *Gastrimargus marmoratus* (Thunberg, 1815)

分布：广东、山东、江苏、浙江、福建、海南、香港、广西、重庆、四川；朝鲜，日本，越南，泰国，印度，缅甸，菲律宾，马来西亚，印度尼西亚。

（99）黄股车蝗 *Gastrimargus parvulus* Sjöstedt, 1928

分布：广东（广州、连州、梅县、汕头、揭西、博罗、肇庆、电白）、福建、海南、香港、广西、云南；越南，泰国，缅甸，印度尼西亚。

52. 异距蝗属 *Heteropternis* Stål 1873

（100）方异距蝗 *Heteropternis respondens* (Walker, 1859)

分布：广东、陕西、甘肃、江苏、浙江、湖北、江西、福建、台湾、海南、广西、四川、贵州、云南；日本，泰国，印度，缅甸，尼泊尔，斯里兰卡，菲律宾，马来西亚，印度尼西亚，孟加拉国。

（101）赤胫异距蝗 *Heteropternis rufipes* (Shiraki, 1910)

分布：广东（广州、连州、南海）、河北、江苏、台湾、海南、澳门、贵州、云南。

53. 飞蝗属 *Locusta* Linnaeus, 1758

（102）东亚飞蝗 *Locusta migratoria manilensis* (Meyen, 1835)

分布：广东（广州、茂名、吴川）、辽宁、北京、天津、河北、山西、山东、河南、陕西、宁夏、甘肃、江苏、上海、安徽、浙江、湖北、江西、湖南、福建、台湾、海南、香港、澳门、广西、四川、贵州、云南。

54. 小车蝗属 *Oedaleus* Fieber, 1853

（103）隆叉小车蝗 *Oedaleus abruptus* (Thunberg, 1815)

分布：广东（韶关、封开）、湖北、湖南、福建、海南、广西、云南；泰国，印度，缅甸，尼泊尔，斯里兰卡，孟加拉国，巴基斯坦。

（104）红胫小车蝗 *Oedaleus manjius* Chang, 1939

分布：广东（连州、乳源、龙门、封开）、陕西、江苏、浙江、湖北、福建、海南、广西、四川。

55. 草绿蝗属 *Parapleurus* Fischer, 1853

（105）草绿蝗 *Parapleurus alliaceus* (Germar, 1817)

分布：广东（连州）、黑龙江、陕西、甘肃、新疆、河北、湖南、四川；朝鲜，日本。

56. 踵蝗属 *Pternoscirta* Saussure, 1884

（106）黄翅踵蝗 *Pternoscirta caliginosa* (De Haan, 1842)

分布：广东、陕西、江苏、安徽、浙江、福建、广西、四川、贵州、云南。

（107）红翅踵蝗 *Pternoscirta sauteri* (Karny, 1915)

分布：广东（广州、乳源、大埔、龙门、封开、信宜）、河南、陕西、江苏、安徽、浙江、福建、台湾、广西、四川、贵州、云南。

57. 疣蝗属 *Trilophidia* Stål, 1873

（108）疣蝗 *Trilophidia annulata* (Thunberg, 1815)

分布：广东、黑龙江、吉林、辽宁、内蒙古、河北、山东、陕西、宁夏、甘肃、江苏、安徽、浙江、江西、福建、海南、澳门、广西、四川、贵州、云南、西藏；朝鲜，日本，印度。

六、锥头蝗科 Pyrgomorphidae Brunner von Wattenwyl, 1874

58. 负蝗属 *Atractomorpha* Saussure, 1862

（109）纺梭负蝗 *Atractomorpha burri* Bolívar, 1905

分布：广东、广西、四川；越南，泰国，印度，缅甸，尼泊尔，不丹。

（110）长额负蝗 *Atractomorpha lata* (Motschoulsky, 1866)

分布：广东（广州、博罗、南海）、北京、河北、山东、陕西、上海、湖北、广西；朝鲜，日本。

（111）柳枝负蝗 *Atractomorpha psittacina* (De Haan, 1842)

分布：广东（广州、博罗、南海、吴川）、海南、云南；泰国，印度，缅甸，菲律宾，马来西亚，印度尼西亚，巴基斯坦。

（112）奇异负蝗 *Atractomorpha peregrina* Bi et Hsia, 1981

分布：广东（广州、博罗、南海）、海南、贵州。

（113）令箭负蝗 *Atractomorpha sagittaris* Bi et Hsia, 1981

分布：广东（乐昌）、北京、河北、上海、福建、海南、四川。

（114）短额负蝗 *Atractomorpha sinensis* Bolívar, 1905

分布：广东、北京、河北、山西、山东、河南、陕西、甘肃、青海、江苏、上海、安徽、浙江、湖北、江西、湖南、福建、台湾、海南、澳门、广西、四川、贵州、云南；日本，越南。

七、股沟蚱科 Batrachididae Bolívar, 1887

59. 股沟蚱属 *Saussurella* Bolívar, 1887

（115）角股沟蚱 *Saussurella cornuta* (De Haan, 1843)

分布：广东（鹤山）、福建、海南、广西、贵州、云南；越南，印度，缅甸，印度尼西亚。

八、枝背蚱科 Cladonotidae Bolívar, 1887

60. 澳汉蚱属 *Austrohancockia* Günther, 1938

（116）冠澳汉蚱 *Austrohancockia cristata* Liang, 1995

分布：广东（信宜）。

（117）隆背澳汉蚱 *Austrohancockia gibba* Liang *et* Zheng, 1991

分布：广东（封开）。

（118）广东澳汉蚱 *Austrohancockia kwangtungensis* (Tinkham, 1936)

分布：广东（连山、乳源、曲江、始兴、翁源）、江西、广西。

（119）平澳汉蚱 *Austrohancockia platynota* (Karny, 1915)

分布：广东（连州）、台湾；日本。

61. 驼背蚱属 *Gibbotettix* Zheng, 1992

（120）冠驼背蚱 *Gibbotettix cristata* (Liang, 1995)

分布：广东（信宜）。

（121）郑氏驼背蚱 *Gibbotettix zhengi* Liang, 2011

分布：广东（乳源）。

62. 拟扁蚱属 *Pseudogignotettix* Liang, 1990

（122）广东拟扁蚱 *Pseudogignotettix guangdongensis* Liang, 1990

分布：广东（始兴）。

九、扁角蚱科 Discotettigidae Hancock, 1907

63. 扁角蚱属 *Flatocerus* Liang *et* Zheng, 1984

（123）大青山扁角蚱 *Flatocerus daqingshanensis* Zheng *et* Jiang, 1998

分布：广东（连州）、广西。

（124）南昆山扁角蚱 *Flatocerus nankunshanensis* Liang *et* Zheng, 1984

分布：广东（连州、乳源、曲江、龙门、封开）、广西。

（125）黑胫扁角蚱 *Flatocerus nigritibialis* Zheng, Bai *et* Xu, 2011

分布：广东（乳源）。

十、短翼蚱科 Metrodoridae Steinmann, 1962

64. 波蚱属 *Bolivaritettix* Günther, 1939

（126）尖齿波蚱 *Bolivaritettix acumindentatus* Zheng, Shi *et* Mao, 2010

分布：广东（封开）、云南。

（127）圆肩波蚱 *Bolivaritettix circinihumerus* Zheng, 2003

分布：广东、湖北、江西、湖南、福建、海南、广西、四川、贵州。

（128）圆头波蚱 *Bolivaritettix circocephalus* Zheng, 1992

分布：广东（鹤山）、湖北、江西、湖南、福建、海南、广西、四川、贵州、云南、西藏。

（129）封开波蚱 *Bolivaritettix fenkaiensis* Zheng *et* Yang, 2015

分布：广东（封开）。

（130）肩波蚱 *Bolivaritettix humeralis* Günther, 1939

分布：广东、福建、广西。

（131）*Bolivaritettix lativertex* (Brunner von Wattenwyl, 1893)

分布：广东、湖南、台湾、海南、四川、贵州、西藏；缅甸，越南，马来西亚，印度尼西亚。

（132）长翅波蚱 *Bolivaritettix sculptus* (Bolívar, 1887)

分布：广东（连州）、西藏；印度，缅甸。

（133）锡金波蚱 *Bolivaritettix sikkinensis* (Bolívar, 1909)

分布：广东、湖南、福建、台湾、海南、广西、贵州、云南；印度。

（134）细股波蚱 *Bolivaritettix tenuifemura* Deng, Zheng *et* Wei, 2010

分布：广东（揭西）。

（135）粤西波蚱 *Bolivaritettix yuexiensis* Deng, 2016

分布：广东（封开）。

65. 蟾蚱属 *Hyboella* Hancock, 1915

（136）狭顶蟾蚱 *Hyboella strictvertex* Liang, 2002

分布：广东（龙门、信宜）、海南。

66. 大磨蚱属 *Macromotettix* Günther 1939

（137）隆背大磨蚱 *Macromotettix convexa* Deng, Zheng *et* Zhan, 2010

分布：广东（惠州）、江西、广西。

67. 拟大磨蚱属 *Macromotettixoides* Zheng, Wei *et* Jiang, 2005

（138）九万山拟大磨蚱 *Macromotettixoides jiuwanshanensis* Zheng, Wei *et* Jiang, 2005

分布：广东（乳源）、广西。

（139）郑氏拟大磨蚱 *Macromotettixoides* zheng *et* Deng, 2011

分布：广东（梅县）、江西、福建。

68. 玛蚱属 *Mazarredia* Bolívar, 1887

（140）黑石顶玛蚱 *Mazarredia heishidingensis* Zheng *et* xie, 2004

分布：广东（封开）。

（141）齿股玛蚱 *Mazarredia serrifemura* Zheng *et* Cao, 2011

分布：广东（乳源）。

（142）狭顶玛蚱 *Mazarredia sfrictivertex* Deng, Zheng *et* Wei, 2007

分布：广东（连山）、江西、广西。

69. 棒蚱属 *Rhopalotettix* Hancock, 1910

（143）中华棒蚱 *Rhopalotettix chinensis* Tinkham, 1939

分布：广东（龙门）。

70. 狭顶蚱属 *Systolederus* Bolívar, 1887

（144）灰狭顶蚱 *Systolederus cinereus* Brunner von Wattenwyl, 1893

分布：广东、海南；缅甸，马来西亚。

（145）广西狭顶蚱 *Systolederus guangxiensis* Zheng, 1998

分布：广东（连州）、广西。

（146）黑石顶狭顶蚱 *Systolederus heishidingensis* Zheng *et* Xie, 2004

　　分布：广东（封开）。

71. 希蚱属 *Xistrella* Bolívar, 1909

（147）隆背希蚱 *Xistrella cliva* Zheng *et* Liang, 1991

　　分布：广东（连州）、福建。

（148）武夷山希蚱 *Xistrella wuyishana* Zheng *et* Liang, 1991

　　分布：广东（连州）、福建。

十一、刺翼蚱科 Scelimenidae Bolívar, 1887

72. 邓镰蚱属 *Dengonius* Adžić, Deranja, Franjević *et* Skejo, 2020

（149）鼎湖邓镰蚱 *Dengonius dinghuensis* (Liang, 1995)

　　分布：广东（肇庆）。

73. 羊角蚱属 *Criotettix* Bolívar, 1887

（150）刺羊角蚱 *Criotettix bispinosus* (Dalman, 1818)

　　分布：广东（广州、博罗、东莞、台山、佛山、四会）、江苏、上海、江西、福建、台湾、海南、广西、四川、云南；越南，泰国，印度，缅甸，菲律宾，马来西亚，印度尼西亚。

（151）广东羊角蚱 *Criotettix guangdongensis* Zheng, 2012

　　分布：广东（茂名）。

（152）日本羊角蚱 *Criotettix japonicus* (De Haan, 1843)

　　分布：广东（广州、连州、乳源、普宁、龙门、封开）、广西、四川、云南；日本。

（153）黑股羊角蚱 *Criotettix nigrifemurus* Zheng *et* Deng, 2004

　　分布：广东（封开）、广西。

74. 优角蚱属 *Eucriotettix* Hebard, 1929

（154）大优角蚱 *Eucriotettix grandis* (Hancock, 1912)

　　分布：广东（花都、清远、乳源、龙门、博罗、深圳、肇庆）、广西、四川、云南、西藏；印度，尼泊尔。

（155）海南优角蚱 *Eucriotettix hainanensis* Günther, 1938

　　分布：广东（始兴、新丰、博罗、台山、南海、肇庆、信宜）、海南。

（156）突眼优角蚱 *Eucriotettix oculatus* (Bolívar, 1898)

　　分布：广东（花都、增城、从化、清远、始兴、新丰、和平、大埔、汕头、龙门、博罗、惠东、深圳、南海、高要、封开、广宁）、台湾、海南、广西、云南；印度，越南，印度尼西亚。

75. 镰蚱属 *Falconius* Bolívar, 1898

（157）斑角镰蚱 *Falconius annuliconus* Liang, 2000

　　分布：广东、海南。

（158）长背镰蚱 *Falconius longidorsalis* Zheng *et* Yang, 2015

　　分布：广东（封开）。

76. 赫蚱属 *Hebarditettix* Günther, 1938

（159）三角赫蚱 *Hebarditettix triangularis* (Hancock, 1915)

　　　分布：广东（曲江）、广西；印度。

77. 斜叶蚱属 *Loxilobus* Hancock, 1904

（160）长背斜叶蚱 *Loxilobus dolichonotus* Deng, 2018

　　　分布：广东（曲江）。

78. 拟角蚱属 *Paracriotettix* Liang, 2002

（161）郑氏拟角蚱 *Paracriotettix zhengi* Liang, 2002

　　　分布：广东（信宜）。

79. 伴鳄蚱属 *Paragavialidium* Zheng, 1994

（162）海南伴鳄蚱 *Paragavialidium hainanensis* (Zheng *et* Lang, 1985)

　　　分布：广东（连州）、海南。

（163）齿股伴鳄蚱 *Paragavialidium serrifemura* Zheng *et* Cao, 2011

　　　分布：广东（乳源）。

80. 刺翼蚱属 *Scelimena* Serville, 1838

（164）梅氏刺翼蚱 *Scelimena melli* Günther, 1938

　　　分布：广东（乳源、曲江、博罗）、广西。

（165）亮刺翼蚱 *Scelimena nitidogranulosa* Günther, 1938

　　　分布：广东（乳源）、海南、福建。

81. 瘤蚱属 *Thoradonta* Hancock, 1909

（166）云南瘤蚱 *Thoradonta yunnana* Zheng, 1983

　　　分布：广东（封开）、广西、四川、贵州、云南。

（167）长刺瘤蚱 *Thoradonta longispina* Zheng *et* Xie, 2004

　　　分布：广东（肇庆）。

（168）瘤蚱 *Thoradonta nodulosa* (Stål, 1860)

　　　分布：广东、福建、海南、广西、云南。

（169）侧刺瘤蚱 *Thoradonta spiculoba* Hancock, 1912

　　　分布：广东（连州）、广西、云南；印度。

十二、蚱科 Tetrigidae Rambur, 1838

82. 版纳蚱属 *Bannatettix* Zheng, 1993

（170）龙栖山版纳蚱 *Bannatettix longqishanensis* Zheng, 1993

　　　分布：广东（连州）、福建。

83. 柯蚱属 *Coptotettix* Bolívar, 1887

（171）广州柯蚱 *Coptotettix guangzhouensis* Zheng, 2012

　　　分布：广东（广州）。

84. 突眼蚱属 *Ergatettix* Kirby, 1914

（172）短背突眼蚱 *Ergatettix brachynota* Zheng *et* Liang, 1993

　　　分布：广东（信宜）、福建。

（173）突眼蚱 *Ergatettix dorsiferus* (Walker, 1871)

分布：广东（鹤山）、陕西、甘肃、福建、台湾、广西、四川、云南；印度，斯里兰卡；中亚等。

85. 悠背蚱属 *Euparatettix* Hancock, 1904

（174）印悠背蚱 *Euparatettix indicus* (Bolívar, 1887)

分布：广东（博罗）、江苏、四川、云南；印度，缅甸，斯里兰卡。

（175）瘦悠背蚱 *Euparatettix variabilis* (Bolívar, 1887)

分布：广东（博罗）、福建、台湾、云南、西藏；印度，斯里兰卡，印度尼西亚，孟加拉国。

86. 突顶蚱属 *Exothotettix* Zheng *et* Jiang, 1993

（176）广西突顶蚱 *Exothotettix guangxiensis* Zheng *et* Jiang, 1993

分布：广东（连州）、江西、广西。

87. 台蚱属 *Formosatettix* Tinkham, 1937

（177）台湾台蚱 *Formosatettix formosanus* (Shiraki, 1906)

分布：广东（博罗）、台湾。

（178）广东台蚱 *Formosatettix guangdongensis* Liang, 1991

分布：广东（乳源）、广西。

（179）长背台蚱 *Formosatettix longidorsalis* Liang, 1991

分布：广东（封开）。

（180）南岭台蚱 *Formosatettix nanlingensis* Zheng *et* Cao, 2011

分布：广东（乳源）。

（181）波股台蚱 *Formosatettix undulatifemura* Zheng, 2012

分布：广东（乳源）。

88. 庭蚱属 *Hedotettix* Bolívar, 1887

（182）冠庭蚱 *Hedotettix cristitergus* Hancock, 1915

分布：广东（始兴、龙门、封开）、湖北、海南；印度。

（183）细庭蚱 *Hedotettix gracilis* (De Haan, 1843)

分布：广东（花都、丰顺、四会）、湖北、福建、台湾、广西、四川、云南、西藏；越南，泰国，印度，缅甸，斯里兰卡，印度尼西亚，孟加拉国，巴基斯坦。

（184）广东庭蚱 *Hedotettix guangdongensis* Zheng *et* Xie, 2005

分布：广东（封开）。

（185）斑点庭蚱 *Hedotettix punctatus* Hancock, 1909

分布：广东、湖北、海南、澳门。

89. 长背蚱属 *Paratettix* Bolívar, 1887

（186）翼长背蚱 *Paratettix alatus* Hancock, 1915

分布：广东（龙门、封开、信宜）、福建、海南、四川；印度。

（187）星格长背蚱 *Paratettix cingalensis* (Walker 1871)

分布：广东（鹤山）；印度，马来西亚。

（188）毛长背蚱 *Paratettix hirsutus* Brunner von Wattenwyl, 1893

分布：广东（深圳、封开）；印度，缅甸。

（189）长翅长背蚱 *Paratettix uvarovi* Semenov, 1915

分布：广东（连州）、吉林、河北、河南、陕西、甘肃、新疆、广西、云南；伊朗。

90. 尖顶蚱属 *Teredorus* Hancock, 1907

（190）平缘尖顶蚱 *Teredorus flatimarginus* Zheng et Liang, 2000

分布：广东（连州）。

91. 蚱属 *Tetrix* Latreille, 1802

（191）波氏蚱 *Tetrix bolivari* Saulcy, 1901

分布：广东（连州、曲江、始兴、乳源、龙门、信宜）、黑龙江、吉林、辽宁、内蒙古、河北、山西、山东、河南、陕西、宁夏、甘肃、青海、新疆、江苏、安徽、浙江、江西、福建、台湾、广西、四川、贵州、西藏；俄罗斯，日本。

（192）中华喀蚱 *Tetrix ceperoi chinensis* Liang, 1998

分布：广东（连州、乳源、曲江）、河南。

（193）日本蚱 *Tetrix japonica* (Bolívar, 1887)

分布：广东（从化、阳山、连州、乳源、始兴、乐昌、龙门、博罗、信宜）、黑龙江、吉林、辽宁、内蒙古、北京、天津、河北、山西、山东、河南、陕西、宁夏、甘肃、青海、新疆、江苏、上海、安徽、浙江、湖北、江西、湖南、福建、台湾、香港、澳门、广西、重庆、四川、贵州、云南、西藏；俄罗斯，日本。

（194）拟宽股蚱 *Tetrix latifemuroides* Zheng et xie, 2004

分布：广东（肇庆）、贵州。

（195）乳源蚱 *Tetrix ruyuanensis* Liang, 1998

分布：广东（乳源）。

（196）细角蚱 *Tetrix tenuicornis* (Sahlberg, 1839)

分布：广东（连州、始兴、丰顺、龙门、南海、四会、封开）、湖北、福建、海南、广西；蒙古国，日本；欧洲。

（197）瑶山蚱 *Tetrix yaoshanensis* Liang, 1998

分布：广东（连州）。

十三、脊蜢科 Chorotypidae Stål, 1873

92. 秦蜢属 *China* Burr, 1899

（198）幕螳秦蜢 *China mantispoides* (Walker, 1870)

分布：广东、河南、江苏、安徽、浙江、湖北、江西、湖南、福建、四川；泰国。

93. 乌蜢属 *Erianthus* Stål, 1875

（199）多氏乌蜢 *Erianthus dohrni* Bolívar, 1914

分布：广东、广西、云南、江西；越南，柬埔寨，泰国。

（200）变色乌蜢 *Erianthus versicolor* Brunner von Wattenwyl, 1898

分布：广东（广州、乳源、鹤山）、安徽、浙江、江西、湖南、福建、广西；柬埔寨，泰国，缅甸。

十四、草螽科 Conocephalidae Kevan, 1982

94. 草螽属 *Conocephalus* Thunberg, 1815

（201）异刺草螽 *Conocephalus differentus* Shi *et* Liang, 1997

分布：广东。

（202）豁免草螽 *Conocephalus* (*Anisoptera*) *exemptus* (Walker, 1869)

分布：广东、辽宁、北京、河北、河南、陕西、上海、浙江、湖北、江西、湖南、福建、台湾、广西、重庆、四川、贵州；韩国，日本，泰国，尼泊尔。

（203）广东草螽 *Conocephalus* (*Anisoptera*) *guangdongensis* Shi *et* Liang, 1997

分布：广东（龙门）、广西、贵州。

（204）日本草螽 *Conocephalus* (*Anisoptera*) *japonicus* (Redtenbacher, 1891)

分布：广东、黑龙江、内蒙古、天津，河南、陕西、上海、江苏、安徽、湖南、浙江、福建、台湾、香港、广西、四川、贵州。

（205）梁氏草螽 *Conocephalus* (*Anisoptera*) *liangi* Liu *et* Zhang, 2007

分布：广东。

（206）长翅草螽 *Conocephalus* (*Anisoptera*) *longipennis* (De Haan, 1843)

分布：广东、河南、上海、安徽、湖南、浙江、福建、台湾、海南、香港、广西、四川、云南、西藏；日本，柬埔寨，印度，缅甸，斯里兰卡，菲律宾，印度尼西亚。

（207）斑翅草螽 *Conocephalus* (*Anisoptera*) *maculatus* (Le Guillou, 1841)

分布：广东、北京、河北、山西、陕西、上海、浙江、江西、湖南、福建、台湾、香港、四川、贵州、云南；日本。

（208）悦鸣草螽 *Conocephalus* (*Anisoptera*) *melaenus* De Hann, 1843

分布：广东、河南、江苏、上海、安徽、浙江、湖北、湖南、福建、台湾、广西、四川、贵州、云南；日本。

95. 优草螽属 *Euconocephalus* Karny, 1907

（209）鼻优草螽 *Euconocephalus nasutus* (Thunberg, 1815)

分布：广东、浙江、福建、台湾、海南、广西、重庆、四川、贵州、云南；日本，泰国，印度，印度尼西亚。

（210）苍白优草螽 *Euconocephalus pallidus* (Redtenbacher, 1891)

分布：广东、湖南、福建、台湾、海南、广西、云南；越南，泰国，印度，缅甸，斯里兰卡，菲律宾，新加坡，印度尼西亚，巴布亚新几内亚。

96. 拟矛螽属 *Pseudorhynchus* Serville, 1838

（211）粗头拟矛螽 *Pseudorhynchus crassiceps* (De Haan, 1843)

分布：广东（连州）、河南、上海、安徽、浙江、湖北、江西、湖南、福建、台湾、广西、重庆、四川、贵州、云南、西藏；韩国，日本，缅甸，菲律宾。

97. 锥头螽属 *Pyrgocorypha* Stål, 1873

（212）平刺锥头螽 *Pyrgocorypha planispina* (De Haan, 1843)

分布：广东、福建、台湾、海南、广西、云南；柬埔寨，印度。

（213）钻状锥头螽 *Pyrgocorypha subulata* (Thumberg, 1815)

分布：广东、浙江、福建、台湾、海南、广西、四川、贵州、云南。

98. 钩顶螽属 *Ruspolia* Schulthess, 1898

（214）黑胫钩顶螽 *Ruspolia lineosa* (Walker, 1869)

分布：广东、河南、陕西、上海、浙江、安徽、湖北、江西、湖南、福建、台湾、广西、重庆、四川、贵州、云南、西藏；韩国，日本。

99. 似织螽属 *Hexacentrus* Serville, 1831

（215）素色似织螽 *Hexacentrus unicolor* Serville, 1831

分布：广东（连州）、浙江。

十五、蛩螽科 Meconematidae Burmeister, 1838

100. 异饰肛螽属 *Acosmetura* Liu, 2000

（216）长胸异饰肛螽 *Acosmetura longielata* Wang et Shi, 2020

分布：广东（乳源）、湖南。

101. 钱螽属 *Chandozhinskia* Gorochov, 1993

（217）戟尾钱螽 *Chandozhinskia hastaticerca* (Tinkham, 1936)

分布：广东（博罗）、广西、云南；越南。

102. 涤螽属 *Decma* Gorochov, 1993

（218）裂涤螽 *Decma* (*s. str.*) *fissa* (Xia et Liu, 1993)

分布：广东、江苏、浙江、湖北、江西、湖南、福建、广西、四川、贵州。

103. 东栖螽属 *Eoxizicus* Gorochov, 1993

（219）贺氏东栖螽 *Eoxizicus howardi* (Tinkham, 1956)

分布：广东、河南、安徽、浙江、湖南、福建、广西、四川、贵州。

（220）邻突东栖螽 *Eoxizicus juxtafurcus* (Xia et Liu, 1990)

分布：广东（广州）。

（221）大东栖螽 *Eoxizicus magnus* (Xia et Liu, 1992)

分布：广东、安徽、浙江、江西、福建、广西、贵州。

（222）平突东栖螽 *Eoxizicus parallelus* Liu et Zhang, 2000

分布：广东（封开）。

（223）雷氏东栖螽 *Eoxizicus rehni* (Tinkham, 1956)

分布：广东。

（224）丁谦东栖螽 *Eoxizicus tinkhami* (Bey-Bienko, 1962)

分布：广东、广西、贵州。

104. 戈螽属 *Grigoriora* Gorochov, 1993

（225）陈氏戈螽 *Grigoriora cheni* (Bey-Bienko, 1955)

分布：广东、河南、安徽、浙江、湖北、江西、福建。

（226）贵州戈螽 *Grigoriora kweichowensis* (Tinkham, 1944)

分布：广东（连州）、广西、重庆、四川、贵州。

105. 库螽属 *Kuzicus* Gorochov, 1993

（227）铃木库螽 *Kuzicus* (*s. str.*) *suzuki* (Matsumura *et* Shiraki, 1908)

分布：广东、北京、河北、山东、河南、陕西、甘肃、江苏、上海、安徽、浙江、湖北、江西、湖南、福建、台湾、海南、香港、广西、四川；朝鲜，韩国，日本。

106. 大畸螽属 *Macroteratura* Gorochov, 1993

（228）巨叉大畸螽 *Macroteratura* (*s. str.*) *megafurcula* (Tinkham, 1944)

分布：广东、河南、安徽、浙江、湖北、江西、湖南、福建、海南、广西、四川、贵州。

（229）云南大畸螽 *Macroteratura* (*Stenoteratura*) *yunnanea* (Bey-Bienko, 1957)

分布：广东、河南、江苏、安徽、浙江、湖北、江西、福建、广西、四川、贵州、云南；越南。

107. 拟饰尾螽属 *Pseudocosmetura* Liu, Zhou *et* Bi, 2010

（230）南岭拟饰尾螽 *Pseudocosmetura nanlingensis* Shi *et* Bian, 2012

分布：广东（乳源）。

108. 拟库螽属 *Pseudokuzicus* Gorochov, 1993

（231）比尔拟库螽 *Pseudokuzicus* (*s. str.*) *pieli* (Tinkham, 1943)

分布：广东（乳源）、浙江、福建。

109. 畸螽属 *Teratura* Redtenbacher, 1891

（232）佩带畸螽 *Teratura* (*s. str.*) *cincta* (Bey-Bienko, 1962)

分布：广东（连州）、江西、湖南、福建、广西、重庆、四川、贵州、云南。

110. 剑螽属 *Xiphidiopsis* Redtenbacher, 1891

（233）双瘤剑螽 *Xiphidiopsis* (*s. str.*) *bituberculata* Ebner, 1939

分布：广东（连州）、安徽、浙江、湖南、广西。

111. 栖螽属 *Xizicus* Gorochov, 1993

（234）显凹简栖螽 *Xizicus* (*Haploxizicus*) *incises* (Xia *et* Liu, 1988)

分布：广东、浙江、江西、福建、广西。

112. 纺织娘属 *Mecopoda* Serville, 1831

（235）大陆纺织娘 *Mecopoda niponensis continentalis* Gorochov, 2020

分布：广东（连州、中山、鹤山）。

（236）狭锉纺织娘 *Mecopoda confracta* Liu, 2020

分布：广东（封开、鼎湖）、广西、云南。

（237）近狭锉纺织娘 *Mecopoda synconfracta* Liu, 2020

分布：广东（深圳）、海南、广西、云南。

（238）小纺织娘 *Mecopoda minor* Liu, 2020

分布：广东（龙门、深圳）、河南、江苏、上海、安徽、浙江、湖北、江西、湖南、福建、台湾、香港、广西、重庆、四川、贵州；韩国。

十六、露螽科 Phaneropteridae Burmeister, 1838

113. 鼓鸣螽属 *Bulbistridulous* **Xia** *et* **Liu, 1991**

（239）简尾鼓鸣螽 *Bulbistridulous simplicis* Xia *et* Liu, 1991

分布：广东（连州）、广西、贵州。

114. 倒顶螽属 *Conversifastigia* **Liu** *et* **Kang, 2008**

（240）格氏倒顶螽 *Conversifastigia gressitti* Liu *et* Kang, 2008

分布：广东。

115. 斜缘螽属 *Deflorita* **Bolívar, 1906**

（241）褐斜缘螽 *Deflorita deflorita* (Brunner von Wattenwyl，1878)

分布：广东（连州）、安徽、浙江、湖南、福建、广西、四川、贵州、云南；斯里兰卡。

116. 条螽属 *Ducetia* **Stål, 1874**

（242）日本条螽 *Ducetia japonica* (Thunberg, 1815)

分布：广东（乳源）、河南、江苏、上海、安徽、浙江、湖南、福建、台湾、海南、广西、贵州、云南、西藏；朝鲜，日本，柬埔寨，印度，斯里兰卡，菲律宾，新加坡，印度尼西亚，澳大利亚。

117. 掩耳螽属 *Elimaea* **Stål, 1874**

（243）骤尾掩耳螽 *Elimaea* (*Rhaebelimaea*) *abrupta* Liu *et* Liu, 2011

分布：广东（封开）。

（244）奇点掩耳螽 *Elimaea* (*s. str.*) *chloris* (De Haan, 1843)

分布：广东（连州）、湖南、福建、海南、香港、广西、四川、云南；越南，泰国，新加坡，印度尼西亚等。

（245）秋掩耳螽 *Elimaea* (*s. str.*) *fallax* Bey–Bienko, 1951

分布：广东等；朝鲜。

（246）疹点掩耳螽 *Elimaea* (*s. str.*) *punctifera* (Walker, 1869)

分布：广东（连州）、浙江、湖北、江西、湖南、福建、台湾、海南、香港、广西、重庆、四川、贵州、云南、西藏；越南，泰国，印度，孟加拉国，巴基斯坦。

（247）亚隆掩耳螽 *Elimaea* (*s. str.*) *subcarinata* (Stål, 1861)

分布：广东（连州）、浙江、湖北、江西、湖南、福建、海南、广西、四川、云南、西藏。

（248）端异掩耳螽 *Elimaea* (*s. str.*) *terminalis* Liu,1993

分布：广东（连州）、浙江、湖南、福建、广西。

118. 半掩耳螽属 *Hemielimaea* **Brunner von Wattenwyl, 1878**

（249）中华半掩耳螽 *Hemielimaea* (*s. str.*) *chinensis* Brunner von Wattenwyl, 1878

分布：广东、河南、安徽、浙江、湖北、湖南、福建、海南、广西、四川、贵州。

119. 绿螽属 *Holochlora* **Stål, 1873**

（250）日本绿螽 *Holochlora japonica* Brunner von Wattenwyl, 1878

分布：广东、江苏、上海、浙江、湖南、福建、台湾、海南、香港、广西、四川、云南；韩国，日本，越南北部，美国（夏威夷）。

（251）俊俏绿露螽 *Holochlora venusta* Carl, 1914

分布：广东（湛江）、广西、贵州；越南。

120. 平背螽属 *Isopsera* Brunner von Wattenwyl, 1878

（252）细齿平背螽 *Isopsera denticulata* Ebner, 1939

分布：广东、陕西、安徽、浙江、湖北、江西、湖南、福建、海南、广西、四川、贵州；日本。

（253）显沟平背螽 *Isopsera sulcata* Bey–Bienko, 1955

分布：广东（连州）、安徽、浙江、广西、湖南、福建、四川、贵州、云南。

（254）三齿平背螽 *Isopsera tridentata* Liu , 2014

分布：广东（连州、乳源）。

121. 环螽属 *Letana* Walker, 1869

（255）赤褐环螽 *Letana rubescens* (Stål, 1860)

分布：广东、河南、陕西、江苏、安徽、浙江、湖北、湖南、福建、香港、广西、四川、贵州、云南；越南，老挝，泰国。

122. 奇螽属 *Mirollia* Stål, 1873

（256）台湾奇螽 *Mirollia formosana* Shiraki, 1930

分布：广东、陕西、上海、安徽、浙江、湖北、江西、湖南、福建、台湾、海南、重庆、四川、贵州。

123. 副缘螽属 *Parapsyra* Carl, 1914

（257）黑角副缘螽 *Parapsyra nigrovittata* Xia *et* Liu, 1992

分布：广东（连州）、江西、湖南、福建、广西、四川、贵州。

124. 露螽属 *Phaneroptera* Servilíe, 1831

（258）瘦露螽 *Phaneroptera gracilis* Burmeister, 1838

分布：广东（连州）、湖北、福建、广西、四川、贵州、云南、西藏；越南，印度，缅甸，尼泊尔，斯里兰卡，马来西亚，印度尼西亚，澳大利亚。

125. 异螽属 *Phaulula* Bolívar, 1906

（259）特板异螽 *Phaulula apicalis* Liu, 2011

分布：广东（乳源、台山、电白）、海南。

126. 安螽属 *Prohimerta* Hebard, 1922

（260）云南安螽 *Prohimerta* (*Anisotima*) *yunnanea* (Bey–Bienko, 1962)

分布：广东（连州）、云南。

127. 糙颈螽属 *Ruidocollaris* Liu, 1993

（261）凸翅糙颈螽 *Ruidocollaris convexipennis* (Caudell, 1935)

分布：广东、陕西、安徽、浙江、湖北、江西、湖南、福建、广西、四川、云南、西藏。

（262）宽叶糙颈螽 *Ruidocollaris latilobalis* Liu *et* Kang, 2010

分布：广东（乳源）。

（263）污翅糙颈螽 *Ruidocollaris obscura* Liu *et* Jin, 1999

分布：广东、浙江、福建、广西。

（264）中华糙颈螽 *Ruidocollaris sinensis* Liu *et* Kang, 2010

分布：广东、河南、陕西、安徽、浙江、湖北、江西、湖南、福建、台湾、海南、广西、四川、贵州、云南、西藏。

（265）截叶糙颈螽 *Ruidocollaris truncatolobata* (Brunner von Wattenwyl, 1878)

分布：广东（鹤山）、河南、安徽、浙江、湖北、江西、湖南、福建、台湾、海南、广西、四川、贵州、西藏；日本。

128. 华绿螽属 *Sinochlora* Tinkham, 1945

（266）长裂华绿螽 *Sinochlora longifissa* (Matsumura *et* Shiraki, 1908)

分布：广东（鹤山）、河南、陕西、安徽、浙江、湖北、江西、湖南、福建、台湾、广西、四川、贵州；韩国，日本。

（267）三刺华绿螽 *Sinochlora trispinosa* Shi *et* Chang, 2004

分布：广东、湖南、福建、广西、贵州。

（268）中华华绿螽 *Sinochlora sinensis* Tinkham, 1945

分布：广东、安徽、浙江、湖北、江西、湖南、福建、台湾、广西、重庆、四川、贵州。

（269）四川华绿螽 *Sinochlora szechwanensis* Tinkham, 1945

分布：广东、河南、陕西、甘肃、安徽、浙江、湖北、江西、湖南、福建、台湾、海南、广西、四川、贵州。

十七、拟叶螽科 Pseudophyllidae Burmeister, 1838

129. 翠螽属 *Chloracris* Pictet *et* Saussure, 1892

（270）布鲁纳翠螽 *Chloracris brunneri* Beier, 1954

分布：广东、广西、云南；越南，泰国，印度。

130. 丽叶螽属 *Orophyllus* Beier, 1954

（271）山陵丽叶螽 *Orophyllus montanus* Beier, 1954

分布：广东（连州）、浙江、福建、广西、四川、贵州。

131. 翡螽属 *Phyllomimus* Stål, 1873

（272）柯氏翡螽 *Phyllomimus (s. str.) klapperichi* Beier, 1954

分布：广东（连州）、河南、安徽、浙江、湖南、福建、广西、四川。

（273）中华翡螽 *Phyllomimus (s. str.) sinicus* Beier, 1954

分布：广东（连州、博罗）、陕西、浙江、湖北、江西、湖南、福建、台湾、海南、广西、四川、贵州、云南；菲律宾。

132. 拟叶螽属 *Pseudophyllus* Serville, 1831

（274）巨拟叶螽 *Pseudophyllus titan* White, 1846

分布：广东、云南；柬埔寨，泰国，印度，缅甸，印度尼西亚。

133. 菱螽属 *Rhomboptera* Redtenbacher, 1895

（275）贯脉菱螽 *Rhomboptera ligatus* (Brunner von Wattenwyl, 1895)

分布：广东、海南、广西、云南；印度。

134. 腐叶螽属 *Sathrophyllia* Stål, 1874

（276）纹腿腐叶螽 *Sathrophyllia femorata* (Fabricius, 1787)

分布：广东、广西；越南，柬埔寨，印度，缅甸，印度尼西亚。

135. 覆翅螽属 *Tegra* Walker, 1870

（277）绿背覆翅螽 *Tegra novaehollandiae viridinotata* (Stål, 1874)

分布：广东（连州）、浙江、湖北、江西、湖南、福建、台湾、广西、重庆、四川、贵州、云南；泰国，印度，缅甸。

136. 寰螽属 *Atlanticus* Scudder, 1894

（278）广东寰螽 *Atlanticus* (*Sinpacificus*) *kwangtungensis* Tinkham, 1941

分布：广东（连州）、福建、广西。

137. 迟螽属 *Lipotactes* Brunner von Wattenwyl, 1898

（279）中华迟螽 *Lipotactes sinicus* (Bey-Bienko, 1959)

分布：广东、湖南、广西。

十八、蟋螽科 Gryllacrididae Blanchard, 1845

138. 拟钩蟋螽属 *Aancistroger* Bey-Bienko, 1957

（280）埃本拟钩蟋螽 *Aancistroger elbenioides* (Karny, 1926)

分布：广东、福建、台湾、海南、广西、云南；越南。

139. 缺翅原蟋螽属 *Apterolarnaca* Gorochov, 2004

（281）黑面缺翅原蟋螽 *Apterolarnaca nigrifrontis* Bian *et* Shi, 2016

分布：广东（博罗）、云南。

140. 透翅蟋螽属 *Diaphanogryllacris* Karny, 1937

（282）明透翅蟋螽 *Diaphanogryllacris laeta* (Walker, 1869)

分布：广东（乳源）、江西、福建、香港、广西、云南。

141. 烟蟋螽属 *Capnogryllacris* Karny, 1937

（283）斧尾烟蟋螽 *Capnogryllacris axins* Bian, Liu *et* Yang, 2021

分布：广东（乳源）、湖北、湖南、广西、四川、贵州。

（284）南岭烟蟋螽 *Capnogryllacris nanlingensis* (Li, Liu *et* Li, 2014)

分布：广东（乳源）、广西。

（285）黑缘烟蟋螽 *Capnogryllacris nigromarginata* (Karny, 1928)

分布：广东（龙门）、浙江、海南、广西、贵州。

142. 同蟋螽属 *Homogryllacris* Liu, 2007

（286）短刺同蟋螽 *Homogryllacris brevispina* Shi, Guo *et* Bian, 2012

分布：广东（乳源）、安徽、湖南、江西、浙江、广西。

143. 黑蟋螽属 *Melaneremus* Karny, 1937

（287）宽额黑蟋螽 *Melaneremus laticeps* (Karny, 1926)

分布：广东（广州）、安徽、浙江、福建。

144. 姬蟋螽属 *Metriogryllacris* Karny, 1937

（288）黑背姬蟋螽 *Metriogryllacris* (*s. str.*) *amitarum* (Griffini, 1914)

    分布：广东（封开）、湖南、广西；越南。

（289）佩摩姬蟋螽 *Metriogryllacris* (*s. str.*) *permodesta* (Griffini, 1914)

    分布：广东（广州、乳源、龙门）、河南、安徽、浙江、江西、香港；越南。

145. 真蛉蟋属 *Natula* Gorochov, 1987

（290）灰真蛉蟋 *Natula pallidula* (Matsumura, 1910)

    分布：广东（深圳）、浙江、台湾。

146. 拟原蟋螽属 *Neolarnaca* Gorochov, 2004

（291）长翅拟原蟋螽 *Neolarnaca longipenna* Bian *et* Shi, 2016

    分布：广东（广州）、广西。

147. 瀛蟋螽属 *Nippancistroger* Griffini, 1913

（292）中华瀛蟋螽 *Nippancistroger sinensis* Tinkham, 1936

    分布：广东、贵州。

148. 眼斑蟋螽属 *Ocellarnaca* Gorochov, 2004

（293）叉突眼斑蟋螽 *Ocellarnaca furcifera* (Karny, 1926)

    分布：广东（深圳、肇庆）、广西；越南。

（294）锈褐眼斑蟋螽 *Ocellarnaca fuscotessellata* (Karny, 1926)

    分布：广东（乳源、博罗）、湖南、广西、贵州。

149. 杆蟋螽属 *Phryganogryllacris* Karny, 1937

（295）梅氏杆蟋螽 *Phryganogryllacris mellii* (Karny, 1926)

    分布：广东（乳源）、湖南、广西。

（296）超角杆蟋螽 *Phryganogryllacris superangulata* Gorochov, 2005

    分布：广东、湖北；越南。

150. 真蟋螽属 *Eugryllacris* Karny, 1937

（297）圆柱真蟋螽 *Eugryllacris cylindrigera* (Karny, 1926)

    分布：广东（乳源、肇庆）、安徽、浙江、福建、广西。

十九、驼螽科 Rhaphidophoridae Walker, 1869

151. 突灶螽属 *Diestramima* Storozhenko, 1990

（298）华南突灶螽 *Diestramima* (*s. str.*) *austrosinensis* Gorochov, 1998

    分布：广东（中山、乳源）、安徽、浙江、湖南、福建。

152. 疾灶螽属 *Tachycines* Adelung, 1902

（299）白云尖疾灶螽 *Tachycines* (*s. str.*) *baiyunjianensis* Qin, Wang, Liu *et* Li, 2018

    分布：广东（乳源）、浙江、湖南、福建。

（300）内陷疾灶螽 *Tachycines* (*s. str.*) *incisus* Qin, Wang, Liu *et* Li, 2018

    分布：广东（乳源）、湖北、湖南。

（301）拉梅疾灶螽 *Tachycines* (*s. str.*) *rammei* Karny, 1926

    分布：广东（广州、博罗）。

二十、蝼蛄科 Gryllotalpidae Leach, 1815

153. 蝼蛄属 *Gryllotalpa* Latreille, 1802

（302）东方蝼蛄 *Gryllotalpa orientalis* Burmeister, 1838

分布：广东（鹤山）、黑龙江、吉林、辽宁、内蒙古、北京、天津、河北、山东、青海、江苏、上海、浙江、湖北、江西、湖南、福建、海南、广西、四川、贵州、云南、西藏；俄罗斯，朝鲜，日本，澳大利亚；东南亚；非洲。

二十一、蛉蟋科 Trigonidiidae Saussure, 1874

154. 墨蛉蟋属 *Homoeoxipha* Saussure, 1874

（303）赤胸墨蛉蟋 *Homoeoxipha lycoides lycoides* (Walker, 1869)

分布：广东、江苏、上海、安徽、江西、福建、台湾、海南、广西、四川、云南、西藏；印度，缅甸，斯里兰卡，马来西亚，新加坡，巴基斯坦，马尔代夫，澳大利亚。

（304）黑头墨蛉蟋 *Homoeoxipha obliterata* (Caudell, 1927)

分布：广东、江苏、上海、安徽、江西、福建、台湾、海南、四川、云南、西藏；印度，印度尼西亚。

155. 斜蛉蟋属 *Metioche* Stål, 1877

（305）灰斜蛉蟋 *Metioche pallipes* (Stål, 1861)

分布：广东、海南、广西；马来西亚，新加坡。

156. 拟蛉蟋属 *Paratrigonidium* Brunner von Wattenwyl, 1893

（306）亮黑拟蛉蟋 *Paratrigonidium nitidum* Brunner von Wattenwy, 1893

分布：广东、安徽、浙江、海南、广西、云南；亚洲。

157. 异蛉蟋属 *Abstrigonidium* He, 2020

（307）绿足拟蛉蟋 *Abstrigonidium chloropodum* (He, 2017)

分布：广东（韶关）、海南、云南。

158. 弯蛉蟋属 *Rhicnogryllus* Chopard, 1925

（308）南岭弯蛉蟋 *Rhicnogryllus nanlingensis* He, Zhang *et* Ma, 2021

分布：广东（韶关）。

159. 斯蛉蟋属 *Svistella* Gorochov, 1987

（309）红胸斯蛉蟋 *Svistella rufonotata* (Chopard, 1932)

分布：广东、湖南、贵州、云南；越南，印度，马来西亚，印度尼西亚。

160. 蛉蟋属 *Trigonidium* Rambur, 1839

（310）虎甲蛉蟋 *Trigonidium cicindeloides* Rambur, 1839

分布：广东、江苏、上海、福建、台湾、海南、广西、四川、贵州、云南；印度，斯里兰卡。

二十二、蟋蟀科 Gryllidae Laicharting, 1781

161. 金蟋属 *Xenogryllus* Bolívar, 1890

（311）麦州金蟋 *Xenogryllus maichauensis* Gorochov, 1992

分布：广东（深圳）、云南。

（312）云斑金蟋 *Xenogryllus marmoratus* (De Haan, 1844)

分布：广东（深圳）、河南、陕西、江苏、上海、安徽、浙江、福建、台湾、海南、广西、重庆。

（313）悠悠金蟋 *Xenogryllus ululiu* Gorochov, 1990

分布：广东（深圳）。

162. 贝蟋属 *Beybienkoana* Gorochov, 1988

（314）台湾贝蟋 *Beybienkoana formosana* (Shiraki, 1930)

分布：广东（深圳）、安徽、浙江、湖南、福建、台湾、海南、广西、云南。

163. 纤蟋属 *Euscyrtus* Guérin-Méneville, 1844

（315）灵巧纤蟋 *Euscyrtus concinnus* (De Haan,1844)

分布：广东、海南、云南；越南。

（316）半翅纤蟋 *Euscyrtus* (*Osus*) *hemelytrus* (De Haan, 1844)

分布：广东、山东、江苏、浙江、江西、湖南、福建、台湾、海南、广西、四川、贵州、云南。

（317）卡耐纤蟋 *Euscyrtus karnyi* Shiraki, 1930

分布：广东（广州）、福建、台湾。

164. 长额蟋属 *Patiscus* Stål, 1877

（318）马来长额蟋 *Patiscus malayanus* Chopard, 1969

分布：广东（连州）、浙江、湖南、海南、广西、云南、贵州；印度，马来西亚。

165. 甲蟋属 *Acanthoplistus* Saussure, 1877

（319）缅甸甲蟋 *Acanthoplistus birmanus* Saussure, 1877

分布：广东、江苏、上海、台湾、海南、云南；缅甸。

166. 毛蟋属 *Capillogryllus* Xie *et* Zheng, 2003

（320）细须毛蟋 *Capillogryllus exilipalpis* Xie, Zheng *et* Liang, 2003

分布：广东（封开）、江苏、上海、台湾、海南、云南。

167. 真姬蟋属 *Eumodicogryllus* Gorochov, 1986

（321）布德真姬蟋 *Eumodicogryllus bordigalensis bordigalensis* (Latreille, 1804)

分布：广东、河北、山东、新疆、江苏、浙江、湖南、福建、台湾、广西、四川、云南；印度，巴基斯坦。

168. 灶蟋属 *Gryllodes* Saussure, 1874

（322）短翅灶蟋 *Gryllodes sigillatus* (Walker, 1869)

分布：广东、黑龙江、辽宁、北京、山东、江苏、上海、安徽、江西、湖南、福建、海南、广西、贵州、云南。

169. 蟋蟀属 *Gryllus* Linnaeus, 1758

（323）双斑蟋 *Gryllus bimaculatus* De Geer, 1773

分布：广东、内蒙古、河南、浙江、江西、福建、台湾、海南、香港、广西、四川、云南、西藏；日本，印度，孟加拉国，巴基斯坦，阿富汗，伊朗，哈萨克斯坦。

170. 裸蟋属 *Gymnogrollus* Saussure, 1877

（324）扩胸裸蟋 *Gymnogryllus tumidulus* Ma *et* Zhang, 2011

　　分布：广东（深圳）。

171. 棺头蟋属 *Loxoblemmus* Saussure, 1877

（325）小棺头蟋 *Loxoblemmus aomoriensis* Shiraki, 1930

　　分布：广东（连州）、河南、陕西、安徽、浙江、湖北、湖南、福建、海南、广西、云南、四川。

（326）多伊棺头蟋 *Loxoblemmus doenitzi* Stein, 1881

　　分布：广东、辽宁、北京、河北、山西、山东、河南、陕西、江苏、上海、安徽、浙江、江西、湖南、广西、四川、贵州、云南；朝鲜，日本。

（327）石首棺头蟋 *Loxoblemmus equestris* Saussure, 1877

　　分布：广东（连州、鹤山）、辽宁、北京、河南、江苏、上海、安徽、浙江、湖北、江西、湖南、福建、海南、广西、四川、云南、西藏。

（328）台湾棺头蟋 *Loxoblemmus formosanus* Shiraki, 1930

　　分布：广东、北京、浙江、广西、台湾、海南、云南。

172. 姬蟋属 *Modicogryllus* Chopard, 1961

（329）曲脉姬蟋 *Modicogryllus confirmatus* (Walker, 1859)

　　分布：广东、江西、福建、广西、贵州、云南；印度，尼泊尔，斯里兰卡，孟加拉国，巴基斯坦，利比亚。

173. 珀蟋属 *Plebeiogryllus* Randell, 1964

（330）暗珀蟋 *Plebeiogryllus guttiventris* (Walker, 1871)

　　分布：广东、福建、广西、云南；印度，斯里兰卡。

174. 长翅姬蟋属 *Svercacheta* Gorochov, 1993

（331）泰长翅姬蟋 *Svercacheta siamensis* (Chopard, 1961)

　　分布：广东（封开）、海南、四川等；越南，泰国，印度，斯里兰卡等。

（332）半暗长翅姬蟋 *Svercacheta semiobscurus* (Chopard, 1961)

　　分布：广东（乳源）、海南、云南；印度，泰国等。

175. 大蟋属 *Tarbinskiellus* Gorochov, 1983

（333）花生大蟋 *Tarbinskiellus portentosus* (Lichtenstein, 1796)

　　分布：广东、北京、山西、山东、青海、江苏、上海、安徽、浙江、江西、湖南、福建、台湾、海南、广西、四川、云南、西藏；印度，缅甸，马来西亚，新加坡，印度尼西亚，巴基斯坦，马尔代夫。

176. 悍蟋属 *Tartarogryllus* Tarbinsky, 1940

（334）小悍蟋 *Tartarogryllus minusculus* (Walker, 1869)

　　分布：广东、山东、河南、江苏、上海、安徽、浙江、江西、福建、海南、广西、云南。

177. 油葫芦属 *Teleogryllus* Chopard, 1961

（335）黄脸油葫芦 *Teleogryllus emma* (Ohmachi *et* Matsumura, 1951)

　　分布：广东、北京、河北、山西、山东、河南、陕西、江苏、上海、安徽、浙江、湖北、湖南、福建、海南、香港、广西、四川、贵州、云南。

（336）黑脸油葫芦 *Teleogryllus occipitalis* (Servile, 1838)

分布：广东（茂名）、浙江、湖北、江西、湖南、福建、台湾、海南、广西、四川、贵州、云南、西藏；日本，菲律宾，马来西亚。

（337）南方油葫芦 *Teleogryllus mitratus* (Burmeitster, 1838)

分布：广东、甘肃、湖南、台湾、海南、广西、云南等；日本，印度，菲律宾，斯里兰卡。

178. 特蟋属 *Turanogryllus* Tarbinsky, 1940

（338）红背特蟋 *Turanogryllus rufoniger* (Chopard, 1925)

分布：广东、海南、广西、云南；老挝，孟加拉国。

179. 斗蟋属 *Velarifictorus* Randell, 1964

（339）长颚斗蟋 *Velarifictorus aspersus* (Walker, 1869)

分布：广东、北京、河南、陕西、江苏、上海、安徽、浙江、江西、福建、海南、广西、四川、贵州、云南；朝鲜，韩国，日本，泰国，印度，斯里兰卡，马来西亚。

（340）贝氏斗蟋 *Velarifictorus beybienkoi* Gorochov, 1985

分布：广东（连州）、山东、河南、陕西、甘肃。

（341）黄额斗蟋 *Velarifictorus (s. str.) flavifrons* Chopard, 1966

分布：广东（深圳）、云南。

（342）拟斗蟋 *Velarifictorus khasiensis* Vasanth *et* Ghosh, 1975

分布：广东（鹤山）、福建、云南；印度，尼泊尔，巴基斯坦。

（343）迷卡斗蟋 *Velarifictorus micado* (Saussure, 1877)

分布：广东、北京、山西、山东、河南、陕西、江苏、上海、浙江、江西、湖南、福建、广西、四川、贵州、云南、西藏；俄罗斯（远东），朝鲜，韩国，日本。

（344）丽斗蟋 *Velarifictorus ornatus* (Shiraki, 1911)

分布：广东（连州）、山东、河南、江苏、上海、浙江、湖北、江西、湖南、福建、四川、贵州、云南。

180. 额蟋属 *Itara* Walker, 1869

（345）小额蟋 *Itara (s. str.) minor* Chopard, 1925

分布：广东（深圳）、海南、广西、云南、西藏；越南，印度，尼泊尔，孟加拉国，巴基斯坦。

（346）越南额蟋 *Itara (s. str.) vietnamensis* Gorochov, 1985

分布：广东（英德）、云南。

181. 海针蟋 *Caconemobius* Kirby, 1906

（347）双齿海针蟋 *Caconemobius dibrachiatus* Ma *et* Zhang, 2015

分布：广东（深圳）。

182. 双针蟋属 *Dianemobius* Vickery, 1973

（348）斑腿双针蟋 *Dianemobius (s. str.) fascipes* (Walker, 1869)

分布：广东、吉林、内蒙古、北京、河北、山东、江苏、陕西、上海、浙江、湖北、江西、福建、台湾、海南、四川、云南；印度，缅甸，斯里兰卡，新加坡，印度尼西亚。

183. 灰针蟋属 *Polionemobius* Gorochov, 1983

（349）黄角灰针蟋 *Polionemobius flavoantennalis* (Shiraki, 1911)

分布：广东（连州）、山东、江苏、上海、浙江、江西、台湾、贵州；日本。

184. 异针蟋属 *Pteronemobius* Jacobson, 1904

（350）亮褐异针蟋 *Pteronemobius nitidus* (Bolívar, 1901)

分布：广东、北京、河北、山东、宁夏、江苏、浙江、湖北、湖南、福建、广西、四川、云南；俄罗斯，日本。

185. 拟长蟋属 *Parapentacentrus* Shiraki, 1930

（351）暗色拟长蟋 *Parapentacentrus fuscus* Gorochov, 1988

分布：广东、福建、广西、贵州。

186. 长蟋属 *Pentacentrus* Saussure, 1878

（352）双突长蟋 *Pentacentrus bituberus* Liu *et* Shi, 2011

分布：广东（韶关）、广西。

187. 亮蟋属 *Vescelia* Stål, 1877

（353）梁氏亮蟋 *Vescelia liangi* Xie *et* Zheng, 2003

分布：广东（封开）。

（354）比尔亮蟋 *Vescelia pieli monotonia* He, 2019

分布：广东（深圳）、福建。

188. 戈蟋属 *Gorochovius* Xie, Zheng *et* Li, 2004

（355）三脉戈蟋 *Gorochovius trinervus* Xie, Zheng *et* Li, 2004

分布：广东（封开）、广西。

189. 格亮蟋属 *Trellius* Gorochov, 1988

（356）广东格亮蟋 *Trellius guangdongensis* Ma *et* Jing, 2018

分布：广东（封开）。

（357）云南格亮蟋 *Trellius yunnanensis* Ma *et* Jing, 2018

分布：广东（封开）。

190. 叶蟋属 *Phyllotrella* Gorochov, 1988

（358）福明叶蟋 *Phyllotrella fumingi* Sun *et* Liu, 2019

分布：广东（韶关、龙门）。

（359）宽茎叶蟋 *Phyllotrella transversa* Sun *et* Liu, 2019

分布：广东（韶关）、广西。

191. 片蟋属 *Truljalia* Gorochov, 1985

（360）橙柑片蟋 *Truljalia citri* (Bey–Bienko, 1956)

分布：广东（梅县、深圳）、江西。

（361）尾铗片蟋 *Truljalia forceps* (Saussure, 1878)

分布：广东（广州）、上海、江西。

（362）瘤突片蟋 *Truljalia tylacantha* Wang *et* Woo, 1992

分布：广东（连州、龙门、鼎湖）、安徽、浙江、湖北、湖南、福建、广西、四川、贵州。

192. 维蟋属 *Valiatrella* Gorochov, 1985

（363）丽维蟋 *Valiatrella pulchra* (Gorochov, 1985)

分布：广东（乳源）、湖南、广西、四川、贵州；越南。

二十三、貌蟋科 Gryllomorphidae Saussure, 1877

193. 多兰蟋属 *Duolandrevus* Kirby, 1906

（364）格氏多兰蟋 *Duolandrevus* (*Eulandrevus*) *gorochovi* Zhang, Liu *et* Shi, 2017

分布：广东（韶关）。

（365）香港多兰蟋 *Duolandrevus* (*Eulandrevus*) *hongkongae* (Otte, 1988)

分布：广东（连州、韶关、封开）、浙江、福建、广西、贵州。

二十四、癞蟋科 Mogoplistidae Costa, 1855

194. 奥蟋属 *Ornebius* Guérin-Méneville, 1844

（366）缺翅奥蟋 *Ornebius apterus* He, 2018

分布：广东（深圳）。

（367）二斑奥蟋 *Ornebius bimaculatus* (Shiraki, 1930)

分布：广东（深圳）、台湾。

（368）台湾奥蟋 *Ornebius formosanus* (Shiraki, 1911)

分布：广东（连州）、浙江、台湾。

（369）凯纳奥蟋 *Ornebius kanetataki* (Matsumura, 1904)

分布：广东（连州）、浙江、台湾。

二十五、树蟋科 Oecanthidae Blanchard, 1845

195. 树蟋属 *Oecanthus* Serville, 1831

（370）印度树蟋 *Oecanthus indica* Saussure, 1878

分布：广东（湛江）、陕西、新疆、江苏、湖南、福建、云南、台湾、海南、广西、重庆、贵州；越南，印度，马来西亚等。

（371）长瓣树蟋 *Oecanthus longicauda* Matsumura, 1904

分布：广东（连州）、吉林、山西、陕西、浙江、江西、湖南、福建、广西、四川、贵州、云南；朝鲜，俄罗斯，日本。

（372）海岸树蟋 *Oecanthus oceanicus* He, 2018

分布：广东（深圳）。

（373）黄树蟋 *Oecanthus rufescens* Serville, 1839

分布：广东（鹤山）、河南、江苏、上海、安徽、浙江、湖北、湖南、福建、海南、广西、四川、贵州、云南；印度，尼泊尔，印度尼西亚，孟加拉国，巴基斯坦。

二十六、蛛蟋科 Phalangopsidae Blanchard, 1845

196. 钟蟋属 *Meloimorpha* Walker, 1870

（374）云南钟蟋 *Meloimorpha japonica yunnanensis* (Yin, 1998)

分布：广东（连州）、云南；越南。

参考文献：

陈振耀，梁铬球，贾凤龙，等，2001．广东南岭国家级自然保护区大东山昆虫名录（Ⅰ）[J]．生态科学，20（1/2）：111-113．

邓声文，钟象景，2008．广东象头山自然保护区昆虫种类及群落组成研究[J]．广东林业科技，24（4）：30-36．

邓维安，2016．中国蚱总科分类学研究[D]．武汉：华中农业大学．

何学文，邹伟荣，黄杏笑，2009．广东省地区药用昆虫资源概述[J]．广东林业科技，25（4）：59-61．

何祝清，2010．中国针蟋亚科和蛉蟋亚科系统分类研究（直翅目，蟋蟀科）[D]．上海：华东师范大学．

黄建华，黄原，周善义，2009．中国蜢总科昆虫名录[J]．广西师范大学学报（自然科学版），27（1）：84-87．

康乐，刘春香，刘宪伟，2014．中国动物志：昆虫纲：第五十七卷：直翅目：螽斯科：露螽亚科[M]．北京：科学出版社：1-559．

李鸿昌，夏凯龄，2006．中国动物志：昆虫纲：第四十三卷：直翅目：蝗总科：斑腿蝗科[M]．北京：科学出版社．

李苗苗，2015．中国蟋螽亚科分类研究（直翅目，蟋螽科）[D]．上海：华东师范大学．

李新江，2008．欧亚大陆裸蝗亚科昆虫系统学研究（直翅目：蝗总科）[D]．保定：河北大学．

梁铬球，1989．广东省蝗虫两新种（直翅目：蝗总科：剑角蝗科）[J]．中山大学学报（自然科学版），28（2）：68-72．

梁铬球，1996．广东、海南两省的蝗虫[J]．中山大学学报论丛（2）：27-30．

梁铬球，郑哲民，1998．中国动物志：昆虫纲：第十二卷：直翅目：蚱总科[M]．北京：科学出版社．

刘桂林，庞虹，周昌清，等，2005．广东鹤山南亚热带丘陵人工林昆虫资源的研究（Ⅰ）[J]．昆虫天敌，27（2）：49-56．

刘浩宇，2007．中国蟋蟀科系统学初步研究（直翅目：蟋蟀总科）[D]．保定：河北大学．

刘宪伟，郭江莉，方燕，等，2012．中国锥头螽属（直翅目，螽斯总科，草螽科）分类研究及一新种描述[J]．动物分类学报，37（1）：111-118．

刘宪伟，章伟年，2000．中国螽斯的分类研究Ⅰ．中国蛩螽族十新种（直翅目：螽斯总科：蛩螽科）[J]．昆虫分类学报，22（3）：157-170．

刘宪伟，周敏，2007．中国涤螽属的分类研究（直翅目：螽蟖总科：蛩螽科）[J]．昆虫学报，50（6）：610-615．

卢慧，2018．中国蛉蟋科分子系统学研究（直翅目：蟋蟀总科）[D]．上海：华东师范大学．

马丽滨，2011．中国蟋蟀科系统学研究（直翅目：蟋蟀总科）[D]．咸阳：西北农林科技大学．

秦艳艳，2020．基于形态学特征和分子标记的中国驼螽科分类研究（直翅目）[D]．上海：华东师范大学．

石福明，常岩林，陈会明，2005．中国奇螽属的分类研究（直翅目：露螽科）[J]．昆虫学报，48（6）：954-959．

石福明，刘浩宇，2007．中国贝蟋属系统学研究（直翅目，蟋蟀科，纤蟋亚科）[J]．动物分类学报，32（3）：655-658．

王斌，李恺，张天澍，等，2007．梅花山自然保护区昆虫多样性的初步研究[J]．复旦学报（自然科学版），46（6）：920-924，929．

王瀚强，2015．中国蛩螽亚科系统分类研究（直翅目，螽斯科）[D]．上海：华东师范大学．

王剑峰，2005．中国草螽科Conocephalidae系统学研究（直翅目：螽斯总科）[D]．保定:河北大学．

王文强，李新江，印象初，2004．中国蹦蝗属分类研究（直翅目：蝗总科：斑腿蝗科）［J］．河北大学学报（自然科学版），24（1）：99-106．

王治国，张秀江．2007．河南直翅类昆虫志［M］．郑州：河南科学技术出版社．

武永霞，2019．中国拟叶螽亚科分类（直翅目：螽斯科）［D］．保定：河北大学．

夏凯龄，1994．中国动物志：昆虫纲：第四卷：直翅目：蝗总科：癞蝗科：瘤锥蝗科：锥头蝗科［M］．北京：科学出版社．

夏凯龄，金杏宝，1982．中国雏蝗属的分类研究（直翅目：蝗科）［J］．昆虫分类学报，4（3）：205-228．

杨星科，2004．广西十万大山地区昆虫［M］．北京：中国林业出版社．

叶保华，2012．中国佛蝗亚科（Phlaeobinae）的分类研究（直翅目：镌瓣亚目：蝗总科：剑角蝗科）［D］．泰安：山东农业大学．

印象初，夏凯龄，2003．中国动物志：昆虫纲：第三十二卷：直翅目：蝗总科　槌角蝗科　剑角蝗科［M］．北京：科学出版社．

尤平，李延清，1997．蝼蛄总科及蚤蝼总科染色体分类研究进展［J］．延安大学学报（自然科学版），16（3）：68-72．

张大鹏，2020．中国笨蝗族的分类研究（直翅目：蝗总科：癞蝗科：癞蝗亚科）［D］．泰安：山东农业大学．

张丰，2010．中国芒灶螽属分类研究（直翅目：驼螽科：灶螽亚科）［D］．上海：上海师范大学．

张秀江，1986．河南省直翅目昆虫研究Ⅰ、蝗虫的种类和区系初报．河南科学（3/4）：123-134．

郑彦芬，吴福桢，1992．中国甲蟋属记述（直翅目：蟋蟀科）［J］．昆虫学报，35（2）：208-210．

郑哲民，2008．澳汉蚱属的分类研究及一新种记述（直翅目：蚱总科：枝背蚱科）［J］．昆虫学报，51（4）：424-429．

郑哲民，龚玉新，2001．中国小车蝗属（Oedaleus Fieber）的研究（蝗总科：斑翅蝗科）［J］．陕西师范大学学报（自然科学版），29（1）：62-70．

郑哲民，夏凯龄，1998．中国动物志：昆虫纲：第十卷：直翅目：蝗总科：斑翅蝗科：网翅蝗科［M］．北京：科学出版社．

郑哲民，谢令德，2004．广东省蚱总科六新种论述［J］．陕西师范大学学报（自然科学版）（3）：81-86．

钟玉林，2005．中国螽蟖总科部分种类Cyt b和28S rDNA分子进化与系统学研究［D］．西安：陕西师范大学．

ADŽIĆ K，DERANJA M，FRANJEVIĆ D，et al.，2020．Asclimeninae（Orthoptera: Tetrigidae）Monophyletic and Why it Remains a Question［J］．Entonological News，129（2）：128-146．

BEY-BIENKO G Y，1955．Observations on faunistic and systematics of the superfamily Tettigonioidea（Orthoptera）from China［J］．Zoologtcheshy zhurnal，34：1250-1271．

BEY-BIENKO G Y，1957．Results of Chinese-Soviet zoological-botanical expeditions to south-western China 1955-1956［J］．Entomologicheskoe obozrenie，36：401-417．

BEY-BIENKO G Y，1962．New or less-known Tettigonioidea（Orthoptera）from Sichuan and Yunnan results of Chinese-Soviet zoological-botanical expeditions of south-western China 1955-1957．Trudy zoologicheskogo instituta［J］．20：111-138．

BEY-BIENKO G Y，1971．Revision of the bush-crickets of the genus Xiphidiopsis Redt（Orthoptera: Tettigonioidea）［J］．Entomological review，50：472-483．

BEY-BIENKO G Y，ANDRIANOV N S，1959．On some Orthopteroid insects from the preserved forest Tingushan in the Province Kwantung，south China ［J］．Zoologtcheshy zhurnal，38：1813-1820．

BIAN X，LIU J，YANG Z Z，2021．Anotated checklist of Chinese Ensifera: the Gryllacrididae ［J］．Zootaxa，4969（2）：201-254．

BIAN X，SHI F M，GUO L Y，2013．Review of the genus Furcilarnaca Gorochov，2004（Orthoptera: Gryllacrididae，Gyllacridinae）from China ［J］．Far eastern entomologist，268：1-8．

BIAN X，SHI F M，GUO L Y，2013．Review of the Genus Ocellamnaca Gorochov，2004（Orthoptera: Gryllacrididae: Gryllacridinae）of Brunner von Wattenwyl C，1878．Monographie der Phaneropteriden ［M］．Wien：Brockhaus：Wien China．Journal of orthoptera research，22（1）：57-66．

BIAN X，WANG S Y，SHI F M，2014．One new species of the Genus Apotrechus（Orthoptera: Gryllacrididae），with provided morphological photographs for five Chinese specics ［J］．Zootaxa，3884（4）：379-386．

Brunner von Wattenwyl C，1891．Additamenta zur Monographie der Phaneropteriden ［J］．Verhandlungen der kaiserlich-königlichen．Zoologisch botanischen gesellschaftin wien，41：1-196．

DENG W A，LEI C L，ZHENG Z M，2014．Description of a new species of the genus Macromotettixoides Zheng（Orthoptera: Tetrigoidea: Metrodorinac）from China ［J］．Neotropical entomology，43（6）：547-554．

DENG W A，LEI C L，ZHENG Z M，2014．Two new species of the genus Teredorus Hancock，1906（Orthoptera，Tetrigidae）from China,with a key to the species of the genus ［J］．ZooKeys，431：33-49．

DENG W A，WEI S Z，XIN L，et al.，2018．Taxonomic revision of the genus Bodivaritettix Günther，1939（Orthoptera: Metrodorinae）from China，with the descnptions op two new species ［J］．Zootaxa，4434（2）：303-326．

DENG W A，ZHENG Z M，LI X D，et al.，2015．The groundhopper fauna（Orthoptera: Tetrigidae）of Shiw anshan（Guangxi，China）with description of three new species ［J］．Zootaxa，3925（2）：151-178．

DENG W A，ZHENG Z M，WEI S Z，2009．A review of the genus Falconius Bolívar（Orthoptera: Tetrigoidea: Scelimeninae）［J］．Zootaxa，1976：63-68．

DENG W A，ZHENG Z M，WEI S Z，et al.，2015．Two new species of the genus Criotettixt Bolívar（Orthoptera: Tetrigidae），with a key to the species of the genus from China ［J］．Neotropical entomology，44：448-456．

FENG J Y，ZHOU Z J，CHANG Y L，et al.，2017．Remarks on the genus Lipotactes Brunner V. W.，1898（Orthoptera: Tettigoniidae: Lipotactinae）from China ［J］．Zootaxa，4291（1）：183-191．

HE Z Q，LI K，FANG Y，et al.，2010．A taxonomic study of the genus Amusurgus Brunner von Wattenwyl from China（Orthoptera，Gryllidac,Trigonidinae）［J］．Zootaxa，2423：55-62．

HE Z Q，LI K，LIU X W，2009．A taxonomic study of the genus Svistella Gorochov（Orthoptera，Gryllidae，Trigonidiinae）［J］．Zootaxa，2288（1）：61-67．

HE Z Q，WANG X Y，LIU Y Q，et al.，2017．Seasonal and geographical adaption of two field crickets in China（Orthoptera: Grylloidea: Gryllidae: Gryllinae: Tteleogryllus）［J］．Zootaxa，4338（2）：374-384．

LI K，HE Z Q，LIU X W，2010．A taxonomic study of the genus Metiochodes Chopard from China（Orthoptera，Gryllidae，Trigonidinae）［J］．Zootaxa，2506：43-50．

LI K，HE Z Q，LIU，X W，2010．Four new species of Nemobinae from China（Orthoptera，Gryllidae，Nemobinae）［J］．Zootaxa，2540：59-64．

LI M M, FANG Y, LIU X W, et al., 2014. A taxonomic study on the species of the genus Ocellarnaca (Orthoptera, Gryllacrididae, Gryllacridinae) [J]. Zootaxa, 3835 (1): 127-139.

LI M M, FANG Y, LIU X W, et al., 2014. Review of the species of the genus Marthogrillacris (Orthoptera, Gryllacrididae, Gryllacridinae) [J]. Zootaxa, 3889 (2): 277-288.

LI M M, FANG Y, LIU X W, et al., 2014. Taxonomic revision of the genus Phryganogpyllacris (Orthoptera: Gryllacrididae: Gryllacridinae) from China [J]. Zoological systematics, 39 (4): 507-519.

LI M M, LIU X W, LI K, 2015. Review of the genus Apotrechus in China (Orthoptera, Gryllacrididae, Gryllacridinae) [J]. ZooKeys, 482: 143-155.

LIU C X, HELLER K G, WANG X S, et al., 2020. Taxonomy of a katydid genus Mecopoda Serville (Orthoptera: Tettigoniidae, Mecopodinae) fom East Asia [J]. Zootaxa, 4758 (2): 296-310.

LIU H Y, ZHANG D X, SHI F M, 2016. New species of the genus Loxoblemmus Saussure, 1877 (Orthoptera: Gryllidae) from Sichuan Province, China [J]. Far eastern entomologist, 315: 7-10.

LIU X T, JING J, XU Y, 2018. Revision of the tree crickets of China (Orthoptera: Gryllidae: Oecanthinae) [J]. Zootaxa, 4497 (4): 535-546.

LIU Y F, SHEN C Z, XU Y, 2018. A new species of Teleogryllus (Teleogryllus) Chopard, 1961 from Yunnan, China (Orthoptera: Gryllidae: Gryllinae) [J]. Zootaxa, 4531 (1): 117-122.

LIU Y F, SHEN C Z, ZHANG L, et al., 2019. A new genus of cricket with one new species from western Yunnan, China (Orthoptera: Gryllidae: Gryllinae) [J]. Zootaxa, 4577 (2): 393-394.

LIU Y, HE Z Q, MA L B, 2015. A new species of subgenus Eulandrevus Gorochov, 1988 (Orthoptera: Gryllidae: Landrevinae) from China [J]. Zootaxa, 4013 (4): 594-599.

MAHMOOD K, IDRIS A B, SALMAH Y, 2007. Tetrigidae (Orthoptera: Tetrigoidea) from Malaysia with the description of six new species [J]. Acta entomologica sinica, 50 (12): 1272-1284.

MATSUMURA S, SHIRAKI T, 1908. Locustiden Japans [J]. The journal of the College of Agriculture, Tohoku Imperial university, sapporo, 3 (1): 1-80.

QIN Y Y, WANG H Q, LIU X W, et al., 2018. Divided the genus Tachycines Adelung (Orthoptera: Rhaphidophoridae: Aemodogryllinae: Aemodogryllini) from China [J]. Zootaxa, 4374 (4): 451-475.

SHI F M, BAI J R, ZHANG Y, et al., 2013. Notes on a collection of Meconematinae (Orthoptera: Tettigoniidae) from Damingshan, Guangxi, China with the description of a new species [J]. Zootaxa, 3717 (4): 593-597.

SHI F M, BIAN X, 2012. A revision of the genus Pseudocosmerura (Orthoptera: Tettigoniidae: Meconematinae) [J]. Zootaxa, 3545: 76-82.

SHI F M, BIAN X, CHANG Y L, 2011. New bushcrickets of the tribe Meconematini (Orthoptera, Tettigoniidae, Meconematinae) fom China [J]. Zooaxa, 2981: 36-42.

SHI F M, BIAN X, CHANG Y L, 2011. Notes on the genus Paraxizicus Gorochov & Kang, 2007 (Orthoptera: Tttigoniidaec: Meconematinae) from China [J]. Zootaxa, 2896: 37-45.

SHI F M, BIAN X, CHANG Y L, 2013. A new genus and two new species of the tribe Meconematini (Orthoptera: Tttioniidae) from China [J]. Zootaxa, 3681 (2): 163-168.

SHI F M, CHANG Y L. 2004. Two new species of the genus Sinochlora (Orthoptera: Tettigonioidea: Phaneropteridae) from China [J]. Oriental insects, 38 (1): 335-340.

SHI F M, HAN L, MAO S L, et al., 2014. Two new species of the genus Euxiphidiopsis Gorochov, 1993 (Orthoptera: Meconematinae) from China [J]. Zootaxa, 3827 (3): 387-391.

SHI F M, LI R L, 2010. Remarks on the genus Allxiphidiopsis Liu & Zhang, 2007 (Orthoptera, Meconematinae) from Yunnan, China [J]. Zootaxa, 2605 (1): 63-68.

SHI F M, LIANG G Q. 1997. Description of two new species of the genus Conocephalus Thunberg (Orthoptera: Conocephalidae) [J]. Entomologia sinica, 4 (3): 211-214.

SHI F M, MAO S L, CHANG Y L, 2007. A review of the genus Psenudokuzicus Gorochov, 1993 (Orthoptera: Tettigoniidae: Meconematidae) [J]. Zootaxa, 1546: 23-30.

TINKHAM E R, 1941. Zoogeographical notes on the genus Atlanticus with keys and descriptions of seven new Chinese species [J]. Notes d' entomologie chinose, 8 (5): 189-243.

TINKHAM E R, 1943. New species and records of Chinese Tettigoniidae from the Heude Museum, Shanghai [J]. Notes d' entomologie chinose, 10 (2): 41.

TINKHAM E R, 1944. Twelve new species of Chinese leaf-katydids of the genus Xiphidiopsis [J]. Proceedings of the United states national museum, 94: 505-527.

TINKHAM E R, 1945. Sinochlora, a new Tettigoniid genus from China with description of five new species (Orthoptera) [J]. Transactions of the American entomological society, 70 (4): 235-246.

TINKHAM E R. 1956. Four new Chinese species of Xiphidiopsis (Tettigoniidae: Meconematinae) [J]. Transactions of the American entomological society, 82 (1): 1-16.

WANG H Q, JING J, LIU X W, et al., 2014. Revision on genus Xizicus Gorochov (Orthoptera: Tettigoniidae: Meconematinae, Meconematini) with description of three new species from China [J]. Zootaxa, 3861 (4): 301-316.

WANG H Q, LI K, LIU X W, 2012. A taxonomic study on the species of the genus Phlugiolopsis Zeuner (Orthoptera: Tettigoniidae: Meconematinae) [J]. Zootaxa, 3332 (1): 27-48.

WANG H Q, LI M M, LIU X W, et al., 2013. Review of genus Nicephora Bolívar (Orthoptera, Tettigoniidae, Meconematinae) [J]. Zootaxa, 3737 (2): 154-166.

WANG H Q, LIU X W, LI K, 2013. Revision of the genus Neocyrlopsis Liu & Zhang (Orthoptera: Tettigoniidae: Meconematinae) [J]. Zootaxa, 3626 (2): 279-287.

WANG H Q, LIU X W, LI K, 2014. A synoptic review of the genus Thaumaspis Bolívar (Orthoptera: Tettigoniidae: Meconematinae) with the description of a new genus and four new species [J]. ZooKeys, 443: 11-33.

WANG H Q, LIU X W, LI K, 2015. New taxa of Meconematini (Orthoptera: Tettigoniidae: Meconematinae) from Guangxi, China [J]. Zootaxa, 3941 (4): 509-541.

WANG H Q, LIU X W, LI K, et al., 2012. A new genus and five new species of the Meconematini (Orthoptera: Tettigoniidae: Meconematinae) [J]. Zootaxa, 3521 (1): 51-58.

ZHANG D X, LIU H Y, SHI F M, 2017. A new species of the genus Velarifict orus Randell, 1964 (Orthoptera: Gryllidae) from Yunnan, China [J]. Far eastern entomologist, 347: 25-28.

ZHANG D X, LIU H Y, SHI F M, 2017. First record of the subgenus Duolandrevus (Duolandrevus) (Orthoptera: Gryllidae: Landrevinae) from China, with description of a new species [J]. Zootaxa, 4254 (5): 589-592.

ZHANG D X，LIU H Y，SHI F M，2017. Taxonomy of the subgenus Duolandrevus (Eulandrevus) Gorochov (Orthoptera: Gryllidae: Landrevinae: Landrevini) from China，with descriptions of three new species [J]. Zootaxa，4317（2）：310-320.

ZHOU M，BI W X，LIU X W，2010. The genus Conocephalus (Orthoptera, Tettigoniidea) in China [J]. Zootaxa，2527（1）：49-60.

ZONG L，QIU T F，LIU H Y，2017. Description of two new species of the genus *Pentacentrus* Saussure from China (Orthoptera: Gryllidae) [J]. Zootaxa，4311（1）：145-150.

䗛目 Phasmatodea

一、异翅䗛科 Heteropterygidae Kirby, 1896

1. 瘤䗛属 *Orestes* Redtenbacher, 1906

（1）广西瘤䗛 *Orestes guangxiensis* (Bi *et* Li, 1994)

分布：广东（肇庆）、福建、海南、香港、广西；越南。

二、长角棒䗛科 Lonchodidae Brunner von Wattenwyl, 1893

2. 竹异䗛属 *Carausius* Stål, 1875

（2）广东竹异䗛 *Carausius sechellensis* (Bolívar [Urrutia], 1895)

分布：广东。

3. 陈䗛属 *Cheniphasma* Ho, 2012

（3）齿股陈䗛 *Cheniphasma serrifemoralis* Ho, 2012

分布：广东（封开）。

4. 华南䗛属 *Huananphasma* Ho, 2013

（4）*Huananphasma amicum* (Bey-Bienko, 1959)

分布：广东（连州、肇庆）、香港。

5. 长足异䗛属 *Lonchodes* Gray, 1835

（5）细尾长足异䗛 *Lonchodes gracicercatus* (Chen *et* He, 2008)

分布：广东（乳源）。

（6）广东长足异䗛 *Lonchodes guangdongensis* (Chen *et* He, 2008)

分布：广东（英德）。

6. 皮䗛属 *Phraortes* Stål, 1875

（7）基黑皮䗛 *Phraortes basalis* (Chen *et* He, 2008)

分布：广东（龙门）。

（8）锤尾皮䗛 *Phraortes clavicaudatus* Chen *et* He, 2008

分布：广东（乳源）。

（9）封开皮䗛 *Phraortes fengkaiensis* Chen *et* He, 2008

分布：广东（封开）。

（10）囊突皮䗛 *Phraortes gibba* Chen *et* He, 2008

分布：广东（连州、乐昌）。

（11）颗粒皮䗛 *Phraortes granulatus* Chen *et* He, 1991

分布：广东、浙江、湖南、福建。

（12）连南皮䗛 *Phraortes liannanensis* Chen *et* He, 2008

分布：广东（连南）。

（13）连州皮䗛 *Phraortes lianzhouensis* Chen *et* He, 2008

分布：广东（连州）。

（14）大皮䗛 *Phraortes major* Chen *et* He, 2008

分布：广东（乐昌）。

7. 斑角臀䗛属 *Maculonecroscia* Seow-Choen, 2016

（15）*Maculonecroscia shukayi* (Bi, Zhang *et* Lau, 2001)

分布：广东（连南、龙门、深圳）。

8. 玛异䗛属 *Marmessoidea* Brunner von Wattenwyl, 1893

（16）广东玛异䗛 *Marmessoidea guangdongensis* Ho, 2013

分布：广东（封开）。

9. 小异䗛属 *Micadina* Redtenbacher, 1908

（17）陈氏小异䗛 *Micadina cheni* Ho, 2012

分布：广东（韶关）。

（18）英德小异䗛 *Micadina yingdensis* Chen *et* He, 1992

分布：广东（英德）、江西、湖南、香港。

10. 角臀䗛属 *Necroscia* Serville, 1838

（19）刺粒角臀䗛 *Necroscia mista* (Chen *et* He, 2008)

分布：广东（封开）。

（20）多色角臀䗛 *Necroscia multicolor* (Redtenbacher, 1908)

分布：广东、海南、广西；越南。

11. 新棘䗛属 *Neohirasea* Rehn, 1904

（21）广东新棘䗛 *Neohirasea guangdongensis* Chen *et* He, 2008

分布：广东（封开）、广西。

（22）香港新棘䗛 *Neohirasea hongkongensis* Brock *et* Seow-Choen, 2000

分布：广东（深圳）、香港。

（23）日本新棘䗛 *Neohirasea japonica* (De Haan, 1842)

分布：广东（连州、乳源）、浙江、江西、湖南、台湾；日本。

（24）南岭新棘䗛 *Neohirasea nanlingensis* Ho, 2017

分布：广东（乳源）。

（25）冠花新棘䗛 *Neohirasea stephanus* (Redtenbacher, 1908)

分布：广东（广州、深圳）、浙江、湖南、香港、广西；越南。

12. 新健䗛属 *Neososibia* Chen *et* He, 2000

（26）短刺新健䗛 *Neososibia brevispina* Chen *et* He, 2000

分布：广东（封开）。

13. 刺异䗛属 *Oxyartes* Stål, 1875

（27）广东刺异䗛 *Oxyartes guangdongensis* Chen *et* He, 2008

分布：广东（封开）。

14. 薇䗛属 *Pachyscia* Redtenbacher, 1908

（28）黑石顶薇䗛 *Pachyscia heishidingensis* Ho, 2012

分布：广东（封开）。

（29）四斑薇䗛 *Pachyscia quadriguttata* (Chen *et* He, 1996)

分布：广东（封开）、海南、贵州、云南。

15. 齿臀䗛属 *Paramenexenus* Redtenbacher, 1908

（30）拟长瓣齿臀䗛 *Paramenexenus congnatus* Chen, He *et* Chen, 2000

分布：广东（连州）、广西。

16. 副华枝䗛属 *Parasinophasma* Chen *et* He, 2006

（31）广东副华枝䗛 *Parasinophasma guangdongense* Chen *et* He, 2008

分布：广东（连州）。

17. 扁健䗛属 *Planososibia* Seow‒Choen, 2016

（32）扁尾扁健䗛 *Planososibia platycerca* (Redtenbacher, 1908)

分布：广东、浙江、福建、海南、香港、云南；越南。

（33）截臀扁健䗛 *Planososibia truncata* (Chen *et* Chen, 2000)

分布：广东（连州）、香港。

18. 突臀䗛属 *Scionecra* Karny, 1923

（34）拟尾突臀䗛 *Scionecra pseudocerca* (Chen *et* He, 2008)

分布：广东、浙江、海南。

19. 华枝䗛属 *Sinophasma* Günther, 1940

（35）角臀华枝䗛 *Sinophasma angulatum* Liu, 1987

分布：广东、浙江、江西。

（36）广东华枝䗛 *Sinophasma guangdongensis* Ho, 2012

分布：广东（韶关）。

（37）异尾华枝䗛 *Sinophasma mirabile* Günther, 1940

分布：广东、浙江、湖南、福建、香港、广西。

（38）拟异尾华枝䗛 *Sinophasma pseudomirabile* Chen *et* Chen, 1996

分布：广东（连州）、广西。

（39）三棘华枝䗛 *Sinophasma trispinosum* Chen *et* Chen, 1997

分布：广东（连州）。

（40）单棘华枝䗛 *Sinophasma unispinosum* Chen *et* Chen, 1997

分布：广东（连州）。

20. 管䗛属 *Sipyloidea* Brunner von Wattenwyl, 1893

（41）双斑管䗛 *Sipyloidea biplagiata* Redtenbacher, 1908

分布：广东、湖南；越南。

（42）棉管䗛 *Sipyloidea sipylus* (Westwood, 1859)

分布：广东（深圳、封开）、河南、甘肃、浙江、福建、台湾、海南、香港、广西、四川、贵州、云南；日本，越南，老挝，泰国，印度，马来西亚，新加坡，印度尼西亚，孟加拉国、毛里求斯，马达加斯加，澳大利亚（昆士兰）。

21. 健䗛属 *Sosibia* Stål, 1875

（43）广东健䗛 *Sosibia guangdongensis* Chen *et* Chen, 2000

分布：广东（连州）。

22. 瘤胸䗛属 *Trachythorax* Redtenbacher, 1908

（44）褐脊瘤胸䗛 *Trachythorax fuscocarinatus* Chen *et* He, 1995

分布：广东、海南、贵州。

三、笛䗛科 Diapheromeridae Kirby, 1904

23. 瘦䗛属 *Macellina* Uvarov, 1940

（45）索康瘦䗛 *Macellina souchongia* (Westwood, 1859)

分布：广东（深圳）、山东、江苏、浙江、湖南、福建、海南、香港、广西、四川、贵州。

四、䗛科 Phasmatidae Gray, 1835

24. 短角棒䗛属 *Ramulus* Saussure, 1862

（46）短臀短角棒䗛 *Ramulus brevianalus* (Chen *et* He, 2008)

分布：广东（博罗）。

（47）蔡氏短角棒䗛 *Ramulus caii* (Brock *et* Seow–Choen, 2000)

分布：广东（深圳）、香港。

（48）细粒短角棒䗛 *Ramulus elaboratus* (Brunner von Wattenwyl, 1907)

分布：广东（肇庆）；越南。

（49）连县短角棒䗛 *Ramulus lianxianense* (Chen, He *et* Chen, 2000)

分布：广东（连州）。

（50）龙门短角棒䗛 *Ramulus longmenense* (Chen *et* He, 2008)

分布：广东（龙门）、贵州。

（51）平利短角棒䗛 *Ramulus pingliense* (Chen *et* He, 1991)

分布：广东、陕西、浙江、湖南、福建、广西、重庆、四川、贵州。

（52）圆粒短角棒䗛 *Ramulus rotundus* (Chen *et* He, 1992)

分布：广东（清远）、湖南、海南、广西、贵州、云南。

25. 喙尾䗛属 *Rhamphophasma* Brunner von Wattenwyl, 1893

（53）疑褐喙尾䗛 *Rhamphophasma pseudomodestum* Ho, 2017

分布：广东（乳源）、江西、湖南、广西、重庆、贵州。

26. 巨䗛属 *Tirachoidea* Brunner von Wattenwyl, 1893

（54）金平巨䗛 *Tirachoidea westwoodii* (Wood–Mason, 1875)

分布：广东（封开）、广西、云南；越南，印度。

参考文献：

陈树椿，陈振耀，2000. 广东健䗛属两新种［J］. 中山大学学报（自然科学版），39（1）：121-122.

陈树椿，何允恒，陈振耀，2000. 广东䗛目昆虫三新种［J］. 中山大学学报（自然科学版），39（4）：128-130.

陈树椿，何允恒，2008. 中国䗛目昆虫［M］. 北京：中国林业出版社.

徐芳玲，2008. 贵州竹节虫目昆虫分类研究［D］. 贵阳：贵州大学.

HENNEMANN F H，CONLE O V，ZHANG W W，2008. Catalogue of the stick and leaf-insects（Phasmatodea） of China, with a faunistic analysis, review of recent ecological and biological studies and bibliography（Insecta: Orthoptera: Phasmatodea）［J］. Zootaxa，1735（1）：1-77.

HO G W C，2012. Notes on the genera *Sinophasma* Günther, 1940 and *Pachyscia* Redtenbacher, 1908（Phasmatodea: Diapheromeridae: Necrosciinae），with the description of four new species from China［J］. Zootaxa，3495（1）：57-72.

HO G W C，2012. A new species of *Micadina* Redtenbacher, 1908（Phasmida: Necrosciinae） from Guangdong Province, China［J］. Entomologica fennica，23（4）：177-180.

HO G W C，2012. Taxonomic study of the tribe Neohiraseini Hennemann & Conle，2008（Phasmida: Phasmatidae: Lonchodinae）in continental China［J］. Entomologica fennica，23（4）：215-226.

HO G W C，2013. Contribution to the knowledge of Chinese Phasmatodea Ⅱ：Review of the Dataminae Rehn & Rehn,1939 （Phasmatodea: Heteropterygidae）of China，with descriptions of one new genus and four new species［J］. Zootaxa，3669（3）：201-222.

HO G W C，2016. Contribution to the knowledge of Chinese Phasmatodea Ⅲ：Catalogue of the phasmids of Hainan Island, China, with descriptions of one new genus, one new species and two new subspecies and proposals of three new combinations［J］. Zootaxa，4150（3）：314-340.

HO G W C，2017. Contribution to the knowledge of Chinese Phasmatodea Ⅴ：new taxa and new nomenclatures of the subfamilies Necrosciinae（Diapheromeridae）and Lonchodinae（Phasmatidae） from the Phasmatodea of China［J］. Zootaxa，4368（1）：1-72.

HO G W C，2017. Taxonomic study of the genus *Rhamphophasma* Brunner von Wattenwyl（Phasmatodea: Phasmatidae: Clitumninae）in China，with descriptions of three new species［J］. Entomotaxonomia，39（2）：94-102.

LI Y，WANG S，ZHOU J，et al.，2022. The phylogenic position of Aschiphasmatidae in Euphasmatodea based on mitochondrial genomic evidence［J］. Gene，808：145-974.

SEOW-CHOEN F，2016. A taxonomic guide to the stick insects of Borneo［M］. Kota Kinabalu：Natural History Publications（Borneo）.

纺足目 Embioptera

等尾足丝蚁科 Oligotomidae Enderlein, 1909

1. 裸尾足丝蚁属 *Aposthonia* Krauss, 1911

（1）婆罗洲足丝蚁 *Aposthonia borneensis* (Hagen, 1885)

分布：广东（广州）、香港、海南；越南，老挝，泰国，马来西亚，印度尼西亚，巴布亚新几内亚。

2. *Eosembia* Ross, 2007

（2）*Eosembia varians* (Navás, 1922)

分布：广东（梅县、连州、曲江）、福建、香港。

3. 等尾足丝蚁属 *Oligotoma* Westwood, 1837

（3）暗头等尾足丝蚁 *Oligotoma greeniana* Enderlein, 1912

分布：广东（广州）、台湾、香港；斯里兰卡，菲律宾，马来西亚，新加坡。

（4）黄头等尾足丝蚁 *Oligotoma humbertiana* (Saussure, 1896)

分布：广东（广州）、江苏、福建、台湾、海南、香港；印度，斯里兰卡，墨西哥；非洲东部。

（5）桑氏等尾足丝蚁 *Oligotoma saurdersiss* (Westwood, 1837)

分布：广东（广州、深圳）、海南；印度，以色列，美国，澳大利亚，马达加斯加，墨西哥。

参考文献：

MILLER K B，HAYASHI C，WHITING M F，et al.，2012．The phylogeny and classification of Embioptera（Insecta）［J］．Systematic entomology，37（3）：550-570．

POOLPRASERT P，SITTHICHAROENCHAI D，LEKPRAYOON C，et al.，2011．Two remarkable new species of webspinners in the genus *Eosembia* Ross, 2007（Embioptera: Oligotomidae）from Thailand［J］．Zootaxa，2967(1)：1-11．

ROSS E S，2007．The Embiidina of Eastern Asia, Part Ⅰ［J］．Proceedings of the california academy of sciences，58（29），575-600．

螳螂目 Mantodea

一、小丝螳科 Leptomantellidae Schwarz *et* Roy, 2019

1. 小丝螳属 *Leptomantella* Burmeister, 1838

（1）越南小丝螳 *Leptomantella tonkinae* Hebard, 1920

分布：广东（广州、惠州）、福建、广西、云南。

二、怪螳科 Amorphoscelidae Stål, 1877

2. 怪螳属 *Amorphoscelis* Stål, 1871

（2）中华怪螳 *Amorphoscelis chinensis* Tinkham, 1937

分布：广东（广州、清远）、江西、云南。

三、侏螳科 Nanomantidae Brunner von Wattenwyl, 1893

3. 柔螳属 *Sceptuchus* Hebard, 1920

（3）中华柔螳 *Sceptuchus sinecus* Yang, 1999

分布：广东（清远）、江西、福建。

4. 华螳属 *Sinomantis* Beier, 1933

（4）齿华螳 *Sinomantis denticulata* Beier, 1933

分布：广东（广州、深圳）、广西、云南等。

5. 透翅螳属 *Tropidomantis* Stål, 1877

（5）格氏透翅螳 *Tropidomantis gressitti* Tinkham, 1937

分布：广东（深圳）、海南。

四、跳螳科 Gonypetidae Westwood, 1889

6. 小跳螳属 *Amantis* Giglio-Tos, 1915

（6）罗浮小跳螳 *Amantis lofaoshanensis* Tinkham, 1937

分布：广东（惠州）。

7. 瑕螳属 *Spilomantis* Giglio-Tos, 1915

（7）顶瑕螳 *Spilomantis occipitalis* (Westwood, 1889)

分布：广东（广州）、福建、广西、云南。

8. 虎甲螳属 *Tricondylomimus* Chopard, 1930

（8）绿脉虎甲螳 *Tricondylomimus mirabiliis* Beier, 1935

分布：广东（韶关）、福建、海南。

五、角螳科 Haaniidae Giglio-Tos, 1915

9. 缺翅螳属 *Arria* Stål, 1877

（9）斑点缺翅螳 *Arria stictus* (Zhou *et* Shen, 1992)

分布：广东（韶关）、浙江、江西。

10. 艳螳属 *Caliris* Giglio-Tos, 1915

（10）美丽艳螳 *Caliris melli* Beier, 1933

分布：广东（韶关）、江西、福建。

六、花螳科 Hymenopodidae Chopard, 1949

11. 姬螳属 *Acromantis* Saussure, 1870

（11）日本姬螳 *Acromantis japonica* Westwood, 1849

分布：广东（广州、韶关、惠州）、浙江、江西、湖南、福建。

12. 枝螳属 *Ambivia* Stål, 1877

（12）中印枝螳 *Ambivia undata* Fabricius, 1793

分布：广东（深圳）、广西、云南。

13. 原螳属 *Anaxarcha* Stål, 1877

（13）中华原螳*Anaxarcha sinensis* Beier, 1933

    分布：广东（韶关）、江西、湖南、福建。

14. 异巨腿螳属 *Astyliasula* Schwarz *et* Shcherbakov, 2017

（14）武夷异巨腿螳*Astyliasula wuyishana* (Yang *et* Wang, 1999)

    分布：广东（韶关）、江西、福建。

15. 眼斑螳属 *Creobroter* Serville,1839

（15）丽眼斑螳*Creobroter gemmatus* (Stoll, 1813)

    分布：广东（广州）、广西、云南。

（16）云眼斑螳*Creobroter nebulosa* Zheng, 1988

    分布：广东（广州、惠州）、江西、福建、广西。

16. 齿螳属 *Odontomantis* Saussure, 1871

（17）长翅齿螳*Odontomantis longipennis* Zheng, 1989

    分布：广东（广州）、福建。

17. 拟睫螳属 *Parablepharis* Saussure, 1870

（18）中南拟睫螳*Parablepharis kuhlii asiatica* Roy, 2008

    分布：广东（肇庆）、海南、广西、云南。

18. 屏顶螳属 *Phyllothelys* Wood-Mason, 1877

（19）魏氏屏顶螳*Phyllothelys werneri* Karny, 1915

    分布：广东（韶关）、福建、台湾、广西。

19. 弧纹螳属 *Theopropus* Saussure, 1898

（20）中华弧纹螳*Theopropus sinecus sinecus* Yang, 1999

    分布：广东（韶关）、福建、广西。

七、螳科Mantidae Latreille, 1802

20. 斧螳属 *Hierodula* Burmeister, 1838

（21）中华斧螳*Hierodula chinensis* Werner, 1929

    分布：广东（广州、韶关）、江西、湖南、福建、四川。

（22）污斑斧螳*Hierodula maculata* Wang, Zhou *et* Zhang, 2020

    分布：广东（始兴）、四川。

（23）广斧螳*Hierodula patellifera* (Serville, 1839)

    分布：广东及华东地区。

21. 螳属 *Mantis* Linnaenus, 1758

（24）薄翅螳华东亚种*Mantis religiosa sinica* Bazyluk, 1960

    分布：广东（广州）等。

22. 半翅螳属 *Mesopteryx* Saussure, 1870

（25）宽阔半翅螳*Mesopteryx platycephala* (Stål, 1877)

    分布：广东（惠州）、福建。

23. 静螳属 *Statilia* Stål, 1877

（26）棕静螳 *Statilia maculata* (Thunberg, 1784)

分布：广东（广州）及华东地区。

24. 刀螳属 *Tenodera* Burmeister, 1838

（27）枯叶刀螳 *Tenodera aridifolia* (Stoll, 1813)

分布：广东（广州、惠州）等。

（28）瘦刀螳 *Tenodera fasciata* (Olivier, 1792)

分布：广东（惠州）、江西、福建。

（29）中华刀螳 *Tenodera sinensis* Saussure, 1870

分布：广东等。

25. 巨斧螳属 *Titanodula* Vermeersch, 2020

（30）台湾巨斧螳 *Titanodula formosana* (Giglio–Tos, 1912)

分布：广东（广州、惠州、肇庆）、江西、湖南、台湾、海南、广西。

参考文献:

王天齐，1993. 中国螳螂目分类概要［M］. 上海：上海科学技术文献出版社.

朱笑愚，吴超，袁勤，2012. 中国螳螂［M］. 北京：西苑出版社.

SCHWARZ C J，ROY R，2019. The systematics of Mantodea revisited: an updated classification incorporating multiple data sources (Insecta: Dictyoptera)［J］. Annales de la société entomologique de France（N. S.），55（2）：101–196.

WANG Y, ZHOU S, ZHANG Y L, 2020. Revision of the genus *Hierodula*（Mantodea: Mantidae）in China［J］. Entomotaxonomia，42（2）：81-100.

WU C，LIU C X，2021. The genus *Amorphoscelis* Stål（Mantodea: Amorphoscelidae）from China，with description of two new species and one newly recorded species［J］. Journal of natural history，55（3/4）：189–204.

WU C，LIU C X，2021. Notes on the genus *Theopropus* Saussure（Mantodea, Hymenopodidae）from China, with description of a new species from the Himalayas［J］. ZooKeys，1049：163-182.

蜚蠊目 Blattodea

一、姬蠊科 Ectobiidae Brunner von Wattenwyl, 1865

1. 巴蠊属 *Balta* Tepper, 1893

（1）凡巴蠊 *Balta vilis* (Brunner von Wattenwyl, 1865)

分布：广东（湛江）、海南、云南。

2. 小蠊属 *Blattella* Caudell, 1903

（2）双纹小蠊 *Blattella bisignata* (Brunner von Wattenwyl, 1893)

分布：广东（乳源、惠州、深圳）、山西、陕西、甘肃、浙江、湖北、江西、湖南、福建、海南、广西、重庆、四川、贵州、云南；越南，老挝，泰国，印度，缅甸，马来西亚，新加坡，印度尼西亚。

（3）德国小蠊 *Blattella germanica* (Linnaeus, 1767)

分布：广东等；世界广布。

（4）拟德国小蠊 *Blattella lituricollis* (Walker, 1868)

分布：广东（开平、湛江）、浙江、福建、台湾、海南、广西、云南；日本，缅甸，菲律宾，美国。

（5）日本小蠊 *Blattella nipponica* Asahina, 1963

分布：广东（深圳）、山东、河南、陕西、江苏、上海、安徽、浙江、江西、湖南、福建、四川、贵州、云南；韩国，日本。

（6）毛背小蠊 *Blattella sauteri* (Karny, 1915)

分布：广东（惠州）、安徽、浙江、福建、台湾、贵州；印度尼西亚。

3. 拟歪尾蠊属 *Episymploce* Bey-Bienko, 1950

（7）北越拟歪尾蠊 *Episymploce bispina* (Bey-Bienko, 1970)

分布：广东（肇庆）、浙江、福建、广西、云南；越南。

（8）台湾拟歪尾蠊 *Episymploce formosana* (Shiraki, 1908)

分布：广东、浙江、湖北、台湾。

（9）马来拟歪尾蠊 *Episymploce malaisei* (Princis, 1950)

分布：广东、江西、贵州、云南；马来西亚。

（10）双刺拟歪尾蠊 *Episymploce prima* (Bey-Bienko, 1957)

分布：广东、云南。

（11）丹顶拟歪尾蠊 *Episymploce rubroverticis* (Guo *et* Feng, 1985)

分布：广东（清远、韶关）、江西、湖南。

（12）中华拟歪尾蠊 *Episymploce sinensis* (Walker, 1869)

分布：广东、北京、安徽、河南、江苏、浙江、湖北、江西、福建、海南、香港、广西、重庆、四川、贵州、云南。

（13）小刺拟歪尾蠊 *Episymploce spinosa* (Bey-Bienko, 1969)

分布：广东（信宜）。

（14）切板拟歪尾蠊 *Episymploce sundaica* (Hebard, 1929)

分布：广东（广州）、安徽、福建、台湾、海南、香港、贵州、云南；日本，越南，泰国，菲律宾，马来西亚，印度尼西亚。

（15）晶拟歪尾蠊 *Episymploce vicina* (Bey-Bienko, 1954)

分布：广东（乳源）、浙江、福建、重庆、四川、贵州、云南。

（16）武陵拟歪尾蠊 *Episymploce wulingensis* (Feng *et* Woo, 1993)

分布：广东（肇庆）、福建、海南、广西、四川、贵州。

4. 拟截尾蠊属 *Hemithyrsocera* Saussure, 1893

（17）长鬃拟截尾蠊 *Hemithyrsocera longiseta* Wang *et* Che, 2017

分布：广东（封开）、海南、广西。

（18）断缘拟截尾蠊 *Hemithyrsocera marginalis* (Hanitsch, 1933)

分布：广东（惠州）、云南；泰国，马来西亚，印度尼西亚。

5. 玛拉蠊属 *Malaccina* Hebard, 1929

（19）中华玛拉蠊 *Malaccina sinica* (Bey–Bienko, 1954)

分布：广东、浙江、江西、福建、海南、广西、四川、贵州、云南。

6. 玛蠊属 *Margattea* Shelford, 1911

（20）浅缘玛蠊 *Margattea limbata* Bey–Bienko, 1954

分布：广东（乳源、惠州）、安徽、浙江、江西、湖南、福建、广西、重庆、贵州。

（21）刻点玛蠊 *Margattea punctulata* (Brunner von Wattenwyl, 1893)

分布：广东（深圳）、海南；缅甸。

7. 乙蠊属 *Sigmella* Hebard, 1940

（22）双斑乙蠊 *Sigmella biguttata* (Bey–Bienko, 1954)

分布：广东、江苏、安徽、浙江、湖北、江西、福建、广西、重庆、四川、贵州、云南。

（23）拟申氏乙蠊 *Sigmella puchihlungi* (Bey–Bienko, 1959)

分布：广东（信宜）、海南、广西、重庆。

8. 歪尾蠊属 *Symploce* Hebard, 1916

（24）球突歪尾蠊 *Symploce sphaerica* Wang *et* Che, 2013

分布：广东（乳源、惠州）、广西。

（25）纹歪尾蠊 *Symploce striata* (Shiraki, 1906)

分布：广东（乳源）、江西、福建、台湾、贵州、云南；日本。

9. 丘蠊属 *Sorineuchora* Caudell, 1927

（26）双带丘蠊 *Sorineuchora bivitta* (Bey–Bienko, 1969)

分布：广东（惠州）、福建、海南、广西、贵州、云南。

（27）黑背丘蠊 *Sorineuchora nigra* (Shiraki, 1908)

分布：广东、江苏、安徽、浙江、湖北、湖南、海南、广西、重庆、四川、贵州。

二、蜚蠊科 Blattidae Handlirsch, 1925

10. 大蠊属 *Periplaneta* Burmeister, 1838

（28）美洲大蠊 *Periplaneta americana* (Linnaeus, 1758)

分布：广东、吉林、辽宁、北京、河北、河南、江苏、上海、安徽、浙江、福建、海南、香港、澳门、广西、重庆、贵州、云南；日本，科摩罗（莫罗尼），乍得，巴西。

（29）澳洲大蠊 *Periplaneta australasiae* (Fabricius, 1775)

分布：广东、福建、台湾、海南、广西、四川、贵州、云南；日本。

（30）褐斑大蠊 *Periplaneta brunnea* Burmeister, 1838

分布：广东（广州）、江西、浙江、福建、广西、贵州、云南；热带、亚热带地区。

（31）淡翅褐大蠊 *Periplaneta ceylonica* Karny, 1908

分布：广东（广州、惠州、深圳）、江苏、湖南、福建、海南、广西、云南；印度，斯里兰卡。

（32）黑胸大蠊 *Periplaneta fuliginosa* Serville, 1838

分布：广东（惠州）、北京、江苏、上海、湖南、福建、海南、广西、重庆、四川、云南；世界广布。

（33）卡氏大蠊 *Periplaneta karni* (Shiraki, 1931)

分布：广东（广州、深圳）、福建、台湾、广西。

11. 郝氏蠊属 *Hebardina* Bey-Bienko, 1938

（34）丽郝氏蠊 *Hebardina concinna* (Hann, 1842)

分布：广东（惠州）、福建、海南、广西、重庆、云南、西藏；缅甸，马来西亚，印度尼西亚，文莱。

12. 斑蠊属 *Neostylopyga* Shelford, 1911

（35）脸谱斑蠊 *Neostylopyga rhombifolia* (Stoll, 1813)

分布：广东（广州、深圳）、福建、台湾、海南、广西、四川、云南；日本，菲律宾，马来西亚，斯里兰卡。

三、硕蠊科 Blaberidae Brunner von Wattenwyl, 1865

13. 水蠊属 *Opisthoplatia* Brunner von Wattenwyl, 1865

（36）东方水蠊 *Opisthoplatia orientalis* (Burmeister, 1838)

分布：广东（广州、深圳）、福建、台湾、海南、香港、广西、贵州、云南、西藏；日本，越南，印度，印度尼西亚。

14. 弯翅蠊属 *Panesthia* Serville, 1831

（37）大弯翅蠊拟大亚种 *Panesthia angustipennis spadica* (Shiraki, 1906)

分布：广东、湖南、福建、台湾、广西、云南、西藏。

15. 蔗蠊属 *Pycnoscelus* Scudder, 1862

（38）印度蔗蠊 *Pycnoscelus indicus* (Fabricius, 1775)

分布：广东、福建、台湾、海南、广西、云南；日本，印度；亚洲热带地区。

（39）苏里南蔗蠊 *Pycnoscelus surinamensis* (Linnaeus, 1758)

分布：广东；环热带分布。

16. 大光蠊属 *Rhabdoblatta* Kirby, 1903

（40）皆大光蠊 *Rhabdoblatta alligata* (Walker, 1868)

分布：广东（肇庆）、浙江、福建、香港。

（41）别氏大光蠊 *Rhabdoblatta bielawskii* Bey-Bienko, 1970

分布：广东（惠州）、海南、广西；越南。

（42）横带大光蠊 *Rhabdoblatta elegans* Anisyutkin, 2000

分布：广东（乳源）、江西、广西、云南。

（43）无斑大光蠊 *Rhabdoblatta immaculata* (Kirby, 1903)

分布：广东（深圳）；越南，印度。

（44）黄缘大光蠊 *Rhabdoblatta marginata* Bey-Bienko, 1969

分布：广东（广州）、湖南、海南、广西；越南。

（45）黑褐大光蠊 *Rhabdoblatta melancholica* (Bey-Bienko, 1954)

分布：广东（乳源、梅州）、陕西、甘肃、浙江、湖北、江西、湖南、福建、海南、广西、重庆、四川、贵州。

（46）伪大光蠊 *Rhabdoblatta mentiens* Anisyutkin, 2000

分布：广东（广州、肇庆）、浙江、江西、湖南、福建、广西；越南。

（47）丘大光蠊 *Rhabdoblatta monticola* (Kirby, 1903)

分布：广东（广州、肇庆）、湖南、广西；越南。

（48）黑带大光蠊 *Rhabdoblatta nigrovittata* Bey–Bienko, 1954

分布：广东（乳源）、江苏、安徽、浙江、湖北、湖南、福建、广西、重庆、四川、贵州、云南。

（49）橄色大光蠊 *Rhabdoblatta olivacea* (Saussure, 1869)

分布：广东（深圳）；越南。

（50）萨氏大光蠊 *Rhabdoblatta saussurei* (Kirby, 1903)

分布：广东（广州、清远、惠州）、广西、贵州、云南；越南，泰国。

（51）中华大光蠊 *Rhabdoblatta sinensis* (Walker, 1868)

分布：广东（深圳）、浙江、江西、福建、香港、广西；越南。

（52）小钩口大光蠊 *Rhabdoblatta sinuata* Bey–Bienko, 1958

分布：广东（乳源）、四川、云南。

（53）拟褐带大光蠊 *Rhabdoblatta vietica* Anisyutkin, 2000

分布：广东（肇庆）。

四、褶翅蠊科 Anaplectidae Walker, 1868

17. 褶翅蠊属 *Anaplecta* Burmeister, 1838

（54）刺角褶翅蠊 *Anaplecta corneola* Deng et Che, 2020

分布：广东（广州、韶关、肇庆）、湖南、福建、海南、广西、贵州。

（55）峨嵋褶翅蠊 *Anaplecta omei* Bey–Bienko, 1958

分布：广东（韶关、肇庆）、江苏、安徽、浙江、湖北、江西、湖南、福建、广西、重庆、四川、贵州、云南。

五、地鳖蠊科 Corydiidae Saussure, 1864

18. 棕鳖蠊属 *Ergaula* Walker, 1868

（56）广纹棕鳖蠊 *Ergaula nepalensis* (Saussure, 1893)

分布：广东（广州）、海南、广西；越南，印度，缅甸。

参考文献：

冯平章，吴福桢，1990. 中国弯翅蠊属（蜚蠊目：弯翅蠊科）研究［J］. 昆虫学报，33（2）：213-218.

CHE Y L, ZHANG Y N, WANG Z Q, 2009. Two new species and three new record species of *Hemithyrsocera* Saussure (Blattaria, Blattellidae) from China［J］. Zoological systematics, 34（4）：741-750.

DENG W B, LIU Y C, WANG Z Q, et al., 2020. Eight new species of the genus *Anaplecta* Burmeister, 1838 (Blattodea: Blattoidea: Anaplectidae) from China based on molecular and morphological data［J］. European journal of taxonomy，720：77–106.

GONG R Y，GUO X，MA J N，et al.，2018．Complete mitochondrial genome of *Periplaneta brunnea* (Blattodea: Blattidae) and phylogenetic analyses within Blattodea［J］．Journal of Asia–Pacific entomology，21（3）：885–895.

WANG Z Q，CHE Y L，2017．Three new species of cockroach genus *Hemithyrsocera* Saussure，1893 (Blattodea: Ectobiidae: Blattellinae) with redescriptions of two known species from China［J］．Zootaxa，4263（3）：543–556.

WANG Z Q，CHE Y L，FENG P Z，2010．A taxonomic study of the genus *Blattella* Caudell，1903 from China with description of one new species (Blattaria: Blattellidae)［J］．Acta entomologica sinica，53（8）：908–913.

等翅目 Isoptera

一、古白蚁科 Archotermopsidae Engel, Grimaldi *et* Krishna, 2009

1. 原白蚁属 *Hodotermopsis* Holmgren, 1911

（1）山林原白蚁 *Hodotermopsis sjostedti* Holmgren, 1911

分布：广东（广州、连山、始兴）、浙江、江西、湖南、福建、台湾、海南、广西、四川、贵州、云南；日本，越南。

二、木白蚁科 Kalotermitidae Froggatt, 1897

2. 堆砂白蚁属 *Cryptotermes* Banks, 1906

（2）铲头堆砂白蚁 *Cryptotermes declivis* Tsai *et* Chen, 1963

分布：广东（广州、连山、乳源、潮州、东莞、新会、台山、佛山、肇庆）、浙江、福建、海南、广西、四川、贵州、云南。

（3）截头堆砂白蚁 *Cryptotermes domesticus* (Haviland, 1898)

分布：广东（徐闻）、台湾、海南、广西、云南；日本，越南，泰国，印度，斯里兰卡，马来西亚，新加坡，印度尼西亚，澳大利亚，巴拿马。

（4）长颚堆砂白蚁 *Cryptotermes dudleyi* Banks, 1918

分布：广东（徐闻）、海南；印度，斯里兰卡，菲律宾，马来西亚，印度尼西亚，孟加拉国，阿曼，肯尼亚，马达加斯加，毛里求斯，索马里，坦桑尼亚，乌干达，澳大利亚，斐济，美国（关岛），基里巴斯，巴布亚新几内亚，马绍尔群岛，萨摩亚，巴西，哥伦比亚，哥斯达黎加，牙买加，尼加拉瓜，巴拿马，特立尼达和多巴哥。

3. 树白蚁属 *Glyptotermes* Froggatt, 1897

（5）英德树白蚁 *Glyptotermes yingdeensis* Li, 1987

分布：广东（英德）。

4. 新白蚁属 *Neotermes* Holmgren, 1911

（6）长颚新白蚁 *Neotermes dolichognathus* Xu *et* Han, 1985

分布：广东（紫金）、香港。

（7）中华新白蚁 *Neotermes sinensis* (Light, 1924)

分布：广东（肇庆）。

（8）台山新白蚁 *Neotermes taishanensis* Xu *et* Han, 1985

分布：广东（台山）。

（9）丘颏新白蚁 *Neotermes tuberogulus* Xu *et* Han, 1985

分布：广东（广州）、香港。

（10）波颚新白蚁 *Neotermes undulatus* Xu *et* Han, 1985

分布：广东（徐闻）、香港。

三、鼻白蚁科 Rhinotermitidae Froggatt, 1897

5. 乳白蚁属 *Coptotermes* Wasmann, 1896

（11）巢县乳白蚁 *Coptotermes chaoxianensis* Huang *et* Li, 1985

分布：广东（广州）、安徽。

（12）圆头乳白蚁 *Coptotermes cyclocoryphus* Zhu, Li *et* Ma, 1984

分布：广东（肇庆）、香港。

（13）台湾乳白蚁 *Coptotermes formosanus* Shiraki, 1909

分布：广东（广布）、山东、江苏、上海、安徽、浙江、湖北、江西、湖南、福建、台湾、海南、香港、广西、四川、贵州、云南；日本，斯里兰卡，菲律宾，巴基斯坦，肯尼亚，南非，乌干达，美国，巴西。

（14）广东乳白蚁 *Coptotermes guangdongensis* Ping, 1985

分布：广东（广州）。

（15）长带乳白蚁 *Coptotermes longistriatus* Li *et* Huang, 1985

分布：广东（佛山）。

（16）上海乳白蚁 *Coptotermes shanghaiensis* Xia *et* He, 1986

分布：广东（广州）、江苏、上海、浙江。

6. 散白蚁属 *Reticulitermes* Holmgren, 1912

（17）肖若散白蚁 *Reticulitermes affinis* Hsia *et* Fan, 1965

分布：广东、河南、江苏、安徽、浙江、湖北、江西、湖南、福建、台湾、海南、香港、广西、四川、贵州、云南。

（18）双峰散白蚁 *Reticulitermes bitumulus* Ping *et* Xu, 1987

分布：广东、湖北、广西、四川、贵州。

（19）蟹腿散白蚁 *Reticulitermes cancrifemuris* Zhu, 1984

分布：广东（连山）。

（20）黑胸散白蚁 *Reticulitermes chinensis* Snyder, 1923

分布：广东、北京、山东、河南、陕西、甘肃、江苏、上海、安徽、浙江、湖北、江西、湖南、福建、广西、四川、云南；越南，印度。

（21）鼎湖散白蚁 *Reticulitermes dinghuensis* Ping, Zhu *et* Li, 1980

分布：广东（肇庆）、香港、广西、贵州。

（22）黄胸散白蚁 *Reticulitermes flaviceps* (Oshima, 1911)

分布：广东、河北、山东、河南、陕西、甘肃、江苏、安徽、浙江、湖北、江西、湖南、福建、台湾、海南、广西、四川、云南；日本，越南。

（23）花胸散白蚁 *Reticulitermes fukienensis* Light, 1924

分布：广东、江苏、浙江、福建、海南、香港、广西、云南。

（24）高要散白蚁 *Reticulitermes gaoyaoensis* Tsai *et* Li, 1977

分布：广东（肇庆）、湖南、福建、广西。

（25）广州散白蚁 *Reticulitermes guangzhouensis* Ping, 1985

分布：广东（广州）、香港、广西。

（26）海南散白蚁 *Reticulitermes hainanensis* Tsai *et* Hwang, 1977

分布：广东（南雄、乐昌、惠州）、浙江、江西、湖南、福建、海南、广西、贵州。

（27）细颚散白蚁 *Reticulitermes leptomandibularis* Hsia *et* Fan, 1965

分布：广东、河南、江苏、安徽、浙江、江西、湖南、福建、台湾、海南、广西、四川、贵州。

（28）罗浮散白蚁 *Reticulitermes luofunicus* Zhu, Ma *et* Li, 1982

分布：广东（博罗）。

（29）小头散白蚁 *Reticulitermes microcephalus* Zhu, 1984

分布：广东（海丰）、广西、贵州。

（30）侏儒散白蚁 *Reticulitermes minutus* Ping *et* Xu, 1983

分布：广东、福建、广西。

（31）陌宽散白蚁 *Reticulitermes mirus* Gao, Zhu *et* Zhao, 1985

分布：广东（肇庆）、四川。

（32）近黄胸散白蚁 *Reticulitermes periflaviceps* Ping *et* Xu, 1993

分布：广东（始兴）。

（33）近暗散白蚁 *Reticulitermes perilucifugus* Ping, 1985

分布：广东（广州）、广西。

（34）林海散白蚁 *Reticulitermes sylvestris* Ping *et* Xu, 1993

分布：广东。

（35）毛头散白蚁 *Reticulitermes trichocephalus* Ping, 1985

分布：广东（肇庆）。

（36）英德散白蚁 *Reticulitermes yingdeensis* Tsai *et* Li, 1977

分布：广东（英德）、湖南、广西、四川。

四、杆白蚁科 Stylotermitidae Holmgren *et* Holmgren, 1917

7. 杆白蚁属 *Stylotermes* Holmgren *et* Holmgren, 1917

（37）连平杆白蚁 *Stylotermes lianpingensis* Ping, 1983

分布：广东（连平）。

（38）苏氏杆白蚁 *Stylotermes sui* Ping *et* Xu, 1993

分布：广东（始兴）。

（39）短盖杆白蚁 *Stylotermes valvules* Tsai *et* Ping, 1978

    分布：广东、江西、福建、广西、云南。

五、白蚁科 Termitidae Latreille, 1802

8. 锯白蚁属 *Microcerotermes* Silvestri, 1901

（40）菱巢锯白蚁 *Microcerotermes rhombinidus* Ping *et* Xu, 1984

    分布：广东（珠海、台山、电白、雷州、徐闻）、海南、广西。

9. 土白蚁属 *Odontotermes* Holmgren, 1910

（41）黑翅土白蚁 *Odontotermes formosanus* (Shiraki, 1909)

    分布：广东（广州、英德、台山、开平、佛山、徐闻）、山东、河南、陕西、甘肃、江苏、安徽、浙江、湖北、江西、湖南、福建、台湾、海南、香港、广西、重庆、四川、贵州、云南；日本，越南，泰国，缅甸。

（42）海南土白蚁 *Odontotermes hainanensis* (Light, 1924)

    分布：广东（雷州、徐闻）、安徽、福建、海南、广西、云南；越南，柬埔寨，泰国，缅甸。

（43）平行土白蚁 *Odontotermes parallelus* Li, 1986

    分布：广东（惠州）、海南、香港、广西、四川。

（44）始兴土白蚁 *Odontotermes shixingensis* Ping *et* Xu, 1993

    分布：广东（始兴）。

10. 大白蚁属 *Macrotermes* Holmgren, 1909

（45）黄翅大白蚁 *Macrotermes barneyi* Light, 1924

    分布：广东、河南、江苏、安徽、浙江、湖北、江西、湖南、福建、海南、香港、广西、四川、贵州、云南；越南。

（46）车八岭大白蚁 *Macrotermes chebalingensis* Ping *et* Xu, 1993

    分布：广东（始兴）。

（47）罗坑大白蚁 *Macrotermes luokengensis* Lin *et* Shi, 1982

    分布：广东（电白）。

11. 亮白蚁属 *Euhamitermes* Holmgren, 1912

（48）小头亮白蚁 *Euhamitermes microcephalus* Ping *et* Li, 1987

    分布：广东（广州、惠州、台山、徐闻）、海南、广西、贵州。

（49）方头亮白蚁 *Euhamitermes quadratceps* Ping *et* Li, 1987

    分布：广东（惠州）、广西。

12. 印白蚁属 *Indotermes* Roonwal *et* Sen-Sarma, 1958

（50）等齿印白蚁 *Indotermes isodentatus* (Tsai *et* Chen, 1963)

    分布：广东（湛江）、海南、广西、云南。

13. 华扭白蚁属 *Sinocapritermes* Ping *et* Xu, 1986

（51）闽华扭白蚁 *Sinocapritermes fujianensis* Ping *et* Xu, 1986

    分布：广东、福建、广西。

（52）台湾华扭白蚁 *Sinocapritermes mushae* (Oshima *et* Maki, 1919)

分布：广东（韶关、湛江）、湖北、江西、湖南、台湾、海南、广西、云南。

14. 近扭白蚁属 *Pericapritermes* Silvestri, 1914

（53）多毛近扭白蚁 *Pericapritermes latignathus* (Holmgren, 1914)

分布：广东（英德、南雄）、福建、云南；越南，柬埔寨，泰国，马来西亚，印度尼西亚，孟加拉国。

（54）近扭白蚁 *Pericapritermes nitobei* (Shiraki, 1909)

分布：广东、河南、江苏、安徽、浙江、湖北、江西、湖南、福建、台湾、海南、香港、广西、四川、贵州、云南；日本，越南，泰国，马来西亚，印度尼西亚。

（55）大近扭白蚁 *Pericapritermes tetraphilus* (Silvestri, 1922)

分布：广东（韶关、汕头）、浙江、江西、福建、广西、云南；印度，缅甸，孟加拉国。

（56）五指山近扭白蚁 *Pericapritermes wuzhishanensis* (Li, 1982)

分布：广东（梅县）、海南。

15. 钩扭白蚁属 *Pseudocapritermes* Kemner, 1934

（57）中华钩扭白蚁 *Pseudocapritermes sinensis* Ping *et* Xu, 1986

分布：广东、江西、湖南、海南、广西、贵州、云南。

（58）圆囟钩扭白蚁 *Pseudocapritermes sowerbyi* (Light, 1924)

分布：广东（韶关、英德、汕头、湛江）、福建、海南、香港、广西、云南。

16. 葫白蚁属 *Cucurbitermes* Li *et* Ping, 1985

（59）英德葫白蚁 *Cucurbitermes yingdeensis* Li *et* Ping, 1985

分布：广东（英德）、江西、湖南。

17. 歧颚白蚁属 *Havilanditermes* Light, 1930

（60）直鼻歧颚白蚁 *Havilanditermes orthonasus* Tsai *et* Chen, 1963

分布：广东（南雄、惠州、肇庆）、湖南、福建、广西、云南。

18. 近瓢白蚁属 *Peribulbitermes* Li, 1985

（61）鼎湖近瓢白蚁 *Peribulbitermes dinghuensis* Li, 1985

分布：广东（肇庆）。

19. 象白蚁属 *Nasutitermes* Dudley, 1890

（62）圆头象白蚁 *Nasutitermes communis* Tsai *et* Chen, 1963

分布：广东（南雄）、江西、湖南、福建。

（63）封开象白蚁 *Nasutitermes fengkaiensis* Li, 1986

分布：广东（封开）、广西。

（64）大鼻象白蚁 *Nasutitermes grandinasus* Tsai *et* Chen, 1963

分布：广东（南雄）、浙江、江西、湖南、福建、海南、广西。

（65）小象白蚁 *Nasutitermes parvonasutus* (Nawa, 1911)

分布：广东、安徽、浙江、江西、湖南、福建、台湾、香港、广西、四川、贵州、云南。

20. 华象白蚁属 *Sinonasutitermes* Li, 1986

（66）二型华象白蚁 *Sinonasutitermes dimorphus* Li *et* Ping, 1986

分布：广东（南雄）、福建、广西。

（67）居中华象白蚁 *Sinonasutitermes mediocris* Ping *et* Xu, 1991

分布：广东（始兴）、福建。

（68）三型华象白蚁 *Sinonasutitermes trimorphus* Li *et* Ping, 1986

分布：广东（南雄）。

21. 钝颚白蚁属 *Ahmaditermes* Akhtar, 1975

（69）丘额钝颚白蚁 *Ahmaditermes sinuosus* (Tsai *et* Chen, 1963)

分布：广东（兴宁、平远、惠州）、江西、福建、广西、重庆、云南。

参考文献：

黄复生，朱世模，平正明，等，2000. 中国动物志：昆虫纲：第十七卷：等翅目［M］. 北京：科学出版社：1-961.

KRISHNA K，GRIMALDI D A，KRISHNA V，et al.，2013，Treatise on the Isoptera of the world［M］．New York：
　　　　Bulletin of the American Museum of Natural History.

啮虫目 Psocoptera

一、圆啮科 Psoquillidae Lienhard *et* Smithers, 2002

1. 圆啮属 *Psoquilla* Hagen, 1865

（1）缘斑圆啮 *Psoquilla marginepunctata* Hagen, 1865

分布：广东（广州）、台湾。

二、跳啮科 Psyllipsocidae Lienhard *et* Smithers, 2002

2. 窃跳啮属 *Psocathropos* Ribaga, 1899

（2）家栖窃跳啮 *Psocathropos domesticus* Li, 2002

分布：广东（肇庆）。

3. 跳啮属 *Psyllipsocus* Selys-Longchamps, 1872

（3）斑跳啮 *Psyllipsocus maculatus* Li, 2002

分布：广东（茂名）。

三、重啮科 Amphientomidae Enderlein, 1903

4. 角重啮属 *Cornutientomus* Li, 2002

（4）中国角重啮 *Cornutientomus chinensis* (Li, 1993)

分布：广东、四川。

5. 色重啮属 *Seopsis* Enderlein, 1906

（5）凹缘色重啮 *Seopsis concava* Li, 2002

分布：广东（广州）。

6. 刺重啮属 *Stimulopalpus* Enderlein, 1906

（6）尖翅刺重啮 *Stimulopalpus acutipinnatus* Li, 2002

分布：广东（广州）。

（7）无柄刺重啮 *Stimulopalpus estipitatus* Li, 2002

　　分布：广东（广州）。

（8）小刺重啮 *Stimulopalpus exilis* Li, 2002

　　分布：广东（广州）。

（9）白斑刺重啮 *Stimulopalpus galactospilus* Li, 2002

　　分布：广东（广州）。

（10）等脉刺重啮 *Stimulopalpus isoneurus* Li, 2002

　　分布：广东（广州）。

（11）多毛刺重啮 *Stimulopalpus polychaetus* Li, 2002

　　分布：广东（广州）。

四、虱啮科 Liposcelididae Broadhead, 1950

7. 虱啮属 *Liposcelis* Motschulsky, 1852

（12）嗜卷虱啮 *Liposcelis bostrychophila* Badonnel, 1931

　　分布：广东、北京、山西、河南、陕西、四川、云南；世界广布。

（13）喜虫虱啮 *Liposcelis entomophila* (Enderlein, 1907)

　　分布：广东、北京、山东、河南、湖北、江西；世界广布。

五、粉啮科 Troctopsocidae Mockford, 1967

8. 鞘粉啮属 *Coleotroctellus* Lienhard, 1988

（14）苏氏鞘粉啮 *Coleotroctellus sui* (Li, 1993)

　　分布：广东。

六、叉啮科 Pseudocaeciliidae Pearman, 1936

9. 配叉啮属 *Allocaecilius* Lee *et* Thornton, 1967

（15）灰背配叉啮 *Allocaecilius albidorsualis* Li, 1993

　　分布：广东。

（16）广东配叉啮 *Allocaecilius guangdongicus* Li, 1993

　　分布：广东。

10. 异叉啮属 *Heterocaecilius* Lee *et* Thornton, 1967

（17）双叉异叉啮 *Heterocaecilius bicruris* (Li, 2002)

　　分布：广东（广州）。

（18）华南异叉啮 *Heterocaecilius huananensis* Li, 2002

　　分布：广东（广州）、广西。

（19）梁氏异叉啮 *Heterocaecilius liangi* Li, 1991

　　分布：广东。

（20）廖氏异叉啮 *Heterocaecilius liaoi* New, 1991

　　分布：广东。

（21）头斑异叉啮 *Heterocaecilius maculans* Li, 1991

　　分布：广东。

（22）额斑异叉啮 *Heterocaecilius maculifrons* (Thornton, 1961)

分布：广东、湖北、香港、四川。

（23）长毛异叉啮 *Heterocaecilius mecotrichus* Li, 2002

分布：广东（广州）。

（24）伪异脉异叉啮 *Heterocaecilius pseudoanomalus* Li, 1993

分布：广东。

11. 劳叉啮属 *Lobocaecilius* Lee *et* Thornton, 1967

（25）双叉劳叉啮 *Lobocaecilius bifurcus* Li, 1993

分布：广东；南非，马达加斯加。

12. 脉叉啮属 *Mepleres* Enderlein, 1926

（26）华脉叉啮 *Mepleres sinicus* (Li, 1993)

分布：广东。

13. 蛇叉啮属 *Ophiodopelma* Enderlein, 1908

（27）多斑蛇叉啮 *Ophiodopelma polyspila* Li, 1993

分布：广东。

14. 叉啮属 *Pseudocaecilius* Enderlein, 1903

（28）双球叉啮 *Pseudocaecilius bibulbus* Li, 1993

分布：广东。

（29）淡色叉啮 *Pseudocaecilius citricola* (Ashmead, 1879)

分布：广东、海南、香港、广西；印度，马来西亚，新加坡，印度尼西亚（爪哇），安哥拉，
刚果。

七、半啮科 Hemipsocidae Pearman, 1936

15. 后半啮属 *Metahemipsocus* Li, 1995

（30）雅致后半啮 *Metahemipsocus bellatulus* Li, 2002

分布：广东（肇庆）。

（31）双尖后半啮 *Metahemipsocus bicuspidatus* Li, 2002

分布：广东（肇庆）。

八、鼠啮科 Myopsocidae Pearman, 1936

16. 苔鼠啮属 *Lichenomima* Enderlein, 1910

（32）长茎苔鼠啮 *Lichenomima elongata* (Thornton, 1960)

分布：广东、香港。

九、啮科 Psocidae Hagen, 1865

17. 蓓啮属 *Blaste* Kolbe, 1883

（33）钩突蓓啮 *Blaste harpophylla* (Li, 1993)

分布：广东。

18. 前蓓啮属 *Epiblaste* Li, 1993

（34）黄褐前蓓啮 *Epiblaste glandacea* Li, 1993

　　　　分布：广东。

（35）华南前蓓啮 *Epiblaste huananiensis* Li, 2002

　　　　分布：广东（广州）。

19. 新蓓啮属 *Neoblaste* Thornton, 1960

（36）广东新蓓啮 *Neoblaste guangdongensis* New, 1991

　　　　分布：广东（广州、肇庆）。

（37）乳突新蓓啮 *Neoblaste papillosa* Thornton, 1960

　　　　分布：广东、香港。

20. 黑麻啮属 *Atrichadenotecnum* Yoshizawa, 1998

（38）广州黑麻啮 *Atrichadenotecnum guangzhouense* (Li, 2002)

　　　　分布：广东（广州）。

（39）三叉黑麻啮 *Atrichadenotecnum trifurcatum* (Li, 1993)

　　　　分布：广东、陕西、浙江、贵州、山西、福建、云南；日本。

21. 点麻啮属 *Loensia* Enderlein, 1924

（40）广东点麻啮 *Loensia guangdongica* (Li, 1993)

　　　　分布：广东。

22. 瓣啮属 *Longivalvus* Li, 1993

（41）网纹瓣啮 *Longivalvus dictyodromus* Li, 1993

　　　　分布：广东。

（42）辐斑瓣啮 *Longivalvus radiatus* Li, 1993

　　　　分布：广东。

23. 昧啮属 *Metylophorus* Pearman, 1932

（43）三角昧啮 *Metylophorus tricornis* Li, 1993

　　　　分布：广东。

24. 触啮属 *Psococerastis* Pearman, 1932

（44）车八岭触啮 *Psococerastis chebalingensis* Li, 1993

　　　　分布：广东（始兴）。

（45）驼背触啮 *Psococerastis gibbosa* (Sulzer, 1776)

　　　　分布：广东及华北地区；亚洲，欧洲。

（46）四裂触啮 *Psococerastis quadrisecta* Li, 1993

　　　　分布：广东。

25. 皱啮属 *Ptycta* Enderlein, 1925

（47）外卷皱啮 *Ptycta revoluta* Li, 2002

　　　　分布：广东（广州）。

26. 曲啮属 *Sigmatoneura* Enderlein, 1908

（48）白云短叶曲啮 *Sigmatoneura (Sigmatoneura) baiyunica* Li, 2002

　　　　分布：广东（广州）。

27. 带麻啮属 *Trichadenotecnum* Enderlein, 1909

（49）叭形带麻啮 *Trichadenotecnum bucciniformis* (Li, 1993)

分布：广东。

（50）膨突带麻啮 *Trichadenotecnum sufflatus* (Li, 1993)

分布：广东。

（51）三叉带麻啮 *Trichadenotecnum trigonophyllum* Li, 1993

分布：广东。

十、双啮科 Amphipsocidae Pearman, 1936

28. 双啮属 *Amphipsocus* McLachlan, 1872

（52）黄色红距双啮 *Amphipsocus armeniacus* Li, 1993

分布：广东。

（53）绿色红斑双啮 *Amphipsocus smaragdinus* Li, 1992

分布：广东。

29. 带啮属 *Taeniostigma* Enderlein, 1901

（54）广东带啮 *Taeniostigma guangdonganum* Li, 1993

分布：广东。

十一、单啮科 Caeciliusidae Mockford, 2000

30. 双瓣单啮属 *Bivalvicaecilia* Li, 2002

（55）短瓣双瓣单啮 *Bivalvicaecilia abbreviata* (Li, 1993)

分布：广东。

31. 单啮属 *Caecilius* Curtis, 1837

（56）角室单啮 *Caecilius corniculatus* Li, 1993

分布：广东。

（57）红痣单啮 *Caecilius erythrostigmus* Li, 1993

分布：广东。

（58）焦边单啮 *Caecilius ferreus* Li, 1993

分布：广东、海南。

（59）中带单啮 *Caecilius medivittatus* Li, 1992

分布：广东、陕西、浙江、江西、湖南、福建、广西、四川、贵州、云南。

（60）窄纵带单啮 *Caecilius persimilaris* (Thornton *et* Wong, 1966)

分布：广东、陕西、浙江、湖北、湖南、福建、海南、香港、广西、云南；印度。

（61）斜红斑单啮 *Caecilius plagioerythrinus* Li, 1993

分布：广东、陕西、浙江、广西、贵州。

32. 等啮属 *Isophanes* Banks, 1937

（62）中华等啮 *Isophanes sinensis* New, 1991

分布：广东（肇庆）。

33. 寇啮属 *Kodamaius* Okamoto, 1907

（63）钝痣寇啮 *Kodamaius macrostigmus* Li, 1993

　　分布：广东。

（64）始兴寇啮 *Kodamaius shixingicus* Li, 1993

　　分布：广东。

34. 梵啮属 *Valenzuela* Navás, 1924

（65）两色梵啮 *Valenzuela bicolorus* (Li, 1993)

　　分布：广东。

（66）双峰梵啮 *Valenzuela bifoliolatus* (Li, 1993)

　　分布：广东。

（67）褐斑梵啮 *Valenzuela brunneimaculatus* (Li, 1993)

　　分布：广东。

（68）鼎湖梵啮 *Valenzuela dinghuensis* (New, 1991)

　　分布：广东（肇庆）。

（69）红带梵啮 *Valenzuela erythrozonalis* (Li, 1993)

　　分布：广东。

（70）凹翅梵啮 *Valenzuela excavatus* (Li, 1993)

　　分布：广东。

（71）大黑梵啮 *Valenzuela macromelaus* (Li, 1993)

　　分布：广东。

（72）多斑梵啮 *Valenzuela multimaculatus* (Li, 1991)

　　分布：广东（广州、深圳）。

（73）淡黄梵啮 *Valenzuela ochroleucus* (Li, 1993)

　　分布：广东。

（74）宽痣梵啮 *Valenzuela platostigmus* (Li, 1993)

　　分布：广东。

（75）五斑梵啮 *Valenzuela qunarius* (Li, 1993)

　　分布：广东。

（76）四斑大梵啮 *Valenzuela quaternatus* (Li, 1993)

　　分布：广东。

（77）始兴梵啮 *Valenzuela shixingensis* (Li, 1993)

　　分布：广东。

（78）狭翅梵啮 *Valenzuela stenopterus* (Li, 1993)

　　分布：广东。

（79）鲜黄梵啮 *Valenzuela vitellinus* (Li, 1993)

　　分布：广东。

十二、离啮科 Dasydemellidae Mockford, 1978

35. 犸啮属 *Matsumuraiella* Enderlein, 1906

（80）四斑狷啮 *Matsumuraiella quadripunctata* Li, 1993

分布：广东。

十三、准单啮科 Paracaeciliidae Mockford, 1989

36. 安啮属 *Enderleinella* Badonnel, 1932

（81）双球安啮 *Enderleinella binata* Li, 1993

分布：广东。

（82）匙瓣安啮 *Enderleinella cochleativalva* Li, 1993

分布：广东。

（83）缩瓣安啮 *Enderleinella constrictivalva* Li, 1993

分布：广东。

（84）宽瓣安啮 *Enderleinella dilatativalva* Li, 1993

分布：广东。

（85）多斑安啮 *Enderleinella gramica* Li, 1993

分布：广东。

（86）大眼安啮 *Enderleinella magnioculus* (Li, 1991)

分布：广东（台山）。

（87）小眼安啮 *Enderleinella minutoculus* (Li, 1991)

分布：广东（台山）。

（88）单球安啮 *Enderleinella monosospaera* Li, 1993

分布：广东。

（89）突瓣安啮 *Enderleinella prolongata* Li, 1993

分布：广东。

（90）红带安啮 *Enderleinella ruberifasciatria* Li, 1993

分布：广东。

（91）毛瓣安啮 *Enderleinella setosivalva* Li, 1993

分布：广东。

37. 准单啮属 *Paracaecilius* Badonnel, 1931

（92）车八岭准单啮 *Paracaecilius chebalinganus* (Li, 1993)

分布：广东（始兴）。

（93）岭南准单啮 *Paracaecilius lingnanensis* Li, 2002

分布：广东（广州）。

十四、狭啮科 Stenopsocidae Pearman, 1936

38. 狭啮属 *Stenopsocus* Hagen, 1866

（94）锚茎狭啮 *Stenopsocus anchorocaulis* (Li, 1993)

分布：广东。

（95）宽斑狭啮 *Stenopsocus capacimacularus* Li, 1993

分布：广东。

（96）车八岭狭啮 *Stenopsocus chebalingensis* (Li, 1993)

分布：广东（始兴）。

（97）尖瓣狭啮 *Stenopsocus denivalvis* (Li, 1993)

分布：广东。

（98）网斑狭啮 *Stenopsocus dictyodromus* Li, 1993

分布：广东。

（99）钩茎狭啮 *Stenopsocus hamaocaulis* (Li, 1993)

分布：广东。

（100）卷斑狭啮 *Stenopsocus revolutus* Li, 1993

分布：广东。

（101）三球狭啮 *Stenopsocus tribulbus* Li, 1993

分布：广东。

（102）三斑狭啮 *Stenopsocus trinotatus* (Li, 1993)

分布：广东。

（103）粤狭啮 *Stenopsocus yuensis* (Li, 1993)

分布：广东。

十五、外啮科 Ectopsocidae Roesler, 1944

39. 外啮属 *Ectopsocus* McLachlan, 1899

（104）头斑外啮 *Ectopsocus spilocephalus* Li, 1993

分布：广东。

40. 邻外啮属 *Ectopsocopsis* Badonnel, 1955

（105）南方邻外啮 *Ectopsocopsis cryptomeriae* (Enderlein, 1907)

分布：广东（电白）、台湾、香港；日本；北美洲。

（106）广东邻外啮 *Ectopsocopsis guangdongensis* Li, 1991

分布：广东（新会）。

41. 无柄外啮属 *Estipulaceus* Li, 2002

（107）长瓣无柄外啮 *Estipulaceus longivalvus* Li, 2002

分布：广东（广州）。

（108）长叶无柄外啮 *Estipulaceus mecophyllus* Li, 2002

分布：广东（肇庆）。

（109）拟叭形无柄外啮 *Estipulaceus pseudosalpinx* (Li, 1993)

分布：广东。

十六、羚啮科 Mesopsocidae Pearman, 1936

42. 羚啮属 *Mesopsocus* Kolbe, 1880

（110）尹氏羚啮 *Mesopsocus yeni* New, 1991

分布：广东（肇庆）。

十七、围啮科 Peripsocidae Roesler, 1944

43. 双角围啮属 *Bicuspidatus* Li, 1993

（111）广东双角围啮 *Bicuspidatus guangdongensis* Li, 1993

分布：广东。

（112）丽斑双角围啮 *Bicuspidatus pulchipunctatus* Li, 1993

分布：广东。

（113）淡边双角围啮 *Bicuspidatus sigillatus* Li, 1993

分布：广东。

44. 圆围啮属 *Cycloperipsocus* Li, 1993

（114）庞氏圆围啮 *Cycloperipsocus pangi* Li, 1993

分布：广东。

45. 双突围啮属 *Diplopsocus* Li *et* Mockford, 1993

（115）车八岭双突围啮 *Diplopsocus chebalingicus* Li, 1993

分布：广东。

（116）华南双突围啮 *Diplopsocus huananensis* Li, 2002

分布：广东（广州）。

（117）大眼双突围啮 *Diplopsocus magniocellatus* Li, 1993

分布：广东。

（118）小眼双突围啮 *Diplopsocus parviocellatus* Li, 1993

分布：广东。

（119）褐脉双突围啮 *Diplopsocus phaeophlebicus* Li, 2002

分布：广东（广州）。

（120）林栖双突围啮 *Diplopsocus sylvaticus* Li, 2002

分布：广东（广州）。

46. 围啮属 *Peripsocus* Hagen, 1866

（121）褐斑围啮 *Peripsocus badimaculatus* Li, 1993

分布：广东、四川。

（122）白云山围啮 *Peripsocus baiyunshanicus* Li, 2002

分布：广东（广州）。

（123）钳形围啮 *Peripsocus forcipatus* Li, 1993

分布：广东、贵州。

（124）月突围啮 *Peripsocus lunaris* Li, 1993

分布：广东。

（125）长突围啮 *Peripsocus macrosiphus* Li, 1993

分布：广东。

（126）小唇围啮 *Peripsocus microcheilus* Li, 1993

分布：广东。

（127）圆突围啮 *Peripsocus orbiculatus* Li, 1993

    分布：广东。

（128）刺突围啮 *Peripsocus polyoacanthus* Li, 1993

    分布：广东。

（129）方突围啮 *Peripsocus quadratiprocessus* Li, 1993

    分布：广东。

（130）栎围啮 *Peripsocus quercicolus* Enderlein, 1906

    分布：广东、台湾、香港、澳门；日本，印度，马来西亚。

（131）杯形围啮 *Peripsocus reicherti* Enderlein, 1903

    分布：广东；印度，马来西亚，塞舌尔。

47. 端围啮属 *Periterminalis* Li, 1997

（132）宽顶端围啮 *Periterminalis latus* Li, 2002

    分布：广东（广州）。

参考文献：

李法圣，1991. 广东啮虫五新种（啮目：单啮科、叉啮科）[J]. 北京农业大学学报，17（1）：95–101.

李法圣，2002. 中国啮目志（上、下）[M]. 北京：科学出版社.

JJOHNSON K P，SMITH V S，HOPKINS H H，2021. Psocodea species file online：version 5.0/5.0 [EB/OL]. https://psocodea.speciesfile.org.

LIENHARD C，2003. Nomenclatural amendments concerning Chinese Psocoptera (Insecta), with remarks on species richness [J]. Revue suisse de zoologie, 110（4）：695–721.

LIU L X，YOSHIZAWA K，LI F S，et al.，2013. *Atrichadenotecnum multispinosus* sp. n. (Psocoptera: Psocidae) from south-western China, with new synonyms and new combinations from *Psocomesites* and *Clematostigma* [J]. Zootaxa, 3701（4）：460–466.

MOCKFORD E L，1993. North American Psocoptera [M]. Florida：CRC Press：1–480.

MOYA R S D，YOSHIZAWA K，WALDEN K K O，et al.，2021. Phylogenomics of parasitic and nonparasitic lice (Insecta: Psocodea): combining sequence data and exploring compositional bias solutions in next generation data sets [J]. Systematic biology, 70（4）：719–738.

NEW T R，1991. Psocoptera from southern China [J]. Oriental insects, 25（1）：99–116.

YOSHIZAWA K，1998. A new genus, *Atrichadenotecnum*, of the tribe Psocini (Psocoptera: Psocidae) and its systematic position [J]. Insect systematics & evolution, 29（2）：201–209.

YOSHIZAWA K，2003. Two new species that are likely to represent the most basal clade of the genus *Trichadenotecnum* (Psocoptera: Psocidae) [J]. Entomological science, 6（4）：301–308.

虱目 Phthiraptera

一、短角鸟虱科 Menoponidae Mjöberg, 1910

1. 珠鸡虱属 *Amyrsidea* Ewing, 1927

（1）*Amyrsidea subaequale* (Piaget, 1880)

分布：广东；泰国，印度，印度尼西亚。

2. *Kurodaia* Uchida, 1926

（2）*Kurodaia deignani* Elbel *et* Emerson, 1960

分布：广东、云南；泰国。

3. 体虱属 *Menacanthus* Neumann, 1912

（3）牛体虱 *Menacanthus eurysternus* (Burmeister, 1838)

分布：广东；世界广布。

（4）*Menacanthus nogoma* Uchida, 1926

分布：广东、台湾、香港；日本，泰国，菲律宾，马来西亚。

（5）*Menacanthus sinuatus* (Burmeister, 1838)

分布：广东；全北界。

4. *Myrsidea* Waterston, 1915

（6）*Myrsidea attenuata* Lei, Chu, Dik, Zou, Wang *et* Gustafsson, 2020

分布：广东（乳源）、海南。

（7）*Myrsidea cheni* Price, Arnold *et* Bush, 2006

分布：广东；泰国。

（8）*Myrsidea ochracei* Hellenthal *et* Price, 2003

分布：广东；泰国，菲律宾，马来西亚。

（9）*Myrsidea orientalis* Tandan, 1972

分布：广东；印度，缅甸。

（10）*Myrsidea patkaiensis* Tandan, 1972

分布：广东；缅甸。

（11）*Myrsidea thoracica* (Giebel, 1874)

分布：广东、台湾；印度，尼泊尔，马来西亚，英国。

5. *Trinoton* Nitzsch, 1818

（12）*Trinoton anserinum* (Fabricius, 1805)

分布：广东；世界广布。

（13）*Trinoton querquedulae* (Linnaeus, 1758)

分布：广东；世界广布。

二、鸟虱科 Ricinidae Neumann, 1890

6. 鸟虱属 *Ricinus* De Geer, 1778

（14）*Ricinus dolichocephalus* (Scopoli, 1763)

分布：广东、台湾；泰国，塞浦路斯，捷克，波兰，德国，法国，英国，南非，博茨瓦纳。

三、圆鸟虱科 Goniodidae Mjöberg, 1910

7. 姬鸟虱属 *Goniocotes* Burmeister, 1838

（15）*Goniocotes albidus* Giebel, 1874

分布：广东；奥地利。

（16）*Goniocotes gallinae* (De Geer, 1778)

分布：广东；世界广布。

8. 圆鸟虱属 *Goniodes* Nitzsch, 1818

（17）*Goniodes cervinicornis* Giebel, 1874

分布：广东、福建；印度，奥地利，美国。

（18）家鸡圆鸟虱 *Goniodes dissimilis* Denny, 1842

分布：广东；世界广布。

（19）家鸡大圆鸟虱 *Goniodes gigas* Taschenberg, 1879

分布：广东；世界广布。

四、长角鸟虱科 Philopteridae Burmeister, 1838

9. *Anaticola* Clay, 1935

（20）*Anaticola anseris* (Linnaeus, 1758)

分布：广东；世界广布。

（21）家鸭鸟虱 *Anaticola crassicornis* (Scopoli, 1763)

分布：广东；世界广布。

10. 布氏鸟虱属 *Brueelia* Kéler, 1936

（22）*Brueelia alophoixi* Sychra, 2009

分布：广东；越南。

（23）*Brueelia colindalei* Gustafsson, Najer, Zou *et* Bush, 2022

分布：广东、广西。

11. *Guimaraesiella* Eichler, 1949

（24）*Guimaraesiella* (*Cicchinella*) *citreisoma* Gustafsson, Tian, Ren, Liu, Yu *et* Zou, 2021

分布：广东、云南。

（25）*Guimaraesiella* (*Cicchinella*) *corrugata* Gustafsson, Tian, Ren, Liu, Yu *et* Zou, 2021

分布：广东。

12. 长角鸟虱属 *Philopteroides* Mey, 2004

（26）*Philopteroides flavala* Najer *et* Sychra, 2012

分布：广东、广西、云南；越南。

13. *Picophilopterus* Ansari, 1947

（27）*Picophilopterus blythipici* Gustafsson, Adam *et* Zou, 2022

分布：广东。

14. *Priceiella* Gustafsson *et* Bush, 2017

（28）*Priceiella* (*Camurnirmus*) *lindquistae* Gustafsson, Clayton *et* Bush, 2018

    分布：广东、广西。

（29）*Priceiella* (*Camurnirmus*) *nanlingensis* Gustafsson, Tian, Ren, Liu, Yu *et* Zou, 2021

    分布：广东。

（30）*Priceiella* (*Priceiella*) *sternotypica* (Ansari, 1956)

    分布：广东；泰国，印度。

（31）*Priceiella* (*Thescelovora*) *austini* Gustafsson, Clayton *et* Bush, 2018

    分布：广东、广西、云南。

15. *Strigiphilus* Mjöberg, 1910

（32）*Strigiphilus heterogenitalis* Emerson *et* Elbel, 1957

    分布：广东；泰国。

16. *Timalinirmus* Mey, 2017

（33）*Timalinirmus curvus* Gustafsson, Zou *et* Bush, 2022

    分布：广东（乳源）、广西。

参考文献：

陈淑玉，林辉环，王浩，等，1992. 广东、海南两省畜禽寄生虫新种及国内、省内新记录［J］. 广东农业科学，1：46-48.

CHU X Z, DIK B, GUSTAFSSON D R, et al., 2019. The influence of host body size and food guild on prevalence and mean intensity of chewing lice (Phthiraptera) on birds in southern China［J］. Journal of parasitology, 105（2）：334–344.

ESCALANTE G C, SWEET A D, MCCRACKEN K G, et al., 2016. Patterns of cryptic host specificity in duck lice based on molecular data［J］. Medical and veterinary entomology, 30（2）：200–208.

GUSTAFSSON D R, ADAM C, ZOU F S, 2022. One new genus and three new species of the *Penenirmus*–complex (Phthiraptera：Ischnocera) from China, with resurrection of *Picophilopterus* Ansari, 1947［J］. Zootaxa, 5087（3）：401–426.

GUSTAFSSON D R, TIAN C P, REN M J, et al., 2021. Four new species of *Guimaraesiella* (Phthiraptera: Ischnocera: *Brueelia*-complex) from China［J］. Zootaxa, 5060（3）：333–352.

GUSTAFSSON D R, TIAN C P, REN M J, et al., 2021. New species and new records of *Priceiella* (Phthiraptera：Ischnocera: *Brueelia*-complex) from South China［J］. Journal of parasitology, 107（6）：863–877.

GUSTAFSSON D R, NAJER T, ZOU F S, et al., 2022. The ischnoceran chewing lice (Phthiraptera: Ischnocera) of bulbuls (Aves: Passeriformes: Pycnonotidae), with descriptions of 18 new species［J］.European journal of taxonomy, 800（1）：1–88.

GUSTAFSSON D R, ZOU F, BUSH S E, 2022. Descriptions of six new species of slender–bodied chewing lice of the *Resartor*–group (Phthiraptera: Ischnocera: *Brueelia*-complex)［J］. Zootaxa, 5104（4）：506–530.

LEI L J, CHU X Z, DIK B, et al., 2020. Four new species of *Myrsidea* (Phthiraptera: Amblycera: Menoponidae) from Chinese babblers (Passeriformes: Leiothrichidae, Paradoxornithidae, Timaliidae)［J］. Zootaxa, 4878（1）：103–128.

缨翅目 Thysanoptera

一、宽锥蓟马科 Stenurothripidae Bagnall, 1923

1. 宽锥蓟马属 *Holarthrothrips* Bagnall, 1927

（1）印度宽锥蓟马 *Holarthrothrips indicus* Bhatti *et* Ananthakrishnan, 1978

分布：广东（广州）；印度。

二、纹蓟马科 Aeolothripidae Uzel, 1895

2. 长角纹蓟马属 *Franklinothrips* Back, 1912

（2）蜂腰长角纹蓟马 *Franklinothrips vespiformis* (Crawford, 1909)

分布：广东（广州、梅州）、台湾、海南、云南；日本，美国，墨西哥，巴西，泰国，古巴，巴拿马，哥伦比亚，委内瑞拉，苏里南，澳大利亚等。

3. 扁角纹蓟马属 *Mymarothrips* Bagnall, 1928

（3）扇扁角纹蓟马 *Mymarothrips garuda* Ramakrishna *et* Margabandhu, 1931

分布：广东（广州）、福建、云南；印度。

三、肿腿蓟马科 Merothripidae Hood, 1914

4. 肿腿蓟马属 *Merothrips* Hood, 1912

（4）印度肿腿蓟马 *Merothrips indicus* Bhatti *et* Ananthakrishnan, 1975

分布：广东（广州）、海南、云南；印度。

（5）光滑肿腿蓟马 *Merothrips laevis* Hood, 1938

分布：广东（广州、英德、肇庆）、海南、广西、云南；日本，美国。

（6）摩氏肿腿蓟马 *Merothrips morgani* Hood, 1912

分布：广东（广州）；印度，肯尼亚，美国，巴拿马。

（7）威氏肿腿蓟马 *Merothrips williamsi* Priesner, 1921

分布：广东（肇庆）；南非，美国，牙买加，巴西。

四、蓟马科 Thripidae Stephens, 1829

5. 呆蓟马属 *Anaphothrips* Uzel, 1895

（8）花呆蓟马 *Anaphothrips floralis* Karny, 1922

分布：广东（广州）；越南。

（9）玉米黄呆蓟马 *Anaphothrips obscurus* (Müller, 1776)

分布：广东、内蒙古、河北、山西、河南、陕西、宁夏、甘肃、新疆、江苏、浙江、福建、台湾、海南、四川、贵州、西藏；蒙古国，朝鲜，日本，马来西亚，爱沙尼亚，立陶宛，俄罗斯，瑞士，瑞典，阿尔巴尼亚，法国，荷兰，罗马尼亚，匈牙利，意大利，奥地利，波兰，芬兰，德国，捷克，斯洛伐克，英国，丹麦，埃及，摩洛哥，新西兰，澳大利亚，美国，加拿大。

（10）苏丹呆蓟马 *Anaphothrips sudanensis* Trybom, 1911

分布：广东、江苏、浙江、湖北、湖南、福建、台湾、海南、广西、四川、贵州、云南；印度，印度尼西亚，巴基斯坦，塞浦路斯，苏丹，埃及，摩洛哥，澳大利亚；中亚，非洲南部。

6. 异毛针蓟马属 *Anisopilothrips* Stannard *et* Mitri, 1962

（11）丽异毛针蓟马 *Anisopilothrips venustulus* (Priesner, 1923)

分布：广东（广州、始兴、深圳、肇庆、郁南）、湖南、台湾、海南、香港、广西、云南；日本，马来西亚，澳大利亚，斐济，美国，英国（百慕大），多米尼加，牙买加，格林纳达，苏里南，特立尼达和多巴哥。

7. 宽柄蓟马属 *Arorathrips* Bhatti, 1990

（12）墨宽柄蓟马 *Arorathrips mexicanus* (Crawford, 1909)

分布：广东（广州）、海南、广西、四川；印度，菲律宾，澳大利亚，新西兰，美国，古巴，墨西哥，巴拿马，巴西，阿根廷；非洲。

8. 棘皮蓟马属 *Asprothrips* Crawford, 1938

（13）角棘皮蓟马 *Asprothrips bucerus* Tong, Wang *et* Mirab–balou, 2016

分布：广东（博罗、高州、信宜）、贵州。

（14）暗棘皮蓟马 *Asprothrips fuscipennis* Kudô, 1984

分布：广东（博罗）、江西；日本。

9. 星针蓟马属 *Astrothrips* Karny, 1921

（15）珊星针蓟马 *Astrothrips aucubae* Kurosawa, 1932

分布：广东（广州、始兴、梅县、博罗）、福建、台湾、海南、广西、贵州、云南；日本，菲律宾。

（16）七星寮星针蓟马 *Astrothrips chisinliaoensis* Chen, 1980

分布：广东（封开、广宁）、江西、湖南、台湾、海南、广西。

10. 毛蓟马属 *Ayyaria* Karny, 1926

（17）豇豆毛蓟马 *Ayyaria chaetophora* Karny, 1926

分布：广东、湖北、福建、台湾、海南、广西、云南；日本，印度，菲律宾，新加坡，印度尼西亚。

11. 巴蓟马属 *Bathrips* Bhatti, 1962

（18）黑角巴蓟马 *Bathrips melanicornis* (Shumsher, 1946)

分布：广东（广州）、福建、台湾、海南、四川；泰国，印度，缅甸，马来西亚，印度尼西亚，东帝汶，澳大利亚。

12. 巢针蓟马属 *Caliothrips* Daniel, 1904

（19）禾巢针蓟马 *Caliothrips insularis* (Hood, 1928)

分布：广东（广州）；古巴。

（20）褐缘巢针蓟马 *Caliothrips quadrifasciatus* (Girault, 1927)

分布：广东（高州）、浙江、海南、广西、四川、云南；泰国，印度，孟加拉国。

13. 盾蓟马属 *Caprithrips* Faure, 1933

（21）岛盾蓟马 *Caprithrips insularis* Beshear, 1975

分布：广东、河南、福建、广西；日本，澳大利亚，苏里南，美国，乌拉圭，特立尼达和多巴哥，法国（新喀里多尼亚）。

14. 毛呆蓟马属 *Chaetanaphothrips* Priesner, 1925

（22）兰毛呆蓟马 *Chaetanaphothrips orchidii* (Moulton, 1907)

分布：广东（龙门、封开）、台湾、海南；日本，印度，缅甸，尼泊尔，斯里兰卡，马来西亚，印度尼西亚，乌克兰，捷克，斯洛伐克，芬兰，瑞典，挪威，丹麦，法国，荷兰，比利时，英国，澳大利亚，美国，墨西哥。

（23）长点毛呆蓟马 *Chaetanaphothrips signipennis* (Bagnall, 1914)

分布：广东、海南；印度，斯里兰卡，菲律宾，印度尼西亚，斐济，澳大利亚，巴布亚新几内亚，墨西哥，巴拿马，特立尼达和多巴哥，哥斯达黎加，洪都拉斯，夏威夷，巴西。

15. 矛鬃针蓟马属 *Copidothrips* Hood, 1954

（24）八节矛鬃针蓟马 *Copidothrips octarticulatus* (Schmutz, 1913)

分布：广东（广州、梅县）、江西、湖南、台湾、广西；基里巴斯（吉尔伯特）。

16. 丹蓟马属 *Danothrips* Bhatti, 1971

（25）兰丹蓟马 *Danothrips theivorus* (Karny, 1921)

分布：广东（广州、惠东）、海南；印度尼西亚（爪哇）。

17. 棍蓟马属 *Dendrothrips* Uzel, 1895

（26）母生棍蓟马 *Dendrothrips homalii* Zhang *et* Tong, 1988

分布：广东（广州）、湖南、海南。

（27）侧斑棍蓟马 *Dendrothrips latimaculatus* Nonaka *et* Okajima, 1991

分布：广东（广州）、江西、台湾；日本。

（28）茶棍蓟马 *Dendrothrips minowai* Priesner, 1935

分布：广东（广州）、湖南、海南、广西、贵州；日本，印度，尼泊尔。

18. 背刺蓟马属 *Dendrothripoides* Bagnall, 1923

（29）旋花背刺蓟马 *Dendrothripoides innoxius* (Karny, 1914)

分布：广东、福建、台湾、海南、香港、云南；朝鲜，日本，印度，菲律宾，约旦，澳大利亚，美国（夏威夷），巴拿马，巴西。

19. 二鬃蓟马属 *Dichromothrips* Priesner, 1932

（30）斯密二鬃蓟马 *Dichromothrips smithi* (Zimmermann, 1900)

分布：广东、福建、台湾、海南、贵州；日本，印度，印度尼西亚，澳大利亚。

20. 伊蓟马属 *Edissa* Faure, 1953

（31）斯氏伊蓟马 *Edissa steinerae* Mound, 1999

分布：广东；澳大利亚。

21. 藤针蓟马属 *Elixothrips* Stannard *et* Mitri, 1962

（32）短鬃藤针蓟马 *Elixothrips brevisetis* (Bagnall, 1919)

分布：广东、台湾、海南；菲律宾，基里巴斯（吉尔伯特），塞舌尔，法国（新喀里多尼亚）。

22. 花蓟马属 *Frankliniella* Karny, 1910

（33）首花蓟马 *Frankliniella cephalica* (Crawford, 1910)

分布：广东（广州、清远、深圳、湛江）、台湾、海南、广西；日本，美国，墨西哥，哥伦比亚，哥斯达黎加。

（34）花蓟马 *Frankliniella intonsa* (Trybom, 1895)

分布：广东等；蒙古国，韩国，日本，印度，土耳其，英国，法国，荷兰，丹麦，波兰，芬兰，瑞典，德国，奥地利，瑞士，意大利，捷克，斯洛伐克，爱沙尼亚，立陶宛，匈牙利，罗马尼亚，塞尔维亚，希腊，阿尔巴尼亚，拉脱维亚，黑山，俄罗斯，美国。

（35）西花蓟马 *Frankliniella occidentalis* (Pergande, 1895)

分布：广东、北京、山东、河南、陕西、江苏、上海、安徽、浙江、湖北、福建、海南、广西、重庆、四川、贵州、云南；世界广布。

（36）梳缺花蓟马 *Frankliniella schultzei* (Trybom, 1910)

分布：广东（广州、深圳）、台湾、云南；泰国，印度，印度尼西亚（爪哇），斯里兰卡，巴勒斯坦，英国，意大利，埃及，摩洛哥，苏丹，冈比亚，刚果，南非，加纳，乌干达，肯尼亚，索马里，塞内加尔，巴布亚新几内亚，澳大利亚，美国，海地，牙买加，巴西，哥伦比亚，阿根廷。

（37）禾花蓟马 *Frankliniella tenuicornis* (Uzel, 1895)

分布：广东、吉林、辽宁、内蒙古、北京、河北、山西、山东、河南、陕西、宁夏、甘肃、青海、新疆、江苏、湖北、江西、湖南、福建、台湾、广西、四川、贵州、云南、西藏；蒙古国，朝鲜，日本，巴基斯坦，俄罗斯（西伯利亚），土耳其，乌克兰，立陶宛，乌兹别克斯坦，爱沙尼亚，塞尔维亚，黑山，波兰，匈牙利，罗马尼亚，阿尔巴尼亚，捷克，斯洛伐克，德国，瑞士，瑞典，法国，荷兰，奥地利，丹麦，意大利，芬兰，英国，美国，加拿大。

23. 腹齿蓟马属 *Fulmekiola* Karny, 1925

（38）蔗腹齿蓟马 *Fulmekiola serrata* (Kobus, 1892)

分布：广东、陕西、江苏、浙江、湖南、福建、台湾、海南、广西、四川、云南；日本，越南，印度，菲律宾，马来西亚，印度尼西亚，孟加拉国，巴基斯坦，毛里求斯，特立尼达和多巴哥，巴巴多斯。

24. 领针蓟马属 *Helionothrips* Bagnall, 1932

（39）安领针蓟马 *Helionothrips aino* (Ishida, 1931)

分布：广东（广州、博罗）、河南、陕西、江西、福建、台湾、广西、贵州、云南；朝鲜，韩国，日本。

（40）木姜子领针蓟马 *Helionothrips annosus* Wang, 1993

分布：广东（广州、梅县、博罗、深圳、郁南、阳江）、台湾、广西；日本，菲律宾，马来西亚。

（41）斑领针蓟马 *Helionothrips brunneipennis* (Bagnall, 1915)

分布：广东（博罗）、海南、云南；日本，斯里兰卡。

（42）首领针蓟马 *Helionothrips cephalicus* Hood, 1954

分布：广东（广宁）、江西、湖南、台湾、贵州。

（43）游领针蓟马 *Helionothrips errans* (Williams, 1916)

分布：广东、河南、台湾、广西、云南；朝鲜，韩国，日本，英国；非洲，美洲。

（44）微领针蓟马 *Helionothrips parvus* Bhatti, 1968

分布：广东（深圳、肇庆）、福建、海南、广西、云南、贵州；印度。

（45）皱领针蓟马 *Helionothrips rugatus* Mirab-balou *et* Tong, 2017

分布：广东（广州、肇庆）、广西，云南。

（46）神农架领针蓟马 *Helionothrips shennongjiaensis* Feng, Yang *et* Zhang, 2007

分布：广东（梅县）、湖北、湖南、福建、海南、云南。

25. 阳针蓟马属 *Heliothrips* Haliday, 1836

（47）温室蓟马 *Heliothrips haemorrhoidalis* (Bouché, 1833)

分布：广东（广州、梅县、东莞、高州）、浙江、福建、台湾、海南、广西、四川、贵州、云南；澳大利亚，美国，巴西；欧洲，非洲。

26. 裂绢蓟马属 *Hydatothrips* Karny, 1913

（48）枫香裂绢蓟马 *Hydatothrips liquidambara* Chen, 1977

分布：广东（始兴）、云南、台湾；日本。

（49）红豆裂绢蓟马 *Hydatothrips ormosiae* Mirab-balou, Yang *et* Tong, 2013

分布：广东（广州）。

27. 三鬃蓟马属 *Lefroyothrips* Priesner, 1938

（50）褐三鬃蓟马 *Lefroyothrips lefroyi* (Bagnall, 1913)

分布：广东（广州）、浙江、江西、福建、台湾、香港、广西、贵州、云南；日本，印度，印度尼西亚。

28. 大蓟马属 *Megalurothrips* Bagnall, 1915

（51）端大蓟马 *Megalurothrips distalis* (Karny,1913)

分布：广东、辽宁、河北、山东、河南、江苏、湖北、湖南、福建、台湾、海南、广西、四川、贵州、云南、西藏；朝鲜，日本，斯里兰卡，菲律宾，印度尼西亚，斐济。

29. 小头蓟马属 *Microcephalothrips* Bagnall, 1926

（52）腹小头蓟马 *Microcephalothrips abdominalis* (Crawford, 1910)

分布：广东、北京、山东、河南、陕西、江苏、上海、浙江、湖北、江西、湖南、福建、台湾、海南、广西、四川、贵州、云南；朝鲜，日本，印度，斯里兰卡，菲律宾，印度尼西亚，埃及，澳大利亚，新西兰；美洲。

30. 喙蓟马属 *Mycterothrips* Trybom, 1910

（53）并喙蓟马 *Mycterothrips consociatus* (Targioni-Tozzetti, 1887)

分布：广东、江苏、浙江、福建、海南、四川；日本，印度。

（54）豆喙蓟马 *Mycterothrips glycines* (Okamoto, 1911)

分布：广东、黑龙江、北京、陕西、江苏、浙江、湖北、福建、台湾、四川；朝鲜，日本。

31. 新绢蓟马属 *Neohydatothrips* John, 1929

（55）*Neohydatothrips flavicingulus* Mirab-balou, Tong *et* Yang, 2013

分布：广东（广州）、广西、云南。

（56）塔崩新绢蓟马 *Neohydatothrips tabulifer* (Priesner, 1935)

分布：广东（深圳）、台湾；日本，马来西亚。

32. 蕨蓟马属 *Octothrips* Moulton, 1940

（57）巴氏蕨蓟马 *Octothrips bhattii* (Wilson, 1972)

分布：广东、台湾、海南、香港、云南；日本，泰国，印度，菲律宾，马来西亚，新加坡。

33. 水草蓟马属 *Organothrips* Hood, 1940

（58）莎水草蓟马 *Organothrips cyperi* (Zhang *et* Tong, 1992)

分布：广东（广州）、海南。

（59）长鬃水草蓟马 *Organothrips longisetosus* (Zhang *et* Tong, 1992)

分布：广东、广西、香港。

34. 针蓟马属 *Panchaetothrips* Bagnall, 1912

（60）叉锥针蓟马 *Panchaetothrips bifurcus* Mirab–balou *et* Tong, 2017

分布：广东（肇庆）、江西、海南。

（61）印度针蓟马 *Panchaetothrips indicus* Bagnall, 1912

分布：广东（深圳）、海南、广西、云南；印度。

35. 拟斑蓟马属 *Parabaliothrips* Priesner, 1935

（62）栎拟斑蓟马 *Parabaliothrips coluckus* (Kudô, 1977)

分布：广东（龙门）、福建、台湾；日本，尼泊尔，马来西亚。

36. 缺缨针蓟马属 *Phibalothrips* Hood, 1918

（63）二色缺缨针蓟马 *Phibalothrips peringueyi* (Faure, 1925)

分布：广东（广州、龙门、广宁、高州）、河南、台湾、海南、广西、云南；日本，印度，南非。

（64）皱纹缺缨针蓟马 *Phibalothrips rugosus* Kudô, 1979

分布：广东（深圳）；日本。

37. 伪棍蓟马属 *Pseudodendrothrips* Schmutz, 1913

（65）巴氏伪棍蓟马 *Pseudodendrothrips bhattii* Kudô, 1984

分布：广东（广州）、浙江、台湾；日本。

（66）桑伪棍蓟马 *Pseudodendrothrips mori* (Niwa, 1908)

分布：广东、北京、河北、河南、陕西、江苏、浙江、湖北、湖南、福建、台湾、海南、广西；朝鲜，日本，菲律宾，澳大利亚，美国。

38. 皱针蓟马属 *Rhipiphorothrips* Morgan, 1913

（67）腹突皱针蓟马 *Rhipiphorothrips cruentatus* Hood, 1919

分布：广东、台湾、海南、云南；印度，斯里兰卡，巴基斯坦，南非。

（68）丽色皱针蓟马 *Rhipiphorothrips pulchellus* Morgan, 1913

分布：广东（东莞）、福建、海南、广西、贵州；印度，斯里兰卡，菲律宾，印度尼西亚（爪哇）。

39. 长吻蓟马属 *Salpingothrips* Hood, 1935

（69）葛藤长吻蓟马 *Salpingothrips aimotofus* Kudô, 1972

分布：广东（龙门）、台湾、海南、云南；日本。

40. 豆蔻蓟马属 *Sciothrips* Bhatti, 1970

（70）小豆蔻蓟马 *Sciothrips cardamomi* (Ramakrishna, 1935)

分布：广东、海南、云南；印度，孟加拉国，哥斯达黎加。

41. 硬蓟马属 *Scirtothrips* Shull, 1909

（71）茶黄硬蓟马 *Scirtothrips dorsalis* Hood, 1919

分布：广东（广州、佛山）、黑龙江、河南、陕西、江苏、安徽、浙江、福建、台湾、海南、广西、云南；日本，印度，马来西亚，印度尼西亚，巴基斯坦，澳大利亚；非洲。

42. 食螨蓟马属 *Scolothrips* Hinds, 1902

（72）缩头食螨蓟马 *Scolothrips asura* Ramakrishna *et* Margabandhu, 1931

分布：广东（广州）、台湾、四川、云南；日本，泰国，澳大利亚北部。

（73）塔六点蓟马 *Scolothrips takahashii* Priesner, 1950

分布：广东（广州、韶关）、内蒙古、北京、河北、山东、河南、陕西、江苏、上海、浙江、湖北、湖南、福建、台湾、海南、广西、四川、云南；美国。

43. 滑胸针蓟马属 *Selenothrips* Karny, 1911

（74）红带滑胸针蓟马 *Selenothrips rubrocinctus* (Giard, 1901)

分布：广东（广州、乐昌、梅县、深圳、阳江）、江苏、浙江、湖北、湖南、福建、台湾、海南、广西、四川、云南；世界广布。

44. 绢蓟马属 *Sericothrips* Haliday, 1836

（75）后稷绢蓟马 *Sericothrips houjii* (Chou *et* Feng, 1990)

分布：广东、北京、河南、陕西、台湾、海南、广西。

45. 直鬃蓟马属 *Stenchaetothrips* Bagnall, 1926

（76）竹直鬃蓟马 *Stenchaetothrips bambusae* (Shumsher, 1946)

分布：广东（广州）、福建、海南、广西、四川、云南；日本，印度，缅甸。

（77）稻直鬃蓟马 *Stenchaetothrips biformis* (Bagnall, 1913)

分布：广东、辽宁、河北、河南、宁夏、江苏、浙江、湖北、江西、湖南、福建、台湾、海南、广西、四川、贵州、云南；朝鲜，日本，越南，泰国，印度，尼泊尔，斯里兰卡，菲律宾，马来西亚，印度尼西亚，孟加拉国，巴基斯坦，罗马尼亚，英国，巴西。

（78）离直鬃蓟马 *Stenchaetothrips divisae* Bhatti, 1982

分布：广东（广州）；印度。

（79）禾草直鬃蓟马 *Stenchaetothrips faurei* (Bhatti, 1962)

分布：广东（广州）、海南；印度。

（80）微直鬃蓟马 *Stenchaetothrips minutus* (Van Deventer, 1906)

分布：广东、河南、台湾、海南、广西；日本，印度，印度尼西亚，美国（夏威夷），巴西。

（81）威岛直鬃蓟马 *Stenchaetothrips victoriensis* (Moulton, 1936)

分布：广东（广州、东莞）、云南；菲律宾。

46. 线蓟马属 *Striathrips* Mound, 2011

（82）纹线蓟马 *Striathrips sulcatus* Mound, 2011

　　分布：广东；澳大利亚。

47. 带蓟马属 *Taeniothrips* Amyot *et* Serville, 1843

（83）油加律带蓟马 *Taeniothrips eucharii* (Whetzel, 1923)

　　分布：广东、北京、陕西、浙江、台湾、海南、香港、广西；日本，美国。

（84）蕉带蓟马 *Taeniothrips musae* (Zhang *et* Tong, 1990)

　　分布：广东、云南。

48. 蓟马属 *Thrips* Linnaeus, 1758

（85）葱韭蓟马 *Thrips alliorum* (Priesner, 1935)

　　分布：广东、辽宁、河北、浙江、江苏、湖北（武汉）、福建、台湾、山东、海南、广西、贵州、陕西、宁夏、新疆；朝鲜，日本，美国（夏威夷）。

（86）杜鹃蓟马 *Thrips andrewsi* (Bagnall, 1921)

　　分布：广东、陕西、浙江、湖南、海南、广西、四川、云南；日本，印度。

（87）特殊蓟马 *Thrips atactus* Bhatti, 1967

　　分布：广东、四川；日本。

（88）色蓟马 *Thrips coloratus* Schmutz, 1913

　　分布：广东（广州）、河南、浙江、湖北、江西、湖南、台湾、海南、广西、四川、贵州、云南、西藏；朝鲜，日本，印度，尼泊尔，斯里兰卡，印度尼西亚，巴基斯坦，巴布亚新几内亚，澳大利亚。

（89）八节黄蓟马 *Thrips flavidulus* (Bagnall, 1923)

　　分布：广东、辽宁、河北、山东、河南、陕西、宁夏、江苏、浙江、湖北、江西、湖南、福建、台湾、海南、广西、四川、贵州、云南、西藏；朝鲜，日本，印度，尼泊尔，斯里兰卡。

（90）瓜亮蓟马 *Thrips flavus* Schrank, 1776

　　分布：广东、吉林、内蒙古、河北、河南、甘肃、江苏、浙江、湖北、湖南、福建、台湾、海南、广西、贵州、云南；朝鲜，日本，印度，伊朗，葡萄牙（亚速尔，马德拉）；北美洲。

（91）闪黄蓟马 *Thrips floreus* Kurosawa, 1968

　　分布：广东（肇庆）、江苏、福建、海南；日本。

（92）台湾蓟马 *Thrips formosanus* Priesner, 1934

　　分布：广东、河南、台湾、海南、四川；日本，尼泊尔。

（93）黄胸蓟马 *Thrips hawaiiensis* (Morgan, 1913)

　　分布：广东（广州、肇庆）、内蒙古、河南、陕西、甘肃、江苏、浙江、湖北、湖南、台湾、海南、广西、四川、云南、西藏；朝鲜，日本，越南，泰国，印度，斯里兰卡，菲律宾，马来西亚，新加坡，印度尼西亚，巴基斯坦，巴布亚新几内亚，澳大利亚，新西兰，美国，牙买加，墨西哥。

（94）黑毛蓟马 *Thrips nigropilosus* Uzel, 1895

　　分布：广东、黑龙江、陕西、江苏、四川；朝鲜，日本，土耳其，立陶宛，俄罗斯，捷克，斯洛伐克，波兰，阿尔巴尼亚，罗马尼亚，匈牙利，奥地利，荷兰，瑞典，西班牙，法国，芬兰，瑞士，德国，英国，斐济，澳大利亚，新西兰，美国；中亚，非洲北部。

（95）东方蓟马 *Thrips orientalis* (Bagnall, 1915)

分布：广东、福建、台湾、海南、广西、云南；印度，马来西亚，印度尼西亚，美国（夏威夷）。

（96）棕榈蓟马 *Thrips palmi* Karny, 1925

分布：广东、浙江、湖北、湖南、台湾、海南、香港、广西、四川、云南、西藏；日本，泰国，印度，菲律宾，新加坡，印度尼西亚。

（97）烟蓟马 *Thrips tabaci* Lindeman, 1889

分布：广东（广州）、吉林、辽宁、内蒙古、河北、山西、山东、河南、陕西、宁夏、甘肃、新疆、江苏、湖北、湖南、台湾、海南、广西、四川、贵州、云南、西藏；蒙古国，朝鲜，日本，印度，菲律宾等。

49. 异色蓟马属 *Trichromothrips* Priesner, 1930

（98）黄异色蓟马 *Trichromothrips xanthius* (Williams, 1917)

分布：广东（广州）、台湾、海南、广西、云南；朝鲜，日本，西班牙，美国，巴西。

50. 尾突蓟马属 *Tusothrips* Bhatti, 1967

（99）金尾突蓟马 *Tusothrips sumatrensis* (Karny, 1925)

分布：广东、湖南、海南、云南；印度，菲律宾，印度尼西亚。

51. 胸鬃针蓟马属 *Zaniothrips* Bhatti, 1967

（100）蓖麻胸鬃针蓟马 *Zaniothrips ricini* Bhatti, 1967

分布：广东（广州），海南；印度，新加坡，印度尼西亚。

五、管蓟马科 Phlaeothripidae Uzel, 1895

52. 宽管蓟马属 *Acallurothrips* Bagnall, 1921

（101）宽管蓟马 *Acallurothrips tubullatus* Wang *et* Tong, 2008

分布：广东（广州）。

53. 拉管蓟马属 *Adraneothrips* Hood, 1925

（102）中华拉管蓟马 *Adraneothrips chinensis* (Zhang *et* Tong, 1990)

分布：广东（广州、英德、东莞、深圳、中山、佛山、肇庆、信宜）、湖南、福建、海南、云南；马来西亚。

（103）两色拉管蓟马 *Adraneothrips russatus* (Haga, 1973)

分布：广东（广州、英德、始兴、梅县、龙门、东莞、深圳、佛山、肇庆、高州、信宜）、浙江、江西、湖南、台湾、海南、广西、四川、贵州、云南；日本。

（104）云南拉管蓟马 *Adraneothrips yunnanensis* Dang, Mound *et* Qiao, 2013

分布：广东（佛山、肇庆、高州）、浙江、湖北、江西、湖南、海南、云南。

54. 虱管蓟马属 *Aleurodothrips* Franklin, 1909

（105）捕虱管蓟马 *Aleurodothrips fasciapennis*（Franklin, 1908）

分布：广东（惠东）、福建、台湾、海南、广西、四川、云南；日本，越南，印度，斯里兰卡，印度尼西亚，文莱，马来西亚，比利时，法国（留尼汪），斐济，密克罗尼西亚，澳大利亚，巴巴多斯，英国（百慕大），美国，牙买加，古巴。

55. 奇管蓟马属 *Allothrips* Hood, 1908

（106）巴西奇管蓟马 *Allothrips brasilianus* Hood, 1955

　　分布：广东（广州、海丰）、台湾；日本，美国（夏威夷），巴西。

（107）台湾奇管蓟马 *Allothrips taiwanus* Okajima, 1987

　　分布：广东（广州、郁南、信宜）、台湾、广西、云南。

56. 棘腿管蓟马属 *Androthrips* Karny, 1911

（108）拉马棘腿管蓟马 *Androthrips ramachandrai* Karny, 1926

　　分布：广东（广州、博罗、肇庆、阳江）、福建、台湾、海南、广西、贵州、云南、西藏；日本，印度。

57. 网管蓟马属 *Apelaunothrips* Karny, 1925

（109）同色网管蓟马 *Apelaunothrips consimilis* (Ananthakrishnan, 1969)

　　分布：广东（龙门、高州）、台湾；日本，印度，马来西亚，新加坡，印度尼西亚。

（110）海南网管蓟马 *Apelaunothrips hainanensis* Zhang *et* Tong, 1990

　　分布：广东、江西、湖南、海南、云南。

（111）印度网管蓟马 *Apelaunothrips indicus* (Ananthakrishnan, 1968)

　　分布：广东（广州）；印度。

（112）小眼网管蓟马 *Apelaunothrips lieni* Okajima, 1979

　　分布：广东（广州、东莞、郁南）、台湾、云南。

（113）长齿网管蓟马 *Apelaunothrips longidens* Zhang *et* Tong, 1990

　　分布：广东（广州、龙门、博罗、肇庆、郁南）、湖南、海南、广西、贵州。

（114）褐斑网管蓟马 *Apelaunothrips luridus* Okajima, 1979

　　分布：广东（广州、英德、南雄、翁源、梅县、龙门、博罗、东莞、深圳、佛山、肇庆）、浙江、江西、海南、四川、贵州、云南；马来西亚。

（115）中黄网管蓟马 *Apelaunothrips medioflavus* (Karny, 1925)

　　分布：广东（广州、英德、连州、翁源、龙门、肇庆）、湖南、福建、台湾、广西、四川、云南；日本，泰国，菲律宾，新加坡，印度尼西亚。

（116）褐翅网管蓟马 *Apelaunothrips nigripennis* Okajima, 1979

　　分布：广东（东莞、肇庆）、河南、江西、湖南、台湾、海南、贵州、云南；日本。

58. 缺翅管蓟马属 *Apterygothrips* Priesner, 1933

（117）食菌缺翅管蓟马 *Apterygothrips fungosus* (Ananthakrishnan *et* Jogadish, 1969)

　　分布：广东（肇庆）、海南；印度。

59. 焦管蓟马属 *Azaleothrips* Ananthakrishnan, 1964

（118）台湾焦管蓟马 *Azaleothrips taiwanicus* Okajima *et* Masumoto, 2014

　　分布：广东（广州、深圳）、台湾。

60. 棒管蓟马属 *Bactrothrips* Karny, 1912

（119）短棒管蓟马 *Bactrothrips brevitubus* Takahashi, 1935

    分布：广东（广州、始兴）、安徽、浙江、湖北、福建、台湾、海南、广西、云南；日本。

61. 贝管蓟马属 *Baenothrips* Crawford, 1948

（120）楔贝管蓟马 *Baenothrips cuneatus* Zhao *et* Tong, 2016

    分布：广东（广州、始兴、龙门、东莞、深圳、高州）、湖南、海南、广西、云南。

（121）淡角贝管蓟马 *Baenothrips murphyi* (Stannard, 1970)

    分布：广东（广州、始兴、龙门）、福建；泰国，马来西亚。

62. 竹管蓟马属 *Bamboosiella* Ananthakrishnan, 1957

（122）短竹管蓟马 *Bamboosiella brevis* Okajima, 1995

    分布：广东（广州、英德、翁源、广宁、茂名）、海南、云南；泰国。

（123）褐尾竹管蓟马 *Bamboosiella caudibruna* Zhao, Wang *et* Tong, 2018

    分布：广东（广州、广宁）、江西。

（124）草竹管蓟马 *Bamboosiella graminella* (Ananthakrishnan *et* Jagadish, 1969)

    分布：广东（广州、广宁）；泰国，印度。

（125）巨竹管蓟马 *Bamboosiella lewisi* (Bagnall, 1921)

    分布：广东（乳源、深圳）、江西、海南；日本。

（126）娜竹管蓟马 *Bamboosiella nayari* (Ananthakrishnan, 1958)

    分布：广东（广州、英德、翁源、龙门、广宁、茂名）、福建、海南、广西、云南；印度。

（127）网头竹管蓟马 *Bamboosiella rugata* Zhao, Wang *et* Tong, 2018

    分布：广东（广州）。

（128）莎莎竹管蓟马 *Bamboosiella sasa* Okajima, 1995

    分布：广东（广州）；日本。

（129）黑角竹管蓟马 *Bamboosiella varia* (Ananthakrishnan *et* Jagadish, 1969)

    分布：广东（广州）；日本，泰国，印度，菲律宾，印度尼西亚。

（130）端突竹管蓟马 *Bamboosiella xiphophora* Okajima, 1995

    分布：广东（广州），云南；泰国。

63. 瘤突管蓟马属 *Bradythrips* Hood *et* Williams, 1925

（131）张氏瘤突管蓟马 *Bradythrips zhangi* Wang *et* Tong, 2007

    分布：广东（英德、龙门、肇庆、高州）。

64. 长须管蓟马属 *Carientothrips* Moulton, 1944

（132）日本长须管蓟马 *Carientothrips japonicus* (Bagnall, 1921)

    分布：广东（肇庆）；日本。

65. 多饰管蓟马属 *Compsothrips* Reuter, 1901

（133）中华多饰管蓟马 *Compsothrips sinensis* (Pelikan, 1961)

    分布：广东；泰国，菲律宾。

66. 棘管蓟马属 *Dinothrips* Bagnall, 1908

（134）海南棘管蓟马 *Dinothrips hainanensis* Zhang, 1982

分布：广东、海南。

（135）青栀棘管蓟马 *Dinothrips juglandis* Moulton, 1933

分布：广东（龙门）、广西、西藏；印度，缅甸。

（136）叉突棘管蓟马 *Dinothrips spinosus* (Schmutz, 1913)

分布：广东（广州）、海南、广西；印度西部，斯里兰卡，菲律宾，巴布亚新几内亚。

（137）苏门答腊棘管蓟马 *Dinothrips sumatrensis* Bagnall, 1908

分布：广东、福建、海南；马来西亚。

67. 锥管蓟马属 *Ecacanthothrips* Bagnall, 1909

（138）齿胫锥管蓟马 *Ecacanthothrips tibialis* (Ashmead, 1905)

分布：广东（龙门）、甘肃、江西、台湾、海南、广西、云南；日本，越南，印度，菲律宾，马来西亚，新加坡，印度尼西亚，坦桑尼亚，毛里求斯，巴布亚新几内亚，澳大利亚，新西兰。

68. 钩鬃管蓟马属 *Elaphrothrips* Buffa, 1909

（139）齿钩鬃管蓟马 *Elaphrothrips denticollis* (Bagnall, 1909)

分布：广东、福建、台湾、海南、广西、云南；日本，印度，缅甸，马来西亚，印度尼西亚。

（140）格林钩鬃管蓟马 *Elaphrothrips greeni* (Bagnall, 1914)

分布：广东（广州）、福建、海南、云南、西藏；印度，斯里兰卡，印度尼西亚。

（141）马来钩鬃管蓟马 *Elaphrothrips malayensis* (Bagnall, 1909)

分布：广东（广州、龙门、高州）、湖北、海南、广西、贵州、云南、西藏；泰国，斯里兰卡，马来西亚，印度尼西亚（苏门答腊）。

（142）步钩鬃管蓟马 *Elaphrothrips procer* (Schmutz, 1913)

分布：广东（广州、高州）、湖北、湖南、海南、广西、贵州、云南；印度，斯里兰卡。

（143）刺钩鬃管蓟马 *Elaphrothrips spiniceps* Bagnall, 1932

分布：广东、福建、台湾、海南、贵州、云南；越南，印度，新加坡，印度尼西亚，新西兰，澳大利亚。

69. 隐管蓟马属 *Ethirothrips* Karny, 1925

（144）短隐管蓟马 *Ethirothrips brevis* (Bagnall, 1921)

分布：广东（广州）、台湾；印度，夏威夷。

（145）窄体隐管蓟马 *Ethirothrips stenomelas* (Walker, 1859)

分布：广东、海南、广西；斯里兰卡，斐济，法国（马克萨斯），巴布亚几内亚（新不列颠），美国（夏威夷），马达加斯加，塞舌尔。

（146）细纹隐管蓟马 *Ethirothrips virgulae* (Chen, 1980)

分布：广东（高州）、海南、广西；日本。

70. 肚管蓟马属 *Gastrothrips* Hood, 1912

（147）胫齿肚管蓟马 *Gastrothrips fuscatus* Okajima, 1979

分布：广东（肇庆）、台湾；日本。

71. 瘦管蓟马属 *Gigantothrips* Zimmermann, 1900

（148）丽瘦管蓟马 *Gigantothrips elegans* Zimmermann, 1900

　　分布：广东、福建、台湾、海南；泰国，印度，菲律宾，印度尼西亚。

72. 母管蓟马属 *Gynaikothrips* Zimmermann, 1900

（149）榕母管蓟马 *Gynaikothrips ficorum* (Marchal, 1908)

　　分布：广东、北京、福建、台湾、海南、广西、云南；日本，越南，泰国，印度，马来西亚，新加坡，印度尼西亚，以色列，意大利，西班牙，葡萄牙，法国，丹麦，英国，埃及，阿尔及利亚，密克罗尼西亚，突尼斯，摩洛哥，美国，古巴，墨西哥，秘鲁，巴西，阿根廷。

（150）榕管蓟马 *Gynaikothrips uzeli* (Zimmermann, 1900)

　　分布：广东、云南、广西、海南、福建、台湾、香港；澳大利亚，法国（新喀里多尼亚），美国，巴西，阿根廷；东南亚。

73. 美管蓟马属 *Habrothrips* Ananthakrishnan, 1968

（151）奇美管蓟马 *Habrothrips curiosus* Ananthakrishnan, 1968

　　分布：广东（广州）、台湾、海南；泰国，印度，马来西亚，澳大利亚。

74. 简管蓟马属 *Haplothrips* Amyot *et* Serville, 1843

（152）稻简管蓟马 *Haplothrips* (*Haplothrips*) *aculeatus* (Fabricius, 1803)

　　分布：广东、黑龙江、吉林、辽宁、内蒙古、北京、河北、山西、河南、陕西、宁夏、甘肃、新疆、江苏、安徽、湖北、湖南、福建、台湾、海南、广西、四川、贵州、云南、西藏；俄罗斯，朝鲜，日本；东南亚，西欧。

（153）葱简管蓟马 *Haplothrips* (*Haplothrips*) *allii* Priesner, 1935

　　分布：广东、台湾、海南、云南。

（154）钳端简管蓟马 *Haplothrips* (*Trybomiella*) *articulosus* (Bagnall, 1926)

　　分布：广东（广州）；以色列，肯尼亚，塞拉利昂，马里，坦桑尼亚。

（155）华简管蓟马 *Haplothrips* (*Haplothrips*) *chinensis* Priesner, 1933

　　分布：广东（广州）、吉林、内蒙古、北京、河北、山西、河南、宁夏、新疆、江苏、安徽、浙江、湖北、湖南、福建、台湾、海南、广西、贵州、云南、西藏；朝鲜，日本。

（156）草皮简管蓟马 *Haplothrips* (*Haplothrips*) *ganglbaueri* Schmutz, 1913

　　分布：广东、山东、河南、江苏、上海、浙江、湖北、江西、湖南、福建、台湾、海南、广西、四川、贵州、云南；日本，印度，斯里兰卡，印度尼西亚。

（157）菊简管蓟马 *Haplothrips* (*Haplothrips*) *gowdeyi* (Franklin, 1908)

　　分布：广东（广州）、新疆、浙江、江西、湖南、福建、台湾、海南、广西、四川、贵州、云南；日本，印度；拉丁美洲。

（158）黑角简管蓟马 *Haplothrips* (*Haplothrips*) *niger* (Osborn, 1883)

　　分布：广东、内蒙古、台湾、海南、广西；朝鲜，日本，澳大利亚，美国；欧洲。

（159）*Haplothrips* (*Trybomiella*) *pallescens* (Hood, 1919)

　　分布：广东。

（160）黄简管蓟马 *Haplothrips* (*Haplothrips*) *pirus* Bhatti, 1967

　　分布：广东（广州）、海南、四川；印度。

（161）桔简管蓟马 *Haplothrips* (*Haplothrips*) *subtilissimus* (Haliday, 1852)

分布：广东、浙江、福建；俄罗斯，日本；中亚，欧洲，北美洲。

75. 全管蓟马属 *Holothrips* Karny, 1911

（162）黄胫全管蓟马 *Holothrips flavicornis* Okajima, 1987

分布：广东（广州、龙门、深圳）、海南；新加坡。

（163）羽贺全管蓟马 *Holothrips hagai* Okajima, 1987

分布：广东（广州、东莞）、福建、台湾、云南；日本。

（164）琉球全管蓟马 *Holothrips ryukyuensis* Okajima, 1987

分布：广东（广州）、福建；日本。

76. 箭管蓟马属 *Holurothrips* Bagnall, 1914

（165）摩箭管蓟马 *Holurothrips morikawai* Kurosawa, 1968

分布：广东（广州、龙门、封开）、江西；日本。

77. 武雄管蓟马属 *Hoplandrothrips* Hood, 1912

（166）二齿武雄管蓟马 *Hoplandrothrips bidens* (Bagnall, 1910)

分布：广东（广州）、北京；伊朗，法国，英国，新西兰。

（167）两色武雄管蓟马 *Hoplandrothrips coloratus* Okajima, 2006

分布：广东（广州、深圳、中山）、台湾；日本。

（168）显武雄管蓟马 *Hoplandrothrips nobilis* Priesner, 1939

分布：广东（肇庆）；印度，佛得角。

（169）黄褐武雄管蓟马 *Hoplandrothrips ochraceus* Okajima *et* Urushihara, 1992

分布：广东（广州、东莞、中山、肇庆、信宜）、海南、云南；日本。

78. 器管蓟马属 *Hoplothrips* Amyot *et* Serville, 1843

（170）褐尾器管蓟马 *Hoplothrips corticis* (De Geer, 1773)

分布：广东（广州、博罗）、福建、海南；日本，新西兰；欧洲，北美洲东部。

（171）黄胫器管蓟马 *Hoplothrips flavipes* (Bagnall, 1910)

分布：广东（广州）、江苏、江西、福建、海南；日本，美国（夏威夷）。

（172）食菌器管蓟马 *Hoplothrips fungosus* Moulton, 1928

分布：广东、北京、江苏、福建、台湾、海南；日本，印度。

（173）日本器管蓟马 *Hoplothrips japonicus* (Karny, 1913)

分布：广东（广州）、湖北、江西、福建、台湾、海南、广西、四川；日本。

（174）佩尔器管蓟马 *Hoplothrips persimilis* Okajima, 2006

分布：广东（深圳）；日本。

79. 疏缨管蓟马属 *Hyidiothrips* Hood, 1938

（175）广东疏缨管蓟马 *Hyidiothrips guangdongensis* Wang, Tong *et* Zhang, 2006

分布：广东（广州）。

（176）日本疏缨管蓟马 *Hyidiothrips japonicus* Okajima, 1977

分布：广东（广州、博罗、肇庆）；日本。

80. 卡氏管蓟马属 *Karnyothrips* Watson, 1922

（177）杯角卡氏管蓟马 *Karnyothrips cyathomorphus* Wang, Mirab–balou *et* Tong, 2013

分布：广东（广州）。

（178）黄胫卡氏管蓟马 *Karnyothrips flavipes* (Jones, 1912)

分布：广东、湖南、海南、广西、四川、贵州；日本，印度，美国等。

（179）异色卡氏管蓟马 *Karnyothrips melaleucus* (Bagnall, 1911)

分布：广东（广州、龙门）、台湾、海南、广西、贵州、云南；越南，印度，印度尼西亚等。

81. 毛管蓟马属 *Leeuwenia* Karny, 1912

（180）帕氏毛管蓟马 *Leeuwenia pasanii* (Mukaigawa, 1912)

分布：广东、台湾、云南；日本，越南。

82. 滑管蓟马属 *Liothrips* Uzel, 1895

（181）佛罗里达滑管蓟马 *Liothrips floridensis* (Watson, 1913)

分布：广东、福建、台湾、海南；日本，斯里兰卡，美国。

（182）胡椒滑管蓟马 *Liothrips piperinus* Priesner, 1935

分布：广东、浙江、福建、台湾、海南、广西；日本。

（183）百合滑管蓟马 *Liothrips vaneeckei* Priesner, 1920

分布：广东、黑龙江、吉林、辽宁、新疆、浙江、江西、福建、台湾、海南、广西；朝鲜，日本、俄罗斯，意大利，荷兰，奥地利，新西兰；北美洲。

83. 战管蓟马属 *Machatothrips* Bagnall, 1908

（184）黑角战管蓟马 *Machatothrips antennatus* (Bagnall, 1915)

分布：广东、海南；马来西亚，印度尼西亚。

（185）菠萝蜜战管蓟马 *Machatothrips artocarpi* Moulton, 1928

分布：广东（高州）、台湾、海南；菲律宾，新西兰。

84. 长角管蓟马属 *Meiothrips* Priesner, 1929

（186）美诺长角管蓟马 *Meiothrips menoni* Ananthakrishnan, 1964

分布：广东（广州）、福建、海南、云南；泰国，印度，马来西亚。

85. 中管蓟马属 *Mesandrothrips* Priesner, 1933

（187）寄中管蓟马 *Mesandrothrips inquilinus* (Priesner, 1921)

分布：广东（高州、信宜）、台湾、海南；日本，印度，印度尼西亚（爪哇）。

（188）绣纹中管蓟马 *Mesandrothrips pictipes* (Bagnall, 1919)

分布：广东、江西、湖南、海南、云南；印度。

（189）*Mesandrothrips subterraneus* (Crawford, 1938)

分布：广东、云南；韩国，日本，英国，荷兰。

86. 端宽管蓟马属 *Mesothrips* Zimmermann, 1900

（190）亮腿端宽管蓟马 *Mesothrips claripennis* Moulton, 1928

分布：广东（博罗、肇庆）、台湾、海南、云南。

（191）榕端宽管蓟马 *Mesothrips jordani* Zimmermann, 1900

分布：广东、福建，台湾、海南、香港、广西、云南；印度，印度尼西亚。

（192）孟氏端宽管蓟马 *Mesothrips moundi* Ananthakrishnan, 1976

分布：广东、台湾。

87. 匙管蓟马属 *Mystrothrips* Priesner, 1949

（193）滑匙管蓟马 *Mystrothrips levis* Zhao *et* Tong, 2017

分布：广东（广州）。

（194）长角匙管蓟马 *Mystrothrips longantennus* Wang, Tong *et* Zhang, 2008

分布：广东（广州、始兴、东莞、佛山、肇庆）、海南、云南。

（195）黄匙管蓟马 *Mystrothrips reteanum* Shin *et* Woo, 1999

分布：广东（广州、英德、始兴、海丰、龙门、深圳、封开）、台湾、广西；日本。

88. 吻管蓟马属 *Dolichothrips* Karny, 1912

（196）血桐吻管蓟马 *Dolichothrips macarangai* (Moulton, 1928)

分布：广东、台湾、海南。

（197）黄吻管蓟马 *Dolichothrips reuteri* (Karny, 1920)

分布：广东、台湾、海南；日本，密克罗尼西亚。

89. 岛管蓟马属 *Nesothrips* Kirkaldy, 1907

（198）短颈岛管蓟马 *Nesothrips brevicollis* (Bagnall, 1914)

分布：广东（东莞、深圳）、山东、江西、台湾、海南；日本，印度，菲律宾，印度尼西亚，毛里求斯，斐济，美国（夏威夷）。

（199）边腹岛管蓟马 *Nesothrips lativentris* (Karny, 1913)

分布：广东（广州、东莞）、福建、台湾、海南、云南；日本，菲律宾，马来西亚，印度尼西亚，所罗门群岛，美国，古巴，牙买加，巴拿马。

（200）小岛管蓟马 *Nesothrips minor* (Bagnall, 1921)

分布：广东（深圳、高州）、海南；日本，泰国，印度，印度尼西亚，毛里求斯，斐济，美国（夏威夷）。

90. 脊背管蓟马属 *Oidanothrips* Moulton, 1944

（201）额脊背管蓟马 *Oidanothrips frontalis* (Bagnall, 1914)

分布：广东、湖南、广西、云南；日本。

（202）台湾脊背管蓟马 *Oidanothrips taiwanus* Okajima, 1999

分布：广东（广州）、湖南、台湾。

91. 眼管蓟马属 *Ophthalmothrips* Hood, 1919

（203）长头眼管蓟马 *Ophthalmothrips longiceps* (Haga, 1975)

分布：广东（高州）、台湾；日本。

（204）芒眼管蓟马 *Ophthalmothrips miscanthicola* (Haga, 1975)

分布：广东、浙江、江西、福建、海南、四川；韩国，日本。

92. 距管蓟马属 *Plectrothrips* Hood, 1908

（205）两色距管蓟马 *Plectrothrips bicolor* Okajima, 1981

分布：广东（广州）；日本，印度尼西亚。

93. 肢管蓟马属 *Podothrips* Hood, 1913

（206）*Podothrips femoralis* Dang *et* Qiao, 2019

分布：广东、福建、云南。

（207）拟蜓肢管蓟马 *Podothrips odonaspicola* (Kurosawa, 1937)

分布：广东、台湾；日本。

（208）*Podothrips semiflavus* Hood, 1913

分布：广东；埃及，乌干达，美国。

94. 前肢管蓟马属 *Praepodothrips* Priesner *et* Seshadri, 1953

（209）黄角前肢管蓟马 *Praepodothrips flavicornis* (Zhang, 1984)

分布：广东、海南。

（210）钝鬃前肢管蓟马 *Praepodothrips priesneri* Ananthakrishnan, 1955

分布：广东（广州）；印度。

95. 棍翅管蓟马属 *Preeriella* Hood, 1939

（211）细棍翅管蓟马 *Preeriella parvula* Okajima, 1978

分布：广东（肇庆）、福建、云南；泰国，印度，菲律宾，马来西亚，印度尼西亚。

96. 剪管蓟马属 *Psalidothrips* Priesner, 1932

（212）爪哇剪管蓟马 *Psalidothrips amens* Priesner, 1932

分布：广东（龙门）、海南；泰国，印度尼西亚。

（213）狭域剪管蓟马 *Psalidothrips angustus* Zhao, Zhang *et* Tong, 2018

分布：广东（广州）、海南。

（214）具齿剪管蓟马 *Psalidothrips armatus* Okajima, 1983

分布：广东（肇庆）、海南；泰国。

（215）黑头剪管蓟马 *Psalidothrips ascitus* (Ananthakrishnan, 1969)

分布：广东（广州、英德、连州、始兴、海丰、龙门、博罗、东莞、深圳、肇庆、高州、信宜）、湖北、江西、湖南、台湾、海南、广西、贵州、云南；日本，印度，马来西亚。

（216）两色剪管蓟马 *Psalidothrips bicoloratus* Wang, Tong *et* Zhang, 2007

分布：广东（广州）。

（217）车八岭剪管蓟马 *Psalidothrips chebalingicus* Zhang *et* Tong, 1997

分布：广东（始兴、东莞）、江西、湖南，海南。

（218）长鬃剪管蓟马 *Psalidothrips comosus* Zhao, Zhang *et* Tong, 2018

分布：广东（深圳）。

（219）同色剪管蓟马 *Psalidothrips consimilis* Okajima, 1992

分布：广东（佛山）；日本。

（220）梭腺剪管蓟马 *Psalidothrips elagatus* Wang, Tong *et* Zhang, 2007

分布：广东（广州）。

（221）珠剪管蓟马 *Psalidothrips fabarius* Zhao, Zhang *et* Tong, 2018

分布：广东（广州）。

（222）宽带剪管蓟马 *Psalidothrips latizonus* Zhao, Zhang *et* Tong, 2018

分布：广东（海丰）、海南。

（223）残翅剪管蓟马 *Psalidothrips lewisi* (Bagnall, 1914)

分布：广东（广州、英德、龙门、肇庆）、山东、江西、湖南、福建、海南、贵州、云南；日本。

（224）长齿剪管蓟马 *Psalidothrips longidens* Wang, Tong *et* Zhang, 2007

分布：广东（广州）。

（225）缺眼剪管蓟马 *Psalidothrips simplus* Haga, 1973

分布：广东（广州、英德、连州、海丰、东莞、肇庆）、湖北、江西、湖南、海南、贵州、云南；韩国，日本。

97. 短头管蓟马属 *Sophiothrips* Hood, 1934

（226）黑短头管蓟马 *Sophiothrips nigrus* Ananthakrishnan, 1971

分布：广东（信宜）、湖南、台湾；日本，印度，马来西亚，新加坡，印度尼西亚，埃及，澳大利亚，墨西哥。

98. 冠管蓟马属 *Stephanothrips* Trybom, 1913

（227）南方冠管蓟马 *Stephanothrips austrinus* Tong *et* Zhao, 2017

分布：广东（广州、英德、始兴、海丰、龙门、东莞、肇庆、信宜）、江西。

（228）日本冠管蓟马 *Stephanothrips japonicus* Saikawa, 1974

分布：广东（广州、英德、连州、始兴、仁化、梅县、龙门、博罗、东莞、深圳、佛山、肇庆、高州、信宜）、山东、浙江、湖北、江西、湖南、福建、台湾、海南、广西、贵州、云南；日本，美国。

（229）肯廷冠管蓟马 *Stephanothrips kentingensis* Okajima, 1976

分布：广东（始兴、龙门、肇庆）、台湾；日本。

（230）西方冠管蓟马 *Stephanothrips occidentalis* Hood *et* Williams, 1925

分布：广东（东莞、深圳、肇庆、高州、信宜）、台湾、海南、云南；日本，泰国，印度，菲律宾，马来西亚，印度尼西亚，安哥拉，南非，特立尼达和多巴哥，澳大利亚，美国，牙买加，墨西哥。

99. 弯管蓟马属 *Strepterothrips* Hood, 1934

（231）东方弯管蓟马 *Strepterothrips orientalis* Ananthakrishnan, 1964

分布：广东（广州）、台湾；日本，泰国，印度，马来西亚，印度尼西亚，美国（夏威夷），斐济。

100. 胫管蓟马属 *Terthrothrips* Karny, 1925

（232）无翅胫管蓟马 *Terthrothrips apterus* Kudô, 1978

分布：广东（乳源）、湖南、贵州；日本。

（233）光滑胫管蓟马 *Terthrothrips levigatus* Zhao *et* Tong, 2017

分布：广东（广州、肇庆）。

（234）四鬃胫管蓟马 *Terthrothrips parvus* Okajima, 2006

    分布：广东（广州、英德）、台湾、海南、贵州、云南；日本。

（235）斯氏胫管蓟马 *Terthrothrips strasseni* Dang, Mound *et* Qiao, 2014

    分布：广东（广州、英德、始兴）、海南、贵州、云南；印度尼西亚。

（236）三角胫管蓟马 *Terthrothrips trigonius* Zhao *et* Tong, 2017

    分布：广东（连州、梅县）、湖南、贵州。

101. 尾管蓟马属 *Urothrips* Bagnall, 1909

（237）塔莱尾管蓟马 *Urothrips tarai* (Stannard, 1970)

    分布：广东（高州）、海南、云南；印度。

参考文献：

曹少杰，郭付振，冯纪年，2009. 中国肚管蓟马属的分类研究（缨翅目，管蓟马科）[J]. 动物分类学报，34（4）：894-897.

冯纪年，郭付振，曹少杰，2021. 中国动物志：昆虫纲：第69卷：缨翅目（上卷）[M]. 北京：科学出版社.

冯纪年，郭付振，曹少杰，2021. 中国动物志：昆虫纲：第69卷：缨翅目（下卷）[M]. 北京：科学出版社.

韩运发，1997. 中国经济昆虫志：第55册：缨翅目[M]. 北京：科学出版社.

韩运发，张广学，1982. 食螨蓟马属（*Scolothrips* Hinds）二新种及塔六点蓟马雄虫记述（缨翅目：蓟马科）[J]. 动物学研究，3（增刊）：53-56.

黄丽娜，乔格侠，廉振民，2011. 中国巢针蓟马属分类记述（缨翅目，蓟马科）[J]. 动物分类学报，36（1）：165-169.

童晓立，吕要斌，2013. 中国大陆新发现一种外来入侵物种——首花蓟马[J]. 应用昆虫学报，50（2）：496-499.

童晓立，张维球，1989. 中国管蓟马亚科（Phlaeothripinae）菌食性蓟马种类简记（缨翅目：管蓟马科）[J]. 华南农业大学学报，10（3）：58-66.

张维球，1980. 中国蓟马属（*Thrips* Linnaeus）及其近缘属种类简记（缨翅目：蓟马科）[J]. 华南农学院学报，1（1）：89-99.

张维球，1981. 中国带蓟马属新种记述（缨翅目：蓟马科）[J]. 动物分类学报，6（3）：324-327.

张维球，童晓立，1988. 中国棍蓟马族种类及二新种记述（缨翅目：蓟马科）[J]. 昆虫分类学报，10（3/4）：275-282.

张维球，童晓立，1990. 中国直鬃蓟马属种类及二新种记述（缨翅目：蓟马科）[J]. 昆虫分类学报，12（2）：103-108.

张维球，童晓立，1990. 中国网管蓟马属种类及二新种（缨翅目：管蓟马科）[J]. 动物分类学报，15（1）：101-106.

张维球，童晓立，1991. 丹蓟马属一新种记述（缨翅目：蓟马科）[J]. 昆虫学报，34（4）：465-467.

张维球，童晓立，1996. 蓟马亚科一新种记述及中国新纪录种类（缨翅目：蓟马科）[J]. 昆虫分类学报，18（4）：253-256.

张维球，童晓立，1997. 中国剪管蓟马属种类及一新种记述（缨翅目：管蓟马科）[J]. 昆虫分类学报，19（2）：86-90.

赵超，陈红星，童晓立，2015. 广东省榕树虫瘿蓟马种类及营瘿蓟马寄主专一性调查 [J]. 环境昆虫学报，37（6）：1127-1132.

DANG L H, QIAO G X, 2014. Key to the fungus-feeder Phlaeothripinae species from China (Thysanoptera: Phlaeothripidae) [J]. Zoological systematics, 39（3）：313-358.

DANG L H, ZHAO L, WANG X, et al., 2019. Review of *Podothrips* from China (Thysanoptera: Phlaeothripidae), with one new species and three new records [J]. ZooKeys, 882：41-49.

DANG L H, ZHAO L P, XIE D L, et al., 2020. Studies on the genus *Mesandrothrips* from China, with a new species (Thysanoptera: Phlaeothripinae: Haplothripini) [J]. Zootaxa, 4816（1）：123-128.

FENG Q, TONG X L, 2021. First record of an extant species of the family Stenurothripidae from China (Insecta: Thysanoptera) [J]. Zootaxa, 5040（3）：448-450.

MIRAB-BALOU M, TONG X L, FENG J N, et al., 2011. Thrips (Insecta: Thysanoptera) of China [J]. Check list, 7（6）：720-744.

MIRAB-BALOU M, TONG X L, 2012. First record of *Franklinothrips vespiformis* (Crawford, 1909) (Thysanoptera: Aeolothripidae) from mainland China [J]. Far eastern entomologist, 249：5-7.

MIRAB-BALOU M, CHEN X X, TONG X L, 2012. A review of the *Anaphothrips* genus-group (Thysanoptera: Thripidae) in China, with descriptions of two new species [J]. Acta entomologica sinica, 55（6）：719-726.

MIRAB-BALOU M, YANG S L, TONG X L, 2013. One new species, four new records and key to species of *Hydatothrips* (Thysanoptera: Thripidae) from China (including Taiwan) [J]. Zootaxa, 3641（1）：74-82.

MIRAB-BALOU M, TONG X L, YANG S L, 2013. *Neohydatothrips* (Thysanoptera: Thripidae) from China: new species and records, with a key to species [J]. Zootaxa, 3700（1）：185-194.

MIRAB-BALOU M, TONG X L, WANG Z H, 2017. Review of the Panchaetothripinae (Thysanoptera: Thripidae) of China, with two new species descriptions [J]. The Canadian entomologist, 149（2）：141-158.

MOUND L A, 2002. *Octothrips lygodii* sp. n. (Thysanoptera: Thripidae) damaging weedy *Lygodium* ferns in south-eastern Asia, with notes on other Thripidae reported from ferns [J]. Australian journal of entomology, 41（3）：216-220.

SONG T, MIRAB-BALOU M, TONG X L, 2013. A newly recorded species of subgenus *Trybomiella* in the genus *Haplothrips* (Thysanoptera: Phlaeothripidae) from China [J]. Acta zootaxonomica sinica, 38（1）：196-199.

TONG X L, ZHANG W Q, 1995. A new species of the genus *Mymarothrips* from China (Thysanoptera: Aeolothripidae) [J]. Journal of South China Agricultural University, 16（2）：39-41.

TONG X L, WANG Z H, MIRAB-BALOU M, 2016. Two new species and one new record of the genus *Asprothrips* (Thysanoptera: Thripidae) from China [J]. Zootaxa, 4061（2）：181-188.

TONG X L, ZHAO C, 2017. Review of fungus-feeding urothripine species from China, with descriptions of two new species (Thysanoptera: Phlaeothripidae) [J]. Zootaxa, 4237（2）：307-320.

WANG J, TONG X L, 2007. Chinese Urothripini (Thysanoptera: Phlaeothripidae) including a new species of *Bradythrips* [J]. Acta zootaxonomica sinica, 32（2）：297-300.

WANG J, TONG X L, 2008. A new species of the genus *Acallurothrips* Bagnall (Thysanoptera: Phlaeothripidae) from China [J]. Oriental insects, 42（1）：247-250.

WANG J, TONG X L, 2011. The genus *Terthrothrips* Karny (Thysanoptera: Phlaeothripidae) from China with one new species [J]. Zootaxa, 2745: 63-67.

WANG J, TONG X L, 2011. *Terthrothrips*, a newly recorded genus of Phlaeothripidae (Insecta: Thysanoptera)from China [J]. Entomotaxonomia, 33 (4): 286-288.

WANG J, TONG X L, ZHANG W Q, 2006. A new species of the genus *Hyidiothrips* (Thysanoptera: Phlaeothripidae) from China [J]. Zootaxa, 1164 (1): 51-55.

WANG J, TONG X L, ZHANG W Q, 2007. The genus *Psalidothrips* Priesner in China (Thysanoptera: Phlaeothripidae) with three new species [J]. Zootaxa, 1642 (1): 23-31.

WANG J, TONG X L, ZHANG W Q, 2008. A new species of *Mystrothrips* Priesner (Thysanoptera: Phlaeothripidae) from China [J]. Entomological news, 119 (4): 366-370.

WANG J, TONG X L, ZHANG W Q, 2008. *Mystrothrips*, a newly recorded genus of Phlaeothripidae from China (Insecta: Thysanoptera) [J]. Entomological journal of East China, 17 (1): 1-5.

WANG J, MIRAB-BALOU M, TONG X L, 2013. A new species of the genus *Karnyothrips* (Thysanoptera, Phlaeothripidae) from China [J]. ZooKeys, 346: 17-21.

ZHANG W Q, TONG X L, 1992. A new genus of Thripidae (Thysanoptera), with two new species from China [J]. Entomotaxonomia, 14 (2): 81-86.

ZHAO C, TONG X L, 2016. A new species of *Baenothrips* Crawford from China (Thysanoptera, Phlaeothripidae) [J]. ZooKeys, 636: 67-75.

ZHAO C, TONG X L, 2017. Two new species and two new records of fungus-feeding Phlaeothripinae from China (Thysanoptera, Phlaeothripidae) [J]. ZooKeys, 694: 1-10.

ZHAO C, TONG X L, 2017. Two new species and a new record of the fungivorous genus *Terthrothrips* from China (Thysanoptera: Phlaeothripidae) [J]. Zootaxa, 4323 (4): 561-571.

ZHAO C, JIA H M, TONG X L, 2018. Two new records and one new species of the genus *Apelaunothrips* from China (Thysanoptera: Phlaeothripidae) [J]. Zootaxa, 4450 (3): 385-393.

ZHAO C, ZHANG H R, TONG X L, 2018. Species of the fungivorous genus *Psalidothrips* Priesner from China, with five new species (Thysanoptera, Phlaeothripidae) [J]. ZooKeys, 746: 25-50.

ZHAO C, WANG Z H, TONG X L, 2018. Three new species and three new records of the genus *Bamboosiella* from China (Thysanoptera: Phlaeothripidae) [J]. Zootaxa, 4514 (2): 167-180.

半翅目 Hemiptera
同翅亚目 Homoptera

蜡蝉总科 Fulgoroidea
一、菱蜡蝉科 Cixiidae Spinola,1839

1. 仲安菱蜡蝉属 ***Andixius* Emeljanov *et* Hayashi, 2007**

（1）刀突仲安菱蜡蝉 *Andixius cultratus* Wang, Zhi *et* Chen, 2020

分布：广东（始兴）。

2. 贝菱蜡蝉属 *Betacixius* Matsumura, 1914

（2）缪斯贝菱蜡蝉 *Betacixius euterpe* Fennah, 1956

　　分布：广东。

（3）呢里贝菱蜡蝉 *Betacixius nelides* Fennah, 1956

　　分布：广东、浙江。

（4）斜纹贝菱蜡蝉 *Betacixius obliquus* Matsumura, 1914

　　分布：广东、湖北、广西、四川、贵州。

（5）立贝菱蜡蝉 *Betacixius rinkihonis* Matsumura, 1914

　　分布：广东（韶关）、台湾。

3. 帛菱蜡蝉属 *Borysthenes* Stål, 1866

（6）斑帛菱蜡蝉 *Borysthenes maculatus* (Matsumura, 1914)

　　分布：广东（乳源）。

4. 菱蜡蝉属 *Cixius* Latreille, 1804

（7）加理菱蜡蝉 *Cixius galeous* Fennah, 1956

　　分布：广东。

5. 脊菱蜡蝉属 *Oliarus* Stål, 1862

（8）褐点脊菱蜡蝉 *Oliarus cucullatus* (Noualhier, 1896)

　　分布：广东（连州）。

（9）四带脊菱蜡蝉 *Oliarus quadricinctus* Matsumura, 1914

　　分布：广东（连州）。

6. 锡菱蜡蝉属 *Siniarus* Emeljanov, 2007

（10）褐脉锡菱蜡蝉 *Siniarus insetosus* (Jacobi, 1944)

　　分布：广东、湖北、福建、香港、四川。

二、飞虱科 Delphacidae Leach, 1815

7. 小黑飞虱属 *Altekon* Fennah, 1973

（11）叉突小黑飞虱 *Altekon furcatum* Ding, 2006

　　分布：广东、贵州；斯里兰卡。

8. 凹缘飞虱属 *Aoyuanus* Ding et Chen, 2001

（12）叉茎凹缘飞虱 *Aoyuanus furcatus* Ding et Chen, 2001

　　分布：广东、贵州。

9. 竹飞虱属 *Bambusiphaga* Huang et Ding, 1979

（13）巴氏竹飞虱 *Bambusiphaga bakeri* (Muir, 1919)

　　分布：广东、台湾、海南；缅甸，泰国，新加坡，马来西亚。

10. 簇角飞虱属 *Belocera* Muir, 1913

（14）中华簇角飞虱 *Belocera sinensis* Muir, 1913

　　分布：广东、台湾、海南。

11. 纹翅飞虱属 *Cemus* Fennah, 1964

（15）澳门纹翅飞虱 *Cemus macaoensis* (Muir, 1913)

分布：广东、福建、台湾、海南、澳门、广西、贵州。

（16）黑斑纹翅飞虱 *Cemus nigropunctatus* (Matsumura, 1863)

分布：广东、吉林、河北、陕西、甘肃、江苏、安徽、浙江、江西、湖南、福建、台湾、海南、广西、四川、贵州、云南；韩国，日本。

12. 扁飞虱属 *Eoeurysa* Muir, 1913

（17）甘蔗扁飞虱 *Eoeurysa flavocapitata* Muir, 1913

分布：广东、福建、台湾、海南、广西、云南；印度，马来西亚。

13. 短头飞虱属 *Epeurysa* Matsumura, 1900

（18）显脊短头飞虱 *Epeurysa distincta* Huang *et* Ding, 1979

分布：广东、湖南。

（19）短头飞虱 *Epeurysa nawaii* Matsumura, 1900

分布：广东、陕西、甘肃、江苏、安徽、浙江、湖北、江西、湖南、福建、台湾、海南、广西、四川、贵州、云南；俄罗斯，日本，斯里兰卡。

14. 淡肩飞虱属 *Harmalia* Fennah, 1969

（20）海特淡肩飞虱 *Harmalia heitensis* (Matsumura *et* Ishihara, 1945)

分布：广东、福建、台湾、海南、广西、四川、贵州、云南；日本。

15. 带背飞虱属 *Himeunka* Matsumura *et* Ishihara, 1945

（21）带背飞虱 *Himeunka tateyamaella* (Matsumura, 1935)

分布：广东、江苏、安徽、浙江、江西、湖南、福建、海南、广西、贵州；日本。

16. 小头飞虱属 *Malaxella* Ding *et* Hu, 1986

（22）黄小头飞虱 *Malaxella flava* Ding *et* Hu, 1986

分布：广东（广州）、台湾、贵州。

17. 梅塔飞虱属 *Metadelphax* Wagner, 1963

（23）黑边梅塔飞虱 *Metadelphax propinqua* (Fieber, 1866)

分布：广东等（除西藏外）；韩国，日本，越南，印度，斯里兰卡，菲律宾，马来西亚，密克罗尼西亚，巴基斯坦，澳大利亚；非洲，中美洲。

18. 单突飞虱属 *Monospinodelphax* Ding, 2006

（24）单突飞虱 *Monospinodelphax dantur* (Kuoh, 1980)

分布：广东、河北、江苏、安徽、浙江、湖北、江西、湖南、福建、台湾、海南、广西、云南；韩国。

19. 褐飞虱属 *Nilaparvata* Distant, 1906

（25）拟褐飞虱 *Nilaparvata bakeri* (Muir, 1917)

分布：广东、吉林、河南、江苏、安徽、浙江、湖北、江西、湖南、福建、台湾、海南、广西、四川、贵州、云南；日本，韩国，泰国，印度，菲律宾，马来西亚，印度尼西亚。

（26）褐飞虱 *Nilaparvata lugens* (Stål, 1854)

分布：我国除黑龙江、内蒙古、青海、新疆以外的各省区；俄罗斯，日本，澳大利亚；东南亚。

（27）伪褐飞虱 *Nilaparvata muiri* China, 1925

分布：广东、吉林、河南、江苏、安徽、浙江、湖北、江西、湖南、福建、台湾、海南、广西、四川、贵州、云南；日本，韩国，越南。

20. 瓶额飞虱属 *Numata* Matsumura, 1935

（28）瓶额飞虱 *Numata muiri* (Kirkaldy, 1907)

分布：广东、浙江、江西、福建、台湾、海南、广西、云南；日本，越南，菲律宾，印度尼西亚，文莱，马来西亚，苏丹，毛里求斯，马达加斯加。

21. 平顶飞虱属 *Nycheuma* Fennah, 1964

（29）茶褐平顶飞虱 *Nycheuma cognatum* (Muir, 1917)

分布：广东、台湾、广西；菲律宾，印度尼西亚，斯里兰卡，日本（小笠原），法国（新喀里多尼亚），斐济，澳大利亚。

22. 扁角飞虱属 *Perkinsiella* Kirkaldy, 1903

（30）叉纹扁角飞虱 *Perkinsiella bigemina* Ding, 1980

分布：广东、浙江、江西、台湾。

（31）甘蔗扁角飞虱 *Perkinsiella saccharicida* Kirkaldy, 1903

分布：广东、安徽、福建、台湾、海南、广西、贵州、云南；马来西亚，印度尼西亚，美国（夏威夷），斐济，巴布亚新几内亚，日本（小笠原），毛里求斯，法国（留尼汪），澳大利亚，马达加斯加，南非。

（32）中华扁角飞虱 *Perkinsiella sinensis* Kirkaldy, 1907

分布：广东、安徽、浙江、江西、台湾、广西；日本，印度，印度尼西亚，马来西亚，文莱，密克罗尼西亚，巴布亚新几内亚，帕劳。

23. 花翅飞虱属 *Peregrinus* Kirkaldy, 1904

（33）玉米花翅飞虱 *Peregrinus maidis* (Ashmead, 1890)

分布：广东、台湾、海南、贵州；印度，缅甸，斯里兰卡，菲律宾，马来西亚，印度尼西亚；非洲，大洋洲，美洲。

24. 双脊飞虱属 *Pseudaraeopus* Kirkaldy, 1904

（34）甘蔗双脊飞虱 *Pseudaraeopus sacchari* (Muir, 1913)

分布：广东、甘肃、安徽、海南、贵州、云南。

25. 叶角飞虱属 *Purohita* Distant, 1906

（35）纹翅叶角飞虱 *Purohita theognis* Fennah, 1978

分布：广东、海南、广西；越南。

26. 长飞虱属 *Saccharosydne* Kirkaldy, 1907

（36）长绿飞虱 *Saccharosydne procerus* (Matsumura, 1931)

分布：广东、黑龙江、吉林、辽宁、河北、山西、山东、河南、陕西、甘肃、江苏、安徽、浙江、湖北、江西、湖南、福建、台湾、海南、广西、四川、贵州、云南；俄罗斯（南部），韩国，日本。

27. 喙头飞虱属 *Sardia* Melichar, 1903

（37）喙头飞虱 *Sardia rostrata* Melichar, 1903

分布：广东、安徽、浙江、湖南、福建、台湾、海南、广西、贵州、云南；印度，缅甸，斯里兰卡，菲律宾，马来西亚，印度尼西亚，伊朗，文莱，苏丹，佛得角。

28. 白背飞虱属 *Sogatella* Fennah, 1963

（38）白背飞虱 *Sogatella furcifera* (Horváth, 1899)

分布：广东等（除新疆以外）；蒙古国，韩国，日本，越南，泰国，印度，尼泊尔，斯里兰卡，菲律宾，马来西亚，印度尼西亚，巴基斯坦，沙特阿拉伯，斐济，密克罗尼西亚，瓦努阿图，澳大利亚。

（39）烟翅白背飞虱 *Sogatella kolophon* (Kirkaldy, 1907)

分布：广东、江苏、安徽、浙江、江西、福建、台湾、海南、广西、四川、贵州、云南、西藏；日本，韩国，老挝，柬埔寨，泰国，印度，斯里兰卡，菲律宾，马来西亚，印度尼西亚，巴布亚新几内亚，密克罗尼西亚，汤加，斐济，瑙鲁，澳大利亚，尼日利亚，毛里求斯，科特迪瓦，南非，英国（蒙特塞拉特、百慕大），圣卢西亚，委内瑞拉，牙买加，厄瓜多尔，圭亚那，墨西哥，美国（夏威夷），葡萄牙（亚速尔）。

（40）稗飞虱 *Sogatella vibix* (Haupt, 1927)

分布：广东、吉林、辽宁、河北、山东、河南、陕西、甘肃、江苏、安徽、浙江、湖北、江西、湖南、福建、台湾、海南、广西、四川、贵州、云南；蒙古国，俄罗斯，韩国，日本，越南，老挝，柬埔寨，泰国，印度，菲律宾，新加坡，印度尼西亚，巴基斯坦，阿富汗，伊朗，土耳其，黎巴嫩，沙特阿拉伯，伊拉克，以色列，约旦，塞浦路斯，希腊，埃及，意大利，摩洛哥，乌克兰，塞尔维亚，黑山，苏丹，汤加，所罗门群岛，澳大利亚。

29. 长突飞虱属 *Stenocranus* Fieber, 1866

（41）长角长突飞虱 *Stenocranus agamopsyche* Kirkaldy, 1906

分布：广东、台湾、海南、贵州、云南；菲律宾，澳大利亚。

30. 中带飞虱属 *Tagosodes* Asche *et* Wilson, 1990

（42）丽中带飞虱 *Tagosodes pusanus* (Distant, 1912)

分布：广东、福建、台湾、海南、广西、云南；印度，斯里兰卡，菲律宾，巴基斯坦。

31. 白条飞虱属 *Terthron* Fennah, 1965

（43）白条飞虱 *Terthron albovittatum* (Matsumura, 1931)

分布：广东、吉林、河北、河南、甘肃、江苏、安徽、浙江、湖北、江西、湖南、福建、台湾、海南、四川、贵州、云南；韩国，日本，越南，印度，马来西亚。

32. 托亚飞虱属 *Toya* Distant, 1906

（44）黑面托亚飞虱 *Toya terryi* (Muir, 1917)

分布：广东、江苏、浙江、江西、福建、台湾、海南、广西、贵州、云南；韩国，日本，印度尼西亚。

33. 匙顶飞虱属 *Tropidocephala* Stål, 1853

（45）二刺匙顶飞虱 *Tropidocephala brunnipennis* Signoret, 1860

分布：广东、甘肃、江苏、安徽、浙江、江西、湖南、福建、台湾、海南、广西、四川、贵州、云南；韩国，日本，印度，斯里兰卡，菲律宾，马来西亚，印度尼西亚，巴布亚新几内亚，澳大利亚，马达加斯加；欧洲南欧，非洲北部。

（46）额斑匙顶飞虱 *Tropidocephala festiva* (Distant, 1906)

分布：广东、江苏、浙江、福建、台湾、海南、广西、贵州、云南；日本，斯里兰卡，菲律宾，马来西亚，印度尼西亚。

34. 白脊飞虱属 *Unkanodes* Fennah, 1956

（47）白脊飞虱 *Unkanodes sapporona* (Matsumura, 1935)

分布：广东、黑龙江、吉林、辽宁、河北、山东、河南、陕西、甘肃、江苏、安徽、浙江、湖北、江西、湖南、福建、台湾、海南、广西、四川、贵州、云南、西藏；俄罗斯，韩国，日本。

三、脉蜡蝉科 Meenopliidae Fieber, 1872

35. 粒脉蜡蝉属 *Nisia* Melichar 1903

（48）雪白粒脉蜡蝉 *Nisia atrovenosa* (Lethierry, 1888)

分布：广东、陕西、江苏、浙江、江西、湖南、福建、台湾、四川、贵州；朝鲜，日本，印度，斯里兰卡，菲律宾，新加坡，印度尼西亚，巴基斯坦，埃及，索马里，摩洛哥，埃塞俄比亚，巴布亚新几内亚，斐济，马达加斯加，澳大利亚；欧洲。

四、璐蜡蝉科 Lophopidae Stål, 1866

36. 瑷璐蜡蝉属 *Elasmoscelis* Stål, 1866

（49）扁足瑷璐蜡蝉 *Elasmoscelis perforata* Walker, 1862

分布：广东、台湾；斯里兰卡。

五、颜蜡蝉科 Eurybrachidae Stål, 1862

37. 旌翅颜蜡蝉属 *Ancyra* White, 1845

（50）漆点旌翅颜蜡蝉 *Ancyra annamensis* Schmidt, 1908

分布：广东。

六、蛾蜡蝉科 Flatidae Spinola, 1839

38. 叶蛾蜡蝉属 *Atracis* Stål, 1866

（51）斑叶蛾蜡蝉 *Atracis punctulata* Ai, Peng *et* Zhang, 2020

分布：广东（乳源）。

39. 彩蛾蜡蝉属 *Cerynia* Stål, 1862

（52）彩蛾蜡蝉 *Cerynia maria* (White, 1846)

分布：广东、江西、湖南、福建、四川、贵州、云南；越南，印度，马来西亚，印度尼西亚。

40. 星蛾蜡蝉属 *Cryptoflata* Melichar, 1902

（53）晨星蛾蜡蝉 *Cryptoflata guttularis* (Walker, 1857)

分布：广东、江西、台湾；印度，缅甸，印度尼西亚。

41. 碧蛾蜡蝉属 *Geisha* Kirkaldy, 1900

（54）碧蛾蜡蝉 *Geisha distinctissima* (Walker, 1858)

分布：广东、山东、江苏、浙江、江西、湖南、福建、台湾、四川、云南；日本。

42. 络蛾蜡蝉属 *Lawana* Distant, 1906

（55）紫络蛾蜡蝉 *Lawana imitate* (Melichar, 1902)

分布：广东、湖南、广西、贵州、云南；日本。

43. 缘蛾蜡蝉属 *Salurnis* Stål, 1870

（56）褐缘蛾蜡蝉 *Salurnis marginellus* (Guerin, 1829)

分布：广东（中山）、江苏、安徽、浙江、湖南、广西、四川；印度，马来西亚，印度尼西亚。

44. 涩蛾蜡蝉属 *Seliza* Stål, 1862

（57）锈涩蛾蜡蝉 *Seliza ferruginea* Walker, 1851

分布：广东、安徽、浙江、湖南、福建、四川、贵州、云南；印度。

七、广翅蜡蝉科 Ricaniidae Amyot *et* Serville, 1843

45. 疏广蜡蝉属 *Euricania* Melichar, 1898

（58）短刺疏广翅蜡蝉 *Euricania brevicula* Xu, Liang *et* Jiang, 2006

分布：广东、浙江、福建、广西。

（59）带纹疏广蜡蝉 *Euricania fascialis* Walker, 1858

分布：广东、北京、江苏、上海、浙江、福建、贵州。

（60）眼纹疏广蜡蝉 *Euricania ocellus* (Walker, 1851)

分布：广东（中山）、河北、江苏、浙江、湖北、江西、湖南、广西、四川；日本，越南，印度，缅甸。

46. 宽广蜡蝉属 *Pochazia* Amyot et Serville, 1843

（61）尖峰宽广蜡蝉 *Pochazia chienfengensis* Chou *et* Lu, 1977

分布：广东、海南。

（62）阔带宽广蜡蝉 *Pochazia confusa* Distant, 1906

分布：广东、广西、四川；日本，印度。

（63）眼斑宽广蜡蝉 *Pochazia discreta* Melichar, 1898

分布：广东、浙江。

（64）胡椒宽广蜡蝉 *Pochazia pipera* Distant, 1914

分布：广东、台湾；印度。

（65）茶褐宽广蜡蝉 *Pochazia shantungensis* (Chou *et* Lu, 1977)

分布：广东（中山）、山东。

47. 广翅蜡蝉属 *Ricania* Germar, 1818

（66）可可广翅蜡蝉 *Ricania cacaonis* Chou *et* Lu, 1981

分布：广东。

（67）琼边广翅蜡蝉 *Ricania flabellum* Noualhier, 1896

分布：广东、台湾；印度，缅甸。

（68）暗带广翅蜡蝉 *Ricania fumosa* Walker, 1851

分布：广东（广州）、江西、台湾、广西。

（69）琥珀广翅蜡蝉 *Ricania japonica* Melichar, 1898

分布：广东、浙江、福建、台湾；日本。

（70）缘纹广翅蜡蝉 *Ricania marginalis* (Walker, 1851)

分布：广东、浙江、湖北；印度，缅甸，马来西亚。

（71）粉黛广翅蜡蝉 *Ricania pulverosa* Stål, 1865

分布：广东、浙江、福建、台湾。

（72）钩纹广翅蜡蝉 *Ricania simulans* Walker, 1851

分布：广东、黑龙江、山东、浙江、江西、福建、台湾、广西、四川。

（73）八点广翅蜡蝉 *Ricania speculum* (Walker, 1851)

分布：广东、河南、陕西、江苏、浙江、湖北、湖南、福建、台湾、广西、云南；印度，斯里兰卡，菲律宾，印度尼西亚，尼泊尔。

（74）柿广翅蜡蝉 *Ricania sublimbata* Jacobi, 1916

分布：广东、黑龙江、山东、福建、台湾。

（75）褐带广翅蜡蝉 *Ricania taeniata* Stål, 1870

分布：广东、陕西、江苏、上海、浙江、湖北、江西、台湾、广西、贵州；日本，菲律宾，马来西亚，印度尼西亚。

八、颖蜡蝉科 Achilidae Stål, 1866

48. 广颖蜡蝉属 *Catonidia* Uhler, 1896

（76）广颖蜡蝉 *Catonidia sobrina* Uhler, 1896

分布：广东（连州）。

49. 罗颖蜡蝉属 *Rhotala* Walker, 1857

（77）条纹罗颖蜡蝉 *Rhotala vittata* Matsumura, 1914

分布：广东（连州）。

九、扁蜡蝉科 Tropiduchidae Stål, 1866

50. 伞扁蜡蝉属 *Epora* Walker, 1857

（78）双带伞扁蜡蝉 *Epora bilemisca* Qin *et* Men, 2010

分布：广东、海南。

51. 梭扁蜡蝉属 *Sogana* Matsumura, 1914

（79）长头梭扁蜡蝉 *Sogana longiceps* Fennah, 1978

分布：广东；越南。

52. 鳎扁蜡蝉属 *Tambinia* Stål, 1859

（80）娇弱鳎扁蜡蝉 *Tambinia debilis* Stål, 1859

分布：广东（肇庆、湛江）、安徽、浙江、江西、湖南、福建、台湾、海南、香港、广西；日本，印度，斯里兰卡，马来西亚，新加坡。

十、娜蜡蝉科 Nogodinidae Melichar, 1898

53. 莹娜蜡蝉属 *Indogaetulia* Schmidt, 1919

（81）红眼莹娜蜡蝉 *Indogaetulia rubiocellata* (Chou *et* Lu, 1977)

分布：广东（连州）。

54. 帕娜蜡蝉属 *Paravarcia* Schmidt, 1919

（82）大帕娜蜡蝉 *Paravarcia decapterix* Schmidt, 1919

分布：广东、海南。

十一、杯瓢蜡蝉科 Caliscelidae Amyot *et* Serville, 1843

55. 斯杯瓢蜡蝉属 *Symplana* Kirby, 1891

（83）短线斯杯瓢蜡蝉 *Symplana brevistrata* Chou, Yuan *et* Wang, 1994

分布：广东（鼎湖）。

56. 露额杯瓢蜡蝉属 *Symplanella* Fennah, 1987

（84）弯突露额杯瓢蜡蝉 *Symplanella recurvata* Yang *et* Chen, 2014

分布：广东、广西。

十二、袖蜡蝉科 Derbidae Spinola, 1839

57. 皑袖蜡蝉属 *Epotiocerus* Matsumura, 1914

（85）曲纹皑袖蜡蝉 *Epotiocerus flexuosus* Uhler, 1896

分布：广东、台湾；日本。

十三、象蜡蝉科 Dictyopharidae Spinola, 1839

58. 象蜡蝉属 *Dictyophara* Germar, 1833

（86）中野象蜡蝉 *Dictyophara nakanonis* Matsumura, 1910

分布：广东（连州）。

（87）伯瑞象蜡蝉 *Dictyophara patruelis* (Stål, 1859)

分布：广东、山东、陕西、江苏、浙江、湖北、江西、福建、台湾、海南、四川、云南；日本，马来西亚。

（88）中华象蜡蝉 *Dictyophara sinica* Walker, 1851

分布：广东、陕西、浙江、台湾、四川；朝鲜，日本，泰国，印度，印度尼西亚。

59. 丽象蜡蝉属 *Orthopagus* Uhler, 1861

（89）丽象蜡蝉 *Orthopagus splendens* (Germar, 1830)

分布：广东、江苏、浙江、江西、台湾、贵州及东北地区；朝鲜，日本，印度，缅甸，斯里兰卡，菲律宾，马来西亚，印度尼西亚。

60. 瘤鼻象蜡蝉属 *Saigona* Matsumura, 1910

（90）瘤鼻象蜡蝉 *Saigona gibbosa* Matsumura, 1910

分布：广东（连州）。

十四、蜡蝉科 Fulgoridae Latreille, 1807

61. 蜡蝉属 *Fulgora* Linnaeus, 1767

（91）龙眼鸡 *Fulgora candelaria* (Linnaeus, 1758)

分布：广东、湖南、广西；印度。

（92）白翅蜡蝉 *Fulgora watanabei* Matsumura, 1913

分布：广东、广西、海南、台湾。

62. 斑衣蜡蝉属 *Lycorma* Stål, 1863

（93）斑衣蜡蝉 *Lycorma delicatula* (White, 1845)

分布：广东、河北、山西、山东、河南、陕西、江苏、安徽、浙江、湖北、台湾、云南；日本，越南，印度。

十五、瓢蜡蝉科 Issidae Spinola, 1839

63. 美萨瓢蜡蝉属 *Eusarima*, 1994

（94）双尖美萨瓢蜡蝉 *Eusarima bicuspidata* Chen, Zhang *et* Wang, 2020

分布：广东（鼎湖）。

64. 角唇瓢蜡蝉属 *Eusudasina* Yang, 1994

（95）小刺角唇瓢蜡蝉 *Eusudasina spinosa* Meng, Qin *et* Wang, 2015

分布：广东（乳源），湖南。

65. 福瓢蜡蝉属 *Fortunia* Distant, 1909

（96）福瓢蜡蝉 *Fortunia byrrhoides* (Walker, 1858)

分布：广东（乳源）、广西、江西。

66. 格氏瓢蜡蝉属 *Gnezdilovius* Meng, Webb *et* Wang, 2017

（97）十星格氏瓢蜡蝉 *Gnezdilovius iguchii* (Matsumura, 1916)

分布：广东（连州）、浙江、福建、贵州；日本。

67. 克瓢蜡蝉属 *Jagannata* Distant, 1906

（98）钩克瓢蜡蝉 *Jagannata uncinulata* Che, Zhang *et* Wang, 2020

分布：广东（肇庆）、湖南、海南。

68. 蒙瓢蜡蝉属 *Mongoliana* Distant, 1909

（99）逆蒙瓢蜡蝉 *Mongoliana recurrens* (Butler, 1875)

分布：广东（韶关）、江西。

（100）锯缘蒙瓢蜡蝉 *Mongoliana serrata* Che, Wang *et* Chou, 2003

分布：广东（连州）、广西。

69. 新球瓢蜡蝉属 *Neohemisphaerius* Chen, Zhang *et* Chang, 2014

（101）杨氏新球瓢蜡蝉 *Neohemisphaerius yangi* Chen, Zhang *et* Chang, 2014

分布：广东。

沫蝉总科 Cercopoidea

十六、尖胸沫蝉科 Aphrophoridae Amyot *et* Serville, 1843

70. 尖胸沫蝉属 *Aphrophora* Germar, 1821

（102）凹盾尖胸沫蝉 *Aphrophora auropilosa* Matsumura, 1907

分布：广东（连州）。

（103）中华尖胸沫蝉 *Aphrophora corticina* (Melichar, 1902)

分布：广东（连州）。

（104）白带尖胸沫蝉 *Aphrophora horizontalis* Kato, 1933

分布：广东（连州）。

（105）海滨尖胸沫蝉 *Aphrophora maritima* Matsumura, 1903

分布：广东、陕西、江苏、安徽、浙江、湖北、江西、湖南、福建、广西、四川、贵州、海南；日本。

（106）忆尖胸沫蝉 *Aphrophora memorabilis* (Walker, 1858)

分布：广东（连州）。

（107）暗黑尖胸沫蝉 *Aphrophora naevia* Jacobi, 1944

分布：广东、福建、海南；越南。

（108）四斑尖胸沫蝉 *Aphrophora quadriguttata* Melichar, 1902

分布：广东（连州）。

（109）黑点尖胸沫蝉 *Aphrophora tsuruana* Matsumura, 1907

分布：广东（连州）。

71. 铲头沫蝉属 *Clovia* Stål, 1866

（110）二点铲头沫蝉 *Clovia bipunctata* (Kirby, 1891)

分布：广东（连州）。

（111）多带铲头沫蝉 *Clovia multilineata* (Stål, 1865)

分布：广东、浙江、台湾、海南、广西、四川、云南；越南。

（112）一点铲头沫蝉 *Clovia puncta* (Walker, 1851)

分布：广东、江苏、浙江、湖北、江西、湖南、福建、四川、贵州、云南、海南；日本，印度，斯里兰卡。

（113）方斑铲头沫蝉 *Clovia quadrangularis* Metcalf *et* Horton, 1934

分布：广东、安徽、浙江、湖北、江西、湖南、福建、台湾、广西、四川、贵州、云南、海南；泰国。

72. 卵沫蝉属 *Peuceptyelus* Sahlberg, 1871

（114）一带卵沫蝉 *Peuceptyelus sigillifer* (Walker, 1851)

分布：广东、河北、江西、福建、台湾、四川、贵州、云南、海南、西藏；日本，缅甸，孟加拉国，越南，菲律宾，印度。

73. 象沫蝉属 *Philagra* Stål, 1863

（115）黄翅象沫蝉 *Philagra dissimilis* Distant, 1908

分布：广东、安徽、浙江、湖北、江西、福建、海南、广西、四川、贵州、云南；越南，泰国，印度。

（116）四斑象沫蝉 *Philagra quadrimaculata* Schmidt, 1920

分布：广东（连州）。

（117）雅氏象沫蝉 *Philagra subrecta* (Jacobi, 1921)

分布：广东（连州）。

74. 无脊沫蝉属 *Ptyelinellus* Lallemand, 1946

（118）小无脊沫蝉 *Ptyelinellus praefractus* (Distant, 1908)

分布：广东、福建、广西、云南、海南；缅甸，越南，老挝，印度。

十七、沫蝉科 Cercopidae Leach, 1815

75. 长头沫蝉属 *Abidama* Distant, 1908

（119）红翅长头沫蝉 *Abidama producta* (Walker, 1851)

分布：广东、江西、福建、四川、贵州、云南、西藏、广西、海南；越南，老挝。

76. 斑沫蝉属 *Callitettix* Stål, 1865

（120）稻赤斑沫蝉 *Callitettix versicolor* (Fabricius, 1794)

分布：广东、陕西、湖北、湖南、福建、四川、贵州、云南；日本，印度，缅甸，马来西亚。

77. 丽沫蝉属 *Cosmoscarta* Stål, 1869

（121）斑带丽沫蝉 *Cosmoscarta bispecularis* White, 1844

分布：广东、江苏、安徽、浙江、江西、湖南、福建、广西、四川、贵州、云南；日本，印度，马来西亚。

（122）黑斑丽沫蝉 *Cosmoscarta dorsimacula* (Walker, 1851)

分布：广东、江苏、江西、湖南、四川、贵州；印度，马来西亚。

（123）黑胸丽沫蝉 *Cosmoscarta exultans* (Walker, 1858)

分布：广东（连州）。

（124）东方丽沫蝉 *Cosmoscarta heros* (Fabricius, 1803)

分布：广东、浙江、江西、福建、广西、四川、贵州、云南、海南；越南。

78. 曙沫蝉属 *Eoscarta* Breddin, 1902

（125）南方曙沫蝉 *Eoscarta borealis* (Distant, 1878)

分布：广东、浙江、江西、福建、广西、四川、贵州、云南、西藏、海南；缅甸，越南，老挝，马来西亚，印度尼西亚，印度。

（126）褐点凹颜沫蝉 *Eoscarta semirosea* Walker, 1875

分布：广东（连州）。

（127）北部湾曙沫蝉 *Eoscarta tonkinensis* Lallemend, 1942

分布：广东、福建、海南、广西、贵州、云南；越南。

79. 瘤胸沫蝉属 *Phymatostetha* Stål, 1870

（128）红斑瘤胸沫蝉 *Phymatostetha dorsivitta* (Walker, 1851)

分布：广东（连州）。

蝉总科 Cicadoidea
十八、蝉科 Cicadidae Latreille, 1802

80. 彩蝉属 *Callogaeana* Chou et Yao, 1985

（129）绿彩蝉 *Callogaeana viridula* Chou et Yao, 1985

分布：广东（连州）。

81. 薄翅蝉属 *Chremistica* Stål, 1870

（130）安蝉 *Chremistica ochracea* (Walker, 1850)

  分布：广东（广州、梅县）、台湾、海南。

82. 蚱蝉属 *Cryptotympana* Stål, 1861

（131）蚱蝉 *Cryptotympana atrata* (Fabricius, 1775)

  分布：广东（广州、连州、梅县、潮州、澄海、博罗）、河南、湖南、福建、台湾、广西、重庆、海南。

（132）南蚱蝉 *Cryptotympana holsti* Distant, 1904

  分布：广东（乳源）、海南、香港。

（133）黄蚱蝉 *Cryptotympana mandarina* Distant, 1891

  分布：广东（始兴、深圳、封开）。

83. 宁蝉属 *Euterpnosia* Matsumura, 1917

（134）宁蝉 *Euterpnosia chibensis* Matsumura, 1917

  分布：广东（连州）。

84. 斑蝉属 *Gaeana* Amyot *et* Serville, 1843

（135）程氏斑蝉 *Gaeana cheni* Chou *et* Yao, 1997

  分布：广东（连州、始兴、新丰）、海南。

85. 碧蝉属 *Hea* Distant, 1906

（136）周氏碧蝉 *Hea choui* Lei, 1992

  分布：广东（连州）。

86. 红蝉属 *Huechys* Amyot *et* Serville, 1843

（137）红蝉 *Huechys sanguinea* (De Geer, 1773)

  分布：广东（广州、连州、乳源、梅县、龙门、博罗、惠东、鼎湖、封开）。

87. 瘤蝉属 *Inthaxara* Distant, 1913

（138）三瘤蝉 *Inthaxara olivacea* Chen, 1940

  分布：广东（连州）。

88. 山蝉属 *Kosemia* Matsumura, 1927

（139）红山蝉 *Kosemia mogannia* (Distant, 1905)

  分布：广东（连州）。

89. 细蝉属 *Leptosemia* Matsumura, 1917

（140）南细蝉 *Leptosemia sakaii* (Matsumura, 1913)

  分布：广东（连州）、海南。

90. 寒蝉属 *Meimuna* Distant, 1905

（141）蒙古寒蝉 *Meimuna opalifera* (Walker, 1850)

  分布：广东（连州、始兴、梅县、封开）、江西、湖南、福建、四川。

91. 草蝉属 *Mogannia* Amyot *et* Serville, 1843

（142）草蝉 *Mogannia conica* (Germar, 1830)

  分布：广东（连州、乳源、梅县、南澳、博罗、封开）、海南、香港。

（143）兰草蝉 *Mogannia cyanea* Walker, 1858

    分布：广东（连州、乳源、龙门、封开）、海南。

（144）绿草蝉 *Mogannia hebes* (Walker, 1858)

    分布：广东（连州、梅县、南澳、深圳、中山）、海南、香港。

92. 马蝉属 *Platylomia* Stål, 1870

（145）川马蝉 *Platylomia juno* Distant, 1905

    分布：广东、浙江、湖南、福建、台湾、广西、四川；印度，马来西亚。

（146）震旦马蝉 *Platylomia pieli* Kato, 1938

    分布：广东（连州、始兴、龙门、博罗）、海南、江西。

（147）皱瓣马蝉 *Platylomia radha* (Distant, 1881)

    分布：广东（连州）、海南、四川。

93. 蟪蛄属 *Platypleura* Amyot *et* Serville, 1843

（148）黄蟪蛄 *Platypleura hilpa* Walker, 1850

    分布：广东（广州、始兴、封开）、福建、海南。

（149）蟪蛄 *Platypleura kaempferi* (Fabricius, 1794)

    分布：广东（连州、乳源、始兴）、湖南、福建、河南。

94. 螂蝉属 *Pomponia* Stål, 1866

（150）白毛螂蝉 *Pomponia lachna* Lei *et* Chou, 1997

    分布：广东（连州、韶关）。

（151）螂蝉 *Pomponia linearis* (Walker, 1850)

    分布：广东（连州、乳源、始兴、龙门、博罗、惠东、封开）、海南。

（152）黑螂蝉 *Pomponia piceata* Distant, 1905

    分布：广东（乳源）。

95. 洁蝉属 *Purana* Distant, 1905

（153）大洁蝉 *Purana gigas* (Kato, 1930)

    分布：广东（连州、梅县）、湖南、福建。

（154）广东洁蝉 *Purana guttularis* (Walker, 1858)

    分布：广东（连州、封开）、海南。

96. 蛉蛄属 *Pycna* Amyot *et* Serville, 1843

（155）青蛉蛄 *Pycna coelestia* Distant, 1904

    分布：广东（始兴）、海南。

97. 暗翅蝉属 *Scieroptera* Stål, 1866

（156）暗翅蝉 *Scieroptera splendidula* (Fabricius, 1775)

    分布：广东（连山、连州、乳源、始兴、封开）、海南。

98. 刺蝉属 *Scolopita* Chou *et* Lei, 1997

（157）褐刺蝉 *Scolopita fusca* Lei *et* Chou, 1997

    分布：广东（广州、鼎湖）、海南。

99. 红眼蝉属 *Talainga* Distant, 1890

（158）峨眉红眼蝉 *Talainga omeishana* Chen, 1957

分布：广东（始兴）。

100. 螗蝉属 *Tanna* Distant, 1905

（159）螗蝉 *Tanna japonensis* (Distant, 1892)

分布：广东（连州、乳源、始兴、封开）。

（160）端斑螗蝉 *Tanna pseudocalis* Lei *et* Chou, 1997

分布：广东（连州、乳源）。

101. 西蝉属 *Tibeta* Lei *et* Chou, 1997

（161）闽西蝉 *Tibeta minentsis* Chou *et* Lei, 1997

分布：广东（连州）。

102. 变色蝉属 *Versicolora* Wei, Wang, Hayashi, He *et* Pham, 2020

（162）梓雍靓蝉 *Versicolora ziyongi* Wei, Wang, Hayashi, He *et* Pham, 2020

分布：广东（乳源、连平）。

103. 日宁蝉属 *Yezoterpnosia* Matsumura, 1917

（163）端晕日宁蝉 *Yezoterpnosia fuscoapicalis* (Kato, 1938)

分布：广东（连州、乳源）、广西。

角蝉总科 Membracoidea

十九、叶蝉科 Cicadellidae Latreille, 1825

104. 柔突叶蝉属 *Abrus* Dai *et* Zhang, 2002

（164）叉茎柔突叶蝉 *Abrus bifurcatus* Dai *et* Zhang, 2002

分布：广东。

（165）朗山柔突叶蝉 *Abrus langshanensis* Yang *et* Chen, 2013

分布：广东、甘肃、湖南、福建、贵州、广西。

105. 锥顶叶蝉属 *Aconura* Lethierry, 1876

（166）锥顶叶蝉 *Aconura producta* Matsumura, 1902

分布：广东、台湾；日本。

106. 长柄叶蝉属 *Alebroides* Matsumura, 1931

（167）鼎湖长柄叶蝉 *Alebroides dinghuensis* Chou *et* Zhang, 1987

分布：广东（鼎湖）、湖南、贵州。

（168）怀明长柄叶蝉 *Alebroides waimingi* Dworakowska, 1997

分布：广东（鼎湖）、香港。

107. 芒果叶蝉属 *Amrasca* Ghauri, 1967

（169）棉叶蝉 *Amrasca biguttula* (Ishida, 1912)

分布：广东、山东、河南、陕西、江苏、安徽、浙江、江西、湖南、广西、贵州、云南及东北地区；日本。

108. 平大叶蝉属 *Anagonalia* Young, 1986

（170）红纹平大叶蝉 *Anagonalia melichari* (Distant, 1908)

分布：广东（龙门）、浙江、海南、广西、贵州、云南；越南，老挝，泰国，印度，缅甸，斯里兰卡，马来西亚。

109. 安小叶蝉属 *Anaka* Dworakowska *et* Viraktamath, 1975

（171）缅甸安小叶蝉 *Anaka burmensis* Dworakowska, 1993

分布：广东、福建、重庆、四川、贵州、云南；印度，缅甸。

110. 斑大叶蝉属 *Anatkina* Young, 1986

（172）齿茎斑大叶蝉 *Anatkina attenuata* (Walker, 1851)

分布：广东（惠州）、湖北、江西、湖南、福建、海南、香港、贵州、云南。

（173）点翅斑大叶蝉 *Anatkina illustris* (Distant, 1908)

分布：广东（连州）、福建、四川、贵州；泰国，印度，缅甸，马来西亚。

（174）金翅斑大叶蝉 *Anatkina vespertinula* (Breddin, 1903)

分布：广东（始兴、龙门、茂名）、福建、四川、贵州；越南，印度，马来西亚，印度尼西亚。

（175）左氏斑大叶蝉 *Anatkina zuoi* Yang *et* Zhang, 2000

分布：广东（始兴）、福建。

111. 光小叶蝉属 *Apheliona* Kirkaldy, 1907

（176）锈光小叶蝉 *Apheliona ferruginea* (Matsumura, 1931)

分布：广东（鼎湖）、陕西、湖南、浙江、四川、云南。

112. 条大叶蝉属 *Atkinsoniella* Distant, 1908

（177）康特条大叶蝉 *Atkinsoniella contrariuscula* (Jacobi, 1944)

分布：广东、安徽、湖北、福建、四川、广西、贵州。

（178）指突条大叶蝉 *Atkinsoniella dactylia* Yang *et* Li, 2000

分布：广东（始兴）、江西、福建、海南、广西、贵州、云南。

（179）叉突条大叶蝉 *Atkinsoniella divaricata* Yang, Meng *et* Li, 2017

分布：广东（乳源）、广西、贵州。

（180）黄翅条大叶蝉 *Atkinsoniella flavipenna* Li *et* Wang, 1992

分布：广东（湛江）、湖北、湖南、福建、广西、四川、贵州。

（181）格氏条大叶蝉 *Atkinsoniella grahami* Young, 1986

分布：广东（始兴）、河南、陕西、甘肃、湖北、湖南、海南、重庆、四川、贵州、云南。

（182）黑圆条大叶蝉 *Atkinsoniella heiyuana* Li, 1992

分布：广东（乳源）、陕西、甘肃、湖北、湖南、福建、海南、重庆、四川、贵州、云南、西藏；越南。

（183）色条大叶蝉 *Atkinsoniella opponens* (Walker, 1851)

分布：广东（乳源、始兴、龙门、茂名）、河南、福建、海南、广西、四川、贵州；越南，老挝，泰国，印度，缅甸，尼泊尔，菲律宾，印度尼西亚。

（184）隐纹条大叶蝉 *Atkinsoniella thalia* (Distant, 1918)

分布：广东（广州、始兴、龙门、信宜、湛江）、河北、河南、陕西、甘肃、安徽、浙江、湖北、江西、湖南、福建、海南、广西、重庆、四川、贵州、云南、西藏；泰国，印度，缅甸，斯里兰卡，孟加拉国，马来西亚，印度尼西亚。

（185）拟隐纹条大叶蝉 *Atkinsoniella thaloidea* Young, 1986

分布：广东（始兴）、海南、广西、贵州、云南；缅甸。

113. 奥小叶蝉属 *Austroasca* Lower, 1952

（186）蒙奥小叶蝉 *Austroasca mitjaevi* Dworakowska, 1970

分布：广东（鼎湖）、黑龙江、山东、山西、陕西、河南、湖南、福建、甘肃、广西、四川、贵州、云南；朝鲜，蒙古国。

114. 片胫杆蝉属 *Balala* Distant, 1908

（187）福建片胫杆蝉 *Balala fujiana* Tang *et* Zhang, 2020

分布：广东（连州）、福建。

115. 二室叶蝉属 *Balclutha* Kirkaldy, 1900

（188）背斑二室叶蝉 *Balclutha botelensis* Matsumura, 1940

分布：广东、台湾、贵州。

（189）绿脉二室叶蝉 *Balclutha viridinervis* Matsumura, 1914

分布：广东、甘肃、福建、广西、四川；泰国，印度，菲律宾，马来西亚。

116. 沟顶叶蝉属 *Bhatia* Distant, 1908

（190）指沟顶叶蝉 *Bhatia digitata* Shang *et* Shen, 2006

分布：广东（鼎湖）、河南、广西。

（191）长瓣沟顶叶蝉 *Bhatia longiradiata* Yu, Qu, Dai *et* Yang, 2019

分布：广东、广西。

（192）绿沟顶叶蝉 *Bhatia olivacea* (Melichar, 1903)

分布：广东、湖南、海南、云南；斯里兰卡。

（193）萨摩沟顶叶蝉 *Bhatia satsumensis* (Matsumura, 1914)

分布：广东（广州、肇庆）、浙江、海南；日本。

（194）单角沟顶叶蝉 *Bhatia unicornis* Shang *et* Li, 2006

分布：广东（肇庆）、广西。

117. 凹大叶蝉属 *Bothrogonia* Melichar, 1926

（195）尖凹大叶蝉 *Bothrogonia acuminata* Yang *et* Li, 1980

分布：广东（乳源）、河北、江苏、江西、福建、广西、贵州、云南；老挝。

（196）阿凹大叶蝉 *Bothrogonia addita* (Walker, 1851)

分布：广东、江西、海南、香港、四川、西藏；越南，老挝，柬埔寨，泰国，印度，缅甸，菲律宾，马来西亚，新加坡，印度尼西亚。

（197）黑尾大叶蝉 *Bothrogonia ferruginea* (Fabricius, 1787)

分布：广东（连州、乳源、始兴）、黑龙江、吉林、辽宁、天津、河北、山东、河南、陕西、甘肃、青海、江苏、上海、安徽、浙江、湖北、江西、湖南、福建、台湾、香港、重庆、四川、贵州、云南、西藏；韩国，日本，越南，老挝，柬埔寨，泰国，印度，缅甸，南非。

（198）钩凹大叶蝉 *Bothrogonia hamata* Yang *et* Li, 1980

　　分布：广东（广州、乳源、始兴、龙门、鼎湖）、江西、福建、海南、广西、贵州、云南。

（199）长凹大叶蝉 *Bothrogonia mecota* Yang *et* Li, 1980

　　分布：广东（始兴、龙门）、江西、福建、广西。

（200）蒙特凹大叶蝉 *Bothrogonia mouhoti* (Distant, 1908)

　　分布：广东、贵州；越南，柬埔寨，泰国，印度，缅甸，马来西亚。

（201）黔凹大叶蝉 *Bothrogonia qianana* Yang *et* Li, 1980

　　分布：广东、河南、陕西、浙江、湖北、福建、海南、广西。

（202）琼凹大叶蝉 *Bothrogonia qiongana* Yang *et* Li, 1980

　　分布：广东（乳源）、海南、广西、贵州。

（203）桂凹大叶蝉 *Bothrogonia tianzhuensis* Li, 1985

　　分布：广东（乳源、始兴）、广西、贵州。

118. 斜脊叶蝉属 *Bundera* Distant, 1908

（204）双斑斜脊叶蝉 *Bundera venata* Distant, 1908

　　分布：广东（乳源）、湖北、四川、贵州、云南、西藏；缅甸。

119. 丽叶蝉属 *Calodia* Nielson, 1982

（205）二刺丽叶蝉 *Calodia obliquasimilaris* Zhang, 1990

　　分布：广东（鼎湖）、湖南、四川。

120. 脊额叶蝉属 *Carinata* Li *et* Wang, 1991

（206）倒钩脊额叶蝉 *Carinata barbulata* Yang *et* Zhang, 1999

　　分布：广东、海南。

（207）双突脊额叶蝉 *Carinata bifurca* Yang *et* Zhang, 1999

　　分布：广东（乳源）、四川。

（208）端叉脊额叶蝉 *Carinata bifurcata* Li *et* Novotny, 1997

　　分布：广东、浙江、海南、广西；越南。

（209）周氏脊额叶蝉 *Carinata choui* Yang *et* Zhang, 1999

　　分布：广东、海南。

（210）白边脊额叶蝉 *Carinata kelloggii* (Baker, 1923)

　　分布：广东、江西、湖南、福建、广西、四川、贵州、云南。

（211）黑带脊额叶蝉 *Carinata nigrofasciata* Li *et* Wang, 1994

　　分布：广东、河南、陕西、甘肃、浙江、湖北、江西、广西、重庆、四川、云南。

（212）单钩脊额叶蝉 *Carinata unicurvana* Li *et* Zhang, 1994

　　分布：广东（乳源、始兴）、江西。

121. 卡叶蝉属 *Carvaka* Distant, 1918

（213）台湾卡叶蝉 *Carvaka formosana* (Matsumura, 1914)

　　分布：广东、湖南、福建、台湾、海南。

122. 消室叶蝉属 *Chudania* Distant, 1908

（214）中华消室叶蝉 *Chudania sinica* Zhang *et* Yang, 1990

分布：广东（仁化、肇庆）、河北、山东、河南、陕西、江苏、安徽、浙江、湖北、湖南、福建、海南、广西、四川、贵州、云南。

123. 叶蝉属 *Cicadella* Latreille, 1817

（215）大青叶蝉 *Cicadella viridis* (Linnaeus, 1758)

分布：广东（连州、始兴、乳源）、黑龙江、吉林、辽宁、内蒙古、北京、天津、河北、山西、山东、河南、陕西、宁夏、甘肃、青海、新疆、江苏、上海、安徽、浙江、湖北、江西、湖南、福建、台湾、香港、澳门、广西、重庆、四川、贵州、云南、西藏；俄罗斯，日本，印度，斯里兰卡，菲律宾，马来西亚，印度尼西亚，叙利亚，巴勒斯坦，挪威，瑞典，英国，以色列。

124. 可大叶蝉属 *Cofana* Melichar, 1926

（216）白大叶蝉 *Cofana spectra* (Distant, 1908)

分布：广东（博罗、湛江）、福建、台湾、海南、广西、四川、贵州、云南、西藏；日本，越南，老挝，泰国，印度，缅甸，斯里兰卡，马来西亚，印度尼西亚，孟加拉国，埃塞俄比亚，刚果，澳大利亚。

（217）绿斑大叶蝉 *Cofana unimaculata* (Signoret, 1854)

分布：广东、台湾、海南、广西、四川、贵州、云南；澳大利亚；非洲。

（218）凹痕可大叶蝉 *Cofana yasumatsui* Young, 1979

分布：广东（乳源）、海南、广西、贵州；越南，泰国。

125. 凹片叶蝉属 *Concaveplana* Chen *et* Li, 1998

（219）车八岭凹片叶蝉 *Concaveplana chebalingensis* Li, Li *et* Xing, 2020

分布：广东（始兴）。

（220）叉突凹片叶蝉 *Concaveplana forkplata* Li, Li *et* Xing, 2020

分布：广东（仁化）、广西。

（221）红线凹片叶蝉 *Concaveplana rufolineata* (Kuoh, 1973)

分布：广东（连州）、山东、河南、陕西、江苏、安徽、浙江、湖北、江西、湖南、四川、贵州。

126. 点翅叶蝉属 *Confucius* Distant, 1907

（222）二瘤点翅叶蝉 *Confucius bituberculatus* Distant, 1908

分布：广东（连州）。

（223）点翅叶蝉 *Confucius ocellatus* Distant, 1908

分布：广东；印度，斯里兰卡。

127. 矛叶蝉属 *Doratulina* Melichar, 1903

（224）日矛叶蝉 *Doratulina producta* Matsumura, 1902

分布：广东、福建、台湾、贵州；日本。

128. 阔颈叶蝉属 *Drabescoides* Kwon *et* Lee, 1979

（225）阔颈叶蝉 *Drabescoides nuchalis* (Jacobi, 1943)

分布：广东（连州、封开）、北京、天津、河南、陕西、新疆、安徽、浙江、湖南、福建、广西；俄罗斯，朝鲜，日本。

129. 槽胫叶蝉属 *Drabescus* Stål, 1870

（226）黑股槽胫叶蝉 *Drabescus nigrifemoratus* (Matsumura, 1905)

分布：广东；日本。

（227）宽槽胫叶蝉 *Drabescus ogumae* Matsumura, 1912

分布：广东；日本。

（228）石龙槽胫叶蝉 *Drabescus shillongensis* Rao, 1989

分布：广东、贵州、云南；越南，印度。

130. 小绿叶蝉属 *Empoasca* Walsh, 1862

（229）狭茎小绿叶蝉 *Empoasca* (*Distantasca*) *faciata* (Dworakowska, 1972)

分布：广东（广州）、贵州、云南、海南；印度，越南。

（230）小绿叶蝉 *Empoasca flavescens* (Fabricius, 1794)

分布：广东、内蒙古、河北、山东、陕西、江苏、安徽、浙江、湖北、湖南、福建、台湾、广西、四川及东北地区；朝鲜，日本，印度，土耳其，斯里兰卡，俄罗斯；欧洲，非洲，北美洲。

（231）翘突小绿叶蝉 *Empoasca interrupta* Dworakowska, 1976

分布：广东（鼎湖）、海南、云南。

（232）齿端小绿叶蝉 *Empoasca majowa* Dworakowska, 1972

分布：广东（鼎湖）、云南；越南。

（233）小字纹小绿叶蝉 *Empoasca notata* Melichar, 1903

分布：广东、安徽、湖北、贵州；印度，斯里兰卡。

（234）韶小绿叶蝉 *Empoasca shokella* (Matsumura, 1931)

分布：广东（鼎湖）、广西、海南；越南。

（235）塔诺小绿叶蝉 *Empoasca tanova* Dworakowska, 1980

分布：广东（鼎湖）、云南、海南；印度。

131. 顶斑叶蝉属 *Empoascanara* Distant, 1918

（236）香港顶斑叶蝉 *Empoascanara hongkongica* Dworakowska, 1971

分布：广东、海南、香港；越南。

132. 凸唇叶蝉属 *Erragonalia* Young, 1986

（237）周氏凸唇叶蝉 *Erragonalia choui* Li, 1989

分布：广东（乳源、信宜）、辽宁、湖北、江西、湖南、福建、海南、广西、重庆、四川、贵州、云南。

133. 斑叶蝉属 *Erythroneura* Fitch, 1851

（238）黑唇斑叶蝉 *Erythroneura maculifrons* (Motschulsky, 1863)

分布：广东、浙江、江西、湖南、福建、台湾、贵州；印度，斯里兰卡，马来西亚。

（239）多点斑叶蝉 *Erythroneura multipunctata* (Matsumura, 1920)

分布：广东；日本。

134. 雅小叶蝉属 *Eurhadina* Haupt, 1929

（240）赖氏雅小叶蝉 *Eurhadina* (*Singhardina*) *nasti* Dworakowska, 1969

分布：广东。

135. 横脊叶蝉属 *Evacanthus* Lepeletier *et* Serville, 1825

（241）淡脉横脊叶蝉 *Evacanthus danmainus* Kuoh, 1980

分布：广东、黑龙江、吉林、辽宁、山西、河南、陕西、甘肃、安徽、浙江、湖北、湖南、福建、广西、重庆、四川、贵州、西藏。

136. 顶带叶蝉属 *Exitianus* Ball, 1929

（242）横线顶带叶蝉 *Exitianus nanus* (Distant, 1908)

分布：广东（深圳）、浙江、江西、湖南、福建、海南、广西、云南；印度，巴基斯坦。

（243）甘蔗叶蝉 *Exitianus indicus* (Distant, 1908)

分布：广东（深圳、鼎湖、电白）、吉林、海南、陕西、甘肃、浙江、湖北、江西、湖南、福建、台湾、海南、广西、四川、贵州、云南；日本，印度。

137. 内突叶蝉属 *Extensus* Huang, 1989

（244）宽带内突叶蝉 *Extensus latus* Huang, 1989

分布：广东、安徽、浙江、湖北、江西、湖南、福建、台湾、海南、广西、重庆、四川、贵州、云南。

138. 蕃氏小叶蝉属 *Farynala* Dworakowska, 1970

（245）核桃蕃氏小叶蝉 *Farynala malhotri* Sharma, 1977

分布：广东、陕西；印度。

139. 剪索叶蝉属 *Forficus* Qu, 2015

（246）黑斑剪索叶蝉 *Forficus maculatus* Qu, 2015

分布：广东、浙江、广西、贵州。

140. 福氏小叶蝉属 *Fusiplata* Ahmed, 1969

（247）单福氏小叶蝉 *Fusiplata singularis* Dworakowska, 1993

分布：广东；尼泊尔。

141. 突额叶蝉属 *Gunungidia* Young, 1986

（248）橙带突额叶蝉 *Gunungidia aurantiifasciata* (Jacobi, 1944)

分布：广东、浙江、江西、湖南、福建、海南、四川。

（249）纹翅突额叶蝉 *Gunungidia maculate* Cai *et* He, 2002

分布：广东（乳源、始兴）、海南。

（250）三瓣突额叶蝉 *Gunungidia trivalva* Yang, Meng *et* Li, 2017

分布：广东（乳源）。

142. 铲头叶蝉属 *Hecalus* Stål, 1864

（251）橙带铲头叶蝉 *Hecalus porrecta* (Walker, 1858)

分布：广东、福建、云南；印度，缅甸，斯里兰卡。

（252）褐脊铲头叶蝉 *Hecalus prasinus* (Matsumura, 1905)

分布：广东（广州）、北京；日本。

143. 羿小叶蝉属 *Helionides* Matsumura, 1931

（253）尖羿小叶蝉 *Helionides exsultans* (McAtee, 1934)

分布：广东（鼎湖）、海南、台湾；新加坡，马来西亚，尼泊尔，印度。

144. 菱纹叶蝉属 *Hishimonus* Ishihara, 1953

（254）腹钩菱纹叶蝉 *Hishimonus bucephalus* Emeljanov, 1969

分布：广东（肇庆）、山西、河南、陕西、浙江、湖北、江西、湖南、福建、贵州；俄罗斯。

（255）尖刺菱纹叶蝉 *Hishimonus concavus* Knight, 1970

分布：广东、福建、台湾；菲律宾。

（256）葛氏菱纹叶蝉 *Hishimonus kuohi* Du *et* Dai, 2019

分布：广东（肇庆）、海南。

（257）端刺菱纹叶蝉 *Hishimonus phycitis* (Distant, 1908)

分布：广东（肇庆）、江苏、江西、福建、台湾、海南、澳门、广西、四川、云南；泰国，印度，巴基斯坦，斯里兰卡，马来西亚，菲律宾，伊朗，阿曼，阿拉伯联合酋长国。

（258）直缘菱纹叶蝉 *Hishimonus rectus* Kuoh, 1976

分布：广东（广州）、安徽、浙江、台湾、海南、广西、四川、贵州。

（259）凹缘菱纹叶蝉 *Hishimonus sellatus* (Uhler, 1896)

分布：广东（连州）。

（260）平端菱纹叶蝉 *Hishimonus truncatus* Kuoh, 1976

分布：广东。

145. 短头叶蝉属 *Iassus* Fabricius, 1803

（261）褐盾短头叶蝉 *Iassus dorsalis* (Matsumura, 1912)

分布：广东、台湾；日本。

146. 雅氏叶蝉属 *Jacobiasca* Dworakowska, 1972

（262）波宁雅氏叶蝉 *Jacobiasca boninensis* (Matsumura, 1931)

分布：广东（鼎湖）、甘肃、陕西、湖南、江苏、浙江、海南、广西、四川、贵州、云南；马来西亚，缅甸，泰国，新加坡，越南，日本，印度。

（263）台湾雅氏叶蝉 *Jacobiasca formosana* (Paoli, 1932)

分布：广东（深圳、鼎湖）、湖南、福建、广西、云南、台湾。

147. 叉尾叶蝉属 *Karachiota* Ahmed, 1969

（264）叉尾叶蝉 *Karachiota marcowa* (Dworakowska, 1971)

分布：广东、海南；越南。

148. 边大叶蝉属 *Kolla* Distant, 1908

（265）锡兰边大叶蝉 *Kolla ceylonica* (Melichar, 1903)

分布：广东（始兴、湛江）、海南、贵州；越南，泰国，缅甸，斯里兰卡，马来西亚，印度尼西亚。

（266）月斑边大叶蝉 *Kolla lunulate* Li *et* Wang, 1992

分布：广东（始兴）、海南、广西、四川、贵州、云南；缅甸。

（267）顶斑边大叶蝉 *Kolla paulula* (Walker, 1858)

分布：广东（乳源、始兴）、河北、河南、陕西、安徽、浙江、福建、台湾、海南、香港、广西、四川、贵州、云南；越南，泰国，印度，缅甸，斯里兰卡，马来西亚，印度尼西亚。

149. 增脉叶蝉属 *Kutara* Distant 1908

（268）增脉叶蝉 *Kutara brunnescens* Distant, 1908

分布：广东、海南、云南；斯里兰卡。

（269）路氏增脉叶蝉 *Kutara lui* Zhang *et* Chen, 1997

分布：广东（信宜）、广西、云南；印度。

（270）中华增脉叶蝉 *Kutara sinensis* (Walker, 1851)

分布：广东（肇庆）、福建、香港、广西、云南。

（271）细茎增脉叶蝉 *Kutara tenuipenis* Zhang *et* Zhang, 1997

分布：广东、广西。

150. 斑线叶蝉属 *Lampridius* Distant, 1918

（272）斑线叶蝉 *Lampridius spectabilis* Distant, 1918

分布：广东、贵州；缅甸。

151. 耳叶蝉属 *Ledra* Fabricius, 1803

（273）窗耳叶蝉 *Ledra auditura* Walker, 1858

分布：广东（连州）。

（274）四脊耳叶蝉 *Ledra quadricarina* Walker, 1858

分布：广东；印度。

152. 零叶蝉属 *Limassolla* Dlabola, 1965

（275）柿散零叶蝉 *Limassolla dispunctata* Chou *et* Ma, 1981

分布：广东、陕西。

（276）灵川零叶蝉 *Limassolla lingchuanensis* Chou *et* Zhang, 1985

分布：广东、广西、海南、福建、湖南。

153. 田叶蝉属 *Limotettix* Sahlberg, 1871

（277）黑带田叶蝉 *Limotettix striola* (Fallén, 1806)

分布：广东；日本，俄罗斯；欧洲，非洲北部，北美洲。

154. 广头叶蝉属 *Macropsis* Lewis, 1834

（278）眉峰广头叶蝉 *Macropsis* (*Macropsis*) *meifengensis* Huang *et* Viraktamath, 1993

分布：广东、陕西、浙江、湖北、台湾、海南、云南；泰国。

155. 二叉叶蝉属 *Macrosteles* Fieber, 1866

（279）曲纹二叉叶蝉 *Macrosteles striifrons* Anufriev, 1968

分布：广东、黑龙江、辽宁、山东、甘肃、江西、陕西、安徽、浙江、湖北、江西、湖南、福建、台湾、海南、香港、广西、四川、云南；东亚，中亚。

156. 美叶蝉属 *Maiestas* Distant, 1917

（280）兰花美叶蝉 *Maiestas bilineata* (Dash *et* Viraktamath, 1998)

分布：广东、陕西、福建、海南、广西；印度。

（281）显美叶蝉 *Maiestas distinctus* (Motschulsky, 1859)

分布：广东、湖北、贵州；日本，韩国，印度，斯里兰卡。

（282）电光叶蝉 *Maiestas dorsalis* (Motschulsky, 1859)

分布：广东、江苏、上海、安徽、浙江、湖北、江西、台湾、湖南、海南、广西、四川、贵州；日本，泰国，印度，斯里兰卡，马来西亚等。

（283）丝美叶蝉 *Maiestas horvathi* (Then, 1896)

分布：广东、黑龙江、辽宁、天津、河北、山东、甘肃、江西、陕西、湖南；俄罗斯；非洲北部，欧洲，大洋洲。

（284）宽额美叶蝉 *Maiestas latifrons* (Matsumura, 1902)

分布：广东、陕西、浙江、湖北、江西、湖南、福建、海南、广西、四川、云南；俄罗斯，韩国，日本。

157. 窗翅叶蝉属 *Mileewa* Distant, 1908

（285）翼枝窗翅叶蝉 *Mileewa alara* Yang *et* Li, 1998

分布：广东（仁化）、海南、广西、云南。

（286）白条窗翅叶蝉 *Mileewa albovittata* Chiang *et* Knight, 1991

分布：广东（信宜）、山东、台湾、海南、广西、贵州、云南。

（287）窗翅叶蝉 *Mileewa margheritae* Distant, 1908

分布：广东（乳源、始兴、仁化、龙门、信宜）、陕西、甘肃、安徽、浙江、湖北、江西、湖南、福建、台湾、海南、广西、重庆、四川、贵州、云南；朝鲜，日本，印度，缅甸，印度尼西亚。

（288）褐点窗翅叶蝉 *Mileewa mira* Yang *et* Li, 1999

分布：广东（信宜）、广西、贵州、云南、西藏。

（289）船茎窗翅叶蝉 *Mileewa ponta* Yang *et* Li, 1999

分布：广东（乳源、始兴、龙门、信宜）、安徽、浙江、江西、福建、台湾、海南、广西、贵州、云南。

158. 黑尾叶蝉属 *Nephotettix* Matsumura, 1902

（290）二条黑尾叶蝉 *Nephotettix apicalis* (Motschulsky, 1859)

分布：广东、台湾；日本，印度，菲律宾，马来西亚，斯里兰卡；非洲东部和南部。

（291）二点黑尾叶蝉 *Nephotettix bipunctatus* (Fabricius, 1803)

分布：广东、台湾；日本，印度，菲律宾。

（292）点黑尾叶蝉 *Nephotettix viriscens* (Distant, 1908)

分布：广东、台湾、海南、贵州、云南；日本，印度，菲律宾，孟加拉国。

159. 桨头叶蝉属 *Nacolus* Jacobi, 1914

（293）桨头叶蝉 *Nacolus tuberculatus* (Walker, 1858)

分布：广东、北京、河南、陕西、安徽、浙江、湖北、福建、台湾、四川、贵州、云南；日本，印度。

160. 隐脉叶蝉属 *Nirvana* Kirkaldy, 1900

（294）淡色隐脉叶蝉 *Nirvana placida* (Stål, 1859)

分布：广东（湛江）、河南、陕西、江苏、安徽、浙江、湖北、江西、湖南、福建、台湾、海南、香港、广西、四川、贵州、云南；日本，泰国，印度，斯里兰卡，菲律宾，马来西亚，新加坡，孟加拉国，巴基斯坦。

161. 单突叶蝉属 *Olidiana* McKamey, 2006

（295）翼单突叶蝉 *Olidiana alata* (Nielson, 1982)

分布：广东、湖北、浙江、湖南、福建、台湾、海南、广西、四川。

（296）黑颜单突叶蝉 *Olidiana brevis* (Walker, 1851)

分布：广东、浙江、湖北、湖南、海南、香港、福建、广西、四川、贵州、云南；缅甸，印度，泰国，老挝。

162. 齿板小叶蝉属 *Opamata* Dworakowska, 1971

（297）四点齿板小叶蝉 *Opamata lipcowa* Dworakowska, 1977

分布：广东（鼎湖）、海南、广西、云南；越南。

（298）二点齿板小叶蝉 *Opamata lwietniowa* Dworakowska, 1971

分布：广东（鼎湖）。

163. 网室叶蝉属 *Orosius* Distant, 1918

（299）网室叶蝉 *Orosius albicinctus* Distant, 1918

分布：广东、北京、安徽；印度。

164. 异冠叶蝉属 *Pachymetopius* Matsumura, 1914

（300）燕尾异冠叶蝉 *Pachymetopius bicornutus* Wei, Zhang *et* Webb, 2008

分布：广东、江西、福建。

165. 脊翅叶蝉属 *Parabolopona* Matsumura, 1912

（301）杨氏脊翅叶蝉 *Parabolopona yangi* Zhang, Chen *et* Shen, 1995

分布：广东（肇庆）。

166. 肩叶蝉属 *Paraconfucius* Cai, 1992

（302）淡缘肩叶蝉 *Paraconfucius pallidus,* Cai, 1992

分布：广东、陕西、安徽、云南。

167. 冠带叶蝉属 *Paramesodes* Ishihara, 1953

（303）一字冠带叶蝉 *Paramesodes lineaticollis* (Distant, 1908)

分布：广东、湖南、福建、贵州、云南；印度。

168. 副锥头叶蝉属 *Paraonukia* Ishihara, 1963

（304）黑额副锥头叶蝉 *Paraonukia arisana* (Matsumura, 1912)

分布：广东、浙江、福建、台湾、四川；印度。

（305）望谟副锥头叶蝉 *Paraonukia wangmoensis* Yang, Chen *et* Li, 2013

    分布：广东（乳源）、浙江、湖北、江西、湖南、福建、海南、广西、贵州。

169. 菱脊叶蝉属 *Parathaia* Kuoh, 1982

（306）烟翅菱脊叶蝉 *Parathaia infumata* Kuoh, 1982

    分布：广东、湖南、陕西、江西。

170. 副泰头叶蝉属 *Parathailocyba* Zhang, Gao *et* Huang, 2012

（307）副泰头叶蝉 *Parathailocyba orla* (Dworakowska, 1977)

    分布：广东；越南。

171. 尖尾叶蝉属 *Pedionis* Hamilton, 1980

（308）鼎湖尖尾叶蝉 *Pedionis (Pedionis) dinghuensis* Yang *et* Zhang, 2014

    分布：广东。

（309）长面尖尾叶蝉 *Pedionis (Pedionis) mecota* Liu *et* Zhang, 2003

    分布：广东。

172. 乌叶蝉属 *Penthimia* Germar, 1821

（310）赭点乌叶蝉 *Penthimia maculosa* Distant, 1908

    分布：广东（连州）。

173. 片头叶蝉属 *Petalocephala* Stål, 1854

（311）赭片头叶蝉 *Petalocephala cultellifera* (Walker, 1857)

    分布：广东（连州）。

（312）红边片头叶蝉 *Petalocephala manchurica* Kato, 1932

    分布：广东（连州）。

（313）一点片头叶蝉 *Petalocephala rubromarginata* Kato, 1931

    分布：广东（连州）。

174. 片脊叶蝉属 *Pythamus* Melichar, 1903

（314）山地片脊叶蝉 *Pythamus montanus* Viraktamath *et* Webb, 2007

    分布：广东、广西、海南；越南，印度。

175. 丽斑叶蝉属 *Roxasellana* Zhang *et* Zhang, 1998

（315）星茎丽斑叶蝉 *Roxasellana stellata* Zhang *et* Zhang, 1998

    分布：广东、福建、广西。

176. 带叶蝉属 *Scaphoideus* Uhler, 1889

（316）横带叶蝉 *Scaphoideus festius* Matsumura, 1902

    分布：广东、河南、陕西、江西、福建、台湾、海南、贵州、云南；朝鲜，日本，印度，斯里兰卡。

177. 洋大叶蝉属 *Seasogonia* Young, 1986

（317）印支洋大叶蝉 *Seasogonia indosinica* (Jacobi, 1905)

    分布：广东（始兴）、福建、海南、广西、四川、贵州、云南；越南，印度，缅甸。

178. 长胸叶蝉属 *Signoretia* Stål, 1859

（318）白长胸叶蝉 *Signoretia malaya* Stål, 1855

　　分布：广东、贵州、福建、广西、海南；印度，老挝，马来西亚，菲律宾，新加坡。

179. 拟隐脉叶蝉属 *Sophonia* Walker, 1870

（319）双线拟隐脉叶蝉 *Sophonia bilineara* Li *et* Chen, 1999

　　分布：广东（肇庆）、海南、广西、贵州、云南。

（320）逆突拟隐脉叶蝉 *Sophonia contrariesa* Li, Li *et* Xing, 2020

　　分布：广东（信宜）。

（321）褐缘拟隐脉叶蝉 *Sophonia fuscomarginata* Li *et* Wang, 1991

　　分布：广东（龙门）、河南、陕西、湖北、四川、贵州、云南。

（322）长线拟隐脉叶蝉 *Sophonia longitudinalis* (Distant, 1908)

　　分布：广东、福建、海南、云南；印度，斯里兰卡。

（323）东方拟隐脉叶蝉 *Sophonia orientalis* (Matsumura, 1912)

　　分布：广东（龙门）、安徽、浙江、湖北、福建、台湾、广西、贵州、云南；日本，夏威夷。

（324）宽带拟隐脉叶蝉 *Sophonia suturalis* (Melichar, 1903)

　　分布：广东、甘肃、台湾、海南、广西、重庆、四川、贵州、云南；日本，印度，缅甸，斯里兰卡。

（325）张氏拟隐脉叶蝉 *Sophonia zhangi* Li *et* Chen, 1999

　　分布：广东（肇庆）、广西。

180. 长冠叶蝉属 *Stenatkina* Young, 1986

（326）角突长冠叶蝉 *Stenatkina angustata* (Young, 1986)

　　分布：广东、海南、贵州；越南。

181. 窄板叶蝉属 *Stenolora* Zhang, Wei *et* Webb, 2006

（327）短板窄板叶蝉 *Stenolora abbreviata* Zhang, Wei *et* Webb, 2006

　　分布：广东（乳源）。

182. 白小叶蝉属 *Sweta* Viraktamath *et* Dietrich, 2011

（328）竹白小叶蝉 *Sweta bambusana* Chen *et* Li, 2011

　　分布：广东、广西、贵州。

183. 无突叶蝉属 *Taharana* Nielson, 1982

（329）原无突叶蝉 *Taharana sparsa* (Stål, 1854)

　　分布：广东、四川、云南、台湾、海南；马来西亚，菲律宾，泰国，越南。

184. 齿茎叶蝉属 *Tambocerus* Zhang *et* Webb, 1996

（330）长齿茎叶蝉 *Tambocerus elongatus* Shen, 2008

　　分布：广东（连州、肇庆）、河南、陕西、安徽、湖北、湖南、福建、海南、广西、四川、贵州。

185. 角突叶蝉属 *Taperus* Li *et* Wang, 1994

（331）黄额角突叶蝉 *Taperus flavifrons* (Matsumura, 1912)

　　分布：广东（仁化）、福建、台湾、海南、贵州。

186. 片叶蝉属 *Thagria* Melichar, 1903

（332）二刺片叶蝉 *Thagria bispina* Zhang, 1990

分布：广东（连州）。

（333）弯钩片叶蝉 *Thagria circumcincta* (Jacobi, 1944)

分布：广东、贵州、四川、云南、福建、海南。

（334）锥头片叶蝉 *Thagria conica* Zhang, 1990

分布：广东（连州）。

（335）斜片叶蝉 *Thagria curvature* Zhang, 1990

分布：广东（肇庆）、海南。

（336）单突片叶蝉 *Thagria multispars* (Walker, 1858)

分布：广东、香港、福建、浙江、湖南、江西、广西、四川；老挝。

187. 白翅叶蝉属 *Thaia* Ghauri, 1962

（337）*Thaia oryzivora* Ghauri, 1962

分布：广东、江苏、安徽、浙江、湖北、江西、湖南、福建、广西、贵州、云南；日本，印度，斯里兰卡等。

（338）白翅叶蝉 *Thaia* (*Thaia*) *subrufa* (Motschulsky, 1863)

分布：广东、安徽、浙江、江西、湖南、福建、台湾、广西、贵州、云南；日本，印度，印度尼西亚，斯里兰卡。

188. 角胸叶蝉属 *Tituria* Stål, 1865

（339）双色角胸叶蝉 *Tituria colorata* Jacobi, 1944

分布：广东、河南、陕西、浙江、湖北、贵州、云南。

（340）矢茎角胸叶蝉 *Tituria sagittate* Cai *et* Shen, 1999

分布：广东、陕西、河南、浙江、湖北、江西、湖南、四川。

189. 托小叶蝉属 *Treufalka* Qin *et* Zhang, 2008

（341）踵端托小叶蝉 *Treufalka lamellata* Qin *et* Zhang, 2008

分布：广东（鼎湖）、海南。

190. 小叶蝉属 *Typhlocyba* Germar, 1833

（342）斑纹栎小叶蝉 *Typhlocyba quercussimilis* Dworakowska, 1967

分布：广东、河北、陕西、甘肃、湖北、福建、四川；蒙古国，日本，俄罗斯。

191. 芜小叶蝉属 *Usharia* Dworakowska, 1977

（343）缢瓣芜小叶蝉 *Usharia constricata* Qin, 2005

分布：广东（鼎湖）。

192. 弯头叶蝉属 *Vangama* Distant, 1908

（344）黑色弯头叶蝉 *Vangama picea* Wang *et* Li, 1999

分布：广东、海南、广西、贵州。

193. 尖头叶蝉属 *Xyphon* Hamilton, 1985

（345）网翅尖头叶蝉 *Xyphon reticulatum* (Signoret, 1854)

分布：广东（博罗）、福建、台湾；日本，菲律宾；非洲，美洲。

二十、角蝉科 Membracidae Rafinesque, 1815

194. 屈角蝉属 *Anchon* Buckton, 1903

（346）白条屈角蝉 *Anchon lineatus* Funkhouser, 1938

分布：广东、湖北、湖南、福建、海南、广西、四川、贵州、云南；越南。

195. 结角蝉属 *Antialcidas* Distant, 1916

（347）竖结角蝉 *Antialcidas erectus* Funkhouser, 1921

分布：广东（广州）。

196. 秃角蝉属 *Centrotoscelus* Funkhouser, 1914

（348）弧唇秃角蝉 *Centrotoscelus arcifrontclypei* Yuan *et* Li, 2002

分布：广东、江苏、湖南、福建、海南、广西；越南。

（349）阿里山秃角蝉 *Centrotoscelus arisanus* (Matsumura, 1912)

分布：广东、福建、台湾、海南、广西、四川、贵州、云南；日本。

（350）达氏秃角蝉 *Centrotoscelus davidi* (Fallou, 1890)

分布：广东、黑龙江、吉林、北京、河北、山东、河南、江苏、上海、浙江、湖北、江西、福建、台湾、海南、广西；俄罗斯，日本，越南，印度，缅甸，斯里兰卡，马来西亚，孟加拉国，印度尼西亚，文莱。

（351）细脉秃角蝉 *Centrotoscelus tenuinervus* Yuan *et* Li, 2002

分布：广东（鼎湖）、广西；越南。

197. 鹿角蝉属 *Elaphiceps* Buckton, 1903

（352）鹿角蝉 *Elaphiceps cervus* Buckton, 1903

分布：广东、台湾、海南、云南。

198. 圆角蝉属 *Gargara* Amyot *et* Serville, 1843

（353）横带圆角蝉 *Gargara katoi* Metcalf *et* Wade, 1965

分布：广东、黑龙江、吉林、辽宁、山东、河南、陕西、宁夏、湖北、台湾、四川；日本。

（354）小卡圆角蝉 *Gargara pallida* Kato, 1928

分布：广东、福建、台湾、海南、云南；日本。

199. 矛角蝉属 *Leptobelus* Stål, 1866

（355）曲矛角蝉 *Leptobelus decurvatus* Funkhouser, 1921

分布：广东、香港、广西、海南。

200. 弧角蝉属 *Leptocentrus* Stål, 1866

（356）白条弧角蝉 *Leptocentrus albolineatus* Funkhouser, 1937

分布：广东、湖南、台湾、海南、广西、四川、贵州、云南。

（357）金牛弧角蝉 *Leptocentrus taurus* (Fabricius, 1775)

分布：广东、海南、广西、云南；日本，柬埔寨，印度，缅甸，斯里兰卡，菲律宾，马来西亚，东帝汶，印度尼西亚，巴基斯坦，孟加拉国，美国（关岛）。

201. 锯角蝉属 *Pantaleon* Distant, 1916

（358）背峰锯角蝉 *Pantaleon dorsalis* (Matsumura, 1912)

分布：广东（连州）、北京、河北、山东、陕西、江苏、安徽、浙江、湖北、江西、福建、台湾、广西、四川、贵州；日本。

202. 三刺角蝉属 *Tricentrus* Stål, 1866

（359）尖三刺角蝉 *Tricentrus acuticornis* Funkhouser, 1919

分布：广东、福建、广西、云南；菲律宾，印度尼西亚。

（360）拟白胸三刺角蝉 *Tricentrus albescens* Funkhouser, 1929

分布：广东、江西、海南、云南；印度尼西亚，马来西亚，文莱。

（361）白斑三刺角蝉 *Tricentrus albomaculatus* Distant, 1908

分布：广东、海南、西藏、云南；印度，马来西亚，新加坡，印度尼西亚，巴基斯坦，美国（夏威夷），巴西。

（362）高崎三刺角蝉 *Tricentrus altidorsus* Funkhouser, 1929

分布：广东、海南；马来西亚、印度尼西亚。

（363）白云山三刺角蝉 *Tricentrus baiyunshanensis* Yuan *et* Fan, 2002

分布：广东、江西。

（364）基三刺角蝉 *Tricentrus basalis* (Walker, 1851)

分布：广东、福建、台湾、海南、香港、广西；日本，印度，斯里兰卡，马来西亚，新加坡，印度尼西亚，文莱。

（365）弯三刺角蝉 *Tricentrus curvicornis* Funkhouser, 1927

分布：广东、内蒙古、湖南、云南。

（366）鼎湖山三刺角蝉 *Tricentrus dinghushanensis* Yuan *et* Fan, 2002

分布：广东、湖南。

（367）福建三刺角蝉 *Tricentrus fukiensis* Funkhouser, 1935

分布：广东、陕西、湖南、福建、海南、云南；越南，巴基斯坦。

（368）耀光三刺角蝉 *Tricentrus fulgidus* Funkhouser, 1929

分布：广东、广西、云南；越南，马来西亚，印度尼西亚，文莱。

（369）明翅三刺角蝉 *Tricentrus hyalinipennis* Kato, 1928

分布：广东、福建、台湾、广西、云南；日本。

（370）端褐三刺角蝉 *Tricentrus maculatus* Funkhouser, 1938

分布：广东、湖南、云南。

粉虱总科 Aleyrodoidea
二十一、粉虱科 Aleyrodidae Westwood, 1840

203. 非洲粉虱属 *Africaleurodes* Dozier, 1934

（371）柑橘非洲粉虱 *Africaleurodes citri* (Takahashi, 1932)

分布：广东、福建、台湾、海南。

204. 刺粉虱属 *Aleurocanthus* Quaintance *et* Baker, 1914

（372）樟刺粉虱 *Aleurocanthus cinnamomi* Takahashi, 1913

分布：广东、江苏、台湾；日本。

（373）柑橘刺粉虱 *Aleurocanthus citriperdus* Quaintance *et* Baker, 1916

分布：广东、江苏、浙江、湖南、福建、海南、香港、广西、云南。

（374）粉背刺粉虱 *Aleurocanthus inceratus* Silvestri, 1927

分布：广东、香港、广西、贵州。

（375）黑刺粉虱 *Aleurocanthus spiniferus* (Quaintance, 1903)

分布：广东（中山、梅县）、江苏、浙江、湖北、江西、湖南、福建、台湾、海南、香港、广西、四川、贵州、云南；泰国，印度，斯里兰卡，菲律宾，马来西亚，澳大利亚，美国。

（376）有棘刺粉虱 *Aleurocanthus spinosus* (Kuwana, 1911)

分布：广东、福建、台湾、浙江。

（377）乌氏刺粉虱 *Aleurocanthus woglumi* Ashby, 1915

分布：广东、台湾、海南。

205. 棒粉虱属 *Aleuroclava* Singh, 1931

（378）归亚瘤棒粉虱 *Aleuroclava guyavae* (Takahashi, 1932)

分布：广东、江苏、上海、浙江、台湾、海南、香港、广西。

（379）茉莉花棒粉虱 *Aleuroclava jasmini* (Takahashi, 1932)

分布：广东、湖南、福建、台湾、海南、香港、广西；日本，泰国，印度，菲律宾，新加坡，印度尼西亚，美国，巴拉圭，埃及。

（380）番石榴棒粉虱 *Aleuroclava psidii* (Singh, 1931)

分布：广东、江苏、上海、浙江、湖北、江西、福建、台湾、海南、香港、广西；印度。

（381）杜鹃棒粉虱 *Aleuroclava rhododendri* (Takahashi, 1935)

分布：广东、江苏、浙江、湖北、福建、台湾、海南、香港、广西。

206. 穴粉虱属 *Aleurolobus* QuaintanceetBaker, 1914

（382）马氏粉虱 *Aleurolobus marlatti* (Quaintance, 1903)

分布：广东、江苏、上海、安徽、浙江、江西、湖南、福建、台湾、海南、香港、广西、四川；日本，印度，斯里兰卡，菲律宾，伊朗，沙特阿拉伯，以色列，约旦，埃及，乍得，印度尼西亚（爪哇）。

（383）桂花穴粉虱 *Aleurolobus taonabae* (Kuwana, 1911)

分布：广东，江苏、浙江、台湾、香港、四川；日本，印度。

207. 扁粉虱属 *Aleuroplatus* Quaintance *et* Baker, 1914

（384）梳扁粉虱 *Aleuroplatus pectiniferus* Quaintance *et* Baker, 1917

分布：广东、江苏、浙江、福建、台湾、海南、香港；印度，斯里兰卡，马来西亚，巴基斯坦，伊朗，澳大利亚，印度尼西亚（爪哇、苏拉威西）。

208. 颈粉虱属 *Aleurotrachelus* Quaintance *et* Baker, 1914

（385）扁担杆颈粉虱 *Aleurotrachelus grewiae* Takahashi, 1952

分布：广东。

209. 小粉虱属 *Bemisia* Quaintance *et* Baker, 1914

（386）姬粉虱 *Bemisia giffardi* (Kotinsky, 1907)

分布：广东、浙江、江西、湖南、台湾、澳门、四川。

（387）烟粉虱 *Bemisia tabaci* (Gennadius, 1889)

分布：广东、黑龙江、吉林、辽宁、天津、河北、山西、山东、河南、陕西、宁夏、甘肃、新疆、江苏、上海、安徽、浙江、湖北、江西、湖南、福建、台湾、海南、香港、澳门、广西、重庆、四川、贵州、云南、西藏；世界广布。

210. 新月粉虱属 *Crescentaleyrodes* David et Jesudasan, 1987

（388）香茅新月粉虱 *Crescentaleyrodes semilunaris* (Corbett, 1926)

分布：广东。

211. 裸粉虱属 *Dialeurodes* Cockerell, 1902

（389）橘绿粉虱 *Dialeurodes citri* (Ashmead, 1885)

分布：广东、北京、河北、山东、河南、陕西、江苏、上海、浙江、湖北、江西、湖南、福建、台湾、广西、四川；俄罗斯，日本，印度，不丹，巴基斯坦，以色列，西班牙，美国，古巴，墨西哥，智利。

（390）香港裸粉虱 *Dialeurodes hongkongensis* Takahashi, 1941

分布：广东、香港。

（391）克氏裸粉虱 *Dialeurodes kirkaldyi* (Kotinsky, 1907)

分布：广东、陕西、台湾、海南、香港；日本，泰国，印度，菲律宾。

212. 大孔粉虱属 *Dialeuropora* Quaintance et Baker, 1917

（392）环刺大孔粉虱 *Dialeuropora decempuncta* (Quaintance et Baker, 1917)

分布：广东、台湾、海南、香港、云南；泰国，印度，斯里兰卡，巴基斯坦，伊朗。

213. 微粉虱属 *Minutaleyrodes* Jesudasan et David, 1990

（393）龙船花粉虱 *Minutaleyrodes minuta* (Singh, 1931)

分布：广东、上海、海南；印度，菲律宾，新加坡，美国，墨西哥。

214. 类伯粉虱属 *Parabemisia* Takahashi et Mamet, 1952

（394）杨梅粉虱 *Parabemisia myricae* (Kuwana, 1927)

分布：广东、江西、台湾。

215. 巢粉虱属 *Paraleyrodes* Quaintance, 1909

（395）庞达巢粉虱 *Paraleyrodes bondari* Peracchi, 1971

分布：广东（广州）、台湾。

（396）双钩巢粉虱 *Paraleyrodes pseudonaranjae* Martin, 2001

分布：广东、海南、广西。

216. 皮粉虱属 *Pealius* Quaintacne et Baker, 1914

（397）木通皮粉虱 *Pealius akebiae* (Kuwana, 1911)

分布：广东；日本。

（398）枫香皮粉虱 *Pealius liquidambari* (Takahashi, 1932)

分布：广东、江苏、湖北、福建、台湾、香港。

（399）桑粉虱 *Pealius mori* (Takahashi, 1932)

分布：广东、山东、新疆、江苏、浙江、四川。

217. 迷粉虱属 *Singhiella* Sampson, 1943

（400）壳质迷粉虱 *Singhiella chitinosa* (Takahashi, 1937)

分布：广东、浙江、台湾、香港、广西。

（401）桔绿粉虱 *Singhiella citrifolii* (Morgan, 1893)

分布：广东、海南、香港、广西；美国。

218. 辛氏粉虱属 *Singhius* Takahashi, 1932

（402）扶桑辛氏粉虱 *Singhius hibisci* (Kotinsky, 1907)

分布：广东、江西、台湾、香港；柬埔寨，泰国，印度，菲律宾，马来西亚，印度尼西亚，巴布亚新几内亚，美国。

219. 草粉虱属 *Tetraleurodes* Cokerell, 1902

（403）刺桐草粉虱 *Tetraleurodes acacia* (Quaintance, 1900)

分布：广东、海南、香港、广西；菲律宾，斐济，美国，墨西哥，哥伦比亚，古巴。

（404）缪曼草粉虱 *Tetraleurodes neemani* Bink–Moenen, 1992

分布：广东；伊朗，以色列。

220. 蜡粉虱属 *Trialeurodes* Cockerell, 1902

（405）中国蜡粉虱 *Trialeurodes chinensis* Takahashi, 1955

分布：广东（广州）。

木虱总科 Psylloidea
二十二、斑木虱科 Aphalaridae Löw, 1879

221. 斑木虱属 *Aphalara* Förster, 1848

（406）带斑木虱 *Aphalara fasciata* Kuwayama, 1908

分布：广东、黑龙江、辽宁、河南、安徽、浙江、湖北、福建、台湾、广西、贵州；俄罗斯，朝鲜，日本。

222. 芽木虱属 *Blastopsylla* Talylor, 1985

（407）桉树芽木虱 *Blastopsylla barbara* Li, 2011

分布：广东（广州）。

223. 角颊木虱属 *Cornegenapsylla* Yang *et* Li, 1982

（408）龙眼角颊木虱 *Cornegenapsylla sinica* Yang *et* Li, 1985

分布：广东、福建、台湾、海南、云南。

224. 星室木虱属 *Pseudophacopteron* Enderlein, 1921

（409）橄榄星室木虱 *Pseudophacopteron album* (Yang *et* Tsay, 1980)

分布：广东、福建、台湾、广西。

（410）鸭脚树星空木虱 *Pseudophacopteron alstonium* (Yang *et* Li, 1983)

分布：广东、福建、台湾、广西。

二十三、丽木虱科 Calophyidae Vondracek, 1957

225. 丽木虱属 *Calophya* Löw, 1878

（411）盐肤木黄丽木虱 *Calophya rhicola* Li, 1993

分布：广东。

二十四、裂木虱科 Carsidaridae Crawford, 1911

226. 裂木虱属 *Carsidara* Walker, 1869

（412）饰边裂木虱 *Carsidara marginalis* Walker, 1869

分布：广东、江西、香港；马来西亚，印度尼西亚。

227. 朴盾木虱属 *Celtisaapis* Yang *et* Li, 1982

（413）中华朴盾木虱 *Celtisaspis sinica* Yang *et* Li, 1982

分布：广东、广西、贵州。

228. 硕木虱属 *Dynopsylla* Crawford, 1913

（414）榕硕木虱 *Dynopsylla pinnativena* (Enderlein, 1914)

分布：广东（鼎湖）、台湾、海南；越南。

229. 厚毛木虱属 *Homotoma* Guérin–Méneville, 1844

（415）安纳士厚毛木虱 *Homotoma annesleae* (Yang *et* Li, 1984)

分布：广东、云南。

（416）短角厚毛木虱 *Homotoma brevium* (Li, 1993)

分布：广东（始兴）。

（417）黄葛榕厚毛木虱 *Homotoma radiatum* (Kuwayama, 1907)

分布：广东、台湾、香港；日本，尼泊尔。

230. 痣木虱属 *Macrohomotoma* Kuwayama, 1907

（418）剑痣木虱 *Macrohomotoma gladiatum* Kuwayama, 1907

分布：广东（中山）、福建、台湾、海南、香港、澳门、广西；马来西亚，印度尼西亚，美国（夏威夷）；琉球群岛。

231. 瘦木虱属 *Mesohomotoma* Kuwayama, 1907

（419）黄槿瘦木虱 *Mesohomotoma camphorae* Kuwayama, 1907

分布：广东、福建、台湾、海南、广西；日本，菲律宾，斐济，萨摩亚。

232. 乔木虱属 *Tenaphalara* Kuwayama, 1907

（420）木棉乔木虱 *Tenaphalara gossampini* Yang *et* Li, 1985

分布：广东、广西。

233. 矫木虱属 *Tyora* Walker, 1865

（421）广东矫木虱 *Tyora guangdongana* Yang *et* Li, 1985

分布：广东、海南、广西。

二十五、扁木虱科 Liviidae Löw, 1878

234. 扁木虱属 *Livia* Latreille, 1802

（422）印度扁木虱 *Livia khaziensis* Heslop–Harrison, 1949

分布：广东（始兴）、浙江、香港、广西、重庆、贵州、云南；越南，印度。

（423）马尾松扁木虱 *Livia Pinocola* Li, 1993

分布：广东、重庆。

235. 小头木虱属 *Paurocephala* Crawford, 1913

（424）双带小头木虱 *Paurocephala bifasciata* Kuwayama, 1931

分布：广东、台湾、香港；日本，越南。

二十六、木虱科 Psyllidae Löw, 1878

236. 喀木虱属 *Cacopsylla* Ossiannilsson, 1970

（425）中国梨喀木虱 *Cacopsylla chinensis* (Yang *et* Li, 1981)

分布：广东、吉林、辽宁、内蒙古、北京、河北、山西、山东、陕西、宁夏、甘肃、新疆、安徽、湖北、台湾、贵州。

（426）硕喀木虱 *Cacopsylla excelsa* Li, 1993

分布：广东（始兴）。

（427）岭南喀木虱 *Cacopsylla lingnanensis* Li, 1993

分布：广东（始兴）。

（428）暗喀木虱 *Cacopsylla pulla* (Yang, 1984)

分布：广东（始兴）、台湾。

（429）淡绿喀木虱 *Cacopsylla viridula* Li, 1993

分布：广东。

237. 豆木虱属 *Cyamophila* Loginova, 1976

（430）山合欢豆木虱 *Cyamophila albizzicola* Li, 1993

分布：广东（始兴）。

（431）槐豆木虱 *Cyamophila willieti* (Wu, 1932)

分布：广东、吉林、内蒙古、北京、河北、山西、山东、陕西、宁夏、甘肃、安徽、江苏、湖北、湖南、贵州、云南。

238. 呆木虱属 *Diaphorina* Löw, 1879

（432）柑橘呆木虱 *Diaphorina citri* Kuwayama, 1908

分布：广东、浙江、湖南、福建、台湾、海南、广西、四川、贵州、云南。

239. 无齿木虱属 *Edentipsylla* Li, 2005

（433）圆柱锥无齿木虱 *Edentipsylla julacea* (Li, 1993)

分布：广东。

240. 前角木虱属 *Epiacizzia* Li, 2002

（434）脉斑前角木虱 *Epiacizzia venimaculata* (Li, 1993)

分布：广东。

241. 长角木虱属 *Epipsylla* Kuwayama, 1908

（435）崖豆藤长角木虱 *Epipsylla millettiae* Li, Yang *et* Burckhardt, 2015

分布：广东（湛江）。

242. 邻幽木虱属 *Euphaleropsis* Li, 2004

（436）车八岭邻幽木虱 *Euphaleropsis chebalingana* (Li, 1993)

　　分布：广东。

243. 异木虱属 *Heteropsylla* Crawford, 1914

（437）银合欢异木虱 *Heteropsylla cubana* Crawford, 1914

　　分布：广东、福建、台湾、海南、贵州；美洲。

244. 木虱属 *Psylla* Geoffroy, 1762

（438）山香圆红木虱 *Psylla turpinae* Li *et* Yang, 1991

　　分布：广东、广西。

二十七、个木虱科 Triozidae Löw, 1879

245. 异个木虱属 *Heterotrioza* Doberatu *et* Manolache, 1962

（439）地肤异个木虱 *Heterotrioza kochiicola* Li, 1994

　　分布：广东、吉林、北京、河北、山西、陕西、宁夏、甘肃、湖北、湖南。

246. 后个木虱属 *Metatriozidus* Li, 2011

（440）小锥后个木虱 *Metatriozidus baeoiconicus* Li, 2011

　　分布：广东、福建。

（441）二带朴后个木虱 *Metatriozidus bifasciaticeltis* (Li *et* Yang, 1991)

　　分布：广东、辽宁、北京、山东、广西、贵州。

（442）樟叶后个木虱 *Metatriozidus camphorae* (Sasaki, 1910)

　　分布：广东（广州）、江西、湖南、台湾、香港；日本。

（443）拟阴香后个木虱 *Metatriozidus pseudocinnamomi* (Li, 1993)

　　分布：广东（广州）。

247. 邻个木虱属 *Trioza* Foerster, 1848

（444）安息香邻个木虱 *Trioza alniphylli* (Fang *et* Yang, 1986)

　　分布：广东、福建、广西、海南、台湾、贵州。

（445）粉绿邻个木虱 *Trioza pulveratus* (Li, 1993)

　　分布：广东（始兴）。

（446）蒲桃邻个木虱 *Trioza resupinus* (Li *et* Yang, 1984)

　　分布：广东、福建、广西。

蚜总科 Aphidoidea

二十八、蚜科 Aphididae Latreille, 1802

248. 无网长管蚜属 *Acyrthosiphon* Mordvilko, 1914

（447）吴茱萸无网长管蚜 *Acyrthosiphon evodiae* (Takahashi, 1921)

　　分布：广东、海南、台湾。

（448）豌豆蚜 *Acyrthosiphon pisum* (Harris, 1776)

　　分布：广东等；世界广布。

249. 伪短痣蚜属 *Aiceona* Takahashi, 1921

（449）木姜子伪短痣蚜 *Aiceona actinofaphis* Takahashi, 1921

分布：广东、台湾。

250. *Amphorophora* Buckton, 1876

（450）*Amphorophora ampullata bengalensis* Hille, Ris, Lambers *et* Basu, 1966

分布：广东（广州）、湖南、福建、西藏；印度，尼泊尔。

251. 蚜属 *Aphis* Linnaeus, 1758

（451）豆蚜 *Aphis craccivora* Koch, 1854

分布：广东等；世界广布。

（452）茴香蚜 *Aphis foeniculivora* Zhang, 1983

分布：广东。

（453）大豆蚜 *Aphis glycines* Matsmura, 1917

分布：广东、黑龙江、吉林、辽宁、内蒙古、北京、河北、山西、山东、河南、宁夏、浙江、台湾等；朝鲜，日本，泰国，马来西亚。

（454）棉蚜 *Aphis gossypii* Glover, 1877

分布：广东等；世界广布。

（455）夹竹桃蚜 *Aphis nerii Boyerde* Fonscolombe, 1841

分布：广东、江苏、上海、浙江、台湾、广西；朝鲜，印度，印度尼西亚；欧洲，非洲，美洲。

252. 舞蚜属 *Astegopteryx* Karsch, 1890

（456）竹舞蚜 *Astegopteryx banbusifoliae* (Takahashi, 1921)

分布：广东、台湾；日本。

（457）海岛舞蚜 *Astegopteryx insularis* (Van der Goot, 1912)

分布：广东、江西、海南、台湾；印度。

253. 二尾蚜属 *Cavarielladel* Guercio, 1911

（458）楤木二尾蚜 *Cavarielladel araliae* Takahashi, 1921

分布：广东、河南、江苏、浙江、台湾；朝鲜，日本。

（459）柳二尾蚜 *Cavarielladel salicicola* (Matsumura, 1917)

分布：广东、吉林、辽宁、北京、河北、山东、河南、宁夏、江苏、浙江、江西、台湾、云南；朝鲜，日本。

254. 粉角蚜属 *Ceratovacuna* Zehntner, 1897

（460）甘蔗粉角蚜 *Ceratovacuna lanigera* Zehntner, 1897

分布：广东、福建、台湾、广西、云南；日本，越南，印度尼西亚，菲律宾等。

255. 川西斑蚜属 *Chuansicallis* Tao, 1963

（461）成都川西斑蚜 *Chuansicallis chengtuensis* Tao, 1963

分布：广东（广州）、江苏、浙江、湖南、广西、四川。

256. 竹斑蚜属 *Chucallis* Tao, 1964

（462）水竹斑蚜 *Chucallis bambusicola* (Takahashi, 1921)

分布：广东、甘肃、浙江、台湾、四川。

257. 长足大蚜属 *Cinara* Curtis, 1835

（463）欧洲赤松大蚜 *Cinara escherichi* (Börner, 1952)

分布：广东、新疆；奥地利，捷克，英国，波兰，德国。

（464）马尾松大蚜 *Cinara formosana* (Takahashi, 1924)

分布：广东、陕西、宁夏、新疆、江苏、浙江、湖南、福建、台湾、广西、四川、贵州、云南；日本。

（465）柏大蚜 *Cinara tujafilina* (Del Guercio, 1909)

分布：广东、辽宁、河北、山东、陕西、宁夏、江苏、浙江、湖南、福建、台湾、广西、四川、贵州、云南；日本，朝鲜，巴基斯坦，尼泊尔，埃及，英国，德国，荷兰，土耳其，澳大利亚，南非，美国。

258. 真毛管蚜属 *Eutrichosiphum* Essig et Kuwana, 1918

（466）栲叶真毛管蚜 *Eutrichosiphum pseudopasaniae* Szelegiewicz, 1968

分布：广东；越南。

259. 丽棉蚜属 *Formosaphis* Takahashi, 1925

（467）丽棉蚜 *Formosaphis micheliae* Takahashi, 1925

分布：广东、台湾、广西；日本。

260. 毛管蚜属 *Greenidea* Schouteden, 1905

（468）台湾毛管蚜 *Greenidea formosana* (Maki, 1917)

分布：广东（广州）、台湾；日本，印度，印度尼西亚。

（469）广州毛管蚜 *Greenidea guangzhouensis* Zhang, 1979

分布：广东（广州）。

261. 藜蚜属 *Hayhurstiadel* Guercio, 1917

（470）藜蚜 *Hayhurstiadel atriplicis* (Linnaeus, 1761)

分布：广东、辽宁、北京、河北、山东、河南、台湾、云南等；欧洲，北美洲。

262. 大蚜属 *Lachnus* Burmeister, 1835

（471）栲大蚜 *Lachnus queercihabitans* (Takahashi, 1924)

分布：广东、云南；朝鲜。

（472）板栗大蚜 *Lachnus tropicalis* (Van der Goot, 1916)

分布：广东、吉林、辽宁、北京、河北、山东、河南、陕西、江苏、浙江、湖北、江西、福建、台湾、广西、四川、贵州、云南；朝鲜，日本，马来西亚。

263. 十蚜属 *Lipaphis* Mordvilko, 1928

（473）萝卜蚜 *Lipaphis erysimi* (Kaltenbach, 1843)

分布：广东（广州）、辽宁、内蒙古、北京、河北、山东、河南、宁夏、甘肃、江苏、上海、浙江、湖南、福建、台湾、四川、云南；朝鲜，日本，印度，印度尼西亚，伊拉克，以色列，埃及，美国。

264. *Macromyzella* Ghosh, Basu et Raychaudhuri, 1977

（474）*Macromyzella polypodicola* (Takahashi, 1921)

分布：广东（乳源）、湖北、福建、台湾、海南、广西、四川、贵州；朝鲜，日本，泰国，马来西亚，菲律宾，印度尼西亚。

265. *Macromyzus* Takahashi, 1960

（475）*Macromyzus woodwardiae* (Takahashi, 1921)

分布：广东（乳源、始兴）、湖南、台湾、海南、广西、重庆；朝鲜，日本，印度，尼泊尔，印度尼西亚。

266. 小长管蚜属 *Macrosiphomiella* DelGuercio, 1911

（476）菊小长管蚜 *Macrosiphomiella sanborni* (Gillette, 1908)

分布：广东、辽宁、北京、河北、山东、河南、江苏、浙江、台湾等；世界广布。

267. 长管蚜属 *Macrosiphum* Passerini, 1860

（477）荻草谷网蚜 *Macrosiphum (Sitobion) miscanthi* (Takahashi, 1921)

分布：广东、陕西、宁夏、甘肃、青海、新疆、浙江、福建、台湾、四川及东北地区；斐济，美国，加拿大，澳大利亚，新西兰。

（478）菝葜长管蚜 *Macrosiphum smilacifoliae* (Takahashi, 1921)

分布：广东、江苏、浙江、福建、台湾；日本。

268. 色蚜属 *Melanaphis* Van der Goot, 1917

（479）竹色蚜 *Melanaphis bambusae* (Fullaway, 1910)

分布：广东、浙江、湖南、台湾、云南；朝鲜，日本，马来西亚，印度尼西亚，美国（夏威夷），埃及。

（480）高粱蚜 *Melanaphis sacchari* (Zehntner, 1897)

分布：广东、黑龙江、吉林、辽宁、内蒙古、北京、河北、山东、河南、陕西、江苏、安徽、浙江、湖北、台湾、云南等；朝鲜，日本，印度，印度尼西亚。

269. 瘤蚜属 *Myzus* Passerini, 1860

（481）金针瘤蚜 *Myzus hemerocallis* Takahashi, 1921

分布：广东、河北、河南、台湾等；日本。

（482）桃蚜 *Myzus persicae* (Sulzer, 1776)

分布：广东等；世界广布。

270. 交脉蚜属 *Pentalonia* Coquerel, 1859

（483）香蕉交脉蚜 *Pentalonia nigronervosa* Coquerel, 1859

分布：广东、福建、台湾、云南；世界热带地区，欧洲，北美洲。

271. 缢管蚜属 *Rhopalosiphum* Koch, 1854

（484）莲缢管蚜 *Rhopalosiphum nymphaeae* (Linnaeus, 1761)

分布：广东、吉林、辽宁、北京、河北、山东、宁夏、江苏、上海、浙江、江西、福建、台湾；朝鲜，日本，印度，印度尼西亚，新西兰；欧洲，非洲，美洲。

272. 倍蚜属 *Schlechtendalia* Lichtenstein, 1883

（485）角倍蚜 *Schlechtendalia chinensis* (Bell, 1851)

分布：广东、河南、陕西、江苏、安徽、浙江、湖北、江西、湖南、福建、台湾、广西、四川、贵州、云南；朝鲜，日本。

273. 刚毛蚜属 *Schoutedenia* Rübsaamen, 1905

（486）黄刚毛蚜 *Schoutedenia lutea* (Van der Goot, 1917)

分布：广东；印度尼西亚。

274. *Shinjia* Takahashi, 1938

（487）*Shinjia orientalis* (Mordvilko, 1929)

分布：广东（乳源）、甘肃、浙江、湖南、海南、四川、贵州、云南、西藏；俄罗斯，朝鲜，日本，印度，尼泊尔，菲律宾，澳大利亚。

275. 绵叶蚜属 *Shivaphis* Das, 1918

（488）朴绵叶蚜 *Shivaphis celti* Das, 1918

分布：广东（广州）、北京、河北、山东、江苏、上海、浙江、湖南、福建、台湾、广西、四川、贵州、云南；日本，朝鲜，韩国。

276. 中华修尾蚜属 *Sinomegoura* Takahashi, 1960

（489）樟修尾蚜 *Sinomegoura citricola* (Van der Goot, 1917)

分布：广东、上海、浙江、福建、台湾；日本，印度，尼泊尔，菲律宾，新加坡，印度尼西亚，澳大利亚。

（490）吴茱萸修尾蚜 *Sinomegoura evodiae* (Takahashi, 1960)

分布：广东、台湾。

277. 台斑蚜属 *Taiwanaphis* Takahashi, 1934

（491）子楝台斑蚜 *Taiwanaphis decaspermi* Takahashi, 1934

分布：广东（广州）、台湾、香港、广西、海南。

278. 长斑蚜属 *Tinocallis* Matsumura, 1919

（492）异榉长斑蚜 *Tinocallis viridis* (Takahashi, 1929)

分布：广东、江苏、台湾、四川。

279. 声蚜属 *Toxoptera* Koch, 1856

（493）桔二叉蚜 *Toxoptera aurantii* (Boyer de Fonscolombe, 1841)

分布：广东、山东、江苏、浙江、台湾、广西、云南；欧洲南部，非洲北部和中部，大洋洲，美洲等。

（494）桔蚜 *Toxoptera citricidus* (Kirkaldy, 1907)

分布：广东、浙江、云南。

（495）芒果蚜 *Toxoptera odinae* (Van der Goot, 1917)

分布：广东、北京、山东、河南、江苏、浙江、江西、福建、台湾、湖南、云南；朝鲜，日本，印度，印度尼西亚。

280. 皱背蚜属 *Trichosiphonaphis* Takahashi, 1922

（496）忍冬皱背蚜 *Trichosiphonaphis lonicerae* (Uye, 1923)

分布：广东、辽宁、湖北、湖南、福建、云南；朝鲜，日本。

281. 指网管蚜属 *Uroleucon* Mordvilko, 1914

（497）莴苣指管蚜 *Uroleucon formosanum* (Takahashi, 1921)

分布：广东、吉林、北京、天津、河北、山东、江苏、江西、福建、台湾、广西、四川；朝鲜，日本。

蚧总科 Coccoidea

二十九、胶蚧科 Kerriidae Lindinger, 1937

282. 胶蚧属 *Kerria* Targioni-Tozzetti, 1884

（498）无花果胶蚧 *Kerria fici* (Green, 1903)

分布：广东。

（499）紫胶蚧 *Kerria lacca* (Kerr, 1782)

分布：广东、福建、台湾、广西、四川、贵州、云南；越南，泰国，印度，缅甸，斯里兰卡。

283. 硬胶蚧属 *Tachardina* Cockerell, 1901

（500）杨梅硬胶蚧 *Tachardina decorella* (Maskell, 1893)

分布：广东、浙江。

（501）茶硬胶蚧 *Tachardina theae* (Greenet Menn, 1907)

分布：广东、江西、福建、台湾、安徽。

三十、刺葵蚧科 Phoenicococcidae Stickney, 1934

284. 藤蚧属 *Thysanococcus* Stickney, 1934

（502）中华藤蚧 *Thysanococcus chinensis* Stickney, 1934

分布：广东（恩平）。

（503）鳞藤蚧 *Thysanococcus squamulatus* Stickney, 1934

分布：广东（广州）。

三十一、壶蚧科 Cerococcidae Balachowsky, 1942

285. 链壶蚧属 *Asterococcus* Borchsenius, 1960

（504）黑链壶蚧 *Asterococcus atratus* Wang, 1980

分布：广东、四川、云南。

（505）柯链壶蚧 *Asterococcus schimae* Borchsenius, 1960

分布：广东、浙江、福建、四川、贵州、云南。

三十二、绵蚧科 Monophlebidae Signoret, 1875

286. 履绵蚧属 *Drosicha* Walker, 1858

（506）松树履绵蚧 *Drosicha pinicola* (Kuwana, 1922)

分布：广东；日本，韩国，俄罗斯。

287. 吹绵蚧属 *Icerya* Signoret, 1875

（507）埃及吹绵蚧 *Icerya aegyptiaca* (Douglas, 1890)

分布：广东、江西、湖南、江苏、浙江、福建、台湾、香港、广西、海南；亚洲，非洲，大洋洲。

（508）吹绵蚧 *Icerya purchasi* Maskell, 1879

分布：广东、广西、安徽、湖北、湖南、江苏、山东、四川、浙江、贵州、陕西、云南、福建、江西、浙江、西藏、上海；亚洲，欧洲，非洲，美洲，大洋洲。

（509）银毛吹绵蚧 *Icerya seychellarum* (Westwood, 1855)

分布：广东、陕西、河南、安徽、湖北、湖南、福建、台湾、广西、四川、贵州、云南；日本，印度，斯里兰卡，菲律宾，新西兰。

三十三、皮珠蚧科 Kuwaniidae Koteja, 1974

288. 皮珠蚧属 *Kuwania* Cockerell, 1903

（510）双孔皮珠蚧 *Kuwania bipora* Borchsenius, 1960

分布：广东（广州）、云南。

三十四、毡蚧科 Eriococcidae Cockerell, 1899

289. 白毡蚧属 *Asiacornococcus* Tang et Hao, 1995

（511）柿树白毡蚧 *Asiacornococcus kaki* (Kuwana, 1931)

分布：广东、黑龙江、吉林、辽宁、河北、山东、江苏、安徽、江西、湖南、福建、广西、四川、贵州、云南、西藏。

290. 绒蚧属 *Eriococcus* Targioni-Tozzetti, 1869

（512）角绒蚧 *Eriococcus corniculatus* Ferris, 1950

分布：广东、福建、云南。

（513）狭腹绒粉蚧 *Eriococcus deformis* Wang, 1974

分布：广东、海南。

（514）禾绒蚧 *Eriococcus graminis* Maskell, 1897

分布：广东、浙江、香港、四川；日本。

（515）紫薇绒蚧 *Eriococcus lagerstroemiae* Kuwana, 1907

分布：广东、辽宁、内蒙古、北京、天津、河北、山东、河南、宁夏、甘肃、青海、新疆、江苏、上海、安徽、浙江、湖北、江西、湖南、广西、四川、贵州；蒙古国，朝鲜，韩国，日本，印度，英国。

（516）竹鞘绒蚧 *Eriococcus transversus* Green, 1922

分布：广东、福建、浙江、台湾、广西、四川、云南；印度，斯里兰卡。

三十五、仁蚧科 Aclerdidae Ferris, 1937

291. 仁蚧属 *Aclerda* Signoret, 1874

（517）云南仁蚧 *Aclerda yunnanensis* Ferris, 1950

分布：广东、台湾。

三十六、链蚧科 Asterolecaniidae Cockerell, 1896

292. 链蚧属 *Asterolecanium* Targioni-Tozzetti, 1868

（518）毕链蚧 *Asterolecanium abiectum* Russell, 1941

分布：广东。

（519）华链蚧 *Asterolecanium chinae* Russell, 1941

分布：广东、浙江、福建、香港。

（520）圆链蚧 *Asterolecanium circulare* Russell, 1941

　　分布：广东、广西。

（521）长链蚧 *Asterolecanium elongatum* Russell, 1941

　　分布：广东。

（522）花链蚧 *Asterolecanium florum* Russell, 1941

　　分布：广东、广西。

（523）混链蚧 *Asterolecanium fusum* Russell, 1941

　　分布：广东。

（524）密奴链蚧 *Asterolecanium minusculum* Russell, 1941

　　分布：广东、广西。

（525）微链蚧 *Asterolecanium minutum* Takahashi, 1930

　　分布：广东、福建、台湾。

（526）青链蚧 *Asterolecanium penicillatum* Russell, 1941

　　分布：广东。

（527）拟伦链蚧 *Asterolecanium pseudolanceolatum* Takahashi, 1933

　　分布：广东、台湾。

（528）拟密链蚧 *Asterolecanium pseudomiliaris* Green, 1922

　　分布：广东、福建、广西。

（529）极链蚧 *Asterolecanium pusillum* Russell, 1941

　　分布：广东。

（530）金链蚧 *Asterolecanium sparus* Russell, 1941

　　分布：广东。

（531）常链蚧 *Asterolecanium vulgare* Russell, 1941

　　分布：广东。

293. 竹斑链蚧属 *Bambusaspis* Cockerell, 1902

（532）菲竹斑链蚧 *Bambusaspis abiectus* (Russell, 1911)

　　分布：广东；菲律宾。

（533）竹斑链蚧 *Bambusaspis bambusae* (Boisduval, 1869)

　　分布：广东、江苏、安徽、浙江、江西、湖南、福建、台湾、广西、四川、云南；日本，印度，斯里兰卡，菲律宾，巴勒斯坦，南非，乌干达，澳大利亚，阿尔及利亚，埃及，意大利，美国，丹麦，德国，墨西哥；南美洲。

（534）日竹斑链蚧 *Bambusaspis bambusicola* (Kuwana, 1916)

　　分布：广东、台湾；日本。

（535）巴西竹斑链蚧 *Bambusaspis caudatum* (Green, 1930)

　　分布：广东、广西；巴西。

（536）罗竹斑链蚧 *Bambusaspis disiunctus* (Russell, 1941)

　　分布：广东、云南。

（537）半球竹斑链蚧 *Bambusaspis hemisphaerica* (Kuwana, 1916)

分布：广东、江苏；日本。

（538）大竹斑链蚧 *Bambusaspis largus* (Russell, 1941)

分布：广东。

（539）墨竹斑链蚧 *Bambusaspis masuii* (Kuwana, 1916)

分布：广东；日本。

（540）绿竹斑链蚧 *Bambusaspis notabile* (Russell, 1941)

分布：广东（广州）、安徽、浙江。

（541）粤竹斑链蚧 *Bambusaspis radiatus* (Russell, 1941)

分布：广东。

（542）麻竹斑链蚧 *Bambusaspis robusta* (Green, 1908)

分布：广东、台湾、广西；印度，缅甸，斯里兰卡，菲律宾；非洲，大洋洲，美洲。

（543）陀螺竹斑链蚧 *Bambusaspis subdolus* (Russell, 1941)

分布：广东、浙江、福建。

三十七、蜡蚧科 Coccidae Fallén, 1814

294. 怪异蜡蚧属 *Alecanium* Morrison, 1921

（544）多毛怪异蜡蚧 *Alecanium hirsutum* Morrison, 1921

分布：广东；马来西亚，新加坡。

295. 蜡蚧属 *Ceroplastes* Gray, 1828

（545）角蜡蚧 *Ceroplastes ceriferus* (Fabricius, 1798)

分布：广东、辽宁、山东、江苏、浙江、福建、云南；日本，印度，斯里兰卡，美国（夏威夷），墨西哥，智利，牙买加；大洋洲。

（546）龟蜡蚧 *Ceroplastes floridensis* Comstock, 1881

分布：广东、河北、山东、江苏、安徽、浙江、湖北、江西、湖南、福建、台湾、广西、四川、云南；印度，斯里兰卡，马来西亚，伊朗，土耳其，巴勒斯坦，叙利亚，澳大利亚，美国（夏威夷）；东亚，欧洲西南部，非洲北部，美洲。

（547）日本蜡蚧 *Ceroplastes japonicus* Green, 1921

分布：广东、河北、山西、山东、河南、陕西、甘肃、江苏、浙江、湖北、江西、湖南、福建、广西、四川、贵州、云南；日本，俄罗斯；东亚。

（548）伪角蜡蚧 *Ceroplastes pseudoceriferus* Green, 1921

分布：广东（广州）、江苏、上海、浙江、湖北、湖南、福建、台湾、广西、四川、云南；朝鲜，日本，印度。

（549）红蜡蚧 *Ceroplastes rubens* Maskell, 1893

分布：广东、河北、陕西、青海、江苏、安徽、浙江、湖北、江西、湖南、福建、台湾、广西、四川、贵州、云南；日本，印度，缅甸，斯里兰卡，菲律宾，印度尼西亚，美国；大洋洲。

（550）无花果蜡蚧 *Ceroplastes rusci* (Linnaeus, 1758)

分布：广东（中山）、四川、云南；越南，印度尼西亚。

296. 箭蜡蚧属 *Ceroplastodes* Cockerell, 1893

（551）豆箭蜡蚧 *Ceroplastodes cajani* (Maskell, 1891)

分布：广东、福建、海南、广西、云南；印度，斯里兰卡，马来西亚，巴基斯坦。

297. 绿绵蚧属 *Chloropulvinaria* Borchsenius, 1952

（552）桔绿绵蚧 *Chloropulvinaria aurantia* (Cockerell, 1905)

分布：广东、北京、江苏、上海、浙江、湖北、江西、湖南、福建、台湾、广西、四川、贵州、云南；日本，菲律宾，美国；非洲。

（553）绿绵蚧 *Chloropulvinaria floccifera* (Westwood, 1870)

分布：广东、辽宁、山东、河南、陕西、江苏、安徽、浙江、湖北、江西、湖南、福建、四川、广西、贵州、云南；日本，印度，伊朗，土耳其；东亚，欧洲，非洲，大洋洲，美洲等。

（554）垫囊绿绵蚧 *Chloropulvinaria psidii* (Maskell, 1893)

分布：广东、河北、山东、河南、宁夏、甘肃、浙江、湖北、江西、湖南、福建、台湾、海南、香港、四川、云南；柬埔寨，泰国，印度，尼泊尔，斯里兰卡，菲律宾，马来西亚，阿富汗，新加坡，印度尼西亚，澳大利亚，斐济，新西兰，巴布亚新几内亚，汤加，安哥拉，加纳，毛里求斯，苏丹，塞内加尔，坦桑尼亚，乌干达，南非，津巴布韦，墨西哥，美国，埃及，阿尔及利亚，巴西，哥伦比亚，古巴，海地，牙买加。

298. 软蜡蚧属 *Coccus* Linnaeus, 1758

（555）长软蜡蚧 *Coccus acaciae* (Newstead, 1917)

分布：广东、福建、台湾、海南；法国。

（556）锐软蜡蚧 *Coccus acutissimus* (Green, 1896)

分布：广东、台湾、海南、云南；印度，斯里兰卡，菲律宾，马来西亚，印度尼西亚，肯尼亚，毛里求斯；美洲。

（557）番木瓜软蜡蚧 *Coccus discrepans* (Green, 1904)

分布：广东（湛江）、福建、台湾；日本，印度，斯里兰卡，巴基斯坦，新加坡。

（558）褐软蜡蚧 *Coccus hesperidum* Linnaeus, 1758

分布：广东、辽宁、河北、山东、河南、江苏、浙江、湖北、江西、湖南、福建、台湾、广西、四川、贵州、云南；欧洲西部，非洲，大洋洲，美洲。

（559）张蚧 *Coccus jungi* Chen, 1936

分布：广东、浙江、江西、福建、广西。

（560）长软蜡蚧 *Coccus longulus* (Douglas, 1887)

分布：广东、山西、福建、台湾、海南、香港、云南；日本，泰国，印度，斯里兰卡，菲律宾，印度尼西亚，黎巴嫩，沙特阿拉伯，以色列，德国，法国，英国，荷兰，澳大利亚，斐济，新西兰，巴布亚新几内亚，埃及，安哥拉，肯尼亚，马达加斯加，毛里求斯，塞舌尔，乌干达，南非，津巴布韦，墨西哥，美国，巴西，哥伦比亚，古巴，厄瓜多尔，巴拿马。

（561）橘软蜡蚧 *Coccus pseudomagnoliarum* (Cockerell, 1895)

分布：广东（广州）；日本，伊朗，土耳其，澳大利亚，美国；欧洲。

（562）咖啡绿软蜡蚧 *Coccus viridis* (Green, 1889)

分布：广东、江苏、浙江、江西、湖南、福建、台湾、广西、四川、贵州、云南；越南，印度，缅甸，菲律宾，马来西亚，印度尼西亚；欧洲，美洲。

299. 白蜡蚧属 *Ericerus* Guerin-Meneville, 1858

（563）白蜡蚧 *Ericerus pela* (Chavannes, 1848)

分布：广东、陕西、江苏、浙江、湖北、江西、湖南、福建、广西、四川、贵州、云南。

300. 网蜡蚧属 *Eucalymnatus* Cockerell, 1901

（564）网蜡蚧 *Eucalymnatus tessellatus* (Signoret, 1873)

分布：广东、江苏、浙江、福建、台湾、广西、四川、云南；印度，斯里兰卡，澳大利亚；欧洲西部，非洲北部，美洲。

301. 闭尾蜡蚧属 *Megalocryptes* Takahashi, 1942

（565）紫钟闭尾蜡蚧 *Megalocryptes buteae* Takahashi, 1942

分布：广东；泰国。

302. 粘棉蜡蚧属 *Milviscutulus* Williams *et* Watson, 1990

（566）芒果粘棉蜡蚧 *Milviscutulus mangiferae* (Green, 1889)

分布：广东、浙江、台湾、香港、云南；日本，越南，泰国，印度，斯里兰卡，菲律宾，马来西亚，新加坡，印度尼西亚，巴基斯坦，以色列，澳大利亚，斐济，汤加，肯尼亚，马达加斯加，毛里求斯，坦桑尼亚，南非，墨西哥，美国，巴西，哥伦比亚，哥斯达黎加，古巴，圭亚那，海地，巴拿马，委内瑞拉。

303. 副珠蜡蚧属 *Parasaissetia* Takahashi, 1955

（567）橡副珠蜡蚧 *Parasaissetia nigra* (Nietner, 1861)

分布：广东、广西、云南；日本，印度，斯里兰卡，菲律宾，印度尼西亚，意大利；非洲南部，大洋洲，美洲。

304. 木坚蚧属 *Parthenolecanium* Šulc, 1908

（568）桃坚蚧 *Parthenolecanium persicae* (Fabricius, 1776)

分布：广东等（除西藏、青海、新疆外）。

305. 多足鳞片蜡蚧属 *Podoparalecanium* Tao *et* Wong, 1983

（569）楠多足鳞片蜡蚧 *Podoparalecanium machili* (Takahashi, 1933)

分布：广东、台湾。

306. 棉蜡蚧属 *Pulvinaria* Targioni-Tozzetti, 1866

（570）饰棉蜡蚧 *Pulvinaria decorate* Borchsenius, 1957

分布：广东、陕西；澳大利亚。

（571）多角棉蜡蚧 *Pulvinaria polygonata* Cockerell, 1905

分布：广东、江苏、浙江、台湾、香港、云南；日本，越南，印度，斯里兰卡，菲律宾，澳大利亚。

307. 盔蜡蚧属 *Saissetia* Déplanche, 1859

（572）咖啡盔蜡蚧 *Saissetia coffeae* (Walker, 1852)

分布：广东、内蒙古、山西、浙江、江西、福建、台湾、海南、香港、广西、四川、贵州、云南；俄罗斯，朝鲜，日本，越南，柬埔寨，泰国，印度尼西亚，印度，斯里兰卡，菲律宾，阿富汗，伊朗，土耳其，以色列，保加利亚，瑞士，克罗地亚，埃及，西班牙，法国，英国，匈牙利，希腊，意大利，葡萄牙，瑞典，澳大利亚，斐济，新西兰，萨摩亚，安哥拉，肯尼亚，马达加斯加，南非，津巴布韦，墨西哥，美国，阿根廷，巴西，智利，哥伦比亚，古巴，海地。

（573）橄榄盔蜡蚧 *Saissetia oleae* (Olivier, 1791)

分布：广东、福建、台湾、四川、云南、西藏；日本，越南，泰国，印度，斯里兰卡，菲律宾，马来西亚，印度尼西亚，巴基斯坦，伊朗，土耳其，沙特阿拉伯，以色列，澳大利亚，新西兰，安哥拉，肯尼亚，马达加斯加，塞内加尔，坦桑尼亚，乌干达，南非，墨西哥，美国，西班牙，克罗地亚，希腊，埃及，英国，意大利，葡萄牙，巴西，智利，哥伦比亚，古巴，海地。

三十八、木珠蚧科 Xylococcidae Pergande, 1898

308. 木珠蚧属 *Xylococcus* Löw, 1882

（574）藜蒴木珠蚧 *Xylococcus castanopsis* Wu et Huang, 2017

分布：广东（广州）。

三十九、头蚧科 Beesoniidae Ferris, 1950

309. 头蚧属 *Beesonia* Green, 1926

（575）青冈头蚧 *Beesonia napiformis* (Kuwana, 1914)

分布：广东（广州）、山东、江苏、云南。

四十、粉蚧科 Pseudococcidae Cockerell, 1905

310. 竹粉蚧属 *Antonina* Signoret, 1875

（576）鞘竹粉蚧 *Antonina crawii* Cockerell, 1900

分布：广东、北京、浙江、湖南、福建、广西、四川、云南；法国，美国；东亚。

（577）草竹粉蚧 *Antonina graminis* (Maskell, 1897)

分布：广东、福建、台湾、四川、云南；朝鲜，日本，印度，斯里兰卡，美国。

（578）盾竹粉蚧 *Antonina pretiosa* Ferris, 1953

分布：广东、内蒙古、山西、福建、四川、云南；日本，美国。

311. 细粉蚧属 *Cannococcus* Borchsenius, 1960

（579）粤细粉蚧 *Cannococcus guangduensis* Borchsenius, 1958

分布：广东。

312. 扁粉蚧属 *Chaetococcus* Maskell, 1897

（580）扁粉蚧 *Chaetococcus bambusae* (Maskell, 1892)

分布：广东、内蒙古、河北、浙江、台湾、四川、云南、西藏；日本，印度，斯里兰卡；欧洲，非洲，大洋洲，美洲。

（581）带扁粉蚧 *Chaetococcus zonata* (Green, 1919)

分布：广东、江苏、浙江、湖北、江西、湖南、福建、海南、广西、四川、云南；斯里兰卡，菲律宾。

313. 根瘤粉蚧属 *Chnaurococcus* Berg, 1899

（582）瑞棍瘤粉蚧 *Chnaurococcus sera* (Borchsenius, 1958)

  分布：广东、海南。

314. 瘤粉蚧属 *Coccidohystrix* Lindinger, 1943

（583）丽瘤粉蚧 *Coccidohystrix insolitus* (Green, 1908)

  分布：广东（广州）；印度，斯里兰卡。

315. 皑粉蚧属 *Crisicoccus* Ferris, 1950

（584）松白粉蚧 *Crisicoccus pini* (Kuwana, 1902)

  分布：广东、湖南、湖北、浙江、海南；日本，美国。

316. 灰粉蚧属 *Dysmicoccus* Ferris, 1950

（585）蔗灰粉蚧 *Dysmicoccus boninsis* (Kuwana, 1909)

  分布：广东、福建、台湾、广西、四川；日本，美国，巴拿马，巴西，阿根廷。

（586）菠萝灰粉蚧 *Dysmicoccus brevipes* (Cockerell, 1893)

  分布：广东、河北、浙江、湖北、江西、湖南、福建、台湾、广西、四川、贵州、云南；欧洲，非洲南部，大洋洲，美洲。

（587）秀灰粉蚧 *Dysmicoccus dengwuensis* Ferris, 1953

  分布：广东。

（588）新菠萝灰粉蚧 *Dysmicoccus neobrevipes* Beardsley, 1959

  分布：广东（湛江）、广西、海南、台湾；菲律宾，印度尼亚，马来西亚，文莱，东帝汶，巴布亚新几内亚，斐济，美国（夏威夷），牙买加，墨西哥。

317. 腺刺粉蚧属 *Ferrisia* Fullaway, 1923

（589）腺刺粉蚧 *Ferrisia virgata* (Cockerell, 1893)

  分布：广东、浙江、湖北、江西、湖南、福建、台湾、广西、四川、云南；东南亚，非洲，美洲。

318. 费粉蚧属 *Ferrisicoccus* Ezzat et McConnell, 1956

（590）费粉蚧 *Ferrisicoccus angustus* Ezzat *et* McConnell, 1956

  分布：广东、香港；俄罗斯，日本。

319. 蚁粉蚧属 *Formicococcus* Takahashi, 1928

（591）刺竹蚁粉蚧 *Formicococcus bambusicola* (Takahashi, 1930)

  分布：广东（乳源）、浙江、台湾。

（592）岭南蚁粉蚧 *Formicococcus lingnani* (Ferris, 1954)

  分布：广东；泰国，印度，马来西亚，印度尼西亚。

（593）安粉蚧 *Formicococcus liui* (Borchsenius, 1962)

  分布：广东、海南、云南。

320. 阳腺刺粉蚧属 *Heliococcus* Šulc, 1912

（594）单竹阳腺刺粉虱 *Heliococcus lingnaniae* Wang, 1982

分布：广东、海南。

（595）枣阳腺刺粉蚧 *Heliococcus zizyphi* Borchsenius, 1958

分布：广东、河北、山西、江西。

321. 瘿粉蚧属 *Kermicus* Newstead, 1897

（596）惠州瘿粉蚧 *Kermicus huizhouensis* Wu, Huang *et* Liang, 2020

分布：广东（惠阳）。

322. 枯粉蚧属 *Kiritshenkella* Borchsenius, 1948

（597）尾枯粉蚧 *Kiritshenkella caudata* (Borchsenius, 1958)

分布：广东。

（598）佛山枯粉蚧 *Kiritshenkella fushanensis* (Borchsenius, 1958)

分布：广东。

（599）岭南枯粉蚧 *Kiritshenkella lingnani* (Ferris, 1954)

分布：广东。

（600）重枯粉蚧 *Kiritshenkella magnotubulata* (Borchsenius, 1960)

分布：广东（广州）。

（601）东亚枯粉蚧 *Kiritshenkella sacchari* (Green, 1900)

分布：广东（佛山）。

323. 缘管粉蚧属 *Lomatococcus* Borchsenius, 1960

（602）缘管粉蚧 *Lomatococcus ficiphilus* Borchsenius, 1960

分布：广东、四川、云南。

324. 曼粉蚧属 *Maconellicoccus* Ezzat, 1958

（603）木槿曼粉蚧 *Maconellicoccus hirsutus* (Green, 1908)

分布：广东、广西、海南、云南、山西；希腊，日本；东南亚，南亚，美洲，大洋洲，非洲。

325. 新粉蚧属 *Neotrionymus* Borchsenius, 1948

（604）广东新粉蚧 *Neotrionymus guandunensis* (Borchsenius, 1958)

分布：广东（广州）、海南。

326. 鳞粉蚧属 *Nipaecoccus* Šulc, 1945

（605）鳞粉蚧 *Nipaecoccus nipae* (Maskell, 1893)

分布：广东、福建、海南、广西；俄罗斯，朝鲜，美国；非洲，大洋洲，南美洲。

（606）橘鳞粉蚧 *Nipaecoccus vastator* (Maskell, 1895)

分布：广东、浙江、湖北、江西、湖南、福建、台湾、广西、四川、贵州、云南；美国；东南亚。

（607）柑橘堆粉蚧 *Nipaecoccus viridis* (Newstead, 1894)

分布：广东、内蒙古、河北、山东、河南、陕西、浙江、湖北、江西、湖南、福建、台湾、香港、广西、四川、贵州、云南；印度，缅甸，不丹，阿富汗，澳大利亚，苏丹，津巴布韦。

327. 松粉蚧属 *Oracella* Ferris, 1950

（608）湿地松粉蚧 *Oracella acuta* (Lobdell, 1930)

分布：广东（潮州、汕头、揭阳等）、福建、江西、湖南、广西；美国。

328. 椰粉蚧属 *Palmicultor* Williams, 1963

（609）椰粉蚧 *Palmicultor palmarum* (Ehrhon, 1916)

分布：广东、海南；菲律宾，马来西亚，美国（夏威夷）。

329. 秀粉蚧属 *Paracoccus* Ezzat et Mc Connell, 1956

（610）木瓜秀粉蚧 *Paracoccus marginatus* Williams *et* Granarade Willink, 1992

分布：广东、台湾、海南、云南；泰国，印度，马来西亚，孟加拉国，毛里求斯，海地，法国（马提尼克）。

330. 绵粉蚧属 *Phenacoccus* Cockerell, 1893

（611）扶桑绵粉蚧 *Phenacoccus solenopsis* Tinsley, 1898

分布：广东、新疆、河北、天津、湖北、江西、湖南、江苏、安徽、浙江、上海、福建、台湾、广西、重庆、四川、云南、海南；日本，越南，柬埔寨，老挝，菲律宾，巴基斯坦，印度，泰国，墨西哥，美国，古巴，牙买加，危地马拉，多米尼加，厄瓜多尔，巴拿马，巴西，智利，阿根廷，尼日利亚，贝宁，喀麦隆，法国（新喀里多尼亚）。

（612）美地绵粉蚧 *Phenacoccus madeirensis* Green, 1923

分布：广东、福建、台湾、海南。

331. 牦粉蚧属 *Planococcoides* Ezzat et McConnel, 1956

（613）岭南牦粉蚧 *Planococcoides lingnani* Ferris, 1954

分布：广东（广州）、海南；东南亚。

332. 臀纹粉蚧属 *Planococcus* Ferris, 1950

（614）臀纹粉蚧 *Planococcus citri* (Risso, 1813)

分布：广东、浙江、福建、台湾、云南；日本，印度，斯里兰卡，菲律宾，新西兰；欧洲，非洲，美洲。

（615）荔枝臀纹粉蚧 *Planococcus dorsospinosus* Ezzat *et* McConnell, 1956

分布：广东；美国。

（616）南洋臀纹粉蚧 *Planococcus lilacinus* (Cockerell, 1905)

分布：广东、浙江、福建、台湾、海南、广西、云南；日本，柬埔寨，缅甸，不丹，马来西亚，孟加拉国，印度（安达曼），肯尼亚。

（617）大洋臀纹粉蚧 *Planococcus minor* (Maskell, 1897)

分布：广东、北京、新疆、上海、台湾、海南、香港、云南；缅甸，文莱，印度（安达曼），哥伦比亚，所罗门群岛，萨摩亚。

333. 拟竹粉蚧属 *Pseudantonina* Green, 1922

（618）广州拟竹粉蚧 *Pseudantonina magnotubulata* Borchsenius, 1960

分布：广东（广州）。

334. 粉蚧属 *Pseudococcus* Westwood, 1840

（619）榕树粉蚧 *Pseudococcus baliteus* Lit, 2011

分布：广东（湛江）、北京、福建；俄罗斯，韩国。

（620）柑栖粉蚧 *Pseudococcus calceolariae* (Maskell, 1878)

　　分布：广东、河北、河南、浙江、湖北、江西、湖南、福建、台湾、广西、四川、贵州、云南、西藏；俄罗斯，英国，澳大利亚，美国，巴西。

（621）橘小粉蚧 *Pseudococcus citriculus* Green, 1922

　　分布：广东、广西、澳门；俄罗斯，日本，斯里兰卡，菲律宾，印度尼西亚，美国（夏威夷）。

（622）康氏粉蚧 *Pseudococcus comstocki* (Kuwana, 1902)

　　分布：广东、河北、山东、浙江、湖北、江西、湖南、福建、台湾、广西、四川、云南；俄罗斯，日本，印度，斯里兰卡；欧洲，大洋洲，美洲。

（623）柑橘棘粉蚧 *Pseudococcus cryptus* (Hempel, 1918)

　　分布：广东、山东、陕西、江苏、浙江、湖北、江西、福建、台湾、香港、澳门、广西、四川、云南；老挝，韩国，泰国，印度，菲律宾，阿富汗，以色列，阿根廷。

（624）长尾粉蚧 *Pseudococcus longispinus* (Targioni-Tozzetti, 1867)

　　分布：广东、福建、海南；欧洲。

（625）海粉蚧 *Pseudococcus maritimus* (Ehrhorn, 1900)

　　分布：广东；俄罗斯，斯里兰卡，伊朗，澳大利亚；非洲，美洲。

（626）奥德曼粉蚧 *Pseudococcus odermatti* Miller *et* Williams, 1997

　　分布：广东、广西、云南；日本，印度，美国，巴哈马，伯利兹。

335. 平刺粉蚧属 *Rastrococcus* Ferris, 1954

（627）中华平刺粉蚧 *Rastrococcus chinensis* Ferris, 1954

　　分布：广东（广州）、福建、广西。

（628）平刺粉蚧 *Rastrococcus iceryodes* (Green, 1908)

　　分布：广东、福建、香港；印度，斯里兰卡。

（629）蛛丝平刺粉蚧 *Rastrococcus spinosus* (Robinson, 1918)

　　分布：广东、福建、台湾；泰国，斯里兰卡，菲律宾，印度尼西亚（爪哇）。

336. 糖粉蚧属 *Saccharicoccus* Ferris, 1950

（630）糖粉蚧 *Saccharicoccus sacchari* (Cockerell, 1895)

　　分布：广东、浙江、湖北、江西、湖南、福建、台湾、海南、广西、四川、贵州、云南；印度，美国，墨西哥；非洲。

337. 葵粉蚧属 *Trionymus* Berg, 1899

（631）布氏葵粉蚧 *Trionymus boratynskii* Danzig, 1983

　　分布：广东、河北、湖北、广西、贵州；俄罗斯。

（632）粤葵粉蚧 *Trionymus cantonensis* Ferris, 1954

　　分布：广东。

（633）东葵粉蚧 *Trionymus orientalis* (Maskell, 1898)

　　分布：广东、香港。

四十一、盾蚧科 Diaspididae Ferris, 1937

338. 异齐盾蚧属 *Achionaspis* **Takagi, 1970**

（634）海南异齐盾蚧 *Achionaspis hainanensis* Hu, 1986

分布：广东、海南。

339. 安盾蚧属 *Andaspis* **MacGillivray, 1921**

（635）夏威夷安盾蚧 *Andaspis hawaiiensis* (Maskell, 1895)

分布：广东、山东、福建、台湾、香港。

（636）荔枝安盾蚧 *Andaspis micropori* Borchsenius, 1958

分布：广东；日本。

（637）奈良安盾蚧 *Andaspis naracola* Takagi, 1960

分布：广东；日本。

（638）木荷安盾蚧 *Andaspis schimae* Tang, 1986

分布：广东（肇庆）、浙江。

340. 肾盾蚧属 *Aonidiella* **Berlese et Leonardi, 1896**

（639）橘红肾盾蚧 *Aonidiella aurantii* (Maskell, 1879)

分布：广东、辽宁、河北、山西、山东、陕西、江苏、浙江、湖北、福建、台湾、湖南、广西、四川、贵州、云南；日本，泰国，印度，斯里兰卡，菲律宾。

（640）橘黄圆肾盾蚧 *Aonidiella citrina* (Coquillet, 1891)

分布：广东（广州）、江苏、浙江、福建、台湾；日本，印度，几内亚，刚果，肯尼亚，乌干达，坦桑尼亚，津巴布韦，南非，俄罗斯，美国，阿根廷；大洋洲。

（641）杂食肾盾蚧 *Aonidiella inornata* McKenzie, 1938

分布：广东、河南、甘肃、台湾、香港、四川、云南；日本，印度，澳大利亚（昆士兰），厄瓜多尔，几内亚，海地。

（642）东方肾盾蚧 *Aonidiella orientalis* (Newstead, 1894)

分布：广东；印度，斯里兰卡，菲律宾，伊拉克，伊朗，索马里，南非，马达加斯加，美国，古巴，牙买加，巴拿马，巴西；大洋洲。

341. 小圆蚧属 *Aspidiella* **Leonardi, 1898**

（643）稗小圆盾蚧 *Aspidiella dentata* Borchsenius, 1958

分布：广东、贵州、云南。

（644）甘蔗小圆盾蚧 *Aspidiella sacchari* (Cockerell, 1893)

分布：广东。

342. 圆盾蚧属 *Aspidiotus* **Bouché, 1833**

（645）透明圆盾蚧 *Aspidiotus destructor* Signoret, 1869

分布：广东、山东、江苏、浙江、湖北、江西、湖南、福建、台湾、香港、广西、四川、贵州；日本，印度，缅甸，斯里兰卡，菲律宾。

（646）网纹圆盾蚧 *Aspidiotus duplex* (Cockerell, 1896)

分布：广东、河北、浙江、湖北、江西、湖南、福建、台湾、广西、四川；日本，印度，印度尼西亚，斯里兰卡，美国，阿根廷。

（647）飞蓬圆盾蚧 *Aspidiotusexcisus* Green, 1896

　　分布：广东、福建、台湾；泰国，斯里兰卡。

343. 白轮蚧属 *Aulacaspis* Cockerell, 1893

（648）阿里山白轮蚧 *Aulacaspis alisiana* Takagi, 1970

　　分布：广东、台湾、重庆、贵州。

（649）大缺白轮蚧 *Aulacaspis amamiana* Takagi, 1961

　　分布：广东、云南；琉球群岛。

（650）茶花白轮蚧 *Aulacaspis crawii* (Cockerell, 1898)

　　分布：广东（广州）、内蒙古、天津、山东、河南、陕西、江苏、浙江、江西、湖南、福建、
台湾、海南、香港、广西、四川、贵州、云南、西藏；韩国，日本，埃及。

（651）费氏白轮蚧 *Aulacaspis ferrrisi* Scott, 1952

　　分布：广东、湖南、香港、云南；印度，尼泊尔，马来西亚。

（652）广东白轮蚧 *Aulacaspis guangdongensis* Chen, Wu *et* Su, 1980

　　分布：广东。

（653）纹母树白轮蚧 *Aulacaspis latissima* (Cockerell, 1897)

　　分布：广东、贵州；日本，韩国。

（654）甘蔗白轮蚧 *Aulacaspis madiunensis* (Zehntner, 1898)

　　分布：广东、台湾、云南；日本，印度，印度尼西亚等。

（655）大叶白轮蚧 *Aulacaspis megaloba* Scott, 1952

　　分布：广东、台湾、香港、广西、贵州、云南；尼泊尔。

（656）乌桕白轮蚧 *Aulacaspis mischocarpi* (Cockerell *et* Robinson, 1914)

　　分布：广东、北京、河南、宁夏、安徽、浙江、福建、香港、广西、四川、云南；菲律宾，
新西兰。

（657）新刺白轮蚧 *Aulacaspis neopinosa* Tanng, 1986

　　分布：广东、北京。

（658）拟刺白轮蚧 *Aulacaspis pseudospinosa* Chen, Wu *et* Su, 1980

　　分布：广东、安徽、浙江、台湾、四川；尼泊尔。

（659）玫瑰白轮蚧 *Aulacaspis rosae* (Bouché, 1833)

　　分布：广东、内蒙古、河北、山西、河南、陕西、甘肃、江苏、浙江、江西、湖南、福建、
台湾、四川、西藏；印度，美国，澳大利亚。

（660）月季白轮蚧 *Aulacaspis rosarum* Borchsenius, 1958

　　分布：广东、内蒙古、北京、山东、江苏、浙江、江西、湖南、福建、广西、四川、云南；
韩国，印度，汤加。

（661）千字形白轮蚧 *Aulacaspis schizosoma* (Takagi, 1970)

　　分布：广东、福建、台湾、海南、广西、四川；尼泊尔。

（662）菝葜白轮蚧 *Aulacaspis spinosa* (Maskell, 1897)

分布：广东、江苏、上海、浙江、台湾；日本，韩国。

（663）杧果白轮蚧 *Aulacaspis tubercularis* Newstead, 1906

分布：广东、台湾、海南、香港、四川、云南；日本，泰国，美国。

（664）樟白轮蚧 *Aulacaspis yabunikkei* (Kuwana, 1926)

分布：广东，江苏、浙江、江西、湖南、台湾、香港、广西、四川、云南；日本。

（665）泰国白轮蚧 *Aulacaspis yasumatsui* Takagi, 1977

分布：广东、台湾、香港；泰国，保加利亚，巴巴多斯，巴哈马。

344. 小囚盾蚧属 *Bigymnaspis* Balachowsky, 1958

（666）黑瓢小囚盾蚧 *Bigymnaspis bullata* (Green, 1896)

分布：广东。

345. 雪盾蚧属 *Chionaspis* Signoret, 1869

（667）石斛雪盾蚧 *Chionaspis dendrobii* (Kuwana, 1923)

分布：广东（广州）、香港；菲律宾。

（668）埼玉雪盾蚧 *Chionaspis saitamaensis* Kuwana, 1928

分布：广东、吉林、山东、福建、台湾、海南、广西、四川、贵州、云南；俄罗斯，韩国，日本，斯里兰卡。

346. 短角圆蚧属 *Chortinaspis* Ferris, 1938

（669）雅短角圆蚧 *Chortinaspis decorata* Ferris, 1952

分布：广东、云南。

347. 叶圆蚧属 *Chrysomphalus* Ashmead, 1880

（670）褐叶圆蚧 *Chrysomphalus aonidum* (Linnaeus, 1758)

分布：广东、北京、河北、山东、江苏、浙江、江西、湖南、福建、台湾、广西、四川、贵州；日本，印度，斯里兰卡，菲律宾。

（671）网籽草叶圆蚧 *Chrysomphalus dictyospermi* (Morgan, 1889)

分布：广东、河北、山西、山东、江苏、浙江、福建、台湾、广西、云南。

348. 康氏盾蚧属 *Comstockaspis* MacGillivary, 1921

（672）梨康氏盾蚧 *Comstockaspis perniciosa* (Comstock, 1881)

分布：广东、黑龙江、吉林、辽宁、内蒙古、河北、山西、山东、河南、陕西、甘肃、新疆、江苏、安徽、浙江、湖北、江西、台湾、四川、云南；印度，伊朗，阿富汗，法国，德国，匈牙利，意大利。

349. 灰圆盾蚧属 *Diaspidiotus* Berlese, 1896

（673）梨灰圆盾蚧 *Diaspidiotus perniciosus* (Comstock, 1881)

分布：广东、黑龙江、辽宁、河北、陕西、江苏、浙江、湖南、四川、云南；安哥拉，澳大利亚。

350. 盾蚧属 *Diaspis* Costa, 1828

（674）椰子盾蚧 *Diaspis boisduualii* Signoret, 1869

分布：广东、福建、台湾；日本，土耳其，斯里兰卡，英国，法国，德国，意大利，西班牙，保加利亚，埃及，几内亚，印度尼西亚（爪哇），刚果，乌干达，南非，俄罗斯，美国，墨西哥，巴西；大洋洲。

（675）仙人掌盾蚧 *Diaspis echinocacti* (Bouché, 1833)

分布：广东、北京、山西、陕西、福建、云南；日本，印度，土耳其，伊拉克，叙利亚，以色列，英国，法国，德国，意大利，西班牙，葡萄牙（马德拉），埃及，阿尔及利亚（阿尔及尔），塞内加尔，几内亚，喀麦隆，南非，马达加斯加，美国，阿根廷，巴西，秘鲁。

351. 兜盾蚧属 *Duplachionaspis* MacGillivary, 1921

（676）芒兜盾蚧 *Duplachionaspis divergens* (Green, 1899)

分布：广东、福建、台湾、广西；日本，泰国，印度，斯里兰卡；大洋洲北部。

（677）钝叶草兜盾蚧 *Duplachionaspis natalensis* (Maaskell, 1896)

分布：广东、浙江、台湾；伊朗，以色列，西班牙，马达加斯加；非洲北部、中部与南部。

（678）杂草兜盾蚧 *Duplachionaspis subtilis* Borchsenius, 1958

分布：广东（广州）、海南。

352. 围盾蚧属 *Fiorinia* Targioni–Tozzetti, 1868

（679）鼎湖围盾蚧 *Fiorinia dinghuensis* Wei *et* Feng, 2013

分布：广东。

（680）柏围盾蚧 *Fiorinia externa* Ferris, 1942

分布：广东、河南、福建、四川；日本，英国，美国，加拿大。

（681）围盾蚧 *Fiorinia fioriniae* (Targioni-Tozzetti, 1867)

分布：广东、内蒙古、宁夏、浙江、湖北、湖南、福建、台湾、海南、香港、广西、四川、贵州；日本，南非，英国。

（682）日本围盾蚧 *Fiorinia japonica* (Kuwana, 1902)

分布：广东、北京、山东、河南、湖南、福建、台湾、四川。

（683）小围盾蚧 *Fiorinia minor* Maskell, 1897

分布：广东、浙江、福建、台湾、香港。

（684）松围盾蚧 *Fiorinia pinicola* Maskell, 1897

分布：广东、浙江、湖南、福建、台湾、香港、广西、海南、云南；日本，葡萄牙。

（685）象鼻围盾蚧 *Fiorinia proboscidaria* Green, 1900

分布：广东、江西、福建、台湾；日本，印度，锡兰，斐济。

（686）茶围盾蚧 *Fiorinia theae* Green, 1900

分布：广东、浙江、江西、湖南、福建、台湾、云南；日本，印度，菲律宾，斯里兰卡，美国。

（687）山香围盾蚧 *Fiorinia turpiniae* Takahashi, 1934

分布：广东、江西、台湾、香港、四川、云南；日本，洪都拉斯，墨西哥。

353. 豁齿盾蚧属 *Froggattiella* Leonardi, 1900

（688）僧豁齿盾蚧 *Froggattiella inusitata* (Green, 1896)

分布：广东；日本，斯里兰卡。

（689）须豁齿盾蚧 *Froggattiella penicillata* (Green, 1905)

分布：广东、台湾；日本，印度，伊朗，菲律宾，斯里兰卡，阿尔及利亚，美国。

354. 竹盾蚧属 *Greenaspis* MacGillivray, 1921

（690）竹盾蚧 *Greenaspis elongata* (Green, 1896)

分布：广东、福建、台湾、云南；日本，泰国，印度，斯里兰卡。

355. 图盾蚧属 *Greeniella* Cockerell, 1897

（691）缨图盾蚧 *Greeniella fimbriata* (Ferris, 1955)

分布：广东。

356. 栉盾蚧属 *Hemiberlesia* Cockerell, 1897

（692）茶栉盾蚧 *Hemiberlesia cyanophylli* (Signret, 1869)

分布：广东等（除西藏外）；日本，英国，意大利，美国。

（693）棕栉盾蚧 *Hemiberlesia lataniae* (Signoret, 1869)

分布：广东、江苏、浙江、湖北、福建、台湾、贵州、云南；日本，印度，斯里兰卡，菲律宾。

（694）马尾栉圆盾蚧 *Hemiberlesia massonianae* Tang, 1984

分布：广东。

（695）夹竹桃栉圆盾蚧 *Hemiberlesia palmae* (Cockerell, 1893)

分布：广东、山东、福建、台湾；印度，新加坡，印度尼西亚，几内亚，圣多美和普林西比，喀麦隆，埃塞俄比亚，坦桑尼亚，南非，葡萄牙，英国，德国，波兰，捷克，斯洛伐克，美国，巴拿马，圭亚那，阿根廷，巴西，智利，特立尼达和多巴哥。

（696）松突圆蚧 *Hemiberlesia pitysophila* Takagi, 1969

分布：广东、福建、台湾；日本。

357. 双锤盾蚧属 *Howardia* Berlese et Leonardi, 1896

（697）双锤盾蚧 *Howardia biclavis* (Comstock, 1883)

分布：广东、云南；日本，印度，斯里兰卡，意大利，法国，英国，瑞士，德国，捷克，斯洛伐克，印度尼西亚，圣多美和普林西比，南非，马达加斯加，毛里求斯，几内亚，美国，墨西哥，巴西，特立尼达和多巴哥。

358. 长蛎蚧属 *Insulaspis* Mamet, 1950

（698）短七松长蛎蚧 *Insulaspis pineti* (Borchsenius, 1963)

分布：广东、北京。

359. 秃盾蚧属 *Ischnafiorinia* MacGillivray, 1921

（699）竹秃盾蚧 *Ischnafiorinia bambusae* (Maskell, 1897)

分布：广东、台湾、海南、香港、广西；泰国，马来西亚。

360. 长盾蚧属 *Kuwanaspis* MacGillivray, 1921

（700）刺竹长盾蚧 *Kuwanaspis bambusicola* (Cockerell, 1899)

分布：广东、台湾、云南；尼泊尔，阿尔及利亚，巴西。

（701）日须盾蚧 *Kuwanaspis hikosani* (Kuwana, 1902)

分布：广东、香港。

（702）和长盾蚧 *Kuwanaspis howardi* (Cooley, 1898)

分布：广东、江苏、安徽、浙江、湖北、江西、湖南、福建、云南；俄罗斯，日本，美国。

（703）迤长盾蚧 *Kuwanaspis hukosani* (Kuwana, 1902)

分布：广东、浙江。

（704）线长盾蚧 *Kuwanaspis linearis* (Green, 1922)

分布：广东、香港；斯里兰卡，马来西亚，新加坡。

（705）蠕须盾蚧 *Kuwanaspis vermiformis* (Takahashi, 1930)

分布：广东、江苏、安徽、福建、台湾、云南；马来西亚，科特迪瓦，美国。

361. 牡蛎蚧属 *Lepidosaphes* Shimer, 1868

（706）木樨牡蛎蚧 *Lepidosaphes abdominalis* Takagi, 1960

分布：广东；日本。

（707）紫牡蛎蚧 *Lepidosaphes beckii* (Newman, 1869)

分布：广东、浙江、湖北、湖南、福建、台湾、香港、广西、四川、云南；日本，印度，缅甸，印度尼西亚。

（708）茶牡蛎蚧 *Lepidosaphes camelliae* Hoke, 1921

分布：广东，云南；日本，美国。

（709）中华牡蛎蚧 *Lepidosaphes chinensis* Chamberlin, 1925

分布：广东、上海、台湾；美国。

（710）梨牡蛎蚧 *Lepidosaphes conchiformis* (Gmelin, 1789)

分布：广东、黑龙江、辽宁、河北、山东、河南、陕西、甘肃、新疆、江苏、安徽、浙江、湖北、江西、福建、台湾、海南、广西、四川、云南；日本，意大利，美国。

（711）苏铁牡蛎蚧 *Lepidosaphes cycadicola* Kuwana, 1931

分布：广东（广州）、台湾。

（712）柃木牡蛎蚧 *Lepidosaphes euryae* (Kuwana, 1902)

分布：广东、广西、云南；日本，越南。

（713）长牡蛎蚧 *Lepidosaphes gloverii* (Packard, 1869)

分布：广东、河北、山东、江苏、浙江、江西、湖南、福建、台湾、广西、四川、贵州、云南；朝鲜，日本，越南，泰国，印度，缅甸。

（714）侧骨牡蛎蚧 *Lepidosaphes laterochitinosa* Green, 1925

分布：广东、台湾、云南；日本，菲律宾，马来西亚，英国，密克罗尼西亚。

（715）楝树牡蛎蚧 *Lepidosaphes meliae* (Tang, 1986)

分布：广东。

（716）马氏牡蛎蚧 *Lepidosaphes pallida* (Maskell, 1895)

分布：广东、内蒙古、浙江、福建、台湾、海南、广西、贵州；韩国，新西兰，美国。

（717）松小牡蛎蚧 *Lepidosaphes pineti* Borchsenius, 1958

分布：广东、北京。

（718）松牡蛎蚧 *Lepidosaphes pinicolous* (Chen, 1937)

分布：广东、浙江、广西。

（719）松针牡蛎蚧 *Lepidosaphes piniphilus* (Borchsenius, 1958)

分布：广东（广州）、江苏；日本。

（720）金松牡蛎蚧 *Lepidosaphes pitysophila* (Takagi, 1970)

分布：广东、江苏、浙江、湖南、台湾、香港、广西；日本。

（721）石榴牡蛎蚧 *Lepidosaphes rubrovittata* Cockerell, 1905

分布：广东、云南；印度尼西亚，巴拿马，斐济。

（722）瘤额牡蛎蚧 *Lepidosaphes tubulorum* Ferris, 1921

分布：广东、浙江、福建、台湾、云南；日本。

（723）榆牡蛎蚧 *Lepidosaphes ulmi* (Linnaeus, 1758)

分布：广东、黑龙江、河北、山西、山东、新疆、江苏、安徽、浙江、江西、四川、云南；日本，伊拉克，俄罗斯，保加利亚，匈牙利，罗马尼亚，奥地利，西班牙，法国，意大利，英国，法国，德国，瑞士，瑞典，挪威，埃及，塞尔维亚，黑山，希腊，美国，加拿大，巴西，智利，阿根廷；大洋洲。

362. 林盾蚧属 *Lindingaspis* MacGillivray, 1921

（724）橘林盾蚧 *Lindingaspis ferrisi* McKenzie, 1950

分布：广东、台湾。

363. 长白盾蚧属 *Lopholeucaspis* Balachowsky, 1953

（725）日本长白盾蚧 *Lopholeucaspis japonica* (Cockerell, 1897)

分布：广东、辽宁、北京、天津、河北、山西、山东、河南、江苏、安徽、浙江、湖北、江西、湖南、福建、台湾、四川；朝鲜，日本，土耳其，俄罗斯，巴西，美国。

364. 线盾蚧属 *Mohelnaspis* Šulc, 1937

（726）竹线盾蚧 *Mohelnaspis vermiformis* (Takahashi, 1930)

分布：广东、河南、福建、台湾、香港。

365. 长毛盾蚧属 *Morganella* Cockerell, 1897

（727）长毛盾蚧 *Morganella longispina* (Morgan, 1889)

分布：广东、福建、贵州、云南；日本，印度，斯里兰卡，阿尔及利亚（阿尔及尔），圣多美和普林西比，南非，毛里求斯，美国（夏威夷），法国（新喀里多尼亚），墨西哥，圭亚那，巴西；大洋洲。

366. 絮盾蚧属 *Myrtaspis* Takagi, 1999

（728）蒲桃絮盾蚧 *Myrtaspis jambosicola* (Tang, 1986)

分布：广东、广西。

367. 新栎盾蚧属 *Neoquernaspis* Howellettakagi, 1981

（729）九龙新栎盾蚧 *Neoquernaspis chiulungensis* (Takagi, 1977)

分布：广东、香港。

368. 刺圆盾蚧属 *Octaspidiotus* MacGillivray, 1921

（730）蔷薇刺圆盾蚧 *Octaspidiotus australiensis* Kuwana, 1933

分布：广东、上海、台湾；印度，菲律宾，尼泊尔，澳大利亚，巴布亚新几内亚，美国。

（731）楠刺圆盾蚧 *Octaspidiotus stauntoniae* (Takahashi, 1933)

分布：广东、陕西、湖南、广西、台湾、四川、云南；美国（夏威夷），蒙古国，日本，菲律宾。

369. 齿盾蚧属 *Odonaspis* Leonardi, 1897

（732）内片齿盾蚧 *Odonaspis inusitata* (Green, 1900)

分布：广东。

（733）岭南齿盾蚧 *Odonaspis lingnani* Ferris, 1955

分布：广东。

（734）泰国齿盾蚧 *Odonaspis siamensis* (Takahashi, 1942)

分布：广东；泰国。

370. 副长蛎蚧属 *Parainsulaspis* Borchsenius, 1963

（735）松副长蛎蚧 *Parainsulaspis piniphila* (Borchsenius, 1963)

分布：广东、江苏。

371. 癞蛎蚧属 *Paralepidosaphes* Borchsenius, 1962

（736）乌桕癞蛎蚧 *Paralepidosaphes tubulorum* (Ferris, 1921)

分布：广东、上海、福建、台湾、云南。

372. 华盾蚧属 *Parlatoreopsis* Lindinger, 1912

（737）华盾蚧 *Parlatoreopsis chinensis* (Marlatt, 1908)

分布：广东、辽宁、北京、天津、山西、山东、台湾；日本，印度，埃及，美国。

373. 片盾蚧属 *Parlatoria* Targioni, 1868

（738）黄皮糠蚧 *Parlatoria acalcarata* McKenzie, 1960

分布：广东、香港。

（739）山茶片盾蚧 *Parlatoria camelliae* Comstock, 1883

分布：广东、江西、福建、台湾、云南；朝鲜，日本，印度，印度尼西亚，俄罗斯，法国，意大利，西班牙，瑞士，埃及，刚果，几内亚，美国；大洋洲。

（740）糠片盾蚧 *Parlatoria pergandii* Comstock, 1881

分布：广东、河北、山西、山东、陕西、江苏、浙江、湖北、江西、湖南、福建、台湾、广西、四川、云南；日本，泰国，印度，缅甸，菲律宾，印度尼西亚，新西兰；大洋洲。

（741）黄片盾蚧 *Parlatoria proteus* (Curtis, 1843)

分布：广东、浙江、江西、湖南、福建、台湾；日本，泰国，印度，斯里兰卡，菲律宾，马来西亚，印度尼西亚，英国，法国，比利时，波兰，丹麦，捷克，意大利，德国，斐济，埃及，坦桑尼亚，南非，毛里求斯，美国，墨西哥，巴拿马，巴西。

（742）茶片盾蚧 *Parlatoria theae* Cockerell, 1896

分布：广东、辽宁、河南、江苏、浙江、江西、福建、云南；朝鲜，日本，菲律宾，俄罗斯，西班牙，英国，法国，比利时，希腊，荷兰，保加利亚，几内亚，美国。

（743）黑片盾蚧 *Parlatoria ziziphi* (Lucas, 1853)

分布：广东、河北、江苏、浙江、湖北、江西、湖南、福建、台湾、广西、四川、云南；日本，越南，泰国，印度，缅甸，菲律宾，斯里兰卡，印度尼西亚，摩洛哥。

374. 并盾蚧属 *Pinnaspis* Cockerell, 1892

（744）柑橘并盾蚧 *Pinnaspis aspidistrae* (Signoret, 1869)

分布：广东、山东、江苏、浙江、福建、台湾、广西、四川；日本，泰国，印度，斯里兰卡，印度尼西亚，菲律宾，伊朗，土耳其，叙利亚，以色列，摩洛哥，阿尔及利亚，埃及，喀麦隆，圣多美和普林西比，坦桑尼亚，南非，马达加斯加，捷克，斯洛伐克，保加利亚，西班牙，意大利，英国，法国，比利时，荷兰，德国，俄罗斯，美国，墨西哥，古巴，巴拿马，几内亚，巴西，阿根廷；大洋洲。

（745）黄杨并盾蚧 *Pinnaspis buxi* (Bouche, 1851)

分布：广东、北京、山东、湖南、福建、台湾、贵州；日本，美国，巴西。

（746）海南并盾蚧 *Pinnaspis hainanensis* Tang, 1986

分布：广东、海南。

（747）棉并盾蚧 *Pinnaspis strachani* (Cooley, 1899)

分布：广东、福建、台湾、海南、香港；日本，法国，美国。

（748）茶并盾蚧 *Pinnaspis theae* (Maskell, 1891)

分布：广东、江苏、安徽、浙江、湖北、湖南、福建、台湾、海南、广西、四川、贵州、云南；日本，斯里兰卡，哥伦比亚。

（749）单瓣并盾蚧 *Pinnaspis uniloba* (Kuwana, 1909)

分布：广东、河南、江苏、浙江、湖北、江西、福建、台湾、广西、四川、贵州、云南；日本，韩国，印度，美国（夏威夷）。

375. 网纹盾蚧属 *Pseudaonidia* Cockrell, 1897

（750）牡丹网盾蚧 *Pseudaonidia paeoniae* (Cockerell, 1899)

分布：广东、陕西、浙江、湖北、江西、湖南、福建、四川、贵州、云南；日本，俄罗斯，意大利，美国。

（751）三叶网纹盾蚧 *Pseudaonidia trilobitiformis* (Green, 1896)

分布：广东、陕西、浙江、江西、台湾、香港、广西、四川、云南；日本，泰国，印度，缅甸，斯里兰卡，印度尼西亚，刚果，乌干达，坦桑尼亚，南非，马达加斯加，古巴，巴西，美国。

376. 拟轮蚧属 *Pseudaulacaspis* Macgillivray, 1921

（752）橄榄拟轮蚧 *Pseudaulacaspis canarium* Hu, 1986

分布：广东、海南。

（753）考氏拟轮蚧 *Pseudaulacaspis cockerelli* (Cooley, 1897)

分布：广东、内蒙古、河北、山东、河南、陕西、江苏、浙江、湖北、江西、湖南、台湾、香港、广西、四川、云南；日本，法国，美国。

（754）石斛拟轮蚧 *Pseudaulacaspis dendrobii* (Kuwana, 1931)

分布：广东、北京、香港、广西、云南；菲律宾。

（755）越桔拟轮蚧 *Pseudaulacaspis ericacea* (Ferris, 1953)

分布：广东，浙江、云南。

（756）榕拟轮蚧 *Pseudaulacaspis ficicola* Tang, 1986

分布：广东。

（757）棕榈拟轮蚧 *Pseudaulacaspis kentiae* (Kuwana, 1931)

分布：广东、山西、陕西、江苏、安徽、浙江、江西、湖南、福建、广西、四川、贵州、云南；日本，韩国。

（758）栎拟轮蚧 *Pseudaulacaspis kiushiuensis* (Kuwana, 1909)

分布：广东、安徽、浙江、台湾、广西、云南；日本。

（759）桑拟轮蚧 *Pseudaulacaspis pentagona* (Targioni-Tozzetti, 1886)

分布：广东，辽宁、内蒙古、河北、山西、山东、河南、陕西、宁夏、甘肃、江苏、浙江、江西、福建、台湾、四川、云南；朝鲜，日本；琉球群岛。

（760）杜果拟轮蚧 *Pseudaulacaspis subcorticalis* (Green, 1905)

分布：广东、云南；印度，斯里兰卡，塞舌尔。

（761）蒲桃拟轮蚧 *Pseudaulacaspis syzgicola* Tang, 1986

分布：广东。

377. 蔗盾蚧属 *Pygalataspis* Ferris, 1921

（762）蔗盾蚧 *Pygalataspis miscanthi* Ferris, 1921

分布：广东、福建、台湾、香港。

378. 锯盾蚧属 *Serrataspis* Ferris, 1955

（763）锯盾蚧 *Serrataspis maculata* Ferris, 1955

分布：广东。

379. 凹圆蚧属 *Temnaspidiotus* MacGillivray, 1921

（764）玻璃凹圆蚧 *Temnaspidiotus transparens* (Green, 1890)

分布：广东、福建。

380. 缺角盾蚧属 *Thysanaspis* Ferris, 1955

（765）缺角盾蚧 *Thysanaspis acalyptus* Ferris, 1955

分布：广东（广州）。

381. 缨围盾蚧属 *Thysanofiorinia* Balachowsky, 1954

（766）龙眼缨围盾蚧 *Thysanofiorinia nephelii* (Maskell, 1897)

分布：广东、浙江、福建、台湾、香港、广西；日本，澳大利亚，美国。

382. 矢尖蚧属 *Unaspis* MacGillivray, 1921

（767）锐矢尖蚧 *Unaspis acuminata* (Green, 1896)

分布：广东、台湾、海南、广西；泰国，印度，斯里兰卡。

（768）桔矢尖蚧 *Unaspis citri* (Comstock, 1883)

分布：广东、陕西、浙江、湖北、台湾、海南、香港、广西、四川；日本，新西兰，美国。

（769）卫矛矢尖蚧 *Unaspis euonymi* (Comstock, 1881)

分布：广东、山东、陕西、广西、四川；朝鲜，日本，斯里兰卡，伊朗，土耳其，以色列，俄罗斯，英国，法国，奥地利，希腊，瑞士，西班牙，保加利亚，塞尔维亚，马耳他，埃及，美国，阿根廷。

（770）矢尖蚧 *Unaspis yanonensis* (Kuwana, 1923)

分布：广东、河北、陕西、江苏、安徽、浙江、湖北、江西、湖南、福建、广西、四川、贵州、云南；日本。

异翅亚目 Heteroptera

四十二、毛角蝽科 Schizopteridae Reuter, 1891

383. 柯毛角蝽属 *Kokeshia* Miyamoto, 1960

（771）萧氏柯毛角蝽 *Kokeshia hsiaoi* Ren *et* Zheng, 1992

分布：广东（肇庆）、浙江。

四十三、尺蝽科 Hydrometridae Billberg, 1820

384. 尺蝽属 *Hydrometra* Latreille, 1796

（772）白纹尺蝽 *Hydrometra albolineata* (Scott, 1874)

分布：广东、江苏、湖北、江西、湖南、福建、台湾、广西、四川、贵州、云南；韩国，日本，几内亚。

（773）安氏尺蝽 *Hydrometra annamana* Hungerford *et* Evans, 1934

分布：广东、湖北、台湾、香港、四川、云南；日本，越南，老挝，泰国，印度，缅甸。

（774）蔡氏尺蝽 *Hydrometra chaweewanae* Sites *et* Polhemus, 2003

分布：广东、江西、海南、广西、云南；泰国，新加坡，不丹。

（775）双齿尺蝽 *Hydrometra procera* Horváth, 1905

分布：广东、江苏、台湾、四川、云南；日本。

（776）岸边尺蝽 *Hydrometra ripicola* Andersen, 1992

分布：广东、广西、海南、云南；越南，泰国，缅甸。

四十四、膜蝽科 Hebridae Amyot *et* Serville, 1843

385. 膜蝽属 *Hebrus* Curtis, 1833

（777）日本膜蝽 *Hebrus nipponicus* Horváth, 1929

分布：广东、天津、台湾；俄罗斯，韩国，日本，印度尼西亚。

（778）东方膜蝽 *Hebrus orientalis* Distant, 1904

分布：广东；缅甸。

386. 灰膜蝽属 *Hyrcanus* Distant, 1910

（779）东南亚灰膜蝽 *Hyrcanus capitatus* Distant, 1910

分布：广东、广西、云南；印度；东南亚。

387. 丽膜蝽属 *Timasius* Distant, 1909

（780）扁腹丽膜蝽 *Timasius miyamotoi* Andersen, 1981

分布：广东、福建、海南、台湾、香港、云南；越南，老挝，泰国，缅甸。

四十五、水蝽科 Mesoveliidae Douglas *et* Scott, 1867

388. 水蝽属 *Mesovelia* Mulsant *et* Rey, 1852

（781）双突水蝽 *Mesovelia thermalis* Horváth, 1915

分布：广东（广州）、内蒙古、天津、云南；俄罗斯，蒙古国；欧洲。

四十六、宽肩蝽科 Veliidae Brullé, 1836

389. 纹宽肩蝽属 *Angilia* Stål, 1866

（782）东方龟纹宽肩蝽 *Angilia orientalis* Andersen, 1981

分布：广东、香港、云南；泰国。

390. 小宽肩蝽属 *Microvelia* Westwood, 1834

（783）道氏小宽肩蝽 *Microvelia douglasi* Scott, 1874

分布：广东、安徽、浙江、湖北、江西、湖南、福建、海南、台湾、广西、四川、贵州、云南、西藏；日本，越南，泰国，印度，缅甸，斯里兰卡，菲律宾，马来西亚，新加坡，印度尼西亚，韩国，澳大利亚，美国（关岛）。

（784）荷氏偏小宽肩蝽 *Microvelia horvathi* Lundblad, 1933

分布：广东、山东、江苏、安徽、浙江、湖北、江西、湖南、福建、台湾、广西、海南、贵州、云南；韩国，日本。

（785）异淡色小宽肩蝽 *Microvelia leveillei* (Lethierry, 1877)

分布：广东（广州、惠州）、福建、台湾、海南、广西、云南；越南，泰国，印度菲律宾，印度尼西亚，文莱，马来西亚，东帝汶，巴布亚新几内亚。

391. 伪宽肩蝽属 *Pseudovelia* Hoberlandt, 1950

（786）毛腹伪宽肩蝽 *Pseudovelia extensa* Ye, Polhemus *et* Bu, 2013

分布：广东（惠州、鼎湖）、福建、江西。

（787）球跗伪宽肩蝽 *Pseudovelia globosa* Ye, Polhemus *et* Bu, 2013

分布：广东（乳源）。

（788）萧氏伪宽肩蝽 *Pseudovelia hsiaoi* Ye, Polhemus *et* Bu, 2013

分布：广东。

（789）长跗伪宽肩蝽 *Pseudovelia longitarsa* Andersen, 1983

分布：广东、福建、浙江。

392. 裂宽肩蝽属 *Rhagovelia* Mayr, 1865

（790）苏门答腊裂宽肩蝽 *Rhagovelia sumatrensis* Lundblad, 1933

分布：广东、福建、台湾、海南、云南；泰国，印度，马来西亚，印度尼西亚。

393. 壮宽肩蝽属 *Strongylovelia* Esaki, 1924

（791）台湾壮宽肩蝽 *Strongylovelia formosa* Esaki, 1924

分布：广东（博罗）、台湾。

四十七、黾蝽科 Gerridae Leach, 1815

394. 大黾蝽属 *Aquarius* Schellenberg, 1800

（792）长翅大黾蝽 *Aquarius elongatus* (Uhler, 1896)

分布：广东（中山）。

（793）圆臀大黾蝽 *Aquarius paludum* (Fabricius, 1794)

分布：广东（连州、中山）。

395. 黾蝽属 *Gerris* Fabricius, 1794

（794）细角黾蝽 *Gerris gracilicornis* (Horváth, 1879)

分布：广东、黑龙江、辽宁、内蒙古、河北、山东、河南、陕西、浙江、湖北、江西、湖南、福建、广西、重庆、四川、贵州、云南；俄罗斯，朝鲜，韩国，日本，印度。

396. 巨黾蝽属 *Gigantometra* Hungerford *et* Matsuda, 1958

（795）巨黾蝽 *Gigantometra gigas* (China, 1925)

分布：广东（仁化、封开）、海南；越南。

397. 泽背黾蝽属 *Limnogonus* Stål, 1868

（796）暗条泽背黾蝽 *Limnogonus fossarum* (Fabricius, 1775)

分布：广东（中山）。

398. 涧黾蝽属 *Metrocoris* Mayr, 1865

（797）伪齿涧黾蝽 *Metrocoris lituratus* (Stål, 1854)

分布：广东（中山）、浙江、福建、香港。

四十八、蝎蝽科 Nepidae Latreille, 1802

399. 类螳蝎蝽属 *Cercotmetus* Amot *et* Serville, 1843

（798）短足类螳蝎蝽 *Cercotmetus brevipes* Montandon, 1909

分布：广东、福建、台湾；越南，泰国，印度，菲律宾，马来西亚，印度尼西亚。

400. 壮蝎蝽属 *Laccotrephes* Stål, 1866

（799）华壮蝎蝽 *Laccotrephes chinensis* (Hoffmann, 1925)

分布：广东（连州、中山）、浙江、江西、福建、四川、贵州。

（800）灰壮蝎蝽 *Laccotrephes griseus* (Guérin–Méneville, 1835)

分布：广东、台湾；印度。

（801）粗壮蝎蝽 *Laccotrephes grossus* (Fabricius, 1787)

分布：广东、北京、青海、江苏、湖北、江西、福建、台湾、海南、云南；日本，越南，泰国，印度，斯里兰卡，马来西亚，印度尼西亚。

（802）长壮蝎蝽 *Laccotrephes pfeiferiae* (Ferrari, 1888)

分布：广东、湖北、江西、台湾、广西、四川、贵州、云南；泰国，缅甸，马来西亚，印度尼西亚。

401. 螳蝎蝽属 *Ranatra* Fabricius, 1790

（803）华螳蝎蝽 *Ranatra chinensis* Mayr, 1865

分布：广东（连州、中山）。

（804）长足螳蝎蝽 *Ranatra longipes* Stål, 1861

分布：广东、陕西、福建、台湾、广西、云南、海南。

（805）直螳蝎蝽 *Ranatra recta* Chen, Nieser *et* Ho, 2004

分布：广东。

（806）一色螳蝎蝽 *Ranatra unicolor* Scott, 1874

分布：广东、黑龙江、北京、天津、河北、山西、陕西、宁夏、江苏、浙江、湖北、四川、云南；俄罗斯，韩国，日本，伊朗，塔吉克斯坦，乌兹别克斯坦，哈萨克斯坦，亚美尼亚，伊拉克，沙特阿拉伯，阿塞拜疆。

四十九、负蝽科 Belostomatidae Leach, 1815

402. 负子蝽属 *Diplonychus* Laporte, 1833

（807）环负子蝽 *Diplonychus annulatus* (Fabricius, 1781)

分布：广东、江苏、上海、浙江、湖北、江西、湖南、福建、台湾、广西、贵州、云南；日本，印度，尼泊尔。

（808）艾氏负子蝽 *Diplonychus esakii* Miyamoto *et* Lee, 1966

分布：广东、江苏、浙江、湖北、江西、福建、台湾、海南、广西、四川、贵州、云南；韩国，日本。

（809）锈色负子蝽 *Diplonychus rusticus* (Fabricius, 1781)

分布：广东（中山）、山东、河南、江苏、上海、浙江、湖北、江西、福建、台湾、广西、贵州、云南；日本，越南，泰国，印度，缅甸，斯里兰卡，菲律宾，马来西亚，新加坡，印度尼西亚（爪哇），澳大利亚。

403. 鳖负蝽属 *Lethocerus* Mayr, 1853

（810）印鳖负蝽 *Lethocerus indicus* (Lepeletier *et* Serville, 1825)

分布：广东、浙江、福建、台湾、海南、香港、广西、云南；朝鲜，韩国，日本，越南，泰国，印度，缅甸，尼泊尔，斯里兰卡，菲律宾，马来西亚，新加坡，印度尼西亚。

五十、小划蝽科 Micronectidae Jaczewski, 1924

404. 小划蝽属 *Micronecta* Kirkaldy, 1897

（811）滴小划蝽 *Micronecta guttata* Matsumura, 1905

分布：广东、内蒙古、福建、台湾、广西；蒙古国，俄罗斯，日本，哈萨克斯坦。

（812）萨棘小划蝽 *Micronecta sahlbergii* (Jakovlev, 1881)

分布：广东、黑龙江、内蒙古、天津、河北、山西、山东、河南、陕西、江苏、安徽、浙江、湖北、江西、湖南、台湾、海南、四川、贵州、云南；俄罗斯，韩国，日本，伊朗。

五十一、蟾蝽科 Ochteridae Kirkaldy, 1906 [1815]

405. 蟾蝽属 *Ochterus* Latreille, 1807

（813）黄边蟾蝽 *Ochterus marginatus* (Latreille, 1804)

分布：广东、黑龙江、内蒙古、北京、天津、江苏、浙江、湖北、湖南、福建、台湾、海南、四川、贵州；日本，马来西亚，西班牙。

五十二、蟾蝽科 Gelastocoridae Kirkaldy, 1897

406. 蟾蝽属 *Nerthra* Say, 1832

（814）印度蟾蝽 *Nerthra indica* (Atkinson, 1889)

分布：广东（连州）、江西、福建、广西、四川、贵州、西藏、云南；越南，老挝，印度，尼泊尔。

五十三、固蝽科 Pleidae Fieber, 1851

407. 邻固蝽属 *Paraplea* Esaki *et* China, 1928

（815）额邻固蝽 *Paraplea frontalis* (Fieber, 1844)

分布：广东、北京、江苏、浙江、江西、福建、台湾、海南、云南；印度，斯里兰卡，印度尼西亚，孟加拉国。

（816）毛邻固蝽 *Paraplea indistinguenda* (Matsumura, 1905)

分布：广东、黑龙江、天津、河北、江苏、台湾；俄罗斯，韩国，日本，印度。

五十四、蚤蝽科 Helotrephidae Esaki *et* China, 1927

408. 斯蚤蝽属 *Distotrephes* Polhemus, 1990

（817）俊斯蚤蝽 *Distotrephes jaechi* Zettel, 2004

分布：广东（鼎湖）。

409. 蚤蝽属 *Helotrephes* Stål, 1860

（818）球蚤蝽 *Helotrephes globulus* Zettel, 2004

分布：广东。

（819）粤蚤蝽 *Helotrephes kantonensis* Zettel, 2004

分布：广东（始兴）。

（820）科氏蚤蝽 *Helotrephes komareki* Zettel, 2004

分布：广东（增城）。

（821）半球蚤蝽 *Helotrephes semiglobosus* Stål, 1860

分布：广东（增城、乳源、鼎湖、封开）、安徽、浙江、江西、福建、香港、广西、四川。

五十五、仰蝽科 Notonectidae Latreille, 1802

410. 小仰蝽属 *Anisops* Spinola, 1837

（822）南小仰蝽 *Anisops exiguus* Horváth, 1919

分布：广东、福建、海南、云南；印度，马来西亚，印度尼西亚，巴布亚新几内亚。

（823）小仰蝽 *Anisops fieberi* Kirkaldy, 1901

分布：广东（连州、中山）。

（824）库罗小仰蝽 *Anisops kuroiwae* Matsumura, 1915

分布：广东、江西、福建、台湾、海南、广西、四川、贵州、云南；日本，越南，泰国，印度，缅甸，斯里兰卡，菲律宾，马来西亚，新加坡，印度尼西亚，澳大利亚。

（825）突顶小仰蝽 *Anisops nasutus* Fieber, 1851

分布：广东、北京、山东、江苏、安徽、浙江、江西、福建、台湾、广西；日本，印度尼西亚，菲律宾，文莱，马来西亚，东帝汶，巴布亚新几内亚，澳大利亚。

（826）普小仰蝽 *Anisops ogasawarensis* Matsumura, 1915

分布：广东、天津、陕西、上海、浙江、湖北、江西、湖南、福建、台湾、海南、广西、四川、贵州、云南；日本。

（827）斯氏小仰蝽 *Anisops stali* Kirkaldy, 1904

分布：广东、台湾；日本，印度尼西亚，文莱，马来西亚，东帝汶，巴布亚新几内亚，澳大利亚。

411. 粗仰蝽属 *Enithares* Spinola, 1837

（828）双凹粗仰蝽 *Enithares biimpressa* (Uhler, 1860)

分布：广东、江西、福建、香港、广西、云南。

（829）华粗仰蝽 *Enithares sinica* (Stål, 1854)

分布：广东、河南、江苏、上海、浙江、湖北、江西、湖南、福建、台湾、海南、香港、广西、四川、贵州、云南；日本，越南，老挝，菲律宾，马来西亚。

412. 大仰蝽属 *Notonecta* Linnaeus, 1758

（830）中华大仰蝽 *Notonecta chinensis* Fallou, 1887

分布：广东、黑龙江、辽宁、北京、河北、山西、山东、河南、江苏、安徽、浙江、湖北、江西、湖南、福建、广西、四川、贵州、云南；日本。

413. 细仰蝽属 *Nychia* Stål, 1860

（831）透明细仰蝽 *Nychia limpida* Stål, 1860

分布：广东、湖南；斯里兰卡；欧洲，非洲。

五十六、盖蝽科 Aphelocheiridae Fieber, 1851

414. 盖蝽属 *Aphelocheirus* Westwood, 1833

（832）粤盖蝽 *Aphelocheirus cantonensis* Polhemus *et* Polhemus, 1989

分布：广东。

（833）琼盖蝽 *Aphelocheirus hainanensis* Zettel, 1998

分布：广东、海南；越南。

五十七、潜蝽科 Naucoridae Leach, 1815

415. 角潜蝽属 *Gestroiella* Montandon, 1897

（834）泥角潜蝽 *Gestroiella limnocoroides* Montandon, 1897

分布：广东、广西、贵州、云南；越南，泰国，印度，缅甸。

五十八、跳蝽科 Saldidae Amyot *et* Serville, 1843

416. *Rupisalda* Polhemus, 1985

（835）*Rupisalda austrosinica* Vinokurov, 2015

分布：广东（仁化）、云南。

417. 跳蝽属 *Saldula* Van Duzee, 1914

（836）直领跳蝽 *Saldula recticollis* (Horváth, 1899)

分布：广东（连州、仁化）、黑龙江、河北、青海、河南、湖北、贵州、福建、四川、云南；俄罗斯，韩国，日本。

五十九、猎蝽科 Reduviidae Latreille, 1807

418. 荆猎蝽属 *Acanthaspis* Amyot *et* Serville, 1843

（837）圆斑荆猎蝽 *Acanthaspis geniculata* Hsiao, 1976

分布：广东（乳源）、广西、海南、福建。

（838）八斑荆猎蝽 *Acanthaspis octoguttata* Cao, Rédei, Huli *et* Cai, 2014

分布：广东（连州）。

（839）黄革荆猎蝽 *Acanthaspis westermanni* Reuter, 1881

分布：广东（始兴、鼎湖）、广西、云南。

419. 暴猎蝽属 *Agriosphodrus* Stål, 1866

（840）暴猎蝽 *Agriosphodrus dohrni* (Signoret, 1862)

分布：广东、陕西、甘肃、江苏、上海、浙江、湖北、江西、福建、广西、四川、贵州、云南；日本，越南，印度。

420. 宽背猎蝽属 *Androclus* Stål, 1863

（841）无突宽背猎蝽 *Androclus pictus* (Herrich–Schaeffer, 1848)

分布：广东（云浮）、广西。

421. 显颊猎蝽属 *Aulacogenia* Stål, 1870

（842）显颊猎蝽 *Aulacogenia corniculata* Stål, 1870

分布：广东、广西；斯里兰卡，菲律宾，印度尼西亚。

（843）流浪凹颊猎蝽 *Aulacogenia errabunda* (Distant, 1903)

分布：广东、广西、云南；越南，斯里兰卡，菲律宾，印度尼西亚。

422. 壮猎蝽属 *Biasticus* Stål, 1866

（844）小壮猎蝽 *Biasticus flavinotus* (Matsumura, 1913)

分布：广东、江西、福建、台湾、海南、广西、四川、贵州、云南；日本，泰国，印度，缅甸，马来西亚，印度尼西亚。

（845）黄壮猎蝽 *Biasticus flavus* (Distant, 1903)

分布：广东、台湾、海南、香港、广西、贵州、云南；印度，缅甸，马来西亚，印度尼西亚。

423. 斑猎蝽属 *Canthesancus* Amyot *et* Serville, 1843

（846）短斑猎蝽 *Canthesancus helluo* Stål, 1863

分布：广东、云南；印度，斯里兰卡，印度尼西亚。

（847）狭斑猎蝽 *Canthesancus lurco* Stål, 1863

分布：广东（乳源）、安徽、浙江、云南。

424. 土猎蝽属 *Coranus* Curtis, 1833

（848）斑缘土猎蝽 *Coranus fuscipennis* Reuter, 1881

分布：广东（从化、中山）、浙江、海南、广西、云南；印度，缅甸。

（849）红缘土猎蝽 *Coranus marginatus* Hsiao, 1979

分布：广东（连州、中山）。

（850）黑尾土猎蝽 *Coranus spiniscutis* Reuter, 1881

分布：广东（中山）、浙江、江西、福建、广西、海南、云南；越南，缅甸，印度尼西亚。

425. 勺猎蝽属 *Cosmolestes* Stål, 1866

（851）环勺猎蝽 *Cosmolestes annulipes* Distant, 1879

分布：广东、河南、江西、福建、海南、广西、云南；印度，缅甸。

426. 红猎蝽属 *Cydnocoris* Stål, 1866

（852）双斑红猎蝽 *Cydnocoris binotatus* Hsiao, 1979

分布：广东、海南、广西、云南、西藏。

（853）乌带红猎蝽 *Cydnocoris fasciatus* Reuter, 1881

分布：广东（中山）、福建、海南、广西、云南、西藏；印度，马来西亚。

（854）艳红猎蝽 *Cydnocoris russatus* Stål, 1866

分布：广东（中山）、江苏、安徽、浙江、湖北、江西、湖南、福建、海南、广西、四川、云南；日本，越南。

427. 二节蚊猎蝽属 *Empicoris* Wolff, 1811

（855）红痣蚊猎蝽 *Empicoris rubromaculatus* (Blackburn, 1889)

分布：广东（中山、高要）、天津、甘肃、山东、浙江、湖南、香港、广西、四川、贵州、云南；日本，印度，菲律宾，美国（夏威夷），马达加斯加，南非等。

428. 哎猎蝽属 *Ectomocoris* Mayr, 1865

（856）黑哎猎蝽 *Ectomocoris atrox* (Stål, 1855)

分布：广东（广州、中山）、陕西、台湾、四川、云南；印度，缅甸，斯里兰卡，菲律宾，马来西亚，印度尼西亚。

（857）二星哎猎蝽 *Ectomocoris biguttulus* Stål, 1871

分布：广东（广州）、江西、湖南、广西、台湾、云南；菲律宾。

（858）亚哎猎蝽 *Ectomocoris yayeyamae* (Mutsmura, 1913)

分布：广东、广西、海南、台湾、云南；日本，越南，菲律宾。

（859）小黑哎猎蝽 *Ectomocoris yunnanensis* Ren, 1990

分布：广东、浙江、江西、湖南、福建、海南、广西、贵州、云南。

429. 光猎蝽属 *Ectrychotes* Burmeister, 1835

（860）黑光猎蝽 *Ectrychotes andreae* (Thunberg, 1784)

分布：广东（广州）、辽宁、北京 、河北、山东、甘肃、江苏、上海、浙江、湖北、湖南、广西、海南、四川、云南。

（861）缘斑光猎蝽 *Ectrychotes comottoi* Lethierry, 1883

分布：广东、陕西、江西、福建、海南、台湾、广西、四川、贵州、云南；日本，越南，缅甸。

（862）红腹光猎蝽 *Ectrychotes gressitti* China, 1940

分布：广东、海南。

（863）南方光猎蝽 *Ectrychotes lingnanensis* China, 1940

分布：广东（连州、新会）、海南、广西。

430. 嗯猎蝽属 *Endochus* Stål, 1859

（864）嗯猎蝽 *Endochus cingalensis* Stål, 1861

分布：广东、江苏、江西、海南、广西、贵州、云南、西藏；印度，缅甸，斯里兰卡，印度尼西亚。

（865）黑角嗯猎蝽 *Endochus nigricornis* Stål, 1859

分布：广东、河北、浙江、湖北、江西、福建、海南、广西、四川、贵州、云南、西藏；印度，缅甸，菲律宾，马来西亚，印度尼西亚。

431．素猎蝽属 *Epidaus* Stål, 1859

（866）素猎蝽 *Epidaus famulus* (Stål, 1863)

分布：广东（乐昌、鼎湖）、福建、四川；印度，缅甸。

（867）暗素猎蝽 *Epidaus nebulo* (Stål, 1863)

分布：广东（连州、中山）。

（868）六刺素猎蝽 *Epidaus sexspinus* Hsiao, 1979

分布：广东（始兴、中山）、浙江、江西、湖南、福建、海南、广西、贵州、云南、西藏；日本。

（869）瘤突素猎蝽 *Epidaus tuberosus* Yang, 1940

分布：广东、黑龙江、辽宁、河南、陕西、甘肃、安徽、浙江、湖北、江西、湖南、福建、广西、四川。

432．脊猎蝽属 *Epidaucus* Hsiao, 1979

（870）脊猎蝽 *Epidaucus carinatus* Hsiao, 1979

分布：广东（连州）、浙江、湖北、江西、福建、台湾、海南、广西、四川、云南；日本，越南，印度，缅甸，斯里兰卡，印度尼西亚。

433．彩猎蝽属 *Euagoras* Burmeister, 1835

（871）彩纹猎蝽 *Euagoras plagiatus* (Burmeiter, 1834)

分布：广东（广州）、浙江、福建、海南、广西、云南；越南，印度，缅甸，斯里兰卡，菲律宾，印度尼西亚。

434．蚊猎蝽属 *Gardena* Dohrn, 1860

（872）黄环蚊猎蝽 *Gardena melinarthrum* Dohrn, 1860

分布：广东（中山）、台湾、海南、广西；斯里兰卡，印度尼西亚，澳大利亚。

435．真猎蝽属 *Harpactor* Laporte, 1833

（873）红彩真猎蝽 *Harpactor fuscipes* (Fabricius, 1787)

分布：广东（连州、中山）。

（874）云斑真猎蝽 *Harpactor incertus* (Distant, 1903)

分布：广东（连州、中山）。

436．赤猎蝽属 *Haematoloecha* Stål, 1874

（875）福建赤猎蝽 *Haematoloecha fokiensis* Distant, 1903

分布：广东、河南、浙江、江西、湖南、福建、广西、云南。

（876）二色赤猎蝽 *Haematoloecha nigrorufa* (Stål, 1867)

分布：广东、河南、北京、天津、河北、山东、陕西、浙江、湖北、江西、湖南、福建、台湾、广西、贵州；朝鲜，日本。

437. 长头猎蝽属 *Henricohahnia* Breddin, 1900

（877）众突长头猎蝽 *Henricohahnia cauta* Miller, 1954

分布：广东、广西、海南、四川、云南；印度。

438. 杆猎蝽属 *Hoffmannocoris* China, 1940

（878）杆猎蝽 *Hoffmannocoris spinicollis* China, 1940

分布：广东、江西、海南、广西。

439. 毛猎蝽属 *Holoptilus* Lepeletier *et* Serville, 1825

（879）树毛猎蝽 *Holoptilus silvanus* Hsiao, 1974

分布：广东、香港、广西。

440. 菱猎蝽属 *Isyndus* Stål, 1858

（880）褐菱猎蝽 *Isyndus obscurus* (Dallas, 1850)

分布：广东（中山）、辽宁、北京、山东、河南、甘肃、安徽、浙江、湖北、江西、福建、海南、广西、四川、贵州、云南、西藏；朝鲜，日本，越南，印度，不丹。

（881）毛足菱猎蝽 *Isyndus pilosipes* Reuter, 1881

分布：广东（始兴、连平）、福建、广西、四川、贵州、云南、西藏；印度，缅甸。

（882）锥盾菱猎蝽 *Isyndus reticulatus* Stål, 1868

分布：广东（广州）、福建、广西、云南；印度。

441. 隶猎蝽属 *Lestomerus* Amyot *et* Serville, 1843

（883）红股隶猎蝽 *Lestomerus femoralis* Walker, 1873

分布：广东（广州、中山）、江苏、上海、浙江、湖北、江西、福建、四川；印度，缅甸，印度尼西亚。

442. 剑猎蝽属 *Lisarda* Stål, 1859

（884）晦纹剑猎蝽 *Lisarda rhypara* Stål, 1859

分布：广东（鼎湖）、广西、贵州、海南、香港、云南；越南，缅甸，新加坡，印度尼西亚。

443. 马氏猎蝽属 *Maldonadocoris* Zhao, Yuan *et* Cai, 2006

（885）环足马氏猎蝽 *Maldonadocoris annulipes* Zhao, Yuan *et* Cai, 2006

分布：广东（新丰）。

444. 角猎蝽属 *Macracanthopsis* Reuter, 1881

（886）结股角猎蝽 *Macracanthopsis nodipes* Reuter, 1881

分布：广东、福建、海南、广西、贵州、云南；越南，印度，缅甸，马来西亚。

445. 大蚊猎蝽属 *Myiophanes* Reuter, 1881

（887）大蚊猎蝽 *Myiophanes tipulina* Reuter, 1881

分布：广东、北京、天津、河北、上海、湖北、江西、福建、海南、香港、广西、云南、西藏；日本，越南，缅甸，马来西亚，澳大利亚。

446. 长背猎蝽属 *Neothodelmus* Distant, 1919

（888）长背猎蝽 *Neothodelmus yangmingshengi* China, 1940

分布：广东、福建、海南、广西、云南。

447. 健猎蝽属 *Neozirta* Distant, 1919

（889）环足健猎蝽 *Neozirta eidmanni* (Taueber, 1930)

　　分布：广东（乳源）、北京、陕西、河南、湖北、浙江、海南、广西；越南。

448. 普猎蝽属 *Oncocephalus* Klug, 1830

（890）双环普猎蝽 *Oncocephalus breviscutum* Reuter, 1882

　　分布：广东、河南、陕西、浙江、江西、湖南、广西、重庆、贵州、云南；日本，印度尼西亚，马来西亚，文莱。

（891）黑普猎蝽 *Oncocephalus heissi* Ishikawa, Cai *et* Tomokuni, 2006

　　分布：广东（连州）、海南；日本。

（892）粗股普猎蝽 *Oncocephalus impudicus* Reuter, 1882

　　分布：广东（广州）、浙江、江西、福建、重庆、贵州、云南；越南，印度，缅甸，斯里兰卡，印度尼西亚。

（893）颗普猎蝽 *Oncocephalus impurus* Hsiao, 1977

　　分布：广东（中山）。

（894）南普猎蝽 *Oncocephalus philippinus* Lethierry, 1877

　　分布：广东（连州）、河南、陕西、浙江、湖北、江西、福建、台湾、广西、四川、云南；朝鲜，日本，菲律宾。

（895）毛眼普猎蝽 *Oncocephalus pudicus* Hsiao, 1977

　　分布：广东、海南。

（896）圆肩普猎蝽 *Oncocephalus purus* Hsiao, 1977

　　分布：广东（广州）、江西、广西、海南、贵州。

（897）盾普猎蝽 *Oncocephalus scutellaris* Reuter, 1881

　　分布：广东（饶平）、陕西、湖南、福建、广西、贵州、云南；越南，印度尼西亚。

（898）短斑普猎蝽 *Oncocephalus simillimus* Reuter, 1888

　　分布：广东、黑龙江、吉林、辽宁、内蒙古、北京、河北、山东、河南、陕西、江苏、上海、安徽、浙江、湖北、福建、海南、广西、四川、云南；澳大利亚。

449. 锥绒猎蝽属 *Opistoplatys* Westwood, 1834

（899）大锥绒猎蝽 *Opistoplatys majusculus* Distant, 1904

　　分布：广东、海南、香港、广西、云南；印度。

（900）小锥绒猎蝽 *Opistoplatys perakensis* Miller, 1940

　　分布：广东（连州、中山）。

450. 副斯猎蝽属 *Parascadra* Miller, 1953

（901）红副斯猎蝽 *Parascadra rubida* Hsiao, 1973

　　分布：广东、海南、广西。

451. 棒猎蝽属 *Parendochus* Hsiao, 1979

（902）棒猎蝽 *Parendochus leptocorisoides* (China, 1940)

　　分布：广东（连州）、江西、海南、云南。

452. 盗猎蝽属 *Peirates* Serville, 1831

（903）日月盗猎蝽 *Peirates arcuatus* (Stål, 1871)

分布：广东（广州）、江苏、安徽、浙江、湖北、江西、福建、台湾、香港、四川、云南、西藏；日本，印度，缅甸，斯里兰卡，菲律宾，印度尼西亚。

（904）黄纹盗猎蝽 *Peirates atromaculatus* Stål, 1870

分布：广东、辽宁、北京、山东、河南、陕西、江苏、浙江、湖北、江西、福建、海南、广西、重庆、四川、贵州；朝鲜，日本，越南，印度，缅甸，斯里兰卡，菲律宾，印度尼西亚，俄罗斯。

（905）丽盗猎蝽 *Peirates picturatus* Miller, 1948

分布：广东、浙江、江西、福建、广西、四川、贵州；印度尼西亚。

（906）污黑盗猎蝽 *Peirates turpis* Waker, 1873

分布：广东、北京、山东、河南、陕西、江苏、浙江、湖北、江西、广西、四川、贵州；日本，越南。

453. 伐猎蝽属 *Phalantus* Stål, 1863

（907）伐猎蝽 *Phalantus geniculatus* Stål, 1863

分布：广东、湖北、四川、云南；日本，印度，缅甸。

454. 棘猎蝽属 *Polididus* Stål, 1858

（908）棘猎蝽 *Polididus armatissimus* Stål, 1860

分布：广东（广州、中山）、湖北、江西、福建、台湾、云南；日本，越南，印度，缅甸，斯里兰卡，印度尼西亚。

455. 盲猎蝽属 *Polytoxus* Spinola, 1840

（909）南盲猎蝽 *Polytoxus femoralis* Distant, 1903

分布：广东、湖北、江西、湖南、福建、海南、广西、贵州、云南；印度，缅甸，斯里兰卡。

456. 刺胸猎蝽属 *Pygolampis* Germar, 1824

（910）双刺胸猎蝽 *Pygolampis bidentata* (Goeze, 1778)

分布：广东、黑龙江、内蒙古、北京、河北、山西、山东、河南、陕西、新疆、江苏、湖北、台湾、广西、四川、云南；朝鲜，日本，俄罗斯（西伯利亚），印度尼西亚，马来西亚，文莱。

（911）污刺胸猎蝽 *Pygolampis foeda* Stål, 1859

分布：广东（中山）、河南、辽宁、陕西、江苏、上海、浙江、湖北、江西、湖南、福建、海南、广西、四川、贵州、云南；日本，印度，缅甸，斯里兰卡，马来西亚，印度尼西亚，澳大利亚，斐济。

（912）赭刺胸猎蝽 *Pygolampis rufescens* Hsiao, 1977

分布：广东、江西、广西、贵州、云南；越南。

（913）中刺胸猎蝽 *Pygolampis simulipes* Hsiao, 1977

分布：广东、河南、江西、台湾、广西、云南；越南。

457. 猎蝽属 *Reduvius* Fabricius, 1775

（914）桔红背猎蝽 *Reduvius tenebrosus* (Stål, 1863)

分布：广东（连州、中山）、江苏、安徽、浙江、江西、湖南、福建、广西、四川、贵州、云南。

458. 历猎蝽属 *Rhynocoris* Hahn, 1834

（915）山彩历猎蝽 *Rhynocoris costallis* (Stål, 1867)

分布：广东、浙江、江西、湖南、福建、海南、广西、四川、贵州、云南、西藏；越南，老挝，泰国，印度，缅甸，斯里兰卡，马来西亚。

（916）红彩历猎蝽 *Rhynocoris fuscipes* (Fabricius, 1787)

分布：广东（连州、始兴）、吉林、江苏、浙江、湖北、江西、湖南、福建、台湾、海南、广西、四川、云南、西藏；日本，印度，缅甸，斯里兰卡，马来西亚，印度尼西亚。

（917）云斑历猎蝽 *Rhynocoris incertis* (Distant, 1903)

分布：广东（怀集）、河南、陕西、江苏、安徽、浙江、湖北、江西、湖南、福建、广西、四川、贵州；日本。

（918）黄缘历猎蝽 *Rhynocoris marginellus* (Fabricius, 1803)

分布：广东、海南、广西、云南；越南，印度，缅甸。

（919）红股历猎蝽 *Rhynocoris mendicus* (Stål, 1867)

分布：广东（中山）、江苏、广西、云南；柬埔寨，印度，缅甸，马来西亚。

459. 齿胫猎蝽属 *Rihirbus* Stål, 1861

（920）多变齿胫猎蝽 *Rihirbus trochantericus* Stål, 1861

分布：广东（梅县、鼎湖）、广西、云南；印度，斯里兰卡。

460. 梭猎蝽属 *Sastrapada* Amyot *et* Serville, 1843

（921）娇梭猎蝽 *Sastrapada baerensprungi* Stål, 1859

分布：广东、湖北、广西；日本，印度，斯里兰卡，马来西亚，以色列，意大利，希腊，瑞士，南非，澳大利亚。

（922）壮梭猎蝽 *Sastrapada robusta* Hsiao, 1977

分布：广东（广州、中山）、陕西。

461. 斯猎蝽属 *Scadra* Stål, 1859

（923）褐斯猎蝽 *Scadra wuchenfui* China, 1940

分布：广东（广州）、河南、海南、广西、贵州、云南。

462. 楯猎蝽属 *Schidium* Bergroth, 1916

（924）三叶楯猎蝽 *Schidium marcidum* (Uhler, 1896)

分布：广东（连州、中山）。

463. 轮刺猎蝽属 *Scipinia* Stål, 1861

（925）轮刺猎蝽 *Scipinia horrida* (Stål, 1843)

分布：广东（广州、连州、始兴）、陕西、浙江、福建、湖北、广西、海南、四川、云南；缅甸，斯里兰卡，菲律宾，印度（锡金）。

（926）角轮刺猎蝽 *Scipinia subula* Hsiao *et* Ren, 1981

分布：广东（始兴）、福建、广西、海南。

464. 刺猎蝽属 *Sclomina* Stål, 1861

（927）齿缘刺猎蝽 *Sclomina erinacea* Stål, 1861

分布：广东（清远、始兴、乐昌、中山）、陕西、安徽、浙江、湖北、江西、湖南、福建、台湾、广西、贵州、云南。

465. 塞猎蝽属 *Serendiba* Distant, 1906

（928）膜翅塞猎蝽 *Serendiba hymenoptera* China, 1940

分布：广东（乳源）、浙江、湖北、湖南、福建、台湾、海南、广西、四川。

466. 雅猎蝽属 *Serendus* Hsiao, 1979

（929）斑腹雅猎蝽 *Serendus geniculatus* Hsiao, 1979

分布：广东（连州、中山）。

467. 黄足猎蝽属 *Sirthenea* Spinola, 1837

（930）黄足猎蝽 *Sirthenea flavipes* (Stål, 1855)

分布：广东（广州）、陕西、江苏、浙江、湖北、江西、福建、台湾、广西、四川、贵州、海南、云南、西藏；日本，印度，斯里兰卡，菲律宾，印度尼西亚。

468. 猛猎蝽属 *Sphedanolestes* Stål, 1866

（931）红缘猛猎蝽 *Sphedanolestes gularis* Hsiao, 1979

分布：广东（中山）、黑龙江、河南、甘肃、安徽、浙江、湖北、湖南、江西、湖南、福建、海南、广西、重庆、四川、贵州、云南、西藏。

（932）环斑猛猎蝽 *Sphedanolestes impressicollis* (Stål, 1861)

分布：广东（广州、中山）、天津、山东、河南、陕西、甘肃、江苏、浙江、湖北、江西、湖南、福建、广西、四川、贵州、云南；朝鲜，韩国，日本，印度。

（933）赤腹猛猎蝽 *Sphedanolestes pubinotum* Reuter, 1881

分布：广东（连州、乳源）、福建、广西、四川、云南、西藏；印度，缅甸。

（934）红猛猎蝽 *Sphedanolestes trichrous* Stål, 1874

分布：广东、福建、海南、香港、广西、云南；印度。

469. 舟猎蝽属 *Staccia* Stål, 1860

（935）淡舟猎蝽 *Staccia diluta* (Stål, 1859)

分布：广东（广州）、江苏、湖北、江西、福建、四川、云南；印度，缅甸，斯里兰卡，印度尼西亚。

470. 犀猎蝽属 *Sycanus* Amyot et Serville, 1843

（936）黄带犀猎蝽 *Sycanus croceovittatus* Dohrn, 1859

分布：广东（广州、中山、高要）、福建、广西、江西、海南、香港、云南；印度，缅甸。

（937）黄犀猎蝽 *Sycanus croceus* Hsiao, 1979

分布：广东、江西、福建、广西、海南、云南。

471. 达猎蝽属 *Tamaonia* China, 1940

（938）毛达猎蝽 *Tamaonia pilosa* China, 1940

分布：广东。

472. 敏猎蝽属 *Thodelmus* Stål, 1859

（939）敏猎蝽 *Thodelmus falleni* Stål, 1859

分布：广东、河南、江西、湖南、福建、海南、广西、四川、贵州、云南；印度，缅甸，斯里兰卡，印度尼西亚，巴基斯坦，澳大利亚。

473. 绒猎蝽属 *Tribelocephala* Stål, 1853

（940）瓦绒猎蝽 *Tribelocephala walkeri* China, 1940

分布：广东、香港、广西、云南。

474. 锥猎蝽属 *Triatoma* Laporte, 1833

（941）广锥猎蝽 *Triatoma rubrofasciata* (De Geer, 1773)

分布：广东（广州）、福建、台湾、广西；世界广布。

475. 锤胫猎蝽属 *Valentia* Stål, 1863

（942）锤胫猎蝽 *Valentia compressipes* Stål, 1874

分布：广东、海南、广西、云南；越南，印度，缅甸。

（943）小锤胫猎蝽 *Valentia hoffmanni* China, 1940

分布：广东、广西、云南、海南。

476. 脂猎蝽属 *Velinus* Stål, 1866

（944）革红脂猎蝽 *Velinus annulatus* Distant, 1879

分布：广东、福建、广西、贵州、云南；印度，缅甸。

（945）黑脂猎蝽 *Velinus nodipes* (Uhler, 1860)

分布：广东、河南、陕西、江苏、浙江、湖北、福建、广西、四川、贵州、云南；朝鲜，韩国，日本。

477. 小猎蝽属 *Vesbius* Stål, 1865

（946）红小猎蝽 *Vesbius purpureus* (Thunberg, 1784)

分布：广东、福建、台湾、海南、广西、云南；泰国，印度，缅甸，斯里兰卡，马来西亚，印度尼西亚，巴布亚新几内亚。

（947）红股小猎蝽 *Vesbius sanguinosus* Stål, 1874

分布：广东（中山）、海南、广西；印度，缅甸，马来西亚，印度尼西亚。

478. 文猎蝽属 *Villanovanus* Distant, 1904

（948）黑文猎蝽 *Villanovanus nigrorufus* Hsiao, 1979

分布：广东（阳山）、广西、海南、贵州、云南、西藏。

479. 裙猎蝽属 *Yolinus* Amyot et Serville, 1843

（949）淡裙猎蝽 *Yolinus albopustulatus* China, 1940

分布：广东（连州、中山）、陕西、湖北、浙江、福建、湖南、海南、广西、四川、贵州。

六十、姬蝽科 Nabidae Costa, 1853

480. 棒姬蝽属 *Arbela* Stål, 1866

（950）简足棒姬蝽 *Arbela simplicipes* (Poppius, 1915)

分布：广东（龙门）、福建、台湾；日本。

（951）光棒姬蝽 *Arbela nitidula* (Stål, 1860)

分布：广东（鼎湖）、北京、海南；日本，印度，斯里兰卡，印度尼西亚，马来西亚，文莱，巴布亚新几内亚，所罗门群岛。

481. 希姬蝽属 *Himacerus* Wolff, 1811

（952）泛希姬蝽 *Himacerus apterus* (Fabricius, 1798)

分布：广州、黑龙江、辽宁、内蒙古、北京、河北、山西、山东、河南、陕西、甘肃、宁夏、青海、湖北、海南、四川、云南、西藏；俄罗斯，朝鲜，韩国，日本；欧洲，北美洲。

482. 姬蝽属 *Nabis* Latreille, 1802

（953）窄姬蝽 *Nabis capsiformis* Germar, 1838

分布：广东、湖北、浙江、福建、四川、云南；日本，印度，斯里兰卡；非洲，欧洲，南美洲。

483. 花姬蝽属 *Prostemma* Laporte, 1832

（954）平带花姬蝽 *Prostemma fasciatum* (Stål, 1873)

分布：广东（广州）、福建、台湾、广西；日本。

六十一、毛唇花蝽科 Lasiochilidae Carayon, 1972

484. 毛唇花蝽属 *Lasiochilus* Reuter, 1871

（955）日本毛唇花蝽 *Lasiochilus japonicus* Hiura, 1967

分布：广东（连州）；日本。

六十二、细角花蝽科 Lyctocoridae Reuter, 1884

485. 细角花蝽属 *Lyctocoris* Hahn, 1836

（956）东方细角花蝽 *Lyctocoris beneficus* (Hiura, 1957)

分布：广东（中山）、北京、天津、河北、山东、河南、陕西、江苏、浙江、湖北、江西、广西、四川、贵州；日本。

六十三、花蝽科 Anthocoridae Fieber, 1837

486. 叉胸花蝽属 *Amphiareus* Distant, 1904

（957）束翅叉胸花蝽 *Amphiareus constrictus* (Stål, 1860)

分布：广东（封开）、浙江、湖北、福建、海南、台湾、贵州、云南；日本，印度，缅甸，斯里兰卡，新加坡，印度尼西亚，巴布亚新几内亚，美国（夏威夷），密克罗尼西亚，圭亚那，马达加斯加，巴西。

487. 拟刷花蝽属 *Blaptostethoides* Carayon, 1972

（958）江崎拟刷花蝽 *Blaptostethoides esakii* (Hiura, 1960)

分布：广东（广州、博罗、顺德）、海南、云南；日本。

488. 透翅花蝽属 *Montandoniola* Poppius, 1909

（959）黑纹透翅花蝽 *Montandoniola moraguesi* (Puton, 1896)

分布：广东、福建、海南、香港、广西、西藏；日本，印度，新加坡，印度尼西亚，密克尼罗西亚，南非；非洲西部。

489. 小花蝽属 *Orius* Wolff, 1811

（960）南方小花蝽 *Orius strigicollis* (Poppius, 1915)

分布：广东（广州）、山东、湖北、浙江、福建、四川；日本。

（961）淡翅小花蝽 *Orius tantillus* (Motschulsky, 1863)

分布：广东（广州、高要）、福建、海南、广西；泰国，印度，斯里兰卡，菲律宾，马来西亚，密克罗尼西亚，澳大利亚。

490. 仓花蝽属 *Xylocoris* Dufour, 1831

（962）黄色仓花蝽 *Xylocoris flavipes* (Reuter, 1875)

分布：广东（韶关、中山、廉江、雷州）、湖北、江西、湖南、福建、海南、四川、贵州、云南；印度，巴基斯坦，也门，塞内加尔；欧洲，非洲北部、东部和南部。

（963）日浦仓花蝽 *Xylocoris hiurai* Kerzhner *et* Elov, 1976

分布：广东（广州）、北京、天津、河南、福建；日本。

六十四、网蝽科 Tingidae Laporte, 1832

491. 笋网蝽属 *Aphelotingis* Drake, 1948

（964）笋网蝽 *Aphelotingis muiri* (Drake, 1927)

分布：广东（高要）、云南；新加坡，印度尼西亚。

492. 硕扁网蝽属 *Ammianus* Distant, 1903

（965）栗硕扁网蝽 *Ammianus toi* (Drake, 1938)

分布：广东（广州、连州）、海南、贵州；越南，印度尼西亚。

493. 叉刺网蝽属 *Belenus* Distant, 1909

（966）叉刺网蝽 *Belenus angulatus* Distant, 1909

分布：广东、广西、海南。

494. 长头网蝽属 *Cantacader* Amyot *et* Serville, 1843

（967）长头网蝽 *Cantacader lethierryi* Scott, 1874

分布：广东、北京、河北、陕西、云南；日本，越南，泰国。

495. 粗角网蝽属 *Copium* Thunberg, 1822

（968）粗角网蝽 *Copium japonicum* Esaki, 1931

分布：广东（连州）、陕西、湖北、江西、福建、台湾、重庆、四川、贵州；日本。

496. 深网蝽属 *Cromerus* Distant, 1902

（969）深网蝽 *Cromerus gressitti* Drake, 1937

分布：广东。

497. 负板网蝽属 *Cysteochila* Stål, 1873

（970）负板网蝽 *Cysteochila picta* (Distant, 1903)

分布：广东（广州）、海南、云南；缅甸，菲律宾。

498. 贝肩网蝽属 *Dulinius* Distant, 1903

（971）贝肩网蝽 *Dulinius conchatus* Distant, 1903

分布：广东（广州）、河南、江西、贵州、海南；印度，斯里兰卡，菲律宾，马来西亚，印度尼西亚。

499. 刺肩网蝽属 *Haedus* Distant, 1904

（972）刺肩网蝽 *Haedus vicarius* (Drake, 1927)

分布：广东（广州、高要）、广西、贵州、云南；印度，菲律宾。

500. 膜肩网蝽属 *Hegesidemus* Distant, 1911

（973）膜肩网蝽 *Hegesidemus habrus* Drake, 1966

分布：广东（连州）、北京、河北、山西、河南、陕西、湖北、江西、四川。

501. 华网蝽属 *Hurdchila* Drake, 1953

（974）华网蝽 *Hurdchila togularis* (Drake *et* Poor), 1936

分布：广东（广州）、海南、云南。

502. 窄眼网蝽属 *Leptoypha* Stål, 1873

（975）窄眼网蝽 *Leptoypha capitata* (Jakovlev, 1876)

分布：广东（广州、连州）、黑龙、辽宁、河北、内蒙古、山西、广西；日本，俄罗斯。

503. 柳网蝽属 *Metasalis* Lee, 1971

（976）杨柳网蝽 *Metasalis populi* (Takeya, 1932)

分布：广东（连州）、北京、天津、河北、山西、陕西、甘肃、黑龙江、福建、江西、山东、河南、湖北、香港、台湾、重庆，四川、贵州；日本，朝鲜，俄罗斯（远东）。

504. 大角网蝽属 *Paracopium* Distant, 1902

（977）大角网蝽 *Paracopium sauteri* Drake, 1951

分布：广东（广州）、海南、台湾。

505. 高颈网蝽属 *Perissonemia* Drake et Poor, 1937

（978）高颈网蝽 *Perissonemia borneenis* (Distant, 1909)

分布：广东、云南、四川；菲律宾，新加坡，印度尼西亚，巴布亚新几内亚。

506. 折板网蝽属 *Physatocheila* Fieber, 1844

（979）华折板网蝽 *Physatocheila enodis* Drake, 1948

分布：广东、四川。

（980）粤折板网蝽 *Physatocheila ruris* Drake, 1942

分布：广东；尼泊尔，不丹。

507. 冠网蝽属 *Stephanitis* Stål, 1873

（981）钩樟冠网蝽 *Stephanitis ambigua* Horváth, 1912

分布：广东（连州）、北京、浙江、湖北、福建、台湾、贵州；朝鲜，日本。

（982）维脊冠网蝽 *Stephanitis exigua* Horváth, 1912

分布：广东、福建、广西；日本；琉球群岛。

（983）黑腿冠网蝽 *Stephanitis gallarum* Horváth, 1906

分布：广东、福建、台湾、广西、四川、云南；印度，不丹。

（984）华南冠网蝽 *Stephanitis laudata* Drake *et* Poor, 1953

分布：广东（连州）、浙江、江西、湖南、福建、海南、台湾、广西、四川、贵州、云南。

（985）樟脊冠网蝽 *Stephanitis macaona* Drake, 1948

  分布：广东（高要）、澳门。

（986）梨冠网蝽 *Stephanitis nashi* Esaki *et* Takeya, 1931

  分布：广东（广州、连州）、黑龙江、吉林、北京、天津、河北、山西、山东、河南、陕西、安徽、浙江、湖北、江西、湖南、福建、海南、台湾、广西、重庆、四川、云南；俄罗斯，朝鲜，日本。

（987）村脊冠网蝽 *Stephanitis pagana* Drake *et* Maa, 1953

  分布：广东、江西、福建、浙江。

（988）杜鹃冠网蝽 *Stephanitis pyrioides* (Scott, 1874)

  分布：广东（广州、中山）、河北、上海、浙江、湖北、台湾、重庆、四川、贵州、云南；俄罗斯，朝鲜，日本，不丹，澳大利亚，阿根廷。

（989）长脊冠网蝽 *Stephanitis svensoni* Drake, 1948

  分布：广东（连州）、福建；日本。

（990）香蕉冠网蝽 *Stephanitis typica* (Distant, 1903)

  分布：广东（广州）、福建、海南、台湾、广西；朝鲜，日本，印度，斯里兰卡，菲律宾，马来西亚，印度尼西亚，巴基斯坦，巴布亚新几内亚。

508. 糙皮网蝽属 *Trachypeplus* Horváth, 1926

（991）华糙皮网蝽 *Trachypeplus chinensis* Drake *et* Poor, 1936

  分布：广东（广州）、海南、香港；越南，老挝。

509. *Ulonemia* Drake *et* Poor, 1937

（992）狭网蝽 *Ulonemia assamensis* (Distant, 1903)

  分布：广东、海南、台湾、广西；印度，印度尼西亚。

六十五、盲蝽科 Miridae Hahn, 1833

510. 角额盲蝽属 *Acrorrhinium* Noualhier, 1895

（993）香港角额盲蝽 *Acrorrhinium hongkong* Schuh, 1984

  分布：广东、海南、香港。

511. 驼盲蝽属 *Angerianus* Distant, 1904

（994）斑盾驼盲蝽 *Angerianus fractus* Distant, 1904

  分布：广东（连州）、贵州、云南；越南，老挝，缅甸，泰国，尼泊尔。

512. 圆蚁盲蝽属 *Alloeomimus* Reuter, 1910

（995）穆氏圆蚁盲蝽 *Alloeomimus muiri* Schuh, 1984

  分布：广东；老挝，泰国，印度尼西亚。

513. 异丽盲蝽属 *Apolygopsis* Yasunaga, Schwartz *et* Cherot, 2002

（996）斑驳异丽盲蝽 *Apolygopsis mosaicus* (Zheng *et* Wang, 1983)

  分布：广东（连州）。

（997）东亚异丽盲蝽 *Apolygopsis nigritulus* (Linnavuori, 1961)

  分布：广东、浙江、湖北、湖南、福建、广西、四川、贵州、云南；朝鲜，日本。

514. 后丽盲蝽属 *Apolygus* **China, 1941**

（998）毛后丽盲蝽 *Apolygus sinicus* Kerzhner *et* Schuh, 1995

分布：广东、四川。

（999）斯氏后丽盲蝽 *Apolygus spinolae* (Meyer–Dur, 1841)

分布：广东、黑龙江、北京、天津、甘肃、河南、陕西、浙江、四川、云南；朝鲜，日本，埃及，阿尔及利亚；欧洲。

515. 蕨盲蝽属 *Bryocoris* **Fallén, 1829**

（1000）纤蕨盲蝽 *Bryocoris* (*Bryocoris*) *gracilis* Linnavuori, 1962

分布：广东（信宜）、浙江、湖北、湖南、台湾、广西、四川、贵州、云南；日本；新几内亚岛。

（1001）奇突蕨盲蝽 *Bryocoris* (*Bryocoris*) *insuetus* Hu *et* Zheng, 2000

分布：广东（信宜）、台湾、四川、云南。

516. 隆胸盲蝽属 *Bertsa* **Kirkaldy, 1904**

（1002）小隆胸盲蝽 *Bertsa lankana* (Kirby, 1891)

分布：广东（鼎湖）；日本，斯里兰卡，印度尼西亚。

517. 微刺盲蝽属 *Campylomma* **Reuter, 1878**

（1003）中华微刺盲蝽 *Campylomma chinensis* Schuh, 1984

分布：广东、福建、海南、香港、广西。

518. 纹唇盲蝽属 *Charagochilus* **Fieber, 1858**

（1004）狭领纹唇盲蝽 *Charagochilus angusticollis* Linnavuori, 1961

分布：广东（连州、乐昌）、河北、河南、陕西、甘肃、安徽、浙江、湖北、福建、台湾、广西、四川、贵州、云南；俄罗斯（远东），朝鲜，日本。

（1005）长角纹唇盲蝽 *Charagochilus longicornis* Reuter, 1885

分布：广东、湖北、福建、海南、台湾、四川、贵州、云南；日本，印度，印度尼西亚。

（1006）淡领纹唇盲蝽 *Charagochilus pallidicollis* Zheng, 1990

分布：广东、湖北、江西、福建、海南、广西、四川、贵州、云南。

519. 盔盲蝽属 *Cyrtorhinus* **Fieber, 1858**

（1007）黑肩绿盲蝽 *Cyrtorhinus lividipennis* Reuter, 1885

分布：广东（中山）、河北、山东、河南、陕西、江苏、上海、安徽、浙江、湖北、江西、湖南、福建、海南、台湾、广西、四川、贵州、云南；日本，越南。

520. 齿爪盲蝽属 *Deraeocoris* **Kirschbaum, 1856**

（1008）环足齿爪盲蝽 *Deraeocoris* (*Camptobrochis*) *aphidicidus* Ballard, 1927

分布：广东（广州）、陕西、浙江、湖北、海南、福建、广西、四川、贵州、云南；印度。

（1009）黑胸齿爪盲蝽 *Deraeocoris* (*Deraeocoris*) *nigropectus* Hsiao, 1941

分布：广东（连州、韶关）、陕西、甘肃、浙江、湖北、江西、湖南、福建、广西、贵州、云南。

521. 榕盲蝽属 *Dioclerus* **Distant, 1910**

（1010）泰榕盲蝽 *Dioclerus thailandensis* Stonedahl, 1988

    分布：广东（台山）、广西、云南；泰国。

522. 长盲蝽属 *Dolichomiris* Reuter, 1882

（1011）大长盲蝽 *Dolichomiris antennatis* (Distant, 1904)

    分布：广东（连州）、陕西、宁夏、甘肃、湖北、江西、福建、台湾、广西、四川、云南；印度。

523. 多盲蝽属 *Dortus* Distant, 1910

（1012）黑带多盲蝽 *Dortus chinai* Miyamoto, 1965

    分布：广东（连州）、江西、福建、海南、台湾、广西、四川、云南；日本。

524. 跃盲蝽属 *Ectmetopterus* Reuter, 1906

（1013）甘薯跃盲蝽 *Ectmetopterus micantulus* (Horváth, 1905)

    分布：广东、北京、天津、河北、山东、河南、陕西、浙江、甘肃、湖北、江西、湖南、福建、海南、广西、四川、贵州、云南；日本。

525. 芋盲蝽属 *Ernestinus* Distant, 1911

（1014）淡盾芋盲蝽 *Ernestinus pallidiscutum* (Poppius, 1915)

    分布：广东（肇庆、信宜）、台湾、海南、广西、贵州、云南；日本。

（1015）四斑芋盲蝽 *Ernestinus tetrastigma* Yasunaga, 2000

    分布：广东（肇庆）；日本。

526. 拟厚盲蝽属 *Eurystylopsis* Poppius, 1911

（1016）棒角拟厚盲蝽 *Eurystylopsis clavicornis* (Jakovlev, 1890)

    分布：广东、陕西、甘肃、浙江、福建、广西、四川、贵州、云南。

527. 厚盲蝽属 *Eurystylus* Stål, 1871

（1017）眼斑厚盲蝽 *Eurystylus coelestialium* (Kirkaldy, 1902)

    分布：广东（连州）、黑龙江、北京、天津、河北、山东、河南、陕西、江苏、安徽、浙江、江西、湖南、福建、广西、四川、贵州；俄罗斯（远东），朝鲜，日本。

（1018）灰黄厚盲蝽 *Eurystylus luteus* Hsiao, 1941

    分布：广东、安徽、浙江、江西、福建、海南、四川、贵州、云南；朝鲜。

528. 菲盲蝽属 *Felisacus* Distant, 1904

（1019）艳丽菲盲蝽 *Felisacus bellus* Lin, 2000

    分布：广东（信宜）、台湾、海南、云南。

（1020）岛菲盲蝽 *Felisacus insularis* Miyamoto, 1965

    分布：广东（连州）、福建、海南、云南；日本。

（1021）丽菲盲蝽 *Felisacus magnificus* Distant, 1904

    分布：广东（肇庆、信宜）、海南、广西；缅甸，菲律宾；新几内亚岛。

529. 跳盲蝽属 *Halticus* Hahn, 1832

（1022）微小跳盲蝽 *Halticus minutus* Reuter, 1885

    分布：广东、黑龙江、吉林、内蒙古、北京、河北、陕西、浙江、湖北、江西、湖南、福建、广西、云南；俄罗斯；欧洲；东洋界。

530. 蚁叶盲蝽属 *Hallodapus* Fiber, 1858

（1023）中斑蚁叶盲蝽 *Hallodapus centrimaculatus* (Poppius, 1914)

分布：广东、海南、香港、澳门、贵州；印度，印度尼西亚。

531. 薯蓣盲蝽属 *Harpedona* Distant, 1904

（1024）缘薯蓣盲蝽 *Harpedona marginata* Distant, 1904

分布：广东、福建、海南、云南；斯里兰卡，巴布亚新几内亚；东南亚。

532. 角盲蝽属 *Helopeltis* Signoret, 1858

（1025）金鸡纳角盲蝽 *Helopeltis cinchonae* Mann, 1907

分布：广东（龙门、阳春、信宜）、江西、台湾、海南、广西、贵州、云南、西藏；越南，
泰国，缅甸，马来西亚，印度尼西亚（爪哇）。

533. 混毛盲蝽属 *Heteropantilius* Zheng *et* Liu, 1992

（1026）金秀混毛盲蝽 *Heteropantilius jinxiuensis* Wang *et* Liu, 2001

分布：广东（连州）、福建、广西。

534. 皱斑盲蝽属 *Hyalopeplinus* Carvalho *et* Gross, 1979

（1027）马来皱斑盲蝽 *Hyalopeplinus malayensis* Carvalho *et* Gross, 1979

分布：广东、海南；越南，老挝，斯里兰卡，印度尼西亚。

535. 透翅盲蝽属 *Hyalopeplus* Stål, 1871

（1028）刺角透翅盲蝽 *Hyalopeplus spinosus* Distant, 1904

分布：广东、海南、广西、云南；越南，印度。

536. 明翅盲蝽属 *Isabel* Kirkaldy, 1902

（1029）明翅盲蝽 *Isabel ravana* (Kirby, 1891)

分布：广东（连州）、甘肃、浙江、江西、湖南、福建、广西、四川、贵州；缅甸，菲律宾，
印度尼西亚；东洋界。

537. 树盲蝽属 *Isometopus* Fieber, 1860

（1030）褐斑树盲蝽 *Isometopus fasciatus* Hsiao, 1964

分布：广东（广州）。

538. 毛盲蝽属 *Lasiomiris* Reuter, 1891

（1031）完带毛盲蝽 *Lasiomiris albopilosus* (Lethierry, 1888)

分布：广东（连州）、海南、台湾、云南；缅甸，斯里兰卡，印度尼西亚。

539. 曼盲蝽属 *Mansoniella* Poppius, 1915

（1032）王氏曼盲蝽 *Mansoniella wangi* (Zheng *et* Li, 1992)

分布：广东（连州）、甘肃、江苏、湖北、江西、湖南、福建、海南、广西、贵州。

540. 沟顶盲蝽属 *Megacoelum* Schwartz, 1995

（1033）大黑沟顶盲蝽 *Megacoelum formosanum* (Poppius, 1915)

分布：广东、海南、广西、云南。

541. 水杉盲蝽属 *Metassequoiamiris* Schwartz, 1995

（1034）中黑水杉盲蝽 *Metassequoiamiris mediovittatus* Zheng, 2004

分布：广东（封开）。

542. 薄盲蝽属 *Moissonia* Reuter, 1894

（1035）色斑薄盲蝽 *Moissonia punctata* (Fieber, 1861)

分布：广东、江西、台湾、海南、云南；日本，老挝，印度，菲律宾，马来西亚，印度尼西亚，巴布亚新几内亚，乌干达，南非，西班牙。

543. 微盲蝽属 *Monalocoris* Dahlbom, 1851

（1036）蕨微盲蝽 *Monalocoris filicis* (Linnaeus, 1758)

分布：广东（广州、连州、恩平、肇庆、信宜）、黑龙江、天津、河北、陕西、甘肃、安徽、浙江、湖北、江西、湖南、福建、台湾、广西、重庆、四川、贵州、云南；俄罗斯（西伯利亚、萨哈林岛、千岛群岛），朝鲜，韩国，日本（九州、冲绳岛），美国（马里亚纳），瑞典，丹麦，德国，意大利，法国，英国，葡萄牙（亚速尔），古巴。

（1037）均黑微盲蝽 *Monalocoris totanigrus* Mu *et* Liu, 2022

分布：广东（信宜）、福建、广西、贵州、云南。

544. 新丽盲蝽属 *Neolygus* Knight, 1917

（1038）异斑新丽盲蝽 *Neolygus disciger* (Poppius, 1915)

分布：广东、海南、台湾、云南。

545. 烟草盲蝽属 *Nesidiocoris* Kirkaldy, 1902

（1039）烟草盲蝽 *Nesidiocoris tenuis* (Reuter, 1895)

分布：广东（广州、连州、肇庆）、内蒙古、北京、天津、河北、山西、山东、河南、陕西、甘肃、江苏、浙江、湖北、江西、湖南、福建、台湾、海南、广西、四川、贵州、云南、西藏；印度，缅甸，尼泊尔，斯里兰卡，马来西亚，印度尼西亚（爪哇、苏门答腊），伊朗，土耳其，以色列，埃及，沙特阿拉伯，苏丹，南非，利比亚，佛得角，斐济，北美洲。

546. 东盲蝽属 *Orientomiris* Yasunaga, 1997

（1040）华夏东盲蝽 *Orientomiris sinicus* (Walker, 1873)

分布：广东（连州、乐昌）、福建、香港、广西。

（1041）细角东盲蝽 *Orientomiris tenuicornis* (Li *et* Zheng, 1991)

分布：广东（广州）、广西、四川。

547. 颈盲蝽属 *Pachypeltis* Signoret, 1858

（1042）黑斑颈盲蝽 *Pachypeltis politum* (Walker, 1873)

分布：广东（肇庆、信宜）、湖南、海南、广西、四川、贵州、云南；印度，缅甸，斯里兰卡，马来西亚，印度尼西亚。

548. 拟颈盲蝽属 *Parapachypeltis* Hu *et* Zheng, 2001

（1043）刻胸拟颈盲蝽 *Parapachypeltis punctatus* Hu *et* Zheng, 2001

分布：广东（连州）、贵州、云南。

549. 束盲蝽属 *Pilophorus* Hahn, l826

（1044）棕二带束盲蝽 *Pilophorus alstoni* Schuh, 1984

分布：广东（鼎湖）、海南、云南；越南，泰国，印度，菲律宾，印度尼西亚，马来西亚。

（1045）长黑束盲蝽 *Pilophorus dailanh* Schuh, 1984

分布：广东（鼎湖）、福建、广西、四川。

（1046）泛束盲蝽 *Pilophorus typicus* (Distant, 1909)

分布：广东（广州、连州、鼎湖）、北京、陕西、甘肃、浙江、湖北、湖南、福建、台湾、海南、香港、澳门、广西、四川、贵州、云南；日本，越南，印度，斯里兰卡，菲律宾，马来西亚。

550. 晦盲蝽属 *Proboscidocoris* Reuter, 1882

（1047）马来晦盲蝽 *Proboscidocoris malayus* (Reuter, 1908)

分布：广东、安徽、湖北、江西、福建、广西、四川、台湾、海南、云南；朝鲜；东南亚。

551. 蕉盲蝽属 *Prodromus* Distant, 1904

（1048）黄唇蕉盲蝽 *Prodromus clypeatus* Distant, 1904

分布：广东（广州、连州）、福建、海南、台湾、广西、云南；印度，缅甸，斯里兰卡，马来西亚，印度尼西亚等。

552. 始丽盲蝽属 *Prolygus* Carvalho, 1987

（1049）柯氏始丽盲蝽 *Prolygus kirkaldyi* (Poppius, 1915)

分布：广东、海南、台湾、云南；日本（西南岛屿）。

553. 泡盾盲蝽属 *Pseudodoniella* China *et* Carvalho, 1951

（1050）肉桂泡盾盲蝽 *Pseudodoniella chinensis* Zheng, 1992

分布：广东（郁南）、广西；越南。

554. 拉盲蝽属 *Ragwelellus* Odhiambo, 1962

（1051）红色拉盲蝽 *Ragwelellus rubrinus* Hu *et* Zheng, 2001

分布：广东（广州、肇庆）、海南、云南。

555. 狭盲蝽属 *Stenodema* Laporte, 1833

（1052）深色狭盲蝽 *Stenodema elegans* Reuter, 1904

分布：广东、陕西、甘肃、浙江、湖北、江西、湖南、福建、台湾、广西、四川、云南。

（1053）红褐狭盲蝽 *Stenodema longicollis* Poppius, 1915

分布：广东（广州、连州）、台湾、广西。

556. 军配盲蝽属 *Stethoconus* Flor, 1861

（1054）罗氏军配盲蝽 *Stethoconus rhoksane* Linnavuori, 1995

分布：广东（广州）、广西；也门。

557. 圆束盲蝽属 *Sthenaridea* Reuter, 1885

（1055）棕黑圆束盲蝽 *Sthenaridea piceonigra* (Motschulsky, 1863)

分布：广东（广州）、福建、海南、台湾、香港、云南；泰国，印度，斯里兰卡，印度尼西亚，马来西亚，所罗门群岛。

558. 泰盲蝽属 *Tailorilygus* Leston, 1952

（1056）泛泰盲蝽 *Tailorilygus apicalis* (Fieber, 1861)

分布：广东（连州）、浙江、湖北、江西、湖南、福建、海南、台湾、广西、四川、贵州、云南、西藏；日本；欧洲，美洲，非洲，大洋洲。

559. 刻爪盲蝽属 *Tolongia* Poppius, 1915

（1057）长毛刻爪盲蝽 *Tolongia pilosa* (Yasunaga, 1991)

分布：广东、广西、云南；日本，印度。

560. 赤须盲蝽属 *Trigonotylus* Fieber, 1858

（1058）小赤须盲蝽 *Trigonotylus tenuis* Reuter, 1893

分布：广东（广州、连州、鼎湖）、江苏、上海、浙江、湖北、江西、福建、台湾、广西、四川、贵州、云南；日本，泰国，印度，菲律宾，新西兰，澳大利亚，美国，墨西哥，巴西；非洲西部。

561. 宽敖盲蝽属 *Wygomiris* Schuh, 1984

（1059）棕黄宽敖盲蝽 *Wygomiris mingorum* Schuh, 1984

分布：广东、福建、香港、广西。

562. 平盲蝽属 *Zanchius* Distant, 1904

（1060）绿斑平盲蝽 *Zanchius marmoratus* Zou, 1987

分布：广东、海南、贵州、云南。

六十六、扁蝽科 Aradidae Brullé, 1836

563. 无脉扁蝽属 *Aneurus* Curtis, 1825

（1061）光无脉扁蝽 *Aneurus nitidulus* Kormilev, 1955

分布：广东、福建。

564. 喙扁蝽属 *Brachyrhynchus* Laporte, 1833

（1062）萧喙扁蝽 *Brachyrhynchus hsiaoi* (Blöte, 1965)

分布：广东（连州）、福建、台湾、云南；越南，老挝。

565. 霜扁蝽属 *Carventus* Stål, 1865

（1063）广东霜扁蝽 *Carventus sinensis* Kormilev, 1969

分布：广东。

六十七、异蝽科 Urostylidae Dallas, 1851

566. 壮异蝽属 *Urochela* Dallas, 1850

（1064）亮壮异蝽 *Urochela distincta* Distant, 1900

分布：广东（中山）。

（1065）宽壮异蝽 *Urochela siamensis* Yang, 1938

分布：广东、福建、广西、四川；泰国。

567. 娇异蝽属 *Urostylis* Westwood, 1837

（1066）过渡娇异蝽 *Urostylis connectens* Hsiao *et* Ching, 1977

分布：广东（连州）、湖南。

（1067）绿娇异蝽 *Urostylis generae* Maa, 1947

分布：广东、福建、广西。

（1068）双突娇异蝽 *Urostylis limbatus* Hsiao *et* Ching, 1977

分布：广东（连州）、湖南。

（1069）斑娇异蝽 *Urostylis tricarinata* Maa, 1947

分布：广东、福建、江西、湖南、台湾、云南。

568. 盲异蝽属 *Urolabida* Westwood, 1837

（1070）奇突盲异蝽 *Urolabida callosa* Hsiao *et* Ching, 1977

分布：广东（连州、中山）。

六十八、同蝽科 Acanthosomatidae Signoret, 1863

569. 匙同蝽属 *Elasmucha* Stål, 1864

（1071）背匙同蝽 *Elasmucha dorsalis* (Jakovlev, 1876)

分布：广东（连州、中山）。

（1072）十字匙同蝽 *Elasmucha fasciator* (Fabricius, 1803)

分布：广东（中山）、湖北、福建、广西。

（1073）封开匙同蝽 *Elasmucha fengkainica* Chen, 1989

分布：广东（封开）。

（1074）线匙同蝽 *Elasmucha lineata* (Dallas, 1849)

分布：广东（连州）、浙江、福建、海南、广西、贵州；印度，不丹。

（1075）盾匙同蝽 *Elasmucha scutellata* (Distant, 1887)

分布：广东、福建、广西、云南；印度。

（1076）锡金匙同蝽 *Elasmucha tauricornis* Jensent–Haarup, 1931

分布：广东（连州）。

（1077）截匙同蝽 *Elasmucha truncatula* (Walker, 1867)

分布：广东（高要、梅县）、广西、云南、西藏；印度。

570. 直同蝽属 *Elasmostethus* Fieber, 1860

（1078）直同蝽 *Elasmostethus interstinctus* (Linnaeus, 1758)

分布：广东、黑龙江、吉林、内蒙古、河北、山西、陕西、甘肃、新疆、湖北、云南；朝鲜，日本，加拿大；欧洲。

（1079）钝肩直同蝽 *Elasmostethus nubilus* (Dallas, 1851)

分布：广东（连州、中山）、河南、安徽、浙江、湖北、江西、湖南、福建、台湾、海南、广西、四川、云南、西藏；日本，印度。

571. 阔同蝽属 *Microdeuterus* Dallas, 1851

（1080）阔同蝽 *Microdeuterus megacephalus* (Herrrich-Schaeffer, 1846)

分布：广东、海南、云南；印度，缅甸，孟加拉国。

572. 锥同蝽属 *Sastragala* Amyot *et* Serville, 1843

（1081）伊锥同蝽 *Sastragala esakii* Hasegawa, 1959

分布：广东（连州）。

（1082）固锥同蝽 *Sastragala fermata* (Walker, 1868)

分布：广东、广西。

（1083）爪哇锥同蝽 *Sastragala javanensis* Distant, 1887

分布：广东（连州）、海南、云南；缅甸，印度尼西亚（爪哇）。

六十九、盾蝽科 Scutelleridae Leach, 1815

573. 狭盾蝽属 *Brachyaulax* Stål, 1871

（1084）狭盾蝽 *Brachyaulax oblonga* (Westwood, 1837)

分布：广东（梅县）、江苏、上海、福建、台湾、贵州、云南；越南，印度，缅甸，马来西亚，印度尼西亚。

574. 美盾蝽属 *Calliphara* Germar, 1839

（1085）诺碧美盾蝽 *Calliphara nobilis* (Linnaeus, 1763)

分布：广东（中山）。

575. 角盾蝽属 *Cantao* Amyot et Serville, 1843

（1086）角盾蝽 *Cantao ocellatus* (Thunberg, 1784)

分布：广东（中山）、河南、安徽、浙江、湖北、江西、湖南、福建、台湾、海南、广西、云南；越南，印度，缅甸，斯里兰卡，菲律宾，马来西亚，印度尼西亚。

576. 丽盾蝽属 *Chrysocoris* Hahn, 1834

（1087）黄腹丽盾蝽 *Chrysocoris abdominalis* (Westwood, 1837)

分布：广东、福建、海南、广西、云南；印度，越南，缅甸，马来西亚，印度尼西亚。

（1088）卷边丽盾蝽 *Chrysocoris eques* (Fabricius, 1794)

分布：广东；越南，印度，缅甸，马来西亚，印度尼西亚。

（1089）紫兰丽盾蝽 *Chrysocoris stolii* (Wolff, 1801)

分布：广东（广州、梅县）、甘肃、福建、台湾、海南、广西、四川、云南、西藏；越南，印度，缅甸，斯里兰卡。

577. 真盾蝽属 *Eucorysses* Amyot et Serville, 1843

（1090）真盾蝽 *Eucorysses grandis* (Thunberg, 1781)

分布：广东（广州、中山）、河南、江西、福建、台湾、广西、贵州、云南；日本，越南，泰国，印度，不丹，印度尼西亚。

578. 扁盾蝽属 *Eurygaster* Laporte, 1833

（1091）扁盾蝽 *Eurygaster testudinarius* (Geoffroy, 1785)

分布：广东、黑龙江、吉林、辽宁、内蒙古、宁夏、甘肃、新疆、青海、河北、山西、陕西、山东、河南、江苏、湖北、福建、浙江、江西、四川；日本，俄罗斯（西伯利亚），土耳其，叙利亚，印度；欧洲，非洲南部。

579. 鼻盾蝽属 *Hotea* Amyot et Serville, 1843

（1092）鼻盾蝽 *Hotea curculionoides* (Herrich-Schaeffer, 1836)

分布：广东（高要）、福建、台湾、广西、云南；越南，印度，缅甸，马来西亚，印度尼西亚。

580. 半球盾蝽属 *Hyperoncus* Stål, 1871

（1093）半球盾蝽 *Hyperoncus lateritus* (Westwood, 1837)

分布：广东（连州、乐昌、高要）、浙江、福建、广西、四川、贵州、云南、西藏；印度。

581. 亮盾蝽属 *Lamprocoris* Stål, 1865

（1094）红缘亮盾蝽 *Lamprocoris* (*Lamprocoris*) *lateralis* (Guérin–Méneville, 1838)

分布：广东（信宜）、江西、福建、台湾、海南、广西、四川、贵州、云南、西藏；老挝，越南，泰国，印度，缅甸，马来西亚，印度尼西亚。

（1095）亮盾蝽 *Lamprocoris* (*Lamprocoris*) *roylii* (Westwood, 1837)

分布：广东、陕西、安徽、浙江、湖北、江西、湖南、福建、广西、重庆、四川、贵州、云南、西藏；越南，老挝，泰国，印度，缅甸，尼泊尔，不丹，斯里兰卡，马来西亚。

582. 宽盾蝽属 *Poecilocoris* Dallas, 1848

（1096）斜纹宽盾蝽 *Poecilocoris dissimilis* Martin, 1902

分布：广东（连州）。

（1097）桑宽盾蝽 *Poecilocoris druraei* (Linnaeus, 1771)

分布：广东（广州、连州、梅县、中山）、台湾、广西、四川、贵州、云南；印度，缅甸。

（1098）油茶宽盾蝽 *Poecilocoris latus* Dallas, 1848

分布：广东（连州、梅县、中山）、浙江、江西、福建、广西、贵州、云南；越南，印度，缅甸。

（1099）金绿宽盾蝽 *Poecilocoris lewisi* (Distant, 1883)

分布：广东、黑龙江、吉林、辽宁、北京、河北、山西、山东、河南、陕西、江苏、安徽、湖北、江西、湖南、台湾、四川、贵州、云南；日本。

（1100）尼泊尔宽盾蝽 *Poecilocoris nepalensis* (Herrich–Schaeffer, 1837)

分布：广东、贵州、云南；印度，缅甸，尼泊尔，不丹。

（1101）山字宽盾蝽 *Poecilocoris sanszeusignatus* Yang, 1934

分布：广东、湖南、四川、贵州、云南、西藏。

583. 长盾蝽属 *Scutellera* Lamarck, 1801

（1102）米字长盾蝽 *Scutellera nepalensis nepalensis* (Westwood, 1837)

分布：广东（广州、鼎湖、高要）、福建、台湾、海南、香港、澳门、广西、四川、云南；日本，越南，老挝，泰国，印度，缅甸，尼泊尔，斯里兰卡，菲律宾，印度尼西亚。

（1103）长盾蝽 *Scutellera perplexa* (Westwood, 1837)

分布：广东（广州）、河南、上海、福建、海南、澳门、广西、四川、贵州、云南；越南，老挝，泰国，印度，缅甸，尼泊尔，斯里兰卡，马来西亚，巴基斯坦。

584. 沟盾蝽属 *Solenosthedium* Spinola, 1837

（1104）华沟盾蝽 *Solenosthedium chinense* Stål, 1854

分布：广东（广州、中山）、福建、台湾、广西、台湾、贵州、云南；越南。

（1105）沟盾蝽 *Solenosthedium rubropunctatum* (Guérin–Méneville, 1830)

分布：广东（广州）、福建、广西、云南；越南，柬埔寨，泰国，印度，缅甸，马来西亚，印度尼西亚。

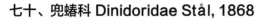

七十、兜蝽科 Dinidoridae Stål, 1868

585. 兜蝽属 *Coridius* Illiger, 1807

（1106）九香虫 *Coridius chinensis* (Dallas, 1851)

分布：广东（中山）、江苏、安徽、浙江、湖北、江西、湖南、福建、台湾、广西、四川、贵州、云南、西藏；越南，印度，缅甸。

（1107）棕兜蝽 *Coridius fuscus* (Westwood, 1837)

分布：广东（广州）、浙江、福建、广西、四川、云南；越南，泰国，印度，缅甸，斯里兰卡，马来西亚，印度尼西亚。

（1108）黑腹兜蝽 *Coridius nepalensis* (Westwood, 1837)

分布：广东、贵州、西藏、广西、云南；越南，印度尼西亚。

586. 皱蝽属 *Cyclopelta* Amyot *et* Serville, 1843

（1109）大皱蝽 *Cyclopelta obscura* (Lepeletier *et* Serville, 1828)

分布：广东（连州）、广西、四川、贵州、云南；越南，印度，缅甸，菲律宾，印度尼西亚。

（1110）小皱蝽 *Cyclopelta parva* Distant, 1900

分布：广东（连州）、辽宁、内蒙古、山东、江苏、浙江、湖北、江西、湖南、福建、广西、四川、云南；缅甸，不丹。

587. 怪蝽属 *Eumenotes* Westwood, 1847

（1111）怪蝽 *Eumenotes obscurus* Westwood, 1847

分布：广东、贵州、云南、台湾；日本，缅甸，马来西亚，印度尼西亚。

588. 瓜蝽属 *Megymenum* Guérin–Méneville, 1831

（1112）短角瓜蝽 *Megymenum brevicorne* (Fabricius, 1787)

分布：广东（广州、中山）、北京、广西、贵州、云南；越南，柬埔寨，泰国。

（1113）细角瓜蝽 *Megymenum gracilicorne* Dallas, 1851

分布：广东（连州、中山）。

（1114）无刺瓜蝽 *Megymenum inerme* Herrich–schaeffer, 1840

分布：广东（中山）、北京、广西、贵州、云南；越南，柬埔寨，泰国。

七十一、荔蝽科 Tessaratomidae Stål, 1864

589. 方荔蝽属 *Asiarcha* Stål, 1870

（1115）方荔蝽 *Asiarcha angulosa* Zia, 1957

分布：广东、福建、广西、云南、贵州。

590. 矩荔蝽属 *Carpona* Dohrn, 1863

（1116）黑矩荔蝽 *Carpona amplicolis* (Stål, 1863)

分布：广东、福建、广西、云南；印度，柬埔寨。

591. 硕蝽属 *Eurostus* Dallas, 1851

（1117）短翅硕荔蝽 *Eurostus brachypterus* Zhang *et* Lin, 1992

分布：广东（连州）。

（1118）硕蝽 *Eurostus validus* Dallas, 1851

分布：广东（中山）、河北、山东、陕西、江苏、安徽、浙江、湖北、江西、湖南、福建、台湾、广西、四川、贵州、云南；老挝。

592. 巨蝽属 *Eusthenes* Laporte, 1833

（1119）异色巨蝽 *Eusthenes cupreus* (Westwood, 1837)

分布：广东、陕西、甘肃、江苏、安徽、浙江、江西、湖南、福建、台湾、广西、四川、贵州、云南、西藏；越南，老挝，泰国，印度，缅甸，不丹，尼泊尔，斯里兰卡，马来西亚。

（1120）斑缘巨蝽 *Eusthenes femoralis* Zia, 1957

分布：广东、浙江、湖北、江西、湖南、福建、广西、四川、贵州、云南。

（1121）巨蝽 *Eusthenes robustus* (Lepeletier *et* Serville, 1825)

分布：广东（中山、高要）、江西、广西、四川、贵州、云南；越南，印度，不丹，斯里兰卡，印度尼西亚。

（1122）暗绿巨蝽 *Eusthenes saevus* Stål, 1863

分布：广东、安徽、浙江、江西、四川、云南；印度，不丹。

（1123）狭巨蝽 *Eusthenes theseus* Stål, 1870

分布：广东、福建、安徽、浙江、江西、台湾、广西、四川、云南、贵州、海南、西藏；印度，尼泊尔，越南，老挝。

（1124）异巨荔蝽 *Eusthenes veriegatus* Yang, 1934

分布：广东、广西、福建、江西、四川、云南、贵州。

593. 弯胫荔蝽属 *Eusthenimorpha* Yang, 1935

（1125）弯胫荔蝽 *Eusthenimorpha jungi* Yang, 1935

分布：广东（连州）。

594. 玛蝽属 *Mattiphus* Amyot *et* Serville, 1843

（1126）玛蝽 *Mattiphus splendidus* Distant, 1921

分布：广东、江西、湖南、福建、广西、四川、贵州、云南；老挝。

595. 比荔蝽属 *Pycanum* Amyot *et* Audinet–Serville, 1843

（1127）比荔蝽 *Pycanum ochraceum* Distant, 1893

分布：广东、湖南、福建、广西、四川、贵州、云南、西藏；越南，印度，不丹，缅甸。

596. 荔蝽属 *Tessaratoma* Berthold, 1827

（1128）荔枝蝽 *Tessaratoma papillosa* (Drury, 1770)

分布：广东（广州、汕尾、中山）、江西、福建、台湾、广西、贵州、云南；越南，泰国，印度，缅甸，斯里兰卡，马来西亚，印度尼西亚，菲律宾。

（1129）方肩荔蝽 *Tessaratoma quadrata* Distant, 1902

分布：广东（中山、高要）、广西、四川、云南；越南，印度，尼泊尔。

七十二、土蝽科 Cydnidae Billberg, 1820

597. 鳌土蝽属 *Adrisa* Amyot *et* Serville, 1843

（1130）大鳌土蝽 *Adrisa magna* (Uhler, 1861)

分布：广东、北京、天津、河北、河南、陕西、湖北、江西、湖南、台湾、海南、香港、四川、云南；韩国，日本，越南，老挝，泰国，缅甸。

598. 伊土蝽属 *Aethus* Dallas, 1851

（1131）印度伊土蝽 *Aethus indicus* (Westwood, 1837)

分布：广东（广州）、江西、福建、广西、云南；印度，缅甸，马来西亚，南非，马达加斯加，澳大利亚。

（1132）拟印度伊土蝽 *Aethus pseudindicus* Lis, 1993

分布：广东、江西、福建、海南、广西、云南；越南，老挝，缅甸。

599. 艾土蝽属 *Alonips* Signoret, 1881

（1133）小艾土蝽 *Alonips acrostictus* (Distant, 1918)

分布：广东、海南；越南，老挝，泰国，印度，缅甸，斯里兰卡，巴基斯坦。

600. 圆土蝽属 *Byrsinus* Fieber, 1860

（1134）变圆土蝽 *Byrsinus varians* (Fabricius, 1803)

分布：广东（雷州）、内蒙古、天津、宁夏、海南；韩国，日本，越南，老挝，柬埔寨，泰国，印度，缅甸，斯里兰卡，马来西亚，马尔代夫，文莱，孟加拉国，印度尼西亚。

601. 佛土蝽属 *Fromundus* Distant, 1901

（1135）长佛土蝽 *Fromundus biimpressus* (Horváth, 1919)

分布：广东、福建、云南；越南，老挝，泰国，马来西亚，印度尼西亚。

（1136）小佛土蝽 *Fromundus pygmaeus* (Dallas, 1851)

分布：广东（连州、中山）、湖北、江西、台湾、海南、香港、广西、四川、云南；韩国，日本，越南，老挝，柬埔寨，泰国，印度，缅甸，斯里兰卡，菲律宾，马来西亚，巴基斯坦，伊朗，新加坡，尼泊尔，马尔代夫，沙特阿拉伯，文莱，也门，以色列，斐济，美国（夏威夷），印度尼西亚，密克罗尼西亚，法国（新喀里多尼亚），瓦努阿图，巴布亚新几内亚，萨摩亚，所罗门群岛，澳大利亚。

602. 龟土蝽属 *Lactistes* Schiødte, 1848

（1137）粤龟土蝽 *Lactistes obesipes* Signoret, 1879

分布：广东。

（1138）黑龟土蝽 *Lactistes truncatoserratus* Signoret, 1880

分布：广东、云南；越南，泰国，印度。

603. 革土蝽属 *Macroscytus* Fieber, 1860

（1139）短革土蝽 *Macroscytus aequalis* (Walker, 1867)

分布：广东、福建、香港、贵州、云南；越南，老挝，柬埔寨，泰国，印度，尼泊尔，不丹，斯里兰卡。

（1140）方革土蝽 *Macroscytus japonensis* Scott, 1874

分布：广东、北京、山西、山东、河南、甘肃、上海、浙江、湖北、湖南、福建、台湾、四川、贵州；俄罗斯，韩国，日本，越南，缅甸。

（1141）青革土蝽 *Macroscytus subaeneus* (Dallas, 1851)

分布：广东（中山）。

604. 环土蝽属 *Microporus* Uhler, 1872

（1142）黑环土蝽 *Microporus nigrita* (Fabricius, 1794)

    分布：广东、黑龙江、内蒙古、北京、天津、山东、甘肃、新疆、上海、浙江、西藏；蒙古国，白俄罗斯，韩国，日本，印度，阿尔巴尼亚，伊朗，塔吉克斯坦，乌兹别克斯坦，哈萨克斯坦，土库曼斯坦，亚美尼亚，伊拉克，俄罗斯（远东、西伯利亚），土耳其，奥地利，比利时，保加利亚，捷克，法国，格鲁吉亚，德国，希腊，匈牙利，荷兰，波兰，罗马尼亚，西班牙，瑞典，瑞士，克罗地亚，埃塞俄比亚，吉尔吉斯斯坦，拉脱维亚，立陶宛，卢森堡，北马其顿，摩尔多瓦，塞内加尔，斯洛伐克，斯洛文尼亚，突尼斯，乌克兰，塞尔维亚，黑山。

605. 朱蝽属 *Parastrachia* Distant, 1883

（1143）日本朱蝽 *Parastrachia japonensis* (Scott, 1880)

    分布：广东（中山）。

（1144）华西朱蝽 *Parastrachia napaensis* Distant, 1908

    分布：广东（连州）。

七十三、龟蝽科 Plataspididae Dallas, 1851

606. 平龟蝽属 *Brachyplatys* Boisduval, 1835

（1145）黑头平龟蝽 *Brachyplatys funebris* Distant, 1901

    分布：广东（中山）、湖北、江西、福建、贵州、云南、西藏；印度。

（1146）斑足平龟蝽 *Brachyplatys punctipes* Montandon, 1894

    分布：广东、福建、海南、四川、贵州、云南；越南，柬埔寨，泰国，印度，缅甸，菲律宾，马来西亚，印度尼西亚。

（1147）锡平龟蝽 *Brachyplatys silphoides* (Fabricius, 1784)

    分布：广东、福建、海南、台湾、广西、云南；越南，柬埔寨，泰国，印度，缅甸，斯里兰卡，菲律宾，印度尼西亚，马来西亚，新加坡。

（1148）亚铜平龟蝽 *Brachyplatys subaeneus* (Westwood, 1837)

    分布：广东（广州、中山）、福建、台湾、海南、澳门、广西、贵州、云南；日本，越南，柬埔寨，泰国，印度，缅甸，马来西亚，印度尼西亚，斯里兰卡等。

（1149）瓦黑平龟蝽 *Brachyplatys vahlii* (Fabricius, 1787)

    分布：广东（连州）、江西、福建、海南、广西；泰国，印度，缅甸，斯里兰卡，菲律宾，马来西亚，印度尼西亚。

607. 肩龟蝽属 *Calacta* Stål, 1865

（1150）黑肩龟蝽 *Calacta lugubris* Stål, 1865

    分布：广东、福建、香港、广西。

608. 圆龟蝽属 *Coptosoma* Laporte, 1832

（1151）双列圆龟蝽 *Coptosoma bifarium* Montandon, 1897

    分布：广东（中山）。

（1152）达圆龟蝽 *Coptosoma davidi* Montandon, 1896

分布：广东、浙江、江西、湖南、福建、广西、四川、贵州、西藏；印度。

（1153）执中圆龟蝽 *Coptosoma intermedia* Yang, 1934

分布：广东、甘肃、湖北、福建、海南、广西、四川、贵州、云南、西藏；越南。

（1154）小圆龟蝽 *Coptosoma minuta* Ren, 1984

分布：广东。

（1155）孟达圆龟蝽 *Coptosoma mundum* Bergroth, 1892

分布：广东、河南、江西、湖北、湖南、福建、海南、贵州。

（1156）黎黑圆龟蝽 *Coptosoma nigricolor* Montandon, 1896

分布：广东、海南、浙江、四川、贵州；印度尼西亚。

（1157）显著圆龟蝽 *Coptosoma notabilis* Montandon, 1894

分布：广东（连州）、北京、浙江、湖北、江西、福建、四川、贵州、西藏。

（1158）小饰圆龟蝽 *Coptosoma parvipicta* Montandon, 1892

分布：广东、安徽、浙江、湖北、江西、湖南、福建、广西、四川、贵州。

（1159）平伐圆龟蝽 *Coptosoma pinfa* Yang, 1934

分布：广东、福建、贵州、云南。

（1160）子都圆龟蝽 *Coptosoma pulchella* Montandon, 1894

分布：广东、湖南、福建、四川、云南、西藏；印度，缅甸，印度尼西亚。

（1161）半黄圆龟蝽 *Coptosoma semiflava* Jakovlev, 1890

分布：广东、浙江、江西、福建、四川、贵州。

（1162）类变圆龟蝽 *Coptosoma simillima* Hsiao *et* Jen, 1977

分布：广东、江西、福建、海南、云南、西藏。

（1163）浑圆龟蝽 *Coptosoma sphaerula* (Gerumar, 1839)

分布：广东、福建、香港、云南及华北地区；印度，印度尼西亚，澳大利亚。

（1164）多变圆龟蝽 *Coptosoma variegala* (Herrich–Schaeffer, 1838)

分布：广东、山西、山东、河南、陕西、安徽、浙江、江西、福建、四川、贵州、云南、西藏；越南，印度，缅甸，马来西亚，印度尼西亚，东帝汶，巴布亚新几内亚，澳大利亚。

609. 豆龟蝽属 *Megacopta* Hsiao et Jen, 1977

（1165）花豆龟蝽 *Megacopta bicolor* Hsiao *et* Jen, 1977

分布：广东、江西、福建、广西、四川、贵州、云南。

（1166）筛豆龟蝽 *Megacopta cribraria* (Fabricius, 1798)

分布：广东（中山）、天津、河北、山西、山东、陕西、江苏、上海、安徽、浙江、湖北、江西、湖南、福建、台湾、海南、澳门、广西、四川、贵州、云南、西藏；朝鲜，日本，越南，泰国，印度，缅甸，斯里兰卡，印度尼西亚，孟加拉国；大洋洲。

（1167）小筛豆龟蝽 *Megacopta cribriella* Hsiao *et* Jen, 1977

分布：广东（广州）、江西、福建、海南、广西、西藏。

（1168）鼎湖豆龟蝽 *Megacopta dinghushana* Chen, 1989

分布：广东（鼎湖）、海南、云南。

（1169）和豆龟蝽 *Megacopta horvathi* (Montandon, 1894)

分布：广东（连州）、河南、陕西、甘肃、浙江、湖北、湖南、福建、台湾、广西、四川、贵州、云南。

（1170）线背豆龟蝽 *Megacopta liniola* Hsiao *et* Jen, 1977

分布：广东（鼎湖）。

（1171）坎肩豆龟蝽 *Megacopta lobata* (Walker, 1867)

分布：广东、江西、福建、广西、云南。

610. 同龟蝽属 *Paracopta* Hsiao et Jen, 1977

（1172）点同龟蝽 *Paracopta duodecimpunctata* (Germar, 1839)

分布：广东（连州）、江西、湖南、福建、广西、贵州、云南；印度，缅甸，马来西亚，孟加拉国。

611. 异龟蝽属 *Ponsilasia* Heinze, 1934

（1173）圆头异龟蝽 *Ponsilasia cycloceps* (Hsiao *et* Jen, 1977)

分布：广东（连州）。

（1174）方头异龟蝽 *Ponsilasia montana* (Distant, 1901)

分布：广东（连州）、浙江、江西、福建、海南、广西、贵州、西藏；越南，印度。

612. 华龟蝽属 *Tarichea* Stål, 1865

（1175）大华龟蝽 *Tarichea chinensis* (Dallas, 1851)

分布：广东、甘肃、福建、香港、广西、四川、贵州、云南。

七十四、蝽科 Pentatomidae Leach, 1815

613. 裙蝽属 *Aednus* Dallas, 1851

（1176）裙蝽 *Aednus ventralis* Dallas, 1852

分布：广东、福建、海南、云南；印度。

614. 伊蝽属 *Aenaria* Stål, 1876

（1177）宽缘伊蝽 *Aenaria pinchii* Yang, 1934

分布：广东、陕西、河南、江苏、安徽、浙江、湖北、江西、湖南、福建、广西、重庆、四川、贵州。

（1178）直缘伊蝽 *Aenaria zhangi* Chen, 1989

分布：广东、湖南、浙江、广西。

615. 枝蝽属 *Aeschrocoris* Bergroth, 1887

（1179）枝蝽 *Aeschrocoris ceylonicus* Distant, 1899

分布：广东、浙江、湖北、江西、湖南、福建、台湾、广西、四川、贵州、云南；印度，斯里兰卡。

616. 云蝽属 *Agonoscelis* Spinola, 1837

（1180）云蝽 *Agonoscelis nubilis* (Fabricius, 1775)

分布：广东、浙江、江西、湖南、福建、海南、广西、四川、贵州、云南、西藏；日本，印度，斯里兰卡，菲律宾，巴基斯坦，印度尼西亚。

617. 羚蝽属 _Alcimocoris_ Bergroth, 1891

（1181）黑角羚蝽 _Alcimocoris coronatus_ (Stål, 1876)

分布：广东、海南、广西、云南；越南，印度，缅甸。

（1182）日本羚蝽 _Alcimocoris japonensis_ (Scott, 1880)

分布：广东（连州、中山）。

618. 丹蝽属 _Amyotea_ Ellenreider, 1862

（1183）丹蝽 _Amyotea malabarica_ (Fabricius, 1775)

分布：广东、江西、福建、台湾、海南、贵州、云南、西藏；日本，印度，缅甸，斯里兰卡，菲律宾，印度尼西亚，孟加拉国，新西兰。

619. 翠蝽属 _Anaca_ Bergroth, 1891

（1184）翠蝽 _Anaca fasciata_ (Distant, 1900)

分布：广东、江西、福建、云南；印度；东南亚。

（1185）黑角翠蝽 _Anaca florens_ (Walker, 1867)

分布：广东、福建、海南；印度，斯里兰卡，马来西亚，印度尼西亚。

620. 侧刺蝽属 _Andrallus_ Bergroth, 1905

（1186）侧刺蝽 _Andrallus spinidens_ (Fabricius, 1787)

分布：广东、江苏、湖北、江西、湖南、福建、海南、台湾、广西、四川、贵州、云南、西藏；日本，印度，缅甸，斯里兰卡，菲律宾，印度尼西亚，孟加拉国，新西兰。

621. 丽蝽属 _Antestiopsis_ Leston, 1952

（1187）丽蝽 _Antestiopsis anchora_ (Thunberg, 1783)

分布：广东、海南、广西、云南、西藏；日本，印度，马来西亚，孟加拉国，印度尼西亚。

622. 蠋蝽属 _Arma_ Hahn, 1832

（1188）蠋蝽 _Arma chinensis_ (Fallou, 1881)

分布：广东（连州）。

623. 牙蝽属 _Axiagastus_ Dallas, 1851

（1189）牙蝽 _Axiagastus mitescens_ Distant, 1901

分布：广东、福建、海南；菲律宾等。

（1190）鲁牙蝽 _Axiagastus rosmarus_ Dallas, 1851

分布：广东（中山）、浙江、江西、福建、台湾、广西；日本，印度，菲律宾，印度尼西亚，巴布亚新几内亚，澳大利亚北部。

624. 贝蝽属 _Bathycoelia_ Amyot et Serville, 1843

（1191）中华贝蝽 _Bathycoelia sinica_ Zheng _et_ Liu, 1987

分布：广东、海南、云南。

625. 背蝽属 _Belopis_ Distant, 1879

（1192）一色背蝽 _Belopis unicolor_ Distant, 1879

分布：广东（连州）、广西、贵州、云南；印度，缅甸。

626. 驼蝽属 _Brachycerocoris_ Costa, 1863

（1193）驼蝽 *Brachycerocoris camelus* Costa, 1863

分布：广东（乐昌）、江苏、安徽、浙江、湖北、福建、广西；斯里兰卡。

627. 薄蝽属 *Brachymna* Stål, 1861

（1194）叉头薄蝽 *Brachymna bificeps* Chen, 2000

分布：广东、湖南、广西。

（1195）凸肩薄蝽 *Brachymna humerata* Chen, 1989

分布：广东。

（1196）薄蝽 *Brachymna tenuis* Stål, 1861

分布：广东、河南、江苏、安徽、浙江、湖北、江西、湖南、福建、广西、四川、贵州、云南。

628. 格蝽属 *Cappaea* Ellenrieder, 1862

（1197）柑橘格蝽 *Cappaea taprohanensis* (Dallas, 1851)

分布：广东（梅县）、湖北、江西、湖南、福建、海南、台湾、广西、四川、贵州、云南；印度，缅甸，斯里兰卡，孟加拉国，印度尼西亚。

629. 辉蝽属 *Carbula* Stål, 1865

（1198）红角辉蝽 *Carbula crassiventris* (Dallas, 1849)

分布：广东（连州）、山西、黑龙江、陕西、甘肃、江苏、安徽、浙江、湖北、江西、湖南、福建、海南、台湾、广西、四川、贵州、云南、西藏；日本，印度，缅甸，不丹。

（1199）辉蝽 *Carbula humerigera* (Uhler, 1860)

分布：广东（连州）、河北、山西、河南、陕西、甘肃、青海、浙江、安徽、湖北、江西、湖南、福建、广西、四川、贵州、云南；日本。

（1200）棘角辉蝽 *Carbula scutellata* Distant, 1887

分布：广东、广西、贵州、云南；印度，缅甸。

630. 始蝽属 *Catacanthus* Spinola, 1837

（1201）始蝽 *Catacanthus incarnatus* (Drury, 1773)

分布：广东、河南、江西、海南、云南；朝鲜，日本，印度，斯里兰卡，菲律宾，印度尼西亚，巴基斯坦。

631. 棕蝽属 *Caystrus* Stål, 1861

（1202）棕蝽 *Caystrus obscurus* (Distant, 1901)

分布：广东、江西、海南、广西、贵州、云南。

632. 疣蝽属 *Cazira* Amyot et Serville, 1843

（1203）丽疣蝽 *Cazira concinna* Hsiao *et* Zheng, 1977

分布：广东、浙江、江西、海南。

（1204）峨嵋疣蝽 *Cazira emeia* Zhang *et* Lin, 1982

分布：广东、甘肃、浙江、陕西、安徽、湖北、湖南、福建、台湾、广西、四川、贵州、云南、西藏。

（1205）普洱疣蝽 *Cazira flava* Yang, 1934

分布：广东、贵州、云南。

（1206）峰疣蝽 *Cazira horvathi* Breddin, 1903

分布：广东、河南、湖北、湖南、福建、海南、四川、贵州；越南。

（1207）疣蝽 *Cazira verrucose* (Westwood, 1835)

分布：广东、河北、青海、江西、湖南、福建、台湾、海南、广西、四川、贵州、云南、西藏；日本，越南，柬埔寨，泰国，缅甸，菲律宾，印度尼西亚，孟加拉国。

633. 臭蝽属 *Chalcopis* Kirkaldy, 1909

（1208）大臭蝽 *Chalcopis glandulosa* (Wolff, 1811)

分布：广东（广州、中山）、山东、江苏、浙江、江西、福建、广西、云南；越南，泰国，印度，缅甸，斯里兰卡，印度尼西亚。

634. 陷蝽属 *Cratonotus* Distant, 1879

（1209）陷蝽 *Cratonotus coloratus* Distant, 1879

分布：广东、广西、云南；印度东北部，缅甸。

635. 纹头蝽属 *Critheus* Stål, 1868

（1210）纹头蝽 *Critheus lineatifrons* Stål, 1870

分布：广东、浙江、江西、福建、海南、广西、四川、贵州、云南；印度，斯里兰卡，菲律宾，巴基斯坦，澳大利亚；琉球群岛。

636. 达蝽属 *Dabessus* Distant, 1902

（1211）白纹达蝽 *Dabessus albovittatus* Hsiao *et* Cheng, 1977

分布：广东、广西、海南。

（1212）马来达蝽 *Dabessus malayanus* (Distant, 1900)

分布：广东、海南；老挝，菲律宾，印度尼西亚，文莱，马来西亚，东帝汶，巴布亚新几内亚。

637. 岱蝽属 *Dalpada* Amyot *et* Serville, 1843

（1213）中华岱蝽 *Dalpada cinctipes* Walker, 1867

分布：广东（中山）、河北、山西、河南、陕西、甘肃、江苏、安徽、湖北、江西、湖南、福建、海南、台湾、广西、四川、贵州、云南；朝鲜，日本。

（1214）沟腹岱蝽 *Dalpada consinna* (Westwood, 1837)

分布：广东、广西、贵州；缅甸，印度，斯里兰卡，印度尼西亚。

（1215）大斑岱蝽 *Dalpada distincta* Hsiao *et* Cheng, 1977

分布：广东、河北、甘肃、山西、河南、江苏、安徽、浙江、江西、湖南、福建、海南、广西、四川、贵州。

（1216）长叶岱蝽 *Dalpada jugatoria* (Lethierry, 1891)

分布：广东、贵州、广西、云南、西藏；缅甸，印度。

（1217）粤岱蝽 *Dalpada maculata* Hsiao *et* Cheng, 1977

分布：广东、湖北、海南。

（1218）小斑岱蝽 *Dalpada nodifera* Walker, 1867

分布：广东（中山）、江苏、海南、广西；日本，印度，缅甸，菲律宾，文莱，马来西亚，东帝汶，巴布亚新几内亚，印度尼西亚。

（1219）岱蝽 *Dalpada oculata* (Fabricius, 1775)

分布：广东（连州）、江苏、浙江、江西、湖南、福建、海南、广西、四川、贵州、云南；朝鲜，日本，印度，印度尼西亚等。

（1220）红缘岱蝽 *Dalpada perelegans* Breddin, 1904

分布：广东、广西、四川、云南、西藏。

（1221）绿岱蝽 *Dalpada smaragdina* (Walker, 1868)

分布：广东（梅县、中山）、黑龙江、山西、河南、陕西、甘肃、江苏、安徽、湖北、江西、湖南、福建、台湾、广西、四川、贵州、云南、西藏。

638. 剪蝽属 *Diplorhinus* Amyot *et* Serville, 1843

（1222）剪蝽 *Diplorhinus furcatus* (Westwood, 1837)

分布：广东（高要）、浙江、广西、贵州；印度尼西亚。

639. 斑须蝽属 *Dolycoris* Mulsant *et* Rey, 1866

（1223）斑须蝽 *Dolycoris baccarum* (Linnaeus, 1758)

分布：广东（连州、中山）、黑龙江、吉林、辽宁、内蒙古、河北、山西、山东、河南、陕西、宁夏、甘肃、青海、新疆、江苏、浙江、湖北、江西、湖南、福建、海南、广西、四川、贵州、云南、西藏；古北界。

640. 平蝽属 *Drinostia* Stål, 1861

（1224）平蝽 *Drinostia fissips* Stål, 1865

分布：广东（连州）。

（1225）扁头平蝽 *Drinostia planiceps* Stål, 1861

分布：广东。

641. 滴蝽属 *Dybowskyia* Jakovlev, 1876

（1226）滴蝽 *Dybowskyia reticulata* (Dallas, 1851)

分布：广东（乐昌）、江苏、上海、浙江、湖北、江西、陕西、福建、广西、四川；日本。

642. 曙厉蝽属 *Eocanthecona* Bergroth, 1915

（1227）二斑曙厉蝽 *Eocanthecona binotata* (Distant, 1879)

分布：广东、浙江、江西、海南、香港、广西、重庆、四川、贵州、云南；印度。

（1228）曙厉蝽 *Eocanthecona concinna* (Walker, 1867)

分布：广东、河南、浙江、江西、湖南、福建、台湾、海南、广西、四川、贵州、云南、西藏；越南。

（1229）叉角曙厉蝽 *Eocanthecona furcellata* (Wolff, 1801)

分布：广东、福建、海南、台湾、广西、四川、贵州、云南、西藏；日本，泰国，印度，斯里兰卡，菲律宾，印度尼西亚，孟加拉国。

643. 麻皮蝽属 *Erthesina* Spinola, 1837

（1230）麻皮蝽 *Erthesina fullo* (Thunberg, 1783)

分布：广东（中山）、辽宁、内蒙古、北京、河北、山西、山东、河南、陕西、甘肃、新疆、江苏、安徽、浙江、湖北、江西、湖南、福建、海南、台湾、广西、四川、贵州、云南；日本，印度，斯里兰卡，巴基斯坦，阿富汗，印度尼西亚。

644. 菜蝽属 *Eurydema* Laportede, 1833

（1231）菜蝽 *Eurydema dominulus* (Scopoli, 1763)

分布：广东、黑龙江、吉林、河北、陕西、江苏、山东、浙江、湖南、陕西、福建、广西、云南、西藏；俄罗斯（西伯利亚）；欧洲。

645. 黄蝽属 *Eurysaspis* Signoret, 1851

（1232）黄蝽 *Eurysaspis flavescens* Distant, 1911

分布：广东（连州）、河北、河南、江苏、安徽、浙江、湖北、江西、湖南、福建、贵州；菲律宾，印度尼西亚。

646. 厚蝽属 *Exithemus* Distant, 1902

（1233）厚蝽 *Exithemus assamensis* Distant, 1902

分布：广东（中山）、浙江、湖南、福建、广西、四川。

647. 二星蝽属 *Eysarcoris* Hahn, 1834

（1234）拟二星蝽 *Eysarcoris annamita* (Breddin, 1909)

分布：广东（连州）。

（1235）二星蝽 *Eysarcoris guttigerus* (Thunberg, 1783)

分布：广东（广州、连州、中山、高要）、山西、陕西、江苏、浙江、湖北、福建、台湾、广西、四川、西藏；日本，印度，缅甸，斯里兰卡。

（1236）锚纹二星蝽 *Eysarcoris montivagus* (Distant, 1902)

分布：广东（中山）、河南、江苏、安徽、浙江、湖北、江西、湖南、福建、海南、广西、四川、贵州、云南；印度，阿富汗。

（1237）广二星蝽 *Eysarcoris ventralis* (Westwood, 1837)

分布：广东（广州、中山、高要）、北京、山西、河南、陕西、浙江、湖北、江西、福建、广西、贵州；日本，越南，印度，缅甸，菲律宾，印度尼西亚，马来西亚。

648. 青蝽属 *Glaucias* Kirkaldy, 1908

（1238）黑点青蝽 *Glaucias beryllus* (Fabricius, 1787)

分布：广东、福建、台湾、澳门；印度。

（1239）黄肩青蝽 *Glaucias crassus* (Westwood, 1837)

分布：广东、河南、福建、广西、云南；越南，印度。

（1240）青蝽 *Glaucias dorsalis* (Dohrn, 1860)

分布：广东、广西；印度，斯里兰卡，菲律宾，马来西亚，马尔代夫。

（1241）绿艳青蝽 *Glaucias subpunctatus* (Walker, 1867)

分布：广东、湖南、福建、广西、云南；朝鲜，日本，印度尼西亚。

649. 谷蝽属 *Gonopsis* Amyot et Serville, 1843

（1242）谷蝽 *Gonopsis affinis* (Uhler, 1860)

分布：广东、山东、陕西、江苏、上海、浙江、湖北、江西、湖南、广西、贵州；日本。

（1243）异谷蝽 *Gonopsis diversa* (Walker, 1868)

分布：广东、辽宁、陕西、山东、河南、江苏、安徽、湖北、浙江、江西、湖南、广西、福建、四川、云南、贵州、海南；日本。

650. 拟谷蝽属 *Gonopsimorpha* Yang, 1934

（1244）黑角拟谷蝽 *Gonopsimorpha nigrosignata* Yang, 1934

分布：广东、福建、湖北、江西、广西、海南。

651. 条蝽属 *Graphosoma* Laporte, 1833

（1245）赤条蝽 *Graphosoma rubrolineatum* (Westwood, 1837)

分布：广东、黑龙江、辽宁、内蒙古、河北、山东、河南、陕西、甘肃、新疆、江苏、浙江、湖北、江西、广西、四川、贵州；朝鲜，日本，俄罗斯（西伯利亚东部）。

652. 素蝽属 *Halyabbas* Distant, 1900

（1246）素蝽 *Halyabbas unicolor* Distant, 1900

分布：广东、海南、台湾、云南；印度；东南亚。

653. 茶翅蝽属 *Halyomorpha* Mayr, 1864

（1247）茶翅蝽 *Halyomorpha halys* (Stål, 1855)

分布：广东（中山）、吉林、辽宁、河北、山西、内蒙古、黑龙江、河南、陕西、江苏、安徽、浙江、湖北、江西、湖南、福建、台湾、广西、四川、贵州、云南、西藏；朝鲜，日本。

654. 沟蝽属 *Halys* Fabricius, 1803

（1248）锯沟蝽 *Halys serrigera* (Westwood, 1837)

分布：广东；日本，印度，缅甸，斯里兰卡，阿富汗。

（1249）槽沟蝽 *Halys sulcatus* (Thunberg, 1783)

分布：广东；日本，印度，斯里兰卡，巴基斯坦。

655. 卵圆蝽属 *Hippotiscus* Bergroth, 1906

（1250）卵圆蝽 *Hippotiscus dorsalis* (Stål, 1869)

分布：广东、甘肃、河南、安徽、浙江、湖北、江西、湖南、福建、广西、四川、贵州、西藏；印度。

656. 全蝽属 *Homalogonia* Jakovlev, 1876

（1251）全蝽 *Homalogonia obtusa* (Walker, 1868)

分布：广东、黑龙江、吉林、辽宁、内蒙古、河北、甘肃、山东、河南、陕西、江苏、浙江、湖北、江西、福建、广西、四川、贵州、云南、西藏；俄罗斯东部，朝鲜，日本，印度。

657. 玉蝽属 *Hoplistodera* Westwood, 1837

（1252）玉蝽 *Hoplistodera fergussoni* Distant, 1911

分布：广东、陕西、安徽、浙江、湖北、江西、湖南、福建、海南、广西、四川、贵州、云南、西藏。

（1253）红玉蝽 *Hoplistodera pulchra* Yang, 1934

分布：广东、陕西、甘肃、安徽、浙江、湖北、江西、湖南、福建、海南、广西、四川、贵州、云南、西藏。

658. 剑蝽属 *Iphiarusa* Breddin, 1904

（1254）剑蝽 *Iphiarusa compacta* (Distant, 1887)

分布：广东、河南、江西、湖南、福建、广西、四川、云南；越南，印度，缅甸。

659. 广蝽属 *Laprius* Stål, 1861

（1255）广蝽 *Laprius varicornis* (Dallas, 1851)

分布：广东（中山）、陕西、山东、河南、江苏、安徽、浙江、湖北、江西、湖南、福建、海南、广西、四川、贵州、云南；日本，越南，印度，缅甸，菲律宾，巴基斯坦。

660. 纹蝽属 *Madates* Strand, 1910

（1256）赫氏纹蝽 *Madates heissi* Rider, 2006

分布：广东、广西、云南；越南。

（1257）纹蝽 *Madates limbata* (Fabricius, 1803)

分布：广东（连州）、广西、贵州、云南。

661. 梭蝽属 *Megarrhamphus* Bergroth, 1891

（1258）梭蝽 *Megarrhamphus hastatus* (Fabricius, 1803)

分布：广东、河南、江苏、安徽、浙江、湖北、江西、湖南、福建、台湾、广西、四川、贵州、云南；日本，越南，泰国，印度，菲律宾，马来西亚，印度尼西亚。

（1259）平尾梭蝽 *Megarrhamphus truncatus* (Westwood, 1837)

分布：广东（中山、连州、高要）、贵州、广西、云南；越南，缅甸，印度。

662. 墨蝽属 *Melanophara* Stål, 1867

（1260）墨蝽 *Melanophara dentata* Haglund, 1868

分布：广东、江苏、浙江、湖南、福建、海南、贵州；印度。

663. 曼蝽属 *Menida* Motschulsky, 1861

（1261）北曼蝽 *Menida disjecta* (Uhler, 1860)

分布：广东、黑龙江、辽宁、内蒙古、天津、河北、山东、河南、陕西、甘肃、青海、新疆、浙江、湖北、江西、湖南、台湾、广西、重庆、四川、贵州、云南、西藏；俄罗斯东部，朝鲜，日本。

（1262）黑斑曼蝽 *Menida formosa* (Westwood, 1837)

分布：广东、江苏、浙江、江西、海南、台湾、广西、贵州、云南、西藏；印度，斯里兰卡，印度尼西亚。

（1263）宽曼蝽 *Menida lata* Yang, 1934

分布：广东（乐昌）、山西、河南、江苏、安徽、浙江、湖北、江西、湖南、福建、海南、广西、四川、贵州。

（1264）大曼蝽 *Menida megaspila* (Walker, 1867)

分布：广东、台湾。

（1265）异曼蝽 *Menida varipennis* (Westwood, 1837)

分布：广东、江苏、浙江、湖北、江西、湖南、福建、海南、广西、四川、贵州、云南、西藏；印度，菲律宾，巴基斯坦，阿富汗，印度尼西亚。

（1266）稻赤曼蝽 *Menida versicolor* (Gmelin, 1790)

分布：广东（连州）、浙江、江西、福建、台湾、海南、澳门、广西、四川、贵州、云南、西藏；日本，印度，斯里兰卡，菲律宾，巴基斯坦，印度尼西亚。

（1267）紫蓝曼蝽 *Menida violacea* Motschulsky, 1861

分布：广东（乐昌）、吉林、辽宁、内蒙古、河北、山西、山东、河南、陕西、甘肃、江苏、安徽、浙江、湖北、江西、湖南、福建、台湾、广西、四川、贵州、云南；俄罗斯东部，朝鲜，日本，印度。

664. 秀蝽属 *Neojurtina* Distant, 1921

（1268）秀蝽 *Neojurtina typica* Distant, 1921

分布：广东（中山）、浙江、江西、湖南、福建、台湾、广西、云南；越南，印度尼西亚，菲律宾，文莱，马来西亚，东帝汶，巴布亚新几内亚。

665. 莽蝽属 *Placosternum* Amyot *et* Serville, 1843

（1269）莽蝽 *Placosternum taurus* (Fabricius, 1781)

分布：广东（连州）。

666. 绿蝽属 *Nezara* Amyot *et* Serville, 1843

（1270）黑须稻绿蝽 *Nezara antennata* Scott, 1874

分布：广东、河北、山西、河南、陕西、甘肃、新疆、江苏、湖北、江西、湖南、福建、海南、台湾、广西、四川、贵州、云南、西藏；朝鲜，日本，印度，斯里兰卡，菲律宾。

（1271）稻绿蝽 *Nezara viridula* (Linnaeus, 1758)

分布：广东（连州、中山）、河北、山西、山东、河南、陕西、宁夏、江苏、安徽、浙江、湖北、江西、湖南、福建、海南、广西、四川、贵州、云南、西藏；世界广布。

667. 褐蝽属 *Niphe* Stål, 1867

（1272）稻褐蝽 *Niphe elongata* (Dallas, 1851)

分布：广东、河南、陕西、江苏、安徽、浙江、湖北、江西、湖南、海南、台湾、广西、四川、贵州、云南、西藏；日本，印度，缅甸，菲律宾。

（1273）宽褐蝽 *Niphe subferruginea* (Westwood, 1837)

分布：广东、广西、贵州、云南；印度；东南亚。

668. 花丽蝽属 *Otantestia* Breddin, 1900

（1274）花丽蝽 *Otantestia heterospila* (Walker, 1867)

分布：广东、青海、海南、云南；印度，不丹，巴基斯坦；东南亚。

669. 卷蝽属 *Paterculus* Distant, 1902

（1275）卷蝽 *Paterculus elatus* (Yang, 1934)

分布：广东、江苏、安徽、浙江、湖北、福建、江西、湖南、广西、四川、贵州、云南。

670. 真蝽属 *Pentatoma* Olivier, 1789

（1276）脊腹真蝽 *Pentatoma carinata* Yang, 1934

分布：广东（连州）。

（1277）红角真蝽 *Pentatoma roseicornuta* Zheng *et* Ling, 1983

分布：广东（连州）。

671. 益蝽属 *Picromerus* Amyotea *et* Serville, 1843

（1278）黑益蝽 *Picromerus griseus* (Dallas, 1851)

分布：广东、新疆、浙江、江西、湖南、福建、海南、广西、四川、贵州、云南、西藏；印度，缅甸，不丹，印度尼西亚（爪哇），巴基斯坦，孟加拉国。

（1279）益蝽 *Picromerus lewisi* Scott, 1874

分布：广东、黑龙江、吉林、辽宁、内蒙古、河北、山西、山东、河南、陕西、宁夏、甘肃、新疆、江苏、安徽、浙江、湖北、江西、湖南、福建、海南、广西、四川、贵州、云南；俄罗斯，朝鲜，日本。

（1280）绿点益蝽 *Picromerus viridipunctatus* Yang, 1934

分布：广东、山西、安徽、浙江、湖北、江西、湖南、广西、四川、贵州。

672. 璧蝽属 *Piezodorus* Fieber, 1860

（1281）璧蝽 *Piezodorus hybneri* (Gmelin, 1790)

分布：广东、陕西、山西、山东、河南、江苏、安徽、湖北、福建、广西、四川；非洲，东南亚。

（1282）璧蝽 *Piezodorus rubrofasciatus* (Fabricius, 1775)

分布：广东（中山）、贵州。

673. 暗蝽属 *Praetextatus* Distant, 1901

（1283）大暗蝽 *Praetextatus typicus* Distant, 1901

分布：广东（连州）。

674. 珀蝽属 *Plautia* Stål, 1865

（1284）珀蝽 *Plautia crossota* (Dallas, 1851)

分布：广东（中山）、湖北、湖南、福建、海南、广西、四川、贵州、云南、西藏；斯里兰卡，菲律宾，阿富汗，印度尼西亚；非洲。

（1285）暗色珀蝽 *Plautia sordida* Xiong *et* Liu, 1996

分布：广东、浙江、福建、海南、广西。

（1286）斯氏珀蝽 *Plautia stali* Scott, 1874

分布：广东、吉林、辽宁、河北、山西、山东、河南、陕西、甘肃、江苏、湖北、江西、湖南、福建、广西、贵州；俄罗斯，朝鲜，日本，美国（夏威夷）。

675. 棱蝽属 *Rhynchocoris* Westwood, 1837

（1287）棱蝽 *Rhynchocoris humeralis* (Thunberg, 1783)

分布：广东、山东、江苏、浙江、湖北、江西、湖南、福建、台湾、海南、澳门、广西、四川、贵州、云南；印度，斯里兰卡，印度尼西亚，巴基斯坦。

（1288）黑角棱蝽 *Rhynchocoris nigridens* Stål, 1871

分布：广东、福建、海南、云南；菲律宾。

676. 珠蝽属 *Rubiconia* Dohrn, 1860

（1289）珠蝽 *Rubiconia intermedia* (Wolff, 1811)

分布：广东、黑龙江、吉林、辽宁、内蒙古、河北、山西、山东、河南、宁夏、甘肃、青海、湖北、湖南、广西、四川、贵州；古北界。

677. 短蝽属 *Saceseurus* Breddin, 1900

（1290）短蝽 *Saceseurus insignis* (Distant, 1900)

分布：广东（连州）、海南、广西、云南；印度，缅甸，斯里兰卡，印度尼西亚。

678. 片蝽属 *Sciocoris* Fallén, 1829

（1291）印度片蝽 *Sciocoris indicus* Dallas, 1851

分布：广东、海南、四川、云南、西藏；印度，巴基斯坦。

（1292）小片蝽 *Sciocoris lateralis* Fieber, 1851

分布：广东、海南、云南；印度，斯里兰卡，巴基斯坦。

679. 黑蝽属 *Scotinophara* Stål, 1867

（1293）双刺黑蝽 *Scotinophara bispinosa* (Fabricius, 1798)

分布：广东（鼎湖）、广西、云南、海南；印度。

（1294）弯刺黑蝽 *Scotinophara horvathi* Distant, 1883

分布：广东、福建、江西、湖南、海南、广西、四川、贵州、西藏；日本。

（1295）稻黑蝽 *Scotinophara lurida* (Burmeister, 1834)

分布：广东（广州、鼎湖）、河北、山东、江苏、安徽、浙江、湖北、江西、湖南、福建、台湾、广西、四川、贵州；日本，印度。

（1296）短刺黑蝽 *Scotinophara scotti* Horváth, 1879

分布：广东（鼎湖）、江西、四川、台湾、西藏、云南、广西、湖北、福建、浙江、贵州；日本，韩国。

680. 丸蝽属 *Spermatodes* Bergroth, 1914

（1297）丸蝽 *Spermatodes variolosus* (Walker, 1867)

分布：广东（连州）、浙江、湖北、江西、湖南、福建、海南、广西、四川、贵州、云南；印度，斯里兰卡，巴基斯坦，澳大利亚；东南亚；琉球群岛。

681. 拟沟蝽属 *Sinometis* Zheng et Liu, 1987

（1298）郿县拟沟蝽 *Sinometis lingxianensis* Lin *et* Zhang, 1992

分布：广东（连州）。

682. 斑蝽属 *Strachia* Hahn, 1831

（1299）斑蝽 *Strachia crucigera* Hahn, 1831

分布：广东、海南、云南；印度，巴基斯坦；东南亚。

683. 拟玉蝽属 *Stachyomia* Stål, 1871

（1300）赤拟玉蝽 *Stachyomia rubra* Chen, 1992

分布：广东。

684. 乌蝽属 *Storthecoris* Horváth, 1883

（1301）乌蝽 *Storthecoris nigriceps* Horváth, 1883

分布：广东（广州）、贵州、云南、海南。

685. 角胸蝽属 *Tetroda* Amyot et Serville, 1843

（1302）角胸蝽 *Tetroda histeroides* (Fabricius, 1798)

分布：广东、河南、江苏、浙江、湖北、江西、湖南、福建、台湾、广西、贵州、云南；缅甸，马来西亚，印度尼西亚。

686. 点蝽属 *Tolumnia* Stål, 1867

（1303）横带点蝽 *Tolumnia basalis* (Dallas, 1851)

分布：广东（乐昌）、陕西、浙江、江西、福建、海南、广西、贵州、云南；越南，印度尼西亚。

（1304）碎斑点蝽 *Tolumnia latipes* (Dallas, 1851)

分布：广东、山西、河南、陕西、安徽、浙江、湖北、江西、湖南、福建、海南、台湾、广西、四川、贵州、云南、西藏；印度，马来西亚，印度尼西亚。

687. 突蝽属 *Udonga* Distant, 1921

（1305）突蝽 *Udonga spinidens* Distant, 1921

分布：广东、山西、陕西、浙江、湖北、江西、湖南、福建、海南、澳门、广西、贵州、云南、西藏；老挝。

688. 芸蝽属 *Vitellus* Stål, 1865

（1306）芸蝽 *Vitellus orientalis* Distant, 1900

分布：广东、广西、贵州、云南；印度。

689. 蓝蝽属 *Zicrona* Amyot et Aerville, 1843

（1307）蓝蝽 *Zicrona caerulea* (Linnaeus, 1758)

分布：广东（广州、连州、中山）、黑龙江、辽宁、内蒙古、天津、河北、山西、山东、陕西、甘肃、新疆、江苏、浙江、湖北、江西、台湾、广西、四川、贵州、云南；日本，印度，缅甸，马来西亚，印度尼西亚；北美洲。

七十五、红蝽科 Pyrrhocoridae Amyot *et* Serville, 1843

690. 颈红蝽属 *Antilochus* Stål, 1863

（1308）黑足颈红蝽 *Antilochus nigripes* (Burmeister, 1835)

分布：广东（鼎湖）、海南、云南；缅甸，斯里兰卡，菲律宾，马来西亚，印度尼西亚。

691. 光红蝽属 *Dindymus* Stål, 1861

（1309）异泛光红蝽 *Dindymus sanguineus* (Fabricius, 1787)

分布：广东（高要、韶关）、海南、广西、云南；印度，缅甸。

692. 棉红蝽属 *Dysdercus* Amyot et Setville, 1831

（1310）离斑棉红蝽 *Dysdercus cingulatus* (Fabricius, 1775)

分布：广东（广州、高要、中山）、福建、广西、四川、云南；印度，缅甸，斯里兰卡，菲律宾，马来西亚，印度尼西亚，印度（锡金），澳大利亚。

（1311）联斑棉红蝽 *Dysdercus poecilus* (Herrich–Schaeffer, 1843)

分布：广东（广州、中山）、福建、广西、云南；日本，缅甸，菲律宾，印度尼西亚，锡金。

（1312）叉带棉红蝽 *Dysdercus decussatus* Boisduval, 1835

　　分布：广东（中山）。

693. 锐红蝽属 *Euscopus* Stål, 1870

（1313）华锐红蝽 *Euscopus chinensis* Blöte, 1932

　　分布：广东、四川、云南。

694. 巨红蝽属 *Macrocheraia* Guerin–Meneville, 1835

（1314）巨红蝽 *Macrocheraia grandis* (Gray, 1832)

　　分布：广东、福建、浙江、云南；印度，孟加拉国，菲律宾，印度尼西亚。

695. 直红蝽属 *Pyrrhopeplus* Stål, 1870

（1315）直红蝽 *Pyrrhopeplus carduelis* (Stål, 1863)

　　分布：广东（连州、中山）、河南、江苏、安徽、浙江、江西、湖南、福建。

696. 红蝽属 *Pyrrhocoris* Fallén, 1814

（1316）地红蝽 *Pyrrhocoris tibialis* (Stål, 1874)

　　分布：广东（连州、中山）。

七十六、大红蝽科 Largidae Amyot *et* Serville, 1843

697. 斑红蝽属 *Physopelta* Amyot *et* Serville, 1843

（1317）小斑红蝽 *Physopelta cincticollis* Stål, 1863

　　分布：广东（广州）、陕西、江苏、浙江、湖北、江西、湖南、台湾、四川；印度。

（1318）突背斑红蝽 *Physopelta gutta* (Burmeister, 1834)

　　分布：广东（广州、中山）、台湾、广西、四川、云南、西藏；日本，印度，缅甸，斯里兰卡，印度尼西亚，孟加拉国，澳大利亚等。

（1319）四斑红蝽 *Physopelta quadriguttata* Bergroth, 1894

　　分布：广东、福建、河南、安徽、江西、湖南、四川；印度。

（1320）显斑红蝽 *Physopelta slanbuschii* (Fabricius, 1787)

　　分布：广东（广州）、海南、台湾、云南；日本，印度，缅甸，孟加拉国。

七十七、姬缘蝽科 Rhopalidae Amyot *et* Serville, 1843

698. 红缘蝽属 *Leptocoris* Hahn, 1833

（1321）小红缘蝽 *Leptocoris augur* (Fabricius, 1781)

　　分布：广东（广州、中山）、海南、云南；印度，孟加拉国，缅甸，泰国，新加坡，马来西亚。

699. 粟缘蝽属 *Liorhyssus* Stål, 1870

（1322）粟缘蝽 *Liorhyssus hyalinus* (Fabricius, 1794)

　　分布：广东（广州）、黑龙江、北京、天津、河北、江苏、安徽、湖北、江西、广西、四川、贵州、云南、西藏。

700. 伊缘蝽属 *Rhopalus* Schiling, 1827

（1323）黄伊缘蝽 *Rhopalus maculatus* (Fieber, 1837)

　　分布：广东（连州）、黑龙江、辽宁、河北、河南、山东、江苏、安徽、浙江、湖北、江西、福建、四川、贵州、西藏。

（1324）褐伊缘蝽 *Rhopalus sapporensis* (Matsumura, 1905)

分布：广东（乐昌）、黑龙江、辽宁、河北、陕西、江苏、浙江、江西、湖北、福建、四川、云南。

701. 环缘蝽属 *Stictopleurus* Stål, 1872

（1325）开环缘蝽 *Stictopleurus minutus* Blöte, 1934

分布：广东（连州）、黑龙江、吉林、北京、河北、山西、河南、陕西、新疆、江苏、浙江、江西、福建、台湾、四川、云南、西藏；日本。

（1326）绿环缘蝽 *Stictopleurus subviridis* Hsiao, 1977

分布：广东（连州、中山）。

七十八、蛛缘蝽科 Alydidae Amyot *et* Serville, 1843

702. 钝缘蝽属 *Anacestra* Hsiao, 1964

（1327）刺钝缘蝽 *Anacestra spiniger* Hsiao, 1965

分布：广东（中山）、浙江、湖南、海南、广西、贵州、云南。

703. 扁缘蝽属 *Daclera* Signoret, 1863

（1328）扁缘蝽 *Daclera levana* Distant, 1918

分布：广东、福建、海南、云南、台湾；日本，印度。

704. 钩缘蝽属 *Grypocephalus* Hsiao, 1963

（1329）钩缘蝽 *Grypocephalus pallipectus* Hsiao, 1963

分布：广东（连州、中山）。

705. 狄缘蝽属 *Paraplesius* Scott, 1874

（1330）狄缘蝽 *Paraplesius vulgaris* (Hsiao, 1964)

分布：广东（连州、中山）。

706. 稻缘蝽属 *Leptocorisa* Latreille, 1829

（1331）异稻缘蝽 *Leptocorisa acuta* (Thunberg, 1783)

分布：广东（广州、鼎湖、中山）、福建、台湾、海南、广西、云南、西藏；韩国，日本，印度，缅甸，泰国，新加坡，马来西亚，孟加拉国。

（1332）中稻缘蝽 *Leptocorisa chinensis* Dallas, 1852

分布：广东（连州、惠阳、中山）、天津、江苏、安徽、浙江、湖北、江西、福建、广西、云南；韩国，日本，马来西亚。

（1333）大稻缘蝽 *Leptocorisa oratoria* (Fabricius, 1794)

分布：广东、海南、广西、贵州、云南、西藏；日本，美国（关岛）；东南亚。

707. 锤缘蝽属 *Marcius* Stål, 1865

（1334）五刺锤缘蝽 *Marcius longirostris* Hsiao, 1964

分布：广东（中山）、广西、海南、云南；越南。

（1335）四川锤缘蝽 *Marcius sichuananus* Ren, 1993

分布：广东（茂名）、四川、贵州。

708. 牧缘蝽属 *Mutusca* Stål, 1866

（1336）牧缘蝽 *Mutusca prolixa* (Stål, 1860)

分布：广东（广州、中山、茂名）、安徽、福建、海南、广西；东洋界。

709. 平缘蝽属 *Planusocoris* Yi *et* Bu, 2015

（1337）舍氏平缘蝽 *Planusocoris schaeferi* Yi *et* Bu, 2015

分布：广东、浙江、湖北、湖南、福建、广西、贵州。

710. 蜂缘蝽属 *Riptortus* Stål, 1860

（1338）条蜂缘蝽 *Riptortus linearis* (Fabricius, 1775)

分布：广东（中山）、浙江、福建、海南、台湾、广西、四川、云南等；日本，泰国，印度，马来西亚，帕劳，印度尼西亚，巴布亚新几内亚。

（1339）小蜂缘蝽 *Riptortus parvus* Hsiao, 1964

分布：广东（广州）、海南、广西、云南；越南。

（1340）点蜂缘蝽 *Riptortus pedestris* (Fabricius, 1775)

分布：广东（中山）、辽宁、北京、天津、河南、陕西、浙江、安徽、湖北、江西、福建、海南、广西、四川、贵州、云南、西藏；韩国，日本，泰国，印度，缅甸，斯里兰卡，马来西亚，印度尼西亚。

七十九、缘蝽科 Coreidae Leach, 1815

711. 瘤缘蝽属 *Acanthocoris* Amyot *et* Serville, 1843

（1341）瘤缘蝽 *Acanthocoris scaber* (Linnaeus, 1763)

分布：广东（广州、中山）、山东、江苏、安徽、浙江、湖北、江西、广西、四川、云南。

712. 安缘蝽属 *Anoplocnemis* Stål, 1873

（1342）红背安缘蝽 *Anoplocnemis phasianus* (Fabricius, 1781)

分布：广东（广州、连州、中山）、江西、福建、广西、云南。

713. 副侏缘蝽属 *Aspilosterna* Stål, 1873

（1343）副侏缘蝽 *Aspilosterna valida* (Hsiao, 1963)

分布：广东（鼎湖）、广西、云南。

714. 勃缘蝽属 *Breddinella* Dispons, 1962

（1344）肩勃缘蝽 *Breddinella humeralis* (Hsiao, 1963)

分布：广东、福建、海南、四川、贵州、云南。

715. 粤缘蝽属 *Chariesterus* Laporte, 1832

（1345）粤缘蝽 *Chariesterus antennator* (Fabricius, 1803)

分布：广东（广州）。

716. 绿竹缘蝽属 *Cloresmus* Stål, 1860

（1346）褐竹缘蝽 *Cloresmus modestus* Distant, 1901

分布：广东（广州）、云南；印度，缅甸。

717. 棘缘蝽属 *Cletus* Stål, 1860

（1347）禾棘缘蝽 *Cletus graminis* Hsiao *et* Zheng, 1964

分布：广东（广州）、福建、海南、广西、云南。

（1348）短肩棘缘蝽 *Cletus pugnator* (Fabricius, 1787)

分布：广东（中山）。

（1349）稻棘缘蝽 *Cletus punctiger* (Dallas, 1852)

分布：广东（广州、连州、中山）、河北、山西、山东、河南、陕西、江苏、安徽、浙江、湖北、湖南、江西、四川、西藏；印度。

（1350）黑须棘缘蝽 *Cletus punctulatus* (Westwood, 1842)

分布：广东（连州、中山）。

（1351）长肩棘缘蝽 *Cletus trigonus* (Thunberg, 1783)

分布：广东（广州、中山）、江苏、福建、江西、上海、广西、海南、云南；斯里兰卡，菲律宾，印度尼西亚，孟加拉国。

718. 棒缘蝽属 *Clavigralla* Spinola, 1837

（1352）二刺棒缘蝽 *Clavigralla gibbosa* Spinola, 1837

分布：广东（广州、梅县）、云南。

719. 拟棒缘蝽属 *Clavigralloides* Dolling, 1978

（1353）四刺拟棒缘蝽 *Clavigralloides acantharis* (Fabricius, 1803)

分布：广东（广州、连州、中山）、福建、广西、云南；缅甸。

720. 达缘蝽属 *Dalader* Amyot et Serville, 1843

（1354）宽肩达缘蝽 *Dalader planiventris* (Westwood, 1842)

分布：广东（连州）、贵州、云南；印度，缅甸，泰国，新加坡，马来西亚，斯里兰卡，印度尼西亚（苏门答腊）。

（1355）小达缘蝽 *Dalader rubiginosus* (Westwood, 1842)

分布：广东、四川、贵州、云南；缅甸。

721. 奇缘蝽属 *Derepteryx* White, 1839

（1356）格奇缘蝽 *Derepteryx grayii* (White, 1839)

分布：广东（连州、中山）、云南。

（1357）暗奇缘蝽 *Derepteryx obscurata* Stål, 1863

分布：广东（连州）、江苏、湖北、上海、台湾、四川。

722. 莫缘蝽属 *Molipteryx* Kiritshenko, 1916

（1358）褐莫缘蝽 *Molipteryx fuliginosa* (Uhler, 1860)

分布：广东（连州、中山）。

（1359）哈莫缘蝽 *Molipteryx hardwickii* (White, 1839)

分布：广东、海南、广西、四川、云南、西藏；尼泊尔，缅甸，印度。

723. 岗缘蝽属 *Gonocerus* Berthold, 1827

（1360）长角岗缘蝽 *Gonocerus longicornis* Hsiao, 1964

分布：广东（连州、中山）。

（1361）扁角岗缘蝽 *Gonocerus lictor* Horváth, 1879

分布：广东（连州、中山）。

724. 小棒缘蝽属 *Gralliclava* Dolling, 1978

（1362）小棒缘蝽 *Gralliclava horrens* (Dohrn, 1860)

分布：广东（连州、中山）、福建、海南、云南、香港。

725. 伪佟缘蝽属 *Pseudomictis* Hsiao, 1963

（1363）凸腹缘蝽 *Pseudomictis brevicornis* Hsiao, 1963

分布：广东（连州、中山）。

（1364）长腹佟缘蝽 *Pseudomictis distinctus* Hsiao, 1963

分布：广东（中山）、广西、云南。

726. 同缘蝽属 *Homoeocerus* Burmeister, 1835

（1365）双斑同缘蝽 *Homoeocerus bipunctatus* Hsiao, 1962

分布：广东（中山）。

（1366）一色同缘蝽 *Homoeocerus concoloratus* (Uhler, 1860)

分布：广东（广州及沿海岛屿）、福建、贵州、云南。

（1367）广腹同缘蝽 *Homoeocerus dilatatus* Horváth, 1879

分布：广东（广州）、吉林、河北、河南、浙江、湖北、江西、四川、贵州；朝鲜，日本，俄罗斯（西伯利亚）。

（1368）草同缘蝽 *Homoeocerus graminis* (Fabricius, 1803)

分布：广东（中山）。

（1369）无点同缘蝽 *Homoeocerus insignis* Hsiao, 1963

分布：广东（连州）。

（1370）光纹同缘蝽 *Homoeocerus laevilineus* Stål, 1873

分布：广东（石牌）、西藏；印度，缅甸，斯里兰卡。

（1371）小点同缘蝽 *Homoeocerus marginellus* (Herrich-Schaeffer, 1842)

分布：广东（中山）、江西、湖南、福建、四川、云南；越南，印度尼西亚。

（1372）锡兰同缘蝽 *Homoeocerus singalensis* (Stål, 1860)

分布：广东（广州）、江苏、浙江、湖北、江西、福建、海南、西藏；斯里兰卡。

（1373）纹须同缘蝽 *Homoeocerus striicornis* Scott, 1874

分布：广东（广州、中山）、北京、河北、甘肃、浙江、湖北、江西、台湾、四川、云南；日本，印度，斯里兰卡。

（1374）一点同缘蝽 *Homoeocerus unipunctatus* (Thunberg, 1783)

分布：广东（中山）、江苏、浙江、湖北、江西、台湾、云南、西藏；日本。

（1375）合欢同缘蝽 *Homoeoceruswalkeri* Kirby, 1892

分布：广东（广州、中山）、海南、云南；印度，缅甸，斯里兰卡。

（1376）瓦同缘蝽 *Homoeocerus walkerianus* Lethierry *et* Severin, 1894

分布：广东（中山）。

727. 黑缘蝽属 *Hygia* Uhler, 1861

（1377）粤黑缘蝽 *Hygia funesta* Hsiao, 1964

　　分布：广东（广州）、福建。

（1378）宽黑缘蝽 *Hygia lata* Hsiao, 1964

　　分布：广东（广州）。

（1379）环胫黑缘蝽 *Hygia lativentris* (Motschulsky, 1866)

　　分布：广东（连州）。

（1380）夜黑缘蝽 *Hygia noctua* (Distant, 1901)

　　分布：广东（连州、中山）。

（1381）暗黑缘蝽 *Hygia opaca* (Uhler, 1860)

　　分布：广东（中山）。

728. 曼缘蝽属 *Manocoreus* Hsiao, 1964

（1382）闽曼缘蝽 *Manocoreus vulgaris* Hsiao, 1964

　　分布：广东（连州、中山）、江西、福建、浙江、海南。

729. 侎缘蝽属 *Mictis* Leach, 1814

（1383）黑胫侎缘蝽 *Mictis fuscipes* Hsiao, 1963

　　分布：广东（连州、中山）、浙江、江西、福建、湖南、贵州、广西、四川。

（1384）锐肩侎缘蝽 *Mictis gallina* Dallas, 1852

　　分布：广东（梅县、高明）、江西、海南、云南；缅甸。

（1385）黄胫侎缘蝽 *Mictis serina* Dallas, 1852

　　分布：广东（梅县、连州、鼎湖、中山）、浙江、江西、福建、广西、四川。

（1386）曲胫侎缘蝽 *Mictis tenebrosa* (Fabricius, 1787)

　　分布：广东（信宜、中山）、浙江、江西、湖南、广西、四川、云南、西藏。

（1387）突腹侎缘蝽 *Mictis tuberosa* Hsiao, 1965

　　分布：广东（中山）。

730. 竹缘蝽属 *Notobitus* Stål, 1860

（1388）大竹缘蝽 *Notobitus excellens* Distant, 1879

　　分布：广东（中山）。

（1389）扁股竹缘蝽 *Notobitus femoralis* Chen, 1986

　　分布：广东（龙门）。

（1390）黑竹缘蝽 *Notobitus meleagris* (Fabricius, 1787)

　　分布：广东（梅县、中山）、浙江、江西、福建、台湾、四川；越南，印度，缅甸，新加坡。

（1391）山竹缘蝽 *Notobitus montanus* Hsiao, 1963

　　分布：广东（中山）、浙江、台湾、四川。

（1392）异足竹缘蝽 *Notobitus sexguttatus* (Westwood, 1842)

　　分布：广东（广州、高要、中山）、广西、云南。

731. 翅缘蝽属 *Notopteryx* Hsiao, 1963

（1393）翻翅缘蝽 *Notopteryx geminus* Hsiao, 1963

分布：广东（鼎湖、中山）。

（1394）翩翅缘蝽 *Notopteryx soror* Hsiao, 1963

分布：广东（鼎湖）、广西。

732. 赭缘蝽属 *Ochrochira* Stål, 1873

（1395）粒足赭缘蝽 *Ochrochira granulipes* (Westwood, 1842)

分布：广东（中山）。

733. 副黛缘蝽属 *Paradasynus* China, 1934

（1396）喙副黛缘蝽 *Paradasynus longirostris* Hsiao, 1965

分布：广东、福建、广西、海南。

（1397）刺副黛缘蝽 *Paradasynus spinosus* Hsiao, 1963

分布：广东（连州、鼎湖、中山）、福建、海南。

734. 菲缘蝽属 *Physomerus* Burmeister, 1835

（1398）菲缘蝽 *Physomerus grossipes* (Fabricius, 1794)

分布：广东、福建、四川、云南；缅甸，印度，斯里兰卡，泰国，新加坡，马来西亚。

735. 拉缘蝽属 *Rhamnomia* Hsiao, 1963

（1399）拉缘蝽 *Rhamnomia dubia* (Hsiao, 1963)

分布：广东（连州、鼎湖、中山）、福建、广西、四川、云南。

736. 华黛缘蝽属 *Sinodasynus* Hsiao, 1963

（1400）华黛缘蝽 *Sinodasynus stigmatus* Hsiao, 1963

分布：广东（广州、中山）、海南、四川、西藏。

737. 特缘蝽属 *Trematocoris* Mayr, 1865

（1401）斑足特缘蝽 *Trematocoris lobipes* (Westwood, 1842)

分布：广东（连州）、广西、云南；越南，印度，印度尼西亚（爪哇）。

（1402）叶足特缘蝽 *Trematocoris tragus* (Fabricius, 1787)

分布：广东（广州、梅县）、湖南、福建、广西、云南。

八十、梭长蝽科 Pachygronthidae Stål, 1865

738. 梭长蝽属 *Pachygrontha* Germar, 1838

（1403）长须梭长蝽 *Pachygrontha antennata* (Uhler, 1860)

分布：广东（连州）、山东、陕西、安徽、浙江、湖北、江西、湖南、福建、重庆、贵州；日本。

（1404）二点梭长蝽 *Pachygrontha bipunctata* Stål, 1865

分布：广东（广州）、浙江、福建、台湾、海南、广西、云南、西藏；刚果，毛里求斯，莫桑比克，尼日利亚，坦桑尼亚。

（1405）浅黄梭长蝽 *Pachygrontha lurida* Slater, 1955

分布：广东（梅县）、浙江、海南、广西、西藏；菲律宾。

（1406）黑盾梭长蝽 *Pachygrontha nigrovittata* Stål, 1871

分布：广东（广州）、江西、福建、台湾、海南、广西、云南；印度，斯里兰卡，菲律宾，马来西亚，印度尼西亚。

八十一、室翅长蝽科 Heterogastridae Stål, 1872

739. 缢身长蝽属 *Artemidorus* Distant, 1903

（1407）缢身长蝽 *Artemidorus pressus* Distant, 1903

分布：广东（广州）、广西、云南；印度，缅甸，斯里兰卡。

740. 裂腹长蝽属 *Nerthus* Distant, 1909

（1408）台裂腹长蝽 *Nerthus taivanicus* (Bergroth, 1914)

分布：广东（高要）、陕西、江苏、浙江、湖北、江西、福建、台湾、海南、广西、贵州、云南。

八十二、尖长蝽科 Oxycarenidae Stål, 1862

741. 尖长蝽属 *Oxycarenus* Fieber, 1837

（1409）二色尖长蝽 *Oxycarenus bicolor* Fieber, 1851

分布：广东（广州、清远）、福建、台湾、海南、云南；印度，缅甸，斯里兰卡，菲律宾，印度尼西亚，美国（夏威夷），澳大利亚，密克罗尼西亚，法国（新喀里多尼亚），巴布亚新几内亚。

八十三、莎长蝽科 Cymidae Baerensprung, 1860

742. 拟莎长蝽属 *Cymodema* Spinola, 1837

（1410）南方拟莎长蝽 *Cymodema basicornis* (Motschulsky, 1863)

分布：广东（广州、高要）、福建、海南、广西、云南；印度，斯里兰卡，菲律宾，马来西亚，孟加拉国，南非；非洲西部，大洋洲。

（1411）台拟莎长蝽 *Cymodema tabidum* Spinola, 1837

分布：广东（清远）；法国，希腊，意大利，西班牙，塞尔维亚，黑山，以色列，埃及，摩洛哥。

八十四、尼长蝽科 Ninidae Barber, 1956

743. 莞长蝽属 *Cymoninus* Breddin, 1907

（1412）黄莞长蝽 *Cymoninus sechellensis* (Bergroth, 1893)

分布：广东（广州）、云南；斯里兰卡，菲律宾，斐济，塞舌尔。

（1413）灰莞长蝽 *Cymoninus turaensis* (Paiva, 1919)

分布：广东（广州）、浙江、福建、广西、云南；印度，斯里兰卡；琉球群岛。

744. 尼长蝽属 *Ninus* Stål, 1860

（1414）尼长蝽 *Ninus insignis* Stål, 1860

分布：广东（广州）、福建、海南、云南；印度，斯里兰卡，菲律宾，马来西亚，印度尼西亚，密克罗尼西亚。

八十五、杆长蝽科 Blissidae Stål, 1862

745. 异背长蝽属 *Cavelerius* Distant, 1903

（1415）甘蔗异背长蝽 *Cavelerius saccharivorus* (Okajima, 1922)

分布：广东、浙江、江西、福建、台湾；日本。

746. 狭长蝽属 *Dimorphopterus* Stål, 1872

（1416）小狭长蝽 *Dimorphopterus exiguus* Cheng *et* Tsou, 1981

分布：广东（广州）、福建。

（1417）大狭长蝽 *Dimorphopterus pallipes* (Distant, 1883)

分布：广东（广州）、山东、河南、安徽、贵州；日本。

（1418）高粱狭长蝽 *Dimorphopterus spinolae* (Signoret, 1857)

分布：广东（乐昌、连州）、吉林、辽宁、内蒙古、山东、江西、湖南、福建、四川；日本；欧洲。

（1419）南洋狭长蝽 *Dimorphopterus sumatraensis* Slater, 1974

分布：广东（广州）；印度尼西亚。

747. 叶颊长蝽属 *Iphicrates* Distant, 1903

（1420）棘头叶颊长蝽 *Iphicrates spinicaput* (Scott, 1874)

分布：广东、浙江；日本。

748. 窄长蝽属 *Ischnodemus* Fieber, 1837

（1421）束腰窄长蝽 *Ischnodemus sinuatus* Slater, Ashlock *et* Wilcox, 1969

分布：广东、湖南、福建、广西、云南；越南，缅甸，马来西亚。

749. 巨股长蝽属 *Macropes* Motschulsky, 1859

（1422）细巨股长蝽 *Macropes australis* (Distant, 1901)

分布：广东、湖北、台湾、海南、云南；斯里兰卡，菲律宾，澳大利亚，巴布亚新几内亚。

（1423）暗脉巨股长蝽 *Macropes exilis* Slater *et* Wilcox, 1973

分布：广东（封开）、浙江、湖北、湖南、福建、四川、贵州、云南；越南。

（1424）小巨股长蝽 *Macropes harringtonae* Slater, Ashlock *et* Wilcox, 1969

分布：广东（连州）、河南、江苏、浙江、湖北、江西、湖南、福建、台湾、海南、广西、重庆、四川、贵州、云南。

（1425）叶背巨股长蝽 *Macropes lobatus* Slater, Ashlock *et* Wilcox, 1969

分布：广东（鼎湖、高要）、海南、广西、云南；越南，泰国，印度，缅甸，印度尼西亚。

（1426）大巨股长蝽 *Macropes major* Matsumura, 1913

分布：广东、浙江、江西、湖南、福建、台湾、广西、贵州。

（1427）黄缢巨股长蝽 *Macropes pronotalis* Distant, 1918

分布：广东（连州）、贵州、云南；越南，印度。

（1428）中华巨股长蝽 *Macropes sinicus* Zheng *et* Zou, 1982

分布：广东、湖南、福建、广西、四川、云南。

八十六、跷蝽科 Berytidae Fieber, 1851

750. 角头跷蝽属 *Capyella* Breddin, 1907

（1429）弯角头跷蝽 *Capyella distincta* Hsiao, 1974

分布：广东（封开）、海南、广西、云南。

（1430）角头跷蝽 *Capyella horni* Breddin, 1907

分布：广东（广州、鼎湖、恩平）、福建、海南、广西、云南；日本，斯里兰卡。

751. 驼跷蝽属 *Gamposocoris* Fuss, 1852

（1431）娇驼跷蝽 *Gamposocoris pulchellus* (Dallas, 1852)

分布：广东、浙江、湖北、海南、广西、四川、云南；印度。

752. 背跷蝽属 *Metacanthus* Costa, 1843

（1432）娇短颊跷蝽 *Metacanthus pulchellus* Dallas, 1852

分布：广东（鼎湖、连州、韶关）、山西、山东、陕西、甘肃、浙江、湖北、湖南、福建、台湾、海南、广西、四川、贵州、云南；韩国，日本，印度，斯里兰卡，菲律宾，马来西亚，印度尼西亚，澳大利亚，巴布亚新几内亚。

753. 肩跷蝽属 *Metatropis* Fieber, 1859

（1433）光肩跷蝽 *Metatropis brevirostris* Hsiao, 1974

分布：广东（广州、连州、中山、信宜）、河南、陕西、甘肃、浙江、湖北、江西、湖南、福建、广西、贵州、云南。

（1434）齿肩跷蝽 *Metatropis denticollis* Lindberg, 1934

分布：广东（广州）、山西、陕西、宁夏、甘肃、湖北、湖南、广西、四川、云南、西藏。

754. 刺胁跷蝽属 *Yemmalysus* Štusák, 1972

（1435）刺胁跷蝽 *Yemmalysus parallelus* Štusák, 1972

分布：广东（鼎湖、信宜、台山、恩平、连州、中山）、海南、广西、贵州、云南；越南，印度尼西亚，尼泊尔。

八十七、束蝽科 Colobathristidae Stål, 1865

755. 突束蝽属 *Phaenacantha* Horváth, 1904

（1436）锥突束蝽 *Phaenacantha* (*Phaenacantha*) *marcida* Horváth, 1914

分布：广东、海南、台湾、广西。

（1437）环足突束蝽 *Phaenacantha* (*Phaenacantha*) *trilineata* Horváth, 1908

分布：广东（连州、中山）、台湾。

八十八、大眼长蝽科 Geocoridae Dahlbom, 1851

756. 大眼长蝽属 *Geocoris* Fallén, 1814

（1438）南亚大眼长蝽 *Geocoris ochropterus* (Fieber, 1844)

分布：广东（连州、广州）、江苏、安徽、浙江、湖北、福建、台湾、海南、广西、四川、贵州、云南、西藏；印度，缅甸，斯里兰卡，印度尼西亚（苏门答腊）。

（1439）大眼长蝽 *Geocoris pallidipennis* (Costa, 1843)

分布：广东（连州）。

（1440）宽大眼长蝽 *Geocoris varius* (Uhler, 1860)

分布：广东（乐昌、连州）、天津、山西、陕西、甘肃、江苏、浙江、湖北、江西、湖南、福建、台湾、广西、重庆、四川、贵州、云南、西藏；日本。

八十九、长蝽科 Lygaeidae Schilling, 1829

757. 柄眼长蝽属 *Aethalotus* Stål, 1874

（1441）黑头柄眼长蝽 *Aethalotus nigriventris* Horváth, 1914

分布：广东（梅县）、甘肃、浙江、湖北、福建、台湾、海南、广西、四川、贵州、云南；日本，越南。

758. 肿腮长蝽属 *Arocatus* Spinola, 1837

（1442）肿腮长蝽 *Arocatus melanostoma* Scott, 1874

分布：广东、黑龙江、辽宁、天津、河北、陕西、甘肃、安徽、浙江、湖北、江西、湖南；俄罗斯，韩国，日本。

（1443）丝肿腮长蝽 *Arocatus sericans* Stål, 1860

分布：广东、陕西、福建、台湾、广西、贵州；韩国，日本，印度，斯里兰卡。

759. 黑腺长蝽属 *Aspilocoryphus* Stål, 1874

（1444）宽边黑腺长蝽 *Aspilocoryphus mendicus* (Fabricius, 1775)

分布：广东、海南、云南；印度，斯里兰卡，菲律宾，也门。

760. 微长蝽属 *Botocudo* Kirkaldy, 1904

（1445）六斑微长蝽 *Botocudo formosanus* (Hidaka, 1959)

分布：广东（广州、乐昌）、台湾、云南；琉球群岛。

761. 完缝长蝽属 *Bryanellocoris* Slater, 1957

（1446）东方完缝长蝽 *Bryanellocoris orientalis* Hidaka, 1962

分布：广东（曲江）、浙江、福建、湖北、江西、台湾、广西、云南、四川；日本；琉球群岛。

762. 新长蝽属 *Caenocoris* Fieber, 1860

（1447）红缘新长蝽 *Caenocoris marginatus* (Thunberg, 1914)

分布：广东（连州）、台湾、云南；日本，印度，斯里兰卡。

763. 球胸长蝽属 *Caridops* Bergroth, 1894

（1448）白边球胸长蝽 *Caridops albomarginatus* (Scott, 1874)

分布：广东（梅县）、浙江、福建、江西、湖北、贵州、四川；日本。

（1449）红翅球胸长蝽 *Caridops rufescens* Zheng, 1981

分布：广东（阳山）、广西、云南。

764. 长足长蝽属 *Dieuches* Dohrn, 1860

（1450）长足长蝽 *Dieuches femoralis* Dohrn, 1860

分布：广东（广州）、福建、四川、云南；日本，泰国，印度，缅甸，斯里兰卡。

（1451）台长足长蝽 *Dieuches formosus* Eyles, 1973

分布：广东、福建、海南、四川、云南；日本，泰国，印度，缅甸，斯里兰卡。

765. 突喉长蝽属 *Diniella* Bergroth, 1893

（1452）白带突喉长蝽 *Diniella glabrata* (Stål, 1874)

分布：广东（广州）、海南、云南；菲律宾。

（1453）垂头突喉长蝽 *Diniella intaminata* (Distant, 1903)

分布：广东（广州、曲江）、福建、广西、四川、云南；缅甸。

（1454）斑翅突喉长蝽 *Diniella pallipes* (Scott, 1874)

    分布：广东（广州）、海南；日本。

（1455）大突喉长蝽 *Diniella servosa* (Distant, 1901)

    分布：广东（连州）、福建、广西、四川、云南；斯里兰卡。

766. 脊盾长蝽属 *Entisberus* Distant, 1903

（1456）长头脊盾长蝽 *Entisberus esakii* Slateret *et* Hidaka, 1958

    分布：广东（高要）、福建。

767. 隆胸长蝽属 *Eucosmetus* Bergroth, 1894

（1457）斑角隆胸长蝽 *Eucosmetus tenuipes* Zheng, 1981

    分布：广东（连州、高要）、浙江、湖北、江西、福建、广西、海南、四川、贵州。

768. 红腺长蝽属 *Graptostethus* Stål, 1868

（1458）角红腺长蝽 *Graptostethus quadrisignatus* Distant, 1879

    分布：广东（广州）、海南、广西、云南；印度。

（1459）黑带红腺长蝽 *Graptostethus servus* (Fabricius, 1787)

    分布：广东（广州、高要、中山）、台湾、海南、广西、云南、西藏；日本，越南，印度，缅甸，斯里兰卡，菲律宾，马来西亚，印度尼西亚，澳大利亚；欧洲，非洲。

769. 缢胸长蝽属 *Gyndes* Stål, 1862

（1460）狭背缢胸长蝽 *Gyndes angusticollis* (Zheng, 1981)

    分布：广东（乐昌）、福建、云南。

（1461）淡角缢胸长蝽 *Gyndes pallicornis* (Dallas, 1852)

    分布：广东（广州、连州）、江西、福建、广西、湖北、海南、贵州、云南；日本，印度，缅甸，菲律宾，马来西亚，印度尼西亚，尼泊尔。

770. 刺胫长蝽属 *Horridipamera* Malipatil, 1978

（1462）紫黑刺胫长蝽 *Horridipamera nietneri* (Dohrn, 1860)

    分布：广东（广州）、浙江、江西、福建、台湾、云南；日本，越南，泰国，印度，缅甸，斯里兰卡，菲律宾，印度尼西亚，马来西亚；大洋洲。

771. 迅足长蝽属 *Metochus* Scott, 1874

（1463）短翅迅足长蝽 *Metochus abbreviatus* (Scott, 1874)

    分布：广东（连州）。

（1464）黑迅足长蝽 *Metochus bengalensis* (Dallas, 1852)

    分布：广东（广州、梅县、高要）、福建、广西、海南、四川、云南；印度。

（1465）海南迅足长蝽 *Metochus hainanensis* Zheng, 1981

    分布：广东（中山）。

772. 毛肩长蝽属 *Neolethaeus* Distant, 1909

（1466）东亚毛肩长蝽 *Neolethaeus dallasi* (Scott, 1874)

    分布：广东（连州）、北京、天津、山西、山东、江苏、浙江、湖北、江西、福建、台湾、广西、四川；日本。

（1467）小黑毛肩长蝽 *Neolethaeus esakii* (Hidaka, 1962)

分布：广东（广州、连州）、福建、湖南、台湾、广西、贵州。

773. 小长蝽属 *Nysius* Dallas, 1852

（1468）小长蝽 *Nysius ceylandicus* (Motschulsky, 1863)

分布：广东。

（1469）黄色小长蝽 *Nysius ericae* (Schilling, 1829)

分布：广东（广州）、浙江、江西、海南。

（1470）茸毛小长蝽 *Nysius graminicola* (Kolenati, 1845)

分布：广东（广州）、四川、贵州、云南。

（1471）*Nysius inconspicuus* Distant, 1904

分布：广东、浙江、湖北、江西、湖南、海南、四川、贵州。

774. 刺胸长蝽属 *Paraporta* Zheng, 1981

（1472）刺胸长蝽 *Paraporta megaspina* Zheng, 1981

分布：广东（连州）、河南、福建、浙江、江西、广西、贵州。

775. 直腮长蝽属 *Pamerana* Distant, 1909

（1473）毛胸直腮长蝽 *Pamerana scotti* (Distant, 1901)

分布：广东（广州、新丰、连平、鼎湖）、福建、浙江、湖北、海南、广西、四川、贵州、云南；日本。

776. 细长蝽属 *Paromius* Fieber, 1860

（1474）斑翅细长蝽 *Paromius excelsus* Bergroth, 1924

分布：广东（高要、连州）、浙江、福建、湖南、广西、四川、云南；菲律宾。

（1475）短喙细长蝽 *Paromius gracilis* (Rambur, 1839)

分布：广东（连州、博罗）、陕西、甘肃、山东、湖北、浙江、江西、台湾、海南、重庆、四川、西藏；日本，越南，印度，缅甸，菲律宾；大洋洲。

（1476）宽胸细长蝽 *Paromius piratoides* (Costa, 1864)

分布：广东、海南、云南。

777. 蚁穴长蝽属 *Poeantius* Stål, 1865

（1477）短胸蚁穴长蝽 *Poeantius lineatus* Stål, 1874

分布：广东（广州）、海南、云南；日本，印度，斯里兰卡，菲律宾，马来西亚，澳大利亚。

778. 棘胸长蝽属 *Primierus* Distant, 1901

（1478）长刺棘胸长蝽 *Primierus longispinus* Zheng, 1981

分布：广东（连州）。

（1479）锥股棘胸长蝽 *Primierus tuberculatus* Zheng, 1981

分布：广东（连平）、浙江、福建、湖北、广西、四川、贵州、云南。

779. 钝角长蝽属 *Prosomoeus* Scott, 1874

（1480）褐色钝角长蝽 *Prosomoeus brunneus* Scott, 1874

分布：广东（连平）、福建、广西、四川、贵州、云南、西藏；日本。

780. 圆眼长蝽属 _Pseudopachybrachius_ Malipatil, 1978

（1481）圆眼长蝽 _Pseudopachybrachius guttus_ (Dallas, 1852)

分布：广东（广州、鼎湖）、安徽、福建、江西、湖南、广西、海南、贵州、云南。

781. 蒴长蝽属 _Pylorgus_ Stål, 1874

（1482）红褐蒴长蝽 _Pylorgus obscurus_ Scudder, 1962

分布：广东（连州、连平、封开）、天津、陕西、浙江、江西、湖南、福建、广西、四川、贵州、云南、西藏；印度，菲律宾。

（1483）黄荆蒴长蝽 _Pylorgus praeceps_ (Bergroth, 1918)

分布：广东（连州）、海南、云南；菲律宾。

782. 地长蝽属 _Rhyparochromus_ Hahn, 1826

（1484）褐斑地长蝽 _Rhyparochromus sordidus_ (Fabricius, 1787)

分布：广东（广州）、福建、台湾、云南；日本，越南，泰国，印度，斯里兰卡，菲律宾，印度尼西亚；非洲。

783. 扁长蝽属 _Sinorsillus_ Usinger, 1938

（1485）杉木扁长蝽 _Sinorsillus piliferus_ Usinger, 1938

分布：广东（广州）、浙江、湖北、福建、广西、重庆、四川。

784. 痕腺长蝽属 _Spilostethus_ Stål, 1868

（1486）箭痕腺长蝽 _Spilostethus hospes_ (Fabricius, 1794)

分布：广东（广州、连州、鼎湖、中山）、江西、福建、台湾、海南、香港、云南、西藏；越南，印度，缅甸，菲律宾，马来西亚，印度尼西亚；大洋洲。

（1487）短箭痕腺长蝽 _Spilostethus pandurus_ (Scopoli, 1763)

分布：广东、海南、四川、云南、西藏；澳大利亚；欧洲，非洲。

785. 浅缢长蝽属 _Stigmatonotum_ Lindberg, 1927

（1488）山地浅缢长蝽 _Stigmatonotum rufipes_ (Motschulsky, 1866)

分布：广东（广州）、湖北、湖南、福建、云南；日本。

（1489）小浅缢长蝽 _Stigmatonotum geniculatum_ (Motschulsky, 1863)

分布：广东、福建、湖北、湖南、云南；日本。

786. 拟新长蝽属 _Thunbergia_ Horváth, 1914

（1490）红缘拟新长蝽 _Thunbergia marginata_ (Thunberg, 1822)

分布：广东（连州、梅县）、台湾、广西、四川、云南；日本，印度，斯里兰卡。

787. 脊长蝽属 _Tropidothorax_ Bergroth, 1894

（1491）斑脊长蝽 _Tropidothorax cruciger_ (Motschulsky, 1860)

分布：广东（连平）、宁夏、甘肃、北京、陕西、湖南、福建、台湾、四川、西藏。

（1492）红脊长蝽 _Tropidothorax elegans_ (Distant, 1883)

分布：广东（中山）。

（1493）中国脊长蝽 _Tropidothorax sinensis_ (Reuter, 1888)

分布：广东（连州）、吉林、北京、天津、河北、山西、河南、陕西、甘肃、江苏、安徽、浙江、湖北、江西、湖南、福建、台湾、海南、广西、四川、云南、西藏；日本。

九十、 束长蝽科 Malcidae Stål, 1865

788. 突眼长蝽属 *Chauliops* Scott, 1874

（1494）短小突眼长蝽 *Chauliops bisontula* Banks, 1909

分布：广东（连州、始兴、高要）、江西、湖南、福建、海南、广西、云南；菲律宾，印度尼西亚。

（1495）豆突眼长蝽 *Chauliops fallax* Scott, 1874

分布：广东（连州）、甘肃、北京、天津、河北、山西、陕西、河南、安徽、浙江、江西、福建、台湾、湖北、湖南、四川、云南、贵州；日本，印度，斯里兰卡。

（1496）平伸突眼长蝽 *Chauliops horizontalis* Zheng, 1981

分布：广东（始兴）、浙江、江西、湖南、福建、广西、云南。

789. 束长蝽属 *Malcus* Stål, 1860

（1497）狭长束长蝽 *Malcus elongatus* Štys, 1967

分布：广东（连州、乐昌）、浙江、福建、广西、云南。

（1498）瓜束长蝽 *Malcus inconspicuus* Štys, 1967

分布：广东（连州）、江西、广西。

（1499）瘤突束长蝽 *Malcus noduliferus* Zheng, Zhou *et* Hsiao, 1979

分布：广东（连州）、云南。

参考文献：

卜文俊，郑乐怡，2001. 中国动物志：昆虫纲：第二十四卷：半翅目：毛唇花蝽科：细角花蝽科：花蝽科 [M]. 北京：科学出版社.

陈顺立，李友恭，林思明，等，1984. 福建省缘蝽科昆虫名录 [J]. 福建林学院学报，4（2）：25-30.

陈振耀，1986. 广东省竹缘蝽属一新种（半翅目：缘蝽科）[J]. 动物分类学报，11（3）：325-326.

陈振耀，梁铬球，贾凤龙，等，2001. 广东南岭国家级自然保护区大东山昆虫名录（Ⅱ）[J]. 生态科学，20（4）：42-47.

程曦，朱孝伟，孔祥超，等，2008. 藜蒴栲祥硕蚧危害初报 [J]. 中国森林病虫，27（6）：18-19.

戴武，张雅林，2002. 中国角顶叶蝉亚科一新属六新种（同翅目：叶蝉科）[J]. 动物分类学报，27（2）：304-315.

丁锦华，2006. 中国动物志：昆虫纲：第四十五卷：同翅目：飞虱科 [M]. 北京：科学出版社.

葛钟麟，1966. 中国经济昆虫志：第10册：同翅目：叶蝉科 [M]. 北京：科学出版社.

葛钟麟，1973. 拟隐脉叶蝉属二新种记述 [J]. 昆虫学报，16（2）：180-184.

葛钟麟，张正明，1992. 斑大叶蝉属三新种（同翅目：叶蝉总科）[J]. 昆虫分类学报，14（2）：111-115.

郭振中，伍律，金大雄，1987. 贵州农林昆虫志（卷1）[M]. 贵阳：贵州人民出版社.

湖南省林业厅，1992. 湖南森林昆虫图鉴 [M]. 长沙：湖南科学技术出版社.

黄春梅，胡可喜，卢汰春，等，1993. 龙栖山动物 [M]. 北京：中国林业出版社.

黄复生，2002. 海南森林昆虫 [M]. 北京：科学出版社.

黄少彬，武三安，李落叶，等，2018. 藜蒴木珠蚧（半翅目，蚧总科，木珠蚧科）的初步研究 [J]. 环境昆虫学报，

40（2）：314-317.

蒋谦才，谭宗健，古建明，等，2011. 中山五桂山生态保护区昆虫调查名录（Ⅲ）[J]. 热带林业，39（2）：50-52.

李法圣，2011. 中国木虱志：昆虫纲：半翅目：上卷 [M]. 北京：科学出版社.

李法圣，2011. 中国木虱志：昆虫纲：半翅目：下卷 [M]. 北京：科学出版社.

李子忠，李玉建，邢济春，2020. 中国动物志：昆虫纲：第七十二卷：半翅目：叶蝉科（四）：横脊叶蝉亚科 [M].
北京：科学出版社.

刘国卿，郑乐怡，1989. 中国大仰蝽属（Notonecta L.）种类记述（半翅目：仰蝽科）[J]. 南开大学学报（自然科学）
（4）：57-62.

刘国卿，郑乐怡，2014. 中国动物志：昆虫纲：第六十二卷：半翅目：盲蝽科（二）：合垫盲蝽亚科 [M]. 北京：
科学出版社.

刘国卿，穆怡然，许静杨，等，2020. 中国动物志：昆虫纲：第七十三卷：半翅目：盲蝽科（三）：单室盲蝽亚科：
细爪盲蝽亚科：齿爪盲蝽亚科：树盲蝽亚科：撒盲蝽亚科 [M]. 北京：科学出版社.

刘强，郑乐怡，1994. 珀蝽属中国种类记述（半翅目：蝽科）[J]. 昆虫分类学报，16（4）：235-248.

刘强，郑乐怡，1994. 中国缘蝽属一新种（半翅目：缘蝽科）[J]. 昆虫学报，37（4）：468-469.

牛敏敏，2020. 中国盾蚧亚科分类及系统发育研究（半翅目：蚧总科）[D]. 咸阳：西北农林科技大学.

乔格侠，张广学，钟铁森，2005. 中国动物志：昆虫纲：第四十一卷：同翅目：斑蚜科 [M]. 北京：科学出版社.

任树芝，1984. 云南省娇异蝽属新种记述（半翅目：异蝽科）[J]. 动物分类学报，9（4）：416-421.

任树芝，1987. 中国黑缘蝽属新种记述（半翅目：缘蝽科）[J]. 昆虫学报，30（1）：85-90.

任树芝，1998. 中国动物志·昆虫纲：第十三卷. 半翅目：异翅亚目：姬蝽科 [M]. 北京：科学出版社.

尚素琴，2003. 亚太地区缘脊叶蝉系统分类研究（同翅目：叶蝉科）[D]. 咸阳：西北农林科技大学.

王吉锐，2015. 中国粉虱科系统分类研究 [D]. 扬州：扬州大学.

王家彬，谭宗健，蒋谦才，等，2011. 中山市五桂山生态保护区昆虫调查名录（Ⅰ）[J]. 现代农业科技（13）：
304-306.

王玉生，2019. 扶桑绵粉蚧在中国的地理分布与遗传结构及其寄生蜂的地理分布格局研究 [D]. 北京：中国农业科
学院.

王子清，2001. 中国动物志：昆虫纲：第二十二卷：同翅目：蚧总科：粉蚧科：绒蚧科：蜡蚧科：链蚧科：盘蚧科：
壶蚧科：仁蚧科 [M]. 北京：科学出版社.

魏久锋，2011. 中国圆盾蚧亚科分类研究（半翅目：盾蚧科）[D]. 咸阳：西北农林科技大学.

武三安，2000. 皑粉蚧属中国种类初记（同翅目：蚧总科：粉蚧科）[J]. 南开大学学报（自然科学版），33（2）：
102-106.

武三安，2009. 中国大陆有害蚧虫名录及组成成分分析（半翅目：蚧总科）[J]. 北京林业大学学报，31（4）：
55-63.

邬博稳，2019. 中国绵蚧科昆虫的分类研究（半翅目：蚧次目）[D]. 北京：北京林业大学.

萧采瑜，任树芝，郑乐怡，等，1977. 中国蝽类昆虫鉴定手册（半翅目：异翅亚目）：第1册 [M]. 北京：科学出
版社.

萧采瑜，任树芝，郑乐怡，等，1981. 中国蝽类昆虫鉴定手册（半翅目：异翅亚目）：第2册 [M]. 北京：科学出
版社.

萧采瑜，1964. 中国缘蝽新种记述（半翅目：缘蝽科）Ⅲ [J]. 动物学报，16（2）：251–258.

谢蕴贞，1957. 中国荔蝽亚科记述 [J]. 昆虫学报，7（4）：423–448.

薛怀君，刘国卿，2002. 异龟蝽属记述（半翅目：龟蝽科）[J]. 动物分类学报，27（1）：96–100.

闫凤鸣，白润娥，2017. 中国粉虱志 [M]. 郑州：河南科学技术出版社.

杨集昆，李法圣，1980. 黑尾大叶蝉考订——凹大叶蝉属二十二新种记述（同翅目：大叶蝉科）[J]. 昆虫分类学报，2（3）：191–210.

杨平澜，1982. 中国蚧虫分类概要 [M]. 上海：上海科学技术出版社.

伊文博，卜文俊，2017. 中国三种稻缘蝽名称订正（半翅目：蛛缘蝽科）[J]. 环境昆虫学报，39 (2) : 460–463.

赵修复，1982. 福建省昆虫名录 [M]. 福州：福建科学技术出版社.

章士美，等，1995. 中国经济昆虫志：第50册：半翅目（二）[M]. 北京：科学出版社.

张广学，乔格侠，钟铁森，等，1999. 中国动物志：昆虫纲：第十四卷：同翅目：纩蚜科：瘿绵蚜科 [M]. 北京：科学 出版社.

张广学，1999. 西北农林蚜虫志：昆虫纲：同翅目：蚜虫类 [M]. 北京：中国环境科学出版社.

张广学，钟铁森，1983. 中国经济昆虫志：第25册：同翅目：蚜虫类（一）[M]. 北京：科学出版社.

张新民，2011. 世界横脊叶蝉亚科系统分类研究 (半翅目：叶蝉科) [D]. 咸阳：西北农林科技大学.

张雅林，车艳丽，孟瑞，等，2020. 中国动物志：昆虫纲：第七十卷：半翅目：杯瓢蜡蝉科：瓢蜡蝉科 [M]. 北京：科学出版社.

张雅林，魏琮，沈林，等，2022. 中国动物志：昆虫纲：第七十一卷：半翅目：叶蝉科（三）：杆叶蝉亚科：秀头蜡蝉亚科：缘脊叶蝉亚科 [M]. 北京：科学出版社.

张雅林，周尧，1988. 广东省小叶蝉种类记述（同翅目：叶蝉科，小叶蝉亚科）[J]. 昆虫分类学报，10（1–2）：43–49.

郑乐怡，吕楠，刘国卿，等，2004. 中国动物志：昆虫纲：第三十三卷：半翅目：盲蝽科：盲蝽亚科 [M]. 北京：科学出版社.

周尧，1982. 中国盾蚧志：第1卷 [M]. 西安：陕西科学技术出版社.

周尧，1985. 中国盾蚧志：第2卷 [M]. 西安：陕西科学技术出版社.

周尧，路进生，黄桔，等，1985. 中国经济昆虫志：第36册：同翅目：蜡蝉总科 [M]. 北京：科学出版社.

ANDERSEN N M，1981. Semiaquatic bugs: phylogeny and classification of the Hebridae（Heteroptera: Gerromorpha）with revisions of *Timasius*, *Neotimasius*, and *Hyrcanus* [J]. Systematic entomology，6（4）：377–412.

BORCHSENIUS N S，1962. Descriptions of some new genera and species of Diaspididae（Homoptera, Coccoidea）[J]. Entomologicheskoe obozrenye，41：861–871.

CHOU I，ZHANG Y L，1987. A taxonomic study of the genus *Alebroides* Mats, from China（Homoptera, Cicadellidae，Typhlocybinae）[J]. Entomotaxonomia（04）：299–302.

DU L，DAI W，2019. High species diversity of the leafhopper genus *Hishimonus* Ishihara（Hemiptera: Cicadellidae: Deltocephalinae）from China, with description of ten new species [J]. Insects，10（5）：1–51.

DUAN Y N，ZHANG Y L，2013. Review of the grassland leafhopper genus *Exitianus* Ball（Hemiptera, Cicadellidae, Deltocephalinae, Chiasmini）form China [J]. ZooKeys，333：31–43.

DWORAKOWSKA I，1997. A review of the genus *Alebroides* Matsumura, with description of *Shumka*, gen.nov.

(Homoptera: Auchenorrhyncha: Cicadellidae) [J]. Oriental insects, 31 (1): 241–407.

FERRIS G F, 1954. Report upon scale insects collected in China (Homoptera: Coccoidea) Part V [J]. Microentomology, 19: 51–66.

LUO J Y, XIE Q, 2022. Taxonomic review of *Kokeshia* Miyamoto, 1960 from China, with description of ten new species (Hemiptera: Heteroptera: Schizopteridae) [J]. European journal of taxonomy, 802: 1–57.

REN S Z, ZHENG L Y, 1992. New species and new records of Dipsocoromorpha (Hemiptera: Heteroptera) from China [J]. Entomotaxonomia (03): 193–196.

RÉDEI D, TSAI J F, 2016. A revision of *Lamprocoris* (Hemiptera: Heteroptera: Scutelleridae) [J]. Entomologica Americana, 122 (1–2): 262–293.

RÉDEI D, TSAI J F, 2022. A revision of *Scutellera* (Hemiptera: Heteroptera: Scutelleridae) [J]. Zootaxa, 5092 (1): 1–40.

SHANG S, SHEN L, ZHANG Y L, et al., 2006. Taxonomic study on the leafhopper genus *Bhatia* (Hemiptera: Cicadellidae) from China [J]. Proceedings of the entomological societyof washington, 108 (3): 565–574.

SHOBHARANI M, VIRAKTAMATH C A, WEBB M D, 2018. Review of the leafhopper genus *Penthimia* Germar (Hemiptera: Cicadellidae: Deltocephalinae) from the Indian subcontinent with description of seven new species [J]. Zootaxa, 4369 (1): 1–45.

SU X M, JIANG L Y, QIAO G X, 2014. The fern-feeder aphids (Hemiptera: Aphididae) from China: A generic account, descriptions of one new genus, one new species, one new subspecies, and keys [J]. Journal of insect science, 14 (23): 1–36.

VINOKUROV N N, 2015. A new species and new data on distribution of the shore bugs of China (Hemiptera: Heteroptera: Saldidae) [J]. Acta entomologica musei nationalis pragae, 55 (2): 569–584.

WU S A, 2008. Morphology of *Kuwania bipora* Borchsenius (Hemiptera: Coccoidea: Margarodidae) [J]. Entomotaxonomia, 30 (3): 207–214.

WU S A, HUANG S B, DONG Q G, 2017. First records of the family Xylococcidae (Hemiptera: Coccomorpha) in China, with description of a new species [J]. Zootaxa, 4312 (3): 547–556.

WU S A, HUAN G S B, LIANG C G, 2020. Description of a new species of *Kermicus* Newstead (Hemiptera: Coccomorpha: Pseudococcidae) from bamboo in southeast China [J]. Zootaxa, 4859 (3): 440–450.

XING J C, LI Z Z, 2014. Two new species of the genus *Abrus* Dai & Zhang, 2002 (Hemiptera, Cicadellidae, Deltocephalinae) from China [J]. ZooKeys, 419: 103–109.

XU P, LIANG A P, 2011. Revision of the genus *Rhotala* Walker, 1857 (Hemiptera: Fulgoroidea: Achilidae) in China, with description of a new species [J]. Entomological science, 14 (3): 319–325.

YANG L, CHEN X S, 2013. Two new species of the bamboo-feeding leaf hopper genus *Abrus* Dai & Zhang (Hemiptera, Cicadellidae, Deltocephalinae) from China [J]. ZooKeys, 318: 81–89.

YE Z, CHEN P, BU W, 2015. A review of the *Strongylovelia* Esaki, 1924 (Hemiptera: Heteroptera: Veliidae) from China, with descriptions of three new species [J]. Zootaxa, 3920 (4): 534–544.

ZETTEL H, 2004. Helotrephidae (Insecta: Heteroptera) from the Chinese provinces of Guangdong, Yunnan and Guizhou with description of new species of the genera *Helotrephes* and *Distotrephes* [J]. Annalen des naturhistorischen museums in wien serie B für botanik und zoologie，105：397–409.

蛇蛉目 Raphidioptera

盲蛇蛉科 Inocelliidae Navás, 1913

华盲蛇蛉属 *Sininocellia* Yang, 1985

硕华盲蛇蛉 *Sininocellia gigantos* Yang, 1985

分布：广东（乳源）、福建。

参考文献：

杨定，刘星月，杨星科，等，2018. 中国生物物种名录：第2卷：动物：昆虫（Ⅱ）：脉翅总目［M］. 北京：科学出版社.

广翅目 Megaloptera

齿蛉科 Corydalidae Davis, 1903

1. 巨齿蛉属 *Acanthacorydalis* Van der Weele, 1907

（1）中华巨齿蛉 *Acanthacorydalis sinensis* Yang *et* Yang, 1986

分布：广东（始兴）、广西、贵州。

（2）越中巨齿蛉 *Acanthacorydalis fruhstorferi* Van der Weele, 1907

分布：广东（始兴）、浙江、江西、湖南、福建、广西、贵州、云南；越南。

（3）东方巨齿蛉 *Acanthacorydalis orientalis* (McLachlan, 1899)

分布：广东（广州）、北京、天津、河北、山西、河南、陕西、甘肃、湖北、福建、重庆、四川、云南。

（4）单斑巨齿蛉 *Acanthacorydalis unimaculata* Yang *et* Yang, 1986

分布：广东（始兴、连平）、安徽、浙江、江西、湖南、福建、广西、贵州、云南；越南。

2. 齿蛉属 *Neoneuromus* Van der Weele, 1909

（5）普通齿蛉 *Neoneuromus ignobilis* Navás, 1932

分布：广东（从化）、陕西、甘肃、安徽、浙江、湖北、江西、湖南、福建、广西、重庆、四川、贵州、云南；老挝，越南。

（6）麦克齿蛉 *Neoneuromus maclachlani* (Van der Weele, 1907)

分布：广东（乳源）、广西、四川、贵州、云南；越南。

（7）东方齿蛉 *Neoneuromus orientalis* Liu *et* Yang, 2004

分布：广东（梅县）、浙江、福建、广西、四川、贵州。

（8）东华齿蛉 *Neoneuromus similis* Liu, Hayashi *et* Yang, 2018

分布：广东、陕西、安徽、江苏、浙江、江西、福建。

（9）截形齿蛉 *Neoneuromus tonkinensis* (Van der Weele, 1907)

分布：广东、福建、广西、贵州；越南。

3. 黑齿蛉属 *Neurhermes* Navás, 1915

（10）黄胸黑齿蛉 *Neurhermes tonkinensis* (Van der Weele, 1909)

分布：广东（新丰、肇庆）、福建、广西、贵州、云南；越南，老挝，泰国。

4. 星齿蛉属 *Protohermes* Van der Weele, 1907

（11）车八岭星齿蛉 *Protohermes chebalingensis* Liu *et* Yang, 2006

分布：广东（始兴）。

（12）花边星齿蛉 *Protohermes costalis* (Walker, 1853)

分布：广东（从化、连州、乳源、始兴、封开、信宜）、河南、安徽、浙江、湖北、江西、湖南、福建、台湾、广西、贵州、云南；印度。

（13）异角星齿蛉 *Protohermes differentialis* (Yang *et* Yang, 1986)

分布：广东（连州）、广西、贵州；越南。

（14）广西星齿蛉 *Protohermes guangxiensis* Yang *et* Yang, 1986

分布：广东（连州、乳源）、广西、重庆；越南。

（15）古田星齿蛉 *Protohermes gutianensis* Yang *et* Yang, 1995

分布：广东（从化、连州、始兴、连平）、河南、甘肃、浙江、江西、湖南、福建、广西、重庆、四川、贵州。

（16）湖南星齿蛉 *Protohermes hunanensis* Yang *et* Yang, 1992

分布：广东（肇庆）、湖南、广西。

（17）炎黄星齿蛉 *Protohermes xanthodes* Navás, 1914

分布：广东（翁源）、辽宁、北京、河北、山西、山东、河南、陕西、甘肃、安徽、浙江、湖北、江西、湖南、广西、重庆、四川、贵州、云南；俄罗斯，朝鲜，韩国。

5. 栉鱼蛉属 *Ctenochauliodes* Van der Weele, 1909

（18）箭突栉鱼蛉 *Ctenochauliodes sagittiformis* Liu *et* Yang, 2006

分布：广东（连州、乳源）、福建。

（19）碎斑栉鱼蛉 *Ctenochauliodes similis* Liu *et* Yang, 2006

分布：广东（乳源）、广西。

（20）杨氏栉鱼蛉 *Ctenochauliodes yangi* Liu *et* Yang, 2006

分布：广东（封开）、广西；越南。

6. 斑鱼蛉属 *Neochauliodes* Van der Weele, 1909

（21）缘点斑鱼蛉 *Neochauliodes bowringi* (McLachlan, 1867)

分布：广东（广州、马坝、潮安、惠东、封开）、陕西、江西、湖南、福建、海南、香港、广西、贵州；越南。

（22）台湾斑鱼蛉 *Neochauliodes formosanus* (Okamoto, 1910)

分布：广东（广州、英德、连州、乳源、新丰、梅县、惠东、封开）、山东、青海、浙江、江西、湖南、福建、台湾、海南、香港、广西、重庆、云南；朝鲜，韩国，日本，越南。

（23）污翅斑鱼蛉 *Neochauliodes fraternus* (McLachlan, 1869)

　　分布：广东（连州、乳源、新丰、惠东、肇庆）、山东、安徽、浙江、湖北、江西、湖南、福建、台湾、海南、广西、四川、贵州、云南。

（24）广西斑鱼蛉 *Neochauliodes guangxiensis* Yang *et* Yang, 1997

　　分布：广东（韶关）、广西、贵州。

（25）双色斑鱼蛉 *Neochauliodes koreanus* Van der Weele, 1909

　　分布：广东（增城、连州、乳源、始兴、深圳、封开）、福建、香港、广西；越南。

（26）南方斑鱼蛉 *Neochauliodes meridionalis* Van der Weele, 1909

　　分布：广东（肇庆、信宜）、海南、广西、云南。

（27）黑头斑鱼蛉 *Neochauliodes nigris* Liu *et* Yang, 2005

　　分布：广东（连州、曲江）、浙江、江西、湖南、福建、广西、贵州；日本。

（28）中华斑鱼蛉 *Neochauliodes sinensis* (Walker, 1853)

　　分布：广东（连州、乳源、始兴）、安徽、浙江、湖北、江西、湖南、福建、台湾、广西、贵州。

（29）荫斑鱼蛉 *Neochauliodes umbratus* Kimmins, 1954

　　分布：广东（肇庆）、广西；越南。

7. 准鱼蛉属 *Parachauliodes* Van der Weele, 1909

（30）多斑准鱼蛉 *Parachauliodes maculosus* (Liu *et* Yang, 2006)

　　分布：广东（乳源）、陕西、广西、贵州。

（31）污翅准鱼蛉 *Parachauliodes squalidus* (Liu *et* Yang, 2006)

　　分布：广东（乳源）、江西、福建、贵州。

参考文献：

杨定，刘星月，杨星科，等，2018. 中国生物物种名录：第2卷：动物：昆虫（Ⅱ）：脉翅总目 [M]. 北京：科学出版社.

杨定，刘星月，2010. 中国动物志：昆虫纲：第五十一卷：广翅目 [M]. 北京：科学出版社.

JIANG Y L，YANG F，YUE L，et al.，2020. Origin and spatio-temporal diversification of a fishfly lineage endemic to the islands of East Asia (Megaloptera: Corydalidae) [J]. Systematic entomology，46（1）：124–139.

JIANG Y L，YUE L，YANG F，et al.，2021. Similar pattern, different paths: tracing the biogeographical history of Megaloptera (Insecta: Neuropterida) using mitochondrial phylogenomics [J]. Cladistics，38（3）：374–391.

LIU X Y，YANG D，2005. Notes on the genus *Neochauliodes* from Guangxi, China (Megaloptera: Corydalidae) [J]. Zootaxa，1045（1）：1–24.

YANG F，CHANG W C，HAYASHI F，et al.，2018. Evolutionary history of the complex polymorphic dobsonfly genus *Neoneuromus* (Megaloptera: Corydalidae) [J]. Systematic entomology，43（3）：568–595.

脉翅目 Neuroptera

一、粉蛉科 Coniopterygidae Burmeister, 1839

1. 曲粉蛉属 *Coniocompsa* Enderlein, 1905

（1）截叉曲粉蛉 *Coniocompsa truncata* Yang *et* Liu, 1999

分布：广东（始兴）、福建、广西。

2. 啮粉蛉属 *Conwentzia* Enderlein, 1905

（2）中华啮粉蛉 *Conwentzia sinica* Yang, 1974

分布：广东（广州）、吉林、辽宁、河北、山西、陕西、甘肃、江苏、浙江、福建、广西、云南。

3. 异粉蛉属 *Heteroconis* Enderlein, 1905

（3）三突异粉蛉 *Heteroconis tricornis* Liu *et* Yang, 2004

分布：广东（广州）。

4. 重粉蛉属 *Semidalis* Enderlein, 1905

（4）广重粉蛉 *Semidalis aleyrodiformis* (Stephens, 1836)

分布：广东、吉林、辽宁、内蒙古、北京、天津、河北、山西、山东、河南、陕西、宁夏、甘肃、新疆、江苏、上海、安徽、浙江、湖北、江西、福建、海南、香港、广西、重庆、四川、贵州、云南、西藏；日本，泰国，印度，尼泊尔，哈萨克斯坦；欧洲。

（5）马氏重粉蛉 *Semidalis macleodi* Meinander, 1972

分布：广东（始兴）、安徽、浙江、湖北、台湾、广西、四川、贵州、云南。

（6）一角重粉蛉 *Semidalis unicornis* Meinander, 1972

分布：广东、浙江、福建、台湾、海南、广西、四川、云南；蒙古国，马来西亚。

二、栉角蛉科 Dilaridae Newman, 1853

5. 栉角蛉属 *Dilar* Rambur, 1838

（7）车八岭栉角蛉 *Dilar chebalingensis* Zhang, Liu, Aspöck *et* Aspöck, 2015

分布：广东（始兴）、湖南。

三、鳞蛉科 Berothidae Handlirsch, 1906

6. 鳞蛉属 *Berotha* Walker, 1860

（8）广东鳞蛉 *Berotha guangdongana* Li, Aspöck, Aspöck *et* Liu, 2018

分布：广东（肇庆）。

四、褐蛉科 Hemerobiidae Latreille, 1802

7. 褐蛉属 *Hemerobius* Linnaeus, 1758

（9）纹褐蛉 *Hemerobius cercodes* Navás, 1917

分布：广东（乳源）、山西、宁夏、安徽、浙江、湖北、江西、福建、台湾、海南、广西、贵州、云南、西藏；越南，印度，尼泊尔。

8. 脉褐蛉属 *Micromus* Rambur, 1842

（10）奇斑脉褐蛉 *Micromus mirimaculatus* Yang *et* Liu, 1995

分布：广东（乳源）、浙江、福建、台湾、云南。

（11）梯阶脉褐蛉 *Micromus timidus* Hagen, 1853

分布：广东（增城）、黑龙江、河南、浙江、福建、台湾、海南、广西、云南；日本，印度，法国；大洋洲。

9. 啬褐蛉属 ***Psectra* Hagen, 1866**

（12）阴啬褐蛉 *Psectra iniqua* (Hagen, 1859)

分布：广东（鼎湖、从化）、浙江、福建、台湾、海南、广西、云南；日本，泰国，印度，斯里兰卡，印度尼西亚。

五、草蛉科 Chrysopidae Schneider, 1851

10. 绢草蛉属 ***Ankylopteryx* Brauer, 1864**

（13）八斑绢草蛉 *Ankylopteryx* (*s. str.*) *octopunctata candida* (Fabricius, 1798)

分布：广东（博罗、鼎湖）、海南。

11. 尾草蛉属 ***Chrysocerca* Van der Weele, 1909**

（14）红肩尾草蛉 *Chrysocerca formosana* (Okamoto, 1914)

分布：广东（广州）、福建、台湾、海南、广西、四川、贵州、云南。

12. 草蛉属 ***Chrysopa* Leach, 1815**

（15）广东草蛉 *Chrysopa cantonensis* Navás, 1931

分布：广东。

（16）丽草蛉 *Chrysopa formosa* Brauer, 1851

分布：广东、黑龙江、吉林、辽宁、内蒙古、北京、河北、山西、山东、河南、陕西、宁夏、甘肃、青海、新疆、江苏、安徽、浙江、湖北、江西、湖南、福建、四川、贵州、云南、西藏；蒙古国，朝鲜，日本；欧洲。

（17）大草蛉 *Chrysopa pallens* (Rambur, 1838)

分布：广东、黑龙江、吉林、辽宁、内蒙古、北京、河北、山西、山东、河南、陕西、宁夏、甘肃、新疆、江苏、安徽、浙江、湖北、江西、湖南、福建、台湾、海南、广西、四川、贵州、云南；朝鲜，日本；欧洲。

13. 通草蛉属 ***Chrysoperla* Steinmann, 1964**

（18）普通草蛉 *Chrysoperla carnea* (Stephens, 1836)

分布：广东、内蒙古、北京、河北、山西、山东、河南、陕西、新疆、上海、安徽、湖北、广西、四川、云南；古北界。

（19）长尾通草蛉 *Chrysoperla longicaudata* Yang *et* Yang, 1992

分布：广东。

（20）日本通草蛉 *Chrysoperla nipponensis* (Okamoto, 1914)

分布：广东、黑龙江、吉林、辽宁、内蒙古、北京、河北、山西、山东、陕西、甘肃、江苏、浙江、福建、海南、广西、四川、贵州、云南；蒙古国，俄罗斯，朝鲜，日本，菲律宾。

（21）松氏通草蛉 *Chrysoperla savioi* (Navás, 1933)

分布：广东、北京、河北、安徽、浙江、湖北、江西、湖南、福建、台湾、香港、广西、贵州、云南。

（22）单通草蛉 Chrysoperla sola Yang *et* Yang, 1992

分布：广东。

14. 三阶草蛉属 Chrysopidia Navás, 1910

（23）宽柄三阶草蛉 Chrysopidia platypa (Yang *et* Yang, 1991)

分布：广东（天河、从化）、海南。

15. 璃草蛉属 Glenochrysa Esben-Petersen, 1920

（24）广州璃草蛉 Glenochrysa guangzhouensis Yang *et* Yang, 1991

分布：广东（鹤洞）、江西、广西。

（25）灿璃草蛉 Glenochrysa splendia (Van der Weele, 1909)

分布：广东、江西、福建、台湾、海南、广西；菲律宾，马来西亚，印度尼西亚。

16. 意草蛉属 Italochrysa Principi, 1946

（26）巨意草蛉 Italochrysa megista Wang *et* Yang, 1992

分布：广东、江西、湖南、福建。

（27）豹斑意草蛉 Italochrysa pardalina Yang *et* Wang, 1999

分布：广东、福建、广西、贵州。

17. 玛草蛉属 Mallada Navás, 1925

（28）亚非玛草蛉 Mallada desjardinsi (Navás, 1911)

分布：广东、陕西、浙江、湖北、江西、湖南、福建、台湾、海南、广西、四川、贵州、云南；非洲；东洋界。

（29）弯玛草蛉 Mallada incurvus Yang *et* Yang, 1991

分布：广东、海南。

18. 齿草蛉属 Odontochrysa Yang *et* Yang, 1991

（30）海南齿草蛉 Odontochrysa hainana Yang *et* Yang, 1991

分布：广东、海南。

19. 叉草蛉属 Apertochrysa Tjeder, 1966

（31）曲叉草蛉 Apertochrysa flexuosa (Yang *et* Yang, 1990)

分布：广东、福建、四川。

（32）和叉草蛉 Apertochrysa (alcestes) hesperus (Yang *et* Yang, 1990)

分布：广东、海南、四川。

（33）康叉草蛉 Apertochrysa sana (Yang *et* Yang, 1990)

分布：广东、四川。

20. 饰草蛉属 Semachrysa Brooks, 1983

（34）退色饰草蛉 Semachrysa decorata (Esben-Petersen, 1913)

分布：广东、福建、台湾、海南、四川、云南；日本，菲律宾，马来西亚。

（35）松村饰草蛉 Semachrysa matsumurae (Okamoto, 1914)

分布：广东、福建、台湾、海南；日本，印度。

六、蚁蛉科 Myrmeleontidae Latreille, 1802

21. 中大蚁蛉属 *Centroclisis* Navás, 1909

（36）单中大蚁蛉 *Centroclisis negligens* (Navás, 1911)

分布：广东（电白）、台湾、海南、香港；马来西亚。

22. 多脉蚁蛉属 *Cueta* Navás, 1911

（37）索氏多脉蚁蛉 *Cueta sauteri* (Esben–Petersen, 1913)

分布：广东（博罗、四会）、福建、台湾、海南；越南，印度。

23. 距蚁蛉属 *Distoleon* Banks, 1910

（38）多格距蚁蛉 *Distoleon cancellosus* Yang, 1987

分布：广东、河南、浙江、湖南、福建、海南、广西、贵州、云南、西藏。

（39）棋腹距蚁蛉 *Distoleon tesselatus* Yang, 1986

分布：广东（封开）、河南、浙江、湖南、福建、海南、广西、贵州、云南。

24. 哈蚁蛉属 *Hagenomyia* Banks, 1911

（40）连脉哈蚁蛉 *Hagenomyia coalitus* (Yang, 1999)

分布：广东（大埔）、福建、贵州。

25. 蚁蛉属 *Myrmeleon* Linnaeus, 1767

（41）双斑蚁蛉 *Myrmeleon bimaculatus* Yang, 1999

分布：广东（广州、南海、电白）、浙江、福建、海南、广西。

（42）棕蚁蛉 *Myrmeleon fuscus* Yang, 1999

分布：广东（阳山、南海、封开）、湖北、福建、广西、贵州。

七、蝶角蛉科 Ascalaphidae Lefèbvre, 1842

26. 脊蝶角蛉属 *Ascalohybris* Sziráki, 1998

（43）斯脊蝶角蛉 *Ascalohybris stenoptera* (Navás, 1927)

分布：广东。

27. 玛蝶角蛉属 *Maezous* Ábrahám, 2008

（44）尖峰岭玛蝶角蛉 *Maezous jianfanglinganus* (Yang *et* Wang, 2002)

分布：广东（广州）、海南、云南。

参考文献：

王心丽，詹庆斌，王爱芹，2018. 中国动物志：昆虫纲：第68卷：脉翅目：蚁蛉总科［M］. 北京：科学出版社.

杨定，刘星月，杨星科，等，2018. 中国生物物种名录：第2卷：动物：昆虫（Ⅱ）：脉翅总目［M］. 北京：科学出版社.

赵旸，2016. 中国脉翅目褐蛉科的系统分类研究［D］. 北京：中国农业大学.

DI L, ASPÖCK H, ASPÖCK U, et al., 2018. A review of the beaded lacewings (Neuroptera: Berothidae) from China［J］. Zootaxa, 4500 (2)：235-257.

MA Y L, YANG X K, LIU X Y, 2020. Notes on the green lacewing subgenus *Ankylopteryx* Brauer, 1864 (*s. str.*)(Neuroptera, Chrysopidae) from China, with description of a new species ［J］. ZooKeys, 906：41-71.

捻翅目 Strepsiptera

一、栉蝙科 Halictophagidae Perkins, 1905

1. 栉蝙属 *Halictophagus* Perkins, 1905

（1）二点栉蝙 *Halictophagus bipunctatus* Yang, 1955

分布：广东、河南、江苏、浙江、湖北、江西、福建、四川。

（2）中国栉蝙 *Halictophagus chinensis* Bohart, 1943

分布：广东、浙江、江西、广西。

（3）弧口栉蝙 *Halictophagus recurvatus* Yang, 1964

分布：广东。

（4）星斑栉蝙 *Halictophagus stellatus* Yang, 1964

分布：广东。

二、跗蝙科 Elenchidae Perkins, 1905

2. 跗蝙属 *Elenchus* Curtis, 1831

（5）稻虱跗蝙 *Elenchus japonicus* (Esaki *et* Hashimoto, 1931)

分布：广东、江苏、上海、安徽、浙江、湖北、湖南、海南、广西、四川、贵州；朝鲜，日本，斯里兰卡，孟加拉国，马来西亚，印度尼西亚，菲律宾。

参考文献：

孙长海，2016. 天目山动物志：第5卷［M］. 杭州：浙江大学出版社.

朱彬，胡春林，孙长海，2022. 中国捻翅目昆虫名录及江苏一新记录种记述［J］. 浙江林业科技，42（3）：76-80.

鞘翅目 Coleoptera

一、长扁甲科 Cupedidae Laporte, 1836

1. 叉长扁甲属 *Tenomerga* Neboiss, 1984

（1）基原叉长扁甲 *Tenomerga anguliscutis* (Kolbe, 1886)

分布：广东、黑龙江、吉林、辽宁、江苏、上海、浙江、江西、福建、台湾、海南；韩国，越南，老挝。

二、豉甲科 Gyrinidae Latreille, 1810

2. 黄缘豉甲属 *Metagyrinus* Brinck, 1955

（2）中华黄缘豉甲 *Metagyrinus sinensis* (Ochs, 1924)

分布：广东、福建、广西。

3. 豉甲属 *Gyrinus* Müller, 1764

（3）东方豉甲 *Gyrinus* (*s. str.*) *mauricei* Fery *et* Hájek, 2016

分布：广东、江苏、上海、浙江、江西、湖南、福建、香港、广西、四川、贵州、云南；俄罗斯。

（4）*Gyrinus minutus* Fabricius, 1798

分布：广东（珠海）、黑龙江、吉林、辽宁、内蒙古、新疆；古北界。

（5）*Gyrinus* (*s. str.*) *orientalis* Régimbart, 1883

分布：广东。

4. 毛豉甲属 *Orectochilus* Eschscholtz, 1833

（6）纺锤毛豉甲 *Orectochilus* (*s. str.*) *fusiformis* Régimbart, 1892

分布：广东、上海、浙江、福建。

（7）黑背毛豉甲 *Orectochilus* (*s. str.*) *nigroaeneus* Régimbart, 1907

分布：广东、福建、广西。

（8）细茎毛豉甲 *Orectochilus obscuriceps* Régimbart, 1907

分布：广东（韶关）、陕西、广西、四川。

（9）*Orectochilus obtusipennis* Régimbart, 1892

分布：广东（连州）、河南、上海、江苏、浙江、湖南、江西、重庆、四川。

5. 毛边豉甲属 *Patrus* Aubé, 1838

（10）细角毛边豉甲 *Patrus assequens* (Ochs, 1936)

分布：广东（深圳）、广西。

（11）铜色毛边豉甲 *Patrus chalceus* (Ochs, 1936)

分布：广东、广西。

（12）库曼毛边豉甲 *Patrus coomani* (Peschet, 1925)

分布：广东（连州、和平、台山、深圳、高要、高明）；越南。

（13）沟背毛边豉甲 *Patrus marginepennis parvilimbus* (Ochs, 1925)

分布：广东。

（14）梅氏毛边豉甲 *Patrus melli* (Ochs, 1925)

分布：广东、福建、香港。

（15）迷毛边豉甲 *Patrus mimicus* (Ochs, 1936)

分布：广东。

（16）小毛边豉甲 *Patrus minusculus* (Ochs, 1936)

分布：广东。

（17）姬氏毛边豉甲 *Patrus jilanzhui* (Mazzoldi, 1998)

分布：广东（肇庆、连州）、海南。

（18）尖突毛边豉甲 *Patrus productus* (Régimbart, 1884)

分布：广东（肇庆、深圳、珠海）、江苏、海南；印度。

（19）塞氏毛边豉甲 *Patrus severini* (Régimbart, 1892)

分布：广东、福建、香港、贵州。

（20）上川毛边豉甲 *Patrus shangchuanensis* Liang, Angus *et* Jia, 2021

分布：广东（台山）。

（21）沟毛边豉甲 *Patrus sulcipennis* (Régimbart, 1892)

分布：广东。

（22）王氏毛边豉甲 *Patrus wangi* (Mazzoldi, 1998)

分布：广东（肇庆）、安徽、浙江、江西。

（23）*Patrus wui* (Ochs, 1932)

分布：广东（封开、乳源、高明）、福建。

6. 隐盾豉甲属 *Dineutus* Macleay, 1825

（24）南方隐盾豉甲 *Dineutus* (*Cyclous*) *australis australis* (Fabricius, 1775)

分布：广东（连州）、福建、台湾、香港、广西；菲律宾，马来西亚，印度尼西亚。

（25）东方隐盾豉甲 *Dineutus* (*Spinosodineutes*) *orientalis* (Modeer, 1776)

分布：广东、吉林、辽宁、河北、山东、江苏、上海、浙江、湖北、福建、台湾、海南、香港、广西、四川、贵州、云南；俄罗斯，日本，越南。

（26）圆鞘隐盾豉甲 *Dineutus* (*s. str.*) *mellyi* (Régimbart, 1882)

分布：广东、山东、浙江、湖北、江西、湖南、福建、台湾、香港、广西、四川、贵州、云南。

三、伪龙虱科 Noteridae Thomson, 1860

7. 新伪龙虱属 *Neohydrocoptus* Satô, 1972

（27）双线新伪龙虱 *Neohydrocoptus bivittis* (Motschulsky, 1859)

分布：广东、台湾、海南；日本，越南，泰国，印度，斯里兰卡，马来西亚，新加坡，印度尼西亚，孟加拉国。

（28）褐背新伪龙虱 *Neohydrocoptus rubescens* (Clark, 1863)

分布：广东（深圳）；越南，缅甸，印度，印度尼西亚。

（29）细纹新伪龙虱 *Neohydrocoptus subvittulus* (Motschulsky, 1859)

分布：广东、福建、云南；日本，越南，印度，缅甸，尼泊尔，斯里兰卡，马来西亚，新加坡，印度尼西亚，孟加拉国，伊拉克。

8. 毛伪龙虱属 *Canthydrus* Sharp, 1882

（30）褐背毛伪龙虱 *Canthydrus* (*s. str.*) *flavus* (Motschulsky, 1855)

分布：广东、湖北、福建、台湾、海南、香港、云南；越南，柬埔寨，泰国，印度，缅甸，新加坡，印度尼西亚。

（31）黑背毛伪龙虱 *Canthydrus* (*s. str.*) *nitidulus* Sharp, 1882

分布：广东、北京、江苏、浙江、湖北、江西、台湾、海南、香港、四川；日本，越南，柬埔寨。

（32）*Canthydrus politus* (Sharp, 1873)

分布：广东、辽宁、河北、山东、上海、江苏、湖北、江西、湖南、福建、四川、贵州；韩国，日本。

（33）利氏毛伪龙虱 *Canthydrus* (*s. str.*) *ritsemae* (Régimbart, 1880)

分布：广东（深圳）、海南、香港；越南，泰国，印度，缅甸，尼泊尔，马来西亚，新加坡，印度尼西亚。

9. *Hydrocanthus* Say, 1823

（34）*Hydrocanthus indicus* Wehncke, 1876

分布：广东（深圳）、香港；越南，老挝，泰国，柬埔寨，缅甸，印度，新加坡，马来西亚，印度尼西亚，斯里兰卡，孟加拉国。

四、龙虱科 Dytiscidae Leach, 1815

10. 宽缘龙虱属 *Platambus* Thomson, 1859

（35）异宽缘龙虱 *Platambus heteronychus* Nilsson, 2003

分布：广东（乳源）、广西。

（36）微刻宽缘龙虱 *Platambus micropunctatus* Nilsson, 2003

分布：广东（肇庆）。

（37）首宽缘龙虱 *Platambus princeps* (Régimbart, 1888)

分布：广东、香港、云南；越南，缅甸。

（38）刻宽缘龙虱 *Platambus punctatipennis* Brancucci, 1984

分布：广东、福建、广西。

11. 短胸龙虱属 *Platynectes* Régimbart, 1879

（39）异短胸龙虱 *Platynectes dissimilis* (Sharp, 1873)

分布：广东（深圳）、陕西、湖北、江西、湖南、福建、台湾、香港；缅甸。

（40）双短胸龙虱 *Platynectes gemellatus* Stastný, 2003

分布：广东、江西、福建、台湾、香港、广西、贵州。

（41）大短胸龙虱 *Platynectes major* Nilsson, 1998

分布：广东、山西、陕西、安徽、浙江、江西、湖南、福建、贵州、云南；日本，越南，泰国。

（42）南岭短胸龙虱 *Platynectes nanlingensis* Stastný, 2003

分布：广东（乳源）、福建。

12. 雀斑龙虱属 *Rhantus* Dejean, 1833

（43）小雀斑龙虱 *Rhantus suturalis* (Macleay, 1825)

分布：广东（深圳）、黑龙江、吉林、辽宁、内蒙古、北京、河北、山西、山东、甘肃、青海、新疆、江苏、浙江、湖北、福建、台湾、澳门、广西、四川、贵州、云南；澳大利亚。

13. 窄缘龙虱属 *Lacconectus* Motschulsky, 1855

（44）粒窄缘龙虱 *Lacconectus laccophiloides* Zimmermann, 1928

分布：广东；菲律宾。

（45）越南窄缘龙虱 *Lacconectus tonkinoides* Brancucci, 1986

分布：广东、云南；越南。

14. 真龙虱属 *Cybister* Curtis, 1827

（46）黄缘真龙虱 *Cybister bengalensis* Aubé, 1838

分布：广东、北京、河北、浙江、江西、福建、海南、四川、云南。

（47）黑缘真龙虱 *Cybister guerini* Aubé, 1838

分布：广东；印度。

（48）*Cybister rugosus* (MacLeay, 1825)

分布：广东（深圳）、台湾；日本。

（49）黑绿真龙虱 *Cybister sugillatus* Erichson, 1834

分布：广东（深圳）、北京、河北、新疆、浙江、湖北、江西、福建、台湾、海南、四川；
印度，斯里兰卡，印度尼西亚；琉球群岛。

15. 斑龙虱属 *Hydaticus* Leach, 1817

（50）*Hydaticus luczonicus* Aubé, 1838

分布：广东（深圳）；印度。

（51）毛茎斑龙虱 *Hydaticus rhantoides* Sharp, 1882

分布：广东（深圳）、黑龙江、上海、浙江、湖北、江西、福建、台湾、海南、香港、广西、
四川、贵州、云南；日本，越南。

（52）维氏斑龙虱 *Hydaticus vittatus* (Fabricius, 1775)

分布：广东（深圳）、山西、山东、江苏、浙江、湖北、江西、福建、台湾、海南、香港、
澳门、四川。

16. 刺龙虱属 *Rhantaticus* Sharp, 1880

（53）密斑刺龙虱 *Rhantaticus congestus* (Klug, 1833)

分布：广东、湖北、福建、台湾、海南、广西；澳大利亚；非洲。

17. 宽龙虱属 *Sandracottus* Sharp, 1882

（54）*Sandracottus festivus* (Illiger, 1801)

分布：广东、海南、广西、四川、云南；印度，巴基斯坦，斯里兰卡。

18. 圆突龙虱属 *Allopachria* Zimmerman, 1924

（55）边氏圆突龙虱 *Allopachria bianae* Wewalka, 2010

分布：广东（肇庆）。

（56）杜氏圆突龙虱 *Allopachria dudgeoni* Wewalka, 2000

分布：广东、江西、香港、广西。

（57）广东圆突龙虱 *Allopachria guangdongensis* Wewalka, 2010

分布：广东。

（58）姬氏圆突龙虱 *Allopachria jilanzhui* Wewalka, 2000

分布：广东、湖南、广西、贵州。

（59）柯氏圆突龙虱 *Allopachria komareki* Wewalka, 2010

分布：广东（封开）。

（60）耶氏圆突龙虱 *Allopachria manfredi* Wewalka, 2010

分布：广东（始兴）。

（61）魏氏圆突龙虱 *Allopachria weinbergeri* Wewalka, 2000

分布：广东、福建。

19. 边唇龙虱属 *Hygrotus* Stephens, 1828

（62）红褐边唇龙虱 *Hygrotus rufus* (Clark, 1863)

分布：广东、湖北、福建、台湾、海南、广西。

20. 短褶龙虱属 *Hydroglyphus* Motschulsky, 1853

（63）无刻短褶龙虱 *Hydroglyphus flammulatus* (Sharp, 1882)

分布：广东、江西、湖南、台湾、海南、广西、四川、贵州、云南、西藏；越南，印度，巴基斯坦。

（64）日本短褶龙虱 *Hydroglyphus japonicus* (Sharp, 1873)

分布：广东、黑龙江、吉林、辽宁、北京、江苏、浙江、湖北、江西、福建；日本。

（65）李氏短褶龙虱 *Hydroglyphus licenti* (Feng, 1936)

分布：广东、北京、天津、山西、甘肃、新疆、浙江、江西、广西、贵州。

（66）东方短褶龙虱 *Hydroglyphus orientalis* (Clark, 1863)

分布：广东（深圳）、浙江、湖北、湖南、福建、海南、广西、贵州、云南。

（67）特拉短褶龙虱 *Hydroglyphus trassaerti* (Feng, 1936)

分布：广东、黑龙江、天津、河北、陕西、江苏、浙江、湖北、江西、湖南、福建、广西、四川、贵州、云南。

21. 宽突龙虱属 *Hydrovatus* Motschulsky, 1853

（68）锐宽突龙虱 *Hydrovatus acuminatus* Motschulsky, 1860

分布：广东（深圳）、陕西、新疆、江苏、湖北、江西、湖南、福建、台湾、海南、广西、云南；越南，印度，缅甸，印度尼西亚。

（69）*Hydrovatus confertus* Sharp, 1882

分布：广东（深圳）、山东、湖南、福建、海南、广西、云南；泰国，印度，尼泊尔，巴基斯坦。

（70）*Hydrovatus pudicus* (Clark, 1863)

分布：广东（深圳）、台湾；老挝，泰国，缅甸，马来西亚，新加坡，菲律宾，印度尼西亚。

（71）*Hydrovatus similis* Biström, 1997

分布：广东（深圳）；菲律宾。

（72）*Hydrovatus rufoniger rufoniger* (Clark, 1863)

分布：广东（深圳）、澳门。

22. 异爪龙虱属 *Hyphydrus* Illiger, 1802

（73）腹突异爪龙虱 *Hyphydrus lyratus* Swartz, 1808

分布：广东（深圳）、新疆、湖北、福建、台湾、海南、香港、澳门、广西、贵州、云南；澳大利亚。

（74）东方异爪龙虱 *Hyphydrus orientalis* Clark, 1863

分布：广东、北京、河北、山东、甘肃、江苏、上海、浙江、湖北、江西、福建、台湾、海南、香港、广西、四川、贵州、云南；越南。

（75）双刻异爪龙虱 *Hyphydrus pulchellus* Clark, 1863

分布：广东、辽宁、江西、湖南、福建、台湾、广西；日本，越南，缅甸。

23. 点龙虱属 *Leiodytes* Guignot, 1936

（76）多斑点龙虱 *Leiodytes perforatus* (Sharp, 1882)

分布：广东、江西、湖南、广西、四川、贵州、云南；越南。

24. 粒龙虱属 *Laccophilus* Leach, 1815

（77）中华粒龙虱 *Laccophilus chinensis* Boheman, 1858

分布：广东、新疆、安徽、江西、湖南、福建、台湾、海南、香港、广西、四川、贵州、云南；日本，越南，老挝，泰国，印度，缅甸，尼泊尔。

（78）圆眼粒龙虱 *Laccophilus difficilis* Sharp, 1873

分布：广东、黑龙江、吉林、辽宁、北京、山东、陕西、江苏、上海、浙江、湖北、湖南、福建、海南、四川、贵州、云南；日本。

（79）短突粒龙虱 *Laccophilus ellipticus* Régimbart, 1889

分布：广东（深圳）、新疆、福建、海南。

（80）细线粒龙虱 *Laccophilus flexuosus* Aubé, 1838

分布：广东、江苏、湖北、福建、台湾、海南、香港、贵州；日本，越南，印度，尼泊尔。

（81）中粒龙虱 *Laccophilus medialis* Sharp, 1882

分布：广东、云南；泰国，印度，缅甸，新加坡，印度尼西亚。

（82）钝粒龙虱 *Laccophilus parvulus* Aubé, 1838

分布：广东、新疆、湖北、湖南、福建、海南、广西、四川、云南；泰国，印度，菲律宾，印度尼西亚。

（83）双线粒龙虱 *Laccophilus sharpi* Régimbart, 1889

分布：广东、吉林、辽宁、北京、河北、山西、江苏、安徽、浙江、湖北、江西、福建、台湾、海南、香港、广西、四川、贵州、云南；日本。

（84）暹罗粒龙虱 *Laccophilus siamensis* Sharp, 1882

分布：广东、江西、福建、台湾、海南、广西、云南；泰国，缅甸，印度尼西亚。

（85）单色粒龙虱 *Laccophilus uniformis* Motschulsky, 1860

分布：广东、湖北、福建；印度，马来西亚。

（86）维氏粒龙虱 *Laccophilus wittmeri* Brancucci, 1983

分布：广东；越南，老挝。

25. 三叉龙虱属 *Neptosternus* Sharp, 1882

（87）库曼三叉龙虱 *Neptosternus coomani* Peschet, 1923

分布：广东；越南。

（88）*Neptosternus haibini* Peng, Ji, Bian *et* Hájek, 2018

分布：广东（英德）。

（89）斑三叉龙虱 *Neptosternus maculatus* Hendrich *et* Balke, 1997

分布：广东。

（90）刻三叉龙虱 *Neptosternus punctatus* Zhao, Hájek, Jia *et* Pang, 2012

    分布：广东（肇庆）。

（91）*Neptosternus wewalkai* Balke, Hendrich *et* Yang, 1997

    分布：广东（深圳）；越南。

五、步甲科 Carabidae Latreille, 1802

26. 盗步甲属 *Leistus* Frolich, 1799

（92）南岭盗步甲 *Leistus nanlingensis* Deuve *et* Tian, 1999

    分布：广东（乳源）。

27. 心步甲属 *Nebria* Latreille, 1802

（93）中华心步甲 *Nebria chinensis* Bates, 1872

    分布：广东、吉林、河北、山东、陕西、甘肃、新疆、江苏、安徽、浙江、湖北、江西、湖南、福建、台湾、四川、贵州、云南；朝鲜，日本；东南亚。

（94）东方心步甲 *Nebria orientalis* Banninger, 1949

    分布：广东。

28. 铠步甲属 *Loricera* Latreille, 1802

（95）卵铠步甲 *Loricera ovipennis* Semenov, 1889

    分布：广东、四川。

29. 纹虎甲属 *Abroscelis* Hope, 1839

（96）斜纹虎甲 *Abroscelis psammodroma psammodroma* (Chevrolat, 1845)

    分布：广东、香港、澳门、海南。

30. 警虎甲属 *Calochroa* Hope, 1838

（97）六斑警虎甲 *Calochroa flavomaculata* (Hope, 1831)

    分布：广东、台湾、海南、香港、四川、云南；印度。

（98）纵纹绿警虎甲 *Calochroa interruptofasciata interruptofasciata* (Schmidt–Gobel, 1846)

    分布：广东、香港、云南。

31. 卡虎甲属 *Calomera* Motschulsky, 1862

（99）白纹卡虎甲 *Calomera angulata angulata* (Fabricius, 1798)

    分布：广东、河北、山西、陕西、河南、江苏、安徽、浙江、湖北、江西、福建、台湾、海南、四川、云南；印度，尼泊尔，巴基斯坦，阿富汗。

32. *Callytron* Gistel, 1848

（100）暗色白缘虎甲 *Callytron inspeculare inspeculare* (Horn, 1904)

    分布：广东、香港、辽宁、上海、浙江、福建、台湾；朝鲜，日本。

（101）*Callytron nivicinctum* (Chevrolat, 1845)

    分布：广东、上海、江苏、浙江、福建、香港、澳门、海南；越南。

33. 虎甲属 *Cicindela* Linne, 1758

（102）中华虎甲 *Cicindela chinensis chinensis* De Geer, 1774

    分布：广东、河北、陕西、山东、河南、甘肃、上海、江苏、安徽、浙江、湖北、江西、湖南、福建、广西、四川、贵州、云南；日本。

34. 斑虎甲属 *Cosmodela* Rivalier, 1961

（103）金斑虎甲 *Cosmodela aurulenta juxtata* (Acciavatti *et* Pearson, 1989)

分布：广东、山东、上海、湖北、福建、香港、四川、贵州、云南；印度。

（104）*Cosmodela virgula* (Fleutiaux, 1894)

分布：广东、山东、上海、江苏、福建、台湾、香港、海南、广西、四川、云南、西藏；印度，不丹，尼泊尔。

35. 圆虎甲属 *Cylindera* Westwood, 1831

（105）素圆虎甲 *Cylindera decolorata* (Horn, 1907)

分布：广东、福建、四川、贵州、云南。

（106）*Cylindera delavayi* (Fairmaire, 1886)

分布：广东、湖北、江西、福建、四川、云南；印度，不丹，尼泊尔。

（107）绸纹圆虎甲 *Cylindera elisae elisae* (Motschulsky, 1859)

分布：广东、吉林、内蒙古、河南、甘肃、青海、江苏、江西、四川、云南、西藏；蒙古国，朝鲜，韩国。

（108）*Cylindera fallaciosa* (Horn, 1897)

分布：广东、云南。

（109）星斑虎甲 *Cylindera kaleea kaleea* (Bates, 1866)

分布：广东、北京、河北、陕西、山东、河南、上海、江苏、浙江、湖北、江西、湖南、福建、台湾、香港、广西、四川、贵州、云南；印度。

（110）*Cylindera lesnei* (Babault, 1923)

分布：广东。

（111）前胸圆虎甲 *Cylindera pronotalis* Horn, 1922

分布：广东（连州）、海南。

（112）*Cylindera viduata* (Fabricius, 1801)

分布：广东、上海、香港、海南、云南；印度，尼泊尔。

36. *Lophyra* Motschulsky, 1859

（113）*Lophyra fuliginosa* (Dejean, 1826)

分布：广东、上海、浙江。

（114）*Lophyra striolata dorsolineolata* (Chevrolat, 1845)

分布：广东、北京、山东、河南、江苏、浙江、湖北、江西、湖南、福建、台湾、海南、云南；日本。

37. 七齿虎甲属 *Heptodonta* Hope, 1838

（115）*Heptodonta posticalis* (White, 1844)

分布：广东、湖北、香港、澳门、四川、云南。

38. *Myriochila* Motschulsky, 1858

（116）*Myriochila speculifera speculifera* (Chevrolat, 1845)

分布：广东、河南、山东、上海、江苏、浙江、湖北、江西、湖南、台湾、香港、澳门、海南、四川、云南；日本。

39. *Prothyma* Hope, 1838

（117）*Prothyma triumphalis* (Horn, 1902)

分布：广东、澳门。

40. *Neocollyris* Horn, 1901

（118）*Neocollyris fruhstorfei* (Horn, 1902)

分布：广东。

（119）*Neocollyris grandisubtilis* (Horn, 1935)

分布：广东、香港、四川。

（120）*Neocollyris rugosior* (Horn, 1896)

分布：广东、浙江、江西、福建。

（121）*Neocollyris bonellii bonellii* (Guérin–Méneville, 1833)

分布：广东、浙江、湖南、福建、香港、海南、广西、云南；尼泊尔。

（122）*Neocollyris moesta moesta* (Schmidt–Gobe1, 1846)

分布：广东。

（123）*Neocollyris crassicornis* (Dejean, 1825)

分布：广东、江西、福建、香港、海南、广西、云南；不丹，尼泊尔。

（124）*Neocollyris rufipalpis* (Chaudoir, 1865)

分布：广东、浙江、江西、福建、海南、云南；尼泊尔。

（125）*Neocollyris signata* (Horn, 1902)

分布：广东。

41. 突眼虎甲属 *Therates* Latreille, 1816

（126）琉璃突眼虎甲 *Therates fruhstorferi* Horn, 1902

分布：广东、贵州。

42. 缺翅虎甲属 *Tricondyla* Latreille, 1822

（127）光端缺翅虎甲 *Tricondyla macrodera abrubtesculta* Horn, 1925

分布：广东、江西、福建、贵州、云南。

（128）长胸缺翅虎甲 *Tricondyla pulchripes pulchripes* White, 1844

分布：广东、香港、海南。

43. 星步甲属 *Calosoma* Weber, 1801

（129）中华星步甲 *Calosoma chinense chinense* Kirby, 1819

分布：广东、黑龙江、吉林、辽宁、河北、河南、甘肃、宁夏、江苏、安徽、江西；俄罗斯，朝鲜，韩国，日本。

44. 大步甲属 *Carabus* Linne, 1758

（130）*Carabus acorep costulomicans* Deuve *et* Tian, 1999

分布：广东。

（131）*Carabus arrowi yubeicus* Deuve *et* Tian, 1999

　　分布：广东。

（132）广东大步甲 *Carabus cantonensis cantonensis* (Hauser, 1918)

　　分布：广东、湖南。

（133）*Carabus cantonensis pervarius* Kleinfeld, 1997

　　分布：广东。

（134）蓝鞘大步甲 *Carabus cyaneogigas* Deuve *et* Tian, 2006

　　分布：广东。

（135）*Carabus datianshanicus* Kleinfeld, 1997

　　分布：广东。

（136）硕步甲 *Carabus davidis* Deyrolle, 1878

　　分布：广东、浙江、江西、福建。

（137）鼎湖步甲 *Carabus dinghuensis* Deuve *et* Tian, 2006

　　分布：广东。

（138）*Carabus gresittianus bambousicola* Deuve *et* Tian, 1999

　　分布：广东。

（139）*Carabus hunanicola jinxiuensis* Imura, 1995

　　分布：广东、湖南、广西。

（140）艳边大步甲 *Carabus ignimitella angulicollis* (Hauser, 1911)

　　分布：广东（连州）。

（141）*Carabus ignimitella antaeus* (Hauser *et* Hauser, 1914)

　　分布：广东、湖南。

（142）*Carabus melli melli* (Born, 1923)

　　分布：广东、湖南。

（143）*Carabus novenumus* Deuve, 1995

　　分布：广东、湖南、广西。

（144）*Carabus prodigus* Erichson, 1834

　　分布：广东。

（145）*Carabus pseudocantonensis* Deuve *et* Tian, 2019

　　分布：广东（广宁）。

（146）索氏大步甲广东亚种 *Carabus sauteri guangdongicus* Deuve, 1992

　　分布：广东。

（147）索氏大步甲南岭亚种 *Carabus sauteri nanlingensis* Deuve *et* Tian, 1999

　　分布：广东。

（148）*Carabus shun floridus* Cavazzuti *et* Ratti, 1998

　　分布：广东、湖南。

（149）*Carabus shun loccaianus* Cavazzuti *et* Ratti, 1999

分布：广东。

（150）*Carabus shun shimentaiensis* Deuve *et* Tian, 1999

分布：广东。

（151）*Carabus speudotorquatus shikengkong* Deuve *et* Tian, 2004

分布：广东。

（152）*Carabus zengae* Deuve *et* Tian, 2000

分布：广东。

45. 瓢步甲属 ***Omophron* Latreille, 1802**

（153）*Omophron aequale jacobsoni* Semenov, 1922

分布：广东、内蒙古、江苏、海南、广西、四川；蒙古国，俄罗斯。

46. ***Ceratoderus* Westwood, 1841**

（154）*Ceratoderus tonkinensis* Wasmann, 1921

分布：广东。

47. 伊塔粗角步甲属 ***Itamus* Schmidt–Goebel, 1846**

（155）栗伊塔粗角步甲 *Itamus castaneus* Schmidt–Goebel, 1846

分布：广东、福建、云南、浙江、上海；东洋界。

48. 圆角棒角甲属 ***Platyrhopalus* Westwood, 1833**

（156）大卫圆角棒角甲 *Platyrhopalus davidis* Fairmaire, 1886

分布：广东、安徽、北京、山西、山东、陕西、江苏、浙江、江西、湖南、福建、贵州、四川、云南。

49. ***Stenorhopalus* Wasmann, 1918**

（157）*Stenorhopalus apicalis* (Wasmann, 1922)

分布：广东、福建。

50. 短鞘步甲属 ***Brachinus* Weber, 1801**

（158）广东短鞘步甲 *Brachinus guangdongensis* Tian *et* Deuve, 2015

分布：广东。

（159）*Brachinus flavipes* Gao *et* Tian, 2010

分布：广东。

51. ***Trilophidius* Jeannel, 1957**

（160）*Trilophidius cervilineatus* Balkenohl, 2001

分布：广东。

52. 屁步甲属 ***Pheropsophus* Solier, 1833**

（161）耶屁步甲 *Pheropsophus jessoensis* Morawitz, 1862

分布：广东、黑龙江、吉林、辽宁、河北、山东、陕西、甘肃、江苏、浙江、湖北、江西、湖南、福建、广西、四川、贵州、云南；朝鲜，日本，越南，老挝，柬埔寨。

53. 蝼步甲属 ***Scarites* Fabricius, 1775**

（162）二棘蝼步甲 *Scarites acutidens* Chaudoir, 1855

分布：广东、上海、福建、广西。

（163）*Scarites denticulatus* Chaudoir, 1880

分布：广东、广西、福建、香港。

（164）*Scarites sulcatus fokienensis* Bänninger, 1932

分布：广东、浙江、福建；朝鲜。

（165）单齿蝼步甲 *Scarites terricola pacificus* Bates, 1873

分布：广东、黑龙江、河北、山西、山东、上海、浙江、江西、福建、台湾、四川；蒙古国，朝鲜，日本。

54. 小蝼步甲属 *Clivina* Latreille, 1802

（166）栗小蝼步甲 *Clivina castanea* Westwood, 1837

分布：广东、河北、陕西、山东、河南、新疆、江苏、浙江、湖北、江西、湖南、福建、台湾、海南、广西、四川、贵州、云南；朝鲜，印度，斯里兰卡，巴布亚新几内亚，澳大利亚；东南亚。

55. *Asioreicheia* Bulirsch *et* Magrini, 2014

（167）*Asioreicheia chinensis* (Bulirsch, Magrini *et* Jia, 2013)

分布：广东。

56. *Tachys* Dejean, 1821

（168）*Tachys nanlingensis* Sun *et* Tian, 2013

分布：广东。

57. *Lissopogonus* Andrewes, 1923

（169）*Lissopogonus suensoni* Kirschenhofer, 1991

分布：广东、浙江、湖南、贵州。

（170）*Lissopogonus nanlingensis* Deuve *et* Tian, 2001

分布：广东（始兴）。

58. *Galerita* Fabricius, 1801

（171）*Galerita orientalis* Schmidt–Gobel, 1846

分布：广东、福建、台湾、香港、广西、四川、云南；朝鲜，韩国，日本，印度。

59. 平步甲属 *Planetes* MacLeay, 1825

（172）二斑平步甲 *Planetes puncticeps* Andrewes, 1919

分布：广东、江西、湖南、福建、台湾、海南、广西、四川、贵州、云南；朝鲜，韩国，日本。

60. *Pseudognathaphanus* Schauberger, 1932

（173）*Pseudognathaphanus punctilabris* Macleay, 1825

分布：广东、广西、海南、云南、香港、台湾；日本。

61. *Dioryche* Macleay, 1825

（174）*Dioryche clara* Andrewes, 1922

分布：广东、香港、澳门、福建、台湾、四川、云南；东洋界。

（175）*Dioryche melanauges* Andrewes, 1922

分布：广东、海南、台湾；东洋界。

（176）*Dioryche torta torta* Macleay, 1825

分布：广东、海南、云南；东洋界。

62. 婪步甲属 *Harpalus* Latreille, 1802

（177）铜绿婪步甲 *Harpalus (s. str.) chalcentus* Bates, 1873

分布：广东、吉林、辽宁、河北、山西、陕西、河南、山东、甘肃、宁夏、江苏、安徽、浙江、湖北、江西、湖南、福建、广西、四川、贵州、云南；日本，朝鲜。

（178）*Harpalus coreanus* Tschitschérine, 1895

分布：广东等。

（179）灰婪步甲 *Harpalus (Pseudoophonus) griseus* Panzer, 1796

分布：广东、黑龙江、吉林、辽宁、山西、山东、陕西、甘肃、新疆、上海、江苏、浙江、云南；朝鲜，韩国，日本，阿富汗，伊朗，伊拉克，以色列，吉尔吉斯斯坦，哈萨克斯坦，塔吉克斯坦，土库曼斯坦，乌兹别克斯坦；欧洲。

（180）福建婪步甲 *Harpalus fokienensis* Schauberger, 1930

分布：广东、陕西、安徽、浙江、湖北、江西、湖南、福建、贵州、四川、云南；东洋界。

（181）淡斑婪步甲 *Harpalus pallidipennis* Morawitz, 1862

分布：广东等。

（182）*Harpalus (Pseudoophonus) pastor pastor* Motschulsky, 1844

分布：广东、黑龙江、辽宁、内蒙古、河北、陕西、山东、甘肃、上海、江苏、浙江、湖北、福建、广西、四川；俄罗斯，朝鲜，韩国。

（183）*Harpalus rubefactus bachmayeri* Mlynář, 1979

分布：广东、福建、四川。

（184）单齿婪步甲 *Harpalus (Pseudoophonus) simplicidens* Schauberger, 1929

分布：广东、黑龙江、辽宁、内蒙古、陕西、甘肃、宁夏、湖北、四川、云南；俄罗斯，朝鲜，韩国，日本。

（185）*Harpalus singularis* Tschitschérine, 1906

分布：广东、浙江、湖北、江西、湖南、福建、台湾、广西、贵州、云南；东洋界。

（186）中华婪步甲 *Harpalus (Pseudoophonus) sinicus* Hope, 1845

分布：广东、辽宁、河北、河南、山西、山东、甘肃、上海、江苏、安徽、浙江、湖北、江西、湖南、福建、台湾、广西、四川、云南；俄罗斯，朝鲜，日本。

（187）三齿婪步甲 *Harpalus (Pseudoophonus) tridens* Morawitz, 1862

分布：广东、辽宁、河北、山西、陕西、甘肃、上海、江苏、浙江、湖北、江西、福建、四川、云南；俄罗斯，朝鲜，韩国，日本。

63. *Parophonus* Ganglbauer, 1891

（188）*Parophonus formosanus* Jedlicka, 1940

分布：广东、福建、台湾、海南、广西；东洋界。

64. *Lachnoderma* **MacLeay, 1873**

（189）*Lachnoderma chebaling* Tian *et* Deuve, 2001

分布：广东。

（190）*Lachnoderma yingdeicum* Tian *et* Deuve, 2001

分布：广东。

65. 刘毛步甲属 *Trichotichnus* **Morawitz, 1863**

（191）*Trichotichnus depressus* Ito, 1996

分布：广东、贵州。

（192）*Trichotichnus orientalis* Hope, 1845

分布：广东、浙江、湖北、江西、福建、台湾、四川、贵州。

（193）*Trichotichnus szekessyi* Jedlicka, 1954

分布：广东、台湾、海南、云南；东洋界。

66. 寡行步甲属 *Loxoncus* **Schmidt-Gobel, 1846**

（194）环带寡行步甲 *Loxoncus circumcinctus* (Motschulsky, 1858)

分布：广东、吉林、内蒙古、陕西、河南、上海、江苏、安徽、浙江、湖北、江西、湖南、福建、广西、四川、贵州、云南；蒙古国，俄罗斯，朝鲜，韩国，日本。

（195）*Loxoncus dijficilis* (Hope, 1845)

分布：广东、江西、福建、台湾、四川；韩国，日本，尼泊尔。

（196）*Loxoncus rufithorax* Jedlicka, 1960

分布：广东。

（197）*Loxoncus smaragdulus* (Fabricius, 1798)

分布：广东、江西、福建、台湾；日本，印度，尼泊尔。

67. 盆步甲属 *Lebia* **Latreille, 1802**

（198）中华盆步甲 *Lebia chinensis* Boheman, 1858

分布：广东、香港。

（199）*Lebia coelestis* Bates, 1888

分布：广东、福建。

68. *Sofota* **Jedlicka, 1951**

（200）*Sofota nanlingensis* Zhao *et* Tian, 2004

分布：广东。

（201）*Sofota nigrum* Tian *et* Chen, 2000

分布：广东。

69. *Allocota* **Motschulsky, 1860**

（202）*Allocota aurata* Bates, 1873

分布：广东、海南、云南；东洋界。

（203）*Allocota bicolor* Shi *et* Liang, 2013

分布：广东、海南、云南；东洋界。

70. *Paraphaea* Bates, 1873

（204）*Paraphaea binotata* Dejean, 1825

分布：广东（英德、南雄、中山）、江西、台湾、香港、广西、云南；东洋界。

71. *Dasiosoma* Britton, 1937

（205）*Dasiosoma bellum* Habu, 1979

分布：广东、台湾；东洋界。

72. *Celaenagonum* Habu, 1978

（206）*Celaenagonum pangxiongfeii* Morvan *et* Tian, 2001

分布：广东。

73. 宽颚步甲属 *Parena* Motschulsky, 1859

（207）凹翅宽颚步甲 *Parena cavipennis* (Bates, 1873)

分布：广东、河北、河南、山东、浙江、湖北、江西、福建、台湾、贵州、云南；日本，尼泊尔。

（208）沙坪宽颚步甲 *Parena shapingensis* Xie *et* Yu, 1993

分布：广东。

74. *Somotrichus* Seidlitz, 1887

（209）*Somotrichus unifasciatus* (Dejean, 1831)

分布：广东、台湾、香港；蒙古国，日本，以色列；欧洲，非洲，北美洲；东洋界。

75. *Orthogonius* MacLeay, 1825

（210）*Orthogonius cheni* Tian *et* Deuve, 2001

分布：广东、广西。

（211）*Orthogonius huananus* Tian *et* Deuve, 2001

分布：广东、广西。

（212）*Orthogonius sinuatiphallus* Tian *et* Deuve, 2001

分布：广东、广西。

（213）*Orthogonius xanthomerus* Redtenbacher, 1867

分布：广东、香港、云南。

76. *Adischissus* Fedorenko, 2015

（214）*Adischissus japonicus* Andrewes, 1933

分布：广东；日本；琉球群岛。

77. *Craspedophorus* Hope, 1838

（215）*Craspedophorus bisemilunatus* Xie *et* Yu, 1991

分布：广东、广西、贵州、云南；东洋界。

（216）*Craspedophorus mandarinellus* Bates, 1892

分布：广东、广西、云南；东洋界。

（217）*Craspedophorus mandarinus* (Schaum, 1854)

分布：广东、台湾、香港、广西、贵州、云南；日本，越南，老挝，泰国，马来西亚。

（218）*Craspedophorus philippinus* Jedlicka, 1939

分布：广东、云南。

（219）*Craspedophorus sapaensis* (Kirschenhofer, 1994)

分布：广东；越南。

78. 膨胸步甲属 *Dischissus* **Bates, 1873**

（220）日本膨胸步甲 *Dischissus japonicus* Andrewes, 1933

分布：广东；日本。

（221）奇异膨胸步甲 *Dischissus mirandus* Bates, 1873

分布：广东、陕西、江苏、浙江、湖南、福建、广西、四川、贵州；日本。

（222）*Dischissus notulatus* (Fabricius, 1801)

分布：广东、江苏、安徽、浙江、湖南、福建、台湾、广西、贵州、西藏；尼泊尔。

79. 角胸步甲属 *Peronomerus* **Schaum, 1854**

（223）黄毛角胸步甲 *Peronomerus fumatus* Schaum, 1854

分布：广东、河北、山东、陕西、江苏、浙江、福建、台湾、香港、广西、四川；日本。

80. *Myas* **Sturm, 1826**

（224）*Myas hauseri* (Jedlicka, 1933)

分布：广东。

（225）*Myas princeps* (Bates, 1883)

分布：广东。

81. 暗步甲属 *Amara* **Bonelli, 1810**

（226）大背胸暗步甲 *Amara macronota* (Solsky, 1875)

分布：广东、黑龙江、吉林、辽宁、内蒙古、北京、河北、山西、陕西、山东、河南、甘肃、上海、江苏、浙江、湖北、江西、福建、台湾、四川、贵州、云南；俄罗斯，朝鲜，韩国，日本。

82. 细胫步甲属 *Agonum* **Bonelli, 1810**

（227）日本细胫步甲 *Agonum japonicum* (Motschulsky, 1860)

分布：广东、山东、江苏、安徽、浙江、湖北、江西、湖南、福建、台湾、广西、四川、贵州、云南；朝鲜，日本；东南亚。

（228）陈氏细胫步甲 *Agonum cheni* (Morvan *et* Tian, 2001)

分布：广东。

（229）榄细胫步甲 *Agonum elainus* (Bates, 1883)

分布：广东；日本。

（230）广东细胫步甲 *Agonum guangdongense* (Morvan *et* Tian, 2001)

分布：广东。

（231）雄飞细胫步甲 *Agonum pangxiongfeii* Morvan *et* Tian, 2001

分布：广东。

83. 瀛步甲属 *Nipponagonum* **Habu, 1978**

（232）*Nipponagonum meridies* (Habu, 1975)

    分布：广东（连州）、台湾；日本。

84. *Negreum* Habu, 1958

（233）*Negreum lianzhouense* Morvan *et* Tian, 2001

    分布：广东。

（234）*Negreum nanlingense* Morvan *et* Tian, 2001

    分布：广东。

（235）*Negreum wangmini* Morvan *et* Tian, 2001

    分布：广东。

85. 长颈步甲属 *Archicolliuris* Liebke, 1931

（236）双斑长颈步甲 *Archicolliuris bimaculata* (Redtenbacher, 1844)

    分布：广东、陕西、浙江、福建、四川、贵州、云南；日本；东南亚。

86. 大唇步甲属 *Macrocheilus* Hope, 1838

（237）*Macrocheilus asteriscus* (White, 1844)

    分布：广东（湛江）、湖南、海南、香港、澳门；东洋界。

（238）*Macrocheilus bensoni* Hope, 1838

    分布：广东（广州、新丰、英德、湛江）、江西、福建、海南、香港、澳门、广西、贵州、云南；东洋界。

（239）*Macrocheilus gigas* Zhao *et* Tian, 2010

    分布：广东（湛江）。

（240）*Macrocheilus sinuatilabris* Zhao *et* Tian, 2010

    分布：广东。

87. 丽步甲属 *Calleida* Latreille, 1824

（241）中华丽步甲 *Calleida chinensis* Jedlicka, 1934

    分布：广东、河北、河南、陕西、甘肃、上海、江苏、安徽、浙江、湖北、江西、湖南、福建、重庆、四川、贵州。

（242）闽丽步甲 *Calleida fukiensis* Jedlicka, 1963

    分布：广东（连州、怀集）、山西、陕西、河南、浙江、湖北、江西、湖南、福建、广西、贵州。

（243）小丽步甲 *Calleida onoha* Bates, 1873

    分布：广东、河南、陕西、安徽、浙江、湖北、湖南、福建、台湾、广西、四川、贵州；朝鲜，日本。

（244）*Calleida piligera* Shi *et* Casale, 2018

    分布：广东（英德）、陕西、上海、台湾、广西、四川、贵州。

（245）灿丽步甲 *Calleida splendidula* (Fabricius, 1801)

    分布：广东、吉林、河南、甘肃、江苏、浙江、湖北、江西、湖南、福建、台湾、广西、海南、四川、贵州、云南；日本，越南，老挝，柬埔寨，缅甸，印度，马来西亚，菲律宾，印度尼西亚，巴布亚新几内亚。

88. 青步甲属 *Chlaenius* **Bonelli, 1810**

（246）*Chlaenius aspericollis* Bates, 1873

分布：广东、海南、台湾；日本。

（247）双色青步甲 *Chlaenius bicolor* Chaudoir, 1876

分布：广东。

（248）双斑青步甲 *Chlaenius (Ocybatus) bioculatus* Chaudoir, 1856

分布：广东、台湾；尼泊尔。

（249）陈氏青步甲 *Chlaenius cheni* Liu *et* Liang, 2013

分布：广东。

（250）*Chlaenius freyi* Jedlicka, 1960

分布：广东。

（251）南岭青步甲 *Chlaenius nanlingensis* Deuve *et* Tian, 2005

分布：广东。

（252）毛胸青步甲 *Chlaenius (Lissauchenius) naeviger* Morawitz, 1862

分布：广东、辽宁、河北、陕西、浙江、湖北、湖南、福建、台湾、广西、四川、贵州、云南；俄罗斯，朝鲜，日本。

（253）尼泊尔青步甲 *Chlaenius nepalensis* Hope, 1831

分布：广东、台湾；东洋界。

（254）后斑青步甲 *Chlaenius (Lissauchenius) posticalis* Motschulsky, 1854

分布：广东、黑龙江、吉林、辽宁、河北、山西、山东、河南、江苏、安徽、浙江、湖北、江西、湖南、广西、四川、贵州、云南；俄罗斯，朝鲜，日本。

（255）*Chlaenius ruzickai* Kirschenhofer, 2015

分布：广东。

（256）逗斑青步甲 *Chlaenius (Pachydinodes) virgulifer* Chaudoir, 1876

分布：广东、北京、河北、陕西、江苏、安徽、浙江、湖北、江西、湖南、福建、台湾、广西、四川、贵州、云南；朝鲜，日本；东南亚。

89. *Vachinius* **Casale, 1984**

（257）*Vachinius wrasei* Kirschenhofer, 2003

分布：广东。

（258）*Vachinius nanlingensis* Deuve *et* Tian, 2005

分布：广东。

90. 重唇步甲属 *Diplocheila* **Brulle, 1834**

（259）宽重唇步甲 *Diplocheila zeelandica* (Redtenbacher, 1867)

分布：广东、河北、河南、甘肃、江苏、安徽、浙江、湖北、江西、湖南、福建、台湾、广西、四川、贵州、云南；俄罗斯，朝鲜，日本，越南。

91. *Mimocolliuris* **Liebke, 1933**

（260）*Mimocolliuris* (*Paramimocolliuris*) *sinuatiphallus* Zhao *et* Tian, 2011

分布：广东。

92. 胫步甲属 *Dicranoncus* Chaudoir, 1850

（261）齿爪胫步甲 *Dicranoncus pocillator* (Bates, 1892)

分布：广东、台湾；琉球群岛。

93. 窗步甲属 *Euplynes* Schmidt–Giibel, 1846

（262）*Euplynes cyanipennis* Schmidt–Gobe1, 1846

分布：广东、浙江、福建、台湾、广西、云南；越南，缅甸，菲律宾。

94. 盘步甲属 *Metacolpodes* Jeannel, 1948

（263）布氏盘步甲 *Metacolpodes buchannani* (Hope, 1831)

分布：广东、吉林、河北、山东、陕西、甘肃、新疆、江苏、安徽、浙江、江西、湖北、湖南、福建、台湾、四川、云南；俄罗斯，朝鲜，日本，缅甸，印度，尼泊尔，巴基斯坦，斯里兰卡，马来西亚，菲律宾，印度尼西亚。

95. 通缘步甲属 *Pterostichus* Bonelli, 1810

（264）光跗通缘步甲 *Pterostichus liodactylus* (Tschitscherine, 1898)

分布：广东、浙江、江西、湖南、福建。

96. 狭胸步甲属 *Stenolophus* Dejean, 1821

（265）*Stenolophus* (*Egadroma*) *dijficilis* (Hope, 1845)

分布：广东、江西、福建、台湾、四川；朝鲜，日本，尼泊尔。

（266）五斑狭胸步甲 *Stenolophus* (*Egadroma*) *quinquepustulatus* (Wiedemann, 1823)

分布：广东、上海、江苏、浙江、湖北、江西、湖南、福建、台湾、香港、海南、广西、四川、贵州、云南；日本，越南，老挝，柬埔寨，泰国，缅甸，印度，尼泊尔，巴基斯坦，斯里兰卡，马来西亚，菲律宾，印度尼西亚，巴布亚新几内亚，澳大利亚。

（267）*Stenolophus* (*Egadroma*) *rufithorax* (Jedlicka, 1960)

分布：广东。

（268）*Stenolophus* (*Egadroma*) *smaragdulus* (Fabricius, 1798)

分布：广东、江西、福建、台湾；日本，印度，尼泊尔。

（269）背黑狭胸步甲 *Stenolophus* (*s. str.*) *connotatus* (Bates, 1873)

分布：广东、黑龙江、江西、福建、四川；俄罗斯，朝鲜，韩国，日本。

97. 短角步甲属 *Trigonotoma* Dejean, 1828

（270）指形短角步甲 *Trigonotoma digitaza* Zhu, Shi *et* Liang, 2020

分布：广东（新丰）。

（271）铜胸短角步甲 *Trigonotoma lewisii* Bates, 1873

分布：广东、江苏、浙江、湖北、江西、湖南、福建、台湾、广西、贵州、四川、云南；朝鲜，日本，越南。

98. 五角步甲属 *Pentagonica* Schmidt–Göbel, 1846

（272）似心五角步甲 *Pentagonica subcordicollis* Bates, 1873

分布：广东、台湾；日本。

（273）*Pentagonica ruficollis* Schmidt–Göbel, 1846

分布：广东、香港、云南；东洋界。

99.　掘步甲属 *Scalidion* Schmidt–Göbel, 1846

（274）*Scalidion hilare* Schmidt–Göebel, 1846

分布：广东、贵州、四川、云南。

（275）黄掘步甲 *Scalidion xanthophanum* (Bates, 1888)

分布：广东、江西。

100.　圆步甲属 *Cyclosomus* Latreille, 1829

（276）*Cyclosomus inustus* Andrewes, 1924

分布：广东、香港；东洋界。

101.　四角步甲属 *Tetragonoderus* Dejean, 1829

（277）四斑四角步甲 *Tetragonoderus quadrisignatus* (Quens, 1806)

分布：广东、海南、香港；东洋界。

102.　*Desera* Dejean, 1825

（278）膝敌步甲 *Desera geniculata* (Klug, 1834)

分布：广东、湖南、台湾；日本，印度。

（279）*Desera gilsoni* Dupuis, 1912

分布：广东、台湾。

103.　逮步甲属 *Drypta* Latreille, 1797

（280）*Drypta lineola* Chaudoir, 1850

分布：广东、福建、香港、四川、云南、台湾；东洋界。

104.　*Megadrypta* Sciaky *et* Anichtchenko, 2020

（281）*Megadrypta mirabilis* Sciaky *et* Anichtchenko, 2020

分布：广东。

105.　*Dendrocellus* Schmidt–Göbel, 1846

（282）*Dendrocellus geniculatus* Klug, 1834

分布：广东、湖南、江西、福建、海南、广西、四川、西藏、台湾、云南；东洋界。

（283）*Dendrocellus rugicollis* Chaudoir, 1861

分布：广东；东洋界。

（284）*Dendrocellus confusus* Hansen, 1968

分布：广东、福建、广西；东洋界。

（285）*Dendrocellus sinicus* Liang *et* Kavanaugh, 2007

分布：广东、江西、福建。

106.　*Platymetopus* Dejean, 1829

（286）*Platymetopus flavilabris* (Fabricius, 1798)

分布：广东、福建、台湾、云南；日本，印度，尼泊尔。

107. *Dromius* **Bonelli, 1810**

（287）*Dromius* (*Klepterus*) *jureceki* (Jedlicka, 1935)

分布：广东、四川；俄罗斯。

108. 劫步甲属 *Lesticus* **Dejean, 1828**

（288）*Lesticus auripennis* Zhu, Shi *et* Liang, 2018

分布：广东（乳源）。

（289）*Lesticus chalcothorax* Chaudoir, 1868

分布：广东、福建、湖北、海南、江西、浙江、广西、四川；东洋界。

109. 蝠步甲属 *Dolichus* **Bonelli, 1810**

（290）*Dolichus halensis* (Schaller, 1783)

分布：广东等；古北界。

110. 苔步甲属 *Taicona* **Bates, 1873**

（291）金绿苔步甲 *Taicona aurata* Bates, 1873

分布：广东、陕西、台湾；日本。

六、沼梭科 Haliplidae Kirby, 1837

111. 沼梭属 *Haliplus* **Latreille, 1802**

（292）瑞氏沼梭 *Haliplus* (*s. str.*) *regimbarti* Zaitzev, 1908

分布：广东（广州）、山东、河南、陕西、江苏、安徽、浙江、湖北、江西、湖南、福建、台湾、广西、贵州、云南。

（293）简沼梭 *Haliplus* (*s. str.*) *simplex* Clark, 1863

分布：广东、黑龙江、吉林、辽宁、内蒙古、北京、山东、陕西、江苏、安徽、浙江。

（294）无斑沼梭 *Haliplus* (*Liaphlus*) *eximius* Clark, 1863

分布：广东（兴宁）、辽宁、北京、新疆、江苏、上海、浙江、湖南、福建、四川、贵州、云南。

112. 水梭属 *Peltodytes* **Régimbart, 1879**

（295）库曼水梭 *Peltodytes* (*s. str.*) *coomani* Peschet, 1923

分布：广东（广州）、广西、海南。

（296）普通水梭 *Peltodytes* (*s. str.*) *intermedius* (Sharp, 1873)

分布：广东（广州）、北京、上海、浙江、福建、台湾、四川。

（297）北京水梭 *Peltodytes* (*s. str.*) *pekinensis* Vondel, 1992

分布：广东、辽宁、北京、天津、河北、山东、陕西、福建。

（298）中华水梭 *Peltodytes* (*s. str.*) *sinensis* (Hope, 1845)

分布：广东（广州、连州、仁化、曲江、英德、封开、四会、鹤山、兴宁、普宁）、吉林、辽宁、北京、河北、山东、河南、陕西、江苏、上海、安徽、浙江、湖北、江西、湖南、福建、台湾、海南、广西、重庆、四川、贵州、云南。

七、长须甲科 Hydraenidae Mulsant, 1844

113. 长须甲属 *Hydraena* **Kugelann, 1794**

（299）孔夫子长须甲 *Hydraena confusa* Pu, 1951

    分布：广东。

（300）陈氏长须甲 *Hydraena chenae* Pu, 1951

    分布：广东。

（301）韩氏长须甲 *Hydraena hansreuteri* Jäch *et* Díaz, 2005

    分布：广东、福建、云南。

114. 泽长须甲属 *Limnebius* Leach, 1815

（302）广东泽长须甲 *Limnebius kwangtungensis* Pu, 1936

    分布：广东、湖南、台湾、广西、四川、贵州；越南。

115. *Ochthebius* Leach, 1815

（303）*Ochthebius* (*Asiobates*) *unimaculatus* Pu, 1958

    分布：广东、甘肃、重庆、四川、贵州。

（304）*Ochthebius* (*s. str.*) *castellanus* Jäch, 2003

    分布：广东。

（305）*Ochthebius* (*s. str.*) *guangdongensis* Jäch, 2003

    分布：广东。

八、沼甲科 Scirtidae Fleming, 1821

116. 水沼甲属 *Hydrocyphon* Redtenbacher, 1858

（306）李氏水沼甲 *Hydrocyphon lii* Yoshitomi *et* Klausnitzer, 2003

    分布：广东、浙江。

（307）耶氏水沼甲 *Hydrocyphon jaechi* Yoshitomi *et* Klausnitzer, 2003

    分布：广东、江西。

九、阎甲科 Histeridae Gyllenhal, 1808

117. 近方阎甲属 *Niposoma* Mazur, 1999

（308）路氏近方阎甲 *Niposoma lewisi* (Marseul, 1873)

    分布：广东、江苏、江西、福建、台湾、广西；韩国，日本，越南。

（309）辛氏近方阎甲 *Niposoma schenklingi* (Bickhardt, 1913)

    分布：广东、台湾。

118. 卡那阎甲属 *Kanaarister* Mazur, 1999

（310）隐卡那阎甲 *Kanaarister celatum* (Lewis, 1884)

    分布：广东、浙江、台湾、贵州；日本，尼泊尔。

119. 歧阎甲属 *Margarinotus* Marseul, 1853

（311）海西歧阎甲 *Margarinotus* (*Grammostethus*) *occidentalis* (Lewis, 1885)

    分布：广东、上海、福建。

120. 突唇阎甲属 *Pachylister* Lewis, 1904

（312）泥突唇阎甲 *Pachylister* (*s. str.*) *lutarius* (Erichson, 1834)

    分布：广东、江苏、浙江、福建、台湾、云南；越南，印度，斯里兰卡，巴基斯坦，印度尼西亚。

（313）拙突唇阎甲 *Pachylister* (*s. str.*) *scaevola* (Erichson, 1834)

分布：广东；印度。

121. 阎甲属 *Hister* **Linnaeus, 1758**

（314）日本阎甲 *Hister japonicus* Marseul, 1854

分布：广东、北京、甘肃、江苏、浙江、江西、福建、广西、四川、云南；韩国，俄罗斯，日本，越南。

（315）索氏阎甲 *Hister sohieri* Marseul, 1870

分布：广东、广西、云南；越南，老挝。

122. 分阎甲属 *Merohister* **Reitter, 1909**

（316）吉氏分阎甲 *Merohister jekeli* (Marseul, 1857)

分布：广东（广州）、黑龙江、辽宁、内蒙古、北京、河北、河南、甘肃、江苏、上海、安徽、浙江、湖北、江西、福建、台湾、云南；韩国，俄罗斯，日本，印度，菲律宾。

123. 糙阎甲属 *Zabromorphus* **Lewis, 1906**

（317）*Zabromorphus salebrosus subsolanus* Newton, 1991

分布：广东、安徽、台湾、海南；韩国，日本，越南，印度，缅甸，菲律宾，印度尼西亚。

124. 新植阎甲属 *Neosantalus* **Kryzhanovskij, 1972**

（318）新植阎甲 *Neosantalus latitibius* (Marseul, 1861)

分布：广东、海南、广西、云南；越南，老挝，泰国。

125. 清亮阎甲属 *Atholus* **Thomson, 1859**

（319）青色清亮阎甲 *Atholus coelestis* (Marseul, 1857)

分布：广东、台湾、广西、云南；日本，越南，印度，尼泊尔，斯里兰卡，塔吉克斯坦。

（320）窝胸清亮阎甲 *Atholus depistor* (Marseul, 1873)

分布：广东、黑龙江、辽宁、北京、甘肃、上海、台湾、重庆；韩国，俄罗斯，日本。

（321）远东清亮阎甲 *Atholus pirithous* (Marseul, 1873)

分布：广东、黑龙江、北京、河北、山东、甘肃、上海、湖北、台湾、广西、云南；韩国，俄罗斯，日本，越南，尼泊尔，印度尼西亚。

126. 木阎甲属 *Dendrophilus* **Lecah, 1817**

（322）宽卵阎甲 *Dendrophilus* (*s. str.*) *xavieri* Marseul, 1873

分布：广东、黑龙江、吉林、辽宁、内蒙古、河北、陕西、甘肃、新疆、上海、浙江、湖北、江西、台湾、海南、广西、四川、贵州、云南；俄罗斯，日本，英国。

127. 刺球阎甲属 *Chaetabraeus* **Portevin, 1929**

（323）邦刺球阎甲 *Chaetabraeus* (*s. str.*) *bonzicus* (Marseul, 1873)

分布：广东、北京、福建、台湾；韩国，俄罗斯，日本。

128. 异跗阎甲属 *Acritus* **LeConte, 1853**

（324）梳异跗阎甲 *Acritus* (*s. str.*) *pectinatus* Cooman, 1932

分布：广东；越南，印度。

129. 秃额阎甲属 *Gnathoncus* **Jacquelin-Duval, 1858**

（325）小齿秃额阎甲 *Gnathoncus nannetensis* (Marseul, 1862)

分布：广东；古北界。

130. 腐阎甲属 *Saprinus* **Erichson, 1834**

（326）丽鞘腐阎甲 *Saprinus* (*s. str.*) *optabilis* Marseul, 1855

分布：广东（广州）、安徽、湖北、台湾、广西、重庆、四川、云南；越南，泰国，印度，尼泊尔。

（327）灿腐阎甲 *Saprinus* (*s. str.*) *splendens* (Paykull, 1811)

分布：广东、陕西、上海、台湾、香港、西藏；韩国，日本，越南，泰国，印度，斯里兰卡，澳大利亚。

131. 皱额阎甲属 *Hypocaccus* **Thomson, 1867**

（328）变线皱额阎甲指名亚种 *Hypocaccus* (*Baeckmanniolus*) *varians varians* (Schmidt, 1890)

分布：广东、山东、台湾；韩国，俄罗斯，日本，越南，斯里兰卡，菲律宾，澳大利亚。

132. 脊小葬甲属 *Catops* **Paykull, 1798**

（329）大陆脊小葬甲 *Catops continentalis* Schweiger, 1956

分布：广东、福建、台湾。

（330）克希脊小葬甲 *Catops klapperichi* Schweiger, 1956

分布：广东、福建、台湾。

（331）柔毛脊小葬甲 *Catops pubescens* Schweiger, 1956

分布：广东、江西、福建。

133. 锯尸小葬甲属 *Ptomaphaginus* **Portevin, 1914**

（332）绍特锯尸小葬甲 *Ptomaphaginus sauteri* (Portevin, 1914)

分布：广东、台湾。

十、牙甲科 Hydrophilidae Latreille, 1802

134. 隆牙甲属 *Allocotocerus* **Kraatz, 1883**

（333）利奇隆牙甲 *Allocotocerus leachi* (Hope, 1838)

分布：广东；越南。

135. 贝牙甲属 *Berosus* **Leach, 1817**

（334）费氏贝牙甲 *Berosus fairmairei* Zaitzev, 1908

分布：广东、天津、河南、福建、台湾、海南、香港、云南；日本，越南，柬埔寨，泰国，印度，菲律宾，马来西亚，印度尼西亚，孟加拉国，巴基斯坦。

（335）日本贝牙甲 *Berosus japonicus* Sharp, 1873

分布：广东、黑龙江、上海、浙江、湖南、福建、贵州、云南。

（336）齿腹贝牙甲 *Berosus dentatis* Wu *et* Pu, 1997

分布：广东（连州）。

（337）柔毛贝牙甲 *Berosus pulchellus* MacLeay, 1825

分布：广东（连州）。

136. 刻纹牙甲属 *Thysanarthria* Orchymont, 1926

（338）罕刻纹牙甲 *Thysanarthria rara* Jia, Jiang *et* Yang, 2019

分布：广东、广西。

137. *Chaetarthria* **Stephens, 1835**

（339）*Chaetarthria chenjuni* Jia *et* Yang, 2020

分布：广东（深圳）、海南、广西。

（340）*Chaetarthria indica* Orchymont, 1920

分布：广东（深圳、台山）。

138. 赖牙甲属 *Regimbartia* **Zaitzev, 1908**

（341）梭形赖牙甲 *Regimbartia attenuata* (Fabricius, 1801)

分布：广东、江苏、福建、台湾、云南；日本，越南，柬埔寨，泰国，印度，菲律宾，澳大利亚。

139. 隔牙甲属 *Amphiops* **Erichson, 1843**

（342）库氏隔牙甲 *Amphiops coomani* Orchymont, 1926

分布：广东、海南、澳门；越南。

（343）玛隔牙甲 *Amphiops mater* Sharp, 1873

分布：广东、北京、浙江、湖北、福建；韩国，日本。

（344）*Amphiops mirabilis* Sharp, 1890

分布：广东（广州、高明、深圳）、山东、江苏、海南、广西、云南；缅甸，斯里兰卡，印度尼西亚。

140. 安牙甲属 *Anacaena* **Thornson, 1859**

（345）黑黄安牙甲 *Anacaena atriflava* Jia, 1997

分布：广东、安徽、浙江、江西、福建、贵州。

（346）斑安牙甲 *Anacaena maculata* Pu, 1964

分布：广东、贵州、云南。

141. *Notionotus* **Spangler, 1972**

（347）*Notionotus attenuatus* Jia *et* Short, 2011

分布：广东（连州）。

142. 隆胸牙甲属 *Paracymus* **Thornson, 1867**

（348）小隆胸牙甲 *Paracymus atomus* Orchymont, 1925

分布：广东、福建、海南、江西；日本，老挝，菲律宾，马来西亚。

（349）东方隆胸牙甲 *Paracymus orientalis* Orchymont, 1926

分布：广东、湖北、湖南、福建、江西、广西；日本，越南，老挝，印度，菲律宾。

143. 长节牙甲属 *Laccobius* **Erichson, 1837**

（350）双显长节牙甲 *Laccobius* (*s. str.*) *binotatus* Orchymont, 1935

分布：广东（连州）、黑龙江、吉林、辽宁、内蒙古、北京、山东、河南、陕西、新疆、安徽、湖北、福建、四川、贵州、云南；韩国，俄罗斯，朝鲜。

（351）膨茎长节牙甲 *Laccobius* (*s. str.*) *inopinus* Gentili, 1980

分布：广东、吉林、辽宁、福建、江西；俄罗斯，日本。

（352）沙背长节牙甲 *Laccobius* (*Microlaccobius*) *florens* Gentili, 1979

分布：广东、广西、福建、山东。

（353）哈氏长节牙甲 *Laccobius* (*Microlaccobius*) *hammondi* Gentili, 1984

分布：广东、辽宁、山东、陕西、甘肃、安徽、湖南、福建、台湾、四川、贵州；日本。

144. 乌牙甲属 *Oocyclus* Sharp, 1882

（354）费氏乌牙甲 *Oocyclus fikaceki* Short *et* Jia, 2011

分布：广东、福建、江西。

（355）鼎湖乌牙甲 *Oocyclus dinghu* Short *et* Jia, 2011

分布：广东。

（356）肖特乌牙甲 *Oocyclus shorti* Jia *et* Maté, 2012

分布：广东、香港。

145. *Agraphydrus* Régimbart, 1903

（357）*Agraphydrus activus* Komarek *et* Hebauer, 2018

分布：广东、安徽、江西、福建、香港；泰国。

（358）*Agraphydrus arduus* Komarek *et* Hebauer, 2018

分布：广东、湖北、云南；老挝。

（359）*Agraphydrus calvus* Komarek *et* Hebauer, 2018

分布：广东、江西、香港、广西。

（360）*Agraphydrus cantonensis* Komarek *et* Hebauer, 2018

分布：广东（封开）。

（361）*Agraphydrus contractus* Komarek *et* Hebauer, 2018

分布：广东、福建。

（362）*Agraphydrus coomani* (Orchymont, 1927)

分布：广东、福建、台湾、海南；日本，越南，老挝，泰国，缅甸，斯里兰卡，马来西亚，印度尼西亚，菲律宾；澳洲区。

（363）*Agraphydrus fasciatus* Komarek *et* Hebauer, 2018

分布：广东、江西、香港。

（364）*Agraphydrus forcipatus* Komarek *et* Hebauer, 2018

分布：广东、安徽、浙江、湖北、江西、湖南、福建、贵州。

（365）*Agraphydrus gracilipalpis* Komarek *et* Hebauer, 2018

分布：广东（肇庆）。

（366）*Agraphydrus igneus* Komarek *et* Hebauer, 2018

分布：广东、香港；老挝。

（367）*Agraphydrus masatakai* Minoshima, Komarek *et* Ôhara, 2015

分布：广东、海南、香港、云南；越南，老挝，泰国，缅甸，马来西亚。

（368）*Agraphydrus robustus* Komarek *et* Hebauer, 2018

    分布：广东、云南。

（369）*Agraphydrus umbrosus* Komarek *et* Hebauer, 2018

    分布：广东、福建。

（370）*Agraphydrus variabilis* Komarek *et* Hebauer, 2018

    分布：广东、陕西、山东、甘肃、安徽、浙江、湖北、江西、湖南、福建、台湾、香港、广西、四川、贵州、云南。

146. *Chasmogenus* Kuwert, 1890

（371）*Chasmogenus abnormalis* (Sharp, 1890)

    分布：广东（珠海）、台湾、澳门；日本，越南，泰国，柬埔寨，印度，斯里兰卡，印度尼西亚。

147. 苍白牙甲属 *Enochrus* Thomson, 1859

（372）隆苍白牙甲 *Enochrus* (*Lumetus*) *subsignatus* (Harold, 1877)

    分布：广东（番禺）、北京、陕西、江苏、上海、湖北、湖南、福建、台湾、重庆；韩国，日本。

（373）伊苏苍白牙甲 *Enochrus* (*Methydrus*) *esuriens* (Walker, 1858)

    分布：广东（广州、信宜、乐昌、南雄、连州、廉江、珠海、新会、高明、汕头）、江苏、湖北、江西、湖南、海南、广西、重庆、四川、云南；韩国，日本，印度，斯里兰卡，菲律宾，马来西亚，印度尼西亚，孟加拉国，沙特阿拉伯，澳大利亚。

（374）黄苍白牙甲 *Enochrus* (*Methydrus*) *flavicans* (Régimbart, 1903)

    分布：广东（仁化、连州、乳源、高明、珠海）、江苏、湖北、湖南、福建、台湾、云南；越南，印度。

（375）日本苍白牙甲 *Enochrus* (*Methydrus*) *japonicus* (Sharp, 1873)

    分布：广东（仁化、连州）、黑龙江、浙江、江西；日本，柬埔寨，泰国，印度。

148. 丽阳牙甲属 *Helochares* Mulsant, 1844

（376）隆纹丽阳牙甲 *Helochares* (*Hydrobaticus*) *anchoralis* Sharp, 1890

    分布：广东、湖北、江西、福建、台湾、海南、四川、云南；日本，越南，柬埔寨，泰国，印度，斯里兰卡，菲律宾，印度尼西亚。

（377）*Helochares densus* Sharp, 1890

    分布：广东、浙江、江西、湖南、福建、海南、广西、四川、云南；越南、泰国、印度、尼泊尔。

（378）*Helochares fuliginosus* Orchymont, 1932

    分布：广东（封开、高明、珠海、深圳、仁化）、福建、香港、澳门、广西；老挝，柬埔寨，马来西亚，印度尼西亚。

（379）显纹丽阳牙甲 *Helochares* (*Hydrobaticus*) *lentus* Sharp, 1890

    分布：广东、江西、湖南、福建、台湾、广西、四川、贵州、云南；越南，柬埔寨，泰国，印度，尼泊尔，斯里兰卡，马来西亚，印度尼西亚。

（380）锚突丽阳牙甲 *Helochares (Hydrobaticus) neglectus* (Hope, 1845)

分布：广东（广州）、江苏、上海、浙江、湖北、江西、福建、海南、广西、四川、云南；越南，柬埔寨，马来西亚，印度尼西亚。

（381）伪条丽阳牙甲 *Helochares (s. str.) pallens* (MacLeay, 1825)

分布：广东（广州、英德、乐昌、新会、兴宁、封开、鹤山、饶平、仁化、河源、乳源、珠海、深圳、湛江、连州、汕头、南雄、信宜、曲江）、新疆、湖北、福建、云南；日本，泰国，印度，缅甸，斯里兰卡，菲律宾，马来西亚，印度尼西亚，孟加拉国，也门，以色列。

（382）*Helochares sauteri* Orchymont, 1943

分布：广东、浙江、湖北、江西、台湾、四川、贵州。

149. *Peltochares* Régimbart, 1907

（383）*Peltochares atropiceus* (Régimbart, 1903)

分布：广东（仁化、珠海、封开、河源、深圳）、江西、香港、澳门、广西、贵州；日本，越南，泰国，尼泊尔，马来西亚。

150. 毛跗牙甲属 *Hydrobius* Leach, 1815

（384）东方毛跗牙甲 *Hydrobius orientalis* Jia *et* Short, 2009

分布：广东（和平）。

151. 凹基牙甲属 *Hydrobiomorpha* Blackburn, 1888

（385）刺凹基牙甲 *Hydrobiomorpha spinicollis* (Eschscholtz, 1922)

分布：广东、福建、海南、广西、云南、西藏；越南，柬埔寨，印度。

152. 牙甲属 *Hydrophilus* Geoffroy, 1762

（386）尖突牙甲 *Hydrophilus acuminatus* Motschulsky, 1854

分布：广东、内蒙古、北京、河北、上海、浙江、江西、台湾、香港、四川、云南、西藏；韩国，俄罗斯，日本，缅甸，印度尼西亚。

（387）克什米尔牙甲 *Hydrophilus bilineatus caschmirensis* (Kollar *et* Redtenbacher, 1844)

分布：广东、山西、浙江、湖北、江西、福建、台湾、海南、香港、澳门、广西、四川、云南；日本，老挝，柬埔寨，泰国，印度，缅甸，斯里兰卡，菲律宾。

（388）长刺牙甲 *Hydrophilus hastatus* (Herbst, 1779)

分布：广东、江西、湖南、福建、香港、广西、云南；越南，印度，缅甸。

153. 脊胸牙甲属 *Sternolophus* Solier, 1834

（389）红脊胸牙甲 *Sternolophus (s. str.) rufipes* (Fabricius, 1792)

分布：广东、北京、新疆、江苏、浙江、湖南、福建、台湾、云南；韩国，日本，越南，泰国，印度，斯里兰卡，菲律宾，印度尼西亚。

154. 沟牙甲属 *Armostus* Shape, 1890

（390）宽板沟牙甲 *Armostus amplelevatus* (Jia, 1995)

分布：广东（广州）。

155. 梭腹牙甲属 *Cercyon* Leach, 1817

（391）*Cercyon (Acycreon) punctiger* Knisch, 1921

分布：广东（广州、仁化）、江西、香港、澳门；东洋界。

（392）刀突梭腹牙甲 *Cercyon (s. str.) cultriformis* Wu *et* Pu, 1995

分布：广东。

（393）宽板梭腹牙甲 *Cercyon (s. str.) inquinatus* Wollaston, 1854

分布：广东；日本，印度尼西亚。

（394）黄边梭腹牙甲 *Cercyon (s. str.) marinus* Thomson, 1853

分布：广东、黑龙江、内蒙古、新疆；俄罗斯，日本，土耳其。

（395）黑头梭腹牙甲 *Cercyon (s. str.) nigriceps* (Marsham, 1802)

分布：广东（广州）、台湾；俄罗斯，日本，越南，印度，斯里兰卡，菲律宾，印度尼西亚，澳大利亚。

（396）*Cercyon (s. str.) quisquilius* (Linnaeus, 1760)

分布：广东、黑龙江、内蒙古、河北、河南、陕西、甘肃、青海、上海、安徽、湖北、江西、广西、四川、云南。

（397）刚毛梭腹牙甲 *Cercyon (s. str.) setiger* Wu *et* Pu, 1995

分布：广东、贵州。

（398）条纹梭腹牙甲 *Cercyon (s. str.) wui* Hansen, 1999

分布：广东。

（399）黑纹梭腹牙甲 *Cercyon (Clinocercyon) lineolatus* (Motschulsky, 1863)

分布：广东（广州、信宜）、云南、台湾；斯里兰卡。

（400）脊梭腹牙甲 *Cercyon (Paracycreon) laminatus* Sharp, 1873

分布：广东（广州、信宜）、吉林、陕西、上海、浙江、湖北、湖南、台湾、香港、广西、四川；俄罗斯，日本。

（401）小脊梭腹牙甲 *Cercyon (Paracycreon) subsolanus* Balfour–Browne, 1939

分布：广东（信宜）、江西、台湾；越南，泰国，印度，斯里兰卡，菲律宾，新加坡，印度尼西亚。

156. 厚腹牙甲属 *Pachysternum* **Motschulsky, 1863**

（402）条纹厚腹牙甲 *Pachysternum nigrovittatum* Motschulsky, 1863

分布：广东、浙江、福建、海南、广西；越南，泰国，印度，尼泊尔，斯里兰卡，新加坡。

（403）黑厚腹牙甲 *Pachysternum stevensi* Orchymont, 1926

分布：广东、江西、福建、广西；越南，印度。

157. 帕鲁牙甲属 *Paroosternum* **Scott, 1913**

（404）桑氏帕鲁牙甲 *Paroosternum saundersi* (Orchymont, 1925)

分布：广东；越南，老挝，缅甸，印度尼西亚。

十一、球蕈甲科 Leiodidae Fleming, 1821

158. 结球蕈甲属 *Agathidium* **Panzer, 1797**

（405）古田结球蕈甲 *Agathidium (Agathidium) gutianense* Angelini *et* Cooter, 1999

分布：广东（惠东）。

（406）*Agathidium* (*Agathidium*) *involutum* Švec, 2015

分布：广东。

十二、隐翅虫科 Staphylinidae Latreille, 1802

四眼隐翅虫亚科 Omalinae MacLeay, 1825

159. 盗隐翅虫属 *Lesteva* **Latreille, 1797**

（407）*Lesteva ruzickai* Shavrin, 2014

分布：广东。

（408）*Lesteva* (*s. str.*) *jaechi* Shavrin, 2017

分布：广东。

160. 心背隐翅虫属 *Paraphloeostiba* **Steel, 1960**

（409）*Paraphloeostiba sonani* (Bernhauer, 1943)

分布：广东、台湾、广西。

蚁甲亚科 Pselaphinae Latreille, 1802

161. 蛛蚁甲属 *Araneibatrus* **Yin *et* Li, 2011**

（410）隐蛛蚁甲 *Araneibatrus cellulanus* Yin, Jiang *et* Steiner, 2016

分布：广东。

（411）长足蛛蚁甲 *Araneibatrus gracilipes* Yin *et* Li, 2010

分布：广东。

162. 窝胸蚁甲属 *Batricavus* **Yin, Li *et* Zhao, 2011**

（412）齿胫窝胸蚁甲 *Batricavus tibialis* Yin *et* Li, 2011

分布：广东（龙门）、浙江。

163. 川纹蚁甲属 *Intestinarius* **Kurbatov, 2007**

（413）广东川纹蚁甲 *Intestinarius guangdongensis* Yin *et* Li, 2011

分布：广东（韶关）。

164. 巨蚁甲属 *Megabatrus* **Löbl, 1979**

（414）陷首巨蚁甲 *Megabatrus caviceps* Löbl, 1979

分布：广东、福建。

165. 寡节蚁甲属 *Anaclasiger* **Raffray, 1890**

（415）珠带寡节蚁甲 *Anaclasiger zhudaiae* Yin *et* Huang, 2012

分布：广东（深圳）。

166. 锤角蚁甲属 *Sinoclavigerodes* **Yin *et* Hlaváč, 2011**

（416）亚连锤角蚁甲 *Sinoclavigerodes yalianae* Yin *et* Hlaváč, 2011

分布：广东（深圳）。

167. 珠蚁甲属 *Batraxis* **Reitter, 1882**

（417）南岭珠蚁甲 *Batraxis nanlingensis* Wang *et* Yin, 2016

分布：广东（乳源）、湖南。

168. 异角蚁甲属 *Prosthecarthron* **Raffray, 1914**

（418）海岛异角蚁甲 *Prosthecarthron insulanus* Yin *et* Huang, 2012

    分布：广东（珠海）。

169. 鞭须蚁甲属 *Triomicrus* Sharp, 1883

（419）锐鞭须蚁甲 *Triomicrus acutus* Shen *et* Yin, 2015

    分布：广东。

（420）壳鞭须蚁甲 *Triomicrus cochlis* Shen *et* Yin, 2015

    分布：广东、湖南、广西。

（421）南岭鞭须蚁甲 *Triomicrus nanlingensis* Shen *et* Yin, 2015

    分布：广东（乳源）。

（422）翼鞭须蚁甲 *Triomicrus pinnatus* Shen *et* Yin, 2015

    分布：广东、湖南。

170. 脊腹蚁甲属 *Morana* Sharp, 1874

（423）*Morana machaerifera* Kurbatov, Cuccodoro *et* Löbl, 2007

    分布：广东。

171. 石蚁甲属 *Tmesiphoromimus* Löbl, 1964

（424）*Tmesiphoromimus samsinaki* Löbl, 1964

    分布：广东（新会）。

172. 异胸蚁甲属 *Nomuraius* Hlaváč, 2002

（425）*Nomuraius nanlingensis* Huang *et* Yin, 2018

    分布：广东（乳源）。

173. 长角蚁甲属 *Pselaphodes* Westwood, 1870

（426）奇腿长角蚁甲 *Pselaphodes femoralis* Huang, Li *et* Yin, 2018

    分布：广东、浙江、福建、广西、四川、贵州；泰国。

（427）天目长角蚁甲 *Pselaphodes tianmuensis* Yin, Li *et* Zhao, 2010

    分布：广东、安徽、浙江、江西、福建、广西、四川、贵州。

174. 长足隐翅虫属 *Derops* Sharp, 1889

（428）*Derops vietnamicus* Watanabe, 1996

    分布：广东；越南。

175. 圆胸隐翅虫属 *Tachinus* Gravenhorst, 1802

（429）新月圆胸隐翅虫 *Tachinus* (*Tachinoderus*) *meniscus* Chang, Li, Yin *et* Schülke, 2019

    分布：广东、湖南、广西、云南。

（430）直海圆胸隐翅虫 *Tachinus* (*Tachinoderus*) *naomii* Li, 1994

    分布：广东、陕西、浙江、湖北、江西、福建、台湾、广西；日本。

前角隐翅虫亚科 Aleocharinae Fleming, 1821

176. 前角隐翅虫属 *Aleochara* Gravenhorst, 1802

（431）*Aleochara* (*s. str.*) *gladiata* Luo *et* Zhou, 2012

    分布：广东、福建。

（432）*Aleochara (s. str.) lata* (Gravenhorst, 1802)

分布：广东、吉林、北京、台湾、四川；俄罗斯，朝鲜，韩国，日本，格鲁吉亚；欧洲，非洲，美洲。

（433）*Aleochara (s. str.) postica* Walker, 1858

分布：广东、台湾、广西、重庆、四川；韩国，日本，斯里兰卡，印度尼西亚。

（434）红褐前角隐翅虫 *Aleochara (Xenochara) puberula* Klug, 1832

分布：广东、吉林、辽宁、安徽、台湾、香港、广西、云南；韩国，日本，尼泊尔，伊朗，阿塞拜疆；欧洲，非洲。

177. 波缘隐翅虫属 *Acrotona* Thomson, 1859

（435）缅甸波缘隐翅虫 *Acrotona (s. str.) birmana* (Pace, 1986)

分布：广东、甘肃、浙江、香港、广西、云南；缅甸，尼泊尔。

（436）石门台波缘隐翅虫 *Acrotona (s. str.) shimentaiensis* (Pace, 2004)

分布：广东（英德）。

（437）黄翅波缘隐翅虫 *Acrotona (s. str.) vicaria* (Kraatz, 1859)

分布：广东、北京、陕西、浙江、湖北、香港、四川、云南；朝鲜，日本，印度，尼泊尔，斯里兰卡；非洲。

178. 平缘隐翅虫属 *Atheta* Thornson, 1858

（438）绍氏平缘隐翅虫 *Atheta (s. str.) sauteri* Bernhauer, 1907

分布：广东、北京、陕西、江苏、浙江、台湾、香港、四川、贵州；朝鲜，日本，印度，缅甸，尼泊尔。

（439）南岭平缘隐翅虫 *Atheta (Datomicra) nanlingensis* Pace, 2004

分布：广东（乳源）、福建。

（440）宽胸平缘隐翅虫 *Atheta (Datostiba) lewisiana* Cameron, 1933

分布：广东、北京、山西、陕西、江苏、浙江、香港、四川、云南；朝鲜，日本，尼泊尔，巴基斯坦。

（441）广州平缘隐翅虫 *Atheta (Dimetrota) guangzhouensis* Pace, 1993

分布：广东（广州）。

（442）拟莱氏平缘隐翅虫 *Atheta (Dimetrota) reitteriana* Bernhauer, 1939

分布：广东、陕西、江苏、台湾；日本，印度，尼泊尔。

179. 阔胸隐翅虫属 *Gastropaga* Bernhauer, 1915

（443）*Gastropaga (Rougemontia) siamensis* (Pace, 1986)

分布：广东、北京、陕西、香港、四川；泰国。

180. 瘦茎隐翅虫属 *Nepalota* Pace, 1987

（444）*Nepalota fellowesi* Pace, 2004

分布：广东（信宜）、云南。

（445）广东瘦茎隐翅虫 *Nepalota guangdongensis* Pace, 2004

分布：广东（鼎湖）、江西、广西、云南。

181. 离隐翅虫属 *Schistogenia* **Kraatz, 1857**

（446）脊领离隐翅虫 *Schistogenia crenicollis* Kraatz, 1857

分布：广东、浙江、香港、云南；印度。

182. 狭胸隐翅虫属 *Falagria* **Leach, 1819**

（447）*Falagria caesa* Erichson, 1837

分布：广东、辽宁、北京、河北、山东、陕西、甘肃、新疆、香港；俄罗斯，朝鲜，韩国，日本，印度，尼泊尔，伊朗，乌兹别克斯坦，哈萨克斯坦，格鲁吉亚，叙利亚，以色列；欧洲，非洲，北美洲。

183. 脊盾隐翅虫属 *Myrmecocephalus* **MacLeay, 1873**

（448）*Myrmecocephalus granulatus* (Cameron, 1939)

分布：广东；印度。

184. 幅胸隐翅虫属 *Pelioptera* **Kraatz, 1857**

（449）观音山幅胸隐翅虫 *Pelioptera guangyinensis* Pace, 2008

分布：广东（佛冈）。

185. 脊翅隐翅虫属 *Tropimenelytron* **Pace, 1983**

（450）*Tropimenelytron eremita* (Pace, 1998)

分布：广东、海南、香港。

186. 光覃隐翅虫属 *Gyrophaena* **Mannerheim, 1830**

（451）*Gyrophaena* (*s. str.*) *spinadistorta* Pace, 2008

分布：广东（佛冈）、海南。

187. 全脊隐翅虫属 *Stenomastax* **Cameron, 1933**

（452）*Stenomastax laeta* Cameron, 1939

分布：广东；印度，尼泊尔。

188. 切胸隐翅虫属 *Neosilusa* **Cameron, 1920**

（453）锡兰切胸隐翅虫 *Neosilusa ceylonica* (Kraatz, 1857)

分布：广东、北京、河南、江苏、浙江、台湾、香港、四川、贵州、云南；韩国，日本，印度，斯里兰卡，马来西亚；非洲。

189. 隐头隐翅虫属 *Leucocraspedum* **Kraatz, 1859**

（454）南昆隐头隐翅虫 *Leucocraspedum nankunense* Pace, 2008

分布：广东（惠州）。

（455）*Leucocraspedum scorpio* (Blackburn, 1895)

分布：广东、福建、台湾、香港、云南；印度；大洋洲。

190. 凹板隐翅虫属 *Orphnebius* **Motschulsky, 1858**

（456）佛冈凹板隐翅虫 *Orphnebius fugangensis* Pace, 2008

分布：广东。

（457）南岭凹板隐翅虫 *Orphnebius* (*s. str.*) *nanlingensis* Pace, 2004

分布：广东、福建。

191. 常板隐翅虫属 *Tetrabothrus* **Bernhauer, 1915**

（458）锤角常板隐翅虫 *Tetrabothrus clavatus* Bernhauer, 1915

分布：广东、陕西、安徽、浙江、江西、福建、海南、贵州；韩国，日本，越南，老挝，泰国，马来西亚，文莱，印度尼西亚。

（459）漂氏常板隐翅虫 *Tetrabothrus puetzi* Assing, 2009

分布：广东、云南；老挝。

192. 蚁巢隐翅虫属 *Zyras* **Stephens, 1835**

（460）*Zyras* (*Rhynchodonia*) *fellowesi* Pace, 2012

分布：广东（封开）、广西。

193. 网腹隐翅虫属 *Mimoxypoda* **Cameron, 1925**

（461）*Mimoxypoda grootaerti* Pace, 2004

分布：广东。

194. 腹毛隐翅虫属 *Myllaena* **Erichson, 1837**

（462）阿氏腹毛隐翅虫 *Myllaena adesi* Pace, 1998

分布：广东、香港。

195. 卷囊隐翅虫属 *Oxypoda* **Mannerheim, 1830**

（463）南岭卷囊隐翅虫 *Oxypoda* (*Podoxya*) *nanlingensis* Pace, 2004

分布：广东。

196. *Placusa* **Erichson, 1837**

（464）*Placusa* (*Calpusa*) *yunnanicola* Pace, 1998

分布：广东、香港、云南。

197. 白蚁隐翅虫属 *Sinophilus* **Kistner, 1985**

（465）夏氏白蚁隐翅虫 *Sinophilus xiai* Kistner, 1985

分布：广东、浙江、贵州。

（466）优子白蚁隐翅虫 *Sinophilus yukoae* Maruyama *et* Iwata, 2002

分布：广东；日本。

拟葬隐翅虫亚科 Apateticinae Fauvel, 1895

198. 出尾蕈甲属 *Scaphidium* **Olivier, 1790**

（467）德氏出尾蕈甲 *Scaphidium delatouchei* Achard, 1920

分布：广东、安徽、浙江、湖北、湖南、广西、四川、云南。

（468）离斑出尾蕈甲 *Scaphidium direptum* Tang *et* Li, 2010

分布：广东（始兴）、福建、广西。

（469）台湾出尾蕈甲 *Scaphidium formosanum* Pic, 1915

分布：广东、江西、福建、台湾、海南、广西、云南。

（470）巨出尾蕈甲 *Scaphidium grande* Gestro, 1879

分布：广东、浙江、湖南、福建、台湾、海南、广西、重庆、四川、贵州、云南；越南，老挝，泰国，印度，缅甸，尼泊尔，马来西亚，印度尼西亚。

（471）绍氏出尾蕈甲 *Scaphidium sauteri* Miwa *et* Mitono, 1943

　　分布：广东、安徽、浙江、江西、福建、台湾、广西。

（472）点斑出尾蕈甲 *Scaphidium stigmatinotum* Löbl, 1999

　　分布：广东、陕西、江苏、安徽、浙江、湖南、福建、广西、云南。

（473）余之舟出尾蕈甲 *Scaphidium yuzhizhoui* Tang, Tu *et* Li, 2016

　　分布：广东。

199. 细角出尾蕈甲属 *Scaphisoma* Leach, 1815

（474）*Scaphisoma geminatum* Löbl, 1986

　　分布：广东、江西、福建；印度。

（475）逆角细角出尾蕈甲 *Scaphisoma invertum* Löbl, 2000

　　分布：广东、广西、云南。

（476）*Scaphisoma pseudorufum* Löbl, 1986

　　分布：广东、云南；印度，尼泊尔，马来西亚。

筒形隐翅虫亚科 Osoriinae Erichson, 1839

200. 类筒隐翅虫属 *Indosorius* Coiffait, 1978

（477）微类筒隐翅虫 *Indosorius rufipes* (Motschulsky, 1857)

　　分布：广东、浙江、台湾、香港、广西；中亚；东洋界。

201. 筒隐翅虫属 *Osorius* Guérin-Meneville, 1829

（478）平直筒隐翅虫 *Osorius rectomarginatus* Zou *et* Zhou, 2015

　　分布：广东（鼎湖）、福建、海南、广西、云南、西藏。

（479）腹齿筒隐翅虫 *Osorius striolatus* Zou *et* Zhou, 2015

　　分布：广东（始兴）、湖南。

（480）东京湾筒隐翅虫 *Osorius tonkiensis* Bernhauer, 1914

　　分布：广东（广州）、浙江、湖南、福建、台湾、海南、广西、四川、云南；越南。

异形隐翅虫亚科 Oxytelinae Fleming, 1821

202. 异颈隐翅虫属 *Anotylus* Thomson, 1859

（481）川渝异颈隐翅虫 *Anotylus nitouensis* (Bernhauer, 1935)

　　分布：广东、香港、四川。

（482）方唇异颈隐翅虫 *Anotylus genalis* (Fauvel, 1904)

　　分布：广东（肇庆、乳源）、湖北、湖南、广西、云南；缅甸，马来西亚，越南，菲律宾，印度尼西亚，文莱。

（483）光额异颈隐翅虫 *Anotylus nitidifrons* (Wollaston, 1871)

　　分布：广东（肇庆）、北京、河南、上海、江苏、浙江、福建、海南、香港、广西、四川、云南；日本，越南，老挝，印度，缅甸，巴基斯坦，新加坡，印度尼西亚，菲律宾，美国（夏威夷），葡萄牙（亚速尔、马德拉），英国（圣赫勒拿），坦桑尼亚（桑给巴尔），加蓬，马达加斯加，塞舌尔。

203. 布里隐翅虫属 *Bledius* Leach, 1819

（484）光布里隐翅虫 *Bledius lucidus* Sharp, 1874

　　分布：广东（徐闻）、辽宁、吉林、上海、江苏、江西、福建、台湾、广西、海南、云南；日本，越南，泰国，柬埔寨，印度，不丹，巴基斯坦，新加坡，印度尼西亚，澳大利亚；非洲。

204. 异形隐翅虫属 *Oxytelus* Gravenhorst, 1802

（485）凹尾异形隐翅虫 *Oxytelus* (*s. str.*) *incisus* Motschulsky, 1858

　　分布：广东、吉林、辽宁、北京、上海、浙江、湖北、江西、台湾、海南、香港、广西、四川、云南；韩国，日本，越南，印度，缅甸，尼泊尔，菲律宾，马来西亚，巴基斯坦，伊朗。

（486）黑头异形隐翅虫 *Oxytelus* (*s. str.*) *nigriceps* Kraatz, 1859

　　分布：广东、黑龙江、吉林、辽宁、内蒙古、新疆、浙江、湖北、湖南、福建、台湾、海南、香港、云南、西藏；韩国，朝鲜，日本，越南，泰国，印度，缅甸，尼泊尔，斯里兰卡，菲律宾，马来西亚，新加坡，印度尼西亚，孟加拉国，巴基斯坦。

（487）*Oxytelus* (*Tanycraerus*) *lucens* Bernhauer, 1903

　　分布：广东、湖北、福建、台湾、广西、贵州、云南；菲律宾，马来西亚，印度尼西亚，孟加拉国。

（488）巨角异形隐翅虫 *Oxytelus* (*Tanycraerus*) *megaceros* Fauvel, 1895

　　分布：广东、浙江、湖北、福建、台湾、海南、香港、广西、四川、贵州、云南、西藏；越南，老挝，泰国，印度，缅甸，菲律宾，马来西亚，文莱，印度尼西亚，巴基斯坦。

205. 果隐翅虫属 *Carpelimus* Leach, 1819

（489）印度果隐翅虫 *Carpelimus* (*s. str.*) *indicus* (Kraatz, 1859)

　　分布：广东、北京、山东、陕西、浙江、台湾、海南、香港、广西、重庆、四川、贵州、云南；日本，越南，泰国，印度，缅甸，尼泊尔，斯里兰卡，菲律宾，马来西亚，印度尼西亚，巴基斯坦，阿富汗；大洋洲。

（490）*Carpelimus* (*s. str.*) *papuensis* (Fauvel, 1879)

　　分布：广东、香港。

（491）异色果隐翅虫 *Carpelimus* (*Troginus*) *atomus* (Saulcy, 1865)

　　分布：广东、北京、河北、陕西、江苏、浙江、湖北、湖南、福建、台湾、香港、重庆、四川、贵州、云南；日本，尼泊尔，巴基斯坦，阿富汗，沙特阿拉伯，叙利亚；欧洲，非洲。

（492）日本果隐翅虫 *Carpelimus* (*Troginus*) *niponensis* Gildenkov, 2002

　　分布：广东；日本。

206. 奔沙翅虫属 *Thinodromus* Kraatz, 1857

（493）*Thinodromus* (*s. str.*) *socius* (Bernhauer, 1904)

　　分布：广东、湖南、广西；越南。

突眼隐翅虫亚科 Steninnae MacLeay, 1825

207. 束毛隐翅虫属 *Dianous* Leach, 1819

（494）等束毛隐翅虫 *Dianous aequalis* Zheng, 1993

　　分布：广东、浙江、江西、四川、贵州。

（495）班氏束毛隐翅虫 *Dianous banghaasi* Bernhauer, 1916

分布：广东、山西、山东、河南、陕西、上海、浙江、江西、湖南、福建、广西、四川、贵州；韩国。

（496）福氏束毛隐翅虫 *Dianous freyi* Benick, 1940

分布：广东、安徽、浙江、湖北、江西、湖南、福建、四川、贵州、云南。

（497）*Dianous hastifer* Puthz, 2016

分布：广东。

（498）东京湾束毛隐翅虫 *Dianous tonkinensis* (Puthz, 1968)

分布：广东、湖南、云南；越南，泰国，马来西亚，文莱，印度尼西亚。

（499）*Dianous uniformis* Zheng, 1993

分布：广东、四川。

208. 突眼隐翅虫属 *Stenus* **Latreille, 1797**

（500）美斑突眼隐翅虫 *Stenus alumoenus* Rougemont, 1981

分布：广东、浙江；老挝，泰国。

（501）*Stenus cactiventris* Puthz, 2003

分布：广东（信宜）。

（502）冠突眼隐翅虫 *Stenus coronatus* Benick, 1928

分布：广东、黑龙江、吉林、北京、山西、宁夏、甘肃、青海、湖北、四川、云南；俄罗斯，朝鲜。

（503）东方突眼隐翅虫 *Stenus eurous* Puthz, 1980

分布：广东、陕西、安徽、浙江、湖北、台湾、海南、香港、贵州。

（504）拟毒突眼隐翅虫 *Stenus flavidulus paederinus* Champion, 1924

分布：广东、福建、台湾、海南、云南；日本，越南，泰国，印度，菲律宾，马来西亚，文莱，印度尼西亚。

（505）台湾突眼隐翅虫 *Stenus formosanus* Benick, 1914

分布：广东、江苏、浙江、福建、台湾、海南、香港、重庆；日本，越南。

（506）*Stenus frater* Benick, 1916

分布：广东、陕西、湖南、香港、四川、云南；越南，印度尼西亚。

（507）黄灏突眼隐翅虫 *Stenus huanghaoi* Tang *et* Li, 2008

分布：广东（乳源）。

（508）*Stenus loebli* Puthz, 1971

分布：广东；越南，斯里兰卡，孟加拉国。

（509）小黑突眼隐翅虫 *Stenus melanarius* Stephens, 1833

分布：广东、黑龙江、吉林、辽宁、北京、天津、山西、河南、陕西、宁夏、江苏、上海、安徽、浙江、江西、湖南、福建、台湾、海南、广西、四川、贵州、云南；蒙古国，俄罗斯，朝鲜，韩国，日本，越南，印度，缅甸，尼泊尔，斯里兰卡，菲律宾，印度尼西亚，伊朗，哈萨克斯坦，阿塞拜疆，格鲁吉亚，亚美尼亚；欧洲。

（510）南岭突眼隐翅虫 *Stenus nanlingmontis* Tang, Zhao *et* Li, 2008

分布：广东（乳源）。

（511）*Stenus ninii* Rougemont, 1981

分布：广东、香港、云南；越南，老挝，泰国，缅甸。

（512）*Stenus oculifer* Puthz, 2003

分布：广东、江西、湖南、贵州。

（513）*Stenus piliferus piliferus* Motschulsky, 1858

分布：广东、安徽、湖南、台湾、香港、云南；日本，越南，老挝，泰国，印度，尼泊尔，斯里兰卡，印度尼西亚；大洋洲。

（514）*Stenus stigmatias* Puthz, 2008

分布：广东、福建、香港、云南；越南，老挝，泰国，印度，缅甸。

（515）太阳山突眼隐翅虫 *Stenus taiyangshanus* Tang *et* Li, 2012

分布：广东（龙门）。

（516）顶穹突眼隐翅虫 *Stenus verticalis* Benick, 1938

分布：广东、河北、香港、云南；越南，缅甸，菲律宾，印度尼西亚。

（517）*Stenus virgula* Fauvel, 1895

分布：广东、江西、福建、台湾、海南、云南；越南，老挝，泰国，印度，缅甸，尼泊尔，孟加拉国。

（518）*Stenus xuwangi* Tang, Zhao *et* Li, 2008

分布：广东（乳源）。

丽隐翅虫亚科 Euaesthetinae Thomson, 1859

209. 沟额隐翅虫属 *Edaphus* Motschulsky, 1856

（519）*Edaphus annamensis* Puthz, 1979

分布：广东、云南；越南。

210. 圆唇隐翅虫属 *Stenaesthetus* Sharp, 1874

（520）*Stenaesthetus deharvengi* Orousset, 1988

分布：广东、香港、广西、四川、贵州、云南；泰国。

（521）*Stenaesthetus sunioides* Sharp, 1874

分布：广东、黑龙江、北京、上海、台湾、香港、广西、四川、云南；日本，印度，尼泊尔，斯里兰卡，新加坡，巴基斯坦；非洲。

苔甲亚科 Scydmaeninae Leach, 1815

211. 卵苔甲属 *Cephennodes* Reitter, 1884

（522）*Cephennodes* (*s. str.*) *bicavatus* Jałoszyński, 2015

分布：广东。

212. 苔甲属 *Scydmaenus* Latreille, 1802

（523）*Scydmaenus* (*s. str.*) *minangkabauensis* Blattný, 1926

分布：广东；尼泊尔，印度尼西亚，巴基斯坦。

毒隐翅虫亚科 Paederinae Fleming, 1821

213. 四齿隐翅虫属 *Nazeris* Fauvel, 1873

（524）*Nazeris clavator* Assing, 2016

分布：广东。

（525）高磊四齿隐翅虫 *Nazeris gaoleii* Hu *et* Li, 2018

分布：广东。

（526）*Nazeris huaiweni* Lin *et* Hu, 2021

分布：广东。

（527）异茎四齿隐翅虫 *Nazeris inaequalis* Assing, 2014

分布：广东、江西、湖南。

（528）*Nazeris meihuaae* Lin *et* Hu, 2021

分布：广东、江西。

（529）南岭四齿隐翅虫 *Nazeris nanlingensis* Hu *et* Li, 2018

分布：广东。

（530）*Nazeris rubidus* Hu *et* Li, 2018

分布：广东。

（531）兴民四齿隐翅虫 *Nazeris xingmini* Lin *et* Hu, 2021

分布：广东、江西。

214. 圆颊隐翅虫属 *Domene* Fauvel, 1873

（532）阿强圆颊隐翅虫 *Domene (Macromene) aqiang* Peng *et* Li, 2017

分布：广东。

（533）南岭圆颊隐翅虫 *Domene (Macromene) nanlingensis* Peng *et* Li, 2017

分布：广东。

215. 隆线隐翅虫属 *Lathrobium* Gravenhorst, 1802

（534）广东隆线隐翅虫 *Lathrobium (s. str.) guangdongense* Peng *et* Li, 2014

分布：广东（韶关）。

（535）*Lathrobium jiaxingyangi* Lin *et* Peng, 2021

分布：广东。

（536）王氏隆线隐翅虫 *Lathrobium wangxingmini* Lin *et* Peng, 2021

分布：广东。

（537）*Lathrobium yangyihani* Lin *et* Peng, 2021

分布：广东

216. 双线隐翅虫属 *Lobrathium* Mulsant *et* Rey, 1878

（538）香港双线隐翅虫 *Lobrathium hongkongense* (Bernhauer, 1931)

分布：广东、陕西、江苏、浙江、湖北、湖南、福建、台湾、香港、广西、四川、贵州、云南；日本。

（539）彭氏双线隐翅虫 *Lobrathium pengi* Li *et* Li, 2013

分布：广东、广西。

217. 伪线隐翅虫属 *Pseudolathra* Casey, 1905

（540）*Pseudolathra (Allolathra) pulchella* (Kraatz, 1859)

分布：广东、台湾、海南；日本，越南，老挝，柬埔寨，泰国，印度，缅甸，尼泊尔，不丹，斯里兰卡，菲律宾，马来西亚，印度尼西亚，巴基斯坦；大洋洲。

218. 尖尾隐翅虫属 *Medon* Stephens, 1833

（541）*Medon vermiculatus* Cameron, 1930

分布：广东、香港；泰国，尼泊尔，马来西亚，文莱，印度尼西亚。

219. 广跗隐翅虫属 *Orsunius* Assing, 2011

（542）*Orsunius affimbriatus* Assing, 2015

分布：广东。

220. 平缝隐翅虫属 *Scopaeus* Erichson, 1839

（543）*Scopaeus (s. str.) limbatus* Kraatz, 1859

分布：广东、北京、河北、河南、陕西、台湾、香港、广西；日本，印度，尼泊尔，不丹，斯里兰卡，巴基斯坦。

（544）*Scopaeus (s. str.) testaceus* Motschulsky, 1858

分布：广东、台湾、香港、贵州；日本，印度，斯里兰卡，马来西亚；欧洲。

221. 毒隐翅虫属 *Paederus* Fabricius, 1775

（545）南岭毒隐翅虫 *Paederus nanlingensis* Peng *et* Li, 2016

分布：广东（乳源）。

（546）斜茎毒隐翅虫 *Paederus volutobliquus* Li, Zhou *et* Solodovnikov, 2013

分布：广东（南雄）。

隐翅虫亚科 Staphylininae Latreille, 1802

222. 膝角隐翅虫属 *Acylophorus* Nordmann, 1837

（547）叉膝角隐翅虫 *Acylophorus furcatus* Motschulsky, 1858

分布：广东、台湾、香港、广西、云南；泰国，印度，菲律宾。

223. 宽背隐翅虫属 *Algon* Sharp, 1874

（548）*Algon tristis* Schillhammer, 2006

分布：广东、江西、福建。

224. 弧胸隐翅虫属 *Bolitogyrus* Chevrolat, 1842

（549）*Bolitogyrus depressus* Cai, Zhao *et* Zhou, 2015

分布：广东。

225. 圆头隐翅虫属 *Quwatanabius* Smetana, 2002

（550）黄缘圆头隐翅虫 *Quwatanabius yanbini* Hu, Li *et* Zhao, 2012

分布：广东（韶关）。

226. 菲隐翅虫属 *Philonthus* Stephens, 1829

（551）刀氏菲隐翅虫 *Philonthus (s. str.) donckieri* Bernhauer, 1915

分布：广东、江西、福建、香港、四川；越南，老挝，印度，尼泊尔，斯里兰卡。

227. 莎弗隐翅虫属 *Shaverdolena* **Schillhammer, 2005**

（552）广东莎弗隐翅虫 *Shaverdolena kantonensis* Schillhammer, 2005

分布：广东。

228. 斜角隐翅虫属 *Taxiplagus* **Bernhauer, 1915**

（553）柯氏斜角隐翅虫 *Taxiplagus klapperichi* Schillhammer, 2013

分布：广东、福建、海南；老挝。

229. 颊脊隐翅虫属 *Quedius* **Stephens, 1829**

（554）中华颊脊隐翅虫 *Quedius* (*Raphirus*) *chinensis* Bernhauer, 1915

分布：广东、山东、浙江、福建、广西、重庆、四川、贵州。

（555）施氏颊脊隐翅虫 *Quedius* (*Raphirus*) *schneideri* Smetana, 2012

分布：广东、重庆、贵州。

（556）*Quedius* (*Velleius*) *sagittalis* Zhao *et* Zhou, 2015

分布：广东、陕西。

230. 颊脊隐翅虫属 *Naddia* **Fauvel, 1867**

（557）莽山颊脊隐翅虫 *Naddia mangshanensis* Yang *et* Zhou, 2010

分布：广东（乳源）、湖南、福建。

（558）南岭颊脊隐翅虫 *Naddia nanlingensis* Yang *et* Zhou, 2010

分布：广东（乳源）。

231. 分缝隐翅虫属 *Erymus* **Bordoni, 2002**

（559）*Erymus gilvus* Zhou *et* Zhou, 2014

分布：广东、海南、广西。

232. 齐茎隐翅虫属 *Megalinus* **Mulsant *et* Rey, 1877**

（560）*Megalinus metallicus* (Fauvel, 1895)

分布：广东、上海、福建、台湾、海南、香港、广西、重庆、四川、云南、西藏；印度，缅甸，尼泊尔，巴基斯坦。

233. 缢胸隐翅虫属 *Xanthophius* **Motschulsky, 1860**

（561）狭缢胸隐翅虫 *Xanthophius angustus* Sharp, 1874

分布：广东、辽宁、陕西、福建、台湾；韩国，日本。

（562）单齿缢胸隐翅虫 *Xanthophius unicidentatus* Zhou *et* Zhou, 2013

分布：广东、浙江、海南、云南。

234. 宽颈隐翅属 *Anchocerus* **Fauvel, 1905**

（563）硕宽颈隐翅虫 *Anchocerus giganteus* Hu, Li *et* Zhao, 2010

分布：广东、上海、浙江、福建、江西、广西。

十三、葬甲科 Silphidae Latreille, 1807

235. 丧葬甲属 *Necrophila* **Kirby *et* Spence, 1828**

（564）红胸丽葬甲 *Necrophila* (*Calosilpha*) *brunnicollis* (Kraatz, 1877)

分布：广东、黑龙江、吉林、辽宁、北京、山西、陕西、甘肃、青海、安徽、浙江、湖北、江西、湖南、福建、台湾、海南、香港、广西、重庆、四川、贵州、云南、西藏；韩国，俄罗斯，日本，印度（锡金），不丹。

（565）蓝腹丽葬甲 *Necrophila* (*Calosilpha*) *cyaniventris* (Motschulsky, 1870)

分布：广东、海南、广西、云南；越南，缅甸，泰国，老挝，柬埔寨，印度，尼泊尔。

236. 盾葬甲属 *Diamesus* Hope, 1840

（566）横纹盾葬甲 *Diamesus osculans* (Vigors, 1825)

分布：广东、安徽、浙江、江西、湖南、海南、福建、台湾、广西、重庆、四川、云南、西藏；越南，老挝，印度，缅甸，尼泊尔，不丹，斯里兰卡，马来西亚，印度尼西亚，澳大利亚，新西兰。

237. 尸葬甲属 *Necrodes* Leach, 1815

（567）滨尸葬甲 *Necrodes littoralis* (Linnaeus, 1758)

分布：广东、黑龙江、吉林、辽宁、内蒙古、北京、天津、河北、山西、陕西、河南、宁夏、甘肃、青海、新疆、安徽、浙江、湖北、江西、湖南、福建、广西、重庆、四川、云南、西藏；蒙古国，韩国，俄罗斯，日本，印度，巴基斯坦，阿富汗，伊朗，塔吉克斯坦，乌兹别克斯坦，土库曼斯坦，吉尔吉斯斯坦，哈萨克斯坦；欧洲。

238. 覆葬甲属 *Nicrophorus* Fabricius, 1775

（568）黑覆葬甲 *Nicrophorus concolor* Kraatz, 1877

分布：广东、黑龙江、吉林、辽宁、内蒙古、北京、天津、河北、山西、山东、河南、甘肃、陕西、江苏、安徽、浙江、湖北、江西、湖南、福建、台湾、海南、广西、重庆、四川、贵州、云南、西藏；韩国，俄罗斯，日本，印度，尼泊尔，不丹。

（569）尼覆葬甲 *Nicrophorus nepalensis* Hope, 1831

分布：广东、辽宁、内蒙古、北京、天津、河北、山西、山东、河南、陕西、甘肃、青海、江苏、安徽、浙江、湖北、江西、湖南、福建、台湾、海南、广西、重庆、四川、贵州、云南、西藏；日本，越南，老挝，泰国，印度，缅甸，尼泊尔，不丹，菲律宾，马来西亚，印度尼西亚，巴基斯坦。

十四、粪金龟科 Geotrupidae Latreille, 1802

239. *Phelotrupes* Jekel, 1866

（570）*Phelotrupes* (*Eogeotrupes*) *deuvei* Král, Malý *et* Schneider, 2001

分布：广东、福建。

十五、锹甲科 Lucanidae Latreille, 1804

240. 颚锹甲属 *Nigidionus* Kriesche, 1926

（571）简颚锹甲 *Nigidionus parryi* (Bates, 1866)

分布：广东、甘肃、安徽、浙江、湖北、湖南、福建、台湾、四川、贵州、云南；越南。

241. 碸锹甲属 *Nigidius* MacLeay, 1819

（572）中华碸锹甲 *Nigidius sinicus* Schenk, 2011

分布：广东、福建、海南、香港、广西。

（573）*Nigidius lemeei* Bomans, 1993

　　分布：广东、湖北、福建、海南、广西。

242. 狭锹甲属 *Figulus* MacLeay, 1819

（574）*Figulus binodulus* Waterhouse, 1873

　　分布：广东、湖北、福建、台湾、重庆、四川、贵州；韩国，日本。

243. 盾锹甲属 *Aegus* MacLeay, 1819

（575）*Aegus angustus* Bomans, 1989

　　分布：广东、浙江、湖北、福建、四川。

（576）二齿盾锹甲 *Aegus bidens* Möllenkamp, 1902

　　分布：广东、浙江、湖南、海南、广西、云南。

（577）玳瑁盾锹甲 *Aegus chelifer* MacLeay, 1819

　　分布：广东、福建、广西、云南；缅甸。

（578）闽盾锹甲 *Aegus fukiensis* Bomans, 1989

　　分布：广东、浙江、福建。

（579）粤盾锹甲 *Aegus kuangtungensis* Nagel, 1925

　　分布：广东、陕西、浙江、江西、湖南、福建、广西、四川。

（580）*Aegus laevicollis* Saundens, 1854

　　分布：广东、安徽、浙江、湖北、湖南、福建、四川、云南；日本。

（581）*Aegus melli* Nagel, 1925

　　分布：广东、浙江、福建、广西。

244. 环锹甲属 *Cyclommatus* Parry, 1863

（582）*Cyclommatus asahinai* Kurosawa, 1974

　　分布：广东、福建、台湾、广西、贵州、云南。

（583）*Cyclommatus mniszechi* (Thomson, 1856)

　　分布：广东、上海、浙江、江西、福建、台湾、广西；越南。

（584）碟环锹甲 *Cyclommatus scutellaris* Möllenkamp, 1912

　　分布：广东、浙江、湖北、湖南、福建、台湾、广西、重庆、四川、贵州。

（585）*Cyclommatus vitalisi* Pouillaude, 1913

　　分布：广东、广西、云南；越南。

245. 锹甲属 *Lucanus* Scopoli, 1763

（586）*Lucanus brivioi* Zilioli, 2003

　　分布：广东、福建、广西。

（587）福运锹甲 *Lucanus fortunei* Saunders, 1854

　　分布：广东、浙江、福建。

（588）福建锹甲 *Lucanus fujianensis* Schenk, 2008

　　分布：广东、陕西、福建。

（589）巨叉深山锹甲 *Lucanus hermani* De Lisle, 1973

分布：广东（连州、南雄）、浙江、福建、海南、广西、四川；越南。

（590）卡拉锹甲 *Lucanus klapperichi* Bomans, 1989

分布：广东、浙江、江西、福建。

（591）巨叉锹甲 *Lucanus planeti* Planet, 1899

分布：广东、海南、四川、云南。

246. 柱锹甲属 *Prismognathus* Motschuls, 1860

（592）*Prismognathus davidis tangi* Huang *et* Chen, 2017

分布：广东、江苏、安徽、浙江。

（593）卡拉柱锹甲 *Prismognathus klapperichi* Bomans, 1989

分布：广东、浙江、湖南、福建、广西、重庆、四川、贵州。

（594）*Prismognathus triapicalis* (Houlbert, 1915)

分布：广东、浙江、湖北、湖南、广西、重庆、贵州、云南。

（595）*Prismognathus davidis* Deyrolle, 1878

分布：广东、北京、河北、陕西、河南、甘肃、江苏、安徽、浙江、湖北、台湾、重庆、四川。

247. 奥锹甲属 *Odontolabis* Hope, 1842

（596）扁齿奥锹甲 *Odontolabis platynota* (Hope *et* Westwood, 1845)

分布：广东、浙江、海南、广西、四川、贵州；越南。

（597）中华奥锹甲 *Odontolabis cuvera sinensis* (Westwood, 1848)

分布：广东、浙江、江西、福建、海南、贵州。

（598）西奥锹甲 *Odontolabis siva* (Hope *et* Westwood, 1845)

分布：广东、浙江、江西、福建、台湾、海南、广西；越南。

（599）*Odontolabis cuvera fallaciosa* Boileau, 1901

分布：广东、陕西、湖北、湖南、广西、贵州；老挝，泰国，印度。

（600）*Odontolabis macrocephala* (Lacroix, 1984)

分布：广东、广西；越南。

248. 新锹甲属 *Neolucanus* Thomson, 1862

（601）*Neolucanus benoiti* Schenk, 2009

分布：广东、广西、贵州。

（602）红巨新锹甲 *Neolucanus giganteus* Pouillaude, 1914

分布：广东、广西、贵州、云南；越南，老挝。

（603）*Neolucanus lemeei* Houlbert, 1914

分布：广东、广西、贵州；越南，老挝。

（604）亮光新锹甲 *Neolucanus nitidus* (Saunders, 1854)

分布：广东、安徽、浙江、江西、福建、台湾、海南、广西、贵州；越南。

（605）红绿新锹甲 *Neolucanus pallescens* Leuthner, 1885

分布：广东、浙江、福建、海南、香港、广西。

（606）缝斑新锹甲 *Neolucanus parryi* Leuthner, 1885

    分布：广东、海南、广西、贵州、云南。

（607）刀颚新锹甲 *Neolucanus perarmatus* Didier, 1925

    分布：广东、浙江、福建；越南、老挝。

（608）陕西新锹甲 *Neolucanus shaanxiensis* Schenk, 2008

    分布：广东、陕西、福建、香港、广西。

（609）*Neolucanus svenjae* Schenk, 2003

    分布：广东、陕西、福建、香港、广西。

（610）华新锹甲 *Neolucanus sinicus* (Saunders, 1854)

    分布：广东、陕西、福建、香港、广西。

（611）*Neolucanus baladeva* (Hope, 1842)

    分布：广东、福建、云南；印度，缅甸，孟加拉国。

（612）*Neolucanus castanopterus* (Hope, 1831)

    分布：广东、台湾、云南；越南，印度，缅甸。

（613）*Neolucanus goral* Kriesche, 1926

    分布：广东、浙江、江西、福建、海南、广西。

249. 刀锹甲属 *Dorcus* MacLeay, 1819

（614）安达刀锹甲 *Dorcus antaeus* Hope, 1842

    分布：广东、海南、广西、贵州、西藏、云南。

（615）大刀锹甲 *Dorcus hopei* (Sauders, 1854)

    分布：广东、江苏、上海、安徽、浙江、湖北、江西、湖南、福建。

（616）*Dorcus ursulae* (Schenk, 1996)

    分布：广东、浙江、湖北、福建、四川。

（617）锈色刀锹甲 *Dorcus velutinus* Thomson, 1862

    分布：广东、河北、陕西、甘肃、浙江、湖南、福建、广西、四川、云南。

250. *Eurytrachellelus* Didier, 1931

（618）*Eurytrachellelus daedalion* (Didier *et* Séguy, 1953)

    分布：广东、江西、福建、广西、四川、贵州、云南；越南，老挝，泰国。

（619）*Eurytrachellelus hansi* (Schenk, 2008)

    分布：广东、广西、海南、贵州。

251. 小刀锹甲属 *Falcicornis* Planet, 1894

（620）黄毛小刀锹甲 *Falcicornis mellianus* (Kriesche, 1921)

    分布：广东、湖南、福建、广西；越南。

（621）叉齿小刀锹甲 *Falcicornis séguyi* (De Lisle, 1955)

    分布：广东、江苏、安徽、浙江、湖北、江西、海南、福建、广西、贵州、云南；越南。

（622）拟戟小刀锹甲 *Falcicornis taibaishanensis* (Schenk, 2008)

    分布：广东、陕西、浙江、湖南、福建、广西、贵州。

（623）*Falcicornis tenuecostatus* (Fairmaire, 1888)

分布：广东、北京、天津、河北、安徽、浙江、江西、福建、四川、贵州。

252. 半刀锹甲属 *Hemisodorcus* Thomson, 1862

（624）锐齿半刀锹甲 *Hemisodorcus haitschunus* (Didier *et* Séguy, 1952)

分布：广东、浙江、福建。

253. 前锹甲属 *Prosopocoilus* Hope *et* Westwood, 1845

（625）歧齿前锹甲 *Prosopocoilus approximatus* (Parry, 1864)

分布：广东、海南、云南、新疆；越南、老挝、泰国。

（626）*Prosopocoilus biplagiatus* (Westwood, 1855)

分布：广东、福建、广西、贵州、云南、新疆；越南，老挝。

（627）剪齿前锹甲 *Prosopocoilus capriconus* (Didier, 1931)

分布：广东、福建、重庆、广西；越南。

（628）儒圣前锹甲 *Prosopocoilus confucius* (Hope, 1842)

分布：广东、江苏、浙江、江西、福建、海南、广西；越南。

（629）*Prosopocoilus forficula* (Thomson, 1856)

分布：广东、浙江、湖南、福建、海南、广西；越南。

（630）锐突前锹甲 *Prosopocoilus Oweni melli* Kriesche, 1922

分布：广东、江西、福建、广西、四川、贵州。

（631）刺前锹甲 *Prosopocoilus spineus* (Didier, 1927)

分布：广东、海南、广西。

（632）*Prosopocoilus suturalis* (Olivier, 1789)

分布：广东、海南、云南；越南，泰国，缅甸，印度，马来西亚，孟加拉国。

（633）*Prosopocoilus porrectus* (Bomans, 1978)

分布：广东、海南、广西；越南。

254. 拟鹿锹甲属 *Pseudorhaetus* Planet, 1899

（634）中华拟鹿锹甲 *Pseudorhaetus sinicus* (Boileau, 1899)

分布：广东、浙江、江西、福建、贵州。

255. 鹿锹甲属 *Rhaetulus* Westwood, 1871

（635）*Rhaetulus crenatus rubrifemoratus* Nagai, 2000

分布：广东、江西、湖南、福建、海南、广西、贵州。

256. 扁锹甲属 *Serrognathus* Motschulsky, 1861

（636）*Serrognathus cervulus* (Boileau, 1901)

分布：广东、广西、重庆、贵州、云南、西藏；越南，老挝，泰国。

（637）*Serrognathus crenulidens* (Fairmaire, 1895)

分布：广东、海南、广西；越南。

（638）北部湾扁锹甲 *Serrognathus tonkinensis* (Fairmaire, 1895)

分布：广东、广西、贵州；越南。

（639）*Serrognathus tanakai* (Nagai, 2002)

分布：广东、福建、贵州、云南。

（640）穗茎扁锹甲 *Serrognathus hirticornis* (Jakowlew, [1897])

分布：广东、浙江、江西、湖南、福建、广西、重庆、四川、贵州、云南。

（641）细颚扁锹甲 *Serrognathus gracilis* (Saunders, 1854)

分布：广东、江苏、安徽、浙江、湖北、江西、福建、广西、四川。

（642）锯颚扁锹甲 *Serrognathus titanus platymelus* (Saunders, 1854)

分布：广东、陕西、河南、江苏、安徽、浙江、湖北、江西、湖南、福建、广西、重庆、四川。

十六、绒毛金龟科 Glaphyridae Macleay, 1819

257. *Amphicoma* Latreille, 1807

（643）*Amphicoma regalis* (Arrow, 1938)

分布：广东、福建、广西。

十七、金龟科 Scarabaeidae Latreille, 1802

牧场金龟亚科 Aphodiinae Leach, 1815

258. *Alocoderus* Schmidt, 1913

（644）*Alocoderus elongatulus* (Faloricius, 1801)

分布：广东、陕西、台湾、香港、云南；印度，尼泊尔。

259. 蜉金龟属 *Aphodius* Hellwig, 1798

（645）丽色蜉金龟 *Aphodius* (*s. str.*) *calichromus* Balthasar, 1932

分布：广东、福建、广西、四川、云南。

（646）雅蜉金龟 *Aphodius* (*s. str.*) *eledgans* Allibert, 1847

分布：广东、内蒙古、山东、陕西、甘肃、青海、江苏、浙江、湖北、江西、福建、台湾、重庆、四川、贵州、云南、西藏；朝鲜。

（647）广东蜉金龟 *Aphodius guangdongensis* Maté, 2008

分布：广东、浙江、福建。

（648）*Aphodius* (*Loboparius*) *immarginatus immarginatus* Schmidt, 1907

分布：广东、福建、台湾、海南、广西、四川、贵州、云南；印度，尼泊尔。

260. *Gilletianus* Balthasar, 1933

（649）*Gilletianus reichei* (Harold, 1859)

分布：广东、福建、台湾、海南、广西、四川、贵州、云南；印度尼西亚。

261. *Loboparius* Schmidt, 1913

（650）*Loboparius globulus* (Harold, 1859)

分布：广东、福建、台湾、海南、香港、广西、四川、贵州、云南；日本。

262. *Paracrossidius* Balthasar, 1932

（651）*Paracrossidius impressiusculus* (Fairmaire, 1888)

分布：广东、内蒙古、北京、宁夏、四川、西藏；尼泊尔。

263. *Paradidactylia* Balthasar, 1937

（652）*Paradidactylia carinulata* (Motschulsky, 1864)

　　分布：广东、台湾。

264. *Pharaphodius* Reitter, 1892

（653）*Pharaphodius orientalis* Harold, 1862

　　分布：广东、台湾；日本，尼泊尔。

（654）*Pharaphodius putearius* (Reitter, 1895)

　　分布：广东、内蒙古、北京、天津、河北、山西、山东、河南、陕西、甘肃、宁夏、上海、江苏、安徽、浙江、湖北、江西、海南、福建、台湾、海南、广西、四川、贵州、云南。

（655）*Pharaphodius rugosostriatus* (Waterhouse, 1875)

　　分布：广东、黑龙江、吉林、辽宁、内蒙古、北京、天津、河北、山西、山东、上海、河南、陕西、宁夏、甘肃、江苏、安徽、浙江、湖北、湖南、江西、福建、台湾、海南、广西、四川、贵州、云南；俄罗斯，朝鲜，韩国，日本。

265. *Plagiogonus* Mulsant, 1842

（656）*Plagiogonus culminarius* (Reitter, 1900)

　　分布：广东、黑龙江、辽宁、北京、甘肃、新疆、浙江、西藏；蒙古国，俄罗斯，韩国。

266. *Pseudacrossus* Reitter, 1892

（657）*Pseudacrossus serrimargo* (Koshantschikov, 1913)

　　分布：广东、陕西。

267. *Teuchestes* Mulsant, 1842

（658）*Teuchestes analis* (Fabricius, 1787)

　　分布：广东、陕西、福建、香港、重庆、贵州、西藏；印度，尼泊尔。

（659）*Teuchestes brachysomus* (Solsky, 1874)

　　分布：广东、黑龙江、吉林、新疆、浙江、福建、四川、云南；俄罗斯，韩国，日本。

（660）*Teuchestes guangdong* Rakovič *et* Mencl, 2012

　　分布：广东。

（661）*Teuchestes sinofraternus* (Dellacasa *et* Johnson, 1983)

　　分布：广东、甘肃、新疆、浙江、江西、福建、广西、四川、贵州。

（662）*Teuchestes uenoi* Ochi, Kawahara *et* Kon, 2006

　　分布：广东、福建。

268. *Trichiorhyssemus* Clouët des Pesruches, 1901

（663）*Trichiorhyssemus yumikoae* Pittino *et* Kawai, 2007

　　分布：广东、福建、台湾；日本。

金龟亚科 Scarabaeinae Latreille, 1802

269. 洁蜣螂属 *Catharsius* Hope, 1837

（664）神农洁蜣螂 *Catharsius molossus* (Linnaeus, 1758)

　　分布：广东、北京、河北、河南、上海、浙江、福建、台湾、香港、四川、贵州、云南、新疆；越南，老挝，柬埔寨，泰国，印度，尼泊尔，斯里兰卡，巴基斯坦，阿富汗，印度尼西亚。

（665）猿洁蜣螂 *Catharsius pithecius* (Fabricius, 1775)

分布：广东、湖北、湖南、福建、台湾、海南、广西；印度，斯里兰卡，巴基斯坦。

270. 粪蜣螂属 *Copris* Geoffroy, 1762

（666）*Copris* (*s. str.*) *arrowi* Felsche, 1910

分布：广东、福建、海南、广西、云南；泰国。

（667）孔圣粪蜣螂 *Copris* (*s. str.*) *confucius* Harold, 1877

分布：广东、福建、香港、海南、广西、四川、贵州、云南；老挝，泰国，缅甸，印度。

（668）中华粪蜣螂 *Copris* (*s. str.*) *sinicus* Hope, 1842

分布：广东、上海、湖北、江西、福建、四川、云南；越南，泰国，缅甸，印度，印度尼西亚，孟加拉国。

（669）臭蜣螂 *Copris* (*Sinocopris*) *ochus* (Motschulsky, 1860)

分布：广东、黑龙江、吉林、辽宁、内蒙古、北京、天津、河北、山西、山东、河南、江苏、浙江、福建；蒙古国，俄罗斯，韩国，日本。

271. 异粪蜣螂属 *Paracopris* Balthasar, 1939

（670）叉异粪蜣螂 *Paracopris furciceps* (Felsche, 1910)

分布：广东、福建；老挝，印度，马来西亚。

（671）点异粪蜣螂 *Paracopris punctulatus* (Wiedemann, 1823)

分布：广东、福建、云南；老挝，缅甸，印度，马来西亚，印度尼西亚。

（672）戟异粪蜣螂 *Paracopris ramosiceps* (Gillet, 1921)

分布：广东、福建；缅甸，印度，马来西亚。

272. 联蜣螂属 *Synapsis* Bates, 1868

（673）戴氏联蜣螂 *Synapsis davidis* Fairmaire, 1878

分布：广东、山东、甘肃、上海、浙江、湖北、福建、四川、西藏。

273. 顶裸蜣螂属 *Garreta* Janssens, 1940

（674）*Garreta mundus* (Wiedemann, 1819)

分布：广东、海南、四川、云南；印度，尼泊尔，马来西亚。

274. 异裸蜣螂属 *Paragymnopleurus* Shipp, 1789

（675）弯裸蜣螂 *Paragymnopleurus sinuatus* (Olivier, 1789)

分布：广东、北京、江苏、安徽、上海、湖北、江西、湖南、福建、台湾、海南、四川、贵州、云南、西藏；韩国，越南，老挝，缅甸，印度，尼泊尔。

275. 利蜣螂属 *Liatongus* Reitter, 1892

（676）犬利蜣螂 *Liatongus vertagus* (Fabricius, 1798)

分布：广东、上海、福建、台湾、海南、香港、贵州、云南、西藏；越南，老挝，缅甸，印度。

276. 司蜣螂属 *Sinodrepanus* Simonis, 1985

（677）猫司蜣螂 *Sinodrepanus rex* (Boucomont, 1912)

分布：广东、北京、陕西、湖南、福建、海南、四川、贵州、云南；越南，老挝，泰国，印度。

（678）罗司蜣螂 *Sinodrepanus rosannae* Simonis, 1985

分布：广东、海南、福建。

277. 凹蜣螂属 *Onitis* Fabricius, 1798

（679）掘凹蜣螂 *Onitis excavatus* Arrow, 1931

分布：广东、江苏、上海、浙江、湖北、江西、湖南、福建、台湾、广西、四川、贵州、云南；越南，泰国，印度，缅甸。

（680）镰凹蜣螂 *Onitis falcatus* (Wulfen, 1786)

分布：广东、北京、河北、山东、河南、江苏、上海、浙江、湖北、江西、湖南、福建、台湾、海南、广西、四川、贵州、云南；越南，老挝，泰国，印度，缅甸，菲律宾，马来西亚，孟加拉国。

（681）友凹蜣螂 *Onitis philemon* Fabricius, 1801

分布：广东、福建、台湾、海南、广西；越南，老挝，印度，斯里兰卡。

（682）尖足凹蜣螂 *Onitis spinipes* (Drury, 1770)

分布：广东、海南、广西；越南，印度尼西亚。

（683）暗凹蜣螂 *Onitis subopacus* Arrow, 1931

分布：广东、海南、广西、云南；泰国，缅甸，印度，尼泊尔，斯里兰卡，马来西亚。

（684）亮凹蜣螂 *Onitis virens* Lansberge, 1875

分布：广东、海南、广西、云南；越南，老挝，泰国，缅甸，印度，斯里兰卡，孟加拉国。

278. 凯蜣螂属 *Caccobius* Thomson, 1863

（685）缠毛凯蜣螂指名亚种 *Caccobius* (*Caccophilus*) *tortus tortus* Sharp, 1875

分布：广东、云南；越南。

（686）喉凯蜣螂 *Caccobius* (*s. str.*) *gonoderus* (Fairmaire, 1888)

分布：广东、湖北、湖南、福建、台湾、四川、贵州；越南，老挝，印度。

279. 嗡蜣螂属 *Onthophagus* Latreille, 1875

（687）*Onthophagus* (*s. str.*) *hastifer* Lansberge, 1885

分布：广东、福建、台湾、海南、香港；缅甸，斯里兰卡。

（688）武截嗡蜣螂 *Onthophagus* (*Colobonthophagus*) *armatus* Blanchard, 1853

分布：广东、江西、福建、台湾、香港；印度，马来西亚。

（689）*Onthophagus* (*Colobonthophagus*) *lunatus* Harold, 1868

分布：广东、福建、台湾、海南、香港。

（690）*Onthophagus* (*Colobonthophagus*) *tragus* (Fabricius, 1792)

分布：广东、河北、山西、福建、台湾、四川、云南；韩国。

（691）*Onthophagus* (*Furconthophagus*) *dapcauensis* Boucomont, 1921

分布：广东、台湾、香港；越南。

（692）*Onthophagus* (*Gibbonthophagus*) *rectecornutus* Lansberge, 1883

    分布：广东、福建、台湾、贵州、云南；越南，老挝，印度，斯里兰卡。

（693）*Onthophagus* (*Palaeonthophagus*) *gibbulus* (Pallas, 1781)

    分布：广东、台湾、海南、香港、四川；老挝，印度。

（694）*Onthophagus* (*Paraphanaeomorphus*) *trituber* (Wiedemann, 1823)

    分布：广东、辽宁、上海、台湾、香港、云南；朝鲜，日本，越南，印度，新加坡，印度尼西亚。

（695）*Onthophagus* (*Parascatonomus*) *anguiarius* Boucomont, 1914

    分布：广东、福建、台湾、海南、香港；越南，老挝，印度。

（696）*Onthophagus* (*Parascatonomus*) *klapperichi* Balthasar, 1953

    分布：广东、福建、台湾、四川。

（697）*Onthophagus* (*Serrophorus*) *senex* Boucomont, 1914

    分布：广东、香港；越南，老挝，印度，缅甸。

（698）*Onthophagus* (*Serrophorus*) *seniculus* (Fabricius, 1781)

    分布：广东、台湾、海南、香港、云南；老挝，印度。

（699）东方嗡蜣螂 *Onthophagus orientalis* Harold, 1868

    分布：广东、福建、台湾、香港、广西、四川、贵州；越南，老挝，印度，斯里兰卡。

（700）中华嗡蜣螂 *Onthophagus sinicus* Hope, 1842

    分布：广东。

（701）三色嗡蜣螂 *Onthophagus tricolor* Boucomont, 1914

    分布：广东、福建；马来西亚，印度尼西亚。

280. 西蜣螂属 *Sisyphus* **Latreille, 1807**

（702）印度西蜣螂 *Sisyphus* (*s. str.*) *indicus* Hope, 1831

    分布：广东、香港、四川、西藏；缅甸，印度，尼泊尔，斯里兰卡。

鳃角金龟亚科 Melolonthinae Leach, 1819

281. *Apogonia* **Kirby, 1819**

（703）*Apogonia abbreviata* Kobayashi, 2019

    分布：广东、湖北、湖南、云南。

282. *Taiwanotrichia* **Kobayashi, 1990**

（704）*Taiwanotrichia sinocontinentalis* Keith, 2009

    分布：广东。

283. 雅鳃金龟属 *Dedalopterus* **Sahatinelli** *et* **Pontuale, 1998**

（705）南岭雅鳃金龟 *Dedalopterus fencli* Zidek *et* Krajcik, 2007

    分布：广东（乳源）。

284. 等鳃金龟属 *Exolontha* **Reitter, 1902**

（706）*Exolontha similis* Chang, 1965

    分布：广东。

（707）大等鳃金龟 *Exolontha serrulata* (Gyllenhal, 1817)

分布：广东、浙江、江西、湖南、福建、香港；印度。

285. 云鳃金龟属 *Polyphylla* Harris, 1841

（708）*Polyphylla* (*Grananoxia*) *annamensis* (Fleutiaux, 1887)

分布：广东、福建、海南、香港；印度。

（709）雷云鳃金龟 *Polyphylla* (*s. str.*) *nubecula* Frey, 1962

分布：广东、浙江、福建、广西。

286. 齿爪鳃金龟属 *Holotrichia* Hope, 1837

（710）*Holotrichia plumbea* Hope, 1845

分布：广东、浙江、台湾。

（711）*Holotrichia rufina* Moser, 1913

分布：广东。

（712）*Holotrichia tuberculata* Moser, 1908

分布：广东。

287. 脊鳃金龟属 *Miridiba* Ritter, 1902

（713）*Miridiba cribellatus* (Fairmaire, 1891)

分布：广东、浙江、台湾。

（714）挂脊鳃金龟 *Miridiba kuatunensis* Gao *et* Fang, 2018

分布：广东、浙江、湖南、福建、海南、广西。

（715）华脊鳃金龟 *Miridiba sinensis* (Hope, 1842)

分布：广东、山东、江苏、浙江、湖北、江西、湖南、福建、台湾、广西、四川、贵州。

288. 褐鳃金龟属 *Bunbunius* Nomura, 1970

（716）网褐鳃金龟 *Bunbunius reticulatus* (Murayama, 1941)

分布：广东、黑龙江、湖南、福建、广西、四川；韩国。

289. 索鳃金龟属 *Sophrops* Fairmaire, 1887

（717）*Sophrops acalcarium* Gu *et* Zhang, 1996

分布：广东。

（718）广东索鳃金龟 *Sophrops cantonensis* Petrovitz, 1969

分布：广东。

（719）*Sophrops subrugata* Moser, 1921

分布：广东。

290. 臂绢金龟属 *Gastroserica* Brenske, 1897

（720）梵净臂绢金龟 *Gastroserica fanjingensis* Ahrens, 2000

分布：广东（始兴）、广西、四川、贵州。

（721）广东臂绢金龟 *Gastroserica guangdongensis* Ahrens, 2000

分布：广东（乳源、始兴）、湖北、福建、广西、四川。

（722）*Gastroserica marginalis* (Brenske, 1894)

分布：广东（乳源、始兴）、山东、上海、浙江、湖北、江西、湖南、福建、海南、香港、广西、四川、贵州；越南，老挝。

291. 码绢金龟属 _Maladera_ Mulsant _et_ Rey, 1871

（723）棕色码绢金龟 _Maladera_ (_Cephaloserica_) _fusca_ (Frey, 1972)

分布：广东（韶关）、河南、江西、福建、台湾、广西。

（724）_Maladera_ (_Cephaloserica_) _ovatula_ (Fairmaire, 1891)

分布：广东、黑龙江、吉林、辽宁、内蒙古、河北、山西、山东、河南、江苏、安徽、浙江、福建、海南、四川、贵州；韩国。

（725）_Maladera_ (_Eumaladera_) _fencli_ Ahrens, Fabrizi _et_ Liu, 2021

分布：广东（连州、乳源）。

（726）广东码绢金龟 _Maladera_ (_Omaladera_) _guangdongana_ Ahrens, Fabrizi _et_ Liu, 2021

分布：广东（乳源、连州）。

（727）木色码绢金龟 _Maladera_ (_Omaladera_) _lignicolor_ (Fairmaire, 1887)

分布：广东、辽宁、浙江、湖北、江西、湖南、福建、四川、贵州。

（728）香港码绢金龟 _Maladera_ (_Omaladera_) _hongkongica_ (Brenske, 1898)

分布：广东（鼎湖、广州）、香港、云南；越南，泰国。

（729）东方码绢金龟 _Maladera_ (_Omaladera_) _orientalis_ (Motschulsky, 1858)

分布：广东、吉林、辽宁、内蒙古、北京、河北、山西、山东、宁夏、甘肃、江苏、上海、安徽、浙江、湖北、湖南、福建、台湾、海南；俄罗斯，韩国，日本。

（730）阔胫码绢金龟 _Maladera_ (_Omaladera_) _verticalis_ (Fairmaire, 1888)

分布：广东（连州）、内蒙古、北京、天津、陕西、甘肃、江苏、安徽、浙江、湖南、福建、四川；俄罗斯，韩国。

（731）_Maladera constellata_ Ahrens, Fabrizi _et_ Liu, 2021

分布：广东（连州）。

（732）大安码绢金龟 _Maladera daanensis_ Ahrens, Fabrizi _et_ Liu, 2021

分布：广东（鼎湖）、江西、福建、广西、四川。

（733）大东山码绢金龟 _Maladera dadongshanica_ Ahrens, Fabrizi _et_ Liu, 2021

分布：广东（连州）、浙江。

（734）_Maladera detersa_ (Erichson, 1834)

分布：广东（鼎湖）；越南。

（735）多样码绢金龟 _Maladera diversipes_ Moser, 1915

分布：广东、浙江、江西、福建。

（736）_Maladera drescheri_ (Moser, 1913)

分布：广东（鼎湖）、云南；老挝，印度尼西亚。

（737）_Maladera filigraniforceps_ Ahrens, Fabrizi _et_ Liu, 2021

分布：广东（封开）、湖北、福建、四川；越南，老挝。

（738）_Maladera futschauana_ (Brenske, 1897)

分布：广东（仁化）、浙江、湖北、福建、广西、四川、贵州、云南；越南，老挝，泰国，柬埔寨，缅甸。

（739）*Maladera gibbiventris* (Brenske, 1897)

分布：广东（封开）、陕西、浙江、湖北、江西、湖南、福建、贵州；韩国。

（740）湖南码绢金龟 *Maladera hunanensis* Ahrens, Fabrizi *et* Liu, 2021

分布：广东（乳源）、湖南、广西。

（741）*Maladera hunuguensis* Ahrens, Fabrizi *et* Liu, 2021

分布：广东（乳源、连州）、湖南。

（742）连县码绢金龟 *Maladera lianxianensis* Ahrens, Fabrizi *et* Liu, 2021

分布：广东（连州）、贵州。

（743）勒伟码绢金龟 *Maladera levis* (Frey, 1972)

分布：广东（乳源）、湖南、福建。

（744）辽城码绢金龟 *Maladera liaochengensis* Ahrens, Fabrizi *et* Liu, 2021

分布：广东（博罗）、内蒙古、天津、河北。

（745）南岭码绢金龟 *Maladera nanlingensis* Ahrens, Fabrizi *et* Liu, 2021

分布：广东（乳源）。

（746）*Maladera paranitens* Ahrens, Fabrizi *et* Liu, 2021

分布：广东（乳源）、云南。

（747）*Maladera saitoi* (Niijima *et* Kinoshita, 1927)

分布：广东（博罗）、福建、台湾、海南、广西、云南；越南，老挝。

（748）刺猬码绢金龟 *Maladera senta* (Brenske, 1897)

分布：广东（博罗）、上海、福建、云南、台湾；老挝，泰国。

（749）*Maladera stridula* (Brenske, 1897)

分布：广东（鼎湖）、北京、山东、海南、香港、广西、四川、云南、台湾；越南。

（750）台湾码绢金龟 *Maladera taiwana* Nomura, 1974

分布：广东（博罗）、福建、台湾、广西、云南；越南，老挝，泰国。

（751）*Maladera tibialis* (Brenske, 1898)

分布：广东（广州）、湖南、福建；越南，老挝，泰国，柬埔寨，马来西亚。

（752）武平码绢金龟 *Maladera wupingensis* Ahrens, Fabrizi *et* Liu, 2021

分布：广东（连州）、湖南、福建。

292. 新绢金龟属 *Neoserica* **Brenske, 1894**

（753）暗腹新绢金龟 *Neoserica obscura* (Blanchard, 1850)

分布：广东（连州、博罗）、福建、广西。

（754）帕氏新绢金龟 *Neoserica* (*s. str.*) *pachecoae* Ahrens, 2020

分布：广东（连州）。

丽金龟亚科 Rutelinae MacLeay, 1819

293. 喙丽金龟属 *Adoretus* **Dejean, 1833**

（755）隆背喙丽金龟 *Adoretus (s. str.) convexus* Burmeister, 1855

分布：广东、海南、香港、广西；越南。

（756）小毛喙丽金龟 *Adoretus (s. str.) tonkinensis* (Ohaus, 1914)

分布：广东、福建、海南、贵州、云南；越南。

（757）筛突喙丽金龟 *Adoretus (Chaetadoretus) cribratus* White, 1844

分布：广东、湖南、福建、海南、四川、云南、香港；泰国，新加坡。

（758）短毛喙丽金龟 *Adoretus (Chaetadoretus) polyacanthus* Ohaus, 1914

分布：广东、福建、海南、台湾；印度。

（759）芒毛喙丽金龟 *Adoretus (Lepadoretus) maniculus* Ohaus, 1914

分布：广东、福建、广西、海南、贵州；印度。

（760）中华喙丽金龟 *Adoretus (Lepadoretus) sinicus* Burmeister, 1855

分布：广东、陕西、江苏、浙江、湖北、福建、台湾、海南、香港；韩国，朝鲜，日本，越南，柬埔寨，泰国，印度，新加坡，印度尼西亚，美国。

（761）毛斑喙丽金龟 *Adoretus (Lepadoretus) tenuimaculatus* Waterhouse, 1875

分布：广东、辽宁、陕西、福建、台湾、贵州；韩国，俄罗斯，朝鲜，日本。

294. 长丽金龟属 *Adoretosoma* Macleay, 1819

（762）黑附长丽金龟 *Adoretosoma atritarse atritarse* (Fairmaire, 1891)

分布：广东、江苏、浙江、湖北、江西、湖南、福建、四川、贵州、云南、西藏。

（763）中华长丽金龟 *Adoretosoma chinense chinense* (Redtenbacher, 1868)

分布：广东、香港；越南。

（764）小蓝长丽金龟 *Adoretosoma chromaticum chromaticum* (Fairmaire, 1886)

分布：广东、贵州、云南。

（765）纵带长丽金龟 *Adoretosoma elegans* Blanchard, 1851

分布：广东、山西、江苏、浙江、湖北、江西、湖南、福建、广西、四川、贵州、云南、香港；越南。

（766）黄背长丽金龟 *Adoretosoma fairmairei* (Arrow, 1899)

分布：广东、香港；越南。

295. 异丽金龟属 *Anomala* Samouelle, 1819

（767）尖刺异丽金龟 *Anomala acusigera* Lin, 2002

分布：广东（四会、花都）、福建。

（768）尖胸异丽金龟 *Anomala acutangula* Ohaus, 1914

分布：广东；越南。

（769）*Anomala amychodes* Ohaus, 1914

分布：广东、陕西、湖北、江西、湖南、福建、海南、广西、四川、贵州、云南、新疆；越南，柬埔寨。

（770）角唇异丽金龟 *Anomala anguliceps* Arrow, 1917

分布：广东、浙江、福建、广西、四川、贵州、云南。

（771）古黑异丽金龟 *Anomala antiqua* (Gyllenhal, 1817)

分布：广东、河北、江西、湖南、福建、海南、广西、四川、贵州、云南；越南，老挝，尼泊尔，澳大利亚。

（772）绿脊异丽金龟 *Anomala aulax* (Wiedemann, 1823)

分布：广东、安徽、浙江、湖北、江西、湖南、福建、台湾、海南、香港、广西、四川、贵州、云南、新疆；韩国，俄罗斯，朝鲜，越南。

（773）南绿异丽金龟 *Anomala australis* Lin, 2002

分布：广东（连山、翁源）、湖南、福建、海南、广西。

（774）*Anomala badia* Ohaus, 1925

分布：广东、福建、台湾。

（775）月斑异丽金龟 *Anomala bilunata* Fairmaire, 1889

分布：广东、福建、海南、广西、四川、贵州、云南；越南，不丹，尼泊尔，印度。

（776）短毛异丽金龟 *Anomala brevihirta* Lin, 1996

分布：广东（连州）。

（777）腹脊异丽金龟 *Anomala cariniventris* Lin, 2002

分布：广东（深圳）、海南。

（778）*Anomala controversa* Hope, 1843

分布：广东。

（779）*Anomala corneola* Lin, 2002

分布：广东、浙江、福建、广西、四川、贵州、云南；泰国。

（780）筛翅异丽金龟 *Anomala corrugata* Bates, 1866

分布：广东、福建、台湾。

（781）毛边异丽金龟 *Anomala coxalis* Bates, 1891

分布：广东、山西、陕西、江苏、上海、安徽、浙江、湖北、江西、湖南、福建、台湾、海南、广西、四川、贵州、云南；越南。

（782）墨绿异丽金龟 *Anomala cypriogastra* Ohaus, 1938

分布：广东、湖北、江西、湖南、福建、台湾、海南、广西、四川、贵州。

（783）阳齿异丽金龟 *Anomala dentifera* Lin, 2002

分布：广东、安徽、福建、海南、广西、四川、贵州、云南。

（784）棕褐异丽金龟 *Anomala edentula edentula* Ohaus, 1925

分布：广东、浙江、台湾、海南、香港；日本，越南。

（785）毛绿异丽金龟 *Anomala graminea* Ohaus, 1905

分布：广东（连平）、湖南、福建、广西；越南。

（786）等毛异丽金龟 *Anomala hirsutoides* Lin, 1996

分布：广东、安徽、浙江、江西、福建。

（787）*Anomala holosericioides* Niijima *et* Kinoshita, 1927

分布：广东、福建、台湾、广西。

（788）彤脚异丽金龟 *Anomala ignipes* Lin, 1996

  分布：广东（深圳）、福建、海南、广西。

（789）紫背异丽金龟 *Anomala imperialis* Arrow, 1899

  分布：广东、福建、湖南、云南；越南。

（790）短边异丽金龟 *Anomala interrupta* Lin, 2002

  分布：广东（连州）、福建。

（791）挂墩异丽金龟 *Anomala kuatuna* (Machatschke, 1955)

  分布：广东、福建、广西。

（792）漆绿异丽金龟 *Anomala laccata* Zhang *et* Lin, 2008

  分布：广东（连山）、云南。

（793）圆脊异丽金龟 *Anomala laevisulcata* Fairmaire, 1888

  分布：广东、安徽、浙江、江西、湖南、福建、海南、广西、四川、贵州、云南；越南，老挝。

（794）长距异丽金龟 *Anomala longicarcarata* Lin, 2002

  分布：广东（连州、连平、乳源）、江西、福建。

（795）素腹异丽金龟 *Anomala millestriga asticta* Lin, 2002

  分布：广东、河南、湖北、湖南、福建。

（796）方斑异丽金龟 *Anomala nervulata* Paulian, 1959

  分布：广东、福建、海南、广西；越南。

（797）黑跗异丽金龟 *Anomala nigripes* Nonfried, 1892

  分布：广东、福建、广西、云南。

（798）斜沟异丽金龟 *Anomala obliquisulcata* Lin, 2002

  分布：广东、山东、浙江、湖北、江西、湖南、福建、海南、广西、贵州。

（799）草绿异丽金龟 *Anomala perplexa* (Hope, 1834)

  分布：广东、福建、香港、西藏；印度，尼泊尔，不丹。

（800）*Anomala porrecta* Zorn, 2011

  分布：广东、香港。

（801）拟彩异丽金龟 *Anomala praecoxalis* Ohaus, 1914

  分布：广东、湖南、福建、广西、贵州、云南；越南。

（802）红脚异丽金龟 *Anomala rubripes rubripes* Lin, 1996

  分布：广东、安徽、浙江、湖北、江西、湖南、福建、海南、广西、贵州、云南。

（803）皱唇异丽金龟 *Anomala rugiclypea* Lin, 1989

  分布：广东、山西、陕西、湖北、江西、湖南、福建、海南、广西、四川、云南。

（804）褐腹异丽金龟 *Anomala russiventris* Fairmaire, 1893

  分布：广东、福建、广西、贵州、云南；越南，柬埔寨。

（805）蓝盾异丽金龟 *Anomala semicastanea* Fairmaire, 1888

  分布：广东、山西、陕西、江苏、上海、安徽、浙江、江西、湖南、福建、香港、广西；

越南。

（806）双斑异丽金龟 *Anomala semiovalis* Lin, 2002

分布：广东（始兴）、福建。

（807）丝光异丽金龟 *Anomala sericipennis* Lin, 2002

分布：广东、湖南、福建。

（808）突唇异丽金龟 *Anomala siamensis* (Nonfried, 1891)

分布：广东、福建、云南；越南。

（809）中华异丽金龟 *Anomala sinica* Arrow, 1915

分布：广东、福建、海南、香港。

（810）斑翅异丽金龟 *Anomala spiloptera* Burmeister, 1855

分布：广东、江苏、浙江、湖北、江西、湖南、福建、海南、广西、四川、贵州、云南；韩国，越南，印度，不丹。

（811）圆脊异丽金龟 *Anomala straminea* Semenov, 1891

分布：广东、河北、山西、陕西、甘肃、安徽、浙江、湖北、江西、湖南、福建、海南、广西、四川、贵州。

（812）弯斑异丽金龟 *Anomala sublunalis* Lin, 2002

分布：广东、福建、海南、云南。

（813）弱脊异丽金龟 *Anomala sulcipennis* (Faldermann, 1835)

分布：广东、河北、河南、陕西、江苏、浙江、湖北、江西、湖南、福建、香港、广西、四川、贵州。

（814）异色异丽金龟 *Anomala varicolor* (Gyllenhal, 1817)

分布：广东、广西、福建、台湾、海南、四川、贵州、云南、新疆；越南，印度，尼泊尔，不丹，斯里兰卡，孟加拉国。

（815）大绿异丽金龟 *Anomala virens* Lin, 1996

分布：广东、山西、山东、河南、浙江、湖北、江西、湖南、福建、海南、广西、四川、贵州、云南。

（816）脊纹异丽金龟 *Anomala viridicostata* Nonfried, 1892

分布：广东、安徽、浙江、湖北、江西、湖南、福建、广西、四川、贵州、云南。

（817）毛额异丽金龟 *Anomala vitalisi* Ohaus, 1914

分布：广东、江西、福建、四川、贵州；越南。

296. 矛丽金龟属 *Callistethus* Blanchard, 1851

（818）蓝边矛丽金龟 *Callistethus plagiicollis plagiicollis* (Fairmaire, 1886)

分布：广东、辽宁、北京、河北、山西、河南、陕西、江苏、安徽、浙江、湖北、江西、湖南、福建、广西、四川、贵州、云南、新疆；韩国，俄罗斯，朝鲜，越南。

297. 黑丽金龟属 *Melanopopillia* Lin, 1980

（819）鼎湖黑丽金龟 *Melanopopillia dinghuensis* Lin, 1980

分布：广东（鼎湖）。

298. 彩丽金龟属 *Mimela* **Kirby, 1823**

（820）中华彩丽金龟 *Mimela chinensis* Kirby, 1823

分布：广东、浙江、江西、湖南、福建、海南、广西、四川、贵州、云南；越南。

（821）拱背彩丽金龟 *Mimela confucius confucius* Hope, 1836

分布：广东、河北、山西、陕西、安徽、浙江、湖北、江西、湖南、福建、海南、广西、四川、贵州、云南；越南。

（822）弯股彩丽金龟 *Mimela excisipes* Reitter, 1903

分布：广东、山西、山东、河南、江苏、安徽、浙江、湖北、江西、湖南、福建、台湾、四川。

（823）棕腹彩丽金龟 *Mimela fusciventris* Lin, 1990

分布：广东、福建。

（824）黄边彩丽金龟 *Mimela hauseri* Ohaus, 1944

分布：广东、湖南、广西、四川、贵州、云南。

（825）云翅彩丽金龟 *Mimela nubeculata* Lin, 1990

分布：广东、海南。

（826）老绿彩丽金龟 *Mimela opalina* Ohaus, 1902

分布：广东、福建、广西、四川、云南；越南。

（827）乳源彩丽金龟 *Mimela ruyuanensis* Lin, 1990

分布：广东（乳源）。

（828）浅草彩丽金龟 *Mimela seminigra* Ohaus, 1908

分布：广东、江西、湖南、福建、海南、广西、云南；越南。

（829）绢背彩丽金龟 *Mimela sericicollis* Ohaus, 1944

分布：广东、江西、湖南、福建、广西。

（830）背沟彩丽金龟 *Mimela specularis* Ohaus, 1902

分布：广东、山西、陕西、福建、海南、广西、四川、贵州；越南。

（831）墨绿彩丽金龟 *Mimela splendens* (Gyllenhal, 1817)

分布：广东、黑龙江、吉林、辽宁、北京、河北、山西、山东、安徽、浙江、湖北、江西、湖南、福建、台湾、广西、四川、贵州、云南；朝鲜，韩国，日本，越南，缅甸。

（832）眼斑彩丽金龟 *Mimela sulcatula* Ohaus, 1915

分布：广东、江西、湖南、福建、海南、广西、贵州。

（833）*Mimela xanthorrhoea* Ohaus, 1902

分布：广东、广西；越南。

299. 短丽金龟属 *Pseudosinghala* **Helleer, 1891**

（834）*Pseudosinghala dalmanni* (Gyllenhal, 1817)

分布：广东、北京、河北、上海、福建、香港、江西、广西、贵州；越南。

（835）横带短丽金龟 *Pseudosinghala transversa* (Burmeister, 1855)

分布：广东、湖北、福建、四川、贵州、云南、西藏；越南，印度。

300. 弧丽金龟属 *Popillia* **Dejean, 1821**

（836）*Popillia dilutipennis* Fairmaire, 1889

分布：广东、安徽、浙江、福建、台湾、香港、广西、云南；韩国。

（837）闽褐弧丽金龟 *Popillia fukiensis* Machatschke, 1955

分布：广东、浙江、江西、福建、广西、贵州。

（838）弱斑弧丽金色 *Popillia histeroidea* (Gyllenhal, 1817)

分布：广东、安徽、浙江、湖北、江西、湖南、福建、海南、广西、四川、贵州、云南；越南，缅甸。

（839）蒙边弧丽金龟 *Popillia mongolica* Arrow, 1913

分布：广东、江苏、江西、福建、台湾、香港、山东、广西、贵州、云南；越南，老挝。

（840）棉花弧丽金龟 *Popillia mutans* Newman, 1838

分布：广东、吉林、辽宁、内蒙古、北京、河北、山西、山东、陕西、江苏、宁夏、甘肃、安徽、浙江、河南、江西、湖北、湖南、福建、台湾、海南、广西、四川、贵州、云南；韩国，俄罗斯，朝鲜，越南，菲律宾。

（841）蒲氏弧丽金龟 *Popillia pui* Lin, 1988

分布：广东（肇庆）。

（842）曲带弧丽金龟 *Popillia pustulata* Fairmaire, 1887

分布：广东、山西、江苏、安徽、浙江、山东、湖北、江西、湖南、福建、广西、四川、贵州、云南。

（843）中华弧丽金龟 *Popillia quadriguttata* (Fabricius, 1787)

分布：广东、黑龙江、吉林、辽宁、内蒙古、北京、河北、山西、山东、河南、陕西、宁夏、甘肃、青海、江苏、上海、安徽、浙江、湖北、江西、湖南、福建、台湾、广西、四川、贵州、云南；韩国，朝鲜，俄罗斯。

301. 斑丽金龟属 *Spilopopillia* **Kraatz, 1892**

（844）短带斑丽金龟 *Spilopopillia sexmaculata* (Kraatz, 1892)

分布：广东（五华）、湖北、湖南、福建、香港、广西、四川；越南。

302. 牙丽金龟属 *Kibakoganea* **Nagai, 1984**

（845）中华牙丽金龟 *Kibakoganea sinica* Bouchard, 2005

分布：广东、海南、广西。

犀金龟亚科 Dynastinae MacLeay, 1819

303. 叉犀金龟属 *Allomyrina* **Arrow, 1911**

（846）双叉犀金龟 *Allomyrina dichotoma dichotoma* (Linnaeus, 1771)

分布：广东、吉林、甘肃、河北、山西、山东、河南、陕西、上海、江苏、安徽、浙江、湖北、江西、湖南、福建、台湾、海南、香港、广西、四川、贵州、云南。

304. 木犀金龟属 *Xylotrupes* **Hope, 1837**

（847）橡胶木犀金龟 *Xylotrupes gideon* (Linnaeus, 1767)

分布：广东、吉林、福建、台湾、海南、广西、云南、西藏。

305. 凹犀金龟属 *Blabephorus* **Fairmaire, 1898**

（848）肥凹犀金龟 *Blabephorus pinguis* Fairmaire, 1898

分布：广东、台湾、海南、云南；马来西亚。

306. 蛀犀金龟属 *Oryctes* **Illiger, 1798**

（849）椰蛀犀金龟 *Oryctes rhinoceros* (Linnaeus, 1758)

分布：广东、海南、广西、云南。

307. 瘤犀金龟属 *Trichogomphus* **Burmeister, 1847**

（850）蒙瘤犀金龟 *Trichogomphus mongol* Arrow, 1908

分布：广东、内蒙古、浙江、江西、湖南、福建、台湾、海南、广西、四川、贵州、云南。

308. 蔗犀金龟属 *Alissonotum* **Arrow, 1908**

（851）*Alissonotum cribratellum* Fairmaire, 1893

分布：广东、福建、台湾、广西、贵州；缅甸。

（852）突背蔗犀金龟 *Alissonotum impressicolle* Arrow, 1908

分布：广东、福建、台湾、广西、贵州。

（853）光背蔗犀金龟 *Alissonotum pauper* (Burmeister, 1847)

分布：广东、福建、台湾、广西。

（854）*Alissonotum yamayai* Drumont, 2013

分布：广东、广西、云南；越南。

309. 晓扁犀金龟属 *Eophileurus* **Arrow, 1908**

（855）中华晓扁犀金龟 *Eophileurus* (*s. str.*) *chinensis* (Faldermann, 1835)

分布：广东、北京、河北、山西、山东、河南、上海、江苏、安徽、浙江、湖北、江西、湖南、福建、台湾、海南、香港、四川、云南。

花金龟亚科 Cetoniinae Leach, 1815

310. 青花金龟属 *Gametis* **Burmeister, 1842**

（856）斑青花金龟 *Gametis bealiae* (Gory *et* Percheron, 1833)

分布：广东、河北、浙江、福建。

（857）小青花金龟 *Gametis jucunda* (Faldermann, 1835)

分布：广东、黑龙江、吉林、辽宁、内蒙古、北京、天津、河北、山西、山东、河南、陕西、甘肃、宁夏、青海、新疆、江苏、上海、安徽、浙江、湖北、江西、湖南、台湾、海南、香港、澳门、广西、重庆、四川、贵州、云南、西藏。

311. 星花金龟属 *Protaetia* **Burmeister, 1842**

（858）*Protaetia* (*Pachyprotaetia*) *ventralis* (Fairmaire, 1893)

分布：广东、海南、广西、云南。

（859）东方星花金龟指名亚种 *Protaetia* (*Calopotosia*) *orientalis orientalis* (Gory *et* Percheron, 1833)

分布：广东（广州、乐昌、湛江）、北京、河北、山东、陕西、江苏、上海、安徽、浙江、湖北、江西、湖南、福建、台湾、海南、香港、广西、重庆、四川、贵州、云南；朝鲜，日本，尼泊尔。

（860）纺星花金龟 *Protaetia (Heteroprotaetia) fusca* (Herbst, 1796)

分布：广东（开平）、江西、福建、台湾、海南、香港、广西、贵州、云南；越南，老挝，菲律宾，新加坡，马来西亚，印度尼西亚，澳大利亚，毛里求斯。

（861）多孔星花金龟 *Protaetia (Liocola) speculifera* (Swartz, 1817)

分布：广东、河南、湖南；越南。

312. 跗花金龟属 *Clinterocera* Motschalsky, 1857

（862）黑斑跗花金龟 *Clinterocera davidis* (Fairmaire,1878)

分布：广东、浙江、江西、湖南、福建、广西。

（863）大斑跗花金龟 *Clinterocera discipennis* Fairmaire, 1889

分布：广东、江西、福建、广西、云南。

313. 小花金龟属 *Cymophorus* Kirby, 1827

（864）双斑小花金龟 *Cymophorus pulchellus* Arrow, 1910

分布：广东、甘肃、海南、广西、云南。

314. 臀花金龟属 *Campsiura* Hope, 1831

（865）赭翅臀花金龟 *Campsiura (s. str.) mirabilis* (Faldermann, 1835)

分布：广东、辽宁、北京、河北、陕西、甘肃、湖北、四川、贵州、云南。

315. 鳞花金龟属 *Cosmiomorpha* Saunders, 1852

（866）沥斑鳞花金龟 *Cosmiomorpha (s. str.) decliva* Janson, 1890

分布：广东、河北、山西、陕西、甘肃、上海、浙江、湖北、江西、湖南、福建、广西、重庆、四川、云南。

（867）纯毛鳞花金龟指名亚种 *Cosmiomorpha (Microcosmiomorpha) setulosa setulosa* Westwood, 1854

分布：广东、江西、福建、香港、四川、贵州、云南。

（868）纯毛鳞花金龟光背亚种 *Cosmiomorpha (Microcosmiomorpha) setulosa cribellata* Fairmaire, 1893

分布：广东、福建、海南、广西、四川、贵州、云南。

316. 罗花金龟属 *Rhomborhina* Hope, 1837

（869）细纹罗花金龟 *Rhomborhina (s. str.) mellyi mellyi* (Gory *et* Percheron, 1833)

分布：广东、云南、西藏；印度，尼泊尔。

317. 阔花金龟属 *Torynorrhina* Arrow, 1907

（870）黄花阔花金龟 *Torynorrhina fulvopilosa* (Moser, 1911)

分布：广东、陕西、安徽、浙江、江西、湖南、福建、广西、四川、贵州。

（871）靛蓝阔花金龟 *Torynorrhina hyacinthina* (Hope, 1841)

分布：广东、广西、云南。

318. 鹿花金龟属 *Dicronocephalus* Hope, 1831

（872）黄粉鹿花金龟 *Dicronocephalus wallichii wallichii* Hope, 1831

分布：广东、云南、西藏；印度，尼泊尔，不丹。

319. 头花金龟属 *Philistina* Macleay, 1838

（873）*Philistina (Cephalocosmus) microphylla* Wood–Mason, 1881

分布：广东、福建、四川、云南。

320. 奇花金龟属 _Agestrata_ Eschseholtz, 1829

（874）绿奇花金龟 _Agestrata orichalca_ (Linnaeus, 1769)

分布：广东、海南、广西、香港；印度。

321. 异花金龟属 _Thaumastopeus_ Kraatz, 1885

（875）暗蓝异花金龟 _Thaumastopeus nigritus_ (Frolich, 1792)

分布：广东、海南、广西、云南。

322. 拟蜂花金龟属 _Bombodes_ westwood, 1848

（876）莽山拟蜂花金龟 _Bombodes mangshanensis_ (Ma, 1992)

分布：广东（乳源）、湖南。

323. 丽花金龟属 _Euselates_ Thomson, 1880

（877）黄盾丽花金龟 _Euselates (s. str.) magna_ Thomson, 1880

分布：广东（开平）、海南、香港、广西、云南；越南，泰国。

（878）三带丽花金龟 _Euselates (s. str.) ornata_ (Saunders, 1852)

分布：广东（鼎湖）、浙江、福建、海南、广西、云南；越南。

（879）四带丽花金龟 _Euselates (s. str.) quadrilineata_ (Hope, 1831)

分布：广东、江西、广西、云南、西藏。

（880）宽带丽花金龟短带亚种 _Euselates (s. str.) tonkinensis trivittata_ Kriesche, 1921

分布：广东、福建、海南。

324. 翼花金龟属 _Ixorida_ Thomson, 1880

（881）一带翼花金龟 _Ixorida (s. str.) mouhotii_ (Wallace, 1867)

分布：广东、海南、广西、云南；越南，泰国。

325. 缝花金龟属 _Meroloba_ Thomson, 1880

（882）黑带缝花金龟 _Meroloba suturalis_ (Snellen van Vollenhoven, 1858)

分布：广东、海南、广西、贵州、云南。

326. 带花金龟属 _Taeniodera_ Burmeister, 1842

（883）群斑带花金龟 _Taeniodera coomani coomani_ (Bourgoin, 1926)

分布：广东、江西、福建、海南、云南；越南。

（884）黑斑带花金龟指名亚种 _Taeniodera nigricollis nigricollis_ (Janson, 1881)

分布：广东。

327. 扁弯腿金龟属 _Dasyvalgoides_ Endrödi, 1952

（885）锯齿扁弯腿金龟 _Dasyvalgoides denticulatus_ Endrödi, 1952

分布：广东（乳源、始兴）、福建。

328. 毛弯腿金龟属 _Dasyvalgus_ Kolbe, 1904

（886）台湾毛弯腿金龟 _Dasyvalgus formosanus_ Moser, 1915

分布：广东（广州、始兴）、浙江、江西、福建、海南、广西、云南。

（887）红翅毛弯腿金龟 _Dasyvalgus rufipes_ Ricchiardi, 2015

分布：广东（始兴）、湖南、海南、云南；老挝。

329. 长斑金龟属 *Epitrichius* Tagawa, 1941

（888）*Epitrichius bowringi* (Thomson, 1857)

分布：广东、上海、湖南、海南。

330. 筒蜉金龟属 *Saprosites* Redtenbacher, 1858

（889）日本筒蜉金龟 *Saprosites japonicus* Waterhouse, 1875

分布：广东、吉林、辽宁、台湾、四川、云南；韩国，日本，印度，尼泊尔，俄罗斯。

臂金龟亚科 Euchirinae Hope, 1840

331. 彩臂金龟属 *Cheirotonus* Hope, 1841

（890）阳彩臂金龟 *Cheirotonus jansoni* (Jordan, 1898)

分布：广东（连南、乳源、始兴）、江苏、浙江、江西、湖南、福建、海南、广西、四川、贵州；越南。

十八、花甲科 Dascillidae Guérin–Méneville, 1843

332. 花甲属 *Dascillus* Latreliie, 1797

（891）齐花甲 *Dascillus congruus* Pascoe, 1860

分布：广东、安徽、浙江、江西、湖南、福建、台湾。

十九、吉丁科 Buprestidae Leach, 1815

333. 金吉丁属 *Chrysochroa* Dejean, 1833

（892）紫斑金吉丁 *Chrysochroa* (*s. str.*) *buqueti* (Gory, 1833)

分布：广东、福建、广西、云南；越南，老挝，泰国，印度，尼泊尔，印度尼西亚。

（893）桃金吉丁指名亚种 *Chrysochroa* (*s. str.*) *fulgidissima fulgidissima* (Schönherr, 1817)

分布：广东、江西、湖南、福建、台湾、广西；朝鲜，日本，老挝。

334. 松吉丁属 *Chalcophora* Dejean, 1833

（894）日本松吉丁中国亚种 *Chalcophora japonica chinensis* Schaufuss, 1879

分布：广东、河南、安徽、江苏、浙江、湖北、江西、湖南、福建、广西、香港、四川。

（895）日本松吉丁米氏亚种 *Chalcophora japonica miwai* Kurosawa, 1974

分布：广东、台湾、海南；日本。

（896）云南松吉丁隆氏亚种 *Chalcophora yunnana nonfriedi* Obenberger, 1935

分布：广东、河南、陕西、福建、湖北、江西、湖南、广西、四川、贵州。

335. 斑吉丁属 *Lamprodila* Motschulsky, 1860

（897）长条斑吉丁 *Lamprodila* (*Palmar*) *elongata* (Kerremans, 1895)

分布：广东、陕西、江西、湖南、福建、四川、贵州、云南。

（898）金紫斑吉丁 *Lamprodila* (*Palmar*) *refulgens* (Obenberger, 1924)

分布：广东、江西、湖南；越南。

336. 娄吉丁属 *Belionota* Eschscholtz, 1829

（899）迹斑娄吉丁 *Belionota* (*s. str.*) *prasina* Thunberg, 1789

分布：广东、福建、台湾、云南；非洲，大洋洲，南美洲。

337. 花纹吉丁属 *Anthaxia* Eschscholtz, 1829

（900）梭型花纹吉丁 *Anthaxia (Haplanthaxia) decima* Bílý, 2015

    分布：广东。

338. 星吉丁属 *Chrysobothris* Eschscholtz, 1829

（901）萨氏星吉丁 *Chrysobothris (s. str.) sauteri* Kerremans, 1912

    分布：广东、台湾。

339. 纹吉丁属 *Coraebus* Gory *et* Laporte, 1839

（902）拟窄纹吉丁 *Coraebus acutus* Thomson, 1879

    分布：广东、陕西、河南、甘肃、上海、安徽、湖北、江西、湖南、福建、广西、四川、贵州。

（903）双斑纹吉丁 *Coraebus bimaculatus* Wei, Xu *et* Shi, 2022

    分布：广东（乳源）、湖南、广西。

（904）蓝色纹吉丁 *Coraebus cavifrons* Descarpentries *et* Villiers, 1967

    分布：广东、浙江、福建、海南、四川；越南。

（905）铜胸纹吉丁 *Coraebus cloueti* Théry, 1895

    分布：广东、甘肃、山西、陕西、山东、宁夏、上海、安徽、浙江、江西、湖南、福建、台湾、广西、四川、云南；日本，越南，老挝，泰国。

（906）紫翅纹吉丁指名亚种 *Coraebus ignotus ignotus* Saunders, 1873

    分布：广东、台湾；日本。

（907）蓝黑纹吉丁 *Coraebus klapaleki* Obenberger, 1924

    分布：广东、江西、湖南、海南、广西、四川、贵州。

（908）佩罗纹吉丁 *Coraebus perroti* Descarpentries, 1948

    分布：广东；越南。

（909）短褐纹吉丁 *Coraebus salvazai* Bourgoin, 1922

    分布：广东、江西、福建、贵州。

（910）黄胸圆纹吉丁 *Coraebus sauteri* Kerremans, 1912

    分布：广东、山西、河南、陕西、甘肃、浙江、安徽、湖北、江西、湖南、福建、台湾、广西、重庆、四川、贵州、云南、西藏；印度，尼泊尔。

（911）杂斑纹吉丁 *Coraebus vuilletae* Bourgoin, 1925

    分布：广东；越南。

（912）邹氏纹吉丁 *Coraebus zoufali* Obenberger, 1930

    分布：广东、甘肃、浙江、湖南、台湾、四川。

340. 窄吉丁属 *Agrilus* Curtis, 1825

（913）紫红窄吉丁 *Agrilus (s. str.) viduus* Kerremans, 1914

    分布：广东、山东、新疆、北京、河北、甘肃、内蒙古、四川、山西、陕西，台湾，西藏；日本，韩国，朝鲜，蒙古国，俄罗斯（远东、西伯利亚）。

（914）索氏窄吉丁 *Agrilus (Pseudoquercagrilus) sauteri* Kerremans, 1912

    分布：广东、山西、河南、陕西、甘肃、安徽、浙江、湖北、江西、湖南、福建、台湾、广西、重庆、四川、云南、西藏。

（915）细绒窄吉丁 *Agrilus* (*Sinagrilus*) *barrati* Descarpentries *et* Villiers, 1963

分布：广东、湖北、湖南、福建、云南；越南，老挝，泰国。

（916）柑橘爆皮虫 *Agrilus auriventris* Saunders, 1873

分布：广东、浙江、湖北、江西、湖南、福建、广西、香港、台湾、四川；日本，越南，老挝，缅甸。

（917）中条氏窄吉丁 *Agrilus chujoi* Kurosawa, 1985

分布：广东、辽宁；日本，朝鲜。

（918）柑橘瘤皮虫 *Agrilus inamoenus* Kerremans, 1892

分布：广东、福建、云南；越南，老挝，泰国，缅甸。

（919）光纹窄吉丁 *Agrilus spinipennis* Lewis, 1893

分布：广东、湖北；韩国，日本，越南。

341. 大头吉丁属 *Cantonius* Thery, 1929

（920） *Cantonius* (*Procantonius*) *austrisinicus* Kalashan, 2021

分布：广东、广西。

342. 角吉丁属 *Habroloma* Thomson, 1864

（921）密绒角吉丁 *Habroloma* (*Parahabroloma*) *hispidum* Peng, 2020

分布：广东。

343. 潜吉丁属 *Trachys* Fabricius, 1801

（922）吉田潜吉丁 *Trachys yoshidai* Kurosawa, 1959

分布：广东、广西；日本。

344. 圆吉丁属 *Paratrachys* Saunders, 1873

（923）宽斑圆吉丁指名亚种 *Paratrachys hederae hederae* Saunders, 1873

分布：广东、湖南、福建、广西、云南；日本。

345. 黄斑吉丁属 *Ptosima* Dejean, 1833

（924）蓝翅黄斑吉丁 *Ptosima bowringii* Waterhouse, 1882

分布：广东、江西、浙江。

（925）四黄斑吉丁 *Ptosima chinensis* Marseul, 1867

分布：广东、北京、河北、陕西、河南、甘肃、江苏、上海、湖北、江西、湖南、福建、台湾、广西、四川、贵州、云南；朝鲜，韩国，日本，越南。

二十、毛泥甲科 Ptilodactylidae Laporte, 1836

346. *Drupeus* Lewis, 1895

（926） *Drupeus cheni* Yoshitomi *et* Hájek, 2016

分布：广东（仁化）。

二十一、溪泥甲科 Elmidae Curtis, 1830

347. *Dryopomorphus* Hinton, 1936

（927） *Dryopomorphus heineri* Bian, Dong *et* Peng, 2018

分布：广东（云浮）。

348. *Potamophilinus* **Grouvelle, 1896**

（928）*Potamophilinus foveicollis* (Bollow, 1938)

分布：广东。

349. *Grouvellinus* **Champion, 1923**

（929）*Grouvellinus mediocarinatus* Bian *et* Jäch, 2019

分布：广东、福建。

（930）*Grouvellinus Hongkongensis* Bian *et* Jäch, 2019

分布：广东、香港、广西。

350. 狭溪泥甲属 *Stenelmis* **Dufour, 1835**

（931）*Stenelmis elfriedeae* Bollow, 1941

分布：广东。

（932）曲溪泥甲 *Stenelmis kuntzeni* Bollow, 1941

分布：广东。

二十二、扁泥甲科 Psephenidae Lacordaire, 1854

351. *Mataeopsephus* **Waterhouse, 1876**

（933）*Mataeopsephus chinensis* (Nakane, 1964)

分布：广东、福建、香港。

二十三、擎爪泥甲科 Eulichadidae Crowson, 1973

352. *Eulichas* **Jacobson, 1913**

（934）*Eulichas dudgeoni* Jäch, 1995

分布：广东、陕西、湖北、江西、福建、香港、广西、四川。

（935）*Eulichas funebris* (Westwood, 1853)

分布：广东（广州）、浙江、江西、福建、香港、广西。

二十四、隐唇叩甲科 Eucnemidae Eschscholtz, 1829

353. 盔胸隐唇叩甲属 *Galbites* **Fleutiaux, 1918**

（936）丽盔胸隐唇叩甲 *Galbites chrysocoma* (Hope, 1845)

分布：广东；老挝，菲律宾，马来西亚，新加坡，印度尼西亚，巴布亚新几内亚。

二十五、叩甲科 Elateridae Leach, 1815

354. 丽叩甲属 *Campsosternus* **Latreille, 1834**

（937）丽叩甲 *Campsosternus auratus* (Drury, 1773)

分布：广东、河南、上海、浙江、湖北、江西、湖南、福建、台湾、海南、香港、澳门、广西、重庆、四川、贵州、云南；日本，越南，老挝，柬埔寨。

（938）朱肩丽叩甲 *Campsosternus gemma* Candèze, 1857

分布：广东、上海、江苏、安徽、浙江、湖北、江西、湖南、福建、重庆、四川、贵州。

355. 愈胸叩甲属 *Ceropectus* **Fleutiaux, 1927**

（939）愈胸叩甲 *Ceropectus messi* (Candèze, 1874)

分布：广东、湖北、福建、香港、广西；越南。

356. 梳角叩甲属 *Pectocera* Hope, 1842

（940）短胸梳角叩甲 *Pectocera brevicollis* Candèze, 1878

分布：广东。

357. 绵叩甲属 *Adelocera* Latreille, 1829

（941）小头绵叩甲 *Adelocera microcephalus* (Motschulsky, 1858)

分布：广东；韩国，日本，越南，柬埔寨，印度，缅甸，斯里兰卡，菲律宾，马来西亚，印度尼西亚，孟加拉国。

（942）阔体绵叩甲 *Adelocera tumens* (Candèze, 1873)

分布：广东、福建、台湾；日本，柬埔寨。

358. 槽缝叩甲属 *Agrypnus* Eschscholtz, 1829

（943）布莱尔槽缝叩甲 *Agrypnus blairei* (Fleutiaux, 1927)

分布：广东；越南，老挝。

（944）中南槽缝叩甲 *Agrypnus indosinensis* (Fleutiaux, 1927)

分布：广东、海南；越南，老挝。

（945）莱米槽缝叩甲 *Agrypnus lameyi* (Fleutiaux, 1927)

分布：广东；越南。

（946）暗色槽缝叩甲 *Agrypnus musculus* (Candèze, 1857)

分布：广东、陕西、甘肃、江苏、浙江、湖北、江西、福建、海南、香港、四川；日本。

（947）细齿槽缝叩甲 *Agrypnus serrula* (Candèze, 1857)

分布：广东；日本，越南，印度，尼泊尔。

（948）竖毛槽缝叩甲 *Agrypnus setiger* (Bates, 1866)

分布：广东、福建、台湾、云南；日本，越南，老挝。

（949）中华槽缝叩甲 *Agrypnus sinensis* (Candèze, 1857)

分布：广东、云南、西藏及华南地区；越南，老挝，柬埔寨，泰国，印度，印度尼西亚。

359. 皮叩甲属 *Lanelater* Arnett, 1952

（950）等胸皮叩甲 *Lanelater aequalis* (Candèze, 1857)

分布：广东、山西、陕西、江西、台湾、海南、广西、云南；越南，印度，斯里兰卡，孟加拉国。

（951）舟形皮叩甲 *Lanelater fusiformis* (Candèze, 1857)

分布：广东、海南；越南，老挝，印度。

（952）黑色皮叩甲 *Lanelater politus* (Candèze, 1857)

分布：广东、江西、台湾、海南；日本，印度尼西亚。

360. 斑叩甲属 *Cryptalaus* Ôhira, 1967

（953）霉纹斑叩甲 *Cryptalaus berus* (Candèze, 1865)

分布：广东、浙江、江西、湖南、福建、台湾、海南、广西、四川、云南；韩国，日本，越南，老挝，泰国，孟加拉国。

（954）眼纹斑叩甲 *Cryptalaus larvatus larvatus* (Candèze, 1874)

分布：广东、陕西、上海、江苏、浙江、江西、湖南、福建、台湾、海南、广西、重庆、四川、云南；日本，越南，老挝，印度尼西亚，孟加拉国。

（955）雕纹斑叩甲 *Cryptalaus sculptus* (Westwood, 1848)

分布：广东、湖南、云南、西藏；越南，老挝，泰国，印度。

361. 猛叩甲属 *Tetrigus* Candèze, 1857

（956）莱氏猛叩甲 *Tetrigus lewisi* Candèze, 1873

分布：广东、辽宁、北京、河北、山西、山东、河南、陕西、甘肃、新疆、江苏、上海、浙江、湖北、湖南、福建、台湾、广西、云南；韩国，日本，越南，老挝。

362. 贫脊叩甲属 *Aeoloderma* Fleutiaux, 1928

（957）枝斑贫脊叩甲 *Aeoloderma brachmana* (Candèze, 1859)

分布：广东、湖北、江西、福建、台湾、广西、四川；日本，越南，老挝，柬埔寨，印度，缅甸，菲律宾，孟加拉国。

（958）中华贫脊叩甲 *Aeoloderma sinensis* (Candèze, 1859)

分布：广东、广西、海南、香港、四川；越南，老挝，柬埔寨，印度，缅甸，马来西亚，印度尼西亚，孟加拉国。

363. 巴巴叩甲属 *Babadrasterius* Ôhira, 1994

（959）角斑巴巴叩甲 *Babadrasterius triangularis* (Eschscholtz, 1822)

分布：广东、江苏、上海、海南；越南，柬埔寨，印度，菲律宾，马来西亚，印度尼西亚；琉球群岛。

364. 单叶叩甲属 *Conoderus* Eschscholtz, 1829

（960）彩翅单叶叩甲 *Conoderus elegans* (Candèze, 1878)

分布：广东、海南、云南；印度。

365. 异刻叩甲属 *Heteroderes* Latreille, 1834

（961）宽胸异刻叩甲 *Heteroderes albicans* Candèze, 1878

分布：广东、湖北、台湾、海南、重庆、四川、云南、西藏；越南，老挝，柬埔寨，泰国，印度，孟加拉国。

366. 角趾叩甲属 *Melanthoides* Candèze, 1865

（962）黑胸角趾叩甲 *Melanthoides partitus* Candèze, 1896

分布：广东；越南，老挝。

367. *Prodrasterius* Fleutiaux, 1927

（963）*Prodrasterius brchminus* (Candèze, 1859)

分布：广东、湖北、江西、福建、海南、广西、四川；日本，越南，柬埔寨，印度，孟加拉国，巴基斯坦。

（964）*Prodrasterius candezei* (Fleutiaux, 1918)

分布：广东；越南。

368. 小头叩甲属 *Drasterius* Eschscholtz, 1859

（965）黄足小头叩甲 *Drasterius brahminus* Candèze, 1859

分布：广东、湖北、江西、福建、广西、海南、四川；日本，越南，柬埔寨，印度，巴基斯坦。

（966）坎氏小头叩甲 *Drasterius candezei* Fleutiaux, 1918

分布：广东；越南。

369. 亮叩甲属 *Anthracalaus* Fairmaire, 1889

（967）方盾亮叩甲 *Anthracalaus moricii* Fairmaire, 1888

分布：广东、江苏、江西、福建、广西、重庆、四川、云南；越南，老挝。

370. 四叶叩甲属 *Sinelater* Laurent, 1967

（968）巨四叶叩甲 *Sinelater perroti* (Fleutiaux, 1940)

分布：广东、浙江、湖北、江西、湖南、福建、广西、海南、四川、贵州；越南，不丹。

371. 喙头叩甲属 *Rostricephalus* Fleutiaux, 1918

（969）喙头叩甲 *Rostricephalus vitalisi* Fleutiaux, 1918

分布：广东、台湾；越南，老挝，柬埔寨。

372. 梗叩甲属 *Limoniscus* Reitter, 1905

（970）条纹梗叩甲 *Limoniscus vittatus* (Candèze, 1873)

分布：广东、香港；韩国，日本。

373. 斯叩甲属 *Csikia* Szombathy, 1910

（971）特氏斯叩甲 *Csikia telnovi* Schimmel, 2015

分布：广东、广西。

374. 方胸叩甲属 *Senodonia* Laporte, 1836

（972）韶关方胸叩甲 *Senodonia hiekei* Schimmel *et* Platia, 1992

分布：广东。

（973）方胸叩甲 *Senodonia quadricollis* (Laporte, 1836)

分布：广东、浙江、贵州；越南，老挝，柬埔寨，印度尼西亚。

375. *Seutellathous* Kishii, 1955

（974）*Scutellathous nanlingensis* Liu *et* Jiang, 2019

分布：广东（乳源）。

376. 灿叩甲属 *Actenicerus* Kiesenwetter, 1858

（975）菱花灿叩甲 *Actenicerus defloratus* (Schwarz, 1902)

分布：广东、四川；越南。

（976）广东灿叩甲 *Actenicerus guangdongensis* Schimmel *et* Tarnawski, 2015

分布：广东。

（977）简氏灿叩甲 *Actenicerus jeanvoinei* Fleutiaux, 1936

分布：广东、云南；越南。

（978）斑鞘灿叩甲 *Actenicerus maculipennis* (Schwarz, 1902)

分布：广东、安徽、浙江、湖北、江西、湖南、福建、台湾、广西、四川、云南；越南，柬埔寨。

377. 塔叩甲属 *Thacana* Fleutiaux, 1936

（979）柬埔寨筛胸叩甲 *Thacana cambodiensis* (Fleutiaux, 1918)

　　分布：广东、江西、重庆、贵州；日本，越南，老挝，柬埔寨。

378. 锥尾叩甲属 *Agriotes* Eschscholtz, 1829

（980）短体锥尾叩甲 *Agriotes* (*s. str.*) *breviusculus* (Candèze, 1863)

　　分布：广东、浙江、江西、台湾、香港、重庆、贵州、云南、西藏；越南，老挝。

（981）斑胸锥尾叩甲 *Agriotes* (*s. str.*) *maculatus* Platia, 2007

　　分布：广东、陕西、湖北、湖南、福建、海南、广西、四川；老挝。

（982）红肩锥尾叩甲 *Agriotes* (*s. str.*) *scapularis* (**Candèze, 1863**)

　　分布：广东、香港。

379. 尖须叩甲属 *Agonischius* Candèze, 1863

（983）重脊尖须叩甲 *Agonischius monachus* Candèze, 1878

　　分布：广东。

380. 重脊叩甲属 *Ludioschema* Candèze, 1863

（984）*Ludioschema delaunneyi* (Fleutiaux, 1887)

　　分布：广东；越南。

（985）黑背双脊叩甲 *Ludioschema dorsale* (Candèze, 1878)

　　分布：广东、福建、海南、香港、广西、重庆；越南。

（986）小体双脊叩甲 *Ludioschema minor* (Fleutiaux, 1903)

　　分布：广东、海南；越南，老挝。

（987）黑翅双脊叩甲 *Ludioschema nigripenne* (Fleutiaux, 1894)

　　分布：广东、广西、贵州；越南，老挝，印度。

（988）暗足重脊叩甲 *Ludioschema obscuripes* (Gyllenhal, 1817)

　　分布：广东、内蒙古、河北、陕西、甘肃、西藏、江苏、安徽、浙江、湖北、江西、湖南、福建、台湾、香港、广西、重庆、四川、云南；韩国，俄罗斯，日本，越南，印度。

（989）淡色双脊叩甲 *Ludioschema pallidum* (Fleutiaux, 1940)

　　分布：广东；越南，老挝。

381. 行体叩甲属 *Nipponoelater* Kishii, 1985

（990）行体叩甲 *Nipponoelater sieboldi* (Candèze, 1873)

　　分布：广东、河北、河南、甘肃、浙江、江西、福建、广西、四川；韩国，日本。

（991）中华行体叩甲 *Nipponoelater sinensis* (Candèze, 1882)

　　分布：广东、辽宁、陕西、江西、福建、四川、贵州、云南。

382. 短角叩甲属 *Vuilletus* Fleutiaux, 1940

（992）金缘短角叩甲 *Vuilletus gemmula* (Candèze, 1878)

　　分布：广东、香港。

383. 多林叩甲属 *Dolinolus* Schimmel, 1999

（993）黄毛多林叩甲 *Dolinolus malus* (Fleutiaux, 1928)

分布：广东；越南。

384. 异脊叩甲属 *Ectamenogonus* Buysson, 1893

（994）广东异脊叩甲 *Ectamenogonus lehmanni* Schimmel, 1999

分布：广东、上海、福建。

385. 檐额叩甲属 *Megapenthes* Kiesenwetter, 1858

（995）栗色弓额叩甲 *Megapenthes tetricus* Candèze, 1859

分布：广东、香港；越南，老挝。

386. 根叩甲属 *Procraerus* Reitter, 1905

（996）黄带根叩甲 *Procraerus ligatus* (Candèze, 1878)

分布：广东、浙江、湖北、江西、福建、香港、广西；日本，越南，缅甸，印度尼西亚。

（997）中华根叩甲 *Procraerus sinensis* Schimmel, 1999

分布：广东、河北、浙江、广西。

（998）异色根叩甲 *Procraerus variegatus* (Candèze, 1878)

分布：广东、台湾；日本，越南，菲律宾。

387. 土叩甲属 *Xanthopenthes* Fleutiaux, 1928

（999）土叩甲 *Xanthopenthes birmanicus* (Candèze, 1888)

分布：广东；越南，老挝，泰国，缅甸。

（1000）粒翅土叩甲 *Xanthopenthes granulipennis* (Miwa, 1929)

分布：广东、陕西、甘肃、江苏、浙江、湖北、江西、福建、台湾、重庆、四川、贵州；日本。

（1001）哀土叩甲 *Xanthopenthes lugubris* (Candèze, 1888)

分布：广东；越南、泰国、缅甸。

（1002）散布土叩甲 *Xanthopenthes vagus* Schimmel, 1999

分布：广东、山西、四川；越南。

388. 独叶叩甲属 *Anchastus* LeConte, 1853

（1003）中华独叶叩甲 *Anchastus sinensis* Candèze, 1859

分布：广东、台湾、香港。

389. 短沟叩甲属 *Podeonius* Kiesenwetter, 1858

（1004）卡氏短沟叩甲 *Podeonius castelnaui* (Candèze, 1878)

分布：广东、浙江、台湾；越南，老挝，泰国，印度，缅甸，新加坡。

390. 梳脚叩甲属 *Ctenoplus* Candèze, 1863

（1005）棕梳脚叩甲 *Ctenoplus coomani* Fleutiaux, 1941

分布：广东、福建；越南。

391. 三齿叩甲属 *Lanecarus* Ôhira, 1962

（1006）褐三齿叩甲 *Lanecarus modestus* (Candèze, 1878)

分布：广东、香港、四川。

392. 截额叩甲属 *Silesis* Candèze, 1863

（1007）方胸截额叩甲 *Silesis absimilis* Candèze, 1863

分布：广东、湖北、江西、福建、台湾、香港、贵州；缅甸。

（1008）大别山截额叩甲 *Silesis businskyorum* Platia, 2006

分布：广东、安徽、湖北。

（1009）黄色截额叩甲 *Silesis fulvus* Fleutiaux, 1918

分布：广东；越南。

（1010）黑头截额叩甲 *Silesis nigriceps* Candèze, 1892

分布：广东、陕西、福建、海南、四川、贵州；越南，不丹。

393. 梳爪叩甲属 *Melanotus* Eschscholtz, 1829

（1011）库曼梳爪叩甲 *Melanotus (s. str.) coomani* Fleutiaux, 1933

分布：广东、福建、海南、云南、西藏；越南，老挝，缅甸。

（1012）南方梳爪叩甲 *Melanotus (s. str.) duchainei* Platia *et* Schimmel, 2001

分布：广东、江西、福建、海南、香港、云南。

（1013）老挝梳爪叩甲 *Melanotus (s. str.) exiguus* Fleutiaux, 1933

分布：广东；越南，老挝。

（1014）*Melanotus filaceki* Platia, 2019

分布：广东。

（1015）大理梳爪叩甲 *Melanotus (s. str.) fruhstorferi* Platia *et* Schimmel, 2001

分布：广东、云南。

（1016）拉氏梳爪叩甲 *Melanotus (s. str.) lameyi* Fleutiaux, 1918

分布：广东、河南、陕西、浙江、湖北、福建、台湾、广西、重庆、四川、贵州；越南，缅甸。

（1017）筛头梳爪叩甲 *Melanotus (s. str.) legatus* Candèze, 1860

分布：广东、甘肃、山东、江苏、上海、浙江、江西、福建、广西、云南；俄罗斯，朝鲜，韩国，日本。

（1018）莱氏梳爪叩甲 *Melanotus (s. str.) lehmanni* Platia *et* Schimmel, 2001

分布：广东、福建、广西、云南；越南，老挝，柬埔寨。

（1019）洛氏梳爪叩甲 *Melanotus (s. str.) loizeaui* Platia *et* Schimmel, 2001

分布：广东；越南。

（1020）栗腹梳爪叩甲 *Melanotus (s. str.) nuceus* Candèze, 1882

分布：广东、浙江、江西、湖南、四川、云南；韩国，越南。

（1021）暗胸梳爪叩甲 *Melanotus (s. str.) opaculus* Platia, 2013

分布：广东、浙江、福建、海南、广西、四川、贵州、西藏。

（1022）平背梳爪叩甲 *Melanotus (s. str.) planus* Platia *et* Schimmel, 2001

分布：广东；越南。

（1023）拟伟梳爪叩甲 *Melanotus (s. str.) pseudoregalis* Platia *et* Schimmel, 2001

分布：广东、浙江、安徽、湖北、江西、福建、广西、重庆、四川。

（1024）伟梳爪叩甲 *Melanotus* (*s. str.*) *regalis* Candèze, 1860

分布：广东、江苏、上海、湖北、江西、湖南、福建、台湾、海南、广西、重庆、四川、贵州；韩国，日本，越南，老挝，柬埔寨，缅甸。

（1025）丰梳爪叩甲 *Melanotus* (*s. str.*) *repletus* Candèze, 1891

分布：广东；越南，老挝，缅甸。

（1026）中华梳爪叩甲 *Melanotus* (*s. str.*) *sinensis* Platia *et* Schimmel, 2001

分布：广东、江苏。

（1027）华光梳爪叩甲 *Melanotus* (*s. str.*) *splendidus* Platia *et* Schimmel, 2001

分布：广东、江西、福建。

（1028）纵纹梳爪叩甲 *Melanotus* (*s. str.*) *vittatus* Fleutiaux, 1933

分布：广东；越南。

（1029）筛胸梳爪叩甲 *Melanotus* (*Spheniscosomus*) *cribricollis* (Faldermann, 1835)

分布：广东、辽宁、内蒙古、北京、河北、山西、山东、陕西、甘肃、上海、江苏、浙江、湖北、江西、福建、台湾、重庆、四川、贵州、云南；朝鲜，韩国，日本。

（1030）莫式梳爪叩甲 *Melanotus* (*Spheniscosomus*) *mouhoti* Fleutiaux, 1933

分布：广东；越南，老挝，泰国，缅甸。

394. 弓背叩甲属 *Priopus* Laporte, 1840

（1031）刺角弓背叩甲 *Priopus angulatus* (Candèze, 1860)

分布：广东、江苏、浙江、河南、陕西、甘肃、湖北、江西、湖南、福建、台湾、海南、香港、广西、重庆、四川、贵州、云南；越南，老挝，柬埔寨，泰国，马来西亚，新加坡。

（1032）黑肢弓背叩甲 *Priopus nigerrimus* (Fleutiaux, 1903)

分布：广东、福建、海南、贵州；越南。

（1033）红头弓背叩甲 *Priopus rufulus* (Candèze, 1891)

分布：广东、海南、台湾；越南，老挝，泰国，缅甸。

395. 球胸叩甲属 *Hemiops* Laporte, 1836

（1034）球胸叩甲 *Hemiops flava* Laporte, 1836

分布：广东、浙江、湖南、台湾、海南、云南；老挝，柬埔寨，泰国，印度，尼泊尔，菲律宾。

（1035）黑足球胸叩甲 *Hemiops germari* Cate, 2007

分布：广东、西藏、江苏、浙江、湖北、江西、湖南、福建、海南、广西、四川、云南；越南，马来西亚，印度尼西亚。

（1036）中华球胸叩甲 *Hemiops sinensis* Candèze, 1882

分布：广东、新疆、江苏、上海、云南；越南。

396. 心跗叩甲属 *Cardiotarsus* Lacordaire, 1857

（1037）淡足心跗叩甲 *Cardiotarsus fulvipes* Fleutiaux, 1918

分布：广东；越南。

（1038）凸胸心跗叩甲 *Cardiotarsus rotundicollis* Fleutiaux, 1931

分布：广东；越南。

（1039）中华心蹠叩甲 *Cardiotarsus sinensis* Candèze, 1860

　　分布：广东、香港。

（1040）越南心蹠叩甲 *Cardiotarsus tonkinensis* Fleutiaux, 1931

　　分布：广东；越南。

397. 角爪叩甲属 *Dicronychus* Brullé, 1832

（1041）越北角爪叩甲 *Dicronychus septentrionalis* (Fleutiaux, 1931)

　　分布：广东；越南，老挝。

398. 蝼足叩甲属 *Toxognathus* Fairmaire, 1878

（1042）越北蝼足叩甲 *Toxognathus beauchenei* Fleutiaux, 1918

　　分布：广东、香港；越南。

二十六、萤科 Lampyridae Latreille, 1817

399. 短角窗萤属 *Diaphanes* Motschulsky, 1853

（1043）逢莱短角窗萤 *Diaphanes formosus* Olivier, 1910

　　分布：广东、浙江、福建、台湾。

400. 窗萤属 *Pyrocoelia* Gorham, 1880

（1044）台湾窗萤 *Pyrocoelia analis* (Fabricius, 1801)

　　分布：广东、黑龙江、江西、福建、台湾、海南、广西、贵州、云南；越南，老挝，柬埔寨，
泰国，缅甸，马来西亚。

401. 栉角萤属 *Vesta* Laporte, 1833

（1045）黄翅栉角萤 *Vesta saturnalis* Gorham, 1880

　　分布：广东、广西、云南；印度。

402. 水萤属 *Aquatica* Fu, Ballantyne *et* Lambkin, 2010

（1046）黄缘萤 *Aquatica ficta* (Olivier, 1909)

　　分布：广东、福建、台湾、香港、重庆、四川、贵州。

403. 歪片熠萤属 *Asymmetricata* Ballantyne, 2009

（1047）黄宽缘萤 *Asymmetricata circumdata* (Motschulsky, 1854)

　　分布：广东、江西、海南、广西、贵州、云南；柬埔寨，泰国。

404. 条背萤属 *Sclerotia* Ballantyne, 2016

（1048）条背萤 *Sclerotia flavida* (Hope, 1845)

　　分布：广东、湖北、海南。

405. 突尾熠萤属 *Pygoluciola* Ballantyne, Lambkin *et* Fu, 2013

（1049）穹宇萤 *Pygoluciola qingyu* Fu *et* Ballantyne 2008

　　分布：广东、湖南、湖北、江西、台湾、海南、广西、四川、贵州、云南。

406. 棘手萤属 *Abscondita* Ballantyne, Lambkin *et* Fu, 2013

（1050）边褐端黑萤 *Abscondita terminalis* (Olivier, 1883)

　　分布：广东、河南、湖北、台湾、云南。

（1051）大端黑萤 *Abscondita anceyi* (Olivier, 1883)

分布：广东、湖北、福建、浙江、广西、四川、云南。

二十七、花萤科 Cantharidae Imhoff, 1856

407. 异角花萤属 *Cephalomalthinus* Pic, 1921

（1052）头胸异角花萤 *Cephalomalthinus acuticollis* (Yang *et* Yang, 2014)

分布：广东（新丰、封开、乳源）、浙江、湖南、福建。

（1053）二节异角花萤 *Cephalomalthinus bidifformis* (Wittmer, 1988)

分布：广东、广西。

（1054）黄足异角花萤 *Cephalomalthinus flavimembris* (Wittmer, 1951)

分布：广东、福建。

（1055）奇异角花萤 *Cephalomalthinus imparicornis* (Yang *et* Yang, 2009)

分布：广东（连州、郁南）、海南。

（1056）广东异角花萤 *Cephalomalthinus gressitti* Wittmer, 1956

分布：广东（连州）。

408. 钩花萤属 *Lycocerus* Gorham, 1889

（1057）*Lycocerus bifurcatus* Yang *et* Yang, 2013

分布：广东。

（1058）*Lycocerus nigrigenus* Yang *et* Yang, 2013

分布：广东、湖南。

（1059）*Lycocerus parameratus* Yang *et* Yang, 2013

分布：广东、湖南。

409. 小齿爪花萤属 *Micropodabrus* Pic, 1920

（1060）多齿小齿爪花萤 *Micropodabrus multidentatus* (Yang *et* Yang, 2009)

分布：广东（连平）、广西、云南。

410. 圆胸花萤属 *Prothemus* Champion, 1926

（1061）*Prothemus limbolarius* (Fairmaire, 1900)

分布：广东、福建、台湾。

（1062）*Prothemus monochrous* (Fairmaire, 1900)

分布：广东、福建。

（1063）*Prothemus sanguinosus* (Fairmaire, 1900)

分布：广东、浙江、福建、广西、四川、贵州。

411. 凹头花萤属 *Pseudopodabrus* Pic, 1906

（1064）拟齿爪凹头花萤 *Pseudopodabrus impressiceps* Pic, 1906

分布：广东（连平、新丰）、浙江、福建；越南。

412. 狭胸花萤属 *Stenothemus* Bourgeois, 1907

（1065）黑头狭胸花萤 *Stenothemus nigriceps* (Wittmer, 1955)

分布：广东（连平）、香港。

413. 丽花萤属 *Themus* Motschulsky, 1858

（1066）青丽花萤 *Themus* (*Telephorops*) *coelestis* (Gorham, 1889)

分布：广东（乳源）、天津、河北、陕西、河南、安徽、浙江、湖北、江西、湖南、广西、重庆、四川、贵州、云南。

（1067）糙翅丽花萤 *Themus* (*Telephorops*) *impressipennis* (Fairmaire, 1886)

分布：广东（乳源）、北京、天津、河北、陕西、河南、安徽、浙江、湖北、江西、湖南、广西、重庆、四川、贵州、云南。

（1068）坑胸丽花萤 *Themus* (*s. str.*) *foveicollis* (Fairmaire, 1900)

分布：广东、浙江、福建、广西、四川。

二十八、皮蠹科 Dermestidae Latreille, 1807

414. 毛皮蠹属 *Attagenus* Latreille, 1802

（1069）*Attagenus* (*Aethriostoma*) *undulatus* (Motschulsky, 1858)

分布：广东、台湾、广西、云南；越南，老挝，泰国，印度，斯里兰卡，马来西亚，新加坡，菲律宾，印度尼西亚；非洲，南美洲。

415. 圆皮蠹属 *Anthrenus* Schäffer, 1776

（1070）丽萤圆皮蠹 *Anthrenus* (*s. str.*) *flavipes* LeConte, 1854

分布：广东；世界广布。

（1071）拟白带圆皮蠹 *Anthrenus* (*s. str.*) *oceanicus* Fauvel, 1903

分布：广东、江苏、台湾；印度，马来西亚，印度尼西亚，澳大利亚；欧洲，非洲。

（1072）多斑圆皮蠹 *Anthrenus* (*Anthrenodes*) *maculifer* Reitter, 1881

分布：广东、台湾、云南；越南，老挝，泰国，缅甸，印度，尼泊尔，马来西亚，印度尼西亚。

416. 棒皮蠹属 *Orphinus* Motschulsky, 1858

（1073）球棒皮蠹 *Orphinus* (*s. str.*) *fulvipes* (Guérin–Méneville, 1838)

分布：广东、北京、广西、四川、贵州、云南；世界广布。

417. 斑皮蠹属 *Trogoderma* Dejean, 1821

（1074）花斑皮蠹 *Trogoderma variabile* Ballion, 1878

分布：广东、黑龙江、辽宁、内蒙古、河北、山西、河南、陕西、浙江、湖南、四川、贵州；蒙古国，朝鲜，澳大利亚；中亚，美洲。

418. 圆胸皮蠹属 *Thorictodes* Reitter, 1875

（1075）小圆胸皮蠹 *Thorictodes heydeni* Reitter, 1875

分布：广东、内蒙古、陕西、甘肃、江苏、浙江、江西、湖南、福建、广西、四川、贵州、云南；日本，印度；欧洲，非洲，北美洲。

419. 皮蠹属 *Dermestes* Linnaeus, 1758

（1076）*Dermestes carnivorus* Fabricius, 1775

分布：广东、山东、福建、台湾；日本，印度，澳大利亚；欧洲，美洲。

（1077）沟翅皮蠹 *Dermestes freudei* Kalik *et* Ohbayashi, 1982

分布：广东、黑龙江、内蒙古、河北、河南、陕西、江西、四川；俄罗斯，日本，朝鲜，韩国。

420. 怪皮蠹属 *Thylodrias* Motschulsky, 1839

（1078）石怪皮蠹 *Thylodrias contractus* Motschulsky, 1839

分布：广东、辽宁、内蒙古、河南、湖北、江西、湖南、云南；俄罗斯，日本，意大利，加拿大；中亚。

421. 拟长毛皮蠹属 *Evorinea* Beal, 1961

（1079）印度拟长毛皮蠹 *Evorinea indica* (Arrow, 1915)

分布：广东、香港、台湾；日本，印度。

422. 长毛皮蠹属 *Trinodes* Dejean, 1821

（1080）棕长毛皮蠹 *Trinodes rufescens* Reitter, 1877

分布：广东、浙江、台湾、四川；日本。

二十九、长蠹科 Bostrichidae Latreille, 1802

423. 粉蠹属 *Lyctus* Fabricius, 1792

（1081）非洲粉蠹 *Lyctus africanus* Fabricius, 1907

分布：广东、浙江、广西、四川、云南；日本，泰国，印度，尼泊尔，巴基斯坦，土耳其，以色列；非洲。

（1082）褐粉蠹 *Lyctus brunneus* (Stephens, 1830)

分布：广东、河北、河南、陕西、江苏、安徽、江西、湖南、福建、台湾、广西、四川、贵州、云南；日本，乌兹别克斯坦；欧洲。

424. 鳞毛粉蠹属 *Minthea* Pascoe, 1866

（1083）网纹鳞毛粉蠹 *Minthea reticulata* Lesne, 1931

分布：广东；越南，菲律宾，印度尼西亚，澳大利亚，美国；欧洲。

（1084）鳞毛粉蠹 *Minthea rugicollis* (Walker, 1858)

分布：广东、河南、江苏、安徽、浙江、江西、湖南、福建、台湾、广西、四川、贵州、云南；日本，斯里兰卡；欧洲。

425. 尖瘤长蠹属 *Apoleon* Gorham, 1885

（1085）红色尖瘤长蠹 *Apoleon edax* Gorham, 1885

分布：广东；越南，老挝，柬埔寨，泰国，缅甸，马来西亚。

426. 竹长蠹属 *Dinoderus* Stephens, 1830

（1086）日本竹长蠹 *Dinoderus* (*Dinoderastes*) *japonicus* Lesne, 1895

分布：广东、河南、江苏、浙江、江西、湖南、福建、台湾、香港、广西、四川、贵州；韩国，日本。

（1087）竹长蠹 *Dinoderus* (*Dinoderastes*) *minutus* (Fabricius, 1775)

分布：广东、北京、天津、河南、山东、陕西、上海、江苏、安徽、浙江、湖北、江西、湖南、福建、台湾、海南、广西、四川、贵州、云南；日本，新西兰，叙利亚；欧洲。

427. 谷蠹属 *Rhyzopertha* Stephens, 1830

（1088）谷蠹 *Rhyzopertha dominica* (Fabricius, 1792)

分布：广东、黑龙江、河北、山东、河南、陕西、甘肃、宁夏、江苏、上海、安徽、浙江、湖北、江西、湖南、福建、台湾、香港、广西、四川、云南；日本，伊拉克，叙利亚。

428. 小卷长蠹属 *Bostrychopsis* Lesne, 1899

（1089）大竹蠹 *Bostrychopsis parallela* (Lesne, 1895)

分布：广东、湖北、湖南、台湾、海南、香港、四川、云南；日本，越南，老挝，柬埔寨，泰国，印度，菲律宾，印度尼西亚，澳大利亚；欧洲。

429. 异翅长蠹属 *Heterobostrychus* Lesne, 1899

（1090）双钩异翅长蠹 *Heterobostrychus aequalis* (Waterhouse, 1884)

分布：广东、上海、台湾、海南、广西、云南；印度，不丹，以色列，澳大利亚；欧洲。

（1091）二突异翅长蠹 *Heterobostrychus hamatipennis* (Lesne, 1895)

分布：广东、辽宁、山东、河南、上海、浙江、湖北、江西、福建、台湾、广西、云南；韩国，日本，越南，老挝，印度，不丹，斯里兰卡；欧洲。

430. 角胸长蠹属 *Parabostrychus* Lesne,1899

（1092）尖胸长蠹 *Parabostrychus acuticollis* Lesne, 1913

分布：广东、北京、山东、上海、江苏、安徽、湖北、湖南、台湾；泰国，印度，尼泊尔。

431. 双棘长蠹属 *Sinoxylon* Duftsehmid, 1825

（1093）双棘长蠹 *Sinoxylon anale* Lesne, 1897

分布：广东、湖南、福建、台湾、海南、广西、四川、云南；印度，尼泊尔，巴基斯坦，伊拉克，澳大利亚；欧洲。

（1094）日本双棘长蠹 *Sinoxylon japonicum* Lesne, 1895

分布：广东、北京、河北、山东、陕西、江苏、福建、台湾、广西、云南；韩国，日本，美国。

（1095）芒果双棘长蠹 *Sinoxylon mangiferae* Chûjô, 1936

分布：广东、台湾、海南、云南。

（1096）劣双棘长蠹 *Sinoxylon rejectum* (Hope, 1845)

分布：广东。

（1097）单齿双棘长蠹 *Sinoxylon unidentatum* (Fabricius, 1801)

分布：广东；也门，澳大利亚。

432. 黄色长蠹属 *Xylodectes* Lesne, 1901

（1098）双齿长蠹 *Xylodectes ornatus* (Lesne, 1897)

分布：广东、台湾、海南、云南；越南，老挝，泰国，缅甸，印度，菲律宾，印度尼西亚。

433. 斜坡长蠹属 *Xylopsocus* Lesne, 1901

（1099）电缆斜坡长蠹 *Xylopsocus capucinus* (Fabricius, 1781)

分布：广东、福建、台湾、海南、广西、四川、云南；日本，越南，老挝，泰国，柬埔寨，印度，缅甸，斯里兰卡，澳大利亚。

434. 长棒长蠹属 *Xylothrips* Lesne, 1901

（1100）黄足长棒长蠹 *Xylothrips flavipes* (Illiger, 1801)

分布：广东、陕西、台湾、海南、云南；日本，越南，老挝，泰国，印度，缅甸，不丹，斯里兰卡，澳大利亚；欧洲。

三十、蛛甲科 Ptinidae Latreille, 1802

435. 裸蛛甲属 *Gibbium* Scopoli, 1777

（1101）拟裸蛛甲 *Gibbium aequinoctiale* Boieldieu, 1854

分布：广东、河南、香港、云南；日本，韩国，印度，不丹，尼泊尔，巴基斯坦，伊朗，叙利亚，土库曼斯坦，土耳其，也门。

436. 褐珠甲属 *Pseudeurostus* Heyden, 1906

（1102）褐蛛甲 *Pseudeurostus hilleri* (Reitter, 1877)

分布：广东、黑龙江、吉林、辽宁、内蒙古、河北、山西、陕西、山东、河南、甘肃、宁夏、青海、江苏、安徽、浙江、湖北、江西、湖南、福建、四川、贵州；朝鲜，日本；欧洲。

437. 窃蠹属 *Falsogastrallus* Pic, 1914

（1103）档案窃蠹 *Falsogastrallus sauteri* Pic, 1914

分布：广东、江苏、江西、台湾、香港、广西、四川；日本。

438. 药材甲属 *Stegobium* Motschulsky, 1860

（1104）药材甲 *Stegobium paniceum* (Linnaeus, 1758)

分布：广东、黑龙江、吉林、辽宁、内蒙古、北京、河北、天津、山西、陕西、河南、山东、甘肃、宁夏、青海、新疆、上海、江苏、安徽、浙江、湖北、江西、湖南、福建、台湾、香港、海南、澳门、广西、四川、贵州、云南；蒙古国，俄罗斯，日本，朝鲜，印度，不丹，尼泊尔，土耳其，约旦，吉尔吉斯斯坦，哈萨克斯坦，土库曼斯坦。

439. 毛窃蠹属 *Ptilineurus* Reitter, 1901

（1105）红麻毛窃蠹 *Ptilineurus marmoratus* (Reitter, 1877)

分布：广东、黑龙江、吉林、辽宁、内蒙古、河北、山西、陕西、河南、山东、江苏、安徽、浙江、湖北、江西、湖南、福建、台湾、广西、贵州、云南。

440. *Lasioderma* Stephens, 1835

（1106）烟草甲 *Lasioderma serricorne* (Fabricius, 1792)

分布：广东、黑龙江、吉林、辽宁、河南、安徽、浙江、湖北、江西、福建、台湾、香港、广西、贵州；蒙古国，俄罗斯，日本，朝鲜，印度，不丹，尼泊尔，土耳其，塞浦路斯，以色列，沙特阿拉伯，叙利亚。

三十一、薪甲科 Latridiidae Erichson, 1842

441. 缩颈薪甲属 *Cartodere* Thomson, 1852

（1107）同沟缩颈薪甲 *Cartodere (s. str.) constricta* (Gyllenhal, 1827)

分布：广东、黑龙江、辽宁、内蒙古、河北、山西、陕西、河南、山东、甘肃、宁夏、青海、新疆、安徽、江苏、湖南、福建、广西、四川、贵州、云南；印度，尼泊尔。

442. 小薪甲属 *Dienerella* Reitter, 1911

（1108）红颈小薪甲 *Dienerella (Cartoderema) ruficollis* (Marsham, 1802)

分布：广东、黑龙江、内蒙古、山西、河南、山东、宁夏、新疆、浙江、湖北、江西、湖南、四川、贵州、云南；日本；欧洲，北美洲，非洲北部。

443. 东方薪甲属 *Migneauxia* **Jacquelin du Val, 1859**

（1109）皮东方薪甲 *Migneauxia lederi* Reitter, 1875

分布：广东、黑龙江、辽宁、内蒙古、河北、山西、陕西、河南、山东、新疆、江苏、安徽、浙江、湖北、江西、湖南、广西、四川、云南；日本，印度；欧洲，南美洲。

三十二、伪瓢虫科 Endomychidae Leach, 1815

444. 尹伪瓢虫属 *Indalmus* **Gerstaecker, 1858**

（1110）圆斑尹伪瓢虫亚种 *Indalmus coomani sinensis* Strohecker, 1979

分布：广东、浙江、江西、湖南、广西、贵州。

（1111）柔毛尹伪瓢虫 *Indalmus pubescens* (Arrow, 1925)

分布：广东、广西、贵州、云南；越南，老挝，柬埔寨，缅甸。

445. *Holoparamecus* **Curtis, 1833**

（1112）*Holoparamecus ellipticus* Wollaston, 1874

分布：广东、吉林、辽宁、河北、山西、河南、山东、陕西、甘肃、青海、安徽、浙江、湖北、福建、广西、贵州、四川、云南；蒙古国，日本。

446. 辛伪瓢虫属 *Sinocymbachus* **Stroheckeret Chûjô, 1970**

（1113）肩斑辛伪瓢虫 *Sinocymbachus humerosus* (Mader, 1938)

分布：广东、江苏、浙江、江西、湖南、福建、台湾、海南、广西、贵州、云南。

三十三、瓢虫科 Coccinellidae Latreille, 1807

小维氏瓢虫亚科 Microweiseinae Leng, 1920

447. 刀角瓢虫属 *Serangium* **Blackburn, 1889**

（1114）刀角瓢虫 *Serangium japonicum* Chapin, 1940

分布：广东（高要、始兴、广州、阳山、乳源、英德）、陕西、上海、浙江、湖北、湖南、福建、台湾、海南、广西、四川、贵州、云南；韩国，日本。

448. 台艳瓢虫属 *Catanella* **Miyatake,1961**

（1115）台艳瓢虫 *Catanella formosana* Miyatake, 1961

分布：广东（英德）、江西、安徽、台湾、云南。

449. 拟小刀角瓢虫属 *Pangia* **Wang *et* Ren, 2012**

（1116）沙巴拟小刀角瓢虫 *Pangia sababensis* (Sasaji, 1968)

分布：广东；马来西亚，泰国，老挝。

（1117）越南拟小刀角瓢虫 *Pangia vietnamica* (Hoàng, 1978)

分布：广东、广西、贵州、云南；越南。

瓢虫亚科 Coccinellinae Latreille, 1807

450. 彩瓢虫属 *Plotina* **Lewis, 1896**

（1118）福建彩瓢虫 *Plotina muelleri* Mader, 1955

分布：广东（连州、乳源）、湖南、福建、海南、四川、贵州；越南。

（1119）点斑彩瓢虫 *Plotina signatella* Wang *et* Ren, 2011

分布：广东、海南。

451. 园彩瓢虫属 *Sphaeroplotina* Miyatake, 1969

（1120）海南园彩瓢虫 *Sphaeroplotina hainanensis* Miyatake, 1969

分布：广东（英德）、海南。

（1121）异缘园彩瓢虫 *Sphaeroplotina varimarginata* Tong *et* Wang, 2020

分布：广东。

452. 环艳瓢虫属 *Jauravia* Motschulsky, 1858

（1122）黄环艳瓢虫 *Jauravia limbata* Motschulsky, 1858

分布：广东（始兴）、台湾、海南、云南；越南，印度，尼泊尔，斯里兰卡，泰国。

453. 尼艳瓢虫属 *Nesolotis* Miyatake, 1966

（1123）中斑尼艳瓢虫 *Nesolotis centralis* Wang *et* Ren, 2010

分布：广东（乳源）、广西、云南。

454. 毛艳瓢虫属 *Pharoscymnus* Bedel, 1906

（1124）台毛艳瓢虫 *Pharoscymnus taoi* Sasaji, 1967

分布：广东（鹤山、惠东、英德）、福建、台湾、海南、广西。

455. 小艳瓢虫属 *Sticholotis* Crotch, 1874

（1125）孔子小艳瓢虫 *Sticholotis confucii* (Mulsant, 1850)

分布：广东。

（1126）丽艳瓢虫 *Sticholotis formosana* Weise, 1923

分布：广东（始兴）、台湾、海南；刚果。

（1127）舌状艳瓢虫 *Sticholotis linguiformis* Yu, 1995

分布：广东、台湾。

（1128）南岭小艳瓢虫 *Sticholotis nanlingensis* Wang *et* Ren, 2017

分布：广东（乳源）。

（1129）短柱小艳瓢虫 *Sticholotis petila* Yu *et* Pang, 1993

分布：广东（乳源、始兴、英德）。

（1130）红额小艳瓢虫 *Sticholotis ruficeps* Weise, 1902

分布：广东、海南、云南；越南，泰国，马来西亚，印度尼西亚，马达加斯加，澳大利亚。

456. 基瓢虫属 *Diomus* Mulsant, 1850

（1131）褐缝基瓢虫 *Diomus akonis* (Ohta, 1929)

分布：广东、北京、陕西、浙江、福建、台湾、海南、四川；越南。

（1132）彭囊基瓢虫 *Diomus tumefactus* Yu, 1996

分布：广东（鹤山）。

457. 食螨瓢虫属 *Stethorus* Weise, 1891

（1133）拟小食螨瓢虫 *Stethorus* (*Allostethorus*) *parapauperculus* Pang, 1966

分布：广东（广州、肇庆）、福建、海南、广西、云南。

（1134）黑囊食螨瓢虫 *Stethorus* (*s. str.*) *aptus* Kapur, 1948

分布：广东（广州、肇庆）、浙江、福建、台湾、海南、广西；日本，马来西亚。

（1135）广东食螨瓢虫 *Stethorus* (*s. str.*) *cantonensis* Pang, 1966

分布：广东（广州）、湖北、福建、海南、香港、广西、云南；越南。

（1136）长管食螨瓢虫 *Stethorus* (*s. str.*) *longisiphonulus* Pang, 1966

分布：广东（始兴）、香港、海南、广西、福建；越南，老挝。

（1137）朗氏食螨瓢虫 *Stethorus* (*s. str.*) *rani* Kapur, 1948

分布：广东（肇庆）、福建、四川、云南；印度，泰国。

（1138）腹管食螨瓢虫 *Stethorus* (*s. str.*) *siphonulus* Kapur, 1948

分布：广东、海南、广西、福建；马来西亚，泰国，美国（夏威夷）。

458. 刺叶食螨瓢虫属 *Parastethorus* **Pang *et* Mao, 1975**

（1139）白云山食螨瓢虫 *Parastethorus baiyunshanensis* (Ren *et* Pang, 1996)

分布：广东（广州）。

（1140）裂端食螨瓢虫 *Parastethorus dichiapiculus* (Xiao, 1992)

分布：广东、广西、安徽、湖北、四川、重庆。

（1141）宽叶食螨瓢虫 *Parastethorus platyphyllus* Li *et* Ren, 2015

分布：广东（广州）。

（1142）截形食螨瓢虫 *Parastethorus truncatus* (Kapur, 1948)

分布：广东（广州）；马来西亚。

459. 斧瓢虫属 *Axinoscymnus* **Kamiya, 1963**

（1143）越南斧瓢虫 *Axinoscymnus apioides* Kuznetsov *et* Ren, 1991

分布：广东；越南，文莱，老挝。

（1144）无花果斧瓢虫 *Axinoscymnus beneficus* Kamiya, 1963

分布：广东（乳源、英德、始兴、惠州）、台湾、海南、香港；日本。

（1145）淡色斧瓢虫 *Axinoscymnus cardilobus* Ren *et* Pang, 1992

分布：广东（肇庆）。

（1146）贵州斧瓢虫 *Axinoscymnus navicularis* Ren *et* Pang, 1992

分布：广东（龙门）、香港、贵州。

（1147）黑翅斧瓢虫 *Axinoscymnus nigripennis* Kamiya, 1965

分布：广东（肇庆）、台湾；日本。

460. 隐唇瓢虫属 *Cryptolaemus* **Mulsant, 1853**

（1148）孟氏隐唇瓢虫 *Cryptolaemus montrouzieri* Mulsant, 1853

分布：广东；世界广布。

461. 陡胸瓢虫属 *Clitostethus* **Weise, 1885**

（1149）坝王岭陡胸瓢虫 *Clitostethus bawanglingensis* Peng, Ren *et* Pang, 1998

分布：广东、海南、云南。

（1150）短叶陡胸瓢虫 *Clitostethus brachylobus* Peng, Ren *et* Pang, 1998

分布：广东（广州）、海南、云南、西藏。

（1151）腹毛陡胸瓢虫 *Clitostethus sternalis* (Pang *et* Gordon, 1986)

    分布：广东（广州）。

462. 角毛瓢虫属 *Horniolus* Weise, 1900

（1152）香港角毛瓢虫 *Horniolus hisamatsui* Miyatake, 1976

    分布：广东（英德）、海南、香港、广西、西藏；尼泊尔。

（1153）山阳角毛瓢虫 *Horniolus sonduongensis* Hoàng, 1979

    分布：广东、福建、广西、云南；越南。

463. 凯瓢虫属 *Keiscymnus* Sasaji, 1971

（1154）台湾凯瓢虫 *Keiscymnus taiwanensis* Yang, 1972

    分布：广东（鹤山、惠东、乳源）、福建、台湾、海南、香港、云南；越南。

464. 弯叶毛瓢虫属 *Nephus* Mulsant, 1846

（1155）双鳞弯叶毛瓢虫 *Nephus* (*Geminosipho*) *ancyroides* Pang *et* Pu, 1988

    分布：广东、福建、台湾、香港、广西。

（1156）双线弯叶毛瓢虫 *Nephus* (*Geminosipho*) *bilinearis* Yu, 1997

    分布：广东、河南、湖北、四川。

（1157）中斑弯叶毛瓢虫 *Nephus* (*Geminosipho*) *tagiapatus* (Kamiya, 1965)

    分布：广东、香港、台湾、广西；印度，马来西亚，泰国；琉球群岛。

（1158）宽胫弯叶毛瓢虫 *Nephus* (*Geminosipho*) *eurypodus* Yu *et* Lau, 2001

    分布：广东、香港。

（1159）圆斑弯叶毛瓢虫 *Nephus* (*s. str.*) *ryuguus* (Kamiya, 1961)

    分布：广东、陕西、海南、广西、四川、贵州；琉球群岛。

（1160）罗氏弯叶毛瓢虫 *Nephus* (*s. str.*) *roepkei* (Fluiter, 1938)

    分布：广东（肇庆）、海南；日本，印度尼西亚，菲律宾，密克罗尼西亚。

465. 方突毛瓢虫属 *Sasajiscymnus* Vandenberg, 2004

（1161）裂臀方瓢虫 *Sasajiscymnus dapae* (Hoàng, 1978)

    分布：广东（始兴、英德）、福建、云南；越南。

（1162）双膜方瓢虫 *Sasajiscymnus disselasmatus* (Pang *et* Huang, 1986)

    分布：广东（始兴）、河南、福建。

（1163）钩状方瓢虫 *Sasajiscymnus hamatus* (Yu *et* Pang, 1993)

    分布：广东（始兴）。

（1164）双斑方瓢虫 *Sasajiscymnus hareja* (Weise, 1879)

    分布：广东（英德）、台湾、四川、云南；日本。

（1165）黑方突毛瓢虫 *Sasajiscymnus kurohime* (Miyatake, 1959)

    分布：广东（始兴、乳源、英德）、福建、台湾、海南、广西、贵州、云南；日本，越南，密克罗尼西亚。

（1166）膜端方瓢虫 *Sasajiscymnus lancetapicalis* (Pang *et* Gordon, 1986)

    分布：广东（广州）、海南。

（1167）尼泊尔方瓢虫 *Sasajiscymnus nepalicus* (Miyatake, 1985)

　　分布：广东（广州、肇庆、英德）；尼泊尔。

（1168）黄胸方瓢虫 *Sasajiscymnus pronotus* (Pang *et* Huang, 1986)

　　分布：广东（始兴、英德）、福建。

（1169）半黑方瓢虫 *Sasajiscymnus seminigrinus* (Yu *et* Pang, 1993)

　　分布：广东（始兴）。

（1170）独斑方瓢虫 *Sasajiscymnus seboshii* (Ohta, 1929)

　　分布：广东（乳源）、福建、台湾；日本。

（1171）始兴方瓢虫 *Sasajiscymnus shixingiensis* (Pang, 1993)

　　分布：广东（始兴）。

（1172）枝斑方瓢虫 *Sasajiscymnus sylvaticus* (Lewis, 1896)

　　分布：广东（乳源）、台湾、海南；韩国，日本。

466. 小毛瓢虫属 *Scymnus* Kugelann, 1794

（1173）棕色毛瓢虫 *Scymnus* (*Neopullus*) *fuscatus* Boheman, 1858

　　分布：广东、福建、台湾、香港、广西、湖南、贵州、云南；日本，印度，越南，泰国，柬埔寨，斯里兰卡，巴布亚新几内亚，菲律宾，印度尼西亚，澳大利亚，巴基斯坦，尼泊尔，苏丹。

（1174）黑襟毛瓢虫 *Scymnus* (*Neopullus*) *hoffmanni* Weise, 1879

　　分布：广东、吉林、辽宁、北京、河北、内蒙古、陕西、山东、河南、江苏、上海、安徽、浙江、湖北、江西、湖南、福建、台湾、海南、香港、广西、四川、云南、西藏；越南，日本，朝鲜。

（1175）小叶毛瓢虫 *Scymnus* (*Neopullus*) *minisculus* Yu *et* Pang, 1993

　　分布：广东（始兴）、海南、广西、安徽、湖北、湖南、贵州、四川、云南。

（1176）长突毛瓢虫 *Scymnus* (*Neopullus*) *yamato* Kamiya, 1961

　　分布：广东、北京、河北、河南、上海、江苏、福建、海南、四川；日本，越南。

（1177）南岭拟小瓢虫 *Scymnus* (*Parapullus*) *nanlingicus* Chen, Ren *et* Wang, 2012

　　分布：广东（乳源）。

（1178）侧突拟小瓢虫 *Scymnus* (*Parapullus*) *papillatus* Chen, Ren *et* Wang, 2015

　　分布：广东（乳源）、湖南、天津、山西。

（1179）弯端小瓢虫 *Scymnus* (*Pullus*) *accamptus* Pang *et* Pu, 1990

　　分布：广东、湖北、海南、广西、贵州、云南。

（1180）刀突小瓢虫 *Scymnus* (*Pullus*) *ambonoidea* Pang, 1988

　　分布：广东（肇庆、英德）、海南、广西、云南。

（1181）箭叶小瓢虫 *Scymnus* (*Pullus*) *ancontophyllus* Ren *et* Pang, 1993

　　分布：广东、陕西、天津、河北、山西、甘肃、安徽、浙江、湖北、四川、云南。

（1182）短叶小瓢虫 *Scymnus* (*Pullus*) *auritus* (Thunberg, 1795)

　　分布：广东（始兴）、福建、四川；古北界。

（1183）中黑小瓢虫 *Scymnus* (*Pullus*) *centralis* Kamiya, 1965

分布：广东（肇庆）、河南、湖北、福建、台湾、海南；日本，越南。

（1184）枝角小瓢虫 *Scymnus* (*Pullus*) *cladocerus* Ren *et* Pang, 1995

分布：广东、湖南。

（1185）刺端小瓢虫 *Scymnus* (*Pullus*) *cnidatus* Pang *et* Pu, 1990

分布：广东、广西、贵州、云南。

（1186）尖帽小瓢虫 *Scymnus* (*Pullus*) *contemtus* (Weise, 1923)

分布：广东、台湾、海南；日本，越南。

（1187）细管小瓢虫 *Scymnus* (*Pullus*) *comperei* Pang *et* Gordon, 1986

分布：广东、广西、贵州。

（1188）弯角小瓢虫 *Scymnus* (*Pullus*) *compoceratus* Pang *et* Huang, 1986

分布：广东、福建。

（1189）隐剑小瓢虫 *Scymnus* (*Pullus*) *cryphaconicus* Ren *et* Pang, 1994

分布：广东（乳源）、贵州。

（1190）双囊小瓢虫 *Scymnus* (*Pullus*) *dicorycus* Pang *et* Huang, 1986

分布：广东（乳源）、福建、海南、香港、台湾、安徽、湖南、云南；越南。

（1191）指突小瓢虫 *Scymnus* (*Pullus*) *dactylicus* Pang, 1988

分布：广东（肇庆）。

（1192）外囊小瓢虫 *Scymnus* (*Pullus*) *exocorycus* Pang *et* Huang, 1986

分布：广东、陕西、安徽、湖南、福建、海南、广西、贵州。

（1193）丽小瓢虫 *Scymnus* (*Pullus*) *formosanus* (Weise, 1923)

分布：广东（广州、高要）、浙江、江西、台湾、海南、广西、四川、贵州、云南；越南。

（1194）福建小瓢虫 *Scymnus* (*Pullus*) *fujianensis* Pang *et* Gordon, 1986

分布：广东、江西、福建、云南。

（1195）大黑小瓢虫 *Scymnus* (*Pullus*) *giganteus* Kamiya, 1961

分布：广东（惠东）；日本，越南。

（1196）戈达瓦小瓢虫 *Scymnus* (*Pullus*) *godavariensis* Miyatake, 1985

分布：广东、海南、广西、贵州、云南、西藏；尼泊尔。

（1197）印氏小瓢虫 *Scymnus* (*Pullus*) *hingstoni* Kapur,1963

分布：广东（始兴）、福建、云南、西藏；印度（锡金），越南。

（1198）古小瓢虫 *Scymnus* (*Pullus*) *impexus* Mulsant, 1850

分布：广东（始兴）、福建；欧洲，北美洲，非洲北部。

（1199）日本小瓢虫 *Scymnus* (*Pullus*) *japonicus* Weise, 1879

分布：广东（乳源、英德）、福建、江西、安徽、浙江、湖南、湖北、贵州、四川、云南；日本。

（1200）鸡公山小瓢虫 *Scymnus* (*Pullus*) *jigongshan* Yu, 1999

分布：广东、河南、安徽、湖北、湖南、福建、广西、贵州、云南。

（1201）黑背小瓢虫 *Scymnus* (*Pullus*) *kawamurai* (Ohta, 1929)

分布：广东（乳源、始兴、英德）、浙江、湖南、福建、广西、四川、云南；日本，印度。

（1202）凯氏小瓢虫 *Scymnus* (*Pullus*) *koebelei* Pang *et* Gordon, 1986

分布：广东（广州、高要）、福建、海南、广西、云南。

（1203）鞭丝小瓢虫 *Scymnus* (*Pullus*) *mastigoides* Ren *et* Pang, 1995

分布：广东（始兴、英德）、湖南。

（1204）南昆小瓢虫 *Scymnus* (*Pullus*) *nankunicus* Pang, 1986

分布：广东（始兴、龙门）、江西、福建。

（1205）肾斑小瓢虫 *Scymnus* (*Pullus*) *nephrospilus* Ren *et* Pang, 1995

分布：广东、安徽、湖北、江西、湖南、福建、四川、贵州、云南。

（1206）箭端小瓢虫 *Scymnus* (*Pullus*) *oestocraerus* Pang *et* Huang, 1985

分布：广东（乳源、英德、龙门）、安徽、浙江、江西、湖南、福建、台湾、海南、广西、贵州、云南、西藏；越南。

（1207）卵斑小瓢虫 *Scymnus* (*Pullus*) *ovimaculatus* Sasaji, 1968

分布：广东（鹤山）、台湾、海南、香港；马来西亚。

（1208）庞氏小瓢虫 *Scymnus* (*Pullus*) *pangi* Fürsch, 1989

分布：广东（英德）、台湾、海南、香港、广西；越南。

（1209）盖端小瓢虫 *Scymnus* (*Pullus*) *perdere* Yang, 1978

分布：广东（肇庆、乳源、英德、惠州）、安徽、浙江、江西、湖南、福建、台湾、广西。

（1210）拟盖端小瓢虫 *Scymnus* (*Pullus*) *paraperdere* Yu *et* Pang, 1993

分布：广东、安徽、浙江、湖北、江西、湖南、福建、贵州。

（1211）拟长管小瓢虫 *Scymnus* (*Pullus*) *paratenuis* Ren *et* Pang, 1994

分布：广东（惠州）、湖北、贵州；越南。

（1212）斧端小瓢虫 *Scymnus* (*Pullus*) *pelecoides* Pang *et* Huang, 1985

分布：广东（惠州）、浙江、江西、福建。

（1213）足印小瓢虫 *Scymnus* (*Pullus*) *podoides* Yu, 1992

分布：广东（始兴、乳源）、安徽、浙江、广西、贵州。

（1214）后斑小瓢虫 *Scymnus* (*Pullus*) *posticalis* Sicard, 1912

分布：广东（龙门、始兴、肇庆）、河南、陕西、甘肃、安徽、浙江、湖北、江西、福建、台湾、海南、广西、贵州、四川、云南、西藏；日本，越南，缅甸。

（1215）四斑小瓢虫 *Scymnus* (*Pullus*) *quadrillum* Motschulsky, 1858

分布：广东、江西、浙江、福建、台湾、海南、香港、广西、四川；老挝，菲律宾，越南，印度，尼泊尔，斯里兰卡。

（1216）方斑小瓢虫 *Scymnus* (*Pullus*) *quadratimaculatus* Chen *et* Ren, 2015

分布：广东（乳源）、湖南、福建。

（1217）鼻端小瓢虫 *Scymnus* (*Pullus*) *rhinoides* Chen *et* Ren, 2015

分布：广东、海南、云南。

（1218）菱叶小瓢虫 *Scymnus* (*Pullus*) *rhombicus* Yu *et* Pang, 1993

　　分布：广东（始兴）、湖南。

（1219）弯叶小瓢虫 *Scymnus* (*Pullus*) *shirozui* Kamiya, 1965

　　分布：广东（乳源、英德）、安徽、浙江、江西、湖南、台湾、海南、广西、贵州、云南。

（1220）束小瓢虫 *Scymnus* (*Pullus*) *sodalis* (Weise, 1923)

　　分布：广东（始兴）、河南、江苏、浙江、湖北、福建、台湾、四川、云南；日本，印度，尼泊尔，越南。

（1221）始兴小瓢虫 *Scymnus* (*Pullus*) *shixingicus* Yu *et* Pang, 1993

　　分布：广东（始兴、英德）。

（1222）细毛小瓢虫 *Scymnus* (*Pullus*) *syoitii* Sasaji, 1971

　　分布：广东、福建、香港；日本，越南。

（1223）端手小瓢虫 *Scymnus* (*Pullus*) *takabayashii* (Ohta, 1929)

　　分布：广东（乳源、英德）、陕西、湖北、江西、湖南、福建、广西、四川、贵州、云南；日本。

（1224）中脊小瓢虫 *Scymnus* (*Pullus*) *tegminalis* Hoàng, 1985

　　分布：广东（始兴）、江西、湖南、福建、贵州、云南；越南。

（1225）长管小瓢虫 *Scymnus* (*Pullus*) *tenuis* Yang, 1978

　　分布：广东、江西、福建、台湾、海南、香港、云南；越南。

（1226）箭管小瓢虫 *Scymnus* (*Pullus*) *toxosiphonius* Pang *et* Huang, 1986

　　分布：广东、河南、安徽、福建、台湾、海南、贵州、云南。

（1227）鼓膜小瓢虫 *Scymnus* (*Pullus*) *tympanus* Yu *et* Pang, 1992

　　分布：广东（乳源、始兴、英德）、湖南、海南、云南、西藏。

（1228）内囊小瓢虫 *Scymnus* (*Pullus*) *yangi* Yu *et* Pang, 1993

　　分布：广东（龙门、始兴、乳源、英德）、河南、山西、浙江、湖南、江西、福建、台湾、海南、广西、贵州、重庆、云南、西藏；越南。

（1229）端丝小毛瓢虫 *Scymnus* (*s. str.*) *acidotus* Pang *et* Huang, 1985

　　分布：广东（英德）、河南、安徽、湖北、江西、湖南、福建、海南、广西、贵州、云南。

（1230）周氏小毛瓢虫 *Scymnus* (*s. str.*) *choui* Chen, Wang *et* Ren, 2013

　　分布：广东、湖北、广西、贵州、四川、西藏。

（1231）斧斑小毛瓢虫 *Scymnus* (*s. str.*) *comosus* Chen, Wang *et* Ren, 2013

　　分布：广东、广西。

（1232）十斑小毛瓢虫 *Scymnus* (*s. str.*) *decemmaculatus* Yu *et* Pang, 1992

　　分布：广东（始兴）。

（1233）双叶小毛瓢虫 *Scymnus* (*s. str.*) *dissolobus* Pang *et* Huang, 1985

　　分布：广东（始兴）、海南、福建、江西、云南。

（1234）内卷小毛瓢虫 *Scymnus* (*s. str.*) *kabakovi* Hoàng, 1982

　　分布：广东（龙门、英德、乳源）、广西、云南、西藏；越南。

（1235）龙门小毛瓢虫 *Scymnus* (*s. str.*) *longmenicus* Pang, 1986

分布：广东（龙门、英德、乳源、始兴）、广西、湖南、江西、海南。

（1236）鳍突小毛瓢虫 *Scymnus* (*s. str.*) *notidanus* Pang *et* Huang, 1985

分布：广东（乳源）、福建、广西、湖北、贵州。

（1237）肥厚小毛瓢虫 *Scymnus* (*s. str.*) *pinguis* Yu, 1999

分布：广东（乳源）、河南、陕西、湖北、江西、湖南、广西、贵州、四川。

（1238）粗柄小毛瓢虫 *Scymnus* (*s. str.*) *trachypus* Chen, Wang *et* Ren, 2013

分布：广东。

467. 刻眼瓢虫属 *Ortalia* Mulsant, 1850

（1239）云南刻眼瓢虫 *Ortalia horni* Weise, 1900

分布：广东、海南、云南。

468. 花瓢虫属 *Amida* Lewis, 1896

（1240）三色花瓢虫 *Amida tricolor* (Harold, 1878)

分布：广东（乳源、始兴、英德）、广西、台湾；日本，越南。

（1241）横斑花瓢虫 *Amida quingquefasiata* Hoàng, 1982

分布：广东（英德）、湖南、福建、海南、四川、云南；越南。

469. 显盾瓢虫属 *Hyperaspis* Redtenbacher, 1849

（1242）中华显盾瓢虫 *Hyperaspis sinensis* (Crotch, 1874)

分布：广东（始兴、龙门）、北京、江苏、安徽、浙江、湖北、江西、福建、香港、广西、
四川、贵州；日本，俄罗斯（西伯利亚）。

470. 隐胫瓢虫属 *Aspidimerus* Mulsant, 1850

（1243）卡巴隐胫瓢虫 *Aspidimerus kabakovi* Hoàng, 1982

分布：广东、广西、云南；越南。

471. 隐势瓢虫属 *Cryptogonus* Mulsant, 1850

（1244）窄背隐势瓢虫 *Cryptogonus angusticarinatus* Sasaji, 1968

分布：广东（乳源、始兴、英德）、湖北、江西、湖南、台湾、海南、广西、贵州、云南；
越南。

（1245）短叶隐势瓢虫 *Cryptogonus brachylobius* Pang, 1998

分布：广东（乳源）。

（1246）复合隐势瓢虫 *Cryptogonus complexus* Kapur, 1948

分布：广东（乳源、始兴、英德、阳山、龙门）、甘肃、湖南、江西、福建、台湾、广西、
四川、贵州、云南、西藏；越南，印度，缅甸。

（1247）曲斑隐势瓢虫 *Cryptogonus fractemaculatus* Pang, 1998

分布：广东（阳山）。

（1248）广东隐势瓢虫 *Cryptogonus guangdongiensis* Pang *et* Mao, 1979

分布：广东（鹤山）、海南、广西；越南。

（1249）海南隐势瓢虫 *Cryptogonus hainanensis* Pang *et* Mao, 1979

分布：广东（广州）、江西、海南、香港。

（1250）喜马拉雅隐势瓢虫 *Cryptogonus himalayensis* Kapur, 1948

分布：广东（乳源、始兴）、广西、贵州、云南、西藏；缅甸，印度（锡金）。

（1251）台湾隐势瓢虫 *Cryptogonus horishanus* (Ohta, 1929)

分布：广东（始兴、英德、惠东）、甘肃、浙江、江西、福建、台湾、海南、香港、广西、云南、四川；日本。

（1252）舌端隐势瓢虫 *Cryptogonus inguilatus* Pang, 1998

分布：广东、福建。

（1253）渥氏隐势瓢虫 *Cryptogonus ohtai* Sasaji, 1968

分布：广东（始兴）、台湾、西藏。

（1254）变斑隐势瓢虫 *Cryptogonus orbiculus* (Gyllenhal, 1808)

分布：广东（广州、肇庆、乳源、始兴、英德、阳山、连南、龙门）、陕西、甘肃、浙江、湖北、江西、湖南、福建、台湾、海南、香港、广西、四川、贵州、云南、西藏；日本，越南，印度尼西亚，马来西亚，缅甸，印度，斯里兰卡，密克罗尼西亚，美国（马里亚纳）。

（1255）臀斑隐势瓢虫 *Cryptogonus postmedialis* Kapur, 1948

分布：广东（始兴、乳源、龙门、肇庆）、浙江、湖北、江西、福建、台湾、海南、广西、贵州、云南、四川；缅甸，越南，印度。

（1256）七斑隐势瓢虫 *Cryptogonus schraiki* Mader, 1933

分布：广东（乳源）、河南、甘肃、安徽、湖北、湖南、四川、贵州、云南。

（1257）叉端隐势瓢虫 *Cryptogonus trifurcatus* Pang *et* Mao, 1979

分布：广东（英德）、广西、云南。

（1258）五指山隐势瓢虫 *Cryptogonus wuzhishanus* Pang *et* Mao, 1979

分布：广东（阳山）、海南。

472. 新隐瓢虫属 *Trigonocarinatus* Huo *et* Ren, 2015

（1259）蒙塔新隐瓢虫 *Trigonocarinatus montanus* Hoàng, 1985

分布：广东、台湾、海南、广西。

473. 隐突瓢虫属 *Tumidusternus* Huo *et* Ren, 2015

（1260）福建隐突瓢虫 *Tumidusternus fujianensis* Huo *et* Ren, 2015

分布：广东（乳源、英德、梅州）、福建。

474. 纵条瓢虫属 *Brumoides* Chapin, 1965

（1261）海南纵条瓢虫 *Brumoides hainanensis* Miyatake, 1970

分布：广东（广州）、福建、海南、广西、云南。

（1262）宽纹纵条瓢虫 *Brumoides lineatus* (Weise, 1885)

分布：广东（广州、台山）、香港、广西、海南、福建、台湾；缅甸，泰国，孟加拉国，印度，斯里兰卡。

475. 盔唇瓢虫属 *Chilocorus* Leach, 1815

（1263）闪蓝红点唇瓢虫 *Chilocorus chalybeatus* Gorham, 1892

分布：广东（始兴）、陕西、甘肃、安徽、浙江、湖南、福建、海南、广西、四川、贵州、云南。

（1264）中华唇瓢虫 *Chilocorus chinensis* Miyatake, 1970

分布：广东（广州、英德）、海南、广西、云南、福建、江西、安徽、浙江、河南、贵州、江苏。

（1265）细缘唇瓢虫 *Chilocorus circumdatus* (Gyllenhal, 1808)

分布：广东（广州、英德）、香港、海南、广西、云南、浙江、福建；印度尼西亚，印度，斯里兰卡，澳大利亚，美国。

（1266）异红点唇瓢虫 *Chilocirus esakii* Kamiya, 1959

分布：广东、广西、贵州、辽宁、河北、山西、山东、河南、上海、安徽、浙江、江西、湖南、福建、四川、内蒙古；日本。

（1267）闪蓝唇瓢虫 *Chilocorus hauseri* Weise, 1895

分布：广东、陕西、福建、海南、四川、云南；缅甸，印度（锡金）。

（1268）湖北红点唇瓢虫 *Chilocorus hupehanus* Miyatake, 1970

分布：广东、山东、甘肃、浙江、湖北、湖南、福建、广西、四川、贵州。

（1269）红点唇瓢虫 *Chilocorus kuwanae* Silvestri, 1909

分布：广东（惠东、深圳）、黑龙江、吉林、辽宁、内蒙古、北京、河北、山东、山西、河南、陕西、甘肃、新疆、宁夏、江苏、上海、安徽、浙江、湖北、江西、湖南、福建、香港、广西、四川、贵州、云南；日本，朝鲜，美国。

（1270）黑背唇瓢虫 *Chilocorus melas* Weise, 1898

分布：广东（广州、新会）、福建、海南、香港、广西、四川、云南；老挝，泰国，印度，缅甸，尼泊尔，不丹，斯里兰卡，印度尼西亚。

（1271）宽缘唇瓢虫 *Chilocorus rufisarsis* Motschulsky, 1853

分布：广东（连州）、山东、江苏、浙江、江西、湖南、福建、海南、香港、广西、贵州、四川、云南；越南。

476. 细须唇瓢虫属 *Phaenochilus* Weise, 1895

（1272）细须唇瓢虫 *Phaenochilus metasternalis* Miyatake, 1970

分布：广东（英德）、安徽、湖南、海南、广西、贵州、云南；越南，老挝，新加坡，印度尼西亚。

477. 广盾瓢虫属 *Platynaspis* Redtenbacher, 1843

（1273）斧斑广盾瓢虫 *Platynaspis angulimaculata* Mader, 1938

分布：广东（英德）、四川、贵州、云南、西藏；泰国。

（1274）扭叶广盾瓢虫 *Platynaspis gressitti* (Miyatake, 1961)

分布：广东（始兴、英德）、福建、海南、贵州、云南。

（1275）海南广盾瓢虫 *Platynaspis hainanensis* (Miyatake, 1961)

分布：广东（英德）、福建、海南、广西、云南。

（1276）艳色广盾瓢虫 *Platynaspis lewisii* Lewis, 1873

分布：广东（英德）、山东、山西、陕西、甘肃、江苏、上海、浙江、湖北、江西、福建、台湾、海南、广西、云南；朝鲜，日本，缅甸，印度。

（1277）四斑广盾瓢虫 *Platynaspis maculosa* Weise, 1910

分布：广东（广州、英德、始兴、龙门）、山东、山西、河南、陕西、甘肃、江苏、安徽、浙江、江西、湖北、福建、台湾、海南、香港、广西、四川、贵州、云南；越南。

（1278）八斑广盾瓢虫 *Platynaspis octoguttata* (Miyatake, 1961)

分布：广东（乳源、始兴、阳山、英德）、江西、福建、海南、贵州、云南、西藏。

（1279）三色广盾瓢虫 *Platynaspis tricolor* (Hoàng, 1983)

分布：广东（始兴）、广西、贵州、云南；越南。

478. 寡节瓢虫属 *Telsimia* Casey, 1899

（1280）中原寡节瓢虫 *Telsimia nigra centralis* Pang et Mao, 1979

分布：广东（乳源）、河南、江西、福建、台湾、四川、云南；日本。

（1281）整胸寡节瓢虫 *Telsimia emarginata* Chapin, 1926

分布：广东（阳山、惠东）、浙江、福建、广西、四川。

（1282）会理寡节瓢虫 *Telsimia huiliensis* Pang et Mao, 1979

分布：广东（阳山）、四川、云南。

（1283）短叶寡节瓢虫 *Telsimia humidiphila* Kapur, 1969

分布：广东（阳山）、海南、广西、云南；越南。

（1284）四川寡节瓢虫 *Telsimia sichuanensis* Pang et Mao, 1979

分布：广东、陕西、浙江、湖北、福建、海南、香港、广西、四川。

479. 短角瓢虫属 *Novius* Mulsant, 1846

（1285）澳洲瓢虫 *Novius cardinalis* (Mulsant, 1850)

分布：广东（广州、深圳）、江苏、上海、浙江、江西、福建、台湾、香港、广西、四川、云南；澳大利亚；全球热带和亚热带地区。

（1286）烟色红瓢虫 *Novius fumidus* (Mulsant, 1850)

分布：广东（英德）、湖南、云南；印度，孟加拉国，缅甸，马达加斯加。

（1287）六斑红瓢虫 *Novius sexnotatus* (Mulsant, 1850)

分布：广东、浙江、福建、广西、四川、云南；印度。

（1288）红环瓢虫 *Novius limbatus* Mostchulsky, 1866

分布：广东、黑龙江、吉林、辽宁、北京、天津、河北、河南、山东、山西、陕西、江苏、上海、浙江、湖北、广西、四川、贵州、云南；蒙古国，朝鲜，日本，俄罗斯。

（1289）八斑红瓢虫 *Novius octoguttatus* (Weise, 1910)

分布：广东（广州、封开）、海南、四川、贵州、云南；印度，尼泊尔。

（1290）小红瓢虫 *Novius pumilus* (Weise, 1892)

分布：广东（广州、英德、惠东）、福建、台湾、海南、香港、广西、贵州、云南；日本，密克罗尼西亚。

（1291）四斑红瓢虫 *Novius quadrimaculatus* (Mader, 1939)

分布：广东、安徽、浙江、湖北、江西、湖南、福建、台湾、海南、广西、贵州；日本。

（1292）大红瓢虫 *Novius rufopilosus* (Mulsant, 1850)

分布：广东（广州、始兴、英德、惠东）、陕西、甘肃、江苏、浙江、上海、湖北、江西、湖南、福建、海南、香港、广西、贵州、四川、西藏、云南；越南，缅甸，印度，菲律宾，印度尼西亚。

480. 奇瓢虫属 *Alloneda* Iablokoff-Khnzorian, 1979

（1293）丽斑奇瓢虫 *Alloneda callinotata* (Jing, 1988)

分布：广东（乳源、始兴、英德、龙门）、福建、贵州、云南；越南。

（1294）十二斑奇瓢虫 *Alloneda dodecaspilota* (Hope, 1831)

分布：广东（始兴）、海南、云南、西藏；越南，缅甸，印度，泰国，不丹，尼泊尔，斯里兰卡。

481. 异瓢虫属 *Aiolocaria* Crotch, 1871

（1295）六斑异瓢虫 *Aiolocaria hexaspilota* (Hope, 1831)

分布：广东（英德）、黑龙江、吉林、内蒙古、北京、河北、河南、陕西、甘肃、湖北、福建、台湾、贵州、云南、四川、西藏；朝鲜，日本，印度，尼泊尔，缅甸，俄罗斯。

482. 纹裸瓢虫属 *Bothrocalvia* Crotch, 1874

（1296）细纹裸瓢虫 *Bothrocalvia albolineata* (Gyllenhal, 1808)

分布：广东（鹤山、龙门、惠东）、湖南、福建、台湾、香港、广西、四川、云南；印度。

（1297）宽纹裸瓢虫 *Bothrocalvia lewisi* (Crotch, 1874)

分布：广东、福建、广西、云南；缅甸，柬埔寨。

（1298）十眼纹裸瓢虫 *Bothrocalvia pupillata* (Swartz, 1808)

分布：广东（广州）、香港、广西、云南；印度，印度尼西亚。

483. 星盘瓢虫属 *Phrynocaria* Timberlake, 1943

（1299）红星盘瓢虫 *Phrynocaria unicolor* (Fabricius, 1792)

分布：广东、香港、福建、台湾、广西、四川、云南；日本，越南，印度。

484. 盘耳瓢虫属 *Coelophora* Mulsant, 1850

（1300）八斑盘瓢虫 *Coelophora bowringii* Crotch, 1874

分布：广东（封开）、台湾。

485. 裸瓢虫属 *Calvia* Mulsant, 1846

（1301）华裸瓢虫 *Calvia chinensis* (Mulsant, 1850)

分布：广东（广州、始兴、连州）、陕西、江苏、浙江、湖南、福建、海南、广西、贵州、云南、四川。

（1302）四斑裸瓢虫 *Calvia muiri* (Timberlake, 1943)

分布：广东（始兴）、河北、河南、陕西、浙江、湖北、江西、湖南、福建、台湾、广西、四川、贵州、云南；日本。

（1303）十五星裸瓢虫 *Calvia quindecimguttata* (Fabricius, 1777)

分布：广东（从化）、陕西、甘肃、浙江、江西、湖南、福建、台湾、香港、广西、四川、贵州、云南；日本，印度；欧洲。

（1304）链纹裸瓢虫 *Calvia sicardi* (Mader, 1930)

分布：广东（从化）、河南、陕西、甘肃、湖南、福建、广西、贵州、云南、四川。

486. 瓢虫属 *Coccinella* Linnaeus, 1758

（1305）七星瓢虫 *Coccinella septempunctata* Linnaeus, 1758

分布：广东（乳源、连南）、黑龙江、吉林、北京、河北、河南、陕西、甘肃、新疆、浙江、湖北、湖南、福建、台湾、海南、广西、四川、贵州、云南、西藏；蒙古国，朝鲜，日本，印度；欧洲。

（1306）狭臀瓢虫 *Coccinella transversalis* Fabricius, 1781

分布：广东（始兴）、福建、海南、台湾、香港、广西、贵州、云南、西藏；越南，缅甸，尼泊尔，不丹，印度，斯里兰卡，泰国，印度尼西亚，孟加拉国，澳大利亚，新西兰，巴布亚新几内亚。

487. 和谐瓢虫属 *Harmonia* Mulsant, 1850

（1307）异色瓢虫 *Harmonia axyridis* (Pallas, 1773)

分布：广东（始兴）、黑龙江、吉林、内蒙古、河北、河南、甘肃、浙江、湖北、江西、湖南、福建、台湾、海南、广西、四川、贵州、云南、西藏；日本，朝鲜，蒙古国，俄罗斯，美国。

（1308）红肩瓢虫 *Harmonia dimidiata* (Fabricius, 1781)

分布：广东（连州、英德、肇庆）、湖南、福建、台湾、香港、广西、四川、贵州、云南、西藏；日本，尼泊尔，越南，印度，印度尼西亚。

（1309）奇斑瓢虫 *Harmonia eucharis* (Mulsant, 1853)

分布：广东（连州）、河南、福建、贵州、云南、西藏；印度。

（1310）八斑和瓢虫 *Harmonia octomaculata* (Fabricius, 1781)

分布：广东（广州、始兴）、湖北、江西、湖南、福建、台湾、海南、香港、广西、四川、贵州、云南、西藏；日本，印度，菲律宾，印度尼西亚，斯里兰卡；大洋洲。

（1311）纤丽瓢虫 *Harmonia sedecimnotata* (Fabricius, 1801)

分布：广东（广州）、台湾、海南、香港、广西、四川、贵州、云南、西藏；菲律宾，印度尼西亚。

（1312）隐斑瓢虫 *Harmonia yedoensis* (Takizawa, 1917)

分布：广东（广州、中山、始兴、惠东）、北京、河北、山东、河南、陕西、浙江、湖南、江西、湖北、福建、台湾、香港、广西、四川、贵州、云南；朝鲜，日本，越南。

488. 盘瓢虫属 *Lemnia* Mulsant, 1850

（1313）双带盘瓢虫 *Lemnia biplagiata* (Swartz, 1808)

分布：广东（始兴、英德、惠东）、吉林、浙江、湖北、江西、福建、台湾、海南、香港、广西、云南、西藏；印度，朝鲜，日本，印度尼西亚。

（1314）十斑盘瓢虫 *Lemnia bissellata* (Mulsant, 1850)

分布：广东（广州、始兴）、湖南、福建、台湾、海南、香港、广西、四川、贵州、云南、西藏；朝鲜，菲律宾，印度尼西亚，越南，印度，泰国，尼泊尔，新加坡，巴布亚新几内亚。

（1315）红基盘瓢虫 *Lemnia circumusta* (Mulsant, 1850)

分布：广东（英德）、福建、台湾、海南、香港、广西、贵州；印度，越南。

（1316）周缘盘瓢虫 *Lemnia circumvelata* (Mulsant, 1850)

分布：广东（中山、始兴）、河南、陕西、安徽、湖北、江西、福建、台湾、广西、贵州；尼泊尔。

（1317）九斑盘瓢虫 *Lemnia duvauceli* (Mulsant, 1850)

分布：广东（封开）、江西、福建、海南、香港、广西、贵州、云南；日本，越南，印度，印度尼西亚，法国。

（1318）黄斑盘瓢虫 *Lemnia saucia* (Mulsant, 1850)

分布：广东（乳源、始兴、英德）、内蒙古、山东、陕西、甘肃、河南、上海、浙江、湖南、江西、福建、台湾、海南、香港、广西、四川、贵州、云南；日本，印度，菲律宾，尼泊尔，泰国。

489. 大瓢虫属 *Megalocaria* Crotch, 1871

（1319）十斑大瓢虫 *Megalocaria dilatata* (Fabricius, 1775)

分布：广东（从化、新会、英德）、福建、台湾、香港、广西、四川、贵州、云南；印度，印度尼西亚，越南。

490. 宽柄月瓢虫属 *Cheilomenes* Dejean, 1836

（1320）六斑月瓢虫 *Cheilomenes sexmaculata* (Fabricius, 1781)

分布：广东（乳源、始兴、惠东）、黑龙江、吉林、辽宁、山东、河南、陕西、甘肃、江苏、浙江、湖南、江西、福建、台湾、海南、香港、广西、四川、贵州、云南；日本，柬埔寨，印度，斯里兰卡，菲律宾，马来西亚，印度尼西亚，泰国，阿富汗，伊朗，密克罗尼西亚，巴布亚新几内亚。

491. 兼食瓢虫属 *Micraspis* Chevrolata, 1836

（1321）稻红瓢虫 *Micraspis discolor* (Fabricius, 1798)

分布：广东（乳源、始兴、阳山、惠东、肇庆）、陕西、江苏、上海、浙江、湖北、江西、湖南、福建、海南、香港、广西、四川、贵州、云南、西藏；日本，印度，斯里兰卡，菲律宾，印度尼西亚，马来西亚，泰国，密克罗尼西亚。

（1322）罕兼食瓢虫 *Micraspis inops* (Mulsant, 1866)

分布：广东；日本，越南，印度，缅甸，泰国，印度尼西亚。

492. 巧瓢虫属 *Oenopia* Mulsant, 1850

（1323）粗网巧瓢虫 *Oenopia chinensis* (Weise, 1912)

分布：广东（从化、始兴）、山东、江苏、浙江、上海、湖南、福建、台湾、广西、四川、贵州、云南。

（1324）台湾巧瓢虫 *Oenopia formosana* (Miyatake, 1965)

分布：广东（乳源）、陕西、湖南、福建、台湾、贵州。

（1325）黄缘巧瓢虫 *Oenopia sauzeti* Mulsant, 1866

分布：广东（广州）、河南、陕西、甘肃、福建、台湾、广西、四川、贵州、云南、西藏；越南，缅甸，印度。

（1326）梯斑巧瓢虫 *Oenopia scalaris* (Timberlake, 1943)

分布：广东（连州）、北京、新疆、河北、河南、福建、台湾、广西、四川、贵州、云南；日本，朝鲜，韩国，越南，密克罗尼西亚，美国（夏威夷）。

493. 龟纹瓢虫属 *Propylea* Mulsant, 1846

（1327）龟纹瓢虫 *Propylea japonica* (Thunberg, 1781)

分布：广东（广州、乳源、始兴）、黑龙江、吉林、辽宁、内蒙古、北京、河北、山东、河南、陕西、宁夏、甘肃、新疆、江苏、浙江、湖北、江西、湖南、福建、台湾、海南、广西、四川、贵州、云南；俄罗斯，日本，印度。

（1328）黄室龟纹瓢虫 *Propylea luteopustulata* (Mulsant, 1866)

分布：广东（连南、始兴）、河南、陕西、湖南、江西、福建、台湾、广西、四川、贵州、云南、西藏；缅甸，印度，尼泊尔，不丹，泰国。

494. 新丽瓢虫属 *Synona* Pope, 1989

（1329）红颈瓢虫 *Synona consanguinea* Poorani, Ślipiński *et* Booth, 2008

分布：广东（从化、英德）、甘肃、陕西、湖北、江西、湖南、福建、台湾、海南、广西、四川、贵州、云南、西藏；越南，印度，斯里兰卡，菲律宾。

495. 突肩瓢虫属 *Synonycha* Chevrolat, 1836

（1330）大突肩瓢虫 *Synonycha grandis* (Thunberg, 1781)

分布：广东（广州、始兴）、福建、台湾、海南、香港、广西、贵州、云南、西藏；日本，印度，菲律宾，缅甸，马来西亚，泰国，斯里兰卡，印度尼西亚，澳大利亚，巴布亚新几内亚。

496. 素菌瓢虫属 *Illeis* Mulsant, 1850

（1331）二斑素菌瓢虫 *Illeis bistigmosa* (Mulsant, 1850)

分布：广东（英德）、湖南、海南、香港、广西、贵州、云南；印度，斯里兰卡，马来西亚，菲律宾，泰国。

（1332）素菌瓢虫 *Illeis cincta* (Fabricius, 1798)

分布：广东（广州）、河北、江苏、湖北、福建、海南、贵州、云南；日本，印度，斯里兰卡，菲律宾，印度尼西亚。

（1333）狭叶素菌瓢虫 *Illeis confusa* Timberlake, 1943

分布：广东（乳源、英德、龙门）、河南、浙江、江西、海南、香港、广西、四川、贵州、云南、西藏；尼泊尔，越南，泰国，印度，美国。

（1334）柯氏素菌瓢虫 *Illeis koebelei* Timberlake, 1943

分布：广东（始兴、封开）、河北、山西、陕西、湖南、江西、福建、台湾、海南、广西、四川、贵州、云南；朝鲜，日本，美国（夏威夷）。

497. 黄菌瓢虫属 *Halyzia* Mulsant, 1846

（1335）梵文菌瓢虫 *Halyzia sanscrita* Mulsant, 1853

分布：广东（广州）、河北、山西、河南、陕西、甘肃、江苏、浙江、湖南、福建、台湾、广西、四川、贵州、云南、西藏；印度，也门，不丹。

498. 褐菌瓢虫属 *Vibidia* Mulsant, 1846

（1336）十二斑褐菌瓢虫 *Vibidia duodecimguttata* (Poda, 1761)

分布：广东、吉林、北京、河北、河南、陕西、甘肃、上海、浙江、湖南、福建、广西、青海、四川、贵州、云南、西藏；朝鲜，日本，蒙古国；西亚，中亚，欧洲。

499. 崎齿瓢虫属 *Afidenta* Dieke, 1947

（1337）大豆瓢虫 *Afidenta misera* (Weise, 1900)

分布：广东（乳源）、山东、安徽、福建、台湾、广西、贵州、云南、西藏；越南，印度尼西亚，尼泊尔，印度，斯里兰卡，泰国，缅甸，老挝。

500. 小崎齿瓢虫属 *Afidentula* Kapur, 1955

（1338）小崎齿瓢虫 *Afidentula manderstjernae* (Mulsant, 1853)

分布：广东（连南）、广西、四川、贵州、云南；印度，缅甸，越南，尼泊尔。

501. 长崎齿瓢虫属 *Afissula* Kapur, 1955

（1339）双四星长崎齿瓢虫 *Afissula bisquadripunctata* (Gyllenhal, 1808)

分布：广东（广州）、香港、广西、贵州、云南；尼泊尔，印度，越南，斯里兰卡。

（1340）球端长崎齿瓢虫 *Afissula expansa* (Dieke, 1947)

分布：广东（乳源）、河南、湖南、海南、云南、四川、贵州。

502. 食植瓢虫属 *Epilachna* Chevrolat, 1837

（1341）瓜茄瓢虫 *Epilachna admirabilis* Crotch, 1874

分布：广东（始兴）、陕西、江苏、安徽、浙江、湖北、福建、台湾、海南、广西、四川、贵州、云南；日本，缅甸，越南，尼泊尔，印度，孟加拉国，泰国。

（1342）安徽食植瓢虫 *Epilachna anhweiana* (Dieke, 1947)

分布：广东（从化、乳源、龙门）、河南、江苏、安徽、浙江、江西、湖南、广西、贵州、云南。

（1343）新月食植瓢虫 *Epilachna bicrescens* (Dieke, 1947)

分布：广东、湖北、四川、贵州。

（1344）短叶食植瓢虫 *Epilachna brachyloba* Zeng *et* Yang, 1996

分布：广东（乳源）、广西。

（1345）中华食植瓢虫 *Epilachna chinensis* (Weise, 1912)

分布：广东（乳源）、河南、陕西、安徽、湖北、江西、福建、台湾、广西、贵州、云南；日本。

（1346）银莲花瓢虫 *Epilachna convexa* (Dieke, 1947)

分布：广东（乳源）、陕西、四川、贵州。

（1347）横斑食植瓢虫 *Epilachna confusa* Li, 1961

分布：广东（英德）、台湾、海南、贵州。

（1348）同享食植瓢虫 *Epilachna donghoiensis* Hoàng, 1978

分布：广东、河南、安徽、海南、贵州、云南；越南。

（1349）红毛食植瓢虫 *Epilachna erythrotricha* Hoàng, 1978

分布：广东（乳源）、广西、贵州；越南。

（1350）爪哇食植瓢虫 *Epilachna gedeensis* (Dieke, 1947)

分布：广东（连州）、贵州、云南；印度尼西亚。

（1351）钩叶食植瓢虫 *Epilachna glochisifoliata* Pang *et* Mao, 1979

分布：广东、贵州。

（1352）菱斑食植瓢虫 *Epilachna insignis* Gorham, 1892

分布：广东（从化）、河南、陕西、安徽、浙江、湖北、江西、湖南、福建、海南、广西、云南、四川、贵州。

（1353）柔食植瓢虫 *Epilachna lenta* (Weise, 1902)

分布：广东（龙门）、甘肃；越南。

（1354）十斑食植瓢虫 *Epilachna macularis* Mulsant, 1850

分布：广东、四川、贵州。

（1355）圆斑食植瓢虫 *Epilachna maculicollis* (Sicard, 1922)

分布：广东、浙江、云南、贵州。

（1356）福州食植瓢虫 *Epilachna magna* (Dieke, 1947)

分布：广东、四川。

（1357）端尖食植瓢虫 *Epilachna quadricollis* (Dieke, 1947)

分布：广东（从化、始兴）、河北、山东、江苏、浙江、江西、福建、台湾、广西、四川；朝鲜。

（1358）管齿食植瓢虫 *Epilachna siphodenticulata* Hoàng, 1978

分布：广东（从化、乳源）、湖南、福建、广西、贵州；越南。

503. 裂臀瓢虫属 *Henosepilachna* Li *et* Cook, 1961

（1359）波裂臀瓢虫 *Henosepilachna boisduvali* (Mulsant, 1850)

分布：广东（始兴）、台湾、海南、贵州；日本，菲律宾，印度尼西亚，澳大利亚，越南，巴布亚新几内亚，斐济。

（1360）内隆裂臀瓢虫 *Henosepilachna intriogibbera* Yu *et* Pang, 1993

分布：广东（乳源）、广西。

（1361）十斑裂臀瓢虫 *Henosepilachna kaszabi* (Bielawski *et* Fürsch, 1960)

分布：广东（惠州）、广西、贵州、云南；菲律宾，缅甸，泰国，印度。

（1362）瓜裂臀瓢虫 *Henosepilachna septima* (Dieke, 1947)

分布：广东（乳源）、海南、广西、贵州、云南；缅甸，越南，泰国，老挝，印度，柬埔寨。

（1363）多摩裂臀瓢虫 *Henosepilachna tamdaoensis* Hoàng, 1977

分布：广东（英德）、广西、贵州、云南；越南。

（1364）茄二十八星瓢虫 *Henosepilachna vigintioctopunctata* (Fabricius, 1775)

分布：广东（广州、乳源、龙门）、河北、山东、河南、陕西、江苏、安徽、浙江、江西、福建、台湾、海南、香港、广西、四川、贵州、云南、西藏；日本，缅甸，泰国，印度尼西亚，巴布亚新几内亚，尼泊尔，印度，不丹，澳大利亚。

三十四、花蚤科 Mordellidae Latreille, 1802

504. 带花蚤属 *Glipa* LeConte, 1857

（1365）横带花蚤 *Glipa* (*Macroglipa*) *fasciata* Kôno, 1928

分布：广东、浙江、湖北、江西、湖南、福建、台湾、海南、广西、四川、云南；日本。

（1366）皮氏带花蚤 *Glipa* (*Macroglipa*) *pici* Ermisch, 1940

分布：广东、陕西、浙江、湖北、江西、湖南、福建、台湾、海南、广西、四川、云南；日本。

505. 星花蚤属 *Hoshihananomia* Kôno, 1935

（1367）珍珠星花蚤 *Hoshihananomia perlata* (Sulzer, 1776)

分布：广东、黑龙江、陕西；俄罗斯，日本，哈萨克斯坦，德国，波兰，匈牙利，罗马尼亚，法国，瑞士，奥地利，意大利，白俄罗斯，爱沙尼亚，乌克兰。

506. 彩花蚤属 *Variirnorda* Méquignon, 1946

（1368）黄色彩花蚤 *Variirnorda flavirnana* (Marseul, 1877)

分布：广东、陕西、湖北、福建、台湾、四川、贵州；日本。

三十五、大花蚤科 Ripiphoridae Laporte, 1840

507. 凸顶大花蚤属 *Macrosiagon* Hentz, 1830

（1369）纤细凸顶大花蚤 *Macrosiagon pusilla* (Gerstaecker, 1855)

分布：广东、河北、湖南、福建、台湾、四川、贵州、云南、江西；俄罗斯（远东），朝鲜，韩国，日本，越南，老挝，泰国，印度，尼泊尔，不丹，斯里兰卡，菲律宾，马来西亚，印度尼西亚。

（1370）刺胸凸顶大花蚤 *Macrosiagon spinicollis* Fairmaire, 1893

分布：广东、台湾；印度。

508. 大花蚤属 *Ripiphorus* Bosc, 1791

（1371）平额大花蚤 *Ripiphorus chalcidoides* (Gressitt, 1941)

分布：广东、海南。

（1372）微大花蚤 *Ripiphorus minor* (Gressitt, 1941)

分布：广东、海南。

（1373）隆额大花蚤 *Ripiphorus tenthredinoides* Gressitt, 1941

分布：广东、海南。

三十六、幽甲科 Zopheridae Solier, 1834

509. 比坚甲属 *Bitoma* Herbst, 1793

（1374）干比坚甲 *Bitoma* (*Xuthia*) *siccana* Pascoe, 1863

分布：广东（广州）、台湾、香港、云南；日本，越南，印度，尼泊尔。

三十七、拟步甲科 Tenebrionidae Latreille, 1802

510. 刻胸伪叶甲属 *Aulonogria* Borchmann, 1929

（1375）同色刻胸伪叶甲 *Aulonogria concolor* (Blanchard, 1853)

分布：广东、云南；越南，印度，尼泊尔，新加坡，印度尼西亚，巴基斯坦。

511. 角伪叶甲属 *Cerogira* Borchmann, 1909

（1376）结胸角伪叶甲 *Cerogira nodocollis* Chen, 1997

分布：广东（连州）、重庆、广西、四川、贵州。

512. 异伪叶甲属 *Anisostira* Borchmann, 1915

（1377）变色异伪叶甲 *Anisostira rugipennis* (Lewis, 1896)

分布：广东、陕西、浙江、湖北、福建、台湾、广西、四川、贵州；韩国，日本。

513. 外伪叶甲属 *Exostira* Borchmann, 1925

（1378）崇安外伪叶甲 *Exostira schroederi* Borchmann, 1936

分布：广东、福建、台湾、江西、贵州、云南；越南。

514. 垫甲属 *Luprops* Hope, 1833

（1379）云南垫甲 *Luprops yunnanus* (Fairmaire, 1887)

分布：广东、海南、云南；尼泊尔，不丹。

515. 小鳖甲属 *Microdera* Eschschoitz, 1831

（1380）*Microdera lampabilis* Ren, 1999

分布：广东、甘肃、宁夏。

516. 窄鳖甲属 *Stenosida* Solier, 1835

（1381）中南窄鳖甲 *Stenosida indica* (Haag–Rutenberg, 1877)

分布：广东、海南、贵州；越南，印度，老挝。

517. 粉甲属 *Alphitobius* Stephens, 1829

（1382）黑粉甲 *Alphitobius diaperinus* (Panzer, 1796)

分布：广东、黑龙江、辽宁、天津、河北、山西、陕西、江苏、安徽、浙江、湖北、江西、湖南、福建、海南、台湾、香港、广西、四川、云南；韩国，俄罗斯，日本，尼泊尔，阿富汗，土库曼斯坦，吉尔吉斯斯坦，芬兰，丹麦，德国，波兰，斯洛伐克，匈牙利，罗马尼亚，斯洛文尼亚，克罗地亚，英国，爱尔兰，荷兰，比利时，卢森堡，西班牙，奥地利，意大利，马耳他，希腊，巴林，塞浦路斯，沙特阿拉伯，也门，伊拉克，以色列，白俄罗斯，乌克兰，埃及，利比亚，突尼斯。

（1383）姬粉甲 *Alphitobius laevigatus* (Fabricius, 1781)

分布：广东、黑龙江、吉林、辽宁、内蒙古、河北、山西、河南、陕西、江苏、安徽、浙江、湖北、江西、湖南、福建、台湾、海南、香港、广西、四川、云南；韩国，俄罗斯，日本，尼泊尔，阿富汗，土库曼斯坦，德国，波兰，斯洛伐克，匈牙利，英国，荷兰，比利时，卢森堡，西班牙，瑞士，意大利，马耳他，希腊，巴林，塞浦路斯，沙特阿拉伯，亚美尼亚，也门，伊拉克，乌克兰，埃及，利比亚，突尼斯。

518. 烁甲属 *Amarygmus* Dalman, 1823

（1384）*Amarygmus parvus* Pic, 1926

分布：广东、海南。

519. 邻烁甲属 *Plesiophthalmus* Motschulsky, 1858

（1385）粗壮邻烁甲 *Plesiophthalmus colossus* Kaszab, 1957

分布：广东、福建、贵州。

（1386）福建邻烁甲 *Plesiophthalmus fukiensis* Masumoto, 1990

分布：广东、福建。

（1387）卡扎邻烁甲 *Plesiophthalmus kaszabi* Masumoto, 1990

分布：广东、福建。

（1388）库茨邻烁甲 *Plesiophthalmus kulzeri* Kaszab, 1954

分布：广东、福建。

（1389）油光邻烁甲 *Plesiophthalmus pieli* Pic, 1937

分布：广东、浙江、福建；越南。

520. 宽烁甲属 *Pseudoogeton* Masumoto, 1989

（1390）卵形宽烁甲 *Pseudoogeton ovipennis* (Fairmaire, 1891)

分布：广东、江苏、湖北。

521. 潜土甲属 *Ammobius* Guérin-Méneville, 1844

（1391）粗瘤潜土甲 *Ammobius asperatus* (Champion, 1894)

分布：广东。

522. 土甲属 *Gonocephalum* Solier, 1834

（1392）*Gonocephalum (s. str.) adpressiforme* Kaszab, 1951

分布：广东、台湾；日本，菲律宾，印度尼西亚，密克罗尼西亚，澳大利亚。

（1393）安南土甲 *Gonocephalum (s. str.) annamita* Chatanay, 1917

分布：广东、内蒙古、河南、安徽、福建、海南、香港、云南；日本，印度。

（1394）二纹土甲 *Gonocephalum (s. str.) bilineatum* (Walker, 1858)

分布：广东、湖南、福建、海南、香港、广西、四川、云南；韩国，俄罗斯，日本，越南，印度，尼泊尔，不丹，斯里兰卡，菲律宾，马来西亚，印度尼西亚，澳大利亚。

（1395）缅甸土甲 *Gonocephalum (s. str.) birmanicum* Kaszab, 1952

分布：广东；泰国，印度，缅甸，尼泊尔，斯里兰卡。

（1396）中华土甲 *Gonocephalum (s. str.) chinense* Gebien, 1910

分布：广东、海南、云南；印度。

（1397）污背土甲 *Gonocephalum (s. str.) coenosum* Kaszab, 1952

分布：广东、新疆、江苏、浙江、湖北、福建、台湾、香港、四川；韩国，日本。

（1398）双齿土甲 *Gonocephalum (s. str.) coriaceum* Motschulsky, 1858

分布：广东、内蒙古、山东、浙江、福建、台湾、广西、四川；韩国，俄罗斯，日本，尼泊尔。

（1399）扁土甲 *Gonocephalum (s. str.) depressum* (Fabricius, 1801)

分布：广东、海南、台湾、广西、云南；越南，老挝，印度，缅甸，尼泊尔，不丹，斯里兰卡，菲律宾，印度尼西亚，巴基斯坦，阿富汗，澳大利亚。

（1400）马鲁古土甲 *Gonocephalum (s. str.) moluccanum* (Blanchard, 1853)

分布：广东、福建、台湾、海南；日本，印度，印度尼西亚，澳大利亚。

（1401）单脊土甲 *Gonocephalum (s. str.) outreyi* Chatanay, 1917

分布：广东、台湾、香港、云南；韩国，越南，柬埔寨，印度。

（1402）亚刺土甲 *Gonocephalum (s. str.) subspinosum* (Fairmaire, 1894)

分布：广东、江苏、湖北、湖南、福建、台湾、四川、贵州、云南、新疆；印度，尼泊尔，不丹。

523. 毛土甲属 *Mesomorphus* Miedel, 1880

（1403）扁毛土甲 *Mesomorphus villiger* (Blanchard, 1853)

分布：广东、黑龙江、辽宁、内蒙古、河北、山西、山东、河南、陕西、宁夏、江苏、安徽、湖北、湖南、福建、台湾、海南、香港、广西、四川、贵州、云南；韩国，俄罗斯，日本，印度，尼泊尔，阿富汗。

524. 帕粉甲属 *Palorus* Mulsant, 1854

（1404）小帕粉甲 *Palorus cerylonoides* (Pascoe, 1863)

分布：广东、内蒙古、河北、山西、河南、陕西、江苏、浙江、湖北、江西、湖南、福建、台湾、海南、广西、四川、贵州。

（1405）姬帕粉甲 *Palorus ratzeburgii* (Wissmann, 1848)

分布：广东、黑龙江、吉林、辽宁、内蒙古、河北、山东、河南、陕西、甘肃、湖北、江西、湖南、广西、四川、贵州、云南；俄罗斯，日本，土耳其，瑞典，丹麦，德国，波兰，捷克，斯洛伐克，匈牙利，斯洛文尼亚，克罗地亚，英国，爱尔兰，法国，荷兰，比利时，卢森堡，西班牙，瑞士，奥地利，意大利，希腊，叙利亚，亚美尼亚，伊拉克，以色列，白俄罗斯，乌克兰。

525. 乌齿甲属 *Ulomina* Baudi di selve, 1876

（1406）棱背乌齿甲 *Ulomina carinata* Baudi di Selve, 1876

分布：广东、河南、台湾、海南、广西、云南；日本，印度，尼泊尔，英国，意大利。

526. *Ziaelas* Fairmaire, 1892

（1407）*Ziaelas formosanus* Hozawa, 1914

分布：广东（深圳、始兴）、江苏、福建、台湾、广西、云南。

527. 拟步甲属 *Tenebrio* Linnaeus, 1758

（1408）黄粉虫 *Tenebrio molitor* Linnaeus, 1758

分布：广东、黑龙江、吉林、辽宁、内蒙古、河北、山西、山东、河南、宁夏、甘肃、江苏、湖北、福建、台湾、海南、香港、广西、四川、云南；韩国，俄罗斯，日本，塔吉克斯坦，挪威，瑞典，芬兰，丹麦，冰岛，德国，波兰，斯洛伐克，匈牙利，罗马尼亚，保加利亚，爱尔兰，法国，荷兰，比利时，卢森堡，西班牙，瑞士，奥地利，意大利，阿尔巴尼亚，希腊，阿塞拜疆，白俄罗斯，拉脱维亚，乌克兰，埃及；加那利群岛。

（1409）黑粉虫 *Tenebrio obscurus* Fabricius, 1792

分布：广东、黑龙江、吉林、辽宁、内蒙古、河北、山西、山东、河南、青海、新疆、江苏、上海、安徽、浙江、江西、湖南、福建、台湾、海南、广西、四川、贵州；韩国，俄罗斯，日本，阿富汗，伊朗，塔吉克斯坦，乌兹别克斯坦，土库曼斯坦，哈萨克斯坦，土耳其，瑞典，芬兰，丹麦，德国，波兰，匈牙利，罗马尼亚，保加利亚，斯洛文尼亚，英国，爱尔兰，法国，荷兰，比利时，卢森堡，西班牙，瑞士，奥地利，意大利，马耳他，阿尔巴尼亚，希腊，阿塞拜疆，塞浦路斯，伊拉克，爱沙尼亚，立陶宛，乌克兰，埃及，摩洛哥，突尼斯。

528. *Latheticus* Waterhouse, 1880

（1410）*Latheticus oryzae* Waterhouse, 1880

分布：广东、内蒙古、河北、山西、河南、陕西、江苏、湖北、江西、湖南、广西、四川；蒙古国，朝鲜，韩国，日本；中亚，欧洲，非洲。

529. 拟粉甲属 *Tribolium* MacLeay, 1825

（1411）赤拟粉甲 *Tribolium castaneum* (Herbst, 1797)

分布：广东、山西、河南、宁夏、江苏、安徽、浙江、湖北、江西、湖南、福建、台湾、海南、香港、广西、四川、贵州、云南；俄罗斯，日本，不丹，阿富汗，土库曼斯坦，土耳其，挪威，瑞典，芬兰，丹麦，冰岛，德国，波兰，斯洛伐克，匈牙利，罗马尼亚，保加利亚，斯洛文尼亚，克罗地亚，英国，爱尔兰，法国，荷兰，比利时，卢森堡，西班牙，瑞士，列支敦士登，奥地利，意大利，马耳他，阿尔巴尼亚，希腊，塞浦路斯，沙特阿拉伯，也门，伊拉克，以色列，白俄罗斯，爱沙尼亚，拉脱维亚，立陶宛，乌克兰，埃及，利比亚，摩洛哥，突尼斯。

530. 齿甲属 *Uloma* Dejean, 1821

（1412）扁平齿甲 *Uloma (s. str.) compressa* Liu *et* Ren, 2008

分布：广东、湖南、台湾、广西、四川、贵州、云南。

（1413）四突齿甲指名亚种 *Uloma (s. str.) excisa excisa* Gebien, 1914

分布：广东、河南、陕西、甘肃、浙江、湖北、湖南、福建、台湾、广西、重庆、四川、贵州；日本，越南。

（1414）福建齿甲 *Uloma (s. str.) fukiensis* Kaszab, 1954

分布：广东、浙江、福建、台湾。

（1415）宽足齿甲 *Uloma (s. str.) latimanus* Kolbe, 1886

分布：广东、福建、台湾；韩国，日本。

（1416）小型齿甲 *Uloma (s. str.) minuta* Liu, Ren *et* Wang, 2007

分布：广东、河南、安徽、湖南、福建、广西、四川、云南。

（1417）宽胸齿甲 *Uloma (s. str.) recurva* Gebien, 1927

分布：广东；印度尼西亚。

531. 埃隐甲属 *Ellipsodes* Wollaston, 1854

（1418）小埃隐甲 *Ellipsodes (Anthrenopsis) scriptus* (Lewis, 1894)

分布：广东、内蒙古、河北、山西、山东、河南、陕西、江苏、安徽、浙江、湖北、江西、湖南、福建、台湾、广西、四川、贵州、云南；日本，印度，尼泊尔。

532. 粉菌甲属 *Alphitophagus* Stephens, 1832

（1419）二带粉菌甲 *Alphitophagus bifasciatus* (Say, 1824)

分布：广东、吉林、辽宁、内蒙古、河北、山西、山东、河南、陕西、宁夏、甘肃、新疆、江苏、湖北、江西、海南、四川；韩国，日本，阿富汗，土库曼斯坦，哈萨克斯坦，土耳其，瑞典，芬兰，丹麦，德国，波兰，捷克，斯洛伐克，匈牙利，克罗地亚，北马其顿，英国，法国，荷兰，比利时，西班牙，奥地利，意大利，阿尔巴尼亚，希腊，阿塞拜疆，塞浦路斯，叙利亚，亚美尼亚，以色列，白俄罗斯，爱沙尼亚，立陶宛，乌克兰，埃及，突尼斯。

533. 彩菌甲属 *Ceropria* Laporte *et* Brullé, 1831

（1420）弱光彩菌甲 *Ceropria induta induta* (Wiedemann, 1819)

分布：广东、河南、福建、台湾、海南、广西、云南、新疆；韩国，日本，老挝，泰国，印度，尼泊尔，不丹。

534. 菌甲属 *Diaperis* Geoffroy, 1762

（1421）刘氏菌甲 *Diaperis lewisi lewisi* Bates, 1873

分布：广东、湖北、台湾、香港。

（1422）血红菌甲 *Diaperis sanguineipennis* Bates, 1873

分布：广东、香港；日本。

535. 伪菌甲属 *Falsocosmonota* Kaszab, 1962

（1423）陈氏伪菌甲 *Falsocosmonota cheni* Kaszab, 1962

分布：广东、海南。

536. 尖菌甲属 *Gnatocerus* Thunberg, 1814

（1424）阔尖菌甲 *Gnatocerus* (*s. str.*) *cornutus* (Fabricius, 1798)

分布：广东、内蒙古、河南、福建、台湾、香港、广西、四川、贵州、云南；俄罗斯，日本，土库曼斯坦，挪威，瑞典，芬兰，丹麦，冰岛，德国，波兰，斯洛伐克，匈牙利，克罗地亚，爱尔兰，法国，荷兰，比利时，卢森堡，瑞士，列支敦士登，奥地利，意大利，马耳他，爱沙尼亚，拉脱维亚，立陶宛，乌克兰，利比亚，摩洛哥，突尼斯。

537. 类齿甲属 *Ulomoides* Blackburn, 1888

（1425）革质类齿甲 *Ulomoides dermestoides* (Chevrolat, 1878)

分布：广东、湖北、福建、台湾、海南、广西；韩国，日本，瑞典。

538. *Corticeus* Piller *et* Mitterpacher, 1783

（1426）*Corticeus* (*Tylophloeus*) *curtithorax* (Pic, 1924)

分布：广东、海南、云南；印度，尼泊尔。

539. 裸舌甲属 *Ades* Guérin-Méneville, 1857

（1427）喜马裸舌甲 *Ades himalayensis* (Kaszab, 1946)

分布：广东；印度，不丹。

540. 斑舌甲属 *Derispia* Lewis, 1894

（1428）福建斑舌甲 *Derispia fukiensis* Kaszab, 1961

分布：广东、浙江、福建。

（1429）哈氏斑舌甲 *Derispia hajeki* Schawaller, 2016

分布：广东。

（1430）黑石顶斑舌甲 *Derispia heishidinga* Schawaller, 2016

分布：广东。

（1431）连线斑舌甲 *Derispia lineolata* (Pic, 1922)

分布：广东、湖南、福建、四川。

（1432）斑翅斑舌甲 *Derispia maculipennis* (Marseul, 1876)

分布：广东、陕西、湖南、福建、广西、四川；日本。

（1433）梅氏斑舌甲 *Derispia melli* Kaszab, 1946

分布：广东。

（1434）尖角斑舌甲 *Derispia titschacki* Kaszab, 1946

分布：广东、上海、江西、香港。

（1435）三色斑舌甲 *Derispia tricolor* Kaszab, 1942

分布：广东、福建。

541. 角舌甲属 *Derispiola* Kaszab, 1946

（1436）独角舌甲 *Derispiola unicornis* Kaszab, 1946

分布：广东、浙江、湖北、江西、湖南、福建、广西、四川。

542. 糙朽木甲属 *Trachyscelis* Latreille, 1809

（1437）中国糙朽木甲 *Trachyscelis chinensis* Champion, 1894

分布：广东；日本。

543. 朽木甲属 *Allecula* Fabricius, 1801

（1438）窄朽木甲 *Allecula angusta* Borchmann, 1941

分布：广东、福建、广西；印度。

（1439）弯朽木甲 *Allecula arcuatipes* Fairmaire, 1893

分布：广东、福建；印度。

544. 波朽木甲属 *Bobina* Novak, 2015

（1440）菲氏波朽木甲 *Bobina fikaceki* Novak, 2015

分布：广东（肇庆）、台湾；越南。

545. 栉甲属 *Cteniopinus* Seidlitz, 1896

（1441）杂色栉甲 *Cteniopinus hypocrita* (Marseul, 1876)

分布：广东、北京、陕西、甘肃、上海、江西、湖南、福建、广西、四川、新疆；韩国、日本。

546. 类轴甲属 *Euhemicera* Ando, 1996

（1442）完美类轴甲 *Euhemicera pulchra* (Hope, 1842)

分布：广东、台湾；日本。

（1443）条带类轴甲 *Euhemicera undulata* Pic, 1923

　　分布：广东、福建。

547. 珐轴甲属 *Falsonannocerus* Pic, 1947

（1444）海珠珐轴甲 *Falsonannocerus haizhuensis* Zhu, Wang *et* Feng, 2021

　　分布：广东（广州）。

548. 斐轴甲属 *Phaedis* Pascoe, 1866

（1445）中华斐轴甲 *Phaedis sinensis* Ando *et* Schawaller, 2015

　　分布：广东。

549. 大轴甲属 *Promethis* Pascoe, 1869

（1446）心形大轴树甲 *Promethis cordicollis* Kaszab, 1989

　　分布：广东、福建、云南。

550. 窄树甲属 *Stenochinus* Motschulsky, 1860

（1447）信宜窄树甲 *Stenochinus xinyicus* Yuan *et* Ren, 2014

　　分布：广东（信宜）。

551. 树甲属 *Strongylium* Kirby, 1819

（1448）弯背树甲 *Strongylium gibbosulum* Fairmaire, 1891

　　分布：广东、江西。

三十八、拟天牛科 Oedemeridae Latreille, 1810

552. 阿拟天牛属 *Asclernacerdes* Švihla, 2009

（1449）秋山阿拟天牛 *Asclernacerdes akiyamai* Švihla, 2009

　　分布：广东。

553. 印拟天牛属 *Indasclera* Švihla, 1980

（1450）短颈印拟天牛 *Indasclera brevicollis* (Gressitt, 1939)

　　分布：广东、福建、广西、贵州。

（1451）皱刻印拟天牛 *Indasclera diluta* (Gressitt, 1939)

　　分布：广东。

554. 拟天牛属 *Oedemera* Olivier, 1789

（1452）异足拟天牛 *Oedemera* (*s. str.*) *pallidipes angustipennis* Gressitt, 1939

　　分布：广东、福建。

（1453）黄胸拟天牛 *Oedemera* (*s. str.*) *testaceithorax testaceithorax* Pic, 1927

　　分布：广东、江西、福建、台湾、四川、贵州；日本。

三十九、芫菁科 Meloidae Gyllenhal, 1810

555. 斑芫菁属 *Mylabris* Fabricius, 1775

（1454）小斑芫菁 *Mylabris pusilla* Olivier, 1881

　　分布：广东、内蒙古、河北、江苏、安徽、浙江、湖北、福建、台湾、广西；蒙古国，吉尔吉斯斯坦，乌兹别克斯坦；欧洲。

（1455）苹斑芫菁 *Mylabris calida* (Pallas, 1782)

分布：广东（江门）、黑龙江、吉林、辽宁、内蒙古、河北、陕西、甘肃、新疆、青海、山西、山东、江苏、浙江、湖北；俄罗斯，乌克兰，吉尔吉斯斯坦，哈萨克斯坦，乌兹别克斯坦，塔吉克斯坦，亚美尼亚，白俄罗斯。

（1456）眼斑芫菁 *Mylabris cichorii* (Linnaeus, 1757)

分布：广东、河北、山西、陕西、江苏、安徽、浙江、湖北、江西、湖南、福建、台湾、海南、广西、四川、云南；越南，印度。

（1457）横带斑芫菁 *Mylabris schonherri* Billberg, 1813

分布：广东、福建、海南、香港、广西。

556. 齿爪芫菁属 *Denierella* Kaszab, 1952

（1458）灰边齿爪芫菁 *Denierella emmerichi* (Pic, 1934)

分布：广东、浙江、湖北、江西、湖南、福建、海南、广西、重庆、四川、贵州。

557. 豆芫菁属 *Epicauta* Dejean, 1834

（1459）短翅豆芫菁 *Epicauta* (*s. str.*) *aptera* Kaszab, 1952

分布：广东、河南、陕西、甘肃、安徽、浙江、湖北、江西、湖南、福建、海南、广西、重庆、四川、贵州、云南。

（1460）短距豆芫菁 *Epicauta* (*s. str.*) *badeni badeni* (Haag–Rutenburg, 1880)

分布：广东、台湾、海南。

（1461）陈氏豆芫菁 *Epicauta* (*s. str.*) *cheni* Tan, 1958

分布：广东、江西、广西；日本，越南，老挝。

（1462）锯角豆芫菁 *Epicauta* (*s. str.*) *gorhami* (Marseul, 1873)

分布：广东、江苏、安徽、浙江、湖北、江西、湖南、福建、台湾、广西；韩国，日本。

（1463）毛角豆芫菁 *Epicauta* (*s. str.*) *hirticornis* (Haag–Rutenberg, 1880)

分布：广东、河南、福建、台湾、海南、广西、四川、云南、西藏；日本，越南，印度。

（1464）细纹豆芫菁 *Epicauta* (*s. str.*) *mannerheimi* (Mäklin, 1875)

分布：广东（英德）、福建、海南、广西、云南；越南，印度，尼泊尔，不丹。

（1465）红头豆芫菁 *Epicauta ruficeps* Illiger, 1880

分布：广东（英德、龙门）、安徽、湖北、江西、湖南、福建、广西；印度，新加坡，印度尼西亚。

（1466）*Epicauta* (*s. str.*) *sibirica* (Pallas, 1773)

分布：广东、黑龙江、吉林、辽宁、内蒙古、北京、河北、山西、山东、河南、陕西、甘肃、宁夏、青海、新疆、江苏、安徽、浙江、台湾、四川、西藏；蒙古国，俄罗斯，朝鲜，日本，哈萨克斯坦。

（1467）*Epicauta erythrocephala* (Pallas, 1781)

分布：广东、黑龙江、吉林、辽宁、内蒙古、河北、河南、甘肃、宁夏、青海、新疆、江苏、浙江、湖北、江西、湖南、云南；蒙古国，俄罗斯，日本，朝鲜，韩国，哈萨克斯坦。

（1468）毛胫豆芫菁 *Epicauta* (*s. str.*) *tibialis* (Waterhouse, 1871)

分布：广东（乳源、肇庆）、浙江、湖南、福建、台湾、海南、广西、四川、贵州；印度，尼泊尔。

558. 绿芫菁属 *Lytta* Fabricius, 1775

（1469）黄胸绿芫菁 *Lytta (Pseudolytta) aeneiventris* Haag–Rutenberg, 1880

　　分布：广东、上海、江苏、安徽、浙江、湖北、江西、湖南、福建、香港。

559. 短翅芫菁属 *Meloe* Linnaeus, 1758

（1470）纤细短翅芫菁 *Meloe (s. str.) gracilior* Fairmaire, 1891

　　分布：广东、陕西、甘肃、浙江、湖北、江西、湖南、福建、重庆、贵州。

560. 沟芫菁属 *Hycleus* Latreille, 1817

（1471）眼斑沟芫菁 *Hycleus cichorii* (Linnaeus, 1758)

　　分布：广东、河南、陕西、江苏、安徽、浙江、湖北、江西、湖南、福建、台湾、海南、香港、广西、四川、贵州、云南、新疆；日本，印度，尼泊尔，越南，老挝，泰国。

（1472）大斑沟芫菁 *Hycleus phaleratus phaleratus* (Pallas, 1782)

　　分布：广东、河南、江苏、安徽、浙江、湖北、福建、台湾、海南、广西、四川、贵州、云南、西藏；泰国，印度，尼泊尔，斯里兰卡，印度尼西亚，巴基斯坦。

（1473）曲纹沟芫菁珍稀亚种 *Hycleus schoenherri pretiosus* (Kaszab, 1961)

　　分布：广东、江西、福建、广西、海南；越南，老挝。

（1474）曲纹沟芫菁指名亚种 *Hycleus schoenherri schoenherri* (Billberg, 1813)

　　分布：广东、江西、福建、台湾、海南、广西。

561. 拟红芫菁属 *Synhoria* Kolbe, 1897

（1475）钳齿拟红芫菁 *Synhoria maxillosa* (Fabricius, 1801)

　　分布：广东、河南、安徽、江西、台湾、香港、重庆、四川；日本，印度，印度尼西亚。

562. 黄带芫菁属 *Zonitoschema* Péringuey, 1909

（1476）棕黄带芫菁 *Zonitoschema fuscimembris* (Fairmaire, 1886)

　　分布：广东、河南、陕西、江西、湖南、重庆、四川、云南。

（1477）大黄带芫菁 *Zonitoschema macroxantha* (Fairmaire, 1887)

　　分布：广东、河南、陕西、甘肃、安徽、浙江、湖北、江西、湖南、福建、海南、广西、四川、贵州、云南；菲律宾，马来西亚。

（1478）云南黄带芫菁 *Zonitoschema yunnana* Kaszab, 1960

　　分布：广东、广西、云南。

四十、三栉牛科 Trictenotomidae Blanchard, 1845

563. 三栉牛属 *Trictenotoma* Gray, 1832

（1479）大卫三栉牛 *Trictenotoma davidi* Deyrolle, 1875

　　分布：广东、江西、湖南、福建、海南、广西、四川、云南。

四十一、蚁形甲科 Anthicidae Latreille, 1819

564. 齿蚁形甲属 *Anthelephila* Hope 1833

（1480）齿蚁形甲 *Anthelephila consul* LaFerté–Sénectère, 1849

　　分布：广东、海南；越南，老挝，柬埔寨，泰国，印度，缅甸，尼泊尔，斯里兰卡，菲律宾，印度尼西亚，澳大利亚。

565. 棒蚁形甲属 *Clavicomus* Pic, 1894

（1481）黑蓝棒蚁形甲 *Clavicomus nigrocyanellus* Marseul, 1877

分布：广东、辽宁、内蒙古、甘肃、新疆、浙江、福建、云南。

四十二、谷盗科 Trogossitidae Latreille, 1802

566. 谷盗属 *Tenebroides* Piller *et* Mitterpacher, 1783

（1482）大谷盗 *Tenebroides mauritanicus* (Linnaeus, 1758)

分布：广东、内蒙古、河南、江苏、安徽、湖北、江西、福建、台湾、香港、贵州、四川；俄罗斯，日本。

567. 暹罗谷盗属 *Lophocateres* Olliff, 1883

（1483）*Lophocateres pusillus* (Klug, 1833)

分布：广东、河北、江苏、浙江、湖北、江西、湖南、台湾、广西、四川、贵州、云南；韩国，印度，以色列。

四十三、郭公甲科 Cleridae Latreille, 1802

568. 类猛郭公属 *Tilloidea* Laporte, 1832

（1484）条斑类猛郭公 *Tilloidea notata* (Klug, 1842)

分布：广东、内蒙古、河北、浙江、江苏、福建、台湾、广西、四川、云南；朝鲜，日本，越南，印度，菲律宾，印度尼西亚。

569. 新叶郭公属 *Neohydnus* Gorham, 1892

（1485）中华新叶郭公 *Neohydnus sinensis* Pic, 1954

分布：广东（连州）、浙江、江西、湖南、福建。

570. 丽郭公属 *Callimerus* Gorham, 1876

（1486）娇丽郭公 *Callimerus amabilis* Gorham, 1876

分布：广东（信宜、郁南）、江西、海南、广西、贵州、云南；越南，老挝，泰国，缅甸，印度。

（1487）中华丽郭公 *Callimerus chinensis* Schenkling, 1915

分布：广东、山东、江西、湖南、海南、广西、重庆、四川、贵州、云南；越南。

（1488）马德丽郭公 *Callimerus maderi* Corporaal, 1939

分布：广东（乳源）、浙江、江西、湖南、广西。

（1489）黑丽郭公 *Callimerus opacus* Pic, 1927

分布：广东（乳源）、湖南、福建、贵州；越南。

571. 毛郭公属 *Trichodes* Herbst, 1792

（1490）中华毛郭公 *Trichodes sinae* Chevrolat, 1874

分布：广东（连州）、黑龙江、吉林、辽宁、内蒙古、宁夏、甘肃、青海、新疆、北京、天津、河北、山西、山东、河南、陕西、江苏、上海、安徽、浙江、湖北、江西、湖南、福建、广西、重庆、四川、贵州、云南、西藏；俄罗斯，韩国。

572. 郭公属 *Clerus* Geoffroy, 1762

（1491）普通郭公 *Clerus dealbatus* (Kraatz, 1879)

分布：广东（乳源）、黑龙江、吉林、辽宁、内蒙古、北京、河北、山西、陕西、山东、上海、江苏、浙江、福建、四川、贵州、云南、西藏；俄罗斯，朝鲜，韩国，印度。

（1492）克氏郭公 *Clerus klapperichi* (Pic, 1954)

分布：广东（乳源）、浙江、福建、广西。

（1493）米氏郭公 *Clerus michaeli* Gerstmeier *et* Bernhard, 2010

分布：广东（乳源）、海南、广西；越南，老挝。

（1494）红腹郭公 *Clerus rufiventris* (Westwood, 1849)

分布：广东（韶关、鼎湖）、江西、福建、广西、四川、云南；越南，老挝，泰国，缅甸，印度。

（1495）中华郭公 *Clerus sinae* (Chapin, 1927)

分布：广东（乳源）、上海、浙江、湖南、福建。

573. 新曙郭公属 *Neorthrius* Gerstmeier *et* Eberle, 2011

（1496）*Neorthrius feac* (Gorham, 1892)

分布：广东、贵州；越南，老挝，柬埔寨，泰国，缅甸。

（1497）*Neorthrius sinensis* (Gorham, 1876)

分布：广东、江苏、江西、福建、香港；越南，老挝，柬埔寨，泰国，尼泊尔，印度尼西亚。

574. 威郭公属 *Tillicera* Spinola, 1841

（1498）*Tillicera michaeli* Gerstneier *et* Bernhard, 2010

分布：广东、海南、广西；越南，老挝。

575. 番郭公属 *Xenorthrius* Gorham, 1892

（1499）皮埃尔番郭公 *Xenorthrius pieli* (Pic, 1936)

分布：广东、浙江、江西、福建、海南。

576. 眉郭公属 *Dasyceroclerus* Kuwert, 1894

（1500）福建眉郭公 *Dasyceroclerus fukienensis* Corporaal, 1948

分布：广东（乳源）、福建。

577. 细郭公属 *Tarsostenus* Spinola, 1844

（1501）玉带细郭公 *Tarsostenus univittatus* (Rossi, 1792)

分布：广东、河北、陕西、湖北、台湾、海南、广西、四川、贵州、云南；日本，韩国，越南，印度。

578. 锥须郭公属 *Opetiopalpus* Spinola, 1844

（1502）赤头锥须郭公 *Opetiopalpus obesus* Westwood, 1849

分布：广东、河南、上海、云南；日本，印度。

579. 尸郭公属 *Necrobia* Olivier, 1795

（1503）赤颈尸郭公 *Necrobia ruficollis* (Fabricius, 1775)

分布：广东、黑龙江、山东、陕西、甘肃、新疆、江苏、上海、安徽、浙江、湖北、江西、湖南、福建、台湾、海南、广西、重庆、四川、贵州、云南；日本，韩国，越南。

（1504）赤足尸郭公 *Necrobia rufipes* (De Geer, 1775)

分布：广东、黑龙江、内蒙古、山西、山东、陕西、甘肃、新疆、上海、浙江、湖北、江西、湖南、福建、海南、广西、四川、贵州、云南；俄罗斯，韩国，日本，印度，伊朗，土耳其。

（1505）青蓝尸郭公 *Necrobia violacea* Linnaeus, 1758

分布：广东、内蒙古、青海、新疆、台湾、广西；俄罗斯，伊朗。

580. 筒郭公属 *Tenerus* Laporte, 1838

（1506）希勒筒郭公 *Tenerus hilleri* Harold, 1877

分布：广东（始兴）、浙江、台湾、海南、广西；朝鲜，日本。

581. 单枝郭公属 *Paracladiscus* Miyatake, 1965

（1507）米氏单枝郭公 *Paracladiscus miyatakei* Murakami, 2020

分布：广东（连平）。

四十四、膨跗郭公甲科 Thanerocleridae Chapin, 1924

582. 膨跗郭公甲属 *Thaneroclerus* Lefebvre, 1838

（1508）暗褐膨跗郭公甲 *Thaneroclerus buquet* (Lefebvre, 1835)

分布：广东（英德、中山、开平）、辽宁、内蒙古、北京、河南、浙江、上海、湖南、福建、台湾、广西、四川、云南；俄罗斯，日本，越南，印度，沙特阿拉伯。

四十五、细花萤科 Prionoceridae Lacordaire, 1857

583. 细花萤属 *Prionocerus* Perty, 1831

（1509）二色细花萤 *Prionocerus bicolor* Redtenbacher, 1868

分布：广东（广州、韶关、郁南、博罗）、新疆、台湾、海南、广西、云南；越南，老挝，泰国，印度，缅甸，尼泊尔，不丹，菲律宾，马来西亚，新加坡，印度尼西亚，孟加拉国。

（1510）蓝翅细花萤 *Prionocerus coeruleipennis* Perty, 1831

分布：广东、江西、广西。

（1511）拟细花萤 *Prionocerus mimicus* Geiser, 2018

分布：广东。

584. 伊细花萤属 *Idgia* Laporte, 1838

（1512）烬伊细花萤 *Idgia deusta* Fairmaire, 1878

分布：广东（连州）、江苏、上海、浙江、江西、福建、台湾、四川、贵州、云南；越南。

（1513）黄喙伊细花萤 *Idgia flavirostris* Pascoe, 1860

分布：广东（连州、始兴）、上海、安徽、浙江、福建、香港。

（1514）霍氏伊细花萤 *Idgia hoffmanni* Gressitt, 1939

分布：广东（连州）。

（1515）爪距伊细花萤 *Idgia ungulata* Champion, 1919

分布：广东、江西、福建、海南、香港。

四十六、拟花萤科 Melyridae Leach, 1815

585. 肿角囊花萤属 *Intybia* Pascoe, 1866

（1516）汕头肿角囊花萤 *Intybia swatowensis* (Wittmer, 1956)

分布：广东。

四十七、蜡斑甲科 Helotidae Reitter, 1876

586. 蜡斑甲属 *Helota* Macleay, 1825

（1517）柯氏蜡斑甲 *Helota kolbei* Ritsema, 1889

分布：广东（连平）、山东、浙江、江西、四川。

（1518）范氏蜡斑甲 *Helota vandepolli* Ritsema, 1891

分布：广东；越南，老挝，泰国，印度，马来西亚，印度尼西亚。

587. 新蜡斑甲属 *Neohelota* Ohta, 1929

（1519）*Neohelota helleri* (Ritsema, 1911)

分布：广东、江西、福建、台湾、贵州。

四十八、方头甲科 Cybocephalidae Jacquelin du Val, 1858

588. 方头甲属 *Cybocephalus* Erichson, 1844

（1520）中华方头甲 *Cybocephalus chinensis* Yu, 1995

分布：广东、浙江、海南、广西、四川、贵州。

（1521）鼎湖方头甲 *Cybocephalus dinghushanensis* Tian, 1996

分布：广东（鼎湖）。

（1522）深裂方头甲 *Cybocephalus dissectus* Yu, 1994

分布：广东、海南、重庆。

（1523）膨节方头甲 *Cybocephalus explansus* Yu, 1994

分布：广东、海南。

（1524）黄头方头甲 *Cybocephalus flavicapitus* Tian *et* Yu, 1994

分布：广东。

（1525）马山方头甲 *Cybocephalus mashanus* Yu, 1994

分布：广东、海南、广西。

（1526）南岭方头甲 *Cybocephalus nanlingensis* Tian *et* Yu, 1994

分布：广东（乳源）。

（1527）日本方头甲 *Cybocephalus nipponicus* Endrödy–Younga, 1971

分布：广东（乳源、廉江、鹤山）、辽宁、北京、山西、陕西、甘肃、浙江、江西、湖北、湖南、福建、海南、香港、广西、重庆、贵州、云南；韩国，日本，印度，斯里兰卡；欧洲。

（1528）*Cybocephalus status* Kirejtshuk, 1994

分布：广东。

（1529）矩形方头甲 *Cybocephalus tetragonius* Yu, 1995

分布：广东、湖北。

四十九、大蕈甲科 Erotylidae Latreille, 1802

589. 安拟叩甲属 *Anadastus* Gorham, 1887

（1530）亚洲安拟叩甲 *Anadastus asiaticus* Chujo, 1967

分布：广东。

（1531）东安拟叩甲 *Anadastus cambodiae* (Crotch, 1876)

分布：广东、浙江、江西、福建、海南、贵州、云南。

（1532）中华安拟叩甲 *Anadastus chinensis* Chujo, 1967

分布：广东（白云）。

（1533）长安拟叩甲 *Anadastus longior* Arrow, 1925

分布：广东、江苏、浙江、湖北、福建、海南、广西、贵州、四川、云南；印度。

（1534）褐胸安拟叩甲 *Anadastus melanosternus* (Harold, 1879)

分布：广东、台湾；日本，埃及。

（1535）黑梢安拟叩甲 *Anadastus praeustus* (Crotch, 1873)

分布：广东、浙江、江西、福建、海南、香港、贵州、云南；日本。

（1536）红首安拟叩甲 *Anadastus ruficeps* (Crotch, 1873)

分布：广东、浙江、江西、福建、海南、四川；日本。

（1537）缢翅安拟叩甲 *Anadastus sakaii* Chûjô, 1977

分布：广东（乳源）、台湾。

（1538）唇突安拟叩甲 *Anadastus scutellatus* (Crotch, 1876)

分布：广东（乐昌）、福建、海南、广西、云南；越南，老挝，柬埔寨，缅甸，印度，不丹，马来西亚，印度尼西亚。

（1539）截宽安拟叩甲 *Anadastus troncatus* Zia, 1934

分布：广东（广州）、江西、福建、云南。

590. 新拟叩甲属 *Caenolanguria* Gorham, 1887

（1540）中华新拟叩甲 *Caenolanguria sinensis* Zia, 1933

分布：广东、贵州。

591. 歪拟叩甲属 *Doubledaya* White, 1850

（1541）梯胸歪拟叩甲 *Doubledaya Tonkinensis* Zia, 1934

分布：广东（乳源）、湖南、福建、广西；越南。

592. 粗拟叩甲属 *Pachylanguria* Crotch, 1876

（1542）四斑粗拟叩甲 *Pachylanguria paivai* Wollaston, 1859

分布：广东、浙江、台湾、贵州、云南。

593. 毒拟叩甲属 *Paederolanguria* Mader, 1939

（1543）红足毒拟叩甲 *Paederolanguria bicoloripennis* (Chûjô, 1967)

分布：广东（连平）。

594. 拟玉覃甲属 *Pseudamblyopus* Araki, 1941

（1544）中华拟玉覃甲 *Pseudamblyopus sinicus* Liu *et* Li, 2021

分布：广东（龙门）。

595. 特拟叩甲属 *Tetraphala* Sturm, 1843

（1545）三斑特拟叩甲 *Tetraphala collaris* (Crotch, 1876)

分布：广东、黑龙江、陕西、甘肃、浙江、湖北、福建、台湾、海南、广西、四川、贵州、云南；印度。

（1546）长特拟叩甲 *Tetraphala elongata* (Fabricius, 1801)

分布：广东、浙江、福建、台湾、海南、贵州、云南；印度，不丹。

（1547）铜绿特拟叩甲 *Tetraphala simplex* (Fowler, 1913)

分布：广东（茂名）、台湾。

596. 窄蕈甲属 *Dacne* Latreille, 1797

（1548）二纹窄蕈甲 *Dacne picta* Crotch, 1873

分布：广东、浙江、湖北；韩国，日本；欧洲。

597. 艾蕈甲属 *Episcapha* Dejean, 1836

（1549）南方艾蕈甲 *Episcapha mausonica* Heller, 1920

分布：广东。

五十、隐食甲科 Cryptophagidae Kirby, 1826

598. 圆隐食甲属 *Atomaria* Stephens, 1829

（1550）柳氏圆隐食甲 *Atomaria* (*Anchicera*) *lewisi* Reitter, 1877

分布：广东、黑龙江、内蒙古、北京、河北、山东、陕西、甘肃、上海、浙江、湖北、福建、台湾、四川、贵州、云南；韩国，俄罗斯，日本，印度，尼泊尔，不丹，阿富汗，伊朗，乌兹别克斯坦，吉尔吉斯斯坦，哈萨克斯坦。

（1551）暗缝圆隐食甲 *Atomaria* (*Anchicera*) *pudica* Johnson, 1971

分布：广东、福建、台湾、香港；印度，尼泊尔。

599. 拱形隐食甲属 *Ephistemus* Stephens, 1829

（1552）亮拱形隐食甲 *Ephistemus splendens* Johnson, 1971

分布：广东、云南；印度，尼泊尔，巴基斯坦。

五十一、锯谷盗科 Silvanidae Kirby, 1837

600. *Ahasverus* Gozis, 1881

（1553）米扁虫 *Ahasverus advena* (Waltl, 1834)

分布：广东、吉林、河南、宁夏、甘肃、江苏、浙江、湖北、江西、福建、台湾、广西、四川、云南；日本；欧洲，南美洲。

601. 斑谷盗属 *Monanus* Sharp, 1879

（1554）T形斑谷盗 *Monanus concinnulus* (Walker, 1858)

分布：广东、河北、上海、安徽、浙江、江西、福建、台湾、广西、云南；日本，印度。

602. 锯谷盗属 *Oryzaephilus* Ganglbauer, 1899

（1555）大眼锯谷盗 *Oryzaephilus mercator* Fauvel, 1889

分布：广东、山东、河南、甘肃、江苏、上海、安徽、浙江、湖北、福建、广西、云南；俄罗斯，日本，沙特阿拉伯。

（1556）苏里南锯谷盗 *Oryzaephilus surinamensis* (Linnaeus, 1758)

分布：广东、山西、河南、江苏、安徽、浙江、湖北、江西、福建、台湾、香港、四川、贵州；朝鲜，日本，沙特阿拉伯，以色列；欧洲，南美洲。

603. 谷盗属 *Silvanus* **Latreille, 1804**

（1557）大眼谷盗 *Silvanus lewisi* Reitter, 1876

分布：广东、台湾；朝鲜，日本，印度。

五十二、扁甲科 Cucujidae Latreille, 1802

604. 扁甲属 *Cucujus* **Fabricius, 1775**

（1558）*Cucujus costatus* Zhao *et* Zhang, 2019

分布：广东（乳源）。

五十三、扁谷盗科 Laemophloeidae Ganglbauer, 1899

605. 赤扁谷盗属 *Cryptolestes* **Ganglbauer, 1899**

（1559）锈赤扁谷盗 *Cryptolestes ferrugineus* (Stephens, 1831)

分布：广东、内蒙古、河北、山东、河南、陕西、江苏、上海、安徽、浙江、湖北、江西、湖南、福建、台湾、香港、广西、四川、贵州、云南；阿富汗，也门；欧洲。

五十四、露尾甲科 Nitidulidae Latreille, 1802

606. 谷露尾甲属 *Carpophilus* **Stephens, 1829**

（1560）细胫谷露尾甲 *Carpophilus* (*s. str.*) *delkeskampi* Hisamatsu, 1963

分布：广东、黑龙江、河北、甘肃、江西、福建、台湾、海南、广西、贵州、云南、西藏；韩国，俄罗斯，日本，印度，埃塞俄比亚，菲律宾，马来西亚，印度尼西亚。

（1561）酱曲谷露尾甲 *Carpophilus* (*s. str.*) *hemipterus* Linnaeus, 1758

分布：广东、江苏、湖北、江西、湖南、福建、台湾、广西、四川、云南；日本，伊朗，土库曼斯坦，土耳其，瑞典，芬兰，丹麦，冰岛，波兰，斯洛伐克，匈牙利，克罗地亚，爱尔兰，法国，荷兰，比利时，西班牙，葡萄牙，瑞士，奥地利，意大利，马耳他，阿尔巴尼亚，阿塞拜疆，黎巴嫩，沙特阿拉伯，伊拉克，以色列，约旦，白俄罗斯，拉脱维亚，利比亚，突尼斯，波黑，捷克，英国，德国，希腊，摩尔多瓦，阿尔及利亚，埃及。

（1562）*Carpophilus* (*s. str.*) *obsoletus* Erichson, 1843

分布：广东、辽宁、河北、山西、河南、江苏、安徽、浙江、湖北、江西、湖南、福建、台湾、香港、广西、四川、云南；日本，印度；中亚，欧洲。

（1563）脊胸谷露尾甲 *Carpophilus* (*Myothorax*) *dimidiatus* Fabricius, 1792

分布：广东、河北、山西、山东、河南、甘肃、江苏、安徽、江西、湖北、福建、四川、云南、湖南、香港、广西；日本，土耳其，荷兰，意大利，希腊，塞浦路斯，叙利亚，伊拉克，约旦，埃及，西班牙（加那利），葡萄牙（亚速尔），阿联酋。

（1564）裂唇谷露尾甲 *Carpophilus* (*Myothorax*) *truncatus* Murray, 1864

分布：广东、吉林、辽宁、内蒙古、河北、山西、山东、河南、甘肃、福建、台湾、海南、广西、贵州、云南、黑龙江、陕西、香港；日本，德国，波兰，斯洛伐克，斯洛文尼亚，克罗地亚，法国，奥地利，意大利，希腊，埃及，摩洛哥，捷克。

607. 尾露尾甲属 *Urophorus* **Murray, 1864**

（1565）隆肩尾露尾甲 *Urophorus* (*Anophorus*) *humeralis* (Fabricius, 1798)

分布：广东、浙江、福建、台湾、广西、四川、贵州、云南、陕西、海南；日本，伊朗，土耳其，罗马尼亚，保加利亚，克罗地亚，北马其顿，英国，法国，西班牙，葡萄牙，安道尔，奥地利，意大利，马耳他，阿尔巴尼亚，希腊，塞浦路斯，沙特阿拉伯，也门，以色列，乌克兰，埃及，利比亚，摩洛哥，阿尔及利亚，突尼斯，波黑，挪威，塞尔维亚，黑山，阿联酋。

608. 赤露尾甲属 *Aethina* **Erichson, 1843**

（1566）鞘赤露尾甲 *Aethina (s. str.) testacea* Jelinek *et* Kirejtshuk, 1986

分布：广东，福建。

（1567）蜂赤露尾甲 *Aethina (s. str.) tumida* Murray, 1867

分布：广东（广州）、海南；世界广布。

五十五、暗天牛科 Vesperidae Mulsant, 1839

609. 芫天牛属 *Mantitheus* **Fairmaire, 1889**

（1568）芫天牛 *Mantitheus pekinensis* Fairmaire, 1889

分布：广东、黑龙江、内蒙古、北京、河北、山西、山东、河南、陕西、江苏、福建、广西；蒙古国。

610. 狭胸天牛属 *Philus* **Saunders, 1853**

（1569）狭胸天牛 *Philus antennatus* (Gyllenhal, 1817)

分布：广东、河北、山东、河南、陕西、江苏、上海、安徽、浙江、湖北、江西、湖南、福建、台湾、海南、香港、澳门、广西、贵州；印度。

（1570）蔗狭胸天牛 *Philus pallescens pallescens* Bates, 1866

分布：广东、内蒙古、河南、陕西、浙江、江西、湖南、福建、台湾、香港、澳门、广西、四川、贵州。

五十六、瘦天牛科 Disteniidae Thomson, 1861

611. 须天牛属 *Cyrtonops* **White, 1853**

（1571）须天牛 *Cyrtonops punctipennis* White, 1853

分布：广东、云南、西藏；老挝，印度，缅甸，尼泊尔，印度尼西亚。

612. 瘦天牛属 *Distenia* **Lepeletier *et* Serville, 1828**

（1572）东方瘦天牛 *Distenia orientalis* Bi *et* Lin, 2013

分布：广东（乳源）、山西、陕西、浙江、江西、福建。

613. 锤腿瘦天牛属 *Melegena* **Pascoe, 1869**

（1573）褐锤腿瘦天牛 *Melegena fulva* Pu, 1990

分布：广东（鼎湖）、福建、广西。

五十七、天牛科 Cerambycidae Latreille, 1802

614. 无瘤花天牛属 *Caraphia* **Gahan, 1906**

（1574）华氏无瘤花天牛 *Caraphia huai* Ohbayashi *et* Lin, 2016

分布：广东（封开、韶关）、海南。

615. 突肩花天牛属 *Anoploderomorpha* **Pic, 1901**

（1575）粗点蓝突肩花天牛 *Anoplodera izumii* (Tamanuki *et* Mitono, 1939)

分布：广东、浙江、福建、台湾、云南；日本。

（1576）红翅突肩花天牛 *Anoploderomorpha rubripennis* (Pic, 1927)

分布：广东（连州）、福建；越南。

616. 长颊花天牛属 *Gnathostrangalia* Hayashi *et* Villiers, 1985

（1577）三斑长颊花天牛 *Gnathostrangalia castaneonigra* (Gressitt, 1935)

分布：广东（连州、曲江、乳源）、广西、湖南、江西、浙江、福建。

（1578）广东长颊花天牛 *Gnathostrangalia kwangtungensis* (Gressitt, 1939)

分布：广东（曲江、连州）、江西、湖南、福建、海南、广西、贵州。

617. 特花天牛属 *Idiostrangalia* Nakane *et* Ohbayashi, 1957

（1579）条胸特花天牛 *Idiostrangalia sozanensis* (Mitono, 1938)

分布：广东、浙江、湖北、江西、湖南、福建、台湾、广西、四川、贵州。

618. 日瘦花天牛属 *Japanostrangalia* Nakane *et* Ohbayashi, 1957

（1580）半环日瘦花天牛 *Japanostrangalia basiplicata* (Fairmaire, 1889)

分布：广东（连州）、陕西、浙江、湖北、江西、湖南、福建、四川、贵州。

619. 花天牛属 *Leptura* Linnaeus, 1758

（1581）小黄斑花天牛 *Leptura ambulatrix* Gressitt, 1951

分布：广东（连州）、安徽、浙江、江西、湖南、福建、四川、云南。

（1582）金丝花天牛 *Leptura aurosericans* Fairmaire, 1895

分布：广东、河南、浙江、湖北、江西、湖南、福建、广西、四川、贵州、云南；越南，老挝，泰国。

620. 异花天牛属 *Parastrangalis* Ganglbauer, 1889

（1583）双条异花天牛 *Parastrangalis meridionalis* (Gressitt, 1942)

分布：广东（连平）、湖北、福建。

（1584）邵武异花天牛 *Parastrangalis shaowuensis* (Gressitt, 1951)

分布：广东、湖北、福建、广西、四川。

621. 短腿花天牛属 *Pedostrangalia* Sokolov, 1897

（1585）双色短腿花天牛 *Pedostrangalia (s. str.) bicolorata* Holzschuh, 2019

分布：广东（云浮）。

622. 长尾花天牛属 *Pygostrangalia* Pic, 1954

（1586）江西长尾花天牛 *Pygostrangalia kiangsiensis* (Hayashi *et* Villiers, 1985)

分布：广东（连州）、江西。

623. 瘦花天牛属 *Strangalia* Dejean, 1835

（1587）蚤瘦花天牛 *Strangalia fortunei* Pascoe, 1858

分布：广东（连州）、辽宁、天津、河北、河南、江苏、安徽、浙江、湖北、江西、湖南、福建、广西、四川、贵州。

624. 奇形花天牛属 *Teratoleptura* Ohbayashi, 2008

（1588）奇形花天牛 *Teratoleptura mirabilis mirabilis* (Aurivillius, 1902)

分布：广东、福建、海南、广西；越南。

625. 膜花天牛属 *Necydalis* Linnaeus, 1758

（1589）肖黑异膜花天牛 *Necydalis (s. str.) strnadi similis* Pu, 1992

分布：广东、海南。

626. 圆眼花天牛属 *Lemula* Bates, 1884

（1590）黄翅圆眼花天牛 *Lemula (s. str.) testaceipennis* Gressitt, 1939

分布：广东、浙江、福建、台湾、广西。

（1591）詹氏圆眼花天牛 *Lemula (s. str.) zhani* Ohbayashi *et* Chou, 2019

分布：广东（乳源）。

627. 肩花天牛属 *Rhondia* Gahan, 1906

（1592）肩花天牛 *Rhondia pugnax* (Dohrn, 1878)

分布：广东、广西、四川、西藏；印度，缅甸。

628. 网花天牛属 *Sachalinobia* Jakobson, 1899

（1593）网花天牛 *Sachalinobia koltzei* (Heyden, 1887)

分布：广东、黑龙江、辽宁、内蒙古；韩国，日本，俄罗斯。

629. 蒋花天牛属 *Chiangshunania* Bi *et* Ohbayashi, 2014

（1594）毛翅蒋花天牛 *Chiangshunania comata* Bi *et* Ohbayashi, 2020

分布：广东（韶关）、湖南、广西。

630. 肖锯花天牛属 *Peithona* Gahan, 1906

（1595）肖锯花天牛 *Peithona prionoides* Gahan, 1906

分布：广东（始兴）、福建、台湾；老挝，印度，马来西亚。

631. 塞幽天牛属 *Cephalallus* Sharp, 1905

（1596）赤塞幽天牛 *Cephalallus unicolor* Gahan, 1906

分布：广东（连州）、吉林、河南、江苏、上海、浙江、湖北、江西、湖南、福建、台湾、海南、香港、澳门、四川、贵州、云南；蒙古国，朝鲜，韩国，日本，老挝，印度，缅甸。

632. 椎天牛属 *Spondylis* Fabricius, 1775

（1597）椎天牛 *Spondylis buprestoides* (Linnaeus, 1758)

分布：广东、黑龙江、吉林、辽宁、内蒙古、北京、河北、河南、陕西、甘肃、江苏、安徽、浙江、湖北、江西、湖南、福建、台湾、海南、香港、广西、四川、贵州、云南；韩国，朝鲜，日本，伊朗，哈萨克斯坦，阿塞拜疆，格鲁吉亚，亚美尼亚，摩洛哥；欧洲。

633. 锯花天牛属 *Apatophysis* Chevrolat, 1860

（1598）锯角锯花天牛 *Apatophysis serricornis* (Gebler, 1843)

分布：广东（乳源）、内蒙古、新疆；蒙古国，吉尔吉斯斯坦，哈萨克斯坦。

634. 毛角天牛属 *Aegolipton* Gressitt, 1940

（1599）毛角天牛 *Aegolipton marginale* (Fabricius, 1775)

分布：广东、江苏、安徽、江西、福建、台湾、海南、香港、澳门、广西、四川、贵州、云南；越南，老挝，泰国，印度，缅甸，马来西亚，印度尼西亚，孟加拉国。

635. 裸角天牛属 *Aegosoma* Serville, 1832

（1600）黄褐裸角天牛 *Aegosoma fulvum* Ripaille *et* Drumont, 2020

分布：广东（连山、乳阳、连平）、江西、福建。

（1601）海南裸角天牛 *Aegosoma hainanense* Gahan, 1900

分布：广东、江苏、福建、台湾、海南、广西、四川、云南。

（1602）隐脊裸角天牛 *Aegosoma ornaticolle* White, 1853

分布：广东、福建、台湾、海南、重庆、四川、贵州、云南；老挝，印度，缅甸，尼泊尔，不丹。

（1603）中华裸角天牛 *Aegosoma sinicum* White, 1853

分布：广东、黑龙江、吉林、辽宁、内蒙古、北京、河北、山西、山东、河南、陕西、甘肃、新疆、江苏、上海、安徽、浙江、湖北、江西、湖南、福建、台湾、海南、广西、重庆、四川、贵州、云南；韩国，朝鲜，日本，越南，老挝，泰国，印度，缅甸，马来西亚。

636. 婴翅天牛属 *Nepiodes* Pascoe, 1867

（1604）多脊婴翅天牛 *Nepiodes costipennis multicarinatus* (Fuchs, 1966)

分布：广东、浙江、福建、海南、广西、四川、贵州、云南、西藏；越南，老挝，柬埔寨，泰国，印度，缅甸，孟加拉国。

637. 刺胸薄翅天牛属 *Spinimegopis* Ohbayashi, 1963

（1605）短角刺胸薄翅天牛 *Spinimegopis curticornis* Komiya *et* Drumont, 2007

分布：广东（罗定市罗定山）。

638. 扁角天牛属 *Sarmydus* Pascoe, 1867

（1606）扁角天牛 *Sarmydus antennatus* Pascoe, 1867

分布：广东、陕西、江苏、江西、湖南、福建、台湾、海南、广西、云南；越南，老挝，泰国，印度，缅甸，尼泊尔，不丹，马来西亚，印度尼西亚。

639. 扁天牛属 *Eurypoda* Saunders, 1853

（1607）扁天牛 *Eurypoda* (*s. str.*) *antennata* Saunders, 1853

分布：广东（连州等）、河南、青海、江苏、上海、安徽、浙江、湖北、江西、湖南、台湾、香港、广西、重庆、四川、贵州、云南。

（1608）樟扁天牛 *Eurypoda* (*Neoprion*) *batesi* Gahan, 1894

分布：广东、青海、浙江、湖北、江西、湖南、福建、海南、广西、四川、贵州、云南；韩国，日本，越南，老挝，泰国。

640. 异胸天牛属 *Anomophysis* Quentin *et* Villiers, 1981

（1609）海南异胸天牛 *Anomopysis hainana* (Gressitt, 1940)

分布：广东、湖南、海南、广西、贵州、云南；越南，老挝，泰国，缅甸。

641. 本天牛属 *Bandar* Lameere, 1912

（1610）本天牛 *Bandar pascoei pascoei* (Lansberge, 1884)

分布：广东、河北、陕西、新疆、安徽、浙江、湖北、江西、湖南、福建、台湾、海南、广西、四川、贵州、云南；日本，越南，老挝，泰国，印度，缅甸，尼泊尔，不丹，斯里兰卡，菲律宾，马来西亚，印度尼西亚。

642. 土天牛属 *Dorysthenes* Vigors, 1826

（1611）长牙土天牛 *Dorysthenes (Baladeva) walkeri* Waterhouse, 1840

分布：广东、湖北、江西、福建、海南、广西、四川、云南；越南，老挝，柬埔寨，泰国，印度，缅甸，伊朗。

（1612）蔗根土天牛 *Dorysthenes (Paraphrus) granulosus* (Thomson, 1861)

分布：广东、山东、甘肃、青海、浙江、湖北、江西、福建、海南、香港、广西、四川、贵州、云南；越南，老挝，柬埔寨，泰国，印度，缅甸，孟加拉国。

643. 锯天牛属 *Prionus* Geoffroy, 1762

（1613）娄氏皱胸锯天牛 *Prionus delavayi lorenci* Drumont *et* Komiya, 2006

分布：广东、陕西、浙江、湖北、江西、福建、四川、贵州、云南、西藏。

644. 接眼天牛属 *Priotyrannus* Thomson, 1857

（1614）桔根接眼天牛 *Priotyrannus (Chollides) closteroides closteroides* (Thomson, 1877)

分布：广东（连州）、河南、陕西、江苏、安徽、浙江、湖北、江西、湖南、福建、台湾、海南、香港、广西、重庆、四川、贵州、云南；越南，老挝。

645. 纹虎天牛属 *Anaglyptus* Mulsant, 1839

（1615）嘉氏纹虎天牛 *Anaglyptus (Anaglyptus) gressitti* Holzschuh, 1999

分布：广东（乳源）、山西、浙江、江西、福建、广西。

646. 義虎天牛属 *Yoshiakioclytus* Niisato, 2007

（1616）红尾義虎天牛 *Yoshiakioclytus ruficaudus* (Gressitt, 1951)

分布：广东、福建。

647. 灿天牛属 *Anubis* Thomson, 1864

（1617）黄带灿天牛 *Anubis inermis* (White, 1853)

分布：广东、广西；越南，老挝，柬埔寨，泰国，印度，缅甸，尼泊尔，马来西亚，巴基斯坦。

648. 柄天牛属 *Aphrodisium* Thomson, 1864

（1618）长角柄天牛 *Aphrodisium (s. str.) attenuatum* Gressitt, 1951

分布：广东（连州）、福建。

（1619）黄颈柄天牛 *Aphrodisium (s. str.) faldermannii faldermannii* (Saunders, 1853)

分布：广东（曲江）、吉林、内蒙古、河南、陕西、江苏、上海、安徽、浙江、湖北、江西、湖南、福建、台湾、海南、四川、贵州、云南；俄罗斯，蒙古国，韩国。

（1620）红腹黄颈柄天牛 *Aphrodisium (s. str.) faldermannii rufiventre* (Gressitt, 1940)

分布：广东（乳源）、福建、广西、四川、云南、西藏；越南，老挝。

（1621）皱绿柄天牛 *Aphrodisium (s. str.) gibbicolle* (White, 1853)

分布：广东（连州、乳源、鼎湖）、陕西、江苏、安徽、浙江、江西、湖南、福建、台湾、海南、广西、四川、贵州、云南；老挝，印度。

（1622）挂墩柄天牛 *Aphrodisium (s. str.) muelleri* Tippmann, 1955

分布：广东、福建。

（1623）中华柄天牛 *Aphrodisium* (*s. str.*) *sinicum* (White, 1853)

分布：广东（广州、乳源、连州）、陕西、浙江、湖北、福建、广西、四川、贵州、云南；越南，老挝，泰国，印度，缅甸。

（1624）双带柄天牛 *Aphrodisium* (*Opacaphrodisium*) *griffithii* (Hope, 1839)

分布：广东（遂溪）、广西、云南；越南，老挝，印度，缅甸。

649. 颈天牛属 *Aromia* Serville, 1834

（1625）桃红颈天牛 *Aromia bungii* (Faldermann, 1835)

分布：广东（曲江、连州、连平、大埔、龙门等）、黑龙江、吉林、辽宁、内蒙古、河北、山西、山东、河南、陕西、宁夏、甘肃、江苏、安徽、浙江、湖北、江西、湖南、福建、海南、香港、广西、重庆、四川、贵州、云南；韩国，朝鲜，德国。

650. 拟柄天牛属 *Cataphrodisium* Aurivillius, 1907

（1626）拟柄天牛 *Cataphrodisium rubripenne* (Hope, 1842)

分布：广东、山东、江苏、湖北、福建、台湾、四川、贵州、云南；印度，缅甸，孟加拉国。

651. 绿天牛属 *Chelidonium* Thomson, 1864

（1627）绿天牛 *Chelidonium argentatum* (Dalman, 1817)

分布：广东（乳源、广州、广宁、博罗等）、河南、陕西、江苏、安徽、浙江、江西、湖南、福建、海南、香港、广西、四川、云南；越南，老挝，印度，缅甸。

（1628）二斑绿天牛 *Chelidonium binotaticolle* Pic, 1937

分布：广东（广州）、广西、贵州、云南；越南，老挝。

（1629）紫绿天牛 *Chelidonium purpureipes* Gressitt, 1939

分布：广东（连州）、广西、湖北、海南、云南；越南，老挝，泰国，缅甸。

652. 长绿天牛属 *Chloridolum* Thomson, 1864

（1630）广东长绿天牛 *Chloridolum* (*s. str.*) *kwangtungum* Gressitt, 1939

分布：广东（连州）、浙江、广西。

（1631）松长绿天牛 *Chloridolum* (*s. str.*) *laotium* Gressitt *et* Rondon, 1970

分布：广东、台湾、海南、云南；老挝。

（1632）琉球长绿天牛 *Chloridolum* (*s. str.*) *loochooanum* Gressitt, 1934

分布：广东、安徽、台湾；日本。

（1633）黑盾长绿天牛 *Chloridolum* (*s. str.*) *scutellatum* Gressitt, 1939

分布：广东。

（1634）靛胸长绿天牛 *Chloridolum* (*Leontium*) *cyaneonotatum* Pic, 1925

分布：广东（曲江）、广西、贵州；越南，老挝

（1635）网点长绿天牛 *Chloridolum* (*Leontium*) *jeanvoinei* (Pic, 1932)

分布：广东、海南、香港、广西；越南，老挝。

653. 黑绒天牛属 *Embrikstrandia* Plavilstshikov, 1931

（1636）黑绒天牛 *Embrikstrandia bimaculata* (White, 1853)

分布：广东（连州）、山东、河南、陕西、江苏、浙江、湖北、江西、湖南、福建、台湾、香港、广西、四川、贵州、云南；越南。

（1637）黄带黑绒天牛 *Embrikstrandia unifasciata* (Ristema, 1897)

分布：广东（连州、电白、五华）、山西、河南、安徽、浙江、湖北、江西、湖南、福建、海南、香港、澳门、广西、四川；越南，老挝，印度。

654. 寮柄天牛属 *Laosaphrodisium* Bentanachs, 2012

（1638）铜绿寮柄天牛 *Laosaphrodisium crassum* (Gressitt, 1939)

分布：广东（连州）、福建、云南。

655. 多带天牛属 *Polyzonus* Dejean, 1835

（1639）葱绿多带天牛 *Polyzonus* (*Parapolyzonus*) *prasinus* (White, 1853)

分布：广东、浙江、湖北、江西、湖南、福建、台湾、海南、广西、四川、云南；越南，柬埔寨，泰国，印度，马来西亚。

（1640）金绿多带天牛 *Polyzonus* (*s. str.*) *auroviridis* Gressitt, 1942

分布：广东、广西、四川、云南；老挝，缅甸，马来西亚。

（1641）多带天牛 *Polyzonus* (*s. str.*) *fasciatus* (Fabricius, 1781)

分布：广东（阳山、连州、梅县）、黑龙江、吉林、辽宁、内蒙古、北京、河北、山西、山东、河南、陕西、宁夏、甘肃、青海、江苏、安徽、浙江、湖北、江西、湖南、福建、海南、香港、广西、重庆、贵州、云南；韩国，朝鲜，越南，老挝。

（1642）挂墩多带天牛 *Polyzonus* (*s. str.*) *russoi* (Tippmann, 1955)

分布：广东、福建。

（1643）中华多带天牛 *Polyzonus* (*s. str.*) *sinensis* (Hope, 1841)

分布：广东、江西、湖南、福建、台湾、海南、香港、澳门、广西、重庆、四川、云南；越南，老挝，印度，缅甸。

（1644）截尾多带天牛 *Polyzonus* (*s. str.*) *subtruncatus* (Bates, 1879)

分布：广东、山东、上海、海南、香港、四川、云南；越南，老挝，泰国。

656. 伪鞘天牛属 *Scalenus* Gistel, 1848

（1645）沟胸伪鞘天牛 *Scalenus fulvus* (Bates, 1879)

分布：广东；越南，老挝，印度，孟加拉国。

（1646）伪鞘天牛 *Scalenus hemipterus* (Olivier, 1795)

分布：广东、福建、海南；老挝，泰国，印度，缅甸，马来西亚，印度尼西亚。

（1647）上海伪鞘天牛 *Scalenus sericeus* (Saunders, 1853)

分布：广东（鼎湖）、上海、福建、广西、云南；泰国，缅甸。

657. 小扁天牛属 *Callidiellum* Linsley, 1940

（1648）棕小扁天牛 *Callidiellum villosulum* (Fairmaire, 1899)

分布：广东、河南、江苏、安徽、浙江、湖北、江西、湖南、福建、台湾、广西、重庆、四川、贵州、云南。

658. 杉天牛属 *Semanotus* Mulsant, 1839

（1649）双条杉天牛 *Semanotus bifasciatus* (Motschulsky, 1875)

分布：广东、吉林、辽宁、内蒙古、北京、河北、山西、山东、河南、陕西、宁夏、甘肃、青海、江苏、安徽、浙江、湖北、江西、福建、台湾、广西、重庆、四川、贵州、云南；朝鲜，日本。

（1650）粗鞘杉天牛 *Semanotus sinoauster* Gressitt, 1951

分布：广东、河北、河南、陕西、江苏、安徽、浙江、湖北、江西、湖南、福建、台湾、广西、重庆、四川、贵州、云南；老挝。

659. 蜡天牛属 *Ceresium* Newman,1842

（1651）黄蜡天牛 *Ceresium flavipes* (Fabricius, 1793)

分布：广东、台湾、香港；老挝，印度，斯里兰卡，菲律宾，马来西亚，印度尼西亚，马达加斯加，毛里求斯，澳大利亚，新西兰。

（1652）褐蜡天牛 *Ceresium geniculatum* White, 1855

分布：广东、湖北、海南、云南；越南，老挝，泰国，印度，缅甸，菲律宾，印度尼西亚。

（1653）白斑蜡天牛 *Ceresium leucosticticum* White, 1855

分布：广东、海南、贵州、云南；越南，老挝，柬埔寨，泰国，印度，缅甸，尼泊尔，印度尼西亚，巴基斯坦。

（1654）华蜡天牛 *Ceresium sinicum sinicum* White, 1855

分布：广东（广州）、北京、河北、山西、山东、河南、陕西、江苏、安徽、浙江、湖北、江西、湖南、福建、台湾、海南、广西、重庆、四川、贵州、云南、西藏；日本，泰国。

（1655）斑胸华蜡天牛 *Ceresium sinicum ornaticolle* Pic, 1907

分布：广东（广州、博罗）、山西、陕西、新疆、江苏、湖北、江西、湖南、福建、广西、四川、贵州、云南；日本，越南，老挝。

660. 拟蜡天牛属 *Stenygrinum* Bates, 1873

（1656）拟蜡天牛 *Stenygrinum quadrinotatum* Bates, 1873

分布：广东、黑龙江、吉林、辽宁、内蒙古、河北、山东、河南、陕西、甘肃、江苏、安徽、浙江、湖北、江西、湖南、福建、台湾、海南、广西、重庆、四川、贵州、云南；韩国，俄罗斯，朝鲜，日本，越南，老挝，泰国，印度，缅甸，菲律宾，马来西亚。

661. 脊腿天牛属 *Derolus* Gahan, 1891

（1657）灰脊腿天牛 *Derolus volvulus* (Fabricius, 1801)

分布：广东、浙江、福建、海南；越南，老挝，印度，尼泊尔，菲律宾，印度尼西亚。

662. 裂眼天牛属 *Dialeges* Pascoe, 1856

（1658）波纹裂眼天牛 *Dialeges undulatus* Gahan, 1891

分布：广东、台湾、海南、云南；老挝，泰国，缅甸，斯里兰卡，印度尼西亚。

663. 缘天牛属 *Margites* Gahan, 1891

（1659）金斑缘天牛 *Margites auratonotatus Pic,* 1923

分布：广东、河南、江苏、上海、浙江、湖北、江西、湖南、福建、台湾、四川、贵州。

（1660）缘天牛 *Margites egenus* (Pascoe, 1858)

分布：广东（连州）等。

（1661）黄茸缘天牛 *Margites fulvidus* (Pascoe, 1858)

分布：广东（封开）、河南、陕西、湖北、江西、湖南、福建、台湾、海南、重庆、四川、贵州、云南；韩国，朝鲜，日本。

664. 山天牛属 *Massicus* Pascoe, 1867

（1662）三条山天牛 *Massicus trilineatus* (Pic, 1933)

分布：广东（连州）、江西、福建、台湾、海南、广西、贵州、云南；越南，老挝，印度。

（1663）青梅山天牛 *Massicus venustus* (Pascoe, 1859)

分布：广东（连州）、海南、贵州；印度，斯里兰卡。

665. 褐天牛属 *Nadezhdiella* Plavilstshikov, 1931

（1664）褐天牛 *Nadezhdiella cantori* (Hope, 1843)

分布：广东（广州、英德、连州、曲江、乳源、四会、梅县）、山东、河南、陕西、甘肃、江苏、浙江、湖北、江西、湖南、福建、台湾、海南、香港、广西、四川、贵州、云南；泰国。

（1665）桃褐天牛 *Nadezhdiella fulvopubens* (Pic, 1933)

分布：广东、辽宁、河南、陕西、江苏、浙江、湖北、江西、湖南、福建、海南、广西、重庆、四川、贵州、云南；越南，老挝，泰国。

666. 肿角天牛属 *Neocerambyx* Thomson, 1861

（1666）铜色肿角天牛 *Neocerambyx grandis* Gahan, 1891

分布：广东（乳源）、福建、海南、云南；老挝，印度。

（1667）卡氏肿角天牛 *Neocerambyx katarinae* Holzschuh, 2009

分布：广东（连州）、海南、广西；越南，老挝，印度。

667. 皱胸天牛属 *Neoplocaederus* Sama, 1991

（1668）咖啡皱胸天牛 *Neoplocaederus obesus* (Gahan, 1890)

分布：广东（连州、雷州等）、广西、海南、云南、台湾、香港；老挝，泰国，印度，缅甸，不丹，斯里兰卡，巴基斯坦。

668. 脊胸天牛属 *Rhytidodera* White, 1853

（1669）脊胸天牛 *Rhytidodera bowringii* White, 1853

分布：广东、河南、陕西、安徽、湖北、江西、湖南、福建、海南、香港、广西、四川、贵州、云南；印度，缅甸，尼泊尔，印度尼西亚。

（1670）榕脊胸天牛 *Rhytidodera integra* Kolbe, 1886

分布：广东、湖北、湖南、福建、台湾、香港、广西、四川、云南；韩国，朝鲜，日本，越南，老挝，泰国，缅甸，新加坡。

669. 粗脊天牛属 *Trachylophus* Gahan, 1888

（1671）四脊茶天牛 *Trachylophus sinensis* Gahan, 1888

分布：广东（连州、梅县、德庆等）、浙江、湖北、江西、湖南、福建、台湾、海南、香港、广西、重庆、四川、贵州；缅甸。

670. 刺角天牛属 *Trirachys* **Hope, 1842**

（1672）皱胸刺角天牛 *Trirachys holosericeus* (Fabricius, 1787)

分布：广东（曲江、连州等）、河南、陕西、福建、台湾、海南、香港、广西、重庆、四川、云南；老挝，泰国，印度，缅甸，斯里兰卡，菲律宾，马来西亚，印度尼西亚，巴基斯坦。

（1673）楝刺角天牛 *Trirachys indutus* (Newman, 1842)

分布：广东（连州等）、安徽、浙江、江西、福建、台湾、海南、香港、广西、贵州；老挝，泰国，缅甸，斯里兰卡，菲律宾，马来西亚，印度尼西亚。

（1674）中华刺角天牛 *Trirachys sinensis* (Gahan, 1890)

分布：广东（韶关）、河南、陕西、湖北、江西、湖南、福建、台湾、海南、香港、广西、四川、贵州、云南；老挝，印度，缅甸，巴基斯坦，哈萨克斯坦。

671. 胸突天牛属 *Zatrephus* **Pascoe, 1857**

（1675）球角胸突天牛 *Zatrephus longicornis* Pic, 1930

分布：广东；越南，老挝。

672. 露胸天牛属 *Artimpaza* **Thomson, 1864**

（1676）银斑露胸天牛 *Artimpaza argenteonotata* Pic, 1922

分布：广东（鼎湖）、广西、云南；越南，老挝，泰国。

673. 红胸天牛属 *Dere* **White, 1855**

（1677）小金龟树红胸天牛 *Dere affinis macilenta* Gressitt, 1940

分布：广东（河源）、海南、香港、四川；越南。

（1678）红胸天牛 *Dere thoracica* White, 1855

分布：广东、黑龙江、吉林、河北、山东、河南、陕西、江苏、浙江、湖北、江西、湖南、福建、广西、四川、贵州、云南；韩国，朝鲜，日本，越南，老挝。

674. 蚁天牛属 *Clytellus* **Westwood, 1854**

（1679）蚁天牛 *Clytellus methocoides* Westwood, 1854

分布：广东、江西、香港；越南，老挝。

675. 绿虎天牛属 *Chlorophorus* **Chevrolat, 1863**

（1680）绿虎天牛 *Chlorophorus annularis* (Fabricius, 1787)

分布：广东（广州、连州、怀集、高州、佛山、新会、惠东、湛江等）、吉林、辽宁、河北、河南、陕西、新疆、江苏、安徽、浙江、湖北、江西、湖南、福建、台湾、海南、香港、广西、重庆、四川、贵州、云南；韩国，日本，越南，老挝，柬埔寨，泰国，印度，缅甸，尼泊尔，斯里兰卡，菲律宾，马来西亚，印度尼西亚，格鲁吉亚，美国。

（1681）有环绿虎天牛 *Chlorophorus annulatus* (Hope, 1831)

分布：广东、河南、陕西、浙江、湖北、江西、福建、海南、四川、云南；越南，老挝，泰国，印度，尼泊尔。

（1682）锯角绿虎天牛 *Chlorophorus brevenotatus* Pic, 1922

分布：广东；越南，老挝。

（1683）槐绿虎天牛 *Chlorophorus diadema* (Motschulsky, 1854)

分布：广东、黑龙江、吉林、内蒙古、北京、河北、山西、山东、河南、陕西、宁夏、甘肃、江苏、安徽、浙江、湖北、江西、湖南、福建、台湾、广西、重庆、四川、贵州、云南；韩国，朝鲜，日本。

（1684）多氏绿虎天牛 *Chlorophorus douei* (Chevrolat, 1863)

分布：广东（阳山、梅县等）、海南、云南、香港、广西；印度，越南，老挝，尼泊尔。

（1685）日本绿虎天牛 *Chlorophorus japanicus* (Chevrolat, 1863)

分布：广东、河北、山西、山东、江苏、浙江、湖北、江西、广西、四川、贵州；韩国，俄罗斯，日本，越南。

（1686）广州绿虎天牛 *Chlorophorus lingnanensis* Gressitt, 1951

分布：广东（广州、曲江）、湖北、湖南、福建、贵州。

（1687）澳门绿虎天牛 *Chlorophorus macaumensis* (Chevrolat, 1845)

分布：广东、陕西、湖北、湖南、海南、香港、广西、四川、云南。

（1688）弧纹绿虎天牛 *Chlorophorus miwai* Gressitt, 1936

分布：广东（连州、封开、怀集）、黑龙江、吉林、辽宁、山东、河南、陕西、安徽、浙江、湖北、江西、湖南、福建、台湾、广西、四川、贵州。

（1689）十四斑绿虎天牛 *Chlorophorus quatuordecimmaculatus* (Chevrolat, 1863)

分布：广东、陕西、湖南、福建、海南、广西、重庆、四川、贵州、云南；越南，老挝，印度，尼泊尔，巴基斯坦，阿富汗。

（1690）五带绿虎天牛 *Chlorophorus quinquefasciatus* (Laporte *et* Gory, 1836)

分布：广东、广西、海南、台湾；韩国，日本，越南，老挝。

（1691）沙氏绿虎天牛 *Chlorophorus savioi* (Pic, 1924)

分布：广东（连州）、陕西、河北、山西、上海、贵州；俄罗斯，朝鲜，韩国。

（1692）台湾绿虎天牛 *Chlorophorus taiwanus* Matsushita, 1933

分布：广东（连州、梅县）、湖北、福建、台湾、四川、云南。

（1693）十三斑绿虎天牛 *Chlorophorus tredecimmaculatus* (Chevrolat, 1863)

分布：广东（连州、曲江、河源）、山西、浙江、湖北、福建。

676. 刺虎天牛属 *Demonax* Thomson, 1861

（1694）勾纹刺虎天牛 *Demonax bowringii* (Pascoe, 1859)

分布：广东（连平、梅县等）、安徽、浙江、湖北、江西、湖南、福建、海南、香港、广西；越南，老挝。

（1695）曲纹刺虎天牛 *Demonax curvofasciatus* (Gressitt, 1939)

分布：广东（连州）、山西、陕西、江苏、浙江、湖北、湖南、福建、台湾、四川、贵州。

（1696）榄色刺虎天牛 *Demonax olivaceus* Gressitt, 1951

分布：广东、福建。

（1697）一字纹刺虎天牛 *Demonax pseudotristiculus* Gressitt *et* Rondon, 1970

分布：广东、海南、广西；老挝。

（1698）网点刺虎天牛 *Demonax reticulicollis* Gressitt, 1940

分布：广东（曲江）、海南、广西。

677. 格虎天牛属 *Grammographus* Chevrolat, 1863

（1699）愈斑格虎天牛 *Grammographus notabilis* (Pascoe, 1862)

分布：广东（河源）、陕西、湖北、福建、台湾、广西、四川；韩国，日本。

（1700）散愈斑格虎天牛 *Grammographus notabilis cuneatus* (Fairmaire, 1888)

分布：广东、河南、陕西、湖北、四川、云南。

678. 跗虎天牛属 *Perissus* Chevrolat, 1863

（1701）X纹跗虎天牛 *Perissus asperatus* Gressitt, 1951

分布：广东、台湾、海南。

（1702）鱼藤跗虎天牛 *Perissus laetus* Lameere, 1893

分布：广东、海南、云南；老挝，柬埔寨，泰国，印度，缅甸。

（1703）糙胸跗虎天牛 *Perissus rayus* Gressitt *et* Rondon, 1970

分布：广东、海南；老挝。

679. 艳虎天牛属 *Rhaphuma* Pascoe,1858

（1704）几纹艳虎天牛 *Rhaphuma bicolorifemoralis* Gressitt *et* Rondon, 1970

分布：广东、台湾、海南；老挝。

（1705）温柔艳虎天牛 *Rhaphuma placida* Pascoe, 1858

分布：广东（中山）、海南、四川、云南；老挝，印度，缅甸，印度尼西亚。

680. 筒虎天牛属 *Sclethrus* Newman, 1842

（1706）窄筒虎天牛 *Sclethrus stenocylindrus* Fairmaire, 1895

分布：广东、湖南、海南、广西、云南；越南，老挝，泰国，缅甸。

681. 脊虎天牛属 *Xylotrechus* Chevrolat,1860

（1707）隆额脊虎天牛 *Xylotrechus atronotatus draconiceps* Gressitt, 1951

分布：广东（曲江）、浙江、江西、广西。

（1708）罗浮山脊虎天牛 *Xylotrechus binotaticollis* Gressitt, 1939

分布：广东（博罗）。

（1709）叉脊虎天牛 *Xylotrechus buqueti* (Castelnau *et* Gory, 1841)

分布：广东、陕西、江西、湖南、福建、台湾、海南、广西、云南、西藏；越南，老挝，泰国，印度，缅甸，菲律宾，马来西亚，印度尼西亚。

（1710）桑脊虎天牛 *Xylotrechus chinensis* (Chevrolat, 1852)

分布：广东、辽宁、河北、山西、山东、河南、陕西、甘肃、江苏、安徽、浙江、湖北、江西、福建、台湾、广西、四川、云南；韩国，朝鲜，日本。

（1711）桦脊虎天牛 *Xylotrechus clarinus* Bates, 1884

分布：广东、黑龙江、吉林、辽宁、内蒙古、陕西、宁夏、甘肃、湖南、福建、四川；韩国，俄罗斯，朝鲜，日本。

（1712）四斑脊虎天牛 *Xylotrechus dominulus* (White, 1855)

分布：广东（连州）、北京、河南、甘肃、浙江、福建。

（1713）咖啡脊虎天牛 *Xylotrechus grayii grayii* (White, 1855)

分布：广东（梅县、封开）、辽宁、北京、河北、山东、河南、陕西、甘肃、江苏、上海、浙江、湖北、湖南、福建、台湾、香港、四川、贵州、云南、西藏；韩国，日本。

（1714）曲纹脊虎天牛 *Xylotrechus incurvatus incurvatus* (Chevrolat, 1863)

分布：广东（沿海岛屿）、河北、甘肃、湖南、福建、台湾、香港、广西、四川、云南、西藏；韩国，印度，缅甸，尼泊尔，不丹，孟加拉国。

（1715）核桃曲纹脊虎天牛 *Xylotrechus incurvatus contortus* Gahan, 1906

分布：广东、陕西、湖北、湖南、福建、台湾、广西、四川；印度，缅甸。

（1716）爪哇脊虎天牛 *Xylotrechus javanicus* (Laporte *et* Gory, 1836)

分布：广东（阳山）、河南、江苏、浙江、湖北、湖南、海南、广西、四川、云南；老挝，泰国，印度，缅甸，尼泊尔，马来西亚，印度尼西亚。

（1717）黑头脊虎天牛 *Xylotrechus latefasciatus* Pic, 1936

分布：广东（连州）、浙江、江西、湖南、福建、台湾。

（1718）四带脊虎天牛 *Xylotrechus polyzonus* (Fairmaire, 1888)

分布：广东、辽宁、北京、河北、陕西、湖北；韩国，朝鲜。

（1719）葡脊虎天牛 *Xylotrechus pyrrhoderus* Bates, 1873

分布：广东、吉林、辽宁、山西、山东、陕西、江苏、浙江、湖北、江西、福建、广西、四川、贵州；韩国，朝鲜，日本。

（1720）黑腹葡脊虎天牛 *Xylotrechus pyrrhoderus nigrosternus* Gressitt, 1939

分布：广东（阳山）、河南。

（1721）白蜡脊虎天牛 *Xylotrechus* (*s. str.*) *rufilius rufilius* Bates, 1884

分布：广东（龙门）、黑龙江、吉林、北京、河北、山西、山东、河南、陕西、安徽、浙江、湖北、江西、湖南、福建、台湾、海南、香港、广西、重庆、四川、贵州、云南；俄罗斯，朝鲜，韩国，日本，老挝，印度，缅甸。

682. 红丽天牛属 *Eurybatus* Thomson, 1861

（1722）十斑红丽天牛 *Eurybatus decempunctata* (Westwood, 1848)

分布：广东、湖北、江西、台湾、海南、广西、贵州、云南、西藏；越南，老挝，印度，印度尼西亚。

683. 凿点天牛属 *Stromatium* Audinet-Serville, 1834

（1723）长角凿点天牛 *Stromatium longicorne* (Newman, 1842)

分布：广东（从化、开平、四会、湛江等）、吉林、辽宁、内蒙古、山东、浙江、江西、福建、台湾、海南、香港、广西、贵州、云南；日本，泰国，印度，缅甸，菲律宾，马来西亚，新加坡，印度尼西亚。

684. 瘦菱鞘天牛属 *Leptepania* Heller, 1924

（1724）网胸瘦菱鞘天牛 *Leptepania insularis* (White, 1855)

分布：广东（连平）、湖北、福建、香港；日本。

685. 圆眼天牛属 *Phyodexia* Pascoe, 1871

（1725）圆眼天牛 *Phyodexia concinna* Pascoe, 1871

    分布：广东、海南、广西、云南；越南，老挝，印度，缅甸，不丹。

686. 长柄天牛属 *Ibidionidum* Gahan, 1894

（1726）长柄天牛 *Ibidionidum corbetti* Gahan, 1894

    分布：广东、海南、贵州、云南；老挝，泰国，缅甸。

687. 侧沟天牛属 *Obrium* Dejean, 1821

（1727）南方侧沟天牛 *Obrium complanatum* Gressitt, 1942

    分布：广东（连平）、浙江、江西、广西、贵州。

688. 疾天牛属 *Noserius* Pascoe, 1857

（1728）红褐疾天牛 *Noserius simplex* (Gressitt *et* Rondon, 1970)

    分布：广东（连州）、海南；老挝。

689. 茶色天牛属 *Oplatocera* White, 1853

（1729）榆茶色天牛 *Oplatocera* (*Epioplatocera*) *oberthuri* Gahan, 1906

    分布：广东、湖南、广西、四川、贵州、云南；印度，尼泊尔，不丹。

690. 尼辛天牛属 *Nysina* Gahan, 1906

（1730）红足尼辛天牛 *Nysina grahami* (Gressitt, 1939)

    分布：广东、河南、陕西、新疆、湖北、江西、湖南、福建、广西、重庆、四川、云南。

（1731）东亚尼辛天牛 *Nysina rufescens asiatica* (Schwarzer, 1925)

    分布：广东、浙江、福建、台湾、海南、香港、澳门、广西；越南。

691. 长跗天牛属 *Prothema* Pascoe, 1856

（1732）裸纹长跗天牛 *Prothema auratum auratum* Gahan, 1906

    分布：广东、湖南、海南、广西、贵州、云南；老挝，印度，尼泊尔。

（1733）琉裸纹长跗天牛 *Prothema auratum cariniscapum* Gressitt, 1937

    分布：广东（河源、梅县）、湖南、香港、广西、贵州；越南。

（1734）长跗天牛 *Prothema signatum* Pascoe, 1856

    分布：广东（连州）、河南、陕西、浙江、江西、湖南、福建、海南、广西、贵州、西藏；越南，老挝。

692. 长红天牛属 *Erythresthes* Thomson, 1864

（1735）长红天牛 *Erythresthes bowringii* (Pascoe, 1863)

    分布：广东（广州等）、安徽、浙江、湖北、江西、湖南、福建、香港、广西、重庆。

693. 红天牛属 *Erythrus* White, 1853

（1736）鼎湖红天牛 *Erythrus angustatus* Pic, 1916

    分布：广东（鼎湖）、浙江。

（1737）黑尾红天牛 *Erythrus apicalis* Pic, 1922

    分布：广东（鼎湖、恩平）、广西；越南，老挝。

（1738）油茶红天牛 *Erythrus blairi* Gressitt, 1939

    分布：广东（连州、乳源）、河南、陕西、江苏、浙江、湖北、江西、湖南、福建、台湾、海南、广西、贵州、云南。

（1739）红天牛 *Erythrus championi* White, 1853

分布：广东（阳江、开平、恩平等）、北京、河南、陕西、江苏、浙江、湖北、江西、湖南、福建、台湾、海南、香港、广西、四川、贵州、云南；老挝，柬埔寨。

（1740）南方红天牛 *Erythrus congruus* Pascoe, 1863

分布：广东、江苏、湖北、台湾、香港；日本。

（1741）弧斑红天牛 *Erythrus fortunei* White, 1853

分布：广东（连州、连平、龙门、大埔等）、河北、河南、陕西、江苏、上海、浙江、湖北、江西、湖南、福建、台湾、香港、广西、四川、贵州、云南。

（1742）多斑红天牛 *Erythrus multimaculatus* Pic, 1916

分布：广东、四川。

694. 折天牛属 *Pyrestes* Pascoe, 1857

（1743）折天牛 *Pyrestes haematicus* Pascoe, 1857

分布：广东（连州、曲江、鼎湖等）、吉林、辽宁、河南、陕西、江苏、安徽、浙江、湖北、江西、湖南、福建、台湾、香港、澳门、广西、贵州、云南；韩国，朝鲜，日本。

（1744）突肩折天牛 *Pyrestes pascoei* Gressitt, 1939

分布：广东（连州、河源）、甘肃、江苏、浙江、湖南、福建、重庆、云南。

（1745）五斑折天牛 *Pyrestes quinquesignatus* Fairmaire, 1889

分布：广东（五华）、陕西。

（1746）皱胸折天牛 *Pyrestes rugicollis* Fairmaire, 1899

分布：广东、辽宁、河南、甘肃、江苏、浙江、湖南、福建、广西、四川、云南。

695. 狭天牛属 *Stenhomalus* White, 1855

（1747）狭天牛 *Stenhomalus fenestratus* White, 1855

分布：广东、陕西、福建、台湾、香港、四川；越南，老挝，泰国，印度，缅甸，尼泊尔。

696. 半鞘天牛属 *Merionoeda* Pascoe,1858

（1748）脊胸半鞘天牛 *Merionoeda (Ocytasia) caldwelli* Gressitt, 1942

分布：广东、湖南、福建、广西、云南。

697. 锯翅天牛属 *Microdebilissa* Pic, 1925

（1749）棕锯锯翅天牛 *Microdebilissa simplicicollis* Gressitt, 1951

分布：广东（梅县）。

698. 锥背天牛属 *Thranius* Pascoe, 1859

（1750）黄斑多斑锥背天牛 *Thranius multinotatus signatus* Schwarzer, 1925

分布：广东（曲江、连州）、陕西、浙江、江西、湖南、福建、台湾、海南、广西、四川、云南；越南，老挝。

699. 眉天牛属 *Epipedocera* Chevrolat, 1863

（1751）周眉天牛 *Epipedocera atritarsis djoui* Gressitt, 1951

分布：广东（广州）、香港、广西、云南。

700. 珊瑚天牛属 *Dicelosternus* **Gahan, 1900**

（1752）珊瑚天牛 *Dicelosternus corallinus* Gahan, 1900

分布：广东（曲江、连州、梅县）、浙江、湖北、江西、湖南、福建、台湾、海南、广西、四川、贵州。

701. 阔嘴天牛属 *Euryphagus* **Thomson, 1864**

（1753）黑盾阔嘴天牛 *Euryphagus lundii* (Fabricius, 1792)

分布：广东、福建、台湾、海南、广西、四川、贵州、云南；越南，老挝，泰国，印度，缅甸，尼泊尔，菲律宾，马来西亚，印度尼西亚。

（1754）黄晕阔嘴天牛 *Euryphagus miniatus* (Fairmaire, 1904)

分布：广东（广州）、江西、福建、海南、香港、广西、贵州、云南；越南。

702. 紫天牛属 *Purpuricenus* **Dejean, 1821**

（1755）黄带紫天牛 *Purpuricenus (s. str.) malaccensis* (Lacordaire, 1869)

分布：广东（连州）、陕西、海南、广西、云南；老挝，泰国，印度，缅甸，马来西亚，印度尼西亚。

（1756）二点紫天牛 *Purpuricenus (Sternoplistes) spectabilis* Motschulsky, 1857

分布：广东、辽宁、河北、河南、陕西、甘肃、江苏、浙江、湖北、江西、湖南、福建、台湾、广西、四川、贵州、云南；韩国，日本。

（1757）竹紫天牛 *Purpuricenus (Sternoplistes) temminckii* (Guérin-Méneville, 1844)

分布：广东、辽宁、河北、山东、河南、陕西、江苏、浙江、湖北、江西、湖南、福建、台湾、广西、四川；日本，老挝。

（1758）中华竹紫天牛 *Purpuricenus temminckii sinensis* White, 1853

分布：广东（龙门）、辽宁、河北、山西、山东、河南、陕西、江苏、浙江、湖北、江西、湖南、福建、台湾、海南、香港、广西、四川、贵州、云南；韩国，老挝。

703. 双条天牛属 *Xystrocera* **Serville, 1834**

（1759）合欢双条天牛 *Xystrocera globosa* (Olivier, 1795)

分布：广东（广州、连州、博罗）、河北、山东、河南、陕西、甘肃、江苏、安徽、浙江、湖北、江西、湖南、福建、台湾、海南、广西、重庆、四川、贵州、云南；韩国，朝鲜，日本，越南，老挝，柬埔寨，泰国，印度，缅甸，尼泊尔，斯里兰卡，菲律宾，马来西亚，印度尼西亚，孟加拉国，巴基斯坦，以色列，埃及，澳大利亚。

704. 长角天牛属 *Acanthocinus* **Dejean, 1821**

（1760）小灰长角天牛 *Acanthocinus (s. str.) griseus* (Fabricius, 1793)

分布：广东、黑龙江、吉林、辽宁、内蒙古、北京、河北、河南、陕西、宁夏、甘肃、新疆、浙江、湖北、江西、福建、广西、贵州；韩国，朝鲜，叙利亚；欧洲。

705. 利天牛属 *Leiopus* **Serville, 1835**

（1761）迷利天牛 *Leiopus (Carinopus) fallaciosus* Holzschuh, 1993

分布：广东、江西、福建。

706. 梭天牛属 *Ostedes* **Pascoe, 1859**

（1762）宝兴梭天牛 *Ostedes (s. str.) binodosa* Gressitt, 1945

分布：广东、陕西、四川。

（1763）海南闽梭天牛 *Ostedes (s. str.) inermis dwabina* Gressitt, 1940

分布：广东（连州）、海南、香港。

（1764）闽梭天牛 *Ostedes (s. str.) inermis inermis* Schwarzer, 1925

分布：广东、福建、台湾；老挝。

707. 方额天牛属 *Rondibilis* Thomson, 1857

（1765）项山晦带方额天牛 *Rondibilis (s. str.) horiensis hongshana* Gressitt, 1937

分布：广东（乳源）、浙江、湖北、江西。

（1766）疏毛方额天牛 *Rondibilis (s. str.) parcesetosa* Gressitt, 1939

分布：广东（梅县）。

（1767）密斑方额天牛 *Rondibilis (s. str.) undulata* (Pic, 1922)

分布：广东、海南、澳门；韩国，越南。

708. 长额天牛属 *Aulaconotus* Thomson, 1864

（1768）绒脊长额天牛 *Aulaconotus atronotatus* Pic, 1927

分布：广东（怀集、广宁、德庆）、江西、湖南、福建、海南、广西、四川、贵州，云南；越南，老挝。

（1769）长额天牛 *Aulaconotus pachypezoides* Thomson, 1864

分布：广东（连州、曲江）、江苏、上海、浙江、湖北、江西、湖南、福建、台湾、广西、四川、贵州；日本。

709. 马天牛属 *Hippocephala* Aurivillius, 1920

（1770）广东马天牛 *Hippocephala (s. str.) guangdongensis* Hua, 1991

分布：广东（怀集、连州、封开、龙门）。

710. 驴天牛属 *Pothyne* Thomson, 1864

（1771）赭色驴天牛 *Pothyne chocolata* Gressitt, 1939

分布：广东（连州、梅县）、浙江、江西、湖南、台湾、海南。

（1772）台湾驴天牛 *Pothyne formosana formosana* Schwarzer, 1925

分布：广东、台湾。

（1773）斜尾驴天牛 *Pothyne obliquetruncata* Gressitt, 1939

分布：广东（连州、郁南、博罗、信宜）、江西、湖南、福建、海南、广西。

（1774）多褶驴天牛 *Pothyne polyplicata* Hua *et* She, 1987

分布：广东、浙江、福建、江西、广西、海南。

（1775）糙额驴天牛 *Pothyne rugifrons* Gressitt, 1940

分布：广东（曲江、连州）、浙江、江西、湖南、福建、海南、香港、云南。

711. 竿天牛属 Pseudocalamobius Kraatz, 1879

（1776）凹尾竿天牛 *Pseudocalamobius piceus* Gressitt, 1951

分布：广东（曲江）。

712. 蟭天牛属 *Tetraglenes* Newman, 1842

（1777）毛角蟭天牛 *Tetraglenes hirticornis* (Fabricius, 1798)

分布：广东（连州、乐昌、梅县等）、浙江、福建、海南、香港、广西、贵州、云南；越南，老挝，泰国，印度，缅甸，尼泊尔，印度尼西亚。

713. 异奥天牛属 *Parorsidis* Breuning, 1935

（1778）异奥天牛 *Parorsidis nigrosparsa* (Pic, 1926)

分布：广东、海南；越南，老挝，缅甸，不丹。

714. 瓜天牛属 *Apomecyna* Dejean, 1821

（1779）白星瓜天牛 *Apomecyna cretacea* (Hope, 1831)

分布：广东、广西、海南、云南；越南，老挝，印度，尼泊尔，菲律宾。

（1780）南瓜瓜天牛 *Apomecyna saltator* (Fabricius, 1787)

分布：广东（广州、始兴、饶平、四会）、陕西、江苏、浙江、湖北、江西、湖南、福建、台湾、海南、香港、澳门、广西、四川、贵州、云南；越南，老挝，印度，斯里兰卡，孟加拉国。

715. 伪楔天牛属 *Asaperda* Bates, 1873

（1781）凹顶伪楔天牛 *Asaperda meridiana* Matsushita, 1931

分布：广东（曲江龙头山、梅县）、浙江、江西、福建、台湾、香港、贵州。

716. 俏天牛属 *Callomecyna* Tippmann, 1955

（1782）俏天牛 *Callomecyna superba* Tippmann, 1955

分布：广东、湖南、福建、广西、重庆、贵州。

717. 糙翅天牛属 *Hyagnis* Pascoe, 1864

（1783）中华糙翅天牛 *Hyagnis chinensis* Breuning, 1961

分布：广东。

718. 粗点天牛属 *Mycerinopsis* Thomson, 1864

（1784）线纹粗点天牛 *Mycerinopsis* (*Zotale*) *lineatus* Gahan, 1894

分布：广东、江西、湖南、福建、海南、香港、云南；越南，老挝，印度，缅甸，马来西亚。

719. 缝角天牛属 *Ropica* Pascoe, 1858

（1785）双星缝角天牛 *Ropica dorsalis* Schwarzer, 1925

分布：广东、江苏、浙江、湖南、台湾、海南、广西；日本，越南，老挝，印度，缅甸，尼泊尔，马来西亚，印度尼西亚。

（1786）褐背缝角天牛 *Ropica honesta* Pascoe, 1865

分布：广东（广州）、台湾、海南、香港；日本，越南，老挝，缅甸，尼泊尔，印度尼西亚。

（1787）桑缝角天牛 *Ropica subnotata* Pic, 1925

分布：广东、河北、山西、山东、河南、陕西、江苏、浙江、湖北、江西、福建、香港、贵州、云南。

（1788）红角缝角天牛 *Ropica umbrata* Gressitt, 1951

分布：广东、福建、香港。

720. 散天牛属 *Sybra* Pascoe, 1865

（1789）大理纹散天牛 *Sybra (s. str.) ordinata* Bates, 1873

分布：广东（徐闻）、江苏、上海、江西、福建、台湾、海南、广西；日本；琉球群岛。

（1790）棉散天牛 *Sybra punctatostriata* Bates, 1866

分布：广东（广州）、江西、福建、台湾、海南。

721. 连突天牛属 *Anastathes* Gahan, 1901

（1791）山茶连突天牛 *Anastathes parva* Gressitt, 1935

分布：广东（曲江龙头山）、浙江、湖南、福建、台湾、海南、广西；越南，老挝。

（1792）宽翅连突天牛 *Anastathes robusta* Gressitt, 1940

分布：广东、江西、福建、海南、香港、广西。

722. 眼天牛属 *Bacchisa* Pascoe, 1866

（1793）黑跗眼天牛 *Bacchisa (s. str.) atritarsis* (Pic, 1912)

分布：广东（连州、乳源、阳山、乐昌、连平、怀集、佛冈、梅县、兴宁、龙川、德庆）、辽宁、山东、河南、陕西、安徽、浙江、湖北、江西、湖南、福建、台湾、海南、广西、四川、贵州。

（1794）黑肩眼天牛 *Bacchisa (s. str.) basalis* (Gahan, 1894)

分布：广东（广州等）、福建、海南、香港、广西；越南。

（1795）茶眼天牛 *Bacchisa (s. str.) comata* (Gahan, 1901)

分布：广东（怀集、广宁、新会、开平等）、浙江、福建、海南、香港、广西、贵州、云南。

（1796）半蓝眼天牛 *Bacchisa (s. str.) cyaneoapicalis* (Gressitt, 1939)

分布：广东（连州）、海南、贵州。

（1797）梨眼天牛 *Bacchisa (s. str.) fortunei fortunei* (Thomson, 1857)

分布：广东（龙门）、吉林、山西、山东、河南、陕西、宁夏、甘肃、青海、江苏、上海、安徽、浙江、湖北、江西、湖南、福建、广西、四川、贵州；韩国，朝鲜，越南。

（1798）黄蓝眼天牛 *Bacchisa (s. str.) guerryi* (Pic, 1911)

分布：广东（连州）、江西、湖南、福建、广西、云南；老挝，缅甸。

（1799）霍夫曼眼天牛 *Bacchisa (s. str.) hoffmanni* (Gressitt, 1939)

分布：广东（连州）。

723. 重突天牛属 *Tetraophthalmus* Dejean, 1835

（1800）黄荆重突天牛 *Tetraophthalmus episcopalis* (Chevrolat, 1852)

分布：广东（广州、乐昌、南雄、乳源、怀集、连州、曲江、博罗、梅县、五华、龙门、大埔、蕉岭、龙川、潮安、饶平、揭西、汕头、鼎湖、新会、封开、广宁、德庆、郁南、恩平）、内蒙古、河北、山西、河南、陕西、新疆、江苏、上海、安徽、浙江、湖北、江西、湖南、福建、台湾、海南、香港、广西、四川、贵州；韩国，日本。

724. 粒肩天牛属 *Apriona* Chevrolat, 1852

（1801）细粒粒肩天牛 *Apriona germarii parvigranula* Thomson, 1878

分布：广东（佛山）、海南、云南；越南，老挝，柬埔寨，泰国。

（1802）桑天牛 *Apriona rugicollis rugicollis* Chevrolat, 1852

分布：广东（广州、英德、曲江龙头山、河源、惠阳、汕头、大埔、龙门、兴宁、蕉岭、广宁、恩平、信宜、廉江、郁南等）、辽宁、北京、河北、山西、山东、河南、陕西、甘肃、新疆、江苏、上海、安徽、浙江、湖北、江西、湖南、福建、台湾、海南、香港、广西、四川、贵州、云南；韩国，俄罗斯，朝鲜，日本。

（1803）灰绿锈色粒肩天牛 *Apriona swainsoni basicornis* Fairmaire, 1895

分布：广东（连州）、海南、云南；越南，泰国。

725. 白条天牛属 *Batocera* Castelmau, 1825

（1804）橙斑白条天牛 *Batocera davidis* Deyrolle, 1878

分布：广东（广州、曲江、梅县等）、河南、陕西、浙江、湖北、湖南、福建、台湾、海南、香港、广西、四川、贵州、云南；越南，老挝。

（1805）云斑白条天牛 *Batocera horsfieldi* (Hope, 1839)

分布：广东、吉林、北京、河北、山西、山东、河南、陕西、新疆、江苏、安徽、浙江、湖北、江西、湖南、福建、广西、四川、贵州、云南；越南，印度，缅甸，尼泊尔，不丹。

（1806）密点白条天牛 *Batocera lineolata* Chevrolat, 1852

分布：广东（广州、连州、乳源）、河北、陕西、江苏、上海、安徽、浙江、湖北、江西、福建、台湾、海南、广西、四川、贵州、云南；韩国，日本，老挝，印度。

（1807）白条天牛 *Batocera rubus* (Linnaeus, 1758)

分布：广东（高州、雷州等）、山西、陕西、浙江、福建、台湾、海南、香港、广西、四川、贵州、云南；韩国，朝鲜，日本，越南，印度，尼泊尔，菲律宾，马来西亚，印度尼西亚，巴基斯坦，沙特阿拉伯。

726. 丛角天牛属 *Thysia* Thomson, 1860

（1808）连带木棉丛角天牛 *Thysia wallichi tonkinensis* (Kriesche, 1924)

分布：广东（连州、曲江）、广西；越南，老挝。

（1809）木棉丛角天牛 *Thysia wallichii wallichii* (Hope, 1831)

分布：广东（广州、曲江、怀集、恩平、德庆、高州、龙门、饶平）、广西、四川、贵州、云南；越南，泰国，印度，缅甸，尼泊尔，马来西亚，印度尼西亚，巴基斯坦，伊朗。

727. 污天牛属 *Moechotypa* Thomson, 1864

（1810）树纹污天牛 *Moechotypa delicatula* (White, 1858)

分布：广东（连州）、浙江、湖南、台湾、海南、广西、四川、贵州、云南；越南，老挝，印度，缅甸，印度尼西亚，孟加拉国。

728. 平顶天牛属 *Cylindilla* Bates, 1884

（1811）突胸平顶天牛 *Cylindilla inornata* (Gressitt, 1951)

分布：广东（曲江）。

729. 平山天牛属 *Falsostesilea* Breuning, 1940

（1812）平山天牛 *Falsostesilea perforata* (Pic, 1926)

分布：广东、云南；越南。

730. 伪昏天牛属 *Pseudanaesthetis* Pic, 1922

（1813）伪昏天牛 *Pseudanaesthetis langana* Pic, 1922

分布：广东（梅县）、北京、山东、陕西、浙江、江西、湖南、福建、海南、香港、四川、贵州；韩国，越南，泰国，印度。

731. 斜顶天牛属 *Pseudoterinaea* Breuning, 1940

（1814）斜顶天牛 *Pseudoterinaea bicoloripes* (Pic, 1926)

分布：广东（广州、梅县等）、福建、海南、香港、澳门、广西、云南；越南，老挝。

732. 角胸天牛属 *Rhopaloscelis* Blessig, 1873

（1815）角胸天牛 *Rhopaloscelis unifasciatus* Blessig, 1873

分布：广东（梅县等）、吉林、陕西、浙江、福建、香港；韩国，俄罗斯，朝鲜，日本。

733. 束胸天牛属 *Sphigmothorax* Gressitt, 1939

（1816）束胸天牛 *Sphigmothorax bicinctus* Gressitt, 1939

分布：广东（连州）。

734. 短刺天牛属 *Terinaea* Bates, 1884

（1817）红胸短刺天牛 *Terinaea rufonigra* Gressitt, 1940

分布：广东、浙江、福建、海南、广西。

735. 突天牛属 *Zotalemimon* Pic, 1925

（1818）柞突天牛 *Zotalemimon ciliatum* (Gressitt, 1942)

分布：广东（广州、连州等）、福建、海南、香港、澳门、云南。

736. 小粉天牛属 *Microlenecamptus* Pic, 1925

（1819）双环小粉天牛 *Microlenecamptus biocellatus* (Schwarzer, 1925)

分布：广东（连州）、浙江、安徽、湖南、台湾。

737. 粉天牛属 *Olenecamptus* Chevrolat, 1835

（1820）粉天牛 *Olenecamptus bilobus bilobus* (Fabricius, 1801)

分布：广东（广州等）、辽宁、河北、浙江、福建、台湾、海南、香港、广西、四川、云南；韩国，俄罗斯，朝鲜，日本，越南，澳大利亚。

（1821）八星粉天牛 *Olenecamptus octopustulatus* (Motschulsky, 1860)

分布：广东（广州）、黑龙江、吉林、辽宁、内蒙古、河南、陕西、宁夏、甘肃、江苏、上海、安徽、浙江、湖北、江西、湖南、福建、台湾、海南、广西、四川、贵州；韩国，俄罗斯，朝鲜，日本。

（1822）台湾粉天牛 *Olenecamptus taiwanus* Dillon *et* Dillon, 1948

分布：广东（广州等）、台湾、海南、香港、澳门、广西、云南；日本。

738. 短节天牛属 *Eunidia* Erichson, 1843

（1823）黑角短节天牛 *Eunidia atripes* Breuning, 1960

分布：广东（曲江）。

739. 勾天牛属 *Exocentrus* Dejean, 1835

（1824）肩红勾天牛 *Exocentrus basirufus* Gressitt, 1940

分布：广东、海南。

（1825）二齿勾天牛 *Exocentrus subbidentatus* Gressitt, 1937

　　分布：广东、浙江、福建。

740. 短跗天牛属 *Miaenia* Pascoe, 1864

（1826）斑翅短跗天牛 *Miaenia* (*Granulimiaenia*) *granulicollis* Gressitt, 1938

　　分布：广东（连州等）、广西、台湾、香港。

741. 基天牛属 *Gyaritus* Pascoe, 1858

（1827）曲江基天牛 *Gyaritus* (*s. str.*) *lungtauensis* (Gressitt, 1951)

　　分布：广东（曲江）。

742. 隆背天牛属 *Microleropsis* Gressitt, 1937

（1828）隆背天牛 *Microleropsis rufimembris* Gressitt, 1937

　　分布：广东、福建。

743. 钩突天牛属 *Yimnashana* Gressitt, 1937

（1829）三带钩突天牛 *Yinmashana* (*Tinkhamia*) *hamulata lantauana* Gressitt, 1937

　　分布：广东（曲江、鼎湖等）、香港。

（1830）红翅钩突天牛 *Yinmashana* (*Tinkhamia*) *validicornis* Gressitt, 1951

　　分布：广东（曲江）。

（1831）钩突天牛 *Yimnashana* (*s. str.*) *denticulata* Gressitt, 1937

　　分布：广东（梅县）。

744. 锦天牛属 *Acalolepta* Pascoe, 1858

（1832）杂斑锦天牛 *Acalolepta breuningi* (Gressitt, 1951)

　　分布：广东（曲江）。

（1833）咖啡锦天牛 *Acalolepta cervina* (Hope, 1831)

　　分布：广东（乳源、龙门、梅县）、陕西、浙江、湖北、江西、福建、海南、香港、广西、四川、贵州、云南；越南，老挝，印度，缅甸，尼泊尔。

（1834）交让木锦天牛 *Acalolepta fraudator* (Bates, 1873)

　　分布：广东（乳源、梅县）、江苏、浙江、湖南、福建；韩国，朝鲜，日本。

（1835）金绒锦天牛 *Acalolepta permutans permutans* (Pascoe, 1857)

　　分布：广东（曲江、连州、恩平、封开、中山、博罗、梅县等）、河南、陕西、安徽、浙江、湖北、江西、湖南、台湾、香港、广西、四川、贵州；越南。

（1836）绢花锦天牛 *Acalolepta sericeomicans* (Fairmaire, 1889)

　　分布：广东、陕西、江苏、安徽、浙江、海南、四川、云南；越南。

（1837）南方锦天牛 *Acalolepta speciosa* (Gahan, 1888)

　　分布：广东（连州、乳源、鼎湖、梅县、龙门等）、江苏、安徽、浙江、江西、福建、台湾、海南、香港、广西、四川；越南，老挝。

（1838）双斑锦天牛 *Acalolepta sublusca sublusca* (Thomson, 1857)

　　分布：广东（乳源）、北京、河北、山东、河南、陕西、江苏、上海、浙江、湖北、江西、湖南、福建、海南、广西、四川、贵州；越南，老挝，柬埔寨，马来西亚，新加坡。

（1839）丝锦天牛 *Acalolepta vitalisi* (Pic, 1925)

分布：广东（连州、信宜）、浙江、江西、湖南、福建、台湾、海南、广西、四川；越南，柬埔寨。

745. 棘翅天牛属 *Aethalodes* Gahan, 1888

（1840）棘翅天牛 *Aethalodes verrucosus verrucosus* Gahan, 1888

分布：广东（曲江、龙门、郁南）、陕西、浙江、湖北、江西、湖南、福建、广西、四川、贵州；越南。

746. 安天牛属 *Annamanum* Pic, 1925

（1841）滇安天牛 *Annamanum chebanum* (Gahan, 1894)

分布：广东、广西、云南；越南，老挝，印度，缅甸。

747. 星天牛属 *Anoplophora* Hope, 1839

（1842）绿绒星天牛 *Anoplophora beryllina* (Hope, 1840)

分布：广东（连州、龙门）、浙江、湖北、江西、湖南、福建、香港、广西、四川、贵州、云南；越南，老挝，泰国，印度，缅甸，斯里兰卡。

（1843）拟绿绒星天牛 *Anoplophora bowringii* (White, 1858)

分布：广东（连州）、浙江、湖北、江西、福建、香港、广西；越南，老挝，印度，缅甸，马来西亚。

（1844）华星天牛 *Anoplophora chinensis* (Forster, 1771)

分布：广东（连州、曲江等）、吉林、辽宁、北京、河北、山西、山东、河南、陕西、甘肃、江苏、安徽、浙江、湖北、江西、湖南、福建、台湾、海南、香港、广西、四川、贵州、云南；韩国，朝鲜，日本，缅甸；欧洲。

（1845）丽星天牛 *Anoplophora elegans* (Gahan, 1888)

分布：广东、河南、海南、贵州、云南；越南，老挝，泰国，缅甸。

（1846）栋星天牛 *Anoplophora horsfieldii* (Hope, 1842)

分布：广东（广州、英德、连州）、河南、陕西、江苏、安徽、浙江、湖北、江西、湖南、福建、台湾、广西、四川、贵州、云南；越南，泰国，印度。

（1847）拟星天牛 *Anoplophora imitator* (White, 1858)

分布：广东（连州、广宁）、陕西、江苏、上海、浙江、湖北、江西、湖南、福建、海南、广西、四川、贵州、云南。

（1848）胸斑星天牛 *Anoplophora macularia* (Thomson, 1865)

分布：广东（广州）、河南、江苏、浙江、福建、台湾、海南、广西、四川；韩国，日本，马来西亚。

（1849）繁星星天牛 *Anoplophora siderea* Bi, Chen *et* Ohbayashi, 2020

分布：广东（乳源）、广西。

（1850）小斑拟星天牛 *Anoplophora similis* (Gahan, 1900)

分布：广东、福建、海南。

748. 簇天牛属 *Aristobia* Thomson, 1868

（1851）瘤胸簇天牛 *Aristobia hispida* (Saunders, 1853)

分布：广东（广州、曲江、连州等）、北京、河北、河南、陕西、江苏、安徽、浙江、湖北、江西、湖南、福建、海南、香港、广西、四川、贵州、云南、西藏；越南。

（1852）簇天牛 *Aristobia reticulator* (Fabricius, 1781)

分布：广东（广州、新兴、四会、鼎湖等）、陕西、福建、海南、香港、广西、云南；越南，老挝，泰国，印度，缅甸，尼泊尔，孟加拉国。

（1853）碎斑簇天牛 *Aristobia voetii* Thomson, 1878

分布：广东（广州、德庆、云浮、饶平）、河南、陕西、湖北、江西、福建、海南、广西、云南；老挝，泰国，缅甸。

749. 灰锦天牛属 *Astynoscelis* Pic, 1904

（1854）灰锦天牛 *Astynoscelis degener* (Bates, 1873)

分布：广东、黑龙江、吉林、内蒙古、北京、山东、陕西、甘肃、江苏、上海、浙江、湖北、江西、湖南、福建、台湾、广西、重庆、四川、贵州、云南；韩国，俄罗斯，朝鲜，日本。

750. 灰天牛属 *Blepephaeus* Pascoe, 1866

（1855）云纹灰天牛 *Blepephaeus infelix* (Pascoe, 1856)

分布：广东（连州、龙门）、陕西、浙江、江西、湖南、福建、广西、重庆、四川、贵州。

（1856）海南灰天牛 *Blepephaeus subcruciatus* (White, 1858)

分布：广东（封开等）、海南、香港、澳门、广西。

（1857）灰天牛 *Blepephaeus succinctor* (Chevrolat, 1852)

分布：广东（广州、郁南等）、陕西、江苏、上海、浙江、江西、湖南、台湾、海南、香港、广西、四川、云南、西藏；越南，老挝，泰国，印度，尼泊尔，马来西亚，孟加拉国。

751. 豹天牛属 *Coscinesthes* Bates, 1890

（1858）豹天牛 *Coscinesthes porosa* Bates, 1890

分布：广东（龙川）、河南、陕西、浙江、四川、云南。

752. 彤天牛属 *Eupromus* Pascoe, 1868

（1859）黑缘彤天牛 *Eupromus nigrovittatus* Pic, 1930

分布：广东（信宜、封开）、新疆、江苏、湖北、江西、湖南、福建、广西、贵州、云南；越南。

（1860）彤天牛 *Eupromus ruber* (Dalman, 1817)

分布：广东（曲江龙头山、龙门、恩平）、江苏、上海、浙江、湖北、江西、湖南、福建、台湾、广西、四川、贵州；韩国，日本，印度。

753. 带天牛属 *Eutaenia* Thomson, 1857

（1861）带天牛 *Eutaenia trifasciella* (White, 1850)

分布：广东（广宁等）、江西、湖南、福建、台湾、香港、广西、云南；越南，老挝，印度，马来西亚。

754. 鹿天牛属 *Macrochenus* Guérin-Méneville, 1843

（1862）白星鹿天牛 *Macrochenus tonkinensis* Aurivillius, 1920

　　分布：广东（曲江）、湖北、海南、广西、贵州、云南；越南。

755. 枚天牛属 *Mecynippus* Bates, 1884

（1863）缨角枚天牛 *Mecynippus ciliatus* (Gahan, 1888)

　　分布：广东、江西、海南、香港、广西、重庆、四川、云南；老挝。

756. 密缨天牛属 *Mimothestus* Pic, 1935

（1864）密缨天牛 *Mimothestus annulicornis* Pic, 1935

　　分布：广东（广州、中山、遂溪、信宜、郁南、德庆等）、湖北、香港、广西、贵州、云南；柬埔寨。

757. 墨天牛属 *Monochamus* Guérin-Méneville,1826

（1865）松墨天牛 *Monochamus* (*s. str.*) *alternatus alternatus* Hope, 1842

　　分布：广东、北京、河北、山东、河南、陕西、新疆、江苏、安徽、浙江、湖北、江西、湖南、福建、台湾、香港、广西、四川、贵州、云南；韩国，日本，老挝。

（1866）二斑墨天牛 *Monochamus* (*s. str.*) *bimaculatus* Gahan, 1888

　　分布：广东（曲江、龙门）、浙江、湖北、江西、湖南、海南、香港、广西、云南；越南，老挝，柬埔寨，泰国，印度，缅甸，尼泊尔，印度尼西亚。

（1867）红足墨天牛 *Monohammus* (*s. str.*) *dubius* Gahan, 1894

　　分布：广东（曲江、连州、梅县）、陕西、福建、台湾、海南、广西、四川、贵州、云南；越南，老挝，印度，缅甸，尼泊尔。

（1868）蓝墨天牛 *Monochamus* (*s. str.*) *guerryi* Pic, 1903

　　分布：广东（连州）、湖北、湖南、广西、四川、贵州、云南；老挝，缅甸。

（1869）樟墨天牛 *Monochamus* (*s. str.*) *tonkinensis* Breuning, 1935

　　分布：广东（佛山）；越南。

758. 柄棱天牛属 *Nanohammus* Bates, 1884

（1870）中华柄棱天牛 *Nanohammus sinicus* (Pic, 1926)

　　分布：广东、江苏、江西、湖南、福建、香港、四川。

759. 尼糙天牛属 *Neotrachystola* Breuning, 1942

（1871）尼糙天牛 *Neotrachystola maculipennis* (Fairmaire, 1899)

　　分布：广东、四川；越南。

760. 肖泥色天牛属 *Paruraecha* Breuning, 1935

（1872）尖尾肖泥色天牛 *Paruraecha* (*Arisania*) *acutipennis* (Gressitt, 1942)

　　分布：广东（连平）、陕西、贵州、云南。

761. 梯天牛属 *Pharsalia* Thomson, 1864

（1873）橄榄梯天牛 *Pharsalia* (*Cycos*) *subgemmata* (Thomson, 1857)

　　分布：广东、河南、新疆、福建、海南、广西、四川、云南；老挝，柬埔寨，泰国，印度，缅甸，尼泊尔，印度尼西亚，孟加拉国。

（1874）双突梯天牛 *Pharsalia* (*s. str.*) *pulchra pulchra* Gahan, 1888

分布：广东（连州）、湖南、海南、广西；越南，柬埔寨，泰国，马来西亚，印度尼西亚。

762. 黄星天牛属 *Psacothea* Gahan, 1888

（1875）黄星天牛 *Psacothea hilaris hilaris* (Pascoe, 1857)

分布：广东（鼎湖）、北京、河北、河南、陕西、甘肃、江苏、安徽、浙江、湖北、江西、湖南、福建、台湾、海南、广西、四川、贵州、云南；韩国，日本，越南。

763. 拟居天牛属 *Pseudonemophas* Breuning, 1944

（1876）灰拟居天牛 *Pseudonemophas versteegii* (Ritsema, 1881)

分布：广东、海南、广西、贵州、云南；越南，老挝，泰国，印度，缅甸，尼泊尔，马来西亚，印度尼西亚。

764. 白点天牛属 *Pseudopsacothea* Pic, 1935

（1877）白点天牛 *Pseudopsacothea albonotata albonotata* Pic, 1935

分布：广东（封开）、江西、海南、广西、贵州；越南。

765. 糙天牛属 *Trachystolodes* Breuning, 1943

（1878）双斑糙天牛 *Trachystolodes tonkinensis* Breuning, 1943

分布：广东（封开）、浙江、江西、福建、海南、广西、四川、贵州、云南；越南，老挝。

766. 泥色天牛属 *Uraecha* Thomson, 1864

（1879）樟泥色天牛 *Uraecha angusta* (Pascoe, 1856)

分布：广东（连平九连山、曲江）、河北、河南、陕西、宁夏、新疆、江苏、安徽、浙江、湖北、江西、湖南、福建、台湾、广西、四川、贵州；越南。

（1880）白斑泥色天牛 *Uraecha punctata* Gahan, 1888

分布：广东（鼎湖）、江西、福建、海南、香港、云南；越南，印度。

767. 肖墨天牛属 *Xenohammus* Schwarzer, 1931

（1881）肖墨天牛 *Xenohammus bimaculatus* Schwarzer, 1931

分布：广东（曲江、连州、乳源）、浙江、江西、福建、台湾、海南、广西、贵州；日本。

768. 缨象天牛属 *Cacia* Newman, 1842

（1882）簇角缨象天牛 *Cacia (Pericacia) cretifera cretifera* (Hope, 1831)

分布：广东（连州）、山西、湖北、广西、四川、贵州、云南、西藏；越南，老挝，印度，缅甸，尼泊尔。

769. 瘤象天牛属 *Coptops* Serville, 1835

（1883）榄仁瘤象天牛 *Coptops lichenea* Pascoe, 1865

分布：广东（封开、德庆、徐闻）、福建、海南、香港、澳门、广西、云南；老挝，缅甸，尼泊尔，马来西亚。

770. 额象天牛属 *Falsomesosella* Pic, 1925

（1884）灰额象天牛 *Falsomesosella (s. str.) grisella* (White, 1858)

分布：广东（连州）、台湾、香港。

（1885）琼黑点额象天牛 *Falsomesosella (s. str.) nigronotata hakka* Gressitt, 1937

分布：广东（连州、梅县）、浙江、海南。

771. 象天牛属 *Mesosa* Latreille, 1829

（1886）齿带象天牛 *Mesosa (Aplocnemia) angusta* Gressitt, 1951

分布：广东（曲江）。

（1887）宽带象天牛 *Mesosa (Aplocnemia) latifasciata* White, 1858

分布：广东（乳源）、江苏、上海、江西、福建、台湾、海南、广西；越南。

（1888）黑带象天牛 *Mesosa (Aplocnemia) rupta* (Pascoe, 1862)

分布：广东（鼎湖）、香港、广西、云南；越南，老挝，柬埔寨。

（1889）四点象天牛 *Mesosa (s. str.) myops* (Dalman, 1817)

分布：广东、黑龙江、吉林、辽宁、内蒙古、北京、天津、河北、河南、陕西、甘肃、青海、新疆、安徽、浙江、湖北、四川、贵州；蒙古国，朝鲜，韩国，日本，哈萨克斯坦；欧洲。

（1890）中华象天牛 *Mesosa sinica* (Gressitt, 1939)

分布：广东（中山）、湖南、安徽。

772. 瘤筒天牛属 *Linda* Thomson,1864

（1891）黑角瘤筒天牛 *Linda (s. str.) atricornis* Pic, 1924

分布：广东（广州、曲江龙头山）、河南、陕西、江苏、上海、浙江、湖北、江西、湖南、福建、广西、四川、贵州、云南。

（1892）瘤筒天牛 *Linda (s. str.) femorata* (Chevrolat, 1852)

分布：广东、河南、陕西、江苏、上海、浙江、湖北、江西、湖南、福建、台湾、广西、四川、贵州、云南。

（1893）顶斑瘤筒天牛 *Linda (s. str.) fraterna* (Chevrolat, 1852)

分布：广东（广州、连州、乳源、惠阳、鼎湖）、北京、河北、山东、河南、江苏、上海、安徽、浙江、湖北、江西、湖南、福建、台湾、广西、四川、贵州、云南。

773. 脊筒天牛属 *Nupserha* Chevrolat, 1858

（1894）黑翅脊筒天牛 *Nupserha infantula* (Ganglbauer, 1889)

分布：广东（连平九连山、乳源）、河北、陕西、甘肃、浙江、湖北、江西、湖南、福建、广西、四川、贵州、云南；越南。

（1895）缘翅脊筒天牛 *Nupserha marginella marginella* (Bates, 1873)

分布：广东（连州）、吉林、山东、河南、陕西、江苏、浙江、湖北、江西、湖南、福建、台湾、广西、贵州；韩国，俄罗斯，日本。

（1896）黄腹脊筒天牛 *Nupserha testaceipes* Pic, 1926

分布：广东（乐昌、曲江、乳源、梅县）、黑龙江、吉林、山东、陕西、甘肃、江苏、安徽、浙江、湖北、江西、湖南、福建、海南、广西、四川、贵州。

774. 筒天牛属 *Oberea* Dejean, 1835

（1897）二斑筒天牛 *Oberea (s. str.) binotaticollis binotaticollis* Pic, 1915

分布：广东、陕西、浙江、湖北、江西、台湾。

（1898）黑盾筒天牛 *Oberea (s. str.) bisbipunctata* Pic, 1916

分布：广东（连州）、浙江、广西、四川、贵州；越南。

（1899）黄胸筒天牛 *Oberea (s. str.) coxalis* Gressitt, 1940

分布：广东（连州）。

（1900）七列筒天牛 *Oberea (s. str.) distinctipennis* Pic, 1902

分布：广东、福建、海南、四川、西藏；越南，老挝。

（1901）黑胫筒天牛 *Oberea (s. str.) diversipes* Pic, 1919

分布：广东、河南、陕西、湖南、福建、海南、重庆、四川、贵州、云南、西藏；越南，老挝。

（1902）短足筒天牛 *Oberea (s. str.) ferruginea* (Thunberg, 1787)

分布：广东（广州、鼎湖、中山、汕头）、陕西、甘肃、湖北、湖南、福建、广西、云南；越南，老挝，印度，缅甸，尼泊尔，马来西亚。

（1903）台湾筒天牛 *Oberea (s. str.) formosana* Pic, 1911

分布：广东（龙门、和平、深圳、开平、恩平、高州、信宜、封开、德庆、广宁、云浮）、河南、陕西、江苏、安徽、浙江、湖北、江西、湖南、福建、台湾、海南、广西、重庆、四川、贵州；朝鲜，越南，老挝，泰国，印度，缅甸，尼泊尔，马来西亚，印度尼西亚，孟加拉国。

（1904）暗翅筒天牛 *Oberea (s. str.) fuscipennis* (Chevrolat, 1852)

分布：广东（广州、连州、曲江、连平、梅县）、河北、陕西、新疆、江苏、上海、浙江、湖北、江西、湖南、福建、台湾、海南、香港、广西、四川、贵州；韩国，朝鲜，日本，越南，老挝，印度，孟加拉国。

（1905）宽肩筒天牛 *Oberea (s. str.) humeralis* Gressitt, 1939

分布：广东（连州）、江西、湖南、福建、重庆、贵州；越南。

（1906）舟山筒天牛 *Oberea (s. str.) inclusa* Pascoe, 1858

分布：广东（连州）、内蒙古、河南、江苏、浙江、湖北、江西、福建、广西、四川；韩国，俄罗斯。

（1907）日本筒天牛 *Oberea (s. str.) japanica* (Thunberg, 1787)

分布：广东、吉林、辽宁、河北、山东、河南、陕西、宁夏、江苏、浙江、湖北、江西、湖南、福建、台湾、海南、广西、四川；日本。

（1908）广东筒天牛 *Oberea (s. str.) latipennis* Gressitt, 1939

分布：广东（连州）、江西；老挝。

（1909）粗点筒天牛 *Oberea (s. str.) nigriceps* (White, 1844)

分布：广东（连州、新丰、鼎湖、梅县等）、安徽、江苏、上海、浙江、海南、香港、贵州；越南。

（1910）黑腹筒天牛 *Oberea (s. str.) nigriventris* Bates, 1873

分布：广东（连州）、辽宁、内蒙古、山东、河南、陕西、江苏、安徽、浙江、湖北、江西、湖南、福建、台湾、海南、广西、四川、贵州、云南；韩国，日本，越南，老挝，印度，缅甸，尼泊尔。

（1911）黄盾筒天牛 *Oberea (s. str.) notata* Pic, 1936

分布：广东（连平）、江苏、上海、浙江、江西、福建、广西、四川。

（1912）黑尾筒天牛 *Oberea (s. str.) reductesignata* Pic, 1916

分布：广东（连州）、广西（猫儿山）、湖北、福建、台湾；日本。

（1913）褐角筒天牛 *Oberea (s. str.) toi* Gressitt, 1939

分布：广东（连州）、江西。

（1914）凹尾筒天牛 *Oberea (s. str.) walkeri* Gahan, 1894

分布：广东（连州等）、河南、陕西、新疆、浙江、江西、湖南、福建、海南、香港、广西、四川、贵州、云南；越南，老挝，缅甸。

（1915）云南筒天牛 *Oberea (s. str.) yunnana* Pic, 1926

分布：广东、云南；老挝，缅甸。

775. 小筒天牛属 *Phytoecia* Dejean, 1835

（1916）铁色小筒天牛 *Phytoecia (s. str.) ferrea* Ganglbauer, 1887

分布：广东、黑龙江、内蒙古、北京、河北、山西、陕西、甘肃、浙江、湖北；俄罗斯。

（1917）菊小筒天牛 *Phytoecia (s. str.) rufiventris* Gautier, 1870

分布：广东（广州、连州、乳源、梅县、河源）、黑龙江、吉林、辽宁、内蒙古、北京、河北、山西、山东、河南、陕西、宁夏、甘肃、江苏、安徽、浙江、湖北、江西、湖南、福建、台湾、海南、广西、四川、贵州；韩国，俄罗斯，朝鲜，日本。

776. 壮天牛属 *Alidus* Gahan, 1893

（1918）壮天牛 *Alidus biplagiatus* Gahan, 1893

分布：广东（鼎湖）、云南；老挝，印度，缅甸，尼泊尔。

777. 窝天牛属 *Desisa* Pascoe, 1865

（1919）窝天牛 *Desisa (s. str.) subfasciata* (Pascoe, 1862)

分布：广东（广州、韶关）、河南、江苏、浙江、湖北、江西、海南、香港、广西、云南；日本，越南，老挝，柬埔寨，尼泊尔。

（1920）显带窝天牛 *Desisa (s. str.) takasagoana* Matsushita, 1933

分布：广东、福建、台湾、海南。

778. 艾格天牛属 *Egesina* Pascoe, 1864

（1921）白纹艾格天牛 *Egesina (s. str.) setosa* (Gressitt, 1937)

分布：广东（曲江）、江西。

779. 吉丁天牛属 *Niphona* Mulsant, 1839

（1922）广州吉丁天牛 *Niphona (s. str.) cantonensis* Gressitt, 1939

分布：广东（广州）、海南、香港。

（1923）三脊吉丁天牛 *Niphona (s. str.) hookeri* Gahan, 1900

分布：广东（广州、连州等）、湖南、福建、海南、香港、广西、四川、贵州、云南、西藏；印度。

（1924）小吉丁天牛 *Niphona (s. str.) parallela* White, 1858

分布：广东（沿海岛屿）、江西、福建、台湾、海南、香港、广西、贵州；越南，老挝，柬埔寨，印度，缅甸，尼泊尔。

780. 截突天牛属 ***Prosoplus*** **Blanchard, 1853**

（1925）本氏截突天牛 *Prosoplus bankii* (Fabricius, 1775)

分布：广东（徐闻）、浙江、台湾、海南、澳门；日本，越南，泰国，菲律宾，印度尼西亚；非洲，大洋洲。

781. 坡天牛属 ***Pterolophia*** **Newman, 1842**

（1926）四突坡天牛 *Pterolophia (Ale) chekiangensis* Gressitt, 1942

分布：广东（曲江、连州）、河南、浙江、福建。

（1927）环角坡天牛 *Pterolophia (Hylobrotus) annulata* (Chevrolat, 1845)

分布：广东（广州、四会、博罗、兴宁、新会、恩平等）、河北、河南、陕西、江苏、上海、浙江、湖北、江西、湖南、福建、台湾、海南、香港、澳门、广西、四川、贵州；韩国，朝鲜，日本，越南，缅甸。

（1928）南方坡天牛 *Pterolophia (Hylobrotus) discalis* Gressitt, 1951

分布：广东（乐昌）、海南、广西；越南。

（1929）弧纹坡天牛 *Pterolophia (Hylobrotus) postfasciculata* Pic, 1934

分布：广东（广州、四会等）、海南、香港、云南；越南，印度，尼泊尔。

（1930）嫩竹坡天牛 *Pterolophia (Hylobrotus) trilineicollis* Gressitt, 1951

分布：广东、江西、湖南、福建。

（1931）白斑坡天牛 *Pterolophia (Lychrosis) caballina* (Gressitt, 1951)

分布：广东（阳山）、浙江、湖南、福建、广西、云南。

（1932）黑点坡天牛 *Pterolophia (Lychrosis) mimica* (Gressitt, 1942)

分布：广东（曲江）、浙江、江西、福建。

（1933）麻斑坡天牛 *Pterolophia (Lychrosis) zebrina* (Pascoe, 1858)

分布：广东、浙江、湖北、江西、湖南、福建、台湾、海南、香港、广西、云南；越南，老挝，印度，尼泊尔。

（1934）脊翅坡天牛 *Pterolophia (s. str.) carinipennis* Gressitt, 1942

分布：广东（连平）。

（1935）高脊坡天牛 *Pterolophia (s. str.) consularis* (Pascoe, 1866)

分布：广东（海康）、海南、香港、澳门、广西、贵州、云南；越南，印度，缅甸，不丹，马来西亚，印度尼西亚，马达加斯加。

（1936）尾环疏点坡天牛 *Pterolophia (s. str.) kaleea inflexa* Gressitt, 1940

分布：广东（广州）、福建、台湾、澳门、四川。

（1937）金合欢坡天牛 *Pterolophia (s. str.) persimilis* Gahan, 1894

分布：广东（连州、曲江、仁化等）、湖北、福建、香港、云南；越南，老挝，印度，缅甸，尼泊尔。

782. 突尾天牛属 ***Sthenias*** **Dejean, 1835**

（1938）二斑突尾天牛 *Sthenias (s. str.) gracilicornis* Gressitt, 1937

分布：广东（曲江、连州）、江西、湖南、福建、海南、香港、广西、贵州、云南、西藏。

783. 弱筒天牛属 *Epiglenea* Bates, 1884

（1939）弱筒天牛 *Epiglenea comes comes* Bates, 1884

分布：广东（曲江、连州、龙门）、河南、陕西、浙江、江西、湖南、福建、广西、重庆、四川、贵州、云南；韩国，日本，越南。

784. 并脊天牛属 *Glenea* Newman, 1842

（1940）桑并脊天牛 *Glenea centroguttata* Fairmaire, 1897

分布：广东、河南、陕西、甘肃、福建、台湾、广西、四川、贵州、云南、西藏；日本。

（1941）桑黄纹并脊天牛 *Glenea chujoi* Mitono, 1937

分布：广东、湖北、台湾、贵州。

（1942）点斑断条并脊天牛 *Glenea lineata sauteri* Schwarzer, 1925

分布：广东、台湾、云南；日本。

（1943）黑腿复纹并脊天牛 *Glenea pieliana nigra* Gressitt, 1940

分布：广东（乳源）、江西、福建、海南、广西。

（1944）复纹并脊天牛 *Glenea pieliana pieliana* Gressitt, 1939

分布：广东（连州）、陕西、浙江、湖北、江西、福建、广西。

（1945）腹脊并脊天牛 *Glenea pseudoscalaris pseudoscalaris* (Fairmaire, 1895)

分布：广东（曲江龙头山）、广西、贵州；越南。

（1946）榆并脊天牛 *Glenea relicta relicta* Pascoe, 1858

分布：广东（连州、曲江、乳源、鼎湖、龙门）、陕西、江苏、安徽、浙江、湖北、江西、湖南、福建、台湾、海南、广西、四川、贵州；韩国，俄罗斯，日本。

（1947）红胫并脊天牛 *Glenea rufipes* Gressitt, 1939

分布：广东（乳源、连州）、湖南、福建、海南、香港、广西；越南，老挝。

（1948）红足并脊天牛 *Glenea silhetica* Plavilstshikov, 1927

分布：广东（乳源）、福建、台湾、海南、四川；越南，缅甸，孟加拉国。

（1949）白纹并脊天牛 *Glenea subregularis* Pic, 1943

分布：广东（曲江）、台湾、广西；越南。

（1950）横斑并脊天牛 *Glenea suturata* Gressitt, 1939

分布：广东（连州）、安徽、湖北、湖南、福建。

（1951）黑红并脊天牛 *Glenea (Rubroglenea) nigrorubricollis* Lin *et* Yang, 2009

分布：广东（鼎湖）。

（1952）眉斑并脊天牛 *Glenea (Stiroglenea) cantor* (Fabricius, 1787)

分布：广东（广州、中山、鼎湖、大埔、深圳）、陕西、浙江、江西、海南、香港、澳门、广西、贵州、云南；越南，老挝，泰国，印度，菲律宾。

785. 短脊楔天牛属 *Glenida* Gahan, 1888

（1953）蓝翅短脊楔天牛 *Glenida cyaneipennis cyaneipennis* Gahan, 1888

分布：广东（连州）、浙江、江西、海南、广西。

786. 拟鹿岛天牛属 *Mimocagosima* **Breuning, 1968**

（1954）突肩拟鹿岛天牛 *Mimocagosima humeralis* (Gressitt, 1951)

分布：广东（乳源）、福建、广西、云南。

787. 拟小楔天牛属 *Neoserixia* **Schwarzer, 1925**

（1955）大陆拟小楔天牛 *Neoserixia* (*s. str.*) *pulchra continentalis* Gressitt, 1939

分布：广东（连州）、海南、云南；印度。

788. 双脊天牛属 *Paraglenea* **Bates, 1866**

（1956）双脊天牛 *Paraglenea fortunei* (Saunders, 1853)

分布：广东（连州、乐昌、南雄、乳源、曲江、梅县）、黑龙江、吉林、北京、河北、河南、陕西、宁夏、江苏、上海、安徽、浙江、湖北、江西、湖南、福建、台湾、广西、重庆、四川、贵州、云南；韩国，日本，越南。

789. 异弱脊天牛属 *Paramenesia* **Breuning, 1952**

（1957）利川异弱脊天牛 *Paramenesia subcarinata* (Gressitt, 1951)

分布：广东（乳源）、陕西、湖北、广西。

790. 楔天牛属 *Saperda* **Fabricius, 1775**

（1958）青杨楔天牛 *Saperda* (*Compsidia*) *populnea* (Linnaeus, 1758)

分布：广东（广州）、黑龙江、吉林、辽宁、内蒙古、北京、天津、河北、山西、山东、河南、陕西、宁夏、甘肃、新疆、江苏、安徽、湖北、福建；蒙古国，朝鲜，韩国，哈萨克斯坦；欧洲。

791. 刺楔天牛属 *Thermistis* **Pascoe, 1867**

（1959）刺楔天牛 *Thermistis croceocincta* (Saunders, 1839)

分布：广东（广州、乳源、连州、龙门、郁南、广宁）、陕西、安徽、浙江、湖北、江西、湖南、福建、海南、香港、广西、四川、贵州、云南；越南，泰国，印度。

792. 竖毛天牛属 *Thyestilla* **Aurivillius, 1923**

（1960）麻竖毛天牛 *Thyestilla gebleri* (Faldermann, 1835)

分布：广东、黑龙江、吉林、辽宁、内蒙古、北京、河北、山西、河南、陕西、宁夏、青海、江苏、安徽、浙江、湖北、江西、湖南、福建、台湾、广西、四川、贵州；韩国，朝鲜，日本。

793. 多毛天牛属 *Hirtaeschopalaea* **Pic, 1925**

（1961）三斑多毛天牛 *Hirtaeschopalaea fasciculata* Breuning, 1938

分布：广东（曲江、梅县）、福建；印度。

794. 小枝天牛属 *Xenolea* **Thomson, 1864**

（1962）桑小枝天牛 *Xenolea asiatica* (Pic, 1925)

分布：广东（广州等）、河南、浙江、湖北、江西、台湾、海南、香港、广西、四川、云南；韩国，日本，越南，老挝，泰国，印度，缅甸。

795. 弯点天牛属 *Cyrtogrammus* **Gressitt, 1939**

（1963）弯点天牛 *Cyrtogrammus lateripictus* Gressitt, 1939

分布：广东（连州）、海南、广西、云南；老挝。

796. 毡天牛属 *Thylactus* Pascoe, 1866

（1964）四川毡天牛 *Thylactus analis* Franz, 1954

分布：广东、河南、江西、湖南、海南、广西、四川、贵州。

（1965）黑条毡天牛 *Thylactus chinensis* Kriesche, 1924

分布：广东（广州）、台湾、四川；越南。

（1966）密点毡天牛 *Thylactus densepunctatus* Chiang *et* Li, 1984

分布：广东（乳源）、海南、云南。

797. 蓑天牛属 *Xylorhiza* Laporte, 1840

（1967）竖毛蓑天牛 *Xylorhiza pilosipennis* Breuning, 1943

分布：广东（连州、曲江、阳山、乐昌、龙门、梅县、封开、德庆、郁南、五华等）、浙江、
福建、海南、香港、广西、云南；越南，老挝。

五十八、距甲科 Megalopodidae Latreille, 1802

798. 沟胸距甲属 *Poecilomorpha* Hope, 1840

（1968）矩斑距甲 *Poecilomorpha downesi* (Baly, 1859)

分布：广东（信宜）、湖北、广西、四川、贵州、云南；老挝，印度，尼泊尔。

（1969）丽距甲 *Poecilomorpha pretiosa* Reineck, 1923

分布：广东、浙江、湖北、江西、湖南、福建、台湾、海南、广西、云南。

799. 突胸距甲属 *Temnaspis* Lacordaire, 1845

（1970）粗腿距甲 *Temnspis femorata* (Gressitt, 1942)

分布：广东（连平）、浙江、江西、广西、四川、贵州；泰国。

800. 小距甲属 *Zeugophora* Kunze, 1818

（1971）二型小距甲 *Zeugophora (Pedrillia) dimorpha* (Gressitt, 1945)

分布：广东、江苏、江西、湖南、台湾。

五十九、叶甲科 Chrysomelidae Latreille, 1802

茎甲亚科 Sagrinae Leach, 1815

801. 茎甲属 *Sagra* Fabricius, 1792

（1972）紫茎甲 *Sagra femorata* (Drury, 1773)

分布：广东（曲江）、浙江、湖北、江西、福建、台湾、海南、广西、四川、云南；越南，
老挝，柬埔寨，泰国，印度，缅甸，尼泊尔，印度尼西亚，巴基斯坦。

（1973）耀茎甲 *Sagra fulgida* Weber, 1801

分布：广东、湖北、江西、福建、香港、广西、四川。

（1974）*Sagra odontopus* Gistel, 1831

分布：广东（雷州）；越南，老挝，柬埔寨，泰国，缅甸，尼泊尔，马来西亚，印度尼西亚。

豆象亚科 Bruchinae Latreille, 1802

802. 粗颈豆象属 *Spermophagus* Schoenherr, 1833

（1975）*Spermophagus niger* Motschulsky, 1866

分布：广东、台湾、海南、云南；越南，泰国，印度，尼泊尔，不丹，菲律宾，马来西亚，印度尼西亚。

803. 锥胸豆象属 *Bruchidius* Schilsky, 1905

（1976）甘草豆象 *Bruchidius ptilinoides* (Fåhraeus, 1839)

分布：广东、台湾、香港；俄罗斯，朝鲜。

804. 豆象属 *Bruchus* Linnaeus, 1767

（1977）豌豆象 *Bruchus pisorum* (Linnaeus, 1758)

分布：广东、新疆、四川；日本，印度；中亚，欧洲，非洲。

（1978）蚕豆象 *Bruchus rufimanus* Boheman, 1833

分布：广东、山东、四川；日本，朝鲜，韩国；欧洲。

805. 瘤背豆象属 *Callosobruchus* Pic, 1902

（1979）绿豆象 *Callosobruchus chinensis* (Linnaeus, 1758)

分布：广东、辽宁、北京、湖南、福建、台湾、云南；亚洲，欧洲，北美洲。

（1980）四纹豆象 *Callosobruchus maculatus* (Fabricius, 1775)

分布：广东；亚洲，欧洲，北美洲。

806. 瘤豆象属 *Horridobruchu*s Borowiec, 1984

（1981）四瘤豆象 *Horridobruchus quadridentatus* (Pic, 1923)

分布：广东、上海、浙江、香港。

水叶甲亚科 Donaciinae Kirby, 1837

807. 水叶甲属 *Donacia* Fabricius, 1775

（1982）长腿水叶甲 *Donacia provostii* Fairmaire, 1885

分布：广东、黑龙江、辽宁、北京、天津、河北、山西、山东、河南、陕西、甘肃、江苏、安徽、浙江、湖北、江西、湖南、福建、台湾、海南、四川、贵州；俄罗斯，日本。

负泥虫亚科 Criocerinae Latreille, 1804

808. 负泥虫属 *Crioceris* Geoffroy, 1762

（1983）十四突负泥虫 *Crioceris quatuordecimpunctata* (Scopoli, 1763)

分布：广东、黑龙江、吉林、内蒙古、北京、河北、山东、新疆、江苏、浙江、湖南、福建、台湾、广西、贵州；俄罗斯，日本，哈萨克斯坦，土耳其。

809. 合爪负泥虫属 *Lema* Fabricius, 1798

（1984）*Lema (s. str.) bohemani* Clark, 1866

分布：广东、江西、福建、海南、香港、四川、贵州。

（1985）蕈负泥虫 *Lema (s. str.) castanea* Jacoby, 1908

分布：广东、海南；尼泊尔。

（1986）蓝负泥虫 *Lema (s. str.) concinnipennis* Baly, 1865

分布：广东、吉林、北京、河北、山西、河南、陕西、甘肃、江苏、安徽、浙江、湖北、江西、湖南、福建、台湾、广西、四川、贵州、云南；朝鲜，日本，斯里兰卡，菲律宾，土耳其。

（1987）红顶负泥虫 *Lema (s. str.) coronata* Baly, 1873

  分布：广东、江苏、安徽、浙江、湖北、江西、福建、台湾、海南、广西、四川；日本。

（1988）*Lema (s. str.) cyanea* Fabricius, 1798

  分布：广东、新疆、浙江、江西、福建、台湾、香港、广西、四川、云南；越南，老挝，泰国，印度，缅甸，尼泊尔，斯里兰卡，马来西亚，新加坡，印度尼西亚。

（1989）枸杞负泥虫 *Lema (s. str.) decempunctata* (Gebler, 1830)

  分布：广东、黑龙江、吉林、内蒙古、北京、河北、山西、山东、河南、陕西、宁夏、甘肃、青海、新疆、江苏、安徽、浙江、湖北、江西、湖南、福建、四川、西藏；日本，哈萨克斯坦。

（1990）红带负泥虫 *Lema (s. str.) delicatula* Baly, 1873

  分布：广东、江苏、安徽、浙江、湖北、福建；日本。

（1991）*Lema (s. str.) demangei* Pic, 1924

  分布：广东、新疆、海南、云南；越南。

（1992）鸭跖草负泥虫 *Lema (s. str.) diversa* Baly, 1873

  分布：广东（乐昌）、黑龙江、吉林、辽宁、北京、河北、山东、河南、陕西、江苏、安徽、浙江、湖北、江西、湖南、福建、广西、四川、贵州；韩国，俄罗斯，日本。

（1993）*Lema (s. str.) diversitarsis* Pic, 1927

  分布：广东、湖北、江西、福建、广西；越南。

（1994）*Lema (s. str.) djoui* Gressitt, 1942

  分布：广东、云南。

（1995）薯蓣负泥虫 *Lema (s. str.) infranigra* Pic, 1924

  分布：广东（乐昌）、安徽、浙江、湖北、江西、湖南、福建、广西、四川、贵州；越南。

（1996）褐足负泥虫 *Lema (s. str.) lacertosa* Lacordaire, 1845

  分布：广东、新疆、福建、台湾、海南、香港、广西、四川、贵州、云南；越南，老挝，印度，尼泊尔，马来西亚，新加坡，孟加拉国。

（1997）*Lema (s. str.) lacordairii* Baly, 1865

  分布：广东；印度，尼泊尔。

（1998）*Lema (s. str.) nigricollis* Jacoby, 1891

  分布：广东、广西、四川、贵州、云南、西藏；越南，老挝，泰国，印度，缅甸。

（1999）*Lema (s. str.) perplexa* Baly, 1890

  分布：广东、海南、香港、云南。

（2000）*Lema (s. str.) praeusta* (Fabricius, 1792)

  分布：广东（梅县、雷州）、福建、台湾、海南、香港、广西、四川、云南、西藏；越南，老挝，柬埔寨，泰国，印度，斯里兰卡，菲律宾，马来西亚，印度尼西亚，巴基斯坦。

（2001）褐负泥虫 *Lema (s. str.) rufotestacea* Clark, 1866

  分布：广东、新疆、安徽、浙江、湖北、江西、福建、台湾、海南、香港、广西、四川、贵州、云南；越南，印度，缅甸，尼泊尔。

（2002）*Lema* (*Petauristes*) *adamsii* Baly, 1865

分布：广东、江苏、浙江、江西、福建、台湾、四川、云南；日本，越南，老挝，泰国，印度，缅甸，尼泊尔，斯里兰卡，印度尼西亚。

（2003）短角负泥虫 *Lema* (*Petauristes*) *crioceroides* Jacoby, 1893

分布：广东、陕西、浙江、海南、广西、云南；越南，老挝，泰国，印度，缅甸。

（2004）红胸负泥虫 *Lema* (*Petauristes*) *fortunei* Baly, 1859

分布：广东（乐昌）、北京、河北、河南、陕西、甘肃、新疆、江苏、安徽、浙江、湖北、江西、福建、台湾、海南、广西、四川、贵州；日本。

（2005）简森负泥虫 *Lema* (*Petauristes*) *jansoni* Baly, 1861

分布：广东、江苏、浙江、福建、台湾、云南；日本，越南，老挝，泰国，印度，尼泊尔，印度尼西亚。

（2006）*Lema* (*Petauristes*) *mouhoti* Baly, 1878

分布：广东、福建、海南；泰国，印度。

（2007）黑胫负泥虫 *Lema* (*Petauristes*) *pectoralis* Baly, 1865

分布：广东、湖北、台湾、海南、香港、广西、云南；越南，老挝，泰国，尼泊尔，马来西亚，新加坡。

810. 爪负泥虫属 *Lilioceris* Reitter, 1913

（2008）驼负泥虫 *Lilioceris* (*Chujoita*) *gibba* (Baly, 1861)

分布：广东（乳源、阳山）、辽宁、江苏、安徽、浙江、湖北、江西、湖南、福建、台湾、广西、四川、云南；朝鲜，越南。

（2009）广州负泥虫 *Lilioceris* (*s. str.*) *cantonensis* Heinze, 1943

分布：广东、江苏、浙江、江西、湖南、福建、广西、四川；尼泊尔。

（2010）皱胸负泥虫 *Lilioceris* (*s. str.*) *cheni* Gressitt *et* Kimoto, 1961

分布：广东（梅县）、浙江、江西、福建、台湾、海南、广西、四川、云南、西藏；越南，老挝，柬埔寨，印度，尼泊尔。

（2011）蓝颈负泥虫 *Lilioceris* (*s. str.*) *cyanicollis* (Pic, 1916)

分布：广东（雷州）、新疆、湖北、湖南、福建、台湾、海南、广西、四川、贵州、云南；日本，越南。

（2012）纤负泥虫 *Lilioceris* (*s. str.*) *egena* (Weise, 1922)

分布：广东（鼎湖）、安徽、浙江、江西、湖南、福建、台湾、海南、香港、广西、四川、贵州、云南；越南，老挝，印度，尼泊尔，新加坡。

（2013）异负泥虫 *Lilioceris* (*s. str.*) *impressa* (Fabricius, 1787)

分布：广东（广州、曲江、梅县、雷州）、陕西、浙江、湖北、湖南、福建、台湾、海南、广西、四川、贵州、云南；越南，老挝，柬埔寨，泰国，印度，缅甸，尼泊尔，斯里兰卡，菲律宾，马来西亚，印度尼西亚。

（2014）尖峰岭负泥虫 *Lilioceris* (*s. str.*) *jianfenglingensis* Long, 1988

分布：广东、海南。

（2015）老挝负泥虫 *Lilioceris* (*s. str.*) *laosensis* (Pic, 1916)

分布：广东、浙江、湖北、福建、海南、广西、四川、云南、西藏；老挝，泰国，印度，缅甸，尼泊尔。

（2016）红负泥虫 *Lilioceris* (*s. str.*) *lateritia* (Baly, 1863)

分布：广东（乐昌、梅县）、江苏、安徽、浙江、湖北、江西、湖南、福建、广西、四川、贵州。

（2017）连州负泥虫 *Lilioceris* (*s. str.*) *lianzhouensis* Long, 2000

分布：广东（连州、鼎湖、乳源）、海南。

（2018）黄肩负泥虫 *Lilioceris* (*s. str.*) *luteohumeralis* (Pic, 1923)

分布：广东、湖北、海南、广西、云南；越南。

（2019）大负泥虫 *Lilioceris* (*s. str.*) *major* (Pic, 1916)

分布：广东（乳源）、湖北、海南、香港、广西、贵州、云南；越南。

（2020）弯突负泥虫 *Lilioceris* (*s. str.*) *neptis* (Weise, 1922)

分布：广东（阳山）、江苏、浙江、江西、湖南、福建、台湾、广西、四川；日本，印度，尼泊尔。

（2021）斑肩负泥虫 *Lilioceris* (*s. str.*) *scapularis* (Baly, 1859)

分布：广东（九连山）、山东、河南、陕西、江苏、浙江、湖北、江西、福建、海南、广西、贵州；俄罗斯，朝鲜，日本，越南。

（2022）半鞘负泥虫 *Lilioceris* (*s. str.*) *semipunctata* (Fabricius, 1801)

分布：广东（鼎湖）、福建、海南、广西、四川、贵州、云南；泰国，印度，尼泊尔，斯里兰卡，马来西亚，印度尼西亚。

（2023）虞氏负泥虫 *Lilioceris* (*s. str.*) *yuae* Long, 2000

分布：广东（鼎湖）、海南。

811. 长头负泥虫属 *Mecoprosopus* Chûjô, 1951

（2024）长头负泥虫 *Mecoprosopus minor* (Pic, 1916)

分布：广东（信宜）、江苏、浙江、福建、台湾、海南、广西、四川、贵州、云南；越南，老挝，柬埔寨。

812. 直胸负泥虫属 *Ortholema* Heinze, 1943

（2025）*Ortholema elongatior* (Pic, 1929)

分布：广东、湖北、湖南、福建、海南、广西、云南；越南，老挝，柬埔寨，泰国。

813. 禾谷负泥虫属 *Oulema* Des Gozis, 1886

（2026）黑缝负泥虫 *Oulema* (*s. str.*) *atrosuturalis* (Pic, 1923)

分布：广东、山东、陕西、江苏、湖北、江西、福建、台湾、海南、香港、广西、四川、云南；日本，越南。

（2027）稻负泥虫 *Oulema* (*s. str.*) *oryzae* (Kuwayama, 1931)

分布：广东、黑龙江、吉林、辽宁、陕西、浙江、湖北、江西、湖南、福建、台湾、广西、四川、贵州、云南；韩国，俄罗斯，日本。

（2028）*Oulema* (*s. str.*) *subelongata* (Pic, 1924)

分布：广东（梅县）、四川、云南。

龟甲亚科 Cassidinae Gyllenhal, 1813

814. 梳龟甲属 *Aspidimorpha* Hope, 1840

（2029）甘薯梳龟甲 *Aspidimorpha* (*s. str.*) *furcata* (Thunberg, 1789)

分布：广东、江苏、上海、浙江、福建、台湾、海南、广西、四川、云南；老挝，柬埔寨，印度，缅甸，尼泊尔，不丹，斯里兰卡，马来西亚，印度尼西亚。

（2030）褐刻梳龟甲 *Aspidimorpha* (*s. str.*) *fuscopunctata* Boheman, 1854

分布：广东、海南、广西、云南；越南，老挝，泰国，印度，缅甸，尼泊尔，菲律宾，马来西亚，印度尼西亚。

（2031）星斑梳龟甲 *Aspidimorpha* (*s. str.*) *miliaris* (Fabricius, 1775)

分布：广东、海南、香港、广西、云南；越南，泰国，缅甸，印度，尼泊尔，菲律宾，马来西亚，印度尼西亚，孟加拉国，巴基斯坦，巴布亚新几内亚；欧洲。

（2032）金梳龟甲 *Aspidimorpha* (*s. str.*) *sanctaecrucis* (Fabricius, 1792)

分布：广东、湖南、福建、海南、广西、四川、云南；越南，老挝，柬埔寨，泰国，印度，缅甸，尼泊尔，不丹，斯里兰卡，菲律宾，马来西亚，印度尼西亚，孟加拉国，巴基斯坦。

815. 锯龟甲属 *Basiprionota* Chevrolat, 1836

（2033）大锯龟甲 *Basiprionota chinensis* (Fabricius, 1798)

分布：广东（广州）、陕西、江苏、上海、浙江、江西、福建、香港、广西、四川、云南；越南，菲律宾。

（2034）黑盘锯龟甲 *Basiprionota whitei* (Boheman, 1856)

分布：广东、江苏、安徽、浙江、江西、湖南、福建、广西。

816. 龟甲属 *Cassida* Linnaeus, 1758

（2035）甘薯龟甲 *Cassida circumdata* Herbst, 1790

分布：广东、江苏、浙江、湖北、江西、湖南、福建、台湾、海南、广西、四川、贵州、云南；日本，越南，老挝，泰国，印度，尼泊尔，斯里兰卡，菲律宾，马来西亚，印度尼西亚。

（2036）盘示龟甲 *Cassida discalis* Gressitt, 1938

分布：广东、江西。

（2037）日本龟甲 *Cassida japana* Baly, 1874

分布：广东、江苏、上海、安徽、浙江、湖北、江西、福建、台湾、广西、四川；日本，越南，老挝。

（2038）柑橘龟甲 *Cassida obtusata* Boheman, 1854

分布：广东（广州、开平）、福建、台湾、海南、香港、广西、云南；日本，越南，老挝，柬埔寨，泰国，印度，缅甸，尼泊尔，斯里兰卡，菲律宾，马来西亚，印度尼西亚。

（2039）虾钳龟甲 *Cassida piperata* Hope, 1842

分布：广东、黑龙江、吉林、辽宁、北京、天津、河北、山东、河南、陕西、江苏、上海、浙江、湖北、江西、福建、台湾、广西、四川、贵州、云南；俄罗斯，朝鲜，日本，越南，菲律宾。

（2040）黑额龟甲 *Cassida probata* Spaeth, 1914

    分布：广东（广州）、湖南、云南；越南，尼泊尔。

（2041）拉底龟甲 *Cassida rati* Maulik, 1923

    分布：广东、浙江、江西、湖南、福建、台湾、广西、四川、贵州；越南，老挝，印度，缅甸，印度尼西亚。

（2042）瘤盘龟甲 *Cassida sigillata* (Gorham, 1885)

    分布：广东、江苏、浙江、江西、福建、台湾、贵州；朝鲜，日本。

（2043）北粤龟甲 *Cassida spaethiana* Gressitt, 1945

    分布：广东、浙江、湖北、湖南、福建。

（2044）苹果龟甲 *Cassida versicolor* (Boheman, 1855)

    分布：广东、黑龙江、浙江、湖北、江西、湖南、福建、台湾、海南、广西、四川、云南；俄罗斯，朝鲜，日本，越南，老挝，缅甸。

（2045）山楂龟甲 *Cassida vespertina* Boheman, 1862

    分布：广东、黑龙江、内蒙古、北京、河北、陕西、甘肃、浙江、湖北、湖南、福建、台湾、广西、四川、贵州；俄罗斯，朝鲜，日本。

817. 沟龟甲属 *Chiridopsis* Spaeth, 1922

（2046）条点沟龟甲 *Chiridopsis bowringii* (Boheman, 1855)

    分布：广东、海南、香港、广西、云南；越南，老挝，缅甸，尼泊尔。

（2047）黑网沟龟甲 *Chiridopsis punctata* (Weber, 1801)

    分布：广东、海南、广西、云南；越南，老挝，泰国，印度，缅甸，马来西亚，印度尼西亚。

818. 腊龟甲属 *Laccoptera* Boheman, 1855

（2048）尼泊尔腊龟甲 *Laccoptera* (*Laccopteroidea*) *nepalensis* Boheman, 1855

    分布：广东、江苏、浙江、湖北、福建、台湾、海南、广西、四川、贵州、云南；日本，越南，老挝，泰国，印度，缅甸，尼泊尔，马来西亚，新加坡，印度尼西亚，巴基斯坦。

（2049）十三斑腊龟甲 *Laccoptera* (*Laccopteroidea*) *tredecimpunctata* (Fabricius, 1801)

    分布：广东、海南、香港；柬埔寨，泰国，印度，菲律宾，印度尼西亚。

（2050）淡胶腊龟甲 *Laccoptera* (*Sindiola*) *hospita* Boheman, 1855

    分布：广东、海南、广西、四川、云南；越南，老挝，泰国，菲律宾。

819. 瘤龟甲属 *Notosacantha* Chevrolat, 1837

（2051）华南瘤龟甲 *Notosacantha fumida* (Spaeth, 1913)

    分布：广东。

（2052）*Notosacantha marginalis* (Gressitt, 1942)

    分布：广东（连平）。

（2053）平脊瘤龟甲 *Notosacantha moderata* Chen et Zia, 1964

    分布：广东（阳山、连州）；泰国。

（2054）缺窗瘤龟甲 *Notosacantha sauteri* (Spaeth, 1914)

分布：广东、福建、台湾、云南；越南，老挝，泰国。

820. 尾龟甲属 ***Thlaspida*** **Weise, 1899**

（2055）双枝尾龟甲 *Thlaspida biramosa* (Boheman, 1855)

分布：广东、江苏、安徽、浙江、湖北、湖南、福建、台湾、海南、广西、四川、贵州、云南；朝鲜，日本，越南，老挝，泰国，印度，缅甸，马来西亚，印度尼西亚。

铁甲亚科 Hispinae Baly, 1858

821. 竹潜甲属 ***Estigmena*** **Hope, 1840**

（2056）中华竹潜甲 *Estigmena chinensis* Hope, 1840

分布：广东、海南、广西、云南；越南，老挝，柬埔寨，泰国，印度，缅甸，尼泊尔，斯里兰卡，印度尼西亚，巴基斯坦。

822. 丽甲属 ***Callispa*** **Baly, 1858**

（2057）双弧丽甲 *Callispa biarcuata* Chen *et* Yu, 1961

分布：广东（广州）。

（2058）竹丽甲 *Callispa bowringii* Baly, 1858

分布：广东（广州、梅县）、江苏、湖北、江西、福建、海南、广西、四川、云南；越南，老挝，泰国，菲律宾。

（2059）蓝丽甲 *Callispa cyanea* Chen *et* Yu, 1961

分布：广东、福建、广西、云南；越南。

（2060）蓝鞘丽甲 *Callispa cyanipennis* Pic, 1924

分布：广东。

（2061）中华丽甲 *Callispa fortunei* Baly, 1858

分布：广东、山东、安徽、浙江、江西、福建、海南、云南；越南。

（2062）润丽甲 *Callispa karena* Maulik, 1919

分布：广东、海南、云南；越南、老挝、印度、缅甸。

823. 突额扁叶甲属 ***Brontispa*** **Sharp, 1903 (1904)**

（2063）椰心叶甲 *Brontispa longissima* (Gestro, 1885)

分布：广东、台湾、海南；日本，越南，老挝，柬埔寨，泰国，缅甸，斯里兰卡，菲律宾，马来西亚，印度尼西亚。

824. 三脊甲属 ***Agonita*** **Strand, 1942**

（2064）疏点三脊甲 *Agonita carbunculus* (Maulik, 1919)

分布：广东、四川；缅甸。

（2065）中华三脊甲 *Agonita chinensis* (Weise, 1922)

分布：广东（乐昌）、福建、海南、贵州、云南；越南。

（2066）洼胸三脊甲 *Agonita foveicollis* (Chen *et* Tan, 1962)

分布：广东、福建、广西、云南。

（2067）黑斑三脊甲 *Agonita maculigera* (Gestro, 1888)

分布：广东（广州）、福建、海南、云南；越南，老挝，柬埔寨，泰国，印度，缅甸，尼泊尔。

825. 平脊甲属 *Downesia* **Baly, 1858**

（2068）浅洼平脊甲 *Downesia balyi* Gressitt, 1950

　　分布：广东（广州）、福建。

（2069）广东平脊甲 *Downesia kwangtunga* Gressitt, 1950

　　分布：广东（连平）。

（2070）弯缘平脊甲 *Downesia marginicollis* Weise, 1922

　　分布：广东、福建。

（2071）淡色平脊甲 *Downesia tarsata* Baly, 1869

　　分布：广东、香港。

（2072）棕腹平脊甲 *Downesia thoracica* Chen *et* Sun, 1964

　　分布：广东（广州）、湖北、广西、云南。

（2073）红基平脊甲 *Downesia vandykei* Gressitt, 1939

　　分布：广东、浙江、福建；越南。

826. 异爪铁甲属 *Asamangulia* **Maulik, 1915**

（2074）U刺异爪铁甲 *Asamangulia longispina* Gressitt, 1950

　　分布：广东（连平、乳源）、浙江、江西、福建、海南、云南。

827. 钩铁甲属 *Monohispa* **Weise, 1897**

（2075）瘤钩铁甲 *Monohispa tuberculata* (Gressitt, 1950)

　　分布：广东、福建、广西、云南。

828. 趾铁甲属 *Dactylispa* **Weise, 1897**

（2076）锯齿叉趾铁甲 *Dactylispa angulosa* (Solsky, 1871)

　　分布：广东（连州）、黑龙江、吉林、辽宁、北京、天津、河北、山西、山东、河南、陕西、甘肃、江苏、上海、安徽、浙江、湖北、湖南、福建、台湾、广西、四川、贵州、云南；俄罗斯，朝鲜，日本。

（2077）并刺趾铁甲 *Dactylispa approximata* Gressitt, 1939

　　分布：广东（连平）、福建、广西、四川、西藏。

（2078）长柄叉趾铁甲 *Dactylispa cervicornis* Gressitt, 1950

　　分布：广东（鼎湖）、福建、贵州。

（2079）掌刺叉趾铁甲 *Dactylispa chaturanga* Maulik, 1919

　　分布：广东（乐昌）、湖南、四川；越南，泰国，印度，缅甸。

（2080）尖齿叉趾铁甲 *Dactylispa crassicuspis* Gestro, 1906

　　分布：广东、山西、陕西、湖北、江西、湖南、福建、贵州。

（2081）*Dactylispa delicatulata* (Gestro, 1888)

　　分布：广东（连平）、江西、湖南、海南、四川；越南，老挝，泰国，缅甸。

（2082）*Dactylispa feae* (Gestro, 1888)

　　分布：广东（连平、鼎湖、九连山）、江西、湖南、福建、台湾、海南、广西、四川、云南；

越南，老挝，柬埔寨，泰国，印度，缅甸，斯里兰卡，马来西亚。

（2083）钩刺叉趾铁甲 *Dactylispa gonospila* (Gestro, 1897)

　　分布：广东、江西、湖南、福建、台湾、云南；印度。

（2084）多刺叉趾铁甲 *Dactylispa higoniae* (Lewis, 1896)

　　分布：广东、江西、湖南、福建、台湾、海南、广西、四川、贵州、云南、西藏；日本，越南，老挝，泰国，印度，缅甸，尼泊尔，不丹。

（2085）三刺趾铁甲 *Dactylispa issikii* Chûjô, 1938

　　分布：广东（连平）、浙江、江西、福建、广西；朝鲜，日本。

（2086）长刺趾铁甲 *Dactylispa longispina* Gressitt, 1938

　　分布：广东（广州、连平、连州）、湖北、福建、海南、广西、云南；越南，泰国。

（2087）斑背叉趾铁甲 *Dactylispa maculithorax* Gestro, 1906

　　分布：广东、江西、湖南、福建、海南、四川、贵州、云南。

（2088）广东趾铁甲 *Dactylispa mauliki* Gressitt, 1950

　　分布：广东（连平）。

（2089）黑盘叉趾铁甲 *Dactylispa nigrodiscalis* Gressitt, 1938

　　分布：广东（连州）、江西、福建、海南、云南。

（2090）*Dactylispa nigromaculata* (Motschulsky, 1861)

　　分布：广东、江西、福建、海南、广西、云南；缅甸。

（2091）疏刺叉趾铁甲 *Dactylispa paucispina* Gressitt, 1939

　　分布：广东（连州）、江西、福建、广西、四川。

（2092）*Dactylispa piceomaculata* Gressitt, 1939

　　分布：广东（博罗）。

（2093）并行叉趾铁甲 *Dactylispa pici* Uhmann, 1934

　　分布：广东、江西、福建、云南；越南。

（2094）多毛趾铁甲 *Dactylispa pilosa* Tan *et* Kung, 1961

　　分布：广东（高要）、广西、云南；越南。

（2095）微齿扁趾铁甲 *Dactylispa platyacantha* (Gestro, 1897)

　　分布：广东、江西、湖南、福建、海南、广西、云南；老挝，泰国，缅甸，尼泊尔。

（2096）斑胸叉趾铁甲 *Dactylispa pungens* (Boheman, 1858)

　　分布：广东、江西、海南、香港、云南；越南。

（2097）红端趾铁甲 *Dactylispa sauteri* Uhmann, 1927

　　分布：广东（广州）、浙江、湖北、江西、湖南、福建、台湾、香港、广西、四川、云南。

（2098）*Dactylispa sinuispina* Gressitt, 1938

　　分布：广东、江西、湖南、福建、海南。

（2099）竹趾铁甲 *Dactylispa sjoestedti* Uhmann, 1928

　　分布：广东（广州、肇庆）、江西、贵州、云南；印度。

（2100）*Dactylispa xanthopus* (Gestro, 1898)

分布：广东、湖北、江西、湖南、福建、台湾、海南、广西、四川、贵州、云南；越南，老挝，泰国，印度，缅甸，尼泊尔。

829. 稻铁甲属 *Dicladispa* Gestro, 1897

（2101）水稻铁甲 *Dicladispa armigera* (Olivier, 1808)

分布：广东（广州、中山、开平、顺德）、辽宁、陕西、江苏、浙江、湖北、江西、湖南、福建、台湾、海南、广西、四川、云南；日本，越南，老挝，泰国，印度，缅甸，尼泊尔，不丹，斯里兰卡，马来西亚，印度尼西亚，巴基斯坦。

830. 铁甲属 *Hispa* Linnaeus, 1767

（2102）青鞘铁甲 *Hispa ramosa* Gyllenhal, 1817

分布：广东、安徽、海南、广西、四川、云南；越南，老挝，泰国，印度，缅甸，尼泊尔，斯里兰卡，印度尼西亚，阿富汗。

831. 尖爪铁甲属 *Hispellinus* Weise, 1897

（2103）长刺尖爪铁甲 *Hispellinus callicanthus* (Bates, 1866)

分布：广东（连州、乳源）、江苏、安徽、湖北、江西、湖南、福建、台湾、海南、广西、贵州、云南；越南，老挝，泰国，印度，缅甸，斯里兰卡，菲律宾，马来西亚，印度尼西亚。

（2104）中华尖爪铁甲 *Hispellinus chinensis* Gressitt, 1950

分布：广东（连州）、山东、湖南、四川；朝鲜。

832. 角铁甲属 *Octodonta* Chapuis, 1875

（2105）水椰八角铁甲 *Octodonta nipae* (Maulik, 1921)

分布：广东（广州、深圳）、福建、广西、海南；马来西亚。

833. 掌铁甲属 *Platypria* Guérin-Méneville, 1840

（2106）长刺掌铁甲 *Platypria chiroptera* Gestro, 1899

分布：广东、云南；印度，缅甸，不丹。

（2107）*Platypria fenestrata* Pic, 1924

分布：广东、湖南、福建、云南；越南，印度。

（2108）阔叶掌铁甲 *Platypria hystrix* (Fabricius, 1798)

分布：广东、海南、广西、云南；越南，老挝，泰国，印度，缅甸，尼泊尔，不丹，斯里兰卡，马来西亚，印度尼西亚，巴基斯坦。

（2109）枣掌铁甲 *Platypria melli* Uhmann, 1954

分布：广东（连平、乐昌）、安徽、浙江、湖南、福建、广西、四川、云南；日本，不丹。

834. 准铁甲属 *Rhadinosa* Weise, 1905

（2110）细角准铁甲 *Rhadinosa fleutiauxi* (Baly, 1889)

分布：广东（广州、梅县、鼎湖）、湖北、江西、湖南、福建、海南、广西、云南；越南，老挝，柬埔寨，泰国，缅甸，马来西亚。

（2111）蓝黑准铁甲 *Rhadinosa nigrocyanea* (Motschulsky, 1861)

分布：广东（连平）、黑龙江、河北、山西、新疆、江苏、安徽、浙江、湖北、江西、福建、云南；朝鲜，日本。

835. 棒角铁甲属 *Rhodtrispa* **Chen** *et* **Tan, 1964**

（2112）*Rhodtrispa abnormis* (Gressitt *et* Kimoto, 1963)

分布：广东（连州）。

836. 卷叶甲属 *Leptispa* **Baly, 1858**

（2113）红腹卷叶甲 *Leptispa abdominalis* Baly, 1858

分布：广东（广州）、河北、浙江、福建、台湾、海南、广西；越南。

（2114）长鞘卷叶甲 *Leptispa longipennis* (Gestro, 1890)

分布：广东（广州）、广西；越南，缅甸，不丹。

叶甲亚科 Chrysomelinae Lacordaire, 1845

837. 牡荆叶甲属 *Phola* **Weise, 1890**

（2115）十八斑牡荆叶甲 *Phola octodecimguttata* (Fabricius, 1775)

分布：广东（乐昌）、河北、甘肃、江苏、浙江、湖北、江西、湖南、福建、台湾、海南、广西、四川、贵州；日本，越南，印度，缅甸，斯里兰卡，菲律宾，马来西亚。

838. 齿猿叶甲属 *Odontoedon* **Ge** *et* **Daccordi, 2013**

（2116）黄齿猿叶甲 *Odontoedon fulvescens* (Weise, 1922)

分布：广东（连州、梅县）、浙江、江西、湖南、台湾、广西、贵州、云南；越南，老挝。

839. 无缘叶甲属 *Colaphellus* **Weise, 1916**

（2117）菜无缘叶甲 *Colaphellus bowringii* (Baly, 1865)

分布：广东、黑龙江、吉林、辽宁、内蒙古、北京、河北、山西、山东、河南、陕西、宁夏、甘肃、青海、江苏、浙江、湖北、江西、湖南、福建、广西、四川、贵州、云南；越南。

840. 扁叶甲属 *Gastrolina* **Baly, 1859**

（2118）核桃扁叶甲 *Gastrolina depressa* Baly, 1859

分布：广东、河南、陕西、甘肃、江苏、安徽、浙江、湖北、湖南、福建、广西、四川、贵州；朝鲜，日本。

841. 丽斑叶甲属 *Agasta* **Hope, 1840**

（2119）黄丽斑叶甲 *Agasta formosa* Hope, 1840

分布：广东（鼎湖）、广西、云南；越南，老挝，泰国，印度，缅甸，印度尼西亚。

842. 里叶甲属 *Linaeidea* **Motschulsky, 1860**

（2120）红胸里叶甲 *Linaeidea adamsi* (Baly, 1864)

分布：广东、辽宁、浙江、四川、贵州、云南；朝鲜，越南，尼泊尔。

（2121）金绿里叶甲 *Linaeidea aeneipennis* (Baly, 1859)

分布：广东、安徽、浙江、湖北、江西、湖南、福建、广西、四川、贵州、云南。

843. 斑叶甲属 *Paropsides* **Motschulsky, 1860**

（2122）梨斑叶甲 *Paropsides soriculata* (Swartz, 1808)

分布：广东（博罗、封开）、吉林、辽宁、内蒙古、河北、山西、河南、江苏、安徽、浙江、湖北、江西、湖南、福建、广西、四川、贵州、云南；朝鲜，日本，越南，印度，缅甸。

844. 角胫叶甲属 *Gonioctena* **Chevrolat, 1837**

（2123）曲带角胫叶甲 *Gonioctena (Platyphytodecta) flexuosa* (Baly, 1859)

    分布：广东、陕西、甘肃、江苏、安徽、浙江、江西、福建、四川。

（2124）黄鞘角胫叶甲 *Gonioctena (Brachyphytodecta) flavipennis* (Jacoby, 1888)

    分布：广东、浙江、江西、福建、广西、四川、贵州。

（2125）黑盾角胫叶甲 *Gonioctena (Brachyphytodecta) fulva* (Motschulsky, 1860)

    分布：广东、黑龙江、吉林、河北、山西、江苏、浙江、湖北、江西、湖南、福建、四川；越南。

（2126）十一斑角胫叶甲 *Gonioctena (Asiphytodecta) subgeminata* (Chen, 1934)

    分布：广东（连州）、浙江、湖南、福建、台湾。

（2127）十三斑角胫叶甲 *Gonioctena (Asiphytodecta) tredecimmaculata* (Jacoby, 1888)

    分布：广东、陕西、江苏、浙江、湖北、江西、湖南、福建、台湾、广西、四川、贵州、云南；越南。

845. 圆肩叶甲属 *Humba* Chen, 1934

（2128）蓝兄圆肩叶甲 *Humba cyanicollis* (Hope, 1831)

    分布：广东（信宜）、湖北、湖南、广西、四川、贵州、云南、西藏；越南，老挝，泰国，印度，缅甸，斯里兰卡。

846. 榆叶甲属 *Ambrostoma* Motschulsky, 1860

（2129）琉璃榆叶甲 *Ambrostoma fortunei* (Baly, 1860)

    分布：广东（连平）、河南、江苏、安徽、浙江、江西、湖南、福建、广西、四川、贵州。

847. 金叶甲属 *Chrysolina* Motschulsky, 1860

（2130）黑足金叶甲 *Chrysolina (Anopachys) gensanensis* (Weise, 1900)

    分布：广东、辽宁、湖北、贵州；朝鲜。

（2131）瘦金叶甲 *Chrysolina (Hypericia) gracilis* Bechyné, 1950

    分布：广东、湖北、江西、广西、四川、贵州、云南；越南。

（2132）薄荷金叶甲 *Chrysolina (Lithopteroides) exanthematica* (Wiedemann, 1821)

    分布：广东、黑龙江、吉林、辽宁、河北、河南、青海、江苏、安徽、浙江、湖北、湖南、福建、四川、云南；日本，印度，阿富汗。

（2133）鲍金叶甲 *Chrysolina (Pierryvettia) bowringii* (Baly, 1860)

    分布：广东（番禺、佛山）、福建、台湾、贵州、云南；越南。

848. 桉叶甲属 *Trachymela* Weise, 1908

（2134）桉树叶甲 *Trachymela sloanei* (Blackburn, 1897)

    分布：广东（中山、深圳）、福建、香港；澳大利亚，新西兰。

萤叶甲亚科 Galerucinae Chevrolat, 1845

849. 瓢萤叶甲属 *Oides* Weber, 1801

（2135）蓝翅瓢萤叶甲 *Oides bowringii* (Baly, 1863)

    分布：广东（乳源、乐山、连州、曲江、连平、始兴）、陕西、甘肃、浙江、湖北、江西、湖南、福建、海南、香港、广西、四川、贵州、云南；朝鲜，日本，越南，老挝，缅甸。

（2136）十星瓢萤叶甲 *Oides decempunctata* (Billberg, 1808)

分布：广东（乐昌、梅县、乳源、连州）、吉林、内蒙古、河北、山西、山东、河南、陕西、甘肃、江苏、安徽、浙江、湖北、江西、湖南、福建、台湾、海南、广西、四川、贵州、云南；朝鲜，越南，老挝，柬埔寨，泰国。

（2137）八角瓢萤叶甲 *Oides duporti* Laboissière, 1919

分布：广东、安徽、湖北、福建、海南、广西、云南；越南，老挝，缅甸。

（2138）*Oides laticlave* (Faiemaire, 1889)

分布：广东（乐昌、连州、梅县）、陕西、甘肃、湖北、江西、福建、海南、广西。

（2139）*Oides leucomelaena* Weise, 1922

分布：广东（南雄）、湖北、广西、贵州、云南；越南，老挝。

（2140）黑胸守瓜瓢萤叶甲 *Oides livida* (Fabricius, 1801)

分布：广东（阳山、乳源）、湖北、湖南、福建、海南、广西、四川、贵州、云南、西藏；越南，老挝，泰国，印度，缅甸，尼泊尔，马来西亚，新加坡，印度尼西亚。

（2141）宽缘瓢萤叶甲 *Oides maculata* (Olivier, 1807)

分布：广东、山东、河南、陕西、甘肃、江苏、安徽、浙江、湖北、江西、湖南、福建、台湾、广西、四川、贵州、云南；越南，老挝，柬埔寨，泰国，印度，缅甸，尼泊尔，印度尼西亚。

（2142）黑附瓢萤叶甲 *Oides tarsata* (Baly, 1865)

分布：广东（乐昌、连州、乳源、始兴）、河北、山东、河南、陕西、甘肃、江苏、安徽、浙江、湖北、江西、湖南、福建、海南、广西、四川、贵州、西藏；越南。

850. 壮萤叶甲属 *Periclitena* Weise, 1902

（2143）中华壮萤叶甲 *Periclitena sinensis* (Fairmaire, 1888)

分布：广东、甘肃、江苏、浙江、江西、广西、四川、贵州、云南；越南。

（2144）东京湾壮萤叶甲 *Periclitena tonkinensis* Laboissière, 1929

分布：广东、江苏、浙江、江西、广西、四川、贵州、云南；越南。

（2145）丽壮萤叶甲 *Periclitena vigorsi* (Hope, 1831)

分布：广东、海南、云南、西藏；越南，老挝，泰国，印度，缅甸，尼泊尔，马来西亚。

851. 丽萤叶甲属 *Clitenella* Laboissière, 1927

（2146）虹彩丽萤叶甲 *Clitenella ignitincta* (Fairmaire, 1878)

分布：广东、江苏、江西、福建、四川。

852. 沙萤叶甲属 *Sastroides* Jacoby, 1884

（2147）蓝沙萤叶甲 *Sastroides submetallicus* (Gressitt *et* Kimoto, 1963)

分布：广东、湖南、福建、台湾。

（2148）紫沙萤叶甲 *Sastroides violaceus* (Weise, 1922)

分布：广东、江西、湖南、福建、广西、四川；越南，老挝。

853. 小萤叶甲属 *Galerucella* Crotch, 1873

（2149）缅甸小萤叶甲 *Galerucella birmanica* (Jacoby, 1889)

分布：广东、辽宁、山东、江苏、上海、湖北、云南；印度，缅甸，尼泊尔，不丹。

（2150）褐背小萤叶甲 *Galerucella grisescens* (Joannis, 1866)

分布：广东（英德、始兴）、黑龙江、吉林、辽宁、内蒙古、河北、山东、河南、陕西、甘肃、新疆、江苏、安徽、浙江、湖北、江西、湖南、福建、台湾、海南、广西、四川、贵州、云南、西藏；朝鲜，日本，越南，老挝，泰国，印度，尼泊尔，印度尼西亚，阿富汗。

（2151）菱角小萤叶甲 *Galerucella nipponensis* (Laboissière, 1922)

分布：广东、山东、陕西、浙江、湖北、江西、福建、台湾；朝鲜，日本。

（2152）黄褐小萤叶甲 *Galerucella pusilla* (Duftschmidt, 1825)

分布：广东、吉林、辽宁、山西、山东、甘肃、香港、西藏。

854. 毛萤叶甲属 *Pyrrhalta* Joannis, 1866

（2153）棕黑毛萤叶甲 *Pyrrhalta brunneipes* Gressitt *et* Kimoto, 1963

分布：广东（乳源）、甘肃、福建、四川、贵州、云南。

（2154）中华毛萤叶甲 *Pyrrhalta chinensis* (Jacoby, 1890)

分布：广东、湖北。

（2155）*Pyrrhalta erosa* (Hope, 1841)

分布：广东。

（2156）黑肩毛萤叶甲 *Pyrrhalta humeralis* (Chen, 1942)

分布：广东（乐昌、连州）、黑龙江、吉林、辽宁、陕西、甘肃、安徽、浙江、湖北、江西、湖南、福建、台湾、广西、四川；日本。

（2157）广东毛萤叶甲 *Pyrrhalta kwangtungensis* Gressitt *et* Kimoto, 1963

分布：广东（广州）、云南。

（2158）榆黄毛萤叶甲 *Pyrrhalta maculicollis* (Motschulsky, 1853)

分布：广东、黑龙江、吉林、辽宁、内蒙古、河北、山西、山东、河南、陕西、甘肃、江苏、浙江、江西、湖南、福建、台湾、广西；朝鲜，日本。

（2159）毛萤叶甲 *Pyrrhalta submetallica* (Chen, 1942)

分布：广东、江苏、湖北、福建、四川。

（2160）*Pyrrhalta unicostate* (Pic, 1937)

分布：广东（乳源）、海南、四川、云南；越南，老挝，泰国，柬埔寨。

855. 异跗萤叶甲属 *Apophylia* Thomson, 1858

（2161）黄额异跗萤叶甲 *Apophylia beeneni* Bezděk, 2003

分布：广东、黑龙江、吉林、辽宁、内蒙古、北京、河北、山西、山东、陕西、江苏、安徽、浙江、湖北、江西、湖南、福建、台湾、海南、广西、四川、贵州、西藏；朝鲜，越南，老挝，泰国。

（2162）香薷异跗萤叶甲 *Apophylia epipleuralis* Laboissere, 1927

分布：广东、湖南、海南、四川、贵州、云南；越南，老挝，柬埔寨，泰国，印度，缅甸。

（2163）旋心异跗萤叶甲 *Apophylia flavovirens* (Fairmaire, 1878)

分布：广东（徐闻）、浙江、福建、西藏。

856. 短角萤叶甲属 *Erganoides* **Jacoby, 1903**

（2164）*Erganoides variabilis* Gressitt *et* Kimoto, 1963

分布：广东（乐昌）、安徽、海南、四川、贵州、云南。

857. 德萤叶甲属 *Dercetina* **Gressitt *et* Kimoto, 1963**

（2165）二纹德萤叶甲 *Dercetina bifasciata* (Clark, 1865)

分布：广东（连平、曲江、乳源、始兴）、江西、海南、云南；缅甸，马来西亚，印度尼西亚。

（2166）黄腹德萤叶甲 *Dercetina flaviventris* (Jacoby, 1890)

分布：广东、湖北、湖南、台湾、四川、贵州、云南。

（2167）变色德萤叶甲 *Dercetina minor* Gressitt *et* Kimoto, 1963

分布：广东（连平）、浙江、江西、福建。

（2168）台湾德萤叶甲 *Dercetina taiwana* (Chûjô, 1938)

分布：广东（始兴）、湖北、台湾。

（2169）*Dercetina varidipennis* (Duvivier, 1887)

分布：广东（连平、始兴、乳源）、云南；缅甸，印度，尼泊尔。

858. 阿萤叶甲属 *Arthrotus* **Motschulsky, 1857**

（2170）*Arthrotus coeruleus* (Chen, 1942)

分布：广东（乳源）、四川、云南。

（2171）*Arthrotus elongatus* Gressitt *et* Kimoto, 1963

分布：广东（始兴）、四川。

（2172）黄斑阿萤叶甲 *Arthrotus flavocincta* (Hope, 1831)

分布：广东、河北、甘肃、安徽、浙江、湖北、江西、湖南、福建、四川、贵州、云南；越南，老挝，泰国，印度，尼泊尔。

（2173）*Arthrotus fulvus* Chûjô, 1938

分布：广东（乳源、始兴）、台湾。

（2174）马氏阿萤叶甲 *Arthrotus maai* Gressitt *et* Kimoto, 1963

分布：广东（乐昌）、福建。

（2175）*Arthrotus micans* Chen, 1942

分布：广东（乳源）、浙江、湖南、四川。

（2176）水杉阿萤叶甲 *Arthrotus nigrofasciatus* (Jacoby, 1890)

分布：广东（乳源）、甘肃、安徽、浙江、湖北、江西、湖南、福建、四川。

859. 宽胸萤叶甲属 *Emathea* **Baly, 1865**

（2177）四斑宽胸萤叶甲 *Emathea punctata* (Allard, 1889)

分布：广东、陕西、甘肃、海南、广西；越南。

860. 额凹萤叶甲属 *Sermyloides* **Jacoby, 1884**

（2178）双斑额凹萤叶甲 *Sermyloides bimaculata* Gressitt *et* Komoto, 1963

分布：广东。

861. 阿波萤叶甲属 *Aplosonyx* Chevrolat, 1837

（2179）锚阿波萤叶甲 *Aplosonyx ancorus ancorus* Laboissière, 1934

分布：广东（曲江、始兴）、福建、广西、云南；越南。

862. 斯萤叶甲属 *Sphenoraia* Clark, 1865

（2180）褐翅斯萤叶甲 *Sphenoraia (Sphenoraioides) duvivieri* (Laboissière, 1925)

分布：广东（博罗）、湖南、广西、贵州、云南；越南，老挝，泰国，印度，缅甸。

（2181）海珠斯萤叶甲 *Sphenoraia (Sphenoraioides) haizhuensis* Yang, 2021

分布：广东（广州）。

（2182）细刻斯萤叶甲 *Sphenoraia (Sphenoraioides) micans* (Fairmaire, 1888)

分布：广东（连平）、河南、新疆、浙江、湖南、福建、台湾、广西、四川、贵州。

（2183）十四斑斯萤叶甲 *Sphenoraia (Sphenoraioides) nebulosa* (Gyllenhal, 1808)

分布：广东（英德）、海南、广西、云南；越南，老挝，柬埔寨，泰国，印度，缅甸。

863. 柱萤叶甲属 *Gallerucida* Motschulsky, 1860

（2184）*Gallerucida abdominalis* Gressitt *et* Kimoto, 1963

分布：广东（连平、曲江）、福建、广西、云南。

（2185）丽柱萤叶甲 *Gallerucida gloriosa* (Baly, 1861)

分布：广东、黑龙江、吉林、辽宁、河北、陕西、甘肃、江苏、安徽、浙江、湖北、江西、湖南、福建、四川、贵州；朝鲜，越南。

（2186）灰黄柱萤叶甲 *Gallerucida lutea* Gressitt *et* Kimoto, 1963

分布：广东、湖北、湖南、台湾；朝鲜。

（2187）黑胫柱萤叶甲 *Gallerucida moseri* Weise, 1922

分布：广东（梅县）、湖北、江西、湖南、福建、广西、云南；越南。

（2188）黄肩柱萤叶甲 *Gallerucida singularis* Harold, 1880

分布：广东、福建、台湾、海南、广西、四川、云南；越南，印度，缅甸。

864. 拟柱萤叶甲属 *Laphris* Baly, 1864

（2189）斑刻拟柱萤叶甲 *Laphris emarginata* Baly, 1864

分布：广东、安徽、浙江、湖北、江西、湖南、福建、台湾、广西、四川、贵州。

865. 榕萤叶甲属 *Morphosphaera* Baly, 1861

（2190）*Morphosphaera chrysomeloides* (Bates, 1866)

分布：广东（始兴）、台湾。

866. 守瓜属 *Aulacophora* Chevrolat, 1837

（2191）斑翅红守瓜 *Aulacophora bicolor* (Weber, 1801)

分布：广东、湖北、江西、台湾、海南、广西、四川、云南；越南，老挝，柬埔寨，泰国，印度，斯里兰卡，菲律宾，马来西亚。

（2192）脊尾黑守瓜 *Aulacophora carinicauda* Chen *et* Kung, 1959

分布：广东（始兴）、湖南、海南、云南；越南，尼泊尔。

（2193）谷氏黑守瓜 *Aulacophora coomani* Laboissière, 1929

分布：广东、甘肃、湖南、福建、贵州、云南、西藏；越南，老挝。

（2194）异角黑守瓜 *Aulacophora frontalis* Baly, 1888

分布：广东、台湾、海南、云南；越南，老挝，泰国，印度，斯里兰卡，菲律宾，马来西亚，印度尼西亚。

（2195）印度黄守瓜 *Aulacophora indica* (Gmelin, 1790)

分布：广东（梅县、乐昌、始兴）、河北、山西、山东、河南、陕西、甘肃、江苏、上海、浙江、湖北、江西、湖南、福建、台湾、海南、广西、四川、贵州、云南、西藏；朝鲜，日本，越南，老挝，柬埔寨，泰国，印度，缅甸，尼泊尔，不丹，斯里兰卡，菲律宾，马来西亚，阿富汗。

（2196）柳氏黑守瓜 *Aulacophora lewisii* Baly, 1886

分布：广东（梅县、乳源）、甘肃、江苏、安徽、浙江、湖北、江西、湖南、福建、台湾、海南、香港、广西、四川、云南；日本，越南，老挝，泰国，印度，缅甸，尼泊尔，不丹，斯里兰卡，马来西亚。

（2197）黑足黑守瓜 *Aulacophora nigripennis* Motschulsky, 1857

分布：广东、黑龙江、河北、山西、山东、陕西、甘肃、江苏、安徽、浙江、湖北、江西、湖南、福建、台湾、海南、广西、四川、贵州、云南；朝鲜，日本，越南。

（2198）脊头黑守瓜 *Aulacophora palliata* (Schaller, 1783)

分布：广东、台湾、海南、云南；越南，印度。

（2199）云南黄守瓜 *Aulacophora yunnanensis* Chen *et* Kung, 1959

分布：广东、湖北、湖南、福建、海南、四川、贵州、云南；老挝。

867. 伪守瓜属 *Pseudocophora* Jacoby, 1884

（2200）双色伪守瓜 *Pseudocophora bicolor* Jacoby, 1887

分布：广东（广州）、甘肃、江西、湖南、福建、海南、广西、云南；印度，尼泊尔，斯里兰卡。

（2201）浅凹伪守瓜 *Pseudocophora pectoralis* Baly, 1888

分布：广东、湖南、广西、四川、云南、西藏；越南，印度，缅甸，尼泊尔。

868. 殊角萤叶甲属 *Agetocera* Hope, 1840

（2202）茶殊角萤叶甲 *Agetocera mirabilis* (Hope, 1831)

分布：广东、江苏、安徽、浙江、台湾、海南、香港、广西、云南；越南，老挝，印度，缅甸，尼泊尔，不丹。

869. 拟守瓜属 *Paridea* Baly, 1886

（2203）鸟尾拟守瓜 *Paridea* (*Semacia*) *avicauda* (Laboissière, 1930)

分布：广东（始兴）、陕西、四川、西藏。

（2204）大叶拟守瓜 *Paridea* (*Semacia*) *grandifolia* Yang, 1991

分布：广东（始兴）、云南。

（2205）黑头拟守瓜 *Paridea* (*Semacia*) *nigrocephala* (Laboissière, 1930)

分布：广东（乐昌、乳源）、云南。

（2206）骨胸拟守瓜 *Paridea* (*Semacia*) *pectoralis* (Laboissière, 1930)

分布：广东（始兴）、广西；越南。

（2207）六斑拟守瓜 *Paridea* (*Semacia*) *sexmaculata* (Laboissière, 1930)

分布：广东、北京、河北、江苏、上海、浙江、湖北、江西、湖南、福建、台湾、海南、广西、贵州。

（2208）四斑拟守瓜 *Paridea* (*s. str.*) *quadriplagiata* (Baly, 1874)

分布：广东、安徽、浙江、湖北、江西、湖南、福建、广西、四川、贵州、云南；日本、印度。

870. 麦萤叶甲属 *Medythia* Jacoby, 1886

（2209）黑肩麦萤叶甲 *Medythia suturalis* (Motschulsky, 1858)

分布：广东、甘肃、安徽、江西、福建、台湾、海南、广西、四川；越南，老挝，柬埔寨，泰国，印度，缅甸，尼泊尔，斯里兰卡，菲律宾，马来西亚，印度尼西亚。

871. 凸胸萤叶甲属 *Kanarella* Jacoby, 1896

（2210）黄凸胸萤叶甲 *Kanarella unicolor* Jacoby, 1896

分布：广东、海南、广西、云南；越南，老挝，印度，尼泊尔，不丹。

872. 攸萤叶甲属 *Euliroetis* Ogloblin, 1936

（2211）黑缘攸萤叶甲 *Euliroetis lameyi* Laboissière, 1929

分布：广东（乳源）、浙江、湖南、福建；俄罗斯，越南。

（2212）黑头攸萤叶甲 *Euliroetis melanocephala* (Bowditch, 1925)

分布：广东（连州）、浙江、江西、湖南、福建。

（2213）菊攸萤叶甲 *Euliroetis ornata* (Baly, 1874)

分布：广东（连州、乳源）、黑龙江、吉林、辽宁、陕西、江苏、湖南、福建、广西、四川、贵州；朝鲜，日本。

873. 贺萤叶甲属 *Hoplasoma* Jacoby, 1884

（2214）大贺萤叶甲 *Hoplasoma majorina* Laboissière, 1929

分布：广东（曲江）、甘肃、福建、台湾、广西、四川、贵州、云南；越南，老挝。

（2215）棕贺萤叶甲 *Hoplasoma unicolor* (Illiger, 1800)

分布：广东（广州、梅县）、福建、海南、广西、云南；朝鲜，越南，老挝，泰国，印度，缅甸，尼泊尔，不丹，马来西亚，印度尼西亚。

874. 隶萤叶甲属 *Liroetis* Weise, 1889

（2216）*Liroetis unicolor* Zhang *et* Yang, 2008

分布：广东（乳源）、四川。

875. 米萤叶甲属 *Mimastra* Baly, 1865

（2217）粗刻米萤叶甲 *Mimastra chennelli* Baly, 1879

分布：广东、陕西、浙江、江西、湖南、福建、云南；老挝，泰国，印度，缅甸，尼泊尔，不丹，马来西亚，巴基斯坦。

（2218）桑黄米萤叶甲 *Mimastra cyanura* (Hope, 1831)

分布：广东（博罗、乳源）、陕西、甘肃、江苏、浙江、湖北、江西、湖南、福建、广西、四川、贵州、云南；印度，缅甸，尼泊尔，不丹。

876. 哈萤叶甲属 *Haplosomoides* Duvivier, 1890

（2219）褐背哈萤叶甲 *Haplosomoides annamita annamita* (Allard, 1888)

　　分布：广东、江苏、浙江、福建、台湾、广西、四川、云南、西藏；越南，老挝，泰国，尼泊尔，不丹。

（2220）黑翅哈萤叶甲 *Haplosomoides costata* (Baly, 1878)

　　分布：广东（连州、梅县）、甘肃、浙江、湖北、江西、湖南、福建、台湾、海南、广西、四川、贵州；日本，越南。

877. 凯瑞萤叶甲属 *Charaea* Baly, 1878

（2221）*Charaea costatum* (Kimoto, 1996)

　　分布：广东（乳源）。

（2222）黄腹凯瑞萤叶甲 *Charaea flaviventris* (Motschulsky, 1860)

　　分布：广东（乐昌、连平、乳源）、黑龙江、吉林、陕西、甘肃、安徽、浙江、湖北、江西、湖南、福建、台湾、广西；朝鲜，日本。

（2223）卡氏凯瑞萤叶甲 *Charaea kelloggi* (Gressitt *et* Kimoto, 1963)

　　分布：广东（连平）、福建、台湾、香港、贵州。

（2224）*Charaea maatsingi* (Gressitt *et* Kimoto, 1963)

　　分布：广东（乳源）、福建。

（2225）*Charaea maxbardayi* Bezděk *et* Lee, 2014

　　分布：广东（乳源）、台湾。

878. 华露萤叶甲属 *Sinoluperus* Gressitt *et* Kimoto, 1963

（2226）亚脊华露萤叶甲 *Sinoluperus subcostatus* Gressitt *et* Kimoto, 1963

　　分布：广东（肇庆、梅县）、浙江、江西、海南、四川；老挝。

（2227）武夷华露萤叶甲 *Sinoluperus wuyiensis* Yang *et* Wu, 1998

　　分布：广东（乳源）、福建。

879. 波萤叶甲属 *Brachyphora* Jacoby, 1890

（2228）黑条波萤叶甲 *Brachyphora nigrovittata* Jacoby, 1890

　　分布：广东（乐昌、乳源）、山西、陕西、江苏、浙江、湖北、江西、湖南、福建、广西、四川、贵州。

880. 克萤叶甲属 *Cneorane* Baly, 1865

（2229）麻克萤叶甲 *Cneorane cariosipennis* Fairmaire, 1888

　　分布：广东、陕西、湖北、海南、广西、四川、贵州、云南、西藏；泰国，印度。

（2230）华丽克萤叶甲 *Cneorane elegans* Baly, 1874

　　分布：广东、黑龙江、吉林、辽宁、北京、河北、山西、陕西、甘肃、江苏、安徽、浙江、湖北、江西、湖南、福建、台湾、广西、四川；朝鲜，日本。

（2231）闽克萤叶甲 *Cneorane intermedia* Fairmaire, 1889

分布：广东（乐昌）、湖北、福建、广西、四川、贵州、云南、西藏。

（2232）东方克萤叶甲 *Cneorane orientalis* Jacoby, 1892

分布：广东、湖北、广西、四川、贵州、云南；印度，缅甸，尼泊尔。

（2233）背克萤叶甲 *Cneorane rugulipennis* (Baly, 1886)

分布：广东（乐昌、梅县、连州）、陕西、湖北、湖南、福建、台湾、海南、四川、贵州、云南、西藏；越南，老挝，印度，缅甸，尼泊尔，不丹，巴基斯坦。

（2234）蓝翅克萤叶甲 *Cneorane subcoerulescens* Fairmaire, 1888

分布：广东（连州）、江西、福建、四川、云南；越南，老挝。

881. 盔萤叶甲属 *Cassena* Weise, 1892

（2235）双色盔萤叶甲 *Cassena bicolor* (Gressitt *et* Kimoto, 1963)

分布：广东（连平）。

（2236）*Cassena collaris* (Baly, 1879)

分布：广东（梅县）；越南，泰国，印度，缅甸，马来西亚，印度尼西亚。

（2237）端黄盔萤叶甲 *Cassena terminalis* (Gressitt *et* Kimoto, 1963)

分布：广东（乐昌、始兴、乳源）、湖北、湖南、福建、贵州；泰国。

（2238）三色盔萤叶甲 *Cassena tricolor* (Gressitt *et* Kimoto, 1963)

分布：广东、海南、香港、云南。

882. 讷萤叶甲属 *Cneoranidea* Chen, 1942

（2239）桤木讷萤叶甲 *Cneoranidea signatipes* Chen, 1942

分布：广东（乐昌）、甘肃、安徽、浙江、湖北、江西、湖南、福建、台湾、广西、四川、贵州。

883. 长附萤叶甲属 *Monolepta* Chevrolat, 1837

（2240）万年青长附萤叶甲 *Monolepta aglaonemae* Gressitt *et* Kimoto, 1963

分布：广东（连平、英德）、福建、海南。

（2241）安南长附萤叶甲 *Monolepta annamita* Laboissière, 1935

分布：广东（始兴）、台湾；越南，老挝，泰国。

（2242）筒节长跗萤叶甲 *Monolepta arundinariae* Gressitt *et* Kimoto, 1963

分布：广东（乳源、始兴、连平）、河南、江苏、湖北、江西、湖南、福建、台湾、广西、四川；越南，泰国。

（2243）朝氏长跗萤叶甲 *Monolepta asahinai* Chûjô, 1962

分布：广东（乳源）、台湾。

（2244）布氏长跗萤叶甲 *Monolepta brittoni* Gressitt *et* Kimoto, 1963

分布：广东（乳源、始兴）、海南、贵州。

（2245）双凹长附萤叶甲 *Monolepta cavipennis* Baly, 1878

分布：广东（深圳）、海南、香港、广西、云南；越南，老挝，柬埔寨，泰国，印度。

（2246）广东长附萤叶甲 *Monolepta kwangtunga* Gressitt *et* Kimoto, 1963

分布：广东（梅县）、福建、广西。

（2247）长阳长附萤叶甲 *Monolepta leechi* Jacoby, 1890

　　分布：广东（连平）、湖北、福建、台湾、贵州、云南；越南，老挝，印度，尼泊尔。

（2248）刘氏长跗萤叶甲 *Monolepta liui* Gressitt *et* Kimoto, 1963

　　分布：广东（乳源）、贵州、云南。

（2249）小斑长跗萤叶甲 *Monolepta longitarsoides* Chûjô, 1938

　　分布：广东、浙江、湖北、江西、湖南、福建、台湾、海南、广西、四川、贵州。

（2250）马氏长跗萤叶甲 *Monolepta maana* Gressitt *et* Kimoto, 1963

　　分布：广东（乳源）、浙江、福建。

（2251）南方长附萤叶甲 *Monolepta meridionalis* Gressitt *et* Kimoto, 1963

　　分布：广东（连平、英德）、海南。

（2252）小长跗萤叶甲 *Monolepta minor* Chûjô, 1938

　　分布：广东（连平）、台湾；日本。

（2253）微长跗萤叶甲 *Monolepta minutissima* Chen, 1942

　　分布：广东（连平）、广西。

（2254）龙眼长附萤叶甲 *Monolepta occifluvis* Gressitt *et* Kimoto, 1963

　　分布：广东（乳源）、广西。

（2255）竹长附萤叶甲 *Monolepta pallidula* (Baly, 1874)

　　分布：广东（博罗、乳源）、河南、甘肃、安徽、浙江、湖北、江西、湖南、福建、台湾、海南、广西、四川、贵州、云南、西藏；朝鲜，日本，越南，老挝，泰国。

（2256）绍德长附萤叶甲 *Monolepta sauteri* Chûjô, 1935

　　分布：广东、福建、台湾、海南、广西、贵州、云南。

（2257）端黑长跗萤叶甲 *Monolepta selmani* Gressitt *et* Kimoto, 1963

　　分布：广东（始兴）、甘肃、浙江、湖北、湖南、贵州、云南。

（2258）黑纹长附萤叶甲 *Monolepta sexlineata* Chûjô, 1938

　　分布：广东、吉林、河北、山西、陕西、甘肃、福建、台湾、海南、广西、云南；老挝，柬埔寨，泰国，印度，尼泊尔，不丹，斯里兰卡。

（2259）邵武长附萤叶甲 *Monolepta shaowuensis* Gressitt *et* Kimoto, 1963

　　分布：广东（梅县）、湖北、江西、湖南、福建。

（2260）黄斑长附萤叶甲 *Monolepta signata* (Oliver, 1808)

　　分布：广东（连州、梅县、始兴、英德）、黑龙江、吉林、辽宁、内蒙古、河北、山西、河南、陕西、甘肃、浙江、湖北、江西、湖南、福建、台湾、海南、香港、广西、四川、贵州、云南、西藏；朝鲜，日本，越南，老挝，柬埔寨，泰国，印度，缅甸，尼泊尔，不丹，斯里兰卡，菲律宾，马来西亚，新加坡，印度尼西亚。

884. 长刺萤叶甲属 *Atrachya* **Dejean, 1837**

（2261）红褐长刺萤叶甲 *Atrachya haemoptera* (Chen, 1942)

　　分布：广东（阳山、梅县）、福建、广西、四川、贵州。

（2262）豆长刺萤叶甲 *Atrachya menetriesi* (Faldermann, 1835)

分布：广东（曲江）、黑龙江、吉林、内蒙古、河北、山西、陕西、甘肃、青海、江苏、浙江、湖北、江西、湖南、福建、广西、四川、贵州、云南；日本。

885. 凹翅萤叶甲属 *Paleosepharia* Laboissière, 1936

（2263）二带凹翅萤叶甲 *Paleosepharia excavata* (Chûjô, 1938)

分布：广东、陕西、甘肃、江苏、浙江、湖北、江西、湖南、福建、台湾、广西、四川、贵州、云南。

（2264）*Paleosepharia fasciata* Gressitt *et* Kimoto, 1963

分布：广东（连州）。

（2265）褐凹翅萤叶甲 *Paleosepharia fulvicornis* Chen, 1942

分布：广东（阳山、梅县）、浙江、湖北、湖南、福建、海南、广西、四川、贵州、云南；越南。

（2266）*Paleosepharia fusiformis* Chen *et* Jiang, 1984

分布：广东（乳源）、云南。

（2267）枫香凹翅萤叶甲 *Paleosepharia liquidambara* Gressitt *et* Kimoto, 1963

分布：广东（乐昌）、甘肃、江苏、安徽、浙江、湖北、江西、湖南、福建、广西、四川、贵州、云南。

（2268）*Paleosepharia pallens* Chen, 1998

分布：广东（乳源）、福建。

886. 异爪萤叶甲属 *Doryscus* Jacoby, 1887

（2269）黄褐异爪萤叶甲 *Doryscus testaceus* Jacoby, 1887

分布：广东（连平）、江苏、福建、台湾；越南，泰国，印度，尼泊尔，不丹，斯里兰卡，菲律宾，印度尼西亚。

（2270）*Doryscus varians* (Gressitt *et* Kimoto, 1963)

分布：广东（乳源）、江苏、福建、台湾、云南；越南，老挝，泰国，印度。

887. 毛翅萤叶甲属 *Trichobalya* Weise, 1924

（2271）绿毛翅萤叶甲 *Trichobalya bowringii* (Baly, 1890)

分布：广东、海南、香港、云南；越南，老挝，泰国，印度。

888. 凹翅萤叶甲属 *Cerophysella* Laboissière, 1930

（2272）桉凹翅萤叶甲 *Cerophysella basalis* (Baly, 1874)

分布：广东、江西、台湾、海南、广西、云南；日本，越南，泰国。

889. 异角萤叶甲属 *Cerophysa* Chevrolat, 1837

（2273）褐斑异角萤叶甲 *Cerophysa biplagiata* Duvivier, 1885

分布：广东（连平）、浙江、福建、海南、香港、广西、四川、云南；越南。

（2274）*Cerophysa pulchella* Laboissière, 1930

分布：广东（博罗）、广西、云南；越南。

（2275）锯异角萤叶甲 *Cerophysa zhenzhuristi* Ogloblin, 1936

分布：广东（连州）、山东、江苏、浙江、贵州。

890. 梯萤叶甲属 *Hoplosaenidea* **Laboissière, 1933**

（2276）*Hoplosaenidea fragilis* Gressitt *et* Kimoto, 1963

分布：广东。

（2277）*Hoplosaenidea gressitti* Beenen, 2008

分布：广东（新丰、连平）。

891. 显脊萤叶甲属 *Theopea* **Baly, 1864**

（2278）红腹显脊萤叶甲 *Theopea aeneipennis* Gressitt *et* Kimoto, 1963

分布：广东（连平、乳源）、江西、福建、海南；日本。

（2279）蓝绿显脊萤叶甲 *Theopea azurea* Gressitt *et* Kimoto, 1963

分布：广东、福建、海南。

（2280）老挝显脊萤叶甲 *Theopea laosensis* Lee *et* Bezděk, 2018

分布：广东、广西、云南；越南，老挝。

（2281）凹胸显脊萤叶甲 *Theopea sauteri* Chûjô, 1935

分布：广东（广州、始兴、乳源）、甘肃、湖南、福建、台湾、广西、贵州；越南，老挝。

（2282）钩突显脊萤叶甲 *Theopea smaragdina* Gressitt *et* Kimoto, 1963

分布：广东（广州、乳源）、福建、海南。

892. 窝额萤叶甲属 *Fleutiauxia* **Laboissière, 1933**

（2283）中华窝额萤叶甲 *Fleutiauxia chinensis* (Maulik, 1933)

分布：广东、江苏、浙江、四川。

（2284）黑角窝额萤叶甲 *Fleutiauxia septentrionalis* (Weise, 1922)

分布：广东（梅县）、福建、海南。

893. 边毛萤叶甲属 *Cneorella* **Medvedev *et* Dang , 1981**

（2285）蓝翅边毛萤叶甲 *Cneorella spuria* (Gressitt *et* Kimoto, 1963)

分布：广东（梅县）、江西、福建、台湾、海南。

跳甲亚科 Alticinae Chûjô, 1953

894. 九节跳甲属 *Nonarthra* **Baly, 1862**

（2286）蓝色九节跳甲 *Nonarthra cyaneum* Baly, 1874

分布：广东（乐昌）、北京、河北、甘肃、安徽、浙江、湖北、江西、福建、台湾、广西、四川、贵州；日本，越南。

（2287）异色九节跳甲 *Nonarthra variabilis* Baly, 1862

分布：广东（乐昌、阳山、梅县）、甘肃、湖北、江西、湖南、福建、台湾、海南、广西、四川、云南、西藏；日本，越南，印度，缅甸。

895. 蚤跳甲属 *Psylliodes* **Latreille, 1829**

（2288）狭胸蚤跳甲 *Psylliodes angusticollis* Baly, 1874

分布：广东（梅县）、陕西、甘肃、湖北、福建、台湾、四川、贵州、云南；朝鲜，日本，越南，印度尼西亚。

（2289）广东蚤跳甲 *Psylliodes cantonensis* Gruev, 1981

分布：广东、台湾。

（2290）*Psylliodes viridana* Motschulsky, 1858

分布：广东、甘肃、福建、台湾、四川、贵州；朝鲜，日本，越南。

896. 凹胫跳甲属 *Chaetocnema* Stephens, 1831

（2291）尖尾凹胫跳甲 *Chaetocnema (Cldorpes) bella* (Baly, 1876)

分布：广东、江苏、浙江、湖北、江西、福建、海南、广西、四川、云南、西藏；越南，印度。

（2292）*Chaetocnema (s. str.) confinis* Crotch, 1873

分布：广东、江苏、福建、台湾、广西；日本；东南亚，非洲，美洲。

（2293）海南凹胫跳甲 *Chaetocnema (s. str.) hainanensis* Chen, 1933

分布：广东、江西、福建、海南、香港、广西。

（2294）黑凹胫跳甲 *Chaetocnema (s. str.) nigrica* (Motschulsky, 1858)

分布：广东、浙江、福建、台湾、海南、广西、四川、云南；越南，缅甸，菲律宾，印度尼西亚。

（2295）*Chaetocnema (s. str.) puncticollis* (Motschulsky, 1858)

分布：广东、江苏、浙江、湖北、江西、湖南、福建、台湾、香港、广西、四川、贵州、云南、西藏；朝鲜，日本，越南，泰国，印度，尼泊尔；古北界。

897. *Laboissierea* Pic, 1927

（2296）*Laboissierea sculpturata* Pic, 1927

分布：广东、海南、广西、云南；越南。

898. 细角跳甲属 *Sangariola* Jacobson, 1888

（2297）缝细角跳甲 *Sangariola fortunei* (Baly, 1888)

分布：广东（连平）、甘肃、浙江、湖南、福建、贵州、云南；越南。

899. 束跳甲属 *Lipromorpha* Chûjô *et* Kimoto, 1960

（2298）束跳甲 *Lipromorpha difficilis* (Chen, 1934)

分布：广东（连平）、湖北、江西、台湾；日本，越南。

900. *Novofoudrasia* Jakobson, 1901

（2299）*Novofoudrasia cyanipennis* (Jacoby, 1900)

分布：广东；越南，印度。

（2300）*Novofoudrasia regularis* (Chen, 1934)

分布：广东、湖北、四川、云南；越南，印度。

901. 双行跳甲属 *Pseudodera* Baly, 1861

（2301）黄斑双行跳甲 *Pseudodera xanthospila* Baly, 1861

分布：广东、江苏、浙江、湖北、江西、福建、台湾、广西、贵州；日本。

902. 直缘跳甲属 *Ophrida* Chapuis, 1875

（2302）*Ophrida parva* Chen *et* Wang, 1980

分布：广东、福建。

（2303）漆树直缘跳甲 *Ophrida scaphoides* (Baly, 1865)

分布：广东（梅县）、河南、陕西、甘肃、江苏、安徽、浙江、湖北、江西、湖南、福建、台湾、四川、贵州、云南；越南。

（2304）黑角直缘跳甲 *Ophrida spectabilis* (Baly, 1862)

分布：广东、河南、江苏、安徽、浙江、湖北、福建、台湾、广西、四川、贵州、云南。

903. 凹缘跳甲属 *Podontia* Dalman, 1824

（2305）黄色凹缘跳甲 *Podontia lutea* (Olivier, 1790)

分布：广东（梅县、中山）、山西、陕西、甘肃、浙江、湖北、江西、福建、台湾、海南、香港、广西、四川、贵州、云南；朝鲜，越南，老挝，泰国，印度，缅甸，巴基斯坦。

904. 潜跳甲属 *Podagricomela* Heikertinger, 1924

（2306）橘潜跳甲 *Podagricomela nigricollis* Chen, 1933

分布：广东、甘肃、江苏、浙江、湖北、江西、湖南、福建、台湾、广西、四川。

（2307）枸杞潜跳甲 *Podagricomela weisei* Heikertinger, 1924

分布：广东、甘肃、江苏、浙江、湖北、江西、湖南、福建、台湾、广西、四川。

905. 啮跳甲属 *Clitea* Baly, 1877

（2308）恶性橘啮跳甲 *Clitea metallica* Chen, 1933

分布：广东、浙江、江西、湖南、福建、台湾、海南、广西、四川、云南；日本，越南。

906. *Amphimela* Chapius, 1875

（2309）*Amphimela mauliki* Prathapan, 2017

分布：广东；印度。

907. 凸顶跳甲属 *Euphitrea* Baly, 1875

（2310）*Euphitrea coerulea* (Chen, 1933)

分布：广东、广西、云南；越南，泰国。

（2311）红足凸顶跳甲 *Euphitrea flavipes* (Chen, 1933)

分布：广东、湖北、湖南、福建。

（2312）铜色凸顶跳甲 *Euphitrea micans* Baly, 1875

分布：广东、湖北、广西、贵州、云南；越南，印度，缅甸，印度尼西亚。

（2313）暗颈凸顶跳甲 *Euphitrea piceicollis* (Chen, 1934)

分布：广东、湖北、湖南、福建、广西、四川、贵州、云南；越南。

（2314）缝凸顶跳甲 *Euphitrea signata* (Weise, 1922)

分布：广东、广西；越南，泰国。

908. *Nisotra* Baly, 1864

（2315）麻四线跳甲 *Nisotra gemella* (Erichson, 1834)

分布：广东（乐昌、梅县）、江西、福建、台湾、海南、香港、广西、四川、贵州；泰国，印度，缅甸，菲律宾，马来西亚，印度尼西亚。

909. 肿爪跳甲属 *Philopona* Weise, 1903

（2316）壮荆肿爪跳甲 *Philopona vibex* (Erichson, 1834)

分布：广东（连平）、内蒙古、北京、陕西、上海、湖北、江西、福建、台湾、广西、四川、云南；朝鲜，日本，印度尼西亚。

910. *Hyphasis* Harold, 1877

（2317）黑背肿爪跳甲 *Hyphasis inconstans* Jacoby, 1885

分布：广东（连州）、湖北、江西、湖南、福建、海南、广西、贵州；日本，越南。

（2318）莫肿爪跳甲 *Hyphasis moseri* (Weise, 1922)

分布：广东（乐昌、梅县）、陕西、江西、湖南、福建、海南、广西、贵州；越南。

（2319）*Hyphasis parvula* Jacoby, 1884

分布：广东、江西、湖南、福建、海南、香港、广西、贵州；越南，印度，尼泊尔。

911. 寡毛跳甲属 *Luperomorpha* Weise, 1887

（2320）白条寡毛跳甲 *Luperomorpha albofasciata* Duvivier, 1892

分布：广东、台湾、海南、云南；越南，印度。

（2321）缅甸寡毛跳甲 *Luperomorpha birmanica* (Jacoby, 1892)

分布：广东、江苏、湖北、湖南、福建、台湾、海南、广西、四川、贵州、云南；日本，越南，印度，缅甸，斯里兰卡。

（2322）*Luperomorpha rubra* Chen, 1933

分布：广东、海南、香港；越南。

（2323）黄胸寡毛跳甲 *Luperomorpha xanthodera* (Fairmaire, 1888)

分布：广东（乐昌、梅县）、吉林、山西、山东、陕西、甘肃、江苏、浙江、湖北、江西、湖南、福建、台湾、广西、四川、贵州、云南；朝鲜，日本。

912. 丝跳甲属 *Hespera* Weise, 1889

（2324）波毛丝跳甲 *Hespera lomasa* Maulik, 1926

分布：广东（梅县）、北京、山西、山东、陕西、湖北、福建、台湾、海南、香港、广西、四川、贵州；日本，越南，印度，缅甸，斯里兰卡。

913. 瓢跳甲属 *Argopistes* Motschulsky, 1860

（2325）*Argopistes coccinelliformis* Csiki, 1940

分布：广东、台湾；朝鲜，日本，越南。

914. 凹唇跳甲属 *Argopus* Fischer, 1824

（2326）*Argopus fortunei* Baly, 1877

分布：广东、浙江、江西、云南；越南。

（2327）黑额凹唇跳甲 *Argopus nigrifrons* Chen, 1933

分布：广东（乐昌）、浙江、湖北、福建。

（2328）*Argopus subfurcatus* Chen, 1939

分布：广东（连平）、广西。

915. 球跳甲属 *Sphaeroderma* Stephens, 1831

（2329）黄尾球跳甲 *Sphaeroderma apicale* Baly, 1874

分布：广东（乐昌）、宁夏、甘肃、湖北、江西、湖南、福建、台湾、四川、贵州、云南；

朝鲜，日本，越南。

（2330）陈氏球跳甲 *Sphaeroderma cheni* Medvedev, 1973

分布：广东、四川。

（2331）*Sphaeroderma melli* Chen, 1933

分布：广东。

（2332）*Sphaeroderma resinulum* Gressitt *et* Kimoto, 1963

分布：广东（梅县）、湖北。

916. *Argopistoides* **Jacoby, 1892**

（2333）*Argopistoides septempunctata* Jacoby, 1892

分布：广东、福建；越南，缅甸。

917. *Parathrylea* **Duvivier, 1892**

（2334）*Parathrylea apicipennis* Duvivier, 1892

分布：广东、西藏；印度，尼泊尔。

918. 沟胫跳甲属 *Hemipyxis* **Chevrolat, 1836**

（2335）*Hemipyxis dichroa* (Weise, 1922)

分布：广东（连平）、福建、海南、广西。

（2336）褐缘沟胫跳甲 *Hemipyxis limbatus* Gressitt *et* Kimoto, 1963

分布：广东（乐昌）、甘肃、江西、福建。

（2337）斑翅沟胫跳甲 *Hemipyxis lusca* (Fabricius, 1801)

分布：广东、浙江、湖南、海南、广西、四川、贵州、云南；越南，缅甸，马来西亚，印度尼西亚。

（2338）棕顶沟胫跳甲 *Hemipyxis moseri* (Weise, 1922)

分布：广东（连平）、湖北、江西、湖南、福建、广西、四川、贵州、云南；越南，缅甸。

（2339）黑角沟胫跳甲 *Hemipyxis nigricornis* (Baly, 1877)

分布：广东（梅县）、江西、福建；柬埔寨，印度。

（2340）金绿沟胫跳甲 *Hemipyxis plagioderoides* (Motschulsky, 1860)

分布：广东、黑龙江、辽宁、北京、河北、山西、山东、陕西、甘肃、江苏、浙江、湖北、江西、湖南、福建、台湾、广西、四川、贵州、云南；日本，越南，缅甸。

（2341）*Hemipyxis privignus* Gressitt *et* Kimoto, 1963

分布：广东（乐昌）、浙江、江西、湖北、福建、四川。

（2342）*Hemipyxis pseudoprivigna* Döberl, 2007

分布：广东、福建；越南，老挝。

（2343）*Hemipyxis similis* Gressitt *et* Kimoto, 1963

分布：广东。

（2344）*Hemipyxis sulphurea* (Jacoby, 1898)

分布：广东、福建；越南。

919. 长跗跳甲属 *Longitarsus* **Latreille, 1829**

（2345）双斑长跗跳甲 *Longitarsus bimaculatus* (Baly, 1874)

分布：广东、湖北、福建、台湾；日本。

920. 直胸跳甲属 *Agasicles* Jacoby, 1904

（2346）*Agasicles hygrophila* Selman *et* Vogt, 1971

分布：广东、湖南、福建、广西、四川、贵州；南美洲。

921. 窄缘跳甲属 *Phyllotreta* Stephens, 1836

（2347）黄直条跳甲 *Phyllotreta rectilineata* Chen, 1939

分布：广东、黑龙江、江苏、上海、浙江、湖北、江西、湖南、福建、海南、广西、云南；朝鲜，日本，越南。

（2348）黄曲条跳甲 *Phyllotreta striolata* (Fabricius, 1803)

分布：广东、黑龙江、辽宁、北京、陕西、甘肃、江苏、安徽、浙江、湖北、福建、台湾、海南、香港、广西、四川、西藏；朝鲜，日本，越南，柬埔寨，泰国，印度，尼泊尔。

922. 侧刺跳甲属 *Aphthona* Chevrolat, 1836

（2349）中华侧刺跳甲 *Aphthona chinensis* Baly, 1877

分布：广东、辽宁；朝鲜。

（2350）细背侧刺跳甲 *Aphthona strigosa* Baly, 1874

分布：广东（乐昌、梅县）、江西、湖南、福建、台湾、海南、香港、广西、四川、贵州；日本，越南，印度尼西亚。

923. *Trachytetra* Sharp, 1886

（2351）*Trachytetra lewisi* (Jacoby, 1885)

分布：广东（连平）、湖北、江西、福建；日本。

924. 律点跳甲属 *Bikasha* Maulik, 1931

（2352）红胸律点跳甲 *Bikasha collaris* (Baly, 1877)

分布：广东（连州）、江苏、上海、浙江、湖北、江西、湖南、福建、台湾、香港；日本，越南。

（2353）*Bikasha simplicithorax* (Chen, 1934)

分布：广东（连平）、台湾、海南、四川；日本。

925. 玛碧跳甲属 *Manobia* Jacoby, 1885

（2354）*Manobia piceipennis* Chen, 1934

分布：广东（梅县）、江西、广西；越南。

926. 粗角跳甲属 *Phygasia* Chevrolat, 1836

（2355）斑翅粗角跳甲 *Phygasia ornata* Baly, 1876

分布：广东、甘肃、浙江、江西、湖南、福建、台湾、海南、香港、广西、四川、贵州、云南；印度，缅甸，印度尼西亚。

927. 跳甲属 *Altica* Geoffroy, 1762

（2356）*Altica aenea* (Olivier, 1808)

分布：广东、海南、广西、云南；越南，印度，尼泊尔，菲律宾。

（2357）朴草跳甲 *Altica caerulescens* (Baly, 1874)

分布：广东、北京、江苏、浙江、湖北、江西、福建、台湾、四川；朝鲜，日本，印度。

（2358）天蓝跳甲 *Altica coerulea* (Olivier, 1791)

分布：广东（连州、梅县）、福建、台湾、海南；越南，印度，斯里兰卡，菲律宾，马来西亚，印度尼西亚。

（2359）蓝跳甲 *Altica cyanea* (Weber, 1801)

分布：广东（乐昌）、北京、山西、甘肃、安徽、浙江、湖北、江西、湖南、福建、台湾、海南、广西、四川、贵州、云南、西藏；朝鲜，日本，越南，老挝，泰国，印度，缅甸，尼泊尔，斯里兰卡，马来西亚，新加坡，阿富汗。

（2360）老鹳草跳甲 *Altica viridicyanea* (Baly, 1874)

分布：广东、黑龙江、吉林、北京、河北、山东、甘肃、江苏、浙江、湖北、福建、香港、广西、四川、贵州、云南；朝鲜，日本，印度。

隐肢叶甲亚科 Lamprosomatinae Lacordaire, 1848

928. 卵形叶甲属 *Oomorphoides* Monrós, 1956

（2361）红角卵形叶甲 *Oomorphoides pallidicornis* Gressitt *et* Kimoto, 1961

分布：广东、江西、海南。

（2362）越南卵形叶甲 *Oomorphoides vietnam tonkinense* (Chûjô, 1935)

分布：广东、湖北、福建、海南、四川、云南；越南。

（2363）楤木卵形叶甲 *Oomorphoides yaosanicus* Chen, 1940

分布：广东、江西、福建、海南、广西。

隐头叶甲亚科 Cryptocephalinae Gyllenhal, 1813

929. 老额叶甲属 *Aetheomorpha* Lacordaire, 1848

（2364）广东老额叶甲 *Aetheomorpha hakka* Gressitt *et* Kimoto, 1961

分布：广东（梅县）。

930. 盾叶甲属 *Aspidolopha* Lacordaire, 1848

（2365）黄盾叶甲 *Aspidolopha melanophtalma* (Lacordaire, 1848)

分布：广东、海南、广西、云南；越南，印度，尼泊尔，不丹。

（2366）皱盾叶甲 *Aspidolopha thoracica* Jacoby, 1892

分布：广东、海南、广西、四川、贵州、云南；越南，缅甸。

931. 锯角叶甲属 *Clytra* Laicharting, 1781

（2367）十二斑锯角叶甲 *Clytra* (*s. str.*) *duodecimmaculata* (Fabricius, 1775)

分布：广东（雷州、深圳）、海南、广西、云南；越南，老挝，柬埔寨，泰国，缅甸，印度尼西亚。

932. 梳叶甲属 *Clytrasoma* Jacoby, 1908

（2368）梳叶甲 *Clytrasoma palliatum* (Fabricius, 1801)

分布：广东、浙江、湖北、江西、湖南、福建、台湾、广西、四川、贵州、云南；印度，尼泊尔。

933. 毛额叶甲属 *Diapromorpha* Lacordaire, 1848

（2369）黄毛额叶甲 *Diapromorpha pallens* (Fabricius, 1787)

分布：广东、福建、台湾、海南、香港、广西、云南、西藏；印度，尼泊尔，不丹。

934. 方额叶甲属 *Physauchennia* Lacordaire, 1848

（2370）双带方额叶甲 *Physauchennia pallens* (Lacordaire, 1848)

分布：广东（广州、湛江、阳山、博罗、梅县）、江苏、浙江、湖北、江西、湖南、福建、台湾、海南、香港、广西、四川、贵州、云南；朝鲜。

935. 粗足叶甲属 *Physosmaragdina* Medvedev, 1971

（2371）黑额粗足叶甲 *Physosmaragdina nigrifrons* (Hope, 1842)

分布：广东（连州、阳山、乐昌、曲江、梅县）、辽宁、北京、河北、山西、山东、河南、陕西、甘肃、江苏、安徽、浙江、湖北、江西、湖南、福建、台湾、海南、广西、四川、贵州、云南；朝鲜，日本。

936. 隐头叶甲属 *Cryptocephalus* Geoffroy, 1762

（2372）黑足隐头叶甲 *Cryptocephalus* (*Burlinius*) *confusus* Suffrian, 1854

分布：广东、黑龙江、吉林、辽宁、内蒙古、北京、河北、山西、江苏、浙江、湖北；朝鲜，日本，俄罗斯。

（2373）二色隐头叶甲 *Cryptocephalus* (*s. str.*) *bicoloripennis* Chûjô, 1934

分布：广东（乐昌）、福建、台湾。

（2374）黑肩隐头叶甲 *Cryptocephalus* (*s. str.*) *bipunctatus cautus* Weise, 1893

分布：广东、黑龙江、吉林、辽宁、内蒙古、北京、河北、山东、陕西、江苏；朝鲜，俄罗斯。

（2375）山纹隐头叶甲 *Cryptocephalus* (*s. str.*) *brevebilineatus* Pic, 1922

分布：广东、海南、广西、云南；越南，老挝，柬埔寨，泰国，缅甸。

（2376）水柳隐头叶甲 *Cryptocephalus* (*s. str.*) *crucipennis* Suffrian, 1854

分布：广东、安徽、浙江、湖北、江西、海南、广西、四川、云南。

（2377）蓝斑隐头叶甲 *Cryptocephalus* (*s. str.*) *discoderus* Fairmaire, 1889

分布：广东、湖北、江西、湖南、台湾、四川、贵州、云南。

（2378）岭南隐头叶甲 *Cryptocephalus* (*s. str.*) *lingnanensis* Gressitt, 1942

分布：广东、海南。

（2379）龙氏隐头叶甲 *Cryptocephalus* (*s. str.*) *lofgrenae* Gressitt *et* Kimoto, 1961

分布：广东、香港。

（2380）黄斑隐头叶甲 *Cryptocephalus* (*s. str.*) *luteosignatus* Pic, 1922

分布：广东、江苏、浙江、江西、福建、台湾、海南、香港、广西、四川。

（2381）六斑隐头叶甲 *Cryptocephalus* (*s. str.*) *ngae* Gressitt, 1942

分布：广东、广西、云南。

（2382）黑鞘隐头叶甲指名亚种 *Cryptocephalus* (*s. str.*) *pieli pieli* Pic, 1928

分布：广东、北京、江苏、浙江、湖北、江西、湖南、福建。

（2383）锡金隐头叶甲 *Cryptocephalus (s. str.) suavis* Duvivier, 1892

　　分布：广东（英德、茂名）、福建、广西、海南；印度，尼泊尔。

（2384）一色隐头叶甲 *Cryptocephalus (s. str.) subunicolor* Gressitt, 1942

　　分布：广东（梅县）、海南、云南。

（2385）十四斑隐头叶甲 *Cryptocephalus (s. str.) tetradecaspilotus* Baly, 1873

　　分布：广东（连州）、辽宁、甘肃、江苏、浙江、湖北、江西、湖南、福建、台湾、广西、四川；俄罗斯，日本。

（2386）三带隐头叶甲 *Cryptocephalus (s. str.) trifasciatus* Fabricius, 1787

　　分布：广东（湛江）、浙江、江西、湖南、福建、台湾、海南、香港、广西；日本，越南，尼泊尔。

937. 齿爪叶甲属 *Melixanthus* **Suffrian, 1854**

（2387）广东齿爪叶甲 *Melixanthus adamsi* Baly, 1877

　　分布：广东；越南，老挝。

（2388）凹股齿爪叶甲 *Melixanthus bimaculicollis* Baly, 1865

　　分布：广东、湖北、江西、湖南、福建、广西、四川、贵州、云南。

938. 隐盾叶甲属 *Adiscus* **Gistel, 1857**

（2389）红斑隐盾叶甲 *Adiscus annulatus* (Pic, 1922)

　　分布：广东（梅县）、福建、广西、云南。

（2390）细巧隐盾叶甲 *Adiscus exilis* (Weise, 1922)

　　分布：广东（梅县）、四川、贵州、云南；越南。

（2391）广东隐盾叶甲 *Adiscus fracticeps* (Gressitt, 1942)

　　分布：广东（深圳）。

（2392）光背隐盾叶甲 *Adiscus laetus* (Weise, 1904)

　　分布：广东（连州、乐昌）、海南、广西、云南；越南，老挝，泰国。

939. 接眼叶甲属 *Coenobius* **Suffrian, 1857**

（2393）棕头接眼叶甲 *Coenobius obscuripennis* Chûjô, 1935

　　分布：广东（梅县）、江西、福建、台湾；日本。

（2394）斜沟接眼叶甲 *Coenobius sulcicollis* Baly, 1873

　　分布：广东；日本。

940. 瘤叶甲属 *Chlamisus* **Rafinesque, 1815**

（2395）凹缘瘤叶甲 *Chlamisus angularis* (Gressitt, 1942)

　　分布：广东。

（2396）凹臀瘤叶甲 *Chlamisus diminutus* (Gressitt, 1942)

　　分布：广东、江苏、浙江、湖北、福建、台湾、海南、香港；日本。

（2397）光背瘤叶甲 *Chlamisus maculiceps* (Gressitt, 1942)

　　分布：广东、湖南、福建。

（2398）钝瘤瘤叶甲 *Chlamisus martialis* (Gressitt, 1942)

分布：广东、江苏。

（2399）四脊瘤叶甲 *Chlamisus pallidicornis* (Gressitt, 1942)

分布：广东；越南，老挝，泰国。

（2400）黄跗瘤叶甲 *Chlamisus palliditarsis* (Chen, 1940)

分布：广东、福建、海南、广西、四川、贵州、云南；越南。

（2401）唇形花瘤叶甲 *Chlamisus pubiceps* (Chûjô, 1940)

分布：广东；俄罗斯，韩国。

（2402）网点瘤叶甲 *Chlamisus reticulicollis* (Gressitt, 1942)

分布：广东、江苏。

（2403）砖红瘤叶甲 *Chlamisus rufescens* Gressitt, 1946

分布：广东。

（2404）红瘤叶甲 *Chlamisus rufulus* (Chen, 1940)

分布：广东、江西、福建、台湾、广西。

（2405）黑翅瘤叶甲 *Chlamisus rusticus* (Gressitt, 1942)

分布：广东、香港。

（2406）漆树瘤叶甲 *Chlamisus semirufus* (Chen, 1940)

分布：广东、江西、福建、广西；越南。

（2407）红足瘤叶甲 *Chlamisus sexcarinatus* (Gressitt, 1942)

分布：广东、甘肃、江西。

（2408）齿臀瘤叶甲 *Chlamisus stercoralis* (Gressitt, 1942)

分布：广东、新疆、福建、海南、广西、四川、贵州、云南；越南，泰国，印度，尼泊尔。

（2409）锈色瘤叶甲 *Chlamisus subferrugineus* (Gressitt, 1942)

分布：广东、海南。

（2410）锐脊瘤叶甲 *Chlamisus superciliosus* Gressitt, 1946

分布：广东、海南、云南。

（2411）红斑瘤叶甲 *Chlamisus uniformis* Gressitt, 1946

分布：广东。

肖叶甲亚科 Eumolpinae Hope, 1840

941. 厚缘叶甲属 *Aoria* Baly, 1863

（2412）黑斑厚缘肖叶甲 *Aoria* (*s. str.*) *bowringii* (Baly, 1860)

分布：广东、江苏、湖北、江西、台湾、海南、广西、贵州、云南；越南，柬埔寨，泰国，印度，缅甸，尼泊尔，印度尼西亚。

（2413）似黑斑厚缘肖叶甲 *Aoria* (*s. str.*) *larvatus* Gressitt *et* Kimoto, 1961

分布：广东、江苏。

（2414）黑鞘厚缘叶甲 *Aoria* (*s. str.*) *nigripennis* Gressitt *et* Kimoto, 1961

分布：广东、江西、福建、广西。

（2415）黑足厚缘叶甲 *Aoria* (*s. str.*) *nigripes* (Baly, 1860)

分布：广东、吉林、内蒙古、河北、江苏、浙江、湖北、江西、福建、台湾、海南、香港、广西、四川、贵州、云南；越南，老挝，柬埔寨，泰国，印度，缅甸，尼泊尔，印度尼西亚。

942. 齿胸叶甲属 *Aulexis* **Baly, 1863**

（2416）广东齿胸叶甲 *Aulexis abbreviata* (Gressitt, 1942)

分布：广东。

（2417）膨柄齿胸叶甲 *Aulexis carinata* Pic, 1935

分布：广东。

（2418）一色齿胸叶甲 *Aulexis unicolor* (Gressitt, 1942)

分布：广东（连平）。

943. 茶肖叶甲属 *Demotina* **Baly, 1863**

（2419）粗刻茶肖叶甲 *Demotina bowringii* Baly, 1863

分布：广东、江西、福建、海南、香港；越南，老挝，泰国。

（2420）茶肖叶甲 *Demotina fasciculata* Baly, 1874

分布：广东、江西、福建、海南；日本。

944. 沟顶叶甲属 *Heteraspis* **Chevrolat, 1836**

（2421）斑鞘沟顶叶甲 *Heteraspis dillwyni* (Stephens, 1831)

分布：广东、海南、广西、云南；越南，老挝，泰国，柬埔寨，印度，缅甸，尼泊尔，菲律宾，马来西亚，新加坡，印度尼西亚，英国。

（2422）密点沟顶叶甲 *Heteraspis granulosa* (Baly, 1867)

分布：广东、香港、广西；越南，老挝，泰国，印度，印度尼西亚。

（2423）葡萄沟顶叶甲 *Heteraspis lewisii* (Baly, 1874)

分布：广东、河北、山东、陕西、江苏、浙江、湖北、江西、湖南、福建、台湾、海南、广西、贵州、云南；日本，越南。

945. *Lahejia* **Gahan, 1896**

（2424）*Lahejia aenea* (Chen, 1940)

分布：广东、河北、江苏；越南，泰国。

946. 筒胸叶甲属 *Lypesthes* **Baly, 1863**

（2425）粉筒胸叶甲 *Lypesthes ater* (Motschulsky, 1861)

分布：广东、陕西、浙江、湖北、江西、福建、广西、四川、贵州、云南；朝鲜，日本。

（2426）华美筒胸叶甲 *Lypesthes perelegans* Gressitt *et* Kimoto, 1961

分布：广东。

（2427）眼沟筒胸叶甲 *Lypesthes piceus* Gressitt *et* Kimoto, 1961

分布：广东。

（2428）中国筒胸叶甲 *Lypesthes sinensis* Gressitt *et* Kimoto, 1961

分布：广东。

947. 鳞斑肖叶甲属 *Pachnephorus* **Chevrolat, 1836**

（2429）谷子鳞斑肖叶甲 *Pachnephorus lewisii* Baly, 1878

分布：广东、吉林、河北、江苏、浙江、湖北、江西、福建、台湾、海南、广西、四川；越南，老挝，柬埔寨，泰国，印度，缅甸，印度尼西亚。

948. 齿缘叶甲属 *Pseudometaxis* Jacoby, 1900

（2430）华齿缘叶甲 *Pseudometaxis submaculatus* (Pic, 1924)

分布：广东、海南、广西、四川、贵州、云南。

949. 毛叶甲属 *Trichochrysea* Baly, 1861

（2431）南毛叶甲 *Trichochrysea annamita* (Lefèvre, 1877)

分布：广东、香港；越南。

（2432）大毛叶甲 *Trichochrysea imperialis* (Baly, 1861)

分布：广东、甘肃、江苏、浙江、湖北、江西、湖南、福建、海南、广西、四川、贵州、云南；越南。

（2433）银纹毛叶甲 *Trichochrysea japana* (Motschulsky, 1858)

分布：广东、北京、江苏、浙江、湖北、江西、湖南、福建、台湾、海南、广西、四川、贵州、云南；日本。

950. 皱鞘叶甲属 *Abirus* Chapuis, 1874

（2434）桑皱鞘叶甲 *Abirus fortunei* (Baly, 1861)

分布：广东、北京、江苏、浙江、湖北、江西、湖南、福建、台湾、海南、广西、四川、贵州、云南；朝鲜，日本，越南，老挝，泰国，缅甸。

951. 亮叶甲属 *Chrysolampra* Baly, 1859

（2435）亮叶甲 *Chrysolampra splendens* Baly, 1859

分布：广东、江苏、安徽、浙江、湖北、江西、湖南、福建、四川、贵州；越南，老挝。

952. 沟臀叶甲属 *Colaspoides* Laporte, 1833

（2436）广东沟臀叶甲 *Colaspoides cantonensis* Medvedev, 2003

分布：广东。

（2437）中华沟臀叶甲 *Colaspoides chinensis* Jacoby, 1888

分布：广东、江苏、浙江、江西、福建、广西；韩国。

（2438）*Colaspoides costatis* Medvedev, 2003

分布：广东。

（2439）毛股沟臀叶甲 *Colaspoides femoralis* Lefèvre, 1885

分布：广东、山西、山东、湖北、江西、澳门、广西、四川、贵州；越南，老挝。

（2440）刺股沟臀叶甲 *Colaspoides opaca* Jacoby, 1888

分布：广东、山东、江苏、江西、湖南、澳门、广西、四川、贵州、云南。

（2441）毛角沟臀叶甲 *Colaspoides pilicornis* Lefèvre, 1889

分布：广东、江西、湖南、福建、海南、香港、广西、云南；越南。

（2442）淡红沟臀叶甲 *Colaspoides rufa* Gressitt *et* Kimoto, 1961

分布：广东、江西。

953. 南城叶甲属 *Iphimoides* Jacoby, 1883

（2443）缝纹南城叶甲 *Iphimoides pallidulus* (Jacoby, 1889)

　　分布：广东；越南，缅甸。

954. 扁角叶甲属 *Platycorynus* Chevrolat, 1836

（2444）隆脊扁角叶甲 *Platycorynus aemulus* (Lefèvre, 1889)

　　分布：广东、海南、广西、云南；越南。

（2445）毁灭扁角叶甲 *Platycorynus deletus* (Lefèvre, 1890)

　　分布：广东、江西、海南、广西、云南；越南，老挝。

（2446）红胸扁角叶甲 *Platycorynus ignicollis* (Hope, 1843)

　　分布：广东、江苏、安徽、浙江、江西、福建、海南。

（2447）绿泽扁角叶甲 *Platycorynus micans* (Chen, 1934)

　　分布：广东、江西、海南、广西、贵州。

（2448）斜窝扁角叶甲 *Platycorynus mouhoti* (Baly, 1864)

　　分布：广东、海南、广西、四川、云南；越南，老挝，柬埔寨，泰国，印度，缅甸。

（2449）丽扁角叶甲 *Platycorynus parryi* Baly, 1864

　　分布：广东、北京、江苏、浙江、湖北、江西、湖南、福建、广西、四川、贵州；朝鲜，越南。

（2450）波纹扁角叶甲 *Platycorynus undatus* (Olivier, 1791)

　　分布：广东、湖南、福建、台湾、海南、香港；越南，老挝，柬埔寨，泰国，印度，缅甸，马来西亚。

955. 甘薯叶甲属 *Colasposoma* Castelnau, 1833

（2451）甘薯丽鞘叶甲 *Colasposoma viridicoleruleum* Motschulsky, 1860

　　分布：广东、台湾、海南、香港；日本，越南，老挝，柬埔寨，泰国，印度，缅甸，马来西亚，印度尼西亚。

956. 角胸肖叶甲属 *Basilepta* Baly, 1860

（2452）淡端角胸叶甲 *Basilepta apicipennis* Chen, 1935

　　分布：广东、湖北、江西、四川。

（2453）凸唇基角胸叶甲 *Basilepta binhana* (Pic, 1930)

　　分布：广东、海南；越南。

（2454）钝角胸叶甲 *Basilepta davidi* (Lefèvre, 1877)

　　分布：广东、江苏、浙江、江西、福建、台湾、海南、广西、贵州、云南；朝鲜，日本，越南。

（2455）不齐角胸叶甲 *Basilepta djoui* Gressitt *et* Kimoto, 1961

　　分布：广东、湖北、江西、福建、四川、贵州、云南。

（2456）基隆角胸叶甲 *Basilepta leechi* (Jacoby, 1888)

　　分布：广东、江苏、浙江、湖北、江西、福建、广西、四川、贵州、云南；越南。

（2457）斑鞘角胸叶甲 *Basilepta martini* (Lefèvre, 1885)

　　分布：广东、江西、湖南、福建、台湾、海南、广西；越南，老挝，柬埔寨，泰国。

（2458）黑足角胸叶甲 *Basilepta melanopus* (Lefèvre, 1893)

分布：广东、湖北、江西、湖南、福建、台湾、海南；越南，老挝，柬埔寨。

（2459）肖钝角胸叶甲 *Basilepta pallidula* (Baly, 1874)

分布：广东、浙江、湖北、江西、福建、海南、香港、四川、贵州；日本。

（2460）粗壮角胸叶甲 *Basilepta puncticollis* (Lefèvre, 1889)

分布：广东、浙江、江西、福建、云南；越南，老挝，泰国，印度，缅甸，尼泊尔。

（2461）杂色角胸叶甲 *Basilepta varicolor* (Jacoby, 1885)

分布：广东、台湾、海南、四川；日本，越南，泰国。

（2462）粤角胸叶甲 *Basilepta yimnaensis* Gressitt *et* Kimoto, 1961

分布：广东（梅县）。

957. 李肖叶甲属 *Cleoporus* Lefèvre, 1884

（2463）皱头李叶甲 *Cleoporus badius* Lefèvre, 1889

分布：广东、湖南、海南、广西；越南，老挝，柬埔寨，泰国。

（2464）六斑李叶甲 *Cleoporus lefèvrei* Duvivier, 1892

分布：广东、海南；不丹。

（2465）李叶甲 *Cleoporus variabilis* (Baly, 1874)

分布：广东、黑龙江、辽宁、北京、河北、山西、山东、陕西、江苏、浙江、江西、湖南、福建、台湾、海南、广西、四川、贵州、云南；俄罗斯，日本，越南，老挝，柬埔寨，泰国。

958. 突肩叶甲属 *Cleorina* Lefèvre, 1885

（2466）光彩突肩叶甲 *Cleorina aeneomicans* (Baly, 1867)

分布：广东、湖北、江西、福建、台湾、海南、香港、广西、四川、云南、西藏；越南，老挝，柬埔寨，泰国，缅甸，马来西亚，印度尼西亚。

959. 球叶甲属 *Nodina* Motschulsky, 1858

（2467）金球叶甲 *Nodina chalcosoma* Baly, 1874

分布：广东、浙江、福建、台湾、香港、广西；日本。

（2468）中华球叶甲 *Nodina chinensis* Weise, 1922

分布：广东、河北、陕西、江苏、浙江、湖北、江西、福建、香港、广西。

（2469）华南球叶甲 *Nodina meridiosinica* Gressitt *et* Kimoto, 1961

分布：广东、江西、台湾、海南。

（2470）额球叶甲 *Nodina pilifrons* Chen, 1940

分布：广东、江西、福建、海南、广西、云南。

（2471）单脊球叶甲 *Nodina punctostriolata* (Fairmaire, 1888)

分布：广东、浙江、江西、湖南、福建、海南、广西、云南；越南，老挝，泰国。

（2472）皮皱球叶甲 *Nodina tibialis* Chen, 1940

分布：广东、浙江、湖北、江西、福建、海南、广西、四川、贵州、云南。

（2473）三脊球叶甲 *Nodina tricarinata* Gressitt *et* Kimoto, 1961

分布：广东、江西、海南。

960. 豆叶甲属 *Pagria* Lefèvre, 1884

（2474）*Pagria ingibbosa* Pic, 1929

分布：广东、江苏、上海；日本，越南，泰国，印度，尼泊尔，新加坡，美国。

（2475）斑鞘豆叶甲 *Pagria signata* (Motschulsky, 1858)

分布：广东、黑龙江、辽宁、河北、河南、陕西、新疆、江苏、安徽、浙江、湖北、江西、福建、台湾、海南、广西、四川、云南；俄罗斯，朝鲜，日本，越南，老挝，泰国，印度，缅甸，菲律宾，马来西亚，印度尼西亚。

961. 似角胸叶甲属 *Parascela* Baly, 1878

（2476）粗刻似角胸叶甲 *Parascela cribrata* (Schaufuss, 1871)

分布：广东、浙江、江西、福建、台湾、香港、四川、云南；日本。

六十、长角象科 Anthribidae Billberg, 1820

962. *Cleorisintor* Jordan, 1923

（2477）*Cleorisintor glaucus* Jordan, 1923

分布：广东、海南。

963. 灰长角象属 *Asemorhinus* Sharp, 1891

（2478）暗灰长角象 *Asemorhinus nebulosus nebulosus* Sharp, 1891

分布：广东、湖北、四川、云南。

964. 阔额长角象属 *Sphinctotropis* Kolbe, 1895

（2479）突喙阔额长角象 *Sphinctotropis laxa* Sharp, 1891

分布：广东、河北、湖北、广西、贵州。

965. 三纹长角象属 *Tropideres* Schoenherr, 1823

（2480）*Tropideres securus* Boheman, 1839

分布：广东、黑龙江、福建、台湾、海南。

966. 细角长角象属 *Araecerus* Schoenherr, 1823

（2481）咖啡豆象 *Araecerus fasciculatus* (De Geer, 1775)

分布：广东（广州、花都、韶关、化州、阳春、高州、湛江）、黑龙江、吉林、北京、天津、山西、河南、山东、新疆、上海、江苏、浙江、湖北、江西、湖南、福建、海南、广西、重庆、四川、贵州、云南；越南。

967. 平行长角象属 *Eucorynus* Schoenherr, 1823

（2482）厚角长角象 *Eucorynus crassicornis* (Fabricius, 1801)

分布：广东（韶关）、台湾、云南；日本，越南，泰国，柬埔寨，印度，菲律宾，马来西亚，新加坡，印度尼西亚，毛里求斯。

六十一、卷象科 Attelabidae Billberg, 1820

968. 细颈象属 *Cycnotrachelodes* Voss, 1955

（2483）*Cycnotrachelodes camphoricola* Voss, 1924

分布：广东、山西、安徽、福建、海南、广西、云南。

969. *Hamiltonius* Alonso-Zarazaga *et* Lyal, 1999

（2484）*Hamiltonius sexguttatus* Voss, 1927

分布：广东、福建、广西、云南。

（2485）*Hamiltonius notatus* Fabricius, 1792

分布：广东、海南、四川、云南。

970. 异卷象属 *Heterapoderus* Voss, 1927

（2486）*Heterapoderus ageniculatus* Legalov, 2007

分布：广东。

（2487）广东异卷象 *Heterapoderus cantonensis* Voss, 1927

分布：广东、江苏。

（2488）膝异卷象 *Heterapoderus geniculatus* (Jekel, 1860)

分布：广东、河北、河南、江西、湖南、福建、广西、四川、贵州、云南。

（2489）*Heterapoderus pauperulus* Voss, 1927

分布：广东、浙江、福建、广西、四川、贵州、云南。

（2490）*Heterapoderus piceus* Voss, 1927

分布：广东、福建、海南、香港、广西。

（2491）沟纹异卷象 *Heterapoderus sulcicollis* Jekel, 1860

分布：广东、陕西、湖南、福建、广西、四川、贵州、云南。

971. 细卷象属 *Leptapoderus* Jekel, 1860

（2492）里尾细卷象 *Leptapoderus nigroapicatus* Jekel, 1860

分布：广东、山东、浙江、湖北、江西、湖南、福建、广西、四川、贵州、云南。

972. 短尖角象属 *Paracycnotrachelus* Voss, 1924

（2493）中华短尖角象 *Paracycnotrachelus chinensis* Jekel, 1860

分布：广东、黑龙江、北京、河北、山西、河南、陕西、安徽、湖北、福建、海南、台湾、云南。

（2494）*Paracycnotrachelus cygneus* Fabricius, 1801

分布：广东、甘肃、广西、云南。

973. 栉齿角象属 *Paratrachelophorus* Voss, 1924

（2495）*Paratrachelophorus nodicornoides* Legalov, 2003

分布：广东、江西、福建。

974. 腔卷象属 *Physapoderus* Jekel, 1860

（2496）*Physapoderus gracilicornis* Voss, 1929

分布：广东、湖北、福建、海南、广西、云南。

（2497）*Physapoderus crucifer* Heller, 1922

分布：广东、浙江、福建、海南、广西、贵州、云南。

975. 污斑卷象属 *Maculphrysus* Legalov, 2003

（2498）*Maculphrysus inspersus* Voss, 1929

分布：广东。

（2499）*Maculphrysus yunnanicus* Legalov, 2003

分布：广东、福建、广西、云南。

976. *Agomadaranus* **Voss, 1958**

（2500）*Agomadaranus pardalis* Snellen van Vollenhoven, 1865

分布：广东、江西、湖南、海南、贵州、四川、云南。

（2501）*Agomadaranus semiannulatus* Jekel, 1860

分布：广东、河北、山东、山西、河南、湖北、湖南、福建、贵州、四川。

977. *Hoplapoderus* **Jekel, 1860**

（2502）*Hoplapoderus echinatus* Gyllenhal, 1833

分布：广东、河南、云南。

（2503）*Hoplapoderus gemmosus* Jekel, 1860

分布：广东、湖南、台湾、海南、香港、广西、云南。

978. 斑卷象属 *Paroplapoderus* **Voss, 1926**

（2504）漆黑斑卷象 *Paroplapoderus latipennis* (Jekel, 1860)

分布：广东、甘肃、江苏、浙江、湖北、江西、湖南、福建、台湾、四川、贵州、云南；蒙古国，朝鲜，韩国，日本。

（2505）*Paroplapoderus obtusus* Voss, 1926

分布：广东。

（2506）*Paroplapoderus tentator tentator* Faust, 1894

分布：广东、福建、云南、西藏。

979. 瘤卷象属 *Phymatapoderus* **Voss, 1926**

（2507）*Phymatapoderus latipennis* Jekel, 1860

分布：广东、甘肃、浙江、江西、福建、台湾、四川、云南。

980. 锐卷象属 *Tomapoderus* **Voss, 1926**

（2508）*Tomapoderus melli* Voss, 1926

分布：广东、湖南。

（2509）*Tomapoderus testaceimembris* Pic, 1928

分布：广东、湖北、湖南、福建、四川、贵州、云南。

981. 切象属 *Euops* **Schoenherr, 1839**

（2510）中华切象 *Euops chinensis* Voss, 1922

分布：广东、浙江、湖北、福建、台湾、贵州。

（2511）*Euops cuprifulgens* Voss, 1942

分布：广东、福建。

（2512）*Euops pseudostriatus* Legalov, 2007

分布：广东。

982. 茸卷象属 *Euscelophilus* **Voss, 1925**

（2513）中国茸卷象 *Euscelophilus chinensis* Schilsky, 1906

分布：广东、北京、山东、河南、湖北、福建、海南、广西、四川、贵州。

（2514）齿腿茸卷象 *Euscelophilus denticulatus* Zhang, 1995

分布：广东、北京、湖北、福建、海南、广西、贵州、四川。

983. 须喙象属 *Henicolabus* Voss, 1925

（2515）南岭须喙象 *Henicolabus nanlingensis* Legalov, 2008

分布：广东。

（2516）*Henicolabus spinipes* Schilsky, 1906

分布：广东、北京、浙江、江西、湖南、福建、台湾、广西、四川、贵州、云南。

984. *Lamprolabus* Jekel, 1860

（2517）大尖齿象 *Lamprolabus bihastatus* Frivaldszky, 1892

分布：广东、湖北、湖南、福建、海南、云南。

（2518）*Lamprolabus sitchuanensis* Legalov, 2003

分布：广东、四川。

985. *Pseudomesauletes* Legalov, 2001

（2519）*Pseudomesauletes hirtellus* Voss, 1941

分布：广东、河南、湖北、福建、广西。

986. 盾金象属 *Aspidobyctiscus* Schilsky, 1903

（2520）葡萄卷叶象 *Aspidobyctiscus lacunipennis* Jekel, 1860

分布：广东、黑龙江、北京、河北、山西、河南、陕西、甘肃、安徽、湖北、江西、湖南、福建、台湾、香港、广西。

（2521）*Aspidobyctiscus paviei* Aurivillius, 1891

分布：广东、黑龙江、吉林、河北、山西、安徽、湖北、江西、福建、台湾、广西、四川、云南。

987. *Byctiscus* Thomson, 1859

（2522）*Byctiscus impressus impressus* Fairmaire, 1900

分布：广东、安徽、浙江、湖北、江西、福建、贵州、四川。

988. *Caenorhinus* Thomson, 1859

（2523）*Caenorhinus marginatus* Pascoe, 1883

分布：广东、广西、云南。

989. 切叶象属 *Deporaus* Samouelle, 1819

（2524）南岭切叶象 *Deporaus nanlingensis* Legalov, 2007

分布：广东。

990. *Exrhynchites* Voss, 1930

（2525）*Exrhynchites puberulus* Faust, 1894

分布：广东、福建、贵州、广西、云南。

991. 霜象属 *Eugnamptobius* Voss, 1922

（2526）*Eugnamptobius congestus* Voss, 1941

分布：广东、福建、四川、云南。

992. *Eugnamptus* **Schoenherr, 1839**

（2527）*Eugnamptus lacunosus* Voss, 1949

分布：广东、浙江、湖北、福建、四川、云南。

993. *Auletomorphus* **Voss, 1923**

（2528）*Auletomorphus montanus* Legalov, 2003

分布：广东、福建、四川、云南。

994. *Cneminvolvulus* **Voss, 1960**

（2529）*Cneminvolvulus nanlingensis* Legalov, 2007

分布：广东。

995. *Cyllorhynchites* **Voss, 1930**

（2530）橡实剪枝象甲显喙亚喙 *Cyllorhynchites ursulus rostralis* Voss, 1930

分布：广东、吉林、辽宁、北京、河北、山西、河南、安徽、江西、湖南、福建、四川、云南。

996. 虎象属 *Rhynchites* **Schneider, 1791**

（2531）梨虎象 *Rhynchites heros* Roelofs, 1874

分布：广东、黑龙江、吉林、北京、河北、山东、山西、河南、陕西、浙江、江西、湖南、福建、广西、四川、贵州、云南。

六十二、锥象科 Brentidae Billberg, 1820

997. *Harpapion* **Voss, 1966**

（2532）*Harpapion safranum* Wang *et* Alonso-Zarazaga, 2013

分布：广东。

998. *Agriorrhynchus* **Power, 1878**

（2533）*Agriorrhynchus cynicus* Damoiseau, 1966

分布：广东。

999. 宽喙锥象属 *Baryrhynchus* **Lacordaire, 1865**

（2534）长颚宽喙象 *Baryrhynchus poweri* Roelofs, 1879

分布：广东、江苏、浙江、湖北、江西、湖南、福建、台湾、海南、广西、四川、贵州、云南；俄罗斯；东洋界。

1000. 小象属 *Cylas* **Latreille, 1802**

（2535）甘薯小象甲 *Cylas formicarius* Fabricius, 1798

分布：广东、山西、河南、浙江、江西、湖南、福建、台湾、海南、香港、广西、四川、贵州、云南；世界广布。

1001. 橘象属 *Nanophyes* **Schoenherr, 1838**

（2536）*Nanophyes proles* Heller, 1915

分布：广东、福建、云南。

梨象亚科 Apioninae Schoenherr, 1823

1002. *Flavopodapion* **Korotyaev, 1987**

（2537）*Flavopodapion gilvipes* (Gemminger, 1871)

分布：广东（乳源）、福建、云南、西藏。

1003. *Hypuranius* **Korotyaev, 1995**

（2538）*Hypuranius borchmanni* (Voss, 1958)

分布：广东（乳源、始兴）、浙江、福建、海南、广西、贵州、云南；印度。

1004. *Sergiola* **Korotyaev** *et* **Egorov, 1996**

（2539）*Sergiola gressitti* Korotyaev, 1996

分布：广东、浙江、福建、海南、广西。

（2540）*Sergiola praecaria* (Faust, 1889)

分布：广东、海南；俄罗斯，朝鲜，韩国，日本。

1005. *Conapium* **Motschulsky, 1866**

（2541）*Conapium* (*s. str.*) *araneiforme* (Wagner, 1909)

分布：广东、浙江、江西、福建、海南、广西、云南。

（2542）*Conapium* (*s. str.*) *clavipes* (Gerstaecker, 1854)

分布：广东、香港、广西、贵州、云南；印度。

1006. *Piezotrachelus* **Schoenherr, 1839**

（2543）*Piezotrachelus kuatunensis* Voss, 1958

分布：广东、福建、云南。

1007. *Pseudopiezotrachelus* **Wagner, 1907**

（2544）*Pseudopiezotrachelus subtilirostris* Korotyaev, 1985

分布：广东、浙江、江西、福建、广西、云南。

六十三、象甲科 Curculionidae Latreille, 1802

水象亚科 Bagoinae Thomson, 1859

1008. 水象属 *Bagous* Germar, 1817

（2545）中华水象 *Bagous chinensis* Zumpt, 1938

分布：广东、福建。

短喙象亚科 Brachycerinae Billberg, 1820

1009. 毛束象属 *Desmidophorus* Dejean, 1835

（2546）毛束象 *Desmidophorus hebes* Fabricius, 1781

分布：广东、江苏、上海、湖北、江西、湖南、福建、广西、四川、贵州、云南；韩国，印度，巴基斯坦，菲律宾。

锥胸象亚科 Conoderinae Schoenherr, 1833

1010. 平船象属 *Parallelodemas* Faust, 1894

（2547）*Parallelodemas setifrons* Prena *et* Zhang, 2014

分布：广东、湖南、福建、贵州。

1011. *Baris* Germar, 1817

（2548）*Baris albosparsa* Faust, 1894

分布：广东、海南、云南。

1012. *Pteridobaris* Morimoto *et* Yoshihara, 1996

（2549）*Pteridobaris maritima* (Roelofs, 1875)

分布：广东、北京、福建、香港、贵州。

1013. 瘤龟象属 *Cyphauleutes* Korotyaev, 1992

（2550）双斑瘤龟象 *Cyphauleutes bifasciatus* (Voss, 1958)

分布：广东、福建。

1014. 基刺象属 *Coeliosomus* Motschulsky, 1858

（2551）*Coeliosomus simulator* Korotyaev, 2015

分布：广东、海南、云南。

1015. 尖胸象属 *Mecysmoderes* Schoenherr, 1837

（2552）*Mecysmoderes davidi* Korotyaev, 2018

分布：广东。

（2553）*Mecysmoderes longicollis* Korotyaev, 2018

分布：广东。

1016. *Xenysmoderes* Colonnelli, 1992

（2554）*Xenysmoderes longirostris* Hustache, 1920

分布：广东、福建、海南。

1017. 光腿象属 *Rhinoncus* Schoenherr, 1825

（2555）福建光腿象 *Rhinoncus fukienensis* Wagner, 1940

分布：广东、浙江、湖北、江西、湖南、福建、广西、四川、贵州、云南；日本，越南。

（2556）格林斯光腿象 *Rhinoncus gressitti* Korotyaev, 1997

分布：广东、浙江、福建、台湾、云南。

（2557）西伯利亚光腿象 *Rhinoncus sibiricus* Faust, 1893

分布：广东、黑龙江、吉林、辽宁、北京、河北、山西、河南、甘肃、浙江、湖北、江西、湖南、福建、台湾、海南、香港、广西、重庆、四川、贵州、云南；蒙古国，俄罗斯（西伯利亚），韩国，日本，越南。

1018. 卵圆象属 *Homorosoma* Frivaldszky, 1894

（2558）粗糙卵圆象 *Homorosoma asperum* Roelofs, 1875

分布：广东、湖北、江西、湖南、福建、台湾、海南、香港、广西、四川、贵州、云南；俄罗斯，韩国，日本。

（2559）中国卵圆象 *Homorosoma chinense* Wagner, 1944

分布：广东、浙江、江西、湖南、福建、海南、广西、四川、贵州、云南；韩国，日本。

1019. 齿腿象属 *Rhinoncomimus* Wagner, 1940

（2560）黑色刺腿象 *Rhinoncomimus niger* Chûjô *et* Morimoto, 1959

分布：广东、江西、湖南、贵州。

朽木象亚科 Cossoninae Schoenherr, 1825

1020. *Pheude* Omar *et* Zhang, 2014

（2561）*Pheude punctatus* Omar *et* Zhang, 2014

  分布：广东（广州）。

象甲亚科 Curculioninae Latreille, 1802

1021. 球象属 *Cionus* Clairville, 1798

（2562）北部湾球象 *Cionus tonkinensis* Wingelmüller, 1915

  分布：广东、海南、云南。

1022. *Stereonychus* Suffrian, 1854

（2563）*Stereonychus hemileucus* Wingelmüller, 1915

  分布：广东、海南。

1023. 象甲属 *Curculio* Linnaeus, 1758

（2564）山茶象 *Curculio chinensis* Chevrolat, 1878

  分布：广东、福建、台湾、海南、广西、四川、贵州、云南。

（2565）栗象 *Curculio davidis* Fairmaire, 1878

  分布：广东、福建、台湾、海南、香港、广西、四川、贵州、云南。

1024. 角尖象属 *Labaninus* Morimoto, 1981

（2566）*Labaninus plicatulus* (Heller, 1925)

  分布：广东、台湾。

1025. *Orchestes* Illiger, 1798

（2567）*Orchestes rusci* (Herbst, 1795)

  分布：广东、福建、台湾、海南、香港、广西、四川、贵州、云南；欧洲。

1026. 绒象属 *Demimaea* Pascoe, 1870

（2568）*Demimaea circulus* (Roelofs, 1875)

  分布：广东、福建；日本，韩国。

（2569）毛簇绒象 *Demimaea fascicularis* (Roelofs, 1874)

  分布：广东、山西、浙江、福建、台湾；日本，韩国。

隐颏象亚科 Dryophthorinae Schoenherr, 1825

1027. 甘蔗象属 *Rhabdoscelus* Marshall, 1943

（2570）褐纹甘蔗象 *Rhabdoscelus lineaticollis* (Heller, 1912)

  分布：广东（广州、汕头、阳江、湛江）、浙江、福建、台湾、海南、广西、云南；日本，菲律宾。

1028. 瘤象属 *Sipalinus* Marshall, 1943

（2571）松瘤象 *Sipalinus gigas gigas* (Fabricius, 1775)

  分布：广东（中山、韶关）、江苏、浙江、湖北、江西、湖南、福建、台湾、海南、香港、广西、四川、贵州、云南；蒙古国，俄罗斯，韩国，日本；东南亚，西亚。

1029. 谷象属 *Sitophilus* Schoenherr, 1838

（2572）米象 *Sitophilus oryzae* (Linnaeus, 1763)

　　分布：广东、福建、台湾、海南、香港、广西、四川、贵州、云南；欧洲。

1030. 隐皮象属 *Cryptoderma* Ritsema, 1885

（2573）福氏隐皮象 *Cryptoderma fortunei* (Waterhouse, 1853)

　　分布：广东、河北、河南、江苏、安徽、浙江、湖北、江西、湖南、福建、台湾、海南、广西、四川、贵州；日本，韩国。

1031. 弯胫象属 *Cyrtotrachelus* Schoenherr, 1838

（2574）竹横锥象 *Cyrtotrachelus buquetii buquetii* Guérin-Méneville, 1844

　　分布：广东（中山）、江苏、福建、广西、四川、贵州；日本，印度。

（2575）竹直锥象 *Cyrtotrachelus thompsoni* Alonso-Zarazaga *et* Lyal, 1999

　　分布：广东、河南、陕西、江苏、浙江、湖北、江西、湖南、福建、台湾、海南、香港、广西、四川、贵州、云南；日本，印度，巴基斯坦；非洲。

1032. 鸟喙象属 *Otidognathus* Lacordaire, 1865

（2576）*Otidognathus aphanes* Günther, 1934

　　分布：广东。

（2577）一字竹笋鸟喙象 *Otidognathus davidis davidis* Fairmaire, 1878

　　分布：广东、河南、陕西、江苏、安徽、浙江、湖北、江西、湖南、福建、台湾、海南、香港、广西、四川、贵州、云南；日本。

（2578）让桑鸟喙象 *Otidognathus jansoni* Roelofs, 1875

　　分布：广东、河南、江苏、湖北、江西、湖南、福建、台湾、海南、香港、广西、四川、贵州、云南；日本，韩国。

（2579）四斑鸟喙象 *Otidognathus quadrimaculatus* Buquet, 1844

　　分布：广东、福建。

（2580）广东鸟喙象 *Otidognathus rubriceps cantonensis* Gunther, 1938

　　分布：广东。

1033. 棕榈象属 *Rhynchophorus* Herbst, 1795

（2581）红棕象甲 *Rhynchophorus ferrugineus* Olivier, 1791

　　分布：广东（中山、惠城、大埔、梅江、廉江）、安徽、浙江、福建、台湾、海南、香港、广西、四川、贵州、云南；日本，尼泊尔，巴基斯坦；欧洲，北美洲，大洋洲，非洲。

1034. 根茎象属 *Cosmopolites* Chevrolat, 1885

（2582）香蕉根茎象 *Cosmopolites sordidus* Germar, 1823

　　分布：广东、安徽、浙江、福建、台湾、海南、香港、广西、四川、贵州、云南；欧洲。

1035. 扁象属 *Odoiporus* Chevrolat, 1885

（2583）香蕉黑带扁象 *Odoiporus longicollis* Olivier, 1807

　　分布：广东、浙江、福建、台湾、海南。

1036. 异象属 *Allaeotes* Pascoe, 1885

（2584）黑异象 *Allaeotes niger* He, Zhang *et* Pelsue, 2003

分布：广东、江苏、浙江、江西、福建。

粗喙象亚科 Entiminae Schoenherr, 1823

1037. 圆腹象属 *Blosyrus* Schoenherr, 1823

（2585）宽肩圆腹象 *Blosyrus asellus* Olivier, 1807

分布：广东。

（2586）卵圆圆腹象 *Blosyrus herthus* Herbst, 1797

分布：广东。

（2587）*Blosyrus hystrix* Boheman, 1833

分布：广东。

1038. *Dermatodina* Faust, 1895

（2588）*Dermatodina kadeji* Kania *et* Wiater, 2006

分布：广东。

（2589）*Dermatodina szelugowiczi* Kania *et* Wiater, 2006

分布：广东、湖南。

1039. 瘤象属 *Dermatoxenus* Marshall, 1916

（2590）*Dermatoxenus scutellatus* Heller, 1915

分布：广东。

1040. 卵象属 *Calomycterus* Roelofs, 1873

（2591）棉小卵象 *Calomycterus obconicus* Chao, 1974

分布：广东、河北、山西、河南、陕西、江苏、浙江、湖北、四川。

1041. 眼叶象属 *Cyphicerus* Schoenherr, 1823

（2592）普鲁眼叶象 *Cyphicerus plumbeus* Formánek, 1916

分布：广东、山东、浙江、江西、福建、四川、贵州、云南。

1042. 槲象属 *Cyrtepistomus* Marshall, 1913

（2593）亚洲槲象 *Cyrtepistomus castaneus* Roelofs, 1873

分布：广东、北京、安徽、浙江、福建、台湾、海南、香港、广西、四川、贵州、云南。

1043. *Echinomyllocerus* Yoro *et* Kojima, 2017

（2594）*Echinomyllocerus gressitti* Yoro *et* Kojima, 2017

分布：广东。

1044. 丽纹象属 *Myllocerinus* Reitter, 1900

（2595）茶丽纹象 *Myllocerinus aurolineatus* Voss, 1937

分布：广东、河北、山西、山东、陕西、江苏、安徽、浙江、湖北、江西、湖南、福建、广西、四川、贵州、云南。

（2596）赭丽纹象 *Myllocerinus ochrolineatus* Voss, 1937

分布：广东、广西、四川、贵州、云南。

（2597）*Myllocerinus viridiornatus* Voss, 1934

分布：广东、江西、四川、云南。

1045. 鞍象属 *Neomyllocerus* **Voss, 1934**

（2598）鞍象 *Neomyllocerus hedini* Marshall, 1934

分布：广东、山西、陕西、湖北、江西、湖南、福建、广西、四川、贵州、云南。

1046. 斜脊象属 *Phrixopogon* **Marshall, 1941**

（2599）大齿斜脊象 *Phrixopogon armaticollis* Marshall, 1948

分布：广东、云南。

（2600）小齿斜脊象 *Phrixopogon excisangulus* Reitter, 1900

分布：广东、江苏、安徽、浙江、湖北、湖南、福建、台湾、海南、香港、广西、四川、贵州、云南；越南。

（2601）*Phrixopogon gnarus* Faust, 1887

分布：广东、湖南、福建、香港、广西。

（2602）*Phrixopogon limbalis* Fairmaire, 1889

分布：广东、香港、云南。

（2603）柑橘斜脊象 *Phrixopogon mandarinus* Fairmaire, 1889

分布：广东、浙江、福建、台湾、海南、香港、广西、四川、贵州、云南。

（2604）小眼斜脊象 *Phrixopogon vicinus* Marshall, 1948

分布：广东、海南。

1047. 横脊象属 *Platymycterus* **Marshall, 1918**

（2605）海南横脊象 *Platymycterus sieversi* (Reitter, 1900)

分布：广东、福建、海南。

1048. *Taractor* **Pajni, 1990**

（2606）*Taractor farinosus* Faust, 1893

分布：广东、香港。

1049. 长翅象属 *Arhines* **Schoenherr, 1834**

（2607）扁平长翅象 *Arhines hirtus* Faust, 1893

分布：广东、江苏、福建、广西、四川、云南；缅甸。

（2608）隆翅长翅象 *Arhines tutus* **Faust, 1894**

分布：广东、江苏、海南、四川、云南。

1050. *Corymacronus* **Kojima *et* Morimoto, 2006**

（2609）*Corymacronus costulatus* (Motschulsky, 1860)

分布：广东、黑龙江、吉林、辽宁、内蒙古、北京、陕西、甘肃、江苏、湖北、四川、云南；俄罗斯，朝鲜，韩国，日本。

1051. 坑沟象属 *Hyperstylus* **Roelofs, 1873**

（2610）黄足坑沟象 *Hyperstylus pallipes* Roelofs, 1873

分布：广东、北京、福建。

（2611）*Hyperstylus setosus* Formánek, 1916

分布：广东、山东、江西。

1052. *Lepidepistomodes* **Kojima** *et* **Morimoto, 2006**

（2612）*Lepidepistomodes nigromaculatus* Roelofs, 1873

分布：广东、江西、湖南、福建、广西、贵州、云南。

1053. 圆筒象属 *Macrocorynus* **Schoenherr, 1823**

（2613）红褐圆筒象 *Macrocorynus discoideus* Olivier, 1807

分布：广东、江苏、浙江、湖北、江西、湖南、福建、香港、广西、四川；日本，印度。

1054. 尖筒象属 *Myllocerus* **Schoenherr, 1823**

（2614）*Myllocerus plutus* Voss, 1958

分布：广东、福建。

1055. 白瘤象属 *Nothomyllocerus* **Kojima** *et* **Morimoto, 2006**

（2615）黑斑白瘤象 *Nothomyllocerus illitus* (Reitter, 1915)

分布：广东、安徽、湖北、福建、广西、贵州、四川。

（2616）暗褐白瘤象 *Nothomyllocerus pelidnus* (Voss, 1958)

分布：广东、湖北、江西、福建、海南、广西。

1056. 缺叶象属 *Phyllolytus* **Fairmaire, 1889**

（2617）鹿斑缺叶象 *Phyllolytus commaculatus* Voss, 1958

分布：广东、江苏、浙江、湖北、江西、福建、海南、广西、四川。

（2618）大缺叶象 *Phyllolytus psittacinus* Redtenbacher, 1868

分布：广东、辽宁、河北、山东、河南、江苏、安徽、浙江、湖北、江西、湖南、福建、台湾、海南、香港、广西、四川、贵州、云南；韩国；东洋界。

1057. 尖象属 *Phytoscaphus* **Schoenherr, 1826**

（2619）尖齿尖象 *Phytoscaphus ciliatus* Roelofs, 1873

分布：广东、山西、江西、福建、台湾、海南、广西、四川、贵州、云南；日本；东洋界。

（2620）尖象 *Phytoscaphus lanatus* Fabricius, 1801

分布：广东、福建、台湾、海南、香港、广西、四川、贵州、云南。

1058. 癞象属 *Episomus* **Schoenherr, 1823**

（2621）中国癞象 *Episomus chinensis* Faust, 1897

分布：广东、陕西、甘肃、江苏、安徽、浙江、湖北、江西、湖南、福建、台湾、海南、香港、广西、四川、贵州、云南。

（2622）灌县癞象 *Episomus kwanhsiensis* Heller, 1923

分布：广东、江苏、浙江、湖北、江西、湖南、福建、广西、四川、贵州、云南。

（2623）*Episomus turritus* Gyllenhal, 1833

分布：广东、黑龙江、山东、江西、广西。

1059. 长颚象属 *Eugnathus* **Schoenherr, 1834**

（2624）黑带长颚象 *Eugnathus nigrofasciatus* Voss, 1925

分布：广东、福建。

1060. *Dereodus* **Schoenherr, 1826**

（2625）*Dereodus mastos* Herbst, 1797

    分布：广东。

1061. 蓝绿象属 *Hypomeces* Schoenherr, 1823

（2626）蓝绿象 *Hypomeces pulviger* Herbst, 1795

    分布：广东（中山、湛江）、吉林、河南、甘肃、江苏、安徽、浙江、湖北、江西、湖南、福建、台湾、海南、香港、广西、四川、贵州、云南；韩国，日本，越南，泰国，柬埔寨，缅甸，印度，菲律宾，马来西亚，印度尼西亚。

（2627）*Hypomeces rusticus* Weber, 1801

    分布：广东。

1062. 翠象属 *Lepropus* Schoenherr, 1823

（2628）黄条翠象 *Lepropus flavovittatus* (Pascoe, 1881)

    分布：广东、江西、福建、四川、云南。

（2629）金边翠象 *Lepropus rutilans* (Olivier, 1807)

    分布：广东、云南。

1063. 灰象属 *Sympiezomias* Faust, 1887

（2630）柑橘灰象 *Sympiezomias citri* Chao, 1977

    分布：广东、陕西、江苏、安徽、浙江、湖北、江西、湖南、福建、海南、广西、重庆、四川、贵州、云南。

（2631）*Sympiezomias cribricollis* Kôno, 1930

    分布：广东、陕西、江苏、安徽、四川、贵州、云南。

（2632）大灰象 *Sympiezomias velatus* Chevrolat, 1845

    分布：广东、黑龙江、吉林、辽宁、内蒙古、北京、天津、河北、山西、山东、河南、陕西、甘肃、青海、江苏、安徽、浙江、湖北、江西、湖南、福建、台湾、海南、广西、重庆、四川、贵州、云南。

1064. 长毛象属 *Enaptorrhinus* Waterhouse, 1853

（2633）中华长毛象 *Enaptorrhinus sinensis* Waterhouse, 1853

    分布：广东、北京、河北、山东、河南、安徽、浙江、江西、湖南、福建、台湾、海南、香港、广西、四川、贵州、云南；韩国。

1065. 绿象属 *Chlorophanus* Sahlberg, 1823

（2634）金足绿象 *Chlorophanus auripes* Faust, 1897

    分布：广东、陕西、甘肃、福建、台湾、广西、四川。

（2635）*Chlorophanus grandis* Roelofs, 1873

    分布：广东、河北、安徽、贵州。

（2636）隆脊绿象 *Chlorophanus lineolus* Motschulsky, 1854

    分布：广东、北京、河北、山东、河南、陕西、甘肃、新疆、湖北、江西、福建、台湾、广西、四川。

1066. *Esamus* Chevrolat, 1880

（2637）*Esamus circumdatus* Wiedemann, 1821

　　分布：广东、湖北、湖南、台湾、四川、云南。

叶象亚科 Hyperinae Lacordaire, 1863

1067. 叶象属 *Hypera* Germar, 1817

（2638）异斑叶象 *Hypera diversipunctata* Schrank, 1798

　　分布：广东、江苏、浙江、江西、湖南、福建、四川；蒙古国；中亚，欧洲；新北界。

方喙象亚科 Lixinae Schoenherr, 1823

1068. 洞腹象属 *Atactogaster* Faust, 1904

（2639）大豆洞腹象 *Atactogaster inducens* Walker, 1859

　　分布：广东、黑龙江、内蒙古、江苏、浙江、湖北、江西、湖南、福建、台湾、海南、香港、广西、四川、贵州、云南、西藏；俄罗斯，日本，越南，泰国，柬埔寨，尼泊尔，斯里兰卡，印度尼西亚。

（2640）东方洞腹象 *Atactogaster orientalis* Chevrolat, 1873

　　分布：广东、北京、河北、山东、河南、陕西、甘肃、新疆、湖北、江西、福建、台湾、广西、四川。

（2641）*Atactogaster zebra* Chevrolat, 1873

　　分布：广东、湖南、福建、贵州、广西、海南、云南。

1069. 方喙象属 *Cleonis* Dejean, 1821

（2642）中国方喙象 *Cleonis freyi* Zumpt, 1936

　　分布：广东、黑龙江、吉林、河北、山西、台湾。

1070. 大肚象属 *Xanthochelus* Chevrolat, 1872

（2643）巨大肚象 *Xanthochelus major* Herbst, 1784

　　分布：广东、青海、浙江、福建、海南、广西、四川、贵州、云南；日本，尼泊尔，巴基斯坦；东洋界。

1071. 光洼象属 *Gasteroclisus Desbrochersdes* Loges, 1904

（2644）耳状光洼象 *Gasteroclisus auriculatus* (Sahlberg, 1823)

　　分布：广东、福建、海南、广西、四川、云南；朝鲜，韩国，日本，越南，印度，巴基斯坦。

（2645）二洁光洼象 *Gasteroclisus binodulus* (Boheman, 1835)

　　分布：广东、辽宁、陕西、甘肃、江苏、浙江、福建、广西、四川、云南；日本，缅甸，印度，尼泊尔，马来西亚，印度尼西亚。

1072. 筒喙象属 *Lixus* Fabricius, 1801

（2646）扁翅筒喙象 *Lixus depressipennis* Roelofs, 1873

　　分布：广东、黑龙江、内蒙古、江苏、安徽、浙江、广西、贵州；俄罗斯，朝鲜，韩国，日本。

（2647）白条筒喙象 *Lixus lautus* Voss, 1958

　　分布：广东、福建、广西、云南。

魔喙象亚科 Molytinae Schoenherr, 1823

1073. 毛棒象属 *Rhadinopus* Faust, 1894

（2648）毛棒象 *Rhadinopus centriniformis* Faust, 1894

分布：广东、海南、云南；缅甸。

1074. 角胫象甲属 *Shirahoshizo* Morimoto, 1962

（2649）长角角胫象 *Shirahoshizo flavonotatus* Voss, 1937

分布：广东、陕西、江苏、浙江、湖北、江西、湖南、福建、台湾、广西、四川、贵州、云南；朝鲜，日本。

1075. 扁喙象属 *Gasterocercus* Laporte *et* Brullé, 1828

（2650）*Gasterocercus longipes* Kôno, 1932

分布：广东、山东、上海、江西、福建、云南。

1076. 长足象属 *Alcidodes* Marshall, 1939

（2651）*Alcidodes hospitus* Haaf, 1964

分布：广东、云南。

（2652）*Alcidodes siamodelta* Marshall, 1918

分布：广东、云南

1077. 长筒象属 *Cylindralcides* Heller, 1918

（2653）花椒长筒象 *Cylindralcides sauteri* Heller, 1922

分布：广东、江西、湖南、福建、台湾、四川、云南；东洋界。

1078. 长腹象属 *Merus* Gistel, 1857

（2654）乌桕长腹象 *Merus erro* Pascoe, 1871

分布：广东、安徽、湖北、江西、湖南、福建、台湾、广西、四川、贵州、云南；韩国，日本。

（2655）日本长腹象 *Merus nipponicus* Kôno, 1930

分布：广东、浙江、湖北、湖南、福建、广西、四川、贵州；韩国，日本。

1079. 胸骨象属 *Sternuchopsis* Heller, 1918

（2656）短胸胸骨象 *Sternuchopsis trifida* Pascoe, 1870

分布：广东、山东、河南、陕西、甘肃、江苏、安徽、浙江、湖北、江西、湖南、福建、台湾、广西、四川、贵州、云南；朝鲜，韩国，日本。

（2657）甘薯胸骨象 *Sternuchopsis waltoni waltoni* Boheman, 1844

分布：广东、陕西、甘薯、安徽、浙江、湖北、江西、湖南、福建、台湾、广西、四川、贵州、云南；日本；西亚；东洋界。

1080. 横沟象属 *Dysceroides* Kôno, 1933

（2658）长棒横沟象 *Dysceroides longiclavis* Marshall, 1924

分布：广东、河南、湖南、广西、云南。

1081. 树皮象属 *Hylobius* Germar, 1817

（2659）萧氏树皮象 *Hylobius xiaoi* Zhang, 1997

分布：广东、河南、江西、湖南、广西、贵州、云南。

1082. 横沟象属 *Pimelocerus* Lacordaire, 1863

（2660）东方横沟象 *Pimelocerus orientalis orientalis* Motschulsky, 1866

分布：广东。

（2661）*Pimelocerus perforatus perforatus* Roelofs, 1873

分布：广东、湖北、江西、湖南、福建、台湾、广西、四川、贵州、云南。

（2662）*Pimelocerus pustulatus* Kôno, 1933

分布：广东、安徽、江西、台湾、四川。

1083. 双沟象属 *Peribleptus* Schoenherr, 1843

（2663）洼纹双沟象 *Peribleptus foveostriatus* Voss, 1939

分布：广东、浙江、河南、湖北、湖南、福建、广西、四川、贵州、云南、西藏。

长小蠹亚科 Platypodinae Shuckard, 1840

1084. *Dinoplatypus* Wood, 1993

（2664）*Dinoplatypus calamus* Blandford, 1894

分布：广东、福建。

（2665）*Dinoplatypus flectus* Niisima *et* Murayama, 1931

分布：广东、福建、台湾。

1085. 长小蠹属 *Platypus* Herbst, 1793

（2666）*Platypus klapperichi* Schedl, 1941

分布：广东、福建。

（2667）中华长小蠹 *Platypus sinensis* Schedl, 1941

分布：广东、福建。

小蠹亚科 Scolytinae Latreille, 1804

1086. *Hypothenemus* Westwood, 1834

（2668）*Hypothenemus dolichocola* Hopkins, 1915

分布：广东。

（2669）*Hypothenemus eruditus* Westwood, 1834

分布：广东、北京、河北、河南、安徽、浙江、江西、福建、台湾、海南、香港、广西、四川、贵州、云南；欧洲。

（2670）*Hypothenemus ingens* Schedl, 1942

分布：广东、广西、贵州、云南。

1087. 穴材小蠹属 *Hadrodemius* Wood, 1980

（2671）浅穴材小蠹 *Hadrodemius comans* (Sampson, 1919)

分布：广东、浙江、江西、湖南、福建、台湾、海南、香港、广西、四川、云南、西藏；印度，老挝，缅甸，泰国，越南。

（2672）拟浅穴材小蠹 *Hadrodemius pseudocomans* (Eggers, 1930)

分布：广东、新疆、江西、福建、海南、广西、重庆、云南；印度，老挝，缅甸，泰国。

1088. *Scolytogenes* **Eichhoff, 1878**

（2673）*Scolytogenes exilis* Yin, 2001

分布：广东。

（2674）*Scolytogenes venustus* Yin, 2001

分布：广东。

1089. 额毛小蠹属 *Cyrtogenius* **Strohmeyer, 1910**

（2675）额毛小蠹 *Cyrtogenius luteus* Blandford, 1894

分布：广东、山西、河南、陕西、江苏、安徽、浙江、湖北、江西、湖南、福建、台湾、海南、广西、四川、贵州、云南；韩国，日本，泰国；欧洲，南美洲。

1090. 瘤小蠹属 *Orthotomicus* **Ferrari, 1867**

（2676）松瘤小蠹 *Orthotomicus erosus* Wollaston, 1857

分布：广东、辽宁、陕西、山东、河南、陕西、江苏、安徽、湖北、江西、湖南、福建、台湾、贵州、云南；世界广布。

1091. 肤小蠹属 *Phloeosinus* **Chapuis, 1869**

（2677）中华肤小蠹 *Phloeosinus sinensis* Schedl, 1953

分布：广东、山西、河南、陕西、江苏、安徽、浙江、湖北、江西、湖南、福建、台湾、海南、广西、四川、贵州、云南。

1092. 梢小蠹属 *Cryphalus* **Erichson, 1836**

（2678）*Cryphalus dilutus* Eichhoff, 1878

分布：广东、云南；印度，缅甸，巴基斯坦，孟加拉国，墨西哥，意大利。

（2679）*Cryphalus gnetivorus* Johnson, 2020

分布：广东。

（2680）*Cryphalus itinerans* Johnson, 2020

分布：广东、福建、台湾、海南、香港、云南；欧洲。

（2681）*Cryphalus kyotoensis* Nobuchi, 1966

分布：广东、江西、福建；日本。

（2682）*Cryphalus mangiferae* Stebbing, 1914

分布：广东、湖南、福建、台湾、云南；泰国，马来西亚，印度尼西亚，尼泊尔，墨西哥，澳大利亚。

（2683）*Cryphalus paramangiferae* Johnson, 2020

分布：广东、福建。

1093. 粗胸小蠹属 *Ambrosiodmus* **Hopkins, 1915**

（2684）瘤粒粗胸小蠹 *Ambrosiodmus lewisi* Blandford, 1894

分布：广东、安徽、湖南、福建、台湾、贵州、云南。

（2685）瘤细粗胸小蠹 *Ambrosiodmus rubricollis* (Eichhoff, 1876)

分布：广东、黑龙江、北京、河北、山东、陕西、安徽、江西、湖南、福建、台湾、香港、广西、四川、贵州、云南；日本，朝鲜，老挝，泰国，越南，意大利。

1094. 毛胸材小蠹属 *Anisandrus* Ferrari, 1867

（2686）*Anisandrus ursulus* (Eggers, 1923)

分布：广东、江西、福建、广西；印度，老挝，马来西亚，菲律宾。

1095. *Diuncus* Hulcr *et* Cognato, 2009

（2687）*Diuncus haberkorni* (Eggers, 1920)

分布：广东、江西、福建、台湾、海南、香港、广西、云南；印度，日本，马来西亚，韩国，泰国，越南。

1096. *Microperus* Wood,1980

（2688）*Microperus kadoyamaensis* (Murayama, 1934)

分布：广东、浙江、江西、湖南、福建、台湾、香港、广西、云南；日本，韩国，越南。

1097. 方胸小蠹属 *Euwallacea* Hopkins, 1915

（2689）茶材方胸小蠹 *Euwallacea fornicates* (Eichdff, 1868)

分布：广东、台湾、海南、四川、云南；澳大利亚，巴拿马；东南亚。

（2690）坡面方胸小蠹 *Euwallacea interjectus* Blandford, 1894

分布：广东、浙江、湖北、湖南、福建、海南、四川、贵州、云南。

（2691）相似方胸小蠹 *Euwallacea similis* Ferrari, 1867

分布：广东、福建、海南、香港、广西、云南。

1098. 绒盾小蠹属 *Xyleborinus* Reitter, 1913

（2692）*Xyleborinus artestriatus* (Eichhoff, 1878)

分布：广东、上海、福建、台湾、海南、香港、广西、云南；印度，老挝，缅甸，泰国，越南。

1099. 材小蠹属 *Xyleborus* Eichhoff, 1864

（2693）*Xyleborus festivus* Eichhoff, 1876

分布：广东、福建、台湾、广西、贵州、云南；日本，缅甸，台湾，泰国，越南。

（2694）*Xyleborus glabratus* Eichhoff, 1877

分布：广东、湖南、福建、台湾、贵州、云南。

1100. 足距小蠹属 *Xylosandrus* Reitter, 1913

（2695）突尾足距小蠹 *Xylosandrus amputatus* (Blandford, 1894)

分布：广东、上海、福建、四川；日本，朝鲜。

（2696）北方足距小蠹 *Xylosandrus borealis* Nobuchi, 1981

分布：广东、香港；日本。

（2697）小滑足距小蠹 *Xylosandrus compactus* Eichhoff, 1876

分布：广东、浙江、湖北、湖南、福建、海南、广西、四川、贵州、云南；日本，越南，老挝，泰国，柬埔寨，缅甸，印度，斯里兰卡，菲律宾，马来西亚，新加坡，印度尼西亚，澳大利亚；欧洲，美洲，非洲。

（2698）暗翅足距小蠹 *Xylosandrus crassiusculus* Motschulsky, 1866

分布：广东、河北、山东、陕西、安徽、湖北、湖南、福建、台湾、海南、香港、四川、贵州、云南、西藏；朝鲜，韩国，日本，越南，泰国，缅甸，印度，不丹，尼泊尔，菲律宾，马来西亚，印度尼西亚，澳大利亚，新西兰；西亚，欧洲，非洲。

（2699）两色足距小蠹 *Xylosandrus discolor* Blandford, 1898

分布：广东、福建、台湾、海南、云南。

（2700）光滑足距小蠹 *Xylosandrus germanus* Blandford, 1894

分布：广东、山西、河南、陕西、安徽、湖北、湖南、福建、台湾、海南、广西、四川、贵州、云南、西藏；朝鲜，韩国，日本，越南，新西兰；西亚，欧洲，北美洲。

（2701）截尾足距小蠹 *Xylosandrus mancus* (Blandford, 1898)

分布：广东、台湾、海南、广西、云南、西藏。

参考文献：

汪松，解焱，2005. 中国物种红色名录：第3卷 无脊椎动物［M］. 北京：高等教育出版社.

虞国跃，1995. 方头甲科二新种记述（鞘翅目）［J］. 昆虫分类学报，17（1）：31–34.

张巍巍，李元胜，2011. 中国昆虫生态大图鉴［M］. 重庆：重庆大学出版社.

AHRENS D，2020. Two new species of the *Neoserica* (sensu stricto) group from China (Coleoptera: Scarabaeidae: Melolonthinae: Sericini)［J］. Journal of natural history，54（45/46）：2927–2936.

ASSING V，2015. On *Orsunius* Ⅲ. Four new species from China and Thailand, and additional records (Coleoptera: Staphylinidae: Paederinae: Medonina)［J］. Linzer biologische beitraege，47（1）：83–96.

ASSING V，2015. On the Nepalota fauna of China (Coleoptera: Staphylinidae: Aleocharinae: Athetini)［J］. Linzer biologische beitraege，47（1）：207–248.

ASSING V，2016. A revision of *Nazeris* Ⅷ. Five new species from China and additional records (Coleoptera: Staphylinidae: Paederinae)［J］. Linzer biologische beitraege，48（1）：301–315.

BIAN D J，DONG X，PENG Y F，2018. Two new species of the genus *Dryopomorphus* Hinton，1936 from China (Coleoptera，Elmidae)［J］. ZooKeys，765：51–58.

BIAN D J，JÄCH M A，2019. Revision of the species *Grouvellinus* Champion, 1923 (Coleoptera: Elmidae) with long median pronotal carina, including descriptions of four new species from China［J］. Zootaxa，4586（1）：127–140.

BULIRSCH P，MAGRINI P，JIA F L，2013. *Antireicheia chinensis* sp. nov. of the subtribe Reicheiina (Coleoptera: Carabidae: Scaritinae) from the south–eastern China［J］. Acta entomologica musei nationalis pragae，53（1）：59–64.

CAI Y P，ZHAO Z Y，ZHOU H Z，2015. Taxonomy of the genus *Bolitogyrus* Chevrolat (Coleoptera: Staphylinidae: Staphylinini: Quediina) from China with description of seven new species［J］. Zootaxa，3955（4）：451–486.

CHEN X S，REN S X，WANG X M，2012. Revision of the subgenus *Scymnus* (*Parapullus*) Yang from China (Coleoptera: Coccinellidae)［J］. Zootaxa，3174：22–34.

CHEN X S，WANG X M，REN S X，2013. A review of the subgenus *Scymnus* of *Scymnus* from China (Coleoptera: Coccinellidae)［J］. Annales zoologici，63（3）：417–499.

CHEN X S，HUO L Z，WANG X M，et al.，2015. The subgenus *Pullus* of *Scymnus* from China (Coleoptera，

Coccinellidae). Part II: The impexus group [J]. Annales zoologici, 65 (3): 295–408.

CHEN X S, REN S X, WANG X M, 2015. Contribution to the knowledge of the subgenus *Scymnus* (*Parapullus*) Yang, 1978 (Coleoptera, Coccinellidae), with description of eight new species [J]. Deutsche entomologische zeitschrift, 62 (2): 211–224.

FABRIZI S, LIU W G, BAI M, et al., 2021. A monograph of the genus *Maladera* Mulsant & Rey, 1871 of China (Coleoptera: Scarabaeidae: Melolonthinae: Sericini) [J]. Zootaxa, 4922 (1): 1–400.

GEISER M, 2018. Studies on Prioceridae (Coleoptera, Cleroidea). VII. Three new species and new faunistic records in *Prionocerus* Perty, 1831 [J]. Entomologische blätter und coleoptera, 114: 167–189.

HÄCKEL M, KIRSCHENHOFER E, 2014. A contribution to the knowledge of the subfamily Panagaeinae Hope, 1838 from Asia. Part 2. East Palearctic and Oriental species of the genus *Craspedophorus* Hope, 1838, and the genus *Tinoderus* Chaudoir, 1879 (Coleoptera: Carabidae) [J]. Studies and reports taxonomical series, 10 (2): 275–391.

HÁJEK J, BRANCUCCI M, 2015. A taxonomic review of the Oriental *Laccophilus javanicus* species group (Coleoptera: Dytiscidae) [J]. Raffles bulletin of zoology, 63: 309–326.

HU J Y, LI L Z, ZHAO M J, 2012. *Quwatanabius* Smetana—a new genus in the fauna of the Mainland China (Coleoptera, Staphylinidae), with description of two new species [J]. Zootaxa, 3191: 65–68.

HU J Y, LUO Y T, LI L Z, 2018. New species and record of *Nazeris* Fauvel in southern China (Coleoptera, Staphylinidae, Paederinae) [J]. Zootaxa, 4429 (1): 173–180.

HUANG M C, YIN Z W, 2018. Two new species of *Nomuraius* Hlaváč (Coleoptera: Staphylinidae: Pselaphinae) from southern China [J]. Zootaxa, 4399 (4): 571–578.

JAŁOSZYŃSKI P, 2015. The Cephenniini of China. VI. New species and new records of *Cephennodes* Reitter from Hainan, Guangxi and Guangdong (Coleoptera: Staphylinidae: Scydmaeninae) [J]. Zootaxa, 3990 (2): 221–234.

JIA F L, ASTON P, FIKÁČEK M, 2014. Review of the Chinese species of the genus *Coelostoma* Brullé, 1835 (Coleoptera: Hydrophilidae: Sphaeridiinae) [J]. Zootaxa, 3887 (3): 354–376.

JIA F L, MATE J F L, 2012. A new species of *Oocyclus* Sharp from south-eastern China (Coleoptera: Hydrophilidae) [J]. Zootaxa, 3509 (1): 81–84.

JIA F L, SHORT A E Z, 2011. *Notionotus attenuatus* sp. n. from southern China with a key to the Old World species of the genus (Coleoptera: Hydrophilidae) [J]. Zootaxa, 2830: 55–58.

JIA F L, TANG Y D, 2018. A revision of the Chinese *Helochares* (*s. str.*) Mulsant, 1844 (Coleoptera, Hydrophilidae) [J]. European journal of taxonomy, 438: 1–27.

JIA F L, WANG Y, 2010. A revision of the species of *Enochrus* (Coleoptera: Hydrophilidae) from China [J]. Oriental insects, 44 (1): 361–385.

JIA F L, YANG Z M, JIANG L, et al., 2020. *Chaetarthria chenjuni* Jia & Yang, sp. nov. (Coleoptera: Hydrophilidae), a new species from China and additional faunistic records [J]. Zoological systematics, 45 (2): 146–149.

JIANG R X, WANG J S, LI B Y, et al., 2019. Discovery of termitophilous tenebrionid beetles in China (Coleoptera: Tenebrionidae) [J]. Acta entomologica musei nationalis pragae, 59 (1): 341–349.

JOHNSON A J, LI Y, MANDELSHTAM M Y, et al., 2020. East Asian *Cryphalus* Erichson (Curculionidae, Scolytinae): new species, new synonymy and redescriptions of species [J]. ZooKeys, 995: 15–66.

KALASHIAN M Y，2021．A new species of the buprestid genus *Cantonius* Théry，1929（Coleoptera，Buprestidae）from China with nomenclatural and synonymic notes on the genera *Cantonius* and *Cantoniellus* Kalashian，2004［J］．Entomological review，101：232–237．

KAZANTSEV S V，2014．New net–winged beetles（Coleoptera: Lycidae）from northern Indochina and China［J］．Russian entomological journal，23（1）：9–17．

LI Q L，LI L Z，GU F K，et al.，2016．New data on brachypterous *Paederus*（Coleoptera，Staphylinidae）of mainland China［J］．Zootaxa，4184（3）：576–588．

LI W J，CHEN X S，WANG X M，et al.，2015．A review of the genus *Parastethorus* Pang & Mao，1975（Coleoptera: Coccinellidae）in China［J］．The pan–pacific entomologist，91（2）：108–127．

LI X Y，ZHOU H Z，SOLODOVNIKOV A，2013．Five new species of the genus *Paederus* from mainland China，with a review of the Chinese fauna of the subtribe Paederina（Coleoptera: Staphylinidae: Paederinae）［J］．Annals of the entomological society of America，106（5）：562–574．

LI Y，BOCAK L，PANG H，2015．Molecular phylogeny of *Macrolycus*（Coleoptera: Lycidae）with description of new species from China［J］．Entomological science，18（3）：319–329．

LIU W G，FABRIZI S，BAI M，et al.，2014．A taxonomic review on the species of *Tetraserica* Ahrens，2004，of China（Coleoptera，Scarabaeidae，Sericini）［J］．ZooKeys，448：83–121．

LIU Y，SHI H L，LIANG H B，2013．Four new *Chlaenius* species（Coleoptera: Carabidae: Chlaeniini）from Asia and a key to the species of subgenus *Chlaenioctenus*［J］．Zootaxa，3630（3）：505–518．

LIU Z，JIANG S H，2019．The genus *Scutellathous* Kishii，1955（Coleoptera，Elateridae，Dendrometrinae）in China，with description of three new species［J］．ZooKeys，857：85–104．

MINKINA L，2018．Two new species of the genus *Acrossus* Mulsant，1842（Scarabaeidae: Aphodiinae）closely related to *Acrossus ritsemae*（Schmidt, 1909）［J］．Oriental insects，52（2）：159–174．

MURAKAMI H，2020．A new species of the genus *Paracladiscus* Miyatake, 1965（Coleoptera: Cleridae: Tillinae）from China［J］．Japanese journal of systematic entomology，26（1）：108–110．

NOVÁK V，2015．New genera of Alleculinae（Coleoptera: Tenebrionidae）from palaearctic and oriental regions. Part Ⅲ–*Bobina* gen. nov.［J］．Studies and reports taxonomical series，11（1）：123–141．

OHBAYASHI N，CHOU W I，2019．Revision of the genus *Lemula*（Coleoptera，Cerambycidae，Lepturinae）［J］．Zootaxa，4671（4）：451–499．

OMAR Y M，ZHANG R Z，DAVIS S R，2014．The new genus *Pheude*（Coleoptera，Curculionidae，Cossoninae）with description of a new species from mainland China［J］．ZooKeys，466：29–41．

PENG Y，JI L，BIAN D，et al.，2018．Description of *Neptosternus haibini* sp. nov. from China（Coleoptera: Dytiscidae: Laccophilinae）［J］．Zootaxa，4500（4）：581–586．

PENG Z L，2020．Studies on the genus *Habroloma* Thomson from China (1)—Discussion on the taxonomic characters and descriptions of seven new species［J］．Annales zoologici，70（4）：697–710．

PENG Z，LIU S N，XIE G G，et al.，2017．New data on the genus *Domene*（Coleoptera: Staphylinidae: Paederinae）of mainland China［J］．Zootaxa，4329（5）：449–462．

PLATIA G，2019．A new species and a new record of Melanotini from China and the oriental region（Coleoptera，

Elateridae) [J]. Boletín de la SEA, 64: 47–61.

RAKOVIČ M, MENCL L, 2012. A contribution to knowledge of Asian species of the genus *Teuchestes* Mulsant, 1842 with descriptions of two new species (Coleoptera: Scarabaeoidea: Aphodiidae) [J]. Studies and reports taxonomical series, 8 (1/2): 295–304.

RAPUZZI I, 2012. Description of two new species of *Carabus* Linnaeus, 1758 from China (Coleoptera Carabidae) [J]. Biodiversity journal, 3 (3): 243–246.

SCHAWALLER W, 2016. Leiochrinini (Coleoptera: Tenebrionidae: Diaperinae) from north–eastern India and China, with descriptions of six new species [J]. Stuttgarter beiträge zur naturkunde A, 9 (1): 197–205.

SCIAKY R, ANICHTCHENKO A, 2020. Taxonomic notes on the tribe Dryptini Bonelli, 1810 with description of a new genus and species from China (Coleoptera: Carabidae: Dryptini) [J]. Zootaxa, 4731 (4): 522–530.

SHAVRIN A V, 2014. Two new species and records of the genus *Lesteva* Latreille, 1797 (Coleoptera: Staphylinidae: Omaliinae) from south-eastern China [J]. Zootaxa, 3821 (2): 291–296.

SHAVRIN A V, 2017. New species and records of *Lesteva* Latreille, 1797 from China (Coleoptera: Staphylinidae: Omaliinae: Anthophagini) [J]. Zootaxa, 4306 (1): 108–120.

SHEN J W, YIN Z W, LI L Z, 2015. Six new species of *Triomicrus* Sharp from southern China (Coleoptera: Staphylinidae: Pselaphinae) [J]. Zootaxa, 4044 (4): 585–595.

SHORT A E Z, JIA F L, 2011. Two new species of *Oocyclus* Sharp from China with a revised key to the genus for mainland south-eastern Asia (Coleoptera: Hydrophilidae) [J]. Zootaxa, 3012: 64–68.

SUN F F, TIAN M Y, 2013. A new carabid beetle of the genus *Tachys* with a key to species of its *politus*–group from China [J]. Oriental insects, 47 (4): 233–237.

TANG L, LI L Z, 2012. Five new species of the *Stenus indubius* group (Coleoptera, Staphylinidae) from China [J]. ZooKeys, 165: 1–20.

TANG L, TU Y Y, LI L Z, 2016. Notes on *Scaphidium* grande–complex with description of a new species from China (Coleoptera: Staphylinidae: Scaphidiinae) [J]. Zootaxa, 4132 (2): 279–282.

TANG L, XU W, XIA M H, 2019. A study on the genus *Stenus* Latreille from Shenzhen city of guangdong, south China (Coleoptera, Staphylinidae) [J]. Zootaxa, 4615 (2): 365–374.

TIAN M Y, 1996. A new species of the genus *Cybocephalus* Erichson from Dinghushan Nature Reserve, Guangdong, China (Coleoptera: Cybocephalidae) [J]. Acta zootaxonomica sinica, 21 (1): 92–94.

TIAN M, DEUVE T, 2015. Four new *Brachinus* species (Coleoptera: Carabidae: Brachininae) from Indo–Burma Region [J]. Oriental insects, 49 (3/4): 233–242.

WANG D, YIN Z W, 2016. New species and records of *Batraxis* Reitter (Coleoptera: Staphylinidae: Pselaphinae) in continental China [J]. Zootaxa, 4147 (4): 443–465.

WANG X M, ESCALONA H E, REN S X, et al., 2017. Taxonomic review of the ladybird genus *Sticholotis* from China (Coleoptera: Coccinellidae) [J]. Zootaxa, 4326 (1): 1–72.

WANG Z L, ALONSO–ZARAZAGA M A, ZHANG R Z, 2013. A taxonomic study on the genus *Harpapion* Voss, 1966 from China (Coleoptera, Apionidae) [J]. ZooKeys, 358: 25–44.

WIESNER J, 2016. A new tiger beetle species from China (Coleoptera: Carabidae, Cicindelinae) [J]. Entomologische zeitschrift，126（3）：131–132.

XU H，QIU J Y，HUANG G H，2017. Revision of the Chinese species of the genus *Coenochilus* Schaum（Coleoptera，Scarabaeidae, Cetoniinae）［J］. Annales de la société entomologique de France，53（5）：297–312.

YANG Y X，YANG X K，2013. Four new species of *Lycocerus* Gorham，1889 from China（Coleoptera: Cantharidae）［J］. Journal of natural history，47（1/2）：75–86.

YIN Z W，HLAVÁČ P，ZHAO M J，2011. Contributions to the knowledge of the myrmecophilous pselaphines（Coleoptera, Staphylinidae, Pselaphinae）from China. V. *Sinoclavigerodes yalianaegen* gen. et sp. nov.（Clavigeritae）associated with *Anoplolepis gracilipes*（Formicidae）［J］. Sociobiology，57（1）：1–9.

YIN Z W，HUANG B P，LI L Z，2012. Contributions to the knowledge of the myrmecophilous pselaphines（Coleoptera, Staphylinidae, Pselaphinae）from China. IX. a redefinition of the genus *Anaclasiger*，with a description of a second species associated with *Prenolepis sphingthoraxa*（Hymenoptera, Formicidae）［J］. Sociobiology，59（3）：595–603.

YIN Z W，HUANG S B，GU F K，2012. Notes on *Prosthecarthron* Raffray，with description of *P. insulanus*，sp. n.（Coleoptera, Staphylinidae, Pselaphinae）from Qi'ao Island，south China［J］. Zootaxa，3530：83–88.

YIN Z W，JIANG R X，STEINER H，2016. Revision of the genus *Araneibatrus*（Coleoptera: Staphylinidae: Pselaphinae）［J］. Zootaxa，4097（4）：475–494.

YIN Z W，LI L Z，ZHAO M J，2011. *Batricavus tibialis*，a new genus and species of Batrisini from South China（Coleoptera: Staphylinidae: Pselaphinae）［J］. Acta entomologica musei nationalis pragae，51（2）：529–534.

YIN Z W，LI L Z，ZHAO M J，2011. On the Chinese species of the genus *Intestinarius* Kurbatov（Coleoptera, Staphylinidae, Pselaphinae）［J］. ZooKeys，116：15–24.

YOSHITOMI H，HÁJEK J，2016. A new species of the genus *Drupeus*（Coleoptera: Ptilodactylidae: Cladotominae）from China［J］. Japanese journal of systematic entomology，22（1）：43–45.

YUAN C X，REN G D，2014. Two new species of the *Stenochinus amplus* species–group from China（Coleoptera, Tenebrionidae, Stenochiini）［J］. ZooKeys，416：67–76.

ZHANG Y Q，LI L Z，YIN Z W，2019. Fifteen new species and a new country record of *Labomimus* Sharp from China，with a checklist of world species（Coleoptera: Staphylinidae: Pselaphinae）［J］. Zootaxa，4554（2）：497–531.

ZHAO D Y，TIAN M Y，2010. Key to species of the genus *Mimocolliuris* Liebke（Coleoptera, Carabidae, Odacanthini），with description of a new species from southern China［J］. The pan–pacific entomologist，86（4）：119–125.

ZHAO M Z，ZHANG J K，2019. Contribution to the knowledge of the genus *Cucujus* Fabricius（Coleoptera, Cucujidae）from China［J］. Zootaxa，4544（1）：144–150.

ZHAO Q H，XU W，YIN Z W，2019. A new species of *Linan* Hlaváč（Coleoptera, Staphylinidae, Pselaphinae）from Shenzhen［J］. ZooKeys，859：63–68.

ZHAO S，HÁJEK J，JIA F L，et al.，2012. A taxonomic review of the genus *Neptosternus* Sharp of China with the description of a new species（Coleoptera: Dytiscidae: Laccophilinae）［J］. Zootaxa，3478：205–212.

ZHAO Z Y，ZHOU H Z，2015. Phylogeny and taxonomic revision of the subgenus *Velleius* Leach（Coleoptera: Staphylinidae: Staphylininae）［J］. Zootaxa，3957（3）：251–276.

ZHU J，WANG C B，FENG B Y，2021. Taxonomical study on the newly–recorded genus *Falsonnannocerus* Pic from

China（Coleoptera, Tenebrionidae, Stenochiinae）［J］. Biodiversity data journal，9：e73232.

ZHU P Z，SHI H L，LIANG H B，2018. Four new species of *Lesticus*（Carabidae, Pterostichinae）from China and supplementary comments on the genus［J］. ZooKeys，782：129–162.

毛翅目 Trichoptera

环须亚目 Annulipalpia

纹石蛾总科 Hydropsychoidea

一、纹石蛾科 Hydropsychidae Curtis, 1835

1. 异长角纹石蛾属 *Aethaloptera* Brauer, 1875

（1）三斑异长角纹石蛾 *Aethaloptera evanescens* (McLachlan, 1880)

分布：广东、新疆、江苏、安徽、福建、广西；阿塞拜疆，亚美尼亚，白俄罗斯，吉尔吉斯斯坦，摩尔多瓦，哈萨克斯坦，乌兹别克斯坦，塔吉克斯坦，俄罗斯。

2. 周长角纹石蛾属 *Amphipsyche* McLachlan, 1872

（2）原周长角纹石蛾 *Amphipsyche proluta* McLachlan, 1872

分布：广东、黑龙江、河南、江苏、浙江、湖南、福建、四川；俄罗斯。

3. 短脉纹石蛾属 *Cheumatopsyche* Wallengren, 1891

（3）多斑短脉纹石蛾 *Cheumatopsyche dubitans* Mosely, 1942

分布：广东、河南、陕西、安徽、湖北、江西、湖南、福建、广西、贵州；老挝，泰国。

（4）长肢短脉纹石蛾 *Cheumatopsyche longiclasper* Li, 1988

分布：广东、福建。

（5）三带短脉纹石蛾 *Cheumatopsyche trifascia* Li, 1988

分布：广东、浙江、江西、福建。

4. 腺纹石蛾属 *Diplectrona* Westwood, 1839

（6）尖耳腺纹石蛾 *Diplectrona aurovittata* (Ulmer, 1906)

分布：广东、广西、四川；印度尼西亚。

（7）峬腺纹石蛾 *Diplectrona burha* Schmid, 1961

分布：广东、台湾、广西；越南，泰国，印度，尼泊尔，不丹。

（8）黄斑腺纹石蛾 *Diplectrona fasciatella* Ulmer, 1932

分布：广东。

（9）二叉腺纹石蛾 *Diplectrona furcata* Hwang, 1958

分布：广东、浙江、湖北、福建。

5. 离脉纹石蛾属 *Hydromanicus* Brauer, 1865

（10）条瓣离脉纹石蛾 *Hydromanicus deceptus* (Banks, 1939)

分布：广东、福建、海南、广西、贵州。

（11）尖耳离脉纹石蛾 *Hydromanicus frater* Ulmer, 1926

分布：广东、福建。

（12）梅氏离脉纹石蛾 *Hydromanicus melli* (Ulmer, 1926)

　　分布：广东、浙江、江西、香港、广西。

（13）镘形瘤突纹石蛾 *Hydromanicus ovatus* (Li, Tian *et* Dudgen, 1990)

　　分布：广东、浙江。

6. 纹石蛾属 *Hydropsyche* Pictet, 1834

（14）宽突纹石蛾 *Hydropsyche arion* Malicky *et* Chantaramongkol, 2000

　　分布：广东、浙江。

（15）蛇茎纹石蛾 *Hydropsyche boreas* Malicky *et* Chantaramongkol, 2000

　　分布：广东、江西、广西；越南，泰国。

（16）埠纹石蛾 *Hydropsyche busiris* Malicky *et* Chantaramongkol, 2000

　　分布：广东、浙江。

（17）柯隆纹石蛾 *Hydropsyche columnata* Martynov, 1931

　　分布：广东、北京、河南、陕西、浙江、江西、四川、贵州、云南。

（18）繁复侧枝纹石蛾 *Hydropsyche complicata* Banks, 1939

　　分布：广东、北京、浙江。

（19）锥突侧枝纹石蛾 *Hydropsyche conoidea* Li *et* Tian, 1990

　　分布：广东、浙江、广西。

（20）斗形纹石蛾 *Hydropsyche dolosa* (Banks, 1939)

　　分布：广东、安徽、江西、广西；泰国。

（21）台湾纹石蛾 *Hydropsyche formosana* Ulmer, 1911

　　分布：广东、安徽、浙江、江西、福建、广西。

（22）福建侧枝纹石蛾 *Hydropsyche fukienensis* Schmid, 1965

　　分布：广东、浙江、福建、广西。

（23）格氏纹石蛾 *Hydropsyche grahami* Banks, 1940

　　分布：广东、河南、陕西、安徽、浙江、湖北、江西、湖南、福建、四川、云南。

（24）多突纹石蛾 *Hydropsyche polyacantha* Li *et* Tian, 1989

　　分布：广东（龙门）。

（25）方突纹石蛾 *Hydropsyche quadrata* (Li *et* Dudgeon, 1990)

　　分布：广东、江西、湖南、香港。

（26）裂茎纹石蛾 *Hydropsyche simulata* Mosely, 1942

　　分布：广东、河南、安徽、浙江、湖北、江西、福建、广西；朝鲜，韩国，越南。

7. 长角纹石蛾属 *Macrostemum* Kolenati, 1859

（27）中长角纹石蛾 *Macrostemum centrotum* (Navás, 1917)

　　分布：广东、江西、福建；越南。

（28）横带长角纹石蛾 *Macrostemum fastosum* (Walker, 1852)

　　分布：广东、江苏、安徽、浙江、江西、福建、台湾、香港、广西、四川、云南、西藏；印度，斯里兰卡，菲律宾，马来西亚，印度尼西亚。

（29）华美长角纹石蛾 *Macrostemum lautum* (McLachlan, 1862)

分布：广东、江西、福建、香港；日本。

8. 合脉长角纹石蛾属 *Oestropsyche* Brauer, 1868

（30）黑眼合脉长角纹石蛾 *Oestropsyche vitrina* (Hagen, 1859)

分布：广东、浙江、广西、贵州。

9. 多型纹石蛾属 *Polymorphanisus* Walker, 1852

（31）多型绿纹石蛾 *Polymorphanisus astictus* Navás, 1852

分布：广东、浙江；泰国，印度尼西亚。

10. 缺距纹石蛾属 *Potamyia* Banks, 1900

（32）中华缺距纹石蛾 *Potamyia chinensis* (Ulmer, 1915)

分布：广东、黑龙江、北京、河北、山西、河南、陕西、安徽、浙江、湖北、江西、湖南、福建、海南、广西、四川、云南；俄罗斯，日本。

（33）毛边缺距纹石蛾 *Potamyia nuonga* Oláh *et* Barnard, 2006

分布：广东、海南、四川；越南。

11. 伪线长角纹石蛾属 *Pseudoleptonema* Mosely, 1933

（34）小室伪线长角纹石蛾 *Pseudoleptonema ciliatum* (Ulmer, 1926[1925])

分布：广东。

（35）怡伪线长角纹石蛾 *Pseudoleptonema elegans* (Ulmer, 1926[1925])

分布：广东。

等翅石蛾总科 Philopotamoidea

二、角石蛾科 Stenopsychidae Martynov, 1924

12. 角石蛾属 *Stenopsyche* McLachlan, 1866

（36）狭窄角石蛾 *Stenopsyche angustata* Martynov, 1930

分布：广东、陕西、浙江、湖北、江西、湖南、福建、广西、四川、贵州；越南。

（37）具齿角石蛾 *Stenopsyche dentata* Navás, 1930

分布：广东、四川。

（38）齿突角石蛾 *Stenopsyche denticulata* Ulmer, 1926

分布：广东、福建、贵州。

（39）哈尔滨角石蛾 *Stenopsyche kharbinica* Navás, 1930

分布：广东、四川及东北地区。

（40）叶形角石蛾 *Stenopsyche laminata* Ulmer, 1926

分布：广东、湖南、四川、云南；越南，老挝。

（41）长刺角石蛾 *Stenopsyche longispina* Ulmer, 1926

分布：广东、四川。

（42）加氏角石蛾 *Stenopsyche pjasetzkyi* Martynov, 1914

分布：广东、河北、陕西、湖北、台湾、四川。

三、等翅石蛾科 Philopotamidae Stephens, 1829

13. 缺叉等翅石蛾属 *Chimarra* **Stephens, 1829**

（43）瑶山缺叉等翅石蛾 *Chimarra yaoshanensis* (Hwang, 1957)

分布：广东、河南、湖北、广西。

14. 合脉等翅石蛾属 *Gunungiella* **Ulmer, 1913**

（44）刺枝合脉等翅石蛾 *Gunungiella acanthoclada* Sun, 2007

分布：广东。

15. 梳等翅石蛾属 *Kisaura* **Ross, 1956**

（45）膨肢梳等翅石蛾 *Kisaura inflata* Sun, 2007

分布：广东（焦岭）。

（46）栉梳等翅石蛾 *Kisaura pectinata* (Ross, 1956)

分布：广东、浙江。

16. 蠕形等翅石蛾属 *Wormaldia* **McLachlan, 1865,**

（47）格氏蠕形等翅石蛾 *Wormaldia gressitti* (Ross, 1956)

分布：广东。

四、崎距石蛾科 Dipseudopsidae Ulmer, 1904

17. 崎距石蛾属 *Dipseudopsis* **Walker, 1852**

（48）伯氏崎距石蛾 *Dipseudopsis benardi* Navás, 1930

分布：广东、福建；越南，泰国。

（49）钳形崎距石蛾 *Dipseudopsis collaris* McLachlan, 1863

分布：广东、江苏、浙江、江西、香港；日本，菲律宾。

18. 透崎距石蛾属 *Hyalopsyche* **Ulmer, 1904**

（50）多刺透崎距石蛾 *Hyalopsyche plurispinosa* Schmid, 1959

分布：广东、江西。

（51）萨透崎距石蛾 *Hyalopsyche sachalinica* Martynov, 1910

分布：广东、安徽、福建；俄罗斯（远东），越南，老挝，泰国，印度，菲律宾，印度尼西亚。

五、剑石蛾科 Xiphocentronidae Schmid, 1982

19. 黑毛剑石蛾属 *Melanotrichia* **Ulmer, 1906**

（52）斜翅黑毛剑石蛾 *Melanotrichia acclivopennis* (Hwang, 1958)

分布：广东、福建。

六、多距石蛾科 Polycentropodidae Ulmer, 1903

20. 闭径多距石蛾属 *Nyctiophylax* **Brauer, 1865**

（53）等叶闭径多距石蛾 *Nyctiophylax* (*Paranictiophylax*) *adaequatus* Wang *et* Yang, 1997

分布：广东（乳源、博罗）、河南、陕西、广西、贵州。

（54）阿姆闭径多距石蛾 *Nyctiophylax* (*s. str.*) *amphonion* Malicky *et* Chantaramongkol, 1997

分布：广东（龙门）；泰国。

（55）耳状闭径多距石蛾 *Nyctiophylax* (*Paranictiophylax*) *auriculatus* Morse, Zhong *et* Yang, 2012

分布：广东（博罗）、江西。

（56）圆片闭径多距石蛾 *Nyctiophylax* (*Paranictiophylax*) *orbicularis* Zhong, Yang *et* Morse, 2014

分布：广东（乳源、博罗、肇庆）、江西。

（57）指突闭径多距石蛾 *Nyctiophylax* (*Paranictiophylax*) *dactylatus* Zhong, Yang *et* Morse, 2014

分布：广东（信宜）。

21. 隐刺多距石蛾属 *Pahamunaya* Schmid, 1958

（58）中华隐刺多距石蛾 *Pahamunaya sinensis* Zhong, Yang *et* Morse, 2013

分布：广东（五华、肇庆）、浙江、广西。

22. 缘脉多距石蛾属 *Plectrocnemia* Stephens, 1836

（59）中华缘脉多距石蛾 *Plectrocnemia chinensis* Ulmer, 1926

分布：广东、河南、浙江、湖北、江西。

（60）隐突缘脉多距石蛾 *Plectrocnemia cryptoparamere* Morse, Zhong *et* Yang, 2012

分布：广东（肇庆）、湖北、江西。

（61）锄形缘脉多距石蛾 *Plectrocnemia hoenei* Schmid, 1965

分布：广东（信宜）、陕西、安徽、浙江、江西、广西。

（62）弯枝缘脉多距石蛾 *Plectrocnemia tsukuiensis* (Kobayashi, 1984)

分布：广东（乳源、连州、蕉岭、龙门、阳春、信宜）、河南、安徽、浙江、江西、广西、贵州、云南；日本。

23. 缺叉多距石蛾属 *Polyplectropus* Ulmer, 1905

（63）角突缺叉多距石蛾 *Polyplectropus anakgugur* Malicky, 1995

分布：广东、河南、安徽、江西、广西、贵州、四川；越南，马来西亚。

（64）指状缺叉多距石蛾 *Polyplectropus digitaliformis* Zhong, Yang *et* Morse, 2008

分布：广东（龙门）。

（65）扁平缺叉多距石蛾 *Polyplectropus explanatus* Li *et* Morse, 1997

分布：广东（龙门）、河南、湖北、江西。

（66）圆叶缺叉多距石蛾 *Polyplectropus rotundifolius* Zhong, Yang *et* Morse, 2008

分布：广东（龙门）。

七、径石蛾科 Ecnomidae Ulmer, 1903

24. 径石蛾属 *Ecnomus* McLachlan, 1864

（67）纤细径石蛾 *Ecnomus tenellus* (Rambur, 1842)

分布：广东、河南、江苏、安徽、湖北、江西、台湾、四川、云南、西藏；古北界，东洋界。

完须亚目 Integripalpia

小石蛾总科 Hydroptiloidea
八、小石蛾科 Hydroptilidae Stephens, 1836

25. 小石蛾属 *Hydroptila Dalman*, **1819**

（68）伽氏小石蛾 *Hydroptila gapdoi* Oláh, 1989

分布：广东；越南。

（69）短肢小石蛾 *Hydroptila giama* Oláh, 1989

分布：广东（博罗、阳春）、浙江、江西、福建、海南、广西、四川、贵州、云南；朝鲜，越南。

（70）莫氏小石蛾 *Hydroptila moselyi* Ulmer, 1932

分布：广东（信宜）、北京、河南、广西、四川、贵州、云南。

（71）星期四小石蛾 *Hydroptila thuna* Oláh, 1989

分布：广东（博罗）、河南、江苏、安徽、浙江、湖北、江西、福建、海南、香港、广西、四川、云南；越南，印度。

26. 直毛小石蛾属 *Orthotrichia* Eaton, 1873

（72）缘脉直毛小石蛾 *Orthotrichia costalis* (Curtis, 1834)

分布：广东、山西、河南、湖北、江苏、江西、广西；古北界。

27. 尖毛小石蛾属 *Oxyethira* Eaton, 1873

（73）沼泽尖毛小石蛾 *Oxyethira bogambara* Schmid, 1958

分布：广东；泰国，尼泊尔，斯里兰卡，菲律宾，印度尼西亚。

（74）钟铃尖毛小石蛾 *Oxyethira campanula* Morton, 1970

分布：广东（博罗）、新疆、江西、海南、广西、贵州；东洋界，古北界东部。

（75）三带尖毛小石蛾 *Oxyethira ecornuta* Morton, 1893

分布：广东（博罗）、河南；全北区。

九、舌石蛾科 Glossosomatidae Wallengren, 1891

28. 舌石蛾属 *Glossosoma* Curtis, 1834

（76）巨尾舌石蛾 *Glossosoma valvatum* Ulmer, 1926

分布：广东、安徽、浙江、湖北、福建；印度。

原石蛾总科 Rhyacophiloidea
十、原石蛾科 Rhyacophilidae Stephens, 1836

29. 喜马原石蛾属 *Himalopsyche* Banks, 1940

（77）日本喜马原石蛾 *Himalopsyche japonica* (Morton, 1900)

分布：广东、台湾；日本。

（78）那氏喜马原石蛾 *Himalopsyche navasi* Banks, 1940

分布：广东、陕西、安徽、浙江、江西、湖南、福建、四川、贵州；越南。

30. 原石蛾属 *Rhyacophila* Pictet, 1834

（79）偏突原石蛾 *Rhyacophila asymmetra* Sun, 2016

分布：广东（乳源）。

（80）双尾原石蛾 *Rhyacophila bicaudata* Sun, 2016

分布：广东（肇庆）、江西。

（81）联合原石蛾 *Rhyacophila coalita* Sun, 2016

分布：广东（信宜）、江西。

（82）直缘原石蛾 *Rhyacophila fides* Malicky *et* Sun, 2002

分布：广东、浙江、江西、广西。

（83）舌形原石蛾 *Rhyacophila linguiformis* Sun, 2017

分布：广东（信宜）。

（84）长侧突原石蛾 *Rhyacophila longistyla* Sun *et* Yang, 1995

分布：广东、安徽、江西、广西。

（85）梅氏原石蛾 *Rhyacophila melli* Ulmer, 1926

分布：广东。

（86）凹带原石蛾 *Rhyacophila meniscoides* Sun, 2016

分布：广东。

（87）剪肢原石蛾 *Rhyacophila scissa* Morton, 1900

分布：广东、浙江；越南，泰国，印度，缅甸，尼泊尔，不丹。

（88）卷突原石蛾 *Rhyacophila voluta* Sun, 2017

分布：广东（乳源）。

（89）武夷原石蛾 *Rhyacophila wuyiensis* Sun *et* Yang, 1995

分布：广东、福建、江西。

石蛾总科 Phryganeoidea
十一、鳞石蛾科 Lepidostomatidae Ulmer, 1903

31. 鳞石蛾属 *Lepidostoma* Rambur, 1842

（90）黄纹鳞石蛾 *Lepidostoma flavum* Ulmer, 1926

分布：广东、河南、安徽、浙江、湖北、江西、福建、广西、四川、贵州、云南。

（91）巨枝鳞石蛾 *Lepidostoma inops* (Ulmer, 1926)

分布：广东、浙江。

（92）富水鳞石蛾 *Lepidostoma opulentum* (Ulmer, 1926)

分布：广东。

毛石蛾总科 Sericostomatoidea
十二、锚石蛾科 Limnocentropodidae Tsuda, 1842

32. 锚石蛾属 *Limnocentropus* Ulmer, 1907

（93）珍稀锚石蛾 *Limnocentropus insolitus* Ulmer, 1907

分布：广东；日本，印度。

沼石蛾总科 Limnephiloidea
十三、瘤石蛾科 Goeridae Ulmer, 1903
33. 瘤石蛾属 *Goera* Stephens, 1829
（94）裂背瘤石蛾 *Goera fissa* Ulmer, 1926

分布：广东、河南、安徽、浙江、湖北、江西、福建、广西；越南。

十四、沼石蛾科 Limnephilidae Kolenati, 1848
34. 长须沼石蛾属 *Nothopsyche* Banks, 1906
（95）菱形长须沼石蛾 *Nothopsyche rhombifera* Martynov, 1931

分布：广东、四川。

长角石蛾总科 Leptoceroidea
十五、齿角石蛾科 Odontoceridae Wallengren, 1891
35. 裸齿角石蛾属 *Psilotreta* Banks, 1899
（96）多刺裸齿角石蛾 *Psilotreta horrida* Yuan *et* Yang, 2010

分布：广东（肇庆）。

（97）广东裸齿角石蛾 *Psilotreta kwantungensis* Ulmer, 1926

分布：广东（龙门）。

（98）叶茎裸齿角石蛾 *Psilotreta lobopensis* Hwang, 1957

分布：广东（乳源）、江西、福建。

（99）单刺裸齿角石蛾 *Psilotreta monacantha* Yuan *et* Yang, 2013

分布：广东（乳源）、湖南。

（100）叠置裸齿角石蛾 *Psilotreta superposita* Yuan *et* Yang, 2013

分布：广东（龙门、阳春、信宜）。

（101）叁刺裸齿角石蛾 *Psilotreta trispinosa* Schmid, 1965

分布：广东（龙门）、浙江。

（102）脊状裸齿角石蛾 *Psilotreta vertebrata* Yuan, Yang *et* Sun, 2008

分布：广东（乳源）。

36. 滨齿角石蛾属 *Marilia* Mueller, 1880
（103）端突滨齿角石蛾 *Marilia albofusca* Schmid, 1959

分布：广东（信宜）、陕西、广西、云南。

（104）叶滨齿角石蛾 *Marilia lata* Ulmer, 1926

分布：广东。

十六、枝石蛾科 Calamoceratidae Ulmer, 1905
37. 异距枝石蛾属 *Anisocentropus* McLachlan, 1863
（105）河村异距枝石蛾 *Anisocentropus kawamurai* (Iwata, 1927)

分布：广东、安徽、浙江、湖北、江西、台湾、广西、贵州；日本，越南，泰国，缅甸。

（106）具斑异距枝石蛾 *Anisocentropus maculatus* Ulmer, 1926

分布：广东、江西及华北地区；日本。

38. 长室枝石蛾属 *Ascalaphomerus* **Walker, 1852**

（107）拟臂长室枝石蛾 *Ascalaphomerus humeralis* Walker, 1852

分布：广东、台湾、香港及华北地区。

39. 愈脉枝石蛾属 *Ganonema* **McLachlan, 1866**

（108）短室愈脉枝石蛾 *Ganonema brevicellum* Ulmer, 1926

分布：广东。

十七、细翅石蛾科 Molannidae Wallengren, 1891

40. 细翅石蛾属 *Molanna* **Curtis, 1834**

（109）暗褐细翅石蛾 *Molanna moesta* Banks, 1906

分布：广东、黑龙江、河南、浙江、湖北、江西、四川、贵州、云南；俄罗斯，朝鲜，韩国，日本，越南。

十八、长角石蛾科 Leptoceridae Leach, 1815

41. 多突石蛾属 *Ceraclea* **Stephens, 1829**

（110）丁村突长角石蛾 *Ceraclea (Athripsodina) dingwuschanella* (Ulmer, 1932)

分布：广东、陕西、浙江。

（111）显角突长角石蛾 *Ceraclea (Athripsodina) signaticornis* (Ulmer, 1926)

分布：广东。

（112）杨氏突长角石蛾 *Ceraclea (Athripsodina) yangi* (Mosely, 1942)

分布：广东、安徽、浙江、福建。

42. 长角石蛾属 *Leptocerus* **Leach, 1815**

（113）双带长角石蛾 *Leptocerus bitaenianus* Yang *et* Morse, 2000

分布：广东、江西。

43. 须长角石蛾属 *Mystacides* **Berthold, 1827**

（114）长须长角石蛾 *Mystacides elongata* Yamamoto *et* Ross, 1966

分布：广东、江苏、安徽、浙江、江西、福建、四川、贵州、云南；泰国。

44. 歧长角石蛾属 *Triplectides* **Kolenati, 1859**

（115）假巨歧长角石蛾 *Triplectides deceptimagnus* Yang *et* Morse, 2000

分布：河南、湖北、江西、福建、四川、云南。

（116）中庸歧长角石蛾 *Triplectides medius* (Navás, 1931)

分布：广东。

参考文献：

胡燕利，2019. 中国浙江毛翅目幼虫分类研究（昆虫纲：毛翅目）[D]. 南京：南京农业大学.

李佑文，田立新，1989. 纹石蛾属一新亚属新种 [J]. 南京农业大学学报，12（4）：44-45.

邱爽，2018. 大别山脉地区毛翅目昆虫分类学与区系研究 [D]. 武汉：华中科技大学.

孙长海，2007. 梳等翅石蛾属二新种记述（毛翅目：等翅石蛾科）[J]. 昆虫分类学报，29（1）：51-55.

田立新，杨莲芳，李佑文，1996. 中国经济昆虫志：第49册 毛翅目（一）：小石蛾科 角石蛾科 纹石蛾科 长角石蛾科［M］. 北京：科学出版社.

徐继华，2017. 中国浙江及四川地区毛翅目幼虫分类研究（昆虫纲：毛翅目）［D］. 南京：南京农业大学.

杨维芳，2002. 中国石娥总科、枝石蛾科分类及毛翅目完须亚目成、幼虫配对研究（昆虫纲：毛翅目）［D］. 南京：南京农业大学.

袁红银，杨莲芳，2013. 中国裸齿角石蛾属三新种（毛翅目：齿角石蛾科）［J］. 动物分类学报，38（1）：114-118.

袁红银，2008. 中国齿角石蛾科分类研究（昆虫纲：毛翅目）［D］. 南京：南京农业大学.

钟花，2006. 中国多距石蛾科多样性的研究（昆虫纲：毛翅目）［D］. 南京：南京农业大学.

钟花，杨莲芳，MORSE J C，2008. 中国缺叉多距石蛾属六新种（毛翅目：多距石蛾科）［J］. 动物分类学报，33（3）：600-607.

周蕾，2009. 中国小石蛾科分类研究（昆虫纲：毛翅目）［D］. 南京：南京农业大学.

MORSE J C，ZHONG H，YANG L F，2012. New species of *Plectrocnemia* and *Nyctiophylax* (Trichoptera, Polycentropodidae) from China ［J］. ZooKeys，169：39-59.

SUN C H，2017. Two new species of the *Rhyacophila nigrocephala* species group from China (Insecta, Trichoptera，Rhyacophilidae) ［J］. European journal of taxonomy，300：1-10.

SUN C H，2016. Notes on the *Rhyacophila angulata* species group with descriptions of two new species (Insecta，Trichoptera，Rhyacophilidae）［J］. Zootaxa，4150（2）：193-200.

SUN C H，2016. Notes on the *Rhyacophila scissa* species group with description of two new taxa from China（Trichoptera，Rhyacophilidae）［J］. Zootaxa，4072（4）：441-452.

SUN C H，2016. Two new species of the *Rhyacophila anatina* species group from China (Trichoptera: Rhyacophilidae) ［J］. Zootaxa，4085（2）：273-278.

YANG L F，SUN C H，MORSE J C，2016. An amended checklist of the caddisflies of China (Insecta, Trichoptera) ［J］. Zoosymposia，10：1-34.

鳞翅目 Lepidoptera

一、小翅蛾科 Micropterigidae Herrich-Schäffer, 1855

1. *Vietomartyria* Hashimoto *et* Mey, 2000

（1）*Vietomartyria nanlingana* Hirowatari *et* Jinbo, 2009

分布：广东（乳源）。

（2）*Vietomartyria nankunshana* Hirowatari *et* Hashimoto, 2009

分布：广东（惠州）。

二、蛉蛾科 Neopseustidae Hering, 1925

2. 蛉蛾属 *Neopseustis* Meyrick, 1909

（3）中华蛉蛾 *Neopseustis sinensis* Davis, 1975

分布：广东（乳源）、湖南、四川。

三、蝙蝠蛾科 Hepialidae Stephens, 1829

3. 蝙蝠蛾属 *Endoclita* Felder, 1874

（4）云南蝙蝠蛾 *Endoclita yunnanensis* (Chu *et* Wang, 1985)

分布：广东。

（5）中华蝙蝠蛾 *Endoclita sinensis* (Moore, 1877)

分布：广东（乳源）、台湾等；韩国，日本。

4. 棒蝠蛾属 *Napialus* Chu *et* Wang, 1985

（6）湖南棒蝠蛾 *Napialus hunanensis* (Chu *et* Wang, 1985)

分布：广东、江西、湖南、海南、广西。

四、长角蛾科 Adelidae Bruand, 1850

5. 长角蛾属 *Nemophora* Hoffmannsegg, 1798

（7）田中黄长角蛾 *Nemophora tanakai* Hirowatari, 2007

分布：广东（英德）；越南。

五、谷蛾科 Tineidae Latreille, 1810

6. *Autochthonus* Walsingham, 1891

（8）新奥宇谷蛾 *Autochthonus singulus* Huang, Hirowatari *et* Wang, 2009

分布：广东（乳源）。

7. 叟谷蛾属 *Cephimallota* Bruand, 1851

（9）噔淞叟谷蛾 *Cephimallota densoni* Robinson, 1986

分布：广东（乳源）；尼泊尔。

8. 隐斑谷蛾属 *Crypsithyris* Meyrick, 1907

（10）日本隐斑谷蛾 *Crypsithyris japonica* Petersen *et* Gaedike, 1993

分布：广东（乳源）；日本。

9. 殊宇谷蛾属 *Dinica* Gozmány, 1965

（11）菱颚突谷蛾 *Dinica rhombata* Huang, Wang *et* Hirowatari, 2006

分布：广东（乳源）、云南。

10. 聪谷蛾属 *Harmaclona* Busck, 1914

（12）潜孔聪谷蛾 *Harmaclona tephrantha* (Meyrick, 1916)

分布：广东（英德、乳源）、湖南、台湾、海南、广西、云南；泰国，印度，不丹，斯里兰卡，菲律宾，马来西亚，印度尼西亚（苏拉威西），文莱。

11. 依帕谷蛾属 *Ippa* Walker, 1864

（13）喀依帕谷蛾 *Ippa catathrausta* (Meyrick, 1938)

分布：广东（乳源）、云南。

12. *Machaeropteris* Walsingham, 1887

（14）短管谷蛾 *Machaeropteris petalacma* Meyrick, 1932

分布：广东（英德、乳源）、台湾、四川；越南。

13. 白斑谷蛾属 *Monopis* Hübner, [1825]

（15）黄缘鸟谷蛾 *Monopis flavidorsalis* (Matsumura, 1931)

分布：广东（乳源）、浙江；日本。

（16）鸟谷蛾 *Monopis longella* (Walker, 1863)

分布：广东（英德、乳源）、陕西、新疆、江苏、上海、浙江、湖南、海南、广西、云南；俄罗斯（远东），朝鲜，韩国，日本，越南，印度，巴基斯坦，伊朗。

（17）梯纹白斑谷蛾 *Monopis monachella* (Hübner, 1796)

分布：广东（乳源）、黑龙江、天津、河北、山东、河南、陕西、新疆、浙江、湖北、湖南、台湾、海南、广西、四川、贵州、云南、西藏；日本，泰国，印度，缅甸，尼泊尔，斯里兰卡，菲律宾，印度尼西亚，萨摩亚，巴布亚新几内亚；非洲，欧洲，美洲，中亚。

14. 斑谷蛾属 *Morophaga* Herrich-Schäffer, 1853

（18）菌谷蛾 *Morophaga bucephala* (Snellen, 1884)

分布：广东（英德、乳源）、辽宁、河南、江苏、安徽、浙江、湖北、江西、福建、台湾、贵州、云南；朝鲜，韩国，日本，韩国，文莱，印度，缅甸，马来西亚，印度尼西亚，俄罗斯，巴布亚新几内亚。

15. 扁蛾属 *Opogona* Zeller, 1853

（19）蔗扁蛾 *Opogona sacchari* (Bojer, 1856)

分布：广东（广州）、吉林、辽宁、天津、北京、河北、山西、山东、河南、甘肃、新疆、江苏、上海、安徽、浙江、江西、湖南、福建、海南、广西、四川、云南；日本，俄罗斯，德国，英国，意大利，委内瑞拉，秘鲁，巴西，美国等。

16. 连宇谷蛾属 *Rhodobates* Ragonot, 1895

（20）曲连宇谷蛾 *Rhodobates curvativus* Li *et* Xiao, 2006

分布：广东（乳源）。

17. 衣蛾属 *Tinea* Linnaeus, 1758

（21）衣蛾 *Tinea pellionella* Linnaeus, 1758

分布：广东；世界广布。

18. 锯谷蛾属 *Tineovertex* Moriuti, 1982

（22）剑锯谷蛾 *Tineovertex gladiata* Huang, Hirowatari *et* Wang, 2007

分布：广东（英德、乳源）。

19. 眉谷蛾属 *Wegneria* Diakonoff, 1951

（23）黄斑眉谷蛾 *Wegneria cerodelta* (Meyrick, 1911)

分布：广东（乳源）、河北、浙江、台湾、海南、云南；朝鲜，韩国，日本，尼泊尔，越南，泰国，印度，缅甸，新加坡，马来西亚。

六、衣蓑蛾科 Psychidae Boisduval, 1829

20. 皑蓑蛾属 *Acanthopsyche* Heylaerts, 1881

（24）碧皑蓑蛾 *Acanthopsyche bipars* Walker, 1865

分布：广东（乳源）、辽宁、北京、河北、山东、河南、浙江、湖南。

（25）桉蓑蛾 *Acanthopsyche subferalbata* Hampsom, 1897

分布：广东、湖南、福建、广西、云南；印度，斯里兰卡。

21. 蓑蛾属 *Chalioides* Swinhoe, 1892

（26）白囊蓑蛾 *Chalioides kondonis* Kondo, 1922

分布：广东、山东、河南、陕西、江苏、安徽、浙江、湖北、江西、湖南、福建、台湾、海南、广西、四川、贵州、云南；日本。

22. 窠蓑蛾属 *Clania* Walker, 1855

（27）小窠蓑蛾 *Clania minuscula* Butler, 1881

分布：广东、江苏、安徽、浙江、湖北、江西、湖南、福建、台湾、广西、四川、贵州、云南；日本。

（28）大窠蓑蛾 *Clania variegata* Snellen, 1879

分布：广东（英德、乳源）、天津、山东、河南、江苏、浙江、湖北、江西、湖南、福建、台湾、四川、云南；日本，印度，马来西亚。

23. 黛蓑蛾属 *Dappula* Moore, 1883

（29）黛蓑蛾 *Dappula tertia* Templeton, 1847

分布：广东、河北、山东、安徽、浙江、江西、湖南、福建、海南、广西、四川、云南。

七、玫蛾科 Amphitheridae Meyrick, 1914

24. 眼玫蛾属 *Agriothera* Meyrick, 1907

（30）东方眼玫蛾 *Agriothera doipakiae* Moriuti, 1987

分布：广东（乳源）；泰国。

（31）一色眼玫蛾 *Agriothera issikii* Moriuti, 1978

分布：广东（乳源）、台湾、广西。

八、绵蛾科 Eriocottidae Spuler, 1898

25. 康绵蛾属 *Compsoctena* Zeller, 1852

（32）萍康绵蛾 *Compsoctena pinguis* Meyrick, 1914

分布：广东、江西、湖南、福建、台湾、海南、香港。

九、细蛾科 Gracilariidae Stainton, 1854

26. 尖细蛾属 *Acrocercops* Wallengren, 1881

（33）*Acrocercops mantica* Meyrick, 1908

分布：广东（乳源）；日本。

（34）*Acrocercops melanoplecta* Meyrick, 1908

分布：广东（乳源）。

（35）单纹尖细蛾 *Acrocercops unistriata* Yuan, 1986

分布：广东（乳源、肇庆）、台湾。

27. 栉细蛾属 *Artifodina* Kumata, 1985

（36）细纹栉细蛾 *Artifodina strigulata* Kumata, 1985

分布：广东（珠海）、云南；日本，泰国，印度，尼泊尔。

28. *Callicercops* Vári, 1961

（37）*Callicercops iridocrossa* (Meyrick, 1938)

分布：广东（乳源）。

29. 丽细蛾属 *Caloptilia* **Hübner, 1825**

（38）木蜡丽细蛾 *Caloptilia aurifasciata* Kumata, 1982

  分布：广东（乳源）、浙江、福建、海南、香港、广西；日本，泰国，马来西亚。

（39）朴丽细蛾 *Caloptilia celtidis* Kumata, 1982

  分布：广东（乳源）、天津、河南、陕西、甘肃、安徽、浙江、湖北、江西、湖南、海南、香港、四川、贵州、云南；日本。

（40）腰果丽细蛾 *Caloptilia protiella* (Van Deventer, 1904)

  分布：广东（乳源）、江西、海南、香港、广西、云南；日本，泰国，印度，马来西亚，印度尼西亚。

（41）枫丽细蛾 *Caloptilia recitata* (Meyrick, 1918)

  分布：广东（乳源）、江西、湖南、福建、香港、四川、贵州；日本，印度，尼泊尔。

（42）漆丽细蛾 *Caloptilia rhois* Kumata, 1982

  分布：广东（乳源）、河南、陕西、甘肃、安徽、浙江、湖北、江西、湖南、福建、香港、广西、重庆、四川、贵州；日本，韩国。

（43）梨叶丽细蛾 *Caloptilia syrphetias* (Meyrick, 1907)

  分布：广东（乳源）、湖北、福建、香港、重庆、四川；日本，泰国，印度，斯里兰卡，马来西亚，印度尼西亚，文莱。

（44）土蜜丽细蛾 *Caloptilia teucra* (Meyrick, 1933)

  分布：广东（乳源）、福建、香港；印度尼西亚。

（45）茶丽细蛾 *Caloptilia theivora* (Walsingham, 1891)

  分布：广东（乳源）、甘肃、安徽、浙江、湖北、江西、湖南、福建、台湾、海南、香港、广西、重庆、四川、贵州、云南；韩国，日本，越南，泰国，印度，斯里兰卡，马来西亚，印度尼西亚，文莱。

30. 爻纹细蛾属 *Conopomorpha* **Meyrick, 1885**

（46）爻纹细蛾 *Conopomorpha cramerella* (Snellen, 1904)

  分布：广东（英德）；越南，泰国，缅甸，马来西亚，印度尼西亚（爪哇、苏拉威西）。

（47）荔枝细蛾 *Conopomorpha litchiella* Bradley, 1986

  分布：广东（乳源）、福建、广西。

（48）荔枝蒂蛀虫 *Conopomorpha sinensis* Bradley, 1986

  分布：广东（广州、深圳、乳源、电白、高州等）、福建、台湾、海南、香港、广西；印度，尼泊尔，泰国。

31. *Cryptolectica* **Vári, 1961**

（49）*Cryptolectica pasaniae* Kumata *et* Kuroko, 1988

  分布：广东（乳源）；日本。

32. *Dialectica* **Walsingham, 1897**

（50）基及细蛾 *Dialectica geometra* (Meyrick, 1916)

  分布：广东（广州、珠海、佛山）；日本，印度。

33. 贝细蛾属 *Eteoryctis* **Kumata** *et* **Kuroko, 1988**

（51）*Eteoryctis syngramma* (Meyrick, 1914)

分布：广东（乳源）。

34. 突细蛾属 *Gibbovalva* **Kumata** *et* **Kuroko, 1988**

（52）肉桂突细蛾 *Gibbovalva quadrifasciata* (Stainton, 1863)

分布：广东（乳源）、福建、台湾；日本，印度，缅甸，斯里兰卡，印度尼西亚，澳大利亚。

（53）*Gibbovalva singularis* Bai *et* Li, 2008

分布：广东（乳源）、浙江、香港、贵州。

（54）木兰突细蛾 *Gibbovalva urbana* (Meyrick, 1908)

分布：广东（广州）、福建；日本，印度。

35. *Macarostola* **Meyrick, 1907**

（55）*Macarostola zehntneri* (Snellen, 1902)

分布：广东（乳源）、台湾；日本。

36. *Melanocercops* **Kumata** *et* **Kuroko, 1988**

（56）榕细蛾 *Melanocercops ficuvorella* (Yazaki, 1926)

分布：广东（广州）；日本。

37. *Neolithocolletis* **Kumata, 1963**

（57）*Neolithocolletis pentadesma* (Meyrick, 1919)

分布：广东（乳源）。

38. *Phyllocnistis* **Zeller, 1848**

（58）柑橘潜叶蛾 *Phyllocnistis citrella* (Stainton, 1856)

分布：广东（乳源）、江苏、上海、浙江、湖北、江西、湖南、福建、海南、广西、重庆、四川、贵州、云南；日本。

39. *Porphyrosela* **Braun, 1908**

（59）*Porphyrosela dorinda* (Meyrick, 1912)

分布：广东（乳源）。

40. *Psydrocercops* **Kumata** *et* **Kuroko, 1988**

（60）*Psydrocercops wisteriae* (Kuroko, 1982)

分布：广东（乳源）；韩国。

41. *Stomphastis* **Meyrick, 1912**

（61）*Stomphastis polygoni* Vári, 1961

分布：广东（乳源）。

42. *Systoloneura* **Vári, 1961**

（62）*Systoloneura geometropis* (Meyrick, 1936)

分布：广东（乳源）、台湾；日本。

十、菜蛾科 Plutellidae Guenée, 1845

43. 菜蛾属 *Plutella* **Schrank, 1802**

（63）小菜蛾 *Plutella xylostella* (Linnaeus, 1758)

分布：广东等；世界广布。

44. 离菜蛾属 *Stachyotis* Meyrick, 1905

（64）武氏离菜蛾 *Stachyotis chunshengwui* Sohn, 2014

分布：广东（乳源）、广西。

十一、雕蛾科 Glyphiperigidae Stainton, 1854

45. 雕蛾属 *Glyphipterix* Hübner, 1825

（65）德雕蛾 *Glyphipterix deliciosa* Diakonoff, 1978

分布：广东（英德）。

十二、舞蛾科 Choreutidae Stainton, 1854

46. *Tebenna* Billberg, 1820

（66）心点舞蛾 *Tebenna micalis* (Mann, 1857)

分布：广东等；世界广布。

十三、伊蛾科 Immidae Heppner, 1977

47. *Birthana* Walker, 1864

（67）碧伊蛾 *Birthana saturata* Walker, 1864

分布：广东（英德）。

十四、卷蛾科 Tortricidae Latreille, [1803]

48. 长翅卷蛾属 *Acleris* Hübner, 1825

（68）南方长翅卷蛾 *Acleris extensana* (Walker, 1863)

分布：广东（乳源）、江苏、浙江、湖南、台湾、四川、云南；印度，缅甸。

49. 褐带卷蛾属 *Adoxophyes* Meyrick, 1881

（69）茎突褐带卷蛾 *Adoxophyes acrocindina* Diakonoff, 1983

分布：广东（乳源）、广西、云南、西藏；印度尼西亚。

（70）拟小黄卷叶蛾 *Adoxophyes cyrtosema* Meyrick, 1886

分布：广东（广州）。

（71）琪褐带卷蛾 *Adoxophyes flagrans* Meyrick, 1912

分布：广东（乳源）、福建、四川；缅甸。

（72）棉褐带卷蛾 *Adoxophyes orana* (Fischer von Röslerstamm, 1834)

分布：广东（英德、乳源、中山）、江苏、安徽、浙江、湖北、福建、海南等；韩国，日本，印度，新加坡，印度尼西亚；欧洲。

50. 镰翅小卷蛾属 *Ancylis* Hübner, 1825

（73）刺枣镰翅小卷蛾 *Ancylis aromatias* Meyrick, 1912

分布：广东（乳源）、广西；印度。

（74）卡镰翅小卷蛾 *Ancylis caryactis* (Meyrick)

分布：广东（乳源）。

（75）草莓镰翅小卷蛾 *Ancylis comptana* (Frölich, 1828)

分布：广东（英德、乳源）；朝鲜，韩国，日本；欧洲，北美洲。

51. 斜斑小卷蛾属 *Andrioplecta* Obraztsov, 1968

（76）瘿斜斑小卷蛾 *Andrioplecta pulverula* (Meyrick, 1912)

分布：广东（英德、乳源）、山东、安徽、江西、四川；朝鲜，韩国，日本，印度。

52. 褐小卷蛾属 *Antichlidas* Meyrick, 1931

（77）深褐小卷蛾 *Antichlidas holocnista* Meyrick, 1931

分布：广东（英德、乳源）；朝鲜，韩国，日本。

53. *Arcesis* Diakonoff, 1983

（78）木兰拱小卷蛾 *Arcesis threnodes* (Meyrick, 1905)

分布：广东（英德、乳源、深圳）、福建、台湾、香港；日本，泰国，斯里兰卡。

54. 黄卷蛾属 *Archips* Hübner, 1822

（79）异点黄卷蛾 *Archips difficilis* (Meyrick, 1928)

分布：广东（广州、英德）；越南，泰国，印度，尼泊尔，马来西亚，印度尼西亚，巴基斯坦，文莱。

（80）大黄卷蛾 *Archips hemixantha* (Meyrick, 1918)

分布：广东（英德、乳源）、河北、江苏、四川、云南、西藏；印度，尼泊尔。

（81） *Archips machlopis* (Meyrick, 1912)

分布：广东（乳源）；越南，泰国，印度，尼泊尔，马来西亚，巴基斯坦，印度尼西亚（爪哇，苏门答腊）。

（82）拟后黄卷蛾 *Archips micaceanus* (Walker, 1863)

分布：广东（广州）、海南、四川、云南；越南，泰国，印度，缅甸，马来西亚，印度尼西亚，文莱。

（83）美黄卷蛾 *Archips myrrhophanes* (Meyrick, 1931)

分布：广东（英德、乳源）；日本。

（84）云杉黄卷蛾 *Archips oporanus* (Linnaeus, 1758)

分布：广东（乳源）、黑龙江、吉林、辽宁；韩国，日本；欧洲。

（85）柑橘黄卷蛾 *Archips seminubilis* (Meyrick, 1929)

分布：广东、黑龙江、江苏、安徽、浙江、江西、湖南、福建、台湾、海南、广西、重庆、四川、贵州、云南；越南，印度，印度尼西亚（爪哇）。

（86）松黄卷蛾 *Archips similis* (Butler, 1879)

分布：广东（广州）、黑龙江、山东、江苏、安徽、江西、湖南、福建；日本。

（87）白点黄卷蛾 *Archips tabescens* (Meyrick, 1921)

分布：广东（广州、肇庆、坪塘）、海南、云南。

（88）永黄卷蛾 *Archips tharsaleopa* (Meyrick, 1935)

分布：广东（乳源）、北京、陕西、浙江。

55. 僧小卷蛾属 *Baburia* Koçak, 1981

（89）巴僧小卷蛾 *Baburia abdita* (Diakonoff, 1973)

分布：广东（乳源）、海南、云南；泰国，印度尼西亚。

56. 尖翅小卷蛾属 *Bactra* Stephens, 1834

（90）莎草尖翅小卷蛾 *Bactra minima* Meyrick, 1909

分布：广东（乳源）等；斯里兰卡，巴布亚新几内亚。

（91）脉尖翅小卷蛾 *Bactra venosana* (Zeller, 1847)

分布：广东（乳源）、山东、台湾等；日本；欧洲，南亚，非洲北部，大洋洲。

57. 裳卷蛾属 *Cerace* Walker, 1863

（92）龙眼裳卷蛾 *Cerace stipatana* Walker, 1863

分布：广东（英德）、浙江、江西、福建、四川、云南；日本，印度。

（93）黑裳卷蛾 *Cerace tetraonis* Butler, 1886

分布：广东（乳源）、福建、四川；印度。

（94）豹裳卷蛾 *Cerace xanthocosma* Diakonoff, 1950

分布：广东（英德、乳源）及西南、华东地区；日本。

58. 奇卷蛾属 *Charitographa* Diakonoff, 1979

（95）南岭奇卷蛾 *Charitographa nanlingensis* Mo *et* Wang, 2017

分布：广东（乳源）。

59. 耳卷蛾属 *Chiraps* Diakonoff *et* Razowski, 1971

（96）兔耳卷蛾 *Chiraps alloica* (Diakonoff, 1948)

分布：广东（乳源）、福建、台湾、海南、云南；泰国，不丹，马来西亚，印度尼西亚。

60. 赭小卷蛾属 *Cimeliomorpha* Diakonoff, 1966

（97）白赭小卷蛾 *Cimeliomorpha cymbalora* (Meyrick, 1907)

分布：广东（英德、乳源）、海南；越南，泰国，印度，缅甸，马来西亚，印度尼西亚。

61. 长突卷蛾属 *Cnesteboda* Razowski, 1990

（98）印长突卷蛾 *Cnesteboda assamica* Razowski, 1964

分布：广东（乳源）、海南；印度。

（99）无患子长突卷蛾 *Cnesteboda celligera* (Meyrick, 1918)

分布：广东（广州、英德、乳源）、福建、台湾、海南；印度，印度尼西亚。

（100）台长突卷蛾 *Cnesteboda davidsoni* Razowski, 2000

分布：广东（乳源）、台湾。

（101）矛长突卷蛾 *Cnesteboda doryphora* Liu *et* Bai, 1986

分布：广东（乳源）、海南。

62. 灰纹卷蛾属 *Cochylidia* Obraztsov, 1956

（102）圆瓣灰纹卷蛾 *Cochylidia oblonga* Liu *et* Ge, 2012

分布：广东、辽宁、天津、河南、甘肃、安徽、湖北、江西、湖南、福建、台湾、广西。

63. 肋小卷蛾属 *Costosa* Diakonoff, 1967

（103）红翅肋小卷蛾 *Costosa rhodantha* (Meyrick, 1907)

分布：广东（乳源）、台湾、广西；泰国，印度，尼泊尔，斯里兰卡。

64. 异形小卷蛾属 *Cryptophlebia* Walsingham, 1899

（104）扭异形小卷蛾 *Cryptophlebia distorta* (Hampson, 1905)

分布：广东（英德、乳源）、河南、安徽、浙江、湖北、湖南、福建、台湾、贵州；日本。

（105）荔枝异形小卷蛾 *Cryptophlebia ombrodelta* (Lower, 1898)

分布：广东（英德、乳源）、河北、河南、陕西、宁夏、江苏、浙江、湖南、台湾、广西、四川、贵州、云南；日本，泰国，印度，斯里兰卡，菲律宾，马来西亚，印度尼西亚；大洋洲。

（106）盈异形小卷蛾 *Cryptophlebia repletana* (Walker, 1863)

分布：广东（英德）、台湾；日本，菲律宾，印度尼西亚。

65. 小卷蛾属 *Cydia* Hübner, 1825

（107）黄檀小卷蛾 *Cydia dalbergiacola* Liu, 1992

分布：广东（乳源）、江苏、湖南、福建、广西、贵州、云南。

66. 地卷蛾属 *Dicellitis* Meyrick, 1908

（108）黑头地卷蛾 *Dicellitis nigritula* Meyrick, 1908

分布：广东（乳源）。

67. 白条小卷蛾属 *Dudua* Walker, 1864

（109）灰白条小卷蛾 *Dudua aprobola* (Meyrick, 1886)

分布：广东（广州、英德、乳源）、台湾、海南、广西、云南；日本，泰国，印度尼西亚，巴西；南亚，西亚，非洲东部，大洋洲。

（110）裂突白条小卷蛾 *Dudua dissectiformis* Yu et Li, 2006

分布：广东（乳源）、安徽、浙江、湖南、福建、台湾、广西、贵州。

（111）半白条小卷蛾 *Dudua hemigrapta* (Meyrick, 1931)

分布：广东（乳源）、台湾、云南；日本。

（112）好白条小卷蛾 *Dudua proba* Diakonoff, 1973

分布：广东（乳源）、广西；印度尼西亚。

（113）印白条小卷蛾 *Dudua tetanota* (Meyrick, 1909)

分布：广东（乳源）、海南、广西；印度，印度尼西亚。

68. 叶小卷蛾属 *Epinotia* Hübner, 1825

（114）栎叶小卷蛾 *Epinotia bicolor* (Walsingham, 1900)

分布：广东（英德、乳源）、天津、河北、河南、陕西、甘肃、湖北、湖南、福建、台湾、四川、贵州；韩国，日本，越南，泰国，印度。

（115）康叶小卷蛾 *Epinotia yoshiyasui* Kawabe, 1989

分布：广东（乳源）；泰国。

69. 圆点小卷蛾属 *Eudemis* Hübner, 1825

（116）杨梅圆点小卷蛾 *Eudemis gyrotis* (Meyrick, 1900)

分布：广东（乳源）、安徽、浙江、江西、福建、台湾、广西、四川、贵州、云南；日本，印度，俄罗斯。

（117）鄂圆点小卷蛾 *Eudemis lucina* Liu *et* Bai, 1982

分布：广东（英德、乳源）、河南、陕西、湖北、重庆、云南。

（118）栎圆点小卷蛾 *Eudemis porphyrana* (Hübner, 1799)

分布：广东（英德、乳源）、黑龙江、吉林、辽宁、河南、陕西、甘肃、浙江、湖北、江西、福建、四川、贵州；日本；欧洲。

（119）深圆点小卷蛾 *Eudemis profundana* (Denis *et* Schiffermüller, 1775)

分布：广东（乳源）。

70. 圆斑小卷蛾属 *Eudemopsis* Falkovitsh, 1962

（120）曲茎圆斑小卷蛾 *Eudemopsis flexis* Liu *et* Bai, 1982

分布：广东、北京、河北、山西、陕西、湖北、湖南、四川、贵州。

（121）长尾圆斑小卷蛾 *Eudemopsis kirishimensis* Kawabe, 1974

分布：广东（英德、乳源）、安徽、湖北、江西；日本。

71. 单纹卷蛾属 *Eupoecilia* Stephens, 1829

（122）环针单纹卷蛾 *Eupoecilia ambiguella* (Hübner, 1796)

分布：广东（英德、乳源）、黑龙江、安徽、江西、湖南、四川；蒙古国，韩国，日本，印度，缅甸，印度尼西亚；欧洲。

72. 支小卷蛾属 *Fulcrifera* Danilevsky *et* Kuznetsov, 1968

（123）三支小卷蛾 *Fulcrifera tricentra* (Meyrick, 1907)

分布：广东（广州、乳源）；印度，斯里兰卡。

73. 丛卷蛾属 *Gnorismoneura* Issiki *et* Stringer, 1932

（124）齿茎丛卷蛾 *Gnorismoneura serrata* Wang, Li *et* Wang, 2004

分布：广东（乳源）。

（125）普丛卷蛾 *Gnorismoneura prochyta* (Meyrick, 1908)

分布：广东（乳源）。

74. 桃小卷蛾属 *Gatesclarkeana* Diakonoff, 1966

（126）异桃小卷蛾 *Gatesclarkeana idia* Diakonoff, 1973

分布：广东（乳源）、浙江、江西、台湾；东南亚。

75. 小食心虫属 *Grapholita* Treitschke, 1829

（127）手指小食心虫 *Grapholita dactyla* Liu *et* Yan, 1988

分布：广东（广州、乳源）。

（128）麻小食心虫 *Grapholita delineana* (Walker, 1863)

分布：广东（乳源）、黑龙江、辽宁、北京、天津、河北、河南、陕西、甘肃、安徽、浙江、江西、福建、台湾、四川、贵州；摩尔多瓦，乌克兰；欧洲中部，欧洲西部。

（129）梨小食心虫 *Grapholita molesta* (Busck, 1916)

分布：广东（乳源）、黑龙江、吉林、辽宁、内蒙古、北京、天津、河北、山东、河南、陕西、宁夏、新疆、江苏、浙江、湖北、江西、台湾、香港、广西、四川、云南等；韩国，日本，新西兰；欧洲，非洲，美洲。

76. 球果小卷蛾属 *Gravitarmata* Obraztsov, 1946

（130）油松球果小卷蛾 *Gravitarmata margarotana* (Heinemann, 1863)

分布：广东（乳源）、辽宁、山西、山东、河南、陕西、甘肃、江苏、安徽、浙江、湖北、江西、湖南、广西、四川、贵州、云南；日本，俄罗斯，德国，法国。

77. *Hendecaneura* Walsingham, 1900

（131）青斑耳瓣卷蛾 *Hendecaneura cervinum* Walsingham, 1900

分布：广东（乳源）；朝鲜，韩国，日本。

78. 长卷叶蛾属 *Homona* Walker, 1863

（132）褐带长卷叶蛾 *Homona coffearia* (Nietner, 1861)

分布：广东（广州、乳源）、江西、湖南、福建、台湾、海南、四川、云南、西藏；泰国，印度，斯里兰卡，马来西亚，印度尼西亚。

（133）柳杉长卷叶蛾 *Homona issikii* Yasuda, 1962

分布：广东（英德、乳源）、安徽、江西、湖南、福建、台湾；俄罗斯（远东），朝鲜，韩国，日本。

79. 花翅小卷蛾属 *Lobesia* Guenée, 1845

（134）榆花翅小卷蛾 *Lobesia (s. str.) aeolopa* Meyrick, 1907

分布：广东（乳源）、黑龙江、河南、陕西、甘肃、安徽、浙江、湖北、江西、湖南、福建、台湾、海南、广西、四川、贵州、云南；韩国，日本，印度，斯里兰卡，印度尼西亚，巴布亚新几内亚，所罗门群岛；非洲。

（135）杉梢花翅小卷蛾 *Lobesia cunninghamiacola* (Liu *et* Bai, 1977)

分布：广东（乳源、中山）、河南、甘肃、江苏、安徽、湖北、江西、湖南、福建、台湾、海南、广西、贵州。

（136）樱花翅小卷蛾 *Lobesia lithogonia* Diakonoff, 1954

分布：广东（乳源、中山）、台湾、云南；泰国，斯里兰卡，印度尼西亚，马来西亚，文莱，巴布亚新几内亚。

80. 楝小卷蛾属 *Loboschiza* Diakonoff, 1968

（137）苦楝小卷蛾 *Loboschiza koenigiana* (Fabricius, 1775)

分布：广东（乳源）、黑龙江、安徽、浙江、湖北、江西、湖南、福建、台湾、广西、四川、云南；韩国，日本，印度，斯里兰卡，印度尼西亚，巴基斯坦，巴布亚新几内亚，澳大利亚。

81. 同卷蛾属 *Isodemis* Diakonoff, 1952

（138）勐同卷蛾 *Isodemis serpentinana* (Walker, 1863)

分布：广东（乳源）、台湾、海南、云南；泰国，印度，斯里兰卡，菲律宾，印度尼西亚，巴布亚新几内亚。

82. 豆小卷蛾属 *Matsumuraeses* Issiki, 1957

（139）川豆小卷蛾 *Matsumuraeses falcana* (Walsingham, 1900)

分布：广东（乳源）、陕西、湖南、台湾、四川、西藏；日本，泰国，尼泊尔。

（140）葛豆小卷蛾 *Matsumuraeses vicina* Kuznetzov, 1973

　　分布：广东（乳源）。

83. 脉小卷蛾属 *Melanodaedala* Horak, 2006

（141）黑脉小卷蛾 *Melanodaedala melanoneura* Meyrick, 1912

　　分布：广东（英德、乳源）；日本，越南，泰国，印度。

84. *Mictocommosis* Diakonoff, 1977

（142）黑斑谜卷蛾 *Mictocommosis nigromaculata* (Issiki, 1930)

　　分布：广东（乳源）。

85. 圆卷蛾属 *Neocalyptis* Diakonoff, 1941

（143）细圆卷蛾 *Neocalyptis liratana* (Christoph, 1881)

　　分布：广东（乳源）、黑龙江、天津、河北、陕西、甘肃、青海、浙江、湖北、江西、湖南、
福建、台湾、四川、云南；韩国，日本，俄罗斯，印度。

（144）马来圆卷蛾 *Neocalyptis malaysiana* Razowski, 2005

　　分布：广东（英德）；马来西亚。

86. 河小卷蛾属 *Neopotamia* Diakonoff, 1973

（145）新河小卷蛾 *Neopotamia divisa* (Walsingham, 1900)

　　分布：广东（乳源）、台湾；印度。

87. 新小卷蛾属 *Olethreutes* Hübner, 1822

（146）直新小卷蛾 *Olethreutes orthocosma* (Meyrick, 1931)

　　分布：广东（英德、乳源）、安徽、福建、台湾；俄罗斯，朝鲜，韩国，日本。

（147）线菊新小卷蛾 *Olethreutes siderana* (Treitschke, 1835)

　　分布：广东、黑龙江、吉林、湖南；日本；欧洲。

（148）冷杉新小卷蛾 *Olethreutes tephrea* Falkovitsh, 1966

　　分布：广东（乳源）、黑龙江；俄罗斯，日本。

88. 颚小卷蛾属 *Ophiorrhabda* Diakonoff, 1966

（149）毛颚小卷蛾 *Ophiorrhabda mormopa* (Meyrick, 1906)

　　分布：广东（乳源）、台湾、海南、广西、云南；越南，泰国，印度，尼泊尔，斯里兰卡，
菲律宾，马来西亚，印度尼西亚，文莱。

89. 褐卷蛾属 *Pandemis* Hübner, 1825

（150）松褐卷蛾 *Pandemis cinnamomeana* (Treitschke, 1830)

　　分布：广东（英德、乳源）、黑龙江、江西；蒙古国，朝鲜，韩国，日本；欧洲。

90. 端小卷蛾属 *Phaecasiophora* Grote, 1873

（151）凹缘端小卷蛾 *Phaecasiophora caelatrix* Diakonoff, 1983

　　分布：广东（乳源）；印度尼西亚。

（152）角端小卷蛾 *Phaecasiophora cornigera* Diakonoff, 1959

　　分布：广东（英德）、陕西、浙江、福建、台湾、海南、香港、广西、重庆、四川、贵州；
越南，泰国，印度，马来西亚。

（153）曲缘端小卷蛾 *Phaecasiophora curvicosta* Yu *et* Li, 2006

分布：广东（信宜）、广西。

（154）景端小卷蛾 *Phaecasiophora fernaldana* Walsingham, 1900

分布：广东（英德、乳源）、陕西、安徽、浙江、湖南、台湾、海南、广西、重庆、四川、贵州；朝鲜，日本。

（155）纵拟端小卷蛾 *Phaecadophora fimbriata* Walsingham, 1900

分布：广东（英德、乳源）、江苏、江西、台湾、海南、云南；日本，印度，马来西亚，巴布亚新几内亚。

（156）库端小卷蛾 *Phaecasiophora kurokoi* Kawabe, 1989

分布：广东（乳源）。

（157）匀端小卷蛾 *Phaecasiophora leechi* Diakonoff, 1973

分布：广东（珠海）、安徽、浙江、湖北、湖南、福建、台湾、重庆、四川。

（158）圆突端小卷蛾 *Phaecasiophora levis* Yu *et* Li, 2006

分布：广东（乳源）、广西。

（159）圆端小卷蛾 *Phaecasiophora obtundana* (Kuznetsov, 1988)

分布：广东（乳源）、广西；越南。

（160）虹端小卷蛾 *Phaecasiophora pyragra* Diakonoff, 1973

分布：广东（乳源）、海南、广西。

（161）华氏端小卷蛾 *Phaecasiophora walsinghami* Diakonoff, 1959

分布：广东（乳源）、安徽、浙江、湖南、广西、四川、贵州、云南；泰国，印度尼西亚。

91. 浪卷蛾属 *Phricanthes* Meyrick, 1881

（162）纵斑浪卷蛾 *Phricanthes flexilineana* (Walker, 1863)

分布：广东（乳源）、台湾；印度，斯里兰卡，菲律宾，马来西亚，澳大利亚。

92. 边卷蛾属 *Planostocha* Meyrick, 1912

（163）缺边卷蛾 *Planostocha cumulata* (Meyrick, 1907)

分布：广东（乳源）、海南、云南；泰国，印度，缅甸，尼泊尔，斯里兰卡，文莱，澳大利亚，印度尼西亚，巴布亚新几内亚。

93. *Podognatha* Diakonoff, 1966

（164）卜小卷蛾 *Podognatha opulenta* (Diakonoff, 1973)

分布：广东（乳源）。

94. 双瓣卷蛾属 *Polylopha* Lower, 1901

（165）肉桂双瓣卷蛾 *Polylopha cassiicola* Liu *et* Kawabe, 1933

分布：广东（乳源、中山）、广西。

95. 实小卷蛾属 *Retinia* Guenée, 1845

（166）松实小卷蛾 *Retinia cristata* (Walsingham, 1900)

分布：广东（乳源、中山）、黑龙江、辽宁、北京、河北、山西、山东、河南、江苏、安徽、浙江、江西、湖南、广西、四川、云南等；韩国，日本，越南，泰国，印度。

96. 发小卷蛾属 *Pseudohedya* Falkovich, 1962

（167）缩发小卷蛾 *Pseudohedya retracta* Falkovich, 1962

分布：广东（英德、乳源）、天津、河南、陕西、甘肃、湖北、四川；俄罗斯，朝鲜，韩国，日本。

97. 褐纹卷蛾属 *Phalonidia* Le Marchand, 1933

（168）泽泻褐纹卷蛾 *Phalonidia alismana* (Ragonot, 1883)

分布：广东、黑龙江、陕西、江西、云南；欧洲。

98. 黑痣小卷蛾属 *Rhopobota* Lederer, 1859

（169）臀钩黑痣小卷蛾 *Rhopobota antrifera* (Meyrick, 1935)

分布：广东（英德、乳源）、浙江、湖北、福建、台湾、广西、贵州；俄罗斯。

（170）泰黑痣小卷蛾 *Rhopobota blanditana* Kuznetsov, 1988

分布：广东（乳源）；越南，泰国。

（171）苹黑痣小卷蛾 *Rhopobota naevana* (Hübner, 1817)

分布：广东（乳源）、黑龙江、吉林、辽宁、内蒙古、天津、河北、河南、陕西、甘肃、安徽、浙江、湖北、江西、湖南、福建、台湾、四川、贵州、云南、西藏；韩国，日本，印度，斯里兰卡；欧洲，北美洲。

（172）镰翅黑痣小卷蛾 *Rhopobota falcata* Nasu, 1999

分布：广东（乳源）。

（173）奥黑痣小卷蛾 *Rhopobota okui* Nasu, 2000

分布：广东（英德、乳源）；日本。

（174）反黑痣小卷蛾 *Rhopobota symbolias* (Meyrick, 1912)

分布：广东（乳源）。

（175）越橘黑痣小卷蛾 *Rhopobota ustomaculana* (Curtis, 1831)

分布：广东（乳源）；日本；欧洲。

99. 梢小卷蛾属 *Rhyacionia* Hübner, 1825

（176）马尾松梢小卷蛾 *Rhyacionia dativa* Heinrich, 1928

分布：广东（乳源）、吉林、山东、江苏、安徽、浙江、湖北、江西、台湾、重庆、四川；韩国，日本；欧洲。

（177）松梢小卷蛾 *Rhyacionia pinicolana* (Doubleday, 1850)

分布：广东（英德、乳源）、河北、山西、陕西、甘肃、江西及东北地区；朝鲜，韩国，日本；欧洲。

100. 尾小卷蛾属 *Sorolopha* Lower, 1901

（178）樟尾小卷蛾 *Sorolopha archimedias* (Meyrick, 1912)

分布：广东（乳源）、浙江、湖北、海南、香港、广西、云南；越南，印度，菲律宾，斯里兰卡，印度尼西亚，孟加拉国。

（179）棒尾小卷蛾 *Sorolopha brunnorbis* Razowski, 2009

分布：广东（乳源）、湖南、广西；越南。

（180）圆突尾小卷蛾 *Sorolopha bryana* (Felder *et* Rogenhofer, 1875)

　　分布：广东、福建、台湾、广西、重庆、贵州；斯里兰卡。

（181）直缘尾小卷蛾 *Sorolopha euochropa* Diakonoff, 1973

　　分布：广东（珠海）、海南；印度尼西亚。

（182）锈尾小卷蛾 *Sorolopha ferruginosa* Kawabe, 1989

　　分布：广东（乳源）、福建、广西、贵州、云南；泰国。

（183）草尾小卷蛾 *Sorolopha herbifera* (Meyrick, 1909)

　　分布：广东（广州）、福建、广西、云南；澳大利亚。

（184）阔端尾小卷蛾 *Sorolopha nanlingica* Zhao, Bai *et* Yu, 2017

　　分布：广东（乳源）、浙江。

（185）叶尾小卷蛾 *Sorolopha phyllochlora* (Meyrick, 1905)

　　分布：广东（珠海）、海南、云南；印度，斯里兰卡。

（186）台尾小卷蛾 *Sorolopha plinthograpta* (Meyrick, 1931)

　　分布：广东（乳源）、江西、台湾、云南；俄罗斯，韩国，日本，泰国，印度尼西亚。

（187）绿尾小卷蛾 *Sorolopha rubescens* Diakonoff, 1973

　　分布：广东、台湾、云南；泰国，印度尼西亚。

（188）赛尾小卷蛾 *Sorolopha saitoi* Kawabe, 1989

　　分布：广东（乳源）。

（189）黑斑尾小卷蛾 *Sorolopha stygiaula* (Meyrick, 1933)

　　分布：广东、江西、台湾、云南；俄罗斯，韩国，日本，泰国，印度尼西亚。

101. 彩翅卷蛾属 *Spatalistis* Meyrick, 1907

（190）黄丽彩翅卷蛾 *Spatalistis aglaoxantha* Meyrick, 1924

　　分布：广东（英德、乳源）、安徽、浙江、江西、台湾、广西；日本。

102. 白小卷蛾属 *Spilonota* Stephens, 1829

（191）苹白小卷蛾 *Spilonota ocellana* (Schiffermüller *et* Denis, 1775)

　　分布：广东（乳源）；朝鲜，韩国，日本，澳大利亚；非洲，欧洲，北美洲。

103. 巨小卷蛾属 *Statherotis* Meyrick, 1909

（192）圆盘巨小卷蛾 *Statherotis discana* (Felder *et* Rogenhofer, 1875)

　　分布：广东（乳源）、台湾、海南、广西；印度，菲律宾，马来西亚，印度尼西亚，巴布亚新几内亚，所罗门群岛。

（193）三角巨小卷蛾 *Statherotis leucaspis* (Meyrick, 1902)

　　分布：广东（广州、乳源）、台湾；印度。

104. 桉小卷蛾属 *Strepsicrates* Meyrick, 1888

（194）桉小卷蛾 *Strepsicrates coriariae* Oku, 1974

　　分布：广东（乳源、中山）、福建、广西；日本。

105. 维小卷蛾属 *Sycacantha* Diakonoff, 1959

（195）刺维小卷蛾 *Sycacantha catharia* Diakonoff, 1973

分布：广东（珠海）、海南；印度尼西亚。

（196）褐维小卷蛾 *Sycacantha hilarograpta* (Meyrick, 1933)

分布：广东（乳源）、海南、广西；印度，印度尼西亚。

（197）淡维小卷蛾 *Sycacantha inopinata* Diakonoff, 1973

分布：广东（乳源、珠海）、湖南、海南、香港、广西、云南；越南，泰国，印度尼西亚。

106. 斯诺卷蛾属 ***Synochoneura* Obraztsov, 1955**

（198）赭斯诺卷蛾 *Synochoneura ochriclivis* (Meyrick, 1931)

分布：广东（英德、乳源）。

107. 异瓣小卷蛾属 ***Temnolopha* Lower, 1901**

（199）异瓣小卷蛾 *Temnolopha matura* Diakonoff, 1973

分布：广东（乳源）、台湾；缅甸。

108. 斑卷蛾属 ***Terthreutis* Meyrick, 1918**

（200）双斑卷蛾 *Terthreutis bipunctata* Bai, 1993

分布：广东（乳源）、海南、四川。

（201）黄斑卷蛾 *Terthreutis xanthocycla* (Meyrick, 1938)

分布：广东（英德、乳源）。

（202）球斑卷蛾 *Terthreutis sphaerocosma* Meyrick, 1918

分布：广东（乳源）；印度。

109. 蔗小卷蛾属 ***Tetramoera* Diakonoff, 1968**

（203）甘蔗小卷蛾 *Tetramoera schistaceana* (Snellen, 1890)

分布：广东（乳源）、台湾、广西；日本，斯里兰卡，菲律宾，印度尼西亚，美国（夏威夷）。

110. 项小卷蛾属 ***Tokuana* Kawabe, 1978**

（204）窄项小卷蛾 *Tokuana imbrica* Kawabe, 1978

分布：广东（乳源）。

111. 齿卷蛾属 ***Ulodemis* Meyrick, 1907**

（205）多齿卷蛾 *Ulodemis trigrapha* Meyrick, 1907

分布：广东（广州、乳源）、海南、广西、四川、云南；印度。

（206）三齿卷蛾 *Ulodemis tritentata* Liu *et* Bai, 1982

分布：广东（英德、乳源）、福建、四川。

112. 艳卷蛾属 ***Vellonifer* Razowski, 1964**

（207）艳卷蛾 *Vellonifer doncasteri* Razowski, 1964

分布：广东（英德、乳源）；印度，尼泊尔，文莱。

113. 线小卷蛾属 ***Zeiraphera* Treitschke, 1829**

（208）明暗线小卷蛾 *Zeiraphera argutana* (Christoph, 1881)

分布：广东（英德、乳源）、黑龙江；日本；欧洲。

十五、金蛾科 Chrysopolomidae Aurivillius, 1895

114. *Nigilgia* **Walker, 1863**

（209）紫斑短翅蛾 *Nigilgia violacea* Kallies *et* Arita, 2007

    分布：广东（乳源）；日本。

十六、透翅蛾科 Sesiidae Boisduval, 1828

115. *Adixoa* Hampson, 1893

（210）莱拟兴透翅蛾 *Adixoa leucocyanea* (Zukowsky, 1929)

    分布：广东（乳源）等。

116. *Caudicornia* Bryk, 1947

（211）东喀透翅蛾 *Caudicornia tonkinensis* Kallies *et* Arita, 2001

    分布：广东（英德、乳源）等；越南。

117. 蔓透翅蛾属 *Cissuvora* Engelhardt, 1946

（212）罗氏蔓透翅蛾 *Cissuvora romanovi* (Leech,［1889］)

    分布：广东（乳源）等；朝鲜，韩国，日本。

118. 斗透翅蛾属 *Entrichella* Bryk, 1947

（213）黄纹斗透翅蛾 *Entrichella pogonias* Bryk, 1947

    分布：广东（乳源）等；越南。

（214）三色斗透翅蛾 *Entrichella tricolor* Kallies *et* Arita, 2001

    分布：广东（乳源）等；越南。

119. *Glossosphecia* Hampson, 1919

（215）罗格透翅蛾 *Glossosphecia romanovi* (Leech,［1889］)

    分布：广东（乳源）等；朝鲜，韩国，日本。

120. 莱透翅蛾属 *Laetosphecia* Kallies *et* Arita, 2014

（216）博莱透翅蛾 *Laetosphecia brideliana* Kallies *et* Arita, 2014

    分布：广东（乳源）等。

（217）异莱透翅蛾 *Laetosphecia variegata* (Walker, 1865)

    分布：广东（乳源）等。

121. 长足透翅蛾属 *Macroscelesia* Hampson, 1919

（218）越南长足透翅蛾 *Macroscelesia vietnamica* Arita *et* Gorbunov, 2000

    分布：广东（乳源）等；越南。

（219）光长足透翅蛾 *Macroscelesia perlucida* Kallies *et* Arita, 2016

    分布：广东（乳源）等；越南。

122. 毛足透翅蛾属 *Melittia* Hübner, 1819

（220）黑肩毛足透翅蛾 *Melittia distinctoides* Arita *et* Gorbunov, 2000

    分布：广东（英德、乳源）等；越南。

（221）枔毛足透翅蛾 *Melittia eurytion* (Westwood, 1848)

    分布：广东（英德、乳源）、台湾；越南，柬埔寨，泰国，印度，缅甸，尼泊尔，菲律宾，马来西亚，印度尼西亚（爪哇、马鲁古）。

（222）金毛足透翅蛾 *Melittia fulvipes* Kallies *et* Arita, 2004

分布：广东（乳源）等；越南。

（223）神农毛足透翅蛾 *Melittia inouei* Arita *et* Yata, 1987

分布：广东（乳源）、湖北；朝鲜，韩国，日本。

（224）近毛足透翅蛾 *Melittia proxima* Le Cerf, 1917

分布：广东（乳源）等；越南，老挝，印度，缅甸。

（225）僧袈毛足透翅蛾 *Melittia sangaica* Moore, 1877

分布：广东（英德、乳源）、台湾；日本，越南。

123. 诺透翅蛾属 *Nokona* Matsumura, 1931

（226）猕猴桃诺透翅蛾 *Nokona actinidiae* (Yang *et* Wang, 1989)

分布：广东（乳源）、台湾等。

（227）薄诺透翅蛾 *Nokona bractea* Kallies *et* Arita, 2014

分布：广东（乳源）等。

（228）荫诺透翅蛾 *Nokona opaca* Kallies *et* Wang, 2014

分布：广东（乳源）等。

（229）丕诺透翅蛾 *Nokona pilamicola* (Strand, 1916)

分布：广东（英德、乳源）、台湾等；越南。

（230）赛诺透翅蛾 *Nokona semidiaphana* (Zukowsky, 1929)

分布：广东（英德）等。

124. 疏脉透翅蛾属 *Oligophlebia* Hampson, 1893

（231）微疏脉透翅蛾 *Oligophlebia minor* Xu *et* Arita, 2014

分布：广东（乳源）等。

（232）脊疏脉透翅蛾 *Oligophlebia cristata* Le Cerf, 1916

分布：广东；印度尼西亚。

125. 寡脉透翅蛾属 *Oligophlebiella* Strand, 1916

（233）灿寡脉透翅蛾 *Oligophlebiella polishana* Strand, 1916

分布：广东、台湾。

126. 桑透翅蛾属 *Paradoxecia* Hampson, 1919

（234）迪桑透翅蛾 *Paradoxecia dizona* (Hampson, 1919)

分布：广东（乳源）等；越南，印度。

（235）重桑透翅蛾 *Paradoxecia gravis* (Walker, 1865)

分布：广东（乳源）、浙江。

（236）袋桑透翅蛾 *Paradoxecia myrmekomorpha* (Bryk, 1947)

分布：广东（乳源）等；越南，缅甸。

127. 准透翅蛾属 *Paranthrene* Hübner, 1819

（237）铜斑准透翅蛾 *Paranthrene cupreivitta* (Hampson), 1893

分布：广东；缅甸。

（238）莹准透翅蛾 *Paranthrene limpida* Le Cerf, 1916

分布：广东；印度尼西亚。

（239）红斑准透翅蛾 *Paranthrene rubomacula* Kallies *et* Owada, 2014

分布：广东（英德、乳源）等。

（240）宽缘准透翅蛾 *Paranthrene semidiaphana* Zukowsky, 1929

分布：广东、湖南、江西。

（241）红肩准透翅蛾 *Paranthrene trizonata* Hampson, 1900

分布：广东；印度。

128. 帕透翅蛾属 *Paranthrenella* Strand, 1916

（242）似帕透翅蛾 *Paranthrenella similis* Gorbunov *et* Arita, 2000

分布：广东（乳源）等；越南。

129. 火透翅蛾属 *Pyrophleps* Arita *et* Gorbunov, 2000

（243）双室火透翅蛾 *Pyrophleps bicella* Xu *et* Arita, 2015

分布：广东（英德、乳源）等。

130. *Ravitria* Gorbunov *et* Arita, 2000

（244）繁腊透翅蛾 *Ravitria confusa* (Gorbunov *et* Arita, 2000)

分布：广东（英德、乳源）等；越南。

131. 台透翅蛾属 *Scasiba* Matsumura, 1931

（245）台透翅蛾 *Scasiba taikanensis* Matsumura, 1931

分布：广东（乳源）、台湾等。

132. *Schimia* Gorbunov *et* Arita, 1999

（246）木樨透翅蛾 *Schimia tanakai* Gorbunov *et* Arita, 2000

分布：广东（乳源）等；越南。

133. 矛透翅蛾属 *Scoliokona* Kallies *et* Arita, 1998

（247）南岭矛透翅蛾 *Scoliokona nanlingensis* Kallies *et* Arita, 2014

分布：广东（乳源）、广西等。

（248）石门台矛透翅蛾 *Scoliokona shimentai* Kallies *et* Wu, 2014

分布：广东（英德、乳源）等；越南。

（249）密矛透翅蛾 *Scoliokona spissa* Kallies *et* Arita, 2014

分布：广东（乳源）、广西等。

134. 蛛蜂透翅蛾属 *Similipepsis* Le Cerf, 1911

（250）多毛蛛蜂透翅蛾 *Similipepsis lasiocera* Hampson, 1919

分布：广东（乳源）。

135. 蜂透翅蛾属 *Sphecosesia* Hampson, 1910

（251）玫瑰蜂透翅蛾 *Sphecosesia rhodites* Kallies *et* Arita, 2004

分布：广东（乳源）等；越南。

136. 兴透翅蛾属 *Synanthedon* Hübner, 1819

（252）白额兴透翅蛾 *Synanthedon auripes* (Hampson),1893

分布：广东；缅甸。

（253）粤黄兴透翅蛾 *Synanthedon auriphena* (Walker), 1865

分布：广东；巴布亚新几内亚，印度尼西亚。

（254）弧凹兴透翅蛾 *Synanthedon concavifascia* Le Cerf, 1916

分布：广东；印度尼西亚。

137. *Taikona* **Arita** *et* **Gorbunov, 2001**

（255）松村台透翅蛾 *Taikona matsumurai* Arita *et* Gorbunov, 2001

分布：广东（乳源）、台湾等。

138. *Teinotarsina* **Felder, 1874**

（256）萨特透翅蛾 *Teinotarsina sapphirina* Eda *et* Arita, 2015

分布：广东（乳源）等。

139. 线透翅蛾属 *Tinthia* **Walker, 1865**

（257）铜线透翅蛾 *Tinthia cuprealis* (Moore, 1877)

分布：广东（乳源）、台湾、上海、江苏、浙江、湖南北部。

140. 绒透翅蛾属 *Trichocerota* **Hampson, 1893**

（258）短柄绒透翅蛾 *Trichocerota barchythyra* Hampson, 1919

分布：广东；印度尼西亚（苏拉威西）。

（259）铜栉绒透翅蛾 *Trichocerota cupreipennis* (Walker), 1865

分布：广东；印度。

（260）蜜透翅蛾 *Trichocerota melli* Kallies *et* Arita, 2001

分布：广东（乳源）等；越南。

（261）近绒透翅蛾 *Trichocerota proxima* Le Cerf, 1916

分布：广东（乳源）等；越南，缅甸。

141. 土蜂透翅蛾属 *Trilochana* **Moore, 1879**

（262）土蜂透翅蛾 *Trilochana scolioides* Moore, 1879

分布：广东（乳源）等；越南，泰国，印度，缅甸，尼泊尔。

十七、刺蛾科 Limacodidae Duponchel, 1845

142. 丽刺蛾属 *Altha* **Walker, 1862**

（263）丽刺蛾 *Altha nivea* Walker, 1862

分布：广东（英德、乳源）、台湾等；日本，越南，印度，菲律宾，马来西亚，印度尼西亚。

143. 润刺蛾属 *Aphendala* **Walker, 1865**

（264）栗润刺蛾 *Aphendala castanea* (Wileman, 1911)

分布：广东、江西、台湾、香港、广西。

144. 背刺蛾属 *Belippa* **Walker, 1865**

（265）背刺蛾 *Belippa horrida* Walker, 1865

分布：广东（乳源）、黑龙江、山东、河南、陕西、浙江、湖北、江西、湖南、福建、台湾、海南、重庆、四川、云南、西藏；越南，老挝，泰国，印度，尼泊尔。

145. *Birthamula* **Hering, 1931**

（266）鲁比刺蛾 *Birthamula rufa* (Wileman, 1915)

分布：广东（乳源）、台湾；越南，泰国，印度。

146. 蔡刺蛾属 *Caiella* **Solovyev, 2014**

（267）敏蔡刺蛾 *Caiella minwangi* (Wu *et* Chang, 2013)

分布：广东（乳源）。

147. 凯刺蛾属 *Caissa* **Hering, 1931**

（268）长腹凯刺蛾 *Caissa longisaccula* Wu *et* Fang, 2008

分布：广东、辽宁、北京、山东、河南、陕西、安徽、浙江、湖北、江西、湖南、福建、广西、重庆、四川、贵州、云南。

148. 线刺蛾属 *Cania* **Walker, 1855**

（269）粗壮双线刺蛾 *Cania robusta* Hering, 1931

分布：广东（乳源）、江苏、浙江、湖北、江西、湖南、福建、台湾、香港、广西、重庆、四川、云南；越南，老挝，泰国，印度，缅甸，马来西亚，印度尼西亚。

149. 客刺蛾属 *Ceratonema* **Hampson, [1893]**

（270）双线客刺蛾 *Ceratonema bilineatum* Hering, 1931

分布：广东、陕西、湖北、福建、广西、重庆、四川。

150. 姹刺蛾属 *Chalcocelis* **Hampson, [1893]**

（271）白痣姹刺蛾 *Chalcocelis dydima* Solovyev *et* Witt, 2009

分布：广东、浙江、湖北、江西、湖南、福建、海南、广西、贵州、云南；越南，泰国。

151. 仿姹刺蛾属 *Chalcocelis* **Hering, 1931**

（272）仿姹刺蛾 *Chalcocelis castaneipars* (Moore, 1865)

分布：广东（英德、乳源）、河南、陕西、湖北、江西、湖南、台湾、香港、广西、重庆、四川、云南、西藏；印度，缅甸，尼泊尔，印度尼西亚。

152. 迷刺蛾属 *Chibiraga* **Matsumura, 1931**

（273）迷刺蛾 *Chibiraga banghaasi* (Hering *et* Hopp, 1927)

分布：广东（始兴）、辽宁、山东、河南、陕西、浙江、湖北、江西、福建、台湾、四川；俄罗斯（远东），韩国。

153. 瑟茜刺蛾属 *Circeida* **Solovyev, 2014**

（274）断带瑟茜刺蛾 *Circeida mutifascia* (Cai, 1983)

分布：广东（乳源）、陕西、湖北、四川。

154. 指刺蛾属 *Dactylorhynchides* **Strand, 1920**

（275）红褐指刺蛾 *Dactylorhynchides limacodiformis* Strand, 1920

分布：广东、浙江、台湾。

155. 达刺蛾属 *Darna* **Walker, 1862**

（276）窃达刺蛾 *Darna* (*Orthocraspeda*) *furva* (Wileman, 1911)

分布：广东（广州、韶关）、浙江、江西、湖南、福建、台湾、海南、贵州、云南；尼泊尔，泰国。

156. 艳刺蛾属 *Demonarosa* **Matsumura, 1931**

（277）艳刺蛾 *Demonarosa rufotessellata* (Moore, 1879)

    分布：广东（乳源）、北京、山东、河南、安徽、浙江、江西、湖南、福建、台湾、海南、广西、重庆、四川、云南；日本，印度，缅甸。

157. 纷刺蛾属 *Griseothosea* **Holloway, 1986**

（278）茶纷刺蛾 *Griseothosea fasciata* (Moore, 1888)

    分布：广东（广州、始兴）、河南、陕西、浙江、湖北、江西、湖南、福建、台湾、海南、广西、四川、贵州、云南；印度，尼泊尔。

（279）骚纷刺蛾 *Griseothosea sordeo* Solovyev *et* Witt, 2009

    分布：广东（乳源）。

158. 长须刺蛾属 *Hyphorma* **Walker, 1865**

（280）长须刺蛾 *Hyphorma minax* Walker, 1865

    分布：广东（广州）、河南、甘肃、浙江、湖北、江西、湖南、福建、海南、广西、重庆、四川、云南；越南，柬埔寨，印度，尼泊尔，印度尼西亚。

（281）丝长须刺蛾 *Hyphorma sericea* Leech, 1899

    分布：广东（乳源）、浙江、江西、湖南、四川、贵州；印度。

159. 漪刺蛾属 *Iraga* **Matsumura, 1927**

（282）漪刺蛾 *Iraga rugosa* (Wileman, 1911)

    分布：广东（乳源、深圳）、河南、陕西、甘肃、浙江、湖北、江西、湖南、福建、台湾、海南、香港、重庆、四川、贵州、云南。

160. 焰刺蛾属 *Iragoides* **Hering, 1931**

（283）蜜焰刺蛾 *Iragoides uniformis* Hering, 1931

    分布：广东（始兴）、河南、安徽、浙江、湖北、江西、湖南、福建、台湾、海南、广西、重庆、四川、贵州、云南；越南。

161. 铃刺蛾属 *Kitanola* **Matsumura, 1925**

（284）宽颚铃刺蛾 *Kitanola eurygnatha* Wu *et* Fang, 2008

    分布：广东（广州）、浙江、海南。

162. 蛞刺蛾属 *Limacocera* **Hering, 1931**

（285）阳蛞刺蛾 *Limacocera hel* Hering, 1931

    分布：广东（乳源）、海南；越南。

163. 泥刺蛾属 *Limacolasia* **Hering, 1931**

（286）泥刺蛾 *Limacolasia dubiosa* Hering, 1931

    分布：广东（连平）、浙江、湖南、福建、广西、贵州、云南。

（287）灰泥刺蛾 *Limacolasia suffusca* Solovyev *et* Witt, 2009

    分布：广东（乳源）、云南；越南。

164. 织刺蛾属 *Macroplectra* **Hampson,** ［**1893**］

（288）钩织刺蛾 *Macroplectra hamata* Hering, 1931

分布：广东、陕西、湖北、四川、贵州。

（289）巨织刺蛾 *Macroplectra gigantea* Hering, 1931

分布：广东、四川。

165. 枯刺蛾属 *Mahanta* Moore, 1879

（290）吉本枯刺蛾 *Mahanta yoshimotoi* Wang *et* Huang, 2003

分布：广东（乳源）、浙江、福建、云南；泰国。

166. 奇刺蛾属 *Matsumurides* Hering, 1931

（291）双奇刺蛾 *Matsumurides bisuroides* (Hering, 1931)

分布：广东、江西、海南、贵州、云南。

167. 玃刺蛾属 *Melinaria* Solovyev, 2014

（292）肖媚玃刺蛾 *Melinaria pseudorepanda* (Hering, 1933)

分布：广东、陕西、浙江、湖北、江西、四川、云南、西藏。

168. 银纹刺蛾属 *Miresa* Walker, 1855

（293）方氏银纹刺蛾 *Miresa fangae* Wu *et* Solovyev, 2011

分布：广东、江西、湖南、福建、海南、广西、贵州。

（294）闪银纹刺蛾 *Miresa fulgida* Wileman, 1910

分布：广东、浙江、湖北、江西、湖南、福建、台湾、海南、广西、重庆、云南；日本，越南。

（295）广东银纹刺蛾 *Miresa kwangtungensis* Hering, 1931

分布：广东（深圳、封开）、河南、浙江、湖北、江西、湖南、福建、海南、广西、重庆、四川、云南；日本，印度，尼泊尔。

169. 黄刺蛾属 *Monema* Walker, 1855

（296）黄刺蛾 *Monema flavescens* (Walker, 1855)

分布：广东（广州、乳源、始兴）、黑龙江、吉林、辽宁、内蒙古、北京、河北、山西、山东、河南、陕西、宁夏、青海、江苏、上海、浙江、湖北、江西、福建、湖南、台湾、广西。

（297）梅黄刺蛾 *Monema meyi* Solovyev *et* Witt, 2009

分布：广东、湖北、江西、湖南、福建、海南、广西、四川、贵州、云南；越南。

170. 眉刺蛾属 *Narosa* Walker, 1855

（298）波眉刺蛾 *Narosa corusca* Wileman, 1911

分布：广东、陕西、江西、湖南、福建、台湾、澳门、广西、四川、贵州、云南；日本。

（299）白眉刺蛾 *Narosa edoensis* Kawada, 1930

分布：广东、江苏、浙江、湖北、江西、福建、台湾、海南、广西、四川；日本。

（300）光眉刺蛾 *Narosa fulgens* (Leech, [1889])

分布：广东（英德、乳源）、北京、山东、河南、甘肃、安徽、浙江、湖北、江西、湖南、福建、台湾、海南、香港、广西、重庆、四川、云南；朝鲜，日本，越南。

（301）黑眉刺蛾 *Narosa nigrisigna* Wileman, 1911

分布：广东（乳源）、辽宁、北京、河北、山东、陕西、甘肃、江西、湖南、台湾、香港、广西、四川、云南。

171. 娜刺蛾属 *Narosoideus* Matsumura, 1911

（302）梨娜刺蛾 *Narosoideus flavidorsalis* (Staudinger, 1887)

分布：广东（乳源）、黑龙江、吉林、辽宁、北京、河北、山西、山东、河南、陕西、江苏、浙江、湖北、江西、湖南、福建、台湾、广西、四川、贵州、云南；俄罗斯，朝鲜，日本。

（303）狡娜刺蛾 *Narosoideus vulpinus*（Wileman, 1911）

分布：广东（英德）、山东、河南、陕西、甘肃、浙江、湖北、江西、湖南、福建、台湾、海南、广西、四川、云南。

172. 斜纹刺蛾属 *Oxyplax* Hampson,［1893］

（304）斜纹刺蛾 *Oxyplax ochracea* (Moore, 1883)

分布：广东、云南；印度，越南，老挝，泰国。

（305）灰斜纹刺蛾 *Oxyplax pallivitta* (Moore, 1877)

分布：广东、山东、河南、江苏、上海、安徽、浙江、湖北、江西、湖南、福建、台湾、海南、香港、澳门、广西、四川、云南；日本，泰国，马来西亚，印度尼西亚，美国（夏威夷）。

173. 绿刺蛾属 *Parasa* Moore,［1860］

（306）斑绿刺蛾 *Parasa bana* (Cai, 1983)

分布：广东（韶关）、福建、广西、四川；越南。

（307）两色绿刺蛾 *Parasa bicolor* (Walker, 1855)

分布：广东（韶关）、河南、陕西、上海、浙江、湖北、江西、湖南、福建、台湾、广西、重庆、四川、云南；印度，缅甸，印度尼西亚。

（308）宽边绿刺蛾 *Parasa canangae* Hering, 1931

分布：广东（韶关）、湖南、广西、重庆、四川、贵州、云南；印度，马来西亚。

（309）褐边绿刺蛾 *Parasa consocia* Walker, 1865

分布：广东（广州）、黑龙江、吉林、辽宁、北京、天津、河北、山西、山东、河南、陕西、江苏、上海、安徽、浙江、湖北、江西、湖南、福建、台湾、广西、四川、云南；朝鲜，日本，俄罗斯。

（310）卵斑绿刺蛾 *Parasa convexa* Hering, 1931

分布：广东（乳源）、湖北、江西、湖南、福建。

（311）甜绿刺蛾 *Parasa dulcis* Hering, 1931

分布：广东。

（312）大绿刺蛾 *Parasa grandis* Hering, 1931

分布：广东（乳源）、海南、云南。

（313）窗绿刺蛾 *Parasa melli* Hering, 1931

分布：广东（乳源）。

（314）王敏绿刺蛾 *Parasa minwangi* Wu *et* Chang, 2013

分布：广东。

（315）丽绿刺蛾 *Parasa lepida* (Cramer, 1779)

分布：广东（广州、乳源）、河北、河南、陕西、甘肃、江苏、安徽、浙江、湖北、江西、湖南、福建、广西、重庆、四川、贵州、云南、西藏；日本，印度，越南，斯里兰卡，印度尼西亚。

（316）两点绿刺蛾 *Parasa liangdiana* (Cai, 1983)

分布：广东（韶关）、江西、湖南、广西。

（317）迹斑绿刺蛾 *Parasa pastoralis* Butler, 1885

分布：广东（英德、乳源）、江西、湖南、福建、台湾、香港、广西、四川、贵州、云南；越南，老挝，泰国，印度，缅甸，尼泊尔，不丹，印度尼西亚，巴基斯坦，马来西亚，文莱。

（318）媚绿刺蛾 *Parasa repanda* (Walker, 1855)

分布：广东（乳源）、江西、湖南、福建、广西、云南；越南，印度。

（319）台绿刺蛾 *Parasa shirakii* Kawada, 1930

分布：广东（乳源）、台湾、海南、广西、四川。

（320）中国绿刺蛾 *Parasa sinica* Moore, 1877

分布：广东、黑龙江、吉林、北京、天津、河北、河南、陕西、甘肃、上海、浙江、湖北、江西、湖南、福建、台湾、广西、重庆、四川、云南；俄罗斯，韩国，日本，泰国。

（321）宽缘绿刺蛾 *Parasa tessellata* Moore, 1877

分布：广东（广州）、陕西、甘肃、江苏、浙江、湖北、江西、湖南、广西、重庆、四川、贵州。

174. 奕刺蛾属 *Phlossa* Walker, 1858

（322）枣奕刺蛾 *Phlossa conjuncta* (Walker, 1855)

分布：广东（广州、乳源、连平、深圳、封开）、黑龙江、辽宁、北京、河北、山东、河南、陕西、甘肃、江苏、上海、安徽、浙江、湖北、江西、湖南、福建、台湾、海南、广西、四川、贵州、云南、西藏；俄罗斯，朝鲜，韩国，日本，越南，老挝，泰国，印度，缅甸，尼泊尔。

（323）奇奕刺蛾 *Phlossa thaumasta* (Hering, 1933)

分布：广东（乳源）、河南、陕西、江苏、湖北、江西、福建、四川、贵州、云南；越南。

175. 绒刺蛾属 *Phocoderma* Butler, 1886

（324）绒刺蛾 *Phocoderma velutina* (Kollar, ［1844］)

分布：广东、广西、云南；印度，尼泊尔，缅甸，泰国，马来西亚，印度尼西亚。

176. 冠刺蛾属 *Phrixolepia* Butler, 1877

（325）浙江冠刺蛾 *Phrixolepia zhejiangensis* Cai, 1986

分布：广东（乳源）、浙江、重庆。

177. 伯刺蛾属 *Praesetora* Hering, 1931

（326）广东伯刺蛾 *Praesetora kwangtungensis* Hering, 1931

分布：广东（乳源）、浙江、江西、湖南、福建、海南、香港、广西、贵州；越南。

178. 温刺蛾属 *Prapata* Holloway, 1990

（327）大和温刺蛾 *Prapata owadai* Solovyev *et* Witt, 2009

分布：广东（乳源）、台湾、四川、云南、西藏；越南。

179. *Pretas* Solovyev *et* Witt, 2009

（328）塞扁刺蛾 *Pretas separata* (Hering, 1931)

分布：广东（乳源）；印度。

180. *Quasithosea* Holloway, 1987

（329）斜肖扁刺蛾 *Quasithosea obliquistriga* (Hering, 1931)

分布：广东（乳源）、陕西、甘肃、江西、福建、海南、香港、广西、四川；越南。

181. 齿刺蛾属 *Rhamnosa* Fixsen, 1887

（330）登齿刺蛾 *Rhamnosa dentifera* Hering *et* Hopp, 1927

分布：广东（英德、乳源）、北京、山东、河南、陕西、甘肃、浙江、湖北、重庆；日本。

（331）角齿刺蛾 *Rhamnosa* (*Rhamnosa*) *hatita* (Druce, 1896)

分布：广东、陕西、甘肃、浙江、湖北、江西、湖南、福建、广西、重庆、四川。

（332）灰齿刺蛾 *Rhamnosa uniformis* (Swinhoe, 1895)

分布：广东（乳源）、浙江、湖北、江西、福建、台湾、海南、重庆、四川、贵州、云南；印度。

182. 球须刺蛾属 *Scopelodes* Westwood, 1841

（333）纵带球须刺蛾 *Scopelodes contracta* Walker, 1855

分布：广东（广州）、北京、河南、陕西、甘肃、江苏、上海、浙江、湖北、江西、台湾、海南、广西、云南；日本，印度。

（334）美球须刺蛾 *Scopelodes melli* Hering, 1931

分布：广东（乳源）。

（335）显脉球须刺蛾 *Scopelodes kwangtungensis* Hering, 1931

分布：广东（连平）、甘肃、浙江、湖北、江西、湖南、福建、海南、广西、重庆、四川、贵州、云南、西藏；印度，缅甸，越南，泰国。

（336）灰褐球须刺蛾 *Scopelodes sericea* Butler, 1880

分布：广东（封开）、河南、甘肃、浙江、湖北、江西、福建、海南、广西、重庆、四川、贵州、云南；印度，越南。

（337）黄褐球须刺蛾 *Scopelodes testacea* Butler, 1886

分布：广东（广州）、海南、广西、云南、西藏；印度，尼泊尔，越南，泰国，柬埔寨。

（338）小黑球须刺蛾 *Scopelodes ursina* Butler, 1886

分布：广东、江西、福建、广西、四川、云南；印度。

183. 褐刺蛾属 *Setora* Walker, 1855

（339）窄斑褐刺蛾 *Setora baibarana* (Matsumura, 1931)

分布：广东（乳源）、河南、陕西、湖北、福建、台湾、重庆、四川、云南；印度尼西亚，尼泊尔，缅甸。

（340）中华褐刺蛾 *Setora sinensis* Moore, 1877

    分布：广东（乳源）、北京、山东、河南、陕西、甘肃、江苏、上海、浙江、湖北、江西、湖南、福建、台湾、海南、广西、重庆、四川、云南；印度，尼泊尔。

184. 匙刺蛾属 *Spatulifimbria* Hampson, ［1893］

（341）栗色匙刺蛾中国亚种 *Spatulifimbria castaneiceps opprimata* Hering, 1931

    分布：广东（广州）、江西、福建、台湾、广西。

185. 鳞刺蛾属 *Squamosa* Bethune-Baker, 1908

（342）短爪鳞刺蛾 *Squamosa brevisunca* Wu *et* Fang, 2009

    分布：广东（乳源）、海南、广西、云南；越南。

186. 条刺蛾属 *Striogyia* Holloway, 1986

（343）黑条刺蛾 *Striogyia obatera* Wu, 2011

    分布：广东（乳源）、上海、浙江、贵州。

187. 素刺蛾属 *Susica* Walker, 1855

（344）织素刺蛾 *Susica hyphorma* Hering, 1931

    分布：广东、云南。

（345）华素刺蛾 *Susica sinensis* Walker, 1856

    分布：广东（乳源）、甘肃、江苏、安徽、浙江、湖北、江西、湖南、福建、台湾、海南、广西、重庆、四川、贵州、云南；越南，印度。

188. *Tennya* Solovyev *et* Witt, 2009

（346）齐天刺蛾 *Tennya propolia* (Hampson, 1900)

    分布：广东（乳源）；越南，印度，尼泊尔。

189. 扁刺蛾属 *Thosea* Walker, 1855

（347）斜扁刺蛾 *Thosea obliquistriga* Hering, 1931

    分布：广东（广州）、陕西、甘肃、江西、湖南、福建、海南、香港、广西、重庆、四川；越南。

（348）中国扁刺蛾 *Thosea sinensis* (Walker, 1855)

    分布：广东（广州）、辽宁、北京、河北、河南、陕西、甘肃、江苏、上海、浙江、湖北、江西、湖南、福建、台湾、海南、香港、澳门、广西、重庆、四川、贵州、云南；韩国，越南。

190. 小刺蛾属 *Trichogyia* Hampson, 1894

（349）环纹小刺蛾 *Trichogyia circulifera* Hering, 1933

    分布：广东（乳源）、台湾、四川；日本，尼泊尔。

（350）红基小刺蛾 *Trichogyia rufibasale* (Hampson, 1896)

    分布：广东（乳源）；日本。

191. 果刺蛾属 *Vipaka* Solovyev *et* Witt, 2009

（351）尼维果刺蛾 *Vipaka niveipennis* (Hering, 1931)

　　　分布：广东（乳源）；越南，泰国，印度。

十八、斑蛾科 Zygaenidae Latreille, 1809

192. *Agalope* Walker, 1854

（352）宏透翅斑蛾 *Agalope grandis* Mell, 1922

　　　分布：广东（乳源）。

193. *Alophogaster* Hampson, 1893

（353）玫斑蛾 *Alophogaster melli* Hering, 1925

　　　分布：广东（英德、乳源）。

194. *Amesia* Duncan *et* Westwood, 1841

（354）釉斑蛾 *Amesia sanguiflua* (Drury, 1773)

　　　分布：广东（乳源）、台湾；越南，印度，缅甸，泰国，新加坡，马来西亚，印度尼西亚（爪哇、苏门答腊）。

195. *Arbudas* Moore, 1879

（355）双色小斑蛾 *Arbudas bicolor* Moore, 1879

　　　分布：广东（乳源）。

（356）墨小斑蛾 *Arbudas funerea* Jordan, 1907

　　　分布：广东（乳源）、海南。

（357）莱小斑蛾 *Arbudas leno* (Swinhoe, 1900)

　　　分布：广东（英德、乳源）、台湾；越南，印度，尼泊尔。

196. *Cadphises* Moore, 1866

（358）麻斑蛾 *Cadphises maculata* Moore,［1866］

　　　分布：广东（乳源）；越南，泰国，印度。

197. 旭锦斑蛾属 *Campylotes* Westwood, 1839

（359）考旭锦斑蛾 *Campylotes kotzschi* Röber, 1926

　　　分布：广东（乳源）；印度，缅甸。

（360）黄纹旭锦斑蛾 *Campylotes pratti* Leech, 1890

　　　分布：广东（乳源）、湖南、广西、四川。

198. 锦斑蛾属 *Chalcosia* Hübner, 1819

（361）锦斑蛾 *Chalcosia suffusa* Leech, 1898

　　　分布：广东（乳源）、海南、云南。

199. 环锦斑蛾属 *Cyclosia* Hübner, 1820

（362）蝶形锦斑蛾 *Cyclosia papilionaris* Drury, 1773

　　　分布：广东（中山）、香港、澳门、广西、云南；越南，老挝，柬埔寨，泰国，印度，缅甸，菲律宾，马来西亚，印度尼西亚。

200. *Dubernardia* Alberti, 1954

（363）杜斑蛾 *Dubernardia djreuma* (Oberthür, 1893)

　　　分布：广东（乳源）。

201. *Erasmia* Hope, 1840

（364）华庆斑蛾 *Erasmia pulchella* Hope, 1841

分布：广东（乳源）、台湾、海南；日本，印度，尼泊尔。

202. *Erasmiphlebohecta* Strand, 1917

（365）埃斑蛾 *Erasmiphlebohecta picturata* (Wileman, 1910)

分布：广东（乳源）、台湾。

203. 柄脉斑蛾属 *Eterusia* Hope, 1841

（366）双斑柄脉斑蛾 *Eterusia binotata* (Mell, 1922)

分布：广东（乳源）、海南。

（367）野柄脉斑蛾 *Eterusia nobuoi* Owada, 1996

分布：广东（乳源）；越南。

（368）渡边柄脉斑蛾 *Eterusia watanabei* Inoue, 1982

分布：广东（乳源）；日本。

（369）茶柄脉斑蛾 *Eterusia aedea* (Clerck, 1759)

分布：广东（中山）、浙江、江苏、安徽、江西、福建、台湾、湖南、海南、四川、贵州、云南；斯里兰卡，印度，尼泊尔，不丹，缅甸，老挝，越南，日本。

204. 竹斑蛾属 *Fuscartona* Efetor *et* Tormann, 2012

（370）*Fuscartona funeralis* (Butler, 1879)

分布：广东、江苏、安徽、湖北、江西、湖南、台湾、广西、云南；朝鲜，日本，印度。

205. 长翅锦斑蛾属 *Gynautocera* Guérin-Méneville, 1831

（371）闺锦斑蛾 *Gynautocera papilionaria* Guérin-Méneville, 1831

分布：广东、海南、云南；越南，泰国，印度。

（372）闺斑蛾 *Gynautocera zara* Swinhoe, 1891

分布：广东（乳源）；老挝，泰国，印度，缅甸。

206. 帆锦斑蛾属 *Histia* Hübner, 1820

（373）重阳木帆锦斑蛾 *Histia rhodope* (Cramer, 1775)

分布：广东、江苏、湖北、江西、湖南、福建、台湾、广西、云南；日本，印度，缅甸，印度尼西亚。

207. 窗斑蛾属 *Hysteroscene* Hering, 1925

（374）窗斑蛾 *Hysteroscene melli* Hering, 1925

分布：广东（英德、乳源）。

208. 叶斑蛾属 *Illiberis* Walker, 1854

（375）叶斑蛾 *Illiberis nigrigemma* (Walker, 1854)

分布：广东（乳源）。

209. 繁斑蛾属 *Milleria* Hering, 1922

（376）黄繁斑蛾 *Milleria litana* (Druce, 1896)

分布：广东（乳源）、湖北。

（377）奥繁斑蛾 *Milleria okushimai* Owada *et* Horie, 1999

分布：广东（乳源）、海南；越南。

210. 新斑蛾属 *Neochalcosia* Yen *et* Yang, 1997

（378）南岭新斑蛾 *Neochalcosia nanlingensis* Owada, Horie *et* Min, 2006

分布：广东（乳源）。

211. *Phlebohecta* Hampson, 1893

（379）菲斑蛾 *Phlebohecta fuscescens* (Moore, 1879)

分布：广东（英德、乳源）。

212. 硕斑蛾属 *Piarosoma* Hampson, 1893

（380）透翅硕斑蛾 *Piarosoma hyalina* (Leech, 1889)

分布：广东（英德、乳源）、重庆。

（381）西藏硕斑蛾 *Piarosoma thibetana* (Oberthür, 1894)

分布：广东（乳源）。

213. 带锦斑蛾属 *Pidorus* Walker, 1854

（382）库带斑蛾 *Pidorus culoti* Oberthür, 1910

分布：广东（乳源）。

（383）橙带斑蛾 *Pidorus cyrtus* Jordan, 1907

分布：广东（英德、乳源）、海南。

（384）萱草带锦斑蛾 *Pidorus gemina* Walker, 1854

分布：广东、江西、湖南、台湾、广西、云南；朝鲜，印度。

（385）野茶带锦斑蛾 *Pidorus glaucopis* (Drury, 1773)

分布：广东（英德、乳源）、湖南、福建、台湾、海南、广西、云南；朝鲜，越南，印度，尼泊尔。

（386）点带斑蛾 *Pidorus ochrolophus* Mell, 1922

分布：广东（乳源）。

214. 赤眉斑蛾属 *Rhodopsona* Jordan, 1907

（387）赤眉斑蛾 *Rhodopsona costata* (Walker, 1854)

分布：广东（英德、乳源）；越南。

（388）松本赤眉斑蛾 *Rhodopsona matsumotoi* Owada *et* Horie, 1999

分布：广东（乳源）；越南。

215. *Scotopais* Hering, 1922

（389）斯斑蛾 *Scotopais tristis* (Mell, 1922)

分布：广东（乳源）。

216. 褐斑蛾属 *Soritia* Walker, 1854

（390）褐斑蛾 *Soritia elizabetha* (Walker, 1854)

分布：广东（乳源）。

（391）大斑黄点黑斑蛾 *Soritia major* (Jordan, 1907)

分布：广东（乳源）；越南。

217. 小斑蛾属 *Thyrassia* Butler, 1876

（392）条纹小斑蛾 *Thyrassia penangae* (Moore, 1859)

分布：广东、江苏、湖北、江西、福建、香港、澳门；印度，马来西亚，新加坡，印度尼西亚，孟加拉国。

218. 网锦斑蛾属 *Trypanophora* Kollar, 1844

（393）鹿斑蛾 *Trypanophora semihyalina* Kollar, 1844

分布：广东（乳源）、香港、澳门；印度。

十九、榕蛾科 Phaudidae Kirby, 1892

219. 榕蛾属 *Phauda* Walker, 1854

（394）黑端榕蛾 *Phauda triadum* (Walker, 1854)

分布：广东、江苏、浙江、江西、湖南、福建、台湾、香港；印度，新加坡，印度尼西亚。

（395）朱红毛斑蛾 *Phauda flammans* Walker, 1854

分布：广东（广州、惠州、东莞、中山、深圳、湛江）、福建、台湾、海南、香港、广西、云南；印度，泰国，马来西亚，印度尼西亚。

二十、木蠹蛾科 Cossidae Leach, [1815]

220. 斑蠹蛾属 *Xyleutes* Hübner, 1820

（396）白背斑蠹蛾 *Xyleutes persona* (Le Guillou, 1841)

分布：广东（英德、乳源）；尼泊尔，澳大利亚。

221. 豹蠹蛾属 *Zeuzera* Latreille, 1804

（397）咖啡豹蠹蛾 *Zeuzera coffeae* Nietner, 1861

分布：广东（乳源、英德、中山、深圳）、山东、河南、陕西、江苏、浙江、湖北、江西、湖南、福建、台湾、海南、广西、四川、贵州、云南；印度，斯里兰卡，印度尼西亚，巴布亚新几内亚。

（398）多斑豹蠹蛾 *Zeuzera multistrigata* Moore, 1881

分布：广东（乳源、中山）、陕西、浙江、湖北、江西、湖南、福建、广西、重庆、四川、贵州、云南。

222. 拟木蠹蛾属 *Indarbela* Fletcher, 1922

（399）相思拟木蠹蛾 *Indarbela discipuncta* Wileman, 1915

分布：广东（广州、中山）、海南、福建、台湾、广西、云南、贵州、重庆。

（400）斜纹拟木蠹蛾 *Indarbela obliquifasciata* Mell, 1923

分布：广东（广州、惠州、中山）、香港。

二十一、银蠹蛾科 Dudgeoneidae Berger, 1958

223. 杜蠹蛾属 *Dudgeonea* Hampson, 1900

（401）莱银蠹蛾 *Dudgeonea leucosticta* Hampson, 1900

分布：广东（深圳）、广西；越南，泰国，印度，斯里兰卡，马来西亚，印度尼西亚，澳大利亚，巴布亚新几内亚；非洲。

二十二、凤蝶科 Papilionidae Latreille, [1802]

224. 宽尾凤蝶属 *Agehana* Matsumura, 1936

（402）宽尾凤蝶 *Agehana elwesi* Leech, 1889

分布：广东（英德、乳源）、陕西、安徽、浙江、湖北、江西、湖南、福建、台湾、广西、四川、贵州。

225. 曙凤蝶属 *Atrophaneura* Reakirt, 1865

（403）暖曙凤蝶 *Atrophaneura aidoneus* (Doubleday, 1845)

分布：广东（英德、乳源）、海南、广西、四川、贵州、云南、西藏等；越南，泰国，印度，缅甸。

226. 麝凤蝶属 *Byasa* Moore, 1882

（404）中华麝凤蝶 *Byasa confusa* (Rothschild, 1895)

分布：广东、黑龙江、吉林、辽宁、河北、山西、山东、河南、陕西、江苏、江西、四川、云南、福建、台湾、广西、海南；日本，韩国，越南。

（405）白斑麝凤蝶 *Byasa dasarada* (Moore, 1858)

分布：广东（英德、乳源）、陕西、甘肃、江苏、浙江、江西、福建、广西、四川、云南；印度，不丹，尼泊尔，缅甸，越南。

（406）长尾麝凤蝶 *Byasa impediens* (Rothschild, 1895)

分布：广东（英德、乳源）、湖南、台湾、广西、四川等。

（407）灰绒麝凤蝶 *Byasa mencius* (Felder *et* Felder, 1862)

分布：广东（英德、乳源）、陕西、甘肃、江苏、浙江、江西、福建、广西、四川、云南。

227. 斑凤蝶属 *Chilasa* Moore, 1881

（408）褐斑凤蝶 *Chilasa agestor* (Gray, 1831)

分布：广东（英德、乳源）、台湾、四川等；泰国，印度，缅甸，尼泊尔，马来西亚等。

（409）斑凤蝶 *Chilasa clytia* (Linnaeus, 1758)

分布：广东（英德、乳源、深圳、中山）、湖南、福建、台湾、海南、香港、广西、四川、云南等；泰国，印度，缅甸，菲律宾，马来西亚。

（410）小黑斑凤蝶 *Chilasa epycides* (Hewitson, 1864)

分布：广东（乳源）、浙江、海南、广西、四川、云南；越南，泰国，印度，缅甸。

228. 青凤蝶属 *Graphium* Scopoli, 1777

（411）统帅青凤蝶 *Graphium agamenmnon* (Linnaeus, 1758)

分布：广东（英德、乳源、深圳、中山）、浙江、福建、台湾、海南、香港、广西、云南等；泰国，印度，缅甸，菲律宾，马来西亚，印度尼西亚，澳大利亚，巴布亚新几内亚，所罗门群岛等。

（412）碎斑青凤蝶 *Graphium chironides* (Honrath, 1884)

分布：广东（英德、乳源、深圳）、浙江、湖南、福建、海南、广西；越南，泰国，印度，缅甸，马来西亚，印度尼西亚，澳大利亚等。

（413）宽带青凤蝶 *Graphium cloanthus* (Westwood, 1841)

分布：广东（乳源、深圳、中山）、陕西、浙江、江西、福建、台湾、广西、四川、云南等；日本，泰国，印度，缅甸，尼泊尔，不丹，印度尼西亚。

（414）木兰青凤蝶 *Graphium doson* (Felder *et* Felder, 1864)

分布：广东（英德、深圳、中山）、陕西、福建、台湾、海南、香港、广西、四川、云南等；日本，越南，泰国，印度，缅甸，马来西亚。

（415）银钩青凤蝶 *Graphium eurypyhlus* (Linnaeus, 1758)

分布：广东（英德、乳源、中山）、海南、广西、四川、云南等；越南，泰国，印度，缅甸，菲律宾，马来西亚等。

（416）南亚青凤蝶 *Graphium evemon* (Boisduval, 1836)

分布：广东、四川、云南、广西；印度，缅甸，老挝，越南，泰国，马来西亚，印度尼西亚，菲律宾。

（417）纹凤蝶 *Graphium macareus* (Godart, 1819)

分布：广东（乳源）、海南、广西、云南；印度，缅甸，马来西亚，印度尼西亚。

（418）青凤蝶 *Graphium sarpedon* (Linnaeus, 1758)

分布：广东（英德、乳源、深圳、中山）、陕西、浙江、湖北、江西、湖南、福建、台湾、海南、香港、广西、四川、云南、西藏等；日本，越南，老挝，泰国，印度，缅甸，尼泊尔，不丹，斯里兰卡，印度尼西亚。

229. 燕尾凤蝶属 *Lamproptera* Gray, 1832

（419）燕尾凤蝶 *Lamproptera curia* (Fabricius, 1787)

分布：广东（英德、乳源、深圳）、海南、香港、广西、云南；越南，柬埔寨，泰国，印度，缅甸，不丹，菲律宾，马来西亚，印度尼西亚。

（420）绿带燕凤蝶 *Lamproptera meges* (Zinkin, 1831)

分布：广东（英德、中山）、海南、广西、贵州、云南等；泰国，印度，缅甸，菲律宾，马来西亚，印度尼西亚。

230. 锤尾凤蝶属 *Losaria* Moore, 1902

（421）锤尾凤蝶 *Losaria coon* (Fabricius, 1793)

分布：广东、海南；印度，缅甸，泰国，马来西亚，印度尼西亚。

231. 钩凤蝶属 *Meandrusa* Moore, 1888

（422）褐钩凤蝶 *Meandrusa sciron* (Leech, 1890)

分布：广东（英德、乳源）、陕西、江西、湖南、福建、广西、四川、云南、西藏；越南，印度，尼泊尔，不丹。

232. 珠凤蝶属 *Pachilopta* Reakirt, 1864

（423）红珠凤蝶 *Pachliopta aristolochiae* (Fabricius, 1775)

分布：广东（英德、乳源、深圳、中山）、河北、河南、陕西、浙江、江西、湖南、福建、台湾、海南、香港、广西、四川、云南等；越南，泰国，印度，缅甸，菲律宾，马来西亚，新加坡，印度尼西亚。

233. 凤蝶属 *Papilio* Linnaeus, 1758

（424）窄斑翠凤蝶 *Papilio arcturus* Westwood, 1842

    分布：广东（英德、乳源、深圳）、陕西、江西、广西、四川、云南、西藏等；泰国，印度，缅甸，尼泊尔等。

（425）碧凤蝶 *Papilio bianor* Cramer, 1777

    分布：广东（英德、乳源、深圳、中山）等；朝鲜，日本，越南北部，印度，缅甸等。

（426）玉牙凤蝶 *Papilio castor* Westwood, 1842

    分布：广东（乳源）、台湾、海南、广西、云南；越南，泰国，印度，缅甸，马来西亚。

（427）达摩凤蝶 *Papilio demoleus* Linnaeus, 1758

    分布：广东（英德、乳源、深圳、中山）、浙江、湖北、江西、湖南、福建、台湾、广西、四川、贵州、云南等；日本，越南，泰国，印度，缅甸，尼泊尔，不丹，斯里兰卡，菲律宾，马来西亚，澳大利亚，巴布亚新几内亚等。

（428）穹翠凤蝶 *Papilio dialis* Leech, 1893

    分布：广东（英德、乳源）、浙江、台湾、海南、广西等；越南，老挝，柬埔寨，泰国，缅甸。

（429）玉斑凤蝶 *Papilio helenus* Linnaeus, 1758

    分布：广东（乳源、深圳）、台湾、海南、香港、云南等；朝鲜，日本，泰国，缅甸，斯里兰卡，东帝汶，印度尼西亚，菲律宾，文莱，马来西亚，巴布亚新几内亚，印度。

（430）金凤蝶 *Papilio machaon* Linnaeus, 1758

    分布：广东（英德、乳源）、新疆、台湾等；欧洲，非洲北部，北美洲。

（431）美凤蝶 *Papilio memnon* Linnaeus, 1758

    分布：广东（乳源、深圳）、浙江、湖北、江西、湖南、福建、台湾、海南、广西、四川、云南；日本，泰国，印度，缅甸，不丹，斯里兰卡，菲律宾，马来西亚，巴基斯坦等。

（432）宽带凤蝶 *Papilio nephelus* Boisduval, 1836

    分布：广东（英德、乳源、中山）、浙江、江西、台湾、海南、广西、云南等；印度，巴基斯坦，孟加拉国，尼泊尔，不丹，马来西亚等。

（433）巴黎翠凤蝶 *Papilio paris* Linnaeus, 1758

    分布：广东（英德、乳源、深圳、中山）、陕西、福建、台湾、海南、广西、云南等；日本，越南，老挝，泰国，印度，缅甸，印度尼西亚等。

（434）玉带凤蝶 *Papilio polytes* Linnaeus, 1758

    分布：广东（英德、乳源、深圳）、河北、山西、山东、河南、陕西、甘肃、青海、江苏、浙江、湖北、江西、湖南、福建、台湾、海南、广西、四川、云南等；日本南部，泰国，印度，马来西亚，印度尼西亚。

（435）蓝凤蝶 *Papilio protenor* Cramer, ［1775］

    分布：广东（英德、乳源、深圳、中山）、山东、河南、陕西、台湾、香港、云南、西藏等；朝鲜，日本，越南，缅甸；南亚。

（436）柑橘凤蝶 *Papilio xuthus* Linnaeus, 1767

    分布：广东（英德、乳源、深圳）等；俄罗斯，朝鲜，日本，越南，缅甸北部，菲律宾等。

234. 纹凤蝶属 *Paranticopsis* Wood-Mason *et* De Nicéville, 1887

（437）细纹凤蝶 *Paranticopsis megarus* (Westwood, 1845)

分布：广东（英德）、海南、广西；泰国，印度。

235. 绿凤蝶属 *Pathysa* Reakirt, 1865

（438）斜纹绿凤蝶 *Pathysa agetes* (Westwood, 1843)

分布：广东（英德、乳源）、台湾、海南、广西、贵州、云南等；越南，泰国，印度，缅甸，
马来西亚等。

（439）绿凤蝶 *Pathysa antiphates* (Cramer, 1775)

分布：广东（英德、乳源、深圳、中山）、江西、福建、台湾、海南、香港、广西、云南等；
越南，泰国，印度，缅甸，马来西亚，印度尼西亚。

236. 剑凤蝶属 *Pazala* Moore, 1888

（440）升天剑凤蝶 *Pazala eurous* (Leech, 1893)

分布：广东（英德、乳源、深圳）、浙江、江西、台湾、广西、四川、云南、西藏等；越南，
老挝，泰国，印度，缅甸，尼泊尔，不丹，巴基斯坦等。

（441）华夏剑凤蝶 *Pazala mandarinus* (Oberthür, 1879)

分布：广东（英德、乳源）、浙江、江西、四川、云南；泰国，缅甸，尼泊尔等。

（442）铁木剑凤蝶 *Pazala timur* Ney, 1911

分布：广东（英德、乳源）、江苏、浙江、福建、台湾、四川、云南等；越南，老挝。

237. 喙凤蝶属 *Teinopalpus* Hope, 1843

（443）金斑喙凤蝶指名亚种 *Teinopalpus aureus aureus* Mell, 1923

分布：广东（乳源）。

238. 裳凤蝶属 *Troides* Hübner,〔1819〕

（444）金裳凤蝶 *Troides aeacus* (Felder *et* Felder, 1860)

分布：广东（英德、乳源、深圳）、陕西、浙江、江西、福建、台湾、海南、广西、云南、
西藏等；越南，泰国，印度，缅甸，新加坡，马来西亚。

（445）裳凤蝶 *Troides helena* (Linnaeus, 1758)

分布：广东、海南、香港、云南；泰国，印度，缅甸，不丹，斯里兰卡，马来西亚，印度尼
西亚，巴布亚新几内亚等。

二十三、弄蝶科 Hesperiidae Latreille, 1809

239. 白弄蝶属 *Abraximorpha* Elews *et* Edwards, 1897

（446）白弄蝶 *Abraximorpha davidii* (Mabille, 1876)

分布：广东（英德、乳源、深圳、中山）、山西、河南、陕西、甘肃、浙江、湖北、江西、
湖南、福建、台湾、海南、香港、四川、云南等；越南，缅甸，印度尼西亚。

（447）黑脉白弄蝶 *Abraximorpha heringi* Mell, 1922

分布：广东（乳源）、江西、福建、海南。

240. 锷弄蝶属 *Aeromachus* de Nicéville, 1890

（448）河佰锷弄蝶 *Aeromachus inachus* (Ménétriés, 1859)

分布：广东、黑龙江、吉林、山西、山东、河南、陕西、甘肃、浙江、湖北、江西、福建、台湾、四川、贵州、云南；朝鲜，日本。

（449）白条锷弄蝶 *Aeromachus jhora* de Nicéville, 1885

分布：广东（乳源）。

（450）紫点锷弄蝶 *Aeromachus kali* (de Nicéville, 1885)

分布：广东（乳源）、云南；印度，缅甸。

（451）黑锷弄蝶 *Aeromachus piceus* Leech, 1894

分布：广东（乳源）、浙江、四川。

（452）小锷弄蝶 *Aeromachus pygmaeus* (Fabricius, 1775)

分布：广东（乳源）、浙江、海南、云南；印度，马来西亚。

241. 黄斑弄蝶属 *Ampittia* Moore, 1881

（453）黄斑弄蝶 *Ampittia dioscorides* (Fabricius, 1793)

分布：广东（乳源、深圳）、江苏、福建、台湾、海南、香港、广西、云南；越南，泰国，印度，缅甸，马来西亚，印度尼西亚。

（454）小黄斑弄蝶 *Ampittia nanus* (Leech, 1890)

分布：广东（乳源）、江苏、浙江、福建、广西、四川、云南等。

（455）钩形黄斑弄蝶 *Ampittia virgate* (Leech, 1890)

分布：广东（英德、乳源）、河南、安徽、浙江、湖北、福建、台湾、海南、香港、广西、四川、云南等。

242. 钩弄蝶属 *Ancistroides* Butler, 1874

（456）黑色钩弄蝶 *Ancistroides nigrita* (Latreille, 1824)

分布：广东（乳源）。

243. 窄翅弄蝶属 *Apostictopterus* Leech, 1893

（457）窄翅弄蝶 *Apostictopterus fuliginosus* Leech, 1893

分布：广东（英德、乳源）、江西、福建、广西、四川、西藏；印度。

244. 腌翅弄蝶属 *Astictopterus* Felder *et* Felder, 1860

（458）腌翅弄蝶 *Astictopterus jama* Felder *et* Felder, 1860

分布：广东（乳源、深圳、中山）、北京、浙江、湖北、江西、福建、海南、香港、广西、四川、云南；越南，老挝，泰国，印度，缅甸，印度尼西亚等。

245. 刺胫弄蝶属 *Baoris* Moore, 1881

（459）刺胫弄蝶 *Baoris farri* (Moore, 1878)

分布：广东（乳源、深圳）、河南、福建、海南、香港；越南，印度，缅甸，马来西亚，印度尼西亚。

（460）刷翅刺胫弄蝶 *Baoris penicillata* Moore, 1881

分布：广东（乳源）、海南；越南，印度，缅甸，菲律宾，马来西亚等。

246. 舟弄蝶属 *Barca* de Nicéville, 1902

（461）双色舟弄蝶 *Barca bicolor* (Oberthür, 1896)

分布：广东（英德、乳源）、陕西、福建、四川、云南；越南。

247. 伞弄蝶属 *Bibasis* Moore, 1881

（462）白伞弄蝶 *Bibasis gomata* (Moore, 1865)

分布：广东（深圳、中山）、浙江、福建、四川、云南；印度。

（463）大伞弄蝶 *Bibasis miracula* (Evans, 1949)

分布：广东（英德）、浙江、江西、福建、广西、重庆、四川等。

（464）黑斑伞弄蝶 *Bibasis oedipodea* (Swainson, 1820)

分布：广东（中山）、香港、广西；印度，菲律宾，马来西亚。

（465）钩纹伞弄蝶 *Bibasis sena* Moore, 1866

分布：广东（乳源）、海南；老挝，泰国，印度，缅甸，菲律宾，印度尼西亚。

248. 籼弄蝶属 *Borbo* Evans, 1949

（466）籼弄蝶 *Borbo cinnara* (Wallace, 1866)

分布：广东（英德、乳源、中山）、陕西、浙江、湖北、福建、台湾、海南、香港、广西、四川、云南等；越南，泰国，印度，缅甸，斯里兰卡，菲律宾，马来西亚，印度尼西亚，孟加拉国，伊朗，澳大利亚，巴布亚新几内亚，所罗门群岛。

249. 暮弄蝶属 *Burara* Swinhoe, 1893

（467）白暮弄蝶 *Burara gomata* (Moore, 1866)

分布：广东（乳源）、福建、四川。

（468）橙翅暮弄蝶 *Burara jaina* (Moore, 1866)

分布：广东（乳源）、海南、广西；泰国，印度，缅甸，菲律宾，马来西亚，印度尼西亚。

（469）大暮弄蝶 *Burara miraculata* Evans, 1949

分布：广东（乳源）、浙江、江西、福建、四川、云南。

250. 珂弄蝶属 *Caltoris* Swinhoe, 1893

（470）放踵珂弄蝶 *Caltoris cahira* (Moore, 1877)

分布：广东（英德、乳源、深圳、中山）、湖北、福建、台湾、海南、香港、广西、四川、云南等；越南，印度，缅甸，马来西亚等。

（471）方斑珂弄蝶 *Caltoris cormasa* (Hewitson, 1876)

分布：广东（乳源）、浙江、海南；越南，印度，缅甸，菲律宾，马来西亚。

（472）无斑珂弄蝶 *Caltoris bromus* (Leech, 1894)

分布：广东（乳源、中山）、浙江、福建、台湾、海南、香港、四川、云南等；泰国，缅甸，马来西亚，印度尼西亚。

251. 大弄蝶属 *Capila* Moore, 1866

（473）海南大弄蝶 *Capila hainana* Crowley, 1990

分布：广东（乳源）、海南。

（474）线纹大弄蝶 *Capila lineata* Chou *et* Gu, 1994

分布：广东（乳源）、海南。

（475）拟纹大弄蝶 *Capila neolineata* Fan, Wang *et* Huang, 2003

分布：广东（乳源）。

（476）毛刷大弄蝶 *Capila pennicillatum* (de Nicéville, 1893)

分布：广东（英德、乳源）、海南、四川；印度。

（477）白粉大弄蝶 *Capila pieridoides* (Moore, 1878)

分布：广东（乳源）、江西、四川、贵州、云南、西藏。

（478）微点大弄蝶 *Capila pauripunetana* Chou *et* Gu, 1994

分布：广东（乳源）、海南。

（479）窗斑大弄蝶 *Capila translucida* Leech, 1893

分布：广东（英德、乳源）、江西、海南、四川等。

252. 星弄蝶属 *Celaenorrhinus* Hübner, 1819

（480）疏星弄蝶 *Celaenorrhinus aspersa* Leech, 1891

分布：广东（乳源）、江西、海南、四川；缅甸等。

（481）斜带星弄蝶 *Celaenorrhinus aurivitttatus* (Moore, 1879)

分布：广东（乳源、中山）、湖南、香港、四川、云南；越南，老挝，泰国，印度，缅甸。

（482）同宗星弄蝶 *Celaenorrhinus consanguinea* Leech, 1891

分布：广东（乳源）、安徽、浙江、福建、四川。

（483）菊星弄蝶 *Celaenorrhinus kiku* Hering, 1918

分布：广东（乳源）、江西、广西、贵州。

（484）白角星弄蝶 *Celaenorrhinus leucocera* (Kollar, 1844)

分布：广东（乳源、深圳、中山）、江西、福建、台湾。

（485）斑星弄蝶 *Celaenorrhinus maculosa* (Felder *et* Felder, 1867)

分布：广东（英德、乳源）、河南、江苏、上海、浙江、湖北、江西、福建、台湾、四川等；蒙古国。

（486）黄星弄蝶 *Celaenorrhinus oscula* Evans, 1949

分布：广东（乳源）、四川；泰国，印度。

（487）四川星弄蝶 *Celaenorrhinus patula* de Nicéville, 1889

分布：广东（英德、乳源）、四川、贵州、云南；泰国，印度，缅甸。

（488）尖翅小星弄蝶 *Celaenorrhinus pulomaya* (Moore, 1866)

分布：广东（乳源）、台湾、云南；印度，不丹。

（489）小星弄蝶 *Celaenorrhinus ratna* Fruhstorfer, 1908

分布：广东（乳源）、台湾；印度等。

253. 金斑弄蝶属 *Cephrenes* Waterhouse *et* Lyell, 1914

（490）金斑弄蝶 *Cephrenes chrysozona* (Plötz, 1883)

分布：广东（乳源）、海南、云南；南亚，东南亚。

254. 绿弄蝶属 *Choaspes* Moore, 1881

（491）绿弄蝶 *Choaspes benjaminii* (Guérin-Méneville, 1843)

分布：广东（英德、深圳、中山）、河南、陕西、安徽、浙江、湖北、江西、福建、台湾、香港、广西、四川、云南等；韩国，朝鲜，日本，越南，老挝，泰国，印度，缅甸，斯里兰卡，马来西亚，印度尼西亚（苏门答腊）。

（492）半黄绿弄蝶 *Choaspes hemixanthus* Rothschild *et* Jordan, 1903

分布：广东（乳源）、浙江、江西、海南、四川、云南；印度，缅甸，尼泊尔。

255. 窗弄蝶属 *Coladenia* Moore, 1881

（493）明窗弄蝶 *Coladenia agnioides* Elwes *et* Edwards, 1897

分布：广东（英德、乳源）、河南、浙江、福建、海南、广西；印度，缅甸。

（494）花窗弄蝶 *Coladenia hoenei* Evans, 1939

分布：广东（乳源）、河南、浙江、福建。

（495）黄窗弄蝶 *Coladenia larmi* (de Nicéville, 1889)

分布：广东（乳源）、海南、广西；南亚，东南亚。

（496）幽窗弄蝶 *Coladenia sheila* Evans, 1939

分布：广东（英德、乳源）、河南、陕西、安徽、浙江、福建、四川等。

256. 梳翅弄蝶属 *Ctenoptilum* De Nicéville, 1890

（497）梳翅弄蝶 *Ctenoptilum vasava* (Moore, 1886)

分布：广东（乳源）、河北、河南、陕西、江苏、浙江、江西；老挝，泰国，印度，缅甸。

257. 达弄蝶属 *Darpa* Moore, 1866

（498）达弄蝶 *Darpa hanria* Moore, 1866

分布：广东（乳源）、海南。

258. 蕉弄蝶属 *Erionota* Mabille, 1878

（499）白斑蕉弄蝶 *Erionota grandis* (Leech, 1890)

分布：广东（英德、乳源）、陕西、广西、四川、云南等。

（500）黄斑蕉弄蝶 *Erionota torus* Evans, 1941

分布：广东（英德、乳源、深圳、中山）、浙江、江西、湖南、福建、台湾、海南、广西、四川、贵州、云南等；越南，泰国，印度，缅甸，马来西亚。

259. 珠弄蝶属 *Erynnis* Schrank, 1801

（501）深山珠弄蝶 *Erynnis montanus* (Bremer, 1861)

分布：广东（乳源）、黑龙江、吉林、辽宁、山西、山东、河南、陕西、青海、浙江。

260. 捷弄蝶属 *Gerosis* Mabille, 1903

（502）匪夷捷弄蝶 *Gerosis phisara* (Moore, 1884)

分布：广东（乳源、深圳）、浙江、湖北、江西、福建、台湾、海南、广西、四川、云南、西藏；印度，缅甸等。

（503）中华捷弄蝶 *Gerosis sinica* (Felder *et* Felder, 1862)

分布：广东（乳源）、陕西、江苏、浙江、湖北、海南；印度，缅甸。

261. 酣弄蝶属 *Halpe* Moore, 1878

（504）长斑酣弄蝶 *Halpe gamma* Evans, 1937

分布：广东（乳源）、甘肃、江西、福建、台湾、四川。

（505）独子醋弄蝶 *Halpe homolea* (Hewitson, 1868)

分布：广东（乳源）、浙江、福建、广西、贵州、西藏；印度，缅甸，不丹，伊朗。

（506）峨眉醋弄蝶 *Halpe nephele* (Leech, 1894)

分布：广东（英德、乳源）、安徽、浙江、江西、福建、海南、广西、重庆、四川、贵州、西藏；印度，缅甸，不丹，伊朗。

（507）双子醋弄蝶 *Halpe porus* (Mabille, 1877)

分布：广东（乳源）、海南、广西；越南，印度，缅甸。

262. 趾弄蝶属 *Hasora* Moore, 1881

（508）无趾弄蝶 *Hasora anura* de Nicéville, 1889

分布：广东（乳源、英德、深圳）、河南、陕西、浙江、江西、福建、台湾、海南、香港、广西、重庆、四川、贵州、云南等；越南，老挝，泰国，印度，缅甸，尼泊尔，不丹。

（509）三斑趾弄蝶 *Hasora badra* (Moore, 1857)

分布：广东（中山）、台湾、海南、广西；越南，印度，缅甸，斯里兰卡，菲律宾，马来西亚。

（510）双斑趾弄蝶 *Hasora chromus* (Cramer, 1780)

分布：广东（乳源、深圳）、江苏、湖北、江西、台湾、香港、云南；日本，斯里兰卡，澳大利亚。

（511）纬带趾弄蝶 *Hasora vitta* (Butler, 1870)

分布：广东（英德、乳源、中山）、海南、香港、广西、重庆、四川、云南等；越南，老挝，泰国，印度，缅甸，尼泊尔，不丹，菲律宾，马来西亚，印度尼西亚，澳大利亚，巴布亚新几内亚，斐济，美国（关岛）等。

（512）银针趾弄蝶 *Hasora taminatus* (Hübner, 1818)

分布：广东（乳源）、福建、台湾、广西、四川；泰国，印度，缅甸，斯里兰卡，印度尼西亚。

263. 希弄蝶属 *Hyarotis* Moore, 1881

（513）希弄蝶 *Hyarotis adrastus* (Stoll, 1782)

分布：广东（乳源）、海南；南亚，东南亚。

264. 伊弄蝶属 *Idmon* de Nicéville, 1895

（514）二色伊弄蝶 *Idmon bicolora* Fan, Wang *et* Zeng, 2007

分布：广东（英德、乳源）、福建。

265. 旖弄蝶属 *Isoteinon* C. Felder *et* R. Felder, 1862

（515）旖弄蝶 *Isoteinon lamprospilus* C. Felder *et* R. Felder, 1862

分布：广东（乳源、深圳）、安徽、浙江、湖北、江西、福建、台湾、海南、香港、广西、四川等；朝鲜，日本，越南等。

266. 雅弄蝶属 *Iambrix* Watson, 1893

（516）雅弄蝶 *Iambrix salsala* (Moore, 1865)

分布：广东（乳源、深圳）、福建、海南、香港、广西、云南；越南，泰国，印度，缅甸，斯里兰卡，马来西亚，印度尼西亚。

267. 带弄蝶属 *Lobocla* Moore, 1884

（517）双带弄蝶 *Lobocla bifasciata* (Bremer *et* Grey, 1853)

分布：广东、黑龙江、辽宁、北京、河北、山西、山东、河南、陕西、甘肃、浙江、湖北、福建、台湾、四川、云南、西藏；俄罗斯，朝鲜。

268. 珞弄蝶属 *Lotongus* Distant, 1886

（518）珞弄蝶 *Lotongus saralus* (de Nicéville, 1889)

分布：广东（乳源）、浙江、海南、四川；南亚，东南亚。

269. 玛弄蝶属 *Matapa* Moore, 1881

（519）玛弄蝶 *Matapa aria* (Moore, 1866)

分布：广东（乳源、中山）、浙江、福建、海南、广西、云南。

（520）拟玛弄蝶 *Matapa pseudodruna* Fan, Chiba *et* Wang, 2013

分布：广东（英德、乳源）。

（521）绿码弄蝶 *Matapa sasivarna* (Moore, 1865)

分布：广东（乳源）、海南；东南亚。

270. 瑟弄蝶属 *Seseria* Matsumura, 1919

（522）锦瑟弄蝶 *Seseria dohertyi* Watson, 1893

分布：广东（乳源）、福建、云南；越南，印度。

271. 点弄蝶属 *Muschampia* Tutt, 1906

（523）星点弄蝶 *Muschampia tessellum* (Hübner, ［1803］)

分布：广东（乳源）、黑龙江、吉林、辽宁、内蒙古、河北、山西、新疆。

272. 袖弄蝶属 *Notocrypta* de Nicéville, 1889

（524）曲纹袖弄蝶 *Notocrypta curvifascia* (C. Felder *et* R. Felder, 1862)

分布：广东（英德、乳源、深圳）、浙江、福建、台湾、海南、香港、广西、四川、云南、西藏；日本，印度，缅甸，尼泊尔，马来西亚，印度尼西亚等；琉球群岛。

（525）宽纹袖弄蝶 *Notocrypta feisthamelii* (Boisduval, 1832)

分布：广东（英德）、浙江、湖南、福建、台湾、广西、四川、云南、西藏；巴布亚新几内亚；南亚，东南亚。

（526）窄翅袖弄蝶 *Notocrypta paralysos* (Wood–Mason *et* de Nicéville, 1881)

分布：广东（乳源）、福建、台湾、海南。

273. 赭弄蝶属 *Ochlodes* Scudder, 1872

（527）菩提赭弄蝶 *Ochlodes bouddha* (Mabille, 1876)

分布：广东（乳源）、四川、云南；缅甸。

（528）针纹赭弄蝶 *Ochlodes klapperichii* Evans, 1940

分布：广东（乳源）、浙江、福建。

（529）白斑赭弄蝶 *Ochlodes subhyalina* (Bremer *et* Gery, 1853)

分布：广东（乳源）等；朝鲜，日本；南亚。

274. 角翅弄蝶属 *Odontoptilum* de Nicéville, 1890

（530）角翅弄蝶 *Odontoptilum angulata* (Felder, 1862)

分布：广东（乳源、深圳、中山）、海南、香港、广西、云南等；老挝，泰国，印度，斯里兰卡，菲律宾，马来西亚，印度尼西亚。

275. 讴弄蝶属 *Onryza* Watson, 1893

（531）讴弄蝶 *Onryza maga* (Leech, 1890)

分布：广东（乳源）、浙江、福建、台湾、海南、广西；泰国，印度，缅甸，马来西亚。

276. 拟索弄蝶属 *Parasovia* Devyatkin, 1996

（532）拟索弄蝶 *Parasovia perbella* (Hering, 1918)

分布：广东（英德、乳源）、广西、四川、云南；越南，印度，缅甸，不丹。

277. 稻弄蝶属 *Parnara* Moore, 1881

（533）幺纹稻弄蝶 *Parnara bada* (Moore, 1878)

分布：广东（乳源）、陕西、浙江、福建、台湾；东南亚，非洲。

（534）曲纹稻弄蝶 *Parnara ganga* Evans, 1937

分布：广东（英德、乳源、深圳、中山）、山东、河南、陕西、浙江、江西、福建、海南、香港、广西、四川、贵州、云南等；越南，泰国，印度，缅甸，马来西亚西部。

（535）直纹稻弄蝶 *Parnara guttatus* (Bremer *et* Grey, 1852)

分布：广东（乳源、深圳）、黑龙江、河北、山东、河南、陕西、宁夏、甘肃、江苏、安徽、浙江、湖北、江西、湖南、福建、台湾、广西、四川、贵州、云南等；俄罗斯，朝鲜，日本，越南，老挝，印度，缅甸，马来西亚等。

278. 绯弄蝶属 *Pedesta* Hemming, 1934

（536）黄星绯弄蝶 *Pedesta baileyi* (South, 1913)

分布：广东（英德）、云南。

（537）花裙绯弄蝶 *Pedesta submacula* Leech, 1890

分布：广东（英德）、河南、陕西、甘肃、江苏、浙江、湖北、福建、贵州。

279. 谷弄蝶属 *Pelopidas* Walker, 1870

（538）南亚谷弄蝶 *Pelopidas agna* (Moore, 1866)

分布：广东（英德、乳源、深圳、中山）、陕西、浙江、江西、福建、台湾、海南、香港、广西、四川、贵州、云南、西藏等；老挝，泰国，印度，缅甸，斯里兰卡，菲律宾，马来西亚，印度尼西亚，巴布亚新几内亚等。

（539）印度谷弄蝶 *Pelopidas assamensis* (De Nicéville, 1882)

分布：广东（乳源、深圳、中山）、福建、台湾、海南、香港、四川、云南等；越南，泰国，印度，缅甸，印度尼西亚。

（540）古铜谷弄蝶 *Pelopidas conjuncta* (Herrich-Schäffer, 1869)

分布：广东（乳源、深圳、中山）、浙江、福建、台湾、海南、香港、广西、云南等；印度，菲律宾。

（541）隐纹谷弄蝶 *Pelopidas mathias* (Fabricius, 1798)

分布：广东（英德、中山）、辽宁、内蒙古、北京、山西、山东、河南、陕西、甘肃、浙江、湖北、江西、湖南、福建、台湾、海南、广西、四川、贵州、云南等；朝鲜，日本；东南亚。

（542）中华谷弄蝶 *Pelopidas sinensis* (Mabille, 1877)

分布：广东（英德、乳源）、山西、河南、陕西、安徽、浙江、湖北、江西、湖南、福建、台湾、四川、贵州、云南、西藏等；朝鲜，日本；南亚，东南亚。

（543）近赭谷弄蝶 *Pelopidas subochracea* (Moore, 1878)

分布：广东（乳源）等；南亚，东南亚。

280. 琵弄蝶属 *Pithauria* Moore, 1878

（544）拟槁琵弄蝶 *Pithauria linus* Evans, 1937

分布：广东（英德）、甘肃、浙江、江西、福建、广西、四川等；越南。

（545）黄标琵弄蝶 *Pithauria marsena* (Hewitson, 1866)

分布：广东（乳源）、浙江、福建；越南，泰国，印度，缅甸，马来西亚。

（546）琵弄蝶 *Pithauria murdava* (Moore, 1866)

分布：广东（乳源）、广西；泰国，印度，缅甸。

（547）槁翅琵弄蝶 *Pithauria stramineipennis* Wood–Mason *et* de Nicéville, 1887

分布：广东（乳源）等；印度，马来西亚。

281. 孔弄蝶属 *Polytremis* Mabille, 1904

（548）台湾孔弄蝶 *Polytremis eltola* (Hewitson, 1869)

分布：广东（乳源）。

（549）黄须孔弄蝶 *Polytremis flavinerva* Chou *et* Zhou, 1994

分布：广东（乳源）、浙江。

（550）黄纹孔弄蝶 *Polytremis lubricans* (Herrich–Schäffer, 1869)

分布：广东（乳源、深圳、中山）、江西、湖南、福建、台湾、海南、四川、贵州、云南等；越南，印度，缅甸，马来西亚，印度尼西亚等。

（551）黑标孔弄蝶 *Polytremis mencia* (Moore, 1877)

分布：广东（乳源、中山）、江苏、浙江、江西、台湾。

（552）透纹孔弄蝶 *Polytremis pellucida* (Murray, 1875)

分布：广东（乳源、中山）、黑龙江、山西、浙江、湖北、江西、福建、广西；朝鲜，日本。

（553）黑标孔弄蝶奇莱亚种 *Polytremis mencia kiraizana* (Sonan, 1938)

分布：广东（中山）、江苏、上海、浙江、江西、台湾等。

（554）盒纹孔弄蝶白缨亚种 *Polytremis theca fukia* (Evans, 1937)

分布：广东（中山）等。

（555）盒纹孔弄蝶 *Polytremis theca* (Evans, 1937)

分布：广东（乳源、中山）、陕西、浙江、湖北、江西、福建、广西。

（556）刺纹孔弄蝶 *Polytremis zina* (Evans, 1937)

分布：广东（乳源）、黑龙江、河北、江西、福建、四川等。

282. 黄室弄蝶属 *Potanthus* Scudder, 1872

（557）孔子黄室弄蝶 *Potanthus confucius* (C. Felder *et* R. Felder, 1862)

分布：广东（英德、乳源、深圳、中山）、安徽、浙江、湖北、江西、湖南、福建、台湾、海南、广西、四川、云南等；日本，越南，老挝，泰国，印度，缅甸，尼泊尔，不丹，斯里兰卡，马来西亚。

（558）曲纹黄室弄蝶 *Potanthus flava* (Murray, 1875)

分布：广东（英德）、吉林、辽宁、北京、河北、山东、浙江、湖北、湖南、福建、四川、贵州、云南等；俄罗斯，朝鲜，韩国，日本，印度，缅甸等。

（559）佰尔尼黄室弄蝶 *Potanthus palnia* (Evans, 1914)

分布：广东（乳源）、浙江、湖北、海南、四川。

（560）宽纹黄室弄蝶 *Potanthus pava* (Fruhstorfer, 1911)

分布：广东（乳源、中山）、湖北、台湾、海南、香港、广西、四川、云南；南亚，东南亚。

（561）直纹黄室弄蝶 *Potanthus rectifasciata* (Elwes *et* Edwards, 1897)

分布：广东（乳源）、海南；越南，印度，马来西亚。

（562）断纹黄室弄蝶 *Potanthus trachala* (Mabille, 1878)

分布：广东（乳源）等；南亚，东南亚。

283. 毗弄蝶属 *Praescobura* **Devyatkin, 2002**

（563）毗弄蝶 *Praescobura chrysomaculata* Devyatkin, 2002

分布：广东（英德、乳源）、湖南、广西；越南等。

284. 拟籼弄蝶属 *Pseudoborbo* **Lee, 1966**

（564）拟籼弄蝶 *Pseudoborbo bevani* (Moore, 1878)

分布：广东（中山）、浙江、福建、台湾、海南、香港、四川、云南；印度，澳大利亚。

285. 襟弄蝶属 *Pseudocoladenia* **Shirôzu *et* Saigusa, 1962**

（565）黄襟弄蝶 *Pseudocoladenia dan* (Fabricius, 1787)

分布：广东（英德、乳源）、安徽、浙江、湖北、海南、广西、四川、云南等；越南，泰国，印度，缅甸，尼泊尔，马来西亚等。

286. 烟弄蝶属 *Psolos* **Staudinger, 1889**

（566）烟弄蝶 *Psolos fuligo* (Mabille, 1876)

分布：广东（乳源）、广西；印度，缅甸，印度尼西亚等。

287. 花弄蝶属 *Pyrgus* **Hünber, 1819**

（567）花弄蝶 *Pyrgus maculatus* (Bremer *et* Grey, 1853)

分布：广东（乳源）等；蒙古国，朝鲜。

288. 飒弄蝶属 *Satarupa* **Moore, 1866**

（568）飒弄蝶 *Satarupa gopala* Moore, 1866

分布：广东（乳源）等；越南，缅甸，马来西亚，印度尼西亚。

（569）密纹飒弄蝶 *Satarupa monbeigi* Oberthür, 1921

分布：广东（英德、乳源）、北京、江苏、上海、安徽、浙江、湖北、湖南、广西、四川、贵州等。

（570）蛱型飒弄蝶 *Satarupa nymphalis* (Speyer, 1879)

分布：广东（乳源）、黑龙江、吉林、辽宁、四川；朝鲜。

（571）华伦天恕飒弄蝶 *Satarupa valentini* Oberthür, 1921

分布：广东（乳源）及西部地区。

289. 须弄蝶属 *Scobura* Elwes *et* Edwards, 1897

（572）黄须弄蝶 *Scobura coniata* Hering, 1918

分布：广东（英德、乳源）、浙江、福建、广西等；越南。

（573）海南须弄蝶 *Scobura hainana* (Gu *et* Wang, 1997)

分布：广东（乳源）、海南。

（574）离斑须弄蝶 *Scobura lyso* Evans, 1937

分布：广东（乳源）、浙江。

（575）恩特须弄蝶 *Scobura stellata* Fan, Chiba *et* Wang, 2010

分布：广东（乳源）。

（576）无斑须弄蝶 *Scobura woolletti* (Riley, 1923)

分布：广东（乳源）、广西。

290. 索弄蝶属 *Sovia* Evans, 1949

（577）白网纹索弄蝶 *Sovia eminens* Devyatkin, 1996

分布：广东（英德、乳源）、云南；越南。

291. 素弄蝶属 *Suastus* Moore, 1881

（578）素弄蝶 *Suastus gremius* (Fabricius, 1798)

分布：广东（乳源、深圳、中山）、福建、台湾、海南、香港、云南；越南，泰国，印度，缅甸，马来西亚。

292. 裙弄蝶属 *Tagiades* Hübner, 1819

（579）滚边裙弄蝶 *Tagiades cohaerens* Mabille, 1914

分布：广东（英德）、台湾、广西、四川、云南；泰国，印度，缅甸，马来西亚等。

（580）白边裙弄蝶 *Tagiades gana* (Moore, 1865)

分布：广东（乳源）、湖北、海南、广西；南亚，东南亚。

（581）沾边裙弄蝶 *Tagiades litigiosa* Möschler, 1878

分布：广东（乳源、深圳、中山）、浙江、福建、海南、广西、云南；印度，缅甸，马来西亚，印度尼西亚等。

（582）黑边裙弄蝶 *Tagiades menaka* (Moore, 1865)

分布：广东（英德、乳源、中山）、江西、福建、台湾、海南、香港、广西、四川、云南等；越南，印度，缅甸等。

（583）黑裙弄蝶 *Tagiades tethys* (Ménétriés, 1857)

分布：广东（英德、乳源）、黑龙江、吉林、辽宁、北京、河北、陕西、甘肃、江苏、湖北、江西、湖南、香港、四川、云南、西藏等；蒙古国，朝鲜，日本，缅甸等。

（584）兰屿白裙弄蝶 *Tagiades trebellius martinus* Plötz, 1844

分布：广东（中山）、台湾等。

293. 长标弄蝶属 *Telicota* Moore, 1881

（585）红翅长标弄蝶 *Telicota ancilla* (Herrich–Schäffer, 1869)

分布：广东（英德、乳源、深圳、中山）、浙江、福建、台湾、海南、广西、云南；印度尼西亚，斯里兰卡，巴布亚新几内亚，澳大利亚。

（586）紫脉长标弄蝶 *Telicota augias* (Linnaeus, 1763)

分布：广东（乳源）、福建、广西；南亚，东南亚，大洋洲。

（587）长标弄蝶 *Telicota colon* (Fabricius, 1775)

分布：广东（乳源、中山）、福建、台湾、海南、香港、广西、云南等；朝鲜，日本；南亚，东南亚。

（588）黑脉长标弄蝶 *Telicota linna* Evans, 1949

分布：广东（乳源、中山）、海南、广西、云南；越南，马来西亚，印度尼西亚。

（589）黄纹长标弄蝶 *Telicota ohara* (Plötz, 1883)

分布：广东（英德、乳源、中山）、福建、台湾、海南、香港、广西、四川、贵州、云南等；越南，老挝，泰国，印度，缅甸，菲律宾，马来西亚等。

294. 陀弄蝶属 *Thoressa* Swinhoe, 1913

（590）徕陀弄蝶 *Thoressa latris* (Leech, 1894)

分布：广东（乳源）、河南、江苏、浙江、福建。

（591）花裙陀弄蝶 *Thoressa submacula* (Leech, 1890)

分布：广东（乳源）、河南、江苏、浙江、福建。

（592）晓徘陀弄蝶 *Thoressa xiaoqingae* Huang *et* Zhan, 2004

分布：广东（乳源）。

295. 豹弄蝶属 *Thymelicus* Hübner, 1819

（593）豹弄蝶 *Thymelicus leonina* (Butler, 1878)

分布：广东（英德）、黑龙江、辽宁、内蒙古、北京、河北、甘肃、浙江、湖北、江西、福建、四川；俄罗斯，朝鲜，日本。

（594）果豹弄蝶 *Thymelicus sylvatica* (Bremer, 1861)

分布：广东（英德）、黑龙江、辽宁、山西、山东、河南、陕西、甘肃、湖北、江西、湖南、福建、四川、西藏；俄罗斯，朝鲜，日本。

296. 姜弄蝶属 *Udaspes* Moore, 1881

（595）姜弄蝶 *Udaspes folus* (Cramer, 1755)

分布：广东（英德、乳源、深圳、中山）、江苏、浙江、江西、福建、台湾、香港、广西、四川、云南等；日本，越南，老挝，泰国，缅甸，印度尼西亚，孟加拉国等。

297. 资弄蝶属 *Zinaida* Evans, 1937

（596）白缨资弄蝶 *Zinaida fukia* Evans, 1940

分布：广东（英德）、江苏、上海、安徽、浙江、湖北、江西、福建、广西、四川。

（597）刺纹资弄蝶 *Zinaida zina* (Evans, 1937)

分布：广东（英德）、黑龙江、吉林、辽宁、陕西、浙江、江西、湖南、福建、台湾、广西、四川等；俄罗斯。

298. 肿脉弄蝶属 *Zographetus* Watson, 1893

（598）庞氏肿脉弄蝶 *Zographetus pangi* Fan *et* Wang, 2007

分布：广东（乳源）。

（599）黄裳肿脉弄蝶 *Zographetus satwa* (de Nicéville, 1884)

分布：广东（英德、乳源、深圳）、海南、香港、广西、云南等；老挝，泰国，印度，缅甸，马来西亚，印度尼西亚。

二十四、粉蝶科 Pieridae Duponchel, [1835]

299. 绢粉蝶属 *Aporia* Hübner, 1819

（600）大翅绢粉蝶 *Aporia largeteaui* (Oberthür, 1881)

分布：广东（英德、乳源）、河南、陕西、浙江、湖北、江西、湖南、福建、广西、四川、云南。

300. 尖粉蝶属 *Appias* Hübner, 1819

（601）白翅尖粉蝶 *Appias albina* (Boisduval, 1836)

分布：广东（英德）、台湾、海南、广西、云南等；日本，泰国，印度，缅甸，斯里兰卡，菲律宾，马来西亚等。

（602）灵奇尖粉蝶 *Appias lyncida* (Cramer, 1779)

分布：广东、台湾、海南、香港、广西、云南；印度，巴基斯坦，孟加拉国，尼泊尔，不丹，菲律宾，印度尼西亚，文莱，马来西亚，东帝汶，巴布亚新几内亚等。

（603）联眉尖粉蝶 *Appias remedios* Schröder *et* Treadaway, 1990

分布：广东（乳源）、海南；菲律宾。

301. 迁粉蝶属 *Catopsilia* Hübner, 1819

（604）碎斑迁粉蝶 *Catopsilia florella* (Fabricius, 1775)

分布：广东（中山）、海南、广西、云南；印度，缅甸，斯里兰卡；非洲。

（605）迁粉蝶 *Catopsilia pomona* (Fabricius, 1775)

分布：广东（英德、乳源、深圳、中山）、福建、台湾、海南、广西、四川、云南；日本，越南，老挝，泰国，印度，斯里兰卡，马来西亚，新加坡等。

（606）梨花迁粉蝶 *Catopsilia pyranthe* (Linnaeus, 1758)

分布：广东（英德、乳源、深圳、中山）、江西、福建、台湾、海南、广西、四川、西藏；泰国，缅甸，尼泊尔，菲律宾，孟加拉国，巴基斯坦，阿富汗，澳大利亚东北部。

（607）镉黄迁粉蝶 *Catopsilia scylla* (Linnaeus, 1763)

分布：广东、云南、福建、台湾、海南、香港；印度，缅甸，泰国，柬埔寨，马来西亚，印度尼西亚，菲律宾，澳大利亚。

302. 园粉蝶属 *Cepora* Billberg, 1820

（608）黑脉园粉蝶 *Cepora nerissa* (Fabricius, 1775)

分布：广东（英德、乳源、深圳、中山）、湖北、福建、台湾、海南、广西、云南等；印度，马来西亚等。

（609）青园粉蝶 *Cepora nadina* (Lucas, 1852)

分布：广东（英德、乳源）、福建、台湾、海南、广西、四川、云南等；越南，老挝，泰国等。

303. 豆粉蝶属 *Colias* Fabricius, 1807

（610）斑缘豆粉蝶 *Colias erate poliographus* Motschulsky, 1860

分布：广东（中山）、新疆、江苏、浙江、福建、云南、西藏等；俄罗斯，朝鲜，韩国，土耳其，德国，捷克，斯洛伐克，匈牙利，罗马尼亚，摩尔多瓦，乌克兰，塞尔维亚，保加利亚，斯洛文尼亚，克罗地亚，北马其顿，奥地利，希腊。

（611）橙黄豆粉蝶 *Colias fieldii* Ménétriès, 1855

分布：广东（英德、乳源）、北京、陕西、广西、四川、云南、西藏等；泰国，缅甸；南亚等。

304. 斑粉蝶属 *Delias* Hübner, 1819

（612）红腋斑粉蝶 *Delias acalis* (Godart, 1819)

分布：广东（英德、乳源、深圳、中山）、江西、海南、广西、云南、西藏；越南，泰国，印度，缅甸，不丹，马来西亚等。

（613）艳妇斑粉蝶 *Delias belladonna* (Fabricius, 1793)

分布：广东（英德、乳源）、陕西、浙江、湖北、江西、湖南、福建、台湾、云南等；缅甸，尼泊尔，印度（锡金），不丹，斯里兰卡，马来西亚，印度尼西亚等。

（614）优越斑粉蝶 *Delias hyparete*（Linnaeus, 1758）

分布：广东（深圳、中山）、台湾、广西、云南；越南，老挝，柬埔寨，泰国，印度，缅甸，不丹，菲律宾，印度尼西亚，孟加拉国等。

（615）报喜斑粉蝶 *Delias pasithoe* (Linnaeus, 1767)

分布：广东（英德、乳源、深圳、中山）、福建、台湾、海南、香港、广西、云南；越南，泰国，印度，缅甸，不丹，菲律宾，印度尼西亚等。

（616）黄裙斑粉蝶 *Delias wilemani* Jordan, 1925

分布：广东（乳源）、台湾。

305. 方粉蝶属 *Dercas* Doubleday, 1847

（617）黑角方粉蝶 *Dercas lycorias* (Doubleday, 1842)

分布：广东（英德、乳源）、陕西、浙江、福建、海南、广西、四川；印度，尼泊尔，不丹。

（618）橙翅方粉蝶 *Dercas nina* Mell, 1913

分布：广东（英德、乳源）、浙江；越南。

（619）檀方粉蝶 *Dercas verhuelli* (van der Hoeven, 1839)

分布：广东（乳源、深圳、中山）、福建、海南、香港、广西、四川；越南，老挝，泰国，印度，缅甸，马来西亚，新加坡，印度尼西亚，巴基斯坦。

306. 黄粉蝶属 *Eurema* Hübner, ［1819］

（620）安迪黄粉蝶 *Eurema andersoni* (Moore, 1886)

分布：广东（深圳）、北京、河南、江苏、浙江、江西、湖北、四川、贵州、云南、福建、台湾、广西、海南；印度，缅甸，泰国，越南，印度尼西亚，马来西亚。

（621）檗黄粉蝶 *Eurema blanda* (Boisduval, 1836)

分布：广东（英德、乳源、深圳、中山）、湖南、福建、台湾、海南、广西、云南等；南亚，东南亚；东洋界，澳洲界北部。

（622）无标黄粉蝶 *Eurema brigitta* (Stoll, 1780)

分布：广东（深圳）、台湾、海南、香港、云南；朝鲜，日本，越南，泰国，印度，缅甸，马来西亚；非洲。

（623）宽边黄粉蝶 *Eurema hecabe* (Linnaeus, 1758)

分布：广东（英德、深圳、中山）、北京、浙江、台湾等；朝鲜，日本，泰国，印度，缅甸，菲律宾，马来西亚，印度尼西亚，孟加拉国；非洲，大洋洲。

（624）尖角黄粉蝶 *Eurema laeta* (Boisduval, 1836)

分布：广东（英德、乳源）、黑龙江、辽宁、山西、山东、河南、陕西、江苏、浙江、江西、福建、台湾、海南、香港；日本，朝鲜，印度，斯里兰卡，尼泊尔，不丹，孟加拉国，泰国，越南，老挝，柬埔寨，缅甸，菲律宾，马来西亚，印度尼西亚，澳大利亚；南亚，东南亚等。

（625）北黄粉蝶 *Eurema mandarina* (Holland, 1892)

分布：广东（英德）、福建、台湾、海南、香港、广西；朝鲜，韩国，日本。

307. 钩粉蝶属 *Gonepteryx* Leach, 1815

（626）圆翅尖钩粉蝶 *Gonepteryx amintha* Blanchard, 1871

分布：广东（英德、乳源）、河南、浙江、福建、广西、四川、云南等；朝鲜，日本，印度，缅甸；欧洲。

（627）淡色钩粉蝶 *Gonepteryx aspasia* (Ménétriès, 1859)

分布：广东（英德）、黑龙江、吉林、北京、河南、陕西、甘肃、新疆、浙江、湖北、江西、福建、广西、云南等；俄罗斯，日本。

（628）尖翅钩粉蝶 *Gonepteryx mahaguru* (Gistel, 1857)

分布：广东（英德、乳源）、浙江、台湾、西藏等；朝鲜，日本等。

（629）钩粉蝶 *Gonepteryx rhamni* (Linnaeus, 1758)

分布：广东（乳源）、河南、浙江、福建、台湾、四川、云南、西藏；日本，朝鲜，印度，尼泊尔；欧洲，非洲。

308. 鹤顶粉蝶属 *Hebomoia* Hübner, 1819

（630）鹤顶粉蝶 *Hebomoia glaucippe* (Linnaeus, 1758)

分布：广东（英德、乳源、深圳、中山）、福建、台湾、海南、广西、云南等；印度，缅甸，尼泊尔，不丹，斯里兰卡，菲律宾，印度尼西亚，孟加拉国等。

309. 橙粉蝶属 *Ixias* Hübner, 1819

（631）橙粉蝶 *Ixias pyrene* (Linnaeus, 1764)

分布：广东（英德、乳源、深圳、中山）、江西、福建、台湾、海南、广西、云南；印度，尼泊尔，不丹，斯里兰卡，菲律宾，印度尼西亚，巴基斯坦，马来西亚等。

310. 纤粉蝶属 *Leptosia* **Hübner, 1818**

（632）纤粉蝶 *Leptosia nina* (Fabricius, 1793)

分布：广东（乳源、中山）、台湾、海南、广西、云南等；印度，巴基斯坦，孟加拉国，尼泊尔，不丹，菲律宾，印度尼西亚，文莱，马来西亚，东帝汶，巴布亚新几内亚等。

311. 粉蝶属 *Pieris* **Schrank, 1801**

（633）东方菜粉蝶 *Pieris canidia* (Linnaeus, 1768)

分布：广东（英德、深圳、中山）、北京、香港、广西等；朝鲜，越南，老挝，柬埔寨，泰国，印度，缅甸，土耳其。

（634）黑脉粉蝶 *Pieris melete* Ménétriès, 1857

分布：广东（英德）、湖北、江西、湖南、福建、广西、四川等；朝鲜，韩国，日本，俄罗斯（西伯利亚）。

（635）暗脉粉蝶 *Pieris napi* (Linnaeus, 1758)

分布：广东（乳源）、黑龙江、辽宁、河南、陕西、湖北、江西等；日本，朝鲜，俄罗斯，巴基斯坦，印度，安纳托利亚；欧洲，非洲，北美洲。

（636）菜粉蝶 *Pieris rapae* (Linnaeus, 1758)

分布：广东（深圳、中山）、黑龙江、吉林、辽宁、内蒙古、河北、北京、山西、山东、河南、陕西、宁夏、甘肃、青海、新疆、安徽、江苏、上海、浙江、江西、湖南、湖北、四川、贵州、云南、西藏、福建、台湾、广西、海南、香港；印度；美洲。

312. 锯粉蝶属 *Prioneris* **Wallace, 1867**

（637）*Prioneris clemanthe* (Doubleday, 1846)

分布：广东、云南、海南、香港；印度，缅甸，泰国，越南，老挝。

（638）锯粉蝶 *Prioneris thestylis* (Doubleday, 1842)

分布：广东（英德、深圳、中山）、浙江、台湾、海南、云南等；印度，巴基斯坦，孟加拉国，尼泊尔，不丹，缅甸，泰国，新加坡，马来西亚等。

313. 飞龙粉蝶属 *Talbotia* **Bernardi, 1958**

（639）飞龙粉蝶 *Talbotia naganum* (Moore, 1884)

分布：广东（英德、乳源、中山）、浙江、湖北、江西、福建、台湾、海南、广西、重庆等；越南，老挝，印度。

314. 青粉蝶属 *Valeria* **Horsfield, 1829**

（640）青粉蝶 *Valeria anais* (Lesson, 1837)

分布：广东、海南；斯里兰卡，印度，缅甸，泰国，菲律宾，印度尼西亚。

二十五、蛱蝶科 Nymphalidae Swainson, 1827

315. 婀蛱蝶属 *Abrota* **Moore, 1857**

（641）婀蛱蝶 *Abrota ganga* Moore, 1857

分布：广东（英德、乳源）、陕西、浙江、江西、湖南、福建、台湾、海南、广西、四川、云南等；越南，印度，缅甸，不丹。

316. 珍蝶属 *Acraea* **Fabricius, 1807**

（642）苎麻珍蝶 *Acraea issoria* (Hübner, 1819)

分布：广东（英德、乳源、深圳、中山）、浙江、湖北、江西、湖南、福建、台湾、海南、广西、四川、云南、西藏等；越南，柬埔寨，泰国，印度，缅甸，菲律宾，印度尼西亚等。

317. 颠眼蝶属 *Acropolis* Hemming, 1934

（643）颠眼蝶 *Acropolis thalia* (Leech, 1891)

分布：广东（英德、乳源）、浙江、江西、福建、广西、四川、云南。

318. 纹环蝶属 *Aemona* Hewitson, 1868

（644）纹环蝶 *Aemona amathusia* (Hewitson, 1867)

分布：广东（英德、乳源）、浙江、江西、福建、广西、四川、云南、西藏等；越南，老挝，印度，不丹等。

（645）奥倍纹环蝶 *Aemona oberthueri* Stichel, 1906

分布：广东（英德）、浙江、江西、福建、广西、四川、云南等；泰国，印度，缅甸，尼泊尔，不丹，斯里兰卡。

319. 闪蛱蝶属 *Apatura* Fabricius, 1807

（646）柳紫闪蛱蝶 *Apatura ilia* (Denis *et* Schiffermüller, 1775)

分布：广东（乳源）等；朝鲜；欧洲。

（647）紫闪蛱蝶 *Apatura iris* (Linnaeus, 1758)

分布：广东（深圳）、吉林、河南、陕西、宁夏、甘肃、四川；朝鲜，日本；欧洲等。

320. 豹蛱蝶属 *Argynnis* Fabricius, 1807

（648）云豹蛱蝶 *Argynnis anadyomene* Felder *et* Felder, 1862

分布：广东（乳源）、吉林、辽宁、河北、浙江、湖北、江西、湖南、福建；朝鲜，日本，俄罗斯；中亚。

（649）斐豹蛱蝶 *Argynnis hyperbius* (Linnaeus, 1763)

分布：广东（英德、深圳、中山）等；朝鲜，日本，泰国，印度，缅甸，尼泊尔，不丹，斯里兰卡，菲律宾，印度尼西亚，孟加拉国，巴基斯坦，阿富汗等。

（650）老豹蛱蝶 *Argynnis laodice* (Pallas, 1771)

分布：广东（乳源）、吉林、辽宁、河北、陕西、新疆、湖北、四川、云南、西藏；中亚，欧洲。

（651）绿豹蛱蝶 *Argynnis paphia* (Linnaeus, 1758)

分布：广东（乳源、深圳）、黑龙江、吉林、辽宁、河北、山西、河南、陕西、宁夏、甘肃、新疆、浙江、江西、福建、台湾、广西、四川、云南、西藏；朝鲜，日本；欧洲，非洲等。

321. 波蛱蝶属 *Ariadne* Horsfield, ［1829］

（652）波蛱蝶 *Ariadne ariadne* (Linnaeus, 1763)

分布：广东（英德、乳源、深圳、中山）、福建、台湾、海南、广西、云南等；日本，泰国，印度，印度尼西亚，伊朗，菲律宾，文莱，马来西亚，东帝汶，巴布亚新几内亚。

322. 带蛱蝶属 *Athyma* Westwood, 1850

（653）珠履带蛱蝶 *Athyma asura* Moore, 1858

分布：广东（英德、乳源）、浙江、江西、福建、台湾、海南、四川、云南等；印度，缅甸，尼泊尔，新加坡，印度尼西亚等。

（654）双色带蛱蝶 *Athyma cama* Moore, 1858

分布：广东（英德、乳源、中山）、浙江、江西、湖南、福建、台湾、海南、香港、广西、四川、云南、西藏等；越南，老挝，泰国，印度，缅甸，菲律宾，马来西亚等。

（655）幸福带蛱蝶 *Athyma fortuna* Leech, 1889

分布：广东（英德、乳源）、河南、陕西、浙江、江西、福建、台湾、海南、广西、四川、云南等；越南，老挝，泰国。

（656）玉杵带蛱蝶 *Athyma jina* Moore, 1858

分布：广东（英德、乳源、中山）、新疆、浙江、江西、湖南、福建、台湾、海南、广西、四川、云南等；越南，老挝，印度，缅甸，尼泊尔，印度尼西亚等。

（657）相思带蛱蝶 *Athyma nefte* (Cramer, 1780)

分布：广东（英德、乳源、深圳、中山）、福建、台湾、海南、香港、云南；越南，泰国，印度，缅甸，尼泊尔，菲律宾，马来西亚，印度尼西亚等。

（658）虬眉带蛱蝶 *Athyma opalina* (Kollar, 1844)

分布：广东（英德、乳源）、海南、河南、陕西、浙江、江西、福建、台湾、广西、四川、云南等；印度，缅甸，尼泊尔等。

（659）玄珠带蛱蝶 *Athyma perius* (Linnaeus, 1758)

分布：广东（英德、乳源、深圳、中山）、浙江、江西、福建、台湾、海南、广西、四川、云南；印度，缅甸，斯里兰卡，马来西亚，印度尼西亚。

（660）六点带蛱蝶 *Athyma punctata* Leech, 1890

分布：广东（英德、乳源）、浙江、江西、湖南、福建、广西、四川等；越南，老挝。

（661）离斑带蛱蝶 *Athyma ranga* Moore, 1858

分布：广东（英德、乳源、中山）、福建、海南、香港、四川、云南；泰国，印度，缅甸，尼泊尔，不丹。

（662）新月带蛱蝶 *Athyma selenophora* (Kollar, 1844)

分布：广东（英德、乳源、深圳、中山）、浙江、江西、福建、台湾、海南、广西、四川、云南等；越南，泰国，印度，缅甸，不丹，马来西亚，印度尼西亚等。

（663）弧斑带蛱蝶 *Athyma zeroca* Moore, 1872

分布：广东（乳源）、江西、福建、海南；泰国，印度，缅甸，尼泊尔。

323. 奥蛱蝶属 *Auzakia* Moore, 1898

（664）奥蛱蝶 *Auzakia danava* (Moore, 1858)

分布：广东（英德、乳源）、江苏、浙江、江西、福建、广西、四川、云南、西藏；印度，缅甸，不丹。

324. 耙蛱蝶属 *Bhagadatta* Moore, ［1898］

（665）耙蛱蝶 *Bhagadatta austenia* (Moore, 1872)

分布：广东（英德、乳源）、江西、广西、云南；越南，泰国，印度，缅甸。

325. 锯蛱蝶属 *Cethosia* Fabricius, 1807

（666）红锯蛱蝶 *Cethosia biblis* Drury, 1773

分布：广东（英德、乳源、深圳）、江西、福建、海南、香港、广西、四川、云南等；越南，老挝，泰国，印度，缅甸，尼泊尔，不丹，马来西亚等。

326. 螯蛱蝶属 *Charaxes* Ochsenheimer, 1816

（667）亚力螯蛱蝶 *Charaxes artistogiton* Felder *et* Felder, [1867]

分布：广东（中山）、云南等。

（668）白带螯蛱蝶 *Charaxes bernardus* (Fabricius, 1793)

分布：广东（英德、乳源、深圳、中山）、浙江、江西、湖南、福建、海南、香港、广西、四川、云南；越南，老挝，泰国，印度，缅甸，斯里兰卡，菲律宾，马来西亚，新加坡，印度尼西亚，澳大利亚等。

（669）螯蛱蝶 *Charaxes marmax* Westwood, 1848

分布：广东（英德、乳源）、海南、广西、四川、云南等；越南，泰国，印度，菲律宾，马来西亚，印度尼西亚，澳大利亚。

327. 银豹蛱蝶属 *Childrena* Hemming, 1943

（670）银豹蛱蝶 *Childrena childreni* (Gray, 1831)

分布：广东（英德、乳源、深圳、中山）、陕西、浙江、湖北、江西、福建、四川、云南、西藏等；印度，缅甸等。

328. 铠蛱蝶属 *Chitoria* Moore, 1896

（671）武铠蛱蝶 *Chitoria ulupi* (Doherty, 1889)

分布：广东（乳源）、海南；泰国，印度，缅甸，印度尼西亚等。

329. 珍蛱蝶属 *Clossiana* Reuss, 1920

（672）西冷珍蛱蝶 *Clossiana selenis* (Eversmann, 1837)

分布：广东（中山）、黑龙江、山西、新疆、四川；朝鲜；欧洲，北美洲。

330. 襟蛱蝶属 *Cupha* Billberg, 1820

（673）黄襟蛱蝶 *Cupha erymanthis* (Drury, 1773)

分布：广东（深圳、中山）、台湾、海南、香港、广西、云南；越南，泰国，印度，缅甸，菲律宾，马来西亚，印度尼西亚，澳大利亚等。

331. 裙蛱蝶属 *Cynitia* Snellen, 1895

（674）绿裙蛱蝶 *Cynitia whiteheadi* (Crowley, 1900)

分布：广东（英德）、浙江、福建、海南、广西；越南，老挝。

332. 丝蛱蝶属 *Cyrestis* Boisduval, 1832

（675）网丝蛱蝶 *Cyrestis thyodamas* Boisduval, 1836

分布：广东（英德、深圳）、浙江、江西、台湾、海南、广西、四川、云南、西藏等；日本，越南，泰国，印度，缅甸，尼泊尔，不丹，印度尼西亚，新加坡，马来西亚，巴布亚新几内亚等。

333. 青豹蛱蝶属 *Damora* Nordmann, 1851

（676）青豹蛱蝶 *Damora sagana* (Doubleday, 1847)

分布：广东（英德、乳源）、黑龙江、吉林、辽宁、河南、陕西、安徽、浙江、福建、广西、四川、云南；蒙古国，俄罗斯，朝鲜，日本。

334. 斑蝶属 *Danaus* Kluk, 1780

（677）金斑蝶 *Danaus chrysippus* (Linnaeus, 1758)

分布：广东（英德、深圳、中山）、陕西、湖北、江西、湖南、福建、台湾、海南、广西、四川、贵州、云南、西藏等；澳大利亚；西亚，东南亚，欧洲南部，非洲。

（678）虎斑蝶 *Danaus genutia* (Cramer, 1779)

分布：广东（英德、乳源、深圳、中山）、河南、浙江、湖北、江西、湖南、福建、台湾、海南、广西、四川、云南、西藏等；越南，菲律宾，马来西亚，印度尼西亚，澳大利亚，巴布亚新几内亚等。

335. 电蛱蝶属 *Dichorragia* Butler, ［1869］

（679）电蛱蝶 *Dichorragia nesimachus* (Boisduval, 1836)

分布：广东（英德、乳源、深圳）、陕西、浙江、江西、湖南、福建、台湾、海南、广西、四川、云南、西藏；韩国，朝鲜，日本，越南，印度，缅甸，不丹。

336. 方环蝶属 *Discophora* Boisduval, ［1836］

（680）凤眼方环蝶 *Discophora sondaica* Boisduval, 1836

分布：广东（英德、乳源、深圳、中山）、江西、福建、台湾、海南、香港、广西、云南；越南，老挝，印度，缅甸，尼泊尔，菲律宾，马来西亚，新加坡，印度尼西亚等。

337. 锯眼蝶属 *Elymnias* Hübner, 1818

（681）翠袖锯眼蝶 *Elymnias hypermnestra* (Linnaeus, 1763)

分布：广东（英德、深圳、中山）、湖北、福建、台湾、海南、广西、云南等；南亚，东南亚。

338. 矩环蝶属 *Enispe* Doubleday, 1848

（682）月纹矩环蝶 *Enispe lunata* Leech, 1891

分布：广东（英德、乳源）、福建、海南、四川、云南。

339. 蛱蝶属 *Ergolis* Boisduval, 1836

（683）蓖麻蛱蝶 *Ergolis ariadne pallidior* Fruhstorfer, 1899

分布：广东（中山）、台湾等。

340. 紫斑蝶属 *Euploea* Fabricius, 1807

（684）幻紫斑蝶 *Euploea core* (Cramer, 1780)

分布：广东（深圳、中山）、台湾、海南、广西、云南；印度，缅甸，尼泊尔，斯里兰卡，菲律宾，马来西亚，印度尼西亚等。

（685）蓝点紫斑蝶 *Euploea midamus* (Linnaeus, 1758)

分布：广东（英德、乳源、深圳、中山）、浙江、江西、福建、海南、广西、云南等；越南，泰国，印度，缅甸，尼泊尔，菲律宾，马来西亚，印度尼西亚等。

（686）异型紫斑蝶 *Euploea mulciber* (Cramer, 1777)

分布：广东（英德、深圳、中山）、台湾、西藏等；印度东部，缅甸，尼泊尔，不丹，菲律宾，马来西亚，印度尼西亚，孟加拉国等。

（687）斯氏紫斑蝶 *Euploea sylvester* (Fabricius, 1793)

分布：广东（中山）、台湾等。

（688）妒丽紫斑蝶 *Euploea tulliola* (Fabricius, 1793)

分布：广东（英德）、江西、福建、台湾、海南、广西、云南等；澳大利亚东北部，巴布亚新几内亚，所罗门群岛，斐济；东南亚。

341. 芒蛱蝶属 *Euripus* Doubleday, 1848

（689）芒蛱蝶 *Euripus nyctelius* (Doubleday, 1845)

分布：广东（英德、乳源、深圳）、江西、福建、海南、香港、广西、云南；越南，泰国，印度，缅甸，马来西亚等。

342. 翠蛱蝶属 *Euthalia* Hübner, [1819]

（690）矛翠蛱蝶 *Euthalia aconthea* (Cramer, 1777)

分布：广东（乳源、中山）、浙江、福建、海南、四川、云南等；泰国，印度，斯里兰卡，马来西亚。

（691）锯翠蛱蝶 *Euthalia alpherakyi* Oberthür, 1907

分布：广东（乳源）、四川。

（692）鹰翠蛱蝶 *Euthalia anosia* (Moore, 1858)

分布：广东（乳源）、陕西、浙江、江西、湖南、福建、四川、云南；泰国，印度，印度尼西亚。

（693）褐蓓翠蛱蝶 *Euthalia hebe* Leech, 1891

分布：广东（乳源）、四川。

（694）伊瓦贝翠蛱蝶 *Euthalia iva* Moore, 1857

分布：广东（乳源）；越南，印度，缅甸。

（695）黄翅翠蛱蝶 *Euthalia kosempona* Fruhstorfer, 1908

分布：广东（英德、乳源）、浙江、湖北、江西、湖南、福建、台湾、四川、云南；越南，老挝，泰国，印度，马来西亚。

（696）红斑翠蛱蝶 *Euthalia lubentina* (Cramer, 1777)

分布：广东（英德、乳源、深圳）、福建、海南、香港、广西、云南；越南，老挝，泰国，印度，缅甸，马来西亚等。

（697）暗斑翠蛱蝶 *Euthalia monina* (Fabricius, 1787)

分布：广东（乳源）、海南、广西、云南；泰国，印度，印度尼西亚。

（698）黄铜翠蛱蝶 *Euthalia nara* (Moore, 1859)

分布：广东（乳源）、广西、四川、云南；印度，缅甸，尼泊尔，不丹。

（699）绿裙边翠蛱蝶 *Euthalia niepelti* Strand, 1916

分布：广东（乳源、深圳、中山）、浙江、福建、海南、广西、云南；越南，泰国，印度，缅甸，马来西亚。

（700）峨嵋翠蛱蝶 *Euthalia omeia* Leech, 1891

分布：广东（乳源）、四川。

（701）黄带翠蛱蝶 *Euthalia patala* (Kollar, [1844])

分布：广东（乳源）；泰国，印度，缅甸，尼泊尔。

（702）尖翅翠蛱蝶 *Euthalia phemius* (Doubleday, 1848)

分布：广东（英德、乳源、深圳、中山）、海南、广西、云南；越南，泰国，印度，缅甸，马来西亚。

（703）珀翠蛱蝶 *Euthalia pratti* Leech, 1891

分布：广东（英德、乳源）、甘肃、安徽、浙江、湖北、湖南、福建、重庆、四川、云南；越南。

（704）链斑翠蛱蝶 *Euthalia sahadeva* (Moore, 1859)

分布：广东（乳源）、云南；印度，缅甸，尼泊尔，不丹。

（705）捻带翠蛱蝶 *Euthalia strephon* Grose–Smith, 1893

分布：广东（英德、乳源）、浙江、福建、海南、广西、重庆、四川、西藏；老挝，泰国，缅甸。

（706）西藏翠蛱蝶 *Euthalia thibetana* (Poujade, 1885)

分布：广东（乳源）、河南、陕西、台湾、海南、贵州、云南。

（707）波纹翠蛱蝶 *Euthalia undosa* Fruhstorfer, 1906

分布：广东（乳源）、浙江、福建、四川。

343. 串珠环蝶属 *Faunis* Hübner, [1819]

（708）灰翅串珠环蝶 *Faunis aerope* (Leech, 1890)

分布：广东（英德、乳源）、陕西、甘肃、浙江、湖北、湖南、福建、海南、广西、四川、贵州、云南等；越南，老挝，泰国，缅甸。

（709）串珠环蝶 *Faunis eumeus* (Drury, 1773)

分布：广东（英德、深圳）、台湾、海南、香港、广西、四川、云南等；越南，老挝，柬埔寨，泰国，印度，缅甸等。

344. 白蛱蝶属 *Helcyra* Felder, 1860

（710）傲白蛱蝶 *Helcyra superba* Leech, 1890

分布：广东（英德、乳源）、陕西、浙江、湖北、江西、福建、台湾、四川。

（711）银白蛱蝶 *Helcyra subalba* (Poujade, 1885)

分布：广东（英德、乳源）、河南、陕西、浙江、江西、福建、广西、四川、贵州、云南等。

345. 睛眼蝶属 *Hemadara* Moore, 1893

（712）杂色睛眼蝶 *Hemadara narasingha* Moore, 1893

分布：广东（英德）、西藏；越南，老挝，不丹。

346. 脉蛱蝶属 *Hestina* Westwood, ［1850］

（713）黑脉蛱蝶 *Hestina assimilis* (Linnaeus, 1758)

分布：广东（英德、深圳、中山）、黑龙江、辽宁、北京、河北、山西、山东、河南、陕西、甘肃、浙江、湖北、江西、湖南、福建、台湾、广西、四川、贵州、云南、西藏等；韩国，朝鲜，日本。

347. 斑蛱蝶属 *Hypolimnas* Hübner, ［1819］

（714）幻紫斑蛱蝶 *Hypolimnas bolina* (Linnaeus, 1758)

分布：广东（英德、乳源、深圳、中山）、浙江、江西、福建、台湾、海南、香港、广西、四川、云南；泰国，印度，缅甸，马来西亚，印度尼西亚，孟加拉国，巴基斯坦等。

（715）金斑蛱蝶 *Hypolimnas misippus* (Linnaeus, 1764)

分布：广东（深圳、中山）、山西、陕西、浙江、福建、台湾、云南等；日本，印度，澳大利亚；非洲，南美洲等。

348. 旖斑蝶属 *Ideopsis* Horsfield, 1857

（716）拟旖斑蝶 *Ideopsis similis* (Linnaeus, 1758)

分布：广东（英德、乳源、深圳、中山）、浙江、湖北、江西、福建、台湾、海南、广西、云南等；斯里兰卡，印度尼西亚，缅甸，泰国，新加坡，马来西亚；琉球群岛。

349. 眼蛱蝶属 *Junonia* Hübner, ［1819］

（717）美眼蛱蝶 *Junonia almana* (Linnaeus, 1758)

分布：广东（英德、深圳、中山）、北京、河北、河南、陕西、青海、江苏、浙江、湖北、江西、福建、台湾、海南、香港、广西、四川、云南、西藏等；日本，越南，老挝，柬埔寨，泰国，印度，缅甸，尼泊尔，不丹，斯里兰卡，马来西亚，印度尼西亚，孟加拉国，巴基斯坦。

（718）波纹眼蛱蝶 *Junonia atlites* Linnaeus, 1763

分布：广东（英德、深圳、中山）、台湾、海南、广西、四川、云南、西藏；泰国，印度，缅甸，斯里兰卡，马来西亚。

（719）黄裳眼蛱蝶 *Junonia hierta* (Fabricius, 1798)

分布：广东（英德、乳源、深圳）、海南、四川、云南；泰国，印度，缅甸，斯里兰卡。

（720）钩翅眼蛱蝶 *Junonia iphita* (Cramer, 1779)

分布：广东（英德、深圳、中山）、河北、江苏、浙江、江西、湖南、台湾、海南、香港、广西、四川、云南、西藏；越南，老挝，泰国，印度，缅甸，尼泊尔，不丹，斯里兰卡，印度尼西亚，孟加拉国，新加坡，马来西亚。

（721）蛇眼蛱蝶 *Junonia lemonias* (Linnaeus, 1758)

分布：广东（英德、乳源、深圳、中山）、福建、台湾、海南、香港、广西、云南；越南，泰国，印度，缅甸，菲律宾，马来西亚。

（722）翠蓝眼蛱蝶 *Junonia orithya* (Linnaeus, 1758)

分布：广东（英德、深圳、中山）、河南、陕西、浙江、湖北、江西、湖南、福建、台湾、香港、广西、云南等；日本，越南，老挝，柬埔寨，泰国，印度，缅甸，尼泊尔，不丹，斯里兰卡，菲律宾，马来西亚，印度尼西亚，澳大利亚；西亚，非洲，南美洲中北部，北美洲南部等。

350. 枯叶蛱蝶属 *Kallima* Doubleday, ［1849］

（723）枯叶蛱蝶 *Kallima inachus* (Boisduval, 1836)

分布：广东（英德、中山）、陕西、江苏、浙江、湖北、江西、湖南、福建、台湾、海南、广西、四川、贵州、云南、西藏等；日本，越南，泰国，印度，缅甸等。

351. 琉璃蛱蝶属 *Kaniska* **Moore, [1899]**

（724）琉璃蛱蝶 *Kaniska canace* (Linnaeus, 1763)

分布：广东（英德、深圳、中山）、陕西、江苏、浙江、湖北、江西、湖南、福建、台湾、海南、广西、四川、贵州、云南、西藏等；朝鲜，日本，越南，泰国，印度，缅甸，菲律宾，马来西亚，印度尼西亚等。

352. 积蛱蝶属 *Lelecella* **Hemming, 1939**

（725）累积蛱蝶 *Lelecella limenitoides* (Oberthür, 1890)

分布：广东（乳源）、河南、陕西、四川。

353. 律蛱蝶属 *Lexias* **Boisduval, 1832**

（726）蓝豹律蛱蝶 *Lexias cyanipardus* (Butler, 1869)

分布：广东（乳源、中山）、海南、广西；泰国，印度，马来西亚等。

（727）黑角律蛱蝶 *Lexias dirtea* (Fabricius, 1793)

分布：广东（英德、乳源）、云南；印度，菲律宾，马来西亚等。

（728）小豹律蛱蝶 *Lexias pardalis* (Moore, 1878)

分布：广东（乳源、深圳）、海南、云南；泰国，印度，缅甸，马来西亚，印度尼西亚等。

354. 黛眼蝶属 *Lethe* **Hübner,〔1819〕**

（729）圆翅黛眼蝶 *Lethe butleri* Leech, 1889

分布：广东（英德、乳源）、河南、陕西、浙江、湖北、江西、福建、台湾、广西、重庆、四川等。

（730）曲纹黛眼蝶 *Lethe chandica* (Moore, 1858)

分布：广东（英德、乳源、深圳、中山）、浙江、福建、台湾、海南、广西、四川、云南、西藏等；越南，老挝，泰国，印度，缅甸，菲律宾，马来西亚，新加坡，印度尼西亚，孟加拉国。

（731）棕褐黛眼蝶 *Lethe christophi* Leech, 1891

分布：广东（英德、乳源）、浙江、湖北、江西、福建、台湾、四川、云南、西藏。

（732）白带黛眼蝶 *Lethe confusa* (Aurivillius, 1898)

分布：广东（英德、乳源、深圳、中山）、浙江、江西、福建、海南、广西、四川、贵州、云南等；越南，老挝，柬埔寨，泰国，印度，缅甸，尼泊尔，马来西亚，印度尼西亚。

（733）苔娜黛眼蝶 *Lethe diana* (Butler, 1866)

分布：广东（乳源、中山）、河北、河南、陕西、浙江、江西等；台湾，朝鲜，日本。

（734）黛眼蝶 *Lethe dura* (Marshall, 1882)

分布：广东（英德、乳源）、陕西、浙江、湖北、江西、福建、台湾、四川、云南；越南，老挝，柬埔寨，泰国，印度，不丹等。

（735）长纹黛眼蝶 *Lethe europa* (Fabricius, 1775)

分布：广东（英德、乳源、深圳、中山）、浙江、江西、福建、台湾、广西、云南、西藏等；

越南，老挝，柬埔寨，泰国，印度，缅甸，尼泊尔，不丹，菲律宾，马来西亚，新加坡，印度尼西亚，孟加拉国，巴基斯坦。

（736）李斑黛眼蝶 *Lethe gemima* Leech, 1891

分布：广东（英德、乳源）、浙江、福建、台湾、广西、四川、云南等；越南，印度。

（737）宽带黛眼蝶 *Lethe helena* Leech, 1891

分布：广东（乳源）、浙江、四川、云南。

（738）深山黛眼蝶 *Lethe insana* (Kollar, 1844)

分布：广东（英德、乳源）、浙江、江西、福建、台湾、海南、广西、四川、云南等；越南，老挝，泰国，印度，缅甸，马来西亚等。

（739）直带黛眼蝶 *Lethe lanaris* Butler, 1877

分布：广东（英德、乳源）、河南、陕西、甘肃、浙江、湖北、江西、福建、海南、广西、重庆、四川；越南，老挝。

（740）罗丹黛眼蝶 *Lethe laodamia* Leech, 1891

分布：广东（乳源）、陕西、江西、四川。

（741）侧带黛眼蝶 *Lethe latiaris* (Hewitson, 1863)

分布：广东（乳源）、福建。

（742）门左黛眼蝶 *Lethe manzorum* (Poujade, 1884)

分布：广东（乳源）、陕西、湖北、江西、四川。

（743）边纹黛眼蝶 *Lethe marginalis* Motschulsky, 1860

分布：广东（乳源）、河南、陕西、浙江、湖北、江西；朝鲜，日本。

（744）马太黛眼蝶 *Lethe mataja* Fruhstorfer, 1908

分布：广东（乳源）、台湾。

（745）三楔黛眼蝶 *Lethe mekara* Moore, 1858

分布：广东（英德、乳源）、浙江、福建、广西、云南、西藏；越南，老挝，泰国，印度，缅甸，马来西亚。

（746）珠连黛眼蝶 *Lethe monilifera* Oberthür, 1923

分布：广东（乳源）、四川。

（747）八目黛眼蝶 *Lethe oculatissima* (Poujade, 1885)

分布：广东（乳源）、浙江、四川。

（748）波纹黛眼蝶 *Lethe rohria* (Fabricius, 1787)

分布：广东（英德、乳源、深圳、中山）、浙江、福建、台湾、海南、香港、广西、四川、云南等；越南，老挝，柬埔寨，泰国，印度，缅甸，尼泊尔，不丹，斯里兰卡，马来西亚，新加坡，印度尼西亚，孟加拉国，巴基斯坦。

（749）蛇神黛眼蝶 *Lethe satyrina* Butler, 1871

分布：广东（英德、乳源）、河南、陕西、上海、浙江、湖北、江西、福建、广西、四川、贵州；印度，缅甸。

（750）细黛眼蝶 *Lethe siderea* Marshall, 1881

分布：广东（乳源）、江西、台湾、四川、云南；印度，缅甸。

（751）尖尾黛眼蝶 *Lethe sinorix* (Hewitson, 1863)

分布：广东（英德、乳源）、浙江、福建、广西、西藏；越南，老挝，泰国，印度，缅甸，马来西亚。

（752）连纹黛眼蝶 *Lethe syrcis* (Hewsitson, 1863)

分布：广东（英德、乳源）、黑龙江、河南、陕西、江西、福建、广西、重庆、四川、云南等；老挝。

（753）泰姐黛眼蝶 *Lethe titania* Leech, 1891

分布：广东（乳源）、江西、四川。

（754）重瞳黛眼蝶 *Lethe trimacula* Leech, 1890

分布：广东（英德、乳源）、浙江、湖北、江西、湖南、四川、贵州、云南。

（755）玉带黛眼蝶 *Lethe verma* (Kollar, 1844)

分布：广东（英德、乳源、中山）、浙江、江西、福建、台湾、海南、广西、四川、云南等；越南，印度，马来西亚等。

（756）文娣黛眼蝶 *Lethe vindhya* (C. Felder *et* R. Felder, 1859)

分布：广东（英德、乳源）、海南；越南，老挝，印度，缅甸，不丹，马来西亚。

（757）紫线黛眼蝶 *Lethe violaceopicta* (Poujade, 1884)

分布：广东（乳源）、陕西、浙江、江西、福建、四川；印度，缅甸。

355. 喙蝶属 *Libythea* Fabricius, 1807

（758）朴喙蝶 *Libythea celtis* (Laicharting, 1782)

分布：广东（英德、乳源）、黑龙江、辽宁、北京、河北、山西、河南、陕西、甘肃、浙江、湖北、江西、福建、台湾、广西、四川等；朝鲜，日本，泰国，印度，缅甸，斯里兰卡；欧洲等。

356. 线蛱蝶属 *Limenitis* Fabricius, 1807

（759）杨眉线蛱蝶 *Limenitis helmanni* Lederer, 1853

分布：广东（乳源）等；朝鲜。

（760）戟眉线蛱蝶 *Limenitis homeyeri* Tancré, 1881

分布：广东（乳源）、黑龙江、云南；朝鲜。

（761）拟戟眉线蛱蝶 *Limenitis misuji* Sugiyama, 1994

分布：广东（英德）、甘肃、浙江、湖北、江西、湖南、福建、四川。

（762）残锷线蛱蝶 *Limenitis sulpitia* (Cramer, 1779)

分布：广东（英德、深圳、中山）、河南、江苏、浙江、湖北、江西、福建、台湾、海南、广西、四川等；越南，泰国，印度，缅甸等。

（763）折线蛱蝶 *Limenitis sydyi* Lederer, 1853

分布：广东（乳源）等；俄罗斯，朝鲜。

357. 舜眼蝶属 *Loxerebia* Watkins, 1925

（764）白瞳舜眼蝶 *Loxerebia saxicola* (Oberthür, 1876)

分布：广东（乳源）、浙江、江西、广西、云南。

358. 丽眼蝶属 *Mandarinia* Leech，〔1892〕

（765）蓝斑丽眼蝶 *Mandarinia regalis* (Leech, 1889)

分布：广东（英德、乳源）、河南、陕西、江苏、安徽、浙江、湖北、江西、福建、海南、四川；越南，老挝，泰国，缅甸等。

359. 暮眼蝶属 *Melanitis* Fabricius, 1807

（766）稻暮眼蝶 *Melanitis leda* (Linnaeus, 1758)

分布：广东（英德、深圳、中山）、山东、河南、陕西、浙江、湖北、江西、湖南、福建、台湾、海南、广西、四川、云南等；日本，澳大利亚；东南亚，非洲。

（767）睇暮眼蝶 *Melanitis phedima* (Cramer, 1780)

分布：广东（英德、乳源、深圳、中山）、江西、福建、台湾、海南、广西、贵州、云南、西藏等；越南，泰国，印度，缅甸。

360. 迷蛱蝶属 *Mimathyma* Moore，〔1896〕

（768）环带迷蛱蝶海南亚种 *Mimathyma ambica* (Kollar, 1844)

分布：广东（中山）、海南等；泰国，印度，印度尼西亚等。

（769）迷蛱蝶 *Mimathyma chevana* (Moore, 1866)

分布：广东（乳源）、河南、陕西、浙江、湖北、江西、福建、四川、云南。

（770）白斑迷蛱蝶 *Mimathyma schrenckii* (Ménétriès, 1859)

分布：广东（深圳）、黑龙江、吉林、河北、山西、河南、陕西、甘肃、浙江、湖北、福建、四川、云南；俄罗斯，朝鲜。

361. 穆蛱蝶属 *Moduza* Moore, 1881

（771）穆蛱蝶 *Moduza procris* (Cramer, 1777)

分布：广东（英德、乳源、中山）、海南、广西、云南等；越南，泰国，印度，缅甸，斯里兰卡，菲律宾，马来西亚，印度尼西亚。

362. 眉眼蝶属 *Mycalesis* Hübner, 1818

（772）君子眉眼蝶 *Mycalesis anaxias* Hewitson, 1862

分布：广东（乳源）、海南；印度。

（773）拟稻眉眼蝶 *Mycalesis francisca* (Stoll, 1780)

分布：广东（乳源、中山）、河南、陕西、浙江、江西、福建、台湾、海南、广西；朝鲜，日本。

（774）稻眉眼蝶 *Mycalesis gotama* Moore, 1857

分布：广东（英德、乳源、中山）、河南、陕西、浙江、湖北、江西、湖南、福建、台湾、海南、广西、西藏等；朝鲜，日本，越南，泰国，印度，缅甸等。

（775）小眉眼蝶 *Mycalesis mineus* (Linnaeus, 1758)

分布：广东（乳源、深圳、中山）、浙江、湖北、江西、福建、台湾、海南、广西、四川、云南；印度，尼泊尔，印度尼西亚，伊朗，缅甸，泰国，新加坡，马来西亚。

（776）密纱眉眼蝶 *Mycalesis misenus* de Nicéville, 1889

分布：广东（英德、乳源）、浙江、福建、广西、四川、云南等；泰国，印度，缅甸。

（777）平顶眉眼蝶 *Mycalesis panthaka* Fruhstorfer, 1909

分布：广东（英德、乳源、深圳、中山）、江西、福建、台湾、海南、香港、广西、四川、云南等；东南亚。

（778）斯眉眼蝶 *Mycalesis perseus* (Fabricius, 1775)

分布：广东（乳源）、广西、福建、云南；澳大利亚；南亚，东南亚。

（779）僧袈眉眼蝶 *Mycalesis sangaica* Butler, 1877

分布：广东（英德、乳源、中山）、浙江、江西、福建、台湾、海南、广西、四川、云南；蒙古国，印度东北部，缅甸。

（780）圆翅眉眼蝶 *Mycalesis suaveolens* Wood–Mason *et* De Nicéville, 1883

分布：广东（乳源）、台湾；印度，缅甸。

363. 荫眼蝶属 *Neope* Moore, ［1866］

（781）阿芒荫眼蝶 *Neope armandii* (Oberthür, 1876)

分布：广东（乳源）、浙江、福建、四川、云南；泰国，印度。

（782）布莱荫眼蝶 *Neope bremeri* (Felder *et* Felder, 1862)

分布：广东（英德、乳源）、河南、陕西、安徽、浙江、湖北、江西、福建、台湾、广西、四川、云南等。

（783）蒙链荫眼蝶 *Neope muirheadii* (Felder *et* Felder, 1862)

分布：广东（英德、乳源、深圳、中山）、河南、陕西、江苏、上海、浙江、湖北、江西、湖南、福建、台湾、海南、四川、贵州、云南等；越南，老挝，印度，缅甸等。

（784）迷荫眼蝶 *Neope obscura* Wang *et* Fan, 1999

分布：广东（乳源）。

（785）黄斑荫眼蝶 *Neope pulaha* (Moore, 1858)

分布：广东（英德、乳源）、河南、陕西、浙江、福建、台湾、海南、广西、四川、云南、西藏等；老挝，印度，缅甸，不丹。

（786）丝链荫眼蝶 *Neope yama* (Moore, 1858)

分布：广东（乳源）、河南、浙江、湖北、四川、云南；印度，缅甸。

364. 凤眼蝶属 *Neorina* Westood, ［1850］

（787）凤眼蝶 *Neorina patria* Leech, 1891

分布：广东（英德、乳源）、湖北、江西、福建、广西、四川、云南、西藏等；越南，老挝，泰国，印度，缅甸等。

365. 环蛱蝶属 *Neptis* Fabricius, 1807

（788）阿环蛱蝶 *Neptis ananta* Moore, 1858

分布：广东（英德、乳源）、安徽、浙江、江西、福建、广西、四川、云南、西藏等；越南，老挝，泰国，印度，缅甸，尼泊尔，不丹，马来西亚等。

（789）羚环蛱蝶 *Neptis antilope* Leech, 1890

分布：广东（英德、乳源）、河北、山西、河南、陕西、浙江、湖北、湖南、四川、云南等。

（790）矛环蛱蝶 *Neptis armandia* (Oberthür, 1876)

分布：广东（乳源）、陕西、浙江、江西、广西、四川、云南；印度等。

（791）折环蛱蝶 *Neptis beroe* Leech, 1890

分布：广东（英德、乳源）、河南、陕西、安徽、浙江、湖北、重庆、四川、云南等；缅甸。

（792）卡环蛱蝶 *Neptis cartica* Moore, 1872

分布：广东（乳源）、浙江；老挝，印度，尼泊尔，不丹等。

（793）珂环蛱蝶 *Neptis clinia* Moore, 1872

分布：广东（乳源、深圳）、浙江、福建、海南、四川、云南、西藏等；越南，印度，缅甸，马来西亚等。

（794）莲化环蛱蝶 *Neptis hesione* Leech, 1890

分布：广东（乳源）、浙江、湖北、台湾、四川等。

（795）中环蛱蝶 *Neptis hylas* (Linnaeus, 1758)

分布：广东（英德、乳源、深圳、中山）、河南、陕西、湖北、江西、福建、台湾、海南、香港、广西、重庆、四川、云南、西藏等；越南，老挝，印度，缅甸，马来西亚，印度尼西亚（苏门答腊）等。

（796）伊洛环蛱蝶 *Neptis ilos* Fruhstorfer, 1909

分布：广东（乳源）、辽宁、台湾、四川。

（797）广东环蛱蝶 *Neptis kuangtungensis* Mell, 1923

分布：广东（英德、乳源）、湖南、海南、广西、四川、云南。

（798）玛环蛱蝶 *Neptis manasa* Moore, 1858

分布：广东（英德、乳源）、安徽、浙江、湖北、湖南、福建、广西、重庆、四川、云南、西藏等；越南，老挝，泰国，印度，缅甸，尼泊尔等。

（799）弥环蛱蝶 *Neptis miah* Moore, 1857

分布：广东（英德、乳源、深圳）、甘肃、浙江、湖北、湖南、福建、台湾、海南、香港、广西、重庆、四川、云南等；老挝，泰国，印度，缅甸，不丹，马来西亚，印度尼西亚等。

（800）娜巴环蛱蝶 *Neptis namba* Tytler, 1915

分布：广东（乳源）、四川；印度，缅甸等。

（801）娜环蛱蝶 *Neptis nata* Moore, 1858

分布：广东（乳源）、台湾、海南、云南；印度，马来西亚，印度尼西亚。

（802）啡环蛱蝶 *Neptis philyra* Ménétriés, 1859

分布：广东（乳源）、黑龙江、陕西、浙江、台湾等；俄罗斯，朝鲜，日本。

（803）断环蛱蝶 *Neptis sankara* (Kollar, 1844)

分布：广东（英德、乳源）、河南、陕西、甘肃、浙江、江西、福建、台湾、广西、四川、云南、西藏等；越南，老挝，泰国，印度，缅甸，尼泊尔，马来西亚，印度尼西亚等。

（804）小环蛱蝶 *Neptis sappho* (Pallas, 1771)

分布：广东（乳源、中山）、北京、河南、陕西、福建、台湾、广西、云南；朝鲜，日本，印度，巴基斯坦等。

（805）中华卡环蛱蝶 *Neptis sinocartica* Chou *et* Wang, 1994

    分布：广东（乳源）、广西。

（806）娑环蛱蝶 *Neptis soma* Moore, 1858

    分布：广东（英德、乳源、深圳）、台湾、四川、云南等；印度，缅甸，马来西亚，印度尼西亚等。

（807）司环蛱蝶 *Neptis speyeri* Staudinger, 1887

    分布：广东（英德、乳源）、黑龙江、吉林、辽宁、浙江、福建、广西、贵州、云南等；俄罗斯，朝鲜，韩国，越南。

（808）黄环蛱蝶 *Neptis themis* (Leech, 1890)

    分布：广东（乳源）、甘肃、湖北、四川、云南等。

（809）提环蛱蝶 *Neptis thisbe* (Ménétriés, 1859)

    分布：广东（乳源）、辽宁、河南、陕西、四川等；俄罗斯，朝鲜。

（810）耶环蛱蝶 *Neptis yerburii* Butler, 1886

    分布：广东（英德）、陕西、安徽、浙江、湖北、江西、福建、重庆、四川、西藏等；泰国，印度，缅甸，巴基斯坦等。

366. 豹眼蝶属 *Nosea* Koiwaya, 1993

（811）豹眼蝶 *Nosea hainanensis* Koiwaya, 1993

    分布：广东（英德、乳源）、福建、海南、广西。

367. 奥眼蝶属 *Orsotriaena* Wallengren, 1858

（812）奥眼蝶 *Orsotriaena medus* (Fabricius, 1775)

    分布：广东（乳源）、海南、广西、云南；印度。

368. 古眼蝶属 *Palaeonympha* Butler, 1871

（813）古眼蝶 *Palaeonympha opalina* Butler, 1871

    分布：广东（英德、乳源）、河南、陕西、浙江、湖北、江西、台湾、四川；印度。

369. 蟠蛱蝶属 *Pantoporia* Hübner, ［1819］

（814）金蟠蛱蝶 *Pantoporia hordonia* (Stoll, 1790)

    分布：广东（英德、乳源、深圳、中山）、福建、台湾、海南、香港、广西、四川、云南；泰国，印度，缅甸，尼泊尔，斯里兰卡，马来西亚，印度尼西亚等。

（815）鹬蟠蛱蝶 *Pantoporia paraka* (Butler, 1879)

    分布：广东（乳源）、海南；印度，缅甸，马来西亚，印度尼西亚等。

370. 绢斑蝶属 *Parantica* Moore, ［1880］

（816）绢斑蝶 *Parantica aglea* (Stoll, 1782)

    分布：广东（英德、乳源、深圳、中山）、江西、福建、台湾、海南、广西、四川、云南、西藏等；印度，斯里兰卡，缅甸，泰国，新加坡，马来西亚等。

（817）黑绢斑蝶 *Parantica melaneus* (Cramer, 1775)

    分布：广东（英德、乳源、深圳）、浙江、江西、台湾、海南、广西、四川、云南、西藏等；越南，老挝，柬埔寨，泰国，印度，缅甸，尼泊尔，不丹，马来西亚，印度尼西亚，孟加拉国。

（818）大绢斑蝶 *Parantica sita* (Kollar, 1844)

分布：广东（英德、乳源、中山）、湖南、福建、台湾、海南、广西、四川、云南、西藏等；朝鲜，日本，菲律宾，印度尼西亚，阿富汗；南亚，东南亚。

371. 徘蛱蝶属 *Parasarpa* Moore，〔1898〕

（819）白斑徘蛱蝶 *Parasarpa albomaculata* (Leech, 1891)

分布：广东（乳源）、陕西、四川。

（820）Y纹徘蛱蝶 *Parasarpa dudu* (Doubleday, 1848)

分布：广东（乳源、深圳、中山）、台湾、海南、云南等；泰国，印度，缅甸，不丹。

372. 斑眼蝶属 *Penthema* Doubleday, 1848

（821）白斑眼蝶 *Penthema adelma* (Felder *et* Felder, 1862)

分布：广东（英德、乳源）、陕西、浙江、湖北、江西、福建、台湾、广西、四川、西藏。

373. 菲蛱蝶属 *Phaedyma* Felder, 1861

（822）蔼菲蛱蝶 *Phaedyma aspasia* (Leech, 1890)

分布：广东（乳源）、浙江、四川、云南；缅甸，不丹。

（823）柱菲蛱蝶 *Phaedyma columella* (Cramer, 1780)

分布：广东（乳源、深圳、中山）、河南、浙江、湖北、江西、福建、台湾、海南、广西、四川等；印度，缅甸，越南等。

374. 珐蛱蝶属 *Phalanta* Horsfield, 1829

（824）珐蛱蝶 *Phalanta phalantha* (Drury, 1773)

分布：广东（乳源、深圳、中山）、福建、台湾、海南、广西、四川、云南；日本，越南，泰国，印度，缅甸，斯里兰卡。

375. 钩蛱蝶属 *Polygonia* Hübner，〔1819〕

（825）黄钩蛱蝶 *Polygonia c-aureum* (Linnaeus, 1758)

分布：广东（英德、乳源、深圳、中山）等；蒙古国，朝鲜，日本，越南，俄罗斯（西伯利亚）。

376. 尾蛱蝶属 *Polyura* Billberg, 1820

（826）凤尾蛱蝶 *Polyura arja* (Felder *et* Felder, 1867)

分布：广东（乳源、深圳、中山）、福建、海南、广西、四川、云南；越南，泰国，印度，缅甸，马来西亚。

（827）窄斑凤尾蛱蝶 *Polyura athamas* (Drury, 1773)

分布：广东（乳源、深圳、中山）、海南、广西、云南等；越南，泰国，缅甸，马来西亚。

（828）大二尾蛱蝶 *Polyura eudamippus* (Doubleday, 1843)

分布：广东（英德、乳源、深圳）、浙江、湖北、江西、湖南、福建、台湾、海南、广西、四川、贵州、云南、西藏；日本，越南，老挝，泰国，印度，缅甸，马来西亚等。

（829）二尾蛱蝶 *Polyura narcaeus* (Hewitson, 1854)

分布：广东（英德、深圳）、河北、山西、山东、河南、陕西、甘肃、江苏、浙江、湖北、江西、湖南、福建、台湾、广西、四川、贵州、云南等；韩国，朝鲜，日本，越南，泰国，印度，缅甸，尼泊尔，马来西亚，巴基斯坦等。

（830）忘忧尾蛱蝶 *Polyura nepenthes* (Grose-Smith, 1883)

分布：广东（英德、乳源、深圳、中山）、浙江、江西、福建、海南、广西、四川、云南等；越南，老挝，泰国，印度，缅甸，尼泊尔，不丹。

377. 璞蛱蝶属 *Prothoe* Hübner, 1824

（831）璞蛱蝶 *Prothoe franck* (Godart, 1824)

分布：广东（乳源）、广西、四川、云南；泰国，菲律宾，马来西亚，印度尼西亚。

378. 网眼蝶属 *Rhaphicera* Butler, 1867

（832）网眼蝶 *Rhaphicera dumicola* (Oberthür, 1876)

分布：广东（乳源）、河南、陕西、浙江、湖北、江西、四川。

379. 罗蛱蝶属 *Rohana* Moore, ［1880］

（833）罗蛱蝶 *Rohana parisatis* (Westwood, 1850)

分布：广东（英德、乳源、深圳、中山）、福建、海南、香港、广西、四川、云南等；越南，老挝，泰国，印度，缅甸，马来西亚，印度尼西亚等。

380. 紫蛱蝶属 *Sasakia* Moore, ［1896］

（834）大紫蛱蝶 *Sasakia charonda* (Hewitson, 1863)

分布：广东（英德、乳源）、黑龙江、北京、河北、山西、河南、陕西、浙江、湖北、台湾；韩国，朝鲜，日本。

（835）黑紫蛱蝶 *Sasakia funebris* (Leech, 1891)

分布：广东（英德、乳源）、陕西、甘肃、浙江、福建、四川、云南。

381. 帅蛱蝶属 *Sephisa* Moore, 1882

（836）黄帅蛱蝶 *Sephisa princeps* (Fixsen, 1887)

分布：广东（乳源）、黑龙江、河南、陕西、甘肃、浙江、福建、四川。

382. 饰蛱蝶属 *Stibochiona* Butler, ［1869］

（837）素饰蛱蝶 *Stibochiona nicea* (Gray, 1846)

分布：广东（英德、乳源）、浙江、江西、湖南、福建、海南、广西、四川、云南、西藏等；越南，老挝，泰国，印度，缅甸，尼泊尔，不丹，马来西亚等。

383. 箭环蝶属 *Stichophthalma* C. Felder *et* R. Felder, 1862

（838）箭环蝶 *Stichophthalma howqua* (Westwood, 1851)

分布：广东（英德、乳源）、陕西、安徽、湖北、江西、福建、台湾、海南、广西、四川、贵州、云南等；越南，老挝，泰国，印度，缅甸。

（839）双星箭环蝶 *Stichophthalma neumogeni* Leech, 1892

分布：广东（英德、乳源）、陕西、浙江、湖北、江西、湖南、海南、四川、云南等；越南。

（840）华西箭环蝶 *Stichophthalma suffusa* Leech, 1892

分布：广东（英德）、湖北、江西、湖南、福建、广西、重庆、四川、贵州、云南；越南。

384. 盛蛱蝶属 *Symbrenthia* Hübner, ［1819］

（841）黄豹盛蛱蝶 *Symbrenthia brabira* Moore, 1872

分布：广东（英德、乳源）、浙江、湖北、江西、福建、台湾、广西、重庆、四川、贵州、云南、西藏等；泰国，印度，缅甸，尼泊尔，不丹，孟加拉国等。

（842）花豹盛蛱蝶 *Symbrenthia hypselis* (Godart, 1824)

分布：广东（英德、乳源）、广西、云南；印度，缅甸，马来西亚，印度尼西亚。

（843）散纹盛蛱蝶 *Symbrenthia lilaea* (Hewitson, 1864)

分布：广东（英德、乳源、深圳、中山）、浙江、湖北、江西、福建、台湾、海南、香港、广西、重庆、四川、贵州、云南、西藏等；越南，老挝，泰国，印度，缅甸，菲律宾，马来西亚，印度尼西亚等。

385. 玳蛱蝶属 *Tanaecia* Butler, 1869

（844）绿裙玳蛱蝶 *Tanaecia julii* (Lesson, 1837)

分布：广东（乳源）、海南、广西、云南；泰国，马来西亚，印度尼西亚。

386. 猫蛱蝶属 *Timelaea* Lucas, 1883

（845）白裳猫蛱蝶 *Timelaea albescens* (Oberthür, 1886)

分布：广东（乳源）、山西、山东、浙江、福建、台湾。

387. 青斑蝶属 *Tirumala* Moore, ［1880］

（846）淡纹青斑蝶 *Tirumala limniace* (Cramer, 1775)

分布：广东（深圳、中山）、湖北、湖南、台湾、海南、广西、云南、西藏；越南，印度，缅甸，斯里兰卡，菲律宾，巴基斯坦。

（847）啬青斑蝶 *Tirumala septentrionis* (Butler, 1874)

分布：广东（英德、乳源、深圳、中山）、江西、湖南、福建、台湾、海南、广西、四川、贵州、云南等；越南，印度，阿富汗，缅甸，泰国，新加坡，马来西亚等。

388. 红蛱蝶属 *Vanessa* Fabricius, 1807

（848）小红蛱蝶 *Vanessa cardui* (Linnaeus, 1758)

分布：广东（英德、乳源、中山）等；世界广布。

（849）大红蛱蝶 *Vanessa indica* (Herbst, 1794)

分布：广东（英德、深圳、中山）等；东亚，欧洲，非洲西北部等。

389. 矍眼蝶属 *Ypthima* Hübner, 1818

（850）矍眼蝶 *Ypthima balda* (Fabricius, 1775)

分布：广东（英德、深圳、中山）、黑龙江、山西、河南、甘肃、青海、浙江、湖北、江西、湖南、福建、台湾、海南、广西、四川、西藏等；印度，缅甸，尼泊尔，不丹，马来西亚，巴基斯坦等。

（851）中华矍眼蝶 *Ypthima chinensis* Leech, 1892

分布：广东（乳源）、山东、河南、陕西、浙江、湖北、福建、广西。

（852）幽矍眼蝶 *Ypthima conjuncta* Leech, 1891

分布：广东（英德、中山）、河南、陕西、安徽、浙江、湖北、江西、湖南、福建、台湾、海南、广西、四川、贵州、云南等；南亚，东南亚。

（853）江崎矍眼蝶 *Ypthima esakii* Shirôzu, 1960

分布：广东（乳源）、台湾。

（854）拟四眼矍眼蝶 *Ypthima imitans* Elwes *et* Edwards, 1893

分布：广东（英德）、海南、香港等；越南。

（855）黎桑双眼蝶指名亚种 *Ypthima lisandra lisandra* (Cramer, 1780)

分布：广东（英德、乳源、中山）、福建、台湾、海南、广西、云南等；越南，老挝，泰国，印度，缅甸，马来西亚等。

（856）东亚矍眼蝶 *Ypthima motschulskyi* (Bremer *et* Grey, 1853)

分布：广东（乳源）、黑龙江、陕西、浙江、江西、海南、四川；朝鲜，澳大利亚。

（857）小矍眼蝶 *Ypthima nareda* (Kollar, 1844)

分布：广东（乳源）、云南；印度，缅甸，尼泊尔。

（858）前雾矍眼蝶 *Ypthima praenubila* Leech, 1891

分布：广东（英德、乳源、深圳）、安徽、浙江、福建、台湾、海南、香港、广西、四川等。

（859）大波矍眼蝶 *Ypthima tappana* Matsumura, 1909

分布：广东（乳源）、湖北、江西、台湾、海南、四川。

（860）卓矍眼蝶 *Ypthima zodia* Butler, 1871

分布：广东（乳源）、浙江、台湾、广西。

二十六、蚬蝶科 Riodinidae Grote, 1895

390. 褐蚬蝶属 *Abisara* Felder *et* Felder, 1860

（861）白点褐蚬蝶 *Abisara burnii* (de Nicéville, 1895)

分布：广东（英德、乳源）、浙江、江西、福建、台湾、海南、广西、四川；印度，缅甸等。

（862）蛇目褐蚬蝶 *Abisara echerius* (Stoll, 1790)

分布：广东（英德、乳源、深圳、中山）、浙江、福建、海南、香港、广西、四川；越南，泰国，印度，缅甸，斯里兰卡等。

（863）黄带褐蚬蝶 *Abisara fylla* (Westwood, 1851)

分布：广东（英德、乳源）、福建、海南、广西、云南；泰国，印度，缅甸等。

（864）白带褐蚬蝶 *Abisara fylloides* (Moore, 1902)

分布：广东（乳源）、浙江、湖北、江西、福建、海南、广西、四川、云南。

（865）长尾褐蚬蝶 *Abisara neophron* (Hewitson, 1861)

分布：广东（英德、乳源）、福建、广西、云南、西藏；越南，泰国，缅甸，马来西亚。

391. 尾蚬蝶属 *Dodona* Hewitson, 1861

（866）黑燕尾蚬蝶 *Dodona deodata* Hewitson, 1876

分布：广东（英德、乳源）、福建、海南、四川、云南；越南，泰国，印度，缅甸，菲律宾，马来西亚。

（867）秃尾蚬蝶 *Dodona dipoea* Hewitson, 1866

分布：广东（乳源）、海南、云南；越南，印度，缅甸。

（868）大斑尾蚬蝶 *Dodona egeon* (Westwood, 1851)

分布：广东（乳源、深圳）、福建、云南；泰国，印度，缅甸，新加坡，马来西亚。

（869）银纹尾蚬蝶 *Dodona eugenes* Bates, 1868

分布：广东（英德、乳源）、河南、浙江、江西、福建、台湾、海南、广西、四川、云南、西藏等；越南，泰国，印度，缅甸，马来西亚等。

（870）斜带缺尾蚬蝶 *Dodona ouida* (Hewitson, 1865)

分布：广东（英德、乳源）、福建、四川、云南；越南，泰国，印度，缅甸。

392. 白蚬蝶属 *Stiboges* Butler, 1876

（871）白蚬蝶 *Stiboges nymphidia* Butler, 1876

分布：广东、四川、云南；越南，泰国，缅甸，印度尼西亚。

393. 波蚬蝶属 *Zemeros* Boisduval, ［1836］

（872）波蚬蝶 *Zemeros flegyas* (Cramer, 1780)

分布：广东（英德、深圳）、新疆、浙江、湖北、江西、福建、海南、广西、四川、云南、西藏；印度，缅甸，菲律宾，马来西亚，印度尼西亚等。

二十七、灰蝶科 Lycaenidae Leach, 1815

394. 钮灰蝶属 *Acytolepis* Toxopeus, 1927

（873）钮灰蝶 *Acytolepis puspa* (Horsfield, 1828)

分布：广东（英德、深圳、中山）、江西、福建、台湾、香港、广西、四川、云南、西藏等；越南，泰国，印度，缅甸，斯里兰卡，马来西亚，印度尼西亚，澳大利亚，巴布亚新几内亚等。

395. 梳灰蝶属 *Ahlbergia* Bryk, 1946

（874）尼采梳灰蝶 *Ahlbergia nicevillei* (Leech, 1893)

分布：广东（乳源）、浙江、湖北、云南。

396. 丫灰蝶属 *Amblopala* Leech, 1893

（875）丫灰蝶 *Amblopala avidiena* (Hewitson, 1877)

分布：广东（乳源）、河南、浙江、福建、台湾；印度。

397. 安灰蝶属 *Ancema* Eliot, 1973

（876）安灰蝶 *Ancema ctesia* (Hewitson, 1865)

分布：广东（英德、乳源）、浙江、福建、台湾、海南、香港、广西、云南、西藏等；越南，泰国，印度，缅甸。

398. 翅灰蝶属 *Anthene* Doubleday, 1847

（877）尖翅灰蝶 *Anthene emolus* (Godart, 1824)

分布：广东（乳源）、海南、广西；泰国，马来西亚，新加坡。

399. 青灰蝶属 *Antigius* Sibatani *et* Ito, 1942

（878）巴青灰蝶 *Antigius butleri* (Fenton, 1882)

分布：广东（乳源）、辽宁、陕西、浙江、四川；俄罗斯，朝鲜，日本。

400. 癞灰蝶属 *Araragi* Sibatani *et* Ito, 1942

（879）杉山癞灰蝶 *Araragi sugiyamai* Matsui, 1989

分布：广东（乳源）、甘肃、浙江、湖南、贵州。

401. 娆灰蝶属 *Arhopala* Boisduval, 1832

（880）婀伊娆灰蝶 *Arhopala aida* de Nicéville, 1889

分布：广东（乳源）、海南；越南，泰国。

（881）百娆灰蝶 *Arhopala bazalus* (Hewitson, 1862)

分布：广东（乳源、深圳）、浙江、江西、福建、台湾、海南、广西；泰国，印度，缅甸，马来西亚，印度尼西亚等。

（882）碧俳娆灰蝶 *Arhopala birmana* (Moore, 1884)

分布：广东（英德、乳源）、台湾、四川；印度，缅甸。

（883）银链娆灰蝶 *Arhopala centaurus* (Fabricius, 1775)

分布：广东（乳源）、海南；越南，泰国，缅甸，马来西亚，印度尼西亚等。

（884）奇娆灰蝶 *Arhopala comica* de Nicéville, 1900

分布：广东（乳源）；泰国，缅甸。

（885）黑俳娆灰蝶 *Arhopala paraganesa* (de Nicéville, 1882)

分布：广东（乳源）、福建；泰国，印度。

（886）小娆灰蝶 *Arhopala paramuta* (de Nicéville, 1884)

分布：广东（乳源）、福建等；泰国，印度，缅甸。

（887）齿翅娆灰蝶 *Arhopala rama* (Kollar, 1848)

分布：广东（乳源、深圳）、江西、福建、广西；印度，缅甸，尼泊尔。

402. 绿灰蝶属 *Artipe* Boisduval, 1870

（888）绿灰蝶 *Artipe eryx* (Linnaeus, 1771)

分布：广东（乳源、深圳）、浙江、江西、福建、台湾、海南、香港、广西、四川、贵州、云南、西藏等；日本，越南，老挝，泰国，印度，缅甸，马来西亚，印度尼西亚。

403. 拓灰蝶属 *Caleta* Fruhstorfer, 1923

（889）曲纹拓灰蝶 *Caleta roxus* (Godart, 1824)

分布：广东（乳源）、海南、广西；越南，缅甸。

404. 三尾灰蝶属 *Catapaecilma* Butler, 1879

（890）三尾灰蝶 *Catapaecilma major* Druce, 1895

分布：广东（英德、乳源）、浙江、福建、台湾、海南、广西；泰国，印度，缅甸，马来西亚。

405. 灰蝶属 *Catochrysops* Boisduval, 1832

（891）蓝咖灰蝶 *Catochrysops panormus* (Felder, 1860)

分布：广东（乳源、中山）、台湾、海南；越南，泰国，缅甸，斯里兰卡，澳大利亚。

（892）咖灰蝶 *Catochrysops strabo* (Fabricius, 1793)

分布：广东（深圳、中山）、台湾、广西、云南；泰国，印度，缅甸，马来西亚，印度尼西亚，澳大利亚等。

406. 琉璃灰蝶属 *Celastrina* Tutt, 1906

（893）琉璃灰蝶 *Celastrina argiolus* (Linnaeus, 1758)

分布：广东（乳源）、黑龙江、陕西、福建、海南、广西等。

（894）薰衣琉璃灰蝶 *Celastrina lavendularis* (Moore, 1877)

    分布：广东（中山）、福建、台湾、海南、云南等。

（895）大紫琉璃灰蝶 *Celastrina oreas* (Leech, 1893)

    分布：广东（乳源）、黑龙江、浙江、台湾、四川、云南。

407. 紫灰蝶属 *Chilades* Moore, [1881]

（896）紫灰蝶 *Chilades lajus* (Stoll, 1780)

    分布：广东（乳源、中山）、湖南、福建、台湾、海南、香港、重庆等；缅甸，菲律宾。

（897）曲纹紫灰蝶 *Chilades pandava* (Horsfield, 1829)

    分布：广东（英德、乳源、深圳、中山）、台湾、海南、香港、广西；缅甸，斯里兰卡，马来西亚，新加坡等。

408. 金灰蝶属 *Chrysozephyrus* Shirôzu *et* Yamamoto, 1956

（898）裂斑金灰蝶 *Chrysozephyrus disparatus* (Howarth, 1957)

    分布：广东（乳源）、浙江、台湾、云南；印度。

（899）谬斯金灰蝶 *Chrysozephyrus mushaellus* (Matsumura, 1938)

    分布：广东（乳源）、浙江、台湾、四川。

（900）黑角金灰蝶 *Chrysozephyrus nigroapicalis* (Howarth, 1957)

    分布：广东（乳源）、四川。

（901）娆娆金灰蝶 *Chrysozephyrus rarasanus* (Matsumura, 1939)

    分布：广东（乳源）、台湾。

（902）闪光金灰蝶 *Chrysozephyrus scintillans* (Leech, 1894)

    分布：广东（英德、乳源）、浙江、湖北、海南、广西、四川、贵州、云南等；越南。

409. 银线灰蝶属 *Cigaritis* Donzel, 1847

（903）捞针银线灰蝶 *Cigaritis lohita* (Horsfield, 1829)

    分布：广东（英德、乳源、深圳、中山）、浙江、江西、福建、台湾、海南、香港、广西、四川；越南，印度，缅甸，斯里兰卡，菲律宾，马来西亚。

（904）塞利银线灰蝶 *Cigaritis seliga* (Fruhstorfer, 1912)

    分布：广东（乳源）、海南；泰国，缅甸，马来西亚，印度尼西亚。

（905）豆粒银线灰蝶 *Cigaritis syama* (Horsfield, 1829)

    分布：广东（英德、乳源、深圳、中山）、浙江、福建、台湾、海南、香港、广西、云南等；印度，缅甸，菲律宾，马来西亚，印度尼西亚。

410. 珂灰蝶属 *Cordelia* Shirôzu *et* Yamamoto, 1956

（906）珂灰蝶 *Cordelia comes* (Leech, 1890)

    分布：广东（乳源）、河南、陕西、湖北。

（907）北协柯灰蝶 *Cordelia kitawakii* Koiwaya, 1996

    分布：广东（英德、乳源）、河南、陕西、湖北、台湾、四川。

411. 银灰蝶属 *Curetis* Hübner, ［1819］

（908）尖翅银灰蝶 *Curetis acuta* Moore, 1877

分布：广东（英德、乳源、深圳）、河南、陕西、上海、浙江、湖北、江西、湖南、福建、台湾、海南、香港、广西、四川、云南、西藏；日本，泰国，印度，缅甸。

（909）蒲银灰蝶 *Curetis bulis* (Westwood, 1852)

分布：广东（乳源）、广西、云南；越南，泰国，印度，缅甸，马来西亚。

（910）圆翅银灰蝶 *Curetis saronis* Moore, 1877

分布：广东（乳源）、海南。

412. 玳灰蝶属 *Deudorix* Hewitson, 1863

（911）玳灰蝶 *Deudorix epijarbas* (Moore, 1858)

分布：广东（广州、英德、深圳、中山）、浙江、福建、台湾、海南、香港、广西、重庆等；越南，老挝，柬埔寨，泰国，印度，缅甸，尼泊尔，不丹，斯里兰卡，菲律宾，马来西亚，印度尼西亚，孟加拉国，澳大利亚，巴布亚新几内亚。

（912）乳源玳灰蝶 *Deudorix nanlingensis* Wang *et* Fan, 1997

分布：广东（乳源）。

（913）拟燕玳灰蝶 *Deudorix pseudorapaloides* Wang *et* Chou, 1996

分布：广东（乳源）。

（914）淡黑玳灰蝶 *Deudorix rapaloides* (Naritomi, 1941)

分布：广东（乳源）、浙江、台湾、海南。

413. 轭灰蝶属 *Euaspa* Moore, 1884

（915）紫轭灰蝶 *Euaspa forsteri* (Esaki *et* Shirôzu, 1943)

分布：广东（乳源）、台湾。

（916）轭灰蝶 *Euaspa milionia* (Hewitson, 1869)

分布：广东（乳源）、台湾。

（917）塔轭灰蝶 *Euaspa tayal* (Esaki *et* Shirôzu, 1943)

分布：广东（乳源）、福建。

414. 棕灰蝶属 *Euchrysops* Butler, 1900

（918）棕灰蝶 *Euchrysops cnejus* (Fabricius, 1798)

分布：广东（深圳、中山）、江苏、福建、台湾、广西、四川；泰国，印度，缅甸，马来西亚。

415. 蓝灰蝶属 *Everes* Hübner, 1819

（919）蓝灰蝶 *Everes argiades* (Pallas, 1771)

分布：广东（乳源）、黑龙江、内蒙古、山东、陕西、江西、湖南、福建、广西、云南；日本，印度。

（920）长尾蓝灰蝶 *Everes lacturnus* (Godart, 1824)

分布：广东（英德、深圳、中山）、陕西、浙江、湖北、江西、福建、台湾、海南、香港、广西、云南等；日本，泰国，印度，斯里兰卡，澳大利亚，印度尼西亚，巴布亚新几内亚。

416. 花灰蝶属 *Flos* Doherty, 1889

（921）爱睐花灰蝶 *Flos areste* (Hewitson, 1862)

分布：广东（英德）、福建、香港及西南地区；越南，老挝等。

（922）锁铠花灰蝶 *Flos asoka* (de Nicéville, 1884)

分布：广东（乳源）等；泰国，印度，缅甸。

（923）中华花灰蝶 *Flos chinensis* (Felder *et* Felder, 1865)

分布：广东（乳源）、浙江、江西、福建、海南、广西、云南；缅甸，不丹。

417. 彩灰蝶属 *Heliophorus* (Geyer, 1832)

（924）红缘黄灰蝶 *Heliophorus epicles* (Godart, 1824)

分布：广东（乳源、英德、深圳）、海南、广西；泰国，印度尼西亚。

（925）浓紫彩灰蝶 *Heliophorus ila* (de Nicéville, 1896)

分布：广东（英德、乳源、中山）、河南、陕西、江西、福建、海南、台湾、广西、四川、云南等；泰国，印度，缅甸，不丹，马来西亚，印度尼西亚等。

（926）烤彩灰蝶 *Heliophorus kohimensis* (Tytler, 1912)

分布：广东（英德、乳源）、广西；越南，老挝，印度。

（927）斜斑彩灰蝶 *Heliophorus phoenicoparyphus* (Holland, 1887)

分布：广东、香港等。

（928）莎菲彩灰蝶 *Heliophorus saphir* (Blanchard, 1871)

分布：广东（乳源）、浙江、湖北、湖南、四川、云南。

418. 斑灰蝶属 *Horaga* Moore, 1881

（929）白斑灰蝶 *Horaga albimacula* (Wood–Mason *et* de Nicéville, 1881)

分布：广东（深圳）、台湾、香港；印度，缅甸，菲律宾，印度尼西亚等。

（930）斑灰蝶 *Horaga onyx* (Moore, 1858)

分布：广东（英德、中山）、台湾、海南、香港等；印度；东南亚。

419. 何华灰蝶属 *Howarthia* Shirôzu *et* Yamamoto, 1956

（931）陈氏何华灰蝶 *Howarthia cheni* Chou *et* Wang, 1997

分布：广东（英德、乳源）。

（932）苹果何华灰蝶 *Howarthia melli* (Forster, 1940)

分布：广东（英德、乳源）、浙江、福建、海南、广西、云南等。

420. 异灰蝶属 *Iraota* Moore, 1881

（933）铁木莱异灰蝶 *Iraota timoleon* (Stoll, 1790)

分布：广东（英德、乳源、深圳、中山）、海南、香港、广西等；泰国，印度，缅甸，斯里兰卡，马来西亚。

421. 雅灰蝶属 *Jamides* Hübner，〔1819〕

（934）白波纹小灰蝶 *Jamides alecto* (Felder, 1860)

分布：广东（英德、深圳、中山）、台湾、海南、广西；印度；东南亚。

（935）雅灰蝶 *Jamides bochus* (Stoll, 1782)

分布：广东（英德、乳源、深圳、中山）、甘肃、浙江、江西、湖南、福建、台湾、海南、香港、广西、贵州、云南；日本，印度，缅甸，印度尼西亚，澳大利亚北部。

（936）锡冷雅灰蝶 *Jamides celeno* (Cramer, 1775)

分布：广东（乳源、深圳）、台湾、海南、广西；越南，泰国，印度，菲律宾，马来西亚等。

（937）净雅灰蝶 *Jamides pura* (Moore, 1886)

分布：广东（中山）、海南等。

422. 亮灰蝶属 *Lampides* **Hübner, [1819]**

（938）亮灰蝶 *Lampides boeticus* (Linnaeus, 1767)

分布：广东（英德、深圳、中山）、河南、陕西、浙江、江西、福建、台湾、海南、云南等；南亚，欧洲中南部，非洲北部，大洋洲等。

423. 细灰蝶属 *Leptotes* **Scudder, 1876**

（939）细灰蝶 *Leptotes plinius* (Fabricius, 1793)

分布：广东（乳源、中山）、福建、台湾、海南、香港、广西、贵州、云南、西藏等；南亚，东南亚，大洋洲。

424. 璐灰蝶属 *Leucantigius* **Shirôzu** *et* **Murayama, 1951**

（940）璐灰蝶 *Leucantigius atayalica* (Shirôzu *et* Murayama, 1943)

分布：广东（乳源）、福建、台湾、海南。

425. 鹿灰蝶属 *Loxura* **Horsfield, 1829**

（941）鹿灰蝶 *Loxura atymnus* (Stoll, 1780)

分布：广东（乳源）、海南、广西、云南；泰国，印度，缅甸，斯里兰卡，马来西亚，孟加拉国等。

426. 玛灰蝶属 *Mahathala* **Moore, 1878**

（942）玛灰蝶 *Mahathala ameria* (Hewitson, 1862)

分布：广东（英德、乳源、中山）、浙江、江西、湖南、福建、台湾、海南、广西等；越南，老挝，泰国，印度，缅甸，马来西亚，印度尼西亚等。

（943）娜玛灰蝶 *Mahathala ariadeva* Fruhstorfer, 1908

分布：广东（乳源）、海南、广西；泰国，缅甸，马来西亚。

427. 云灰蝶属 *Miletus* **Hübner, 1819**

（944）中华云灰蝶 *Miletus chinensis* Felder, 1862

分布：广东（乳源）及华南、华中、西南地区；印度，缅甸，菲律宾，马来西亚，印度尼西亚。

428. 娜灰蝶属 *Nacaduba* **Moore, [1881]**

（945）百娜灰蝶 *Nacaduba berenice* (Herrich–Schäffer, 1869)

分布：广东、福建、台湾、海南、香港、广西等；印度。

（946）贝娜灰蝶 *Nacaduba beroe* (C. Felder *et* R. Felder, 1865)

分布：广东（乳源）、海南；泰国，缅甸，马来西亚，印度尼西亚等。

（947）古楼娜灰蝶 *Nacaduba kurava* (Moore, 1858)

分布：广东（乳源、深圳）、福建、台湾、海南、广西；越南，泰国，印度，缅甸。

（948）黑娜灰蝶 *Nacaduba pactolus* (Felder, 1860)

分布：广东（英德）、台湾、海南、云南、西藏等；东洋界，澳洲界北部。

429. 岭灰蝶属 ***Nanlingozephyrus* Wang *et* Pang, 1998**

（949）南岭灰蝶 *Nanlingozephyrus nanlingensis* Wang *et* Pang, 1998

分布：广东（乳源）。

430. 黑灰蝶属 ***Niphanda* Moore, ［1875］**

（950）黑灰蝶 *Niphanda fusca* (Bremer *et* Grey, 1853)

分布：广东（英德、乳源）、黑龙江、吉林、辽宁、河北、山西、山东、河南、陕西、甘肃、青海、浙江、湖北、江西、湖南、福建、四川；朝鲜，日本。

431. 齿轮灰蝶属 ***Novosatsuma* Johnson, 1992**

（951）齿轮灰蝶 *Novosatsuma pratti* (Leech, 1889)

分布：广东（乳源）、浙江、湖南、云南。

432. 锯灰蝶属 ***Orthomiella* de Nicéville, 1890**

（952）福建锯灰蝶 *Orthomiella fukiensis* Forster, 1941

分布：广东（英德、乳源）、福建。

（953）锯灰蝶 *Orthomiella pontis* (Elwes, 1887)

分布：广东（英德、乳源）、河南、陕西、江苏、浙江；印度。

（954）峦太锯灰蝶 *Orthomiella rantaizana* Wileman, 1910

分布：广东（英德、乳源）、浙江、福建、台湾、云南等；老挝，泰国，缅甸。

433. 丸灰蝶属 ***Pithecops* Horsfield, ［1828］**

（955）黑丸灰蝶 *Pithecops corvus* Fruhstorfer, 1919

分布：广东（乳源、深圳、中山）、江西、台湾、海南、广西；日本，越南，泰国，印度，缅甸，菲律宾，马来西亚，印度尼西亚，巴布亚新几内亚，所罗门群岛。

434. 珀灰蝶属 ***Pratapa* Moore, ［1881］**

（956）珀灰蝶 *Pratapa deva* (Moore, 1858)

分布：广东（英德、乳源）、海南、香港、云南；泰国，印度，缅甸，尼泊尔，斯里兰卡，马来西亚，印度尼西亚。

435. 波灰蝶属 ***Prosotas* Druce, 1891**

（957）娜拉波灰蝶 *Prosotas nora* (Felder, 1860)

分布：广东（乳源）、台湾、海南；印度。

436. 酢浆灰蝶属 ***Pseudozizeeria* Beuret, 1955**

（958）酢浆灰蝶 *Pseudozizeeria maha* (Kollar, 1844)

分布：广东（英德、乳源、深圳、中山）、浙江、湖北、江西、福建、台湾、海南、广西、四川；韩国，朝鲜，日本，越南，泰国，印度，缅甸，尼泊尔，马来西亚，巴基斯坦等。

437. 燕灰蝶属 ***Rapala* Moore, ［1881］**

（959）红燕灰蝶 *Rapala iarbus* (Fabricius, 1787)

分布：广东（英德）、海南、广西；泰国，印度，缅甸，尼泊尔，新加坡。

（960）东亚燕灰蝶 *Rapala micans* (Bremer *et* Grey, 1853)

分布：广东（英德）、海南、广西；泰国，印度，缅甸，尼泊尔，新加坡。

（961）霓纱燕灰蝶 *Rapala nissa* (Kollar, 1844)

分布：广东（英德、乳源）、黑龙江、河北、河南、陕西、浙江、台湾、广西、四川、云南、西藏等；泰国，印度，尼泊尔等。

（962）闪烁燕灰蝶 *Rapala refulgens* de Nicéville, 1891

分布：广东（乳源）、广西；泰国，印度，缅甸。

（963）高沙子燕灰蝶 *Rapala takasagonis* Matsumura, 1929

分布：广东（乳源）、台湾、江西。

（964）燕灰蝶 *Rapala varuna* (Horsfield, 1829)

分布：广东（乳源、深圳）、江西、福建、台湾、香港、广西；印度，缅甸，马来西亚，印度尼西亚。

438. 冷灰蝶属 *Ravenna* Shirôzu *et* Yamamoto, 1956

（965）冷灰蝶 *Ravenna nivea* (Nire, 1920)

分布：广东（乳源）、台湾、海南、四川。

439. 莱灰蝶属 *Remelana* Moore, 1884

（966）莱灰蝶 *Remelana jangala* (Horsfield, 1829)

分布：广东（英德、乳源、深圳、中山）、香港、云南；泰国，印度，缅甸，菲律宾，马来西亚，新加坡，印度尼西亚等。

440. 洒灰蝶属 *Satyrium* Scudder, 1876

（967）大洒灰蝶 *Satyrium grande* (Felder *et* Felder, 1862)

分布：广东（乳源）、浙江、福建、四川。

441. 婀灰蝶属 *Shanxiana* Koiwaya, 1993

（968）陕婀灰蝶 *Shanxiana australis* Hsu, 2015

分布：广东（乳源）。

442. 谷灰蝶属 *Sibataniozephyrus* Inomata, 1986

（969）贵州紫谷灰蝶 *Sibataniozephyrus lijinae* Hsu, 1995

分布：广东（乳源）、台湾、贵州。

443. 生灰蝶属 *Sinthusa* Moore, 1884

（970）生灰蝶 *Sinthusa chandrana* (Moore, 1882)

分布：广东（英德、乳源）、浙江、江西、福建、台湾、海南、香港、广西、四川、云南等；越南，泰国，印度，缅甸，马来西亚等。

（971）娜生灰蝶 *Sinthusa nasaka* (Horsfield, 1829)

分布：广东（英德、乳源）、福建、海南、香港、广西等；泰国，马来西亚，印度尼西亚；东洋界。

444. 斯灰蝶属 *Strymonidia* Tutt, 1908

（972）优秀斯灰蝶 *Strymonidia eximia* (Fixsen, 1887)

分布：广东（乳源）、黑龙江、吉林、辽宁、山东、陕西、浙江、台湾、广西、四川、云南等。

445. 酥灰蝶属 *Surendra* Moore, 1879

（973）酥灰蝶 *Surendra vivarna* (Horsfield, 1829)

    分布：广东（英德、乳源）、海南、云南；泰国，印度，缅甸，斯里兰卡。

446. 双尾灰蝶属 *Tajuria* Moore, ［1881］

（974）双尾灰蝶 *Tajuria cippus* (Fabricius, 1798)

    分布：广东（乳源、中山）、海南、广西、云南；泰国，印度，缅甸，巴基斯坦。

（975）顾氏双尾灰蝶 *Tajuria gui* Chou *et* Wang, 1994

    分布：广东（乳源）、海南。

（976）豹斑双尾灰蝶 *Tajuria maculata* (Hewitson, 1865)

    分布：广东（乳源、中山）、海南、广西、云南；泰国，印度，缅甸，马来西亚。

（977）乳源双尾灰蝶 *Tajuria nanlingana* Wang *et* Fan, 2002

    分布：广东（乳源）。

（978）柴双尾灰蝶 *Tajuria shigehoi* Seki *et* Saito, 2006

    分布：广东（乳源）、福建。

447. 蚜灰蝶属 *Taraka* Doherty, 1889

（979）蚜灰蝶 *Taraka hamada* (Druce, 1875)

    分布：广东（英德、乳源、中山）、山东、河南、江苏、浙江、江西、福建、台湾、海南、广西、四川等；朝鲜，韩国，日本，越南，泰国，印度，缅甸，不丹，马来西亚，印度尼西亚。

448. 金灰蝶属 *Thermozephyrus* Inomata *et* Itagaki, 1986

（980）温金灰蝶 *Thermozephyrus ataxus* (Westwood, 1851)

    分布：广东（乳源）、甘肃、新疆、浙江、台湾、四川；印度。

449. 玄灰蝶属 *Tongeia* Tutt, ［1908］

（981）波太玄灰蝶 *Tongeia potanini* (Alphéraky, 1889)

    分布：广东（英德、乳源）、河南、陕西、浙江、江西、福建、台湾、海南、广西、四川；越南，老挝，泰国，印度，缅甸，斯里兰卡，马来西亚等。

（982）点玄灰蝶 *Tongeia filicaudis* (Pryer, 1877)

    分布：广东（英德、乳源、深圳）、山西、山东、河南、陕西、甘肃、江苏、安徽、浙江、湖北、江西、福建、台湾、四川。

450. 妩灰蝶属 *Udara* Toxopeus, 1928

（983）白斑妩灰蝶 *Udara albocaerulea* (Moore, 1879)

    分布：广东（英德、乳源、中山）、安徽、浙江、江西、湖南、福建、台湾、海南、香港、广西、重庆、四川、贵州、云南、西藏等；日本，越南，老挝，印度，缅甸，菲律宾，马来西亚，印度尼西亚等。

（984）妩灰蝶 *Udara dilectus* (Moore, 1879)

    分布：广东（英德、乳源）、安徽、浙江、江西、福建、台湾、海南、广西、四川、贵州、云南、西藏等；越南，老挝，泰国，印度，缅甸，斯里兰卡，马来西亚，印度尼西亚，巴布亚新几内亚等。

451. 纯灰蝶属 *Una* de Nicéville, 1890

（985）纯灰蝶 *Una usta* (Distant, 1886)

　　分布：广东（中山）、海南、云南等。

452. 赭灰蝶属 *Ussuriana* Tutt, ［1907］

（986）赭灰蝶 *Ussuriana michaelis* (Oberthür, 1880)

　　分布：广东（乳源）、河南、陕西、浙江；朝鲜。

453. 虎灰蝶属 *Yamamotozephyrus* Saigusa, 1993

（987）虎灰蝶 *Yamamotozephyrus kwangtungensis* (Forster, 1942)

　　分布：广东（英德、乳源）、福建、海南、广西等。

454. 珍灰蝶属 *Zeltus* de Nicéville, 1890

（988）珍灰蝶 *Zeltus amasa* (Hewitson, 1865)

　　分布：广东（乳源）、海南、广西、云南等；泰国，印度，缅甸等。

455. 陶灰蝶属 *Zinaspa* de Nicéville, 1890

（989）杨陶灰蝶 *Zinaspa youngi* Hsu *et* Johnson, 1998

　　分布：广东（乳源）、海南、广西、云南等；泰国，印度，缅甸，马来西亚。

456. 吉灰蝶属 *Zizeeria* Chapman, 1910

（990）吉灰蝶 *Zizeeria karsandra* (Moore, 1865)

　　分布：广东（乳源、深圳）、福建、台湾、海南、广西、四川；泰国，印度，缅甸，菲律宾，马来西亚，印度尼西亚。

457. 毛眼灰蝶属 *Zizina* Chapman, 1910

（991）毛眼灰蝶 *Zizina otis* (Fabricius, 1787)

　　分布：广东（乳源、深圳）、福建、台湾、香港、广西、四川、云南；越南，泰国，印度，缅甸，马来西亚，新加坡。

458. 长腹灰蝶属 *Zizula* Chapman, 1910

（992）长腹灰蝶 *Zizula hylax* (Fabricius, 1775)

　　分布：广东（乳源）、台湾、广西、云南；越南，泰国，印度，缅甸，菲律宾，马来西亚。

二十八、木蛾科 Xyloryctidae Meyrick, 1890

459. *Thymiatris* Meyrick, 1907

（993）肉桂木蛾 *Thymiatris arista* Diakonoff, 1967

　　分布：广东（英德）。

460. 椰木蛾属 *Opisina* Walker, 1864

（994）椰子织蛾 *Opisina arenosella* Walker, 1864

　　分布：广东（佛山、中山、珠海、湛江）、广西、福建、海南、云南、台湾；孟加拉国，缅甸，印度尼西亚，巴勒斯坦，泰国，马来西亚，印度，斯里兰卡。

二十九、织蛾科 Oecophoridae Bruand, 1850

461. 伪带织蛾属 *Irepacma* Moriuti, Saito *et* Lewvanich, 1985

（995）连州伪带织蛾 *Irepacma lianzhouensis* Wang, 2006

    分布：广东（乳源）。

462. 带织蛾属 *Periacma* Meyrick, 1894

（996）中华带织蛾 *Periacma sinica* Wang, Li *et* Liu, 2001

    分布：广东（广州）、江西、福建、海南。

463. 锦织蛾属 *Promalactis* Meyrick, 1908

（997）越南锦织蛾 *Promalactis albisquama* Kim *et* Park, 2010

    分布：广东（广州、东莞、肇庆）、福建、海南、香港、广西、四川、云南、西藏；越南，泰国。

（998）基带锦织蛾 *Promalactis basifasciaria* Wang, 2006

    分布：广东（乳源）、湖北、江西、湖南、福建、广西、重庆、贵州。

（999）特锦织蛾 *Promalactis peculiaris* Wang *et* Li, 2004

    分布：广东（乳源）、浙江、湖北、江西、湖南、福建、台湾、广西、贵州。

（1000）突锦织蛾 *Promalactis projecta* Wang, 2006

    分布：广东（连州、乳源）、甘肃、浙江、湖北、湖南、福建、广西、四川、贵州、云南。

（1001）枝刺锦织蛾 *Promalactis ramispinea* Du *et* Wang, 2013

    分布：广东（乳源）、江西、湖南、福建。

（1002）简锦织蛾 *Promalactis simplex* Wang, 2006

    分布：广东（乳源）、浙江、江西、福建、海南。

（1003）瘤突锦织蛾 *Promalactis strumifera* Du *et* Wang, 2013

    分布：广东（乳源）、浙江、江西、湖南、福建、广西。

（1004）点线锦织蛾 *Promalactis suzukiella* (Matsumura, 1931)

    分布：广东（连州）、辽宁、北京、天津、河北、山东、河南、陕西、甘肃、安徽、浙江、湖北、江西、湖南、福建、台湾、海南、广西、四川、贵州、西藏；俄罗斯（远东），韩国，日本。

（1005）原州锦织蛾 *Promalactis wonjuensis* Park *et* Park, 1998

    分布：广东（乳源）、辽宁、甘肃、浙江、湖北、江西、湖南、福建、广西、四川、贵州；韩国。

（1006）浙江锦织蛾 *Promalactis zhejiangensis* Wang *et* Li, 2004

    分布：广东（乳源）、安徽、浙江、江西、福建。

三十、祝蛾科 Lecithoceridae Le Marchand, 1947

464. 柔祝蛾属 *Amaloxestis* Gozmány, 1971

（1007）尖柔祝蛾 *Amaloxestis astringens* Gozmány, 1973

    分布：广东（广州）、海南、香港、广西、云南、西藏；印度，尼泊尔。

465. 三角祝蛾属 *Deltoplastis* Meyrick, 1925

（1008）块三角祝蛾 *Deltoplastis commatopa* Meyrick, 1932

    分布：广东（乳源）、湖北、江西、湖南、台湾、四川。

466. 素祝蛾属 *Homaloxestis* Meyrick, 1910

（1009）箭突素祝蛾 *Homaloxestis cholopis* (Meyrick, 1906)

分布：广东（连州）、湖南、福建、台湾、海南、广西、云南；泰国，缅甸，尼泊尔，菲律宾，南非。

（1010）纹素祝蛾 *Homaloxestis cicatrix* Gozmány, 1973

分布：广东（江门）、江西、福建、海南、香港、广西；越南，尼泊尔。

（1011）海南素祝蛾 *Homaloxestis hainanensis* Wu, 1994

分布：广东（东莞）、台湾、海南、香港；越南，泰国。

（1012）夕素祝蛾 *Homaloxestis hesperis* Gozmány, 1978

分布：广东（乳源）、贵州；日本。

（1013）愉素祝蛾 *Homaloxestis hilaris* Gozmány, 1978

分布：广东（乳源）、浙江、台湾、贵州。

（1014）平素祝蛾 *Homaloxestis myeloxesta* Meyrick, 1932

分布：广东（乳源）、台湾；日本。

（1015）长瓣素祝蛾 *Homaloxestis plocamandra* (Meyrick, 1907)

分布：广东（江门）、海南、广西、重庆、贵州、云南；泰国，印度，尼泊尔，菲律宾。

467. 银祝蛾属 *Issikiopteryx* Moriuti, 1973

（1016）带宽银祝蛾 *Issikiopteryx zonosphaera* Meyrick, 1935

分布：广东（乳源）、河南、陕西、安徽、浙江、江西、湖南。

468. 祝蛾属 *Lecithocera* Herrich-Schäffer, 1853

（1017）犄环祝蛾 *Lecithocera anglijuxta* Wu, 1997

分布：广东（封开、韶关）、河南、湖北、江西、湖南、福建、广西、贵州。

（1018）栗祝蛾 *Lecithocera castanoma* Wu, 1997

分布：广东（乳源）；泰国。

（1019）手掌祝蛾 *Lecithocera chersitis* Meyrick, 1918

分布：广东（连州）。

（1020）竖平祝蛾 *Lecithocera erecta* Meyrick, 1935

分布：广东（乳源）、北京、河南、安徽、浙江、江西、湖南、福建、台湾、四川、贵州、云南。

（1021）陶祝蛾 *Lecithocera pelomorpha* Meyrick, 1931

分布：广东（乳源）、北京、河南、台湾、贵州。

469. 阔祝蛾属 *Lecitholaxa* Gozmány, 1978

（1022）黄阔祝蛾 *Lecitholaxa thiodora* (Meyrick, 1914)

分布：广东（乳源、东莞、江门、珠海）、北京、天津、山西、河南、陕西、宁夏、江苏、安徽、浙江、湖北、江西、湖南、福建、台湾、海南、广西、四川、贵州；日本。

470. 长茎祝蛾属 *Longipenis* Wu, 1994

（1023）齿长茎祝蛾 *Longipenis dentivalvus* Wang *et* Wang, 2010

分布：广东（乳源）。

471. 羽祝蛾属 *Nosphistica* Meyrick, 1911

（1024）窗羽祝蛾 *Nosphistica fenestrata* (Gozmány, 1978)

分布：广东（封开）、山西、河南、陕西、浙江、湖北、湖南、福建、台湾、广西、四川、贵州。

（1025）新月羽祝蛾 *Nosphistica owadai* Park, 2005

分布：广东（乳源）、陕西、浙江、湖北、湖南、广西、四川、贵州；越南。

472. 木祝蛾属 *Odites* Walsingham, 1891

（1026）背凹木祝蛾 *Odites notocapna* Meyrick, 1925

分布：广东。

473. 槐祝蛾属 *Sarisophora* Meyrick, 1904

（1027）指瓣槐祝蛾 *Sarisophora dactylisana* Wu, 1994

分布：广东（连州、乳源）、浙江、湖北、江西、广西、重庆、四川、云南。

474. 绢祝蛾属 *Scythropiodes* Matsumura, 1931

（1028）三角绢祝蛾 *Scythropiodes triangulus* Park *et* Wu, 1997

分布：广东、江西、福建、海南。

475. 匙唇祝蛾属 *Spatulignatha* Gozmány, 1978

（1029）弓匙唇祝蛾 *Spatulignatha arcuata* Liu *et* Wang, 2014

分布：广东（连州）、湖南、云南。

（1030）花匙唇祝蛾 *Spatulignatha olaxana* Wu, 1994

分布：广东（英德、乳源）、山西、河南、陕西、浙江、湖北、江西、湖南、福建、广西、重庆、四川、贵州、云南。

476. 共褶祝蛾属 *Synersaga* Gozmány, 1978

（1031）黑兴祝蛾 *Synersaga atriptera* (Xu *et* Wang, 2014)

分布：广东（乳源）。

477. 喜祝蛾属 *Tegenocharis* Gozmány, 1973

（1032）喜祝蛾 *Tegenocharis tenebrans* Gozmány, 1973

分布：广东（高明、信宜）、浙江、湖北、福建、广西、重庆、贵州、云南；泰国，尼泊尔。

478. 白斑祝蛾属 *Thubana* Walker, 1864

（1033）盾白斑祝蛾 *Thubana deltaspis* Meyrick, 1935

分布：广东（乳源）、福建、台湾。

479. 彩祝蛾属 *Tisis* Walker, 1864

（1034）中带彩祝蛾 *Tisis mesozosta* Meyrick, 1914

分布：广东（广州）、安徽、浙江、江西、湖南、福建、台湾、海南、广西、云南。

480. 瘤祝蛾属 *Torodora* Meyrick, 1894

（1035）小棒瘤祝蛾 *Torodora bacillaris* Wang *et* Xiong, 2010

分布：广东（乳源）。

（1036）矛叶瘤祝蛾 *Torodora loncheloba* (Wu *et* Liu, 1994)

分布：广东（乳源）、福建。

（1037）八瘤祝蛾 *Torodora octavana* (Meyrick, 1911)

分布：广东（乳源）、安徽、浙江、福建、四川；印度。

481. 毛喙祝蛾属 *Trichoboscis* Meyrick, 1929

（1038）藏红毛喙祝蛾 *Trichoboscis crocosema* (Meyrick, 1929)

分布：广东（高明）、山西、河南、湖南、福建、海南、广西、重庆、贵州、云南；印度。

三十一、麦蛾科 Gelechiidae Stainton, 1854

482. 棕麦蛾属 *Dichomeris* Hübner, 1818

（1039）异尖棕麦蛾 *Dichomeris anisacuminata* Li *et* Zheng, 1996

分布：广东（乳源）、江西。

（1040）异斑棕麦蛾 *Dichomeris anisospila* Meyrick, 1934

分布：广东。

（1041）*Dichomeris argentenigera* Li, Zhen *et* Kendrick, 2010

分布：广东（乳源）、湖北、香港。

（1042）叉棕麦蛾 *Dichomeris bifurca* Li *et* Zheng, 1996

分布：广东（肇庆）、浙江、湖北、江西、湖南、福建、海南、四川、贵州、云南。

（1043）波棕麦蛾 *Dichomeris cymatodes* (Meyrick, 1916)

分布：广东（乳源）、湖南、台湾、香港、贵州；越南，印度。

（1044）戴氏棕麦蛾 *Dichomeris davisi* Park *et* Hodges, 1995

分布：广东（乳源）、台湾；斯里兰卡。

（1045）三角棕麦蛾 *Dichomeris deltoxyla* (Meyrick, 1934)

分布：广东（乳源）、江西。

（1046）紫藤棕麦蛾 *Dichomeris fuscalis* Park *et* Hodges, 1995

分布：广东（乳源）、台湾。

（1047）甘肃棕麦蛾 *Dichomeris gansuensis* Li *et* Zheng, 1996

分布：广东（江门）、甘肃、新疆、江西、湖南、台湾、广西、云南。

（1048）*Dichomeris hamulifera* Li, Zhen *et* Kendrick, 2010

分布：广东（乳源）、香港。

（1049）桃棕麦蛾 *Dichomeris heriguronis* (Matsumura, 1931)

分布：广东（乳源）、黑龙江、辽宁、河南、陕西、浙江、湖北、江西、福建、台湾、香港、
广西、四川、贵州、云南；朝鲜，日本，印度；北美洲。

（1050）瓦棕麦蛾 *Dichomeris imbricata* Meyrick, 1913

分布：广东；印度。

（1051）黑斑棕旋蛾 *Dichomeris loxospila* (Meyrick, 1932)

分布：广东（乳源）、浙江、台湾。

（1052）土蜜树棕麦蛾 *Dichomeris microsphena* Meyrick, 1921

分布：广东（乳源）、台湾；印度，印度尼西亚。

（1053）茂棕麦蛾 *Dichomeris moriutii* Ponomarenko *et* Ueda, 2004

分布：广东（乳源）。

（1054）黑缘棕麦蛾 *Dichomeris obsepta* (Meyrick, 1935)

分布：广东（连州、英德、乳源）、河南、陕西、甘肃、江苏、安徽、浙江、湖北、江西、海南、香港、四川。

（1055）鸡血藤棕麦蛾 *Dichomeris oceanis* Meyrick, 1920

分布：广东、黑龙江、北京、河北、山东、河南、陕西、甘肃、上海、安徽、浙江、湖北、江西、福建、台湾、海南、广西；俄罗斯（远东），朝鲜，日本。

（1056）枇杷棕麦蛾 *Dichomeris ochthophora* Meyrick, 1936

分布：广东（乳源）、甘肃、江西、台湾、香港；日本，印度。

（1057）东方棕麦蛾 *Dichomeris orientis* Park *et* Hodges, 1995

分布：广东（珠海、乳源）、台湾、香港、云南。

（1058）刺角棕麦蛾 *Dichomeris oxycarpa* (Meyrick, 1935)

分布：广东（乳源）、台湾。

（1059）*Dichomeris parvisexafurca* Li, Zhen *et* Kendrick, 2010

分布：广东（乳源）、香港。

（1060）四叉棕麦蛾 *Dichomeris quadrifurca* Li *et* Zheng, 1996

分布：广东（连州、韶关）、浙江、江西、福建、贵州。

（1061）艾棕麦蛾 *Dichomeris rasilella* (Herrich–Schäffer, 1854)

分布：广东（乳源）、黑龙江、辽宁、北京、河北、山东、河南、陕西、宁夏、甘肃、青海、安徽、浙江、湖北、江西、湖南、福建、台湾、广西、四川、贵州、云南；朝鲜，日本；欧洲。

（1062）红斑棕麦蛾 *Dichomeris sandycitis* (Meyrick, 1907)

分布：广东（英德、乳源）、江西、香港；印度。

（1063）思茅棕麦蛾 *Dichomeris simaoensis* Li *et* Wang, 1997

分布：广东（乳源）、香港、云南、西藏；泰国。

（1064）带棕麦蛾 *Dichomeris zonata* Li *et* Wang, 1997

分布：广东（珠海）、香港、云南。

483. 狭麦蛾属 *Stenolechia* Meyrick, 1894

（1065）*Stenolechia longivalva* Zheng *et* Li, 2021

分布：广东（珠海）、浙江、湖北、湖南、云南、西藏。

484. 麦蛾属 *Sitotroga* Heinemann, 1870

（1066）麦蛾 *Sitotroga cerealella* (Olivier, 1789)

分布：广东、辽宁、山西、山东、河南、浙江、湖北、湖南、福建等；世界广布。

三十二、草蛾科 Ethmiidae Busck, 1909

485. 草蛾属 *Ethmia* Hübner, 1819

（1067）点带草蛾 *Ethmia lineatonotella* (Moore, 1867)

分布：广东（英德）、台湾等；缅甸，泰国，马来西亚，印度。

三十三、绢蛾科 Scythrididae Rebel, 1901

486. *Eretmocera* **Zeller, 1852**

（1068）黄斑绢蛾 *Eretmocera impactella* Walker, 1864

分布：广东（英德）、台湾；泰国，印度，斯里兰卡，巴基斯坦，阿联酋，阿曼。

三十四、翼蛾科 Alucitidae Leach, 1815

487. 翼蛾属 *Alucita* **Linnaeus, 1758**

（1069）孔雀翼蛾 *Alucita spilodesma* Meyrick, 1908

分布：广东（英德）。

三十五、羽蛾科 Pterophoridae Latreille, 1802

488. 脉羽蛾属 *Adaina* **Tutt, 1905**

（1070）小指脉羽蛾 *Adaina microdactyla* (Hübner, 1813)

分布：广东（乳源）、陕西、安徽、江西、湖南、福建、台湾、澳门、广西、云南、西藏；日本、越南，尼泊尔，菲律宾，印度尼西亚，伊朗，土耳其，以色列，挪威，瑞典，芬兰，丹麦，格鲁吉亚，立陶宛，拉脱维亚，俄罗斯，德国，波兰，捷克，斯洛伐克，匈牙利，英国，爱尔兰，法国，荷兰，比利时，卢森堡，西班牙，葡萄牙，瑞士，奥地利，意大利，马耳他，摩洛哥，罗马尼亚，保加利亚，斯洛文尼亚，克罗地亚，希腊，巴布亚新几内亚，所罗门群岛。

489. 突端羽蛾属 *Asiaephorus* **Gielis, 2000**

（1071）*Asiaephorus sythoffi* (Snellen, 1903)

分布：广东（乳源）。

490. 绕羽蛾属 *Cosmoclostis* **Meyrick, 1886**

（1072）拟褐白绕羽蛾 *Cosmoclostis parauxileuca* Hao, Li *et* Wu, 2004

分布：广东（江门）。

491. *Diacrotricha* **Zeller, 1852**

（1073）杨桃鸟羽蛾 *Diacrotricha fasciola* Zeller, 1852

分布：广东（广州、乳源）、台湾；印度，斯里兰卡，马来西亚，印度尼西亚，菲律宾，巴布亚新几内亚。

492. 李羽蛾属 *Exelastis* **Meyrick, 1908**

（1074）李羽蛾 *Exelastis pumilio* (Zeller, 1873)

分布：广东（乳源）、台湾；美国，法国（留尼汪）。

493. 滑羽蛾属 *Hellinsia* **Tutt, 1905**

（1075）艾蒿滑羽蛾 *Hellinsia lienigiana* (Zeller, 1852)

分布：广东（乳源）、山东、浙江、江西、福建、湖南、贵州、陕西、台湾；日本，印度，斯里兰卡，印度尼西亚，巴布亚新几内亚；欧洲，非洲。

（1076）四川滑羽蛾 *Hellinsia sichuana* Arenberger, 1992

分布：广东（乳源）、四川。

（1077）东滑羽蛾 *Hellinsia improbus* (Meyrick, 1934)

分布：广东。

494. *Lantanophaga* Zimmerman, 1958

（1078）*Lantanophaga pusillidactyla* (Walker, 1864)

分布：广东（乳源）、台湾；日本，摩洛哥，西班牙，意大利等。

495. 日羽蛾属 *Nippoptilia* Matsumura, 1931

（1079）小褐羽蛾 *Nippoptilia minor* Hori, 1933

分布：广东（乳源）、辽宁、北京、甘肃、江西等；朝鲜，日本。

（1080）葡萄褐羽蛾 *Nippoptilia vitis* (Sasaki, 1913)

分布：广东（乳源）、台湾；韩国，日本，越南，泰国，印度，尼泊尔。

496. 鸟羽蛾属 *Ochyrotica* Walsingham, 1891

（1081）*Ochyrotica yanoi* Arenberger, 1988

分布：广东（乳源）、福建、台湾、海南；日本，越南，印度，菲律宾，印度尼西亚。

497. 片羽蛾属 *Platyptilia* Hübner, 1825

（1082）华丽片羽蛾 *Platyptilia calodactyla* (Denis *et* Schiffermüller, 1775)

分布：广东（乳源）、河北。

498. 羽蛾属 *Pterophorus* Schäffer, 1766

（1083）茂兰羽蛾 *Pterophorus maolanensis* Li, 2002

分布：广东（乳源）、贵州。

（1084）多指羽蛾 *Pterophorus pentadactylus* (Linnaeus, 1758)

分布：广东（乳源）、黑龙江、四川、云南、新疆；古北界。

499. 蝶羽蛾属 *Sphenarches* Meyrick, 1886

（1085）扁豆蝶羽蛾 *Sphenarches anisodactylus* (Walker, 1864)

分布：广东（乳源）、天津、山东、安徽、浙江、湖北、江西、湖南、台湾、海南、四川、云南。

500. 秀羽蛾属 *Stenoptilodes* Zimmerman, 1958

（1086）褐秀羽蛾 *Stenoptilodes taprobanes* (Felder *et* Rogenhofer, 1875)

分布：广东（广州、乳源）、内蒙古、天津、山西、山东、河南、陕西、安徽、浙江、湖北、江西、湖南、福建、台湾、海南、四川、贵州、云南；斯里兰卡，黎巴嫩，叙利亚，阿尔及利亚，美国。

三十六、锚纹蛾科 Callidulidae Moore, 1877

501. 锚纹蛾属 *Callidula* Hübner, 1819

（1087）隐锚纹蛾 *Callidula erycinoides* Felder, 1874

分布：广东（英德、乳源）。

502. *Pterodecta* Butler, 1877

（1088）锚纹蛾 *Pterodecta felderi* (Bremer, 1864)

分布：广东（英德）、湖北、台湾、四川、西藏等；日本。

三十七、驼蛾科 Hyblaeidae Hampson, 1903

503. 驼蛾属 *Hyblaea* Fabricius, 1793

（1089）四点驼蛾 *Hyblaea constellata* Guenée, 1852

分布：广东（英德、乳源）。

（1090）付驼蛾 *Hyblaea firmamentum* Guenée, 1852

分布：广东（乳源）、台湾；印度。

（1091）柚木驼蛾 *Hyblaea puera* Cramer, 1777

分布：广东（乳源）、海南、广西；日本，印度，尼泊尔，斯里兰卡，孟加拉国，巴布亚新几内亚，澳大利亚；东南亚，拉丁美洲。

三十八、网蛾科 Thyrididae Herrich-Schäffer, 1845

504. 拱肩网蛾属 *Camptochilus* Hampson, 1893

（1092）树形拱肩网蛾 *Camptochilus aurea* Butler, 1881

分布：广东（乳源）、北京、陕西、湖北、江西、湖南、福建、广西、四川、云南、西藏；日本。

（1093）叉纹拱肩网蛾 *Camptochilus bisulcus* Chu *et* Wang, 1991

分布：广东（乳源）、福建、四川。

（1094）黄带拱肩网蛾 *Camptochilus reticulata* (Moore, 1888)

分布：广东（英德、乳源）；印度，缅甸。

（1095）红线拱肩网蛾 *Camptochilus roseus* Gaede, 1932

分布：广东（英德、乳源）。

（1096）枯叶拱肩网蛾 *Camptochilus semifasciata* Gaede, 1932

分布：广东（乳源）、福建、广西。

（1097）金盏拱肩网蛾 *Camptochilus sinuosus* Warren, 1896

分布：广东（英德、乳源、深圳）、浙江、湖北、江西、湖南、福建、台湾、海南、香港、广西、四川；日本，印度。

（1098）三线拱肩网蛾 *Camptochilus trilineatus* Chu *et* Wang, 1991

分布：广东（乳源）、江西、湖南、福建、广西、四川、云南、西藏。

505. 烤网蛾属 *Collinsa* Whalley, 1964

（1099）函烤网蛾 *Collinsa hamifera* (Moore, 1888)

分布：广东（英德、乳源）；朝鲜，韩国，印度。

（1100）点烤网蛾 *Collinsa pallida* (Butler, 1879)

分布：广东（乳源）；朝鲜，韩国，日本。

（1101）花窗烤网蛾 *Collinsa semiperforata* (Warren, 1896)

分布：广东（英德、乳源）；印度，缅甸，泰国，新加坡，马来西亚，文莱，印度尼西亚。

（1102）棒烤网蛾 *Collinsa subcostalis* (Hampson, 1893)

分布：广东（乳源）；印度。

506. 后窗网蛾属 *Dysodia* Clemens, 1860

（1103）橙黄后窗网蛾 *Dysodia magnifica* Whalley, 1968

分布：广东（广州、乳源）、福建、广西、云南、西藏；非洲。

（1104）橙窗网蛾 *Dysodia rajah* (Boisduval, 1874)

分布：广东（英德、乳源、深圳）、海南、香港、云南；泰国，印度，新加坡，印度尼西亚，孟加拉国，缅甸，马来西亚，文莱。

（1105）角后窗网蛾 *Dysodia viridatrix* Walker, 1858

分布：广东（英德、龙门）；印度，斯里兰卡。

507. 银网蛾属 *Epaena* Karsch, 1900

（1106）雪银网蛾 *Epaena candidatalis* (Swinhoe, 1905)

分布：广东（乳源）；泰国，印度，缅甸。

（1107）单线银网蛾 *Epaena hoenei* (Gaede, 1932)

分布：广东（英德、乳源）、江西、福建、四川、云南。

（1108）曛银网蛾 *Epaena kirrhosa* (Chu *et* Wang, 1992)

分布：广东（英德、乳源）。

（1109）滇银网蛾 *Epaena yunnana* (Chu *et* Wang, 1981)

分布：广东（英德、乳源）。

508. 蝉网蛾属 *Glanycus* Walker, 1855

（1110）遄蝉网蛾 *Glanycus blachieri* Oberthür, 1910

分布：广东（乳源）、四川。

（1111）盈蝉网蛾 *Glanycus insolitus* Walker, 1855

分布：广东（乳源）、江西、福建、台湾、四川、云南、西藏；泰国，印度，尼泊尔，马来西亚。

（1112）拟蝉网蛾 *Glanycus sigionus* Chu *et* Wang, 1991

分布：广东（乳源）、福建。

509. 斑网蛾属 *Herimba* Moore, 1879

（1113）白斑网蛾 *Herimba atkinsoni* Moore, 1879

分布：广东（英德、乳源）、台湾；印度，尼泊尔，不丹，孟加拉国。

510. 棒网蛾属 *Hypolamprus* Hampson, 1892

（1114）双棒网蛾 *Hypolamprus bibacula* (Chu *et* Wang, 1992)

分布：广东（乳源）。

（1115）台棒网蛾 *Hypolamprus taphiusalis* (Walker, 1859)

分布：广东（乳源）。

511. 赭网蛾属 *Mellea* Wanless, 1984

（1116）褐斑赭网蛾 *Mellea atristrigulalis* (Hampson, 1896)

分布：广东（乳源）；不丹。

（1117）摩尔赭网蛾 *Mellea moorei* (Warren, 1908)

分布：广东（乳源）；印度。

512. 摺网蛾属 *Opula* Walker, 1869

（1118）中摺网蛾 *Opula mollis* (Warren, 1896)

  分布：广东（乳源）；印度。

513. 黑线网蛾属 *Rhodoneura* Guenée, 1857

（1119）枯网蛾 *Rhodoneura emblicalis* (Moore, 1888)

  分布：广东（乳源）、台湾、云南；印度。

（1120）虹丝网蛾 *Rhodoneura erubrescens* Warren, 1908

  分布：广东（乳源）；泰国，印度，缅甸。

（1121）单线银网蛾 *Rhodoneura hoenei* Gaede, 1913

  分布：广东（乳源）、江西、福建、四川、云南。

514. 塞网蛾属 *Sericophara* Christoph, 1880

（1122）暗塞网蛾 *Sericophara hypoxantha* (Hampson, 1893)

  分布：广东（英德、乳源）；印度，缅甸，尼泊尔。

515. 索网蛾属 *Sonagara* Moore, 1882

（1123）两叉索网蛾 *Sonagara bifurcatis* Huang, Owada *et* Wang, 2014

  分布：广东（乳源）、广西；越南。

（1124）叉纹索网蛾 *Sonagara strigipennis* Moore, 1882

  分布：广东（乳源）、台湾；印度，马来西亚，印度尼西亚，文莱。

516. 斜线网蛾属 *Striglina* Guenée, 1877

（1125）栗斜线网蛾 *Striglina cancellata* (Christoph, 1881)

  分布：广东（乳源）、湖北、四川、西藏；俄罗斯，朝鲜，韩国，日本。

（1126）隐圈斜线网蛾 *Striglina feindrehala* Chu *et* Wang, 1991

  分布：广东（广州、乳源）、福建、海南、四川。

（1127）圈线网蛾 *Striglina irresecta* Whalley, 1976

  分布：广东（乳源）、云南；印度，缅甸。

（1128）污斑斜线网蛾 *Striglina nigrilima* Owada *et* Huang, 2016

  分布：广东（乳源、龙门、连州）。

（1129）葩斜线网蛾 *Striglina paravenia* Inoue, 1982

  分布：广东（乳源）；日本。

（1130）二点线网蛾 *Striglina propatula* Whalley, 1974

  分布：广东（乳源）；印度，尼泊尔。

（1131）黑点斜线网蛾 *Striglina rubricans* Owada *et* Huang, 2016

  分布：广东（英德、乳源）。

（1132）铃木线网蛾 *Striglina suzukii* Matsumura, 1921

  分布：广东（英德、乳源）；日本。

（1133）纹斜线网蛾 *Striglina venia* Whalley, 1976

分布：广东（乳源）、上海、湖北、福建、台湾、四川；朝鲜，韩国，日本。

517. 泰网蛾属 *Telchines* Whalley, 1976

（1134）泰网蛾 *Telchines vialis* (Moore, 1883)

分布：广东（英德、乳源）；尼泊尔，马来西亚，文莱，印度尼西亚。

三十九、螟蛾科 Pyralidae Latreille, 1809

518. 峰斑螟属 *Acrobasis* Zeller, 1839

（1135）秀峰斑螟 *Acrobasis obrutella* (Christoph, 1881)

分布：广东、吉林、河北、河南、陕西、甘肃、安徽、浙江、湖北、江西、湖南、福建、台湾、广西、四川、贵州；俄罗斯，日本，印度尼西亚（苏门答腊）。

（1136）红带峰斑螟 *Acrobasis rufizonella* Ragonot, 1887

分布：广东、天津、河北、河南、陕西、宁夏、甘肃、浙江、福建、贵州、云南；日本，朝鲜。

519. 拟峰斑螟属 *Anabasis* Heinrich, 1956

（1137）棕黄拟峰斑螟 *Anabasis fusciflavida* Du, Song *et* Wu, 2005

分布：广东、吉林、山西、河南、陕西、甘肃、浙江、湖北、湖南、广西、四川、贵州、云南。

520. 岸丛螟属 *Anartula* Staudinger, 1893

（1138）黑缘岸丛螟 *Anartula melanophia* (Staudinger, 1892)

分布：广东（乳源）；俄罗斯，日本。

521. 织螟属 *Aphomia* Hübner, 1825

（1139）米蛾 *Aphomia cephalonica* (Stainton, 1866)

分布：广东、北京、河南、上海、湖北、重庆、四川；世界广布。

（1140）二点织螟 *Aphomia zelleri* (de Joannis, 1932)

分布：广东、吉林、内蒙古、北京、天津、河北、河南、陕西、宁夏、青海、新疆、湖北、四川；朝鲜，日本，斯里兰卡；欧洲。

522. 厚须螟属 *Arctioblepsis* Felder, 1862

（1141）黑脉厚须螟 *Arctioblepsis rubida* Felder *et* Felder, 1862

分布：广东（英德、乳源）、河南、浙江、湖北、江西、湖南、福建、台湾、香港、澳门、广西、四川、云南；印度，缅甸，尼泊尔，斯里兰卡，孟加拉国。

523. 斑螟属 *Cadra* Walker, 1864

（1142）干果斑螟 *Cadra cautella* (Walker, 1863)

分布：广东、湖北、江西、湖南、台湾、云南；日本，西班牙，德国，英国，法国，葡萄牙，意大利。

524. 紫斑螟属 *Calguia* Walker, 1863

（1143）白纹紫斑螟 *Calguia defiguralis* Walker, 1863

分布：广东（广州）、天津、河北、河南、陕西、甘肃、安徽、浙江、湖北、江西、湖南、福建、台湾、海南、广西、四川、贵州、云南、西藏；日本，印度，斯里兰卡，马来西亚，印度尼西亚，澳大利亚。

525. 栉角斑螟属 *Ceroprepes* Zeller, 1867

（1144）圆斑栉角斑螟 *Ceroprepes ophtamiella* (Christobh, 1881)

分布：广东、北京、天津、山东、河南、陕西、甘肃、浙江、湖北、福建、海南、四川、贵州；日本，印度。

526. 带斑螟属 *Coleothrix* Ragonot, 1888

（1145）马鞭草带斑螟 *Coleothrix confusalis* (Yamanaka, 2006)

分布：广东（广州、连州、乳源、惠州、江门、信宜）、天津、河北、河南、陕西、甘肃、安徽、浙江、湖北、江西、湖南、福建、海南、广西、重庆、四川、贵州、云南；日本。

527. 隐斑螟属 *Cryptoblabes* Zeller, 1848

（1146）原位隐斑螟 *Cryptoblabes sita* Roesler *et* Küppers, 1979

分布：广东、河南、湖北、浙江、福建、贵州；印度尼西亚（苏门答腊）。

528. 梢斑螟属 *Dioryctria* Zeller, 1846

（1147）冷杉梢斑螟 *Dioryctria abietella* (Denis *et* Schiffermüller, 1775)

分布：广东、黑龙江、吉林、辽宁、河北、河南、陕西、宁夏、青海、江苏、浙江、湖北、湖南、广西、四川、贵州、云南；朝鲜，韩国，日本，俄罗斯；北美洲。

（1148）果梢斑螟 *Dioryctria pryeri* Ragonot, 1893

分布：广东、黑龙江、吉林、辽宁、天津、河北、山东、河南、陕西、甘肃、江苏、安徽、浙江、湖北、江西、湖南、台湾、四川；朝鲜，日本。

（1149）微红梢斑螟 *Dioryctria rubella* Hampson, 1901

分布：广东（中山）、黑龙江、吉林、辽宁、北京、天津、河北、山东、河南、陕西、江苏、安徽、浙江、湖北、江西、湖南、福建、海南、广西、四川、贵州；朝鲜，日本，菲律宾；欧洲。

529. 长颚斑螟属 *Edulicodes* Roesler, 1972

（1150）井上长颚斑螟 *Edulicodes inoueella* Roesler, 1972

分布：广东、河南、陕西、上海、浙江、湖北、云南；日本，印度尼西亚（苏门答腊），澳大利亚。

530. 歧角螟属 *Endotricha* Zeller, 1847

（1151）缘斑歧角螟 *Endotricha costaemaculalis* Christoph, 1881

分布：广东、河北、河南、浙江、湖北、贵州；俄罗斯（远东），朝鲜，日本，印度。

（1152）纹歧角螟 *Endotricha icelusalis* (Walker, 1859)

分布：广东、黑龙江、吉林、辽宁、河北、河南、陕西、新疆、湖北、江苏、安徽、浙江、江西、湖南、广西、四川、贵州、云南；日本，印度；欧洲。

（1153）榄绿歧角螟 *Endotricha olivacealis* (Bremer, 1864)

分布：广东、北京、天津、河北、山东、河南、陕西、甘肃、安徽、浙江、湖北、江西、湖南、福建、台湾、澳门、海南、广西、四川、贵州、云南、西藏；朝鲜，日本，印度，缅甸，尼泊尔，印度尼西亚，俄罗斯。.

（1154）玫歧角螟 *Endotricha portialis* Walker, 1859

分布：广东、河北、山西、山东、河南、陕西、宁夏、浙江、湖北、江西、湖南、福建、台湾、广西、贵州、云南；日本，印度尼西亚，马来西亚，文莱。

531. 栗斑螟属 *Epicrocis* Zeller, 1848

（1155）银纹栗斑螟 *Epicrocis hilarella* (Ragonot, 1888)

分布：广东、陕西、福建、台湾、海南、香港、贵州、云南；日本，印度，缅甸，斯里兰卡，印度尼西亚（苏门答腊）。

532. 荚斑螟属 *Etiella* Zeller, 1839

（1156）豆荚斑螟 *Etiella zinckenella* (Treitschke, 1832)

分布：广东、天津、河北、山东、河南、陕西、宁夏、甘肃、新疆、安徽、湖北、湖南、福建、澳门、四川、贵州、云南；世界广布。

533. 暗斑螟属 *Euzophera* Zeller, 1867

（1157）巴塘暗斑螟 *Euzophera batangensis* Caradja, 1939

分布：广东、天津、河北、山东、陕西、江苏、浙江、湖北、湖南、福建、四川、云南、西藏；韩国，日本。

534. 巢斑螟属 *Faveria* Walker, 1859

（1158）黑巢斑螟 *Faveria leucophaeella* (Zeller, 1867)

分布：广东、台湾、海南、香港、云南；日本，印度，缅甸，菲律宾，马来西亚，巴西，印度尼西亚，巴布亚新几内亚；非洲。

（1159）广州小斑螟 *Faveria cantonella* (Caradja, 1925)

分布：广东（广州）。

535. 红斑螟属 *Gunungodes* Roesler et Küppers, 1981

（1160）郑氏红斑螟 *Gunungodes zhengi* Liu et Li, 2011

分布：广东（惠州）、江西、广西、贵州、云南。

536. 双纹螟属 *Herculia* Walker, 1859

（1161）赤双纹螟 *Herculia pelasgalis* (Walker, 1859)

分布：广东（英德、乳源）、辽宁、山东、河南、江苏、浙江、湖北、江西、湖南、福建、台湾、澳门、广西、四川、云南；朝鲜，日本；欧洲。

537. 楝斑螟属 *Hypsipyla* Ragonot, 1888

（1162）粗状楝斑螟 *Hypsipyla robusta* (Moore, 1886)

分布：广东、甘肃、云南；印度，斯里兰卡，新加坡，马达加斯加，澳大利亚。

538. 巢螟属 *Hypsopygia* Hübner, 1825

（1163）蜂巢螟 *Hypsopygia mauritialis* Boisduval, 1833

分布：广东、辽宁、河北、河南、陕西、青海、新疆、上海、浙江、湖北、江西、湖南、台湾、海南、广西、四川、云南；日本，印度，缅甸，印度尼西亚（爪哇），马达加斯加。

（1164）圆巢螟 *Hypsopygia placens* (Butler, 1879)

分布：广东、黑龙江、河北、江苏、湖北、四川；日本。

（1165）黄尾巢螟 *Hypsopygia postflava* Hampson, 1893

560

分布：广东、河南、浙江、台湾、广西、贵州、云南；日本，泰国，印度，不丹，斯里兰卡。

（1166）尖须巢螟 *Hypsopygia racilialis* (Walker, 1859)

分布：广东、河南、陕西、江苏、浙江、湖北、江西、福建、台湾。

（1167）双直纹螟 *Hypsopygia repetita* (Butler, 1887)

分布：广东、湖北、海南、澳门、广西、云南；日本，印度尼西亚，所罗门群岛，澳大利亚。

（1168）褐巢螟 *Hypsopygia regina* (Butler, 1879)

分布：广东、内蒙古、河北、河南、陕西、甘肃、浙江、湖北、江西、湖南、福建、台湾、海南、广西、四川、贵州、云南；日本，泰国，印度，不丹，斯里兰卡。

539. 彩丛螟属 *Lista* Walker, 1859

（1169）菲彩丛螟 *Lista ficki* (Christoph, 1881)

分布：广东（乳源）、台湾；俄罗斯，日本。

（1170）长臂彩丛螟 *Lista haraldusalis* Walker, 1859

分布：广东、河北、山西、河南、江苏、安徽、浙江、湖北、江西、福建、海南、台湾、广西、四川、贵州、云南；俄罗斯（远东），朝鲜，日本，印度，缅甸，印度尼西亚，斯里兰卡。

（1171）盈彩丛螟 *Lista insularis* Lederer, 1863

分布：广东（英德、乳源、深圳）、台湾；朝鲜，印度，缅甸，斯里兰卡，印度尼西亚。

540. 缀叶丛螟属 *Locastra* Walker, 1859

（1172）缀叶丛螟 *Locastra muscosalis* (Walker, 1865)

分布：广东（英德）、河南、浙江、湖北、江西、湖南、福建、香港、澳门、广西、四川、贵州、云南；日本，印度，斯里兰卡。

541. 凹缘斑螟属 *Mesciniodes* Hampson, 1901

（1173）闪烁凹缘斑螟 *Mesciniodes micans* (Hampson, 1896)

分布：广东（江门）、江西、福建、台湾、海南、香港、广西、云南；印度尼西亚（苏门答腊）。

542. 迷螟属 *Mimicia* Caradja, 1925

（1174）眯迷螟 *Mimicia pseudolibatrix* (Caradja, 1925)

分布：广东（英德、乳源）；日本，印度。

543. 云翅斑螟属 *Oncocera* Stephens, 1829

（1175）红云翅斑螟 *Oncocera semirubella* (Scopoli, 1763)

分布：广东、黑龙江、吉林、内蒙古、北京、天津、河北、山东、河南、陕西、宁夏、甘肃、青海、江苏、安徽、浙江、湖北、江西、湖南、福建、台湾、广西、四川、贵州、云南；俄罗斯，日本，印度，匈牙利，保加利亚，英国。

544. 瘤丛螟属 *Orthaga* Walker, 1859

（1176）樟叶瘤丛螟 *Orthaga achatina* (Butler, 1878)

分布：广东、北京、陕西、江苏、上海、浙江、江西、湖南、福建、广西、云南；朝鲜，日本。

（1177）盐肤木瘤丛螟 *Orthaga euadrusalis* Walker, 1859

分布：广东（英德、乳源）、台湾；日本，印度，斯里兰卡，马来西亚，印度尼西亚。

（1178）橄绿瘤丛螟 *Orthaga olivacea* (Warren, 1891)

分布：广东、北京、河北、河南、陕西、江苏、安徽、浙江、湖北、江西、湖南、福建、台湾、澳门、海南、广西、四川、贵州、云南；日本，印度，朝鲜，马来西亚。

545. 直鳞斑螟属 *Ortholepis* Ragonot, 1887

（1179）*Ortholepis ilithyiella* Caradja, 1927

分布：广东。

546. 直纹螟属 *Orthopygia* Ragonot, 1890

（1180）灰直纹螟 *Orthopygia glaucinalis* (Linnaeus, 1758)

分布：广东、内蒙古、北京、天津、河北、山东、河南、陕西、青海、江苏、浙江、湖北、江西、湖南、福建、台湾、海南、四川、贵州、云南；朝鲜，日本；欧洲。

547. 双点螟属 *Orybina* Snellen, 1895

（1181）金双点螟 *Orybina flaviplaga* (Walker, 1863)

分布：广东（英德、乳源）、台湾；印度，缅甸。

（1182）紫双点螟 *Orybina plangonalis* (Walker, 1859)

分布：广东（英德、乳源）、江苏、浙江、江西、湖南、台湾、四川；朝鲜，印度，缅甸。

548. 缀螟属 *Paralipsa* Butler, 1879

（1183）一点缀螟 *Paralipsa gularis* (Zeller, 1877)

分布：广东、黑龙江、吉林、辽宁、内蒙古、北京、天津、河北、山西、山东、河南、陕西、甘肃、江苏、上海、安徽、浙江、湖北、江西、湖南、福建、海南、广西、四川、贵州、云南；朝鲜，日本，印度，不丹，美国；欧洲。

549. 拟类斑螟属 *Pararotruda* Roesler, 1965

（1184）刺拟类斑螟 *Pararotruda nesiotica* (Rebel, 1911)

分布：广东（江门）、福建、海南、台湾、香港、广西、贵州、云南；西班牙。

550. 瘿斑螟属 *Pempelia* Hübner, ［1825］

（1185）小瘿斑螟 *Pempelia ellenella* Roesler, 1975

分布：广东、北京、天津、河北、山东、河南、陕西、宁夏、甘肃、新疆、江苏、安徽、浙江、江西、福建、台湾、广西、四川、贵州；朝鲜。

551. 瓜斑螟属 *Piesmopoda* Zeller, 1848

（1186）异色瓜斑螟 *Piesmopoda semilutea* (Walker, 1863)

分布：广东、香港、澳门、云南；越南，泰国，尼泊尔，新加坡，马来西亚，印度尼西亚。

552. 谷斑螟属 *Plodia* Guenée, 1845

（1187）印度谷斑螟 *Plodia interpunctella* (Hübner, 1813)

分布：广东、辽宁、河北、山西、山东、河南、浙江、湖北、湖南、福建、台湾、海南、云南等；日本，土耳其，希腊，阿尔及利亚等；美洲。

553. 多刺斑螟属 *Polyocha* Zeller, 1848

（1188）*Polyocha largella* Caradja, 1925

分布：广东。

554. 须螟属 *Propachys* **Walker, 1863**

（1189）黑脉厚须螟 *Propachys nigrivena* Walker, 1863

分布：广东、浙江、江西、湖南、福建、台湾、四川；印度。

555. 伪峰斑螟属 *Pseudacrobasis* **Roesler, 1975**

（1190）南京伪峰斑螟 *Pseudacrobasis nankingella* Roesler, 1975

分布：广东、吉林、河南、陕西、甘肃、上海、江苏、浙江、湖北、江西、湖南、福建、台湾、广西、四川、贵州；日本；欧洲。

556. 膨须斑螟属 *Pseudodavara* **Roesler** *et* **Küppers, 1979**

（1191）眼斑膨须斑螟 *Pseudodavara haemaphoralis* (Hampson, 1908)

分布：广东（肇庆）、湖北、海南、香港、广西、云南；印度，缅甸，斯里兰卡，菲律宾，马来西亚，印度尼西亚。

557. 袋斑螟属 *Ptyobathra* **Turner, 1905**

（1192）黑缘袋斑螟 *Ptyobathra hypolepidota* Turner, 1905

分布：广东（东莞、江门）、香港；澳大利亚。

558. 瘤斑螟属 *Ptyomaxia* **Hampson, 1903**

（1193）海榄雌瘤斑螟 *Ptyomaxia syntaractis* (Turner, 1904)

分布：广东（广州、深圳、湛江）、台湾、香港、广西；印度，澳大利亚。

559. 螟蛾属 *Pyralis* **Linnaeus, 1758**

（1194）紫斑谷螟 *Pyralis farinalis* Linnaeus, 1758

分布：广东、黑龙江、天津、河北、山东、河南、陕西、宁夏、新疆、江苏、浙江、湖北、江西、湖南、台湾、广西、四川、云南、西藏；朝鲜，日本，印度，缅甸，伊朗；欧洲。

（1195）拟紫斑谷螟 *Pyralis lienigialis* (Zeller, 1843)

分布：广东、北京、河北、山东、陕西、甘肃、江苏、浙江、湖北、江西、湖南、福建、台湾、广西、四川、云南；世界广布。

（1196）锈纹螟 *Pyralis pictalis* (Curtis, 1834)

分布：广东（英德、乳源）、台湾；日本，印度，缅甸，斯里兰卡，印度尼西亚；非洲，欧洲。

（1197）金黄螟 *Pyralis regalis* Denis *et* Schiffermüller, 1775

分布：广东（英德、乳源）、黑龙江、吉林、辽宁、北京、天津、河北、山西、山东、河南、陕西、甘肃、湖北、江西、湖南、福建、台湾、四川、贵州、云南；朝鲜，韩国，日本，印度，缅甸，马来西亚；欧洲。

560. 脊斑螟属 *Salebria* **Zeller, 1846**

（1198）小脊斑螟 *Salebria ellenella* Roesler, 1975

分布：广东、北京、天津、河北、山东、河南、陕西、宁夏、新疆、江苏、安徽、浙江、湖北、江西、福建、台湾、广西、四川、贵州；朝鲜。

561. 枯叶螟属 *Tamraca* **Moore, 1887**

（1199）枯叶螟 *Tamraca torridalis* (Lederer, 1863)

    分布：广东（英德、乳源）、台湾；日本，印度，缅甸，斯里兰卡，印度尼西亚。

562. 栋棘丛螟属 *Termioptycha* Meyrick, 1889

（1200）麻栋棘丛螟 *Termioptycha margarita* (Butler, 1879)

    分布：广东、北京、浙江、湖北、江西、湖南、福建、台湾、海南、四川、云南；日本，印度，斯里兰卡，马来西亚，印度尼西亚。

563. 硕螟属 *Toccolosida* Walker, 1863

（1201）朱硕螟 *Toccolosida rubriceps* Walker, 1863

    分布：广东（英德、乳源）、台湾；印度，尼泊尔，不丹，印度尼西亚，马来西亚，文莱。

564. 长须螟属 *Trebania* Ragonot, 1891

（1202）黄头长须短颚螟 *Trebania fiavifrontalis* (Leech, 1889)

    分布：广东、河南、江苏、上海、浙江、江西、湖南、福建、台湾、海南；朝鲜，日本，印度。

565. 黄螟属 *Vitessa* Moore, 1858

（1203）黄螟 *Vitessa suradeva* Moore, 1860

    分布：广东、云南；印度，缅甸，斯里兰卡，印度尼西亚。

四十、草螟科 Crambidae Latreille, 1810

566. 奇异野螟属 *Aethaloessa* Lederer, 1863

（1204）火红奇异野螟 *Aethaloessa calidalis* (Guenée, 1854)

    分布：广东（英德、乳源、深圳）、台湾、香港、澳门；日本，印度，尼泊尔，斯里兰卡，澳大利亚。

567. 木野螟属 *Aetholix* Lederer, 1863

（1205）黄基木野螟 *Aetholix flavibasalis* (Guenée, 1854)

    分布：广东（乳源）。

568. 丽野螟属 *Agathodes* Guenée, 1854

（1206）华丽野螟 *Agathodes ostentalis* (Geyer, 1837)

    分布：广东（英德）、浙江、福建、台湾、云南；印度，缅甸，斯里兰卡，印度尼西亚。

569. 华野螟属 *Aglaops* Warren, 1892

（1207）海南华野螟 *Aglaops youboialis* (Munroe *et* Mutuura, 1968)

    分布：广东（仁化、封开）、湖北、江西、湖南、海南、广西。

570. 角须野螟属 *Agrotera* Schrank, 1802

（1208）基斑角须野螟 *Agrotera basinotata* Hampson, 1891

    分布：广东（乳源）。

（1209）圆斑角须野螟 *Agrotera discinotata* Swinhoe, 1894

    分布：广东（英德、乳源）；印度，不丹。

（1210）褐角须野螟 *Agrotera scissalis* Walker, 1865

    分布：广东、江西、湖南、台湾、云南；印度，缅甸，斯里兰卡，印度尼西亚。

571. 三纹野螟属 *Archernis* Meyrick, 1886

（1211）栀子三纹野螟 *Archernis tropicalis* (Walker, 1859)

分布：广东、江西、湖南、台湾、广西；印度，斯里兰卡。

572. 腹刺野螟属 *Anamalaia* Munroe *et* Mutuura, 1969

（1212）土腹刺野螟 *Anamalaia lutusalis* (Snellen, 1890)

分布：广东（仁化、江门、西樵山、封开）、福建、海南、广西、云南；印度。

（1213）维纳腹刺野螟 *Anamalaia vinacealis* (Caradja, 1925)

分布：广东（江门）、海南、云南。

573. 棘趾野螟属 *Anania* Hübner, 1823

（1214）小棘趾野螟 *Anania delicatalis* (South, 1901)

分布：广东、湖北、广西、四川；日本。

（1215）褐翅棘趾野螟 *Anania egentalis* (Christoph, 1881)

分布：广东、河北、河南、山西、安徽、湖北、江西、湖南、福建、四川、贵州；俄罗斯（远东），日本。

（1216）浅黄棘趾野螟 *Anania flavicolor* Munroe *et* Mutuura, 1968

分布：广东（连州、江门）、台湾、海南、云南。

（1217）矛纹棘趾野螟 *Anania lancealis* (Denis *et* Schiffermüller, 1775)

分布：广东、吉林、陕西、甘肃、浙江、福建、台湾、广西；日本；欧洲。

（1218）元参棘趾野螟 *Anania verbascalis* (Denis *et* Schiffermüller, 1775)

分布：广东、吉林、辽宁、天津、河北、山西、河南、陕西、甘肃、青海、湖北、湖南、福建、海南、四川、贵州、云南；朝鲜，日本，印度，斯里兰卡；西亚，欧洲。

574. 巢草螟属 *Ancylolomia* Hübner, 1825

（1219）日本巢草螟 *Ancylolomia japonica* Zeller, 1877

分布：广东（英德、乳源）、黑龙江、辽宁、北京、天津、河北、山东、河南、陕西、甘肃、上海、江苏、安徽、浙江、江西、湖南、福建、台湾、澳门、海南、广西、重庆、四川、贵州、云南、西藏；朝鲜，日本，泰国，印度，缅甸，斯里兰卡，南非。

575. *Archischoenobius* Speidel, 1984

（1220）南岭纹野螟 *Archischoenobius nanlingensis* Chen, Song *et* Wu, 2007

分布：广东（乳源）。

576. 弱背野螟属 *Ategumia* Amsel, 1956

（1221）脂斑翅野螟 *Ategumia adipalis* (Lederer, 1863)

分布：广东、浙江、福建、台湾、澳门、西藏；日本，越南，缅甸，印度，印度尼西亚，斯里兰卡。

577. *Bleszynskia* de Lattin, 1961

（1222）纹条螟蛾 *Bleszynskia malacelloides* (Bleszynski, 1955)

分布：广东（英德、乳源）；印度，斯里兰卡。

578. 斑翅野螟属 *Bocchoris* Moore, 1885

（1223）白斑翅野螟 *Bocchoris inspersalis* (Zeller, 1852)

分布：广东（英德）、河北、河南、甘肃、江苏、安徽、浙江、湖北、湖南、福建、台湾、海南、香港、澳门、广西、四川、贵州、云南；朝鲜，日本，越南，印度，缅甸，不丹，斯里兰卡，印度尼西亚，澳大利亚。

579. 缀叶野螟属 *Botyodes* Guenée, 1854

（1224）白杨缀叶野螟 *Botyodes asialis* Guenée, 1854

分布：广东（乳源、深圳）、河北、河南、江西、湖南、福建、海南、香港、云南；越南，泰国，印度，尼泊尔，斯里兰卡，印度尼西亚；非洲。

（1225）黄翅缀叶野螟 *Botyodes diniasalis* (Walker, 1859)

分布：广东、辽宁、内蒙古、北京、河北、山东、河南、陕西、宁夏、江苏、安徽、浙江、湖北、福建、台湾、澳门、海南、广西、四川、贵州、云南；朝鲜，日本，印度，缅甸。

（1226）大黄缀叶野螟 *Botyodes principalis* Leech, 1889

分布：广东（英德、乳源）、陕西、安徽、浙江、湖北、江西、福建、台湾、澳门、四川、贵州、云南；朝鲜，日本，印度。

580. 暗野螟属 *Bradina* Lederer, 1863

（1227）白点暗野螟 *Bradina atopalis* (Wallker, 1859)

分布：广东、辽宁、北京、天津、河北、山东、河南、陕西、上海、浙江、湖北、福建、台湾、澳门、广西、四川、云南；日本。

581. *Brihaspa* Moore, 1868

（1228）*Brihaspa atrostigmella* Moore, 1867

分布：广东（乳源、深圳）、香港。

582. 髓草螟属 *Calamotropha* Zeller, 1863

（1229）黑点髓草螟 *Calamotropha nigripunctella* (Leech, 1889)

分布：广东（乳源）；朝鲜，韩国，日本。

（1230）西髓草螟 *Calamotropha sienkiewiczi* Bleszynski, 1961

分布：广东（乳源）、江苏、安徽、浙江、福建、四川。

583. 缘斑野螟属 *Callibotys* Munroe *et* Mutuura, 1969

（1231）卡拉缘斑野螟 *Callibotys carapina* (Strand, 1918)

分布：广东（封开、韶关）、江西、湖南、福建、四川、贵州。

584. 曲角野螟属 *Camptomastix* Warren, 1892

（1232）长须曲角野螟 *Camptomastix hisbonalis* (Walker, 1859)

分布：广东、北京、山西、山东、湖北、湖南、福建、台湾、香港、澳门、四川、云南；日本，印度，印度尼西亚，马来西亚，文莱。

585. 胭翅野螟属 *Carminibotys* Munroe *et* Mutuura, 1971

（1233）胭翅野螟 *Carminibotys carminalis* (Caradja, 1925)

分布：广东（始兴）、河南、安徽、浙江、湖北、江西、湖南、福建、海南、广西、贵州、云南；日本。

586. 边禾螟属 *Catagela* Walker, 1863

（1234）褐边螟 *Catagela adjurella* Walker, 1863

分布：广东、陕西、山东、河南、江苏、安徽、浙江、湖北、江西、湖南、福建、海南、广西、云南；印度，斯里兰卡。

587. 黄缘禾螟属 *Cirrhochrista* Lederer, 1863

（1235）圆斑黄缘禾螟 *Cirrhochrista brizoalis* Walker, 1859

分布：广东（英德、深圳）、湖北、湖南、台湾、澳门、四川、云南；朝鲜，日本，印度，印度尼西亚，澳大利亚。

588. 禾草螟属 *Chilo* Zincken, 1817

（1236）蔗茎禾草螟 *Chilo sacchariphagus* (Bojer, 1856)

分布：广东、北京、河北、山东、河南、江苏、湖北、福建、台湾；越南，日本，菲律宾；南亚。

（1237）二化螟 *Chilo suppressalis* (Walker, 1863)

分布：广东、黑龙江、辽宁、天津、河北、山东、河南、陕西、江苏、安徽、浙江、湖北、江西、湖南、福建、台湾、澳门、广西、四川、贵州、云南；朝鲜，日本，印度，菲律宾，马来西亚，印度尼西亚，西班牙，埃及。

589. 金草螟属 *Chrysoteuchia* Hübner, 1825

（1238）黑斑金草螟 *Chrysoteuchia atrosignata* (Zeller, 1877)

分布：广东（乳源）、江苏、湖北、江西、湖南、福建、四川；日本。

590. 镰翅野螟属 *Circobotys* Butler, 1879

（1239）金黄镰翅野螟 *Circobotys aurealis* (Leech, 1889)

分布：广东（英德、连州、高明、封开）、陕西、浙江、湖北、江西、湖南、福建、台湾；俄罗斯，朝鲜，韩国，日本。

（1240）黄缘镰翅野螟 *Circobotys flavimarginalis* Wang, 2018

分布：广东（乳源、封开）、江西、湖南、福建、海南、广西、重庆、四川、贵州。

591. 纵卷叶野螟属 *Cnaphalocrocis* Lederer, 1863

（1241）稻纵卷叶野螟 *Cnaphalocrocis medinalis* (Guenée, 1854)

分布：广东（英德、乳源）、黑龙江、吉林、辽宁、内蒙古、北京、天津、河北、山西、山东、河南、陕西、江苏、安徽、浙江、湖北、江西、湖南、福建、台湾、澳门、广西、四川、贵州、云南；朝鲜，日本，越南，泰国，印度，缅甸，菲律宾，马来西亚，印度尼西亚，马达加斯加，澳大利亚，巴布亚新几内亚。

592. 多斑野螟属 *Conogethes* Meyrick, 1884

（1242）平多斑野螟 *Conogethes pinicolalis* Inoue *et* Yamanaka, 2006

分布：广东（英德、乳源）、台湾；日本，泰国。

（1243）桃多斑野螟 *Conogethes punctiferalis* (Guenée, 1854)

分布：广东（英德、乳源、深圳）、黑龙江、辽宁、内蒙古、北京、天津、河北、山西、山东、河南、陕西、宁夏、甘肃、江苏、安徽、浙江、湖北、江西、湖南、福建、台湾、海南、澳门、广西、四川、贵州、云南、西藏；韩国，朝鲜，日本，越南，老挝，柬埔寨，印度，缅甸，尼泊尔，斯里兰卡，菲律宾，马来西亚，新加坡，印度尼西亚，文莱，澳大利亚，所罗门群岛，巴布亚新几内亚；北美洲。

593. 直纹斑野螟属 *Orthospila* Warren, 1890

（1244）虎直纹斑野螟 *Orthospila tigrina* (Moore, 1886)

分布：广东、台湾、云南；印度，斯里兰卡，印度尼西亚。

594. 锥歧角螟属 *Cotachena* Moore, 1885

（1245）伊锥歧角螟 *Cotachena histricalis* (Walker, 1859)

分布：广东（乳源）、江苏、浙江、湖北、江西、福建、台湾、四川、西藏；日本，印度，斯里兰卡。

（1246）毛锥歧角螟 *Cotachena pubescens* (Warren, 1892)

分布：广东、北京、山东、湖北、福建、台湾、海南、广西、云南；朝鲜，日本，印度，马来西亚，印度尼西亚。

595. 草螟属 *Crambus* Fabricius, 1798

（1247）水仙草螟 *Crambus narcissus* Bleszynski, 1961

分布：广东（乳源）、台湾。

596. 绒野螟属 *Crocidophora* Lederer, 1863

（1248）扇翅绒野螟 *Crocidophora ptyophora* Hampson, 1896

分布：广东、云南；印度，缅甸，印度尼西亚。

597. 弯茎野螟属 *Crypsiptya* Meyrick, 1894

（1249）竹弯茎野螟 *Crypsiptya coclesalis* (Walker, 1859)

分布：广东（封开、湛江）、北京、山东、河南、陕西、江苏、上海、安徽、浙江、湖北、江西、湖南、台湾、福建、海南、广西、四川、贵州、云南；日本，印度，马来西亚，缅甸，印度尼西亚，澳大利亚。

598. 雅绢野螟属 *Cydalima* Lederer, 1863

（1250）黄杨绢丝野螟 *Cydalima perspectalis* (Walker, 1859)

分布：广东（乳源）、北京、陕西、江苏、浙江、湖北、湖南、福建、台湾、四川、西藏；朝鲜，韩国，日本，印度。

599. 达苔螟属 *Dasyscopa* Meyrick, 1894

（1251）达苔螟 *Dasyscopa homogenes* Meyrick, 1894

分布：广东（乳源）、台湾；菲律宾，马来西亚，印度尼西亚（爪哇、苏门答腊），印度（阿萨姆），法国（巴黎）。

600. 淡黄野螟属 *Demobotys* Munroe *et* Mutuura, 1969

（1252）竹淡黄野螟 *Demobotys pervulgalis* (Hampson, 1913)

分布：广东（始兴、封开）、陕西、湖北、江西、湖南、福建、四川；日本。

601. 绢野螟属 *Diaphania* Hübner, 1818

（1253）瓜绢野螟 *Diaphania indica* (Saunders, 1851)

分布：广东（英德、乳源）、北京、天津、河北、山东、河南、江苏、安徽、浙江、湖北、江西、福建、台湾、澳门、广西、重庆、四川、贵州、云南；朝鲜，日本，越南，泰国，印度，印度尼西亚，法国，以色列，毛里求斯，澳大利亚，萨摩亚，斐济。

602. 纹翅野螟属 *Diasemia* Hübner, 1825

（1254）褐纹翅野螟 *Diasemia accalis* Walker, 1859

分布：广东（英德）、河北、江苏、浙江、安徽、福建、山东、河南、湖北、湖南、台湾、香港、澳门、广西、四川、云南、西藏；朝鲜，日本，缅甸，印度。

（1255）白纹翅野螟 *Diasemia reticularis* (Linnaeus, 1761)

分布：广东、黑龙江、吉林、内蒙古、河北、陕西、江苏、浙江、湖北、福建、台湾、四川、贵州、云南；朝鲜，日本，印度，斯里兰卡；欧洲。

603. 蛀野螟属 *Dichocrocis* Lederer, 1863

（1256）褐带蛀野螟 *Dichocrocis rigidalis* (Snellen, 1890)

分布：广东（英德）、香港；印度。

（1257）双带斑马蛀野螟 *Dichocrocis zebralis* (Moore, 1867)

分布：广东（乳源、深圳）、香港；印度。

604. 窗斑野螟属 *Discothyris* Warren, 1895

（1258）大冠窗斑野螟 *Discothyris megalophalis* Hampson, 1899

分布：广东（封开）；印度。

（1259）痕窗斑野螟 *Discothyris vestigialis* (Snellen, 1890)

分布：广东（封开）、四川、云南、西藏；印度。

605. 细突野螟属 *Ecpyrrhorhoe* Hübner, 1825

（1260）红帕细突野螟 *Ecpyrrhorhoe minnehaha* (Pryer, 1877)

分布：广东（阳春、始兴、惠州）、天津、河北、山西、河南、湖北、湖南、江西、浙江、上海、台湾、广西、四川、贵州、云南；韩国，日本。

（1261）双刺细突野螟 *Ecpyrrhorhoe biaculeiformis* Zhang, Li *et* Wang, 2004

分布：广东（封开、连平、惠州）、安徽、江西、湖南、广西、贵州、云南。

（1262）短细突野螟 *Ecpyrrhorhoe brevis* Zhang *et* Xiang, 2022

分布：广东（封开、韶关）、广西。

（1263）柚叶细突野螟 *Ecpyrrhorhoe damastesalis* (Walker, 1859)

分布：广东（惠州、中山）、福建、台湾、海南、云南。

（1264）指状细突野螟 *Ecpyrrhorhoe digitaliformis* Zhang, Li *et* Wang, 2004

分布：广东（信宜、阳春）、河南、浙江、江西、湖南、广西、贵州。

（1265）斜纹细突野螟 *Ecpyrrhorhoe obliquata* (Moore, 1888)

分布：广东（封开、惠州）、福建、台湾、海南、西藏；印度，缅甸，斯里兰卡。

（1266）梳齿细突野螟 *Ecpyrrhorhoe puralis* (South, 1901)

分布：广东（连平、封开）、河北、山东、河南、湖北、江西、湖南、广西；日本，美国。

（1267）粗刺细突野螟 *Ecpyrrhorhoe celatalis* (Walker, 1859)

分布：广东（韶关、信宜、深圳、惠州、湛江、封开、连平）、重庆、江西、湖南、福建、海南、广西、贵州、西藏、云南；印度，斯里兰卡。

606. 塘水螟属 *Elophila* Hibner, 1822

（1268）棉塘水螟 *Elophila interruptalis* (Pryer, 1877)

分布：广东、黑龙江、吉林、天津、河北、山东、河南、陕西、湖北、江苏、上海、安徽、浙江、江西、湖南、福建、四川、云南；俄罗斯，朝鲜，日本。

（1269）黄纹塘水螟 *Elophila fengwhanalis* (Pryer, 1877)

分布：广东、黑龙江、吉林、辽宁、北京、天津、河北、山东、陕西、宁夏、江苏、上海、安徽、浙江、湖北、江西、湖南、福建、四川、贵州；朝鲜，日本。

（1270）褐萍塘水螟 *Elophila turbata* (Butler, 1881)

分布：广东、黑龙江、吉林、辽宁、北京、天津、河北、陕西、山东、河南、江苏、上海、安徽、浙江、湖北、湖南、福建、广西、重庆、四川、贵州、云南、台湾；朝鲜，日本，俄罗斯。

607. 安野螟属 *Emphylica* Turner, 1913

（1271）粗钩安野螟 *Emphylica crassihamata* Chen *et* Zhang, 2019

分布：广东（始兴）、湖南。

（1272）透翅安野螟 *Emphylica diaphana* (Caradja, 1934)

分布：广东（怀集）、浙江、福建、海南、重庆。

608. 斑水螟属 *Eoophyla* Swinhoe, 1900

（1273）海斑水螟 *Eoophyla halialis* Walker, 1859

分布：广东、河南、浙江、湖北、江西、湖南、福建、海南、广西、四川、贵州、云南；越南，印度，尼泊尔，孟加拉国，阿富汗，埃塞俄比亚。

609. 翎翅野螟属 *Epiparbattia* Caradja, 1925

（1274）竹芯翎翅野螟 *Epiparbattia gloriosalis* Caradja, 1925

分布：广东（乳源、仁化、深圳、肇庆）、湖北、江西、福建、香港、四川、云南；印度。

610. 狭翅水螟属 *Eristena* Warren, 1896

（1275）叉纹狭翅水螟 *Eristena bifurcalis* (Pryer, 1877)

分布：广东、陕西、浙江、江西、福建、台湾、广西、四川、贵州；缅甸，印度。

611. 大草螟属 *Eschata* Walker, 1856

（1276）竹黄腹大草螟 *Eschata miranda* Bleszynski, 1965

分布：广东、江苏、浙江、江西、福建、台湾、四川、云南；印度。

612. 窄翅野螟属 *Euclasta* Lederer, 1855

（1277）横带窄翅野螟 *Euclasta defamatalis* (Walker, 1859)

分布：广东、江苏、浙江、福建、台湾、海南、澳门、广西、四川、云南；印度，尼泊尔，缅甸，斯里兰卡，阿富汗。

（1278）透室窄翅野螟 *Euclasta vitralis* Maes, 1997

分布：广东（广州、东莞、珠海、江门、封开）、海南、广西。

613. 苔螟属 *Eudonia* Billberg, 1820

（1279）普埃苔螟 *Eudonia puellaris* Sasaki, 1991

分布：广东（乳源）；俄罗斯，朝鲜，韩国，日本。

614. 展须野螟属 *Eurrhyparodes* Snellen, 1880

（1280）叶展须野螟 *Eurrhyparodes bracteolalis* (Zeller, 1852)

分布：广东、山西、河南、陕西、江苏、安徽、浙江、湖北、福建、台湾、澳门、广西、四川、贵州、云南；日本，泰国，印度，缅甸，斯里兰卡，印度尼西亚，澳大利亚。

615. 叉环野螟属 *Eumorphobotys* Munroe *et* Mutuura, 1969

（1281）黄翅叉环野螟 *Eumorphobotys eumorphalis* (Caradja, 1925)

分布：广东（英德、连州、惠州、连平）、安徽、浙江、湖北、江西、湖南、福建、海南、广西、四川、贵州。

616. 线须野螟属 *Eurrhypara* Hübner, 1825

（1282）夏枯草线须野螟 *Eurrhypara hortulata* Linnaeus, 1758

分布：广东、吉林、山西、河南、陕西、甘肃、青海、江苏、云南；欧洲。

617. 丝角野螟属 *Filodes* Guenée, 1854

（1283）黄脊丝角野螟 *Filodes fulvidorsalis* Hübner, 1832

分布：广东（英德、乳源、深圳）、台湾、香港、云南；越南，印度，斯里兰卡，印度尼西亚。

（1284）褐纹丝角野螟 *Filodes mirificalis* Lederer, 1863

分布：广东、江苏、广西、云南；印度，尼泊尔。

618. 黄草螟属 *Flavocrambus* Bleszynski, 1959

（1285）钩状黄草螟 *Flavocrambus aridellus* (South, 1901)

分布：广东、黑龙江、陕西、甘肃、河南、安徽、浙江、湖北。

619. 微草螟属 *Glaucocharis* Meyrick, 1938

（1286）戟微草螟 *Glaucocharis hastatella* Song *et* Chen, 2001

分布：广东（乳源）、福建。

（1287）蜜舌微草螟 *Glaucocharis melistoma* (Meyrick, 1931)

分布：广东（乳源）、河南、甘肃、浙江、湖北、湖南、福建、海南、广西、四川、贵州、云南。

（1288）峨眉微草螟 *Glaucocharis omeishani* (Bleszynski, 1965)

分布：广东（英德、乳源）、湖北、福建、四川、贵州。

（1289）肾形微草螟 *Glaucocharis reniella* Wang *et* Sung, 1988

分布：广东（乳源）、四川、云南。

（1290）匀斑微草螟 *Glaucocharis unipunctalis* Sasaki, 2007

分布：广东（乳源）；日本。

（1291）亚白线微草螟 *Glaucocharis subalbilinealis* (Bleszynski, 1965)

分布：广东、陕西、河南、江苏、浙江、安徽、湖北、江西、湖南、福建、香港、广西、四川、贵州、云南。

620. 绢丝野螟属 *Glyphodes* Guenée, 1854

（1292）三斑绢丝野螟 *Glyphodes actorionalis* (Walker, 1859)

分布：广东（英德、乳源、深圳）、江苏、江西、福建、台湾、海南、香港、广西、四川、贵州、云南、西藏；日本，越南，印度（锡金），不丹，斯里兰卡，菲律宾，印度尼西亚，澳大利亚；非洲。

（1293）二斑绢丝野螟 *Glyphodes bicolor* (Swainson, 1821)

分布：广东（英德、深圳）、海南、香港、广西、贵州、云南；越南，泰国，印度，缅甸，不丹，斯里兰卡，菲律宾，印度尼西亚，澳大利亚；非洲。

（1294）双点绢丝野螟 *Glyphodes bivitralis* (Guenée, 1854)

分布：广东（英德、中山、深圳）、江苏、福建、台湾、海南、澳门、四川、云南；日本，越南，泰国，印度，尼泊尔，不丹，斯里兰卡，菲律宾，印度尼西亚，澳大利亚，美国。

（1295）黄翅绢丝野螟 *Glyphodes caesalis* (Walker, 1859)

分布：广东（英德、深圳）、福建、海南、澳门、广西、云南、西藏；越南，印度，缅甸，斯里兰卡，菲律宾，新加坡，印度尼西亚。

（1296）亮斑绢丝野螟 *Glyphodes canthusalis* Walker, 1859

分布：广东（英德、乳源）、台湾、海南、澳门、广西、西藏；越南，印度，缅甸，斯里兰卡，菲律宾，马来西亚，新加坡，印度尼西亚，澳大利亚。

（1297）齿斑翅野螟 *Glyphodes onychinalis* (Guenée, 1854)

分布：广东（乳源）、海南、安徽、江西、湖南、福建、台湾、香港、澳门、四川、贵州、云南、西藏；朝鲜，日本，越南，印度，缅甸，尼泊尔，不丹，斯里兰卡，印度尼西亚，叙利亚，澳大利亚；非洲。

（1298）桑绢丝野螟 *Glyphodes pyloalis* (Walker, 1859)

分布：广东（乳源）、北京、天津、河北、山西、陕西、河南、江苏、上海、安徽、浙江、湖北、福建、台湾、广西、重庆、四川、贵州、云南、西藏；朝鲜，日本，越南，缅甸，印度，斯里兰卡；北美洲。

（1299）四斑绢丝野螟 *Glyphodes quadrimaculalis* (Bremer *et* Grey, 1853)

分布：广东、黑龙江、吉林、辽宁、天津、河北、山西、山东、河南、陕西、宁夏、甘肃、青海、浙江、湖北、江西、湖南、福建、台湾、海南、重庆、四川、贵州、云南、西藏；朝鲜，日本，俄罗斯，印度，印度尼西亚。

621. 犁角野螟属 *Goniorhynchus* Hampson, 1896

（1300）黑缘犁角野螟 *Goniorhynchus butyrosa* Butler, 1879

分布：广东、河北、河南、江苏、安徽、浙江、湖北、湖南、福建、台湾、广西、四川、贵州、云南；日本，越南，印度。

622. 翼野螟属 *Gynenomis* Munroe *et* Mutuura, 1968

（1301）丝翼野螟 *Gynenomis sericealis* (Wileman *et* South, 1917)

分布：广东（始兴、连平、阳春、信宜）、湖北、江西、湖南、海南、广西、贵州、云南；

日本。

623. 褐环野螟属 *Haritalodes* Warren, 1890

（1302）棉褐环野螟 *Haritalodes derogata* (Fabricius, 1775)

分布：广东、内蒙古、北京、天津、河北、山西、山东、河南、陕西、江苏、安徽、浙江、湖北、江西、湖南、福建、台湾、广西、四川、云南、贵州；朝鲜，日本，越南，泰国，印度，缅甸，菲律宾，新加坡，印度尼西亚，美国（夏威夷）；非洲，南美洲。

624. 菜心野螟属 *Hellula* Guenée, 1854

（1303）菜螟 *Hellula undalis* (Fabricius, 1794)

分布：广东、内蒙古、北京、河北、山西、山东、河南、陕西、甘肃、江苏、安徽、浙江、湖北、江西、湖南、福建、台湾、广西、四川、云南；日本，澳大利亚；东南亚，南亚，欧洲，非洲。

625. 黄野螟属 *Heortia* Lederer, 1863

（1304）黄野螟 *Heortia vitessoides* (Moore, 1885)

分布：广东（英德、乳源、中山、深圳）、海南、香港、澳门、广西、云南；日本，泰国，印度，尼泊尔，斯里兰卡，印度尼西亚，阿富汗，澳大利亚，巴布亚新几内亚。

626. 切叶野螟属 *Herpetogramma* Lederer, 1863

（1305）葡萄切叶野螟 *Herpetogramma luctuosalis* Guenée, 1854

分布：广东、黑龙江、吉林、河北、河南、陕西、江苏、浙江、湖北、江西、湖南、福建、台湾、四川、贵州、云南；朝鲜，日本，越南，印度，尼泊尔，不丹，斯里兰卡，印度尼西亚；欧洲，非洲。

（1306）水稻切叶野螟 *Herpetogramma licarsisalis* Walker, 1859

分布：广东、江苏、浙江、江西、湖南、福建、台湾、澳门、广西、云南；朝鲜，日本，越南，印度，斯里兰卡，马来西亚，印度尼西亚，澳大利亚。

（1307）缘切叶野螟 *Herpetogramma submarginalis* (Swinhoe, 1901)

分布：广东、浙江、湖南、福建、台湾、澳门、广西、海南（西沙）；日本，印度。

627. 烟翅野螟属 *Heterocnephes* Lederer, 1863

（1308）云纹烟翅野螟 *Heterocnephes lymphatalis* Swinhoe, 1889

分布：广东、云南；越南，印度，缅甸，印度尼西亚。

628. 长距野螟属 *Hyalobathra* Meyrick, 1885

（1309）赭翅长距野螟 *Hyalobathra coenostolalis* (Snellen, 1890)

分布：广东（连州、韶关、封开、惠州、信宜）、安徽、湖北、江西、湖南、福建、台湾、海南、广西、贵州、云南；印度，缅甸，印度尼西亚，澳大利亚。

（1310）颚带长距野螟 *Hyalobathra illectalis* (Walker, 1859)

分布：广东（英德、乳源）、浙江、台湾、海南、云南；日本，越南，印度，缅甸，斯里兰卡，菲律宾，马来西亚，新加坡，印度尼西亚，巴布亚新几内亚，澳大利亚，萨摩亚，斐济。

（1311）小叉长距野螟 *Hyalobathra opheltesalis* (Walker, 1859)

分布：广东（阳春）、海南、广西、云南；印度，缅甸，印度尼西亚。

629. 银野螟属 _Hydriris_ Meyrick, 1885

（1312）甘薯银野螟 _Hydriris ornatalis_ (Duponchel, 1832)

分布：广东、台湾、澳门、海南、香港、云南、海南（西沙）；日本，澳大利亚；东南亚，欧洲南部，非洲，北美洲。

630. 白带野螟属 _Hymenia_ Hübner, 1825

（1313）双白带野螟 _Hymenia perspectalis_ (Hübner, 1796)

分布：广东（英德、乳源）、台湾；日本，泰国，印度，缅甸，斯里兰卡，印度尼西亚，阿根廷，美国。

631. 光野螟属 _Luma_ Walker, 1863

（1314）饰光野螟 _Luma ornatalis_ (Leech, 1889)

分布：广东、江苏、浙江、江西、湖南、福建；印度。

632. 红缘野螟属 _Isocentris_ Meyrick, 1887

（1315）等翅红缘野螟 _Isocentris aequalis_ (Lederer, 1863)

分布：广东（东莞、江门、封开）、福建、台湾、海南、云南；印度，缅甸，印度尼西亚，斯里兰卡，澳大利亚。

（1316）黄翅红缘野螟 _Isocentris filalis_ (Guenée, 1854)

分布：广东（东莞、封开、阳春）、福建、台湾、海南、广西、云南；日本，越南，柬埔寨，印度，缅甸，斯里兰卡，菲律宾，马来西亚，印度尼西亚，多哥，喀麦隆，刚果，毛里求斯，澳大利亚，巴布亚新几内亚。

（1317）细小红缘野螟 _Isocentris micralis_ (Caradja, 1932)

分布：广东（东莞）、海南、云南。

633. 灯野螟属 _Lamprophaia_ Caradja, 1925

（1318）流苏灯野螟 _Lamprophaia albifimbrialis_ (Walker, 1865)

分布：广东（广州、仁化）、浙江、湖北、江西、台湾、广西、云南；日本，印度尼西亚。

（1319）奇异灯野螟 _Lamprophaia mirabilis_ Caradja, 1925

分布：广东（连平、惠州）、湖北、江西、贵州、云南。

634. 蚀叶野螟属 _Lamprosema_ Hübner, 1823

（1320）黑点蚀叶野螟 _Lamprosema commixta_ (Butler, 1879)

分布：广东、北京、天津、河南、陕西、甘肃、安徽、浙江、湖北、湖南、福建、台湾、海南、香港、重庆、四川、贵州、云南、西藏；日本，越南，印度，尼泊尔，马来西亚，斯里兰卡。

（1321）黄环蚀叶野螟 _Lamprosema tampiusalis_ (Walker, 1859)

分布：广东、河南、安徽、湖北、江西、福建、海南、澳门；日本，印度，马来西亚，文莱，印度尼西亚。

635. 柄脉禾螟属 _Leechia_ South, 1901

（1322）波纹柄脉禾螟 _Leechia sinuosalis_ South, 1901

分布：广东（乳源）、台湾；日本。

636. 网野螟属 *Lepidoplaga* Warren, 1895

（1323）象网野螟 *Lepidoplaga elephantophila* (Bänziger, 1985)

　　分布：广东（韶关、江门、廉江）、江西、福建、海南、四川；泰国。

（1324）黄边网野螟 *Lepidoplaga flavicinctalis* (Snellen, 1890)

　　分布：广东（封开）、广西、云南、西藏；印度。

（1325）血网野螟 *Lepidoplaga haematophaga* (Bänziger, 1985)

　　分布：广东（高明）、福建、广西、贵州、云南；泰国。

（1326）泪网野螟 *Lepidoplaga lacriphaga* (Bänziger, 1985)

　　分布：广东（封开）、海南、广西、云南；泰国，马来西亚。

637. 边野螟属 *Limbobotys* Munroe *et* Mutuura, 1970

（1327）海南边野螟 *Limbobotys hainanensis* Munroe *et* Mutuura, 1970

　　分布：广东（茂名、湛江）、海南、广西。

（1328）棘刺边野螟 *Limbobotys phoenicistis* (Hampson, 1896)

　　分布：广东（英德）、海南、广西、贵州；印度，不丹，缅甸，泰国。

（1329）扇翅边野螟 *Limbobotys ptyophora* (Hampson, 1896)

　　分布：广东（惠州、三岳）、江西、海南、广西、云南；印度，印度尼西亚。

638. 棒突野螟属 *Loxoneptera* Hampson, 1896

（1330）长钩棒突野螟 *Loxoneptera carnealis* (Swinhoe, 1895)

　　分布：广东（英德）、贵州、云南；印度。

（1331）中棒突野螟 *Loxoneptera medialis* (Caradja, 1925)

　　分布：广东（湛江）、海南。

639. 狭野螟属 *Mabra* Moore, 1885

（1332）烟狭野螟 *Mabra eryxalis* (Walker, 1859)

　　分布：广东（惠州、东莞、江门）、江西、湖南、海南、广西、贵州；日本，印度，斯里兰卡，印度尼西亚，澳大利亚。

640. 锄须丛螟属 *Macalla* Walker, 1859

（1333）麻楝锄须丛螟 *Macalla marginata* (Butler, 1879)

　　分布：广东、浙江、江西、湖南、台湾；日本，印度。

641. 刷须野螟属 *Marasmia* Lederer, 1863

（1334）依刷须野螟 *Marasmia limbalis* Wileman, 1911

　　分布：广东（乳源）、台湾；日本。

（1335）珀刷须野螟 *Marasmia poeyalis* (Boisduval, 1833)

　　分布：广东（英德、乳源）、台湾；日本，印度，马来西亚；非洲。

642. 豆荚野螟属 *Maruca* Walker, 1859

（1336）豆荚野螟 *Maruca vitrata* (Fabricius, 1787)

　　分布：广东（英德、乳源）、内蒙古、北京、天津、河北、山西、山东、河南、陕西、甘肃、江苏、安徽、浙江、湖北、湖南、福建、台湾、海南、香港、广西、重庆、四川、贵州、云南、西藏；朝鲜，日本，印度，斯里兰卡，坦桑尼亚，尼日利亚，澳大利亚，美国（夏威夷）。

643. 伸喙野螟属 *Mecyna* Doubleday, 1850

（1337）五斑伸喙野螟 *Mecyna quinquigera* (Moore, 1888)

分布：广东（乳源）、湖北、江西、福建、台湾、广西、云南；日本，印度。

（1338）杨芦伸喙野螟 *Mecyna tricolor* (Butler, 1879)

分布：广东、黑龙江、北京、河北、山西、山东、河南、甘肃、浙江、湖北、湖南、福建、台湾、四川、贵州、云南；朝鲜，日本。

644. 带草螟属 *Metaeuchromius* Bleszynski, 1960

（1339）黄色带草螟 *Metaeuchromius fulvusalis* Song *et* Chen, 2002

分布：广东、甘肃、安徽、浙江、湖北、湖南、海南、广西、四川、贵州、云南。

645. 斑纹野螟属 *Metoeca* Warren, 1896

（1340）污斑纹野螟 *Metoeca foedalis* (Guenée, 1854)

分布：广东、山东、河南、安徽、浙江、湖北、江西、福建、海南、四川、云南、西藏；日本，斯里兰卡，印度尼西亚，马来西亚，文莱，澳大利亚；非洲。

646. 条纹野螟属 *Mimetebulea* Munroe *et* Mutuura, 1968

（1341）条纹野螟 *Mimetebulea arctialis* Munroe *et* Mutuura, 1968

分布：广东（连平、仁化、封开）、河南、江苏、浙江、湖北、江西、湖南、福建、海南、广西、四川、贵州。

647. 噬叶野螟属 *Nacoleia* Walker, 1859

（1342）肾斑噬叶野螟 *Nacoleia charesalis* (Walker, 1859)

分布：广东、台湾、澳门、海南；越南，印度，斯里兰卡，菲律宾，马来西亚，新加坡，文莱，印度尼西亚，巴布亚新几内亚，塞舌尔。

648. 并脉草螟属 *Neopediasia* Okano, 1962

（1343）三点并脉草螟 *Neopediasia mixtalis* (Walker, 1863)

分布：广东、黑龙江、吉林、天津、河北、山西、山东、河南、甘肃、青海、江苏、浙江、湖北、湖南、四川、云南；俄罗斯（远东），朝鲜，日本。

649. 云纹野螟属 *Nephelobotys* Munroe *et* Mutuura, 1970

（1344）竹云纹野螟 *Nephelobotys evenoralis* (Walker, 1859)

分布：广东（连州、始兴）、湖南、云南；日本，韩国，缅甸。

（1345）棕锯云纹野螟 *Nephelobotys fuscidentalis* (Hampson, 1896)

分布：广东（信宜）、广西、贵州、云南；印度，尼泊尔，缅甸，马来西亚。

（1346）小竹云纹野螟 *Nephelobotys habisalis* (Walker, 1859)

分布：广东（英德、连州、始兴、仁化、江门、封开、信宜、廉江）、江西、湖南、福建、海南、广西、贵州、云南；马来西亚。

（1347）黄缘云纹野螟 *Nephelobotys nephelistalis* (Hampson, 1913)

分布：广东（始兴）、浙江、湖北、江西、湖南、福建。

650. 纹野螟属 *Nevrina* Guenée, 1854

（1348）脉纹野螟 *Nevrina procopia* (Stoll, 1781)

分布：广东（乳源）、台湾；日本，印度，斯里兰卡，印度尼西亚，巴布亚新几内亚。

651. 毛突野螟属 *Nomis* Motschulsky, 1861

（1349）白足毛突野螟 *Nomis albopedalis* Motschulsky, 1861

分布：广东；日本。

652. 牧野螟属 *Nomophila* Hübner，〔1825〕1816

（1350）麦牧野螟 *Nomophila noctuella* (Denis *et* Schiffermüller, 1775)

分布：广东、内蒙古、北京、天津、河北、山东、河南、陕西、宁夏、江苏、湖北、台湾、四川、贵州、云南、西藏；日本，印度，俄罗斯，罗马尼亚，保加利亚，塞尔维亚，黑山；北美洲。

653. 须野螟属 *Nosophora* Lederer, 1863

（1351）斑点须野螟 *Nosophora maculalis* Leech, 1889

分布：广东、黑龙江、福建、台湾、四川、云南；日本。

（1352）茶须野螟 *Nosophora semitritalis* (Lederer, 1863)

分布：广东、河南、甘肃、安徽、浙江、湖北、江西、湖南、福建、台湾、海南、重庆、四川、贵州、云南；日本，印度，缅甸，菲律宾，印度尼西亚。

654. 大卷叶野螟属 *Notarcha* Meyrick, 1884

（1353）扶桑大卷叶野螟 *Notarcha quaternalis* (Zeller, 1852)

分布：广东、北京、河北、陕西、湖北、福建、台湾、四川、云南、贵州；日本，缅甸，印度，斯里兰卡，澳大利亚，南非。

655. 目水螟属 *Nymphicula* Snellen, 1880

（1354）浅目水螟 *Nymphicula blandialis* (Walker, 1859)

分布：广东、河南、江苏、浙江、福建、台湾、广西、贵州、云南；朝鲜，日本，印度，斯里兰卡，马来西亚，印度尼西亚，巴布亚新几内亚，斐济；非洲。

656. 啮叶野螟属 *Omiodes* Guenée, 1854

（1355）剑噬啮叶野螟 *Omiodes gladialis* (Leech, 1889)

分布：广东（英德、仁化、江门）、浙江、福建、台湾、云南。

（1356）豆啮叶野螟 *Omiodes indicata* (Fabricius, 1775)

分布：广东、河北、河南、陕西、湖北、福建、四川、云南；日本，越南，新加坡，印度，斯里兰卡；非洲，美洲。

（1357）三纹啮叶野螟 *Omiodes tristrialis* (Bremer, 1864)

分布：广东、河北、山东、河南、江苏、安徽、浙江、湖北、江西、湖南、福建、台湾；俄罗斯（远东），朝鲜，日本，缅甸，印度，印度尼西亚。

657. 蠹野螟属 *Omphisa* Moore, 1886

（1358）甘薯蠹野螟 *Omphisa anastomosalis* Guenée, 1854

分布：广东（乳源）等；印度，缅甸，斯里兰卡，菲律宾，印度尼西亚，澳大利亚；非洲，美洲。

658. 秆野螟属 _Ostrinia_ Hübner, 1825

（1359）亚洲玉米螟 _Ostrinia furnacalis_ (Guenée, 1854)

分布：广东及全国玉米种植区；朝鲜，日本，越南，印度，缅甸，斯里兰卡，菲律宾，马来西亚，新加坡，印度尼西亚，俄罗斯（乌苏里斯克），澳大利亚，巴布亚新几内亚。

（1360）款冬玉米螟 _Ostrinia scapulalis_ (Walker, 1859)

分布：广东（广州）、河北、山西、陕西、浙江、湖北、江西、湖南、福建、重庆；俄罗斯，日本，韩国，印度。

（1361）豆秆野螟 _Ostrinia zealis_ (Guenée, 1854)

分布：广东、陕西、甘肃、江苏、湖南、福建、台湾、重庆、四川、云南；俄罗斯，日本，韩国，印度。

659. 尖须野螟属 _Pagyda_ Walker, 1859

（1362）金尖须野螟 _Pagyda afralis_ (Walker, 1859)

分布：广东（始兴）、安徽、浙江、湖北、江西、湖南；印度，不丹，缅甸，马来西亚。

（1363）接骨木尖须野螟 _Pagyda amphisalis_ (Walker, 1859)

分布：广东、海南、四川、云南；印度。

（1364）弯指尖须野螟 _Pagyda arbiter_ (Butler, 1879)

分布：广东（始兴、江门、封开）、湖北、江西、湖南、广西；日本。

（1365）红纹尖须野螟 _Pagyda auroralis_ Moore, 1888

分布：广东（英德、乳源、始兴、仁化、连平、封开、信宜）、陕西、浙江、江西、湖南、福建、台湾、海南、广西、重庆、四川、贵州、云南；日本，印度，缅甸，印度尼西亚。

（1366）异色尖须野螟 _Pagyda discolor_ Swinhoe, 1894

分布：广东、江西、海南；印度，缅甸。

（1367）黄尖须野螟 _Pagyda lustralis_ Snellen, 1890

分布：广东（乳源、深圳）、江苏、江西、台湾；日本，印度，缅甸。

（1368）灰尖须野螟 _Pagyda pullalis_ Swinhoe, 1903

分布：广东；泰国。

（1369）四线尖须野螟 _Pagyda quadrilineata_ Butler, 1881

分布：广东（封开）、陕西、浙江、福建、广西、贵州、云南；日本，韩国。

（1370）五线尖须野螟 _Pagyda quinquelineata_ Hering, 1903

分布：广东（连州）、浙江、湖北、江西、湖南、福建、广西、重庆；日本，韩国。

（1371）黑环尖须野螟 _Pagyda salvalis_ Walker, 1859

分布：广东（乳源）、江西、湖南、台湾、重庆、四川；日本，泰国，印度，缅甸，斯里兰卡，菲律宾，印度尼西亚，巴布亚新几内亚。

660. 绢须野螟属 _Palpita_ Hübner, 1808

（1372）尖角绢须野螟 _Palpita asiaticalis_ Inoue, 1994

分布：广东（英德、乳源）、台湾；泰国，印度，尼泊尔。

（1373）黄环绢须野螟 *Palpita celsalis* (Walker, 1859)

分布：广东、江苏、浙江、福建、台湾、四川、云南；越南，日本，斯里兰卡，菲律宾，新加坡，印度尼西亚，澳大利亚。

（1374）尤金绢须野螟 *Palpita munroei* Inoue, 1996

分布：广东、浙江、湖南、福建、香港、澳门、广西、贵州、云南；日本，越南，泰国，菲律宾，马来西亚，文莱，印度尼西亚。

（1375）白腊绢须野螟 *Palpita nigropunctalis* (Bremer, 1864)

分布：广东（深圳）、河北、山西、河南、陕西、甘肃、江苏、浙江、湖北、福建、台湾、澳门、广西、四川、贵州、云南、西藏及东北地区；朝鲜，日本，越南，印度，斯里兰卡，菲律宾，印度尼西亚。

（1376）小绢须野螟 *Palpita parvifraterna* Inoue, 1999

分布：广东（乳源、深圳）、河南、湖北、江西、福建、香港、广西、四川、贵州；老挝。

（1377）疲绢须野螟 *Palpita picticostalis* (Hampson, 1896)

分布：广东（英德、乳源）；印度，印度尼西亚，马来西亚，文莱。

661. 波水螟属 *Paracymoriza* Warren, 1890

（1378）断纹波水螟 *Paracymoriza distinctalis* (Leech, 1889)

分布：广东、河南、浙江、湖北、湖南、台湾、广西、四川、贵州。

（1379）珍洁波水螟 *Paracymoriza prodigalis* (Leech, 1889)

分布：广东、河北、河南、陕西、浙江、湖北、福建、台湾、贵州；朝鲜，日本。

（1380）黄褐波水螟 *Paracymoriza vagalis* (Walker, 1866)

分布：广东、甘肃、浙江、福建、台湾、广西、贵州、云南；日本，泰国，印度，印度尼西亚。

662. 筒水螟属 *Parapoynx* Hübner, 1825

（1381）小筒水螟 *Parapoynx diminutalis* Snellen, 1880

分布：广东、天津、山东、河南、陕西、上海、浙江、湖南、台湾、澳门、四川、贵州、云南；印度，菲律宾，斯里兰卡，马来西亚，印度尼西亚；非洲。

（1382）稻筒水螟 *Parapoynx fluctuosalis* (Zeller, 1852)

分布：广东（乳源）、河南、宁夏、福建、台湾、广西、四川、贵州、云南。

（1383）稻黄筒水螟 *Parapoynx vitalis* (Bremer, 1864)

分布：广东、内蒙古、北京、天津、河北、山东、陕西、宁夏、江苏、上海、浙江、湖北、江西、湖南、福建、台湾、四川、云南；朝鲜，日本，俄罗斯。

663. 绿绢野螟属 *Parotis* Hübner, 1831

（1384）绿翅绢野螟 *Parotis angustalis* (Snellen, 1895)

分布：广东、四川、云南；印度尼西亚。

（1385）海绿野螟 *Parotis glauculalis* (Guenée, 1854)

分布：广东（乳源）、海南。

（1386）角翅绿野螟 *Parotis suralis* (Lederer, 1863)

分布：广东（乳源）、台湾、海南、澳门、四川、云南；印度尼西亚，澳大利亚，所罗门群岛。

664. 多突野螟属 *Pioneabathra* Shaffer *et* Munroe, 2007

（1387）多突野螟 *Pioneabathra olesialis* (Walker, 1859)

分布：广东（韶关、封开）、江西、湖南、海南、广西、云南；印度，斯里兰卡，印度尼西亚，冈比亚，坦桑尼亚，刚果，赞比亚，莫桑比克，塞舌尔（阿尔达布拉），科摩罗，津巴布韦，南非，澳大利亚。

665. 长突野螟属 *Placosaris* Meyrick, 1897

（1388）金黄长突野螟 *Placosaris auranticilialis* (Caradja, 1925)

分布：广东、江西。

（1389）彤翅长突野螟 *Placosaris rubellalis* (Caradja, 1925)

分布：广东、江西、湖南、福建、广西。

666. 扇野螟属 *Pleuroptya* Meyrick, 1890

（1390）枇杷扇野螟 *Pleuroptya balteata* (Fabricius, 1798)

分布：广东、天津、河南、陕西、安徽、浙江、湖北、江西、湖南、福建、台湾、澳门、广西、四川、贵州、云南、西藏；朝鲜，日本，越南，印度，尼泊尔，斯里兰卡，印度尼西亚，塞尔维亚，黑山，法国，澳大利亚。

（1391）喀扇野螟 *Pleuroptya characteristica* (Warren, 1896)

分布：广东（英德）；日本，印度。

（1392）三条扇野螟 *Pleuroptya chlorophanta* (Butler, 1878)

分布：广东、内蒙古、天津、河北、山东、河南、陕西、宁夏、江苏、安徽、浙江、湖北、江西、福建、台湾、广西、四川；朝鲜，日本。

（1393）四斑扇野螟 *Pleuroptya quadrimaculalis* (Kollar, 1844)

分布：广东（英德、乳源）、山东、浙江、湖北、江西、福建、台湾、四川、云南；朝鲜，韩国，日本，印度。

667. 斑野螟属 *Polythlipta* Lederer, 1863

（1394）大白斑野螟 *Polythlipta liquidalis* Leech, 1889

分布：广东（英德、乳源）、陕西、浙江、湖北、湖南、福建、台湾、海南、广西、重庆、四川、贵州、云南；朝鲜，韩国，日本，印度。

（1395）白斑野螟 *Polythlipta maculalis* South, 1901

分布：广东（乳源）、黑龙江、北京、湖北、江西、福建、四川。

668. 岬野螟属 *Pronomis* Munroe *et* Mutuura, 1968

（1396）小岬野螟 *Pronomis delicatalis* (South, 1901)

分布：广东（韶关）、浙江、湖北、广西、四川、贵州；日本。

669. 狭翅野螟属 *Prophantis* Warren, 1896

（1397）宽缘狭翅野螟 *Prophantis adusta* Inoue, 1986

分布：广东（乳源）、福建、台湾、四川、云南；日本，伊朗，澳大利亚，巴布亚新几内亚，新西兰；东南亚。

670. 银草螟属 *Pseudargyria* Okano, 1962

（1398）黄纹银草螟 *Pseudargyria interruptella* (Walker, 1866)

分布：广东（英德、乳源）、天津、河北、山东、河南、陕西、甘肃、江苏、安徽、浙江、湖北、江西、湖南、福建、台湾、广西、四川、云南、贵州；朝鲜，韩国，日本。

671. 拟尖须野螟属 *Pseudopagyda* Slamka, 2014

（1399）大黄拟尖须野螟 *Pseudopagyda ingentalis* (Caradja, 1925)

分布：广东（连州）、广西。

672. 羚野螟属 *Pseudebulea* Butler, 1881

（1400）芬氏羚野螟 *Pseudebulea fentoni* Butler, 1881

分布：广东（英德）、黑龙江、吉林、辽宁、河北、河南、陕西、浙江、湖北、江西、湖南、福建、广西、四川、贵州；俄罗斯，朝鲜，日本，印度，印度尼西亚。

（1401）海南羚野螟 *Pseudebulea hainanensis* Munroe *et* Mutuura, 1968

分布：广东（韶关）、广西、海南。

（1402）多毛羚野螟 *Pseudebulea polychaeta* Zhang *et* Li, 2009

分布：广东（始兴）、四川、西藏。

673. 卷野螟属 *Pycnarmon* Lederer, 1863

（1403）泡桐卷野螟 *Pycnarmon cribrata*（Fabricius, 1784）

分布：广东（乳源）、北京、河北、陕西、湖北、台湾、海南、澳门、广西、四川、云南；朝鲜，日本，越南，印度，缅甸，斯里兰卡，马来西亚，印度尼西亚，津巴布韦，南非，塞拉利昂，巴布亚新几内亚，喀麦隆，斐济。

（1404）乳翅卷野螟 *Pycnarmon lactiferalis* (Walker, 1859)

分布：广东、黑龙江、吉林、陕西、浙江、台湾、四川、云南；朝鲜，日本，缅甸，印度，斯里兰卡，印度尼西亚。

674. 黑野螟属 *Pygospila* Guenée, 1854

（1405）白斑黑野螟 *Pygospila tyres* (Cramer, 1780)

分布：广东（英德、乳源、深圳）、台湾、云南；日本，越南，印度，缅甸，斯里兰卡，菲律宾，印度尼西亚，刚果，澳大利亚。

675. 野螟属 *Pyrausta* Schrank, 1802

（1406）圆突野螟 *Pyrausta genialis* South, 1901

分布：广东、甘肃、四川、云南。

（1407）边缘野螟 *Pyrausta limbata* (Butler, 1879)

分布：广东（韶关、信宜）、黑龙江、河南、陕西、安徽、湖北、福建、广西；韩国，日本；欧洲。

（1408）细小野螟 *Pyrausta minimalis* Caradja, 1925

分布：广东。

（1409）黄赭野螟 *Pyrausta ochracealis* (Walker, 1865)

分布：广东。

（1410）齿纹野螟 *Pyrausta odontogrammalis* Caradja, 1925

分布：广东。

（1411）紫苏野螟 *Pyrausta phoenicealis* (Hübner, 1818)

分布：广东（雷州）、北京、河北、浙江、湖北、江西、湖南、海南、广西、云南；日本，韩国，印度，柬埔寨，菲律宾，印度尼西亚，澳大利亚，塞拉利昂，南非，美国，多米尼加，巴西。

（1412）暗黄野螟 *Pyrausta subcrocealis* (Snellen, 1880)

分布：广东；印度，印度尼西亚。

（1413）红黄野螟 *Pyrausta tithonialis* (Zeller, 1872)

分布：广东、河北、山东、河南、青海、新疆、福建、四川；俄罗斯，蒙古国，日本，韩国。

676. 紫翅野螟属 *Rehimena* Walker, 1866

（1414）黄斑紫翅野螟 *Rehimena phrynealis* (Walker, 1859)

分布：广东、北京、天津、河北、河南、江苏、安徽、浙江、湖北、台湾、海南、香港、云南；朝鲜，印度，尼泊尔，印度尼西亚，澳大利亚。

（1415）小斑紫翅野螟 *Rehimena surusalis* (Walker, 1859)

分布：广东（乳源）、江苏、浙江、湖北、湖南、台湾、海南、香港、云南；日本，斯里兰卡，印度尼西亚，巴布亚新几内亚。

677. 翅野螟属 *Rhectothyris* Warren, 1890

（1416）艳瘦翅野螟 *Rhectothyris gratiosalis* (Walker, 1859)

分布：广东（英德、乳源、深圳）、江西、福建、台湾、海南、香港、广西、四川；日本，印度，印度尼西亚，马来西亚，文莱；东南亚。

678. 中国细草螟属 *Roxita* Bleszynski, 1963

（1417）福建细草螟 *Roxita fujianella* Sung *et* Chen, 2002

分布：广东（乳源）、福建；日本。

679. 拱翅野螟属 *Sameodes* Snellen, 1880

（1418）网纹拱翅野螟 *Sameodes cancellalis* (Zeller, 1852)

分布：广东（乳源）、福建、台湾、海南；日本，越南，泰国，印度，缅甸，尼泊尔，斯里兰卡，菲律宾，马来西亚，印度尼西亚，阿富汗，也门（索科特拉），马达加斯加，塞拉利昂，莫桑比克，澳大利亚，萨摩亚，巴布亚新几内亚（俾斯麦），所罗门群岛，斐济。

680. 禾螟属 *Schoenobius* Duponchel, 1836

（1419）大禾螟 *Schoenobius gigantellus* (Denis *et* Schiffermüller , 1775)

分布：广东、黑龙江、内蒙古、北京、天津、河北、山西、山东、河南、陕西、宁夏、新疆、江苏、上海、湖南；朝鲜，韩国，日本，俄罗斯，瑞典，英国。

681. 白禾螟属 *Scirpophaga* Treitschke, 1832

（1420）红尾白螟 *Scirpophaga excerptalis* (Walker, 1863)

分布：广东、江西、湖南、台湾、海南、澳门、广西、四川、贵州、云南；日本，越南，泰国，印度，尼泊尔，菲律宾，马来西亚，新加坡，孟加拉国，巴基斯坦，印度尼西亚（爪哇、松巴、布鲁、阿多纳拉），东帝汶，澳大利亚，巴布亚新几内亚，所罗门群岛等。

（1421）三化螟 *Scirpophaga incertulas* (Walker, 1863)

分布：广东（英德、乳源）、河北、山东、河南、陕西、江苏、上海、安徽、浙江、湖北、江西、湖南、福建、台湾、海南、香港、澳门、广西、四川、贵州、云南；日本，越南，泰国，印度，缅甸，尼泊尔，斯里兰卡，菲律宾，马来西亚，新加坡，印度尼西亚，阿富汗，孟加拉国。

（1422）大白禾螟 *Scirpophaga magnella* de Joannis, 1930

分布：广东、黑龙江、北京、河南、江苏、安徽、湖北、福建、海南、云南；朝鲜，日本，越南，泰国，印度，缅甸，尼泊尔，孟加拉国，巴基斯坦，阿富汗，伊朗。

682. 苔螟属 *Scoparia* Haworth, 1811

（1423）狭翅苔螟 *Scoparia isochroalis* Hampson, 1907

分布：广东（乳源）、台湾；俄罗斯，朝鲜，韩国，日本。

683. 双突野螟属 *Sitochroa* Hübner, 1825

（1424）同色双突野螟 *Sitochroa concoloralis* (Lederer, 1857)

分布：广东；俄罗斯，叙利亚，黎巴嫩，西班牙，葡萄牙，法国。

（1425）伞双突野螟 *Sitochroa palealis* (Denis *et* Schiffermüller, 1775)

分布：广东、黑龙江、北京、河北、山西、河南、陕西、新疆、江苏、湖北、云南；朝鲜，印度；欧洲。

（1426）黄翅双突野螟 *Sitochroa umbrosalis* (Warren, 1892)

分布：广东（连州）、黑龙江、河北、山西、河南、陕西、湖北、江西、湖南、福建、广西、重庆、贵州；日本，韩国。

684. 青野螟属 *Spoladea* Guenée, 1854

（1427）甜菜白带野螟 *Spoladea recurvalis* (Fabricius, 1775)

分布：广东（乳源）、黑龙江、吉林、辽宁、内蒙古、北京、天津、河北、山西、山东、陕西、宁夏、青海、江苏、上海、安徽、浙江、湖北、江西、湖南、福建、台湾、澳门、广西、重庆、四川、贵州、云南、西藏；日本，朝鲜，澳大利亚；东南亚，南亚，非洲，美洲。

685. 窗水螟属 *Stegothyris* Lederer, 1863

（1428）纹窗水螟 *Stegothyris diagonalis* Guenée, 1854

分布：广东、台湾、云南；印度，缅甸，印度尼西亚。

686. 卷叶野螟属 *Sylepta* Hübner, 1826

（1429）齿纹卷叶野螟 *Sylepta invalidalis* South, 1901

分布：广东、天津、河北、河南、陕西、安徽、浙江、湖北、江西、福建、四川；韩国，日本。

（1430）宁波卷叶野螟 *Sylepta ningpoalis* (Leech, 1889)

分布：广东（深圳）、江苏、浙江、湖北、江西、湖南、福建、香港、四川；韩国，日本，越南，印度（锡金）。

687. 环角野螟属 *Syngamia* Guenée, 1854

（1431）火红环角野螟 *Syngamia floridalis* (Zeller, 1852)

分布：广东、江西、湖南、福建、台湾、广西、云南；印度，缅甸，斯里兰卡，印度尼西亚，喀麦隆。

688. 细条纹野螟属 *Tabidia* Snellen, 1880

（1432）显条纹野螟 *Tabidia obvia* Du *et* Li, 2014

分布：广东（乳源）、甘肃、浙江、湖北、重庆、四川、贵州。

689. 蓝水螟属 *Talanga* Moore, 1885

（1433）六斑蓝水螟 *Talanga sexpunctalis* Moore, 1877

分布：广东（英德、深圳）、台湾、香港、澳门、云南；越南，印度，斯里兰卡，马来西亚，印度尼西亚，瓦努阿图，巴布亚新几内亚。

690. 柔野螟属 *Tenerobotys* Munroe *et* Mutuura, 1971

（1434）弯齿柔野螟 *Tenerobotys subfumalis* Munroe *et* Mutuura, 1971

分布：广东（韶关）、河南、江西、湖南、台湾。

691. 果蛀野螟属 *Thliptoceras* Warren, 1890

（1435）尖突果蛀野螟 *Thliptoceras artatalis* (Caradja, 1925)

分布：广东（韶关、连平、惠州、江门、封开）、浙江、江西、湖南、福建、海南、广西、贵州。

（1436）双刺果蛀野螟 *Thliptoceras bicuspidatum* Zhang, 2014

分布：广东（韶关、封开）。

（1437）卡氏果蛀野螟 *Thliptoceras caradjai* Munroe *et* Mutuura, 1968

分布：广东（始兴）、湖北、江西、福建。

（1438）圆瓣果蛀野螟 *Thliptoceras cascalis* (Swinhoe, 1890)

分布：广东、福建、台湾；日本，印度，缅甸，斯里兰卡。

（1439）丝膜果蛀野螟 *Thliptoceras filamentosum* Zhang, 2014

分布：广东（韶关）、江西。

（1440）台湾果蛀野螟 *Thliptoceras formosanum* Munroe *et* Mutuura, 1968

分布：广东（韶关、惠州、高明、封开、阳春）、江西、湖南、福建、海南、广西、贵州。

（1441）光突果蛀野螟 *Thliptoceras impube* Zhang, 2014

分布：广东（英德、仁化、封开）。

（1442）圆刻果蛀野螟 *Thliptoceras semicirculare* Zhang, 2014

分布：广东（乳源、始兴、惠州、封开）、江西。

（1443）沙弗尔果蛀野螟 *Thliptoceras shafferi* Bänziger, 1987

分布：广东（江门、肇庆）、广西；泰国。

（1444）中华果蛀野螟 *Thliptoceras sinense* (Caradja, 1925)

分布：广东（连平、仁化、封开）、湖北、江西、湖南、福建、海南、广西。

（1445）凸缘果蛀野螟 *Thliptoceras stygiale* Hampson, 1896

分布：广东；印度。

692. 须歧野螟属 *Trichophysetis* Meyrick, 1884

（1446）汉氏须歧野螟 *Trichophysetis hampsoni* South, 1901

分布：广东（英德、乳源）；印度。

（1447）双纹须歧野螟 *Trichophysetis cretacea* (Butler, 1879)

分布：广东、黑龙江、北京、山东、江苏、浙江、湖北、福建、海南、澳门、广西、四川、云南；俄罗斯，日本，澳大利亚。

693. 黑纹野螟属 *Tyspanodes* **Warren, 1891**

（1448）黄黑纹野螟 *Tyspanodes hypsalis* Warren, 1891

分布：广东（乳源）、陕西、江苏、浙江、湖北、江西、福建、台湾、广西、四川。

（1449）黑纹野螟 *Tyspanodes linealis* (Moore, 1867)

分布：广东（英德、深圳）、香港；泰国，印度，不丹，斯里兰卡，澳大利亚。

（1450）橙黑纹野螟 *Tyspanodes striata* (Butler, 1879)

分布：广东（英德、乳源）、山东、江苏、浙江、湖北、江西、福建、台湾、四川、云南；朝鲜，日本。

694. 缨突野螟属 *Udea* **Guenée,**〔**1845**〕

（1451）锈黄缨突野螟 *Udea ferrugalis* (Hübner, 1796)

分布：广东（韶关）、天津、河北、山西、山东、河南、陕西、甘肃、青海、江苏、浙江、湖北、湖南、台湾、广西、四川、贵州、云南；韩国，日本，印度，斯里兰卡，匈牙利，法国，西班牙，意大利，摩洛哥，埃塞俄比亚。

695. 黑点野螟属 *Vittabotys* **Munroe** *et* **Mutuura, 1970**

（1452）黄翅黑点野螟 *Vittabotys mediomaculalis* Munroe *et* Mutuura, 1970

分布：广东、江西、福建。

四十一、凤蛾科 Epicopeiidae Swinhoe, 1892

696. 安凤蛾属 *Amana* **Walker, 1855**

（1453）安凤蛾 *Amana angulifera* Walker, 1855

分布：广东（乳源）。

697. 凤蛾属 *Epicopeia* **Westwood, 1841**

（1454）榆凤蛾 *Epicopeia mencia* Moore, 1874

分布：广东（乳源）、辽宁、北京、河北、山东、河南、江苏、浙江、湖北、台湾、贵州；朝鲜，韩国。

（1455）宽尾凤蛾 *Epicopeia polydora* Westwood, 1841

分布：广东（英德、乳源）；越南，泰国，印度，尼泊尔。

698. 蛱凤蛾属 *Psychostrophia* **Butler, 1877**

（1456）黑边蛱凤蛾 *Psychostrophia nymphidiaria* (Oberthür, 1893)

分布：广东（乳源）、江西、四川、云南。

四十二、钩蛾科 Drepanidae Meyrick, 1895

699. 距钩蛾属 *Agnidra* **Moore, 1868**

（1457）花距钩蛾 *Agnidra specularia* (Walker, 1866)

分布：广东（英德、乳源）、浙江、广西、福建、云南；印度，不丹，斯里兰卡。

700. 紫线钩蛾属 *Albara* Walker, 1866

（1458）中国紫线钩蛾 *Albara reversaria opalescens* Warren, 1897

分布：广东、浙江、江西、福建、台湾、海南、广西、云南；印度。

701. 角钩蛾属 *Amphitorna* Turner, 1911

（1459）缺刻角钩蛾 *Amphitorna olga* (Swinhoe, 1894)

分布：广东（乳源）、江西、福建、台湾、海南、四川、云南；印度，斯里兰卡。

（1460）*Amphitorna brunhyala* (Shen *et* Chen, 1990)

分布：广东、福建。

702. 豆斑钩蛾属 *Auzata* Walker, 1863

（1461）单眼豆斑钩蛾 *Auzata ocellata* (Warren, 1896)

分布：广东（英德、乳源）、北京、河北、浙江、江西、福建、海南、广西；印度，缅甸，越南。

（1462）半豆斑钩蛾 *Auzata semipavonaria* Walker, 1863

分布：广东（乳源）、甘肃、浙江、江西、福建、四川、云南、西藏；印度。

703. 奥钩蛾属 *Auzatellodes* Strand, 1916

（1463）奥钩蛾 *Auzatellodes arizana* (Wileman, 1911)

分布：广东（乳源）、台湾。

704. 丽钩蛾属 *Callidrepana* Felder, 1861

（1464）豆点丽钩蛾 *Callidrepana gemina* Watson, 1968

分布：广东（英德、乳源）、广西、浙江、湖北、福建、四川；印度。

（1465）肾点丽钩蛾 *Callidrepana patrana* (Moore, 1866)

分布：广东（乳源）、甘肃、浙江、湖北、江西、湖南、福建、台湾、海南、广西、四川、云南、西藏；日本，老挝，印度，缅甸。

705. 圆钩蛾属 *Cyclidia* Guenée, 1858

（1466）赭圆钩蛾 *Cyclidia orciferaria* Walker, 1860

分布：广东（始兴）、江苏、浙江、江西、湖南、福建、海南、广西、四川、云南；越南，印度，缅甸，印度尼西亚。

（1467）洋麻圆钩蛾 *Cyclidia substigmaria substigmaria* (Hübner, 1831)

分布：广东（广州、英德、乳源）、辽宁、河南、陕西、甘肃、江苏、安徽、浙江、湖北、江西、湖南、福建、台湾、海南、香港、广西、四川、贵州、云南；日本，越南，印度，缅甸。

（1468）*Neoreta olga* (Swinhoe, 1894)

分布：广东（乳源）、江西、福建、台湾、海南、四川、云南；印度。

706. 晶钩蛾属 *Deroca* Walker, 1855

（1469）斑晶钩蛾 *Deroca inconclusa* (Walker, 1856)

分布：广东（乳源、英德）等；印度，缅甸。

（1470）晶钩蛾 *Deroca hyalina* Walker, 1855

分布：广东（乳源、深圳）、浙江、江西、湖南、福建、台湾、香港、广西、四川、西藏；印度，缅甸。

（1471）蒲晶钩蛾 *Deroca pulla* Watson, 1957

分布：广东（乳源）。

707. 钳钩蛾属 *Didymana* **Bryk, 1943**

（1472）钳钩蛾 *Didymana bidens* (Leech, 1890)

分布：广东（英德、乳源）、陕西、甘肃、宁夏、湖北、福建、广西、四川、云南；缅甸。

708. 白钩蛾属 *Ditrigona* **Moore, 1888**

（1473）镰茎白钩蛾 *Ditrigona cirruncata* Wilkinson, 1968

分布：广东（英德、乳源）、山西、河南、陕西、甘肃、安徽、浙江、湖北、江西、湖南、广西、四川；日本。

（1474）锤白钩蛾 *Ditrigona clavata* Li *et* Wang, 2015

分布：广东（英德、乳源）、陕西、甘肃、广西。

（1475）浓白钩蛾 *Ditrigona conflexaria* (Walker, 1861)

分布：广东（英德、乳源）、浙江、台湾、四川；日本。

（1476）五纹白钩蛾 *Ditrigona quinaria* (Moore, 1867)

分布：广东（乳源）等；印度。

709. 浔钩蛾属 *Drapetodes* **Guenée, 1857**

（1477）浔钩蛾 *Drapetodes mitaria* Guenée, 1857

分布：广东（乳源）等；印度。

710. 钩蛾属 *Drepana* **Schrank, 1802**

（1478）一点钩蛾 *Drepana pallida* Moore, 1879

分布：广东（英德、乳源）、浙江、湖北、福建、台湾、广西、四川、西藏；越南，印度，缅甸。

711. *Epipsestis* **Matsumura, 1921**

（1479）佩平波纹蛾 *Epipsestis peregovitsi* László *et* Ronkay, 2000

分布：广东（乳源）；越南，泰国，尼泊尔。

（1480）非平波纹蛾指名亚种 *Epipsestis dubia dubia* (Warren, 1888)

分布：广东（乳源）；越南，印度，尼泊尔。

712. 影波纹蛾属 *Euparyphasma* **Hetcher, 1979**

（1481）影波纹蛾 *Euparyphasma albibasis* (Hampson, [1893])

分布：广东（乳源）、甘肃、湖北、湖南、福建、广西、四川、云南；印度，缅甸，尼泊尔。

713. *Gaurena* **Walker, 1865**

（1482）簧波纹蛾 *Gaurena florescens* Walker, 1865

分布：广东（乳源）、湖北、湖南、四川、云南、西藏；越南，柬埔寨，印度，缅甸，尼泊尔，孟加拉国。

714. 华波纹蛾属 *Habrosyne* **Hübner, 1821**

（1483）安华波纹蛾 *Habrosyne angulifera* (Gaede, 1930)

分布：广东（乳源）、四川、云南；越南，泰国，印度，缅甸。

（1484）足华波纹蛾 *Habrosyne fraterna* Moore, 1888

分布：广东、浙江、湖北、江西、湖南、福建、海南、广西、四川、云南、西藏；日本，越南，印度，缅甸，尼泊尔，不丹。

（1485）印华波纹蛾 *Habrosyne indica* Moore, 1867

分布：广东（乳源）、黑龙江、吉林、北京、河北、河南、陕西、浙江、湖北、江西、湖南、福建、广西、四川、云南、西藏；日本，印度，缅甸，尼泊尔，孟加拉国。

715. 希波纹蛾属 *Hiroshia* László, Ronkay et Ronkay, 2001

（1486）南岭希波纹蛾 *Hiroshia nanlingana* Zhuang, Owada et Wang, 2014

分布：广东（乳源）、江西。

716. 点波纹蛾属 *Horipsestis* Matsumura, 1933

（1487）点波纹蛾 *Horipsestis aenea minor* (Sick, 1941)

分布：广东（乳源）、河南、陕西、浙江、湖北、江西、湖南、海南、广西、四川、云南；越南，缅甸。

（1488）*Horipsestis minutus* (Forbes,1936)

分布：广东（乳源）、陕西、江西、湖北、湖南、福建、海南、台湾、广西、四川、云南；日本。

717. *Horithyatira* Matsumura, 1933

（1489）边波纹蛾 *Horithyatira decorata* (Moore, 1881)

分布：广东（乳源）、台湾、西藏；日本，越南，印度，尼泊尔。

718. 希钩蛾属 *Hypsomadius* Butler, 1877

（1490）希钩蛾 *Hypsomadius insignis* Butler, 1877

分布：广东（英德、乳源）、台湾等；日本。

719. *Koedfoltos* László, Ronkay, Ronkay et Witt, 2007

（1491）哈波纹蛾 *Koedfoltos hackeri* László, Ronkay, Ronkay et Witt, 2007

分布：广东（乳源）、江西、福建、云南、台湾。

720. 带钩蛾属 *Leucoblepsis* Warren, 1922

（1492）诶带钩蛾 *Leucoblepsis excisa* (Hampson, 1892)

分布：广东（乳源）。

（1493）窗带钩蛾 *Leucoblepsis fenestraria* (Moore, [1868])

分布：广东（乳源）、福建。

（1494）台湾带钩蛾 *Leucoblepsis taiwanensis* Buchsbaum et Milley, 2002

分布：广东、福建、台湾、海南、广西。

721. 大窗钩蛾属 *Macrauzata* Butler, 1889

（1495）中华大窗钩蛾 *Macrauzata maxima chinensis* Inoue, 1960

分布：广东（英德、乳源）、陕西、甘肃、浙江、湖北、福建、四川。

722. 铃钩蛾属 *Macrocilix* **Butler, 1886**

（1496）丁铃钩蛾 *Macrocilix mysticata* (Walker, 1863)

分布：广东（英德、乳源）、浙江、湖北、福建、台湾、广西、四川、云南；日本，印度，缅甸。

（1497）园铃钩蛾 *Macrocilix orbiferata* (Walker, 1862)

分布：广东（英德、乳源）等；印度，印度尼西亚，马来西亚，文莱。

723. 迷钩蛾属 *Microblepsis* **Warren, 1922**

（1498）白肩迷钩蛾 *Microblepsis leucosticta* (Hampson, 1895)

分布：广东（英德、乳源）、江西、海南；印度，缅甸，泰国，新加坡，马来西亚。

（1499）普迷钩蛾 *Microblepsis prunicolor* (Moore, 1888)

分布：广东（乳源）、海南、福建、四川、云南、西藏；印度，尼泊尔，缅甸。

（1500）直缘迷钩蛾 *Microblepsis violacea* (Butler, 1889)

分布：广东、吉林、陕西、甘肃、浙江、湖北、湖南、福建、台湾、海南、广西、四川、云南；印度。

724. *Neotogaria* **Matsumura, 1931**

（1501）浩网波纹蛾 *Neotogaria hoenei* (Sick, 1941)

分布：广东（乳源）、云南；泰国。

（1502）网波纹蛾 *Neotogaria saitonis* Matsumura, 1931

分布：广东（乳源）、台湾、云南；越南。

725. 线钩蛾属 *Nordstromia* **Bryk, 1943**

（1503）葩线钩蛾 *Nordstromia paralilacina* Wang *et* Yazaki, 2004

分布：广东（乳源）。

（1504）赛线钩蛾 *Nordstromia semililacina* Inoue, 1992

分布：广东（英德、乳源）、台湾等。

（1505）星线钩蛾 *Nordstromia vira* (Moore, 1866)

分布：广东（英德、乳源）、甘肃、浙江、湖北、福建、四川、西藏；印度，尼泊尔，缅甸。

726. 山钩蛾属 *Oreta* **Walker, 1855**

（1506）角山钩蛾 *Oreta angularis* Watson, 1967

分布：广东（乳源、深圳）、浙江、江西、福建、海南、香港。

（1507）莢迷山钩蛾 *Oreta eminens* (Bryk, 1943)

分布：广东（英德、乳源）、浙江、江西、湖南、福建、广西、重庆、四川、云南；朝鲜，韩国，日本，缅甸。

（1508）紫山钩蛾 *Oreta fuscopurpurea* Inoue, 1956

分布：广东（乳源）、浙江、湖北、江西、湖南、福建、台湾、海南、广西、重庆、四川；日本。

（1509）交让木山钩蛾 *Oreta insignis* (Butler, 1877)

分布：广东、湖北、江西、湖南、福建、台湾、海南、广西、重庆、四川、贵州、云南、西藏；日本。

（1510）天目接骨木山钩蛾 *Oreta loochooana timutia* Watson, 1967

分布：广东、浙江、湖北、江西、湖南、福建、广西、重庆、四川、云南。

（1511）钝山钩蛾 *Oreta obtusa* Walker, 1855

分布：广东（英德、乳源）；东洋界。

（1512）孔雀山钩蛾 *Oreta pavaca* Moore, [1866]

分布：广东（英德、乳源）等；印度。

（1513）华夏孔雀山钩蛾 *Oreta pavaca sinensis* Watson, 1967

分布：广东（乳源）、甘肃、浙江、湖北、江西、湖南、福建、广西、重庆、四川、贵州。

（1514）沙山钩蛾 *Oreta shania* Watson, 1967

分布：广东（乳源）、湖北、福建、四川。

727. 赭钩蛾属 *Paralbara* Watson, 1968

（1515）净赭钩蛾 *Paralbara spicula* Watson, 1968

分布：广东（乳源）、湖北、江西、福建、广西、四川；印度尼西亚。

728. 异波纹蛾属 *Parapsestis* Warren, 1912

（1516）白异波纹蛾 *Parapsestis albida* Suzuki, 1916

分布：广东（乳源）、陕西、甘肃；日本。

（1517）异波纹蛾指名亚种 *Parapsestis argenteopicta argenteopicta* (Oberthür, 1879)

分布：广东（乳源）等；俄罗斯，朝鲜，韩国，日本。

729. 福钩蛾属 *Phalacra* Staudinger, 1892

（1518）福钩蛾 *Phalacra strigata* Warren, 1896

分布：广东（英德、乳源）等；印度。

730. *Polydactylos* Mell, 1942

（1519）阿指波纹蛾 *Polydactylos aprilinus* Mell, 1942

分布：广东（英德、乳源）、浙江；越南。

731. 古钩蛾属 *Sabra* Bode, 1907

（1520）古钩蛾 *Sabra harpagula* (Esper, 1786)

分布：广东（英德、乳源）、北京、河北、浙江、福建。

732. 窗山钩蛾属 *Spectroreta* Warren, 1903

（1521）窗山钩蛾 *Spectroreta hyalodisca* (Hampson, 1896)

分布：广东（乳源）、浙江、江西、福建、广西；印度，缅甸，斯里兰卡，马来西亚，印度尼西亚（苏门答腊）。

733. *Stenopsestis* Yoshimoto, 1983

（1522）窄翅波纹蛾 *Stenopsestis alternata* (Moore, 1881)

分布：广东（乳源）、湖南、四川、西藏；泰国、印度，缅甸，尼泊尔。

734. 锯线钩蛾属 *Strepsigonia* Warren, 1897

（1523）锯线钩蛾 *Strepsigonia diluta* (Warren, 1897)

分布：广东（乳源、深圳）、福建、台湾、海南、香港、广西、云南、西藏；印度，马来西亚，印度尼西亚。

735. 太波纹蛾属 *Tethea* Ochsenheimer, 1816

（1524）白缘太波纹蛾 *Tethea albicosta* (Moore, 1867)

分布：广东（乳源）、湖南、四川；印度，尼泊尔。

（1525）粉太波纹蛾 *Tethea consimilis* (Warren, 1912)

分布：广东（乳源）、陕西、浙江、湖北、江西、湖南、福建、台湾、四川、云南、西藏；俄罗斯，朝鲜，韩国，日本，印度，缅甸，尼泊尔。

736. 带波纹蛾属 *Takapsestis* Matsumura, 1933

（1526）威带波纹蛾 *Takapsestis wilemaniella continentalis* László, Ronkay *et* Ronkay, 2001

分布：广东（乳源）等；越南。

737. 波纹蛾属 *Thyatira* Ochsenheimer, 1816

（1527）波纹蛾 *Thyatira batis* (Linnaeus, 1758)

分布：广东（乳源）、河北、浙江、江西、台湾、四川、云南及东北地区；俄罗斯，朝鲜，韩国，日本，尼泊尔，缅甸，泰国，新加坡，马来西亚。

（1528）红波纹蛾 *Thyatira batis rubrescens* Werny, 1966

分布：广东、河南、陕西、安徽、浙江、湖北、江西、湖南、福建、台湾、海南、广西、四川、云南、西藏；印度，尼泊尔，越南。

738. 尾钩蛾属 *Thymistida* Walker, 1865

（1529）尾钩蛾 *Thymistida nigritincta* Warren, 1923

分布：广东（乳源、深圳）、香港、云南；印度，缅甸。

739. 驼波纹蛾属 *Toelgyfaloca* László, Ronkay, Ronkay *et* Witt, 2007

（1530）灰白驼波纹蛾 *Toelgyfaloca albogrisea* (Mell, 1942)

分布：广东（英德、乳源）、江西、湖南、福建、四川。

740. 黄钩蛾属 *Tridrepana* Swinhoe, 1895

（1531）俄黄钩蛾 *Tridrepana arikana* (Matsumura, 1921)

分布：广东（乳源）、台湾；不丹。

（1532）仲黑缘黄钩蛾 *Tridrepana crocea* (Leech, 1888)

分布：广东（乳源）、浙江、湖北、江西、湖南、福建、广西、四川、云南；朝鲜，韩国，日本。

（1533）双斜线黄钩蛾 *Tridrepana flava* (Moore, 1879)

分布：广东（乳源）等；印度，马来西亚，印度尼西亚。

（1534）短瓣二叉黄钩蛾 *Tridrepana fulvata brevis* Watson, 1957

分布：广东、上海、福建、海南、香港、云南；印度，缅甸。

（1535）伯黑缘黄钩蛾 *Tridrepana unispina* Watson, 1957

分布：广东、福建、台湾、重庆、四川、云南；日本。

四十三、舟蛾科 Notodontidae Stephens, 1829

741. 垠舟蛾属 *Acmeshachia* Matsumura, 1929

（1536）巨垠舟蛾 *Acmeshachia gigantea* (Elwes, 1890)

　　分布：广东、浙江、江西、福建、台湾、海南、云南；越南，泰国，印度。

742. 奇舟蛾属 *Allata* Walker, 1863

（1537）伪奇舟蛾 *Allata laticostalis* (Hampson, 1900)

　　分布：广东、北京、河北、山西、陕西、甘肃、浙江、湖北、江西、福建、四川、云南；越南，印度，巴基斯坦，阿富汗。

（1538）新奇舟蛾 *Allata sikkima* (Moore, 1879)

　　分布：广东、山东、河南、甘肃、安徽、浙江、江西、湖南、福建、海南、广西、四川、贵州、云南；越南，印度，马来西亚，印度尼西亚。

743. 反掌舟蛾属 *Antiphalera* Gaede, 1930

（1539）铁腕反掌舟蛾 *Antiphalera armata* Yang, 1995

　　分布：广东（英德）、浙江；越南。

（1540）双线反掌舟蛾 *Antiphalera bilineata* (Hampson, 1896)

　　分布：广东（英德）、四川、云南；越南，老挝，泰国，印度，尼泊尔，不丹。

（1541）妙反掌舟蛾 *Antiphalera exquisitor* Schintlmeister, 1989

　　分布：广东（广州、乳源、连平）、浙江、江西、福建、海南、广西；越南，柬埔寨。

（1542）克反掌舟蛾 *Antiphalera klapperichi* Kiriakoff, 1963

　　分布：广东（乳源）、福建。

744. 重舟蛾属 *Baradesa* Moore, 1883

（1543）窄带重舟蛾 *Baradesa omissa* Rothschild, 1917

　　分布：广东（连平）、浙江、广西、云南；越南，印度，马来西亚。

745. 良舟蛾属 *Benbowia* Kiriakoff, 1967

（1544）曲良舟蛾 *Benbowia callista* Schintlmeister, 1997

　　分布：广东、浙江、湖北、江西、海南、广西、四川、云南；越南，泰国，印度，尼泊尔。

746. 篦舟蛾属 *Besaia* Walker, 1865

（1545）邻黄篦舟蛾 *Besaia albifusa* (Wileman, 1910)

　　分布：广东（英德）、江西、台湾。

（1546）毕枯舟蛾 *Besaia bryki* Schintlmeister, 1997

　　分布：广东（乳源）、台湾；越南。

（1547）竹篦舟蛾 *Besaia (s. str.) goddrica* (Schaus, 1928)

　　分布：广东（乳源）、陕西、江苏、安徽、浙江、湖北、江西、湖南、福建、四川；越南，泰国。

（1548）孤篦舟蛾 *Besaia isolde* Schintlmeister, 1997

　　分布：广东，广西；越南。

（1549）暗篦舟蛾 *Besaia nebulosa* (Wileman, 1914)

分布：广东（乳源）、台湾、广西。

（1550）斜邻皮舟蛾 *Besaia* (*Achepydna*) *obliqua* (Hampson, 1897)

分布：广东（连平）、广西；印度。

（1551）索枯舟蛾 *Besaia sordidior* Kobayashi *et* Wang, 2008

分布：广东（乳源）、陕西。

747. 昏舟蛾属 *Betashachia* **Matsumura, 1925**

（1552）昏舟蛾 *Betashachia senescens* (Kiriakofi, 1963)

分布：广东（连平）、江苏、浙江、江西、福建、广西、四川；朝鲜，韩国。

748. 角瓣舟蛾属 *Bireta* **Walker, 1856**

（1553）佛角瓣舟蛾 *Bireta fortis* (Kobayashi *et* Kishida, 2008)

分布：广东。

（1554）福角瓣茎舟蛾海南亚种 *Bireta furax hainana* Schintlmeister, 2008

分布：广东（英德）。

（1555）苏角瓣舟蛾 *Bireta subdita* (Wang *et* Kobayashi, 2004)

分布：广东（乳源）；越南。

（1556）三角瓣舟蛾 *Bireta triangularis* (Kiriakoff, 1962)

分布：广东（乳源、河源）、浙江、四川、福建；越南。

749. 二尾舟蛾属 *Cerura* **Von Schrank, 1802**

（1557）杨二尾舟蛾 *Cerura erminea* (Esper, 1783)

分布：广东、黑龙江、吉林、辽宁、内蒙古、河北、天津、北京、山西、山东、河南、陕西、宁夏、甘肃、青海、安徽、江苏、上海、浙江、江西、湖南、湖北、重庆、四川、云南、西藏、福建、台湾、海南、香港、澳门；朝鲜，日本，越南。

750. 查舟蛾属 *Chadisra* **Walker, 1862**

（1558）后白查舟蛾 *Chadisra bipartita* (Matsumura, 1925)

分布：广东（连平）、台湾、海南、香港、广西；日本，越南，泰国，尼泊尔，印度（锡金），印度尼西亚。

751. 蔷舟蛾属 *Chalepa* **Kiriakoff, 1959**

（1559）蔷薇舟蛾 *Chalepa rosiora* (Schintlmeister, 1997)

分布：广东（乳源）、云南；越南，缅甸，泰国，马来西亚。

752. 扇舟蛾属 *Clostera* **Samouelle, 1819**

（1560）杨扇舟蛾 *Clostera anachoreta* (Denis *et* Schiffermüller, 1775)

分布：广东等（除新疆、台湾、贵州外）；朝鲜，日本，越南，印度，斯里兰卡，印度尼西亚；欧洲。

（1561）分月扇舟蛾 *Clostera anastomosis* (Linnaeus, 1758)

分布：广东、黑龙江、吉林、辽宁、内蒙古、河北、山西、河南、陕西、甘肃、青海、新疆、江苏、安徽、浙江、湖北、江西、湖南、福建、海南、广西、四川、贵州、云南；俄罗斯，朝鲜，韩国，日本，蒙古国；欧洲。

（1562）影扇舟蛾 *Clostera fulgurita* (Walker, 1865)

分布：广东（广州）、湖北、福建、海南、广西、云南；越南，泰国，印度，缅甸，尼泊尔，马来西亚，印度尼西亚。

（1563）仁扇舟蛾 *Clostera restitura* (Walker, 1865)

分布：广东（广州）、江苏、上海、浙江、湖南、福建、台湾、海南、香港、广西、云南；越南，印度，马来西亚，印度尼西亚。

753. 灰舟蛾属 *Cnethodonta* Staudinger, 1887

（1564）爱灰舟蛾 *Cnethodonta alia* Kobayashi *et* Kishida, 2005

分布：广东、陕西、四川。

（1565）灰舟蛾 *Cnethodonta grisescens* Staudinger, 1887

分布：广东、黑龙江、吉林、辽宁、北京、河北、山西、河南、陕西、甘肃、浙江、湖北、江西、湖南、福建、台湾、广西、四川；俄罗斯，朝鲜，日本。

754. 蕊舟蛾属 *Dudusa* Walker, 1865

（1566）著蕊舟蛾 *Dudusa nobilis* Walker, 1865

分布：广东、河北、浙江、湖北、江西、湖南、台湾、广西、四川；越南，泰国，印度，缅甸。

（1567）黑蕊舟蛾 *Dudusa sphingiformis* Moore, 1872

分布：广东、湖南、北京、河北、山东、河南、陕西、甘肃、安徽、浙江、湖北、江西、湖南、福建、台湾、广西、四川、贵州、云南、西藏；朝鲜，韩国，日本，越南，缅甸，印度。

（1568）联蕊舟蛾 *Dudusa synopla* Swinhoe, 1907

分布：广东（肇庆）、北京、浙江、江西、台湾、海南、广西、四川、云南；越南，泰国，印度（锡金），缅甸，新加坡，马来西亚。

755. 伊舟蛾属 *Egonociades* Kiriakoff, 1963

（1569）伊舟蛾 *Egonociades discosticta* (Hampson, 1900)

分布：广东、浙江、福建；印度，泰国，越南。

756. 娓舟蛾属 *Ellida* Grote, 1876

（1570）卵斑娓舟蛾 *Ellida arcuata* (Alphéraky, 1897)

分布：广东、吉林、台湾；俄罗斯，朝鲜，日本。

（1571）绿斑娓舟蛾 *Ellida viridimixta* (Bremer, 1861)

分布：广东（英德）、黑龙江、吉林；俄罗斯，日本，朝鲜，越南。

757. 后齿舟蛾属 *Epodonta* Matsumura, 1922

（1572）卡后齿舟蛾 *Epodonta colorata* Kobayashi, Kishida *et* Wang, 2009

分布：广东等；朝鲜，韩国，日本，俄罗斯。

758. 星舟蛾属 *Euhampsonia* Dyar, 1897

（1573）银星舟蛾 *Euhampsonia albocristata* Kishida *et* Wang, 2003

分布：广东；印度，缅甸。

（1574）黄二星舟蛾 *Euhampsonia cristata* (Butler, 1877)

分布：广东、黑龙江、吉林、辽宁、河北、山东、河南、湖北；朝鲜，韩国，日本，缅甸，俄罗斯。

（1575）锯齿星舟蛾 *Euhampsonia serratifera* Sugi, 1994

　　分布：广东、浙江、湖南、福建、广西、四川、云南；越南，泰国，缅甸。

759. 优舟蛾属 *Eushachia* Matsumura, 1925

（1576）黑带优舟蛾中国亚种 *Eushachia acyptera insido* Schintlmeister, 1989

　　分布：广东（乳源）、浙江。

（1577）金优舟蛾 *Eushachia aurata* (Moore, 1879)

　　分布：广东（英德、乳源）、福建、台湾、云南；越南，印度，缅甸。

760. 纷舟蛾属 *Fentonia* Butler, 1881

（1578）斑纷舟蛾 *Fentonia baibarana* Matsumura, 1929

　　分布：广东、浙江、湖北、湖南、福建、台湾、海南、广西、四川、云南；越南，泰国。

（1579）曲纷舟蛾 *Fentonia excurvata* (Hampson, 1893)

　　分布：广东、江西、福建、海南、广西、四川、云南；越南，印度，尼泊尔。

（1580）大涟纷舟蛾 *Fentonia macroparabolica* Nakamura, 1973

　　分布：广东、陕西、甘肃、台湾。

（1581）涟纷舟蛾 *Fentonia parabolica* (Matsumura, 1925)

　　分布：广东、河南、甘肃、安徽、浙江、湖北、江西、湖南、福建、台湾、海南、广西。

761. 圆纷舟蛾属 *Formofentonia* Matsumura, 1925

（1582）圆纷舟蛾 *Formofentonia orbifer* (Hampson, 1892)

　　分布：广东（乳源）、江西、台湾、海南、广西、四川、云南；印度，菲律宾，马来西亚，印度尼西亚，文莱。

762. 纺舟蛾属 *Fusadonta* Matsumura, 1920

（1583）阿纺舟蛾 *Fusadonta atra* Kobayashi *et* Wang, 2008

　　分布：广东、陕西。

（1584）荫纺舟蛾 *Fusadonta umbra* (Kiriakoff, 1963)

　　分布：广东（连平）、浙江、贵州。

763. 钩翅舟蛾属 *Gangarides* Moore, 1865

（1585）钩翅舟蛾 *Gangarides dharma* Moore, 1865

　　分布：广东、辽宁、北京、河北、陕西、甘肃、浙江、湖北、江西、湖南、福建、台湾、海南、香港、广西、四川、云南、西藏；朝鲜，韩国，越南，泰国，印度，缅甸，孟加拉国。

（1586）黄钩翅舟蛾 *Gangarides flavescens* Schintlmeister, 1997

　　分布：广东、海南、香港、广西、四川；越南，泰国，缅甸。

（1587）带纹钩翅舟蛾 *Gangarides vittipalpis* (Walker, 1869)

　　分布：广东、海南、广西、云南；越南，泰国，印度，缅甸，新加坡，马来西亚。

764. 甘舟蛾属 *Gangaridopsis* Grünberg, 1912

（1588）红褐甘舟蛾 *Gangaridopsis dercetis* Schintlmeister, 1989

　　分布：广东、浙江、江西、湖南、福建。

（1589）中华甘舟蛾 *Gangaridopsis sinica* (Yang, 1995)

　　分布：广东（乳源）、浙江、江西。

765. 细翅舟蛾属 *Gargetta* Walker, 1865

（1590）浅缘细翅舟蛾 *Gargetta costigera* Walker, 1865

　　分布：广东（英德）、香港；泰国，印度，尼泊尔。

（1591）异细翅舟蛾 *Gargetta divisa* Gaede, 1930

　　分布：广东（广州）、香港；越南，印度，缅甸，尼泊尔，菲律宾，马来西亚，印度尼西亚。

（1592）银边细翅舟蛾 *Gargetta nagaensis* Hampson, 1892

　　分布：广东、湖北、江西、云南；印度，印度尼西亚。

766. 雪舟蛾属 *Gazalina* Walker, 1865

（1593）三线雪舟蛾 *Gazalina chrysolopha* (Kollar, 1844)

　　分布：广东、陕西、湖北、湖南、四川、贵州、云南、西藏；越南，印度（锡金）。

（1594）双线雪舟蛾 *Gazalina transversa* Moore, 1879

　　分布：广东（惠州）、广西、云南；印度（锡金），尼泊尔。

（1595）东部雪舟蛾 *Gazalina oriens* Kobayashi *et* Wang, 2022

　　分布：广东、云南、四川。

767. 锦舟蛾属 *Ginshachia* Matsumura, 1929

（1596）光锦舟蛾 *Ginshachia phoebe* Schintlmeister, 1989

　　分布：广东、陕西、甘肃、湖南、福建、海南、广西、四川；越南。

768. 怪舟蛾属 *Hagapteryx* Matsumura, 1920

（1597）岐怪舟蛾 *Hagapteryx mirabilior* (Oberthür, 1911)

　　分布：广东（英德）、吉林、北京、陕西、甘肃、浙江、湖北、江西、湖南、福建、四川、云南；俄罗斯，朝鲜，日本，越南。

769. 枝背舟蛾属 *Harpyia* Ochsenheimer, 1810

（1598）鹿枝背舟蛾 *Harpyia longipennis* (Walker, 1855)

　　分布：广东、湖北、台湾、海南、四川、云南、西藏；越南，泰国，印度，缅甸，尼泊尔。

（1599）小点枝背舟蛾 *Harpyia microsticta* (Swinhoe, 1892)

　　分布：广东、浙江、江西、湖南、福建、台湾、广西、四川、云南；印度，马来西亚，印度尼西亚。

770. 对纷舟蛾属 *Hemifentonia* Kiriakoff, 1967

（1600）对纷舟蛾 *Hemifentonia mandschurica* (Oberthür, 1911)

　　分布：广东、辽宁、甘肃、浙江、湖北、江西、广西、四川、贵州；韩国，朝鲜，俄罗斯。

771. 异齿舟蛾属 *Hexafrenum* Matsumura, 1925

（1601）灰颈异齿舟蛾 *Hexafrenum argillacea* (Kiriakoff, 1963)

　　分布：广东（英德）、浙江、江西、福建、海南；越南。

（1602）鸟异齿舟蛾 *Hexafrenum avis* Schintlmeister *et* Fang, 2001

　　分布：广东（乳源）、湖北、四川、云南。

（1603）白颈异齿舟蛾 *Hexafrenum leucodera* (Staudinger, 1892)

分布：广东（乳源）、黑龙江、吉林、辽宁、北京、山西、陕西、甘肃、浙江、湖北、福建、台湾、四川、云南；俄罗斯，朝鲜，日本。

（1604）斑异齿舟蛾浙闽亚种 *Hexafrenum maculifer longinae* Schintlmeister, 1989

分布：广东（乳源、英德）、浙江、福建。

（1605）斑异齿舟蛾 *Hexafrenum maculifer* Matsumura, 1925

分布：广东（乳源）、浙江、福建、台湾、云南；越南。

（1606）帕异齿舟蛾 *Hexafrenum paliki* Schintlmeister, 1997

分布：广东；越南。

772. 丽齿舟蛾属 *Himeropteryx* Staudinger, 1887

（1607）丽齿舟蛾 *Himeropteryx miraculosa* Staudinger, 1887

分布：广东、黑龙江、吉林、辽宁、内蒙古、河北、台湾；俄罗斯，朝鲜，日本。

773. 同心舟蛾属 *Homocentridia* Kiriakoff, 1967

（1608）同心舟蛾 *Homocentridia concentrica* (Oberthür, 1911)

分布：广东、陕西、甘肃、江苏、浙江、湖北、江西、湖南、福建、四川、云南。

（1609）角翅同心舟蛾 *Homocentridia picta* Hampson, 1900

分布：广东、广西、四川；越南，泰国，印度，尼泊尔。

774. 霭舟蛾属 *Hupodonta* Butler, 1877

（1610）皮霭舟蛾 *Hupodonta corticalis* Butler, 1877

分布：广东、黑龙江、辽宁、陕西、甘肃、浙江、湖北、湖南、福建、台湾、云南；俄罗斯，朝鲜，日本。

775. 邻二尾舟蛾属 *Kamalia* Koçak *et* Kemal, 2006

（1611）神邻二尾舟蛾 *Kamalia priapus* (Schintlmeister, 1997)

分布：广东（广州、英德、连州）、上海、浙江、江西、福建、香港、云南；越南，泰国，缅甸。

（1612）白邻二尾舟蛾 *Kamalia tattakana* (Matsumura, 1927)

分布：广东、台湾等；日本，越南。

776. 遨乐舟蛾属 *Leptophalera* Kobayashi, 2016

（1613）遨乐舟蛾 *Leptophalera albiziae* (Mell, 1930)

分布：广东。

777. 黎舟蛾属 *Libido* Bryk, 1949

（1614）卡黎舟蛾 *Libido canus* (Kobayashi *et* Wang, 2004)

分布：广东。

（1615）努黎舟蛾 *Libido nue* (Kishida *et* Kobayashi, 2004)

分布：广东、江西。

778. 旋茎舟蛾属 *Liccana* Kiriakoff, 1962

（1616）银旋茎舟蛾 *Liccana argyrosticta* (Kiriakoff, 1962)

分布：广东（乳源）、江苏、江西、湖南、福建。

779. 润舟蛾属 *Liparopsis* Hampson, 1893

（1617）东润舟蛾 *Liparopsis postalbida* Hampson, 1893

分布：广东（英德）、浙江、湖北、江西、湖南、福建、台湾、海南、广西、云南。

780. 冠舟蛾属 *Lophocosma* Staudinger, 1887

（1618）弯臂冠舟蛾 *Lophocosma nigrilinea* (Leech, 1899)

分布：广东、山西、陕西、甘肃、浙江、湖北、台湾、四川。

781. 霾舟蛾属 *Mangea* Kobayashi *et* Kishida, 2004

（1619）贝霾舟蛾 *Mangea beta* (Schintlmeister, 1989)

分布：广东（乳源）、浙江；越南。

782. 魁舟蛾属 *Megashachia* Matsumura, 1929

（1620）棕魁舟蛾 *Megashachia brunnea* Cai, 1985

分布：广东、江西、湖南、福建、海南、云南；越南，泰国。

783. 间掌舟蛾属 *Mesophalera* Matsumura, 1920

（1621）艾米间掌舟蛾 *Mesophalera amica* Kishida *et* Kobayashi, 2005

分布：广东、广西、海南。

（1622）安间掌舟蛾 *Mesophalera ananai* Schintlmeister, 1997

分布：广东、台湾等；越南。

（1623）费间掌舟蛾 *Mesophalera ferruginis* (Kishida *et* Kobayashi, 2004)

分布：广东、广西。

（1624）间掌舟蛾 *Mesophalera sigmata* (Butler, 1877)

分布：广东、辽宁、山东、浙江、江西、湖南、福建、台湾、广西；朝鲜，日本。

（1625）曲间掌舟蛾 *Mesophalera sigmatoides* Kiriakoff, 1963

分布：广东、福建、海南、广西、贵州、云南；越南。

784. 裂翅舟蛾属 *Metaschalis* Hampson, 1893

（1626）裂翅舟蛾 *Metaschalis disrupta* (Moore, 1879)

分布：广东（英德）、辽宁、山东、浙江、江西、湖南、福建、广西、台湾；朝鲜，日本，越南，泰国，印度，马来西亚，印度尼西亚。

785. 小舟蛾属 *Micromelalopha* Nagano, 1916

（1627）强小舟蛾 *Micromelalopha adrian* Schintlmeister, 1989

分布：广东（连平）、河南、浙江、湖北、江西、湖南、福建。

（1628）白额小舟蛾 *Micromelalopha albifrons* Schintlmeister, 1989

分布：广东（连平）、香港；越南。

（1629）杨小舟蛾 *Micromelalopha sieversi* (Staudinger, 1892)

分布：广东、江苏、浙江、台湾、海南、香港；朝鲜，日本，印度。

（1630）邻小舟蛾 *Micromelalopha vicina* Kiriakoff, 1963

分布：广东、黑龙江、浙江、江西、湖南、贵州、福建；朝鲜，俄罗斯。

786. 小掌舟蛾属 *Microphalera* Butler, 1885

（1631）灰小掌舟蛾 *Microphalera grisea* Butler, 1885

分布：广东、北京、山西、陕西、甘肃、浙江、台湾、四川、云南；俄罗斯，朝鲜，韩国，日本。

787. 拟皮舟蛾属 *Mimopydna* Matsumura, 1924

（1632）竹拟皮舟蛾 *Mimopydna anaemica* (Kiriakoff, 1962)

分布：广东（乳源）、浙江、江西、湖南、福建、云南。

（1633）玛拟皮舟蛾 *Mimopydna magna* Schintlmeister, 1997

分布：广东（乳源）、陕西、湖北；越南。

（1634）黄拟皮舟蛾 *Mimopydna sikkima* (Moore, 1879)

分布：广东（英德、乳源）、陕西、台湾、广西、云南；越南，缅甸，印度（锡金）。

788. 小蚁舟蛾属 *Miostauropus* Kiriakoff, 1963

（1635）小蚁舟蛾 *Miostauropus mioides* (Hampson, 1904)

分布：广东、福建、云南、西藏；印度，尼泊尔。

789. 新二尾舟蛾属 *Neocerura* Matusmura, 1929

（1636）新二尾舟蛾 *Neocerura liturata* (Walker, 1855)

分布：广东、浙江、湖南、台湾、云南；越南，泰国，印度，缅甸，尼泊尔，菲律宾，马来西亚，印度尼西亚。

790. 新林舟蛾属 *Neodrymonia* Matsumura, 1920

（1637）埃新林舟蛾 *Neodrymonia aemuli* Kobayashi *et* Kishida, 2005

分布：广东。

（1638）安新林舟蛾 *Neodrymonia* (*s. str.*) *anna* Schintlmeister, 1989

分布：广东（连平）、河南、浙江、湖北、湖南、福建、广西、四川；朝鲜，韩国。

（1639）陀新林舟蛾 *Neodrymonia apicalis* (Moore, 1879)

分布：广东、云南；越南，印度，尼泊尔。

（1640）*Neodrymonia basalis seriatopunctata* (Matsumura, 1925)

分布：广东、台湾、四川、云南；印度，缅甸。

（1641）半新林舟蛾 *Neodrymonia comes* Schintlmeister, 1989

分布：广东、湖南、台湾、广西、四川、云南；越南，泰国。

（1642）朝鲜新林舟蛾 *Neodrymonia* (*Neodrymonia*) *coreana* Matsumura, 1922

分布：广东（连平）、辽宁、山东、河南、陕西、江苏、浙江、湖北、江西、湖南、福建、台湾、广西、四川、云南；朝鲜，韩国，日本。

（1643）蕨新林舟蛾 *Neodrymonia* (*Neodrymonia*) *filix* Schintlmeister, 1989

分布：广东（连平）、浙江、湖南。

（1644）希新林舟蛾 *Neodrymonia hirta* Kobayashi *et* Kishida, 2008

分布：广东。

（1645）卉新林舟蛾 *Neodrymonia hui* Schintlmeister *et* Fang, 2001

分布：广东、四川、云南。

（1646）火新林舟蛾 *Neodrymonia* (*Neodrymonia*) *ignicoruscens* Galsworthy, 1997

分布：广东（连平）、福建、海南、香港。

（1647）缘纹新林舟蛾 *Neodrymonia* (*Neodrymonia*) *marginalis* (Mastumura, 1925)

分布：广东（连平）、黑龙江、江苏、安徽、浙江、湖北、江西、湖南、福建、台湾、广西、四川；朝鲜，日本。

（1648）门新林舟蛾 *Neodrymonia mendax* Schintlmeister, 1989

分布：广东、浙江、福建；越南。

（1649）欧新林舟蛾 *Neodrymonia okanoi* Schintlmeister, 1997

分布：广东、湖南；越南。

（1650）普新林舟蛾 *Neodrymonia pseudobasalis* Schintlmeister, 1997

分布：广东、广西、四川、云南；越南。

（1651）拳新林舟蛾 *Neodrymonia rufa* (Yang, 1995)

分布：广东、浙江、江西、湖南、福建、云南；越南。

（1652）连点新林舟蛾 *Neodrymonia seriatopunctata* (Matsumura, 1925)

分布：广东、陕西、浙江、湖南、台湾、海南；越南，泰国，尼泊尔，印度（锡金）。

（1653）华新林舟蛾 *Neodrymonia sinica* Kobayashi *et* Kishida, 2003

分布：广东、福建。

（1654）端白新林舟蛾 *Neodrymonia terminalis* (Kiriakoff, 1963)

分布：广东、湖南、福建、台湾、广西；越南。

（1655）祝新林舟蛾 *Neodrymonia zuanwu* Kobayashi *et* Wang, 2004

分布：广东、福建。

791. 云舟蛾属 *Neopheosia* Matsumura, 1920

（1656）云舟蛾 *Neopheosia fasciata* (Moore, 1888)

分布：广东（广州、乳源）、黑龙江、吉林、内蒙古、北京、河北、河南、陕西、甘肃、安徽、浙江、湖北、江西、湖南、福建、台湾、海南、广西、四川、贵州、云南、西藏；日本，越南，泰国，印度，缅甸，菲律宾，马来西亚，印度尼西亚，巴基斯坦。

792. 雾舟蛾属 *Nephodonta* Sugi, 1980

（1657）游雾舟蛾 *Nephodonta dubiosa* (Kiriakoff, 1963)

分布：广东、福建；越南。

793. 梭舟蛾属 *Netria* Walker, 1855

（1658）多齿梭舟蛾 *Netria multispinae* Schintlmeister, 2006

分布：广东、福建、广西、贵州、云南；印度，尼泊尔，缅甸，泰国，越南，老挝，印度尼西亚。

（1659）梭舟蛾 *Netria viridescens* Walker, 1855

分布：广东、江西、湖南、福建、海南、广西、四川、云南、贵州；越南，泰国，尼泊尔，菲律宾，马来西亚，印度尼西亚。

794. 窄翅舟蛾属 *Niganda* Moore, 1879

（1660）竹窄翅舟蛾 *Niganda griseicollis* (Kiriakoff, 1962)

    分布：广东（广州、乳源）、江西、福建、广西。

（1661）窄翅舟蛾 *Niganda strigifascia* Moore, 1879

    分布：广东（英德）、吉林、浙江、福建、海南、广西、四川、云南；越南，老挝，泰国，印度，缅甸，不丹，印度尼西亚。

795. 娜舟蛾属 *Norracoides* Strand, 1915

（1662）朴娜舟蛾 *Norracoides basinotata* (Wileman, 1910)

    分布：广东（英德、连平）、江苏、上海、浙江、湖北、江西、福建、台湾、海南；韩国。

796. 诺舟蛾属 *Norracana* Kiriakoff, 1962

（1663）尼诺舟蛾 *Norracana niveipicta* (Kiriakoff, 1962)

    分布：广东（乳源）；越南。

797. 刹舟蛾属 *Parachadisra* Gaede, 1930

（1664）白缘刹舟蛾 *Parachadisra atrifusa* (Hampson, 1897)

    分布：广东（乳源）、陕西、浙江、湖南、福建、广西；越南，印度。

798. 内斑舟蛾属 *Peridea* Stephens, 1828

（1665）锡金内斑舟蛾 *Peridea moorei* (Hampson, 1893)

    分布：广东、湖南、湖北、福建、台湾、海南、广西、四川、云南、西藏；印度，尼泊尔，马来西亚。

799. 纤舟蛾属 *Periergos* Kiriakoff, 1959

（1666）异纤舟蛾 *Periergos dispar* (Kiriakoff, 1962)

    分布：广东、江苏、浙江、江西、湖南、福建、广西、四川、云南。

（1667）皮纤舟蛾 *Periergos* (*s. str.*) *magna* (Matsumura, 1920)

    分布：广东（乳源、连平）、陕西、福建、台湾、广西、四川、云南。

800. 围掌舟蛾属 *Periphalera* Kiriakoff, 1959

（1668）白尾围掌舟蛾 *Periphalera albicauda* (Bryk, 1949)

    分布：广东、福建、广西；越南，泰国，缅甸。

（1669）黑围掌舟蛾 *Periphalera melanius* Schintlmeister, 1997

    分布：广东、陕西、湖南、四川、云南；越南。

801. 掌舟蛾属 *Phalera* Hübner, 1819

（1670）阿掌舟蛾 *Phalera abnoctans* Kobayashi *et* Kishida, 2006

    分布：广东。

（1671）厑掌舟蛾 *Phalera aciei* Wang *et* Kobayashi, 2006

    分布：广东。

（1672）雪花掌舟蛾 *Phalera albizziae* Mell, 1931

    分布：广东、北京、山西、河南、陕西、甘肃、江苏、浙江、湖北、福建、广西、四川、云南。

（1673）栎掌舟蛾 *Phalera assimilis* (Bremer *et* Grey, 1853)

分布：广东、黑龙江、吉林、辽宁、内蒙古、北京、河北、山西、山东、河南、陕西、甘肃、江苏、安徽、浙江、湖北、江西、湖南、福建、台湾、海南、广西、四川、云南；俄罗斯，朝鲜，韩国，日本，德国。

（1674）苹掌舟蛾 *Phalera flavescens* (Bremer *et* Grey, 1853)

分布：广东、黑龙江、吉林、辽宁、内蒙古、北京、河北、山西、山东、陕西、甘肃、江苏、上海、浙江、湖北、江西、湖南、福建、台湾、海南、广西、四川、贵州、云南、西藏；俄罗斯，朝鲜，日本，泰国，缅甸。

（1675）刺槐掌舟蛾 *Phalera grotei* Moore, 1859

分布：广东（连平）、辽宁、北京、河北、山西、山东、河南、陕西、江苏、安徽、浙江、湖北、江西、湖南、福建、海南、广西、四川、贵州、云南；朝鲜，越南，印度，缅甸，尼泊尔，菲律宾，马来西亚，印度尼西亚，孟加拉国，澳大利亚。

（1676）壮掌舟蛾 *Phalera hadrian* Schintlmeister, 1989

分布：广东、河南、陕西、甘肃、安徽、浙江、湖北、江西、湖南、广西、四川、贵州、云南。

（1677）黄条掌舟蛾 *Phalera huangtiao* Schintlmeister *et* Fang, 2001

分布：广东、广西、云南；越南，泰国，缅甸。

（1678）麻掌舟蛾 *Phalera maculifera* Kobayashi *et* Kishida, 2007

分布：广东等；越南。

（1679）小掌舟蛾 *Phalera minor* Nagano, 1916

分布：广东、北京、陕西、甘肃、浙江、湖南、湖北、台湾、四川、云南；朝鲜，韩国，日本，越南，泰国。

（1680）昏掌舟蛾 *Phalera obscura* Wileman, 1910

分布：广东（广州）、河北、浙江、江西、福建、台湾。

（1681）拟宽掌舟蛾 *Phalera schintlmeisteri* Wu *et* Fang, 2004

分布：广东、陕西、浙江、湖北、湖南、福建、四川、贵州、云南。

（1682）脂掌舟蛾 *Phalera sebrus* Schintlmeister, 1989

分布：广东（连平）、陕西、甘肃、浙江、福建、海南、云南。

（1683）灰掌舟蛾 *Phalera torpida* Walker, 1865

分布：广东（连平）、江西、湖南、福建、海南、广西、四川、云南；越南，泰国，印度。

（1684）仔掌舟蛾 *Phalera zi* Kishida *et* Kobayashi, 2006

分布：广东、广西；泰国。

（1685）泽掌舟蛾 *Phalera ziran* Kobayashi *et* Wang, 2006

分布：广东、陕西、江西、福建、四川。

802. 蚕舟蛾属 *Phalerodonta* Staudinger, 1892

（1686）幽蚕舟蛾 *Phalerodonta inclusa* (Hampson, 1910)

分布：广东、陕西、湖北、台湾；日本，越南，印度，尼泊尔。

803. 夙舟蛾属 *Pheosiopsis* **Bryk, 1949**

（1687）奥夙舟蛾 *Pheosiopsis abalienata* Kishida *et* Kobayashi, 2005

分布：广东、湖南、广西。

（1688）噶夙舟蛾 *Pheosiopsis gaedei* Schintlmeister, 1989

分布：广东、陕西、浙江、湖南、湖北、云南；越南。

（1689）努夙舟蛾 *Pheosiopsis norina* Schintlmeister, 1989

分布：广东、云南；越南，泰国。

（1690）穆夙舟蛾 *Pheosiopsis mulieris* Kobayashi *et* Kishida, 2008

分布：广东（乳源）。

（1691）逸夙舟蛾 *Pheosiopsis irrorata* (Moore, 1879)

分布：广东等；印度（锡金），尼泊尔，越南。

（1692）歇夙舟蛾 *Pheosiopsis xiejiana* Kobayashi *et* Wang, 2005

分布：广东、湖南、广西。

804. 广舟蛾属 *Platychasma* **Butler, 1881**

（1693）黄带广舟蛾 *Platychasma flavida* Wu *et* Fang, 2003

分布：广东、浙江、四川。

805. 拟纷舟蛾属 *Polystictina* **Kiriakoff, 1968**

（1694）斑拟纷舟蛾 *Polystictina maculata* (Moore, 1879)

分布：广东、江西、福建、台湾、云南；越南，印度。

806. 波舟蛾属 *Porsica* **Walker, 1866**

（1695）波舟蛾指名亚种 *Porsica ingens ingens* Walker, 1866

分布：广东（广州）、云南；越南，印度，马来西亚，印度尼西亚。

807. 拟纷舟蛾属 *Pseudofentonia* **Strand, 1912**

（1696）银拟纷舟蛾 *Pseudofentonia argentifera* (Moore, 1866)

分布：广东、湖南、台湾、四川、云南；越南，印度，缅甸，尼泊尔，印度尼西亚。

（1697）布拟纷舟蛾南岭亚种 *Pseudofentonia brechlini nanlingensis* Kishida *et* Wang, 2003

分布：广东。

（1698）弱拟纷舟蛾 *Pseudofentonia* (*Disparia*) *diluta* (Hampson, 1910)

分布：广东（连平）、江苏、浙江、湖北、江西、湖南、福建、台湾、海南、广西、重庆、四川、贵州、云南；日本，越南，泰国，印度，缅甸，尼泊尔，马来西亚，印度尼西亚。

（1699）灰拟纷舟蛾 *Pseudofentonia* (*Disparia*) *grisescens* Gaede, 1934

分布：广东（连平）、湖南、福建、四川。

（1700）玛拟纷舟蛾 *Pseudofentonia mars* Kobayashi *et* Wang, 2003

分布：广东、湖南、福建、广西。

（1701）中白拟纷舟蛾 *Pseudofentonia mediopallens* (Sugi, 1989)

分布：广东，中国南部；尼泊尔。

（1702）绿拟纷舟蛾 *Pseudofentonia* (*Viridifentonia*) *plagiviridis* (Moore, 1879)

分布：广东、云南；印度，缅甸，泰国，越南，尼泊尔。

808. 仿夜舟蛾属 *Pseudosomera* Bender *et* Steiniger, 1984

（1703）仿夜舟蛾 *Pseudosomera noctuiformis* Bender *et* Steiniger, 1984

分布：广东、台湾等；越南，泰国，印度尼西亚（苏门答腊）。

（1704）怡仿夜舟蛾 *Pseudosomera inexpecta* Schintlmeister, 1989

分布：广东；越南，泰国。

809. 羽舟蛾属 *Pterostoma* Germar, 1812

（1705）毛羽舟蛾 *Pterostoma pterostomina* (Kiriakoff, 1963)

分布：广东、河南、湖南；越南，缅甸。

（1706）槐羽舟蛾 *Pterostoma sinicum* Moore, 1877

分布：广东、辽宁、北京、河北、山西、山东、陕西、甘肃、江苏、上海、安徽、浙江、湖北、江西、湖南、福建、广西、四川、云南；西藏，俄罗斯，朝鲜，日本。

810. 羽齿舟蛾属 *Ptilodon* Hübner, 1822

（1707）板突羽齿舟蛾 *Ptilodon spinosa* Schintlmeister, 2007

分布：广东、湖北、福建；越南，印度，尼泊尔。

（1708）绚羽齿舟蛾 *Ptilodon saturata* (Walker, 1865)

分布：广东（英德）、吉林、河北、北京、陕西、甘肃、浙江、四川、云南；越南，印度，缅甸，尼泊尔，不丹。

811. 翼舟蛾属 *Ptilophora* Stephens, 1828

（1709）南岭翼舟蛾 *Ptilophora nanlingensis* Chen, Huang *et* Wang, 2010

分布：广东。

812. 小皮舟蛾属 *Pydnella* Roepke, 1943

（1710）小皮舟蛾 *Pydnella rosacea* (Hampson, 1896)

分布：广东（连平）、浙江、广西、云南；印度，缅甸，印度尼西亚。

813. 峭舟蛾属 *Rachia* Moore, 1879

（1711）纹峭舟蛾 *Rachia striata* Hampson, 1892

分布：广东、湖南、四川、云南；越南，泰国，尼泊尔，印度（锡金）。

814. 枝舟蛾属 *Ramesa* Walker, 1855

（1712）豹枝舟蛾 *Ramesa albistriga* (Moore, 1879)

分布：广东（英德、连平）、江西、湖南、福建、台湾、海南、广西、重庆、四川、云南、西藏；越南，印度（锡金），不丹，印度尼西亚。

815. 玫舟蛾属 *Rosama* Walker, 1855

（1713）肉桂玫舟蛾 *Rosama cinnamomea* Leech, 1888

分布：广东（广州）、吉林、辽宁、江苏、浙江；俄罗斯，朝鲜，日本。

（1714）锈玫舟蛾 *Rosama ornata* (Oberthür, 1884)

分布：广东（连平）、黑龙江、吉林、辽宁、北京、河北、河南、陕西、江苏、上海、安徽、浙江、湖北、江西、湖南、台湾、四川、云南；俄罗斯，朝鲜，日本。

（1715）暗玟舟蛾 *Rosama plusioides* Moore, 1879

    分布：广东（连平）、四川、云南；越南，印度，尼泊尔，印度尼西亚。

（1716）纹玟舟蛾 *Rosama strigosa* Walker, 1855

    分布：广东、海南；印度，越南，印度尼西亚。

816. 箩舟蛾属 *Saliocleta* Walker, 1862

（1717）黑带箩舟蛾中国亚种 *Saliocleta acyptera insido* (Schintlmeister, 1989)

    分布：广东（英德）。

（1718）长纹箩舟蛾 *Saliocleta aristion* (Schintlmeister, 1997)

    分布：广东（乳源）等；越南。

（1719）锯缘箩舟蛾 *Saliocleta dorsisuffusa* (Kiriakoff, 1962)

    分布：广东等。

（1720）齿瓣箩舟蛾 *Saliocleta eustachus* (Schintlmeister, 1997)

    分布：广东（乳源）、江西、福建、广西；越南。

（1721）箭纹箩舟蛾 *Saliocleta goergneri* (Schintlmeister, 1989)

    分布：广东（乳源）、浙江、湖南、福建。

（1722）观音箩舟蛾 *Saliocleta guanyin* (Schintlmeister *et* Fang, 2001)

    分布：广东、江西。

（1723）长茎箩舟蛾 *Saliocleta longipennis* (Moore, 1881)

    分布：广东、福建、海南、香港、云南；越南，泰国，印度，斯里兰卡，菲律宾，马来西亚，印度尼西亚。

（1724）脉箩舟蛾 *Saliocleta nevus* Kobayashi *et* Wang, 2008

    分布：广东（乳源）。

（1725）黄箩舟蛾 *Saliocleta ochracaea* (Moore, 1879)

    分布：广东（英德）、广西；越南，泰国，尼泊尔，印度（锡金）。

（1726）浅黄箩舟蛾 *Saliocleta postfusca* (Kiriakoff, 1962)

    分布：广东、浙江、江西、湖北、福建、香港、四川、云南；越南，老挝，泰国，印度，缅甸。

（1727）竹箩舟蛾 *Saliocleta retrofusca* (de Joannis, 1907)

    分布：广东（连平、乳源）、江苏、上海、浙江、江西、湖南；越南。

（1728）希箩舟蛾 *Saliocleta symmetricus* (Schintlmeister, 1997)

    分布：广东（乳源）等；越南。

817. 申舟蛾属 *Schintlmeistera* Kemal *et* Koçak, 2005

（1729）罗申辛舟蛾 *Schintlmeistera lupanaria* (Schintlmeister, 1997)

    分布：广东、海南、云南；越南。

818. 半齿舟蛾属 *Semidonta* Staudinger, 1892

（1730）大半齿舟蛾 *Semidonta basalis* (Moore, 1865)

    分布：广东（英德、连平）、河南、陕西、甘肃、浙江、湖北、江西、湖南、福建、台湾、海南、广西、四川、云南；越南，泰国，印度，尼泊尔。

819. 索舟蛾属 _Somera_ Walker, 1855

（1731）棕斑索舟蛾 _Somera viridifusca_ Walker, 1855

分布：广东、台湾、海南、广西、云南；印度，菲律宾，马来西亚，印度尼西亚，文莱。

820. 金舟蛾属 _Spatalia_ Hübner, 1819

（1732）德金舟蛾 _Spatalia decorata_ Schintlmeister, 2002

分布：广东、陕西。

（1733）顶斑金舟蛾 _Spatalia procne_ Schintlmeister, 1989

分布：广东、江西、湖南、福建、广西；越南。

821. 华舟蛾属 _Spatalina_ Byrk, 1949

（1734）荫华舟蛾 _Spatalina umbrosa_ (Leech, 1898)

分布：广东（连平）、黑龙江、陕西、四川、云南；越南，泰国，缅甸，尼泊尔，印度（锡金）。

822. 蚁舟蛾属 _Stauropus_ Germar, 1812

（1735）爱蚁舟蛾 _Stauropus abitus_ Kobayashi, Kishida _et_ Wang, 2007

分布：广东（英德）、广西。

（1736）龙眼蚁舟蛾 _Stauropus alternus_ Walker, 1855

分布：广东（广州、连平）、台湾、香港、云南；越南，印度，缅甸，菲律宾，马来西亚，印度尼西亚。

（1737）茅莓蚁舟蛾 _Stauropus basalis_ Moore, 1877

分布：广东、黑龙江、河北、山东、江苏、浙江、湖北、江西、湖南、台湾、四川、云南；朝鲜，韩国，日本，俄罗斯。

（1738）苹蚁舟蛾 _Stauropus fagi_ (Linnaeus, 1758)

分布：广东、黑龙江、吉林、辽宁、内蒙古、河北、山西、山东、河南、陕西、甘肃、安徽、浙江、湖北、广西、四川；朝鲜，日本；欧洲，美洲。

（1739）台蚁舟蛾南岭亚种 _Stauropus teikichiana fuscus_ Wang _et_ Kobayashi, 2007

分布：广东、江西、湖南、福建、台湾、海南、广西；日本，越南。

823. 点舟蛾属 _Stigmatophorina_ Mell, 1922

（1740）点舟蛾 _Stigmatophorina sericea_ (Rothschild, 1917)

分布：广东、安徽、上海、浙江、江西、湖南、湖北、四川、云南；越南。

824. 篦舟蛾属 _Subniganda_ Kiriakoff, 1962

（1741）橙篦舟蛾 _Subniganda aurantiistriga_ (Kiriakoff, 1962)

分布：广东（乳源）、陕西等；越南。

825. 胯舟蛾属 _Syntypistis_ Turner, 1907

（1742）布胯舟蛾 _Syntypistis abmelana_ Kobayashi _et_ Kishida, 2005

分布：广东、广西。

（1743）尖胯舟蛾 _Syntypistis acula_ Kishida _et_ Kobayashi, 2005

分布：广东。

（1744）糊胯舟蛾 *Syntypistis ambigua* Schintlmeister *et* Fang, 2001

分布：广东、湖北、湖南、台湾、广西、四川；越南。

（1745）阿胯舟蛾 *Syntypistis aspera* Kobayashi *et* Kishida, 2004

分布：广东、福建。

（1746）白斑胯舟蛾 *Syntypistis comatus* (Leech, 1898)

分布：广东（连平）、甘肃、湖北、江西、湖南、福建、台湾、广西、四川、云南、西藏；越南，泰国，印度，缅甸，菲律宾，马来西亚，印度尼西亚，文莱。

（1747）铜绿胯舟蛾 *Syntypistis cupreonitens* (Kiriakoff, 1963)

分布：广东（连平）、浙江、江西；越南。

（1748）青胯舟蛾 *Syntypisitis cyanea* (Leech, 1889)

分布：广东（连平）、浙江、江西、福建、台湾、云南；朝鲜，韩国，日本，越南。

（1749）篱胯舟蛾 *Syntypistis hercules* (Schintlmeister, 1997)

分布：广东、四川；越南。

（1750）主胯舟蛾 *Syntypistis jupiter* (Schintlmeister, 1997)

分布：广东、海南、云南；越南，泰国，印度。

（1751）黑胯舟蛾 *Syntypistis melana* Wu *et* Fang, 2003

分布：广东、贵州、广西。

（1752）白线胯舟蛾指名亚种 *Syntypistis pallidifascia pallidifascia* (Hampson, 1893)

分布：广东（英德）、台湾；印度，缅甸，尼泊尔，菲律宾，印度尼西亚，巴布亚新几内亚。

（1753）葩胯舟蛾 *Syntypistis parcevirens* (de Joannis, 1929)

分布：广东、陕西、甘肃、湖北、湖南、福建、四川、云南；越南，缅甸。

（1754）佩胯舟蛾 *Syntypistis perdix* (Moore, 1879)

分布：广东（连平）、浙江、湖南、福建、台湾、海南、广西、云南；越南，泰国，印度，尼泊尔。

（1755）陪胯舟蛾 *Syntypistis praeclara* Kobayashi *et* Wang, 2004

分布：广东（英德）、广西。

（1756）荫胯舟蛾 *Syntypistis umbrosa* (Matsumura, 1927)

分布：广东（河源）、福建、台湾、海南、广西、四川、云南；越南，印度，马来西亚，印度尼西亚。

（1757）苔胯舟蛾 *Syntypistis viridpicta* (Wileman, 1910)

分布：广东（英德、河源）、浙江、湖北、江西、湖南、福建、台湾、海南、广西、贵州；越南，泰国，印度，缅甸，马来西亚，印度尼西亚，文莱。

（1758）希胯舟蛾 *Syntypistis sinope* Schindmeister, 2002

分布：广东（英德）；越南。

（1759）粤胯舟蛾 *Syntypistis spadix* Kishida *et* Kobayashi, 2004

分布：广东、海南。

（1760）斯胯舟蛾 *Syntypistis spitzeri* (Schintlmeister, 1987)

    分布：广东、江西、广西、云南；越南。

（1761）亚红胯舟蛾 *Syntypistis subgeneris* (Strand, 1915)

    分布：广东（南海、连平）、江苏、安徽、浙江、江西、湖南、福建、海南、台湾、香港、广西；朝鲜，日本，印度。

（1762）兴胯舟蛾 *Syntypistis synechochlora* (Kiriakoff, 1963)

    分布：广东、福建、四川、云南；越南，缅甸。

826. 银斑舟蛾属 *Tarsolepis* Butler, 1872

（1763）俪心银斑舟蛾 *Tarsolepis inscius* Schintlmeister, 1997

    分布：广东（英德）；越南，菲律宾。

（1764）肖剑心银斑舟蛾 *Tarsolepis japonica* Wileman *et* South, 1917

    分布：广东、吉林、辽宁、陕西、甘肃、江苏、安徽、浙江、湖北、江西、湖南、福建、台湾、海南、广西、四川、贵州、云南；朝鲜，韩国，日本。

（1765）台湾银斑舟蛾 *Tarsolepis taiwana* Wileman, 1910

    分布：广东、福建、台湾、四川、云南；越南。

827. 曲线舟蛾属 *Togaritensha* Matsumura, 1929

（1766）曲线舟蛾 *Togaritensha curvilinea* Wileman, 1911

    分布：广东（乳源）、福建、台湾、云南；越南，泰国。

828. 土舟蛾属 *Togepteryx* Matsumura, 1920

（1767）背白土舟蛾 *Togepteryx dorsoalbida* (Schintlmeister, 1989)

    分布：广东、湖北、江西、湖南、福建、广西、四川、贵州。

829. 美舟蛾属 *Uropyia* Staudinger, 1892

（1768）梅氏美舟蛾 *Uropyia melli* Schintlmeister, 2002

    分布：广东、陕西。

830. 空舟蛾属 *Vaneeckeia* Kiriakoff, 1967

（1769）木荷空舟蛾 *Vaneeckeia pallidifascia* (Hampson, 1893)

    分布：广东（连平、南海）、浙江、福建、台湾、香港、广西；日本，越南，泰国，印度，菲律宾，马来西亚，印度尼西亚，巴布亚新几内亚。

831. 威舟蛾属 *Wilemanus* Nagano, 1916

（1770）梨威舟蛾 *Wilemanus bidentatus* (Wileman, 1911)

    分布：广东（广州、英德）、黑龙江、辽宁、北京、河北、山西、山东、河南、陕西、江苏、安徽、浙江、湖北、江西、湖南、福建、广西、四川、贵州、云南；俄罗斯，朝鲜，日本。

832. 窦舟蛾属 *Zaranga* Moore, 1884

（1771）窦舟蛾 *Zaranga pannosa* Moore, 1884

    分布：广东、山西、河南、陕西、甘肃、湖北、四川、云南、西藏；越南，韩国，朝鲜，印度。

四十四、目夜蛾科 Erebidae Leach, [1815]

833. 极夜蛾属 *Idia* Hübner,〔1813〕

（1772）福极夜蛾 *Idia fulvipicta* (Butler, 1889)

　　分布：广东（乳源）、台湾等；印度，缅甸。

834. 合夜蛾属 *Sympis* **Guenée, 1852**

（1773）合夜蛾 *Sympis rufibasis* Guenée, 1852

　　分布：广东（乳源、深圳）、福建、台湾、海南、香港、云南；日本，印度，缅甸，印度尼西亚，斯里兰卡，菲律宾。

835. 闪夜蛾属 *Sypna* **Guenée, 1852**

（1774）白闪夜蛾 *Sypna albilinea* Walker, 1858

　　分布：广东（乳源）；亚洲。

836. 析夜蛾属 *Sypnoides* **Hampson, 1913**

（1775）粉蓝析夜蛾 *Sypnoides cyanivitta* (Moore, 1867)

　　分布：广东（乳源）等；印度。

（1776）异纹析夜蛾 *Sypnoides fumosa* (Butler, 1877)

　　分布：广东（乳源、深圳）、黑龙江、吉林、辽宁、湖南、香港；俄罗斯，朝鲜，韩国，日本。

（1777）赫析夜蛾 *Sypnoides hercules* (Butler, 1881)

　　分布：广东（乳源）、黑龙江、吉林、辽宁、浙江、西藏等；俄罗斯，朝鲜，韩国，日本，尼泊尔。

（1778）克析夜蛾 *Sypnoides kirbyi* (Butler, 1881)

　　分布：广东（英德、乳源）；印度。

（1779）盘析夜蛾 *Sypnoides pannosa* (Moore, 1882)

　　分布：广东（乳源）；亚洲。

837. 坦夜蛾属 *Tamba* **Walker, 1869**

（1780）东方坦夜蛾 *Tamba corealis* (Leech, 1889)

　　分布：广东（乳源）等；朝鲜，韩国，日本。

（1781）暗斑坦夜蛾 *Tamba gensanalis* (Leech, 1889)

　　分布：广东（乳源）等；朝鲜，韩国，日本。

（1782）玫坦夜蛾 *Tamba roseopurpurea* Sugi, 1982

　　分布：广东（乳源）等；日本。

838. 塔夜蛾属 *Taviodes* **Hampson, 1926**

（1783）幅塔夜蛾 *Taviodes fulvescens* Hampson, 1926

　　分布：广东（英德、深圳）；越南，尼泊尔，缅甸，泰国，新加坡，马来西亚，印度尼西亚。

839. *Tephriopis* **Hampson, 1926**

（1784）裂山灰夜蛾 *Tephriopis divulsa* (Walker, 1865)

　　分布：广东（深圳）、香港；泰国，印度，尼泊尔，孟加拉国，不丹，印度尼西亚。

840. 肖毛翅夜蛾属 *Thyas* **Hübner, 1824**

（1785）枯肖毛翅夜蛾 *Thyas coronata* (Fabricius, 1775)

分布：广东（深圳）、香港。

（1786）庸肖毛翅夜蛾 *Thyas juno* (Dalman, 1823)

分布：广东（乳源、深圳）、黑龙江、辽宁、河北、山东、河南、浙江、湖北、江西、湖南、福建、台湾、海南、香港、四川、云南；俄罗斯，朝鲜，日本，菲律宾，马来西亚，印度，尼泊尔，泰国。

841. 窗夜蛾属 *Thyrostipa* Hampson, 1926

（1787）窗夜蛾 *Thyrostipa sphaeriophora* (Moore, 1867)

分布：广东（乳源）等；亚洲。

842. 亭夜蛾属 *Tinolius* Walker, 1855

（1788）四星亭夜蛾 *Tinolius quadrimaculatus* Walker, [1865]

分布：广东（英德、乳源、深圳）、香港、广西、云南等；越南，柬埔寨，泰国，印度，缅甸。

843. 分夜蛾属 *Trigonodes* Guenée, 1852

（1789）短带分夜蛾 *Trigonodes hyppasia* (Cramer, [1779])

分布：广东（乳源）、湖北、江西、福建、台湾、海南、广西、四川、云南；日本，印度，缅甸，斯里兰卡，菲律宾，印度尼西亚；大洋洲，非洲；印澳区。

844. 优夜蛾属 *Ugia* Walker, 1858

（1790）离优夜蛾 *Ugia disjungens* Walker, 1858

分布：广东（深圳）、香港、澳门；越南，泰国，印度尼西亚。

（1791）墨优夜蛾 *Ugia mediorufa* (Hampson, 1894)

分布：广东（英德、乳源）、江西；印度。

（1792）阳优夜蛾 *Ugia sundana* Hampson, 1924

分布：广东（深圳）、海南；泰国，印度尼西亚。

845. 镰须夜蛾属 *Zanclognatha* Lederer, 1857

（1793）角镰须夜蛾 *Zanclognatha angulina* (Leech, 1900)

分布：广东（英德、乳源）、台湾等。

（1794）杉镰须夜蛾 *Zanclognatha griselda* (Butler, 1879)

分布：广东（乳源）、辽宁、福建、台湾等；俄罗斯（远东），朝鲜，韩国，日本。

（1795）黄镰须夜蛾 *Zanclognatha helva* (Butler, 1879)

分布：广东（乳源）、吉林、浙江、福建、湖南、台湾等；俄罗斯（远东），朝鲜，韩国，日本。

（1796）犹镰须夜蛾 *Zanclognatha incerta* (Leech, 1900)

分布：广东（英德、乳源）。

846. 拟灯蛾属 *Asota* Hübner, 1819

（1797）一点拟灯蛾 *Asota caricae* (Fabricius, 1775)

分布：广东（广州、英德、乳源、深圳）、台湾、海南、香港、广西、四川、云南；印度，尼泊尔，斯里兰卡，菲律宾，印度尼西亚，澳大利亚。

（1798）圆端拟灯蛾 *Asota heliconia* Linnaeus, 1758

分布：广东（广州、英德、深圳）、上海、台湾、海南、香港、广西；日本，印度，缅甸，菲律宾，印度尼西亚。

（1799）楔斑拟灯蛾 *Asota paliura* (Swinhoe, 1893)

分布：广东（英德）、湖北、湖南、四川、西藏。

（1800）方斑拟灯蛾 *Asota plaginota* Butler, 1875

分布：广东（英德、乳源、肇庆、深圳）、江西、海南、香港、广西、四川、云南、西藏；越南，泰国，印度，尼泊尔，不丹，斯里兰卡，马来西亚，印度尼西亚。

（1801）长斑拟灯蛾 *Asota plana* (Walker, 1854)

分布：广东（乳源）。

（1802）榕拟灯蛾 *Asota ficus* (Fabricius, 1775)

分布：广东（广州）、福建、台湾、海南、广西、四川、云南；泰国，印度，尼泊尔，斯里兰卡。

847. 纷夜蛾属 *Polydesma* Boisduval, 1833

（1803）曲线纷夜蛾 *Polydesma boarmoides* Guenée, 1852

分布：广东（深圳）、香港、云南；日本，印度，印度尼西亚，美国（夏威夷）。

848. 洒夜蛾属 *Psimada* Walker, 1858

（1804）洒夜蛾 *Psimada quadripennis* Walker, 1858

分布：广东、河北、福建、海南、澳门、广西、云南；印度，缅甸，斯里兰卡。

849. 鹰夜蛾属 *Hypocala* Guenée, 1852

（1805）鹰夜蛾 *Hypocala deflorata* (Fabricius, 1794)

分布：广东（乳源、深圳）、辽宁、河北、山东、福建、台湾、海南、香港、四川、贵州；俄罗斯，朝鲜，日本，越南，泰国，印度，印度尼西亚，斯里兰卡，澳大利亚，新西兰，美国；非洲。

（1806）苹梢鹰夜蛾 *Hypocala subsatura* Guenée, 1852

分布：广东（乳源、深圳）、辽宁、内蒙古、北京、陕西、河南、山东、浙江、江苏、福建、台湾、广西、海南、云南、西藏；俄罗斯，日本，印度，尼泊尔，巴基斯坦，菲律宾，印度尼西亚。

850. 变色夜蛾属 *Hypopyra* Guenée, 1852

（1807）*Hypopyra contractipennis* (De Joannis, 1912)

分布：广东（英德、深圳）、香港等；越南，老挝，印度。

（1808）朴变色夜蛾 *Hypopyra feniseca* Guenée, 1852

分布：广东（乳源）、福建、四川；印度，印度尼西亚。

（1809）嚖变色夜蛾 *Hypopyra ossigera* Guenée, 1852

分布：广东（乳源、深圳）、台湾、香港；印度，马来西亚，印度尼西亚。

（1810）镶变色夜蛾 *Hypopyra unistrigata* Guenée, 1952

分布：广东、云南；印度，缅甸，孟加拉国。

（1811）变色夜蛾 *Hypopyra vespertilio* (Fabricius, 1787)

分布：广东（英德）、山东、江苏、浙江、福建、江西、海南、云南；日本，印度，缅甸，印度尼西亚。

851. 碑夜蛾属 *Hyposemansis* Hampson, 1895

（1812）白点碑夜蛾 *Hyposemansis albipuncta* (Wileman, 1914)

分布：广东（乳源）、台湾。

（1813）碑夜蛾 *Hyposemansis singha* (Guenée, 1852)

分布：广东（乳源）、台湾等；日本，印度。

852. 沟翅夜蛾属 *Hypospila* Guenée, 1852

（1814）沟翅夜蛾 *Hypospila bolinoides* Guenée, 1852

分布：广东（乳源、深圳）、山东、湖南、台湾、海南、香港、云南；印度，斯里兰卡，马来西亚，印度尼西亚。

853. 次孔夜蛾属 *Hyposada* Hampson, 1910

（1815）波带次孔夜蛾 *Hyposada brunnea* (Leech, 1900)

分布：广东（乳源）、台湾等；朝鲜，韩国，日本。

854. 棘夜蛾属 *Acantholipes* Lederer, 1857

（1816）横带棘夜蛾 *Acantholipes trajecta* (Walker, 1865)

分布：台湾、海南；印度，斯里兰卡。

855. 蓝条夜蛾属 *Ischyja* Hübner, ［1823］

（1817）窄蓝条夜蛾 *Ischyja ferrifracta* (Walker, 1863)

分布：广东（乳源、深圳）、台湾、海南、香港、广西；日本，泰国，印度，菲律宾，印度尼西亚，马来西亚。

（1818）蓝条夜蛾 *Ischyja manlia* (Cramer, 1766)

分布：广东（乳源、深圳）、山东、浙江、湖南、福建、台湾、海南、香港、广西、云南；日本，菲律宾，印度尼西亚。

856. 戟夜蛾属 *Lacera* Guenée, 1852

（1819）斑戟夜蛾 *Lacera procellosa* Butler, 1879

分布：广东（乳源）、湖南、台湾、海南、香港、四川、云南、西藏；朝鲜，日本，菲律宾，印度尼西亚，巴布亚新几内亚。

857. 阿夜蛾属 *Achaea* Hübner, 1823

（1820）飞扬阿夜蛾 *Achaea janata* (Linneaus, 1758)

分布：广东（乳源、深圳）、山东、湖北、湖南、福建、台湾、香港、广西、云南；朝鲜，日本，菲律宾；大洋洲。

（1821）人心果阿夜蛾 *Achaea serva* (Fabricius, 1775)

分布：广东（乳源、深圳）、福建、台湾、海南、云南；日本，菲律宾，萨摩亚，印度；大洋洲。

858. *Acidon* Hampson, 1896

（1822）奇酸夜蛾 *Acidon paradoxa* Hampson, 1896

分布：广东（深圳）、香港；不丹。

859. 姗夜蛾属 *Latirostrum* Hampson, 1895

（1823）姗夜蛾 *Latirostrum bisacutum* Hampson, 1895

分布：广东（乳源）、台湾等；日本，印度。

860. 疖夜蛾属 *Adrapsa* Walker, 1859

（1824）疖夜蛾 *Adrapsa ablualis* Walker, 1859

分布：广东（英德、深圳）、海南、云南；日本，印度，斯里兰卡，马来西亚。

（1825）点疖夜蛾 *Adrapsa notigera* (Butler, 1879)

分布：广东（乳源）、台湾等；日本。

（1826）奥疖夜蛾 *Adrapsa ochracea* Leech, 1900

分布：广东（乳源）、台湾。

（1827）四方疖夜蛾 *Adrapsa quadriliealis* Wileman, 1914

分布：广东（英德、深圳）、香港、台湾；越南，泰国。

（1828）双锯疖夜蛾 *Adrapsa rivulata* Leech, 1900

分布：广东（乳源）等。

（1829）闪疖夜蛾 *Adrapsa simplex* (Butler, 1879)

分布：广东（乳源）、台湾、四川；日本。

861. 戴夜蛾属 *Lopharthrum* Hampson, 1895

（1830）戴夜蛾 *Lopharthrum comprimens* (Walker, 1858)

分布：广东（乳源、深圳）、海南、香港、广西；印度，印度尼西亚。

862. 微夜蛾属 *Lophomilia* Warren, 1913

（1831）日微夜蛾 *Lophomilia takao* Sugi, 1962

分布：广东（乳源）等；朝鲜，韩国，日本，尼泊尔。

863. 曼夜蛾属 *Anatatha* Hampson, 1926

（1832）委曼夜蛾 *Anatatha wilemani* (Sugi, 1958)

分布：广东（乳源）等；朝鲜，韩国，日本。

864. 蝠夜蛾属 *Lophoruza* Hampson, 1910

（1833）月蝠夜蛾 *Lophoruza lunifera* (Moore, 1885)

分布：广东（英德、深圳）、台湾、香港；日本，印度，斯里兰卡。

（1834）美蝠夜蛾 *Lophoruza pulcherrima* (Butler, 1879)

分布：广东（乳源）、吉林、辽宁、河北、广西、四川；韩国。

865. 曲夜蛾属 *Loxioda* Warren, 1913

（1835）曲夜蛾 *Loxioda similis* (Moore, 1882)

分布：广东（英德）等；泰国，印度。

866. 立夜蛾属 *Lycimna* Walker, 1860

（1836）立夜蛾 *Lycimna polymesata* Walker, 1860

分布：广东（乳源、深圳）、江西、海南、香港；越南，老挝，泰国，印度，缅甸，孟加拉国，尼泊尔。

867. 盲裳夜蛾属 *Lygniodes* Guenée, 1852

（1837）底白盲裳夜蛾 *Lygniodes hypoleuca* Guenée, 1852

分布：广东、广西、云南；越南，印度，孟加拉国。

868. *Lysimelia* Walker, 1859

（1838）亮蕾夜蛾 *Lysimelia lucida* Galsworthy, 1997

分布：广东（深圳）、香港。

869. 乱纹夜蛾属 *Anisoneura* Guenée, 1852

（1839）树皮乱纹夜蛾 *Anisoneura aluco* (Fabricius, 1775)

分布：广东（乳源、深圳）、福建、台湾、海南、香港、四川、云南、西藏；印度，缅甸，马来西亚，新加坡。

（1840）乱纹夜蛾 *Anisoneura salebrosa* (Guenée, 1852)

分布：广东（英德、乳源、深圳）、福建、台湾、香港等；日本，越南，泰国，印度，尼泊尔，菲律宾，马来西亚，印度尼西亚，孟加拉国。

870. 桥夜蛾属 *Anomis* Hübner, 1821

（1841）若桥夜蛾 *Anomis figlina* Butler, 1889

分布：广东（乳源）等；日本，印度，菲律宾，印度尼西亚，斐济，巴布亚新几内亚。

871. 小桥夜蛾属 *Cosmophila* Boisduval, 1833

（1842）小桥夜蛾 *Cosmophila flava* (Fabricius, 1775)

分布：广东（乳源、深圳）、吉林、辽宁、内蒙古、山东、河南、福建、台湾；俄罗斯，韩国，日本，印度，新西兰；非洲，大洋洲。

872. 关桥夜蛾属 *Gonitis* Guenée, 1852

（1843）黄麻桥夜蛾 *Gonitis involuta* (Walker, ［1858］1857)

分布：广东、吉林、辽宁、浙江、西藏、台湾；俄罗斯，朝鲜，日本，印度，尼泊尔，巴基斯坦，阿富汗；东南亚，大洋洲。

（1844）中桥夜蛾 *Gonitis mesogona* Walker, 1858

分布：广东（乳源、深圳）、黑龙江、吉林、河北、山东、浙江、湖北、湖南、福建、台湾、海南、香港、贵州、云南；俄罗斯，韩国，日本，斯里兰卡，印度，尼泊尔，巴基斯坦；东南亚。

873. 干煞夜蛾属 *Anticarsia* Hübner, 1818

（1845）干煞夜蛾 *Anticarsia irrorata* (Fabricius, 1781)

分布：广东、浙江、湖南、福建、海南、云南；日本，印度；非洲。

874. 关夜蛾属 *Artena* Walker, 1866

（1846）斜线关夜蛾 *Artena dotata* (Fabricius, 1794)

分布：广东（乳源）、辽宁、河南、陕西、江苏、浙江、湖北、江西、湖南、福建、台湾、香港、四川、云南；俄罗斯，朝鲜，日本，印度，尼泊尔，菲律宾，马来西亚，印度尼西亚。

（1847）锈色关夜蛾 *Artena rubida* (Walker, 1863)

分布：广东、海南；印度，马来西亚。

875. 升夜蛾属 *Arsacia* Walker, 1866

（1848）升夜蛾 *Arsacia rectalis* (Walker, 1863)

分布：广东（乳源、深圳）、台湾；日本，越南，泰国，印度，缅甸，尼泊尔，斯里兰卡，马来西亚，印度尼西亚，澳大利亚，斐济，巴布亚新几内亚。

876. 宇夜蛾属 *Avatha* Walker, 1858

（1849）宇夜蛾 *Avatha discolor* (Fabricius, 1794)

分布：广东（乳源）、浙江；日本，印度，菲律宾，印度尼西亚，法国（新喀里多尼亚），澳大利亚，斐济，巴布亚新几内亚。

（1850）暮宇夜蛾 *Avatha uoctuoides* (Guenée, 1852)

分布：广东、江西、湖南、福建、海南；印度，缅甸，印度尼西亚。

877. 长吻夜蛾属 *Marapana* Moore, ［1885］

（1851）长吻夜蛾 *Marapana pulverata* (Guenée, 1852)

分布：广东；印度，缅甸，斯里兰卡，印度尼西亚。

878. *Maguda* Walker, 1865

（1852）萨勐夜蛾 *Maguda suffusa* (Walker, 1863)

分布：广东（乳源）等；朝鲜，韩国，日本。

879. 元夜蛾属 *Avitta* Walker, 1858

（1853）迪元夜蛾 *Avitta discipuncta* (Felder *et* Rogenhorfer, 1874)

分布：广东（乳源）等；泰国，印度，印度尼西亚，巴布亚新几内亚。

（1854）砝元夜蛾 *Avitta fasciosa* (Moore, 1882)

分布：广东（乳源、深圳）、台湾等；日本，印度，菲律宾，马来西亚，文莱，印度尼西亚。

（1855）黑点元夜蛾 *Avitta puncta* Wileman, 1911

分布：广东（乳源）、台湾等；日本。

880. 薄夜蛾属 *Mecodina* Guenée, 1852

（1856）白齿薄夜蛾 *Mecodina albodentata* (Swinhoe, 1895)

分布：广东（英德、深圳）、海南、香港、西藏；日本，越南，泰国，印度，尼泊尔，菲律宾，马来西亚，印度尼西亚。

（1857）暗斑薄夜蛾 *Mecodina praecipua* (Walker, 1865)

分布：广东（深圳）、湖南、香港；日本。

（1858）紫灰薄夜蛾 *Mecodina subviolacea* (Butler, 1881)

分布：广东（乳源）等；朝鲜，韩国，日本。

881. 印夜蛾属 *Bamra* Moore, 1882

（1859）印夜蛾 *Bamra albicola* (Walker, 1858)

分布：广东、江苏、浙江、湖南、台湾；印度，马来西亚，印度尼西亚。

（1860）俄印夜蛾 *Bamra exclusa* (Leech, 1889)

分布：广东（乳源）；日本。

（1861）洁印夜蛾 *Bamra mundata* (Walker, 1858)

　　分布：广东、云南；印度，斯里兰卡；东南亚。

882. 硕夜蛾属 *Megaloctena* Warren, 1913

（1862）硕夜蛾 *Megaloctena mandarina* (Leech, 1900)

　　分布：广东（乳源）、台湾。

883. *Microxyla* Sugi, 1982

（1863）孔谧夜蛾 *Microxyla confusa* (Wileman, 1911)

　　分布：广东（乳源）、台湾等；俄罗斯，朝鲜，韩国，日本，印度尼西亚，马来西亚，文莱。

884. 暗巾夜蛾属 *Bastilla* Swinhoe, 1918

（1864）故暗巾夜蛾 *Bastilla absentimacula* (Guenée, 1852)

　　分布：广东；印度，斯里兰卡，印度尼西亚。

（1865）阿暗巾夜蛾 *Bastilla acuta* (Moore, 1883)

　　分布：广东（乳源）、台湾、云南；印度，缅甸，斯里兰卡，马来西亚，印度尼西亚。

（1866）弓暗巾夜蛾 *Bastilla arcuata* (Moore, 1887)

　　分布：广东（英德、深圳）、浙江、福建、台湾、海南、香港；朝鲜，日本，印度，斯里兰
　　卡，印度尼西亚。

（1867）无肾暗巾夜蛾 *Bastilla crameri* Moore, 1885

　　分布：广东、湖北、福建、贵州、云南；泰国，印度，缅甸，斯里兰卡，阿富汗。

（1868）宽琶夜蛾 *Bastilla fulvotaenia* (Guenée, 1852)

　　分布：广东（英德、乳源）、浙江、福建、台湾、香港、海南、云南等；日本，越南，泰国，
　　印度，缅甸，尼泊尔，斯里兰卡，菲律宾，印度尼西亚，新加坡，孟加拉国。

（1869）隐暗巾夜蛾 *Bastilla joviana* (Stoll, 1782)

　　分布：广东（乳源、深圳）、江苏、台湾、海南、香港、云南；日本，印度，缅甸，印度尼
　　西亚；大洋洲。

（1870）霉暗巾夜蛾 *Bastilla maturata* (Walker, 1858)

　　分布：广东（乳源、深圳）、辽宁、山东、河南、江苏、浙江、江西、福建、台湾、海南、
　　香港、四川、云南；朝鲜，日本，印度，尼泊尔，泰国，菲律宾，马来西亚，印度尼西亚。

（1871）熟暗巾夜蛾 *Bastilla maturescens* (Walker, 1858)

　　分布：广东（英德、深圳）、香港；越南，泰国，印度，菲律宾，印度尼西亚，孟加拉国。

（1872）肾巾夜蛾 *Bastilla praetermissa* (Warren, 1913)

　　分布：广东（英德、乳源、深圳）、台湾等；泰国，印度，菲律宾。

（1873）紫暗巾夜蛾 *Bastilla simillima* (Guenée, 1852)

　　分布：广东、台湾、广西；印度，斯里兰卡，越南，印度尼西亚，菲律宾。

885. 毛胫夜蛾属 *Mocis* Hübner, [1823]1816

（1874）毛胫夜蛾 *Mocis undata* (Fabricius, 1775)

　　分布：广东（英德、深圳）、黑龙江、吉林、辽宁、河北、山东、河南、江苏、浙江、江西、
　　湖南、福建、台湾、香港、贵州、云南；俄罗斯，朝鲜，日本，斯里兰卡，印度，尼泊尔，

菲律宾，印度尼西亚。

886. 巴夜蛾属 *Batracharta* **Walker, 1862**

（1875）雀斑巴夜蛾 *Batracharta irrorata* Hampson, 1894

分布：广东（乳源）等；日本。

887. 拟胸须夜蛾属 *Bertula* **Walker，〔1859〕**

（1876）黑带拟胸须夜蛾 *Bertula abjudicalis* Walker,〔1859〕

分布：广东（乳源）、台湾、云南；老挝，泰国，印度，斯里兰卡，澳大利亚。

（1877）白脉拟胸须夜蛾 *Bertula albovenata* (Leech, 1900)

分布：广东（乳源）。

（1878）葩拟胸须夜蛾 *Bertula parallela* (Leech, 1900)

分布：广东（乳源、深圳）、台湾、香港。

（1879）佩拟胸须夜蛾 *Bertula persimilis* (Wileman, 1915)

分布：广东（乳源）、台湾。

（1880）垂拟胸须夜蛾 *Bertula tripartita* (Leech, 1900)

分布：广东（乳源）。

（1881）脉拟胸须夜蛾 *Bertula venata* (Leech, 1900)

分布：广东（乳源）、台湾。

888. 莫须夜蛾属 *Mosopia* **Walker,〔1866〕1865**

（1882）黑斑莫须夜蛾 *Mosopia punctilinea* (Wileman, 1915)

分布：广东（深圳、乳源）、台湾、云南。

（1883）肾斑莫须夜蛾 *Mosopia renipunctum* (Berio, 1977)

分布：广东（乳源）、台湾。

（1884）潜斑莫须夜蛾 *Mosopia subnubila* (Leech, 1900)

分布：广东（乳源）、台湾。

889. 锉夜蛾属 *Blasticorhinus* **Butler, 1893**

（1885）锉夜蛾 *Blasticorhinus rivulosa* (Walker, 1865)

分布：广东（英德、深圳）、台湾、四川；朝鲜，日本，越南，老挝，泰国，印度，缅甸，尼泊尔，斯里兰卡，菲律宾，马来西亚，印度尼西亚。

（1886）寒锉夜蛾 *Blasticorhinus ussuriensis* (Bremer, 1861)

分布：广东（乳源）、黑龙江、吉林、辽宁、江苏、浙江、湖南、福建；俄罗斯（远东），朝鲜，韩国，日本。

（1887）关仔领锉裳蛾 *Blasticorhinus kanshireiensis* (Wileman, 1914)

分布：广东（英德）等；泰国，印度，缅甸，尼泊尔。

890. 尺夜蛾属 *Naganoella* **Sugi, 1982**

（1888）红尺夜蛾 *Naganoella timandra* (Alphéraky, 1897)

分布：广东（乳源）、黑龙江、吉林、辽宁、河北、河南、浙江、湖南；俄罗斯，朝鲜，韩国，日本。

891. 疤夜蛾属 *Nodaria* Guenée, 1854

（1889）异肾疤夜蛾 *Nodaria externalis* Guenée, 1854

分布：广东（英德、乳源）、台湾等；日本；印澳区。

（1890）莱疤夜蛾 *Nodaria levicula* (Swinhoe, 1889)

分布：广东（乳源）等；越南，印度。

892. 褶翅夜蛾属 *Ochrotrigona* Hampson, 1926

（1891）褶翅夜蛾 *Ochrotrigona triangulifera* (Hampson, 1895)

分布：广东（英德、乳源）等；越南，泰国，印度，缅甸，泰国，新加坡，马来西亚。

893. *Oglasa* Walker, 1859

（1892）褐边傲夜蛾 *Oglasa fusciterminata* (Hampson, 1897)

分布：广东（乳源）等；印度，斯里兰卡。

（1893）瑞傲夜蛾 *Oglasa retracta* (Hampson, 1907)

分布：广东（乳源）等；印度，斯里兰卡。

894. 羽胫夜蛾属 *Olulis* Walker, 1863

（1894）日本羽胫夜蛾 *Olulis japonica* Sugi, 1982

分布：广东（英德）等；日本。

（1895）磅羽胫夜蛾 *Olulis puncticinctalis* Walker, 1863

分布：广东（乳源）、台湾等；印度。

895. *Parolulis* Hampson, 1926

（1896）阿羽胫夜蛾 *Parolulis ayumiae* (Sugi, 1982)

分布：广东（乳源）等；日本。

896. *Ommatophora* Guenée, 1852

（1897）瞳裳蛾 *Ommatophora luminosa* (Cramer, [1780])

分布：广东（英德）、台湾、海南、云南；越南，泰国，印度，缅甸，菲律宾，马来西亚，印度尼西亚，马来西亚，文莱。

897. 赘夜蛾属 *Ophisma* Guenée, 1852

（1898）赘夜蛾 *Ophisma gravata* Guenée, 1852

分布：广东（英德、乳源、深圳）、江苏、浙江、江西、湖南、福建、海南、香港、云南；日本，印度，密克罗尼西亚，法国（新喀里多尼亚），印度尼西亚，巴布亚新几内亚，澳大利亚。

898. 安钮夜蛾属 *Ophiusa* Ochsenheimer, 1816

（1899）同安钮夜蛾 *Ophiusa disjungens* (Walker, 1858)

分布：广东（乳源、深圳）、海南、香港、广西；日本，越南，印度，斯里兰卡，菲律宾。

（1900）安钮夜蛾 *Ophiusa tirhaca* (Cramer, 1777)

分布：广东、山东、陕西、江苏、浙江、湖北、江西、福建、海南、广西、四川、贵州、云南；俄罗斯，朝鲜，日本，印度，澳大利亚；欧洲，非洲。

（1901）直安钮夜蛾 *Ophiusa trapezium* (Guenée, 1852)

分布：广东（英德、乳源、深圳）、台湾、海南、香港、广西、云南、西藏；印度，斯里兰卡，菲律宾，新加坡，印度尼西亚，孟加拉国，法国（新喀里多尼亚）；印澳区。

（1902）橘安钮夜蛾 *Ophiusa triphaenoides* (Walker, 1858)

分布：广东（英德、乳源）、山东、浙江、江西、湖南、福建、台湾、海南、云南；朝鲜，韩国，日本，泰国，印度，缅甸。

899. 嘴壶夜蛾属 *Oraesia* **Guenée, 1852**

（1903）银纹嘴壶夜蛾 *Oraesia argyrosigna* Moore, ［1884］

分布：广东（乳源）等；法国（新喀里多尼亚）；印澳区。

（1904）嘴壶夜蛾 *Oraesia emarginata* (Fabricius, 1794)

分布：广东（乳源、深圳）、吉林、辽宁、山东、江苏、浙江、福建、台湾、海南、香港、广西、云南；俄罗斯，韩国，日本，印度，尼泊尔，巴基斯坦，阿曼；东南亚，东非。

（1905）鸟嘴壶夜蛾 *Oraesia excavata* (Butler, 1878)

分布：广东（乳源、深圳）、吉林、山东、江苏、浙江、湖南、福建、台湾、香港、广西、云南；朝鲜半岛，日本，泰国，菲律宾。

900. 尖须夜蛾属 *Bleptina* **Guenée, 1854**

（1906）白线尖须夜蛾 *Bleptina albolinealis* (Leech, 1900)

分布：广东（英德、深圳）、江西、湖南、福建、广西、四川。

901. 奴夜蛾属 *Paracolax* **Hübner, ［1825］1816**

（1907）双线奴夜蛾 *Paracolax bilineata* (Wileman, 1915)

分布：广东（乳源）、台湾等；日本。

（1908）白线奴夜蛾 *Paracolax butleri* (Leech, 1900)

分布：广东（乳源）。

（1909）圆斑奴夜蛾 *Paracolax fentoni* (Butler, 1879)

分布：广东（乳源）、吉林、台湾等；俄罗斯（远东），朝鲜，韩国，日本。

（1910）黄肾奴夜蛾 *Paracolax pryeri* (Butler, 1879)

分布：广东（乳源）、辽宁、浙江、福建、湖南、台湾等；朝鲜，韩国，日本。

（1911）夙奴夜蛾 *Paracolax sugii* Owada, 1992

分布：广东（乳源）、台湾等；朝鲜，日本。

902. 畸夜蛾属 *Bocula* **Guenée, 1852**

（1912）迪畸夜蛾 *Bocula diffisa* (Swinhoe, 1890)

分布：广东（英德、深圳）、台湾、香港；日本，印度。

（1913）黑缘畸夜蛾 *Bocula marginata* (Moore, 1882)

分布：广东（英德、深圳）、香港、澳门；越南，老挝，泰国，印度。

903. *Buzara* **Walker, ［1865］**

（1914）昂布夜蛾 *Buzara onelia* (Guenée, 1852)

分布：广东（深圳）、台湾、香港；日本，菲律宾。

904. 巧夜蛾属 *Oruza* **Walker, 1861**

（1915）白缘巧夜蛾 *Oruza glaucotorna* Hampson, 1910

　　分布：广东（乳源）等；朝鲜，韩国，日本。

905. *Ataboruza* Holloway, 2009

（1916）暗棕分巧目夜蛾 *Ataboruza divisa* (Walker, 1862)

　　分布：广东（英德、乳源）、台湾等；日本，印度，马来西亚；非洲。

906. 利翅夜蛾属 *Oxygonitis* Hampson, 1893

（1917）利翅夜蛾 *Oxygonitis sericeata* Hampson, 1893

　　分布：广东；印度，斯里兰卡。

907. 佩夜蛾属 *Oxyodes* Guenée, 1852

（1918）佩夜蛾 *Oxyodes scrobiculata* (Fabricius, 1775)

　　分布：广东（乳源、深圳）、湖南、福建、台湾、海南、香港、广西、云南；朝鲜，日本，印度，缅甸，斯里兰卡，菲律宾，印度尼西亚，巴布亚新几内亚，法国（新喀里多尼亚），斐济，萨摩亚。

908. 胡夜蛾属 *Calesia* Guenée, 1852

（1919）胡夜蛾 *Calesia dasypterus* (Kollar, 1844)

　　分布：广东（深圳）、台湾、海南、香港、广西、云南；越南，老挝，泰国，印度，缅甸，尼泊尔，斯里兰卡，孟加拉国。

（1920）红腹秃胡夜蛾 *Calesia haemorrhoa* Guenée, 1852

　　分布：广东、云南；印度，缅甸，斯里兰卡。

（1921）伴秃胡夜蛾 *Calesia stillifera* Felder *et* Rogenhofer, 1874

　　分布：广东、海南；印度，斯里兰卡，菲律宾。

909. 眉夜蛾属 *Pangrapta* Hübner, 1818

（1922）忧郁眉夜蛾 *Pangrapta adusta* (Leech, 1900)

　　分布：广东（英德、深圳）、台湾。

（1923）长角眉夜蛾 *Pangrapta bicornuta* Galsworthy, 1997

　　分布：广东（英德）、香港。

（1924）灰眉夜蛾 *Pangrapta cana* (Leech, 1900)

　　分布：广东（英德）、黑龙江、山东、河南、江苏、湖北；朝鲜，韩国，日本。

（1925）缘斑眉夜蛾 *Pangrapta costinotata* (Butler, 1881)

　　分布：广东（英德、乳源、深圳、广州）、台湾、香港；日本，朝鲜。

（1926）拟苹眉夜蛾 *Pangrapta neoobscurata* Hu, Yu *et* Wang, 2017

　　分布：广东（英德、乳源、深圳）。

（1927）苹眉夜蛾 *Pangrapta obscurata* (Butler, 1879)

　　分布：广东（广州、乳源）、黑龙江、吉林、辽宁、河北、山东、湖南、台湾；俄罗斯，朝鲜，韩国，日本。

（1928）磐眉夜蛾 *Pangrapta pannosa* (Moore, 1882)

　　分布：广东（乳源）等；印度，印度尼西亚，巴布亚新几内亚。

（1929）小眉夜蛾 *Pangrapta parvula* (Leech, 1900)

分布：广东（英德）。

（1930）浓眉夜蛾 *Pangrapta perturbans* (Walker, 1858)

分布：广东（英德）、吉林、江苏、浙江、福建、云南；朝鲜，韩国，日本。

（1931）眉夜蛾 *Pangrapta roseinotata* Galsworthy, 1997

分布：广东（英德）、香港。

（1932）二斑眉夜蛾 *Pangrapta saucia* (Leech, 1900)

分布：广东（乳源）、浙江、湖北、江西。

（1933）隐眉夜蛾 *Pangrapta suaveola* Staudinger, 1888

分布：广东（英德）、黑龙江；朝鲜，韩国，日本，俄罗斯（西伯利亚）。

（1934）三线眉夜蛾 *Pangrapta trilineata* (Leech, 1900)

分布：广东（英德）、江苏、浙江、江西、湖南、台湾、海南、四川、贵州；朝鲜，韩国，日本。

910. 壶夜蛾属 *Calyptra* Ochsenheimer, 1816

（1935）疖角壶夜蛾 *Calyptra minuticornis* (Guenée, 1852)

分布：广东（乳源）、浙江、福建、台湾；日本，印度，斯里兰卡，印度尼西亚。

（1936）直壶夜蛾 *Calyptra orthograpta* (Butler, 1886)

分布：广东（英德、乳源、深圳）、台湾、香港；老挝，泰国，印度。

911. 条巾夜蛾属 *Parallelia* Hübner, 1818

（1937）玫瑰条巾夜蛾 *Parallelia arctotaenia* (Guenée, 1852)

分布：广东（深圳）、吉林、辽宁、河北、江苏、浙江、江西、福建、台湾、广西、四川、云南；俄罗斯，朝鲜，日本，菲律宾，印度尼西亚，马来西亚，印度，尼泊尔，孟加拉国，澳大利亚。

（1938）石榴条巾夜蛾 *Parallelia stuposa* (Fabricius, 1794)

分布：广东（深圳）、辽宁、河北、山东、江苏、浙江、湖北、江西、福建、台湾、海南、香港、四川、云南；俄罗斯，朝鲜，日本，泰国，印度，尼泊尔，菲律宾，马来西亚，印度尼西亚。

912. *Panilla* Moore, 1885

（1939）斜斑妣夜蛾 *Panilla costipunctata* Leech, 1900

分布：广东（乳源）、台湾等；日本，尼泊尔。

913. 裳夜蛾属 *Catocala* Schrank, 1802

（1940）喜裳夜蛾 *Catocala hyperconnexa* Sugi, 1965

分布：广东（乳源）等；朝鲜，韩国，日本，尼泊尔。

（1941）盈裳夜蛾 *Catocala intacta* Leech, 1889

分布：广东（乳源）、台湾等；日本。

（1942）粤裳夜蛾 *Catocala kuangtungensis* Mell, 1931

分布：广东（乳源）、湖南；日本。

（1943）菈裳夜蛾 *Catocala largeteaui* Oberthür, 1881

分布：广东（乳源）。

（1944）斑裳夜蛾 *Catocala macula* Hampson, 1891

分布：广东（深圳）、台湾、香港、西藏（林芝）。

（1945）尼裳夜蛾 *Catocala nivea nivea* Butler, 1877

分布：广东（乳源）、台湾等；朝鲜，韩国，日本，印度，尼泊尔。

（1946）皓裳夜蛾 *Catocala pataloides* Mell, 1931

分布：广东（乳源）、江西、台湾；老挝。

（1947）塞裳夜蛾 *Catocala seiohbo* Ishizuka, 2002

分布：广东（乳源）。

（1948）希裳夜蛾 *Catocala siamensis* Kishida *et* Suzuki, 2002

分布：广东（乳源）等；泰国。

（1949）飕裳夜蛾 *Catocala solntsevi* Sviridov, 1997

分布：广东（乳源）；越南。

（1950）垂裳夜蛾 *Catocala triphaenoides* Oberthür, 1881

分布：广东（英德）。

914. *Perciana* Walker, 1865

（1951）台湾芄夜蛾 *Perciana taiwana* Wileman, 1911

分布：广东（乳源）、台湾。

915. 同纹夜蛾属 *Pericyma* Herrich-Schäffer, ［1851］

（1952）凤凰木同纹夜蛾 *Pericyma cruegeri* (Butler, 1886)

分布：广东（中山）、海南、广西；大洋洲。

916. 三角夜蛾属 *Chalciope* Hübner, 1823

（1953）三角夜蛾 *Chalciope mygdon* (Cramer, ［1777］)

分布：广东（乳源、深圳）、江西、福建、台湾、海南、香港、云南；日本，印度，缅甸，斯里兰卡，马来西亚，新加坡，印度尼西亚。

917. 闪夜蛾属 *Perinaenia* Butler, 1878

（1954）闪夜蛾 *Perinaenia accipiter* (Felder *et* Rogenhofer, 1874)

分布：广东（乳源）、台湾等；巴基斯坦，朝鲜，韩国，日本，印度，尼泊尔。

918. 拟叶夜蛾属 *Phyllodes* Boisduval, 1832

（1955）套环拟叶夜蛾 *Phyllodes consobrina* Westwood, 1848

分布：广东、海南、云南；印度，孟加拉国。

（1956）黄带拟叶夜蛾 *Phyllodes eyndhovii* Vollenhoven, 1858

分布：广东（乳源）、福建、台湾、四川；印度，印度尼西亚。

919. 纯夜蛾属 *Chrysopera* Hampson, 1894

（1957）纯夜蛾 *Chrysopera combinans* (Walker, 1858)

分布：广东、四川；印度，斯里兰卡。

920. 宽夜蛾属 *Platyja* Hübner, ［1823］

（1958）阿宽夜蛾 *Platyja acerces* (Prout, 1928)

分布：广东（乳源）等。

（1959）灰线宽夜蛾 *Platyja torsilinea* (Guenée, 1852)

分布：广东（英德、深圳）、湖南、福建、海南、香港、云南；越南，印度。

（1960）宽夜蛾 *Platyja umminia* (Cramer, ［1780］)

分布：广东（英德、乳源、深圳）、湖南、福建、台湾、海南、香港、云南；越南，老挝，泰国，印度，缅甸，斯里兰卡，菲律宾，马来西亚，印度尼西亚，孟加拉国，澳大利亚。

921. *Platyjionia* Hampson, 1926

（1961）中宽角夜蛾 *Platyjionia mediorufa* (Hampson, 1894)

分布：广东（深圳）、香港；越南，泰国，印度，马来西亚，印度尼西亚。

922. 卷裙夜蛾属 *Plecoptera* Guenée, 1852

（1962）禄卷裙夜蛾 *Plecoptera luteiceps* (Walker, 1865)

分布：广东（深圳）、香港；泰国。

（1963）直卷裙夜蛾 *Plecoptera recta* (Pagenstecher, 1886)

分布：广东（英德）、香港。

923. 肖金夜蛾属 *Plusiodonta* Guenée, 1852

（1964）灰黄肖金夜蛾 *Plusiodonta calcaurea* Holloway *et* Malayan, 2005

分布：广东（深圳）、香港；印度尼西亚。

（1965）肖金夜蛾 *Plusiodonta coelonota* (Kollar, 1844)

分布：广东（乳源）等；朝鲜，韩国，日本，印度，马来西亚。

924. 胸须夜蛾属 *Cidariplura* Butler, 1879

（1966）阿胸须夜蛾 *Cidariplura atayal* Wu *et* Owada, 2013

分布：广东（乳源）、台湾。

（1967）巴胸须夜蛾 *Cidariplura butleri* (Leech, 1900)

分布：广东（乳源）。

（1968）胸须夜蛾 *Cidariplura gladiata* (Butler, 1879)

分布：广东（英德、乳源）、台湾等；朝鲜，韩国，日本。

（1969）黑痣胸须夜蛾 *Cidariplura nigristigmata* (Leech, 1900)

分布：广东（乳源）。

（1970）赭纹胸须夜蛾 *Cidariplura ochreistigma* (Leech, 1900)

分布：广东（乳源）。

925. 社夜蛾属 *Pseudosphetta* Hampson, 1926

（1971）裂社夜蛾 *Pseudosphetta fissisigna* Hampson, 1926

分布：广东（英德、深圳）等；泰国，马来西亚，印度尼西亚。

（1972）社夜蛾 *Pseudosphetta moorei* (Cotes *et* Swinhoe, 1887)

分布：广东（英德、深圳）、海南；印度，斯里兰卡。

926. *Condate* **Walker, 1862**

（1973）庵崆夜蛾 *Condate angulina* (Guenée, 1852)

分布：广东（英德、深圳）、台湾等；印度，尼泊尔，缅甸，泰国，新加坡，马来西亚。

（1974）菊孔达夜蛾 *Condate purpurea* (Hampson, 1902)

分布：广东（英德）、江西、台湾等；越南，泰国，印度，尼泊尔。

927. 瑰夜蛾属 *Raparna* **Moore, 1882**

（1975）文瑰夜蛾 *Raparna litterata* (Pagenstecher, 1888)

分布：广东（深圳）、台湾、香港；印度，斯里兰卡，菲律宾，印度尼西亚，巴布亚新几内亚。

（1976）红纹瑰夜蛾 *Raparna roseata* Wileman *et* South, 1917

分布：广东（乳源）等；朝鲜，韩国，日本。

928. 桨夜蛾属 *Rema* **Swinhoe, 1900**

（1977）桨夜蛾 *Rema costimacula* (Guenée, 1852)

分布：广东（深圳）、海南、香港、云南；越南，泰国，印度，印度尼西亚。

929. 孔夜蛾属 *Corgatha* **Walker,〔1859〕1858**

（1978）昭孔夜蛾 *Corgatha nitens* (Butler, 1879)

分布：广东（深圳）、吉林、辽宁、江苏、江西、香港；日本，朝鲜。

（1979）褐孔夜蛾 *Corgatha semipardata* (Walker, 1862)

分布：广东、海南、云南；斯里兰卡。

930. 涓夜蛾属 *Rivula* **Guenée,〔1845〕1844**

（1980）埃涓夜蛾 *Rivula aequalis* (Walker, 1863)

分布：广东（乳源）等；日本，印度，印度尼西亚（苏拉威西、塞兰）。

（1981）库涓夜蛾 *Rivula curvifera* (Walker, 1862)

分布：广东（英德）等；日本；印澳区。

（1982）朴涓夜蛾 *Rivula plumipes* Hampson, 1907

分布：广东（乳源）等；日本，斯里兰卡。

（1983）白点斑涓裳蛾 *Rivula niveipuncta* Swinhoe, 1905

分布：广东（英德）等；印度

（1984）斜线涓裳蛾 *Rivula striatura* Swinhoe, 1895

分布：广东（英德）等；印度

931. *Rhesala* **Walker, 1858**

（1985）怡朴夜蛾 *Rhesala imparata* Walker, 1858

分布：广东（英德）、台湾等；朝鲜，韩国，日本，斯里兰卡，印度尼西亚；非洲。

932. *Cretonia* **Walker, 1866**

（1986）甘薯卷绮夜蛾 *Cretonia vegetus* (Swinhoe, 1885)

分布：广东、福建、海南、广西、贵州、云南；印度，缅甸，斯里兰卡。

933. 如斯夜蛾属 *Rusicada* **Walker,〔1858〕1857**

（1987）连仿桥夜蛾 *Rusicada combinans* Walker, [1858]

　　分布：广东；斯里兰卡，澳大利亚，印度尼西亚，马来西亚，文莱。

（1988）超如斯夜蛾 *Rusicada fulvida* (Guenée, 1852)

　　分布：广东（乳源）、台湾等；菲律宾，萨摩亚，斐济；印澳区。

（1989）莱如斯夜蛾 *Rusicada leucolopha* (Prout, 1928)

　　分布：广东（乳源）、辽宁、江苏、浙江、台湾；俄罗斯，朝鲜，日本；东南亚，北美洲。

（1990）前如斯夜蛾 *Rusicada prima* (Swinhoe, 1920)

　　分布：广东（英德、深圳）等；印度。

（1991）坎如斯夜蛾 *Rusicada privata* (Walker, 1865)

　　分布：广东（乳源）、辽宁、湖南、台湾；俄罗斯，朝鲜，日本，斯里兰卡，印度，澳大利亚；东南亚，北美洲。

（1992）卷如斯夜蛾 *Rusicada revocans* (Walker, 1858)

　　分布：广东（英德、深圳）等；印度尼西亚。

934. 飒夜蛾属 *Saroba* Walker, 1865

（1993）瘤斑飒夜蛾 *Saroba pustulifera* Walker, 1865

　　分布：广东（深圳）、香港；越南，泰国，印度，斯里兰卡，菲律宾，印度尼西亚。

935. 尖裙夜蛾属 *Crithote* Walker, 1864

（1994）尖裙夜蛾 *Crithote horripides* Walker, 1864

　　分布：广东（乳源、深圳）、江西、福建、海南、香港；印度，马来西亚，印度尼西亚。

（1995）毛尖裙夜蛾 *Crithote prominens* Leech, 1900

　　分布：广东（英德、深圳）、湖南、海南、香港。

936. 晒夜蛾属 *Scedopla* Butler, 1878

（1996）晒夜蛾 *Scedopla umbrosa* (Wileman, 1916)

　　分布：广东（深圳）、台湾；泰国。

937. 层夜蛾属 *Schistorhynx* Hampson, 1898

（1997）白纹层夜蛾 *Schistorhynx lobata* Prout, 1925

　　分布：广东（英德、深圳）、海南、香港、云南；马来西亚，印度尼西亚。

938. 斑翅夜蛾属 *Serrodes* Guenée, 1852

（1998）铃斑翅夜蛾 *Serrodes campana* Guenée, 1852

　　分布：广东（乳源）、辽宁、浙江、台湾、海南、广西、四川、云南；俄罗斯，朝鲜，日本，印度，尼泊尔，菲律宾，印度尼西亚。

939. *Cruxoruza* Holloway, 2010

（1999）绔夜蛾 *Cruxoruza decorata* (Swinhoe, 1903)

　　分布：广东（乳源）、台湾等；泰国，马来西亚，印度尼西亚，文莱。

940. 贫夜蛾属 *Simplicia* Guenée, 1854

（2000）毕贫夜蛾 *Simplicia bimarginata* (Walker, 1864)

　　分布：广东（乳源）、台湾、香港；印度，印度尼西亚，马来西亚，文莱。

（2001）角贫夜蛾 *Simplicia cornicalis* (Fabricius, 1794)

分布：广东（英德、乳源、深圳）、台湾；朝鲜，韩国，日本。

（2002）双锯脉贫夜蛾 *Simplicia discosticta* (Hampson, 1912)

分布：广东（乳源、深圳）、台湾等；印度，斯里兰卡。

（2003）灰缘贫夜蛾 *Simplicia mistacalis* (Guenée, 1854)

分布：广东（乳源）、台湾等；日本，印度尼西亚，巴布亚新几内亚。

（2004）曲线贫夜蛾 *Simplicia niphona* (Butler, 1878)

分布：广东（乳源、深圳）、吉林、内蒙古、河北、浙江、湖南、福建、台湾、海南、香港、
广西、云南、西藏；朝鲜，韩国，日本，越南，印度，尼泊尔，斯里兰卡，巴基斯坦，印度
尼西亚，马来西亚，文莱。

（2005）刻贫夜蛾 *Simplicia xanthoma* Prout, 1928

分布：广东（乳源、深圳）、台湾、云南；日本，越南，泰国，印度，尼泊尔，马来西亚，
印度尼西亚，文莱。

（2006）牢贫夜蛾 *Simplicia rhyal* Wu, Fu *et* Owada, 2013

分布：广东（乳源）、台湾等。

941. 辛夜蛾属 *Sinarella* Bryk, 1949

（2007）黑斑辛夜蛾 *Sinarella nigrisigna* (Leech, 1900)

分布：广东（乳源）、吉林、台湾等；俄罗斯（远东），朝鲜，韩国，日本。

（2008）华辛夜蛾 *Sinarella sinensis* (Leech, 1900)

分布：广东（乳源）。

942. *Singara* Walker, 1865

（2009）棕红辛夜蛾 *Singara diversalis* Walker, 1865

分布：广东（英德、深圳）、香港；泰国，缅甸，不丹，印度尼西亚等。

943. 勒夜蛾属 *Laspeyria* Germar, 1810

（2010）赭灰勒夜蛾 *Laspeyria ruficeps* (Walker, 1864)

分布：广东（乳源）、黑龙江、吉林、辽宁、四川、台湾；朝鲜，韩国，日本，印度，尼泊
尔，斯里兰卡。

944. 环夜蛾属 *Spirama* Guenée, 1852

（2011）绕环夜蛾 *Spirama helicina* (Hübner,［1831］)

分布：广东（乳源）、黑龙江、吉林、辽宁、北京、河北、山东、江苏、浙江、湖北、江西、
福建、台湾、澳门、四川、云南；日本；东南亚。

（2012）环夜蛾 *Spirama retorta* (Clerck, 1764)

分布：广东（英德、乳源）、辽宁、山东、河南、江苏、浙江、湖北、江西、福建、台湾、
海南、广西、四川、云南；朝鲜，日本，印度，缅甸，斯里兰卡，马来西亚。

945. 炬夜蛾属 *Daddala* Walker, 1865

（2013）光炬夜蛾 *Daddala lucilla* (Butler, 1881)

分布：广东（乳源、深圳）、福建、台湾、海南、香港、云南；俄罗斯，韩国，日本，印度，

尼泊尔，菲律宾，印度尼西亚，巴布亚新几内亚。

946. 尺夜蛾属 _Dierna_ Walker, ［1859］

（2014）尺夜蛾 _Dierna patibulum_ (Fabricius, 1794)

分布：广东、海南；印度，缅甸，斯里兰卡。

（2015）斜尺夜蛾 _Dierna strigata_ (Moore, 1867)

分布：广东（英德、乳源、深圳）、江西、湖南、福建、海南、香港、云南；印度，孟加拉国。

947. 双袖夜蛾属 _Dinumma_ Walker, 1858

（2016）曲带双袖夜蛾 _Dinumma deponens_ Walker, 1858

分布：广东（英德、乳源、深圳）、山东、河南、江苏、浙江、湖南、福建、台湾、广西、云南；朝鲜，韩国，日本，印度。

（2017）双袖夜蛾 _Dinumma placens_ Walker, 1858

分布：广东（乳源）、台湾等；印度，菲律宾，印度尼西亚，马来西亚，文莱。

948. 狄夜蛾属 _Diomea_ Walker, 1858

（2018）法狄夜蛾 _Diomea fasciata_ (Leech, 1900)

分布：广东（乳源）等；泰国。

（2019）礼狄夜蛾 _Diomea lignicolora_ (Walker, [1858])

分布：广东（乳源）等；泰国，斯里兰卡，印度尼西亚（苏门答腊）。

949. 巾夜蛾属 _Dysgonia_ Hübner, ［1823］1816

（2020）失巾夜蛾 _Dysgonia illibata_ (Fabricius, 1775)

分布：广东、湖北、海南、广西、云南；印度，缅甸，斯里兰卡，新加坡。

（2021）耆巾夜蛾 _Dysgonia senex_ (Walker, 1858)

分布：广东；大洋洲。

（2022）灰巾夜蛾 _Dysgonia umbrosa_ (Walker, 1865)

分布：广东、江苏、福建、台湾、海南、广西；印度，缅甸，印度尼西亚，新加坡。

（2023）柚巾夜蛾 _Dysgonia palumba_ (Guenée, 1852)

分布：广东、广西、海南；印度，缅甸，斯里兰卡，印度尼西亚，新加坡。

950. 白肾夜蛾属 _Edessena_ Walker, 1859

（2024）白肾夜蛾 _Edessena gentiusalis_ Walker, ［1859］

分布：广东（英德、乳源、深圳）、河北、湖南、福建、台湾、海南、香港、四川、云南、西藏；日本，越南。

951. 厄夜蛾属 _Egnasia_ Walker, ［1859］

（2025）厄夜蛾 _Egnasia ephyrodalis_ Walker, ［1858］

分布：广东、海南；印度，缅甸，斯里兰卡，孟加拉国，缅甸。

（2026）中厄夜蛾 _Egnasia mesotypa_ Swinhoe, 1906

分布：广东（深圳）、香港；印度。

952. 点孔夜蛾属 _Enispa_ Walker, ［1866］1865

（2027）黑线点孔夜蛾 _Enispa lutefascialis_ (Leech, 1889)

分布：广东（乳源）、辽宁；俄罗斯，朝鲜，韩国，日本。

953. 眯目夜蛾属 *Entomogramma* Guenée, 1852

（2028）眯目夜蛾 *Entomogramma fautrix* Guenée, 1852

分布：广东（英德、深圳）、福建、台湾、海南、香港、广西、云南；日本，越南，泰国，印度，缅甸，菲律宾，印度尼西亚，孟加拉国。

954. 厚夜蛾属 *Erygia* Guenée, 1852

（2029）厚夜蛾 *Erygia apicalis* Guenée, 1852

分布：广东（乳源、深圳）、湖南、福建、台湾、海南、香港、四川；朝鲜，日本，越南，泰国，印度，印度尼西亚；大洋洲。

955. 甸夜蛾属 *Eurogramma* Hampson, 1926

（2030）甸夜蛾 *Eurogramma obliquilineata* (Leech, 1900)

分布：广东（乳源）。

956. 蓖夜蛾属 *Episparis* Walker, 〔1857〕

（2031）白线蓖夜蛾 *Episparis liturata* (Fabricius, 1787)

分布：广东（英德、乳源）等；印度，菲律宾。

957. 耳夜蛾属 *Ercheia* Walker, 〔1858〕1857

（2032）曲耳夜蛾 *Ercheia cyllaria* (Cramer, 〔1779〕)

分布：广东（英德、乳源、深圳）、台湾、海南、香港、广西、云南；日本，越南，印度，缅甸，斯里兰卡，菲律宾，马来西亚，新加坡，印度尼西亚；大洋洲。

（2033）放线耳夜蛾 *Ercheia multilinea* Swinhoe, 1902

分布：广东；马来西亚，印度尼西亚；大洋洲。

（2034）阴耳夜蛾 *Ercheia umbrosa* Butler, 1881

分布：广东（英德、深圳）、吉林、辽宁、江西、海南、香港、广西、四川、贵州；朝鲜，日本，越南，印度，尼泊尔，印度尼西亚。

958. 目夜蛾属 *Erebus* Latreille, 1810

（2035）羊目夜蛾 *Erebus caprimulgus* (Fabricius, 1775)

分布：广东（乳源）、台湾等；越南，泰国，印度，尼泊尔，马来西亚，印度尼西亚，文莱。

（2036）目夜蛾 *Erebus crepuscularis* (Linnaeus, 1758)

分布：广东、浙江、湖北、江西、湖南、福建、海南、广西、四川、云南；日本，印度，缅甸，斯里兰卡，新加坡，印度尼西亚。

（2037）诶目夜蛾 *Erebus ephesperis* (Hübner, 〔1827〕)

分布：广东（乳源、深圳）、台湾、香港；印度，尼泊尔，孟加拉国。

（2038）玉线目夜蛾 *Erebus gemmans* (Guenée, 1852)

分布：广东（乳源）、台湾等；印度。

（2039）闪目夜蛾 *Erebus glaucopis* (Walker, 1858)

分布：广东（乳源）等；印度，尼泊尔。

（2040）眉目夜蛾 *Erebus hieroglyphica* (Drury, 1773)

分布：广东、海南、云南；印度，缅甸，菲律宾，斯里兰卡，新加坡，印度尼西亚。

（2041）卷裳目夜蛾 *Erebus macrops* (Linnaeus, 1768)

分布：广东、吉林、辽宁、江西、福建、台湾、海南、四川、云南；俄罗斯，韩国，日本；东南亚，非洲中部。

959. 南夜蛾属 *Ericeia* Walker, [1858]

（2042）长南夜蛾 *Ericeia elongata* Prout, 1929

分布：广东（深圳）。

（2043）暗带南夜蛾 *Ericeia eriophora* (Guenée, 1852)

分布：广东（深圳）、台湾、香港、云南；越南，老挝，印度，泰国，菲律宾，印度尼西亚。

（2044）中南夜蛾 *Ericeia inangulata* (Guenée, 1852)

分布：广东（英德、乳源）、台湾等；日本，印度，菲律宾；非洲。

（2045）断线南夜蛾 *Ericeia pertendens* (Walker, 1858)

分布：广东（英德）等；斯里兰卡，印度尼西亚。

（2046）浅灰南夜蛾 *Ericeia subcinerea* (Snellen, 1880)

分布：广东（深圳）、台湾、香港；日本。

960. 猎夜蛾属 *Eublemma* Hübner, [1821] 1816

（2047）迴猎夜蛾 *Eublemma caffrorum* (Wallengren, 1860)

分布：广东（乳源）等；日本；非洲。

（2048）泛红猎夜蛾 *Eublemma roseana* (Moore, 1881)

分布：广东、海南；印度，斯里兰卡，澳大利亚。

961. 艳叶夜蛾属 *Eudocima* Billberg, 1820

（2049）镶艳叶夜蛾 *Eudocima homaena* (Hübner, [1823])

分布：广东（英德、深圳）、台湾、海南、香港、广西；印度，缅甸，菲律宾，新加坡，马来西亚。

（2050）斑艳叶夜蛾 *Eudocima hypermnestra* (Stoll, [1780])

分布：广东、海南、广西、云南；印度，缅甸，斯里兰卡。

（2051）凡艳叶夜蛾 *Eudocima phalonia* (Linnaeus, 1763)

分布：广东（乳源）、黑龙江、吉林、辽宁、山东、江苏、浙江、湖南、台湾、福建、广东、海南、广西、四川、云南；俄罗斯，朝鲜，印度，尼泊尔，新西兰，澳大利亚；东南亚，非洲中部。

（2052）艳叶夜蛾 *Eudocima salaminia* (Cramer, [1777])

分布：广东（乳源、深圳）、浙江、江西、福建、台湾、香港、广西、云南；日本，印度；非洲，大洋洲。

（2053）枯艳叶夜蛾 *Eudocima tyrannus* (Guenée, 1852)

分布：广东（乳源、深圳）、辽宁、河北、山东、浙江、江苏、湖北、江西、福建、台湾、香港、广西、四川、云南；俄罗斯，朝鲜，日本，印度，尼泊尔；东南亚。

962. 角毛夜蛾属 *Euwilemania* Sugi, 1984

（2054）方轭夜蛾 *Euwilemania angulata* (Wileman, 1911)

分布：广东（英德）等；朝鲜，韩国，日本。

963. *Falana* Moore, 1882

（2055）珐夜蛾 *Falana sordida* Moore, 1882

分布：广东（英德）等；越南，泰国，印度，尼泊尔。

964. 符夜蛾属 *Fodina* Guenée, 1852

（2056）宽袍符夜蛾 *Fodina stola* Guenée, 1852

分布：广东（深圳）、福建、海南、香港；越南，泰国，印度，不丹，斯里兰卡，印度尼西亚，澳大利亚。

965. 肱夜蛾属 *Goniophila* Hampson, 1926

（2057）肱夜蛾 *Goniophila niphosticha* Hampson, 1926

分布：广东（乳源）等；泰国，缅甸，印度尼西亚，马来西亚，文莱。

966. 象夜蛾属 *Grammodes* Guenée, 1852

（2058）象夜蛾 *Grammodes geometrica* (Fabricius, 1775)

分布：广东（乳源）等；非洲。

967. 厚角夜蛾属 *Hadennia* Moore, 1887

（2059）希厚角夜蛾 *Hadennia hisbonalis* (Walker, [1859])

分布：广东（乳源）、台湾、云南；印度尼西亚，马来西亚，文莱，孟加拉国。

（2060）迷厚角夜蛾 *Hadennia mysalis* (Walker, 1859)

分布：广东（英德、乳源）、台湾等；日本，泰国，缅甸，斯里兰卡。

（2061）斜线厚角夜蛾 *Hedennia nakatanii* Owada, 1979

分布：广东（英德、乳源、深圳）、江西、台湾、海南、香港；日本，越南。

968. 长须夜蛾属 *Herminia* Latreille, 1802

（2062）鞍长须夜蛾 *Herminia annulata* Leech, 1900

分布：广东（乳源）、台湾、云南。

（2063）德长须夜蛾 *Herminia decipiens* (Hampson, 1898)

分布：广东（英德、乳源）、台湾、云南；日本，印度尼西亚，马来西亚，文莱。

（2064）栎长须夜蛾 *Herminia grisealis* (Denis *et* Schiffermüller, 1775)

分布：广东（英德、乳源）、黑龙江、吉林、内蒙古、四川、云南、台湾；朝鲜，韩国，日本；欧洲。

（2065）伟长须夜蛾 *Herminia vermiculata* (Leech, 1900)

分布：广东（乳源）、台湾、云南；印度。

969. 单跗夜蛾属 *Hipoepa* Walker, ［1859］

（2066）彼单跗夜蛾 *Hipoepa biasalis* (Walker, ［1859］)

分布：广东（乳源）、台湾等；菲律宾，印度尼西亚，马来西亚，文莱。

（2067）中影单跗夜蛾 *Hipoepa fractalis* (Guenée, 1854)

分布：广东（乳源）、台湾等；朝鲜，韩国，日本，印度尼西亚，马来西亚，文莱，澳大利亚；

非洲。

970. *Homodes* **Guenée, 1852**

（2068）瘤匹夜蛾 *Homodes vivida* Guenée, 1852

分布：广东（乳源）、台湾等；日本，泰国，印度，马来西亚。

971. *Honeyania* **Berio, 1989**

（2069）聚闳夜蛾 *Honeyania ragusana* (Freyer, 1844)

分布：广东（乳源）；印度，俄罗斯；非洲。

972. 木夜蛾属 *Hulodes* **Guenée, 1852**

（2070）木夜蛾 *Hulodes caranea* (Cramer, ［1780］)

分布：广东（乳源、深圳）、湖南、海南、香港、广西、云南；印度，缅甸，斯里兰卡，东帝汶，印度尼西亚，菲律宾。

973. 亥夜蛾属 *Hydrillodes* **Guenée, 1854**

（2071）*Hydrillodes lentalis* Guenée, 1854

分布：广东（英德、乳源、深圳）、香港、台湾。

（2072）璞亥夜蛾 *Hydrillodes plicalis* (Moore, 1867)

分布：广东（乳源），中国广布；越南，印度，尼泊尔。

（2073）弓须亥夜蛾 *Hydrillodes repugnalis* (Walker, 1863)

分布：广东、山东、湖南、福建、台湾、广西、西藏；日本，印度，斯里兰卡；东南亚。

（2074）上野亥夜蛾 *Hydrillodes uenoi* Owada, 1987

分布：广东（乳源、深圳）、台湾、香港等；日本，越南，老挝，泰国，印度，斯里兰卡，印度尼西亚。

974. 髯须夜蛾属 *Hypena* **Schrank, 1802**

（2075）斑髯须夜蛾 *Hypena gonospilalis* Walker, ［1866］

分布：广东（深圳）；东洋界。

（2076）拉髯须夜蛾 *Hypena labatalis* Walker, ［1859］

分布：广东（英德、深圳）、台湾、香港；日本，越南，泰国，印度，斯里兰卡，澳大利亚。

（2077）郎髯须夜蛾 *Hypena longipennis* Walker, ［1866］

分布：广东（乳源）、台湾等；泰国，印度，斯里兰卡。

（2078）欧髯须夜蛾 *Hypena obfuscalis* Hampson, 1893

分布：广东（英德、深圳）、香港；斯里兰卡。

（2079）窄带髯须夜蛾 *Hypena occata* Moore, 1882

分布：广东（乳源）、台湾等；印度，印度尼西亚，马来西亚，文莱。

（2080）蛇髯须夜蛾 *Hypena ophiusoides* Moore, 1882

分布：广东（深圳）、台湾、香港。

（2081）马蹄髯须夜蛾 *Hypena sagitta* (Fabricius, 1775)

分布：广东、辽宁、湖南、福建、台湾、海南、广西、贵州、云南、西藏；韩国，日本，印度，巴基斯坦，越南。

（2082）司髯须夜蛾 *Hypena sinuosa* Wileman, 1911

分布：广东（英德、乳源）、台湾等；日本。

（2083）两色髯须夜蛾 *Hypena trigonalis* (Guenée, 1854)

分布：广东（英德、乳源、深圳）、吉林、辽宁、山东、河南、浙江、江西、福建、台湾、香港、四川、贵州、云南、西藏；朝鲜，韩国，日本，越南，泰国，印度，印度尼西亚，巴基斯坦。

（2084）威髯须夜蛾 *Hypena vestita* (Moore, ［1885］)

分布：广东（英德、深圳）、贵州；印度，斯里兰卡，印度尼西亚。

（2085）白斑髯须夜蛾 *Hypena albopunctalis* Leech, 1889

分布：广东（乳源）等；朝鲜，韩国，日本。

（2086）显髯须夜蛾 *Hypena perspicua* Leech, 1900

分布：广东（英德）、湖北、四川；日本。

（2087）阴髯须夜蛾 *Hypena stygiana* Butler, 1878

分布：广东（英德）、吉林、辽宁、浙江、江西、西藏；俄罗斯，朝鲜，日本。

（2088）斜线髯须夜蛾 *Hypena amica* (Butler, 1878)

分布：广东（英德）、辽宁、浙江、湖北、台湾；俄罗斯，韩国，日本，印度。

（2089）符髯须夜蛾 *Hypena iconicalis* Walker, ［1859］

分布：广东（英德、深圳）、台湾、香港、贵州；印度，斯里兰卡，菲律宾，马来西亚，印度尼西亚。

（2090）线髯须夜蛾 *Hypena strigatus* (Fabricius, 1798)

分布：广东（英德）、浙江、湖南；朝鲜，日本，印度。

（2091）双色髯须夜蛾 *Hypena bicoloralis* (Graeser, ［1889］1888)

分布：广东（英德）、黑龙江、吉林、辽宁、湖北；俄罗斯，日本。

975. 丛胸夜蛾属 *Hyperlophoides* Strand, 1917

（2092）丛胸夜蛾 *Hyperlophoides compactilis* (Swinhoe, 1890)

分布：广东（乳源、深圳）、江西、台湾、香港；缅甸。

976. 朋闪夜蛾属 *Hypersypnoides* Berio, 1954

（2093）喀朋闪夜蛾 *Hypersypnoides caliginosa* (Walker, 1865)

分布：广东（乳源）等；亚洲。

（2094）星朋闪夜蛾 *Hypersypnoides constellata* (Moore, 1883)

分布：广东（乳源）等；印度。

（2095）巨肾朋闪夜蛾 *Hypersypnoides pretiosissima* (Draudt, 1950)

分布：广东（乳源）。

（2096）璞朋闪夜蛾 *Hypersypnoides pulchra* (Butler, 1881)

分布：广东（乳源）。

（2097）斑肾朋闪夜蛾 *Hypersypnoides submarginata* (Walker, 1885)

分布：广东（乳源）、台湾等；日本，印度。

（2098）乌朋闪夜蛾 *Hypersypnoides umbrosa* (Butler, 1881)

分布：广东（英德、深圳）、湖南、台湾、香港、广西、四川、云南、西藏（林芝）；泰国，印度，尼泊尔。

977. 实毛胫夜蛾属 *Remigia* Guenée, 1852

（2099）实毛胫夜蛾 *Remigia frugalis* (Fabricius, 1775)

分布：广东（乳源、深圳）、辽宁、福建、台湾、广西、海南、云南；俄罗斯，朝鲜，日本，印度，斯里兰卡；东南亚，大洋洲。

978. 双衲夜蛾属 *Dinumma* Walker, 1858

（2100）曲带双衲夜蛾 *Dinumma deponens* Walker, 1858

分布：广东（英德、乳源、深圳）、辽宁、山东、河南、江苏、浙江、湖南、福建、台湾、广西、云南；韩国，朝鲜，日本，印度；中南半岛。

（2101）双衲夜蛾 *Dinumma placens* Walker, 1858

分布：广东（乳源）、台湾等；印度，菲律宾，印度尼西亚（苏门答腊）；加里曼丹岛，中南半岛。

979. *Aemene* Walker, 1854

（2102）帕埃苔蛾 *Aemene punctigera* Leech, 1899

分布：广东（乳源）、台湾等；泰国，日本。

（2103）莫干斑苔蛾 *Aemene mokanshanensis* (Reich, 1937)

分布：广东（乳源）、浙江、江西、湖南、福建。

（2104）污干苔蛾 *Aemene sordida* Butler, 1877

分布：广东、江苏、浙江、湖北、江西、湖南、福建、台湾、海南、广西、四川、云南、西藏；日本，印度。

980. 大丽灯蛾属 *Aglaomorpha* Kôda, 1987

（2105）大丽灯蛾 *Aglaomorpha histrio histrio* (Walker, 1855)

分布：广东（英德、乳源）、江苏、浙江、湖北、江西、湖南、福建、台湾、四川、云南；朝鲜，韩国，日本。

981. 滴苔蛾属 *Agrisius* Walker, 1855

（2106）暖滴苔蛾 *Agrisius aestivalis* Dubatolov, Kishida *et* Wang, 2012

分布：广东。

（2107）煤色滴苔蛾 *Agrisius fuliginosus* Moore, 1872

分布：广东（英德、乳源）、河南、江苏、浙江、湖北、江西、湖南、海南；日本，印度，尼泊尔。

（2108）滴苔蛾 *Agrisius guttivitta* Walker, 1855

分布：广东（乳源）、陕西、安徽、浙江、湖北、江西、湖南、广西、四川；印度，尼泊尔。

（2109）春滴苔蛾 *Agrisius vernalis* Dubatolov, Kishida *et* Wang, 2012

分布：广东。

982. 缘灯蛾属 *Aloa* Walker, 1855

（2110）红缘灯蛾 *Aloa lactinea* (Cramer, ［1777］)

分布：广东（英德、乳源）、辽宁、河北、山西、山东、河南、陕西、江苏、安徽、浙江、湖北、江西、湖南、福建、台湾、海南、广西、四川、云南、西藏；朝鲜，日本，越南，印度，缅甸，尼泊尔，斯里兰卡，印度尼西亚。

983. 玫灯蛾属 *Amerila* Walker, 1855

（2111）闪光玫灯蛾 *Amerila astreus* (Drury, 1773)

分布：广东（乳源）、湖南、台湾、海南、广西、四川、云南；印度，缅甸，斯里兰卡，印度尼西亚；东洋界。

984. 阳异灯蛾属 *Amsactoides* Matsumura, 1927

（2112）阳异灯蛾 *Amsactoides solitaria* (Wileman, 1910)

分布：广东、湖南、福建、台湾、海南、广西。

985. 离苔蛾属 *Apogurea* Watson, 1980

（2113）灰离苔蛾 *Apogurea grisescens* (Daniel, 1951)

分布：广东、浙江、四川。

986. 格灯蛾属 *Areas* Walker, 1855

（2114）乳白格灯蛾黄色亚种 *Areas galactina ochracea* Mell, 1922

分布：广东（英德）、湖北、湖南、广西。

987. 散灯蛾属 *Argina* Hübner, ［1819］

（2115）星散灯蛾 *Argina astrea* (Drury, 1773)

分布：广东、浙江、台湾、海南、云南；印度，缅甸，斯里兰卡，毛里求斯，澳大利亚。

988. *Mangina* Kaleka et Kirti, 2001

（2116）*Mangina argus* (Kollar, ［1844］)

分布：广东（英德）、江苏、浙江、湖北、江西、湖南、福建、台湾、广西、四川、贵州、云南、西藏；泰国，印度，缅甸，斯里兰卡。

989. *Asiapistosia* Dubatolov et Kishida, 2012

（2117）前痣诶苔蛾 *Asiapistosia stigma* (Fang, 2000)

分布：广东（乳源）、陕西、湖北、四川。

990. 艳苔蛾属 *Asura* Walker, 1854

（2118）黑端艳苔蛾 *Asura nigrilineata* Fang, 2000

分布：广东（英德）等。

991. 绣苔蛾属 *Asuridia* Hampson, 1900

（2119）绣苔蛾 *Asuridia carnipicta* (Butler, 1877)

分布：广东、甘肃、浙江、江西、福建、广西、四川、西藏；日本。

（2120）射绣苔蛾 *Asuridia nigriradiata* (Hampson, 1896)

分布：广东（乳源）、湖南、广西、云南；不丹。

992. 孔灯蛾属 *Baroa* Moore, 1878

（2121）孔灯蛾 *Baroa punctivaga* (Walker, 1855)

分布：广东（英德）、云南；越南，印度，印度尼西亚。

（2122）淡色孔灯蛾 *Baroa vatala* Swinhoe, 1894

分布：广东（英德）、湖北、江西、湖南、海南、广西、云南；越南，印度，不丹。

993. ***Ammatho*** **Walker, 1885**

（2123）*Ammatho compar* (Fang, 1991)

分布：广东（乳源）、江西、湖南、四川。

（2124）*Ammatho conformis* (Fang, 1991)

分布：广东（乳源）。

（2125）俏美苔蛾 *Ammatho convexa* (Wileman, 1910)

分布：广东、江西、湖南、福建、台湾、海南、四川、云南。

（2126）全轴美苔蛾 *Ammatho longstriga* (Fang, 1991)

分布：广东（乳源）、陕西、湖北、湖南、云南。

（2127）*Ammatho kuatunensis* (Daniel, 1951)

分布：广东（乳源）。

（2128）*Ammatho mesortha* (Hampson, 1898)

分布：广东（乳源）等；印度。

994. 葩苔蛾属 ***Barsine*** **Meyrick, 1883**

（2129）喜葩苔蛾 *Barsine pardalis* (Mell, 1922)

分布：广东（乳源）、广西。

（2130）拟东方葩苔蛾 *Barsine orientalis bigamica* Černý, 2009

分布：广东（英德）等；越南，柬埔寨，泰国。

（2131）东方葩苔蛾 *Barsine orientalis orientalis* (Daniel, 1951)

分布：广东（英德）等。

（2132）似异葩苔蛾 *Barsine peraffinis* (Fang, 1991)

分布：广东（英德）等。

（2133）朱葩苔蛾 *Barsine pulchra* (Butler, 1877)

分布：广东（乳源）等；俄罗斯，朝鲜，韩国，日本。

（2134）葩苔蛾 *Barsine sauteri* Strand, 1917

分布：广东（乳源）、台湾等；尼泊尔。

（2135）优葩苔蛾 *Barsine striata* (Bremer *et* Grey, 1852)

分布：广东（英德、乳源）等；朝鲜，韩国，日本。

995. ***Brunia*** **Moore, 1878**

（2136）安布苔蛾 *Brunia antica* (Walker, 1854)

分布：广东（英德）等。

996. 光苔蛾属 ***Chrysaeglia*** **Butler, 1877**

（2137）闪光苔蛾 *Chrysaeglia magnifica* (Walker, 1862)

分布：广东（乳源）、台湾；日本。

997. 丘苔蛾属 *Churinga* Moore, 1878

（2138）橙褐丘苔蛾 *Churinga virago* Rothschild, 1913

分布：广东（乳源）、台湾、广西、贵州。

998. 缘苔蛾属 *Conilepia* Hampson, 1900

（2139）蓝缘苔蛾 *Conilepia nigricosta* (Leech, [1889])

分布：广东（乳源）、浙江、福建、江西、湖北、湖南、台湾、广西；日本，尼泊尔。

999. 灰灯蛾属 *Creatonotos* Hübner, [1819]

（2140）黑条灰灯蛾 *Creatonotos gangis* (Linnaeus, 1763)

分布：广东（乳源、深圳）、辽宁、河南、江苏、安徽、浙江、湖北、江西、湖南、福建、台湾、香港、广西、四川、云南；越南，泰国，印度，缅甸，尼泊尔，斯里兰卡，菲律宾，马来西亚，新加坡，印度尼西亚，巴基斯坦，澳大利亚；琉球群岛。

（2141）八点灰灯蛾 *Creatonotos transiens* (Walker, 1855)

分布：广东（乳源、深圳）、山西、山东、河南、陕西、江苏、安徽、浙江、湖北、江西、湖南、福建、台湾、海南、香港、广西、四川、贵州、云南、西藏；越南，印度，缅甸，菲律宾，印度尼西亚；东洋界。

1000. *Nephelomilta* Hampson, 1900

（2142）锈斑雪苔蛾 *Nephelomilta effracta* (Walker, 1854)

分布：广东（乳源）、江西、湖南、台湾、广西、四川、云南；日本，印度，尼泊尔。

1001. 雪苔蛾属 *Cyana* Walker, 1854

（2143）粤雪苔蛾 *Cyana cantonensis* (Daniel, 1952)

分布：广东（广州、连平）。

（2144）美雪苔蛾 *Cyana distincta* (Rothschild, 1912)

分布：广东（乳源）、福建、四川、云南；越南，泰国，缅甸。

（2145）红束雪苔蛾 *Cyana fasciola* (Elwes, 1890)

分布：广东（深圳）、江苏、安徽、浙江、湖北、湖南、香港。

（2146）格雪苔蛾 *Cyana gelida* (Walker, 1854)

分布：广东、江西、福建、海南、香港、广西、云南、西藏；越南，印度（锡金），缅甸，不丹，新加坡，印度尼西亚。

（2147）优雪苔蛾 *Cyana hamata* (Walker, 1854)

分布：广东（乳源、深圳）、河南、陕西、江苏、浙江、湖北、江西、湖南、福建、台湾、海南、香港、广西、四川、贵州、云南；朝鲜，韩国，日本。

（2148）姬黄雪苔蛾 *Cyana harterti* (Elwes, 1890)

分布：广东、海南、香港、云南；越南，印度，新加坡。

（2149）桔红雪苔蛾 *Cyana interrogationis* (Poujade, 1856)

分布：广东（英德、乳源、深圳）、江苏、浙江、湖北、江西、湖南、福建、海南、香港、广西、四川；越南，泰国。

（2150）明雪苔蛾 *Cyana phaedra* (Leech, 1889)

分布：广东（乳源）、陕西、浙江、湖北、江西、湖南、四川、云南。

（2151）符雪苔蛾 *Cyana signa* (Walker, 1854)

分布：广东（乳源）、福建、云南、西藏；越南，泰国，印度。

（2152）天目雪苔蛾 *Cyana tienmushaensis* Reich, 1937

分布：广东（乳源）、浙江、湖北、湖南、福建、广西、四川。

1002. 鳞斑圆苔蛾属 *Cyclomilta* Hampson, 1900

（2153）方氏鳞斑圆苔蛾 *Cyclomilta fangchenglaiae* Dubatolov, Kishida *et* Wang, 2012

分布：广东（英德）等。

1003. 丹苔蛾属 *Danielithosia* Dubatolov *et* Kishida, 2012

（2154）似丹苔蛾 *Danielithosia consimilis* Dubatolov, Kishida *et* Wang, 2012

分布：广东。

（2155）难丹苔蛾 *Danielithosia difficilis* Dubatolov, Kishida *et* Wang, 2012

分布：广东。

（2156）幅丹苔蛾 *Danielithosia fuscipennis* Dubatolov, Kishida *et* Wang, 2012

分布：广东。

（2157）豪恩丹苔蛾 *Danielithosia hoenei* Dubatolov, 2013

分布：广东（英德）、湖南、福建；越南，柬埔寨，泰国。

1004. 朵苔蛾属 *Dolgoma* Moore, 1878

（2158）筛逗苔蛾 *Dolgoma cribrata* (Staudinger, 1887)

分布：广东（乳源）等；俄罗斯，朝鲜，韩国，日本。

（2159）黑筛朵苔蛾 *Dolgoma nigrocribrata* Dubatolov, Kishida *et* Wang, 2012

分布：广东（乳源）。

（2160）思朵苔蛾 *Dolgoma striola* Dubatolov, Kishida *et* Wang, 2012

分布：广东。

1005. 土苔蛾属 *Eilema* Hübner, ［1819］

（2161）耳土苔蛾 *Eilema auriflua* (Moore, 1878)

分布：广东、浙江、湖北、江西、湖南、福建、广西、四川；印度。

（2162）浙土苔蛾 *Eilema chekiangica* (Daniel, 1954)

分布：广东（乳源）、浙江、江西、福建。

（2163）缘点土苔蛾 *Eilema costipuncta* (Leech, 1890)

分布：广东（英德、乳源、深圳）、山东、河南、陕西、安徽、浙江、湖北、江西、湖南、福建、台湾、香港、四川。

（2164）棕背土苔蛾 *Eilema fuscodorsalis* (Matsumura, 1930)

分布：广东、北京、甘肃、江苏、浙江、福建、海南、广西、四川；日本。

（2165）湘土苔蛾 *Eilema hunanica* (Daniel, 1954)

分布：广东（英德、乳源）、湖南、福建。

（2166）日土苔蛾 *Eilema japonica* (Leech, ［1889］)

分布：广东（乳源）、浙江、福建；朝鲜，韩国，日本。

（2167）代土苔蛾 *Eilema vicaria* (Walker, 1854)

分布：广东（广州）、台湾、海南、广西、云南；印度，斯里兰卡，印度尼西亚；非洲西部。

（2168）克唯苔蛾 *Eilema klapperichi* (Daniel, 1954)

分布：广东（乳源）、浙江、福建、四川、云南。

1006. 东灯蛾属 *Eospilarctia* Koda, 1988

（2169）粤东灯蛾 *Eospilarctia guangdonga* Dubatolov, Kishida *et* Wang, 2008

分布：广东（乳源）。

（2170）方东灯蛾 *Eospilarctia fangchenglaiae* Dubatolov, Kishida *et* Wang, 2008

分布：广东（英德、乳源）；越南，泰国，印度，菲律宾，印度尼西亚。

1007. 良苔蛾属 *Eugoa* Walker, 1857

（2171）素良苔蛾 *Eugoa arida* Eecke, 1920

分布：广东（广州）；印度尼西亚。

（2172）灰良苔蛾 *Eugoa grisea* Butler, 1877

分布：广东（英德、乳源）、浙江、江西、湖南、福建、台湾、广西、四川、云南、西藏；朝鲜，韩国，日本。

（2173）暗良苔蛾 *Eugoa hampsoni* Holloway, 2001

分布：广东、江西、福建、台湾；印度尼西亚，马来西亚，文莱。

1008. 曲苔蛾属 *Gampola* Moore, 1878

（2174）中华曲苔蛾 *Gampola sinica* Dubatolov, Kishida *et* Wang, 2012

分布：广东（英德、乳源、深圳）、福建、香港、台湾、云南；泰国，斯里兰卡。

1009. 荷苔蛾属 *Ghoria* Moore, 1878

（2175）南岭荷苔蛾 *Ghoria nanlingica* Dubatolov, Kishida *et* Wang, 2012

分布：广东（乳源）。

（2176）尼荷苔蛾 *Ghoria nigripars* (Walker, 1856)

分布：广东（乳源）；印度。

（2177）考荷苔蛾 *Ghoria collitoides* Butler, 1885

分布：广东（乳源）等；朝鲜，韩国，日本。

1010. *Nanarsine* Volynkin, 2019

（2178）*Nanarsine semilutea* (Wileman, 1911)

分布：广东（乳源）、台湾；日本。

1011. 明苔蛾属 *Hemipsilia* Hampson, 1900

（2179）半明苔蛾 *Hemipsilia grahami* Schaus, 1924

分布：广东（乳源）、陕西、浙江、福建、四川、云南。

1012. 分苔蛾属 *Hesudra* Moore, 1878

（2180）双分苔蛾 *Hesudra divisa* Moore, 1878

分布：广东（乳源、深圳、英德）、江西、湖南、福建、台湾、香港、云南等；印度尼西亚，马来西亚，文莱。

1013. 卡苔蛾属 *Katha* Moore, 1878

（2181） *Katha conformis* (Walker, 1854)

分布：广东（乳源）、湖北、江西、湖南；日本，不丹。

（2182）巨卡苔蛾南岭亚种 *Katha magnata nanlingica* Dubatolov, Kishida *et* Wang, 2012

分布：广东（英德、乳源）等。

（2183）南昆山喀苔蛾 *Katha nankunshanica* Dubatolov, Kishida *et* Wang, 2012

分布：广东。

1014. 田灯蛾属 *Kishidarctia* Dubatolov, 2003

（2184）岸田灯蛾 *Kishidarctia klapperichi* (Daniel, 1943)

分布：广东（英德、乳源）、福建；越南。

1015. 望灯蛾属 *Lemyra* Walker, 1856

（2185）阿望灯蛾 *Lemyra alikangensis* (Strand, 1915)

分布：广东（英德、乳源）、台湾等；越南。

（2186）双带望灯蛾 *Lemyra burmanica* (Rothschild, 1910)

分布：广东（深圳）、湖南、香港、广西、四川、云南、西藏；缅甸。

（2187）透黑望灯蛾南岭亚种 *Lemyra hyalina nanlingica* Dubatolov, Kishida *et* Wang, 2008

分布：广东（乳源）、广西。

（2188）奇特望灯蛾 *Lemyra imparilis* (Butler, 1877)

分布：广东（乳源）、辽宁、北京、山东、江西、福建、湖南、台湾；朝鲜，韩国，日本。

（2189）赣黑望灯蛾方氏亚种 *Lemyra jiangxiensis fangae* Dubatolov, Kishida *et* Wang, 2008

分布：广东（乳源）、江西、湖南。

（2190）粤望灯蛾 *Lemyra kuangtungensis* (Daniel, 1955)

分布：广东（广州、连平）、江西、湖南、福建、海南、广西。

（2191）梅望灯蛾 *Lemyra melli* (Daniel, 1943)

分布：广东（乳源）等；缅甸。

（2192）拟焰望灯蛾 *Lemyra pseudoflammeoida* (Fang, 1983)

分布：广东（英德、乳源）、江西。

1016. *Longarista* Volynkin, 2019

（2193）长美苔蛾 *Longarista longaria* (Daniel, 1951)

分布：广东（英德）等，中国南部。

1017. 漫苔蛾属 *Macaduma* Walker, 1866

（2194）漫苔蛾 *Macaduma tortricella* Walker, 1866

分布：广东（英德、乳源）、海南；泰国，印度，印度尼西亚。

1018. 玛苔蛾属 *Macotasa* Moore, 1878

（2195）卷玛苔蛾 *Macotasa tortricoides* (Walker, 1862)

分布：广东（肇庆）、海南、广西、云南；印度，印度尼西亚。

1019. 网苔蛾属 *Macrobrochis* Herrich–Schäffer,〔1855〕

（2196）蓝黑网苔蛾 *Macrobrochis fukiensis* (Daniel, 1952)

分布：广东（英德、乳源、深圳）、湖南、福建、海南、香港、广西；越南。

（2197）巨网苔蛾 *Macrobrochis gigas* (Walker, 1854)

分布：广东（英德、深圳）、香港、云南等；印度，缅甸，尼泊尔，不丹，孟加拉国。

（2198）乌闪网苔蛾 *Macrobrochis staudingeri* (Alphéraky, 1897)

分布：广东（乳源）等；日本，印度，尼泊尔。

1020. *Aberrasine* Volynkin et Huang, 2019

（2199）异美苔蛾 *Aberrasine aberrans* (Butler, 1877)

分布：广东、黑龙江、吉林、河南、陕西、江苏、浙江、湖北、江西、湖南、福建、台湾、海南、四川；朝鲜，日本。

1021. 微苔蛾属 *Microlithosia* Daniel, 1954

（2200）南岭微苔蛾 *Microlithosia nanlingica* Dubatolov, Kishida et Wang, 2012

分布：广东（英德）等。

1022. 美苔蛾属 *Miltochrista* Hübner,〔1819〕

（2201）梯纹美苔蛾 *Miltochrista acteola* (Swinhoe, 1903)

分布：广东（英德）、台湾；泰国。

（2202）关山美苔蛾 *Miltochrista alikangiae* (Strand, 1917)

分布：广东（英德）等。

（2203）愉美苔蛾 *Miltochrista jucunda* Fang, 1991

分布：广东（乳源）、江西、广西。

（2204）橙美苔蛾 *Miltochrista melanopyga* (Hampson, 1918)

分布：广东（乳源）、湖南、福建、台湾、广西；日本，菲律宾。

（2205）黑尾美苔蛾 *Miltochrista nigroanalis* (Matsumura, 1927)

分布：广东、湖南、台湾、海南、云南。

（2206）暗美苔蛾 *Miltochrista obscuripostica* Dubatolov, Kishida et Wang, 2012

分布：广东（乳源）。

（2207）优美苔蛾 *Miltochrista striata* (Bremer et Grey, 1851)

分布：广东（深圳）、吉林、河北、山东、陕西、甘肃、江苏、浙江、湖北、江西、湖南、福建、海南、香港、澳门、广西、四川、云南；日本。

（2208）条纹美苔蛾 *Miltochrista strigipennis* (Herrich–Schäffer,〔1855〕)

分布：广东、陕西、江苏、浙江、湖北、江西、湖南、福建、台湾、海南、广西、四川、云南、西藏；印度，印度尼西亚。

（2209）条纹美苔蛾中华亚种 *Miltochrista strigipennis sinica* (Moore, 1877)

分布：广东（英德、乳源）、台湾等；印度。

（2210）之美苔蛾 *Miltochrista ziczac* (Walker, 1856)

分布：广东（乳源）、山西、河南、陕西、江苏、浙江、湖北、江西、湖南、福建、台湾、广西、四川、云南；日本。

1023. 线苔蛾属 *Mithuna* Moore, 1878

（2211）四线苔蛾 *Mithuna quadriplaga* Moore, 1878

分布：广东（乳源）、浙江、江西、福建、海南、广西、四川、云南；印度，尼泊尔，不丹。

1024. 光苔蛾属 *Nudaria* Haworth, 1809

（2212）南岭光苔蛾 *Nudaria nanlingica* Dubatolov, Kishida *et* Wang, 2012

分布：广东（乳源）。

（2213）春光苔蛾 *Nudaria vernalis* Dubatolov, Kishida *et* Wang, 2012

分布：广东（乳源）。

1025. 云彩苔蛾属 *Nudina* Staudinger, 1887

（2214）云彩苔蛾 *Nudina artaxidia* (Butler, 1881)

分布：广东、黑龙江、吉林、河北、山西、陕西、甘肃、湖南、台湾、云南；朝鲜，日本。

1026. 蝶灯蛾属 *Nyctemera* Hübner, 〔1820〕

（2215）粉蝶灯蛾 *Nyctemera adversata* (Schaller, 1788)

分布：广东（乳源、深圳、英德）、内蒙古、河南、江苏、浙江、湖北、江西、湖南、福建、台湾、海南、香港、广西、四川、云南、西藏；日本，印度，尼泊尔，马来西亚，印度尼西亚；东洋界。

（2216）角蝶灯蛾 *Nyctemera carissima* (Swinhoe, 1891)

分布：广东（乳源、深圳、英德）、福建、台湾、海南、香港、广西、云南、西藏；印度，尼泊尔。

（2217）蝶灯蛾 *Nyctemera lacticinia* (Cramer, 1777)

分布：广东（英德、乳源）、内蒙古、青海、台湾、海南、广西、云南；东洋界。

（2218）白巾蝶灯蛾 *Nyctemera tripunctaria* (Linnaeus, 1758)

分布：广东（广州）、海南、香港、广西；越南，泰国，印度，菲律宾，马来西亚，新加坡，印度尼西亚。

1027. 弯苔蛾属 *Parabitecta* Hering, 1926

（2219）顶弯苔蛾 *Parabitecta flava* Hering, 1926

分布：广东（乳源）、浙江、湖北、福建、四川、云南。

1028. *Adites* Moore, 〔1882〕

（2220）*Adites maculata* (Poujade, 1886)

分布：广东（英德、乳源）、浙江、台湾、海南。

1029. *Planovalvata* Dubatolov *et* Kishida, 2012

（2221）罗璞苔蛾 *Planovalvata roseivena* (Hampson, 1894)

分布：广东（乳源）等；泰国，缅甸。

1030. *Veslema* Bucsek, 2012

（2222）双斑灰苔蛾 *Veslema binotata* (Hampson, 1893)

分布：广东（英德）等；越南，泰国。

1031. 普苔蛾属 *Prabhasa* Moore, 1878

（2223）显脉普苔蛾 *Prabhasa venosa* Moore, 1878

分布：广东（乳源）、浙江、湖北、江西、湖南、福建、台湾、四川；泰国，印度，缅甸。

1032. 浑黄灯蛾属 *Rhyparioides* Butler, 1877

（2224）肖浑黄灯蛾 *Rhyparioides amurensis* (Bremer, 1861)

分布：广东（乳源）、黑龙江、吉林、辽宁、河北、山东、陕西、甘肃；朝鲜，韩国，日本，俄罗斯。

（2225）点浑黄灯蛾 *Rhyparioides metelkana* (Lederer, 1861)

分布：广东（乳源）、黑龙江、吉林、辽宁、河北、山东、浙江；俄罗斯，朝鲜，韩国，日本，匈牙利。

1033. *Neodema* Hampson, 1918

（2226）斑带干苔蛾 *Neoduma kuangtungensis* (Daniel, 1951)

分布：广东、浙江、江西、湖南、福建、海南、广西、云南。

1034. 污灯蛾属 *Spilarctia* Butler, 1875

（2227）净污灯蛾 *Spilarctia alba alba* Bremer *et* Grey, 1852

分布：广东（乳源）、吉林、河北、山西、河南、陕西、浙江、湖北、江西、湖南、福建、广西、四川、贵州、云南；朝鲜，韩国。

（2228）显脉污灯蛾 *Spilarctia bisecta* (Leech, [1889])

分布：广东（乳源）、浙江、湖北、江西、湖南、福建、广西、四川、贵州、云南；日本，越南。

（2229）泥污灯蛾 *Spilarctia nydia* Butler, 1875

分布：广东（乳源）、台湾等；越南，尼泊尔。

（2230）尘污灯蛾 *Spilarctia obliqua* (Walker, 1855)

分布：广东（深圳）、陕西、江苏、浙江、江西、福建、香港、广西、四川、云南、西藏；朝鲜，日本，印度，缅甸，尼泊尔，不丹，巴基斯坦。

（2231）露污灯蛾 *Spilarctia rubida* Leech, 1890

分布：广东（乳源）、台湾等；朝鲜，韩国。

（2232）强污灯蛾 *Spilarctia robusta* (Leech, 1899)

分布：广东、北京、河北、山东、陕西、甘肃、江苏、浙江、湖北、江西、湖南、福建、澳门、四川、云南。

（2233）萨污灯蛾 *Spilarctia sagittifera* Moore, 1888

分布：广东（乳源）等；印度尼西亚，尼泊尔。

（2234）人纹污灯蛾 *Spilarctia subcarnea* (Walker, 1855)

分布：广东、黑龙江、吉林、辽宁、内蒙古、河北、山西、山东、河南、陕西、江苏、安徽、浙江、湖北、江西、湖南、福建、台湾、广西、四川、贵州、云南；朝鲜，日本，菲律宾。

（2235）天目污灯蛾 *Spilarctia tienmushanica* Daniel, 1943

分布：广东、江苏、浙江、江西、福建、云南。

1035. 雪灯蛾属 *Spilosoma* Curtis, 1825

（2236）黄星雪灯蛾 *Spilosoma lubricipedum* (Linnaeus, 1758)

分布：广东（乳源）、黑龙江、吉林、辽宁、内蒙古、河北、河南、陕西、甘肃、江苏、安徽、浙江、湖北、江西、福建、四川、贵州、云南；朝鲜，韩国，日本，印度，土耳其，俄罗斯，哈萨克斯坦。

1036. 痣苔蛾属 *Stigmatophora* Staudinger, 1881

（2237）浙痣苔蛾 *Stigmatophora chekiangensis* Daniel, 1951

分布：广东（英德、乳源）、安徽、浙江、广西。

（2238）黄痣苔蛾 *Stigmatophora flava* (Bremer *et* Grey, 1852)

分布：广东、黑龙江、吉林、辽宁、河北、山西、山东、河南、陕西、甘肃、新疆、江苏、浙江、湖北、江西、湖南、福建、台湾、四川、贵州、云南；日本，朝鲜。

（2239）岔痣苔蛾 *Stigmatophora obraztsovi* Daniel, 1951

分布：广东（乳源）。

（2240）掌痣苔蛾 *Stigmatophora palmata* (Moore, 1878)

分布：广东（乳源）、浙江、湖北、江西、湖南、台湾、广西、四川、云南、西藏；印度。

1037. *Manulea* Wallengren, 1863

（2241）两色颚苔蛾 *Manulea* (*Tortrilema*) *postmaculosa* (Matsumura, 1927)

分布：广东（英德、乳源）、浙江、福建、台湾、香港、四川。

1038. 图苔蛾属 *Teulisna* Walker, 1862

（2242）梳角图苔蛾 *Teulisna bipectinis* Fang, 2000

分布：广东（乳源）、海南、广西、云南。

1039. *Teuloma* Volynkin *et* N. Singh, 2019

（2243）山雾图苔蛾 *Teuloma montanebula* (Holloway, 2001)

分布：广东（英德）等；泰国，越南，印度尼西亚，马来西亚，文莱。

1040. 苏苔蛾属 *Thysanoptyx* Hampson, 1894

（2244）盈苏苔蛾 *Thysanoptyx incurvata* Wileman *et* West, 1928

分布：广东（英德、乳源）、台湾等。

（2245）圆斑苏苔蛾 *Thysanoptyx signata* (Walker, 1854)

分布：广东（乳源）、浙江、湖北、江西、湖南、福建、广西、四川、云南。

（2246）长斑苏苔蛾 *Thysanoptyx tetragona* (Walk, 1854)

分布：广东（深圳、肇庆）、浙江、江西、湖南、福建、台湾、海南、香港、广西、四川、云南、西藏；印度，尼泊尔，印度尼西亚。

1041. 卷苔蛾属 *Tortricosia* Hampson, 1900

（2247）布卷苔蛾 *Tortricosia blanda* (van Eecke, 1927)

分布：广东（乳源）；泰国，马来西亚，印度尼西亚，马来西亚，文莱。

1042. 星灯蛾属 *Utetheisa* Hübner, ［1819］

（2248）拟三色星灯蛾 *Utetheisa lotrix* (Cramer, 1779)

分布：广东（广州）、福建、台湾、海南、广西、四川、云南、西藏；日本，越南，印度（锡金），缅甸，斯里兰卡，菲律宾，新加坡，澳大利亚，新西兰。

（2249）美星灯蛾锯角亚种 *Utetheisa pulchelloides vaga* Jordan, 1939

分布：广东（广州）、浙江、湖北、福建、台湾、海南、广西、四川、云南、西藏；越南，印度，斯里兰卡，菲律宾，马来西亚，印度尼西亚，澳大利亚，新西兰。

1043. 瓦苔蛾属 *Vamuna* Moore, 1878

（2250）白黑瓦苔蛾 *Vamuna remelana* (Moore, [1866])

分布：广东（英德、乳源）、湖北、江西、湖南、福建、海南、四川、云南、西藏；印度；巽他大陆。

（2251） *Vamuna alboluteola* (Rothschild, 1912)

分布：广东（乳源）等；印度。

1044. *Bucsekia* Dubatolov et Kishida, 2012

（2252）矢崎维苔蛾 *Bucsekia yazakii* (Dubatolov, Kishida *et* Wang, 2012)

分布：广东（乳源）。

1045. 鹿蛾属 *Amata* Fabricius, 1807

（2253）宽带鹿蛾 *Amata dichotoma* (Leech, 1898)

分布：广东。

（2254）双黄环鹿蛾 *Amata fortunei* (Orza, 1869)

分布：广东（英德）、台湾；韩国，日本。

（2255）蕾鹿蛾 *Amata germana* (C. *et* R. Felder, 1862)

分布：广东（英德）、福建、云南；朝鲜，韩国，日本，印度尼西亚。

（2256）黄体鹿蛾 *Amata (Syntomis) grotei* (Moore, 1871)

分布：广东（英德）、香港、澳门、广西、云南；泰国，缅甸。

（2257）五斑鹿蛾 *Amata wilemani* Rothschild, 1911

分布：广东（英德）、台湾。

1046. *Caeneressa* Obraztsov, 1957

（2258）透新鹿蛾 *Caeneressa swinhoei* (Leech, 1898)

分布：广东。

1047. 春鹿蛾属 *Eressa* Walker, 1854

（2259）春鹿蛾 *Eressa confinis* (Walker, 1854)

分布：广东（英德、乳源）、台湾、云南；印度。

1048. *Syntomoides* Hampson, [1893]

（2260）伊贝鹿蛾 *Syntomoides imaon* (Cramer, [1779])

分布：广东（英德、乳源）、台湾等；日本，越南，印度。

1049. 白毒蛾属 *Arctornis* Germar, 1810

（2261）茶白毒蛾 *Arctornis alba* (Bremer, 1861)

分布：广东、黑龙江、吉林、辽宁、河北、山东、河南、陕西、江苏、安徽、浙江、湖北、江西、湖南、福建、台湾、广西、四川、贵州、云南；俄罗斯，朝鲜，日本。

（2262）昂白毒蛾 *Arctornis anser* (Collenette, 1938)

分布：广东（乳源）。

（2263）安白毒蛾 *Arctornis anserella* (Collenette, 1938)

分布：广东（乳源）。

（2264）齿白毒蛾 *Arctornis dentata* Chao, 1988

分布：广东（乳源）。

（2265）白毒蛾 *Arctornis l-nigrum* (Müller, 1764)

分布：广东（乳源）、台湾等；朝鲜，韩国，日本；欧洲。

（2266）冠点足毒蛾 *Arctornis crocoptera* (Collenette, 1934)

分布：广东、江西、云南。

（2267）簪黄点足毒蛾 *Arctornis crocophala* (Collenette, 1951)

分布：广东、山东、江苏、浙江、江西、湖南、福建、贵州。

（2268）白点足毒蛾 *Arctornis cygnopsis* (Collenette, 1934)

分布：广东、安徽、浙江、湖北、江西、湖南、福建、贵州。

（2269）丝点足毒蛾 *Arctornis leucoscela* (Collenette, 1934)

分布：广东（连平）、浙江、江西、四川。

（2270）茶点足毒蛾 *Arctornis phaeocraspeda* (Collenette, 1938)

分布：广东（连平）、浙江、江西、湖南、福建。

1050. 箭毒蛾属 *Arna* Walker, 1855

（2271）乌桕箭毒蛾 *Arna bipunctapex* (Hampson, 1891)

分布：广东（英德、汕头、连平）、河南、陕西、江苏、上海、浙江、湖北、江西、湖南、福建、台湾、香港、广西、四川、云南、西藏；泰国，日本，印度，尼泊尔，马来西亚，新加坡，印度尼西亚。

（2272）碧黯毒蛾 *Arna bicostata* Wang, Wang *et* Fan, 2011

分布：广东。

1051. 色毒蛾属 *Aroa* Walker, 1855

（2273）蔗色毒蛾 *Aroa ochripicta* Moore, 1879

分布：广东（广州、连平）、台湾、香港、云南；印度，马来西亚。

1052. 叉毒蛾属 *Artaxa* Walker, 1855

（2274）*Artaxa angulata* (Matsumura, 1927)

分布：广东（惠州）、陕西、浙江、湖北、江西、湖南、福建、台湾、广西、西藏。

（2275）半带叉毒蛾 *Artaxa digramma* (Boisduval, [1844])

分布：广东（英德、深圳）、江西、香港、广西等；印度，缅甸，马来西亚，印度尼西亚。

1053. 丽毒蛾属 *Calliteara* Butler, 1881

（2276）点丽毒蛾 *Calliteara angulata* (Hampson, 1895)

分布：广东（乳源、深圳）、浙江、湖北、湖南、福建、海南、香港、台湾；印度，缅甸，尼泊尔，马来西亚。

（2277）松茸毒蛾 *Calliteara axutha* (Collenette, 1934)

分布：广东（乳源）、陕西、浙江、湖北、江西、湖南、福建、广西。

（2278）织结丽毒蛾 *Calliteara contexta contexta* (Chao, 1986)

分布：广东（乳源）、台湾、四川、云南。

（2279）线丽毒蛾 *Calliteara grotei* (Moore, 1859)

分布：广东（乳源、连平）、浙江、福建、湖北、湖南、台湾、广西、四川、云南；印度，尼泊尔。

（2280）结丽毒蛾 *Calliteara lunulata lunulata* (Butler, 1877)

分布：广东（乳源、连平）、黑龙江、吉林、辽宁、河北、陕西、浙江、湖北、湖南、台湾；俄罗斯，朝鲜，日本。

（2281）雀丽毒蛾 *Calliteara melli* (Collenette, 1934)

分布：广东（乳源、连平、汕头）、江苏、浙江、福建、江西、湖北、湖南、广西、四川。

（2282）白斑丽毒蛾 *Calliteara nox* (Collenette, 1938)

分布：广东（乳源）。

（2283）褐结丽毒蛾 *Calliteara postfusca* (Swinhoe, 1895)

分布：广东（乳源）、湖北、江西、湖南、福建、台湾、广西、四川、云南；印度。

（2284）萨帕丽毒蛾 *Calliteara sapa* Trofimova, Shovkoon *et* Witt, 2016

分布：广东（乳源）；越南。

（2285）刻丽毒蛾 *Calliteara taiwana* (Wileman, 1910)

分布：广东（乳源）、台湾等；日本。

（2286）大丽毒蛾 *Calliteara thwaitesi* (Moore, 1883)

分布：广东、广西、云南；印度，斯里兰卡。

（2287）卧龙丽毒蛾歌莉娅亚种 *Calliteara wolongensis goliath* Kishida *et* Wang, 2004

分布：广东（乳源）、广西。

1054. 窗毒蛾属 *Carriola* Swinhoe, 1922

（2288）点窗毒蛾 *Carriola diaphora* (Collenette, 1934)

分布：广东（连平）、浙江、江西、海南。

（2289）华窗毒蛾 *Carriola ecnomoda* (Swinhoe, 1907)

分布：广东（深圳）、香港、云南；菲律宾。

（2290）天窗毒蛾 *Carriola saturnioides* (Snellen, 1879)

分布：广东、广西；菲律宾，新加坡，印度尼西亚。

（2291）华窗毒蛾 *Carriola seminsula* (Strand, 1914)

分布：广东（汕头）、香港、云南。

1055. 肾毒蛾属 *Cifuna* Walker, 1855

（2292）肾毒蛾 *Cifuna locuples* Walker, 1855

分布：广东、黑龙江、吉林、辽宁、内蒙古、河北、山西、山东、河南、陕西、宁夏、甘肃、青海、江苏、安徽、浙江、湖北、江西、湖南、福建、广西、四川、贵州、云南、西藏；俄罗斯，朝鲜，日本，越南，印度。

1056. 露毒蛾属 *Daplasa* Moore, 1879

（2293）露毒蛾 *Daplasa irrorata* Moore, 1879

　　分布：广东（乳源、惠州）、福建、江西、湖北、湖南、广西、四川、云南、西藏；尼泊尔，印度（锡金）。

（2294）袍黄毒蛾 *Daplasa postincisa* (Moore, 1879)

　　分布：广东（乳源）等；印度，尼泊尔。

1057. 茸毒蛾属 *Dasychira* Hübner, 1809

（2295）铅茸毒蛾 *Dasychira chekiangensis* Collentte, 1938

　　分布：广东、安徽、浙江、江西、福建、海南、澳门、四川、云南。

（2296）玻茸毒蛾 *Dasychira glaucozona* Collenette, 1934

　　分布：广东（乳源、汕头）、浙江、福建、海南、广西；尼泊尔。

（2297）沙茸毒蛾 *Dasychira orimba* (Swinhoe, 1894)

　　分布：广东（龙山）、海南、云南；印度。

1058. *Psalis* Hübner, 1823

（2298）钩茸毒蛾 *Psalis pennatula* (Fabricius, 1793)

　　分布：广东（连平）、湖北、江西、湖南、福建、台湾、广西、四川、云南、西藏；印度，缅甸，斯里兰卡，印度尼西亚；大洋洲。

1059. 黄毒蛾属 *Euproctis* Hübner, 1816

（2299）皎星黄毒蛾 *Euproctis bimaculata* Walker, 1855

　　分布：广东、江苏、湖北、江西、湖南、台湾、广西、四川；印度，菲律宾，印度尼西亚。

（2300）双裂黄毒蛾 *Euproctis bipartita* (Moore, 1879)

　　分布：广东、湖北；印度。

（2301）渗黄毒蛾 *Euproctis callipotama* Collenette, 1932

　　分布：广东、广西、云南；马来西亚。

（2302）蓖麻黄毒蛾 *Euproctis cryptosticta* Collenette, 1934

　　分布：广东（广州、深圳、惠州）、香港、海南。

（2303）弧星黄毒蛾 *Euproctis decussata* (Moore, 1877)

　　分布：广东、广西、四川、云南；印度，斯里兰卡。

（2304）双弓黄毒蛾 *Euproctis diploxutha* Collenette, 1939

　　分布：广东（广州）、江苏、浙江、湖北、江西、湖南、福建、海南、广西、云南。

（2305）缘点黄毒蛾 *Euproctis fraterna* (Moore, [1883])

　　分布：广东（广州）、湖南、广西；印度，缅甸，斯里兰卡。

（2306）折带黄毒蛾 *Euproctis flava* (Fabricius, 1775)

　　分布：广东（中山）、黑龙江、吉林、辽宁、内蒙古、河北、山西、山东、河南、陕西、甘肃、江苏、安徽、浙江、湖北、江西、湖南、福建、广西、四川、贵州、云南；俄罗斯，朝鲜，日本。

（2307）星黄毒蛾 *Euproctis flavinata* (Walker, 1865)

分布：广东（广州、翁源、博罗）、江苏、上海、浙江、湖南、福建、台湾、广西、四川；印度，缅甸，斯里兰卡。

（2308）润靓毒蛾 *Euproctis madana* Moore, 1859

分布：广东（深圳）、台湾、海南、香港、广西、西藏；印度。

（2309）岩黄毒蛾 *Euproctis flavotriangulata* (Gaede, 1932)

分布：广东（乳源）、北京、陕西、浙江、湖南、福建、四川、云南。

（2310）隐带黄毒蛾 *Euproctis inconspicua* (Leech, 1899)

分布：广东（连平）、江苏、浙江、湖北、江西、湖南、福建、四川。

（2311）黑枵盗毒蛾 *Euproctis virguncula* (Walker, 1855)

分布：广东（惠州）、台湾、四川；印度，斯里兰卡，印度尼西亚。

（2312）褐黄毒蛾 *Euproctis magna* (Swinhoe, 1891)

分布：广东（惠州）、江西、湖南、福建、台湾、广西、四川、贵州、云南；印度。

（2313）梯带黄毒蛾 *Euproctis montis* (Leech, 1890)

分布：广东（广州、英德、连平）、陕西、甘肃、江苏、浙江、湖北、江西、湖南、福建、广西、四川、云南、西藏。

（2314）短带黄毒蛾 *Euproctis pauperata* Leech, 1899

分布：广东（连平）、四川；日本。

（2315）角斑黄毒蛾 *Euproctis pinoptera* Collenette, 1939

分布：广东、广西；越南。

（2316）锈黄毒蛾 *Euproctis plagiata* (Walker, 1855)

分布：广东（青塘）、福建、广西、云南、西藏；尼泊尔，马来西亚。

（2317）漫星黄毒蛾 *Euproctis plana* (Fawcett, 1915)

分布：广东（广州、惠州、连平、龙川）、陕西、湖北、江西、湖南、福建、海南、香港、澳门、广西、四川、云南；印度，菲律宾，印度尼西亚。

（2318）茶黄毒蛾 *Euproctis pseudoconspersa* Strand, 1923

分布：广东、陕西、甘肃、江苏、安徽、浙江、湖北、江西、湖南、福建、台湾、广西、四川、贵州、云南、西藏；日本。

（2319）串带黄毒蛾 *Euproctis seitzi* Strand, 1910

分布：广东（惠州、青云山）、香港、广西。

（2320）瑟黄毒蛾 *Euproctis serulla* Schintlmesiter, 1989

分布：广东（深圳）、香港。

（2321）河星黄毒蛾 *Euproctis staudingeri* (Leech, [1889])

分布：广东（青云山）、福建、台湾、广西；日本。

（2322）肘带黄毒蛾 *Euproctis straminea* Leech, 1899

分布：广东（连平）、浙江、广西、四川。

（2323）迹带黄毒蛾 *Euproctis subfasciata* (Walker, 1865)

分布：广东（惠州）、广西、云南；越南，印度。

（2324）景星黄毒蛾 *Euproctis telephanes* Collenette, 1939

分布：广东（英德）等。

（2325）瑞星黄毒蛾 *Euproctis varia* Walker, 1855

分布：广东（连平）、四川、云南、西藏；印度。

（2326）幻带黄毒蛾 *Euproctis varians* (Walker, 1855)

分布：广东、河北、山西、山东、河南、陕西、江苏、上海、安徽、浙江、湖北、江西、湖南、福建、台湾、广西、四川、云南；马来西亚，印度。

（2327）云南松黄毒蛾 *Euproctis yunnanpina* Chao, 1984

分布：广东（英德）等。

（2328）宽带黄毒蛾 *Euproctis yunnana* Collenette, 1939

分布：广东（深圳）、海南、香港、云南。

1060. *Kidokuga* kishida, 2010

（2329）*Kidokuga piperita* (Oberthür, 1880)

分布：广东。

（2330）熔黄毒蛾 *Kidokuga torasan* (Holland, 1888)

分布：广东（青塘）、江苏、江西、湖南、福建；日本。

1061. 棕毒蛾属 *Ilema* Moore, 1860

（2331）铜棕毒蛾 *Ilema bhana* (Moore, 1865)

分布：广东（惠州）、福建、海南、广西、四川、云南、西藏；印度。

（2332）霉棕毒蛾 *Ilema catocaloides* (Leech, 1899)

分布：广东（乳源）。

（2333）棕毒蛾 *Ilema costalis* (Walker, 1855)

分布：广东（深圳）、香港、广西、云南；缅甸，印度尼西亚。

（2334）苔棕毒蛾 *Ilema eurydice* (Butler, 1885)

分布：广东、福建、湖南、四川；日本。

（2335）台棕毒蛾 *Ilema kosemponica* (Strand, 1914)

分布：广东（乳源）、台湾等；尼泊尔。

（2336）白线棕毒蛾 *Ilema jankowskii* (Oberthür, 1884)

分布：广东（乳源）等；朝鲜，韩国。

（2337）三斑棕毒蛾 *Ilema nachiensis* (Marumo, 1917)

分布：广东（乳源、连平、汕头）、湖北、湖南、台湾、广西、云南；日本。

1062. 黄足毒蛾属 *Ivela* Swinhoe, 1903

（2338）黄足毒蛾 *Ivela auripes* (Butler, 1877)

分布：广东（乳源）等；朝鲜，韩国，日本。

1063. 辉毒蛾属 *Kanchia* Moore, 1883

（2339）辉毒蛾 *Kanchia subvitrea* (Walker, 1865)

分布：广东、台湾、香港、四川、贵州、云南；越南，印度，斯里兰卡。

1064. 素毒蛾属 *Laelia* Stephens, 1828

（2340）黄素毒蛾 *Laelia anamesa* Collenette, 1934

分布：广东（惠州）、江苏、浙江、湖北、湖南、福建、四川、云南。

（2341）褐素毒蛾 *Laelia atestacea* Hampson,［1893］

分布：广东（连平）、广西、云南；越南，印度。

（2342）素毒蛾 *Laelia coenosa* (Hübner,［1808］)

分布：广东、黑龙江、吉林、辽宁、内蒙古、河北、山西、山东、河南、陕西、江苏、安徽、
浙江、湖北、江西、湖南、福建、台湾、广西、云南；朝鲜，日本，越南；欧洲。

（2343）紫素毒蛾 *Laelia lilacina* Moore, 1884

分布：广东、江苏、浙江、湖北、江西、湖南、福建、广西；印度。

（2344）瑕素毒蛾 *Laelia monoscola* Collenette, 1934

分布：广东（连平）、浙江、湖北、湖南、福建、广西。

（2345）粉素毒蛾 *Laelia suffusa* (Walker, 1855)

分布：广东（惠州）、浙江、湖北、江西、湖南、福建、广西；印度，缅甸，斯里兰卡，菲
律宾，印度尼西亚。

1065. 雪毒蛾属 *Leucoma* Hübner, 1822

（2346）带跗雪毒蛾 *Leucoma chrysoscela* (Collenette, 1934)

分布：广东（乳源）。

（2347）绣雪毒蛾 *Leucoma impressa* Snellen, 1877

分布：广东、江西、海南；缅甸，泰国，新加坡，马来西亚，印度尼西亚。

（2348）黑跗雪毒蛾 *Leucoma melanoscela* (Collenette, 1934)

分布：广东、浙江、江西、云南。

（2349）黄跗雪毒蛾 *Leucoma ochripes* (Moore, 1879)

分布：广东（河源、惠州）、福建、四川、云南；缅甸，印度。

（2350）平雪毒蛾 *Leucoma parallela* (Collenette, 1934)

分布：广东（连平）、江西、海南。

1066. 丛毒蛾属 *Locharna* Moore, 1879

（2351）丛毒蛾 *Locharna strigipennis* Moore, 1879

分布：广东（乳源、深圳）、江苏、安徽、浙江、湖北、江西、湖南、福建、台湾、广西、
四川、贵州、云南；印度，缅甸，马来西亚。

1067. 毒蛾属 *Lymantria* Hübner, 1816

（2352）*Lymantria albolunulata* Moore, 1879

分布：广东（连平）、江西、湖南、四川、云南。

（2353）条毒蛾 *Lymantria (Lymantria) dissoluta* Swinhoe, 1903

分布：广东（广州、乳源、深圳）、江苏、安徽、浙江、湖北、江西、湖南、福建、台湾、

香港、广西、四川、云南。

（2354）肥毒蛾 *Lymantria (Collenetria) fergusoni* Schintlmeister, 2004

分布：广东（乳源）、江西。

（2355）福毒蛾 *Lymantria furvinis* Wang, Kishida *et* Wang, 2012

分布：广东。

（2356）阁毒蛾 *Lymantria (Collenetria) grisea kosemponis* Strand, 1914

分布：广东（乳源）、台湾等。

（2357）豪毒蛾 *Lymantria (Beatria) hauensteini* Schintlmeister, 2004

分布：广东（乳源）等；泰国，缅甸。

（2358）杜果毒蛾 *Lymantria marginata* Walker, 1855

分布：广东（惠州）、陕西、浙江、福建、广西、四川、云南；印度（锡金）。

（2359）栎毒蛾 *Lymantria (Nyctria) mathura* Moore, [1866]

分布：广东（乳源、连平、深圳）、黑龙江、吉林、辽宁、河北、山西、山东、河南、陕西、江苏、浙江、湖北、湖南、香港、四川、云南；朝鲜，韩国，日本，印度。

（2360）*Lymantria sinica sinica* Moore, 1879

分布：广东（惠州）、江苏、安徽、浙江、湖北、江西、湖南、福建、台湾、广西、四川。

（2361）袄毒蛾 *Lymantria (Spinotria) obsoleta eminens* Shintlmeister, 2004

分布：广东（乳源）、浙江、江西；缅甸至中国东南部一带。

（2362）灰翅毒蛾 *Lymantria polioptera* Collenette, 1934

分布：广东、广西、四川、云南。

（2363）筛毒蛾 *Lymantria (Porthetria) schaeferi* Schintlmeister, 2004

分布：广东（乳源）、湖北、江西。

（2364）虹毒蛾 *Lymantria serva* (Fabricius, 1793)

分布：广东（连平）、陕西、湖北、江西、湖南、福建、台湾、广西、四川、云南；印度，菲律宾，马来西亚。

（2365）纭毒蛾 *Lymantria similis* Moore, 1879

分布：广东（乳源）等；越南，印度。

（2366）新加坡毒蛾 *Lymantria subrosea singapura* Swinhoe, 1906

分布：广东、海南；新加坡。

（2367）扭瓣毒蛾 *Lymantria tortivalvula* Chao, 1984

分布：广东、浙江、福建、海南、四川。

（2368）木毒蛾 *Lymantria xylina* Swinhoe, 1903

分布：广东（连平）、湖南、福建、台湾、广西；日本，印度。

1068. 斜带毒蛾属 *Numenes* Walker, 1855

（2369）斜带毒蛾 *Numenes siletti* Walker, 1855

分布：广东（乳源）等；印度。

1069. *Kuromondokuga* Kishida, 2010

（2370）白斜带毒蛾 *Kuromondokuga albofascia* (Leech, 1888)

分布：广东（乳源）、广西、云南、西藏；日本，朝鲜，韩国，越南，印度，缅甸，菲律宾，印度尼西亚，孟加拉国。

（2371）日本羽毒蛾南岭亚种 *Kuromondokuga niphonis nanlingensis* Wang *et* Kishida, 2004

分布：广东（乳源）等；朝鲜，韩国，日本。

1070. 毛眼毒蛾属 *Medama* Matsumura, 1931

（2372）毛眼毒蛾 *Medama diplaga* (Hampson, 1910)

分布：广东（乳源）、台湾等；印度，尼泊尔。

1071. 靓毒蛾属 *Nygmia* Hübner,〔1820〕

（2373）黑褐盗毒蛾 *Nygmia atereta* Collenette, 1932

分布：广东（连平）、河南、甘肃、安徽、浙江、湖北、江西、湖南、福建、广西、四川、贵州、云南、西藏；缅甸，泰国，新加坡，马来西亚。

（2374）圆斑黄毒蛾 *Nygmia marginata* (Moore, 1879)

分布：广东（惠州、连平）、湖南、广西、云南、西藏；印度。

（2375）五斑靓毒蛾 *Nygmia quadrangularis* (Moore, 1879)

分布：广东（深圳）、海南、香港。

（2376）*Nygmia uniformis* (Moore, 1879)

分布：广东（连平、青塘）、云南；印度。

1072. 欧毒蛾属 *Olene* Hübner, 1823

（2377）环茸毒蛾 *Olene dudgeoni* (Swinhoe, 1907)

分布：广东（乳源）、江苏、浙江、湖北、湖南、福建、台湾、海南、广西、云南；印度，尼泊尔，印度尼西亚。

（2378）沁茸毒蛾 *Olene mendosa* Hübner, 1823

分布：广东（广州）、台湾、海南、云南；印度，缅甸，斯里兰卡，印度尼西亚，澳大利亚。

（2379）可欧毒蛾 *Olene inclusa* (Walker, 1856)

分布：广东（深圳）、香港、广西、云南；印度，菲律宾，马来西亚，印度尼西亚。

1073. *Orgyia* Ochsenheimer, 1810

（2380）棉古毒蛾 *Orgyia postica* (Walker, 1855)

分布：广东（深圳、汕头、惠州）、福建、台湾、香港、广西、云南；印度，缅甸，斯里兰卡，菲律宾，印度尼西亚；大洋洲。

（2381）瘤古毒蛾 *Orgyia tuberculata* Chao, 1993

分布：广东（广州）、福建、海南、广西。

1074. 澳毒蛾属 *Orvasca* Walker, 1865

（2382）澳毒蛾 *Orvasca subnotata* Walker, 1865

分布：广东（英德、深圳）、香港、海南等；印度，马来西亚，印度尼西亚，澳大利亚。

1075. 竹毒蛾属 *Pantana* Walker, 1855

（2383）宝兴竹毒蛾 *Pantana nigrolimbata* Leech, 1899

　　分布：广东（乳源）。

（2384）珀色毒蛾 *Pantana substrigosa* (Walker, 1855)

　　分布：广东、湖北、江西、湖南、福建、海南、广西、四川、云南；越南，印度。

（2385）刚竹毒蛾 *Pantana phyllostachysae* Chao, 1977

　　分布：广东、江苏、浙江、湖北、江西、湖南、福建、广西、四川。

（2386）暗竹毒蛾 *Pantana pluto* (Leech, 1890)

　　分布：广东（乳源）、浙江、湖北、江西、湖南、福建、广西、四川、贵州、云南。

（2387）华竹毒蛾 *Pantana sinica* Moore, 1877

　　分布：广东（乳源）、江苏、上海、安徽、浙江、湖北、江西、湖南、福建、广西。

（2388）竹毒蛾 *Pantana visum* (Hübner, 1825)

　　分布：广东（连平）、台湾、海南、香港、广西、四川、云南；越南，印度，缅甸，印度尼西亚。

1076. 琶毒蛾属 *Parocneria* Dyan, 1897

（2389）黑琶毒蛾 *Parocneria nigriplagiata* (Gaede, 1932)

　　分布：广东（乳源）、浙江、湖北、湖南、四川。

1077. 透翅毒蛾属 *Perina* Walker, 1855

（2390）榕透翅毒蛾 *Perina nuda* (Fabricius, 1787)

　　分布：广东（广州、惠州、中山）、浙江、湖北、江西、湖南、福建、台湾、香港、广西、四川、西藏；日本，印度，尼泊尔，斯里兰卡。

1078. 羽毒蛾属 *Pida* Walker, 1865

（2391）闽羽毒蛾 *Pida minensis* Chao, 1985

　　分布：广东（乳源）。

1079. 明毒蛾属 *Topomesoides* Strand, 1910

（2392）明毒蛾 *Topomesoides jonasi* (Butler, 1877)

　　分布：广东（乳源、翁源、汕头、惠州）、浙江、湖北、湖南、福建；朝鲜，韩国，日本。

1080. 瘤毒蛾属 *Toxoproctis* Holloway, 1999

（2393）*Toxoproctis croceola* (Strand, 1918)

　　分布：广东。

1081. 乾毒蛾属 *Somena* Walker, 1856

（2394）乾毒蛾 *Somena scintillans* Walker, 1856

　　分布：广东（英德）、台湾等；朝鲜，日本，印度，尼泊尔，斯里兰卡。

1082. 台毒蛾属 *Teia* Walker, 1855

（2395）涡台毒蛾 *Teia turbata* (Butler, 1879)

　　分布：广东（广州）、海南、广西、云南；印度，缅甸。

四十五、尾夜蛾科 Euteliidae Grote, 1882

1083. 拍尾夜蛾属 *Pataeta* Walker, 1858

（2396）拍尾夜蛾 *Pataeta carbo* (Guenée, 1852)

分布：广东；印度尼西亚；大洋洲。

1084. 重尾夜蛾属 *Penicillaria* Guenée, 1852

（2397）芒果重尾夜蛾 *Penicillaria jocosatrix* Guenée, 1852

分布：广东（英德、乳源、深圳）、湖南、福建、海南、香港、广西、云南；印度，斯里兰卡，印度尼西亚；印澳热带区，巽他大陆，太平洋热带区，大洋洲。

（2398）班重尾夜蛾 *Penicillaria maculata* Butler, 1889

分布：广东（乳源）、台湾；日本，印度；中南半岛。

（2399）红棕重尾夜蛾 *Penicillaria simplex* Walker, 1865

分布：广东（乳源）、湖南、台湾、海南；日本，越南，泰国，印度，尼泊尔，马来西亚，新加坡，苏门答腊，婆罗洲，苏拉威西。

1085. 蕊夜蛾属 *Stictoptera* Guenée, 1852

（2400）蕊夜蛾 *Stictoptera cucullioides* Guenée, 1852

分布：广东（英德、乳源）、台湾等；日本，印度。

（2401）褐蕊夜蛾 *Stictoptera trajiciens* (Walker, [1858])

分布：广东（深圳）、云南；印度，斯里兰卡，新加坡。

1086. 浮尾夜蛾属 *Targalla* Walker, 1858

（2402）缘斑浮尾夜蛾 *Targalla delatrix* (Guenée, 1852)

分布：广东、湖南、江西、福建；印度，缅甸，斯里兰卡，新加坡，印度尼西亚；大洋洲。

（2403）寺浮尾夜蛾 *Targalla silvicola* Watabiki *et* Yoshimatsu, 2014

分布：广东（乳源）、台湾等；日本，越南，老挝。

（2404）酥浮尾夜蛾 *Targalla subocellata* (Walker, [1863])

分布：广东（英德、乳源、深圳）、台湾、香港；澳大利亚。

1087. 殿尾夜蛾属 *Anuga* Guenée, 1852

（2405）茵殿尾夜蛾 *Anuga indigofera* Holloway, 1976

分布：广东（英德、深圳）、香港；泰国，尼泊尔，印度尼西亚。

（2406）月殿尾夜蛾 *Anuga lunulata* Moore, 1867

分布：广东（乳源）、台湾等；泰国，印度，尼泊尔，孟加拉国。

（2407）折纹殿尾夜蛾 *Anuga multiplicans* (Walker, 1858)

分布：广东、浙江、湖南、福建、海南、四川、贵州、云南；印度，斯里兰卡，马来西亚，新加坡。

（2408）修殿尾夜蛾 *Anuga supraconstricta* Yoshimoto, 1993

分布：广东（英德、深圳）、香港；泰国，尼泊尔，印度尼西亚。

1088. 脊蕊夜蛾属 *Lophoptera* Guenée, 1852

（2409）暗脊蕊夜蛾 *Lophoptera anthyalus* (Hampson, 1894)

分布：广东（乳源）等；日本，印度。

（2410）暗裙脊蕊夜蛾 *Lophoptera squammigera* (Guenée, 1852)

分布：广东、湖南、台湾、海南、西藏；越南，印度，斯里兰卡；大洋洲。

（2411）斜脊蕊夜蛾 *Lophoptera illucida* (Walker, 1865)

分布：广东、台湾、海南、广西、四川、云南、西藏；韩国，印度，缅甸，斯里兰卡，马来西亚，新加坡，澳大利亚。

（2412）长翅脊蕊夜蛾 *Lophoptera longipennis* (Moore, 1882)

分布：广东（乳源）、台湾等；印度，印度尼西亚，马来西亚，文莱。

1089. 仙夜蛾属 *Aplotelia* Warren, 1914

（2413）昂仙夜蛾 *Aplotelia onoma* Kobes, 2008

分布：广东（乳源）；泰国。

1090. 砧夜蛾属 *Atacira* Swinhoe, 1900

（2414）弧阿夜蛾 *Atacira approximate* (Walker,［1863］)

分布：广东（英德）等；泰国，印度尼西亚。

（2415）戈尾砧夜蛾 *Atacira grabczewskii* (Püngeler, 1903)

分布：广东（乳源）等；朝鲜，韩国，日本，泰国。

（2416）霾砧夜蛾 *Atacira melanephra* (Hampson, 1912)

分布：广东（乳源）等；日本，泰国，印度，斯里兰卡。

1091. 波尾夜蛾属 *Phalga* Moore, 1881

（2417）清波尾夜蛾 *Phalga clarirena* (Sugi, 1982)

分布：广东（乳源）、台湾等；日本。

（2418）波尾夜蛾 *Phalga sinuosa* Moore, 1881

分布：广东、福建、海南、西藏；印度，不丹；东南亚。

1092. 横线尾夜蛾属 *Chlumetia* Walker,［1866］

（2419）横线尾夜蛾 *Chlumetia transversa* (Walker, 1863)

分布：广东、台湾、福建、广西、海南、云南；印度，缅甸，斯里兰卡，菲律宾，马来西亚，新加坡，印度尼西亚。

1093. 尾夜蛾属 *Eutelia* Hübner,［1823］1816

（2420）鹿尾夜蛾 *Eutelia adulatricoides* (Mell, 1943)

分布：广东（乳源）、台湾等；俄罗斯，日本，印度，泰国，越南，老挝。

（2421）昆尾夜蛾 *Eutelia cuneades* (Draudt, 1950)

分布：广东（乳源）等；日本，泰国，尼泊尔。

（2422）漆尾夜蛾 *Eutelia geyeri* (Felder *et* Rogenhofer, 1874)

分布：广东（深圳）、黑龙江、吉林、辽宁、浙江、江西、湖南、福建、香港、四川、云南、西藏；日本，印度。

四十六、瘤蛾科 Nolidae Bruand, 1847

1094. 表夜蛾属 *Titulcia* Walker, 1864

（2423）斑表夜蛾 *Titulcia confictella* Walker, 1864

分布：广东（英德、乳源、深圳）、江西、台湾、香港；泰国，缅甸，印度尼西亚，马来西亚，文莱，菲律宾，东帝汶，巴布亚新几内亚，新加坡。

1095. *Triorbis* Hampson, 1894

（2424）环椎夜蛾 *Triorbis annulata* (Swinhoe, 1890)

分布：广东（乳源）等；泰国，缅甸，菲律宾，马来西亚，印度尼西亚，文莱。

1096. 膜夜蛾属 *Tympanistes* Moore, 1867

（2425）展膜夜蛾 *Tympanistes fusimargo* Prout, 1925

分布：广东（乳源）、台湾等。

（2426）露膜夜蛾 *Tympanistes rubidorsalis* Moore, 1888

分布：广东（乳源）等；印度。

1097. 俊夜蛾属 *Westermannia* Hübner, 1821

（2427）佳俊夜蛾 *Westermannia nobilis* Draudt, 1950

分布：广东（乳源）。

（2428）俊夜蛾 *Westermannia superba* Hübner, 1823

分布：广东（深圳）、河南、湖南、福建、香港、云南；日本，印度，斯里兰卡，新加坡，印度尼西亚。

1098. 粉翠夜蛾属 *Hylophilodes* Hampson, 1912

（2429）菈粉翠夜蛾 *Hylophilodes rara* Fukushima, 1943

分布：广东（乳源）、台湾。

（2430）太平粉翠夜蛾 *Hylophilodes tsukusensis* Nagano, 1918

分布：广东（英德）、浙江；日本。

1099. 爱丽瘤蛾属 *Ariolica* Walker, ［1863］

（2431）璞爱丽瘤蛾 *Ariolica pulchella* (Elwes, 1890)

分布：广东（乳源）等；越南，老挝，泰国，印度，尼泊尔，不丹。

1100. 癞皮夜蛾属 *Gadirtha* Walker, ［1858］1857

（2432）乌桕癞皮夜蛾 *Gadirtha inexacta* Walker, ［1858］

分布：广东、湖北、湖南、江苏、浙江、江西、福建、台湾、海南、广西、贵州；印度，缅甸，印度尼西亚，新加坡。

（2433）缘斑癞皮夜蛾 *Gadirtha impingens* Walker, ［1858］

分布：广东（乳源）、辽宁、台湾、海南、香港；韩国、日本，印度，越南，缅甸，印度尼西亚。

1101. 癣皮瘤蛾属 *Blenina* Walker, ［1858］1857

（2434）绿癣皮瘤蛾 *Blenina chlorophila* Hampson, 1905

分布：广东、台湾、海南；印度，斯里兰卡，新加坡，马来西亚，印度尼西亚。

（2435）枫杨癣皮瘤蛾 *Blenina quinaria* Moore, 1882

分布：广东（乳源、深圳）、陕西、安徽、浙江、江西、湖南、台湾、海南、香港、四川、云南、西藏；日本，印度。

（2436）柿癣皮瘤蛾 *Blenina senex* (Butler, 1878)

分布：广东（乳源、深圳）、辽宁、江苏、浙江、湖南、江西、福建、台湾等；朝鲜，韩国，日本，越南，泰国。

1102. 美皮夜蛾属 *Lamprothripa* Hampson, 1912

（2437）斯美皮夜蛾 *Lamprothripa scotia* (Hampson, 1902)

分布：广东（乳源）等；泰国，印度，马来西亚，印度尼西亚，文莱。

1103. 杂瘤蛾属 *Casminola* László, Ronkay *et* Witt, 2010

（2438）卜杂瘤蛾 *Casminola breviharpe* László, Ronkay *et* Ronkay, 2010

分布：广东（乳源）。

（2439）黑白杂瘤蛾 *Casminola subseminigra* Hu, Han, *et* Wang, 2013

分布：广东（乳源）、广西。

1104. 窗瘤蛾属 *Dialithoptera* Hampson, 1900

（2440）玛窗瘤蛾 *Dialithoptera margaritha* László, Ronkay *et* Witt, 2007

分布：广东（乳源）、广西；越南，泰国。

1105. *Maurilia* Möschler, 1884

（2441）栗磨夜蛾 *Maurilia iconica* (Walker, [1858])

分布：广东（乳源）等；斯里兰卡，印度尼西亚，马来西亚，文莱，澳大利亚（昆士兰），法国（新喀里多尼亚），萨摩亚，巴布亚新几内亚。

1106. 旋夜蛾属 *Eligma* Hübner, [1819]

（2442）旋夜蛾 *Eligma narcissus* (Cramer, [1775])

分布：广东（乳源、深圳）、吉林、辽宁、河北、山西、浙江、湖北、湖南、福建、台湾、香港、四川、云南；俄罗斯，韩国，日本，印度，菲律宾，印度尼西亚。

1107. 曲缘皮夜蛾属 *Negritothripa* Inoue, 1970

（2443）奥曲缘皮夜蛾 *Negritothripa orbifera* (Hampson, 1894)

分布：广东（乳源）等；泰国，印度，缅甸，尼泊尔。

1108. 裁夜蛾属 *Pterogonia* Swinhoe, 1891

（2444）点肾裁夜蛾 *Pterogonia aurigutta* (Walker, 1858)

分布：广东、广西；印度（锡金），不丹，新加坡。

（2445）喀裁夜蛾 *Pterogonia cardinalis* Holloway, 1976

分布：广东（深圳）、香港。

（2446）华裁夜蛾 *Pterogonia chinensis* (Berio, 1964)

分布：广东（乳源）。

1109. 洁夜蛾属 *Ptisciana* Walker, 1865

（2447）*Ptisciana seminivea* Walker, 1865

分布：广东（英德、乳源）等；越南，泰国，印度，尼泊尔，斯里兰卡，菲律宾，印度尼西亚，马来西亚，文莱。

1110. 钻夜蛾属 *Earias* Hübner, [1825] 1816

（2448）埃及钻夜蛾 *Earias insulana* (Boisduval, 1833)

分布：广东、台湾、云南；泰国，印度，缅甸，斯里兰卡，菲律宾，印度尼西亚；欧洲，非洲。

（2449）鹭钻夜蛾 *Earias luteolaria* Hampson, 1891

分布：广东（深圳）、香港；印度，斯里兰卡，印度尼西亚。

（2450）玫缘钻夜蛾 *Earias roseifera* Butler, 1881

分布：广东（乳源）、黑龙江、吉林、辽宁、河北、浙江、湖北、湖南、台湾、四川等；俄罗斯，朝鲜，韩国，日本，泰国。

（2451）翠纹钻夜蛾 *Earias vittella* (Fabricius, 1794)

分布：广东、江苏、浙江、湖北、江西、湖南、台湾、广西、四川、贵州、云南；印度；东南亚，大洋洲。

1111. 长角皮夜蛾属 *Risoba* Moore, 1881

（2452）基白长角皮夜蛾 *Risoba basalis* Moore, 1882

分布：广东（英德、深圳）、台湾、广西；日本。

（2453）前白长角皮夜蛾 *Risoba diversipennis* (Walker, 1858)

分布：广东（深圳）、海南、香港。

（2454）显长角皮夜蛾 *Risoba prominens* Moore, 1881

分布：广东（乳源）、台湾等；朝鲜，韩国，日本，越南，老挝，泰国，印度，缅甸，尼泊尔，菲律宾，马来西亚，印度尼西亚，巴布亚新几内亚。

（2455）长角皮夜蛾 *Risoba vialis* Moore, 1881

分布：广东（英德、深圳）、海南、香港、广西；印度，斯里兰卡，菲律宾，印度尼西亚。

（2456）雅长角皮夜蛾 *Risoba yanagitai* Nakao, Fukuda *et* Hayashi, 2016

分布：广东（乳源）、台湾等；日本，越南，泰国，尼泊尔。

1112. 花布夜蛾属 *Camptoloma* Felder, 1874

（2457）花布灯蛾 *Camptoloma interiorata* (Walker, [1865])

分布：广东、黑龙江、吉林、辽宁、河北、山东、陕西、江苏、上海、安徽、浙江、湖北、江西、湖南、福建、台湾、广西、四川、云南；俄罗斯，韩国，日本，印度。

（2458）二点花布夜蛾 *Camptoloma binotatum* Butler, 1881

分布：广东（乳源）；印度。

（2459）岸田花布夜蛾 *Camptoloma kishidai* Wang *et* Huang, 2005

分布：广东（英德、乳源）。

（2460）缺带花布夜蛾 *Camptoloma vanata* Fang, 1994

分布：广东（英德、乳源）等；越南。

1113. 血斑夜蛾属 *Siglophora* Butler, 1892

（2461）哈血斑夜蛾 *Siglophora haemoxantha* Zerny, 1916

分布：广东（乳源）等；菲律宾，缅甸，泰国，新加坡，印度尼西亚，文莱。

（2462）锈血斑夜蛾 *Siglophora ferreilutea* Hampson, 1895

分布：广东（乳源）、台湾等；日本，印度，印度尼西亚，马来西亚，文莱。

（2463）内黄血斑夜蛾 *Siglophora sanguinolenta* (Moore, 1888)

分布：广东（乳源）、台湾等。

1114. 霜夜蛾属 *Gelastocera* Butler, 1877

（2464）咖霜夜蛾 *Gelastocera castanea* (Moore, 1879)

分布：广东（乳源）等；印度。

（2465）霜夜蛾 *Gelastocera exusta* Butler, 1877

分布：广东（乳源）、黑龙江、吉林、辽宁、湖北、湖南、台湾、海南、四川、西藏；俄罗斯，韩国，日本。

1115. 米瘤蛾属 *Evonima* Walker, 1865

（2466）黑紫米瘤蛾 *Evonima elegans* Inoue, 1991

分布：广东（乳源）、浙江、台湾、广西。

（2467）南岭米瘤蛾 *Evonima sinonanlinga* Hu, László, Ronkay *et* Wang, 2013

分布：广东（乳源）、陕西、四川。

1116. 砌石瘤蛾属 *Gabala* Walker, 1866

（2468）银斑砌石夜蛾 *Gabala argentata* Butler, 1878

分布：广东、浙江、湖南、江西、海南、西藏；日本，朝鲜，印度，缅甸。

（2469）嫩砌石瘤蛾 *Gabala roseoretis* Kobes, 1983

分布：广东（乳源）、台湾等；泰国，印度，尼泊尔，菲律宾，印度尼西亚（苏门答腊）。

1117. *Garella* Walker, [1863]

（2470）路卦瘤蛾 *Garella ruficirra* (Hampson, 1905)

分布：广东（乳源）、台湾等；日本，越南，泰国，印度，尼泊尔，印度尼西亚，马来西亚，文莱。

1118. 皎瘤蛾属 *Giaura* Walker, 1863

（2471）罗皎瘤蛾 *Giaura robusta* (Moore, 1888)

分布：广东（乳源）等；越南，泰国，印度，菲律宾，印度尼西亚，马来西亚，文莱。

1119. 汉瘤蛾属 *Hampsonola* László, Ronkay *et* Ronkay, 2015

（2472）南昆汉瘤蛾 *Hampsonla nankunensis* (Hu, Han, László, Ronkay *et* Wang, 2014)

分布：广东（乳源）。

（2473）褐缘汉瘤蛾 *Hampsonola wilbarka* Hu, Han *et* Wang, 2013

分布：广东（乳源）、海南、广西。

1120. 斑瘤蛾属 *Manoba* Walker, ［1863］1864

（2474）多斑瘤蛾 *Manoba lativittata* (Moore, 1888)

分布：广东（乳源）、海南；泰国，印度。

1121. 洛瘤蛾属 *Meganola* Dyar, 1898

（2475）大明洛瘤蛾 *Meganola daminga* Hu, Han *et* Wang, 2013

分布：广东（乳源）、广西。

（2476）晕洛瘤蛾 *Meganola flexuosa* (Poujade, 1886)

分布：广东（乳源）、广西；尼泊尔。

（2477）辽宁洛瘤蛾 *Meganola liaoningensis* Han *et* Li, 2008

　　分布：广东、辽宁、山东、陕西、江苏、福建；朝鲜。

（2478）斑彩洛瘤蛾 *Meganola mediofusca* László, Ronkay *et* Witt, 2007

　　分布：广东（乳源）、台湾、海南、广西；越南，尼泊尔。

（2479）南岭洛瘤蛾 *Meganola nanlinga* Hu, László, Ronkay *et* Wang, 2013

　　分布：广东（乳源）、江西、台湾、广西。

（2480）拟淡条洛瘤蛾 *Meganola subascripta* Hu, László, Ronkay *et* Wang, 2013

　　分布：广东（乳源）、江西、台湾、海南。

（2481）三角洛瘤蛾 *Meganola triangulalis* (Leech, [1889])

　　分布：广东（英德、乳源）、台湾、海南；韩国，日本，泰国。

（2482）卓洛瘤蛾 *Meganola zolotuhini* László, Ronkay *et* Witt, 2010

　　分布：广东（乳源）。

1122. 杷瘤蛾属 *Melanographia* Hampson, 1900

（2483）枇杷瘤蛾 *Melanographia flexilineata* (Hampson, 1898)

　　分布：广东（英德、乳源）、海南、广西、四川；印度尼西亚，马来西亚，文莱。

1123. 鸮瘤蛾属 *Negeta* Walker, 1862

（2484）崆鸮夜蛾 *Negeta contrariata* Walker, 1862

　　分布：广东（深圳）；印澳区。

（2485）诺鸮瘤蛾 *Negeta noloides* Draudt, 1950

　　分布：广东（乳源）。

1124. 瘤蛾属 *Nola* Leach, 1815〔1830〕

（2486）亮彩瘤蛾 *Nola canioralis* (Walker, 1863)

　　分布：广东（乳源）、海南；印度尼西亚，马来西亚，文莱。

（2487）锡兰瘤蛾 *Nola ceylonica* Hampson, 1893

　　分布：广东（乳源）。

（2488）弯折瘤蛾 *Nola fisheri* Holloway, 2003

　　分布：广东（乳源）、贵州、云南；印度尼西亚，马来西亚，文莱。

（2489）明亮点瘤蛾 *Nola lucidalis* (Walker, 1865)

　　分布：广东（乳源）、浙江、台湾、海南、广西、云南；斯里兰卡，菲律宾，印度尼西亚，马来西亚，文莱。

（2490）玛瘤蛾 *Nola marginata* Hampson, 1895

　　分布：广东（乳源）。

（2491）葩瘤蛾 *Nola pascua* (Swinhoe, 1885)

　　分布：广东（乳源）。

（2492）璞瘤蛾 *Nola pumila* Snellen, 1875

　　分布：广东（乳源）。

1125. 洼皮夜蛾属 *Nolathripa* Inoue, 1970

（2493）洼皮夜蛾 *Nolathripa lactaria* (Graeser, 1892)

分布：广东（乳源）、黑龙江、吉林、陕西、湖南、广西、四川、云南；俄罗斯，韩国，日本。

1126. 皮瘤蛾属 *Nycteola* Hübner, 1822

（2494）印皮瘤蛾 *Nycteola indica* (Felder *et* Rogenhofer, 1874)

分布：广东（乳源）；越南，泰国，印度，缅甸，斯里兰卡，马来西亚，文莱。

1127. 翡夜蛾属 *Paracrama* Moore, ［1884］

（2495）翡夜蛾 *Paracrama angulata* Sugi, 1985

分布：广东（英德、深圳）、吉林、辽宁、台湾、香港、广西；韩国，日本。

1128. 瓷瘤蛾属 *Porcellanola* László, Ronkay *et* Witt, 2006

（2496）泰瓷瘤蛾 *Porcellanola thai* László, Ronkay *et* Witt, 2006

分布：广东（乳源）、海南；泰国。

1129. 细皮夜蛾属 *Selepa* Moore, 1858

（2497）细皮夜蛾 *Selepa celtis* Moore, ［1860］

分布：广东（乳源）、河南、江苏、浙江、湖北、江西、福建、台湾、海南、广西、四川；日本，泰国，印度，尼泊尔，斯里兰卡，菲律宾，马来西亚，印度尼西亚，文莱，澳大利亚。

1130. 刺瘤蛾属 *Spininola* László, Ronkay *et* Witt, 2010

（2498）灰刺瘤蛾 *Spininola subvesiculalis* Hu, Wang *et* Han, 2012

分布：广东（乳源）、四川。

1131. 波米瘤蛾属 *Suerkenola* László, Ronkay *et* Witt, 2010

（2499）长波米瘤蛾 *Suerkenola longiventris* (Poujade, 1886)

分布：广东（乳源）、广西、西藏；泰国。

1132. *Topadesa* Moore, 1888

（2500）陶瘤蛾 *Topadesa sanguinea* Moore, 1882

分布：广东（乳源）等；印度，泰国。

1133. 丽瘤蛾属 *Tshodanola* László, Ronkay *et* Witt, 2010

（2501）丽瘤蛾 *Tshodanola gabriella* László, Ronkay *et* Witt, 2010

分布：广东（乳源）、广西；泰国。

1134. 角翅瘤蛾属 *Tyana* Walker, 1866

（2502）碧角翅夜蛾 *Tyana callichlora* Walker, 1866

分布：广东（乳源）、湖南、福建、海南、云南、西藏；越南，泰国，印度（锡金），尼泊尔，不丹。

（2503）福铺夜蛾 *Tyana fuscitorna* Draudt, 1950

分布：广东（乳源）。

（2504）漫角翅瘤蛾 *Tyana marina* Warren, 1916

分布：广东（乳源）等；加里曼丹岛。

1135. *Pardoxia* **Vives–Moreno** *et* **Gonzalez–Prada, 1981**

（2505）*Pardoxia graellsii* (Feisthamel, 1837)

分布：广东、湖北、湖南、台湾、云南、西藏；日本，印度，缅甸；欧洲，非洲。

1136. 隐金翅夜蛾属 *Abrostola* **Ochsenheimer, 1816**

（2506）磨隐金翅夜蛾 *Abrostola abrostolina* (Butler, 1879)

分布：广东（乳源）、台湾等；朝鲜，韩国，日本。

（2507）巨隐金翅夜蛾 *Abrostola anophioides* Moore, 1882

分布：广东、湖南、福建、台湾、海南；印度，尼泊尔，印度尼西亚（爪哇）。

四十七、夜蛾科 Noctuidae Latreille, 1809

1137. *Acanthoplusia* **Dufay, 1970**

（2508）褐盎夜蛾 *Acanthoplusia tarassota* (Hampson, 1913)

分布：广东（乳源）等；印度，印度尼西亚，不丹，尼泊尔，巴基斯坦，越南，老挝，柬埔寨，缅甸，泰国，马来西亚。

1138. 绮夜蛾属 *Acontia* **Ochsenheimer, 1816**

（2509）迭绮夜蛾 *Acontia disrupta* (Warren, 1913)

分布：广东、海南。

（2510）大理石绮夜蛾 *Acontia marmoralis* (Fabricius, 1794)

分布：广东、江西、福建、台湾、海南、广西、四川、云南；越南，泰国，印度，缅甸，尼泊尔，斯里兰卡，印度尼西亚；非洲。

（2511）秉绮夜蛾 *Acontia nitidula* (Fabricius, 1787)

分布：广东、海南、广西；印度，缅甸；非洲。

（2512）斜带绮夜蛾 *Acontia olivacea* (Hampson, 1891)

分布：广东（乳源）、台湾等；朝鲜，韩国，日本，泰国，印度，尼泊尔，菲律宾，印度尼西亚。

（2513）*Acontia sexpunctata* (Fabricius, 1794)

分布：广东、海南、广西、云南；印度，缅甸，斯里兰卡。

（2514）*Acontia trabealis* (Scopoli, 1763)

分布：广东、黑龙江、辽宁、内蒙古、北京、天津、河北、陕西、甘肃、青海、江苏、四川；韩国，日本；欧洲，非洲。

1139. 剑纹夜蛾属 *Acronicta* **Ochsenheimer, 1816**

（2515）傲剑纹夜蛾 *Acronicta albistigma* (Hampson, 1909)

分布：广东（乳源）、台湾等；日本。

（2516）登剑纹夜蛾 *Acronicta denticulate* Moore, 1888

分布：广东（乳源）、台湾等；越南，老挝，泰国，印度，尼泊尔，印度尼西亚。

（2517）榆剑纹夜蛾 *Acronicta hercules* (Felder *et* Rogenhofer, 1874)

分布：广东（乳源）、台湾等；俄罗斯，朝鲜，韩国，日本。

（2518）礼剑纹夜蛾 *Acronicta lilacina* (Hampson, 1914)

分布：广东（乳源）等；泰国。

（2519）霜剑纹夜蛾 *Acronicta pruinosa* (Guenée, 1852)

分布：广东（深圳）、黑龙江、吉林、辽宁、江苏、湖北、台湾、香港、西藏；韩国，日本，斯里兰卡，印度，孟加拉国，尼泊尔，越南，缅甸，马来西亚，菲律宾，印度尼西亚。

（2520）梨剑纹夜蛾 *Acronicta rumicis* (Linnaeus, 1758)

分布：黑龙江、吉林、辽宁、新疆、江苏、浙江、湖北、湖南、福建、四川、贵州、云南；俄罗斯，蒙古国，韩国，日本，印度；中亚，西亚，欧洲，北非。

（2521）剑纹夜蛾 *Acronicta trabealis* (Scopoli, 1763)

分布：广东、黑龙江、内蒙古、河北、新疆、江苏；朝鲜，日本；西亚，欧洲，非洲。

1140. 炫夜蛾属 *Actinotia* Hübner, 1821

（2522）间纹炫夜蛾 *Actinotia intermediata* (Bremer, 1861)

分布：广东（乳源、深圳）、黑龙江、吉林、辽宁、陕西、浙江、湖北、湖南、福建、台湾、海南、香港、四川、云南；俄罗斯，朝鲜，韩国，日本，越南，泰国，印度，尼泊尔，巴基斯坦。

1141. 烦夜蛾属 *Aedia* Hübner, 1823

（2523）黄昏烦夜蛾 *Aedia acronyctoides* (Guenée, 1852)

分布：广东（深圳）；印澳区。

（2524）白斑烦夜蛾 *Aedia leucomelas* (Linnaeus, 1758)

分布：广东（乳源、深圳）、福建、台湾、海南、广西、四川、贵州、云南；朝鲜，日本，菲律宾，印度尼西亚，印度，澳大利亚；欧洲，非洲。

1142. *Agasbogas* Ronkay, Ronkay, Gyulai *et* Hacker, 2010

（2525）丽膏夜蛾 *Agasbogas viridis* Ronkay, Ronkay, Gyulai *et* Hacker, 2010

分布：广东（乳源）等。

1143. 讹夜蛾属 *Agrocholorta* Ronkay, Ronkay, Gyulai *et* Varga, 2017

（2526）安讹夜蛾 *Agrocholorta antiqua kosagezai* (Hrebley, Peregovits *et* Ronkay, 1999)

分布：广东（乳源）等；越南。

（2527）眯讹夜蛾 *Agrocholorta minorata* (Hrebley *et* Ronkay, 1999)

分布：广东（英德、乳源）等。

（2528）月纹讹夜蛾 *Agrocholorta semirena* (Draudt, 1950)

分布：广东（乳源）等；越南。

1144. 地夜蛾属 *Agrotis* Ochsenheimer, 1816

（2529）小地老虎 *Agrotis ipsilon* (Hüfnagel, 1766)

分布：广东（乳源、深圳），中国广布；俄罗斯，蒙古国，韩国，日本，印度；大洋洲，欧洲，非洲北部，非洲南部。

（2530）黄地老虎 *Agrotis segetum* (Denis *et* Schiffermüller, 1775)

分布：广东（乳源），中国广布（除东南地区外）；俄罗斯，蒙古国，韩国，日本，尼泊尔，印度；东南亚，中亚，中东，欧洲，非洲。

1145. *Alloasteropetes* **Kishida** *et* **Machijima, 1994**

（2531）广东祆虎蛾 *Alloasteropetes guangdongensis* Owada, Kishida *et* Wang, 2006

　　分布：广东（乳源）。

（2532）*Alloasteropetes paradisea* Owada *et* Kishida, 2003

　　分布：广东（乳源）、台湾、香港。

1146. 杂夜蛾属 *Amphipyra* **Ochsenheimer, 1816**

（2533）紫黑杂夜蛾 *Amphipyra livida* (Denis *et* Schiffermüller, 1775)

　　分布：广东（乳源）等；朝鲜，韩国，日本；欧洲。

（2534）大红裙杂夜蛾 *Amphipyra surnia* Felder *et* Rogenhofer, 1874

　　分布：广东、黑龙江、吉林、辽宁、河北、河南、湖北、江西、福建、台湾、四川、云南；
俄罗斯，韩国，日本。

（2535）果红裙杂夜蛾 *Amphipyra pyramidea* (Linnaeus, 1758)

　　分布：广东、黑龙江、吉林、辽宁、河北、湖北、江西、四川；俄罗斯，韩国，日本，哈萨
克斯坦；欧洲。

1147. 卫翅夜蛾属 *Amyna* **Guenée, 1852**

（2536）坑卫翅夜蛾 *Amyna axis* Guenée, 1852

　　分布：广东（英德、深圳）、辽宁、河北、山东、山西、江苏、湖南；俄罗斯，韩国，日本；
东南亚，大洋洲，非洲，北美洲。

（2537）降卫翅夜蛾 *Amyna natalis* (Walker, 1858)

　　分布：广东、海南；印度，缅甸，斯里兰卡；大洋洲。

（2538）卫翅夜蛾 *Amyna punctum* (Fabricius, 1794)

　　分布：广东（英德、乳源、深圳）、吉林、辽宁、山东、江苏、浙江、福建、台湾、海南、
云南、西藏；俄罗斯，韩国，日本；东南亚，大洋洲，非洲。

（2539）星卫翅夜蛾 *Amyna stellata* Butler, 1878

　　分布：广东、广西；日本。

1148. 钝夜蛾属 *Anacronicta* **Warren, 1909**

（2540）暗钝夜蛾 *Anacronicta caliginea* (Butler, 1881)

　　分布：广东（乳源）、黑龙江、吉林、辽宁、陕西、河南、浙江、湖北、湖南、江西、四川、
贵州、云南；俄罗斯，朝鲜，韩国，日本。

（2541）明钝夜蛾 *Anacronicta nitida* (Butler, 1878)

　　分布：广东（乳源）、台湾等；俄罗斯，朝鲜，韩国，日本。

（2542）晦钝夜蛾 *Anacronicta obscura* (Leech, 1900)

　　分布：广东（乳源）等；越南，泰国，印度。

1149. 葫芦夜蛾属 *Anadevidia* **Kostrowicki, 1961**

（2543）长纹葫芦夜蛾 *Anadevidia hebetata* (Butler, 1889)

　　分布：广东（乳源）、吉林、辽宁、台湾；俄罗斯，韩国，日本，印度；东南亚。

1150. 鞍夜蛾属 *Anoratha* **Moore, 1867**

（2544）薄翅鞍夜蛾 *Anoratha costalis* Moore, 1867

　　分布：广东（英德、乳源）等；日本，印度。

1151. 黄灰梦尼夜蛾属 *Anorthoa* Berio, 1980

（2545）波瑙夜蛾 *Anorthoa polymorpha* Ronkay, Ronkay, Gyulai *et* Hacker, 2010

　　分布：广东（乳源）等。

（2546）黄灰梦尼夜蛾 *Anorthoa munda* (Denis *et* Shiffermüller, 1775)

　　分布：广东（乳源）、黑龙江、吉林、内蒙古；俄罗斯，朝鲜，韩国，日本。

1152. *Antitrisuloides* Holloway, 1985

（2547）淡色鞍夜蛾 *Antitrisuloides catocalina* (Moore, 1882)

　　分布：广东（英德、乳源、深圳）、香港、云南；越南，老挝，泰国，印度，尼泊尔。

1153. 秀夜蛾属 *Apamea* Ochsenheimer, 1816

（2548）毁秀夜蛾 *Apamea aquila* Donzel, 1837

　　分布：广东（乳源）、黑龙江、吉林、辽宁、湖北、台湾；俄罗斯，蒙古国，日本，土耳其（小亚细亚）；欧洲。

（2549）宏秀夜蛾 *Apamea magnirena* Boursin, 1943

　　分布：广东（乳源）、台湾。

（2550）呸秀夜蛾 *Apamea permixta* Kononenko, 2006

　　分布：广东（乳源）等。

（2551）朋秀夜蛾 *Apamea sodalis* (Butler, 1878)

　　分布：广东（乳源）、台湾；日本，印度，印度尼西亚，马来西亚，文莱。

（2552）凤秀夜蛾 *Apamea submediana* (Draudt, 1950)

　　分布：广东（乳源）等。

1154. 辐射夜蛾属 *Apsarasa* Moore, 1868

（2553）辐射夜蛾 *Apsarasa radians* (Westwood, 1848)

　　分布：广东（英德、乳源、深圳）、福建、台湾、海南、香港、云南；日本，越南，泰国，印度，尼泊尔，马来西亚，印度尼西亚。

1155. 封夜蛾属 *Arcte* Kollar,［1844］

（2554）苎麻夜蛾 *Arcte coerula* (Guenée, 1852)

　　分布：广东（乳源）、黑龙江、吉林、辽宁、河北、山东、浙江、湖北、江西、湖南、福建、台湾、海南、四川、云南；朝鲜，韩国，日本，印度，斯里兰卡。

1156. 委夜蛾属 *Athetis* Hübner,［1821］1816

（2555）白斑委夜蛾 *Athetis albisignata* (Oberthür, 1879)

　　分布：广东（乳源）、黑龙江、吉林、辽宁、陕西；俄罗斯，朝鲜，韩国，日本。

（2556）双斑委夜蛾 *Athetis bipuncta* (Snellen, 1880)

　　分布：广东（深圳）、香港；越南，印度尼西亚，巴布亚新几内亚。

（2557）连委夜蛾 *Athetis cognata* (Moore, 1882)

　　分布：广东（乳源）、台湾等；越南，老挝，泰国，印度，缅甸，尼泊尔，斯里兰卡，菲律宾，孟加拉国。

（2558）碎委夜蛾 *Athetis delecta* (Moore, 1881)

分布：广东（英德、乳源）等；印度。

（2559）呃委夜蛾 *Athetis erigida* (Swinhoe, 1890)

分布：广东（乳源、深圳）等；日本，越南，泰国，印度，缅甸，尼泊尔，印度尼西亚，巴布亚新几内亚。

（2560）石委夜蛾 *Athetis lapidea* Wileman, 1911

分布：广东（深圳）、黑龙江、吉林、辽宁、四川；俄罗斯，朝鲜，日本。

（2561）钝委夜蛾 *Athetis obtusa* (Hampson, 1891)

分布：广东；印度；大洋洲。

（2562）倭委夜蛾 *Athetis stellata* (Moore, 1882)

分布：广东（乳源、深圳）、台湾、香港等；朝鲜，韩国，日本，越南，老挝，泰国，印度，尼泊尔，斯里兰卡。

（2563）乡委夜蛾 *Athetis thoracica* (Moore, 1884)

分布：广东（乳源、深圳）、台湾、香港。

1157. *Atrovirensis* Kononenko, 2001

（2564）叉醄夜蛾 *Atrovirensis furcatus* Han, Pan *et* Kononenko, 2016

分布：广东（乳源）。

（2565）大和昂夜蛾 *Atrovirensis owadai* Gyulai, Ronkay *et* Wu, 2013

分布：广东（乳源）。

（2566）吉昂夜蛾 *Atrovirensis yoshimotoi* Gyulai, Ronkay *et* Wu, 2013

分布：广东（乳源）。

1158. *Attatha* Moore, 1878

（2567）颠夜蛾 *Attatha regalis* (Moore, 1872)

分布：广东、海南、云南；印度，缅甸，斯里兰卡，菲律宾。

1159. *Bagada* Walker, 1858

（2568）蕊堡夜蛾 *Bagada rectivitta* (Moore, 1881)

分布：广东（乳源）等；泰国，印度。

（2569）*Bagada poliomera* (Hampson, 1908)

分布：广东（英德、乳源、深圳）、台湾、海南、香港；越南，印度，印度尼西亚。

（2570）*Bagada spicea* (Guenée, 1852)

分布：广东、江苏、福建、海南；印度，斯里兰卡，印度尼西亚。

1160. 竹笋禾夜蛾属 *Bambusiphila* Sugi, 1958

（2571）竹笋禾夜蛾 *Bambusiphila vulgaris* (Butler, 1886)

分布：广东（乳源）、辽宁、江苏、湖北、湖南、福建、江西、云南；韩国，日本。

1161. *Beara* Walker, 1866

（2572）云贝夜蛾 *Beara nubiferella* Walker, 1866

分布：广东、云南；印度，马来西亚，印度尼西亚。

1162. 冷靛夜蛾属 *Belciades* Kozhanchikov, 1950

（2573）楔冷靛夜蛾 *Belciades cyana* Behounek, Han *et* Kononenko, 2011

分布：广东（乳源）。

（2574）逅冷靛夜蛾 *Belciades hoenei* Kononenko, 1997

分布：广东（乳源）。

1163. 靛夜蛾属 *Belciana* Walker, 1862

（2575）蝎靛夜蛾 *Belciana scorpio* Galsworthy, 1997

分布：广东（深圳）、香港。

（2576）新靛夜蛾 *Belciana staudingeri* (Leech, 1900)

分布：广东（英德、乳源）等；朝鲜，韩国。

1164. 短栉夜蛾属 *Brevipecten* Hampson, 1894

（2577）短栉夜蛾 *Brevipecten captata* (Butler, 1889)

分布：广东；印度。

1165. 斑藓夜蛾属 *Bryophila* Treitschke, 1825

（2578）斑藓夜蛾 *Bryophila granitalis* (Butler, 1881)

分布：广东（乳源）、黑龙江、吉林、辽宁、河北、山东、江苏、浙江、湖南、江西、福建；俄罗斯（远东），朝鲜，韩国，日本。

1166. 散纹夜蛾属 *Callopistria* Hübner, ［1821］

（2579）白散纹夜蛾 *Callopistria albistrigoides* Poole, 1989

分布：广东、海南；斯里兰卡。

（2580）白线散纹夜蛾 *Callopistria albolineola* (Graeser, ［1889］1888)

分布：广东、吉林、海南；俄罗斯，韩国，日本。

（2581）白斑散纹夜蛾 *Callopistria albomacula* Leech, 1900

分布：广东、海南、四川。

（2582）顶点散纹夜蛾 *Callopistria apicalis* (Walker, 1855)

分布：广东（深圳）、香港；菲律宾。

（2583）客散纹夜蛾 *Callopistria exotica* (Guenée, 1852)

分布：广东（乳源、深圳）、海南、香港；老挝，泰国，印度，马来西亚，文莱，印度尼西亚。

（2584）褐散纹夜蛾 *Callopistria flavitincta* Galsworthy, 1997

分布：广东（英德）。

（2585）珠散纹夜蛾 *Callopistria guttulalis* Hampson, 1896

分布：广东（英德）、台湾、香港；印度，菲律宾，印度尼西亚。

（2586）散纹夜蛾 *Callopistria juventina* (Stoll, 1782)

分布：广东（乳源）、台湾等；朝鲜，韩国，日本；欧洲，非洲，亚洲。

（2587）红棕散纹夜蛾 *Callopistria placodoides* (Guenée, 1852)

分布：广东（乳源、深圳）、台湾、香港等；朝鲜，韩国，日本，越南，老挝，泰国，印度，缅甸，尼泊尔，菲律宾，马来西亚，文莱，印度尼西亚，澳大利亚。

（2588）丽散纹夜蛾 *Callopistria pulchrilinea* (Walker, 1862)

分布：广东（英德、乳源）、台湾；印度尼西亚，马来西亚，文莱。

（2589）红晕散纹夜蛾 *Callopistria repleta* Walker, 1858

分布：广东（英德、乳源）、黑龙江、吉林、辽宁、陕西、山西、河南、浙江、湖北、湖南、福建、广西、海南、四川、云南；俄罗斯，朝鲜，韩国，日本，越南，老挝，泰国，印度，尼泊尔，巴基斯坦。

（2590）沟散纹夜蛾 *Callopistria rivularis* Walker, 1858

分布：广东、福建、广西、海南、西藏；日本，印度，印度尼西亚。

1167. 顶夜蛾属 *Callyna* Guenée, 1852

（2591）白纹顶夜蛾 *Callyna contracta* Warren, 1913

分布：广东（乳源、深圳）、台湾、海南、香港、广西、四川；日本，越南，印度，尼泊尔。

（2592）一点顶夜蛾 *Callyna monoleuca* Walker, 1858

分布：广东（英德、乳源）、台湾等；越南，老挝，泰国，印度，缅甸，尼泊尔，斯里兰卡，菲律宾，新加坡，马来西亚，印度尼西亚（苏拉威西），澳大利亚。

（2593）半点顶夜蛾 *Callyna semivitta* Moore, 1882

分布：广东（深圳）、海南、香港、四川；日本，越南，印度，尼泊尔。

（2594）顶夜蛾 *Callyna siderea* Guenée, 1852

分布：广东、广西、云南；印度，尼泊尔，孟加拉国，斯里兰卡。

1168. *Calymera* Moore, 1882

（2595）盈喀夜蛾 *Calymera internifusca* (Hampson, 1912)

分布：广东（乳源）、台湾等；日本，印度。

（2596）摹喀夜蛾 *Calymera moira* (Swinhoe, 1893)

分布：广东（深圳）、香港；新加坡，马来西亚，印度尼西亚。

1169. 赭夜蛾属 *Carea* Walker, 1856

（2597）白裙赭夜蛾 *Carea angulata* (Fabricius, 1793)

分布：广东、海南；印度，斯里兰卡，印度尼西亚。

（2598）白缘赭夜蛾 *Carea leucocraspis* Hampson, 1905

分布：广东、海南、云南；斯里兰卡，印度尼西亚。

（2599）*Carea subangulata* Kobes, 1997

分布：广东（龙门）；印度尼西亚。

（2600）赭夜蛾 *Carea varipes* Walker, [1857]

分布：广东（英德、深圳）、海南、香港；印度，马来西亚，新加坡，印度尼西亚。

1170. *Cerynea* Walker, 1859

（2601）崆坷夜蛾 *Cerynea contentaria* (Walker, 1861)

分布：广东（深圳）；斯里兰卡，印度尼西亚。

1171. 维夜蛾属 *Chalconyx* Sugi, 1982

（2602）维夜蛾 *Chalconyx ypsilon* (Butler, 1879)

分布：广东（乳源）等；日本。

1172. 张夜蛾属 *Chandica* Moore, 1888

（2603）张夜蛾 *Chandica quadripennis* Moore, 1888

分布：广东、海南；印度。

1173. *Charanyctycia* Hreblay *et* Ronkay, 1998

（2604）玛姹夜蛾 *Charanyctycia maria* Ronkay, Ronkay, Gyulai *et* Hacker, 2010

分布：广东（乳源）等。

1174. 皙夜蛾属 *Chasmina* Walker, 1856

（2605）曲缘皙夜蛾 *Chasmina candida* (Walker, 1865)

分布：广东（乳源）、台湾、海南、云南；日本，缅甸，柬埔寨，斐济。

（2606）胡皙夜蛾 *Chasmina fasciculosa* (Walker, 1858)

分布：广东（深圳）、福建、海南、香港；斯里兰卡。

（2607）判皙夜蛾 *Chasmina judicata* (Walker, 1858)

分布：广东；印度，斯里兰卡。

1175. 龟虎蛾属 *Chelonomorpha* Motschoulsky, 1860

（2608）台湾龟虎蛾南岭亚种 *Chelonomorpha formosana nanlingensis* Kishida *et* Wang, 2016

分布：广东（乳源）。

（2609）龟虎蛾 *Chelonomorpha japana* Motschulsky, 1860

分布：广东、湖南、福建、云南；日本。

1176. 缘夜蛾属 *Chorsia* Walker, ［1863］1864

（2610）腌劢夜蛾 *Chorsia albicincta* (Hampson, 1898)

分布：广东（乳源）、台湾等；日本，印度。

（2611）毛足夜蛾 *Chorsia albiscripta* (Hampson, 1898)

分布：广东（深圳）、台湾、香港、四川；日本，印度，斯里兰卡。

（2612）缘夜蛾 *Chorsia mollicula* (Graeser, 1888［1889］)

分布：广东（乳源）、黑龙江、四川、台湾；俄罗斯，韩国，日本，尼泊尔，印度；东南亚。

1177. *Chrysodeixis* Hübner, 1821

（2613）富丽银纹夜蛾 *Chrysodeixis acuta* (Walker, 1858)

分布：广东（乳源）等；南亚，东南亚，非洲，大洋洲。

（2614）俏尔斯夜蛾 *Chrysodeixis chalcites* (Esper, 1789)

分布：广东、河南、陕西、浙江、江西、海南、广西、四川、云南；印度，伊朗；欧洲，非洲。

（2615）南方银辉夜蛾 *Chrysodeixis eriosoma* (Doubleday, 1843)

分布：广东（乳源、深圳）、台湾等；朝鲜，韩国，俄罗斯，日本，越南，柬埔寨，泰国，印度，缅甸，斯里兰卡，菲律宾，马来西亚，印度尼西亚，土库曼斯坦，文莱，澳大利亚（新南威尔士、北领地、昆士兰、塔斯马尼亚），巴布亚新几内亚，新西兰，斐济，汤加，美国（夏威夷）。

（2616）台湾银辉夜蛾 *Chrysodeixis taiwani* Dufay, 1974

分布：广东（乳源）、江西、湖南、台湾、广西、四川、云南；日本，尼泊尔，不丹。

1178. 流夜蛾属 *Chytonix* Grote, 1874

（2617）白点流夜蛾 *Chytonix albonotata* (Staudinger, 1892)

分布：广东（乳源）、黑龙江、吉林、江苏、浙江、湖北、湖南、福建；俄罗斯，朝鲜，韩国，日本。

1179. 克夜蛾属 *Clavipalpula* Staudinger, 1892

（2618）克夜蛾 *Clavipalpula aurariae* (Oberthür, 1880)

分布：广东（英德、乳源）、黑龙江、吉林、辽宁；俄罗斯，朝鲜，韩国，日本。

1180. 飘夜蛾属 *Clethrorasa* Hampson, (1908)

（2619）飘夜蛾 *Clethrorasa pilcheri* (Hampson, 1896)

分布：广东（英德、乳源）等；印度（锡金）。

1181. 红衣夜蛾属 *Clethrophora* Hampson, 1894

（2620）红衣夜蛾 *Clethrophora distincta* (Leech, 1889)

分布：广东（乳源）、台湾等；日本，印度，尼泊尔。

1182. 点夜蛾属 *Condica* Walker, 1856

（2621）白纹点夜蛾 *Condica albigutta* (Wileman, 1912)

分布：广东（英德、乳源、深圳）、台湾、香港；日本，越南，老挝，泰国，印度，缅甸，菲律宾，印度尼西亚，文莱。

（2622）素点夜蛾 *Condica capensis* (Guenée, 1852)

分布：广东、湖北、湖南、江西、台湾、福建、海南、西藏；印度，缅甸，斯里兰卡，马来西亚，菲律宾，印度尼西亚；非洲，大洋洲。

（2623）楚点夜蛾 *Condica dolorosa* (Walker, 1865)

分布：广东、湖南、福建、海南、云南；印度，斯里兰卡，菲律宾，斐济。

（2624）易点夜蛾 *Condica illecta* (Walker, 1865)

分布：广东（英德、乳源）等。

1183. 标夜蛾属 *Colocasia* Ochsenheimer, 1816

（2625）暗标夜蛾 *Colocasia umbrosa* (Wileman, 1911)

分布：广东（乳源）等；日本。

1184. 峦冬夜蛾属 *Conistra* Hübner, [1821]1816

（2626）弩峦冬夜蛾 *Conistra nawae* Matsumura, 1926

分布：广东（乳源）、台湾等；越南，尼泊尔。

1185. 康夜蛾属 *Conservula* Grote, 1874

（2627）印度康夜蛾 *Conservula indica* (Moore, 1867)

分布：广东（乳源）、台湾等；越南，老挝，泰国，印度，孟加拉国，巴基斯坦。

1186. 首夜蛾属 *Craniophora* Snellen, 1867

（2628）条首夜蛾 *Craniophora fasciata* (Moore, 1887)

分布：广东（深圳）、黑龙江、吉林、辽宁、湖北、台湾、海南、香港、云南；韩国，日本，斯里兰卡，尼泊尔，巴基斯坦，越南，缅甸，印度尼西亚，阿曼。

（2629）黑点首夜蛾 *Craniophora harmandi* (Poujade, 1898)

分布：广东（乳源）、台湾等；日本。

1187. 苔藓夜蛾属 *Cryphia* Hübner, 1818

（2630）晦藓夜蛾 *Cryphia mitsuhashi* (Marumo, 1917)

分布：广东（乳源）、吉林；朝鲜，韩国，日本。

（2631）小藓夜蛾 *Cryphia minutissima* (Draudt, 1950)

分布：广东（乳源）、吉林、辽宁、湖南、浙江；朝鲜，韩国，日本。

1188. 银纹蛾属 *Ctenoplusia* Dufay, 1970

（2632）银纹夜蛾 *Ctenoplusia agnata* (Staudinger, 1892)

分布：广东（乳源）等；俄罗斯，韩国，日本，印度，尼泊尔；东南亚。

（2633）白条夜蛾 *Ctenoplusia albostriata* (Bremer *et* Grey, 1853)

分布：广东（英德、乳源）、黑龙江、吉林、北京、山西、山东、陕西、甘肃、江苏、浙江、湖北、江西、湖南、福建、台湾、海南、香港、广西、四川、贵州、云南；俄罗斯，韩国，日本，澳大利亚，新西兰；东南亚。

（2634）叉梳状夜蛾 *Ctenoplusia furcifera* (Walker, [1858])

分布：广东、广西、四川、云南；印度，尼泊尔，印度尼西亚，巴布亚新几内亚，澳大利亚。

（2635）渺梳夜蛾 *Ctenoplusia microptera* Ronkay, 1989

分布：广东（深圳）、香港；越南。

（2636）变梳状夜蛾 *Ctenoplusia mutans* (Walker, 1865)

分布：广东、浙江、台湾、广西、贵州、云南；印度。

（2637）混银纹夜蛾 *Ctenoplusia tarassota* (Hampson, 1913)

分布：广东、广西、四川、云南；印度，巴基斯坦。

1189. 冬夜蛾属 *Cucullia* Schrank, 1802

（2638）贯冬夜蛾 *Cucullia perforata* Bremer, 1861

分布：广东（乳源）、黑龙江、河北、山东、福建；俄罗斯，蒙古国，韩国，日本。

1190. 斑蕊夜蛾属 *Cymatophoropsis* Hampson, 1894

（2639）大斑蕊夜蛾 *Cymatophoropsis unca* (Houlbert, 1921)

分布：广东（乳源）、黑龙江、吉林、辽宁、浙江、湖北、江西、四川、云南、西藏；俄罗斯，朝鲜，韩国，日本。

（2640）斑蕊夜蛾 *Cymatophoropsis sinuata* (Moore, 1879)

分布：广东（英德、乳源）等；印度，孟加拉国。

（2641）三斑蕊夜蛾 *Cymatophoropsis trimaculata* (Bremer, 1861)

分布：广东（英德、乳源）、黑龙江、吉林、辽宁、河北、山东、湖南、福建、广西、云南；俄罗斯，朝鲜，韩国，日本。

1191. 逼夜蛾属 *Dactyloplusia* Chou *et* Lu, 1979

（2642）弧线澄夜蛾 *Dactyloplusia impulsa* (Walker, 1865)

分布：广东（英德、深圳）、湖南、台湾、广西、贵州；日本，印度，斯里兰卡，印度尼西亚，巴布亚新几内亚。

1192. 剑冬夜蛾属 *Daseuplexia* **Hampson, 1906**

（2643）笪剑冬夜蛾 *Daseuplexia pittergabori* Ronkay, Ronkay, Gyulai *et* Hacker, 2010

分布：广东（乳源）。

1193. *Daseutype* **Hreblay, Peregovits** *et* **Ronkay, 1999**

（2644）塞笪夜蛾 *Daseutype secunda* Ronkay, Ronkay, Gyulai *et* Hacker, 2010

分布：广东（乳源）。

1194. 达沓夜蛾属 *Data* **Walker, 1862**

（2645）咯散纹夜蛾 *Data clava* (Leech, 1900)

分布：广东（乳源）、台湾等；泰国，日本。

（2646）达沓夜蛾 *Data thalpophiloides* Walker, 1862

分布：广东、福建、海南、四川、西藏；印度，斯里兰卡，印度尼西亚，马来西亚；大洋洲。

1195. 紫金翅夜蛾属 *Diachrysia* **Hübner,〔1821〕1816**

（2647）天山紫金翅夜蛾 *Diachrysia pales* (Mell, 1939)

分布：广东、安徽、江西、福建、广西；俄罗斯（远东），韩国，日本。

1196. 歹夜蛾属 *Diarsia* **Hübner,〔1821〕1816**

（2648）明歹夜蛾 *Diarsia albipennis* (Butler, 1889)

分布：广东（乳源）等；朝鲜，韩国，日本，印度，菲律宾，马来西亚，印度尼西亚。

（2649）基点歹夜蛾 *Diarsia basistriga* (Moore, 1867)

分布：广东（乳源）、西藏等；印度，尼泊尔。

（2650）脉歹夜蛾 *Diarsia metatorva* Boursin, 1954

分布：广东（乳源、连平）、四川。

（2651）黑痣芒夜蛾 *Diarsia nigrosigna* (Moore, 1881)

分布：广东（乳源）等；日本，印度，菲律宾。

（2652）黑龙江歹夜蛾 *Diarsia pacifica* Boursin, 1943

分布：广东（乳源）、黑龙江；俄罗斯，韩国，日本。

（2653）赭尾歹夜蛾 *Diarsia ruficauda* (Warren, 1909)

分布：广东（乳源）、黑龙江、江苏、浙江、湖南、江西、福建、云南；俄罗斯（远东），朝鲜，韩国，日本。

1197. *Dicerogastra* **Fletcher, 1961**

（2654）伉灰夜蛾 *Dicerogastra costigerodes* (Poole, 1989)

分布：广东（乳源）等；印度。

1198. *Dictyestra* **Sugi, 1982**

（2655）角网夜蛾 *Dictyestra dissectus* (Walker, 1865)

分布：广东（乳源、深圳）、浙江、湖南、福建、台湾、海南、香港、云南；日本，斯里兰卡，菲律宾，印度尼西亚，巴布亚新几内亚。

1199. 青夜蛾属 *Diphtherocome* Warren, 1907

（2656）白线青夜蛾 *Diphtherocome discibrunnea* (Moore, 1867)

　　分布：广东（乳源）等；越南，泰国，印度，缅甸，尼泊尔，孟加拉国，巴基斯坦。

（2657）维青夜蛾 *Diphtherocome viridissima* Hreblay *et* Ronkay, 1999

　　分布：广东（乳源）等；越南。

1200. *Donda* Moore, 1882

（2658）康峒夜蛾 *Donda continentalis* Behounek, Han *et* Kononenko, 2012

　　分布：广东（英德）等；越南，泰国。

1201. 翅夜蛾属 *Dypterygia* Stephens, 1829

（2659）麻翅夜蛾 *Dypterygia multistriata* Warren, 1912

　　分布：广东（英德、乳源）等；印度。

1202. 迪夜蛾属 *Dyrzela* Walker, 1858

（2660）迪夜蛾 *Dyrzela plagiata* Walker, 1858

　　分布：广东（深圳）、海南、香港；缅甸，斯里兰卡，新西兰。

1203. 井夜蛾属 *Dysmilichia* Speiser, 1902

（2661）井夜蛾 *Dysmilichia gemella* (Leech, 1889)

　　分布：广东（乳源）等；朝鲜，韩国，日本；欧洲。

1204. 宫夜蛾属 *Ecpatia* Turner, 1902

（2662）白斑宫夜蛾 *Ecpatia longinquua* (Swinhoe, 1890)

　　分布：广东（乳源、深圳）、台湾、香港、广西；日本，越南，老挝，泰国，印度，缅甸，尼泊尔，菲律宾，印度尼西亚。

1205. *Elwesia* Hampson, 1894

（2663）森埃纬夜蛾 *Elwesia sugii* Yoshimoto, 1994

　　分布：广东（乳源）、台湾等；日本，尼泊尔。

（2664）舞俄夜蛾 *Elwesia vuquangconi* Hrebley, Peregovits *et* Ronkay, 1999

　　分布：广东（乳源）等；越南，泰国。

1206. 线夜蛾属 *Elydna* Walker, 1858

（2665）澳蔼夜蛾 *Elydna ochracea* (Hampson, 1894)

　　分布：广东（深圳）；泰国，缅甸。

1207. *Elusa* Walker, [1858]

（2666）角鹿夜蛾 *Elusa antennata* (Moore, 1882)

　　分布：广东（英德、深圳）、香港。

1208. 珠纹夜蛾属 *Erythroplusia* Ichinose, 1962

（2667）滴纹夜蛾 *Erythroplusia pyropia* (Butler, 1879)

　　分布：广东（乳源）、吉林、辽宁、台湾、广西、西藏；俄罗斯，韩国，日本，印度，尼泊尔，巴基斯坦。

（2668）玄珠夜蛾 *Erythroplusia rutilifrons* (Walker, 1858)

分布：广东（乳源）等；俄罗斯（远东），朝鲜，韩国，日本。

1209. 义夜蛾属 *Etanna* Walker, 1862

（2669）微短义夜蛾 *Etanna breviuscula* (Walker, 1863)

分布：广东（深圳）、香港。

1210. 锦夜蛾属 *Euplexia* Stephens, 1829

（2670）黄绿锦夜蛾 *Euplexia chlorerythra* Swinhoe, 1895

分布：广东（乳源）、台湾等；印度。

1211. 类锦夜蛾属 *Euplexidia* Hampson, 1896

（2671）氨诶夜蛾 *Euplexidia angusta* Yoshimoto, 1987

分布：广东（乳源）、台湾等；日本。

1212. 犹冬夜蛾属 *Eupsilia* Hübner,〔1821〕

（2672）赤犹冬夜蛾 *Eupsilia ancheng* Owada *et* Kobayashi, 2004

分布：广东（乳源）。

（2673）酷犹冬夜蛾南岭亚种 *Eupsilia cuprea nanlingensis* Kobayashi *et* Wang, 2004

分布：广东（乳源）等。

（2674）司犹冬夜蛾 *Eupsilia strigifera* Butler, 1879

分布：广东（乳源）等；朝鲜，韩国，日本，尼泊尔。

（2675）夏犹冬夜蛾 *Eupsilia xiayue* Kobayashi *et* Owada, 2004

分布：广东（乳源）。

1213. 文夜蛾属 *Eustrotia* Hübner, 1821

（2676）暗边文夜蛾 *Eutrotia marginata* (Walker, 1866)

分布：广东；印度，缅甸，印度尼西亚。

1214. 红金夜蛾属 *Extremoplusia* Ronkay, 1987

（2677）红金翅夜蛾 *Extremoplusia megaloba* (Hampson, 1912)

分布：广东（乳源、深圳）、江西、湖南、台湾、海南、广西。

1215. 火夜蛾属 *Flammona* Walker, 1863

（2678）三条火夜蛾 *Flammona trilineata* Leech, 1900

分布：广东（乳源、深圳）、江西、湖南、福建、香港、广西、四川；印度。

1216. 哈夜蛾属 *Hamodes* Guenée, 1852

（2679）斜线哈夜蛾 *Hamodes butleri* (Leech, 1900)

分布：广东（英德、深圳）、湖南、福建、海南、四川、贵州、云南。

（2680）哈夜蛾 *Hamodes propitia* (Guérin–Méneville,〔1830〕)

分布：广东（英德、深圳）、台湾、香港；泰国，印度，尼泊尔，印度尼西亚，巴布亚新几内亚。

1217. 棉铃虫属 *Helicoverpa* Hardwick, 1965

（2681）棉铃虫 *Helicoverpa armigera* (Hübner,〔1808〕)

分布：广东（英德、深圳）等；韩国，日本，印度，澳大利亚，新西兰；东南亚，中亚，中东，欧洲。

（2682）烟青虫 *Helicoverpa assulta* (Guenée, 1852)

分布：广东等；俄罗斯，韩国，日本，巴基斯坦，印度，尼泊尔，菲律宾，印度尼西亚，澳大利亚，新西兰；中东，东南亚。

1218. 黑夜蛾属 *Hemiglaea* Sugi, 1980

（2683）白线黑夜蛾 *Hemiglaea albolineata* Owada, 1993

分布：广东、台湾等。

（2684）淡缘黑夜蛾 *Hemiglaea costalis* (Butler, 1879)

分布：广东（乳源）、台湾等；朝鲜，韩国，日本，越南，尼泊尔。

1219. 明冬夜蛾属 *Hyalobole* Warren, 1911

（2685）倪暇夜蛾 *Hyalobole nigripalpis* (Warren, 1911)

分布：广东（乳源）等；印度，尼泊尔，巴基斯坦。

1220. 艺夜蛾属 *Hyssia* Guenée, 1852

（2686）焦艺夜蛾 *Hyssia adusta* Draudt, 1950

分布：广东、浙江、湖北、福建、广西。

1221. 雅夜蛾属 *Iambia* Walker, 1863

（2687）日雅夜蛾 *Iambia japonica* Sugi, 1958

分布：广东（英德）等；朝鲜，韩国，日本。

1222. 逸色夜蛾属 *Ipimorpha* Hübner,〔1821〕

（2688）杨逸色夜蛾 *Ipimorpha subtusa* (Denis *et* Schiffermüller, 1775)

分布：广东、黑龙江、吉林、辽宁；俄罗斯，蒙古国，韩国，日本，哈萨克斯坦。

1223. *Isolasia* Warren, 1912

（2689）湘倪夜蛾 *Isolasia hunana* Ronkay, Ronkay, Gyulai *et* Hacker, 2010

分布：广东（乳源）等。

1224. *Kisegira* Hreblay *et* Ronkay, 1999

（2690）壬凯夜蛾 *Kisegira regina rubra* Ronkay, Ronkay, Gyulai *et* Hacker, 2010

分布：广东（乳源）等。

1225. 粘夜蛾属 *Leucania* Ochsenheimer, 1816

（2691）波线粘夜蛾 *Leucania curvilinea* Hampson, 1891

分布：广东、湖南、福建、台湾、四川；日本，越南，印度，尼泊尔，斯里兰卡，菲律宾，马来西亚，印度尼西亚，巴布亚新几内亚。

（2692）差粘夜蛾 *Leucania irregularis* (Walker, 1857)

分布：广东、海南；印度，缅甸，新加坡，印度尼西亚；大洋洲。

（2693）重列粘夜蛾 *Leucania polysticha* Turner, 1902

分布：广东（英德、深圳）、台湾、香港；日本。

（2694）淡脉粘夜蛾 *Leucania roseilinea* Walker, 1862

分布：广东（英德、深圳）、江苏、江西、湖南、福建、台湾、海南、四川、云南；日本，印度，斯里兰卡，马来西亚，新加坡。

（2695）玉粘夜蛾 *Leucania yu* Guenée, 1852

分布：广东（英德、深圳）、台湾、云南；日本，越南，印度，缅甸，尼泊尔，斯里兰卡，菲律宾，马来西亚，新加坡，印度尼西亚，澳大利亚，所罗门群岛，斐济，巴布亚新几内亚。

1226. *Lophonycta* Sugi, 1970

（2696）交兰洛夜蛾 *Lophonycta confusa* (Leech, 1889)

分布：广东（英德、乳源、深圳）、浙江、湖南、福建、香港、广西、四川、云南；日本。

（2697）蟠脊蕊夜蛾 *Lophoptera nama* (Swinhoe, 1900)

分布：广东（乳源）、台湾等；越南，泰国，不丹，印度，尼泊尔，菲律宾（吕宋），印度尼西亚，澳大利亚，巴布亚新几内亚。

1227. 银锭夜蛾属 *Macdunnoughia* Kostrowicki, 1961

（2698）淡银锭夜蛾 *Macdunnoughia purissima* (Butler, 1878)

分布：广东（乳源）、吉林、河南、陕西、江苏、湖北、广西、重庆、四川、贵州、云南；俄罗斯（远东），朝鲜，韩国，日本。

（2699）方淡银锭夜蛾 *Macdunnoughia tetragona* (Walker, ［1858］)

分布：广东（乳源）、台湾等。

1228. 迷虎蛾属 *Maikona* Matsumura, 1928

（2700）南岭迷虎蛾 *Maikona nanlingensis* Owada *et* Wang, 2003

分布：广东（乳源）。

1229. 璃夜蛾属 *Maliattha* Walker, 1863

（2701）玲璃夜蛾 *Maliattha separata* Walker, 1863

分布：广东、福建、海南；印度，缅甸，斯里兰卡，马来西亚，印度尼西亚。

（2702）标璃夜蛾 *Maliattha signifera* (Walker, 1857)

分布：广东、黑龙江、吉林、辽宁、河北、江苏、湖北、江西、福建、台湾、广西；韩国，日本，印度，斯里兰卡，巴基斯坦，尼泊尔，越南，柬埔寨，缅甸，菲律宾，马来西亚，密克罗尼西亚，澳大利亚。

1230. *Maxiana* Stüning, Behounek, Benedek *et* Saldaitis, 2014

（2703）瑟熳夜蛾 *Maxiana sericea* (Draudt, 1950)

分布：广东（乳源）。

1231. 长角冬夜蛾属 *Meganyctycia* Hreblay *et* Ronkay, 1998

（2704）韩氏长角冬夜蛾 *Meganyctycia hanhuilini* Ronkay, Ronkay, Gyulai *et* Hacker, 2010

分布：广东（乳源）。

1232. 拟彩虎蛾属 *Mimeusemia* Butler, 1875

（2705）斑拟彩虎蛾 *Mimeusemia ceylonica* Hampson, 1893

分布：广东、海南；斯里兰卡。

（2706）后拟彩虎蛾 *Mimeusemia postica* (Walker, 1862)

　　分布：广东（深圳）、香港；越南，泰国，马来西亚，印度尼西亚。

1233. 缤夜蛾属 *Moma* Hübner, [1820]1816

（2707）缤夜蛾 *Moma alpium* (Osbeck, 1778)

　　分布：广东（乳源）、黑龙江、吉林、辽宁、湖北、江西、福建、四川、云南；韩国，日本，土耳其（小亚细亚）；欧洲。

1234. 秘夜蛾属 *Mythimna* Ochsenheimer, 1816

（2708）白缘秘夜蛾 *Mythimna albicosta* Moore, 1881

　　分布：广东（乳源、深圳）、陕西、浙江、台湾、四川、云南；日本，印度，菲律宾。

（2709）白边秘夜蛾 *Mythimna albomarginata* (Wileman *et* South, 1920)

　　分布：广东（英德）、台湾、海南、云南、西藏；越南，老挝，泰国，缅甸，尼泊尔，不丹，菲律宾，马来西亚，印度尼西亚。

（2710）银秘夜蛾 *Mythimna argentea* Yoshimatsu, 1994

　　分布：广东（乳源、深圳）、台湾、香港。

（2711）双色秘夜蛾 *Mythimna bicolorata* (Plante, 1992)

　　分布：广东（英德）、浙江、贵州、云南、西藏；泰国，印度，尼泊尔。

（2712）暗灰秘夜蛾 *Mythimna consanguis* (Guenée, 1852)

　　分布：广东、湖北、贵州、云南；印度，尼泊尔，斯里兰卡，巴基斯坦，印度尼西亚，埃及，埃塞俄比亚，喀麦隆，马达加斯加。

（2713）十点秘夜蛾 *Mythimna decisissima* (Walker, 1865)

　　分布：广东（英德、深圳）、福建、海南、香港、广西、四川、云南、西藏；印度，印度尼西亚。

（2714）迪迷夜蛾 *Mythimna distincta* (Moore, 1888)

　　分布：广东（乳源）等；日本，印度，菲律宾。

（2715）黑纹秘夜蛾 *Mythimna fasciata* (Moore, 1881)

　　分布：广东（深圳）、湖北、香港；日本，印度，斯里兰卡。

（2716）台湾秘夜蛾 *Mythimna formosana* (Butler, 1880)

　　分布：广东（英德、深圳）、台湾；日本，菲律宾。

（2717）汉秘夜蛾 *Mythimna hamifera* (Walker, 1862)

　　分布：广东（深圳）、福建、台湾、广西、云南、西藏；日本，菲律宾，印度尼西亚，巴布亚新几内亚；巽他大陆。

（2718）洲秘夜蛾 *Mythimna insularis* (Butler, 1880)

　　分布：广东、湖南、台湾、海南、广西、云南；印度，菲律宾，巴基斯坦。

（2719）慕秘夜蛾 *Mythimna moorei* (Swinhoe, 1902)

　　分布：广东（英德）、湖南、福建、台湾、云南；越南，老挝，泰国，尼泊尔，菲律宾，马来西亚，印度尼西亚，孟加拉国，巴基斯坦，澳大利亚。

（2720）桑秘夜蛾 *Mythimna moriutii* Hreblay, 1998

分布：广东（英德、深圳）等；泰国。

（2721）虚秘夜蛾 *Mythimna nepos* (Leech, 1900)

分布：广东、浙江、云南；越南，泰国，尼泊尔，缅甸，印度尼西亚。

（2722）黑纹迷夜蛾 *Mythimna nigrilinea* (Leech, 1889)

分布：广东（乳源）、吉林、湖北、台湾等；韩国，日本，印度，尼泊尔，巴基斯坦，泰国，菲律宾，印度尼西亚。

（2723）奥秘夜蛾 *Mythimna obscurata* Staudinger, 1892

分布：广东（深圳）、香港。

（2724）艳秘夜蛾 *Mythimna pulchra* (Snellen, ［1886］)

分布：广东（英德、深圳）、台湾、香港、贵州、云南；老挝，泰国，缅甸，菲律宾，马来西亚，印度尼西亚。

（2725）逆秘夜蛾 *Mythimna reversa* (Moore, 1884)

分布：广东（英德、深圳）、福建、香港、广西、云南；越南，老挝，泰国，印度，缅甸，尼泊尔，斯里兰卡，菲律宾，马来西亚，印度尼西亚；大洋洲。

（2726）单秘夜蛾 *Mythimna simplex* (Leech, 1889)

分布：广东、吉林、湖北、湖南、江西；俄罗斯，韩国，日本，越南，泰国。

（2727）波秘夜蛾 *Mythimna sinuosa* (Moore, 1882)

分布：广东（乳源）、浙江、福建、台湾、四川、云南；越南，印度，尼泊尔，巴基斯坦。

（2728）斯秘夜蛾 *Mythimna snelleni* Hreblay, 1996

分布：广东、浙江、湖南、台湾、云南；日本，泰国，印度，尼泊尔，印度尼西亚，巴基斯坦。

（2729）顿秘夜蛾 *Mythimna stolida* (Leech, 1889)

分布：广东、北京、上海、浙江、福建、台湾、重庆、贵州、云南；俄罗斯，韩国，日本，印度尼西亚，澳大利亚。

（2730）禽秘夜蛾 *Mythimna tangala* (Felder *et* Rogenhorfer, 1874)

分布：广东、福建、云南；越南，印度，斯里兰卡。

1235. 夕夜蛾属 *Mudaria* Moore, 1893

（2731）夕夜蛾 *Mudaria leprosticta* (Hampson, 1907)

分布：广东、云南；斯里兰卡，新加坡，印度尼西亚。

1236. 孔雀夜蛾属 *Nacna* Fletcher, 1961

（2732）绿孔雀夜蛾 *Nacna malachitis* (Oberthür, 1881)

分布：广东（乳源）、黑龙江、吉林、辽宁、山西、河南、福建、台湾、四川、云南、西藏；俄罗斯（远东），朝鲜，韩国，日本，越南，印度，尼泊尔。

1237. *Narangodes* Hampson, 1910

（2733）康纳夜蛾 *Narangodes confluens* Sugi, 1990

分布：广东（英德、乳源、深圳）、台湾等；泰国。

1238. *Narcotica* Sugi, 1982

（2734）*Narcotica niveosparsa* (Matsumura, 1926)

分布：广东（乳源）等；朝鲜，韩国，日本。

1239. *Nyctycia* Hampson, 1906

（2735）阿舣夜蛾 *Nyctycia adnivis* Kobayashi *et* Owada, 1998

分布：广东（乳源）、台湾等。

（2736）阿比舣夜蛾 *Nyctycia albivariegata* Hrebley, Peregovits *et* Ronkay, 1999

分布：广东（乳源）等；越南。

（2737）恩舣夜蛾 *Nyctycia endoi* (Owada, 1983)

分布：广东（乳源）、台湾等。

（2738）候舣夜蛾 *Nyctycia hoenei simonyi* Hreblay, 1998

分布：广东（乳源）、台湾等。

（2739）朴倪夜蛾 *Nyctycia plumbeomarginata* (Hampson, 1895)

分布：广东（乳源）等；缅甸。

（2740）麝舣夜蛾 *Nyctycia shelpa* Yoshimoto, 1993

分布：广东（乳源）等；尼泊尔。

（2741）斯舣夜蛾 *Nyctycia strigidisca* (Moore, 1881)

分布：广东（乳源）、台湾等；日本，印度，尼泊尔。

1240. 矢夜蛾属 *Odontestra* Hampson, 1905

（2742）蜡矢夜蛾 *Odontestra laszlogabi* Hreblay *et* Ronkay, 2000

分布：广东（乳源）、台湾等。

1241. 禾夜蛾属 *Oligia* Hübner, ［1821］

（2743）中纹禾夜蛾 *Oligia mediofasciata* Draudt, 1950

分布：广东（乳源）。

（2744）白点禾夜蛾 *Oligia niveiplagoides* Poole, 1989

分布：广东、湖南。

1242. 胖夜蛾属 *Orthogonia* Felder *et* Felder, 1862

（2745）华胖夜蛾 *Orthogonia plumbinotata* (Hampson, 1908)

分布：广东（乳源）。

（2746）胖夜蛾 *Orthogonia sera* Felder *et* Felder, 1862

分布：广东（乳源）、黑龙江、吉林、辽宁、浙江、江西、四川、云南；俄罗斯，韩国，日本。

1243. 沓梦尼夜蛾属 *Orthopolia* Ronkay *et* Ronkay, 2001

（2747）沓梦尼夜蛾 *Orthopolia tayal* (Yoshimoto, 1994)

分布：广东（乳源）、台湾等。

1244. 梦尼夜蛾属 *Orthosia* Ochsenheimer, 1816

（2748）联梦尼夜蛾 *Orthosia carnipennis* (Butler, 1878)

分布：广东（乳源）、台湾、黑龙江、吉林等；俄罗斯，朝鲜，韩国，日本。

（2749）壶梦尼夜蛾 *Orthosia huberti marci* Ronkay, Ronkay, Gyulai *et* Hacker, 2010

分布：广东（乳源）等；越南。

（2750）黑斑梦尼夜蛾 *Orthosia nigromaculata* (Höne, 1917)

分布：广东（乳源）、台湾等；俄罗斯，朝鲜，韩国，日本。

（2751）缇梦尼夜蛾 *Orthosia tiszka* Ronkay, Ronkay, Gyulai *et* Hacker, 2010

分布：广东（乳源）。

1245. 弱夜蛾属 *Ozarba* Walker, 1865

（2752）分色弱夜蛾 *Ozarba bipars* Hampson, 1891

分布：广东、海南；印度。

（2753）弱夜蛾 *Ozarba punctigera* Walker, 1865

分布：广东（乳源）、黑龙江、吉林、辽宁、江苏、浙江、湖北、台湾、贵州；韩国，日本，澳大利亚，印度，尼泊尔，巴基斯坦；非洲中部，非洲南部。

1246. 小眼夜蛾属 *Panolis* Hübner,〔1821〕1816

（2754）东小眼夜蛾 *Panolis exquisita* Draudt, 1950

分布：广东（乳源）、台湾等。

（2755）波小眼夜蛾 *Panolis pinicortex* Draudt, 1950

分布：广东（乳源）、台湾等。

1247. 毛夜蛾属 *Panthea* Hübner,〔1820〕1816

（2756）灰毛夜蛾 *Panthea grisea* Wileman, 1910

分布：广东（乳源）、台湾等。

1248. 衫夜蛾属 *Phlogophora* Treitschke, 1825

（2757）白衫夜蛾 *Phlogophora albovittata* (Moore, 1867)

分布：广东（乳源）、台湾等；日本，泰国，印度，尼泊尔，印度尼西亚（苏门答腊）。

（2758）伉衫夜蛾 *Phlogophora conservuloides* (Hampson, 1898)

分布：广东（乳源）、台湾等；日本，越南，印度。

1249. *Plusiopalpa* Holland, 1894

（2759）女神重夜蛾 *Plusiopalpa adrasta* (Felder, 1874)

分布：广东（深圳）、香港。

1250. 原井夜蛾属 *Prometopus* Guenée, 1852

（2760）南岭原井夜蛾 *Prometopus albicollis* Wang *et* Yoshimoto, 2004

分布：广东（乳源）。

1251. 清文夜蛾属 *Pseudeustrotia* Warren, 1913

（2761）内白文夜蛾 *Pseudeustrotia semialba* (Hampson, 1904)

分布：广东（深圳）、香港、广西、云南；泰国，印度，缅甸。

1252. 伪小眼夜蛾属 *Pseudopanolis* Inaba, 1927

（2762）雅伪小眼夜蛾 *Pseudopanolis yazakii* Yoshimoto *et* Suzuki, 2012

分布：广东（乳源）等。

1253. 污禾夜蛾属 *Pyrrhidivalva* **Sugi, 1982**

（2763）污禾夜蛾 *Pyrrhidivalva sordida* (Butler, 1881)

分布：广东（乳源）、黑龙江、吉林、辽宁、内蒙古；俄罗斯，韩国，日本。

1254. 枝夜蛾属 *Ramadasa* **Moore, 1877**

（2764）枝夜蛾 *Ramadasa pavo* (Walker, 1856)

分布：广东（英德、乳源、深圳）、福建、海南、香港、广西、云南；越南，老挝，泰国，印度，缅甸，尼泊尔，斯里兰卡，菲律宾，印度尼西亚，文莱，东帝汶，马来西亚。

1255. 邻夜蛾属 *Rhynchaglaea* **Hampson, 1906**

（2765）半邻夜蛾 *Rhynchaglaea hemixantha* Sugi, 1980

分布：广东（乳源）、台湾等。

（2766）南岭邻夜蛾 *Rhynchaglaea nanlingensis* Owada *et* Wang, 2007

分布：广东（乳源）。

（2767）皮邻夜蛾 *Rhynchaglaea perscitula* Kobayashi *et* Owada, 2007

分布：广东（乳源）、台湾等。

（2768）台邻夜蛾 *Rhynchaglaea taiwana* Sugi, 1980

分布：广东（乳源）、台湾等；越南，尼泊尔。

1256. 修虎蛾属 *Sarbanissa* **Walker, 1865**

（2769）白斑修虎蛾 *Sarbanissa albifascia* (Walker, 1865)

分布：广东及华北地区；印度。

（2770）伊修虎蛾 *Sarbanissa interposita* (Hampson, 1910)

分布：广东（乳源）、台湾等。

（2771）酥修虎蛾 *Sarbanissa subalba* (Leech, 1890)

分布：广东（乳源）等；尼泊尔。

（2772）白云修虎蛾 *Sarbanissa transiens* (Walker, 1856)

分布：广东（英德、深圳）、湖南、香港、云南；印度，缅甸，尼泊尔，马来西亚，印度尼西亚。

（2773）艳修虎蛾 *Sarbanissa venusta* (Leech, ［1889］)

分布：广东（乳源）、黑龙江、吉林、江苏、浙江、湖北、四川；俄罗斯（远东），朝鲜，韩国，日本。

1257. 幻夜蛾属 *Sasunaga* **Moore, 1881**

（2774）间纹幻夜蛾 *Sasunaga interrupta* Warren, 1912

分布：广东（乳源）、台湾等；越南，老挝，泰国，印度，缅甸，尼泊尔，印度尼西亚（苏门答腊），马来西亚。

（2775）霉幻夜蛾 *Sasunaga leucorina* (Hampson, 1908)

分布：广东（深圳）、海南、香港；印度尼西亚，巴布亚新几内亚。

（2776）长斑幻夜蛾 *Sasunaga longiplaga* Warren, 1912

分布：广东（乳源、深圳）、台湾、海南、西藏；俄罗斯，朝鲜，韩国，日本，尼泊尔，巴布亚新几内亚，印度尼西亚。

（2777）幻夜蛾 *Sasunaga tenebrosa* (Moore, 1867)

分布：广东（乳源、深圳）、湖南、台湾、海南、香港、广西、云南；越南，老挝，泰国，印度，缅甸，尼泊尔，斯里兰卡，新加坡，印度尼西亚，马来西亚，文莱，孟加拉国，巴基斯坦；大洋洲。

1258. 黑银纹夜蛾属 *Sclerogenia* Ichinose, 1973

（2778）黑银纹夜蛾 *Sclerogenia jessica* (Butler, 1878)

分布：广东（乳源、深圳）、山东、陕西、湖北、台湾、香港、四川、云南、西藏；韩国，俄罗斯（远东），朝鲜，韩国，日本，印度。

1259. *Scriptoplusia* Ronkay, 1987

（2779）侃金翅夜蛾 *Scriptoplusia nigriluna* (Walker, [1858])

分布：广东（乳源、深圳）、台湾、海南、广西、云南；日本，越南，泰国，印度，尼泊尔，斯里兰卡，印度尼西亚，巴布亚新几内亚。

1260. 豪虎蛾属 *Scrobigera* Jordan, 1896

（2780）豪虎蛾指名亚种 *Scrobigera amatrix amatrix* (Westwood, 1848)

分布：广东（英德）、浙江、福建、四川；印度。

1261. 蛀茎夜蛾属 *Sesamia* Guenée, 1852

（2781）混蛀茎夜蛾 *Sesamia confusa* (Sugi, 1982)

分布：广东（乳源）、吉林；俄罗斯，朝鲜，韩国，日本。

（2782）克蛀茎夜蛾 *Sesamia cretica* Lederer, 1857

分布：广东（深圳）；印度，阿富汗。

1262. 明夜蛾属 *Sphragifera* Staudinger, 1892

（2783）日月明夜蛾 *Sphragifera biplagiata* (Walker, 1865)

分布：广东（乳源）、吉林、辽宁、河北、河南、湖北、湖南、江苏、浙江、福建、台湾、贵州；韩国，日本。

（2784）迥明夜蛾 *Sphragifera rejecta* (Fabricius, 1775)

分布：广东、河北、福建；印度，斯里兰卡，缅甸。

1263. 灰翅夜蛾属 *Spodoptera* Guenée, 1852

（2785）敞灰翅夜蛾 *Spodoptera apertura* (Walker, 1865)

分布：广东、吉林、辽宁、湖北、湖南、浙江；韩国，印度，斯里兰卡，印度尼西亚，澳大利亚，中非。

（2786）甜菜夜蛾 *Spodoptera exigua* (Hübner,［1808］)

分布：广东、河北、河南、陕西、山东、山西、北京、湖北、上海、安徽、江苏、浙江、江西、湖南、福建、台湾、广西、四川、贵州、云南等；加拿大，墨西哥，美国，阿根廷，玻利维亚，巴西，智利，哥伦比亚，厄瓜多尔，圭亚那，巴拉圭，秘鲁，苏里南，乌拉圭，委内瑞拉等。

（2787）草地贪夜蛾 *Spodoptera frugiperda* (Smith, 1797)

分布：广东、河南、江西、湖北、浙江、安徽、湖南、福建、海南、广西、重庆、四川、贵州、云南。

（2788）斜纹夜蛾 *Spodoptera litura* (Fabricius, 1775)

分布：广东（乳源、深圳）、山东、江苏、浙江、湖南、福建、台湾、海南、香港、广西、贵州、云南；朝鲜，韩国，日本，越南，泰国，印度，缅甸，印度尼西亚，马来西亚，澳大利亚；非洲。

（2789）灰翅夜蛾 *Spodoptera mauritia* (Boisduval, 1833)

分布：广东（乳源）等；日本，马达加斯加；印澳区。

（2790）梳灰翅夜蛾 *Spodoptera pecten* Guenée, 1852

分布：广东、台湾；朝鲜，日本，印度，缅甸，马来西亚，新加坡，印度尼西亚。

（2791）彩灰翅夜蛾 *Spodoptera picta* (Guérin–Méneville, [1838])

分布：广东；日本，印度，斯里兰卡，菲律宾，新加坡，澳大利亚。

1264. 兰纹夜蛾属 *Stenoloba* Staudinger, 1892

（2792）白兰纹夜蛾 *Stenoloba albiangulata* (Mell, 1943)

分布：广东（乳源）等；越南。

（2793）暗基兰纹夜蛾 *Stenoloba assimilis* (Warren, 1909)

分布：广东（乳源）、吉林、辽宁、台湾等；俄罗斯，朝鲜，韩国，日本。

（2794）内斑兰纹夜蛾 *Stenoloba basiviridis* Draudt, 1950

分布：广东（乳源）。

（2795）细兰纹夜蛾 *Stenoloba clara* (Leech, 1889)

分布：广东（乳源）、吉林、辽宁、福建等；朝鲜，韩国，日本。

（2796）海兰纹夜蛾 *Stenoloba marina* Draudt, 1950

分布：广东（乳源）、浙江、湖南、广西。

（2797）赤兰纹夜蛾 *Stenoloba rufosagitta* Kononenko *et* Ronkay, 2001

分布：广东（乳源）。

1265. 温冬夜蛾属 *Sugitania* Matsumura, 1926

（2798）阿奇温冬夜蛾 *Sugitania akirai* Sugi, 1990

分布：广东（乳源）等；日本，越南。

（2799）陈温冬夜蛾 *Sugitania chengshinglini* Owada *et* Tzuoo, 2010

分布：广东（乳源）、台湾等。

（2800）珂温冬夜蛾 *Sugitania clara* Sugi, 1990

分布：广东（乳源）等；朝鲜，韩国，日本。

（2801）乌温冬夜蛾 *Sugitania uenoi* Owada, 1995

分布：广东（深圳）、台湾、香港；越南。

（2802）上野温冬夜蛾 *Sugitania uenoi sinovietnamica* Owada *et* Wang, 2010

分布：广东（乳源）等；越南。

1266. *Taipsaphida* Ronkay *et* Ronkay, 2000

（2803）绮昊夜蛾 *Taipsaphida curiosa fujiani* Ronkay, Ronkay, Gyulai *et* Hacker, 2010

　　分布：广东（乳源）等。

1267. *Taivaleria* Hreblay *et* Ronkay, 2000

（2804）鹿薹夜蛾 *Taivaleria rubrifasciata* Hreblay *et* Ronkay, 2000

　　分布：广东（乳源）、台湾等。

1268. *Tambana* Moore, 1882

（2805）后夜蛾 *Tambana entoxantha* (Hampson, 1894)

　　分布：广东（乳源）等；越南，老挝，泰国，印度，尼泊尔，印度尼西亚。

（2806）白斑后夜蛾 *Tambana c-album* Leech, 1900

　　分布：广东（乳源）。

（2807）仆后夜蛾 *Tambana plumbea* (Butler, 1881)

　　分布：广东（乳源）等；日本。

（2808）黄后夜蛾 *Tambana subflava* (Wileman, 1911)

　　分布：广东（英德、乳源）、台湾；越南，泰国，印度，尼泊尔。

1269. 遥冬夜蛾属 *Telorta* Warren, 1910

（2809）砝遥冬夜蛾 *Telorta falcipennis* Boursin, 1958

　　分布：广东（乳源）。

（2810）斐遥冬夜蛾 *Telorta fibigeri* Ronkay, Ronkay, Gyulai *et* Hacker, 2010

　　分布：广东（乳源）等。

1270. 中金弧夜蛾属 *Thysanoplusia* Ichinose, 1973

（2811）道纹夜蛾 *Thysanoplusia daubei* (Boisduval, 1840)

　　分布：广东、山东、河南、陕西、浙江、湖北、福建、台湾、四川、贵州；日本，印度，伊朗，法国。

（2812）中金翅夜蛾 *Thysanoplusia intermixta* (Warren, 1913)

　　分布：广东（英德、乳源）、辽宁、河北、陕西、福建、台湾；俄罗斯，韩国，日本，澳大利亚；东南亚。

（2813）长纹夜蛾 *Thysanoplusia lectula* (Walker, 1858)

　　分布：广东、云南；日本，印度。

（2814）拟中金翅夜蛾 *Thysanoplusia orichalcea* (Fabricius, 1775)

　　分布：广东、陕西、四川、贵州、云南、西藏；印度，伊朗；欧洲，非洲。

（2815）网纹金翅夜蛾 *Thysanoplusia reticulata* (Moore, 1882)

　　分布：广东（深圳）、台湾、海南、香港、广西、云南；越南，泰国，印度，尼泊尔，菲律宾，马来西亚，印度尼西亚。

1271. 尖冬夜蛾属 *Tiliacea* Tutt, 1896

（2816）长沙美冬夜蛾 *Tiliacea changsha* Benedek ,Csõvári *et* Ronkay, 2005

　　分布：广东（乳源）、湖南。

1272. 掌夜蛾属 *Tiracola* Moore, 1881

（2817）金掌夜蛾 *Tiracola aureata* Holloway, 1989

分布：广东（英德、乳源、深圳）、台湾、香港；越南，日本，泰国，印度，尼泊尔，菲律宾，印度尼西亚，巴布亚新几内亚。

1273. 陌夜蛾属 *Trachea* Ochsenheimer, 1816

（2818）白斑陌夜蛾 *Trachea auriplena* (Walker, 1857)

分布：广东（乳源、深圳）、湖北、江西、湖南、福建、台湾、香港、四川、云南；朝鲜，日本，越南，泰国，印度，尼泊尔，不丹，斯里兰卡，巴基斯坦。

（2819）德陌夜蛾 *Trachea delica* Kovács *et* Ronkay, 2013

分布：广东（乳源）、台湾等。

1274. 斑金翅夜蛾属 *Trichoplusia* McDunnough, 1944

（2820）粉斑金翅夜蛾 *Trichoplusia ni* (Hübner, ［1803］)

分布：广东、吉林、陕西、福建、湖北；欧洲。

1275. 镶夜蛾属 *Trichosea* Grote, 1875

（2821）镶夜蛾 *Trichosea champa* (Moore, 1879)

分布：广东（乳源）、黑龙江、吉林、辽宁、河南、陕西、湖北、福建、台湾、云南等；俄罗斯（远东），朝鲜，韩国，日本，泰国，印度。

1276. 后夜蛾属 *Trisuloides* Butler, 1881

（2822）*Trisuloides sericea* Butler, 1881

分布：广东（乳源）、台湾等；日本，泰国，印度。

1277. 泰夜蛾属 *Tycracona* Moore, 1882

（2823）泰夜蛾 *Tycracona obliqua* Moore, 1882

分布：广东（深圳）、海南、香港、云南；越南，印度。

1278. *Uighuria* Koçak *et* Kemal, 2007

（2824）山西膜夜蛾 *Uighuria satellitia* (Hrebley *et* Ronkay, 2000)

分布：广东（乳源）等；越南。

1279. 鹰冬夜蛾属 *Valeria* Stephens, 1829

（2825）巨肾鹰冬夜蛾 *Valeria exanthema* (Boursin, 1955)

分布：广东、湖北。

1280. 条夜蛾属 *Virgo* Staudinger, 1892

（2826）条夜蛾 *Virgo datanidia* (Butler, 1885)

分布：广东（乳源）、黑龙江、吉林、陕西、浙江、湖南；俄罗斯，朝鲜，韩国，日本。

（2827）迈条夜蛾 *Virgo major* Kishida *et* Yoshimoto, 1991

分布：广东（乳源）、台湾等。

1281. *Viridistria* Behounek *et* Kononenko, 2012

（2828）崴夜蛾 *Viridistria striatovirens* (Moore, 1883)

分布：广东（乳源）等；越南，泰国，印度。

1282. *Wittstrotia* Speidl *et* Behounek, 2005

（2829）黄伟夜蛾 *Wittstrotia flavannamica* Behounek *et* Speidel, 2005

    分布：广东（乳源）等；越南。

1283. 黄夜蛾属 *Xanthodes* Guenée, 1852

（2830）犁纹黄夜蛾 *Xanthodes transversa* Guenée, 1852

    分布：广东（英德、乳源、深圳）、江苏、湖北、湖南、福建、台湾、香港、四川；朝鲜，韩国，日本，越南，老挝，泰国，印度，尼泊尔，斯里兰卡，菲律宾，马来西亚，孟加拉国，巴基斯坦，澳大利亚，所罗门群岛，瓦努阿图，印度尼西亚，文莱，巴布亚新几内亚。

1284. 路夜蛾属 *Xenotrachea* Sugi, 1958

（2831）秦路夜蛾 *Xenotrachea tsinlinga* (Draudt, 1950)

    分布：广东（乳源）。

1285. 鲁夜蛾属 *Xestia* Hübner, 1818

（2832）大三角鲁夜蛾 *Xestia kollari* (Lederer, 1853)

    分布：广东（乳源）、黑龙江、吉林、辽宁、内蒙古、新疆、河北、湖南、江西、云南；蒙古国，俄罗斯，朝鲜，韩国，日本。

（2833）八字地老虎 *Xestia c-nigrum* (Linnaeus, 1758)

    分布：广东（乳源）等；俄罗斯，蒙古国，韩国，日本，印度，尼泊尔，巴基斯坦，哈萨克斯坦；欧洲，北美洲，非洲北部。

（2834）前黄鲁夜蛾 *Xestia stupenda* (Butler, 1878)

    分布：广东、黑龙江、吉林、河北、陕西、江苏、浙江、江西、湖南、西藏；俄罗斯，蒙古国，韩国，日本，哈萨克斯坦。

1286. 木冬夜蛾属 *Xylena* Ochsenheimer, 1816

（2835）张木冬夜蛾 *Xylena changi* Horie, 1993

    分布：广东（乳源）、台湾等；日本。

（2836）森木冬夜蛾 *Xylena sugii* Kobayashi, 1993

    分布：广东（乳源）、台湾等。

（2837）塌木冬夜蛾 *Xylena tatajiana* Chang, 1991

    分布：广东（乳源）、台湾等。

1287. 花夜蛾属 *Yepcalphis* Nye, 1975

（2838）花夜蛾 *Yepcalphis dilectissima* (Walker, 1858)

    分布：广东（英德、乳源、深圳）、湖南、福建、香港、云南；越南，缅甸，斯里兰卡，马来西亚，新加坡，印度尼西亚，菲律宾。

1288. 隐纹夜蛾属 *Zonoplusia* Chou *et* Lu, 1979

（2839）隐纹夜蛾 *Zonoplusia ochreata* (Walker, 1865)

    分布：广东（英德）、台湾等；朝鲜，韩国，日本，斯里兰卡，菲律宾，印度尼西亚，澳大利亚。

四十八、蛱蛾科 Epiplemidae Hampson, 1892

1289. 斑蝶蛱蛾属 *Nossa* Kirby, 1892

（2840）虎腹蛱蛾 *Nossa moorei* (Elwes, 1890)

　　分布：广东、海南、广西、云南；印度。

1290. 缺角蛱蛾属 *Orudiza* Walker, 1861

（2841）二线缺角蛱蛾 *Orudiza protheclaria* Walker, 1861

　　分布：广东、海南、西藏；印度，缅甸，印度尼西亚，马来西亚。

1291. 珐蛱蛾属 *Phazaca* Walker, 1863

（2842）白珐蛱蛾 *Phazaca leucocera* (Hampson, 1891)

　　分布：广东（深圳）、香港；印度，斯里兰卡，印度尼西亚。

四十九、燕蛾科 Uraniidae Leach, 1815

1292. 燕蛾属 *Lyssa* Hübner, ［1823］

（2843）大燕蛾 *Lyssa zampa* (Butler, 1869)

　　分布：广东（乳源）、湖南、福建、海南、广西、重庆、贵州、云南；印度，菲律宾。

1293. 点燕蛾属 *Micronia* Guenée, 1857

（2844）一点燕蛾 *Micronia aculeata* Guenée, 1857

　　分布：广东（乳源、深圳）、香港、云南。

五十、尺蛾科 Geometridae Leach, 1815

1294. 矶尺蛾属 *Abaciscus* Butler, 1889

（2845）白点矶尺蛾 *Abaciscus albipunctata* (Inoue, 1955)

　　分布：广东（乳源）等；日本。

（2846）广州矶尺蛾 *Abaciscus cantonensis* (Wehrli, 1943)

　　分布：广东（乳源）等；尼泊尔。

（2847）双斑矶尺蛾 *Abaciscus costimacula* (Wileman, 1912)

　　分布：广东（英德、乳源、深圳）、浙江、湖北、江西、湖南、福建、台湾、海南、广西、四川、贵州、云南。

（2848）附矶尺蛾 *Abaciscus ferruginis* Sato *et* Wang, 2004

　　分布：广东（乳源）等；越南，泰国。

（2849）喀矶尺蛾 *Abaciscus karsholti* Sato, 1996

　　分布：广东（乳源）等；越南，泰国。

（2850）碎矶尺蛾 *Abaciscus tristis* Butler, 1889

　　分布：广东（乳源）、浙江、湖南、福建、海南、广西、四川、云南；印度尼西亚，马来西亚，文莱。

1295. 金星尺蛾属 *Abraxas* Leach, 1815

（2851）怡金星尺蛾 *Abraxas illuminata* Warren, 1894

　　分布：广东（深圳）；尼泊尔。

（2852）南岭金星尺蛾 *Abraxas nanlingensis* Inoue, 2005

　　分布：广东（乳源）等。

（2853）新金星尺蛾 *Abraxas neomartania* Inoue, 1970

分布：广东（英德、乳源）；尼泊尔。

（2854）铅灰金星尺蛾 *Abraxas plumbeata* Cockerell, 1906

分布：广东、湖南、江西、福建、广西、四川。

1296. 沼尺蛾属 *Acasis* Duponchel, 1845

（2855）沼尺蛾 *Acasis viretata* (Hübner, 1799)

分布：广东（乳源）、台湾、四川、云南；日本，印度，缅甸；欧洲。

1297. 彩尺蛾属 *Achrosis* Guenée, 1857

（2856）华南玫彩尺蛾 *Achrosis rosearia compsa* (Wehrli, 1939)

分布：广东、江苏、浙江、湖南、福建、广西、四川。

（2857）褐点尺蛾 *Achrosis rufescens* (Butler, 1880)

分布：广东（英德、乳源）、台湾等。

1298. 虹尺蛾属 *Acolutha* Warren, 1894

（2858）虹尺蛾 *Acolutha pictaria* (Moore, 1888)

分布：广东（英德、乳源）、浙江、福建、台湾、海南、广西、四川、云南等；东洋界。

（2859）霓虹尺蛾 *Acolutha pulchella* (Hampson, 1891)

分布：广东（英德、乳源、深圳）、湖南、福建、台湾、海南、广西、四川；日本，印度，印度尼西亚（爪哇）；东洋界。

1299. 极尺蛾属 *Acrodontis* Wehrli, 1931

（2860）福极尺蛾 *Acrodontis fumosa* (Prout, 1930)

分布：广东（乳源）等；日本。

（2861）湖南极尺蛾 *Acrodontis hunana* Wehrli, 1936

分布：广东（乳源、深圳）、台湾等。

（2862）迷极尺蛾 *Acrodontis mystica* Kobayashi, 1998

分布：广东（乳源）、台湾等。

1300. 美鹿尺蛾属 *Aethalura* McDunnough, 1920

（2863）中华美鹿尺蛾 *Aethalura chinensis* Sato *et* Wang, 2004

分布：广东（乳源）、陕西、福建。

1301. 艳青尺蛾属 *Agathia* Guenée, 1858

（2864）弓艳青尺蛾 *Agathia arcuata* Moore, 1868

分布：广东（英德）、香港；印度，缅甸，越南，泰国，斯里兰卡，印度尼西亚。

（2865）皋艳青尺蛾 *Agathia gaudens* Prout, 1932

分布：广东（英德、乳源）；印度。

（2866）半焦艳青尺蛾 *Agathia hemithearia* Guenée, 1858

分布：广东、浙江、福建、台湾、海南、广西；泰国，印度，斯里兰卡。

（2867）平艳青尺蛾指名亚种 *Agathia hilarata hilarata* Guenée, 1858

分布：广东、江西、湖南、四川；越南，印度，马来西亚，印度尼西亚。

（2868）夹竹桃艳青尺蛾 *Agathia lycaenaria* (Kollar, 1844)

分布：广东（英德、深圳）、福建、台湾、海南、香港、四川；日本，印度，缅甸，菲律宾，澳大利亚。

（2869）丰艳青尺蛾 *Agathia quinaria* Moore, 1868

分布：广东（英德、深圳）、香港、广西、云南；印度。

1302. 巫尺蛾属 ***Agaraeus* Kuznetzov *et* Stekolnikov, 1982**

（2870）异色巫尺蛾 *Agaraeus discolor* (Warren, 1893)

分布：广东（英德、乳源）、黑龙江、北京、湖北、湖南、福建、台湾、四川、云南；日本，印度。

1303. 鹿尺蛾属 ***Alcis* Curtis, 1826**

（2871）俄鹿尺蛾 *Alcis ectogramma* (Wehrli, 1943)

分布：广东（乳源）、台湾等。

（2872）鲜鹿尺蛾 *Alcis perfurcana* (Wehrli, 1943)

分布：广东（乳源）、山东、甘肃、湖北、江西、湖南、福建、广西、四川。

（2873）马鹿尺蛾 *Alcis postcandida* (Wehrli, 1924)

分布：广东（乳源）、江西、湖南、福建、广西、云南。

（2874）司鹿尺蛾 *Alcis scortea* (Bastelberger, 1909)

分布：广东（乳源）、湖南、福建、台湾、广西、四川、云南。

（2875）塞鹿尺蛾 *Alcis semiopaca* Sato *et* Wang, 2008

分布：广东（乳源）；老挝，缅甸。

（2876）瓦鹿尺蛾 *Alcis variegata* (Moore, 1888)

分布：广东（英德、乳源）等；印度尼西亚（苏门答腊）。

（2877）薛鹿尺蛾 *Alcis xuei* Sato *et* Wang, 2005

分布：广东（乳源）、福建、海南；越南。

1304. ***Alex* Walker, 1862**

（2878）须爱丽尺蛾 *Alex palparia* (Walker, 1861)

分布：广东（深圳）、香港；菲律宾。

1305. 兀尺蛾属 ***Amblychia* Guenée, 1857**

（2879）兀尺蛾 *Amblychia insueta* (Butler, 1878)

分布：广东（乳源）、江西、湖南、广西、四川、云南；日本。

（2880）南岭兀尺蛾 *Amblychia nanlingana* Sato *et* Wang, 2014

分布：广东（乳源）。

（2881）台兀尺蛾 *Amblychia sauteri* (Prout, 1914)

分布：广东（乳源）、台湾等。

1306. 掌尺蛾属 ***Amraica* Moore, 1888**

（2882）大斑掌尺蛾 *Amraica asahinai* (Inoue, 1964)

分布：广东（乳源、深圳）、台湾、香港；日本，越南，缅甸，尼泊尔。

（2883）拟大斑掌尺蛾 *Amraica prolata* Jiang, Sato *et* Han, 2012

分布：广东、浙江、江西、湖南、福建、广西；老挝，泰国。

1307. 猗尺蛾属 *Anectropis* Sato, 1991

（2884）宁波猗尺蛾 *Anectropis ningpoaria* (Leech, 1891)

分布：广东（乳源）、江苏、浙江、湖南、福建、重庆。

1308. 星尺蛾属 *Antipercnia* Inoue, 1992

（2885）白星尺蛾 *Antipercnia belluaria* (Guenée, 1858)

分布：广东（乳源）、陕西、甘肃、湖北、湖南、福建、广西、四川、贵州、云南、西藏；印度，尼泊尔。

1309. 蟹尺蛾属 *Antitrygodes* Warren, 1895

（2886）缘斑姬尺蛾 *Antitrygodes divisaria* (Walker, 1861)

分布：广东（广州、英德、深圳）、福建、台湾、海南、香港、广西、云南；日本，印度，印度尼西亚。

（2887）*Antitrygodes vicina* (Thierry–Mieg, 1907)

分布：广东（深圳）、香港；菲律宾，印度尼西亚。

1310. 拟雕尺蛾属 *Arbomia* Sato *et* Wang, 2004

（2888）岸田拟雕尺蛾 *Arbomia kishidai* Sato *et* Wang, 2004

分布：广东（乳源）等；越南。

1311. 弥尺蛾属 *Arichanna* Moore, 1868

（2889）白斑弥尺蛾 *Arichanna albomacularia* Leech, 1891

分布：广东（乳源）、台湾等；朝鲜，韩国，日本。

（2890）福弥尺蛾 *Arichanna furcifera* Moore, 1888

分布：广东（英德、乳源）、湖南、湖北、福建、广西、四川、云南；泰国，印度，尼泊尔。

（2891）边弥尺蛾 *Arichanna marginata* Warren, 1893

分布：广东（乳源）、湖南、台湾、海南、广西；泰国，印度，尼泊尔，不丹。

（2892）普弥尺蛾 *Arichanna pryeraria* Leech, 1891

分布：广东（乳源）、台湾等；日本。

1312. 原尺蛾属 *Archiearis* Hübner, 1823

（2893）锚尺蛾 *Archiearis notha* (Hübner, 1803)

分布：广东（英德）等。

1313. 造桥虫属 *Ascotis* Hübner, 1825

（2894）大造桥虫 *Ascotis selenaria* (Denis *et* Schiffermüller, 1775)

分布：广东（英德、中山）、黑龙江、吉林、辽宁、内蒙古、北京、河北、山西、陕西、甘肃、新疆、江苏、浙江、湖北、江西、湖南、福建、台湾、海南、香港、广西、四川、重庆、贵州、云南、西藏；俄罗斯，日本，印度，斯里兰卡；朝鲜半岛，欧洲，非洲。

1314. 白尺蛾属 *Asthena* Hübner,［1825］

（2895）黑星白尺蛾 *Asthena melanosticta* Wehrlim, 1924

分布：广东（英德、乳源）、江西、湖南、台湾、广西等。

（2896）对白尺蛾 *Asthena undulata* (Wileman, 1915)

　　分布：广东（英德、乳源、深圳）、上海、浙江、湖北、江西、湖南、福建、台湾、广西、四川。

1315. 灰尖尺蛾属 *Astygisa* Walker, 1864

（2897）大灰尖尺蛾 *Astygisa chlororphnodes* (Wehrli, 1936)

　　分布：广东（英德、乳源）、陕西、甘肃、浙江、江西、湖南、福建、广西、四川、云南；日本。

1316. 娴尺蛾属 *Auaxa* Walker, 1860

（2898）娴尺蛾 *Auaxa cesadaria* Walker, 1860

　　分布：广东（英德、乳源）、山西、陕西、宁夏、甘肃、浙江、江西、湖南、福建、台湾、广西、四川、贵州、云南、西藏；日本，印度；朝鲜半岛。

1317. 丽斑尺蛾属 *Berta* Walker, 1863

（2899）丽斑尺蛾海南亚种 *Berta chrysolineata hainanensis* Prout, 1934

　　分布：广东、海南、云南；印度，印度尼西亚。

（2900）纹丽斑尺蛾 *Berta rugosivalva* Galsworthy, 1997

　　分布：广东（乳源）、台湾、香港；印度，缅甸，马来西亚。

1318. 鹰尺蛾属 *Biston* Leach, 1815

（2901）白鹰尺蛾 *Biston contectaria* (Walker, 1863)

　　分布：广东（乳源）等。

（2902）油茶鹰尺蛾 *Biston marginata* Shiraki, 1913

　　分布：广东（乳源）、浙江、江西、湖南、福建、台湾、广西、重庆、云南；日本，越南。

（2903）木橑尺蛾 *Biston panterinaria* (Bremer *et* Grey, 1853)

　　分布：广东（英德、乳源）、辽宁、北京、河北、山西、山东、河南、陕西、宁夏、甘肃、安徽、浙江、湖北、江西、湖南、福建、海南、广西、四川、贵州、云南、西藏；印度，尼泊尔，越南，泰国。

（2904）鬃鹰尺蛾 *Biston pustulata* (Warren, 1896)

　　分布：广东（深圳）、海南；泰国。

（2905）双云鹰尺蛾 *Biston regalis* (Moore, 1888)

　　分布：广东（乳源）、辽宁、河南、陕西、甘肃、浙江、湖北、江西、湖南、福建、台湾、海南、四川、云南；俄罗斯，日本，印度，尼泊尔，菲律宾，巴基斯坦，美国，朝鲜，韩国。

（2906）露鹰尺蛾 *Biston robustum* Butler, 1879

　　分布：广东（乳源）、台湾等；朝鲜，韩国，日本。

（2907）油桐鹰尺蛾 *Biston suppressaria* (Guenée, 1858)

　　分布：广东（乳源）、河南、陕西、甘肃、江苏、安徽、浙江、湖北、江西、湖南、福建、海南、香港、广西、四川、重庆、贵州、云南、西藏；日本，印度，缅甸，斯里兰卡，孟加拉国。

1319. 焦边尺蛾属 *Bizia* Walker, 1860

（2908）焦边尺蛾 *Bizia aexaria* (Walker, 1860)

分布：广东（英德），中国广布（除青海、新疆外的各省区）；日本，越南，朝鲜，韩国。

1320. 卜尺蛾属 *Brabira* Moore, 1888

（2909）广卜尺蛾 *Brabira artemidora* (Oberthür, 1884)

分布：广东（英德、乳源）、台湾等。

1321. *Calcyopa* Stuening, 2000

（2910）华南阔纹尺蛾 *Calcyopa difoveata* (Wehrli, 1943)

分布：广东（乳源）、台湾等。

1322. 蛊尺蛾属 *Calicha* Moore, 1888

（2911）金蛊尺蛾 *Calicha nooraria* (Bremer, 1864)

分布：广东（乳源）、黑龙江、陕西、甘肃、江苏、浙江、湖南、福建、广西、四川、云南；俄罗斯（远东），日本，朝鲜，韩国。

（2912）拟金蛊尺蛾 *Calicha subnooraria* Sato *et* Wang, 2004

分布：广东（乳源）、福建、广西；越南。

1323. 洄纹尺蛾属 *Callabraxas* Butler, 1880

（2913）常春藤洄纹尺蛾 *Callabraxas compositata* (Guenée, 1857)

分布：广东（乳源）、山东、浙江、湖北、江西、湖南、福建、台湾、四川、云南等；朝鲜，日本。

（2914）云南松洄纹尺蛾 *Callabraxas fabiolaria* (Oberthür, 1884)

分布：广东（英德、乳源）、北京、甘肃、浙江、湖北、江西、湖南、台湾、广西、四川、贵州、云南；朝鲜，韩国。

（2915）多线洄纹尺蛾 *Callabraxas plurilineata* (Walker, 1862)

分布：广东（英德、乳源）。

1324. 双线尺蛾属 *Calletaera* Warren, 1895

（2916）斜双线尺蛾 *Calletaera obliquata* (Moore, 1888)

分布：广东、江西、福建、海南、广西、四川、云南、西藏；印度，尼泊尔。

（2917）微显咯尺蛾 *Calletaera subexpressa* (Walker, 1861)

分布：广东（英德、深圳）、台湾、香港、广西；泰国，尼泊尔，菲律宾，缅甸，新加坡，马来西亚，印度尼西亚。

1325. 双角尺蛾属 *Carige* Walker, 1863

（2918）准双角尺蛾 *Carige metorchatica* (Prout, 1958)

分布：广东（英德、乳源）等。

1326. 溢尺蛾属 *Catarhoe* Herbulot, 1951

（2919）迷溢尺蛾 *Catarhoe obscura* (Butler, 1878)

分布：广东（乳源、深圳）、台湾等；日本。

1327. 龟尺蛾属 *Celenna* Walker, 1861

（2920）绿龟尺蛾 *Celenna festivaria* (Fabricius, 1794)

分布：广东（英德、乳源、深圳）、浙江、江西、湖南、福建、台湾、海南、广西、云南；日本，印度，缅甸，斯里兰卡，马来西亚，印度尼西亚。

1328. 池尺蛾属 *Chaetolopha* Warren, 1899

（2921）弯池尺蛾 *Chaetolopha incurvata* (Moore, 1888)

分布：广东（英德、乳源）、福建、台湾；印度，缅甸。

1329. 奇尺蛾属 *Chiasmia* Hübner, 1823

（2922）科奇尺蛾 *Chiasmia clivicola* (Prout, 1926)

分布：广东（英德、乳源、深圳）、湖南、江西、福建、香港、广西、四川；印度，缅甸。

（2923）锈奇尺蛾 *Chiasmia compsogramma* (Wehrli, 1932)

分布：广东（乳源、深圳）、香港。

（2924）合欢奇尺蛾 *Chiasmia defixaria* (Walker, 1861)

分布：广东（乳源）、山东、河南、陕西、甘肃、江苏、浙江、湖北、江西、湖南、福建、广西、四川、贵州；朝鲜，韩国，日本。

（2925）尖尾奇尺蛾 *Chiasmia emersaria* (Walker, 1861)

分布：广东（深圳）、香港；日本，泰国，印度，尼泊尔，斯里兰卡。

（2926）污带奇尺蛾 *Chiasmia epicharis* (Wehrli, 1932)

分布：广东、福建、海南、四川、云南、西藏。

（2927）铭奇尺蛾 *Chiasmia myandaria* (Walker, 1863)

分布：广东（乳源）等；印度，缅甸。

（2928）雨尺蛾 *Chiasmia pluviata* (Fabricius, 1798)

分布：广东、北京、河北、上海、浙江、湖南、福建、澳门、广西、云南、西藏；越南，印度，缅甸，朝鲜，韩国。

1330. *Chimaphila* Nakajima *et* Wang, 2013

（2929）腌栖尺蛾 *Chimaphila amabilis* Nakajima *et* Wang, 2013

分布：广东（乳源）等。

1331. 仿锈腰尺蛾属 *Chlorissa* Stephens, 1831

（2930）翠仿锈腰尺蛾 *Chlorissa aquamarina* (Hampson, 1895)

分布：广东（英德、乳源）、湖南、台湾、海南、云南、西藏；印度尼西亚，马来西亚，文莱。

1332. 四眼绿尺蛾属 *Chlorodontopera* Warren, 1893

（2931）四眼绿尺蛾 *Chlorodontopera discospilata* (Moore, 1868)

分布：广东（英德、乳源）、湖南、福建、台湾、海南、云南；印度，尼泊尔，缅甸。

（2932）台湾四眼绿尺蛾 *Chlorodontopera taiwana* (Wileman, 1911)

分布：广东（英德、乳源）、台湾。

1333. 绿雕尺蛾属 *Chloroglyphica* Warren, 1894

（2933）绿雕尺蛾 *Chloroglyphica glaucochrista* (Prout, 1916)

分布：广东（乳源）、陕西、甘肃、湖北、四川、云南、西藏。

1334. 方尺蛾属 *Chorodna* Walker, 1860

（2934）褐方尺蛾 *Chorodna creataria* Guenée, 1858

分布：广东（乳源、深圳）、浙江、湖北、湖南、福建、台湾、海南、香港、广西、四川、云南、西藏；泰国，印度，尼泊尔。

（2935）白底方尺蛾 *Chorodna moorei* (Thierry–Mieg, 1899)

分布：广东（乳源）、台湾等；印度。

（2936）黄枯方尺蛾 *Chorodna ochreimacula* Prout, 1914

分布：广东（深圳）、江西、湖南、福建、台湾、海南、香港、广西、贵州、云南。

（2937）噻方尺蛾 *Chorodna sedulata* Xue, 1992

分布：广东（乳源）等。

（2938）丝方尺蛾 *Chorodna strixaria* (Guenée, 1857)

分布：广东（深圳）、香港；越南，印度，印度尼西亚，巴布亚新几内亚。

（2939）伏方尺蛾 *Chorodna vulpinaria* Moore, 1868

分布：广东（乳源）等；印度，尼泊尔。

1335. 隐叶尺蛾属 *Chrioloba* Prout, 1958

（2940）灰隐叶尺蛾 *Chrioloba cinerea* (Butler, 1880)

分布：广东（乳源）、台湾、四川、云南、西藏；印度，缅甸，尼泊尔。

1336. 鑫尺蛾属 *Chrysoblephara* Holloway, 1993

（2941）粤鑫尺蛾 *Chrysoblephara guangdongensis* Sato *et* Wang, 2006

分布：广东（乳源）等；越南。

（2942）榄绿鑫尺蛾 *Chrysoblephara olivacea* Sato *et* Wang, 2005

分布：广东（乳源）、福建。

1337. 丽姬尺蛾属 *Chrysocraspeda* Swinhoe, 1893

（2943）反丽缘尺蛾 *Chrysocraspeda conversate* (Walker, 1861)

分布：广东（深圳）、海南；印度尼西亚。

（2944）散尺蛾 *Chrysocraspeda sanguinea* Warren, 1896

分布：广东（乳源）、台湾等。

1338. 霜尺蛾属 *Cleora* Curtis, 1825

（2945）哎霜尺蛾 *Cleora alienaria* (Walker, 1860)

分布：广东（深圳）、台湾、海南、香港。

（2946）黑腰霜尺蛾 *Cleora fraterna* (Moore, 1888)

分布：广东（乳源、深圳）、青海、浙江、江西、福建、台湾、海南、香港、广西、四川、云南、西藏；泰国，印度，斯里兰卡，菲律宾，马来西亚，印度尼西亚。

（2947）黄顶霜尺蛾 *Cleora leucophaea* (Butler, 1878)

分布：广东（乳源）、台湾；俄罗斯（远东），朝鲜，韩国，日本。

（2948）瑞霜尺蛾 *Cleora repulsaria* (Walker, 1860)

分布：广东（乳源）、台湾等；朝鲜，韩国，日本，越南，泰国，缅甸，菲律宾。

1339. 考尺蛾属 *Collix* **Guenée, 1858**

（2949）星缘考尺蛾 *Collix stellata* Warren, 1894

　　分布：广东（英德、乳源）、福建、台湾；韩国，日本，印度，印度尼西亚。

1340. 绿尺蛾属 *Comibaena* **Hübner, 1823**

（2950）长纹绿尺蛾 *Comibaena argentataria* (Leech, 1897)

　　分布：广东（英德、乳源）、湖北、江西、湖南、福建、台湾、广西、四川；朝鲜，韩国，日本。

（2951）栎绿尺蛾 *Comibaena delicator* (Warren, 1897)

　　分布：广东、黑龙江、河南、浙江、湖北、江西、福建、海南、四川、西藏；朝鲜，韩国，日本。

（2952）暗绿尺蛾 *Comibaena fuscidorsata* Prout, 1912

　　分布：广东（英德、深圳）、台湾、云南；印度。

（2953）紫斑绿尺蛾 *Comibaena nigromacularia* (Leech, 1897)

　　分布：广东（英德、乳源）、黑龙江、北京、河南、陕西、甘肃、安徽、浙江、湖北、江西、湖南、福建、台湾、广西、四川、云南；俄罗斯，日本，朝鲜，韩国。

（2954）肾纹绿尺蛾 *Comibaena procumbaria* (Pryer, 1877)

　　分布：广东（英德、深圳）、吉林、辽宁、北京、河北、山西、山东、河南、甘肃、上海、浙江、湖北、江西、湖南、福建、台湾、海南、香港、广西、四川、贵州、云南；朝鲜，韩国，日本。

（2955）黑角绿尺蛾 *Comibaena subdelicata* Inoue, 1986

　　分布：广东（英德、乳源）、浙江、江西、福建、台湾、四川；日本。

（2956）亚肾纹绿尺蛾 *Comibaena subprocumbaria* (Oberthür, 1916)

　　分布：广东、北京、河北、河南、甘肃、江苏、浙江、湖北、江西、湖南、福建、海南、广西、四川、云南。

1341. 亚四目绿尺蛾属 *Comostola* **Meyrick, 1888**

（2957）康亚四目绿尺蛾 *Comostola cognata* Yazaki *et* Wang, 2003

　　分布：广东（乳源）。

（2958）灵亚四目绿尺蛾 *Comostola meritaria* (Walker, 1861)

　　分布：广东（深圳）、台湾、香港；印度，斯里兰卡，马来西亚，文莱，印度尼西亚。

（2959）亚四目绿尺蛾 *Comostola subtiliaria* (Bremer, 1864)

　　分布：广东、河南、陕西、甘肃、青海、上海、浙江、江西、福建、广西、四川、云南；俄罗斯（西伯利亚），日本，印度，印度尼西亚（苏门答腊）。

（2960）维亚四目尺蛾 *Comostola virago* Prout, 1926

　　分布：广东（英德、乳源）、广西、四川、云南、西藏；印度，缅甸。

1342. 紊长翅尺蛾属 *Controbeidia* **Inoue, 2003**

（2961）紊长翅尺蛾 *Controbeidia irregularis* (Wehrli, 1933)

　　分布：广东（肇庆）、浙江、湖北、江西、福建。

1343. 宙尺蛾属 *Coremecis* Holloway, 1993

（2962）黑斑宙尺蛾 *Coremecis nigrovittata* (Moore, ［1868］)

　　分布：广东（乳源）、湖北、湖南、福建、香港、广西、云南、西藏；老挝，泰国，印度，缅甸，尼泊尔。

（2963）蕾宙尺蛾 *Coremecis leukohyperythra* (Wehrli, 1925)

　　分布：广东（乳源）、浙江、湖南、福建。

1344. 穿孔尺蛾属 *Corymica* Walker, 1860

（2964）毛穿孔尺蛾 *Corymica arenaria* Walker, 1860

　　分布：广东（英德、乳源）、湖南、福建、台湾、海南、四川、云南、西藏；东洋界。

（2965）德穿孔尺蛾 *Corymica deducta* (Walker, 1866)

　　分布：广东（乳源、深圳）、香港；东洋界。

（2966）普穿孔尺蛾 *Corymica pryeri* (Butler, 1878)

　　分布：广东（乳源）；印澳区。

（2967）细纹穿孔尺蛾 *Corymica spatiosa* Prout, 1925

　　分布：广东（深圳）；东洋界。

1345. 瑕边尺蛾属 *Craspediopsis* Warren, 1895

（2968）尖尾瑕边尺蛾 *Craspediopsis acutaria* (Leech, 1897)

　　分布：广东（乳源）、山西、甘肃、湖北、湖南、福建、四川、贵州。

1346. *Cryptochorina* Wehrli, 1941

（2969）波刻尺蛾 *Cryptochorina polychroia* (Wehrli, 1941)

　　分布：广东（乳源）、台湾等。

1347. *Cusiala* Moore, [1887]

（2970）星斑尺蛾 *Cusiala boarmoides* Moore, ［1887］

　　分布：广东（乳源）、台湾等；泰国，印度，缅甸，新加坡，马来西亚，印度尼西亚，文莱。

1348. 蜻蜓尺蛾属 *Cystidia* Hübner, 1819

（2971）小蜻蜓尺蛾 *Cystidia couaggaria* (Guenée, 1858)

　　分布：广东（英德、乳源）、山西、甘肃、浙江、湖北、江西、湖南、福建、台湾、广西、四川、贵州；俄罗斯，日本，印度，朝鲜，韩国。

（2972）蜻蜓尺蛾 *Cystidia stratonice* (Stoll, 1782)

　　分布：广东（英德、乳源）、山西、甘肃、上海、浙江、湖北、江西、湖南、福建、台湾、广西、四川；俄罗斯，日本，印度，朝鲜，韩国。

1349. 尖缘尺蛾属 *Danala* Walker, 1860

（2973）褐尖缘尺蛾 *Danala lilacina* (Wileman, 1915)

　　分布：广东（英德、乳源）、江西、福建、台湾、海南、四川。

1350. 达尺蛾属 *Dalima* Moore, 1868

（2974）俄达尺蛾 *Dalima apicata* Moore, ［1868］

　　分布：广东（英德、乳源）、浙江、湖北、湖南、福建、四川、云南、西藏。

（2975）洪达尺蛾 *Dalima honei* Wehrli, 1924

    分布：广东（英德、乳源）、河南、陕西、宁夏、甘肃、江苏、浙江、湖北、江西、湖南、福建、广西、四川、西藏。

（2976）圆翅达尺蛾 *Dalima patularia* (Walker, 1860)

    分布：广东（英德）、福建、海南、广西、四川、西藏；印度，尼泊尔，泰国，印度尼西亚；喜马拉雅山西北部。

1351. 蛮尺蛾属 *Darisa* Moore, 1888

（2977）金星荨尺蛾 *Darisa abraxaria* Sato *et* Wang, 2005

    分布：广东（乳源）等；越南，泰国。

（2978）歧荨尺蛾 *Darisa differens* Warren, 1897

    分布：广东（乳源）等。

（2979）拟固线蛮尺蛾 *Darisa missionaria* (Wehrli, 1941)

    分布：广东（乳源）、浙江、四川、贵州、云南；越南，泰国。

1352. *Dasyboarmia* Prout, 1928

（2980）雅妲尺蛾 *Dasyboarmia subpilosa* (Warren, 1894)

    分布：广东（乳源、深圳）、香港等；泰国，菲律宾，文莱，马来西亚，印度尼西亚。

1353. 歹尺蛾属 *Deileptenia* Hübner, 1825

（2981）何歹尺蛾 *Deileptenia hoenei* Sato *et* Wang, 2005

    分布：广东（乳源）等。

（2982）中华歹尺蛾 *Deileptenia sinicaria* Sato *et* Wang, 2005

    分布：广东（乳源）等。

1354. *Deinotrichia* Warren, 1893

（2983）癫尺蛾 *Deinotrichia characta* (Wehrli, 1941)

    分布：广东（乳源）等。

1355. *Descoreba* Butler, 1878

（2984）简黛尺蛾 *Descoreba simplex* Butler, 1878

    分布：广东（乳源）、台湾等；日本。

1356. 普尺蛾属 *Dissoplaga* Warren, 1894

（2985）粉红普尺蛾 *Dissoplaga flava* (Moore, 1888)

    分布：广东（乳源）、甘肃、安徽、浙江、湖北、江西、湖南、福建、台湾、海南、广西、四川、云南；印度。

1357. 双冠尺蛾属 *Dilophodes* Warren, 1894

（2986）双冠尺蛾 *Dilophodes elegans* (Butler, 1878)

    分布：广东（乳源）、湖北、湖南、福建、台湾、广西、四川、贵州、云南；日本，印度，缅甸，马来西亚。

1358. 峰尺蛾属 *Dindica* Moore, 1888

（2987）灰峰尺蛾 *Dindica glaucescens* Inoue, 1990

分布：广东（乳源）、湖南等。

（2988）岸田峰尺蛾 *Dindica kishidai* Inoue, 1986

分布：广东（乳源）、台湾等。

（2989）橄榄峰尺蛾 *Dindica olivacea* Inoue, 1990

分布：广东（深圳）、香港、云南；泰国，印度，菲律宾，马来西亚，印度尼西亚。

（2990）赭点峰尺蛾 *Dindica para* Swinhoe, 1891

分布：广东（乳源）、河南、陕西、甘肃、浙江、湖北、江西、湖南、福建、海南、广西、四川、西藏；印度，尼泊尔，不丹，泰国，马来西亚。

（2991）宽带峰尺蛾 *Dindica polyphaenaria* (Guenée, 1858)

分布：广东（乳源、深圳）、浙江、湖北、江西、湖南、福建、台湾、海南、香港、广西、四川、贵州、云南；印度，不丹，尼泊尔，越南，泰国，马来西亚，印度尼西亚；喜马拉雅山东北部。

（2992）紫峰尺蛾 *Dindica purpurata* Bastelberger, 1911

分布：广东（乳源）、台湾、四川。

（2993）亚绿峰尺蛾 *Dindica subvirens* Yazaki *et* Wang, 2004

分布：广东（乳源）。

（2994）天目峰尺蛾 *Dindica tienmuensis* Chu, 1981

分布：广东（乳源）、浙江、江西、湖南、福建、广西、贵州。

1359. 涡尺蛾属 *Dindicodes* Prout, 1912

（2995）滨石涡尺蛾 *Dindicodes crocina* (Butler, 1880)

分布：广东、江西、福建、海南、广西；越南，印度，尼泊尔。

1360. *Diplurodes* Warren, 1896

（2996）威笛尺蛾 *Diplurodes vestita* Warren, 1896

分布：广东（乳源）、台湾等；日本，泰国，印度。

1361. *Discoglypha* Warren, 1896

（2997）敌尺蛾 *Discoglypha aureifloris* Warren, 1896

分布：广东（英德、乳源）等。

（2998）涝敌尺蛾 *Discoglypha locupletata* Prout, 1917

分布：广东（乳源）、台湾等。

1362. *Doratoptera* Hampson, 1895

（2999）尼岛尺蛾 *Doratoptera nicevillei* Hampson, 1895

分布：广东（英德、乳源）等。

（3000）位岛尺蛾 *Doratoptera virescens* Marumo, 1920

分布：广东（英德、乳源）、台湾等；日本。

1363. 杜尺蛾属 *Duliophyle* Warren, 1894

（3001）杜尺蛾 *Duliophyle agitata* (Butler, 1878)

分布：广东（乳源）、北京、陕西、甘肃、浙江、湖南、四川、西藏；日本。

1364. 豹尺蛾属 *Dysphania* Hübner, 1819

（3002）豹尺蛾 *Dysphania militaris* (Linnaeus, 1758)

分布：广东、江西、福建、海南、香港、广西、云南；越南，泰国，印度，缅甸，马来西亚，印度尼西亚。

1365. 涤尺蛾属 *Dysstroma* Hübner, 1825

（3003）灰涤尺蛾 *Dysstroma cinereata* (Moore, 1867)

分布：广东（乳源）、江西、湖南、台湾、四川、云南；印度，缅甸，不丹。

1366. 折线尺蛾属 *Ecliptopera* Warren, 1894

（3004）方折线尺蛾 *Ecliptopera benigna* (Prout, 1914)

分布：广东（英德、乳源）、台湾等。

（3005）双弓折线尺蛾 *Ecliptopera delecta* (Butler, 1880)

分布：广东（英德、乳源）、台湾、海南、云南；越南，印度。

（3006）半环折线尺蛾 *Ecliptopera relata* (Butler, 1880)

分布：广东（乳源）、湖北、四川、西藏；越南，印度。

1367. 埃尺蛾属 *Ectropis* Hübner, 1825

（3007）聋埃尺蛾 *Ectropis excellens* (Butler, 1884)

分布：广东（乳源）、台湾等；俄罗斯（远东），朝鲜，韩国，日本。

1368. 焰尺蛾属 *Electrophaes* Prout, 1923

（3008）中齿焰尺蛾 *Electrophaes zaphenges* Prout, 1940

分布：广东（英德、乳源）、江西、湖南、福建、台湾、广西、云南、西藏；越南，印度。

1369. 卡尺蛾属 *Entomopteryx* Guenée, 1857

（3009）斜卡尺蛾 *Entomopteryx obliquilinea* (Moore, 1888)

分布：广东（英德、乳源）、甘肃、浙江、湖北、江西、湖南、福建、广西、四川、云南、西藏；印度，不丹，尼泊尔，缅甸。

1370. *Eois* Hübner, 1818

（3010）露晓尺蛾 *Eois lunulosa* (Moore, 1887)

分布：广东（英德、乳源）、台湾等。

1371. *Ephalaenia* Wehrli, 1936

（3011）欸尺蛾 *Ephalaenia variaria* (Leech, 1897)

分布：广东（英德、乳源）等。

1372. *Ephemerophila* Warren, 1894

（3012）凤耳尺蛾 *Ephemerophila subterminalis* (Prout, 1925)

分布：广东（乳源）等；印度，尼泊尔。

1373. 拟长翅尺蛾属 *Epobeidia* Wehrli, 1939

（3013）虎纹拟长翅尺蛾 *Epobeidia tigrata* (Guenée, 1858)

分布：广东（英德、深圳）、辽宁、陕西、甘肃、浙江、湖北、江西、湖南、福建、台湾、海南、香港、广西、重庆、四川；朝鲜，韩国，日本，越南，印度。

1374. 鲨尺蛾属 *Euchristophia* Fletcher, 1979

（3014）碎黑黄尺蛾 *Euchristophia cumulata* (Christoph, 1880)

分布：广东（英德、乳源）、台湾等；朝鲜，韩国，日本。

1375. 彩青尺蛾属 *Eucyclodes* Warren, 1894

（3015）白彩尺蛾 *Eucyclodes albiradiata* (Warren, 1893)

分布：广东（乳源）、四川；印度，缅甸。

（3016）雾彩尺蛾 *Eucyclodes albisparsa* (Walker, 1861)

分布：广东（英德、乳源）；东洋界。

（3017）枯斑翠尺蛾 *Eucyclodes difficta* (Walker, 1861)

分布：广东、黑龙江、吉林、辽宁、内蒙古、北京、河北、山西、山东、河南、陕西、甘肃、江苏、上海、安徽、浙江、湖北、江西、湖南、福建、重庆、贵州、云南；朝鲜，韩国，日本，俄罗斯。

（3018）嘎彩尺蛾 *Eucyclodes gavissima* (Walker, 1861)

分布：广东（英德、乳源）、海南、西藏；韩国，朝鲜，印度，尼泊尔，斯里兰卡，马来西亚，文莱。

（3019）弯彩青尺蛾 *Eucyclodes infracta* (Wileman, 1911)

分布：广东（英德、深圳）、浙江、福建、海南、香港、广西、四川、云南；日本。

（3020）丽彩青尺蛾 *Eucyclodes monbeigaria* (Oberthür, 1916)

分布：广东（连州）、四川。

（3021）镶边彩青尺蛾 *Eucyclodes sanguilineata* (Moore, 1868)

分布：广东、湖南、福建、广西、云南、西藏；越南，印度，尼泊尔。

（3022）半彩青尺蛾 *Eucyclodes semialba* (Walker, 1861)

分布：广东（英德、乳源）、湖北、海南、香港、广西、四川、云南；越南，柬埔寨，泰国，印度，缅甸，斯里兰卡，马来西亚，新加坡，印度尼西亚；东洋界。

1376. *Eumelea* Duncan *et* Westwood, 1841

（3023）赤粉尺蛾 *Eumelea biflavata* Warren, 1896

分布：广东（英德、深圳）等；日本。

1377. 丰翅尺蛾属 *Euryobeidia* Fletcher, 1979

（3024）金丰翅尺蛾 *Euryobeidia largeteaui* (Oberthür, 1884)

分布：广东（仁化、乳源、连平）、甘肃、浙江、湖北、江西、湖南、福建、台湾、广西、重庆、四川、贵州、西藏。

（3025）白丰翅尺蛾 *Euryobeidia languidata* (Walker, 1862)

分布：广东（乳源）、陕西、甘肃、江西、福建、台湾、海南、广西、四川、云南；日本，印度，尼泊尔。

（3026）方丰翅尺蛾 *Euryobeidia quadrata* Xiang *et* Han, 2017

分布：广东（仁化、深圳）、浙江、湖北、江西、福建、广西、四川。

1378. 褥尺蛾属 *Eustroma* Hübner, 1825

（3027）台褥尺蛾 *Eustroma changi* Inoue, 1986

    分布：广东（英德、乳源）、陕西、湖北、台湾、四川。

1379. 汇纹尺蛾属 *Evecliptopera* **Inoue, 1982**

（3028）汇纹尺蛾 *Evecliptopera decurrens* (Moore, 1888)

    分布：广东（英德、乳源）、陕西、湖北、江西、福建、四川等；俄罗斯（远东），朝鲜，韩国，日本，越南，印度，尼泊尔。

1380. 赭尾尺蛾属 *Exurapteryx* **Wehrli, 1937**

（3029）赭尾尺蛾 *Exurapteryx aristidaria* (Oberthür, 1911)

    分布：广东（英德、乳源）、安徽、浙江、湖北、江西、湖南、广西、四川、贵州；缅甸。

1381. 片尺蛾属 *Fascellina* **Walker, 1860**

（3030）紫片尺蛾 *Fascellina chromataria* Walker, 1860

    分布：广东（乳源、始兴、英德、深圳）、吉林、河南、陕西、甘肃、江苏、安徽、浙江、湖北、江西、湖南、福建、台湾、海南、香港、广西、四川、云南、西藏；韩国，日本，越南，印度，缅甸，不丹，斯里兰卡。

（3031）灰绿片尺蛾 *Fascellina plagiata* (Walker, 1866)

    分布：广东（英德、乳源、深圳）、河南、甘肃、青海、安徽、浙江、湖北、江西、湖南、福建、台湾、海南、香港、广西、四川、重庆、贵州、云南、西藏；印度，缅甸，尼泊尔，马来西亚。

1382. 枯叶尺蛾属 *Gandaritis* **Moore, 1868**

（3032）绣球枯叶尺蛾 *Gandaritis evanescens* (Butler, 1881)

    分布：广东（乳源）、江西、福建、广西、四川；日本。

（3033）谱枯叶尺蛾 *Gandaritis pseudolargetaui* (Wehrli, 1933)

    分布：广东（英德、乳源）等。

（3034）中国枯叶尺蛾 *Gandaritis sinicaria* Leech, 1897

    分布：广东（英德、乳源）、陕西、甘肃、安徽、浙江、湖北、江西、湖南、福建、台湾、广西、四川、云南；印度。

1383. 魑尺蛾属 *Garaeus* **Moore, 1868**

（3035）焦斑魑尺蛾 *Garaeus apicata* (Moore, 1868)

    分布：广东（英德、乳源）、青海、湖北、江西、湖南、福建、台湾、海南、广西、云南、西藏；印度，尼泊尔，孟加拉国，缅甸，印度尼西亚；喜马拉雅山东北部。

（3036）陶魑尺蛾 *Garaeus argillacea* (Butler, 1889)

    分布：广东（英德、乳源）、湖南、台湾、四川；印度。

（3037）平魑尺蛾 *Garaeus karykina* (Wehrli, 1924)

    分布：广东、福建、广西、四川、云南；越南。

（3038）洞魑尺蛾 *Garaeus specularis* Moore, ［1868］

    分布：广东（英德、乳源）、台湾；朝鲜，韩国，日本。

1384. 毛腹尺蛾属 *Gasterocome* **Warren, 1894**

（3039）齿带毛腹尺蛾 *Gasterocome pannosaria* (Moore, 1868)

分布：广东（乳源、深圳）、陕西、甘肃、青海、湖南、福建、台湾、香港、广西、四川、云南、西藏；印度，尼泊尔，不丹，菲律宾，印度尼西亚。

1385. *Harutalcis* Sato, 1993

（3040）无刺春田尺蛾 *Harutalcis sinecornutus* Sato *et* Wang, 2004

分布：广东（乳源）等；越南。

1386. 无缰青尺蛾属 *Hemistola* Warren, 1893

（3041）奥无缰青尺蛾 *Hemistola orbiculosa* Inoue, 1978

分布：广东（乳源）、台湾等。

（3042）红缘无缰青尺蛾 *Hemistola rubrimargo* Warren, 1893

分布：广东（乳源）、湖南、湖北、云南、西藏；印度，尼泊尔。

1387. 锈腰尺蛾属 *Hemithea* Duponchel, 1829

（3043）红颜锈腰尺蛾 *Hemithea aestivaria* (Hübner, 1799)

分布：广东、黑龙江、吉林、辽宁、山西、甘肃、江苏、湖北、贵州；日本，朝鲜，韩国。

（3044）奇锈腰尺蛾 *Hemithea krakenaria* Holloway, 1996

分布：广东（深圳）、河南、浙江、福建、广西、四川、云南；马来西亚。

（3045）星缘锈腰尺蛾 *Hemithea tritonaria* (Walker, 1863)

分布：广东（乳源）、山西、湖南、福建、台湾、海南、香港；日本，韩国，朝鲜，印度，斯里兰卡，印度尼西亚；加里曼丹岛。

1388. 冥尺蛾属 *Heterarmia* Warren, 1895

（3046）石冥尺蛾 *Heterarmia conjunctaria* (Leech, 1897)

分布：广东、上海、浙江、湖南、福建、四川。

1389. 始青尺蛾属 *Herochroma* Swinhoe, 1893

（3047）无脊始青尺蛾 *Herochroma baba* Swinhoe, 1893

分布：广东（乳源、连平、深圳）、湖北、湖南、福建、海南、香港、广西；越南，印度，尼泊尔，缅甸，泰国，新加坡，马来西亚。

（3048）坝始青尺蛾 *Herochroma baibarana* (Matsumura, 1931)

分布：广东（英德、乳源）、台湾；印度，越南，泰国，斯里兰卡，马来西亚，印度尼西亚。

（3049）冠始青尺蛾 *Herochroma cristata* (Warren, 1894)

分布：广东（深圳）、台湾、海南、香港、广西、四川、云南；越南，泰国，印度，尼泊尔，不丹，印度尼西亚。

（3050）迈始青尺蛾 *Herochroma mansfieldi* (Prout, 1939)

分布：广东（乳源）、湖北、云南。

（3051）赭点始青尺蛾 *Herochroma ochreipicta* (Swinhoe, 1905)

分布：广东（乳源）、福建、台湾、海南、广西、云南；印度，尼泊尔，越南。

（3052）宏始青尺蛾 *Herochroma perspicillata* Han *et* Xue, 2003

分布：广东（乳源）、云南。

（3053）超暗始青尺蛾 *Herochroma supraviridaria* Inoue, 1999

　　分布：广东（英德、乳源）、福建、台湾、广西。

（3054）绿始青尺蛾 *Herochroma viridaria* (Moore, 1867)

　　分布：广东（英德、乳源、深圳）、浙江、福建、海南、广西、四川；尼泊尔，越南，泰国，马来西亚。

1390. *Heteralex* Warren, 1894

（3055）优氦尺蛾 *Heteralex unilinea* (Swinhoe, 1902)

　　分布：广东（英德、乳源、深圳）、香港。

1391. 隐尺蛾属 *Heterolocha* Lederer, 1853

（3056）金隐尺蛾 *Heterolocha chrysoides* Wehrli, 1937

　　分布：广东（乳源）。

（3057）淡色隐尺蛾 *Heeterolocha coccinea* Lnoue, 1976

　　分布：广东、浙江、江西、福建、台湾、海南；日本。

1392. 锯纹尺蛾属 *Heterostegania* Warren, 1893

（3058）锯纹尺蛾 *Heterostegania lunulosa* (Moore, 1888)

　　分布：广东（乳源）、福建、台湾；印度，越南。

1393. 锦尺蛾属 *Heterostegane* Hampson, 1893

（3059）灰锦尺蛾 *Heterostegane hoenei* (Wehrli, 1925)

　　分布：广东（乳源）、江西、福建、海南、广西、四川、云南。

（3060）光边锦尺蛾 *Heterostegane hyriaria* Warren, 1894

　　分布：广东（乳源）、山东、陕西、上海、浙江、江西、湖南、福建、台湾、广西、四川、云南；朝鲜，韩国，日本。

1394. 奇带尺蛾属 *Heterothera* Inoue, 1943

（3061）奇带尺蛾 *Heterothera postalbida* (Wileman, 1911)

　　分布：广东（英德、乳源）、陕西、甘肃、上海、浙江、湖南、福建、四川、云南；俄罗斯，韩国，朝鲜，日本。

1395. 苔尺蛾属 *Hirasa* Moore, 1888

（3062）暗苔尺蛾 *Hirasa muscosaria* (Walker, 1866)

　　分布：广东（乳源）、浙江、湖北、湖南、福建、四川、云南；印度，尼泊尔。

1396. 莹尺蛾属 *Hyalinetta* Swinhoe, 1894

（3063）斑弓莹尺蛾 *Hyalinetta circumflexa* (Kollar, 1848)

　　分布：广东（英德、乳源）、湖南、海南、广西、云南、西藏；印度，尼泊尔。

1397. 封尺蛾属 *Hydatocapnia* Warren, 1895

（3064）双封尺蛾 *Hydatocapnia gemina* Yazaki, 1990

　　分布：广东（英德、乳源）、安徽、浙江、湖南、江西、福建、台湾、广西；尼泊尔。

1398. 紫云尺蛾属 *Hypephyra* Butler, 1889

（3065）紫云尺蛾 *Hypephyra terrosa* Butler, 1889

分布：广东（乳源）、陕西、甘肃、上海、安徽、浙江、湖北、江西、湖南、福建、广西、四川、贵州、云南、西藏；日本，印度，马来西亚，印度尼西亚。

1399. 兔尺蛾属 *Hyperythra* Guenée, 1857

（3066）红双线兔尺蛾 *Hyperythra obliqua* (Warren, 1894)

分布：广东、北京、河北、山东、陕西、甘肃、江苏、浙江、江西、湖南、福建、广西、四川、贵州。

（3067）凰兔尺蛾 *Hyperythra phoenix* Swinhoe, 1891

分布：广东（乳源）。

1400. 蚀尺蛾属 *Hypochrosis* Guenée, 1858

（3068）黑红蚀尺蛾 *Hypochrosis baenzigeri* Inoue, 1982

分布：广东（英德、乳源）、江西、湖南、福建、台湾、海南、广西、四川、贵州、云南；泰国，印度。

（3069）四点蚀尺蛾 *Hypochrosis rufescens* (Butler, 1880)

分布：广东、上海、浙江、江西、湖南、福建、台湾、海南、广西、四川、云南、西藏；印度，尼泊尔。

（3070）霉蚀尺蛾 *Hypochrosis mixticolor* Prout, 1915

分布：广东（乳源）等；缅甸。

1401. *Hypocometa* Warren, 1896

（3071）黑尺蛾 *Hypocometa clauda* Warren, 1896

分布：广东（乳源）、台湾等；印度尼西亚，马来西亚，文莱。

1402. 尘尺蛾属 *Hypomecis* Hübner, 1821

（3072）*Hypomecis cacozela* Wehrli, 1943

分布：广东。

（3073）黑尘尺蛾 *Hypomecis catharma* (Wehrli, 1943)

分布：广东（乳源）、河南、安徽、浙江、湖北、江西、湖南、福建、海南、广西、四川、贵州。

（3074）秦尘尺蛾 *Hypomecis cineracea* (Moore, 1888)

分布：广东（英德、乳源、深圳）、浙江、江西、福建、台湾、海南、香港；印度，尼泊尔，泰国，菲律宾。

（3075）埃尘尺蛾 *Hypomecis eosaria* (Walker, ［1863］)

分布：广东（乳源、深圳）。

（3076）修尘尺蛾 *Hypomecis humanitas* Sato, 1988

分布：广东（乳源）等；印度尼西亚（苏门答腊），缅甸，泰国，新加坡，马来西亚。

（3077）超尘尺蛾 *Hypomecis hyposticta* (Wehrli, 1925)

分布：广东。

（3078）*Hypomecis postcandida* (Wehrli, 1924)

分布：广东。

（3079）衍尘尺蛾 *Hypomecis punctinalis* (Scopoli, 1763)

分布：广东（乳源）、黑龙江、吉林、内蒙古、北京、山东、河南、陕西、甘肃、宁夏、安徽、浙江、湖北、湖南、福建、台湾、广西、四川、贵州、云南、西藏；俄罗斯，日本，朝鲜，韩国；欧洲。

（3080）白斑尘尺蛾 *Hypomecis rufonotaria* (Leech, 1897)

分布：广东（乳源）。

（3081）转尘尺蛾 *Hypomecis transcissa* (Walker, 1860)

分布：广东（乳源、深圳）等；越南，老挝，泰国，印度，菲律宾。

1403. 钩翅尺蛾属 *Hyposidra* Guenée, 1857

（3082）钩翅尺蛾 *Hyposidra aquilaria* (Walker, 1862)

分布：广东（英德、乳源、深圳）、陕西、甘肃、浙江、湖北、江西、湖南、台湾、福建、海南、广西、四川、重庆、贵州、云南、西藏；印度，马来西亚，印度尼西亚。

（3083）剑钩翅尺蛾 *Hyposidra infixaria* (Walker, 1860)

分布：广东（英德、乳源、深圳）、台湾、香港；东洋界。

（3084）大钩翅尺蛾 *Hyposidra talaca* (Walker, 1860)

分布：广东（中山、深圳）、香港。

1404. 姬尺蛾属 *Idaea* Treitschke, 18825

（3085）玛莉姬尺蛾 *Idaea proximaria* (Leech, 1897)

分布：广东、陕西、浙江、湖北、湖南、福建、海南、广西、四川。

1405. 用克尺蛾属 *Jankowskia* Oberthür, 1884

（3086）小用克尺蛾 *Jankowskia fuscaria* (Leech, 1891)

分布：广东（乳源）、甘肃、江苏、浙江、湖北、湖南、四川、贵州；朝鲜，韩国，日本，泰国。

（3087）台湾用克尺蛾 *Jankowskia taiwanensis* Sato, 1980

分布：广东（乳源）、陕西、浙江、湖北、福建、台湾。

1406. 突尾尺蛾属 *Jodis* Hübner, 1823

（3088）白斑娇尺蛾 *Jodis albipuncta* Warren, 1898

分布：广东（英德、乳源）、台湾；印度。

（3089）易突尾尺蛾 *Jodis iridescens* (Warren, 1896)

分布：广东（英德、乳源）、四川、云南；印度。

（3090）小白波纹突尾尺蛾 *Jodis nanda* (Walker, 1861)

分布：广东、台湾、香港；印度，缅甸，斯里兰卡，马来西亚（砂拉越），印度尼西亚（巴厘、苏拉威西）。

（3091）恋突尾尺蛾 *Jodis rantaizanensis* (Wilenman, 1916)

分布：广东（乳源）、台湾；日本。

1407. 岸田尺蛾属 *Kishidapteryx* Sato *et* Wang, 2016

（3092）匙岸田尺蛾 *Kishidapteryx spatulata* Sato *et* Wang, 2016

分布：广东（乳源）。

1408. 璃尺蛾属 *Krananda* Moore, 1868

（3093）三角璃尺蛾 *Krananda latimarginaria* Leech, 1891

分布：广东（英德、深圳）、吉林、陕西、上海、江苏、浙江、江西、湖南、福建、台湾、海南、香港、广西、四川；日本，朝鲜，韩国。

（3094）琉璃尺蛾 *Krananda lucidaria* Leech, 1897

分布：广东（英德、乳源、深圳）、台湾等；泰国，印度尼西亚。

（3095）橄璃尺蛾 *Krananda oliveomarginata* Swinhoe, 1894

分布：广东（乳源、深圳）、甘肃、浙江、湖北、江西、湖南、福建、台湾、海南、广西、四川、云南、西藏；印度，尼泊尔，越南，泰国，马来西亚，印度尼西亚。

（3096）暗色璃尺蛾 *Krananda postexcisa* (Wehrli, 1924)

分布：广东、江苏、浙江、湖南、福建。

（3097）玻璃尺蛾 *Krananda semihyalina* Moore, 1868

分布：广东（英德、乳源、深圳）、青海、浙江、湖北、江西、湖南、福建、台湾、海南、广西、四川、贵州、云南、西藏；日本，印度，马来西亚，印度尼西亚。

（3098）蒿杆三角尺蛾 *Krananda straminearia* (Leech, 1897)

分布：广东、甘肃、浙江、湖北、江西、湖南、福建、台湾、海南、香港、广西、四川、重庆、云南。

1409. 网尺蛾属 *Laciniodes* Warren, 1894

（3099）舞网尺蛾 *Laciniodes umbratilis* Yazaki *et* Wang, 2004

分布：广东（英德、乳源）等。

1410. 丽翅尺蛾属 *Lampropteryx* Stephens, 1831

（3100）犀丽翅尺蛾 *Lampropteryx chalybearia* (Moore, 1868)

分布：广东（英德、乳源）、福建、台湾、四川、云南、西藏；越南，印度，不丹，尼泊尔，巴基斯坦。

1411. *Larerannis* Wehrli, 1935

（3101）璐波尺蛾 *Larerannis rubens* Nakajima *et* Wang

分布：广东（乳源）。

1412. 白蛮尺蛾属 *Lassaba* Moore, 1888

（3102）白蛮尺蛾 *Lassaba albidaria* (Walker, 1866)

分布：广东（英德、乳源）、陕西、甘肃、湖北、湖南、福建、海南、广西、四川、云南、西藏；泰国，印度，尼泊尔。

（3103）胡菈尺蛾 *Lassaba hsuhonglini* Fu *et* Sato, 2010

分布：广东（乳源）、台湾等。

（3104）葩菈尺蛾 *Lassaba parvalbidaria* (Inoue, 1978)

分布：广东（乳源）、台湾等；印度，尼泊尔。

（3105）祂菈尺蛾 *Lassaba tayulingensis* (Sato, 1986)

分布：广东（乳源）、台湾等。

1413. 边尺蛾属 *Leptomiza* **Warren, 1893**

（3106）紫边尺蛾 *Leptomiza calcearia* (Walker, 1860)

分布：广东（英德、乳源）、陕西、甘肃、湖北、湖南、福建、海南、广西、四川、云南；印度。

1414. 巨青尺蛾属 *Limbatochlamys* **Rothschild, 1894**

（3107）中国巨青尺蛾 *Limbatochlamys rosthorni* Rothschild, 1894

分布：广东（英德、乳源）、陕西、甘肃、上海、江苏、浙江、湖北、江西、湖南、福建、广西、四川、重庆、云南。

1415. *Lobophora* **Curtis, 1825**

（3108）科叶尺蛾 *Lobophora clypeata* Yazaki *et* Huang, 2004

分布：广东（乳源）等。

1416. 褶尺蛾属 *Lomographa* **Hübner, 1825**

（3109）浙江褶尺蛾 *Lomographa chekiangensis* (Wehrli, 1936)

分布：广东（乳源）、浙江、福建。

（3110）金边褶尺蛾 *Lomographa griseola* (Warren, 1893)

分布：广东（英德、乳源）等；印度，不丹，尼泊尔，巴基斯坦。

（3111）孤褶尺蛾 *Lomographa guttulata* Yazaki, 1994

分布：广东（乳源）、台湾等。

（3112）虚褶尺蛾 *Lomographa inamata* (Walker, 1861)

分布：广东（英德）、黑龙江、江西、福建、海南、广西、四川、云南；日本，印度，孟加拉国，斯里兰卡，印度尼西亚。

（3113）鹭褶尺蛾 *Lomographa luciferata* (Walker, 1862)

分布：广东（深圳）、香港；缅甸，泰国，新加坡，马来西亚，印度尼西亚，巴布亚新几内亚。

（3114）缘褶尺蛾 *Lomographa margarita* (Moore, 1868)

分布：广东（乳源）、福建、台湾、云南；印度。

（3115）南岭褶尺蛾 *Lomographa nanlingensis* Yazaki *et* Wang, 2003

分布：广东（英德、乳源）等。

（3116）合脉褶尺蛾 *Lomographa perapicata* (Wehrli, 1924)

分布：广东（英德、乳源）、台湾等。

（3117）黑尖褶尺蛾 *Lomographa percnosticata* Yazaki, 1994

分布：广东、福建、台湾；越南。

（3118）双带褶尺蛾 *Lomographa platyleucata* (Walker, 1866)

分布：广东（英德、乳源）、台湾等；缅甸。

（3119）萨褶尺蛾 *Lomographa subviridicata* Yazaki *et* Wang, 2003

分布：广东（乳源）等。

（3120）瓦褶尺蛾 *Lomographa vulpina* Yazaki *et* Wang, 2004

分布：广东（英德、乳源）等。

（3121）粤宁褶尺蛾 *Lomographa yueningi* Yazaki *et* Wang, 2004

分布：广东（乳源）等。

1417. *Lophobates* Warren, 1899

（3122）迪烙尺蛾 *Lophobates dichroplagia* (Wehrli, 1925)

分布：广东（乳源）等。

（3123）矢崎烙尺蛾 *Lophobates yazakii* Sato *et* Wang, 2004

分布：广东（乳源）等。

1418. 冠尺蛾属 *Lophophelma* Prout, 1912

（3124）美冠尺蛾 *Lophophelma calaurops* (Prout, 1912)

分布：广东（英德、深圳）、福建、海南、香港。

（3125）埃冠尺蛾 *Lophophelma erionoma* (Swinhoe, 1893)

分布：广东（乳源）、浙江、江西、湖南、四川、福建、广西、海南；印度，马来西亚，印度尼西亚。

（3126）索冠尺蛾 *Lophophelma funebrosa* (Warren, 1896)

分布：广东（深圳）；泰国，印度，马来西亚，文莱，印度尼西亚。

（3127）浙江垂耳尺蛾 *Lophophelma iterans* (Prout, 1926)

分布：广东（乳源）、河南、陕西、甘肃、上海、浙江、江西、湖南、湖北、四川、福建、台湾、广西、海南；越南。

（3128）异色冠尺蛾 *Lophophelma varicoloraria* (Moore, 1868)

分布：广东（英德、乳源）、北京、江西、湖南、广西、海南、四川、西藏；印度，尼泊尔，马来西亚，印度尼西亚。

1419. 斜灰尺蛾属 *Loxotephria* Warren, 1905

（3129）橄榄斜灰尺蛾 *Loxotephria olivacea* Warren, 1905

分布：广东（乳源）、河南、安徽、浙江、江西、湖南、福建、台湾、海南、广西、云南。

1420. 辉尺蛾属 *Luxiaria* Walker, 1860

（3130）棕带辉尺蛾 *Luxiaria amasa* (Butler, 1878)

分布：广东（乳源）、陕西、甘肃、浙江、湖北、江西、湖南、福建、台湾、海南、香港、广西、四川、云南、西藏；俄罗斯，日本，印度，尼泊尔，马来西亚，印度尼西亚，朝鲜，韩国。

（3131）俄辉尺蛾 *Luxiaria emphatica* Prout, 1925

分布：广东（乳源、深圳）；东洋界。

（3132）黑斑辉尺蛾 *Luxiaria mitorrhaphes* Prout, 1925

分布：广东（英德、深圳）、吉林、北京、河南、陕西、甘肃、青海、江苏、浙江、湖北、江西、湖南、福建、台湾、海南、广西、四川、重庆、贵州、云南、西藏；日本，印度，不丹，缅甸，印度尼西亚。

（3133）菲辉尺蛾 *Luxiaria phyllosaria* Walker, 1860

分布：广东（深圳）、香港；斯里兰卡，菲律宾，印度尼西亚。

1421. 大历尺蛾属 *Macrohastina* Inoue, 1982

（3134）红带大历尺蛾 *Macrohastina gemmifera* (Moore, 1868)

分布：广东（乳源）、湖南、福建、云南；印度，尼泊尔。

1422. 尖尾尺蛾属 *Maxates* Moore, 1887

（3135）疑尖尾尺蛾 *Maxates ambigua* (Butler, 1878)

分布：广东、江苏、浙江、湖南、福建、台湾、云南；日本，朝鲜，韩国。

（3136）锯翅尖尾尺蛾 *Maxates coelataria* (Walker, 1861)

分布：广东、海南；越南，印度，缅甸，斯里兰卡，马来西亚，新加坡；加里曼丹岛。

（3137）平波尖尾尺蛾 *Maxates microdonta* (Inoue, 1989)

分布：广东（深圳）、台湾、香港。

（3138）隐尖尾尺蛾 *Maxates quadripunctata* (Inoue, 1989)

分布：广东（深圳）、台湾、香港、广西、四川。

（3139）斑尖尾尺蛾 *Maxates submacularia* (Leech, 1897)

分布：广东（乳源）、浙江、四川。

（3140）污尖尾尺蛾 *Maxates subtaminata* (Prout, 1933)

分布：广东、海南、香港。

（3141）苔尖尾尺蛾 *Maxates thetydaria* (Guenée, 1858)

分布：广东（乳源）、甘肃、湖南、四川、福建、台湾；印度，尼泊尔，孟加拉国，菲律宾，印度尼西亚；加里曼丹岛。

（3142）纹尖尾尺蛾 *Maxates veninotata* (Warren, 1894)

分布：广东（英德、乳源）等；印度。

1423. *Megabiston* Warren, 1894

（3143）羽霾尺蛾 *Megabiston plumosaria* (Leech, 1891)

分布：广东（乳源）等；日本。

1424. 黑岛尺蛾属 *Melanthia* Duponchel, 1829

（3144）链黑岛尺蛾 *Melanthia catenaria* (Moore, 1868)

分布：广东（英德、乳源）、福建、台湾、广西、四川、西藏；日本，越南，印度，尼泊尔。

1425. 耳尺蛾属 *Menophra* Moore, 1887

（3145）娇耳尺蛾 *Menophra jobaphes* (Wehrli, 1941)

分布：广东（乳源）。

（3146）华耳尺蛾 *Menophra sinoplagiata* Sato *et* Wang, 2006

分布：广东（乳源）、福建。

（3147）天目耳尺蛾 *Menophra tienmuensis* (Wehrli, 1941)

分布：广东（英德、乳源）等。

1426. 树尺蛾属 *Mesastrape* Warren, 1894

（3148）细枝树尺蛾 *Mesastrape fulguraria* (Walker, 1860)

分布：广东（英德、乳源）、陕西、甘肃、浙江、湖北、江西、湖南、福建、台湾、广西、四川、云南、西藏；俄罗斯（远东），朝鲜，韩国，日本，印度，尼泊尔。

1427. 后星尺蛾属 *Metabraxas* Butler, 1881

（3149）后星尺蛾 *Metabraxas clerica* Butler, 1881

分布：广东（英德、乳源）等；日本。

（3150）瑞后星尺蛾 *Metabraxas regularis* Warren, 1893

分布：广东（英德、乳源）等；印度。

（3151）维后星尺蛾 *Metabraxas vernalis* Yazaki *et* Wang, 2003

分布：广东（乳源）等。

1428. *Metallaxis* Prout, 1932

（3152）小玫尺蛾 *Metallaxis miniata* Yazaki *et* Wang, 2004

分布：广东（英德、乳源）等。

1429. 豆纹尺蛾属 *Metallolophia* Warren, 1895

（3153）紫砂豆纹尺蛾 *Metallolophia albescens* Inoue, 1992

分布：广东（乳源）、浙江、湖南、云南；越南。

（3154）豆纹尺蛾 *Metallolophia arenaria* (Leech, 1889)

分布：广东（乳源）、浙江、江西、湖南、福建、台湾、广西、四川、云南、西藏；缅甸，越南。

（3155）黄斑豆纹尺蛾 *Metallolophia flavomaculata* Han *et* Xue, 2005

分布：广东（英德、乳源）、福建。

（3156）紫豆纹尺蛾 *Metallolophia purpurivenata* Han *et* Xue, 2005

分布：广东（英德、乳源）、广西；越南。

1430. 宓尺蛾属 *Microcalicha* Sato, 1981

（3157）锈宓尺蛾 *Microcalicha ferruginaria* Sato *et* Wang, 2007

分布：广东（乳源）、福建。

（3158）伕宓尺蛾 *Microcalicha fumosaria* (Leech, 1891)

分布：广东（乳源）、台湾等；日本。

（3159）美宓尺蛾 *Microcalicha melanosticta* (Hampson, 1895)

分布：广东（乳源）、山东、河南、陕西、甘肃、浙江、湖北、湖南、福建、台湾、海南、广西、四川、云南；印度，缅甸。

（3160）斯宓尺蛾 *Microcalicha stueningi* Sato *et* Wang, 2007

分布：广东（乳源），华南广布。

1431. 斑尾尺蛾属 *Micronidia* Moore, 1888

（3161）二点斑尾尺蛾 *Micronidia intermedia* Yazaki, 1992

分布：广东（英德、乳源）、福建、台湾；尼泊尔。

1432. 蓝尺蛾属 *Milionia* Walker, 1854

（3162）橙带蓝尺蛾 *Milionia basalis* Walker, 1854

分布：广东（深圳、中山、乳源）、台湾、海南、广西。

1433. *Mimochroa* **Warren, 1894**

（3163）白额觅尺蛾 *Mimochroa albifrons* (Moore, 1888)

分布：广东（乳源）等；印度。

1434. 拟尖尺蛾属 *Mimomiza* **Warren, 1894**

（3164）白拟尖尺蛾 *Mimomiza cruentaria* (Moore, 1868)

分布：广东（英德、乳源）、陕西、甘肃、青海、湖北、湖南、福建、广西、四川、云南、西藏；印度。

1435. 岔绿尺蛾属 *Mixochlora* **Warren, 1897**

（3165）三岔绿尺蛾 *Mixochlora vittata* (Moore, 1868)

分布：广东、江苏、浙江、湖北、江西、湖南、福建、台湾、海南、四川、云南；日本，泰国，印度，不丹，尼泊尔，菲律宾，马来西亚，印度尼西亚。

1436. 刮尺蛾属 *Monocerotesa* **Wehrli, 1937**

（3166）双叉刮尺蛾 *Monocerotesa bifurca* Sato *et* Wang, 2007

分布：广东（乳源）、福建。

（3167）桂刮尺蛾 *Monocerotesa maoershana* Sato *et* Wang, 2007

分布：广东（乳源）。

（3168）三色刮尺蛾 *Monocerotesa trichroma* Wehrli, 1937

分布：广东（乳源）、浙江、福建。

1437. *Myrioblephara* **Warren, 1893**

（3169）叉繁尺蛾 *Myrioblephara bifiduncus* Sato *et* Wang, 2004

分布：广东（乳源）等。

（3170）桂毛角尺蛾 *Myrioblephara guilinensis* Sato *et* Wang, 2005

分布：广东（乳源）。

（3171）南岭繁尺蛾 *Myrioblephara nanlingensis* Sato *et* Wang, 2004

分布：广东（乳源）等。

（3172）简繁尺蛾 *Myrioblephara simplaria* (Swinhoe, 1894)

分布：广东（乳源）、台湾等。

1438. *Myrteta* **Walker, 1861**

（3173）窄条麋尺蛾 *Myrteta interferenda* Wehrli, 1939

分布：广东（乳源）。

1439. 女贞尺蠖属 *Naxa* **Walker, 1856**

（3174）女贞尺蠖 *Naxa seriaria* (Motschulsky, 1866)

分布：广东（英德）等；韩国，日本。

1440. 新青尺蛾属 *Neohipparchus* **Inoue, 1944**

（3175）银底新青尺蛾 *Neohipparchus hypoleuca* (Hampson, 1903)

分布：广东（乳源）、湖南、海南、四川、云南；缅甸。

（3176）双线新青尺蛾 *Neohipparchus vallata* (Butler, 1878)

分布：广东（乳源）、辽宁、河南、山西、陕西、甘肃、江苏、浙江、湖北、江西、湖南、福建、台湾、四川、云南、西藏；朝鲜，韩国，日本，越南，印度，尼泊尔。

1441. 泼墨尺蛾属 *Ninodes* **Warren, 1894**

（3177）泼墨尺蛾 *Ninodes splendens* (Butler, 1878)

分布：广东、内蒙古、北京、山东、陕西、甘肃、上海、浙江、湖北、江西、湖南、福建、四川、云南；日本，朝鲜，韩国。

1442. 霞尺蛾属 *Nothomiza* **Warren, 1894**

（3178）傲霞尺蛾 *Nothomiza oxygoniodes* Wehrli, 1939

分布：广东（英德、乳源）等；日本。

（3179）黄缘霞尺蛾 *Nothomiza flavicosta* Prout, 1914

分布：广东（英德、乳源、深圳）、甘肃、浙江、湖南、福建、台湾、香港、广西、云南。

（3180）浅波霞尺蛾 *Nothomiza submediostrigata* Wehrli, 1939

分布：广东（乳源）、湖南、海南；中亚。

1443. 长翅尺蛾属 *Obeidia* **Walker, 1862**

（3181）洼长翅尺蛾 *Obeidia vagipardata* Walker, 1862

分布：广东（乳源）、湖北、江西、湖南、福建、台湾、广西、贵州。

1444. 腹尺蛾属 *Ocoelophora* **Warren, 1895**

（3182）台湾腹尺蛾 *Ocoelophora lentiginosaria festa* (Bastelberger, 1911)

分布：广东、浙江、福建、台湾。

1445. 贡尺蛾属 *Odontopera* **Stephens, 1831**

（3183）贡尺蛾 *Odontopera bilinearia* (Swinhoe, 1889)

分布：广东（英德、乳源）、甘肃、浙江、湖北、湖南、江西、福建、台湾、四川、贵州、云南、西藏；印度，缅甸。

（3184）秃贡尺蛾 *Odontopera insulata* Bastelberger, 1909

分布：广东（英德、乳源）、陕西、甘肃、湖南、福建、台湾、四川；缅甸。

1446. 秋尺蛾属 *Operophtera* **Hübner, 1825**

（3185）瑛秋尺蛾 *Operophtera intermedia* Nakajima *et* Wang, 2013

分布：广东（乳源）等。

1447. 四星尺蛾属 *Ophthalmitis* **Fletcher, 1979**

（3186）带四星尺蛾 *Ophthalmitis cordularia* (Swinhoe, 1893)

分布：广东（乳源）、台湾等；印度，尼泊尔

（3187）赫四星尺蛾 *Ophthalmitis herbidaria* (Guenée, 1858)

分布：广东（乳源）、台湾等；泰国，印度，尼泊尔，印度尼西亚（苏门答腊）。

（3188）四星尺蛾 *Ophthalmitis irrorataria* (Bremer *et* Grey, 1853)

分布：广东（乳源）、黑龙江、吉林、北京、河北、陕西、宁夏、甘肃、浙江、湖北、江西、湖南、福建、广西、四川、云南；日本，俄罗斯（远东），朝鲜，韩国。

（3189）钻四星尺蛾 *Ophthalmitis pertusaria* (Felder *et* Rogenhofer, 1875)

　　分布：广东（乳源、深圳）、浙江、湖北、湖南、福建、海南、广西、云南、西藏；泰国，印度，尼泊尔，马来西亚，印度尼西亚。

（3190）中华四星尺蛾 *Ophthalmitis sinensium* (Oberthür, 1913)

　　分布：广东（英德、乳源）、台湾等；越南。

（3191）拟锯纹四星尺蛾 *Ophthalmitis siniherbida* (Wehrli, 1943)

　　分布：广东（乳源）、浙江、湖南、福建、广西。

1448. 须姬尺蛾属 *Organopoda* **Hampson, 1893**

（3192）坳须尺蛾 *Organopoda annulifera* (Butler, 1889)

　　分布：广东（英德、乳源）等。

（3193）大黑斑须尺蛾 *Organopoda carnearia* (Walker, 1861)

　　分布：广东（英德、乳源）、台湾等；日本，印度。

1449. 图尺蛾属 *Orthobrachia* **Warren, 1895**

（3194）黄图尺蛾 *Orthobrachia flavidior* (Hampson, 1898)

　　分布：广东（乳源）、湖北、福建、广西；印度，尼泊尔。

（3195）猫儿山图尺蛾 *Orthobrachia maoershanensis* Huang, Wang *et* Xin, 2003

　　分布：广东（乳源）、福建、广西。

1450. 琼尺蛾属 *Orthocabera* **Butler, 1879**

（3196）亭琼尺蛾 *Orthocabera tinagmaria* (Guenée, 1857)

　　分布：广东（英德、乳源）、台湾等；日本。

（3197）纵条琼尺蛾 *Orthocabera euryzona* Yazaki *et* Wang, 2004

　　分布：广东（英德、乳源）等。

（3198）僆琼尺蛾 *Orthocabera sericea* Butler, 1879

　　分布：广东（英德、乳源、深圳）、甘肃、浙江、江西、福建、广西、四川、云南；东洋界。

1451. 泛尺蛾属 *Orthonama* **Hübner, 1825**

（3199）泛尺蛾 *Orthonama obstipata* (Fabricius, 1794)

　　分布：广东（乳源）、湖南、福建、广西、四川、云南、西藏等；世界广布（除澳大利亚外）。

1452. 云庶尺蛾属 *Oxymacaria* **Warren, 1894**

（3200）云庶尺蛾 *Oxymacaria temeraria* (Swinhoe, 1891)

　　分布：广东（英德、乳源）、陕西、甘肃、湖北、湖南、福建、台湾、海南、广西、四川、云南；日本，印度。

1453. 尾尺蛾属 *Ourapteryx* **Leach, 1814**

（3201）长尾尺蛾 *Ourapteryx clara* Butler, 1880

　　分布：广东（英德、乳源、深圳）、江西、福建、台湾、香港、海南、广西、云南；印度、尼泊尔，越南，缅甸，泰国。

（3202）壳尾尺蛾 *Ourapteryx karsholti* Inoue, 1993

　　分布：广东（乳源）等；泰国。

（3203）耙尾尺蛾 *Ourapteryx pallidula* Inoue, 1985

分布：广东（乳源）、台湾等；尼泊尔。

（3204）淡尾尺蛾 *Ourapteryx sciticaudaria* Walker, 1863

分布：广东（乳源）、湖南、台湾、广西、四川、云南、西藏；印度，尼泊尔，不丹。

（3205）耶尾尺蛾 *Ourapteryx yerburii* Butler, 1886

分布：广东（乳源）、台湾等。

1454. 垂耳尺蛾属 *Pachyodes* Guenée, 1858

（3206）金星垂耳尺蛾 *Pachyodes amplificata* (Walker, 1862)

分布：广东（乳源）、浙江、江西、湖南、四川。

1455. 泯尺蛾属 *Palpoctenidia* Prout, 1930

（3207）紫红泯尺蛾 *Palpoctenidia phoenicosoma* (Swinhoe, 1895)

分布：广东（英德、乳源）、湖南、台湾、海南、云南、西藏；日本，印度。

1456. 平沙尺蛾属 *Parabapta* Warren, 1895

（3208）金平沙尺蛾 *Parabapta aurantiaca* Yazaki *et* Wang, 2004

分布：广东（英德、乳源）等。

（3209）斜平沙尺蛾 *Parabapta obliqua* Yazaki, 1989

分布：广东（英德、乳源）、陕西、浙江、福建、台湾。

（3210）优平沙尺蛾 *Parabapta unifasciata* Inoue, 1986

分布：广东（乳源）、陕西、浙江、福建、台湾。

1457. 拟毛腹尺蛾属 *Paradarisa* Warren, 1894

（3211）灰绿拟毛腹尺蛾 *Paradarisa chloauges* Prout, 1927

分布：广东（乳源）、湖南、福建、台湾、海南、广西、四川、云南；日本，缅甸，尼泊尔。

（3212）康拟毛腹尺蛾 *Paradarisa comparataria* (Walker, 1866)

分布：广东（乳源）、台湾等；印度，尼泊尔。

（3213）桂拟毛腹尺蛾 *Paradarisa guilinensis* Sato *et* Wang, 2006

分布：广东（乳源）。

1458. 副锯翅青尺蛾属 *Paramaxates* Warren, 1894

（3214）瓦耙尺蛾 *Paramaxates vagata* (Walker, 1861)

分布：广东（英德、乳源）、福建、海南、云南；印度，孟加拉国。

1459. *Parapholodes* Sato, 2000

（3215）福錾尺蛾 *Parapholodes fuliginea* (Hampson, 1891)

分布：广东（乳源）等；越南，老挝，泰国，印度，尼泊尔，马来西亚，印度尼西亚（苏门答腊）。

1460. 夹尺蛾属 *Pareclipsis* Warren, 1894

（3216）双波夹尺蛾 *Pareclipsis serrulata* (Wehrli, 1937)

分布：广东（乳源）、浙江、湖北、湖南、台湾、四川、云南。

1461. *Parectropis* Sato, 1980

（3217）伴妃尺蛾 *Parectropis paracyclophora* Sato *et* Wang, 2006

分布：广东（乳源）。

（3218）倪妃尺蛾 *Parectropis nigrosparsa* (Wileman *et* South, 1917)

分布：广东（乳源）、台湾等；韩国，俄罗斯（远东）。

1462. 狭长翅尺蛾属 *Parobeidia* **Wehrli, 1939**

（3219）狭长翅尺蛾 *Parobeidia gigantearia* (Leech, 1897)

分布：广东（乳源）、陕西、甘肃、浙江、湖北、江西、湖南、福建、台湾、广西、四川、贵州、云南；缅甸。

（3220）犄尺蛾 *Parobeidia postmarginata* Wehrli, 1933

分布：广东（乳源）。

1463. 晶尺蛾属 *Peratophyga* **Warren, 1894**

（3221）江西长晶尺蛾 *Peratophyga grata totifasciata* Wehrli, 1923

分布：广东、山东、湖南、陕西、甘肃、青海、浙江、江西、湖南、福建、广西。

（3222）紊晶尺蛾 *Peratophyga venetia* Swinhoe, 1902

分布：广东（深圳）；菲律宾，印度尼西亚。

1464. 墟尺蛾属 *Peratostega* **Warren, 1897**

（3223）雀斑墟尺蛾 *Peratostega deletaria* (Moore, 1888)

分布：广东（乳源）、吉林、浙江、湖南、福建、台湾、海南、广西；日本。

1465. 海绿尺蛾属 *Pelagodes* **Holloway, 1996**

（3224）海绿尺蛾 *Pelagodes antiquadraria* (Inoue, 1976)

分布：广东（乳源）、浙江、江西、湖南、福建、台湾、海南、广西、云南、西藏；日本，印度，不丹，泰国。

（3225）亚海绿尺蛾 *Pelagodes subquadraria* (Inone, 1976)

分布：广东（深圳）、河南、湖北、江西、湖南、福建、台湾、海南、香港、广西；日本。

1466. 斑点尺蛾属 *Percnia* **Guenée, 1857**

（3226）散斑点尺蛾 *Percnia luridaria* (Leech, 1897)

分布：广东、甘肃、江苏、浙江、湖北、江西、湖南、福建、广西、四川、贵州。

（3227）褐斑点尺蛾 *Percnia fumidaria* Leech, 1897

分布：广东、湖北、福建、广西、四川。

（3228）烟胡麻斑星尺蛾 *Percnia suffusa* Wileman, 1914

分布：广东（深圳）、台湾。

1467. 派尺蛾属 *Perixera* **Meyrick, 1886**

（3229）派尺蛾 *Perixera absconditaria* (Walker, 1863)

分布：广东（乳源、深圳）；东洋界。

（3230）得派尺蛾 *Perixera decretarioides* Holloway, 1997

分布：广东（深圳）；印度尼西亚。

（3231）黑斑派尺蛾 *Perixera perscripta* (Prout, 1938)

分布：广东（乳源）；印度尼西亚，马来西亚，文莱。

1468. 觅尺蛾属 *Petelia* Herrich-Schäffer, 1855

（3232）埃觅尺蛾 *Petelia erythroides* (Wehrli, 1936)

分布：广东（英德、乳源）。

（3233）咆觅尺蛾 *Petelia paobia* Wehrli, 1936

分布：广东（乳源）等。

1469. 阈尺蛾属 *Phanerothyris* Warren, 1895

（3234）中阈尺蛾 *Phanerothyris sinearia* (Guenée, 1858)

分布：广东、黑龙江、上海、浙江、湖北、江西、湖南、福建、广西、四川；俄罗斯，日本，越南。

1470. 白桦尺蛾属 *Phigalia* Duponchel, 1829

（3235）大和妃尺蛾 *Phigalia owadai* Nakajima, 1994

分布：广东（乳源）、台湾等。

1471. 桑尺蠖属 *Phthonandria* Warren, 1894

（3236）桑尺蠖 *Phthonandria atrilineata* (Butler, 1881)

分布：广东（乳源）、山西、山东、江苏、安徽、浙江、湖北、台湾、四川、贵州；韩国，朝鲜，日本，印度。

1472. 烟尺蛾属 *Phthonosema* Warren, 1894

（3237）锯线烟尺蛾 *Phthonosema serratilinearia* (Leech, 1897)

分布：广东（乳源）、北京、山东、江苏、浙江、湖北、湖南、重庆、四川、贵州；韩国，俄罗斯（远东）。

1473. 粉尺蛾属 *Pingasa* Moore, 1887

（3238）浅粉尺蛾 *Pingasa chloroides* Galsworthy, 1998

分布：广东（广州）、福建、香港；越南。

（3239）璐粉尺蛾 *Pingasa rubimontana* Holloway *et* Sommerer, 1984

分布：广东（深圳）；印度尼西亚。

（3240）红带粉尺蛾 *Pingasa rufofasciata* Moore, 1888

分布：广东（英德、乳源、深圳）、浙江、湖北、江西、湖南、福建、香港、广西、四川、贵州、云南；印度。

（3241）黄基粉尺蛾 *Pingasa ruginaria* (Guenée, 1858)

分布：广东（深圳）、台湾、海南、广西、云南；琉球群岛。

（3242）塞粉尺蛾 *Pingasa secreta* Inoue, 1986

分布：广东（英德、乳源）、台湾等。

1474. 木纹尺蛾属 *Plagodis* Hübner, 1823

（3243）斧木纹尺蛾 *Plagodis dolabraria* (Linnaeus, 1767)

分布：广东（英德、乳源）、甘肃、江苏、浙江、湖北、湖南、四川；日本；欧洲。

（3244）纤木纹尺蛾 *Plagodis reticulata* Warren, 1893

分布：广东（英德、乳源）、河南、陕西、甘肃、湖南、福建、台湾、广西、四川、云南、西藏；印度，尼泊尔，泰国。

1475. *Planociampa* **Prout, 1930**

（3245）绿朴尺蛾 *Planociampa chlora* Yazaki *et* Wang, 2003

分布：广东（乳源）等。

1476. 慧尺蛾属 *Platycerota* **Hampson, 1893**

（3246）同慧尺蛾 *Platycerota homoema* (Prout, 1926)

分布：广东（乳源）、甘肃、浙江、湖北、湖南、福建、台湾、四川、云南；印度，缅甸。

（3247）葩砣尺蛾 *Platycerota particolor* (Warren, 1896)

分布：广东（英德、乳源）、台湾等；日本。

1477. 紫沙尺蛾属 *Plesiomorpha* **Warren, 1898**

（3248）金头紫沙尺蛾 *Plesiomorpha flaviceps* (Butler, 1881)

分布：广东（乳源、深圳）、湖南、福建、台湾、海南等；日本，印度。

（3249）逢紫沙尺蛾 *Plesiomorpha punctilinearia* (Leech, 1891)

分布：广东（英德、乳源）、台湾等。

1478. 丸尺蛾属 *Plutodes* **Guenée, 1857**

（3250）金斑丸尺蛾 *Plutodes chrysostigma* Wehrli, 1924

分布：广东（连平）。

（3251）黄缘丸尺蛾 *Plutodes costatus* (Butler, 1886)

分布：广东（封开）、福建、海南、广西、云南、西藏；印度，尼泊尔。

（3252）带丸尺蛾 *Plutodes exquisita* Butler, 1880

分布：广东（英德、深圳、肇庆）、福建、台湾、香港、广西、云南、西藏；印度，尼泊尔。

（3253）狭斑丸尺蛾 *Plutodes flavescens* Butler, 1880

分布：广东（封开）、福建、海南、广西、云南、西藏；尼泊尔。

（3254）南岭丸尺蛾 *Plutodes nanlingensis* Yazaki *et* Wang, 2004

分布：广东（英德）、福建、四川。

（3255）小丸尺蛾 *Plutodes philornis* Prout, 1926

分布：广东（英德、乳源、始兴、仁化、封开、信宜）、江西、广西、四川、贵州、云南；印度。

（3256）异丸尺蛾 *Plutodes transmutata* Walker, 1861

分布：广东（大鹏半岛）、广西；印度，尼泊尔。

（3257）墨丸尺蛾 *Plutodes warreni* Prout, 1923

分布：广东（英德、乳源、深圳）、陕西、甘肃、浙江、湖北、江西、湖南、福建、香港、广西、重庆、四川、云南、西藏；印度，缅甸，尼泊尔。

1479. 八角尺蛾属 *Pogonopygia* **Warren, 1894**

（3258）泡尺蛾 *Pogonopygia pavida* (Bastelberger, 1911)

分布：广东（乳源）、福建、海南、台湾、广西、四川、西藏；日本，尼泊尔，马来西亚，印度尼西亚。

1480. 波尺蛾属 *Polyscia* **Warren, 1896**

（3259）银波尺蛾 *Polyscia argentilinea* (Moore, 1868)

分布：广东（英德、乳源）、台湾等。

（3260）奥波尺蛾 *Polyscia ochrilinea* Warren, 1896

分布：广东（乳源）、福建；印度，缅甸。

1481. 魍尺蛾属 *Prionodonta* **Warren, 1893**

（3261）魍尺蛾 *Prionodonta amethystina* Warren, 1893

分布：广东（英德、乳源）、浙江、湖南、福建、广西、四川；印度。

1482. 眼尺蛾属 *Problepsis* **Lederer, 1853**

（3262）白眼尺蛾 *Problepsis albidior* Warren, 1899

分布：广东、山西、甘肃、安徽、浙江、湖北、湖南、福建、台湾、海南、广西、四川、云南、西藏；日本，印度，印度尼西亚。

（3263）接眼尺蛾 *Problepsis conjunctiva* Warren, 1893

分布：广东（英德）、甘肃、湖北、湖南、福建、台湾、海南、云南、西藏；印度，缅甸。

（3264）指眼尺蛾 *Problepsis crassinotata* Prout, 1917

分布：广东（乳源）、河南、陕西、甘肃、浙江、湖北、江西、湖南、福建、台湾、广西、四川、重庆、贵州、云南、西藏；印度。

（3265）佳眼尺蛾 *Problepsis eucircota* Prout, 1913

分布：广东（英德）、山西、河南、陕西、甘肃、上海、浙江、湖北、江西、湖南、福建、广西、四川、贵州、云南；日本、朝鲜，韩国。

（3266）邻眼尺蛾 *Problepsis paredra* Wrout, 1917

分布：广东、陕西、甘肃、湖北、江西、湖南、福建、广西、四川、云南。

（3267）斯氏眼尺蛾 *Problepsis stueningi* Xue, Cui *et* Jiang, 2018

分布：广东、山西、河南、陕西、甘肃、浙江、湖北、江西、湖南、福建、广西、四川、重庆、贵州。

1483. 丝尺蛾属 *Protuliocnemis* **Holloway, 1996**

（3268）碧丝尺蛾 *Protuliocnemis biplagiata* (Moore, ［1887］)

分布：广东（深圳）、香港。

（3269）泉丝尺蛾 *Protuliocnemis castalaria* (Oberthür, 1916)

分布：广东（英德、乳源、深圳、肇庆）、台湾、海南、香港、广西；越南，印度，马来西亚，澳大利亚。

1484. 绿花尺蛾属 *Pseudeuchlora* **Hampson, 1895**

（3270）绿花尺蛾 *Pseudeuchlora kafebera* (Swinhoe, 1894)

分布：广东（英德、乳源、深圳）、江西、湖南、福建、海南、广西；印度。

1485. 假考尺蛾属 *Pseudocollix* **Warren, 1895**

（3271）假考尺蛾 *Pseudocollix hyperythra* (Hampson, 1895)

分布：广东（乳源）、福建、台湾、广西、云南；日本，印度，尼泊尔，斯里兰卡，菲律宾，印度尼西亚；东洋界。

1486. 白尖尺蛾属 *Pseudomiza* **Butler, 1889**

（3272）紫白尖尺蛾 *Pseudomiza obliquaria* (Leech, 1897)

分布：广东（英德、乳源）、陕西、甘肃、浙江、湖北、江西、湖南、福建、台湾、海南、广西、四川、云南、西藏；尼泊尔。

1487. *Pseudonadagara* **Inoue, 1982**

（3273）半渍尺蛾 *Pseudonadagara semicolor* (Warren, 1895)

分布：广东（英德、乳源、深圳）、香港；日本。

1488. *Pseudothalera* **Warren, 1895**

（3274）痣蹼尺蛾 *Pseudothalera stigmatica* Warren, 1895

分布：广东（乳源）。

1489. 拟霜尺蛾属 *Psilalcis* **Warren, 1893**

（3275）金星碎尺蛾 *Psilalcis abraxidia* Sato *et* Wang, 2006

分布：广东（乳源）、浙江、福建。

（3276）白基碎尺蛾 *Psilalcis albibasis* (Hampson, 1895)

分布：广东（乳源）、台湾等；印度，缅甸，尼泊尔。

（3277）碧拟霜尺蛾 *Psilalcis bisinuata* (Hampson, 1895)

分布：广东（乳源）；老挝，泰国，印度尼西亚，马来西亚，文莱，印度，缅甸。

（3278）博碎尺蛾 *Psilalcis breta* (Swinhoe, 1890)

分布：广东（乳源）、台湾等；日本，印度，尼泊尔。

（3279）鼎拟霜尺蛾 *Psilalcis dignampta* (Prout, 1927)

分布：广东（乳源）；越南，老挝，泰国，缅甸。

（3280）碎尺蛾 *Psilalcis diorthogonia* (Wehrli, 1925)

分布：广东（乳源）、陕西、甘肃、湖北、湖南、福建、台湾、广西、四川、重庆、贵州、云南、西藏。

（3281）尕拟霜尺蛾 *Psilalcis galsworthyi* Sato, 1996

分布：广东（英德、乳源）、香港等。

（3282）格拟霜尺蛾 *Psilalcis grisea* Sato *et* Wang, 2016

分布：广东（乳源）。

（3283）颖拟霜尺蛾 *Psilalcis insecura* (Prout, 1927)

分布：广东（乳源）等；老挝，印度，缅甸，尼泊尔。

（3284）梅碎尺蛾 *Psilalcis menoides* (Wehrli, 1943)

分布：广东（乳源）、浙江、湖南、福建、台湾。

（3285）袍碎尺蛾 *Psilalcis polioleuca* (Wehrli, 1943)

分布：广东（乳源）、浙江、福建。

（3286）帕拟霜尺蛾 *Psilalcis parvogrisea* Sato *et* Wang, 2016

分布：广东（乳源）。

（3287）越拟霜尺蛾 *Psilalcis vietnamensis* Sato, 1996

分布：广东等；越南，老挝。

1490. 碴尺蛾属 *Psyra* Walker, 1860

（3288）小斑碴尺蛾 *Psyra falcipennis* Yazaki, 1994

分布：广东（英德、乳源）、陕西、甘肃、浙江、湖北、湖南、福建、广西、四川、云南；
尼泊尔。

（3289）司渣尺蛾 *Psyra spurcataria* Walker, 1863

分布：广东（乳源）、台湾、广西、四川、云南、西藏；印度，尼泊尔。

1491. 严尺蛾属 *Pylargosceles* Prout, 1930

（3290）双珠严尺蛾 *Pylargosceles steganioides* (Butler, 1878)

分布：广东、北京、河北、山东、河南、陕西、上海、浙江、湖北、湖南、福建、台湾、澳
门、广西、四川；日本，朝鲜，韩国。

1492. 皱尺蛾属 *Racotis* Moore, 1887

（3291）薄皱尺蛾 *Racotis boarmiaria* (Guenée, 1858)

分布：广东（乳源）、浙江、湖北、湖南、福建、台湾、四川、云南、西藏；日本，印度，
不丹，斯里兰卡，马来西亚，印度尼西亚，巴布亚新几内亚。

1493. 绿菱尺蛾属 *Rhomborista* Warren, 1897

（3292）孤斑绿菱尺蛾 *Rhomborista monosticta* (Wehrli, 1924)

分布：广东（深圳）、湖南、香港、广西、云南。

1494. 线角印尺蛾属 *Rhynchobapta* Hampson, 1895

（3293）线角印尺蛾 *Rhynchobapta eburnivena* (Warren, 1896)

分布：广东（乳源）、湖北、湖南、福建、海南、四川；日本，印度，印度尼西亚。

1495. 佐尺蛾属 *Rikiosatoa* Inoue, 1982

（3294）紫带佐尺蛾 *Rikiosatoa mavi* (Prout, 1915)

分布：广东（乳源）、浙江、湖北、江西、湖南、福建、台湾、海南、广西、四川、贵州；
日本。

（3295）灰帅尺蛾 *Rikiosatoa subdsagaria* Sato et Wang, 2005

分布：广东（乳源）等；越南。

（3296）中国佐尺蛾 *Rikiosatoa vandervoordeni* (Prout, 1923)

分布：黑龙江、浙江、江苏、湖北、江西、湖南、福建、四川。

1496. 逻尺蛾属 *Ruttellerona* Swinhoe, 1894

（3297）噗逻尺蛾 *Ruttellerona pseudocessaria* Holloway, 1993

分布：广东（深圳）。

1497. 色尺蛾属 *Sabicolora* Sato et Wang, 2016

（3298）锈沙色尺蛾 *Sabicolora ferruginea* Sato et Wang, 2016

分布：广东（乳源）。

1498. 沙尺蛾属 *Sarcinodes* Guenée, 1857

（3299）三线沙尺蛾 *Sarcinodes aequilinearia* (Walker, 1860)

　　分布：广东（英德、乳源、深圳）、湖南、台湾、海南、香港、广西、四川；印度。

（3300）二线沙尺蛾 *Sarcinodes carnearia* Guenée, 1857

　　分布：广东（英德、乳源、深圳）、台湾、海南、香港。

（3301）福沙尺蛾 *Sarcinodes fortis* Yazaki, 1988

　　分布：广东（深圳）；泰国。

（3302）金沙尺蛾 *Sarcinodes mongaku* Marumo, 1920

　　分布：广东（英德、乳源、深圳）、台湾、海南、香港；日本。

（3303）八重山沙尺蛾 *Sarcinodes yaeyamana* Inoue, 1976

　　分布：广东（英德、乳源）、江西、湖南、福建、台湾、广西、贵州；日本。

（3304）颜氏沙尺蛾 *Sarcinodes yeni* Sommerer, 1996

　　分布：广东、江西、湖南、福建、台湾、海南、广西、四川、云南。

1499. 三叶尺蛾属 *Sauris* Guenée, 1857

（3305）蛭三叶尺蛾 *Sauris hirudinata* (Guenée, 1857)

　　分布：广东、福建、台湾、香港；印度，斯里兰卡，马来西亚，印度尼西亚。

（3306）荫三叶尺蛾 *Sauris inscissa* Prout, 1958

　　分布：广东（乳源）等；印度，缅甸。

1500. 银线尺蛾属 *Scardamia* Guenée, 1858

（3307）橘红银线尺蛾 *Scardamia aurantiacaria* Bremer, 1864

　　分布：广东、黑龙江、山西、陕西、江苏、浙江、湖南、福建、四川、云南、西藏；俄罗斯，日本，朝鲜，韩国。

1501. 芽尺蛾属 *Scionomia* Warren, 1901

（3308）波芽尺蛾 *Scionomia sinuosa* (Wileman, 1910)

　　分布：广东（乳源）、台湾等。

1502. 岩尺蛾属 *Scopula* Schrank, 1802

（3309）褐斑岩尺蛾 *Scopula propinquaria* (Leech, 1897)

　　分布：广东、甘肃、浙江、湖北、江西、湖南、福建、台湾、广西、四川、贵州；越南，朝鲜，韩国。

1503. 堂尺蛾属 *Seleniopsis* Warren, 1894

（3310）灰堂尺蛾 *Seleniopsis grisearia* Leech, 1897

　　分布：广东（英德、乳源）。

1504. 夕尺蛾属 *Sibatania* Inoue, 1944

（3311）阿里山夕尺蛾 *Sibatania arizana* (Wileman, 1911)

　　分布：广东（英德、乳源）、浙江、湖北、江西、湖南、福建、广西、四川、云南；日本。

1505. 黄尾尺蛾属 *Sirinopteryx* Butler, 1883

（3312）黄尾尺蛾 *Sirinopteryx parallela* Wehrli, 1937

分布：广东（阳西）、陕西、甘肃、湖南、广西、四川、云南、西藏。

1506. _Somatina_ Guenée, 1858

（3313）花边尺蛾 _Somatina densifasciaria_ Inoue, 1992

分布：广东（英德、乳源）等；泰国，缅甸。

1507. 环斑绿尺蛾属 _Spaniocentra_ Prout, 1912

（3314）荷氏环斑绿尺蛾 _Spaniocentra hollowayi_ Inoue, 1986

分布：广东（英德、深圳）、湖南、台湾、海南、广西、云南；日本。

（3315）环斑绿尺蛾 _Spaniocentra lyra_ (Swinhoe, 1892)

分布：广东（英德、乳源）、湖南、台湾、海南等；日本，印度，尼泊尔。

1508. _Stegania_ Guenée, 1845

（3316）咔晶尺蛾 _Stegania castaneostriata_ (Yazaki _et_ Wang, 2004)

分布：广东（乳源、深圳）、香港、广西。

（3317）模晶尺蛾 _Stegania modesta_ Yazaki _et_ Wang, 2004

分布：广东（乳源）等。

1509. 玛边尺蛾属 _Swannia_ Prout, 1926

（3318）玛边尺蛾 _Swannia marmarea_ Prout, 1926

分布：广东（英德、乳源）、福建；尼泊尔，缅甸，越南，泰国。

1510. _Synegiodes_ Swinhoe, 1892

（3319）兴尺蛾 _Synegiodes diffusifascia_ Swinhoe, 1892

分布：广东（乳源）；印度尼西亚，马来西亚，文莱，缅甸，泰国，新加坡。

1511. 统尺蛾属 _Sysstema_ Warren, 1899

（3320）半环统尺蛾 _Sysstema semicirculata_ (Moore, 1868)

分布：广东（乳源）、浙江、福建、广西、四川；老挝，印度，尼泊尔。

1512. 盘尺蛾属 _Syzeuxis_ Hampson, 1895

（3321）素盘尺蛾 _Syzeuxis subfasciata_ (Wehrli, 1924)

分布：广东（乳源）。

1513. 叉线青尺蛾属 _Tanaoctenia_ Warren, 1894

（3322）焦斑叉线青尺蛾 _Tanaoctenia haliaria_ (Walker, 1861)

分布：广东（乳源）、湖南、台湾、海南、西藏；印度，缅甸，尼泊尔。

1514. 镰翅绿尺蛾属 _Tanaorhinus_ Butler, 1879

（3323）斑镰尺蛾 _Tanaorhinus kina_ Swinhoe, 1893

分布：广东（英德、乳源）、湖北、台湾、广西、四川、云南、西藏；印度，尼泊尔，缅甸。

（3324）纹镰翅绿尺蛾 _Tanaorhinus luteivirgatus_ Yazaki _et_ Wang, 2004

分布：广东（英德、乳源）、云南。

（3325）镰尺蛾 _Tanaorhinus reciprocata_ (Walker, 1861)

分布：广东（英德、乳源）、河南、湖南、湖北、福建、台湾、海南、广西、四川、贵州、云南、西藏；日本，朝鲜，韩国，印度。

（3326）影镰翅绿尺蛾 *Tanaorhinus viridiluteata* (Walker, 1861)

分布：广东（英德、乳源）、吉林、福建、台湾、海南、香港、广西、四川、云南、西藏；越南，印度，缅甸，尼泊尔，不丹，马来西亚，印度尼西亚。

1515. 银瞳尺蛾属 *Tasta* Walker，［1863］

（3327）白银瞳尺蛾 *Tasta argozana* Prout, 1926

分布：广东（乳源）、甘肃、湖北、湖南、台湾、四川、云南；缅甸。

1516. 胆尺蛾属 *Teinoloba* Yazaki, 1995

（3328）胆尺蛾 *Teinoloba perspicillata* Yazaki, 1995

分布：广东（英德、乳源）、湖南等；尼泊尔。

1517. 波翅青尺蛾属 *Thalera* Hübner, 1816

（3329）四点波翅青尺蛾 *Thalera laceraturia* Graeser, 1889

分布：广东、黑龙江、吉林、北京、陕西；朝鲜，韩国，日本，俄罗斯。

1518. 黄蝶尺蛾属 *Thinopteryx* Butler, 1883

（3330）橙蝶尺蛾 *Thinopteryx citrina* Warren, 1894

分布：广东（乳源）；印度，尼泊尔。

（3331）黄蝶尺蛾 *Thinopteryx crocoptera* (Kollar, 1844)

分布：广东（英德、深圳）、河南、陕西、甘肃、湖北、江西、湖南、福建、台湾、海南、广西、四川、云南、西藏；日本，印度，越南，斯里兰卡，马来西亚，印度尼西亚，朝鲜，韩国。

1519. 紫线尺蛾属 *Timandra* Duponchel, 1829

（3332）曲紫线尺蛾 *Timandra comptaria* Walker, 1863

分布：广东、福建、黑龙江、吉林、北京、河北、陕西、甘肃、上海、江苏、湖北、江西、湖南、福建、台湾、四川、重庆、云南；俄罗斯，日本，印度，朝鲜，韩国。

（3333）分紫线尺蛾 *Timandra dichela* (Prout, 1935)

分布：广东、河南、陕西、浙江、湖北、江西、湖南、福建、台湾、海南、四川、云南；俄罗斯，日本，印度，朝鲜，韩国。

（3334）*Timandra synthaca* (Prout, 1938)

分布：广东（乳源、深圳）、台湾、香港等。

1520. 缺口青尺蛾属 *Timandromorpha* Inoue, 1944

（3335）缺口青尺蛾 *Timandromorpha discolor* (Warren, 1896)

分布：广东（乳源）、甘肃、浙江、湖北、湖南、福建、台湾、海南、四川、云南；印度，缅甸。

（3336）易缺口青尺蛾 *Timandromorpha enervata* Inoue, 1944

分布：广东（英德、乳源）、河南、陕西、甘肃、浙江、湖北、江西、湖南、福建、台湾、四川；朝鲜半岛。

1521. *Traminda* Saalmüller, 1891

（3337）缺口姬尺蛾 *Traminda aventiaria* (Guenée, 1857)

分布：广东（深圳）、台湾、香港。

1522. 洱尺蛾属 *Trichopterigia* Hampson, 1894

（3338）阿洱尺蛾 *Trichopterigia amoena* Yazaki *et* Huang, 2004

分布：广东（乳源）。

（3339）红星洱尺蛾 *Trichopterigia miantosticta* Prout, 1958

分布：广东（乳源）。

（3340）散洱尺蛾 *Trichopterigia sanguinipunctata* (Warren, 1893)

分布：广东（乳源）、台湾。

1523. 毛翅尺蛾属 *Trichopteryx* Hübner, 1825

（3341）砝毛翅尺蛾 *Trichopteryx faceta* Yazaki *et* Wang, 2003

分布：广东（乳源）等。

（3342）佛毛翅尺蛾 *Trichopteryx firma* Yazaki *et* Wang, 2003

分布：广东（乳源）等。

1524. 光尺蛾属 *Triphosa* Stephens, 1829

（3343）丝光尺蛾 *Triphosa sericata* (Butler, 1879)

分布：广东（乳源）、湖南、四川、贵州；俄罗斯，日本。

1525. *Tristeirometa* Holloway, 1997

（3344）华丽妒尺蛾 *Tristeirometa decussata* (Moore, 1868)

分布：广东（英德、乳源）、台湾等。

1526. 扭尾尺蛾属 *Tristrophis* Butler, 1883

（3345）扭尾尺蛾 *Tristrophis rectifascia* (Wileman, 1912)

分布：广东（乳源）、台湾等。

1527. 俭尺蛾属 *Trotocraspeda* Warren, 1899

（3346）金叉俭尺蛾 *Trotocraspeda divaricata* (Moore, 1888)

分布：广东（英德、乳源、深圳）、浙江、湖北、江西、湖南、福建、台湾、海南、广西、四川、云南；印度。

1528. 洁尺蛾属 *Tyloptera* Christoph, 1880

（3347）洁尺蛾 *Tyloptera bella* (Butler, 1878)

分布：广东（英德、乳源）、陕西、甘肃、浙江、湖北、江西、湖南、福建、广西、四川、云南；俄罗斯，朝鲜，日本，缅甸。

1529. 阢尺蛾属 *Uliura* Warren, 1904

（3348）斑阢尺蛾 *Uliura albidentata* (Moore, 1868)

分布：广东（乳源）、福建；印度，尼泊尔，越南。

（3349）点阢尺蛾 *Uliura infausta* (Prout, 1914)

分布：广东（乳源）、福建、台湾。

1530. 玉臂尺蛾属 *Xandrames* Moore, 1868

（3350）黑玉臂尺蛾 *Xandrames dholaria* Moore, 1868

分布：广东（英德、乳源）、河南、陕西、甘肃、浙江、湖北、湖南、福建、台湾、广西、四川、贵州、云南、西藏；朝鲜，韩国，日本，越南，印度，尼泊尔。

（3351）折玉臂尺蛾 *Xandrames latiferaria* (Walker, 1860)

分布：广东（英德、乳源）、湖北、湖南、福建、台湾、四川、贵州；日本，印度。

1531. 虎尺蛾属 *Xanthabraxas* Warren, 1894

（3352）中国虎尺蛾 *Xanthabraxas hemionata* (Guenée, 1858)

分布：广东（英德、乳源）、安徽、浙江、湖北、江西、湖南、福建、广西、四川。

1532. 潢尺蛾属 *Xanthorhoe* Hübner, 1825

（3353）盈潢尺蛾 *Xanthorhoe saturata* (Guenée, 1957)

分布：广东、河南、甘肃、浙江、湖南、福建、台湾、海南、广西、四川、云南、西藏；日本，印度，越南。

1533. 涂尺蛾属 *Xenographia* Warren, 1893

（3354）半明涂尺蛾 *Xenographia semifusca* Hampson, 1895

分布：广东（乳源）、福建；印度，越南。

1534. 斑星尺蛾属 *Xenoplia* Warren, 1894

（3355）黑点芝尺蛾 *Xenoplia trivialis* (Yazaki, 1987)

分布：广东（英德、乳源）、台湾等。

1535. 绥尺蛾属 *Xerodes* Guenée, 1857

（3356）迪颗尺蛾 *Xerodes didyma* (Wehrli, 1940)

分布：广东（英德、乳源）。

（3357）沙弥绥尺蛾 *Xerodes inaccepta* (Prout, 1910)

分布：广东、上海、浙江、湖南、福建、四川、重庆。

1536. *Zanclopera* Warren, 1894

（3358）镰瓒尺蛾 *Zanclopera falcata* Warren, 1894

分布：广东（英德、乳源、深圳）、台湾等；不丹，马来西亚，文莱，缅甸，泰国，新加坡，印度尼西亚。

1537. *Zeheba* Moore, 1887

（3359）璨连尺蛾 *Zeheba aureatoides* Holloway, 1993

分布：广东（深圳）、香港；马来西亚，印度尼西亚。

1538. 烤焦尺蛾属 *Zythos* Fletcher, 1979

（3360）烤焦尺蛾 *Zythos avellanea* (Prout, 1932)

分布：广东（英德、乳源）、甘肃、浙江、湖北、江西、湖南、福建、台湾、海南、广西、四川、云南；印度，缅甸，越南，马来西亚，印度尼西亚。

五十一、枯叶蛾科 Lasiocampidae Harris, 1841

1539. 点枯叶蛾属 *Alompra* Moore, 1872

（3361）六点枯叶蛾 *Alompra ferruginea* Moore, 1872

分布：广东（乳源）、浙江、四川；越南，泰国，印度，缅甸，尼泊尔，菲律宾，马来西亚，印度尼西亚，文莱。

（3362）透点枯叶蛾 *Alompra hyalina* Kishida *et* Wang, 2007

分布：广东（乳源）。

1540. 线枯叶蛾属 *Arguda* Moore, 1879

（3363）曲线枯叶蛾 *Arguda tayana* Zolotuhin *et* Witt, 2000

分布：广东（乳源）、浙江、湖南、福建；越南。

（3364）三线枯叶蛾 *Arguda vinata* Moore, 1865

分布：广东（乳源、封开）、河南、陕西、浙江、湖北、江西、湖南、福建、广西、四川、云南、西藏；越南，尼泊尔，印度（锡金）。

1541. 带枯叶蛾属 *Bharetta* Moore, 〔1866〕1865

（3365）大和带枯叶蛾 *Bharetta owadai* Kishida, 1986

分布：广东（乳源）、台湾。

1542. 冥枯叶蛾属 *Cerberolebeda* Zolotuhin, 1995

（3366）紫冥枯叶蛾 *Cerberolebeda styx* Zolotuhin, 1995

分布：广东（乳源）、海南、广西、云南；越南，泰国，缅甸。

1543. 小枯叶蛾属 *Cosmotriche* Hübner, 〔1820〕

（3367）松小枯叶蛾昆明亚种 *Cosmotriche inexperta kunmingensis* Hou, 1984

分布：广东（乳源）、云南。

1544. 金黄枯叶蛾属 *Crinocraspeda* Hampson, 〔1893〕1892

（3368）金黄枯叶蛾 *Crinocraspeda torrida* (Moore, 1879)

分布：广东（乳源）、上海、湖南、四川、贵州、云南；越南，泰国，印度。

1545. 松毛虫属 *Dendrolimus* Germar, 1812

（3369）高山松毛虫 *Dendrolimus angulata* Gaede, 1932

分布：广东（乳源）、甘肃、湖南、四川、云南、西藏、福建、广西；越南。

（3370）云南松毛虫 *Dendrolimus grisea* (Moore, 1879)

分布：广东、陕西、浙江、湖北、江西、湖南、福建、四川、贵州、云南；印度，泰国，越南。

（3371）思茅松毛虫 *Dendrolimus kikuchii* Matsumura, 1927

分布：广东（乳源）、河南、甘肃、安徽、浙江、湖北、江西、湖南、福建、台湾、广西、四川、贵州、云南。

（3372）点松毛虫 *Dendrolimus punctata* (Walker, 1855)

分布：广东（乳源、中山）、河南、陕西、甘肃、安徽、江苏、浙江、江西、湖南、湖北、四川、贵州、福建、台湾、广西、海南、香港；越南。

（3373）火地松毛虫 *Dendorolimus rubripennis* Hou, 1986

分布：广东（乳源）、陕西、云南、西藏。

（3374）油松毛虫 *Dendorolimus tabulaeformis* Tsai *et* Liu, 1962

分布：广东（英德、乳源）、河北、山西、山东、河南、陕西、湖北、四川。

726

1546. 纹枯叶蛾属 *Euthrix* **Meigen, 1830**

（3375）黄纹枯叶蛾指明亚种 *Euthrix imitatrix imitatrix* (Lajonquiere, 1978)

　　分布：广东（乳源、封开、连平）。

（3376）双色纹枯叶蛾 *Euthrix inobtrusa* (Walker, 1862)

　　分布：广东（乳源）、江西、湖南、福建、广西、贵州、云南；越南，泰国，印度，尼泊尔，不丹，马来西亚，印度尼西亚。

（3377）赛纹枯叶蛾 *Euthrix isocyma* (Hampson, 1893)

　　分布：广东（乳源、连平）、湖南、福建、海南、广西、四川、贵州、云南、西藏；越南，印度，尼泊尔。

（3378）竹纹枯叶蛾 *Euthrix laeta* (Walker, 1855)

　　分布：广东（乳源）、黑龙江、河北、山西、湖南、陕西、甘肃、江苏、安徽、浙江、湖北、江西、湖南、福建、台湾、海南、广西、四川、云南；俄罗斯（远东），朝鲜，日本，越南，泰国，印度，尼泊尔，斯里兰卡，马来西亚，印度尼西亚。

（3379）环纹枯叶蛾 *Euthrix tangi* (Lajonquiere, 1978)

　　分布：广东（乳源、仁化）、福建；越南。

1547. 褐枯叶蛾属 *Gastropacha* **Ochsenheimer, 1810**

（3380）橘褐枯叶蛾大陆亚种 *Gastropacha pardale sinensis* Tams, 1935

　　分布：广东（乳源）、浙江、湖北、江西、湖南、福建、海南、广西、四川、云南。

（3381）赤李褐枯叶蛾 *Gastropacha quercifolia lucens* Mell, 1939

　　分布：广东（乳源）、陕西、甘肃、安徽、浙江、湖北、江西、湖南、福建、广西、四川、贵州、云南、西藏。

（3382）缘褐枯叶蛾 *Gastropacha xenopates wilemani* Tams, 1935

　　分布：广东（乳源、连平）、福建、台湾。

1548. 杂枯叶蛾属 *Kunugia* **Nagano, 1917**

（3383）褐色杂枯叶蛾 *Kunugia brunnea* (Wileman, 1915)

　　分布：广东（乳源）、福建、台湾、广西、云南。

（3384）直纹杂枯叶蛾 *Kunugia lineata* (Moore, 1879)

　　分布：广东（乳源、连平）、陕西、甘肃、江西、湖南、福建、广西、四川、贵州、云南、西藏；印度。

（3385）波纹杂枯叶蛾 *Kunugia undans* (Walker, 1855)

　　分布：广东（乳源）、河南、陕西、江苏、安徽、浙江、湖北、湖南、福建、台湾、广西、四川、贵州、云南、西藏；印度，巴基斯坦。

（3386）双斑杂枯叶蛾 *Kunugia yamadai* Nagano, 1917

　　分布：广东（乳源、肇庆）、浙江、江西、湖北、广西；韩国，日本。

1549. 大枯叶蛾属 *Lebeda* **Walker, 1855**

（3387）松大枯叶蛾 *Lebeda nobilis nobilis* Walker, 1855

　　分布：广东（乳源）、台湾、广西、云南、贵州、西藏；印度，尼泊尔。

1550. 幕枯叶蛾属 *Malacosoma* Hübner, 〔1820〕

（3388）棕幕枯叶蛾 *Malacosoma dentata* Mell, 1938

分布：广东（乳源、连平）、浙江、湖北、江西、湖南、福建、广西、四川、云南；越南。

1551. 尖枯叶蛾属 *Metanastria* Hübner, 〔1820〕

（3389）细斑尖枯叶蛾 *Metanastria gemella* Lajonquiere, 1979

分布：广东（广州、乳源）、福建、海南、广西、云南；越南，印度，尼泊尔，马来西亚，印度尼西亚。

（3390）大斑尖枯叶蛾 *Metanastria hyrtaca* (Cramer, 1782)

分布：广东（乳源）、甘肃、湖北、江西、湖南、福建、台湾、广西、四川、云南；越南，泰国，印度，缅甸，尼泊尔，斯里兰卡，菲律宾，马来西亚，印度尼西亚。

1552. 紫枯叶蛾属 *Micropacha* Roepke, 1953

（3391）吉紫枯叶蛾 *Micropacha (Triolla) gejra* Zolotuhin, 2000

分布：广东（连平、乳源）、浙江、江西、福建、广西、四川、云南；越南。

1553. 舟枯叶蛾属 *Notogroma* Zolotuhin *et* Witt, 2000

（3392）穆枯叶蛾 *Notogroma mutabile* (Candèze, 1927)

分布：广东（乳源）；越南。

1554. 苹枯叶蛾属 *Odonestis* Germar, 1812

（3393）灰线苹枯叶蛾 *Odonestis bheroba* (Moore, 1858)

分布：广东（乳源）、福建、海南、广西、四川、云南；越南，泰国，印度，尼泊尔。

（3394）曲线苹枯叶蛾 *Odonestis vita* Moore, 1859

分布：广东（广州）、广西；越南，泰国，印度，斯里兰卡，印度尼西亚。

1555. 痣枯叶蛾属 *Odontocraspis* Swinhoe, 1894

（3395）小斑痣枯叶蛾 *Odontocraspis hasora* Swinhoe, 1894

分布：广东（乳源）、湖北、江西、福建、海南、云南；越南，泰国，印度，缅甸，马来西亚，印度尼西亚。

1556. 云枯叶蛾属 *Pachypasoides* Matsumura, 1927

（3396）广东云枯叶蛾 *Pachypasoides kwangtungensis* (Tsai *et* Hou, 1976)

分布：广东（乳源、肇庆）。

1557. 栎枯叶蛾属 *Paralebeda* Aurivillius, 1894

（3397）东北栎枯叶蛾 *Paralebeda femorata* (Ménétriès, 1855)

分布：广东（乳源）、黑龙江、辽宁、北京、山东、河南、陕西、甘肃、浙江、湖北、江西、湖南、广西、四川、贵州、云南；蒙古国，俄罗斯，朝鲜。

（3398）松栎枯叶蛾 *Paralebeda plagifera* (Walker, 1855)

分布：广东（乳源、肇庆）、浙江、福建、广西、西藏；越南，泰国，印度，尼泊尔。

1558. 黑枯叶蛾属 *Pyrosis* Oberthür, 1880

（3399）栎黑枯叶蛾 *Pyrosis eximia* Oberthür, 1881

分布：广东（乳源）、山西、河南、陕西、江苏、湖南、四川、云南；俄罗斯，朝鲜。

（3400）杨黑枯叶蛾 *Pyrosis idiota* Graeser, 1888

分布：广东（乳源）、黑龙江、吉林、辽宁、内蒙古、北京、河北、山西、陕西；俄罗斯，朝鲜，日本。

1559. 角枯叶蛾属 *Radhica* Moore, 1879

（3401）黄角枯叶蛾 *Radhica flavovittata* Moore, 1879

分布：广东（乳源）、陕西、安徽、浙江、湖北、福建、海南、西藏；越南，泰国，印度，缅甸，尼泊尔，马来西亚，印度尼西亚。

1560. 巨枯叶蛾属 *Suana* Walker, 1855

（3402）木麻黄巨枯叶蛾 *Suana concolor* Walker, 1855

分布：广东、江西、湖南、福建、广西、四川、云南；越南，泰国，印度，缅甸，斯里兰卡，菲律宾，马来西亚，印度尼西亚。

1561. 痕枯叶蛾属 *Syrastrena* Moore, 1884

（3403）烂痕枯叶蛾 *Syrastrena lanaoensis continentalis* Zolotuhin *et* Witt, 2000

分布：广东（乳源）。

（3404）无痕枯叶蛾 *Syrastrena sumatrana sinensis* Lajonquiere, 1973

分布：广东（乳源）、安徽、浙江、江西、湖南、福建、广西、四川、云南。

1562. 黄枯叶蛾属 *Trabala* Walker, 1856

（3405）赤黄枯叶蛾 *Trabala pallida* (Walker, 1855)

分布：广东（广州、封开）、江西、福建、海南、广西；泰国，马来西亚，印度尼西亚。

（3406）黄枯叶蛾 *Trabala vishnou* (Lefèbvre, 1827)

分布：广东（乳源、中山、廉江）、江苏、安徽、浙江、湖北、江西、湖南、福建、广西、四川、贵州、云南、西藏；越南，泰国，印度，尼泊尔，斯里兰卡，马来西亚，巴基斯坦。

五十二、带蛾科 Eupterotidae Swinhoe, 1892

1563. 纹带蛾属 *Ganisa* Walker, 1855

（3407）灰纹带蛾 *Ganisa cyanogrisea* (Mell, 1929)

分布：广东（乳源）、浙江、江西、福建、云南。

（3408）长纹带蛾 *Ganisa postica kuangtungensis* (Mell, 1929)

分布：广东（乳源）、云南。

1564. 褐带蛾属 *Palirisa* Moore, 1884

（3409）褐带蛾 *Palirisa cervina mosoensis* (Mell, 1937)

分布：广东（乳源）、台湾、广西、四川、云南、西藏；印度，缅甸。

1565. 丝光带蛾属 *Pseudojana* Hampson, 1893

（3410）丝光带蛾 *Pseudojana incandescens* (Walker, 1855)

分布：广东（乳源）、福建、云南。

五十三、蚕蛾科 Bombycidae Latreille, 1802

1566. 茶蚕蛾属 *Andraca* Walker, 1865

（3411）双带茶蚕蛾 *Andraca bipunctata* Walker, 1865

分布：广东、贵州、四川、云南；缅甸，泰国，印度，尼泊尔。

（3412）美丽茶蚕蛾 *Andraca melli* Zolotuhin *et* Witt, 2009

分布：广东（乳源）、浙江、江西、福建、海南、广西、四川；越南，缅甸，泰国。

（3413）榄茶蚕蛾 *Andraca olivacea* Matsumura, 1927

分布：广东（英德、乳源）、陕西、浙江、江西、湖南、福建、台湾、海南、广西；越南，缅甸。

（3414）茶蚕蛾 *Andraca theae* (Matsumura, 1909)

分布：广东（乳源）、安徽、湖南、台湾；尼泊尔。

1567. 家蚕蛾属 *Bombyx* Linnaeus, 1758

（3415）直线野蚕蛾 *Bombyx huttoni* Westwood, 1847

分布：广东（乳源）、广西、四川、云南；巴基斯坦，印度，越南，尼泊尔，不丹，泰国，马来西亚。

（3416）野蚕 *Bombyx mandarina* (Moore, 1872)

分布：广东、黑龙江、吉林、辽宁、内蒙古、河北、山西、山东、河南、陕西、江苏、安徽、浙江、湖北、江西、湖南、台湾、四川、广西、云南、西藏；俄罗斯，朝鲜，日本。

（3417）家蚕 *Bombyx mori* (Linnaeus, 1758)

分布：广东（乳源）等；热带、亚热带地区。

1568. 拟钩蚕蛾属 *Comparmustilia* Wang *et* Zolotuhin, 2015

（3418）半灰拟钩蚕蛾 *Comparmustilia semiravida* (Yang, 1995)

分布：广东（乳源）、浙江、江西、福建、海南、广西、四川、云南。

（3419）赭拟钩蚕蛾 *Comparmustilia sphingiformis* (Moore, 1879)

分布：广东（乳源）、江西、福建、湖南、广西、陕西、云南；印度，尼泊尔，缅甸，泰国，越南，马来西亚。

1569. 纵列蚕蛾属 *Ernolatia* Walker, 1862

（3420）纵列蚕蛾 *Ernolatia moorei* (Hutton, 1865)

分布：广东（从化、乳源）、浙江、福建、香港、台湾、海南、广西、陕西、四川、云南、西藏；日本，越南，印度尼西亚，泰国，缅甸，尼泊尔，斯里兰卡，印度。

1570. 垂耳蚕蛾属 *Gunda* Walker, 1862

（3421）斜线垂耳蚕蛾 *Gunda javanica* (Moore, 1872)

分布：广东、湖南、海南、广西、云南；菲律宾，越南，印度尼西亚，马来西亚，泰国，缅甸，印度。

（3422）*Gunda ochracea* Walker, 1862

分布：广东、湖南、海南、广西、云南；菲律宾，越南，印度尼西亚，马来西亚，泰国，印度，尼泊尔，斯里兰卡。

1571. 钩翅蚕蛾属 *Mustilia* Walker, 1865

（3423）钩蚕蛾 *Mustilia falcipennis* Walker, 1865

分布：广东（乳源）、海南、广西、四川、云南；尼泊尔，印度，不丹。

1572. 穆蚕蛾属 *Mustilizans* Yang, 1995

（3424）一点钩翅蚕蛾 *Mustilizans hepatica* (Moore, 1879)

分布：广东（英德、乳源、惠州）、江西、福建、湖南、海南、广西、云南；越南，马来西亚，老挝，泰国，尼泊尔，印度，巴基斯坦。

（3425）神农穆蚕蛾 *Mustilizans shennongi* Yang *et* Mao, 1995

分布：广东（乳源）、陕西、湖北、广西、四川。

1573. 圆蚕蛾属 *Rotunda* Wang *et* Zolotuhin, 2015

（3426）圆端蚕蛾 *Rutunda rotundapex* (Miyata *et* Kishida, 1990)

分布：广东（乳源）、陕西、江西—福建交界、湖北、湖南、台湾、广西、四川；朝鲜，缅甸。

1574. 齿蚕蛾属 *Oberthueria* Kirby, 1892

（3427）齿蚕蛾 *Oberthueria formosibia* Matsumura, 1927

分布：广东（乳源）。

（3428）佳齿蚕蛾 *Oberthueria jiatongae* Zolotuhin *et* Wang, 2013

分布：广东（乳源）、陕西、江西、湖北、湖南、海南、广西、四川。

（3429）燕齿蚕蛾 *Oberthueria yandu* Zolotuhin *et* Wang, 2013

分布：广东（乳源）、河南、浙江、江西、福建、四川、西藏。

1575. 褐白蚕蛾属 *Ocinara* Walker, 1856

（3430）嘎褐蚕蛾 *Ocinara albicollis* (Walker, 1862)

分布：广东（广州、乳源）、海南、广西、云南；泰国，印度，印度尼西亚，斯里兰卡，越南，马来西亚。

（3431）黑点赭蚕蛾 *Ocinara bunnea* Wileman, 1911

分布：广东、江西、福建、海南、台湾；印度。

1576. 带蚕蛾属 *Penicillifera* Dierl, 1978

（3432）毛带蚕蛾 *Penicillifera lactea* (Hutton, 1865)

分布：广东（英德、乳源、惠州）、浙江、福建、海南、广西、云南；阿富汗，印度，越南，泰国，马来西亚。

1577. 窗蚕蛾属 *Prismosticta* Butler, 1880

（3433）窗蚕蛾 *Prismosticta fenestrata* Butler, 1880

分布：广东（乳源）、浙江、福建、台湾、云南、西藏；尼泊尔，印度。

（3434）迷窗蚕蛾 *Prismosticta microprisma* Zolotuhin *et* Witt, 2009

分布：广东（乳源）、福建、广西；越南，柬埔寨，泰国。

（3435）磊窗蚕蛾 *Prismosticta regalis* Zolotuhin *et* Witt, 2009

分布：广东（乳源）、福建、海南；越南。

1578. *Prismostictoides* Zolotuhin *et* Tran, 2011

（3436）一点窗蚕蛾 *Prismostictoides unihyala* (Chu *et* Wang, 1993)

分布：广东（乳源）、浙江、江西、湖南、福建、广西；越南。

1579. *Pseudandraca* **Miyata, 1970**

（3437）黄斑蚕蛾 *Pseudandraca flavamaculata* (Yang, 1993)

分布：广东（乳源）、浙江、江西、湖南、福建、广西、四川、云南；越南。

1580. 桑蟥属 *Rondotia* **Moore, 1885**

（3438）*Rondotia diaphana* (Hampson,〔1893〕)

分布：广东（乳源）、江西—福建交界处、广西；韩国，缅甸。

（3439）桑蟥 *Rondotia menciana* Moore, 1885

分布：广东、辽宁、山东、江苏、浙江、河北、安徽、江西、福建、山西、河南、湖北、湖南、海南、广西、陕西、甘肃、四川、云南；印度，朝鲜，韩国，日本。

1581. 斯蚕蛾属 *Smerkata* **Zolotuhin, 2007**

（3440）赭桦蛾 *Smerkata fusca* (Kishida, 1993)

分布：广东（乳源）、江西、湖南、台湾。

（3441）乌斯蚕蛾 *Smerkata ulliae* (Zolotuhin, 2007)

分布：广东（乳源）、陕西、湖南。

1582. *Theophoba* **Fletcher et Nye, 1982**

（3442）*Theophoba pendulans* Mell, 1958

分布：广东（连平）、上海、台湾、广西、云南；泰国，缅甸。

1583. 赭蚕蛾属 *Triuncina* **Dierl, 1978**

（3443）戴赭蚕蛾 *Triuncina daii* Wang *et* Zolotuhin, 2015

分布：广东（乳源）。

（3444）类赭蚕蛾 *Triuncina diaphragma* (Mell, 1958)

分布：广东（乳源）、福建、广西；越南。

1584. *Trilocha* **Moore,**〔**1860**〕

（3445）费氏灰白蚕蛾 *Trilocha friedeli* Dierl, 1978

分布：广东（乳源、惠州）、广西；越南，泰国，印度尼西亚，朝鲜，韩国，印度。

（3446）灰白蚕蛾 *Trilocha varians* (Walker, 1855)

分布：广东（广州、曲江、佛山）、台湾、海南、广西、云南；日本，菲律宾，马来西亚，越南，泰国，尼泊尔，印度，斯里兰卡。

1585. 斑蚕蛾属 *Valvaribifidum* **Wang, Huang** *et* **Wang, 2011**

（3447）华南斑蚕蛾 *Valvaribifidum huananense* Wang, Huang *et* Wang, 2011

分布：广东（乳源）等。

（3448）中华斑蚕蛾 *Valvaribifidum sinica* (Dierl, 1979)

分布：广东、广西。

五十四、天蚕蛾科 Saturniidae Boisduval, 1837

1586. 尾王蛾属 *Actias* **Leach, 1815**

（3449）悠尾大蚕蛾 *Actias uljanae* Brechlin, 2007

分布：广东（乳源）、江西、湖南、海南、广西、贵州。

（3450）绿尾大蚕蛾 *Actias selene ningpoana* Felder, 1862

分布：广东（英德、乳源、深圳）、北京、河北、辽宁、河南、江苏、浙江、湖北、江西、湖南、福建、台湾；日本。

1587. *Antheraea* Hübner, 1819

（3451）钩翅柞王蛾 *Antheraea assamensis* Helfer, 1837

分布：广东（英德、乳源）、云南；印度，缅甸。

（3452）柞王蛾 *Antheraea pernyi* Guérin-Méneville, 1855

分布：广东（英德、乳源）及东北地区。

（3453）半目柞王蛾 *Antheraea yamamai* Guérin-Méneville, 1861

分布：广东（英德、乳源）。

1588. *Cricula* Walker, 1855

（3454）安酷王蛾 *Cricula andrei* Jordan, 1909

分布：广东（英德、乳源）、海南、四川、云南、西藏；印度尼西亚。

1589. 樟蚕属 *Eriogyna* Jordan, 1912

（3455）樟蚕 *Eriogyna pyretorum* (Westwood, 1847)

分布：广东（中山）、辽宁、广西、海南、四川、云南；印度，缅甸，越南。

1590. *Samia* Hübner, 1819

（3456）王樗王蛾 *Samia wangi* Naumann *et* Peigler, 2001

分布：广东（英德、乳源、深圳）、江西、湖南、福建、台湾、香港。

1591. 豹王蛾属 *Loepa* Moore, 1858

（3457）藤豹王蛾 *Loepa anthera* Jordan, 1911

分布：广东（乳源）、湖南、福建、广西、云南；越南。

（3458）粤豹王蛾 *Loepa kuangtungensis* Mell, 1938

分布：广东（乳源）。

（3459）微斑豹王蛾 *Loepa microocellata* Naumann *et* Kishida, 2001

分布：广东（英德、乳源）、重庆。

（3460）锈豹王蛾 *Loepa obscuromarginata* Naumann, 1998

分布：广东（英德、乳源）。

1592. 透目王蛾属 *Rhodinia* Staudinger, 1892

（3461）透目王蛾 *Rhodinia fugax* Butler, 1877

分布：广东（乳源）、黑龙江、吉林、辽宁、内蒙古、河北、山西、山东、河南、宁夏；日本，俄罗斯。

（3462）露透目王蛾 *Rhodinia rudloffi* Brechlin, 2001

分布：广东（英德、乳源）；日本，越南。

1593. 目天蚕蛾属 *Caligula* Moore, 1862

（3463）银杏大蚕蛾 *Caligula japonica* Moore, 1862

分布：广东（乳源）、黑龙江、吉林、辽宁、河北、河南、江苏、浙江、湖北、江西、湖南、福建、台湾、海南、广西、贵州、云南；朝鲜，韩国，日本。

（3464）希目天蚕蛾 *Caligula simla* (Westwood, 1847)

分布：广东（英德、乳源）；印度。

1594. 珠天蚕蛾属 *Saturnia* Schrank, 1802

（3465）南岭天蚕蛾 *Saturnia nanlingensis* Brechlin, 2004

分布：广东（乳源）。

（3466）辛珠天蚕蛾 *Saturnia sinjaevi* (Brechlin, 2004)

分布：广东（乳源）。

（3467）藏珠天蚕蛾 *Saturnia thibeta* (Westwood, 1853)

分布：广东（乳源）、台湾；印度，尼泊尔，印度尼西亚。

1595. *Salassa* Moore, 1859

（3468）猫目王蛾 *Salassa thespis* Leech, 1898

分布：广东（乳源）、陕西、湖北、福建。

五十五、桦蛾科 Endromidae Meyrick, 1895

1596. *Mirina* Staudinger, 1892

（3469）孔子桦蛾 *Mirina confucius* Zolotuhin *et* Witt, 2000

分布：广东（乳源）、广西；越南。

五十六、螺纹蛾科 Brahmaeidae Swinhoe, 1892

1597. 箩纹蛾属 *Brahmaea* Walker, 1855

（3470）青球箩纹蛾 *Brahmaea hearseyi* White, 1862

分布：广东（英德）、河南、湖北、湖南、福建、四川、贵州、云南；印度，缅甸，印度尼西亚。

（3471）枯球箩纹蛾 *Brahmaea wallichii* (Gray, 1831)

分布：广东（英德）、湖北、台湾、四川、云南；印度，尼泊尔。

五十七、天蛾科 Sphingidae Latreille, 1802

1598. 面形天蛾属 *Acherontia* Laspeyres, 1809

（3472）鬼脸天蛾 *Acherontia lachesis* (Fabricius, 1798)

分布：广东（英德、乳源）、江西、湖南、福建、台湾、海南、香港、广西；日本，印度，巴基斯坦，尼泊尔，不丹，泰国，老挝，越南，马来西亚，印度尼西亚，菲律宾，巴布亚新几内亚，美国（夏威夷），斯里兰卡。

（3473）芝麻鬼脸天蛾 *Acherontia styx medusa* Moore, 1848

分布：广东（英德、乳源）、北京、河北、山西、山东、河南、陕西、江苏、浙江、湖北、江西、湖南、福建、台湾、海南、广西、四川、云南；朝鲜，韩国，日本，越南，泰国，印度，缅甸，斯里兰卡，菲律宾，马来西亚，印度尼西亚，文莱。

1599. 灰天蛾属 *Acosmerycoides* Mell, 1922

（3474）灰天蛾 *Acosmerycoides harterti* (Rothschild, 1895)

分布：广东（乳源）、安徽、浙江、湖北、江西、湖南、福建、台湾、海南、广西、贵州、云南；越南，老挝，泰国，印度，缅甸，不丹。

1600. 缺角天蛾属 *Acosmeryx* Boisduval, ［1875］

（3475）缺角天蛾 *Acosmeryx castanea* Rothschild *et* Jordan, 1903

分布：广东（乳源、深圳）、台湾；朝鲜，韩国，日本。

（3476）黄点缺角天蛾 *Acosmeryx miskini* (Murray, 1873)

分布：广东、海南；澳大利亚，巴布亚新几内亚。

（3477）葡萄缺角天蛾 *Acosmeryx naga* (Moore, 1858)

分布：广东（英德、乳源）、台湾；朝鲜，韩国，日本，越南，老挝，泰国，印度，缅甸，尼泊尔，马来西亚，巴基斯坦，塔吉克斯坦，乌兹别克斯坦。

（3478）赭绒缺角天蛾 *Acosmeryx sericeus* (Walker, 1856)

分布：广东（乳源）、海南、香港、广西、云南、西藏；越南，泰国，印度，尼泊尔，不丹，马来西亚，孟加拉国，缅甸，新加坡。

（3479）辛缺角天蛾 *Acosmeryx sinjaevi* Brechlin *et* Kitching, 1996

分布：广东（乳源）、湖南、福建、台湾、海南；朝鲜，韩国，日本，越南，泰国，印度，尼泊尔，巴基斯坦，缅甸，新加坡，马来西亚。

1601. 薯天蛾属 *Agrius* Hübner, ［1819］

（3480）红薯天蛾 *Agrius convolvuli* (Linnaeus, 1758)

分布：广东（英德、乳源）、内蒙古、辽宁、河北、北京、山东、山西、陕西、河南、安徽、上海、浙江、海南、香港、四川、云南、西藏；世界广布。

1602. 鹰翅天蛾属 *Ambulyx* Walker, 1856

（3481）安鹰翅天蛾 *Ambulyx amara* Kobayashi, Wang *et* Yano, 2006

分布：广东（乳源）。

（3482）日本鹰翅天蛾 *Ambulyx japonica* Rothschild, 1894

分布：广东、陕西、湖南、台湾、海南、四川；朝鲜，日本。

（3483）华南鹰翅天蛾 *Ambulyx kuangtungensis* (Mell, 1922)

分布：广东、福建、海南、广西。

（3484）栎鹰翅天蛾 *Ambulyx liturata* Butler, 1875

分布：广东（乳源）、福建、香港；越南，泰国，印度，缅甸，尼泊尔，不丹。

（3485）裂斑鹰翅天蛾 *Ambulyx ochracea* Butler, 1885

分布：广东（英德、乳源）、北京、江苏、安徽、浙江、湖北、江西、湖南、福建、台湾、香港、重庆、四川、云南；朝鲜，韩国，日本，越南，泰国，印度，尼泊尔。

（3486）黄山鹰翅天蛾 *Ambulyx sericeipennis* Butler, 1875

分布：广东（乳源）、陕西、安徽、浙江、江西、福建、台湾、海南、香港、广西、重庆、四川、贵州、云南；朝鲜，韩国，日本，越南，老挝，泰国，尼泊尔，巴基斯坦。

（3487）海南鹰翅天蛾 *Ambulyx substrigilis* (Westwood, 1847)

分布：广东、安徽、福建、海南；印度。

1603. 葡萄天蛾属 *Ampelophaga* Bremer *et* Grey, 1852

（3488）葡萄天蛾 *Ampelophaga rubiginosa rubiginosa* Bremer *et* Grey, 1853

分布：广东（乳源）、辽宁、河北、山西、山东、河南、陕西、江苏、湖北、江西、湖南、广西；朝鲜，日本。

1604. 果天蛾属 *Amplypterus* Hübner, 1819

（3489）芒果天蛾 *Amplypterus panopus* (Cramer, ［1779］)

分布：广东（英德、乳源）、湖南、福建、海南、云南；越南，泰国，印度，缅甸，尼泊尔，斯里兰卡，菲律宾，马来西亚，印度尼西亚。

1605. 绒绿天蛾属 *Angonyx* Boisduval, 1875

（3490）绒绿天蛾 *Angonyx testacea* (Walker, 1856)

分布：广东、福建；印度，斯里兰卡，马来西亚。

1606. *Barbourion* Clark, 1934

（3491）垒博天蛾 *Barbourion lemaii* (Le Moult, 1933)

分布：广东（英德、乳源）、云南；越南，老挝，泰国，缅甸。

1607. *Callambulyx* Rothschild *et* Jordan, 1903

（3492）喀绿天蛾 *Callambulyx kitchingi* Cadiou, 1996

分布：广东（英德）、安徽、湖北、江西、湖南、福建、海南、广西、重庆、四川、贵州、云南；越南。

1608. 背线天蛾属 *Cechenena* Rothschild *et* Jordan, 1903

（3493）点背天蛾 *Cechenena aegrota* (Butler, 1875)

分布：广东（英德）、海南、香港；越南，泰国，印度，尼泊尔，马来西亚，印度尼西亚。

（3494）条背天蛾 *Cechenena lineosa* (Walker, 1856)

分布：广东、湖南、台湾、海南、广西、四川；日本，越南，印度，马来西亚，印度尼西亚。

（3495）平背线天蛾 *Cechenena minor* (Butler, 1875)

分布：广东（英德、乳源）、陕西、浙江、湖北、湖南、福建、台湾、四川、贵州、云南；越南，老挝，泰国，缅甸，尼泊尔。

（3496）泛绿背线天蛾 *Cechenena subangustata* Rothschild, 1920

分布：广东（英德、乳源）、台湾；越南，柬埔寨，泰国，印度，缅甸，尼泊尔，马来西亚，印度尼西亚。

1609. 豆天蛾属 *Clanis* Hübner, 1822

（3497）南方豆天蛾 *Clanis bilineata* (Walker, 1866)

分布：广东（乳源）、河北、山东、甘肃、安徽、江西、台湾、海南；俄罗斯（远东），韩国，朝鲜，日本，越南，老挝，泰国，印度，缅甸，尼泊尔，马来西亚，印度尼西亚，孟加拉国。

（3498）舒豆天蛾 *Clanis schwartzi* Cadiou, 1993

分布：广东（乳源）、陕西、湖北、江西、湖南、海南；越南，老挝。

（3499）浅斑豆天蛾 *Clanis titan* Rothschild *et* Jordan, 1903

分布：广东、云南；印度。

1610. 柯天蛾属 *Craspedortha* Mell, 1922

（3500）月柯天蛾 *Craspedortha porphyria* (Butler, 1876)

分布：广东（英德、乳源）、浙江、湖北、福建、台湾、海南、四川、云南；越南，泰国，印度，缅甸，尼泊尔。

1611. 单齿天蛾 *Cypa* Walker, 1864

（3501）单齿天蛾 *Cypa enodis* Jordan, 1931

分布：广东（乳源）、台湾等；老挝，泰国，印度，缅甸，尼泊尔，马来西亚。

1612. *Cypoides* Matsumura, 1921

（3502）枫天蛾 *Cypoides chinensis* (Rothschild *et* Jordan, 1903)

分布：广东（英德、乳源）、陕西、安徽、浙江、湖北、江西、湖南、福建、台湾、海南、香港、广西、贵州；越南，老挝，泰国。

1613. 斜带天蛾属 *Dahira* Moore, 1888

（3503）大斜带天蛾 *Dahira obliquifascia* (Hampson, 1910)

分布：广东（乳源）、浙江、福建、台湾、广西、贵州、云南；越南，老挝，泰国，印度，尼泊尔，马来西亚。

（3504）暗斜带天蛾 *Dahira rubiginosa* Moore, 1888

分布：广东（英德、乳源）、安徽、浙江、福建、台湾、香港、广西、贵州、云南；日本，印度，缅甸，尼泊尔，不丹。

（3505）塞斜带天蛾 *Dahira svetsinjaevae* Brechlin, 2006

分布：广东（乳源）、广西。

1614. 栎天蛾属 *Degmaptera* Hampson, 1896

（3506）石栎天蛾 *Degmaptera mirabilis* (Rothschild, 1894)

分布：广东（乳源）、安徽、浙江、台湾、云南；老挝，泰国，印度，尼泊尔。

1615. 星天蛾属 *Dolbina* Staudinger, 1887

（3507）大星天蛾 *Dolbina inexacta* (Walker, 1856)

分布：广东（英德、乳源）、江西、台湾；日本，越南，泰国，印度，缅甸，尼泊尔。

1616. 中线天蛾属 *Elibia* Walker, 1856

（3508）中线天蛾 *Elibia dolichus* (Westwood, 1847)

分布：广东、海南；印度，菲律宾，印度尼西亚。

1617. 突角天蛾属 *Enpinanga* Rothschild *et* Jordan, 1903

（3509）斜带突角天蛾 *Enpinanga vigens* (Butler, 1879)

分布：广东；菲律宾，马来西亚。

1618. 斜带天蛾属 *Eupanacra* Cadiou *et* Holloway, 1989

（3510）鸟嘴绿天蛾 *Eupanacra busiris* (Walker, 1856)

分布：广东、广西、香港。

（3511）鸟嘴斜带天蛾 *Eupanacra mydon* (Walker, 1856)

分布：广东（英德、乳源）、海南、广西、云南；越南，泰国，印度，缅甸，尼泊尔，孟加拉国，新加坡，马来西亚。

1619. 斜线天蛾属 *Hippotion* Hübner，［1819］

（3512）斑腹斜线天蛾 *Hippotion boerhaviae* (Fabricius, 1775)

分布：广东（乳源）、台湾、香港；越南，泰国，印度，缅甸，尼泊尔，不丹，斯里兰卡，菲律宾，印度尼西亚，巴基斯坦，澳大利亚，所罗门群岛，法国（新喀里多尼亚）。

1620. 锯翅天蛾属 *Langia* Moore, 1872

（3513）锯翅天蛾 *Langia zenzeroides* Moore, 1872

分布：广东（英德、乳源）、北京、浙江、湖北、福建、台湾、海南、广西、四川、贵州、云南；韩国，朝鲜，日本，越南，老挝，泰国，印度，尼泊尔，不丹，巴基斯坦。

1621. 蔗天蛾属 *Leucophlebia* Westwood, 1847

（3514）甘蔗天蛾 *Leucophlebia lineata* Westwood, 1847

分布：广东、北京、河北、山西、山东、江苏、浙江、湖北、江西、湖南、福建、海南、广西、云南；印度，斯里兰卡，菲律宾，马来西亚。

1622. 长喙天蛾属 *Macroglossum* Scopoli, 1777

（3515）截线长喙天蛾 *Macroglossum aquila* (Boisduval,［1875］)

分布：广东、海南、广西。

（3516）长喙天蛾 *Macroglossum corythus* Walker, 1856

分布：广东（乳源）、浙江、湖北、江西、湖南、福建、台湾、海南、香港、重庆、四川、云南、西藏；日本，越南，泰国，印度，缅甸，尼泊尔，不丹，斯里兰卡，菲律宾，马来西亚，印度尼西亚，巴布亚新几内亚，所罗门群岛，法国（新喀里多尼亚）。

（3517）*Macroglossum corythus luteata* Butler, 1875

分布：广东、江西、湖南、福建、海南等；印度，菲律宾，马来西亚。

（3518）九节木长喙天蛾 *Macroglossum heliophila* Boisduval,［1875］

分布：广东、海南；印度，菲律宾，马来西亚。

（3519）佛瑞兹长喙天蛾 *Macroglossum fritzei* Rothschild *et* Jordan, 1903

分布：广东（英德、乳源）、浙江、湖北、湖南、福建、台湾、海南、香港；日本，越南，泰国，印度，尼泊尔，斯里兰卡，印度尼西亚，马来西亚，文莱。

（3520）背带长喙天蛾 *Macroglossum mitchellii* Boisduval, 1875

分布：广东（英德、乳源）、台湾、香港、云南；越南，泰国，印度，斯里兰卡，马来西亚，印度尼西亚。

（3521）内长喙天蛾 *Macroglossum neotroglodytus* Kitching *et* Cadiou, 2000

分布：广东（乳源）、台湾、香港、云南；日本，越南，泰国，印度，尼泊尔，不丹，斯里兰卡，菲律宾，马来西亚，印度尼西亚。

（3522）黑长喙天蛾 *Macroglossum pyrrhosticta* (Butler, 1857)

分布：广东、北京、山东、海南、四川、贵州等；日本，越南，印度，马来西亚。

（3523）北京长喙天蛾 *Macroglossum saga* Butler, 1878

分布：广东（乳源）、内蒙古、北京、台湾、香港、四川、云南，西藏；韩国，俄罗斯，日本，泰国，印度，尼泊尔，不丹。

（3524）小豆长喙天蛾 *Macroglossum stellatarum* (Linnaeus, 1758)

分布：广东、吉林、辽宁、内蒙古、河北、山西、山东、河南、陕西、宁夏、甘肃、青海、新疆、湖北、湖南、福建、广西、四川；朝鲜，日本，越南，印度，尼日利亚；欧洲。

（3525）斑腹长喙天蛾 *Macroglossum variegatum* Rothschild *et* Jordan, 1903

分布：广东、福建、海南；印度，马来西亚。

1623. 六点天蛾属 *Marumba* **Moore, 1882**

（3526）椴六点天蛾 *Marumba dyras* (Walker, 1856)

分布：广东、辽宁、河北、江苏、浙江、江西、湖南、海南、云南；印度，斯里兰卡。

（3527）梨六点天蛾 *Marumba gaschkewitschii complacens* (Walker, [1865])

分布：广东（英德、乳源）、江苏、浙江、湖北、湖南、四川；越南。

（3528）枇杷六点天蛾 *Marumba spectabilis* (Butler, 1875)

分布：广东（英德、乳源）、浙江、湖南、台湾、海南；越南，泰国，印度，缅甸，尼泊尔，印度尼西亚。

（3529）栗六点天蛾 *Marumba sperchius* (Ménétriés, 1857)

分布：广东（英德）、黑龙江、吉林、辽宁、台湾；俄罗斯（远东），朝鲜，韩国，日本，印度，俄罗斯。

1624. 大背天蛾属 *Meganoton* **Boisduval, 1875**

（3530）大背天蛾 *Meganoton analis scribae* (Austaut, 1911)

分布：广东（英德）；俄罗斯，朝鲜，韩国，日本。

（3531）马鞭草天蛾 *Meganoton nyctiphanes* (Walker, 1856)

分布：广东、湖南、福建、海南、广西、云南；越南，印度，缅甸，斯里兰卡，马来西亚。

1625. 锤天蛾属 *Neogurelca* **Hogenes *et* Treadaw, 1993**

（3532）三角锤天蛾 *Neogurelca himachala* (Butler, [1876])

分布：广东（乳源）、北京、河北、陕西、上海、浙江、湖北、江西、湖南、福建、台湾、香港、四川；韩国，朝鲜，日本。

（3533）团角锤天蛾 *Neogurelca hyas* (Walker, 1856)

分布：广东、江苏、浙江、湖北、江西、湖南、福建、台湾、海南、广西、四川、贵州；印度，缅甸，菲律宾，新加坡，马来西亚。

1626. 月天蛾属 *Parum* **Rothschild *et* Jordan, 1903**

（3534）构月天蛾 *Parum colligata* (Walker, 1856)

分布：广东（乳源）、吉林、辽宁、北京、河北、山东、河南、江苏、浙江、湖北、湖南、台湾、海南、重庆、四川、贵州；朝鲜，韩国，日本，印度，缅甸，斯里兰卡。

1627. 绒天蛾属 *Pentateucha* **Swinhoe, 1908**

（3535）斯绒天蛾 *Pentateucha stueningi* Owada *et* Kitching, 1997

分布：广东（乳源）、浙江。

1628. 斜绿天蛾属 *Pergesa* Walker, 1856

（3536）斜绿天蛾 *Pergesa acteus* (Cramer, 1779)

分布：广东（英德、乳源）、陕西、安徽、湖北、江西、台湾、海南、香港、四川、贵州、云南、西藏；日本，泰国，印度，缅甸，尼泊尔，不丹，斯里兰卡，菲律宾，马来西亚，印度尼西亚。

1629. 盾天蛾属 *Phyllosphingia* Swinhoe, 1897

（3537）盾天蛾 *Phyllosphingia dissimilis* (Bremer, 1861)

分布：广东（英德、乳源）、黑龙江、吉林、辽宁、北京、河北、山东、江苏、浙江、江西、湖南、福建、台湾、海南、广西；俄罗斯（远东），朝鲜，韩国，日本，泰国，印度，缅甸，尼泊尔。

（3538）紫光盾天蛾 *Phyllosphingia dissimilis sinensis* Jordan, 1928

分布：广东、黑龙江、河北、山东、湖南、福建、海南、贵州；日本，印度。

1630. 三线天蛾属 *Polyptychus* Hübner, 1819

（3539）三线天蛾 *Polyptychus trilineatus* Moore, 1888

分布：广东（英德、乳源）、海南；越南，老挝，泰国，印度，缅甸，尼泊尔，菲律宾，印度尼西亚。

1631. 霜天蛾属 *Psilogramma* Rothschild *et* Jordan, 1903

（3540）丁香天蛾 *Psilogramma increta* (Walker, [1865])

分布：广东（乳源）、北京、江苏、浙江、江西、湖南、台湾、海南；朝鲜，韩国，日本，越南，泰国，菲律宾，印度尼西亚，马来西亚，文莱，缅甸，新加坡。

1632. 白肩天蛾属 *Rhagastis* Rothschild *et* Jordan, 1903

（3541）喀白肩天蛾 *Rhagastis castor* (Walker, 1856)

分布：广东（英德、乳源）、台湾等；越南，老挝，泰国，缅甸，尼泊尔，马来西亚，印度尼西亚。

（3542）蒙古白肩天蛾 *Rhagastis mongoliana* (Butler, [1876])

分布：广东（乳源）、黑龙江、陕西、甘肃、湖南、台湾、海南、贵州等；蒙古国，俄罗斯，朝鲜，日本。

（3543）广东白肩天蛾 *Rhagastis mongoliana pallicosta* Mell, 1928

分布：广东、海南、湖北、四川。

（3544）青白肩天蛾 *Rhagastis olivacea* (Moore, 1872)

分布：广东、海南、广西、西藏；印度。

1633. 茹天蛾属 *Rhodambulyx* Mell, 1939

（3545）大卫茹天蛾 *Rhodambulyx davidi* Mell, 1939

分布：广东（英德、乳源）等。

1634. 雾带天蛾属 *Rhodoprasina* Rothschild *et* Jordan, 1903

（3546）红基雾带天蛾 *Rhodoprasina mateji* Brechlin *et* Melichar, 2006

分布：广东（英德、乳源）、湖北。

（3547）南岭雾带天蛾 *Rhodoprasina nanlingensis* Kishida *et* Wang, 2003

　　分布：广东（乳源）。

（3548）白云雾带天蛾 *Rhodoprasina viksinjaevi* Brechlin, 2005

　　分布：广东（英德、乳源）、湖南。

1635. 木蜂天蛾属 *Sataspes* Moore, 1857

（3549）黄节木蜂天蛾 *Sataspes infernalis* (Westwood, 1847)

　　分布：广东（乳源）、云南；越南，泰国，印度，缅甸，尼泊尔，印度尼西亚，孟加拉国。

（3550）木蜂天蛾 *Sataspes tagalica* Boisduval, ［1875］

　　分布：广东、陕西、湖南、云南、四川、浙江；印度，菲律宾。

1636. 霉斑天蛾属 *Smerinthulus* Huwe, 1895

（3551）霉斑天蛾 *Smerinthulus perversa* (Rothschild, 1895)

　　分布：广东（乳源）、台湾、四川等；泰国，印度，缅甸，尼泊尔。

1637. 目天蛾属 *Smerinthus* Latreille, ［1802］

（3552）广东蓝目天蛾 *Smerinthus planus kuantungensis* Clark, 1856

　　分布：广东、湖南、海南。

（3553）蓝目天蛾 *Smerinthus planeis planus* Walker, 1856

　　分布：广东、黑龙江、吉林、辽宁、内蒙古、河北、山西、山东、河南、陕西、宁夏、甘肃、江苏、浙江、湖北、江西、湖南、福建、海南、四川、贵州；俄罗斯，朝鲜，日本。

（3554）四川目天蛾 *Smerinthus szechuanus* (Clark, 1938)

　　分布：广东（英德、乳源）、湖南、四川、云南。

1638. 松天蛾属 *Sphinx* Linnaeus, 1758

（3555）松黑天蛾 *Sphinx caligineus sinicus* (Rothschild *et* Jordan, 1903)

　　分布：广东（乳源）、黑龙江、北京、上海；朝鲜，韩国，越南，泰国。

1639. 昼天蛾属 *Sphecodina* Blanchard, 1840

（3556）葡萄昼天蛾 *Sphecodina caudata* (Bremer *et* Grey, 1852)

　　分布：广东（乳源）等；俄罗斯，朝鲜，韩国，日本，越南，泰国，尼泊尔，印度（锡金）。

1640. 斜纹天蛾属 *Theretra* Hübner, 1822

（3557）斜纹天蛾 *Theretra clotho* (Drury, 1773)

　　分布：广东（乳源）、浙江、湖北、江西、湖南、福建、台湾、海南、广西、四川、贵州；韩国，日本，印度，印度，斯里兰卡，菲律宾，马来西亚，印度尼西亚，澳大利亚。

（3558）雀纹天蛾 *Theretra japonica* (Boisduval, 1869)

　　分布：广东、黑龙江、吉林、辽宁、内蒙古、河北、山西、山东、河南、陕西、宁夏、甘肃、江苏、安徽、浙江、湖北、江西、湖南、福建、台湾、海南、广西、四川、贵州、云南；朝鲜，日本，俄罗斯。

（3559）土色斜纹天蛾 *Theretra latreillii* (Macleay, ［1826］)

　　分布：广东、甘肃、海南；印度尼西亚，澳大利亚。

（3560）芋双线天蛾 *Theretra oldenlandiae* (Fabricius, 1775)

分布：广东（乳源）、台湾；朝鲜，韩国，日本，越南，印度，缅甸，尼泊尔，不丹，阿富汗，斯里兰卡，菲律宾，马来西亚，印度尼西亚，巴布亚新几内亚，所罗门群岛，澳大利亚，萨摩亚。

（3561）青背斜纹天蛾 *Theretra nessus* (Drury, 1773)

分布：广东（乳源）、台湾；韩国，日本，越南，印度，缅甸，尼泊尔，斯里兰卡，菲律宾，马来西亚，印度尼西亚，澳大利亚，法国（新喀里多尼亚），巴布亚新几内亚，所罗门群岛，美国（夏威夷）。

（3562）赭斜纹天蛾 *Theretra pallicosta* (Walker, 1856)

分布：广东、江西、福建、海南、广西；印度，缅甸，斯里兰卡。

（3563）芋单线天蛾 *Theretra pinastrina pinastrina* (Martyn, 1797)

分布：广东、湖南、福建、海南、云南；日本，越南，印度，缅甸，斯里兰卡，马来西亚，印度尼西亚。

（3564）单线斜纹天蛾 *Theretra silhetensis* (Walker, 1856)

分布：广东（乳源）、江苏、浙江、湖北、江西、湖南、福建、台湾、海南、香港、澳门、贵州、云南；日本，越南，泰国，印度，缅甸，尼泊尔，斯里兰卡，马来西亚，印度尼西亚。

（3565）白眉斜纹天蛾 *Theretra suffusa* (Walker, 1856)

分布：广东、福建、台湾、海南、香港、广西、云南；越南，印度尼西亚。

参考文献：

白海艳，李后魂，2011. 细蛾科中国三新纪录属及四新记录种记述（昆虫纲，鳞翅目）[J]. 动物分类学报，36（2）：477–481.

陈恩勇，潘朝晖，鲜春兰，2021. 夜蛾科5种西藏新纪录种记述（鳞翅目）[J]. 高原农业，5（5）：460–464，484.

陈凯，2019. 中国野螟亚科的系统学研究及食性分析（鳞翅目：草螟科）[D]. 广州：中山大学.

陈小华，2008. 中国金翅夜蛾亚科分类研究（鳞翅目：夜蛾科）[D]. 咸阳：西北农林科技大学.

陈一心，1999. 中国动物志：昆虫纲：第十六卷：鳞翅目：夜蛾科 [M]. 北京：科学出版社.

杜召辉，2013. 世界锦织蛾属分类修订（鳞翅目：织蛾科）[D]. 天津：南开大学.

方承莱，2000. 中国动物志：昆虫纲：第十九卷：鳞翅目：灯蛾科 [M]. 北京：科学出版社.

古建明，2012. 中山市五桂山昆虫彩色图谱 [M]. 广州：中山大学出版社.

顾茂彬，陈锡昌，周光益，等，2018. 南岭蝶类生态图鉴 [M]. 广州：广东科技出版社.

韩红香，姜楠，薛大勇，等，2019. 中国生物物种名录：第二卷：动物：昆虫（Ⅷ）鳞翅目：尺蛾科（尺蛾亚科）[M]. 北京：科学出版社.

韩红香，汪家社，姜楠，2021. 武夷山国家公园钩蛾科尺蛾科昆虫志 [M]. 西安：世界图书出版社.

韩红香，薛大勇，2011. 中国动物志：昆虫纲：第五十四卷：鳞翅目：尺蛾科：尺蛾亚科 [M]. 北京：科学出版社.

韩辉林，KONONENKO V S，李成德，2020. 中国东北三省夜蛾总科名录 I：目夜蛾科（部分）、尾夜蛾科、瘤蛾科和夜蛾科 [M]. 哈尔滨：黑龙江科学技术出版社.

郝淑莲，李后魂，2007. 天津地区羽蛾研究（昆虫纲：鳞翅目）[J]. 天津农学院学报，14（4）：33–38.

郝昕，罗成龙，周润发，等，2015. 山东省青岛市尺蛾科昆虫名录（鳞翅目）[J]. 林业科技情报，47（1）：1–5.

胡华林，廖华盛，付庆林，等，2016．九连山发现3种夜蛾（鳞翅目：夜蛾科）江西分布新记录［J］．南方林业科学，44（4）：41-42，47．

湖南省林业厅，1992．湖南森林昆虫图鉴［M］．长沙：湖南科学技术出版社．

贾彩娟，余甜甜，2018．梧桐山蛾类［M］．香港：香港鳞翅目学会．

林红，王敏，2005．中国后窗网蛾属——新记录种（鳞翅目：网蛾科）［J］．华南农业大学学报，26（3）：45-46．

李后魂，2012．秦岭小蛾类：昆虫纲：鳞翅目［M］．北京：科学出版社．

刘红霞，2014．中国斑螟亚科（拟斑螟族、隐斑螟族和斑螟亚族）分类学研究（鳞翅目：螟蛾科）［D］．天津：南开大学．

刘家宇，2012．中国峰斑螟亚族分类学修订（鳞翅目：螟蛾科：斑螟亚科）［D］．天津：南开大学．

刘淑蓉，2014．中国祝蛾亚科分类学研究（鳞翅目：祝蛾科）［D］．天津：南开大学．

刘秀琼，1964．荔枝蛀花果害虫的记述（捲叶蛾科、小捲叶蛾科、细蛾科、灰蝶科）［J］．昆虫学报，13（2）：145-158．

刘友樵，李广武，2002．中国动物志：昆虫纲：第二十七卷：鳞翅目：卷蛾科［M］．北京：科学出版社．

刘友樵，武春生，2006．中国动物志：昆虫纲：第四十七卷：鳞翅目：枯叶蛾科［M］．北京：科学出版社．

邵天玉，2011．中国西南地区瘤蛾族（鳞翅目：夜蛾科：瘤蛾亚科）分类学研究［D］．哈尔滨：东北林业大学．

深圳职业技术学院植物保护研究中心，2019．深圳蝴蝶图鉴［M］．北京：科学出版社．

王厚帅，陈淑燕，戴克元，2020．广东石门台国家级自然保护区蛾类［M］．香港：香港鳞翅目学会．

王敏，陈淑燕，黄林生，2020．广东石门台国家级自然保护区蝶类［M］．香港：香港鳞翅目学会．

王星，王华，2011．中国裳夜蛾亚科一新记录属及一新记录种［J］．湖南农业大学学报（自然科学版），37（1）：47-48．

王颖，韩辉林，李成德，2010．中国尘尺蛾属2新记录种记述（鳞翅目：尺蛾科）［J］．东北林业大学学报，38（3）：131-133．

武春生，2001．中国动物志：昆虫纲：第二十五卷：鳞翅目：凤蝶科［M］．北京：科学出版社．

武春生，2018．中国生物物种名录：第二卷：动物：昆虫（Ⅰ）：鳞翅目（祝蛾科、枯叶蛾科、舟蛾科、凤蝶科、粉蝶科）［M］．北京：科学出版社．

武春生，方承莱，2003．中国动物志：昆虫纲：第三十一卷：鳞翅目：舟蛾科［M］．北京：科学出版社．

武春生，方承莱，2022．中国动物志：昆虫纲：第七十六卷：鳞翅目：棘蛾科［M］．北京：科学出版社．

伍国仪，陈志明，王敏，2011．中国透翅蛾科（鳞翅目）2个新记录种［J］．华南农业大学学报，32（3）：61-62．

伍有声，高泽正，2004．广州市园林植物上三种细蛾发生初报［J］．昆虫知识，41（1）：328-330．

辛德育，王敏，2003．中国蛾类两新记录种（鳞翅目：枯叶蛾科，尺蛾科）［J］．华南农业大学学报（自然科学版），24（40）：58-59．

徐振国，刘小利，金涛，2019．中国的透翅蛾（鳞翅目：透翅蛾科）［M］．北京：中国林业出版社．

薛大勇，朱弘复，1999．中国动物志：昆虫纲：第十五卷：鳞翅目：尺蛾科：花尺蛾亚科［M］．北京：科学出版社．

薛爽，2018．中国金翅夜蛾亚科昆虫形态与系统学（鳞翅目：夜蛾科）［D］．咸阳：西北农林科技大学．

杨琳琳，2013．中国谷蛾科九亚科系统学研究（鳞翅目：谷蛾总科）［D］．天津：南开大学．

杨平之，2016．高黎贡山蛾类图鉴［M］．北京：科学出版社．

虞国跃，2015．北京蛾类图谱［M］．北京：科学出版社．

袁得成，1986. 中国尖细蛾属二新种（鳞翅目：细蛾科）[J]. 昆虫分类学报，8（1，2）：63-64.

张凤斌，2010. 中国西南地区髯须夜蛾亚科（鳞翅目：夜蛾科）分类学研究[D]. 哈尔滨：东北林业大学.

张芯语，2017. 中国西南地区长须夜蛾亚科（鳞翅目：目夜蛾科）分类研究[D]. 哈尔滨：东北林业大学.

赵仲苓，2003. 中国动物志：昆虫纲：第三十卷：鳞翅目：毒蛾科[M]. 北京：科学出版社.

赵仲苓，2004. 中国动物志：昆虫纲：第三十六卷：鳞翅目：波纹蛾科[M]. 北京：科学出版社.

甄卉，2010. 中国棕麦蛾属和阳麦蛾属系统学研究（鳞翅目：麦蛾科：棕麦蛾亚科）[D]. 天津：南开大学.

周俐宏，2016. 我国切花害虫甜菜夜蛾遗传多样性及遗传结构研究[D]. 沈阳：沈阳农业大学.

朱弘复，王林瑶，1991. 中国动物志：昆虫纲：第三卷：鳞翅目：圆钩蛾科：钩蛾科[M]. 北京：科学出版社.

朱弘复，王林瑶，1996. 中国动物志：昆虫纲：第五卷：鳞翅目：蚕蛾科：大蚕蛾科：网蛾科[M]. 北京：科学出版社.

朱弘复，王林瑶，1997. 中国动物志：昆虫纲：第十一卷：鳞翅目：天蛾科[M]. 北京：科学出版社.

BAI H Y，LI H H，2008. A review of the genus *Gibbovalva* (Lepidoptera: Gracillariidea: Gracillariinae) from China [J]. Oriental insects，42：317-326.

CHEN F Q，YANG C，XUE D Y，2012. A taxonomic study of the genus *Acontia* Ochsenheimer (Lepidoptera: Noctuidae: Acontiinae) from China [J]. Entomotaxonomia，34（2）：275-283.

CHEN L S，WANG M，2005. A newly recorded species of *Carea* from China (Lepidoptera: Noctuidae) [J]. Journal of south China agricultrural university，26（1）：96-97.

CONG P X，JIN Q，2015. Genus *Stachyotis* Meyrick (Lepidoptera: Plutellidae) from China [J]. Journal of Tianjin normal university (natural science edition)，35（3）：41-43.

CUI L，ZHANG C T，LIN S，et al.，2014. Review of *Fascellina* Walker (Lepidoptera: Geometridae: Ennominae）from China，with three newly recorded species [J]. Entomotaxonomia，36（2）：105-118.

DUBATOLOV V V，KISHIDA Y，WANG M，2012. New records of lichen-moths from the Nanling Mts., Guangdong, South China, with descriptions of new genera and (Lepidoptera, Arctiidae: Lithosiinae) [J]. Tinea，22（1）：25-52.

DUBATOLOV V V，KISHIDA Y，WANG M，2012. Two new species from the *Agrisius guttivitta* species group from Nanling Mts., Guangdong, South China (Lepidoptera, A rctiidae: Lithosiinae) [J]. Lepidoptera science，63（3）：116-118.

HAN H L，PAN Z H，KONONENKO V S，2016. A review of the genus *Atrovirensis* Kononenko, 2001 with description of four new species from China (Lepidoptera, Noctuidae: Xyleninae, Apameini) [J]. Zootaxa，4088（2）：201-220.

HAN H X，XUE D Y，LI H M，2003. A study on the genus Herochroma Swinhoe in China，with descriptions of four new species (Lepidoptera: Geometridae, Geometrinae) [J]. Acta entomologica sinica，46（5）：629-639.

HAO S L，2014. Taxonomic review of the genus *Ochyrotica* Walsingham from China (Lepidoptera: Pterophoridae: Ochyroticinae) [J]. Zoological systematics，39（2）：283-291.

HAO S L，LI H H，WU C S，2004. First record of the genus *Cosmoclostis* Meyrick from China, with descriptions of two new species (Llepidoptera, Pterophoridae) [J]. Acta zootaxonomica sinica，29（1）：142-146.

HIROWATARI T，HASHIMOTO S，JINBO U，et al.，2009. Descriptions of two new species of *Vietomartyria* Hashimoto & Mey (Lepidotera, Micropterigidae) from South China，with reference to autopomorphies of the genus[J]. Entomological science，12：67-73.

HUANG S Y，WANG M，DA W，et al.，2019. New discoveries of the family Epicopeiidae from China, with description of a nwe species (Lepidoptera, Epicopeiidae)［J］. ZooKeys，822：33-51.

JIANG N，LIU S X，XUE D Y，et al.，2016. A review of Cyclidiinae from China (Lepidotpera, Drepanidae)［J］. ZooKeys，553：119-148.

KALLIES A，ARITA Y，OWADA M，et al.，2014. The Paranthrenini of Mainland China (Lepidoptera, Sesiidae)［J］. Zootaxa，3811（2）：185-206.

KAWAHARA A Y，PLOTKIN D，ESPELAND M，et al.，2019. Phylogenomics reveals the evolutionary timing and pattern of butterflies and moths［J］. Proceedings of the national academy of sciences of the United States of America，116（45）：22657-22663.

LI J，XUE D Y，HAN H X，et al.，2012. Taxonomic review of Syzeuxis Hampson, 1895, with a discussion of biogeographical aspects (Tepidoptera, Geometridae, Larentiinae)［J］. Zootaxa，3357：1-24.

LI W C，LI H H，2012. Taxonomic revision of the genus *Glaucocharis* Meyrick (Lepidoptera, Crambidae, Crambinae) from China, with descriptions of nine new species［J］. Zootaxa，3261：1-32.

LI Y，XIN D Y，WANG M，2015. A new species of the genus *Ditrigona* Moore, 1888 (Lepidoptera: Drepanidae) in China［J］. Florida entomologist，98（2）：567-569.

LIU Z L，XUE D Y，WANG W K，et al.，2013. A review of *Psyra* Walker, 1860 (Lepidoptera, Geometridae, Ennominae) from China, with description of one new species［J］. Zootaxa，3682（3）：459-474.

SONG W H，XUE D Y，HAN H X，2011. A taxonomic revision of *Tridrepana* Swinhoes, 1895 in China, with descriptions of three new specics (Lepidoptera, Drepanidae)［J］. Zootaxa，3021：39-62.

SONG W H，XUE D Y，HAN H X，2012. Revision of *Chinese* Oretinae (Lepidoptera, Drepanidae)［J］. Zootaxa，3445（3445）：1-36.

WANG S X，LI H H，LIU Y Q，2001. Nine new species and two new records of the genus *Periacma* Meyrick from China (Lepidoptera: Oecophoridae)［J］. Acta zootaxonomica sinica，26（3）：266-277.

WANG X，WANG M，DAI L Y，et al.，2012. A revised annotated and distributional checklist of *Chineses* Andraca (Lepidoptera, Oberthuerinae) with description of a new subspecies［J］. Florida entomologist，95（3）：552-560.

WANG X，WANG M，ZOLOTUHIN V V，et al.，2015. The fauna of the family *Bombycidae* sensu lato (Insecta, Lepidoptera, Bombycoidea) from Mainland China, Taiwan and Hainan Islands［J］. Zootaxa，3989（1）：1-138.

WU C S，FANG C L，2003. A taxonomic study of Chinese members of the genus *Platychasma* Butler (Lepidoptera, Notodontidae)［J］. Acta zootaxonomica sinica，28（2）：307-309.

WU C S，SOLOVYEV A V，2021. A review of the genus *Miresa* Walker in China (Lepidoptera: Limacodidae)［J］. Journal of insect science，11：34.

XU M F，HUANG G H，LIAO L，2009. A new record genus and species of *Gracillariidae* (Lepidoptera) from China［J］. Entomotaxonomia，31（4）：301-304.

YU H L，LI H H，2006. A study on the genus *Phaecasiophora* Grote (Lepidoptera: Tortricidae: Olethreutinae) from the mainland of China, with descriptions of five new species［J］. Entomologica fennica，17：34-45.

YU H L，LI H H，2006. The genus *Dudua* (Lepidoptera: Tortricidae) from Mainland China, with description of a new species［J］. Oriental insects，40：273-284.

ZAHIRI R，KITCHING I J，LAFONTAINE J D，et al.，2011. A new molecular phylogeny offers hope for a stable family level classification of the *Noctuoidea* (Lepidoptera) [J]. Zoologica scripta，40（2）：158-173.

ZHANG X，WANG W，HAN H，2020. A taxonomic study of the genus *Antitrygodes* (Lepidotera: Geometridae: Sterrhinae) with two newly recorded species from China [J]. Entomotaxonomia，42（1）：33-41.

ZHENG M，LI H，2021. A taxonomic review of the genus *Stenolechia* Meyrick (Lepidotera: Gelechiidae: Litini) from China，with descriptions of three new species [J]. Entomotaxonomia，43（2）：81-96.

蚤目 Siphonaptera

蚤总科 Pulicoidea

一、蚤科 Pulicidae Billberg, 1820

1. 栉首蚤属 *Ctenocephalides* Stiles *et* Collins, 1930

（1）犬栉首蚤 *Ctenocephalides canis* (Curtis, 1826)

分布：广东（广州）、黑龙江、吉林、辽宁、内蒙古、新疆、江苏、上海、福建、台湾等；日本，印度，斯里兰卡，伊朗，俄罗斯（西伯利亚），巴勒斯坦；欧洲，大洋洲；新热带界等。

（2）猫栉首蚤指名亚种 *Ctenocephalides felis* (Bouche, 1835)

分布：广东、黑龙江、吉林、内蒙古、北京、新疆、湖北、福建、台湾、四川、贵州、云南等；国外分布广泛。

（3）东洋栉首蚤 *Ctenocephalides orientis* (Jordan, 1925)

分布：广东（广州、湛江）、广西、云南等；印度；非洲，大洋洲等。

2. 长胸蚤属 *Pariodontis* Jordan *et* Rothschild, 1908

（4）豪猪长胸蚤小孔亚种 *Pariodontis riggenbachi wernecki* Costa Lima, 1940

分布：广东（阳山）、贵州、云南等；印度。

3. 蚤属 *Pulex* Linnaeus, 1758

（5）人蚤 *Pulex irritans* Linnaeus, 1758

分布：广东、黑龙江、吉林、内蒙古、河北、山东、新疆、浙江、福建、四川、贵州、云南、西藏等。

4. 客蚤属 *Xenopsylla* Glinkiewicz, 1907

（6）印鼠客蚤 *Xenopsylla cheopis* (Rothschild, 1903)

分布：广东、辽宁、河北、浙江、江西、福建、贵州、云南等；世界广布。

多毛蚤总科 Hystrichopsylloidea

二、臀蚤科 Pygiopsyllidae Wagner, 1939

5. 远棒蚤属 *Aviostivalius* Traub, 1980

（7）近端远棒蚤二刺亚种 *Aviostivalius klossi bispiniformis* (Li *et* Wang, 1958)

分布：广东、浙江、福建、海南、广西、贵州、云南、西藏等。

6. 微棒蚤属 *Stivalius* Jordan *et* Rothschild, 1922

（8）无孔微棒蚤 *Stivalius aporus* Jordan et Rothschild, 1922

　　分布：广东、台湾、广西、云南；泰国，印度，缅甸，尼泊尔。

三、栉眼蚤科 Ctenophthalmidae Rothschild, 1915

7. 栉眼蚤属 *Ctenophthalmus* Kolenati, 1856

（9）信宜栉眼蚤 *Ctenophthalmus*（*Sinoctenophthalmus*）*xinyiensis* Pan *et* Li, 1996

　　分布：广东（信宜）。

8. 新蚤属 *Neopsylla* Wagner, 1903

（10）不同新蚤福建亚种 *Neopsylla dispar fukienensis* Chao, 1947

　　分布：广东（湛江）、安徽、浙江、湖北、福建、广西、贵州。

角叶蚤总科 Ceratophylloidea

四、蝠蚤科 Ischnopsyllidae Tiraboschi, 1904

9. 蝠蚤属 *Ischnopsyllus* Westwood, 1833

（11）印度蝠蚤 *Ischnopsyllus*（*Hexactenopsylla*）*indicus* Jordan, 1931

　　分布：广东、辽宁、河北、山东、甘肃、江苏、安徽、浙江、湖北、湖南、福建、台湾、重庆、四川、贵州、云南、西藏等；日本，印度，斯里兰卡，美国（关岛）等。

五、细蚤科 Leptopsyllidae Baker, 1905

10. 端蚤属 *Acropsylla* Rothschild, 1911

（12）穗缘端蚤中缅亚种 *Acropsylla episema girshami* Traub, 1950

　　分布：广东、福建、台湾、广西、贵州、云南；印度，缅甸，孟加拉国。

11. 细蚤属 *Leptopsylla* Jordan *et* Rothschild, 1911

（13）缓慢细蚤 *Leptopsylla (Leptopsylla) segnis* (Schönherr, 1811)

　　分布：广东、山东、青海、新疆、江苏、上海、浙江、福建、台湾、四川、贵州、云南、西藏；国外分布广泛。

六、角叶蚤科 Ceratophyllidae Dampf, 1908

12. 大锥蚤属 *Macrostylophora* Ewing, 1929

（14）李氏大锥蚤 *Macrostylophora liae* Wang, 1957

　　分布：广东、福建、台湾、贵州。

13. 病蚤属 *Nosopsyllus* Jordan, 1933

（15）适存病蚤 *Nosopsyllus (Nosopsyllus) nicanus* Jordan, 1937

　　分布：广东（大埔）、浙江、福建、台湾；日本。

（16）伍氏病蚤雷州亚种 *Nosopsyllus (Nosopsyllus) wualis leizhouensis* Li, Huang *et* Liu, 1996

　　分布：广东（和平、丰顺、潮安、饶平、潮阳、普宁、高要、信宜、廉江、遂溪、雷州、陆丰）、海南、广西。

参考文献：

吴厚永，2007. 中国动物志：昆虫纲：蚤目［M］. 2版. 北京：科学出版社.

解宝琦，曾静凡，2000. 云南蚤类志［M］. 昆明：云南科技出版社.

长翅目 Mecoptera

一、蚊蝎蛉科 Bittacidae Handlirsch, 1906

1. 双尾蚊蝎蛉属 *Bicaubittacus* **Tan *et* Hua, 2009**

（17）长突双尾蚊蝎蛉 *Bicaubittacus longiprocessus* (Huang *et* Hua, 2005)

　　分布：广东（韶关、梅州）、江西、福建。

2. 蚊蝎蛉属 *Bittacus* **Latreille, 1805**

（18）嘉理思蚊蝎蛉 *Bittacus gressitti* Cheng, 1957

　　分布：广东（梅州）。

（19）长瓣蚊蝎蛉 *Bittacus longilobus* Zhang, Du *et* Hua, 2020

　　分布：广东（梅县）。

（20）韶关蚊蝎蛉 *Bittacus shaoguanensis* Zhang, Du *et* Hua, 2020

　　分布：广东（曲江）。

二、蝎蛉科 Panorpidae Linnaeus, 1758

3. 新蝎蛉属 *Neopanorpa* **van der Weele, 1909**

（21）广州新蝎蛉 *Neopanorpa cantonensis* Cheng, 1957

　　分布：广东（广州）。

（22）卡本特新蝎蛉 *Neopanorpa carpenteri* Cheng, 1957

　　分布：广东（梅州）、湖南。

（23）显斑新蝎蛉 *Neopanorpa clara* Chou *et* Wang, 1988

　　分布：广东（韶关）、湖南。

（24）华氏新蝎蛉 *Neopanorpa hualizhongi* Hua *et* Chou, 1998

　　分布：广东（连州、乳源、封开）、海南、广西、西藏。

（25）湖南新蝎蛉 *Neopanorpa hunanensis* Hua, 2002

　　分布：广东（连州）、湖南、广西、贵州。

（26）龙斗山新蝎蛉 *Neopanorpa lungtausana* Cheng, 1957

　　分布：广东（从化、连州、韶关）、湖南。

（27）莽山新蝎蛉 *Neopanorpa mangshanensis* Chou *et* Wang, 1988

　　分布：广东（乳源）、湖南。

（28）丽新蝎蛉 *Neopanorpa pulchra* Carpenter, 1945

　　分布：广东（乳源、梅州）、江西、湖南、海南、广西。

4. 蝎蛉属 *Panorpa* **Linnaeus, 1758**

（29）嘉理思蝎蛉 *Panorpa gressitti* Byers, 1970

　　分布：广东（从化、韶关）。

（30）桂东蝎蛉 *Panorpa guidongensis* Chou *et* Li, 1987

　　分布：广东（阳山、连州、博罗）、湖南、广西。

（31）尤氏蝎蛉 *Panorpa kiautai* Zhou *et* Wu, 1993

　　分布：广东（乳源、连州）、浙江、福建。

（32）斜带蝎蛉 *Panorpa obliquifascia* Chou *et* Wang, 1987

　　分布：广东（乳源）、湖南。

参考文献：

王吉申，2020. 世界蝎蛉科系统发育和分类研究（长翅目）［D］. 咸阳：西北农林科技大学.

王吉申，花保祯，2018. 中国长翅目昆虫原色图鉴［M］. 郑州：河南科学技术出版社.

王萌，2018. 中国新蝎蛉属系统发育分析和喜马拉雅—横断山脉区系研究（长翅目：蝎蛉科）［D］. 咸阳：西北农林科技大学.

WANG J S，HUA B Z，2019. Taxonomy of the genus *Neopanorpa* van der Weele，1909 (Mecoptera, Panorpidae) from the Oriental Region，with the description of two new species［J］. European journal of taxonomy，543：1-17.

ZHANG Y N，D U W，HUA B Z，2020. Three new species of the genus *Bittacus* Latreille，1805 (Mecoptera: Bittacidae)，with a key to the species of Bittacidae in South China［J］. Zootaxa，4718（3）：381-390.

双翅目 Diptera

长角亚目 Nematocera

毛蚊总科 Bibionoidea

一、毛蚊科 Bibionidae Fleming, 1821

毛蚊亚科 Bibioninae Hendel *et* Beier, 1938

1. 毛蚊属 *Bibio* Geoffroy, 1762

（1）钩毛蚊 *Bibio aduncatus* Luo *et* Yang, 1988

　　分布：广东、陕西、宁夏、浙江、湖北、江西、云南。

（2）小距毛蚊 *Bibio parvispinalis* Luo *et* Yang, 1988

　　分布：广东、陕西、安徽、浙江、湖北、江西、四川、云南。

襀毛蚊亚科 Pleciinae Duda, 1930

2. 叉毛蚊属 *Penthetria* Meigen, 1803

（3）泛叉毛蚊 *Penthetria japonica* Wiedemann, 1830

　　分布：广东、河南、陕西、浙江、湖北、江西、湖南、福建、台湾、广西、四川、贵州、云南、西藏；日本，印度，尼泊尔。

（4）黑叉毛蚊 *Penthetria melanaspis* Wiedemann, 1828

　　分布：广东、山西、湖北、云南；朝鲜，印度尼西亚，澳大利亚。

3. 襀毛蚊属 *Plecia* Wiedemann, 1828

（5）格氏襀毛蚊 *Plecia gressitti* Hardy, 1953

分布：广东、甘肃、海南、云南。

（6）湖南襀毛蚊 *Plecia hunanensis* Yang *et* Luo, 1988

分布：广东、湖南、海南、广西。

（7）双色襀毛蚊 *Plecia sinensis* Hardy, 1953

分布：广东、山东、浙江、湖北、江西、湖南、福建、台湾、广西、四川、贵州、云南；尼泊尔。

二、瘿蚊科 Cecidomyiidae Newman, 1835

瘿蚊亚科 Cecidomyiinae Newman, 1834

4. 波瘿蚊属 *Asphondylia* Loew, 1850

（8）桑波瘿蚊 *Asphondylia morivorella* (Naito, 1919)

分布：广东、辽宁、河北、山东、河南、江苏、安徽、浙江、湖北、福建、广西、重庆、四川、贵州、云南；日本。

5. 浆瘿蚊属 *Contarinia* Rondani, 1860

（9）柑桔花蕾蛆 *Contarinia citri* Barnes, 1944

分布：广东、甘肃、江苏、浙江、湖北、江西、湖南、福建、香港、广西、重庆、四川、贵州；土耳其，意大利，毛里求斯。

6. 叶瘿蚊属 *Dasineura* Rondani, 1840

（10）桔孪叶瘿蚊 *Dasineura citrigemina* Yang *et* Tang, 1991

分布：广东（广州）。

7. 戟瘿蚊属 *Hastatomyia* Yang *et* Luo, 1999

（11）阳茎戟瘿蚊 *Hastatomyia hastiphalla* Yang *et* Luo, 1999

分布：广东。

8. 荔枝瘿蚊属 *Litchiomyia* Yang, 1999

（12）中国荔枝瘿蚊 *Litchiomyia chinensis* Yang *et* Luo, 1999

分布：广东（广州）。

9. 稻瘿蚊属 *Orseolia* Kieffer *et* Massalongo, 1902

（13）亚洲稻瘿蚊 *Orseolia oryzae* (Wood–Mason, 1889)

分布：广东、浙江、湖北、江西、湖南、福建、台湾、海南、广西、四川、贵州、云南；泰国，印度，印度尼西亚。

10. 普瘿蚊属 *Procontarinia* Kieffer *et* Cecconi, 1906

（14）居杧普瘿蚊 *Procontarinia mangicola* (Shi, 1980)

分布：广东、海南、广西；日本（冲绳），美国（长岛）。

11. 雷瘿蚊属 *Resseliella* Seither, 1906

（15）桔实雷瘿蚊 *Resseliella citrifrugis* Jiang, 1993

分布：广东、湖北、江西、湖南、广西、四川、贵州。

12. 狭瘿蚊属 *Stenodiplosis* Reuter, 1895

（16）高粱狭瘿蚊 *Stenodiplosis sorghicola* (Coquillett, 1899)

分布：广东、河南等；印度，菲律宾，美国（南部），墨西哥，多米尼加，阿根廷；非洲。

13. 鞘瘿蚊属 *Thecodiplosis* Kieffer, 1895

（17）日本鞘瘿蚊 *Thecodiplosis japonensis* Uchida *et* Inouye, 1955

分布：广东、安徽、福建；韩国，日本。

树瘿蚊亚科 Lestremiinae

14. 树瘿蚊属 *Lestremia* Macquart, 1826

（18）灰树瘿蚊 *Lestremia cinerea* Macquart, 1826

分布：广东、内蒙古、河北、河南、陕西、甘肃、福建、四川、云南；新西兰，美国（夏威夷），智利；全北界。

小角瘿蚊亚科 Micromyinae Rondani, 1856

15. 异瘿蚊属 *Heterogenella* Mamaev, 1963

（19）毛异瘿蚊 *Heterogenella puberula* (Li *et* Bu, 2001)

分布：广东。

16. 皮瘿蚊属 *Peromyia* Kieffer, 1894

（20）内钩皮瘿蚊 *Peromyia impexa* (Skuse, 1888)

分布：广东（肇庆）；美国，澳大利亚，新西兰；古北界。

蚊总科 Culicoidae

三、蚊科 Culicidae Meigen, 1818

按蚊亚科 Anophelinae Grassi, 1900

17. 按蚊属 *Anopheles* Meigen, 1818

（21）嗜人按蚊 *Anopheles* (*Anopheles*) *anthropophagus* Xu *et* Feng, 1975

分布：广东、河南、江苏、安徽、浙江、江西、湖北、湖南、海南、广西、四川、贵州、云南。

（22）须喙按蚊 *Anopheles* (*Anopheles*) *barbirostris* van der Wulp, 1884

分布：广东、安徽、浙江、海南、广西、重庆、四川、贵州、云南；越南，老挝，柬埔寨，泰国，印度，缅甸，尼泊尔，斯里兰卡，菲律宾，马来西亚，东帝汶，印度尼西亚，孟加拉国，巴基斯坦，美国（长岛）。

（23）须荫按蚊 *Anopheles* (*Anopheles*) *barbumbrosus* Strickland *et* Chowdhury, 1927

分布：广东、台湾、海南、贵州、云南；越南，柬埔寨，泰国，印度，尼泊尔，斯里兰卡，马来西亚，东帝汶，印度尼西亚，孟加拉国。

（24）雷氏按蚊 *Anopheles* (*Anopheles*) *lesteri* Baisas *et* Hu, 1936

分布：广东、河南、江苏、安徽、浙江、湖北、江西、湖南、福建、海南、香港、广西、重庆、四川、贵州、云南；韩国，日本，越南，柬埔寨，泰国，菲律宾，马来西亚，新加坡，文莱，美国（长岛）。

（25）中华按蚊 *Anopheles* (*Anopheles*) *sinensis* Wiedemann, 1828

分布：广东等（除青海、新疆外）；朝鲜，日本，菲律宾，越南，老挝，柬埔寨，马来西亚，泰国，印度，缅甸，尼泊尔。

（26）微小按蚊 *Anopheles* (*Cellia*) *minimus* Theobald, 1901

分布：广东、河南、安徽、浙江、江西、湖北、湖南、福建、台湾、海南、香港、广西、四川、贵州、云南；孟加拉国，缅甸，柬埔寨。

（27）美彩按蚊 *Anopheles* (*Cellia*) *splendidus* Koidzumi, 1920

分布：广东、江西、福建、台湾、海南、香港、广西、四川、贵州、云南；越南，老挝，柬埔寨，泰国，印度，缅甸，尼泊尔，巴基斯坦，阿富汗。

库蚊亚科 Culicinae Meigen, 1818

18. 伊蚊属 *Aedes* Meigen, 1818

（28）日本伊蚊 *Aedes* (*Finlaya*) *japonicus* (Theobald, 1901)

分布：广东、河北、河南、浙江、湖北、江西、湖南、福建、台湾、海南、广西、重庆、四川、贵州、云南；日本，朝鲜；欧洲，美洲。

（29）东乡伊蚊 *Aedes* (*Finlaya*) *togoi* (Theobald, 1907)

分布：广东、辽宁、北京、山东、江苏、浙江、福建、台湾、海南、香港；俄罗斯，朝鲜，日本，越南，柬埔寨，泰国，马来西亚；北美洲。

（30）埃及伊蚊 *Aedes* (*Stegomyia*) *aegypti* (Linnaeus, 1762)

分布：广东、台湾、海南、广西、云南；世界热带和部分亚热带地区。

（31）白纹伊蚊 *Aedes* (*Stegomyia*) *albopictus* (Skuse, 1894)

分布：广东等；美国，巴西；东南亚。

（32）股点伊蚊模拟亚种 *Aedes* (*Stegomyia*) *gardnerii imitator* (Leicester, 1908)

分布：广东、河南、湖南、台湾、海南、香港、广西、云南；越南，柬埔寨，泰国，印度，尼泊尔，马来西亚。

19. 阿蚊属 *Armigeres* Theobald, 1901

（33）马来阿蚊 *Armigeres* (*Armigeres*) *malayi* (Theobald, 1901)

分布：广东、安徽、浙江、湖南、广西、云南；泰国，菲律宾，马来西亚，印度尼西亚，巴布亚新几内亚。

（34）环须阿蚊 *Armigeres* (*Leicesteria*) *annulipalpis* (Theobald, 1910)

分布：广东、台湾、广西、云南；印度，缅甸，印度尼西亚。

（35）白斑阿蚊 *Armigeres* (*Leicesteria*) *inchoatus* Barraud, 1927

分布：广东、广西、云南；泰国，印度，尼泊尔，马来西亚，孟加拉国。

（36）巨型阿蚊 *Armigeres* (*Leicesteria*) *magnus* (Theobald, 1908)

分布：广东、台湾、海南、广西、贵州、云南、西藏；越南，老挝，柬埔寨，泰国，印度，缅甸，尼泊尔，斯里兰卡，菲律宾，马来西亚，印度尼西亚，孟加拉国。

（37）多指阿蚊 *Armigeres* (*Leicesteria*) *omissus* (Edwards, 1914)

分布：广东、安徽、浙江、湖南、广西、云南；泰国，菲律宾，马来西亚，印度尼西亚，巴布亚新几内亚。

20. 库蚊属 *Culex* Linnaeus, 1758

（38）环带库蚊 *Culex (Culex) annulus* Theobald, 1901

分布：广东、河南、湖南、福建、台湾、香港、广西、重庆、四川、贵州、云南；越南，柬埔寨，泰国，菲律宾，马来西亚，新加坡，印度尼西亚。

（39）二带喙库蚊 *Culex (Culex) bitaeniorhynchus* Giles, 1901

分布：广东、黑龙江、吉林、辽宁、内蒙古、北京、山西、河南、宁夏、上海、浙江、湖南、广西、重庆、四川、西藏；蒙古国，俄罗斯，韩国，日本，柬埔寨，泰国，印度，缅甸，菲律宾，马来西亚，澳大利亚；中亚，欧洲，非洲，北美洲，美洲。

（40）棕头库蚊 *Culex (Culex) fuscocephala* Theobald, 1907

分布：广东、山西、甘肃、新疆、安徽、湖北、湖南、福建、台湾、海南、广西、重庆、四川、贵州、云南；越南，泰国，印度，尼泊尔，斯里兰卡，菲律宾，马来西亚，新加坡，孟加拉国，巴基斯坦。

（41）白雪库蚊 *Culex (Culex) gelidus* Theobald, 1901

分布：广东、浙江、湖北、湖南、台湾、海南、香港、重庆、四川、贵州、云南；日本，越南，柬埔寨，泰国，缅甸，尼泊尔，斯里兰卡，菲律宾，马来西亚，新加坡，印度尼西亚，巴基斯坦。

（42）棕盾库蚊 *Culex (Culex) jacksoni* Edwards, 1934

分布：广东、黑龙江、吉林、辽宁、内蒙古、北京、山西、河南、宁夏、上海、浙江、湖南、香港、广西、重庆、四川、西藏；俄罗斯，朝鲜，韩国，泰国，印度，尼泊尔。

（43）拟态库蚊 *Culex (Culex) mimeticus* Noè, 1899

分布：广东、黑龙江、吉林、辽宁、北京、山西、河南、宁夏、上海、浙江、湖南、广西、重庆、四川、西藏；俄罗斯，朝鲜，日本，越南，印度，缅甸，尼泊尔，马来西亚，巴基斯坦，伊朗，伊拉克；欧洲南部。

（44）小拟态库蚊 *Culex (Culex) mimulus* Edwards, 1915

分布：广东、河南、陕西、甘肃、江苏、安徽、浙江、湖北、江西、湖南、福建、台湾、海南、广西、重庆、四川、贵州、云南、西藏；越南，柬埔寨，泰国，印度，菲律宾，马来西亚，新加坡，印度尼西亚，澳大利亚；大洋洲北部。

（45）类拟态库蚊 *Culex (Culex) murrelli* Lien, 1968

分布：广东、江苏、浙江、湖南、福建、台湾、海南、广西、重庆、四川、贵州、云南；越南，缅甸，新加坡，泰国，印度，马来西亚。

（46）致倦库蚊 *Culex (Culex) pipiens quinquefasciatus* Say, 1823

分布：广东、河南、上海、江苏、安徽、西藏等；日本，菲律宾，印度尼西亚，新加坡，马来西亚，老挝，越南，泰国，印度等。

（47）伪杂鳞库蚊 *Culex (Culex) pseudovishnui* Colless, 1957

分布：广东、北京、山西、河南、宁夏、上海、浙江、湖北、湖南、台湾、香港、澳门、广西、重庆、四川、贵州、云南、西藏；朝鲜，韩国，日本，越南，柬埔寨，泰国，印度，斯里兰卡，菲律宾，马来西亚，新加坡，印度尼西亚，巴基斯坦。

（48）中华库蚊 *Culex (Culex) sinensis* Theobald, 1903

  分布：广东、北京、河南、宁夏、上海、浙江、湖北、湖南、香港、澳门、广西、重庆、四川、贵州、云南；俄罗斯，朝鲜，韩国，日本，越南，泰国，印度，缅甸，斯里兰卡，菲律宾，马来西亚，印度尼西亚。

（49）三带喙库蚊 *Culex (Culex) tritaeniorhychus* Giles, 1901

  分布：广东、黑龙江、吉林、辽宁、内蒙古、北京、山西、河南、宁夏、上海、浙江、湖北、湖南、香港、澳门、广西、重庆、四川、贵州、云南；俄罗斯，朝鲜，韩国，日本，越南，柬埔寨，印度，缅甸，斯里兰卡，菲律宾，马来西亚，新加坡，印度尼西亚，孟加拉国，巴基斯坦；中东地区，非洲中部。

（50）迷走库蚊 *Culex (Culex) vagans* Wiedemann, 1828

  分布：广东、黑龙江、吉林、辽宁、内蒙古、北京、山西、河南、宁夏、上海、浙江、湖北、湖南、香港、澳门、广西、重庆、四川、贵州、云南、西藏；俄罗斯，朝鲜，韩国，日本，越南，印度。

（51）白霜库蚊 *Culex (Culex) whitmorei* (Giles, 1904)

  分布：广东、吉林、辽宁、内蒙古、北京、山西、河南、宁夏、上海、浙江、湖北、湖南、香港、澳门、广西、重庆、四川、贵州、云南、西藏；俄罗斯，朝鲜，韩国，日本，越南，泰国，印度，尼泊尔，斯里兰卡，菲律宾，马来西亚，印度尼西亚，孟加拉国，巴基斯坦，澳大利亚。

（52）白胸库蚊 *Culex (Culiciomyia) pallidothorax* Theobald, 1905

  分布：广东、山东、江苏、安徽、浙江、湖北、江西、湖南、福建、台湾、海南、广西、重庆、四川、贵州、云南；日本，越南，老挝，柬埔寨，泰国，印度，缅甸，尼泊尔，斯里兰卡，菲律宾，马来西亚。

（53）琉球库蚊 *Culex (Culiciomyia) ryukyensis* Bohart, 1946

  分布：广东、香港；日本；琉球群岛。

（54）薛氏库蚊 *Culex (Culiciomyia) shebbearei* Barraud, 1924

  分布：广东、江苏、安徽、浙江、湖北、江西、湖南、福建、重庆、四川、贵州、云南、西藏；日本，越南，老挝，柬埔寨，泰国，印度，缅甸，尼泊尔，斯里兰卡，菲律宾，马来西亚，巴布亚新几内亚。

（55）叶片库蚊 *Culex (Eumelanomyia) foliatus* Brug, 1932

  分布：广东、浙江、湖北、福建、台湾、海南、广西、重庆、四川、贵州、云南；越南，泰国，印度，尼泊尔，斯里兰卡，菲律宾，马来西亚，印度尼西亚。

（56）马来库蚊 *Culex (Eumelanomyia) malayi* (Leicester, 1908)

  分布：广东、山东、河南、甘肃、江苏、安徽、浙江、湖北、湖南、福建、台湾、海南、广西、重庆、四川、贵州、云南；越南，柬埔寨，泰国，印度，缅甸，尼泊尔，马来西亚，印度尼西亚，马尔代夫，巴布亚新几内亚。

（57）幼小库蚊 *Culex (Lophoceraomyia) infantulus* Edwards, 1922

  分布：广东、河南、甘肃、江苏、安徽、湖北、江西、湖南、福建、海南、香港、广西、重庆、四川、贵州、云南；日本，越南，泰国，印度，缅甸，尼泊尔，斯里兰卡，菲律宾，马来西亚，印度尼西亚，马尔代夫。

（58）小型库蚊 *Culex* (*Lophoceraomyia*) *minor* (Leicester, 1908)

分布：广东、浙江、福建、海南、贵州、云南；越南，柬埔寨，泰国，印度，菲律宾，马来西亚，新加坡，印度尼西亚；琉球群岛。

（59）红胸库蚊 *Culex* (*Lophoceraomyia*) *rubithoracis* (Leicester, 1908)

分布：广东、浙江、福建、台湾、海南、香港、贵州、云南；日本，越南，柬埔寨，泰国，印度，缅甸，斯里兰卡，菲律宾，马来西亚，新加坡，印度尼西亚。

（60）苏门答腊库蚊 *Culex* (*Lophoceraomyia*) *sumatranus* Brug, 1931

分布：广东、香港；越南，印度尼西亚，柬埔寨。

（61）褐尾库蚊 *Culex* (*Lutzia*) *fuscanus* Wiedemann, 1820

分布：广东、北京、山西、河南、宁夏、上海、浙江、湖北、湖南、香港、澳门、广西、重庆、四川、贵州、云南；俄罗斯，朝鲜，韩国，日本，越南，老挝，柬埔寨，泰国，印度，缅甸，斯里兰卡，菲律宾，马来西亚，新加坡，印度尼西亚，澳大利亚。

（62）贪食库蚊 *Culex* (*Lutzia*) *halifaxia* Theobald, 1903

分布：广东、北京、山西、河南、上海、浙江、湖北、湖南、香港、澳门、广西、重庆、四川、贵州、云南；俄罗斯，日本，泰国，印度，尼泊尔，斯里兰卡，菲律宾，马来西亚，印度尼西亚，巴布亚新几内亚，所罗门群岛，澳大利亚。

21. 费蚊属 *Ficalbia* Theobald, 1903

（63）最小费蚊 *Ficalbia minima* (Theobald, 1901)

分布：广东、云南；越南，老挝，柬埔寨，泰国，印度，缅甸，斯里兰卡，马来西亚，新加坡，印度尼西亚，孟加拉国，澳大利亚，巴布亚新几内亚。

22. 小蚊属 *Mimomyia* Theobald, 1903

（64）吕宋小蚊 *Mimomyia* (*Etorleptiomyia*) *luzonensis* (Ludlow, 1905)

分布：广东、江苏、湖南、福建、台湾、海南、香港、广西、贵州、云南、西藏；日本，越南，柬埔寨，泰国，印度，缅甸，尼泊尔，斯里兰卡，菲律宾，马来西亚，新加坡，印度尼西亚，巴基斯坦。

23. 钩蚊属 *Malaya* Leicester, 1908

（65）肘喙钩蚊 *Malaya genurostris* Leicester, 1908

分布：广东、湖南、福建、台湾、海南、广西、云南、西藏；日本，柬埔寨，泰国，印度，缅甸，尼泊尔，斯里兰卡，菲律宾，马来西亚，新加坡，印度尼西亚，孟加拉国，马尔代夫，澳大利亚，巴布亚新几内亚。

24. 巨蚊属 *Toxorhynchites* Theobald, 1901

（66）华丽巨蚊 *Toxorhynchites* (*Toxorhynchites*) *splendens* (Wiedemann, 1819)

分布：广东（深圳）、安徽、海南、广西、贵州、云南；越南，柬埔寨，泰国，印度，缅甸，尼泊尔，斯里兰卡，菲律宾，马来西亚，印度尼西亚，孟加拉国，澳大利亚。

25. 蓝带蚊属 *Uranotaenia* Lyuch Arribálzaga, 1891

（67）巨型蓝带蚊 *Uranotaenia (Pseudoficalbia) maxima* Leicester, 1908

分布：广东、安徽、福建、台湾、海南、贵州、云南；泰国，印度，马来西亚，印度尼西亚。

（68）白胸蓝带蚊 *Uranotaenia (Pseudoficalbia) nivipleura* Leicester, 1908

分布：广东、江西、台湾、海南、香港、广西、四川、贵州、云南；日本，越南，老挝，柬埔寨，泰国，印度，尼泊尔，斯里兰卡，马来西亚，印度尼西亚。

（69）新糊蓝带蚊 *Uranotaenia (Pseudoficalbia) novobscura* Barraud, 1934

分布：广东、河南、安徽、浙江、江西、湖南、福建、台湾、海南、香港、广西、重庆、四川、贵州、云南、西藏；日本，越南，老挝，柬埔寨，泰国，印度，马来西亚。

（70）安氏蓝带蚊 *Uranotaenia (Uranotaenia) annandalei* Barraud, 1926

分布：广东、福建、台湾、海南、四川、贵州、云南；日本，越南，柬埔寨，泰国，印度，缅甸，尼泊尔，菲律宾。

（71）麦氏蓝带蚊 *Uranotaenia (Uranotaenia) macfarlanei* Edwards, 1914

分布：广东、安徽、浙江、湖北、江西、湖南、福建、台湾、海南、香港、广西、重庆、四川、贵州、云南；日本，越南，老挝，柬埔寨，泰国，印度，尼泊尔，马来西亚，印度尼西亚。

四、蚋科 Simuliidae Newman, 1834

26. 蚋属 *Simulium* Latreille, 1802

（72）后宽绳蚋 *Simulium (Gomphostilbia) metatarsale* Brunetti, 1911

分布：广东、浙江、江西、福建、台湾、海南、广西、贵州、云南；印度，马来西亚，印度尼西亚。

（73）凭祥绳蚋 *Simulium (Gomphostilbia) pingxiangense* An , Hao *et* Mai, 1990

分布：广东、广西。

（74）黄毛纺蚋 *Simulium (Nevermannia) aureohirtum* Brunetti, 1911

分布：广东、福建、海南、广西、四川、贵州、云南、西藏；日本，泰国，印度，不丹，斯里兰卡，菲律宾，马来西亚，印度尼西亚，巴基斯坦。

（75）地记蚋 *Simulium (Simulium) digitatum* Puri, 1932

分布：广东、西藏；印度。

（76）粗毛蚋 *Simulium (Simulium) hirtipannus* Puri, 1932

分布：广东、浙江、福建、贵州、西藏；印度。

（77）揭阳蚋 *Simulium (Simulium) jieyangense* An, Yan, Yang *et* Hao, 1994

分布：广东（揭阳）。

（78）节蚋 *Simulium (Simulium) nodosum* Puri, 1933

分布：广东、香港、广西、云南、西藏；越南，泰国，印度。

（79）红色蚋 *Simulium (Simulium) rufibasis* Brunetti, 1911

分布：广东、辽宁、湖北、江西、福建、台湾、海南、四川、贵州、云南、西藏；韩国，日本，越南，泰国，印度，缅甸，巴基斯坦。

（80）上川蚋 *Simulum (Simulium) shangchuanense* An, Hao *et* Yan, 1998

分布：广东（江门）。

（81）素木蚋 *Simulium (Simulium) shirakii* Kono *et* Takahasi, 1940

　　分布：广东、福建、台湾、海南、广西。

（82）匙蚋 *Simulium (Simulium) spoonatum* An, Hao *et* Yan, 1998

　　分布：广东。

（83）拎木蚋 *Simulium (Simulium) suzukii* Rubtsov, 1963

　　分布：广东、江西、台湾、香港、四川、贵州、云南；韩国，日本，俄罗斯（西伯利亚）。

（84）台湾蚋 *Simulium (Simulium) taiwanicum* Takaoka, 1979

　　分布：广东、吉林、江西、台湾、四川。

（85）优分蚋 *Simulium (Simulium) ufengense* Takaoka, 1979

　　分布：广东、山东、台湾。

（86）五条蚋 *Simulium (Simulium) quinquestriatum* Shiraki, 1935

　　分布：广东、广西、辽宁、福建、江西、台湾、贵州、四川、云南、西藏、河南；日本，韩国，泰国。

五、蠓科 Ceratopogonidae Newman, 1834

蠓亚科 Ceratopogoninae Newman, 1834

27. 埃蠓属 *Allohelea* Kieffer, 1917

（87）环纹埃蠓 *Allohelea annulata* Yu *et* Yan, 2004

　　分布：广东（湛江）、福建。

（88）类环纹埃蠓 *Allohelea subannulata* Yu, Sun *et* Ke, 2008

　　分布：广东（珠海）。

（89）珠海埃蠓 *Allohelea zhuhaiensis* Yu *et* Hao, 2005

　　分布：广东（珠海）。

28. 阿蠓属 *Alluaudomyia* Kieffer, 1913

（90）弯曲阿蠓 *Alluaudomyia flexuosa* Yu *et* Hao, 2005

　　分布：广东（中山）、福建、海南、广西、云南。

（91）龙州阿蠓 *Alluaudomyia longzhouensis* Hao *et* Yu, 1991

　　分布：广东（珠海、湛江）、海南、广西。

（92）边缘阿蠓 *Alluaudomyia marginalis* Wirth *et* Delfinado, 1964

　　分布：广东（揭阳、珠海）、海南、广西、云南；泰国，菲律宾，马来西亚。

（93）棘刺阿蠓 *Alluaudomyia spinosipes* Tokunaga, 1962

　　分布：广东（珠海）、福建、海南、广西、四川、云南；日本，老挝，泰国，斯里兰卡，菲律宾，马来西亚，印度尼西亚。

（94）淡黄阿蠓 *Alluaudomyia xanthocoma* (Kieffer, 1913)

　　分布：广东（珠海、江门）、台湾、广西、四川、云南；泰国，印度，斯里兰卡，菲律宾，马来西亚。

29. 贝蠓属 *Bezzia* Kieffer, 1899

（95）章华贝蠓 *Bezzia azhanghua* Yu *et* Sun, 2007

分布：广东（珠海）。

（96）双拳贝蠓 *Bezzia bistorta* Yu *et* Hao, 2005

分布：广东（韶关）。

（97）定海贝蠓 *Bezzia dinhaiensis* Yu *et* He, 2005.

分布：广东（江门）、浙江、广西。

（98）中华贝蠓 *Bezzia sinica* Hao *et* Yu, 2003

分布：广东（广州、珠海、江门）、新疆、浙江、福建、海南、广西、云南。

30. 短蠓属 *Brachypogon* Kieffer, 1899

（99）桔囊短蠓 *Brachypogon* (*Brachypogon*) *citrithecus* Yu *et* Lai, 2005

分布：广东。

（100）珠海短蠓 *Brachypogon* (*Brachypogon*) *zhuhaiensis* Yu *et* Hao, 2005

分布：广东（珠海）。

31. 库蠓属 *Culicoides* Latreille, 1809

（101）琉球库蠓 *Culicoides* (*Avaritia*) *actoni* Smith, 1929

分布：广东（广州、深圳、珠海、中山、江门）、黑龙江、山东、陕西、江苏、安徽、湖北、福建、台湾、海南、广西、四川、云南、西藏；日本，越南，泰国，印度，菲律宾，马来西亚，印度尼西亚。

（102）短须库蠓 *Culicoides* (*Avaritia*) *brevipalpis* Delfinado, 1961

分布：广东（珠海）、台湾、海南、云南；日本，泰国，斯里兰卡，菲律宾，马来西亚，印度尼西亚，澳大利亚。

（103）棒须库蠓 *Culicoides* (*Avaritia*) *clavipalpis* Mukerji, 1931

分布：广东、山东、江苏、四川、福建、海南；印度，印度尼西亚，老挝，马来西亚，菲律宾，泰国。

（104）屏东库蠓 *Culicoides* (*Avaritia*) *hui* Wirth *et* Hubert, 1961

分布：广东（揭阳）、台湾、海南、云南；老挝，马来西亚，印度尼西亚。

（105）残肢库蠓 *Culicoides* (*Avaritia*) *imicola* Kieffer, 1913

分布：广东、海南；俄罗斯，印度，老挝，斯里兰卡，越南，伊拉克；非洲。

（106）连斑库蠓 *Culicoides* (*Avaritia*) *jacobsoni* Macfie, 1934

分布：广东（珠海）、福建、台湾、海南、广西、云南、西藏；日本，泰国，菲律宾，马来西亚，印度尼西亚，巴布亚新几内亚。

（107）南山库蠓 *Culicoides* (*Avaritia*) *lansangensis* Howarth, 1985

分布：广东（湛江）、海南；老挝。

（108）冷氏库螺 *Culicoides* (*Avaritia*) *lengi* Yu *et* Liu, 1990

分布：广东（韶关）。

（109）马来库蠓 *Culicoides* (*Avaritia*) *malayae* Macfie, 1937

分布：广东（广州）、福建、台湾、海南、广西、云南；泰国，菲律宾，马来西亚，印度尼西亚。

（110）东方库蠓 *Culicoides (Avaritia) orientalis* Macfie, 1932

分布：广东（珠海）、四川、云南、西藏、福建、台湾、海南；马来西亚，印度，印度尼西亚，菲律宾，泰国，越南，所罗门群岛。

（111）巴涝库蠓 *Culicoides (Avaritia) palauensis* Tokunaga, 1959

分布：广东、云南、海南；美国。

（112）异域库蠓 *Culicoides (Avaritia) peregrinus* Kieffer, 1910

分布：广东（珠海、中山、江门、湛江）、辽宁、内蒙古、河北、河南、江苏、江西、福建、台湾、海南、广西；印度，菲律宾，印度尼西亚。

（113）苏岛库蠓 *Culicoides (Avaritia) sumatrae* Macfie, 1934

分布：广东（中山、江门）、福建、台湾、海南、广西、云南、西藏；日本，菲律宾，马来西亚。

（114）条带库蠓 *Culicoides (Avaritia) tainanus* Kieffer, 1916

分布：广东（惠州、珠海）、山东、陕西、云南、福建、台湾、海南；日本，印度尼西亚，老挝，马来西亚，菲律宾，泰国，越南。

（115）荒川库蠓 *Culicoides (Beltranmyia) arakawai* (Arakawa, 1910)

分布：广东（韶关、揭阳、深圳、珠海、中山、江门、湛江）、吉林、辽宁、河北、山西、山东、河南、陕西、安徽、江苏、上海、浙江、江西、湖南、湖北、贵州、云南、福建、台湾；日本，印度尼西亚，印度。

（116）环斑库蠓 *Culicoides (Beltranmyia) circumscriptus* Kieffer, 1918

分布：广东（珠海）、黑龙江、吉林、辽宁、内蒙古、河北、山西、山东、河南、陕西、宁夏、甘肃、青海、新疆、江苏、浙江、湖北、福建、台湾、海南、广西、重庆、四川、云南、西藏；日本，老挝，泰国，印度，土耳其，阿塞拜疆，以色列，挪威，德国，保加利亚，比利时，突尼斯。

（117）肠形库蠓 *Culicoides (Beltranmyia) duodenarius* Kieffer, 1921

分布：广东、福建、台湾、海南、广西、四川、云南。

（118）滴斑库蠓 *Culicoides (Beltranmyia) guttifer* (de Meiiere, 1907)

分布：广东、福建、云南；越南，老挝，菲律宾，马来西亚，印度尼西亚，文莱。

（119）黑脉库蠓 *Culicoides (Culicoides) aterinervis* Tokunaga, 1937

分布：广东、吉林、福建、云南、西藏；日本。

（120）印度库蠓 *Culicoides (Culicoides) indianus* Macfie, 1932

分布：广东、台湾、海南、云南、西藏；印度，菲律宾，马来西亚。

（121）日本库蠓 *Culicoides (Culicoides) nipponensis* Tokunaga, 1955

分布：广东（珠海、中山、湛江）、吉林、辽宁、山东、河南、陕西、青海、江苏、上海、安徽、浙江、湖北、江西、湖南、福建、台湾、海南、广西、重庆、四川、云南、西藏；朝鲜，日本。

（122）端斑库蠓 *Culicoides (Fastus) erairai* Kono *et* Takahasi, 1940

分布：广东（揭阳、珠海、中山、江门、湛江）、黑龙江、吉林、辽宁、内蒙古、河南、宁夏、浙江、湖北、江西、福建、广西、四川、云南；日本。

（123）帛琉库蠓 *Culicoides (Fastus) peliliouensis* Tokunaga, 1936

分布：广东（深圳）、台湾、海南；泰国，菲律宾，马来西亚，印度尼西亚，美国。

（124）原野库蠓 *Culicoides (Monoculicoides) homotomus* Kieffer, 1921

分布：广东（揭阳、珠海）、台湾；泰国。

（125）北京库蠓 *Culicoides (Oecacta) morisitai* Tokunaga, 1940

分布：广东、辽宁、内蒙古、河北、山东、河南、陕西、宁夏、甘肃、新疆、江苏、上海、安徽、浙江、湖北、福建、台湾、海南、四川、云南；日本。

（126）尖喙库蠓 *Culicoides (Oecacta) oxystoma* Kieffer, 1910

分布：广东（广州、韶关、揭阳、珠海、中山、江门、湛江）、黑龙江、吉林、辽宁、内蒙古、河北、山西、山东、河南、宁夏、江苏、上海、安徽、浙江、湖北、江西、湖南、福建、台湾、海南、广西、重庆、四川、贵州、云南、西藏；印度。

（127）似同库蠓 *Culicoides (Oecacta) similis* Carter, Ingram *et* Macfie, 1920

分布：广东（深圳）、新疆、福建；巴基斯坦，伊朗，也门，埃及，摩洛哥，埃塞俄比亚，加纳。

（128）三黑库蠓 *Culicoides (Oecacta) tritenuifasciatus* Tokunaga, 1959

分布：广东、海南、西藏；印度尼西亚，巴布亚新几内亚。

（129）霍飞库蠓 *Culicoides (Oecacta) tuffi* Causey, 1938

分布：广东（珠海、江门）、江苏、福建、台湾、海南、广西、四川、西藏；泰国。

（130）武夷库蠓 *Culicoides (Oecacta) wuyiensis* Chen, 1981

分布：广东（中山）、福建、四川、云南。

（131）珠海库蠓 *Culicoides (Oecacta) zhuhaiensis* Yu *et* Hao, 1988

分布：广东（珠海）。

（132）嗜蚊库蠓 *Culicoides (Trithecoides) anophelis* Edwards, 1922

分布：广东（珠海）、福建、台湾、海南、广西、四川、云南；越南，老挝，柬埔寨，泰国，印度，缅甸，斯里兰卡，马来西亚，新加坡，印度尼西亚，孟加拉国。

（133）巴沙库蠓 *Culicoides (Trithecoides) baisasi* Wirth *et* Hubert, 1959

分布：广东、云南、西藏、海南；菲律宾，马来西亚，巴布亚新几内亚，印度尼西亚。

（134）黄胸库蠓 *Culicoides (Trithecoides) flavescens* Macfie, 1937

分布：广东、福建、海南、广西、云南；泰国，菲律宾，马来西亚，印度尼西亚。

（135）黄盾库蠓 *Culicoides (Trithecoides) flaviscutatus* Wirth *et* Hubert, 1959

分布：广东、云南、西藏、福建、台湾、海南；印度，泰国，斯里兰卡，菲律宾，马来西亚，印度尼西亚，文莱。

（136）吉氏库蠓 *Culicoides (Trithecoides) gewertzi* Causey, 1938

分布：广东（惠州）、海南；泰国，菲律宾，马来西亚，新加坡，印度尼西亚。

（137）肩宏库蠓 *Culicoides (Trithecoides) humeralis* Okada, 1941

分布：广东（湛江）、黑龙江、吉林、山东、湖北、福建、台湾、海南、广西、云南、西藏；俄罗斯，日本，越南，柬埔寨，泰国，马来西亚。

（138）明边库蠓 *Culicoides* (*Trithecoides*) *matsuzawai* Tokunaga, 1950

分布：广东（惠州）、广西、福建、安徽、辽宁、江西、云南、台湾；俄罗斯，日本。

（139）新须库蠓 *Culicoides* (*Trithecoides*) *neopalpifer* Chen, 1983

分布：广东、台湾、云南。

（140）抚须库蠓 *Culicoides* (*Trithecoides*) *palpifer* Das Gupta *et* Ghosh, 1956

分布：广东（广州、中山、江门）、福建、台湾、海南、广西、云南、西藏；老挝，柬埔寨，泰国，印度，菲律宾，马来西亚，新加坡，巴布亚新几内亚，印度尼西亚，所罗门群岛。

（141）趋黄库蠓 *Culicoides* (*Trithecoides*) *paraflavecens* Wirth *et* Hubert, 1959

分布：广东（珠海）、江苏、福建、台湾、海南、广西、云南；越南，老挝，柬埔寨，泰国，斯里兰卡，马来西亚，印度尼西亚。

（142）细须库蠓 *Culicoides* (*Trithecoides*) *tenuipalpis* Wirth *et* Hubert, 1959

分布：广东（珠海）、福建、台湾、云南、西藏；老挝，泰国。

（143）柯卡库蠓 *Culicoides calcaratus* Wirth *et* Hubert, 1989

分布：广东。

（144）环基库蠓 *Culicoides circumbasalis* Tokunaga, 1959

分布：广东（深圳、珠海）、香港；泰国，菲律宾，马来西亚，印度尼西亚，巴布亚新几内亚（新爱尔兰）。

（145）恩平库蠓 *Culicoides enpingensis* Wu *et* Liu, 2018

分布：广东。

（146）雷州库蠓 *Culicoides leizhouensis* Lai *et* Yu, 1990

分布：广东（湛江）。

（147）滨海库蠓 *Culicoides marinus* Yu *et* Zhu, 1990

分布：广东（湛江）。

（148）黑带库蠓 *Culicoides tritenuifasciatus* Tokunaga, 1959

分布：广东。

32. 尼蠓属 *Nilobezzia* Kieffer, 1921

（149）曲茎尼蠓 *Nilobezzia curvopennis* Yu, 2005

分布：广东（珠海）。

33. 柱蠓属 *Stilobezzia* Kieffer, 1911

（150）毛背柱蠓 *Stilobezzia* (*Stilobezzia*) *hirtaterga* Yu, 1989

分布：广东（广州、珠海、江门）、安徽、浙江、福建、海南、广西、四川、贵州、云南。

（151）残肢柱蠓 *Stilobezzia* (*Stilobezzia*) *inermipes* Kieffer, 1912

分布：广东（珠海）、江西、福建、广西；日本，印度，斯里兰卡，新加坡，印度尼西亚，密克罗尼西亚。

（152）普通柱蠓 *Stilobezzia* (*Stilobezzia*) *vulgaris* Yu, 1989

分布：广东（广州）。

毛蠓亚科 Dasyheleinae Lenz, 1934

34. 毛蠓属 *Dasyhelea* Kieffer, 1911

（153）分叉毛蠓 *Dasyhelea* (*Dasyhelea*) *fulcillata* Yu, 2005

分布：广东（广州、珠海）、湖南。

（154）棕色毛蠓 *Dasyhelea* (*Dasyhelea*) *fusca* Yu, 2005

分布：广东（珠海）、湖南。

（155）灰色毛蠓 *Dasyhelea* (*Dasyhelea*) *grisea* (Coquillett, 1901)

分布：广东（珠海）、广西、海南；美国。

（156）喜愿毛蠓 *Dasyhelea* (*Dasyhelea*) *paragrata* Remm, 1972

分布：广东（珠海）、河北、甘肃、湖北；俄罗斯。

（157）裂叶毛蠓 *Dasyhelea* (*Dasyhelea*) *schizothrixi* Lee *et* Wirth, 1989

分布：广东（珠海）、云南、台湾、广西、海南；新加坡。

（158）无偶毛蠓 *Dasyhelea* (*Dasyhelea*) *vidua* Yu, 2005

分布：广东（广州）、四川。

（159）泥污毛蠓 *Dasyhelea* (*Leptobranchia*) *borbonica* Clastrier, 1959

分布：广东（广州）；法国。

（160）山丘毛蠓 *Dasyhelea* (*Leptobranchia*) *deiras* Yu, 2005

分布：广东（湛江）。

（161）双钩毛蠓 *Dasyhelea* (*Prokempia*) *biunguis* Kieffer, 1925

分布：广东（江门）；俄罗斯。

（162）双尖毛蠓 *Dasyhelea* (*Prokempia*) *dioxyria* Hao *et* Yu, 2001

分布：广东（广州、珠海）。

（163）多刺毛蠓 *Dasyhelea* (*Prokempia*) *horrida* Yu, 2005

分布：广东（珠海、湛江）。

（164）泸定毛蠓 *Dasyhelea* (*Prokempia*) *ludingensis* Zhang *et* Yu, 1996

分布：广东（广州、深圳、珠海、湛江）、北京、山西、山东、河南、陕西、江苏、安徽、浙江、湖北、江西、湖南、福建、台湾、海南、香港、广西、重庆、四川、云南。

（165）拟黄毛蠓 *Dasyhelea* (*Prokempia*) *subflava* Yu *et* Hao, 2005

分布：广东（广州）。

（166）角翼毛蠓 *Dasyhelea* (*Pseudoculicoides*) *alula* Yu, 2005

分布：广东（江门）、北京、海南、云南、西藏。

（167）怪状毛蠓 *Dasyhelea* (*Pseudoculicoides*) *chimaira* Yu *et* Wang, 2005

分布：广东（湛江）、海南。

（168）欧洲毛蠓 *Dasyhelea* (*Pseudoculicoides*) *europaea* Remm, 1962

分布：广东（珠海）、四川、云南；爱沙尼亚。

（169）超越毛蠓 *Dasyhelea* (*Pseudoculicoides*) *excellentis* Borkent, 1997

分布：广东（珠海）、四川；美国。

（170）宽带毛蠓 *Dasyhelea* (*Pseudoculicoides*) *fasciigera* Kieffer, 1925

分布：广东（广州、珠海）、黑龙江、北京、河北、河南、新疆、江苏、上海、湖北、江西、湖南、福建、四川、云南；阿富汗，匈牙利，爱沙尼亚。

（171）静波毛蠓 *Dasyhelea* (*Pseudoculicoides*) *jingboi* Yu, 2005

分布：广东。

（172）小孢毛蠓 *Dasyhelea* (*Pseudoculicoides*) *microsporea* Hao *et* Yu, 2001

分布：广东（广州、珠海）、福建。

（173）西部毛蠓 *Dasyhelea* (*Pseudoculicoides*) *occasa* Zhang *et* Yu, 1996

分布：广东（广州、深圳、珠海、湛江）、北京、河北、山西、山东、河南、甘肃、江苏、浙江、湖北、江西、湖南、福建、台湾、海南、香港、广西、重庆、四川、云南。

（174）淡色毛蠓 *Dasyhelea* (*Pseudoculicoides*) *pallidicola* Yu, 2005

分布：广东（珠海）、江苏、上海。

（175）类常毛蠓 *Dasyhelea* (*Pseudoculicoides*) *subcommunis* Yu, 2005

分布：广东（珠海）、四川。

（176）矛状毛蠓 *Dasyhelea* (*Sebessia*) *doratos* Yu, 2005

分布：广东（珠海）、福建。

（177）小刺毛蠓 *Dasyhelea* (*Sebessia*) *saetula* Yu, 2005

分布：广东。

（178）从化毛蠓 *Dasyhelea conghua* Lai *et* Yu, 2018

分布：广东。

（179）西昌毛蠓 *Dasyhelea xichangensis* Yu, 2005

分布：广东、四川。

铗蠓亚科 Forcipomyiinae Lenz, 1934

35. 裸蠓属 *Atrichopogon* Kieffer, 1906

（180）短尾裸蠓 *Atrichopogon* (*Atrichopogon*) *brevicercus* Yan *et* Yu, 2000

分布：广东（广州、中山、湛江）。

（181）杰克裸蠓 *Atrichopogon* (*Atrichopogon*) *jacobsoni* (de Meijere, 1907)

分布：广东（珠海）、广西、云南；越南，柬埔寨，泰国，印度，斯里兰卡，菲律宾，马来西亚，印度尼西亚，巴布亚新几内亚，美国。

（182）红色裸蠓 *Atrichopogon* (*Atrichopogon*) *ruber* Kieffer, 1916

分布：广东、福建、台湾、云南；琉球群岛。

（183）开裂裸蠓 *Atrichopogon* (*Kempia*) *dehiscentis* Yu *et* Yan, 2001

分布：广东（广州、中山）、吉林、湖北。

（184）岛屿裸蠓 *Atrichopogon* (*Kempia*) *insularis* Kieffer, 1921

分布：广东（中山）、湖南、云南、福建、台湾、海南。

（185）中棘裸蠓 *Atrichopogon* (*Psilokempia*) *medicrinis* Yu *et* Yan, 2005

分布：广东（珠海）、黑龙江。

（186）刺尾裸蠓 *Atrichopogon* (*Psilokempia*) *spinicaudalis* Tokunaga, 1959

分布：广东（珠海）、广西；密克罗尼西亚，帕劳。

（187）类瘦裸蠓 *Atrichopogon* (*Psilokempia*) *subtenuiatus* Yu *et* Yan, 2001

分布：广东（珠海）、贵州、云南、福建、广西。

36. 铗蠓属 *Forcipomyia* Meigen, 1818

（188）附突铗蠓 *Forcipomyia* (*Euprojoannisia*) *appendicular* Liu, Yan *et* Liu, 1996

分布：广东（珠海）、贵州、海南。

（189）节结铗蠓 *Forcipomyia* (*Euprojoannisia*) *astyla* Tokunaga, 1940

分布：广东（广州）、贵州；日本。

（190）具齿铗蠓 *Forcipomyia* (*Euprojoannisia*) *calamistrata* Debenham *et* Wirth, 1984

分布：广东（珠海）、安徽、云南；澳大利亚。

（191）灰陷铗蠓 *Forcipomyia* (*Euprojoannisia*) *fuscimana* (Kieffer, 1921)

分布：广东、台湾、广西；新加坡。

（192）岭南铗蠓 *Forcipomyia* (*Euprojoannisia*) *lingnanensis* Liu *et* Yu, 1999

分布：广东（珠海）、广西。

（193）粗野铗蠓 *Forcipomyia* (*Euprojoannisia*) *psilonota* (Kieffer, 1911)

分布：广东（中山）、福建、四川；埃及，塞舌尔，埃塞俄比亚；东洋界。

（194）拜氏铗蠓 *Forcipomyia* (*Forcipomyia*) *bikanni* Chan *et* LeRoux, 1971

分布：广东（广州、珠海）、河南、广西、四川；新加坡。

（195）广东铗蠓 *Forcipomyia* (*Forcipomyia*) *guangdongensis* Liu *et* Yu, 2001

分布：广东（珠海）。

（196）中山铗蠓 *Forcipomyia* (*Forcipomyia*) *zhongshanensis* Liu *et* Yu, 2001

分布：广东（中山）。

（197）美妙铗蠓 *Forcipomyia* (*Lepidohelea*) *pulcherrima* Santos Abreu, 1918

分布：广东（珠海）、福建、台湾、广西、重庆、四川；西班牙，埃及，加纳，喀麦隆，刚果（布），刚果（金）。

（198）模糊铗蠓 *Forcipomyia* (*Lxodehelea*) *ambiguous* Yu *et* Liu, 2005

分布：广东（广州）、黑龙江、新疆。

（199）南来铗蠓 *Forcipomyia* (*Microhelea*) *notothena* Liu *et* Yu, 1997

分布：广东（广州）。

（200）横琴铗蠓 *Forcipomyia* (*Synthyridomyia*) *hengqinensis* Yu, Sun *et* Li, 2009

分布：广东（珠海）。

（201）蛰肿铗蠓 *Forcipomyia* (*Synthyridomyia*) *tympanista* Debenham, 1987

分布：广东（珠海）；澳大利亚。

（202）尖锐铗蠓 *Forcipomyia* (*Thyridomyia*) *oxyria* Yu, Ke *et* Li, 2009

分布：广东（珠海）。

（203）美雅铗蠓 *Forcipomyia* (*Thyridomyia*) *concinna* Liu *et* Yu, 2005

　　分布：广东（珠海）、四川。

（204）灌丛铗蠓 *Forcipomyia* (*Thyridomyia*) *frutetorum* (Winnertz, 1852)

　　分布：广东（珠海）、吉林、辽宁、山东、安徽、江苏、浙江、江西、福建、广西、重庆、四川、云南；俄罗斯，日本，德国，阿尔及利亚，加纳，加拿大，以色列。

37. 蠛蠓属 *Lasiohelea* Kieffer, 1921

（205）短喙蠛蠓 *Lasiohelea breviprobosca* Yu, 2005

　　分布：广东（湛江）、江西。

（206）儋县蠛蠓 *Lasiohelea danxianensis* Yu *et* Liu, 1982

　　分布：广东（珠海、中山）、海南。

（207）园圃蠛蠓 *Lasiohelea hortensis* Yu *et* Liu, 1981

　　分布：广东（广州、湛江）、河南、浙江、湖北、江西、湖南、福建、广西、重庆。

（208）混杂蠛蠓 *Lasiohelea mixta* Yu *et* Liu, 1982

　　分布：广东（广州、揭阳、珠海）、浙江、福建、海南、广西、云南；越南。

（209）多感蠛蠓 *Lasiohelea multisensora* Yu, 2005

　　分布：广东（珠海）、云南。

（210）趋光蠛蠓 *Lasiohelea phototropia* Yu *et* Zhang, 1982

　　分布：广东（深圳、珠海、湛江）、河南、江苏、安徽、浙江、湖北、江西、湖南、福建、台湾、海南、重庆、四川、云南；印度尼西亚。

（211）台湾蠛蠓 *Lasiohelea taiwana* Shiraki, 1913

　　分布：广东（广州、韶关、揭阳、惠州、深圳、珠海、中山、江门、肇庆、湛江）、山西、甘肃、福建；越南，老挝，马来西亚。

（212）曲茎蠛蠓 *Lasiohelea thyesta* Yu, Chen *et* He, 2007

　　分布：广东（珠海）、香港。

（213）肿足蠛蠓 *Lasiohelea turgepeda* Yu *et* Liu, 1982

　　分布：广东（广州）。

（214）钩茎蠛蠓 *Lasiohelea uncusipenis* Yu *et* Zhang, 1982

　　分布：广东（揭阳）、江西、福建、四川、云南。

细蠓亚科 Leptoconopinae Noè, 1907

38. 细蠓属 *Leptoconops* Skuse, 1889

（215）海峡细蠓 *Leptoconops* (*Leptoconops*) *fretus* Yu *et* Zhan, 1990

　　分布：广东（江门、湛江）、海南、广西。

六、摇蚊科 Chironomidae Erichson, 1841

摇蚊亚科 Chironominae Macquart, 1838

39. 底栖摇蚊属 *Benthalia* Lipina, 1939

（216）*Benthalia dissidens* (Walker, 1856)

　　分布：广东（广州）、吉林、辽宁、天津、河北、山东、安徽、浙江、湖北、福建、四川、云南；全北界。

40. 摇蚊属 *Chironomus* Shilova, 1955

（217）绕圈摇蚊 *Chironomus* (*Chironomus*) *circumdatus* Kieffer, 1916

分布：广东、浙江、湖北、福建、台湾、海南、广西、贵州、云南；朝鲜，日本，泰国，印度，澳大利亚，密克罗尼西亚。

（218）粗叉摇蚊 *Chironomus* (*Chironomus*) *crassiforceps* Kieffer, 1916

分布：广东（广州）、台湾。

（219）黄羽摇蚊 *Chironomus* (*Chironomus*) *flaviplumus* Tokunaga, 1940

分布：广东（广布种）、内蒙古、北京、河北、山东、河南、陕西、宁夏、青海、新疆、江苏、浙江、湖北、湖南、福建、台湾、广西、四川、贵州、云南、西藏；韩国，日本。

（220）爪哇摇蚊 *Chironomus* (*Chironomus*) *javanus* Kieffer, 1924

分布：广东（广布种）、浙江、湖北、福建、台湾、广西、四川、贵州、云南；日本，泰国，印度，印度尼西亚，孟加拉国。

（221）冲绳摇蚊 *Chironomus* (*Chironomus*) *okinawanus* Hasegawa *et* Sasa, 1987

分布：广东、浙江、福建、台湾、西藏；日本。

（222）花翅摇蚊 *Chironomus* (*Chironomus*) *striatipennis* Kieffer, 1910

分布：广东（广布种）、河北、河南、浙江、湖北、江西、福建、台湾、广西、四川、贵州、云南；朝鲜，日本，泰国，印度，马来西亚，澳大利亚，印度尼西亚，菲律宾，文莱，巴布亚新几内亚。

41. 枝角摇蚊属 *Cladopelma* Kieffer, 1921

（223）平铗枝角摇蚊 *Cladopelma edwardsi* (Kruseman, 1933)

分布：广东（广州）、河北、山东、安徽、浙江、湖北、江西、福建、台湾、海南、广西、云南；俄罗斯（远东），日本，泰国，印度；欧洲，北美洲。

42. 枝长跗摇蚊属 *Cladotanytarsus* Kieffer, 1921

（224）小枝长跗摇蚊 *Cladotanytarsus parvus* Wang *et* Zheng, 1993

分布：广东（封开）。

43. 同摇蚊属 *Conochironomus* Freeman, 1961

（225）泰国第一同摇蚊 *Conochironomus nuengthai* Cranston, 2016

分布：广东（从化）；泰国。

44. 二叉摇蚊属 *Dicrotendipes* Kieffer, 1913

（226）弯曲二叉摇蚊 *Dicrotendipes flexus* (Johannsen, 1932)

分布：广东（封开）、山东、湖北；印度；澳洲界。

（227）暗绿二叉摇蚊 *Dicrotendipes pelochloris* (Kieffer, 1912)

分布：广东、天津、河北、江苏、湖北、台湾、海南、广西、四川；韩国，日本，印度，菲律宾，孟加拉国，巴基斯坦，澳大利亚。

45. 哈摇蚊属 *Harnischia* Kieffer, 1921

（228）长距哈摇蚊 *Harnischia longispuria* Wang *et* Zheng, 1993

分布：广东、海南、广西。

（229）膨铗哈摇蚊 *Harnischia turgidula* Wang *et* Zheng, 1993

　　分布：广东（广州、肇庆）、湖南、云南；俄罗斯（远东）。

46. 球附器摇蚊属 *Kiefferulus* Goetghebuer, 1922

（230）厚腹球附器摇蚊 *Kiefferulus glauciventris* (Kieffer, 1912)

　　分布：广东（深圳）、台湾、海南、广西、贵州；印度。

（231）台南球附器摇蚊 *Kiefferulus tainanus* (Kieffer, 1912)

　　分布：广东（广州）、陕西、安徽、福建、台湾、海南、贵州。

47. 小摇蚊属 *Microchironomus* Kieffer, 1918

（232）软铗小摇蚊 *Microchironomus tener* (Kieffer, 1918)

　　分布：广东（广州）、天津、河北、山西、山东、宁夏、甘肃、安徽、浙江、湖北、江西、福建、台湾、海南、广西、四川、贵州、云南；俄罗斯（远东），日本，泰国，印度，波兰；非洲；澳洲界。

（233）三毛小摇蚊 *Microchironomus trisetifer* (Hashimoto, 1981)

　　分布：广东（广州）；泰国。

48. 倒毛摇蚊属 *Microtendipes* Kieffer, 1915

（234）具瘤倒毛摇蚊 *Microtendipes tuberosus* Qi *et* Wang, 2006

　　分布：广东（潮州、佛山、肇庆）、海南、贵州。

49. 肛齿摇蚊属 *Neozavrelia* Goetghebuer, 1941

（235）寡节肛齿摇蚊 *Neozavrelia oligomera* Wang *et* Zheng, 1990

　　分布：广东（从化）、辽宁、浙江、四川。

50. 尼罗摇蚊属 *Nilothauma* Kieffer, 1921

（236）侧刺尼罗摇蚊 *Nilothauma aristatum* Qi, Tang *et* Wang, 2016

　　分布：广东（东莞）、安徽、浙江。

（237）双叶尼罗摇蚊 *Nilothauma bilobatum* Qi, Tang *et* Wang, 2016

　　分布：广东（南澳）、广西。

51. 拟劳氏摇蚊属 *Paralauterborniella* Lenz, 1941

（238）峨山拟劳氏摇蚊 *Paralauterborniella ershanensis* Tang, 2016

　　分布：广东（广州）。

52. 多足摇蚊属 *Polypedilum* Kieffer, 1912

（239）浅川多足摇蚊 *Polypedilum asakawaense* Sasa, 1980

　　分布：广东（增城）、河南、陕西、浙江、湖北、四川、贵州；日本。

（240）从化多足摇蚊 *Polypedilum conghuaense* Zhang *et* Wang, 2016

　　分布：广东（从化）。

（241）凸旋多足摇蚊 *Polypedilum convexum* Johannsen, 1932

　　分布：广东（广布种）、浙江、湖北、福建、海南、广西、贵州、西藏；日本，印度尼西亚，不丹，密克罗尼西亚，帕劳。

（242）刀铗多足摇蚊 *Polypedilum cultellatum* Goetghebuer, 1931

分布：广东（从化）、天津、河北、福建、台湾、海南、四川、西藏；东亚，欧洲，非洲北部。

（243）日本多足摇蚊 *Polypedilum japonicum* (Tokunaga, 1938)

分布：广东（黄埔）、北京、福建、海南、贵州；日本。

（244）*Polypedilum kyotoense* (Tokunaga, 1938)

分布：广东（增城）、山东、陕西、浙江、海南、四川、贵州、西藏；韩国，日本。

（245）云集多足摇蚊 *Polypedilum nubifer* (Skuse, 1889)

分布：广东（广布种）、辽宁、内蒙古、天津、河南、陕西、宁夏、甘肃、新疆、安徽、福建、台湾、海南、广西、四川、贵州、云南；澳大利亚，密克罗尼西亚；亚洲，欧洲，非洲。

（246）寡毛多足摇蚊 *Polypedilum paucisetum* Zhang *et* Wang, 2006

分布：广东、贵州、云南。

（247）细狭多足摇蚊 *Polypedilum procerum* Zhang *et* Song, 2015

分布：广东（从化）、福建。

（248）梯形多足摇蚊 *Polypedilum scalaenum* (Schrank, 1803)

分布：广东（潮州）、福建、四川、贵州；欧洲，北美洲。

（249）筑波多足摇蚊 *Polypedilum tsukubaense* (Sasa, 1979)

分布：广东（广布种）、河南、陕西、浙江、湖北、福建、海南、云南；日本。

（250）单带多足摇蚊 *Polypedilum unifascium* (Tokunaga, 1938)

分布：广东（广布种）、辽宁、山东、陕西、福建、台湾、海南、广西、贵州；日本。

53. 流长跗摇蚊属 *Rheotanytarsus* Thienemann *et* Bause, 1913

（251）尖流长跗摇蚊 *Rheotanytarsus acerbus* (Johannsen, 1932)

分布：广东（江门）、浙江、台湾；印度，印度尼西亚。

（252）巨附流长跗摇蚊 *Rheotanytarsus tamaquartus* Sasa, 1980

分布：广东（封开）；日本。

54. 罗摇蚊属 *Robackia* Sæther, 1977

（253）尾毛罗摇蚊 *Robackia pilicauda* Sæther, 1977

分布：广东、辽宁、福建；朝鲜；欧洲。

55. 萨特摇蚊属 *Saetheria* Jackson, 1977

（254）分离萨特摇蚊 *Saetheria separata* Yan, Sæther *et* Wang, 2011

分布：广东、海南。

56. 商摇蚊属 *Shangomyia* Sæther *et* Wang, 1993

（255）无齿商摇蚊 *Shangomyia impectinata* Sæther *et* Wang, 1993

分布：广东（封开）、福建；老挝，泰国，印度尼西亚，文莱。

57. 狭摇蚊属 *Stenochironomus* Kieffer, 1919

（256）印拉狭摇蚊 *Stenochironomus inalemeus* Sasa, 2001

分布：广东（黄埔）、陕西、福建、四川；日本。

（257）麦氏狭摇蚊 *Stenochironomus macateei* (Malloch, 1915)

分布：广东（从化）、海南；新北界。

58. 长跗摇蚊属 *Tanytarsus* van der Wulp, 1874

（258）台湾长跗摇蚊 *Tanytarsus formosanus* Kieffer, 1923

分布：广东（江门）、黑龙江、辽宁、内蒙古、天津、山东、陕西、宁夏、青海、浙江、江西、湖南、福建、台湾、广西、云南；非洲；东洋界，古北界，澳洲界。

（259）*Tanytarsus okuboi* Sasa *et* Kikuchi, 1986

分布：广东（从化）、内蒙古、北京、山西、山东、陕西、宁夏、浙江、湖北、云南；古北界。

（260）拇指长跗摇蚊 *Tanytarsus pollexus* Chaudhuri *et* Datta, 1992

分布：广东（封开）、福建、海南、云南；印度。

（261）舟长跗摇蚊 *Tanytarsus takahashii* Kawai *et* Sasa, 1985

分布：广东、辽宁、北京、天津、山东、浙江、江西；日本。

59. 夏摇蚊属 *Xiaomyia* Sæther *et* Wang, 1993

（262）似足夏摇蚊 *Xiaomyia aequipedes* Sæther *et* Wang, 1993

分布：广东（增城）、浙江、贵州。

（263）多毛肛齿摇蚊 *Neozavrelia pilosa* Guo *et* Wang, 2005

分布：广东（从化）、广西。

寡角摇蚊亚科 Diamesinae Kieffer, 1922

60. 波摇蚊属 *Potthastia* Kieffer, 1922

（264）盖氏波摇蚊 *Potthastia gaedii* (Meigen, 1838)

分布：广东（增城）、辽宁、天津、河北、河南、陕西、浙江、湖南、贵州、云南、西藏；新北界，古北界。

直突摇蚊亚科 Orthocladiinae Kieffer, 1911

61. 安的列摇蚊属 *Antillocladius* Sæther, 1981

（265）刀鬃安的列摇蚊 *Antillocladius scalpellatus* Wang *et* Sæther, 1993

分布：广东（封开）、吉林、甘肃。

62. 毛施密摇蚊属 *Compterosmittia* Sæther, 1981

（266）利贺毛施密摇蚊 *Compterosmittia togalimea* (Sasa *et* Okazawa, 1992)

分布：广东（封开）、湖北、福建；俄罗斯，日本。

（267）阳突毛施密摇蚊 *Compterosmittia virga* Wang, 1988

分布：广东（封开）；俄罗斯。

63. 棒脉摇蚊属 *Corynoneura* Winnertz, 1846

（268）吉村棒脉摇蚊 *Corynoneura yoshimurai* Tokunaga, 1936

分布：广东。

64. 环足摇蚊属 *Cricotopus* van der Wulp, 1874

（269）双线环足摇蚊 *Cricotopus* (*Cricotopus*) *bicinctus* (Meigen, 1818)

分布：广东（广布种）、黑龙江、内蒙古、天津、河北、山东、河南、陕西、宁夏、甘肃、新疆、浙江、江西、福建、海南、广西、四川、贵州、云南；全北界，东洋界，澳洲界，新热带界。

65. 矮突摇蚊属 *Nanocladius* Kieffer, 1913

（270）*Nanocladius tamabicolor* Sasa, 1981

分布：广东（广州）、广西、云南、海南。

66. 拟矩摇蚊属 *Paraphaenocladius* Thienemann, 1924

（271）中拟矩摇蚊低触亚种 *Paraphaenocladius impensus contractus* Sæther *et* Wang, 1995

分布：广东（肇庆）、山东、陕西、宁夏、江苏、浙江、云南。

67. 伪直突摇蚊属 *Pseudorthocladius* Goetghebuer, 1943

（272）短铗伪直突摇蚊 *Pseudorthocladius curtistylus* (Goetghebuer, 1921)

分布：广东（广州）、河南、青海、浙江、湖南、福建、云南；全北界。

（273）富士伪直突摇蚊 *Pseudorthocladius jintutridecima* (Sasa, 1996)

分布：广东、陕西、福建、四川、云南；日本。

68. 伪施密摇蚊属 *Pseudosmittia* Edwards, 1932

（274）大端脊伪施密摇蚊 *Pseudosmittia cristagata* Ferrington *et* Sæther, 2011

分布：广东、江西、海南。

（275）叉铗伪施密摇蚊 *Pseudosmittia mathilda* Albu, 1968

分布：广东（广州）、黑龙江、宁夏、甘肃、江西、湖南；俄罗斯，日本，芬兰，德国，罗马尼亚，奥地利，意大利，美国。

69. 趋流摇蚊属 *Rheocricotopus* Brundim, 1956

（276）东方趋流摇蚊 *Rheocricotopus* (*Psilocricotopus*) *orientalis* Wang, 1995

分布：广东（增城）。

（277）光趋流摇蚊 *Rheocricotopus* (*Psilocricotopus*) *valgus* Chaudhuri *et* Sinharay, 1983

分布：广东、浙江、湖北、广西；印度。

70. 密摇蚊属 *Smittia* Holmgren,1869

（278）黑施密摇蚊 *Smittia aterrima* (Meigen, 1818)

分布：广东（封开）、吉林、辽宁、内蒙古、北京、河北、山东、宁夏、甘肃、青海、浙江、湖北、福建、云南；全北界，澳洲界。

71. 提尼曼摇蚊属 *Thienemanniella* Kieffer, 1911

（279）弯附提尼曼摇蚊 *Thienemanniella curvare* Fu, Fang *et* Wang, 2013

分布：广东（增城）、浙江、四川；古北界。

（280）尼珀提尼曼摇蚊 *Thienemanniella nipponica* (Tokunaga, 1936)

分布：广东（从化）、四川；日本。

72. 津田摇蚊属 *Tsudayusurika* Sasa, 1985

（281）叉毛津田摇蚊 *Tsudayusurika cladopilosa* Wang, 1995

分布：广东（从化）。

长足摇蚊亚科 Tanypodinae Skuse, 1889

73. 壳粗腹摇蚊属 *Conchapelopia* Fittkau, 1957

（282）臂壳粗腹摇蚊 *Conchapelopia brachiata* Niitsuma *et* Tang, 2017

    分布：广东（增城）、安徽、福建。

（283）宽斑壳粗腹摇蚊 *Conchapelopia togamaculosa* Sasa *et* Okazawa, 1992

    分布：广东（黄埔）、安徽；日本。

74. 穴粗腹摇蚊属 *Denopelopia* Roback *et* Rutter, 1988

（284）艾瑞穴粗腹摇蚊 *Denopelopia irioquerea* (Sasa *et* Suzuki, 2000)

    分布：广东（乳源）、甘肃、浙江、广西、西藏；日本。

75. 虹彩摇蚊属 *Djalmabatista* Fittkau,1968

（285）瑞氏虹彩摇蚊 *Djalmabatista reidi* (Freeman, 1955)

    分布：广东（增城）；印度，沙特阿拉伯，几内亚，加纳，多哥，乍得，喀麦隆，苏丹。

（286）中华虹彩摇蚊 *Djalmabatista sinica* Liu *et* Tang, 2017

    分布：广东、海南。

76. 尼罗长足摇蚊属 *Nilotanypus* Kieffer,1923

（287）小尼罗长足摇蚊 *Nilotanypus minutus* (Tokunaga, 1937)

    分布：广东、浙江、福建、海南、四川、贵州、云南。

77. 前突摇蚊属 *Procladius* Skuse,1889

（288）花翅前突摇蚊 *Procladius* (*Holotanypus*) *choreus* (Meigen, 1804)

    分布：广东（广布种）、浙江、湖北、福建；古北界。

78. 特长足摇蚊属 *Thienemannimyia* Fittkau, 1957

（289）封开特长足摇蚊 *Thienemannimyia* (*Hayesomyia*) *fengkainica* (Cheng *et* Wang, 2006)

    分布：广东（封开）。

（290）法氏特长足摇蚊 *Thienemannimyia* (*Thienemannimyia*) *fusciceps* (Edwards, 1929)

    分布：广东（阳山）、天津、山东；新北界，古北界。

蛾蠓总科 Psychodoidea

七、蛾蠓科 Psychodidae Newman, 1834

毫蛾蠓亚科 Horaiellinae Enderlein, 1937

79. 毫蛾蠓属 *Horaiella* Tonnoir, 1933

（291）广东毫蛾蠓 *Horaiella kuatunensis* Alexander, 1953

    分布：广东、福建。

蛾蠓亚科 Psychodinae Newman, 1834

80. 蛾蠓属 *Psychoda* Latreille, 1796

（292）荆棘蛾蠓 *Psychoda acanthostyla* Tokunaga, 1957

    分布：广东、台湾、四川；印度，斯里兰卡，菲律宾，马来西亚。

（293）双魔蛾蠓 *Psychoda duplilamnata* Tokunaga, 1957

    分布：广东、台湾、四川。

（294）台湾蛾蠓 *Psychoda formosana* Tokunaga, 1957

    分布：广东、台湾、四川。

（295）南台蛾蠓 *Psychoda formosiensis* Tokunaga, 1957

　　　分布：广东、台湾、四川。

（296）宽片蛾蠓 *Psychoda platilobata* Tokunaga, 1957

　　　分布：广东、台湾、四川；菲律宾，澳大利亚，牙买加。

（297）平叶蛾蠓 *Psychoda pseudobrevicornis* Tokunaga, 1957

　　　分布：广东、台湾、四川。

（298）潮州蛾蠓 *Psychoda subquadrilobata* Tokunaga, 1957

　　　分布：广东、台湾、四川；菲律宾。

白蛉亚科 Phlebotominae Rondani, 1840

81. 秦蛉属 *Chinius* Leng, 1987

（299）筠连秦蛉 *Chinius junlianensis* Leng, 1987

　　　分布：广东、广西、四川、贵州。

82. 白蛉属 *Phlebotomus* Rondani *et* Berté, 1840

（300）何氏白蛉 *Phlebotomus* (*Anaphlebotomus*) *hoepplii* Tang *et* Maa, 1945

　　　分布：广东、福建。

（301）施氏白蛉 *Phlebotomus* (*Anaphlebotomus*) *stantoni* Newstead, 1914

　　　分布：广东、海南、广西、四川、云南；越南，老挝，泰国，印度，斯里兰卡，马来西亚，印度尼西亚。

（302）江苏白蛉 *Phlebotomus* (*Euphlebotomus*) *kiangsuensis* Yao *et* Wu, 1938

　　　分布：广东、山东、河南、陕西、江苏、安徽、浙江、湖北、台湾、广西、重庆、四川、贵州、云南；马来西亚。

83. 司蛉属 *Sergentomyia* FranÇa *et* Parrot, 1920

（303）贝氏司蛉 *Sergentomyia bailyi* (Sinton, 1931)

　　　分布：广东、海南、四川、云南；越南，柬埔寨，泰国，印度，巴基斯坦。

（304）鳞胸司蛉 *Sergentomyia* (*Grassomyia*) *squamipleuris* (Newstead, 1912)

　　　分布：广东、河南、安徽、台湾、海南；印度，巴基斯坦，伊拉克。

（305）应氏司蛉 *Sergentomyia* (*Neophlebotomus*) *iyengari* (Sinton, 1933)

　　　分布：广东、台湾、海南、云南；越南，老挝，泰国，印度，马来西亚。

（306）姚氏司蛉 *Sergentomyia* (*Neophlebotomus*) *yaoi* Theodor, 1958

　　　分布：广东、江西、福建。

（307）鲍氏司蛉 *Sergentomyia* (*Parrotomyia*) *barraudi* (Sinton, 1929)

　　　分布：广东、江苏、安徽、浙江、湖北、江西、福建、台湾、海南、香港、澳门、广西、重庆、四川、贵州、云南；日本，越南，老挝，柬埔寨，泰国，印度，缅甸，马来西亚，印度尼西亚，孟加拉国。

眼蕈蚊总科 Sciarioidea

八、菌蚊科 Mycetophilidae Newman, 1834

邻菌蚊亚科 Gnoristinae Edwards, 1925

84. 尖菌蚊属 *Acnemia* Winnertz, 1863

（308）环围尖菌蚊 *Acnemia cincta* De Meijere, 1907

分布：广东。

九、眼蕈蚊科 Sciaridae Billberg, 1820

85. 突眼蕈蚊属 *Dolichosciara* Tuomikoski, 1960

（309）饰尾突眼蕈蚊 *Dolichosciara ornata* (Winnertz, 1867)

分布：广东（广州）、山西、河南、浙江、台湾、广西、云南；俄罗斯，芬兰，德国，波兰，瑞士，奥地利。

86. 眼蕈蚊属 *Sciara* Meigen, 1803

（310）泛太平洋眼蕈蚊 *Sciara transpacifica* Curran, 1925

分布：广东、香港。

大蚊总科 Tipuloidea

十、沼大蚊科 Limoniidae Rondani, 1856

雪大蚊亚科 Chioneinae Rondani, 1861

87. 燥大蚊属 *Baeoura* Alexander, 1924

（311）歧燥大蚊 *Baeoura inaequiarmata* (Alexander, 1953)

分布：广东。

88. 祖大蚊属 *Gonomyia* Meigen, 1818

（312）广东祖大蚊 *Gonomyia* (*Leiponeura*) *subanxia* Alexander, 1937

分布：广东。

89. 香大蚊属 *Styringomyia* Loew, 1845

（313）广东香大蚊 *Styringomyia kwangtungensis* Alexander, 1949

分布：广东。

（314）状元香大蚊 *Styringomyia princeps* Alexander, 1943

分布：广东。

拟大蚊亚科 Limnophilinae Bigot, 1854

90. 锦大蚊属 *Hexatoma* Latreille, 1809

（315）异锦大蚊 *Hexatoma* (*Eriocera*) *absona* Alexander, 1949

分布：广东。

（316）仙锦大蚊 *Hexatoma* (*Eriocera*) *ambrosia ambrosia* Alexander, 1938

分布：广东。

（317）灰锦大蚊 *Hexatoma* (*Eriocera*) *canescens* Alexander, 1949

分布：广东。

（318）广州锦大蚊 *Hexatoma* (*Eriocera*) *cantonensis* Alexander, 1938

分布：广东、浙江、江西。

（319）肿胫锦大蚊 *Hexatoma* (*Eriocera*) *celestia* Alexander, 1938
分布：广东。

（320）青锦大蚊 *Hexatoma* (*Eriocera*) *celestissima* Alexander, 1949
分布：广东。

（321）金锦大蚊 *Hexatoma* (*Eriocera*) *chrysomela* (Edwards, 1921)
分布：广东、江西、福建、香港。

（322）大卫锦大蚊 *Hexatoma* (*Eriocera*) *davidi* (Alexander, 1923)
分布：广东、浙江、江西、福建、四川。

（323）高大锦大蚊 *Hexatoma* (*Eriocera*) *elevata* Alexander, 1945
分布：广东。

（324）嘉氏锦大蚊 *Hexatoma* (*Eriocera*) *gressittiana* Alexander, 1943
分布：广东。

（325）香港锦大蚊 *Hexatoma* (*Eriocera*) *hilpa* (Walker, 1848)
分布：广东、安徽、浙江、香港。

（326）霍氏锦大蚊 *Hexatoma* (*Eriocera*) *hoffmanni* Alexander, 1938
分布：广东。

（327）险锦大蚊 *Hexatoma* (*Eriocera*) *insidiosa* Alexander, 1938
分布：广东。

（328）条带锦大蚊 *Hexatoma* (*Eriocera*) *kelloggi* (Alexander, 1932)
分布：广东。

（329）奇翅锦大蚊 *Hexatoma* (*Eriocera*) *maligna* Alexander, 1949
分布：广东。

（330）梅里锦大蚊 *Hexatoma* (*Eriocera*) *muiri* (Alexander, 1923)
分布：广东、澳门。

（331）尼泊尔锦大蚊 *Hexatoma* (*Eriocera*) *nepalensis* (Westwood, 1836)
分布：广东、四川；印度，尼泊尔，马来西亚，阿富汗。

（332）斜锦大蚊 *Hexatoma* (*Eriocera*) *obliqua* (Alexander, 1923)
分布：广东、江西、澳门。

（333）澳门锦大蚊 *Hexatoma* (*Eriocera*) *praelata* (Alexander, 1923)
分布：广东、澳门。

（334）红翅锦大蚊 *Hexatoma* (*Eriocera*) *rufipennis* (Alexander, 1925)
分布：广东。

（335）白云锦大蚊 *Hexatoma* (*Eriocera*) *scalator* Alexander, 1938
分布：广东。

（336）苏比锦大蚊 *Hexatoma* (*Eriocera*) *submorosa* (Alexander, 1923)
分布：广东。

（337）多绒锦大蚊 *Hexatoma* (*Eriocera*) *terryi* (Alexander, 1923)

    分布：广东、香港。

（338）廷氏锦大蚊 *Hexatoma* (*Eriocera*) *tinkhami* Alexander, 1938

    分布：广东。

（339）隆脊锦大蚊 *Hexatoma* (*Eriocera*) *urania* Alexander, 1949

    分布：广东。

（340）中突锦大蚊 *Hexatoma* (*Hexatoma*) *mediocornis* Alexander, 1943

    分布：广东。

（341）长角锦大蚊 *Hexatoma* (*Hexatoma*) *prolixicornis* Alexander, 1943

    分布：广东。

沼大蚊亚科 Limoniinae Speiser, 1909

91. 安大蚊属 *Antocha* Osten Sacken, 1860

（342）双裂安大蚊 *Antocha* (*Antocha*) *bifida* Alexander, 1924

    分布：广东、台湾、四川；蒙古国，俄罗斯，朝鲜，韩国，日本，菲律宾。

92. 细大蚊属 *Dicranomyia* Stephens, 1829

（343）污细大蚊 *Dicranomyia* (*Glochina*) *sordida* Brunetti, 1912

    分布：广东、江西、台湾、西藏；印度，斯里兰卡，菲律宾，马来西亚，印度尼西亚，澳大利亚，巴布亚新几内亚，斐济，密克罗尼西亚，帕劳，美国。

（344）厚细大蚊 *Dicranomyia* (*Melanolimonia*) *pacifera* (Alexander, 1937)

    分布：广东、江西。

（345）褐细大蚊 *Dicranomyia* (*Nealexandriaria*) *unibrunnea* (Alexander, 1945)

    分布：广东。

（346）广东褶大蚊 *Dicranoptycha kwangtungensis* Alexander, 1942

    分布：广东。

93. 长唇大蚊属 *Geranomyia* Haliday, 1833

（347）尖带长唇大蚊 *Geranomyia apicifasciata* (Alexander, 1930)

    分布：广东、台湾。

（348）碎长唇大蚊 *Geranomyia contrita* (Alexander, 1937)

    分布：广东。

（349）怒长唇大蚊 *Geranomyia fremida* (Alexander, 1937)

    分布：广东。

（350）纤刺长唇大蚊 *Geranomyia gracilispinosa* (Alexander, 1937)

    分布：广东；印度，斯里兰卡。

（351）视长唇大蚊 *Geranomyia spectata* (Alexander, 1937)

    分布：广东。

（352）亚辐射长唇大蚊 *Geranomyia subradialis* (Alexander, 1937)

    分布：广东。

（353）细刺长唇大蚊 *Geranomyia tenuispinosa* (Alexander, 1929)

  分布：广东、浙江、江西、福建。

94. 光大蚊属 *Helius* Lepeletier *et* Serville, 1828

（354）临平光大蚊 *Helius* (*Helius*) *lienpingensis* Alexander, 1945

  分布：广东。

95. 亮大蚊属 *Libnotes* Westwood, 1876

（355）萨福亮大蚊 *Libnotes* (*Libnotes*) *sappho* (Alexander, 1943)

  分布：广东。

（356）慈氏亮大蚊 *Libnotes* (*Libnotes*) *tszi* (Alexander, 1949)

  分布：广东。

96. 缘大蚊属 *Orimarga* Osten Sacken, 1869

（357）外粗缘大蚊 *Orimarga* (*Orimarga*) *exasperata* Alexander, 1937

  分布：广东。

97. 初光大蚊属 *Protohelius* Alexander, 1928

（358）廷氏初光大蚊 *Protohelius tinkhami* Alexander, 1938

  分布：广东、江西。

十一、大蚊科 Tipulidae Latreille, 1802

98. 栉大蚊属 *Ctenophora* Meigen, 1803

（359）华南栉大蚊 *Ctenophora* (*Ctenophora*) *pselliophoroides* Alexander, 1938

  分布：广东。

99. 比栉大蚊属 *Pselliophora* Osten Sacken, 1887

（360）印尼比栉大蚊 *Pselliophora ardens* (Wiedemann, 1821)

  分布：广东、海南；老挝，印度尼西亚。

（361）橙腰比栉大蚊 *Pselliophora biaurantia* Alexander, 1938

  分布：广东。

（362）双斑比栉大蚊 *Pselliophora bifascipennis* Brunetti, 1911

  分布：广东、黑龙江、吉林、辽宁、内蒙古、北京、河北、山西、山东、河南、江苏、上海、
  浙江、江西；俄罗斯，朝鲜，韩国，日本。

（363）阴那比栉大蚊 *Pselliophora jubilata* Alexander, 1938

  分布：广东。

（364）垂突比栉大蚊 *Pselliophora kershawi* Alexander, 1923

  分布：广东、海南。

（365）拟蜂比栉大蚊 *Pselliophora xanthopimplina* Enderlein, 1921

  分布：广东、安徽、浙江、福建、四川。

纤足大蚊亚科 Dolichopezinae Podenas *et* Poinar, 2001

100. 纤足大蚊属 *Dolichopeza* Curtis, 1825

（366）均色裸纤足大蚊 *Dolichopeza* (*Nesopeza*) *fabella* Alexander, 1937

分布：广东。

（367）罗浮裸纤足大蚊 *Dolichopeza* (*Nesopeza*) *lohfauensis* Alexander, 1949

分布：广东

（368）腹突裸纤足大蚊 *Dolichopeza* (*Nesopeza*) *magnisternata* Alexander, 1949

分布：广东、福建。

（369）散多毛纤足大蚊 *Dolichopeza* (*Trichodolichopeza*) *sparsihirta* Alexander, 1943

分布：广东。

大蚊亚科 Tipulinae Latreille, 1802

101. 棘膝大蚊属 *Holorusia* Loew, 1863

（370）棒突棘膝大蚊 *Holorusia clavipes* (Edwards, 1921)

分布：广东、浙江、福建、台湾、海南、贵州。

（371）内突棘膝大蚊 *Holorusia incurvata* Yang *et* Yang, 1993

分布：广东、福建、广西。

（372）侧斑棘膝大蚊 *Holorusia laticellula* (Alexander, 1949)

分布：广东。

102. 瘦腹龙大蚊属 *Leptotarsus* Guérin-Méneville, 1831

（373）褐斑龙大蚊 *Leptotarsus* (*Longurio*) *congestus* (Alexander, 1949)

分布：广东。

（374）金黄龙大蚊 *Leptotarsus* (*Longurio*) *fulvus* (Edwards, 1916)

分布：广东、广西、福建、江西、台湾。

103. 短柄大蚊属 *Nephrotoma* Meigen, 1803

（375）小突短柄大蚊 *Nephrotoma parva* (Edwards, 1916)

分布：广东、江西、台湾、广西。

（376）环裂短柄大蚊 *Nephrotoma progne* Alexander, 1949

分布：广东。

（377）四斑短柄大蚊 *Nephrotoma quadrinacrea* Alexander, 1949

分布：广东、湖北。

（378）裸痣短柄大蚊 *Nephrotoma vesta* Alexander, 1949

分布：广东。

104. 栉大蚊属 *Prionota* van der Wulp, 1885

（379）广东短栉大蚊 *Prionota* (*Plocimas*) *guangdongensis* Yang *et* Young, 2007

分布：广东、贵州。

（380）黑顶短栉大蚊 *Prionota* (*Plocimas*) *magnifica* (Enderlein, 1921)

分布：广东、福建、江西、浙江。

105. 大蚊属 *Tipula* Linnaeus, 1758

（381）黑角丽大蚊 *Tipula* (*Formotipula*) *spoliatrix* Alexander, 1941

分布：广东、福建。

（382）克拉日大蚊 *Tipula* (*Nippotipula*) *klapperichi* Alexander, 1941

　　分布：广东、浙江、福建。

（383）罗浮普大蚊 *Tipula* (*Pterelachisus*) *clinata* Alexander, 1938

　　分布：广东。

（384）黑痣普大蚊 *Tipula* (*Pterelachisus*) *gemula* Alexander, 1945

　　分布：广东。

（385）耳突长角大蚊 *Tipula* (*Sivatipula*) *parvauricula* Alexander, 1941

　　分布：广东、福建。

（386）新雅大蚊 *Tipula* (*Yamatotipula*) *nova* Walker, 1848

　　分布：广东、辽宁、山西、河南、陕西、安徽、浙江、湖北、江西、福建、台湾、海南、香港、四川、贵州、云南；韩国，日本，印度。

106. 白环大蚊属 *Tipulodina* Enderlein, 1912

（387）广州白环大蚊 *Tipulodina cantonensis* (Alexander, 1938)

　　分布：广东。

（388）刀突白环大蚊 *Tipulodina xyris* (Alexander, 1949)

　　分布：广东、福建、海南、广西。

短角亚目 Brachycera

虻总科 Tabanoidea

十二、虻科 Tabanidae Latreille, 1802

斑虻亚科 Chrysopsinae Lutz, 1905

107. 斑虻属 *Chrysops* Meigen, 1803

（389）蹄斑斑虻 *Chrysops dispar* (Fabricius, 1798)

　　分布：广东、福建、台湾、海南、广西、贵州、云南；越南，老挝，泰国，印度，缅甸，尼泊尔，斯里兰卡，菲律宾，马来西亚，印度尼西亚。

（390）黄胸斑虻 *Chrysops flaviscutellatus* Philip, 1963

　　分布：广东、江西、湖南、福建、海南、广西、四川、贵州、云南；越南，马来西亚。

（391）莫氏斑虻 *Chrysops mlokosiewiczi* Bigot, 1880

　　分布：广东、吉林、辽宁、内蒙古、北京、天津、河北、山西、河南、陕西、宁夏、甘肃、新疆、浙江、福建、台湾；俄罗斯；中亚。

（392）中华斑虻 *Chrysops sinensis* Walker, 1856

　　分布：广东、吉林、辽宁、北京、天津、河北、山西、山东、河南、陕西、宁夏、甘肃、江苏、上海、安徽、浙江、湖北、江西、湖南、福建、台湾、香港、广西、重庆、四川、贵州。

（393）范氏斑虻 *Chrysops vanderwulpi* Kröber, 1929

　　分布：广东、黑龙江、吉林、辽宁、内蒙古、北京、天津、河北、山西、山东、河南、陕西、宁夏、甘肃、江苏、上海、安徽、浙江、湖北、江西、湖南、福建、台湾、海南、香港、澳门、广西、重庆、四川、贵州、云南；俄罗斯，朝鲜，日本，越南。

虻亚科 Tabaninae Latreille, 1802

108. 黄虻属 *Atylotus Osten* **Sacken, 1876**

（394）霍氏黄虻 *Atylotus horvathi* (Szilády, 1926)

分布：广东、黑龙江、吉林、辽宁、内蒙古、北京、山东、河南、陕西、甘肃、江苏、浙江、湖北、福建、台湾、重庆、四川、贵州；俄罗斯，朝鲜，日本。

（395）骚扰黄虻 *Atylotus miser* (Szilády, 1915)

分布：广东、黑龙江、吉林、辽宁、内蒙古、北京、天津、河北、山西、山东、河南、陕西、宁夏、甘肃、青海、江苏、上海、安徽、浙江、湖北、福建、香港、广西、重庆、四川、贵州、云南；蒙古国，俄罗斯，朝鲜，日本。

109. 麻虻属 *Haematopota* **Meigen, 1803**

（396）触角麻虻 *Haematopota antennata* (Shiraki, 1932)

分布：广东、吉林、辽宁、北京、河北、山西、山东、河南、陕西、甘肃、江苏、浙江、湖北；朝鲜。

（397）白条麻虻 *Haematopota atrata* Szilády, 1926

分布：广东、福建、海南、广西。

（398）痕颜麻虻 *Haematopota famicis* Stone *et* Philip, 1974

分布：广东。

（399）台岛麻虻 *Haematopota formosana* Shiraki, 1918

分布：广东、河南、江苏、安徽、浙江、湖南、福建、台湾、广西、四川、贵州。

（400）福建麻虻 *Haematopota fukienensis* Stone *et* Philip, 1974

分布：广东、福建。

110. 虻属 *Tabanus* **Linnaeus, 1758**

（401）辅助虻 *Tabanus administrans* Schiner, 1868

分布：广东、辽宁、北京、天津、河北、山西、山东、河南、陕西、江苏、上海、安徽、浙江、湖北、江西、湖南、福建、台湾、海南、香港、广西、重庆、四川、贵州、云南；朝鲜，日本。

（402）原野虻 *Tabanus amaenus* Walker, 1848

分布：广东、吉林、辽宁、北京、河北、山西、山东、河南、陕西、甘肃、江苏、上海、安徽、浙江、湖北、江西、湖南、福建、台湾、香港、广西、重庆、四川、贵州、云南；蒙古国，朝鲜，日本，越南。

（403）金条虻 *Tabanus aurotestaceus* Walker, 1854

分布：广东、江苏、上海、浙江、江西、福建、台湾、海南、香港、广西、四川、贵州、云南。

（404）缅甸虻 *Tabanus birmanicus* (Bigot, 1892)

分布：广东、甘肃、浙江、湖南、福建、台湾、海南、广西、四川、贵州、云南；泰国，印度，缅甸，马来西亚。

（405）速辣虻 *Tabanus calidus* Walker, 1850

分布：广东、香港。

（406）纯黑虻 *Tabanus candidus* Ricardo, 1913

分布：广东、浙江、福建、台湾、广西。

（407）浙江虻 *Tabanus chekiangensis* Ôuchi, 1943

分布：广东、陕西、甘肃、安徽、浙江、湖北、江西、湖南、福建、海南、广西、重庆、四川、贵州、云南。

（408）经甫虻 *Tabanus chenfui* Xu *et* Sun, 2013

分布：广东。

（409）红腹虻 *Tabanus crassus* Walker, 1850

分布：广东、福建、台湾、海南、香港、广西、贵州、云南；老挝，泰国，印度，缅甸，菲律宾，马来西亚，印度尼西亚。

（410）台岛虻 *Tabanus formosiensis* Ricardo, 1911

分布：广东、浙江、福建、台湾、海南、广西、四川、贵州。

（411）棕带虻 *Tabanus fulvicinctus* Ricardo, 1914

分布：广东、福建、台湾、海南、广西、四川、云南。

（412）杭州虻 *Tabanus hongchowensis* Liu, 1962

分布：广东、河南、陕西、甘肃、安徽、浙江、湖北、江西、湖南、福建、广西、重庆、四川、贵州、云南。

（413）适中虻 *Tabanus jucundus* Walker, 1848

分布：广东、海南、香港、广西、云南；印度，斯里兰卡，菲律宾。

（414）广西虻 *Tabanus kwangsinensis* Wang *et* Liu, 1977

分布：广东、浙江、湖北、福建、广西、四川、贵州、云南。

（415）线带虻 *Tabanus lineataenia* Xu, 1979

分布：广东、陕西、甘肃、安徽、浙江、湖北、江西、福建、广西、四川、贵州、云南。

（416）立中虻 *Tabanus lizhongi* Xu *et* Sun, 2013

分布：广东。

（417）长鞭虻 *Tabanus longibasalis* Schuurmans Stekhoven, 1926

分布：广东、海南、香港、澳门、广西、云南；老挝，泰国。

（418）光亮虻 *Tabanus lucifer Szilády,* 1926

分布：广东、江西、福建。

（419）麦氏虻 *Tabanus macfarlanei* Ricardo, 1916

分布：广东、安徽、浙江、福建、香港、广西、贵州。

（420）中华虻 *Tabanus mandarinus* Schiner, 1868

分布：广东、辽宁、北京、天津、河北、山西、山东、河南、陕西、甘肃、江苏、上海、安徽、浙江、湖北、江西、湖南、福建、台湾、海南、香港、广西、重庆、四川、贵州、云南；日本。

（421）松本虻 *Tabanus matsumotoensis* Murdoch *et* Takahasi, 1961

分布：广东、安徽、浙江、湖北、江西、福建、广西、四川、贵州、云南；日本。

（422）提神虻 *Tabanus mentitus* Walker, 1848

分布：广东、福建、台湾、海南、香港、广西、贵州；越南。

（423）日本虻 *Tabanus nipponicus* Murdoch *et* Takahasi, 1969

分布：广东、辽宁、河南、陕西、甘肃、安徽、浙江、湖北、湖南、福建、台湾、广西、重庆、四川、贵州、云南；日本。

（424）青腹虻 *Tabanus oliviventris* Xu, 1979

分布：广东、福建、广西、四川、贵州。

（425）浅胸虻 *Tabanus pallidepectoratus* (Bigot, 1892)

分布：广东、福建、台湾、海南、广西；越南。

（426）五带虻 *Tabanus quinquecinctus* Ricardo, 1914

分布：广东、湖北、福建、台湾、海南、广西、四川、贵州、云南。

（427）微赤虻 *Tabanus rubidus* Wiedemann, 1821

分布：广东、福建、台湾、海南、香港、广西、贵州、云南；越南，老挝，柬埔寨，印度，缅甸，尼泊尔，印度尼西亚。

（428）山东虻 *Tabanus shantungensis* Ôuchi, 1943

分布：广东、山东、河南、陕西、甘肃、安徽、浙江、湖北、福建、四川、贵州、云南。

（429）角斑虻 *Tabanus signifer* Walker, 1856

分布：广东、安徽、浙江、湖北、江西、福建、台湾、广西、四川、云南；朝鲜。

（430）断纹虻 *Tabanus striatus* Fabricius, 1787

分布：广东、福建、台湾、海南、香港、广西、四川、贵州、云南、西藏；柬埔寨，印度，缅甸，斯里兰卡，印度尼西亚；非洲。

（431）天目虻 *Tabanus tienmuensis* Liu, 1962

分布：广东、河南、陕西、甘肃、安徽、浙江、江西、湖南、福建、广西、四川、贵州、云南。

十三、鹬虻科 Rhagionidae Latreille, 1802

111. 鹬虻属 *Rhagio* Fabricius, 1775

（432）中黑鹬虻 *Rhagio centrimaculatus* Yang *et* Yang, 1993

分布：广东、广西。

（433）金秀鹬虻 *Rhagio jinxiuensis* Yang *et* Yang, 1993

分布：广东、广西。

（434）中华鹬虻 *Rhagio sinensis* Yang *et* Yang, 1993

分布：广东、河南、浙江、湖北、江西、福建。

（435）斑腹鹬虻 *Rhagio tuberculatus* Yang, Yang *et* Nagatomi, 1997

分布：广东。

十四、肋角虻科 Rachiceridae Loew, 1862

112. 肋角虻属 *Rachicerus* Walker, 1854

（436）广东肋角虻 *Rachicerus pantherinus* Nagatomi, 1970

　　分布：广东。

水虻总科 Stratiomyoidea

十五、水虻科 Stratiomyidae Latreille, 1802

柱角水虻亚科 Beridinae Westwood, 1838

113. 星水虻属 *Actina* Meigen, 1804

（437）三斑星水虻 *Actina trimaculata* Yu, Cui *et* Yang, 2009

　　分布：广东（韶关）、贵州。

114. 距水虻属 *Allognosta* Osten Sacken, 1883

（438）王子山距水虻 *Allognosta wangzishana* Li, Liu *et* Yang, 2011

　　分布：广东。

鞍腹水虻亚科 Clitellariinae Brauer, 1882

115. 毛面水虻属 *Campeprosopa* Macquart, 1850

（439）长刺毛面水虻 *Campeprosopa longispina* (Brunetti, 1913)

　　分布：广东、福建、海南、广西、云南、西藏；泰国，印度。

116. 黑水虻属 *Nigritomyia* Bigot, 1877

（440）黄颈黑水虻 *Nigritomyia fulvicollis* Kertész, 1914

　　分布：广东、河南、浙江、湖北、福建、台湾、广西、四川、贵州、云南。

厚腹水虻亚科 Pachygastrinae Loew, 1856

117. 亚拟蜂水虻属 *Parastratiosphecomyia* Brunetti, 1923

（441）四川亚拟蜂水虻 *Parastratiosphecomyia szechuanensis* Lindner, 1954

　　分布：广东、福建、广西、贵州；越南，老挝。

118. 带芒水虻属 *Tinda* Walker, 1859

（442）印度带芒水虻 *Tinda indica* (Walker, 1851)

　　分布：广东、福建、海南、广西、云南；印度，菲律宾，马来西亚，新加坡，印度尼西亚，塞舌尔。

瘦腹水虻亚科 Sarginae Walker, 1834

119. 指突水虻属 *Ptecticus* Loew, 1855

（443）金黄指突水虻 *Ptecticus aurifer* (Walker, 1854)

　　分布：广东、辽宁、北京、河北、河南、陕西、江苏、安徽、浙江、湖北、江西、湖南、福建、台湾、海南、广西、四川、贵州、云南；俄罗斯，日本，越南，印度，马来西亚，印度尼西亚。

（444）日本指突水虻 *Ptecticus japonicus* (Thunberg, 1789)

　　分布：广东、黑龙江、辽宁、内蒙古、北京、天津、河北、山西、山东、河南、甘肃、江苏、上海、安徽、浙江、湖北、江西、湖南、香港、四川；韩国，俄罗斯，日本。

（445）斯里兰卡指突水虻 *Ptecticus srilankai* Rozkošný *et* Hauser, 2001

　　分布：广东、海南、广西、云南；泰国，斯里兰卡。

120. 瘦腹水虻属 *Sargus* Fabricius, 1798

（446）红斑瘦腹水虻 *Sargus mactans* Walker, 1859

分布：广东、吉林、辽宁、北京、河北、山西、山东、河南、陕西、甘肃、浙江、湖北、江西、湖南、福建、广西、四川、贵州、云南、西藏；日本，印度，斯里兰卡，马来西亚，印度尼西亚，巴基斯坦，澳大利亚，巴布亚新几内亚。

水虻亚科 Stratiomyinae Latreille, 1802

121. 诺斯水虻属 *Nothomyia* Loew, 1869

（447）长茎诺斯水虻 *Nothomyia elongoverpa* Yang Wei *et* Yang, 2012

分布：广东。

122. 水虻属 *Stratiomys* Geoffroy, 1762

（448）杏斑水虻 *Stratiomys laetimaculata* (Ôuchi, 1938)

分布：广东、北京、浙江、湖南、广西、四川；日本。

（449）长角水虻 *Stratiomys longicornis* (Scopoli, 1763)

分布：广东、黑龙江、辽宁、内蒙古、北京、天津、河北、山西、山东、河南、陕西、宁夏、甘肃、新疆、江苏、上海、浙江、湖北、江西、湖南、福建、海南、广西、四川、贵州；古北界。

食虫虻总科 Asiloidea
十六、窗虻科 Scenopinidae Burmeister, 1835

123. 窗虻属 *Scenopinus* Latreille, 1802

（450）中华窗虻 *Scenopinus sinensis* (Kröber, 1928)

分布：广东。

十七、食虫虻科 Asilidae Latreille, 1802
食虫虻亚科 Asilinae Latreille, 1802

124. 宽跗食虫虻属 *Astochia* Becker, 1913

（451）灰宽跗食虫虻 *Astochia grisea* (Wiedemann, 1821)

分布：广东、海南；斯里兰卡，印度尼西亚，马来西亚，文莱。

（452）斑宽跗食虫虻 *Astochia maculipes* (Walker, 1855)

分布：广东、福建、香港。

（453）海南宽跗食虫虻 *Astochia philus* (Walker, 1849)

分布：广东、海南；印度，缅甸，不丹，孟加拉国。

（454）梅县宽跗食虫虻 *Astochia scalaris* Hermann, 1917

分布：广东、台湾、四川；俄罗斯（远东），菲律宾。

125. 斜脉食虫虻属 *Clephydroneura* Becker, 1925

（455）黄斜脉食虫虻 *Clephydroneura xanthopa* (Wiedemann, 1819)

分布：广东、海南；泰国，印度尼西亚。

126. 鬃腿食虫虻属 *Hoplopheromerus* Becker, 1925

（456）锥额鬃腿食虫虻 *Hoplopheromerus armatipes* (Macquart, 1855)

分布：广东、浙江、江西、湖南、福建、台湾、四川、贵州；蒙古国，日本。

（457）毛腹鬃腿食虫虻 *Hoplopheromerus hirtiventris* Becker, 1925

分布：广东、浙江、湖北、湖南、福建、台湾、海南、广西、四川、贵州、云南；印度，不丹。

127. 峰额食虫虻属 *Philodicus* Loew, 1848

（458）中华峰额食虫虻 *Philodicus chinensis* Schiner, 1868

分布：广东、浙江、福建、台湾、海南、香港；泰国，缅甸，斯里兰卡，马来西亚，新加坡。

（459）爪哇峰额食虫虻 *Philodicus javanus* (Wiedemann, 1891)

分布：广东、福建、海南；东帝汶，印度尼西亚（苏门达腊、爪哇）。

128. 叉胫食虫虻属 *Promachus* Loew, 1848

（460）广州叉胫食虫虻 *Promachus anicius* (Walker, 1849)

分布：广东、浙江、台湾。

（461）海南叉胫食虫虻 *Promachus apivorus* (Walker, 1860)

分布：广东、海南；缅甸。

短棍食虫虻亚科 Brachyrhopalinae Hardy, 1926

129. 微芒食虫虻属 *Microstylum* Macquart, 1838

（462）微芒食虫虻 *Microstylum dux* (Wiedemann, 1828)

分布：广东、山东、陕西、浙江、江西、湖南、福建、海南、广西、四川、贵州、云南；菲律宾，印度尼西亚。

（463）黄腹微芒食虫虻 *Microstylum flaviventre* Macquart, 1850

分布：广东、湖南、福建、海南、广西、四川、贵州；越南，印度，孟加拉国。

（464）肖微芒食虫虻 *Microstylum spectrum* (Wiedemann, 1828)

分布：广东、浙江、湖南、台湾；日本。

130. 瘤额食虫虻属 *Neolaparus* Williston, 1889

（465）火红瘤额食虫虻 *Neolaparus volcatus* (Walker, 1849)

分布：广东、湖北、湖南、台湾、海南；印度，印度尼西亚。

毛食虫虻亚科 Laphriinae Macquart, 1838

131. 棒喙食虫虻属 *Maira* Schiner, 1866

（466）广州棒喙食虫虻 *Maira aterrima* Hermann, 1914

分布：广东、湖南、台湾。

细腹食虫虻亚科 Leptogastrinae Schiner, 1862

132. 细腹食虫虻属 *Leptogaster* Meigen, 1803

（467）基细腹食虫虻 *Leptogaster basilaris* Coquillett, 1898

分布：广东、湖南、台湾、海南；日本，印度，菲律宾，印度尼西亚。

羽芒食虫虻亚科 Ommatiinae Hardy, 1927

133. 单羽食虫虻属 *Cophinopoda* Hull, 1958

（468）中华单羽食虫虻 *Cophinopoda chinensis* (Fabricius, 1794)

分布：广东、山东、河南、陕西、江苏、浙江、湖南、福建、海南、四川、云南；韩国，朝鲜，日本，印度，斯里兰卡，印度尼西亚。

134. 胀食虫虻属 *Emphysomera* Schiner, 1866

（469）蓬胀食虫虻 *Emphysomera conopsoides* (Wiedemann, 1828)

分布：广东、浙江、湖南、福建、台湾、海南、云南；印度，菲律宾，印度尼西亚。

135. 羽芒食虫虻属 *Ommatius* Wiedemann, 1821

（470）嫩羽芒食虫虻 *Ommatius tenellus* van der Wulp, 1899

分布：广东、江西；印度，伊朗，阿塞拜疆，埃及。

三管食虫虻亚科 Trigonomiminae Enderlein, 1914

136. 籽角食虫虻属 *Damalis* Fabricius, 1805

（471）雄籽角食虫虻 *Damalis andron* Walker, 1849

分布：广东、浙江、香港。

（472）大黑籽角食虫虻 *Damalis grossa* Schiner, 1868

分布：广东、福建、台湾、香港。

（473）亮翅阔头食虫虻 *Damalis vitripennis* Osten Sacken, 1882

分布：广东、江西、台湾、海南；日本，泰国，菲律宾。

十八、蜂虻科 Bombyliidae Latreille, 1802

炭蜂虻亚科 Anthracinae Latreille, 1804

137. 岩蜂虻属 *Anthrax* Scopoli, 1763

（474）多型岩蜂虻 *Anthrax distigma* Wiedemann, 1828

分布：广东、山东、浙江、湖南、福建、海南、广西、云南；泰国，印度，菲律宾，马来西亚，新加坡，印度尼西亚（马鲁古、爪哇），塞舌尔。

138. 丽蜂虻属 *Ligyra* Newman, 1841

（475）欧丽蜂虻 *Ligyra audouinii* (Macquart, 1840)

分布：广东、上海、福建、台湾、海南；菲律宾，印度尼西亚。

（476）尖明丽蜂虻 *Ligyra dammermani* Evenhuis *et* Yukawa, 1986

分布：广东、陕西、江苏、湖北、福建、海南、香港、广西；印度尼西亚。

（477）广东丽蜂虻 *Ligyra guangdonganus* Yang, Yao *et* Cui, 2012

分布：广东。

（478）不均丽蜂虻 *Ligyra incondita* Yang, Yao *et* Cui, 2012

分布：广东。

（479）暗翅丽蜂虻 *Ligyra orphnus* Yang, Yao *et* Cui, 2012

分布：广东、福建。

（480）半暗丽蜂虻 *Ligyra semialatus* Yang, Yao *et* Cui, 2012

分布：广东、海南。

（481）坦塔罗斯丽蜂虻 *Ligyra tanalus* (Fabricius, 1794)

分布：广东、陕西、福建、台湾、海南、广西；韩国，日本，泰国，印度，尼泊尔，菲律宾，马来西亚，新加坡。

（482）黑带丽蜂虻 *Ligyra zonatus* Yang, Yao *et* Cui, 2012

分布：广东。

139. 麟蜂虻属 *Pterobates* Bezzi, 1921

（483）幽麟蜂虻 *Pterobates pennipes* (Wiedemann, 1821)

分布：广东、福建、香港、澳门、广西；印度，菲律宾，马来西亚，印度尼西亚。

麦蜂虻亚科 Mythicomyiinae Melander, 1902

140. 凌头蜂虻属 *Cephalodromia* Becker, 1914

（484）塞亚凌头蜂虻 *Cephalodromia seia* Séguy, 1963

分布：广东。

141. 阔蜂虻属 *Platypygus* Loew, 1844

（485）具边阔蜂虻 *Platypygus limatus* Séguy, 1963

分布：广东。

弧蜂虻亚科 Toxophorinae Schiner, 1868

142. 姬蜂虻属 *Systropus* Wiedemann, 1820

（486）金刺姬蜂虻 *Systropus aurantispinus* Evenhuis, 1982

分布：广东、河南、陕西、浙江、湖北、福建、广西、云南。

（487）巴氏姬蜂虻 *Systropus barbiellinii* Bezzi, 1905

分布：广东、北京、陕西、台湾。

（488）广东姬蜂虻 *Systropus cantonensis* (Enderlein, 1926)

分布：广东。

（489）长突姬蜂虻 *Systropus excisus* (Enderlein, 1926)

分布：广东、北京、河南、浙江、湖北、江西、湖南、福建、四川、云南。

（490）黑盾姬蜂虻 *Systropus exsuccus* (Séguy, 1963)

分布：广东、陕西。

（491）黄角姬蜂虻 *Systropus flavicornis* (Enderlein, 1926)

分布：广东、河南、福建、广西、四川、云南。

（492）福建姬蜂虻 *Systropus fujianensis* Yang, 2003

分布：广东、河南、浙江、福建、广西、贵州、云南。

（493）黄边姬蜂虻 *Systropus hoppo* Matsumura, 1916

分布：广东、北京、山东、河南、浙江、江西、福建、台湾、四川、云南。

（494）黑足姬蜂虻 *Systropus laqueatus* (Enderlein, 1926)

分布：广东、陕西；越南。

（495）棕腿姬蜂虻 *Systropus limbatus* (Enderlein, 1926)

分布：广东、湖南；印度。

（496）麦氏姬蜂虻 *Systropus melli* (Enderlein, 1926)

分布：广东、陕西、浙江、福建、贵州。

（497）司徒姬蜂虻 *Systropus studyi* Enderlein, 1926

分布：广东；越南。

（498）燕尾姬蜂虻 *Systropus yspilus* Du *et*. Yang, 2008

分布：广东、河南、浙江。

舞虻总科 Empidoidea

十九、舞虻科 Empididae Latreille, 1804

溪流舞虻亚科 Clinocerinae Schiner, 1862

143. 溪舞虻属 *Clinocera* Meigen, 1803

（499）广东溪舞虻 *Clinocera guangdongensis* Yang, Grootaert *et* Horvat, 2005

分布：广东。

144. 长头舞虻属 *Dolichocephala* Macquart, 1823

（500）广东长头舞虻 *Dolichocephala guangdongensis* Yang, Grootaert *et* Horvat, 2004

分布：广东。

145. 粗吻溪舞虻属 *Hypenella* Collin, 1941

（501）南岭粗吻溪舞虻 *Hypenella nanlingensis* Yang *et* Grootaert, 2008

分布：广东。

舞虻亚科 Empidinae Latreille, 1804

146. 舞虻属 *Empis* Linnaeus, 1758

（502）广东缺脉舞虻 *Empis* (*Coptophlebia*) *donga* Daugeron, Grootaert *et* Yang, 2003

分布：广东。

（503）亮缺脉舞虻 *Empis* (*Coptophlebia*) *hyalea* Melander, 1946

分布：广东。

（504）鬃饰缺脉舞虻 *Empis* (*Coptophlebia*) *lamellornata* Daugeron, Grootaert *et* Yang, 2003

分布：广东。

（505）流溪河缺脉舞虻 *Empis* (*Coptophlebia*) *liuxihensis* Daugeron, Grootaert *et* Yang, 2003

分布：广东。

（506）南岭缺脉舞虻 *Empis* (*Coptophlebia*) *nanlinga* Daugeron, Grootaert *et* Yang, 2003

分布：广东。

（507）异缺脉舞虻 *Empis* (*Coptophlebia*) *ostentator* Melander, 1946

分布：广东。

（508）刺足缺脉舞虻 *Empis* (*Coptophlebia*) *pedispinosa* Daugeron, Grootaert *et* Yang, 2003

分布：广东。

（509）变色缺脉舞虻 *Empis* (*Coptophlebia*) *poecilosoma* Melander, 1946

分布：广东。

（510）黄足缺脉舞虻 *Empis* (*Coptophlebia*) *pseudohystrichopyga* Daugeron, 2011

分布：广东。

（511）中华缺脉舞虻 *Empis* (*Coptophlebia*) *sinensis* Melander, 1946

分布：广东。

（512）胫斑缺脉舞虻 *Empis (Coptophlebia) tibiaculata* Daugeron, Grootaert *et* Yang, 2003
　　分布：广东。

（513）许氏缺脉舞虻 *Empis (Coptophlebia) xui* Daugeron, Grootaert *et* Yang, 2003
　　分布：广东。

147. 喜舞虻属 *Hilara* Meigen, 1822

（514）黑须喜舞虻 *Hilara heixu* Grootaert, Yang *et* Zhang, 2003
　　分布：广东。

（515）黄基节喜舞虻 *Hilara huangjijie* Grootaert Yang *et* Zhang, 2003
　　分布：广东。

（516）黄须喜舞虻 *Hilara huangxu* Grootaert, Yang *et* Zhang, 2003
　　分布：广东。

（517）许氏喜舞虻 *Hilara xui* Grootaert, Yang *et* Zhang, 2003
　　分布：广东。

螳舞虻亚科 Hemerodromiinae Latreille, 1804

148. 鬃螳舞虻属 *Chelipoda* Macquart, 1823

（518）黑芒鬃螳舞虻 *Chelipoda nigraristata* Yang, Grootaert *et* Horvat, 2004
　　分布：广东。

149. 裸螳舞虻属 *Chelifera* Macquart, 1823

（519）南岭裸螳舞虻 *Chelifera nanlingensis* Yang, Grootaert *et* Horvat, 2005
　　分布：广东。

驼舞虻亚科 Hybotinae Meigen, 1820

150. 毛眼驼舞虻属 *Chillcottomyia* Saigusa, 1986

（520）石门台毛眼驼舞虻 *Chillcottomyia shimentaiensis* Yang *et* Grootaert, 2004
　　分布：广东。

151. 优驼舞虻属 *Euhybus* Coquillett, 1895

（521）南岭优驼舞虻 *Euhybus nanlingensis* Yang *et* Grotaert, 2007
　　分布：广东。

（522）中华优驼舞虻 *Euhybus sinensis* Liu, Yang *et* Grootaert, 2004
　　分布：广东。

（523）许氏优驼舞虻 *Euhybus xui* Yang *et* Grootaert, 2007
　　分布：广东。

152. 驼舞虻属 *Hybos* Meigen, 1803

（524）钩突驼舞虻 *Hybos ancistroides* Yang *et* Yang, 1986
　　分布：广东（新丰、大埔）、广西。

（525）双叶驼舞虻 *Hybos bilobatus* Shi, Yang *et* Grootaert, 2009
　　分布：广东、广西。

（526）端窄驼舞虻 *Hybos constrictus* Shi, Yang *et* Grootaert, 2009

分布：广东、广西。

（527）端弯驼舞虻 *Hybos curvatus* Yang *et* Grootaert, 2005

分布：广东。

（528）黄盾驼舞虻 *Hybos flaviscutellum* Yang *et* Yang, 1986

分布：广东（始兴）、浙江、广西。

（529）广东驼舞虻 *Hybos guangdongensis* Yang *et* Grootaert, 2004

分布：广东（乳源）。

（530）龙胜驼舞虻 *Hybos longshengensis* Yang *et* Yang, 1986

分布：广东（增城、乳源、始兴、大埔）、福建、广西。

（531）莽山驼舞虻 *Hybos mangshanensis* Yang, Gaimari *et* Grootaert, 2005

分布：广东（乳源）。

（532）孟卿驼舞虻 *Hybos mengqingae* Yang *et* Grootaert, 2006

分布：广东。

（533）南昆山驼舞虻 *Hybos nankunshanensis* Yang, Gaimari *et* Grootaert, 2005

分布：广东（增城）。

（534）南岭驼舞虻 *Hybos nanlingensis* Yang *et* Grootaert, 2004

分布：广东（乳源）。

（535）钝板驼舞虻 *Hybos obtusatus* Yang *et* Grootaert, 2005

分布：广东、贵州。

（536）乳源驼舞虻 *Hybos ruyuanensis* Yang, Merze *et* Grootaert, 2006

分布：广东。

（537）三刺驼舞虻 *Hybos trispinatus* Yang, Merz *et* Grootaert, 2006

分布：广东。

（538）王氏驼舞虻 *Hybos wangae* Yang, Merz *et* Grootaert, 2006

分布：广东。

（539）小黄山驼舞虻 *Hybos xiaohuangshanensis* Yang, Gaimari *et* Grootaert, 2005

分布：广东（乳源）。

153. 柄驼舞虻属 *Syneches* **Walker, 1852**

（540）钩突柄驼舞虻 *Syneches ancistroides* Li, Zhang *et* Yang, 2007

分布：广东（韶关）。

（541）黄端柄驼舞虻 *Syneches apiciflavus* Yang, Yang *et* Hu, 2002

分布：广东（从化、始兴）、海南。

（542）广东柄驼舞虻 *Syneches guangdongensis* Yang *et* Grootaert, 2004

分布：广东（乳源）。

（543）宽端柄驼舞虻 *Syneches latus* Yang *et* Grootaert, 2004

分布：广东（英德）。

（544）南昆山柄驼舞虻 *Syneches nankunshanensis* Li, Zhang *et* Yang, 2007

分布：广东（广州）。

（545）南岭柄驼舞虻 *Syneches nanlingensis* Yang *et* Grootaert, 2007

分布：广东（乳源）。

（546）树木园柄驼舞虻 *Syneches shumuyuanensis* Li, Zhang *et* Yang, 2007

分布：广东（韶关）。

（547）淡胸柄驼舞虻 *Syneches sublatus* Yang *et* Grootaert, 2007

分布：广东。

（548）小黄山柄驼舞虻 *Syneches xiaohuanhshanensis* Yang *et* Grootaert, 2007

分布：广东（乳源）。

（549）许氏柄驼舞虻 *Syneches xui* Yang *et* Grootaert, 2004

分布：广东（乳源）。

捷舞虻亚科 Ocydromiinae Schiner, 1862

154. 长角舞虻属 *Oedalea* Meigen, 1820

（550）南岭长角舞虻 *Oedalea nanlingensis* Yang *et* Grootaert, 2006

分布：广东。

毛脉舞虻亚科 Oreogetoninae (Chvála, 1983)

155. 隐肩舞虻属 *Drapetis* Meigen, 1822

（551）指须隐肩舞虻 *Drapetis digitata* Yang *et* Grootaert, 2006

分布：广东。

（552）长角隐肩舞虻 *Drapetis elongata* Yang *et* Grootaert, 2006

分布：广东。

（553）广东隐肩舞虻 *Drapetis guangdongensis* Yang, Gairnari *et* Grootaert, 2004

分布：广东（紫金）。

（554）南岭隐肩舞虻 *Drapetis nanlingensis* Yang, Gairnari *et* Grootaert, 2004

分布：广东（乳源）。

（555）腹鬃隐肩舞虻 *Drapetis ventralis* Yang *et* Grootaert, 2006

分布：广东。

156. 黄隐肩舞虻属 *Elaphropeza* Macquart, 1827

（556）车八岭黄隐肩舞虻 *Elaphropeza chebalingensis* Yang, Merz *et* Grootaert, 2006

分布：广东。

（557）广东黄隐肩舞虻 *Elaphropeza guangdongensis* (Yang, Gaimari *et* Grootaert, 2004)

分布：广东。

（558）贵州黄隐肩舞虻 *Elaphropeza guiensis* (Yang *et* Yang, 1989)

分布：广东、贵州。

（559）南昆山黄隐肩舞虻 *Elaphropeza nankunshanensis* Yang *et* Grootaert, 2006

分布：广东。

（560）南岭黄隐肩舞虻 *Elaphropeza nanlingensis* (Yang, Gaimari *et* Grootaert, 2004)

分布：广东。

（561）羽芒黄隐肩舞虻 *Elaphropeza plumata* Yang, Merz *et* Grootaert, 2006

分布：广东、台湾。

157. 平须舞虻属 *Platypalpus* **Macquart, 1827**

（562）聚脉平须舞虻 *Platypalpus convergens* Yang, Merz *et* Grootaert, 2006

分布：广东（乳源）。

（563）广东平须舞虻 *Platypalpus guangdongensis* Yang, Merz *et* Grootaert, 2006

分布：广东（英德）。

（564）张氏平须舞虻 *Platypalpus zhangae* Yang, Merz *et* Grootaert, 2006

分布：广东（乳源）。

158. 华合室舞虻属 *Sinodrapetis* **Yang, Gaimari *et* Grootaert, 2004**

（565）基黄华合室舞虻 *Sinodrapetis basiflava* Yang, Gaimari *et* Grootaert, 2004

分布：广东。

159. 短脉舞虻属 *Stilpon* **Loew, 1859**

（566）南岭短脉舞虻 *Stilpon nanlingensis* Shamshev, Grootaert *et* Yang, 2005

分布：广东。

160. 合室舞虻属 *Tachydromia* **Meigen, 1803**

（567）广东合室舞虻 *Tachydromia guangdongensis* Yang *et* Grootaert, 2006

分布：广东。

毛舞虻亚科 Trichopezinae (Vaillant, 1981)

161. 华舞虻属 *Sinotrichopeza* **Yang, Zhang *et* Zhang, 2007**

（568）中华华舞虻 *Sinotrichopeza sinensis* (Yang, Grootaert *et* Horvat, 2005)

分布：广东。

162. 毛舞虻属 *Trichopeza* **Rondani, 1856**

（569）莉莉毛舞虻 *Trichopeza liliae* Yang, Grootaert *et* Horvat, 2005

分布：广东。

二十、长足虻科 Dolichopodidae Latreille, 1809

丽长足虻亚科 Sciapodinae Becker, 1917

163. 雅长足虻属 *Amblypsilopus* **Bigot, 1888**

（570）粗须雅长足虻 *Amblypsilopus crassatus* Yang, 1997

分布：广东（佛冈）、河南、浙江、湖北、福建、广西、贵州、云南；新加坡。

（571）小雅长足虻 *Amblypsilopus humilis* (Becker, 1922)

分布：广东（增城、从化、佛冈、大埔）、山东、河南、陕西、台湾、海南、广西、贵州、云南；印度，尼泊尔，菲律宾，马来西亚，所罗门群岛，萨摩亚。

164. 金长足虻属 *Chrysosoma* **Guérin-Méneville, 1831**

（572）大理金长足虻 *Chrysosoma dalianum* Yang *et* Saigusa, 2001

分布：广东（乳源）、云南。

（573）普通金长足虻 *Chrysosoma globiferum* (Wiedemann, 1830)

分布：广东、北京、天津、河北、河南、浙江、福建、台湾、海南、香港、广西、四川、贵州、云南；日本，美国（夏威夷）。

（574）广东金长足虻 *Chrysosoma guangdongense* Zhang, Yang *et* Grootaert, 2003

分布：广东（英德）。

（575）金平金长足虻 *Chrysosoma jingpinganum* Yang *et* Saigusa, 2001

分布：广东（增城）、浙江、广西、云南。

（576）南岭金长足虻 *Chrysosoma nanlingense* Zhu *et* Yang, 2005

分布：广东（乳源）。

（577）乳源金长足虻 *Chrysosoma ruyuanense* Zhu *et* Yang, 2005

分布：广东（乳源）、云南。

（578）始兴金长足虻 *Chrysosoma shixingense* Zhu *et* Yang, 2005

分布：广东（始兴）、广西。

（579）增城金长足虻 *Chrysosoma zengchengense* Zhu *et* Yang, 2005

分布：广东（增城）、海南。

165. 毛瘤长足虻属 *Condylostylus* Bigot, 1859

（580）指突毛瘤长足虻 *Condylostylus digitiformis* Yang, 1998

分布：广东（乳源）、云南。

（581）福建毛瘤长足虻 *Condylostylus fujianensis* Yang *et* Yang, 2003

分布：广东（增城、乳源）、浙江、福建。

（582）黄基毛瘤长足虻 *Condylostylus luteicoxa* Parent, 1929

分布：广东（增城）、河南、陕西、浙江、湖北、江西、湖南、福建、台湾、广西、四川、贵州、云南；日本，印度。

166. 基刺长足虻属 *Plagiozopelma* Enderlein, 1912

（583）亚黄胸基刺长足虻 *Plagiozopelma flavidum* Zhu, Masunaga *et* Yang, 2007

分布：广东（增城、始兴）、云南。

聚脉长足虻亚科 Medeterinae Lioy, 1864

167. 新聚脉长足虻属 *Neomedetera* Zhu, Yang *et* Grootaert, 2007

（584）膜质新聚脉长足虻 *Neomedetera membranacea* Zhu, Yang *et* Grootaert, 2007

分布：广东（乳源）。

168. 直脉长足虻属 *Paramedetera* Grootaert *et* Meuffels, 1997

（585）长突直脉长足虻 *Paramedetera elongata* Zhu, Yang *et* Grootaert, 2006

分布：广东（英德）、广西。

长足虻亚科 Dolichopodinae Latreille, 1809

169. 长足虻属 *Dolichopus* Latreille, 1796

（586）南方长足虻 *Dolichopus* (*Dolichopus*) *meridionalis* Yang, 1996

分布：广东（英德）、河南、广西、贵州、云南。

170. 行脉长足虻属 *Gymnopternus* Loew, 1857

（587）波密行脉长足虻 *Gymnopternus bomiensis* (Yang, 1996)

分布：广东（增城）、河南、浙江、湖北、云南、西藏。

（588）毛盾行脉长足虻 *Gymnopternus congruens* (Becker, 1922)

分布：广东（英德）、山东、河南、陕西、甘肃、浙江、湖南、福建、台湾、广西、四川、贵州、云南。

（589）大行脉长足虻 *Gymnopternus grandis* (Yang *et* Yang, 1995)

分布：广东（增城、英德、新丰）、浙江、福建、广西、贵州、云南。

（590）广东行脉长足虻 *Gymnopternus guangdongensis* (Zhang, Yang *et* Grootaert, 2003)

分布：广东（英德）。

（591）中瓣行脉长足虻 *Gymnopternus medivalvis* (Yang, 2001)

分布：广东（乳源、大埔）、浙江。

（592）石门台行脉长足虻 *Gymnopternus shimentaiensis* (Zhang, Yang *et* Grootaert, 2003)

分布：广东（英德）。

171. 寡长足虻属 *Hercostomus* Loew, 1857

（593）惠州寡长足虻 *Hercostomus huizhouensis* Zhang, Yang *et* Grootaert, 2008

分布：广东（惠州）。

（594）猫儿山寡长足虻 *Hercostomus maoershanensis* Zhang, Yang *et* Masunaga, 2004

分布：广东（乳源）、广西。

（595）南岭寡长足虻 *Hercostomus nanlingensis* Zhang, Yang *et* Grootaert, 2008

分布：广东（乳源）。

（596）异显寡长足虻 *Hercostomus perspicillatus* Wei, 1997

分布：广东（乳源）、福建、贵州。

172. 弓脉长足虻属 *Paraclius* Loew, 1864

（597）峨眉弓脉长足虻 *Paraclius emeiensis* Yang *et* Saigusa, 1999

分布：广东（佛冈）、台湾、四川、贵州、云南。

（598）东方弓脉长足虻 *Paraclius inopinatus* (Parent, 1934)

分布：广东（英德）、河南、四川、云南；印度。

（599）中华弓脉长足虻 *Paraclius sinensis* Yang *et* Li, 1998

分布：广东（乳源、大埔）、浙江、台湾、贵州。

173. 毛颜长足虻属 *Setihercostomus* Zhang *et* Yang, 2005

（600）舞阳毛颜长足虻 *Setihercostomus wuyangensis* (Wei, 1997)

分布：广东（英德、乳源）、河南、陕西、广西、四川、贵州。

异长足虻亚科 Diaphorinae Schiner, 1864

174. 异长足虻属 *Diaphorus* Meigen, 1824

（601）广东异长足虻 *Diaphorus guangdongensis* Wang, Yang *et* Grootaert, 2006

分布：广东（佛冈）。

（602）基黄异长足虻 *Diaphorus mandarinus* Wiedemann, 1830

分布：广东（英德）、浙江、福建、台湾、海南、云南；印度，缅甸，尼泊尔，菲律宾，印度尼西亚，巴基斯坦。

（603）青城山异长足虻 *Diaphorus qingchenshanus* Yang *et* Grootaert, 1999

分布：广东（惠州）、河南、四川。

合长足虻亚科 Sympycninae Aldrich, 1905

175. 曲胫长足虻属 *Campsicnemus* Haliday, 1851

（604）云南曲胫长足虻 *Campsicnemus yunnanensis* Yang *et* Saigusa, 2001

分布：广东（英德、乳源）、福建、云南。

176. 短跗长足虻属 *Chaetogonopteron* De Meijere, 1914

（605）尖角短跗长足虻 *Chaetogonopteron acutatum* Yang *et* Grootaert, 1999

分布：广东（乳源）、云南。

（606）安氏短跗长足虻 *Chaetogonopteron anae* Wang, Yang *et* Grootaert, 2005

分布：广东（从化、五华）、广西。

（607）车八岭短跗长足虻 *Chaetogonopteron chebalingense* Wang, Yang *et* Grootaert, 2005

分布：广东（始兴）、广西。

（608）凹突短跗长足虻 *Chaetogonopteron concavum* Yang *et* Grootaert, 1999

分布：广东（英德）、广西、云南。

（609）广东短跗长足虻 *Chaetogonopteron guangdongense* Zhang, Yang *et* Grootaert, 2003

分布：广东（乳源）。

（610）刘氏短跗长足虻 *Chaetogonopteron liui* Wang, Yang *et* Grootaert, 2005

分布：广东（大埔）。

（611）黄斑短跗长足虻 *Chaetogonopteron luteicinctum* (Parent, 1926)

分布：广东（英德、乳源）、河南、上海、浙江、福建、广西、云南。

（612）南岭短跗长足虻 *Chaetogonopteron nanlingense* Zhang, Yang *et* Grootaert, 2003

分布：广东（乳源）。

（613）五华短跗长足虻 *Chaetogonopteron wuhuaense* Wang, Yang *et* Grootaert, 2005

分布：广东（五华、新丰）。

（614）张氏短跗长足虻 *Chaetogonopteron zhangae* Wang, Yang *et* Grootaert, 2005

分布：广东（乳源）。

177. 毛柄长足虻属 Hercostomoides Meuffels *et* Grootaert, 1997

（615）印度尼西亚毛柄长足虻 *Hercostomoides indonesianus* (Hollis, 1964)

分布：广东、浙江、海南、广西；越南，泰国，菲律宾，马来西亚，新加坡，印度尼西亚。

178. 嵌长足虻属 *Syntormon* Loew, 1857

（616）柔顺嵌长足虻 *Syntormon flexibile* Becker, 1922

分布：广东（深圳）、河北、江苏、上海、浙江、福建、台湾、贵州；俄罗斯，日本，法国，荷兰，奥地利，汤加，美国。

179. 脉胝长足虻属 *Teuchophorus* Loew, 1857

（617）广东脉胝长足虻 *Teuchophorus guangdongensis* Wang, Yang *et* Grootaert, 2006

分布：广东（英德）。

（618）腹鬃脉胝长足虻 *Teuchophorus ventralis* Yang *et* Saigusa, 2000

分布：广东（增城）、四川。

（619）英德脉胝长足虻 *Teuchophorus yingdensis* Wang, Yang *et* Grootaert, 2006

分布：广东（增城、英德）。

（620）朱氏脉胝长足虻 *Teuchophorus zhuae* Wang, Yang *et* Grootaert, 2006

分布：广东（乳源）、广西。

佩长足虻亚科 Peloropeodinae Robinson, 1970

180. 长须长足虻属 *Acropsilus* Mik, 1878

（621）广东长须长足虻 *Acropsilus guangdongensis* Wang, Yang *et* Grootaert, 2007

分布：广东（增城、乳源、惠州）、广西、贵州。

（622）增城长须长足虻 *Acropsilus zengchengensis* Wang, Yang *et* Grootaert, 2007

分布：广东（增城、佛冈、惠州）。

181. 黄鬃长足虻属 *Chrysotimus* Loew, 1857

（623）尖须黄鬃长足虻 *Chrysotimus acutatus* Wang, Yang *et* Grootaert, 2005

分布：广东（乳源）。

（624）广东黄鬃长足虻 *Chrysotimus guangdongensis* Wang, Yang *et* Grootaert, 2005

分布：广东（乳源）。

（625）小黄山黄鬃长足虻 *Chrysotimus xiaohuangshanus* Wang, Yang *et* Grootaert, 2005

分布：广东（乳源）。

182. 跗距长足虻属 *Nepalomyia* Hollis, 1964

（626）双鬃跗距长足虻 *Nepalomyia bistea* Wang, Yang *et* Grootaert, 2007

分布：广东（增城）。

（627）佛冈跗距长足虻 *Nepalomyia fogangensis* Wang, Yang *et* Grootaert, 2009

分布：广东（佛冈）。

（628）广东跗距长足虻 *Nepalomyia guangdongensis* Wang, Yang *et* Grootaert, 2009

分布：广东（乳源）。

（629）戗跗距长足虻 *Nepalomyia hastata* Wang, Yang *et* Grootaert, 2009

分布：广东（惠州）。

（630）四川跗距长足虻 *Nepalomyia sichuanensis* Wang, Yang *et* Grootaert, 2007

分布：广东（乳源）、四川。

（631）腹毛跗距长足虻 *Nepalomyia ventralis* Wang, Yang *et* Grootaert, 2007

分布：广东（乳源）。

（632）许氏跗距长足虻 *Nepalomyia xui* Wang, Yang *et* Grootaert, 2009

分布：广东（乳源）。

（633）增城跗距长足虻 *Nepalomyia zengchengensis* Wang, Yang *et* Grootaert, 2007

　　　分布：广东（增城）。

（634）张氏跗距长足虻 *Nepalomyia zhangae* Wang, Yang *et* Grootaert, 2009

　　　分布：广东（乳源）。

脉长足虻亚科 Neurigoninae Aldrich, 1905

183. 脉长足虻属 *Neurigona* Rondani, 1856

（635）广东脉长足虻 *Neurigona guangdongensis* Wang, Yang *et* Grootaert, 2007

　　　分布：广东（增城）、福建。

（636）许氏脉长足虻 *Neurigona xui* Zhang, Yang *et* Grootaert, 2003

　　　分布：广东（乳源）。

蚤蝇总科 Phoroidea

二十一、蚤蝇科 Phoridae Newman, 1835

蚤蝇亚科 Phorinae Newman, 1835

184. 栅蚤蝇属 *Diplonevra* Lioy, 1864

（637）双带栅蚤蝇 *Diplonevra bifasciata* (Walker, 1860)

　　　分布：广东、辽宁、甘肃、台湾、海南、广西、贵州、云南；日本，泰国，印度，斯里兰卡，印度尼西亚。

（638）广东栅蚤蝇 *Diplonevra peregrina* (Wiedemann, 1830)

　　　分布：广东（广州、肇庆）、黑龙江、吉林、辽宁、台湾、香港；日本，澳大利亚。

185. 栓蚤蝇属 *Dohrniphora* Dahl, 1898

（639）角喙栓蚤蝇 *Dohrniphora cornuta* (Bigot, 1857)

　　　分布：广东（广州）、黑龙江、吉林、辽宁、北京、河北、河南、台湾、广西；日本，泰国，印度，菲律宾，伊朗，塞尔维亚，黑山；欧洲，大洋洲，北美洲。

（640）微刺栓蚤蝇 *Dohrniphora microtrichina* Liu, 2015

　　　分布：广东。

186. 刺蚤蝇属 *Spiniphora* Malloch, 1909

（641）单色刺蚤蝇 *Spiniphora unicolor* Liu, 2001

　　　分布：广东（肇庆）。

裂蚤蝇亚科 Metopininae Peterson, 1887

187. 异蚤蝇属 *Megaselia* Rondani, 1856

（642）黑角异蚤蝇 *Megaselia atrita* (Brues, 1915)

　　　分布：广东、辽宁、台湾；印度尼西亚。

（643）双鬃异蚤蝇 *Megaselia bisetalis* Fang *et* Liu, 2005

　　　分布：广东（肇庆）。

（644）马莱异蚤蝇 *Megaselia malaisei* Beyer, 1958

　　　分布：广东（肇庆）；缅甸。

（645）蛆症异蚤蝇 *Megaselia scalaris* (Loew, 1866)

分布：广东、辽宁、河北、北京、河南、安徽、浙江、湖南、广西、海南；日本，印度，斯里兰卡，菲律宾，印度尼西亚，德国，英国，葡萄牙（马德拉），西班牙（加那利），加拿大，美国，古巴。

（646）陆氏异蚤蝇 *Megaselia shiyiluae* Disney, 1997

分布：广东。

（647）东亚异蚤蝇 *Megaselia spiracularis* Schmitz, 1938

分布：广东（广州）、黑龙江、吉林、辽宁、北京、河北、河南、安徽、浙江、湖南、台湾、海南、广西；日本，马来西亚，澳大利亚。

188. 裂蚤蝇属 *Metopina* Macquart, 1835

（648）钩足裂蚤蝇 *Metopina hamularis* Liu, 1995

分布：广东（肇庆）。

（649）寡毛裂蚤蝇 *Metopina paucisetalis* Liu, 1995

分布：广东（肇庆）。

（650）矛片裂蚤蝇 *Metopina sagittata* Liu, 1995

分布：广东（肇庆）、广西。

189. 伐蚤蝇属 *Phalacrotophora* Enderlein, 1912

（651）点额伐蚤蝇 *Phalacrotophora punctifrons* Brues, 1924

分布：广东（肇庆）、台湾。

（652）四斑伐蚤蝇 *Phalacrotophora quadrimaculata* Schmitz, 1926

分布：广东（广州）、台湾；印度尼西亚，法国（新喀里多尼亚）。

190. 蚤蚤蝇属 *Puliciphora* Dahl, 1897

（653）盔背蚤蚤蝇 *Puliciphora togata* Schimitz, 1925

分布：广东（肇庆）、辽宁、陕西、海南、广西；印度尼西亚。

191. 乌蚤蝇属 *Woodiphora* Schmitz, 1926

（654）垂脉乌蚤蝇 *Woodiphora verticalis* Liu, 2001

分布：广东（肇庆）。

蟹蚤蝇亚科 Termitoxeniinae

192. 鞍蚤蝇属 *Clitelloxenia* Kemner, 1932

（655）台湾鞍蚤蝇 *Clitelloxenia formosana* (Shiraki, 1925)

分布：广东、浙江、台湾。

食蚜蝇总科 Syrphoidea

二十二、食蚜蝇科 Syrphidae Latreille, 1802

管蚜蝇亚科 Eristalinae Newman, 1834

实角蚜蝇族 Cerioidini

193. 柄角蚜蝇属 *Monoceromyia* Shaanon, 1922

（656）三斑柄角蚜蝇 *Monoceromyia trinotata* (De Meijere, 1904)

分布：广东、广西、云南；老挝，印度，缅甸，马来西亚。

（657）雁荡柄角蚜蝇 *Monoceromyia yentaushanensis* Ôuchi, 1943

分布：广东、浙江、福建、广西、贵州、云南。

管蚜蝇族 Eristalini

194. 离眼管蚜蝇属 *Eristalinus* Rondani, 1845

（658）钝黑离眼管蚜蝇 *Eristalinus sepulchralis* (Linnaeus, 1758)

分布：广东、内蒙古、河北、山西、山东、陕西、甘肃、新疆、江苏、浙江、湖北、江西、湖南、四川、西藏；蒙古国，日本，印度，斯里兰卡，瑞典，德国，英国，奥地利，俄罗斯；非洲北部。

195. 管蚜蝇属 *Eristalis* Latreille, 1804

（659）灰带管蚜蝇 *Eristalis cerealis* Fabricius, 1805

分布：广东、黑龙江、辽宁、内蒙古、河北、山东、河南、陕西、甘肃、青海、新疆、江苏、安徽、浙江、湖北、江西、湖南、福建、台湾、四川、云南、西藏；朝鲜，日本，尼泊尔，俄罗斯；东洋界。

（660）长尾管蚜蝇 *Eristalis tenax* (Linnaeus, 1758)

分布：广东等；世界广布。

196. 斑目蚜蝇属 *Lathyrophthalmus* Milk, 1897

（661）黑色斑目蚜蝇 *Lathyrophthalmus aeneus* (Scopoli, 1763)

分布：广东、黑龙江、内蒙古、北京、河北、山东、河南、甘肃、新疆、江苏、上海、浙江、湖南、福建、海南、广西、四川、云南；东洋界，新热带界，澳洲界，古北界，新北界。

（662）棕腿斑目蚜蝇 *Lathyrophthalmus arvorum* (Fabricius, 1787)

分布：广东、甘肃、江苏、浙江、江西、湖南、福建、台湾、海南、香港、广西、四川、云南、西藏；日本，印度；大洋洲，北美洲。

（663）石桓斑目蚜蝇 *Lathyrophthalmus ishigakiensis* Shiraki, 1968

分布：广东、陕西、湖南、福建、广西；日本。

（664）钝斑斑目蚜蝇 *Lathyrophthalmus lugens* (Wiedemann, 1830)

分布：广东、山东、甘肃、上海、浙江、江西、湖南、福建、台湾、广西。

（665）八斑斑目蚜蝇 *Lathyrophthalmus octopunctatus* Li, 1995

分布：广东。

（666）黑跗斑目蚜蝇 *Lathyrophthalmus quinquelineatus* (Fabricius, 1781)

分布：广东、江苏、安徽、浙江、湖北、江西、湖南、福建、海南、香港、广西、四川、云南、西藏；阿富汗，伊朗；欧洲，非洲。

（667）亮黑斑目蚜蝇 *Lathyrophthalmus tarsalis* (Macquart, 1855)

分布：广东、河北、陕西、甘肃、江苏、浙江、湖南、福建、台湾、广西、四川、西藏；朝鲜，日本，印度，尼泊尔。

197. 墨管蚜蝇属 *Mesembrius* Rondani, 1857

（668）钩叶墨管蚜蝇 *Mesembrius aduncatus* Li, 1995

分布：广东（肇庆）。

（669）细叶墨管蚜蝇 *Mesembrius gracilifolius* Li, 1996

　　分布：广东、福建、广西。

198. 裸芒管蚜蝇属 *Palpada* Macquart, 1834

（670）黑盾裸芒管蚜蝇 *Palpada scutellaris* (Fabricius, 1805)

　　分布：广东、北京、新疆、上海、江西、福建；美洲。

199. 拟墨管蚜蝇属 *Paramesembrius* Shiraki, 1930

（671）美丽拟墨管蚜蝇 *Paramesembrius bellus* Li, 1997

　　分布：广东。

200. 宽盾蚜蝇属 *Phytomia* Guérin-Méneville, 1834

（672）羽芒宽盾蚜蝇 *Phytomia zonata* (Fabricius, 1787)

　　分布：广东、黑龙江、吉林、辽宁、内蒙古、河北、山东、河南、陕西、甘肃、江苏、浙江、湖北、江西、湖南、福建、台湾、海南、广西、四川、云南；朝鲜，日本，印度，菲律宾，孟加拉国，巴基斯坦，俄罗斯，美国（夏威夷）。

201. 艳管蚜蝇属 *Pseudomeromacrus* Li, 1994

（673）刺茎艳管蚜蝇 *Pseudomeromacrus setipenitus* Li, 1994

　　分布：广东。

　　迷蚜蝇族 Milesiini

202. 迷蚜蝇属 *Milesia* Latreille, 1804

（674）中华迷蚜蝇 *Milesia sinensis* Curran, 1925

　　分布：广东（清远）、江西、湖南、福建、海南、广西、四川；越南。

203. 短喙蚜蝇属 *Rhinotropidia* Stackelberg, 1930

（675）黄短喙蚜蝇 *Rhinotropidia rostrata* (Shiraki, 1930)

　　分布：广东、北京、河北、河南、江苏、浙江；日本，俄罗斯。

204. 粗股蚜蝇属 *Syritta* Le Peletier *et* Serville, 1828

（676）东方粗股蚜蝇 *Syritta orientalis* Macquart, 1842

　　分布：广东、陕西、江苏、安徽、湖北、湖南、福建、台湾、四川、贵州；印度，斯里兰卡，印度尼西亚。

　　鼻颜蚜蝇族 Rhingiini

205. 鼻颜蚜蝇属 *Rhingia* Scopoli, 1763

（677）四斑鼻颜蚜蝇 *Rhingia binotata* Brunetti, 1908

　　分布：广东、陕西、甘肃、吉林、浙江、广西、福建、台湾、四川、贵州、云南、西藏；印度，尼泊尔。

（678）亮黑鼻颜蚜蝇 *Rhingia laevigata* Loew, 1858

　　分布：广东、黑龙江、吉林、北京、河北、甘肃；日本，俄罗斯。

巢穴蚜蝇亚科 Microdontinae Rondani, 1845

206. 巢穴蚜蝇属 *Microdon* Meigen, 1830

（679）小巢穴蚜蝇 *Microdon caeruleus* Brunetti, 1908

分布：广东、山东、甘肃、浙江、湖北、福建、四川、云南、台湾；日本，印度。

（680）角斑巢穴蚜蝇 *Microdon trigonospius* Bezzi, 1927

分布：广东、海南。

食蚜蝇亚科 Syrphinae Latreille, 1802

207. 异巴蚜蝇属 *Allobaccha* Curran, 1928

（681）黄斑异巴蚜蝇 *Allobaccha amphithoe* (Walker, 1849)

分布：广东、台湾、广西；印度，斯里兰卡，印度尼西亚。

（682）紫额异巴蚜蝇 *Allobaccha apicalis* (Loew, 1858)

分布：广东、江苏、浙江、安徽、福建、江西、湖北、湖南、广西、四川、云南、陕西、甘肃、香港、台湾；俄罗斯，日本，斯里兰卡，印度。

208. 狭口蚜蝇属 *Asarkina* Macquart, 1842

（683）切黑狭口食蚜蝇 *Asarkina ericetorum* (Fabricius, 1781)

分布：广东（清远）、黑龙江、辽宁、内蒙古、甘肃、河北、陕西、江苏、浙江、江西、湖北、湖南、福建、广西、四川、贵州、云南、西藏、台湾；俄罗斯，日本，印度，斯里兰卡，印度尼西亚，南非，坦桑尼亚，澳大利亚。

（684）银白狭口食蚜蝇 *Asarkina salviae* (Fabricius, 1794)

分布：广东、北京、山东、江苏、浙江、福建、海南、广西、四川、云南；印度，马来西亚，印度尼西亚，文莱。

209. 贝食蚜蝇属 *Betasyrphus* Matsumura, 1917

（685）狭带贝食蚜蝇 *Betasyrphus serarius* (Wiedemann, 1830)

分布：广东、黑龙江、吉林、辽宁、内蒙古、甘肃、河北、江苏、浙江、江西、湖北、湖南、福建、台湾、海南、广西、四川、贵州、云南、西藏；俄罗斯，朝鲜，日本，巴布亚新几内亚，澳大利亚；东南亚。

210. 长角蚜蝇属 *Chrysotoxum* Meigen, 1803

（686）棕腹长角蚜蝇 *Chrysotoxum baphrus* Walker, 1849

分布：广东、陕西、湖南、福建、广西、云南、西藏；老挝，印度，尼泊尔，斯里兰卡。

（687）黄颊长角蚜蝇 *Chrysotoxum cautum* (Harris, 177)

分布：广东、吉林、北京、河北、陕西、甘肃、湖南、福建、广西、云南、西藏；英国，法国，奥地利，意大利，俄罗斯。

（688）大长角蚜蝇 *Chrysotoxum grande* Matsumura, 1911

分布：广东、辽宁、山西、湖南、四川、贵州、云南；韩国，日本，俄罗斯。

211. 直脉蚜蝇属 *Dideoides* Brunetti, 1908

（689）侧斑直脉蚜蝇 *Dideoides latus* (Coquillett, 1898)

分布：广东、辽宁、陕西、甘肃、江苏、浙江、江西、湖北、福建、台湾、海南、广西、四川、云南；日本。

212. 黑带蚜蝇属 *Episyrphus* Matsumura *et* Asachi,1917

（690）黑带蚜蝇 *Episyrphus balteatus* (De Geer, 1776)

分布：广东、黑龙江、吉林、辽宁、河北、陕西、甘肃、江苏、浙江、湖北、江西、湖南、福建、广西、四川、云南、西藏；蒙古国，日本，马来西亚，阿富汗，瑞典，丹麦，斯洛文尼亚，英国，法国，西班牙，奥地利，俄罗斯，澳大利亚；东洋界。

213. 刺腿蚜蝇属 *Ischiodon* Sack, 1913

（691）埃及刺腿蚜蝇 *Ischiodon aegyptius* (Wiedemann, 1830)

分布：广东、北京、山东、新疆、江苏、浙江、湖北、江西、湖南、云南；西班牙，叙利亚；非洲。

（692）短刺刺腿蚜蝇 *Ischiodon scutellaris* (Fabricius, 1805)

分布：广东、河北、山东、陕西、甘肃、新疆、江苏、浙江、江西、湖南、台湾、广西、云南；日本，越南，印度，菲律宾，印度尼西亚，巴布亚新几内亚；非洲。

214. 墨蚜蝇属 *Melanostoma* Schiner, 1860

（693）直颜墨蚜蝇 *Melanostoma univittatum* (Wiedemann, 1824)

分布：广东、福建、台湾、海南、广西、四川、云南；日本，印度，马来西亚，印度尼西亚，澳大利亚。

215. 小蚜蝇属 *Paragus* Latreille, 1804

（694）锯盾小蚜蝇 *Paragus crenulatus* Thomson, I869

分布：广东、新疆、福建、海南、广西、四川、云南；东洋界，澳洲区。

（695）刻点小蚜蝇 *Paragus tibialis* (Fallén, 1817)

分布：广东、吉林、内蒙古、北京、河北、山东、陕西、甘肃、新疆、江苏、浙江、湖北、湖南、福建、台湾、海南、广西、四川、贵州、云南、西藏；蒙古国，俄罗斯，日本，印度，瑞典，德国，波兰，法国，西班牙，葡萄牙，奥地利，希腊，阿尔及利亚；古北界，新北界。

216. 细腹蚜蝇属 *Sphaerophoria* Le Peletier *et* Serville, 1828

（696）印度细腹蚜蝇 *Sphaerophoria indiana* Bigot, 1884

分布：广东、黑龙江、河北、陕西、甘肃、江苏、浙江、湖北、湖南、四川、贵州、云南、西藏；蒙古国，朝鲜，日本，印度，阿富汗，俄罗斯。

（697）绿色细腹蚜蝇 *Sphaerophoria viridaenea* Brunetti, 1915

分布：广东、黑龙江、内蒙古、北京、河北、甘肃、新疆、上海、福建、台湾、海南、四川、云南、西藏；蒙古国，朝鲜，印度，阿富汗，俄罗斯。

217. 宽扁蚜蝇属 *Xanthandrus* Verrall, 1901

（698）圆斑宽扁蚜蝇 *Xanthandrus comtus* (Harris, 1780)

分布：广东、吉林、内蒙古、北京、江苏、浙江、福建、台湾、四川；蒙古国，朝鲜，日本，瑞典，德国，英国，捷克，斯洛伐克，俄罗斯。

眼蝇总科 Conopoidea

二十三、眼蝇科 Conopidae Latreille, 1802

218. 纽眼蝇属 *Neobrachyceraea* Szilády, 1926

（699）暗纽眼蝇 *Neobrachyceraea nigrita* (Kröber, 1937)

分布：广东、吉林、北京、江苏、浙江、江西、湖南、福建、台湾、四川；朝鲜，韩国，印度，马来西亚。

鸟蝇总科 Carnoidea

二十四、秆蝇科 Chloropidae Rondani, 1856

秆蝇亚科 Chl-oropinae Rondani, 1856

219. 秆蝇属 *Chlorops* Meigen, 1803

（700）稻秆蝇 *Chlorops oryzae* Matsumura, 1915

分布：广东、浙江、湖北、江西、湖南、福建、四川、贵州、云南；朝鲜，日本。

（701）褐端秆蝇 *Chlorops stigmatella* Becker, 1911

分布：广东、福建、台湾、贵州、云南；日本，澳大利亚。

220. 扁芒秆蝇属 *Ensiferella* Andersson, 1977

（702）长刺扁芒秆蝇 *Ensiferella longispina* Liu *et* Yang, 2012

分布：广东、福建、海南。

221. 平胸秆蝇属 *Mepachymerus* Speiser, 1910

（703）南方平胸秆蝇 *Mepachymerus meridionalis* An *et* Yang, 2007

分布：广东。

222. 粗腿秆蝇属 *Pachylophus* Loew, 1858

（704）锈色粗腿秆蝇 *Pachylophus rufescens* (de Meijere, 1904)

分布：广东、河北、江苏、福建、台湾、海南、贵州、云南；日本，越南，柬埔寨，泰国，印度，缅甸，尼泊尔，斯里兰卡，菲律宾，印度尼西亚，巴基斯坦，澳大利亚。

（705）离脉粗腿秆蝇 *Pachylophus rohdendorfi* Nartshuk, 1962

分布：广东（广州）。

223. 宽头秆蝇属 *Platycephala* Fallén, 1820

（706）端黑宽头秆蝇 *Platycephala apiciniger* An *et* Yang, 2009

分布：广东。

（707）短腿宽头秆蝇 *Platycephala brevifemurus* An *et* Yang, 2009

分布：广东。

（708）短突宽头秆蝇 *Platycephala brevis* An *et* Yang, 2008

分布：广东。

（709）长突宽头秆蝇 *Platycephala elongata* An *et* Yang, 2008

分布：广东

（710）广东宽头秆蝇 *Platycephala guangdongensis* An *et* Yang, 2008

分布：广东（清远）。

（711）侧黑宽头秆蝇 *Platycephala lateralis* An *et* Yang, 2009

分布：广东。

（712）南岭宽头秆蝇 *Platycephala nanlingensis* An *et* Yang, 2009

分布：广东。

（713）四川宽头秆蝇 *Platycephala sichuanensis* Yang *et* Yang, 1997

分布：广东、重庆。

（714）许氏宽头秆蝇 *Platycephala xui* An *et* Yang, 2008

分布：广东。

224. 剑芒秆蝇属 *Steleocerellus* Frey, 1961

（715）中黄剑芒秆蝇 *Steleocerellus ensifer* (Thomson, 1869)

分布：广东、河南、浙江、台湾、海南、广西、四川、贵州、云南；俄罗斯，日本，越南，泰国，印度，尼泊尔，斯里兰卡，菲律宾，马来西亚，印度尼西亚。

225. 羽芒秆蝇属 *Thressa* Walker, 1860

（716）长斑羽芒秆蝇 *Thressa longimaculata* Liu, Yang *et* Nartshuk, 2011

分布：广东、福建。

长缘秆蝇亚科 Oscinellinae Becker, 1910

226. 猬秆蝇属 *Anatrichus* Loew, 1860

（717）猬秆蝇 *Anatrichus pygmaeus* Lamb, 1918

分布：广东、台湾、海南、云南；日本，泰国，印度，缅甸，尼泊尔，斯里兰卡，菲律宾，马来西亚，印度尼西亚，孟加拉国，巴基斯坦。

227. 距秆蝇属 *Cadrema* Walker, 1859

（718）小距秆蝇 *Cadrema minor* (De Meijere, 1908)

分布：广东、福建、台湾、云南；泰国，印度，斯里兰卡，菲律宾，马来西亚，印度尼西亚。

228. 长脉秆蝇属 *Dicraeus* Loew, 1873

（719）俄罗斯长脉秆蝇 *Dicraeus rossicus* Stackelberg, 1955

分布：广东、北京、宁夏、青海、甘肃、河北、湖北、四川、贵州、云南；日本，俄罗斯，蒙古国。

229. 环秆蝇属 *Meijerella* Sabrosky, 1976

（720）黑瘤环秆蝇 *Meijerella inaequalis* (Becker, 1911)

分布：广东、台湾、香港；日本，泰国，印度，菲律宾，马来西亚，印度尼西亚，澳大利亚。

230. 鼓翅秆蝇属 *Sepsidoscinis* Hendel, 1914

（721）鼓翅秆蝇 *Sepsidoscinis maculipennis* Hendel, 1914

分布：广东、福建、台湾、海南；印度，斯里兰卡，菲律宾，印度尼西亚。

231. 沟背秆蝇属 *Tricimba* Lioy, 1864

（722）黄条沟背秆蝇 *Tricimba aequiseta* Nartshuk, 1962

分布：广东。

锥秆蝇亚科 Rhodesiellinae Andersson, 1977

232. 锥秆蝇属 *Rhodesiella* Adams, 1905

（723）指状锥秆蝇 *Rhodesiella digitata* Yang *et* Yang, 1995

分布：广东、广西、云南。

（724）广东锥秆蝇 *Rhodesiella guangdongensis* Xu *et* Yang, 2005

分布：广东。

（725）双刺锥秆蝇 *Rhodesiella hirtimana* (Malloch, 1931)

分布：广东、台湾、广西；日本，印度，印度尼西亚。

（726）齿腿锥秆蝇 *Rhodesiella scutellata* (De Meijere, 1908)

分布：广东、福建、台湾、海南、广西、四川、贵州、云南；印度，菲律宾，马来西亚，印度尼西亚，巴布亚新几内亚，美国。

奇鬃秆蝇亚科 Siphonellopsinae Duda, 1932

233. 显鬃秆蝇属 *Apotropina* Hendel, 1907

（727）双斑显鬃秆蝇 *Apotropina bistriata* Liu *et* Yang, 2015

分布：广东。

二十五、岸蝇科 Tethinidae Hendel, 1916

234. 粗毛岸蝇属 *Dasyrhicnoessa* Hendel, 1934

（728）海岛粗毛岸蝇 *Dasyrhicnoessa insularis* (Aldrich, 1931)

分布：广东；斯里兰卡，美国。

突眼蝇总科 Diopsoidea

二十六、突眼蝇科 Diopsidae Billberg, 1820

突眼蝇亚科 Diopsinae Billberg, 1820

235. 曲突眼蝇属 *Cyrtodiopsis* Frey, 1928

（729）平曲突眼蝇 *Cyrtodiopsis plauta* Yang *et* Chen, 1998

分布：广东（广州、清远、韶关、梅州）、浙江、广西、云南。

236. 突眼蝇属 *Diopsis* Linnaeus, 1775

（730）印度突眼蝇 *Diopsis indica* Westwood, 1837

分布：广东、福建、广西、贵州、云南；印度，巴基斯坦。

237. 华突眼蝇属 *Eosiopsis* Feijen, 2008

（731）东方华突眼蝇 *Eosiopsis orientalis* (Ôuchi, 1942)

分布：广东（广州、韶关、梅州）、浙江、江西、福建、四川、贵州。

238. 泰突眼蝇属 *Teleopsis* Rondani, 1875

（732）四斑泰突眼蝇 *Teleopsis quadriguttata* (Walker, 1856)

分布：广东、福建、台湾、海南、广西、贵州；越南，马来西亚，印度尼西亚。

239. 锤突眼蝇属 *Sphyracephala* Say, 1828

（733）寡锤突眼蝇 *Sphyracephala detrahens* (Walker, 1860)

分布：广东、广西、云南、海南；印度尼西亚，菲律宾，巴布亚新几内亚。

水蝇总科 Ephydroidea

二十七、水蝇科 Ephydridae Zetterstedt, 1837

盘水蝇亚科 Discomyzinae Acloque, 1897

240. 盘水蝇属 *Discomyza* Meigen, 1830

（734）斑翅盘水蝇 *Discomyza maculipennis* (Wiedemann, 1824)

分布：广东、湖南、台湾、广西、云南；日本，越南，印度，斯里兰卡，菲律宾，马来西亚，新加坡，印度尼西亚（苏拉威西），萨摩亚，巴布亚新几内亚，所罗门群岛，瓦努阿图，斐济，马绍尔群岛，帕劳，密克罗尼西亚，美国，古巴。

241. 凸额水蝇属 *Psilopa* Fallén, 1823

（735）磨光凸额水蝇 *Psilopa polita* (Macquart, 1835)

分布：广东、黑龙江、辽宁、内蒙古、北京、河北、河南、陕西、宁夏、甘肃、新疆、浙江、湖南、福建、海南、广西、四川、贵州、云南；韩国，俄罗斯，日本，瑞典，芬兰，德国，波兰，匈牙利，保加利亚，法国，西班牙，瑞士，奥地利，意大利，罗马，塞尔维亚，黑山，乌克兰，捷克，斯洛伐克，摩洛哥。

242. 裸喙水蝇属 *Rhynchopsilopa* Hendel, 1913

（736）广东裸喙水蝇 *Rhynchopsilopa guangdongensis* Zhang, Yang *et* Mathis, 2012

分布：广东、广西。

（737）黄坑裸喙水蝇 *Rhynchopsilopa huangkengensis* Zhang, Yang *et* Mathis, 2012

分布：广东、福建、广西、贵州；尼泊尔。

（738）金秀裸喙水蝇 *Rhynchopsilopa jinxiuensis* Zhang, Yang *et* Mathis, 2012

分布：广东、广西；尼泊尔。

（739）长角裸喙水蝇 *Rhynchopsilopa longicornis* (Okada, 1966)

分布：广东、福建、广西、贵州；尼泊尔。

（740）始兴裸喙水蝇 *Rhynchopsilopa shixingensis* Zhang, Yang *et* Mathis, 2012

分布：广东、福建；尼泊尔。

水蝇亚科 Ephydrinae Zetterstedt, 1837

243. 短脉水蝇属 *Brachydeutera* Loew, 1862

（741）银唇短脉水蝇 *Brachydeutera ibari* Ninomiya, 1929

分布：广东、黑龙江、吉林、辽宁、内蒙古、北京、天津、河北、山东、河南、宁夏、浙江、湖南、台湾、广西、贵州、云南；日本，俄罗斯，以色列，西班牙，美国（夏威夷）。

（742）异色短脉水蝇 *Brachydeutera pleuralis* Malloch, 1928

分布：广东、山东、浙江、福建、海南、广西、贵州、云南；越南，印度，马来西亚，佛得角，坦桑尼亚，马达加斯加，南非，澳大利亚。

244. 滨水蝇属 *Parydra* Stenhammar, 1844

（743）台湾滨水蝇 *Parydra* (*Parydra*) *formosana* (Cresson, 1937)

分布：广东、湖南、台湾、广西、贵州、云南。

245. 裸颜水蝇属 *Psilephydra* Hendel, 1914

（744）广西裸颜水蝇 *Psilephydra guangxiensis* Zhang *et* Yang, 2007

分布：广东、陕西、福建、广西、云南。

246. 温泉水蝇属 *Scatela* Robineau–Desvoidy, 1830

（745）厚脉温泉水蝇 *Scatela* (*Scatella*) *bullacosta* Cresson, 1934

分布：广东、黑龙江、辽宁、内蒙古、湖南、台湾、广西、贵州。

隆颜水蝇亚科 Gymnomyzinae

247. 矮颊水蝇属 *Allotrichoma* Becker, 1896

（746）中国矮颊水蝇 *Allotrichoma* (*Allotrichoma*) *dyna* Krivosheina *et* Zatwarnicki, 1997

　　分布：广东。

248. 螳水蝇属 *Ochthera* Latreille, 1803

（747）尖唇螳水蝇 *Ochthera circularis* Cresson, 1926

　　分布：广东、河南、湖南、台湾、广西、贵州；日本，越南，印度，尼泊尔，斯里兰卡，菲律宾，马来西亚，印度尼西亚。

（748）广东螳水蝇 *Ochthera guangdongensis* Zhang *et* Yang, 2006

　　分布：广东、福建、云南。

毛眼水蝇亚科 Hydrelliinae Robineau–Desvoidy, 1830

249. 刺突水蝇属 *Cavatorella* Deonier, 1995

（749）金平刺突水蝇 *Cavatorella jinpingensis* Zhang, Yang *et* Hayashi, 2009

　　分布：广东、福建、广西、贵州、云南。

250. 毛眼水蝇属 *Hydrellia* Robineau–Desvoidy, 1830

（750）东洋毛眼水蝇 *Hydrellia orientalis* Miyagi, 1977

　　分布：广东、福建、台湾、海南、香港、广西、贵州；日本，越南，老挝，尼泊尔。

251. 亮水蝇属 *Typopsilopa* Cresson, 1916

（751）中华亮水蝇 *Typopsilopa chinensis* (Wiedemann, 1830)

　　分布：广东、江苏、浙江、湖南、福建、台湾、海南、广西、四川、贵州、云南；日本，泰国，印度，尼泊尔，斯里兰卡，菲律宾，澳大利亚，密克罗尼西亚，帕劳。

伊水蝇亚科 Ilytheinae Cresson, 1943

252. 晶水蝇属 *Hyadina* Haliday, 1837

（752）长尾晶水蝇 *Hyadina longicaudata* Zhang *et* Yang, 2009

　　分布：广东、贵州、云南、福建。

二十八、果蝇科 Drosophilidae Rondani, 1856

果蝇亚科 Drosophilinae Rondani, 1856

253. 吸汁果蝇属 *Chymomyza* Czerny, 1903

（753）拟暗吸汁果蝇 *Chymomyza obscuroides* Okada, 1976

　　分布：广东；日本。

（754）拟红胸吸汁果蝇 *Chymomyza pararufithorax* Vaidya *et* Godbole, 1973

　　分布：广东、海南；印度，马来西亚。

254. 芋果蝇属 *Colocasiomyia* De Meijere, 1914

（755）芋果蝇 *Colocasiomyia alocasiae* (Okada, 1975)

　　分布：广东、台湾、广西、云南；日本。

（756）异芋果蝇 *Colocasiomyia xenalocasiae* (Okada, 1980)

　　分布：广东、台湾、广西、云南；日本。

255. 斑果蝇属 *Dettopsomyia* Lamb, 1914

（757）黑纹斑果蝇 *Dettopsomyia nigrovittata* (Malloch, 1924)

  分布：广东、安徽、福建、四川、云南；日本，西班牙，澳大利亚；非洲，美洲。

256. 双鬃果蝇属 *Dichaetophora* Duda, 1940

（758）奇抱器双鬃果蝇 *Dichaetophora abnormis* Hu et Toda, 2005

  分布：广东、四川。

（759）高山双鬃果蝇 *Dichaetophora alticola* (Hu, Watabe et Toda, 1999)

  分布：广东、湖北、四川。

（760）蓝双鬃果蝇 *Dichaetophora cyanea* (Okada, 1988)

  分布：广东、台湾；斯里兰卡。

（761）丝双鬃果蝇 *Dichaetophora facilis* (Lin et Ting, 1971)

  分布：广东、湖北、台湾、四川。

（762）镰双鬃果蝇 *Dichaetophora harpophallata* (Hu, Watabe et Toda, 1999)

  分布：广东、湖北、四川；尼泊尔。

（763）线双鬃果蝇 *Dichaetophora lindae* (Wheeler et Takada, 1964)

  分布：广东、台湾；日本，泰国，印度，斯里兰卡，菲律宾，新加坡，印度尼西亚，澳大利亚，密克罗尼西亚，巴布亚新几内亚。

（764）阪上双鬃果蝇 *Dichaetophora sakagamii* (Toda, 1989)

  分布：广东、云南；朝鲜，日本。

257. 果蝇属 *Drosophila* Fallén, 1823

（765）银额果蝇 *Drosophila* (*Drosophila*) *albomicans* Duda, 1924

  分布：广东、山东、河南、上海、浙江、福建、台湾、海南、香港、广西、四川、云南；日本，越南，泰国，印度，缅甸，马来西亚，柬埔寨，巴布亚新几内亚，印度尼西亚。

（766）圆尾果蝇 *Drosophila* (*Drosophila*) *angor* Lin et Ting, 1971

  分布：广东、台湾、海南；日本。

（767）竹节果蝇 *Drosophila* (*Drosophila*) *annulipes* Duda, 1924

  分布：广东、山东、安徽、浙江、江西、福建、台湾、海南、四川、贵州；朝鲜，日本，印度，缅甸，尼泊尔，斯里兰卡，马来西亚，印度尼西亚。

（768）手磨型果蝇 *Drosophila* (*Drosophila*) *barutani* Watabe et Liang, 1990

  分布：广东、陕西、安徽、江西、福建、台湾、海南、广西、贵州、云南；越南。

（769）别府氏果蝇 *Drosophila* (*Drosophila*) *beppui* Toda et Peng, 1989

  分布：广东、台湾、广西、云南；越南，印度尼西亚（苏门答腊、爪哇）。

（770）双带果蝇 *Drosophila* (*Drosophila*) *bizonata* Kikkawa et Peng, 1938

  分布：广东、山东、江苏、上海、安徽、浙江、江西、湖南、福建、台湾、广西、四川、云南；朝鲜，日本，缅甸，尼泊尔，美国（夏威夷）。

（771）巴氏果蝇 *Drosophila* (*Dorsilopha*) *busckii* Coquillett, 1901

  分布：广东、吉林、北京、山东、陕西、新疆、江苏、上海、安徽、浙江、江西、湖南、福建、台湾、海南、广西、四川、云南；朝鲜，日本，泰国，印度，缅甸，尼泊尔，斯里兰卡，印度尼西亚（苏门答腊），法国，西班牙；北美洲。

（772）切达果蝇 *Drosophila* (*Drosophila*) *cheda* Tan, Hsu *et* Sheng, 1949

分布：广东、安徽、浙江、湖北、江西、福建、四川；朝鲜。

（773）弯头果蝇 *Drosophila* (*Drosophila*) *curviceps* Okada *et* Kurokawa, 1957

分布：广东、山东、浙江、云南；朝鲜，日本，印度。

（774）不倒翁果蝇 *Drosophila* (*Drosophila*) *daruma* Okada, 1956

分布：广东、安徽、浙江、福建、台湾、云南；朝鲜，日本，印度，马来西亚，印度尼西亚，文莱。

（775）栖河果蝇 *Drosophila* (*Drosophila*) *flumenicola* Watabe *et* Peng, 1991

分布：广东、安徽、浙江、江西、海南；日本。

（776）溪流果蝇 *Drosophila* (*Drosophila*) *fluvialis* Toda *et* Peng, 1989

分布：广东。

（777）甘氏果蝇 *Drosophila* (*Drosophila*) *gani* Liang *et* Zhang, 1990

分布：广东、安徽、浙江、湖北、江西、福建、贵州、云南；日本。

（778）广东果蝇 *Drosophila* (*Drosophila*) *guangdongensis* Toda *et* Peng, 1989

分布：广东、安徽、江西、福建、云南；缅甸。

（779）阿黑果蝇 *Drosophila* (*Drosophila*) *hei* Watabe *et* Peng, 1991

分布：广东、江西。

（780）伊米果蝇 *Drosophia* (*Drosophila*) *immigrans* Sturtevant, 1921

分布：广东、黑龙江、吉林、辽宁、北京、河北、山东、陕西、新疆、江苏、上海、安徽、浙江、江西、湖南、福建、台湾、海南、广西、四川、云南；朝鲜，日本，泰国，印度，缅甸，尼泊尔，斯里兰卡，法国，密克罗尼西亚；北美洲。

（781）金子氏果蝇 *Drosophila* (*Drosophila*) *kanekoi* Watabe *et* Higuchi, 1979

分布：广东、吉林、辽宁、安徽、浙江；日本。

（782）锯阳果蝇 *Drosophila* (*Drosophia*) *lacertosa* Okada, 1956

分布：广东、吉林、辽宁、北京、陕西、江苏、安徽、浙江、江西、湖南、福建、台湾、四川、云南、西藏；朝鲜，日本，印度，尼泊尔。

（783）溪边果蝇 *Drosophila* (*Drosophila*) *latifshahi* Gupta *et* Ray–Chaudhuri, 1970

分布：广东、海南、云南；印度，孟加拉国。

（784）李氏果蝇 *Drosophila* (*Drosophila*) *liae* Toda *et* Peng, 1989

分布：广东、海南。

（785）直齿列果蝇 *Drosophila* (*Dorsilopha*) *linearidentata* Toda, 1986

分布：广东；缅甸，印度尼西亚（爪哇）。

（786）中缢果蝇 *Drosophila* (*Drosophila*) *medioconstricta* Watabe, Zhang *et* Gan, 1990

分布：广东、云南。

（787）钝突果蝇 *Drosophila* (*Drosophila*) *mutica* Toda, 1988

分布：广东、台湾、海南、云南；缅甸。

（788）新巴氏果蝇 *Drosophila (Dorsilopha) neobusckii* Toda, 1986

分布：广东、云南；越南，缅甸。

（789）新冈田果蝇 *Drosophila (Drosophila) neokadai* Kaneko *et* Takada, 1964

分布：广东、吉林、辽宁、安徽、云南；俄罗斯，日本。

（790）黑齿果蝇 *Drosophila (Drosophila) nigridentata* Watabe, Toda *et* Peng, 1995

分布：广东。

（791）背条果蝇 *Drosophila (Drosophila) notostriata* Okada, 1966

分布：广东、云南；尼泊尔。

（792）稀鬃果蝇 *Drosophila (Drosophila) penispina* Gupta *et* Singh, 1979

分布：广东、安徽、福建、云南；印度，缅甸。

（793）棕五脉果蝇 *Drosophila (Drosophila) pentafuscata* Gupta *et* Kumar, 1986

分布：广东、云南；印度，缅甸，印度尼西亚，马来西亚，文莱。

（794）流苏果蝇 *Drosophila (Drosophila) pilosa* Watabe *et* Peng, 1991

分布：广东、江西、台湾、广西；越南。

（795）多鬃果蝇 *Drosophila (Drosophila) polychaeta* Patterson *et* Wheeler, 1942

分布：广东、台湾、云南；马来西亚，斯里兰卡，美国（夏威夷），密克罗尼西亚；欧洲，
非洲。

（796）喜河果蝇 *Drosophila (Drosophila) potamophila* Toda *et* Peng, 1989

分布：广东、广西、云南；越南，印度尼西亚。

（797）黑斑果蝇 *Drosophila (Drosophila) repleta* Wollaston, 1858

分布：广东、台湾、海南、云南；朝鲜，日本，印度，斯里兰卡，印度尼西亚，马来西亚，
文莱；南美洲。

（798）拟黑斑果蝇 *Drosophila (Drosophila) repletoidles* Hsu, 1943

分布：广东、浙江、广西、贵州、云南；日本，缅甸。

（799）三刚毛果蝇 *Drosophila (Drosophila) trisetosa* Okada, 1966

分布：广东、海南、云南；印度，缅甸，尼泊尔，斯里兰卡。

（800）黑带果蝇 *Drosophila (Drosophila) velox* Watabe *et* Peng, 1991

分布：广东、台湾。

（801）大果蝇 *Drosophila (Drosophila) virilis* Sturtevant, 1916

分布：广东、吉林、辽宁、北京、山东、江苏、上海、安徽、浙江、江西、福建、广西、云
南；朝鲜，日本，美国（夏威夷）；欧洲，南美洲。

（802）云南果蝇 *Drosophila (Drosophila) yunnanensis* Watabe *et* Liang, 1990

分布：广东、台湾、云南。

（803）带果蝇 *Drosophila (Drosophila) zonata* Chen *et* Watabe, 1993

分布：广东、台湾、云南。

（804）白颜果蝇 *Drosophila (Sophophora) auraria* Peng, 1937

分布：广东、辽宁、北京、陕西、江苏、上海、安徽、浙江、江西、湖南、福建、广西、四川、云南；朝鲜，日本。

（805）双刺果蝇 *Drosophila (Sophophora) biarmipes* Malloch, 1924

分布：广东、云南；印度，斯里兰卡。

（806）双栉果蝇 *Drosophila (Sophophora) bipectinata* Duda, 1923

分布：广东、浙江、台湾、海南、云南；日本，柬埔寨，泰国，印度，缅甸，尼泊尔，斯里兰卡，菲律宾，马来西亚，新加坡，印度尼西亚，巴基斯坦，澳大利亚，巴布亚新几内亚，斐济，文莱，密克罗尼西亚。

（807）包克氏果蝇 *Drosophila (Sophophora) bocki* Baimai, 1979

分布：广东、台湾、海南；日本，泰国，缅甸。

（808）牵牛花果蝇 *Drosophila (Sophophora) elegans* Bock *et* Wheeler, 1972

分布：广东、台湾、云南；日本，印度，缅甸，菲律宾，印度尼西亚，巴布亚新几内亚。

（809）封开果蝇 *Drosophila (Sophophora) fengkaiensis* Chen, 2008

分布：广东、浙江、福建、广西。

（810）嗜榕果蝇 *Drosophila (Sophophora) ficusphila* Kikkawa *et* Peng, 1938

分布：广东、台湾、广西、云南；朝鲜，日本，印度，缅甸，马来西亚，印度尼西亚，澳大利亚。

（811）无斑果蝇 *Drosophila (Sophophora) immacularis* Okada, 1966

分布：广东、云南；印度，尼泊尔。

（812）吉川氏果蝇 *Drosophila (Sophophora) kikkawai* Burla, 1954

分布：广东、吉林、北京、山东、陕西、江苏、上海、安徽、浙江、江西、湖南、福建、台湾、海南、香港、广西、贵州、云南；朝鲜，日本，越南，泰国，印度，缅甸，尼泊尔，斯里兰卡，菲律宾，马来西亚，文莱，印度尼西亚，毛里求斯，萨摩亚，澳大利亚，法国（新喀里多尼亚），斐济，美国（夏威夷），密克罗尼西亚，巴布亚新几内亚；南美洲。

（813）长梳果蝇 *Drosophila (Sophophora) longipectinata* Takada, Momma *et* Shima, 1973

分布：广东、云南；印度尼西亚，文莱，马来西亚。

（814）透明翅果蝇 *Drosophila (Sophophora) lucipennis* Lin, 1972

分布：广东、福建、台湾、广西、云南；印度，斯里兰卡。

（815）马勒哥果蝇亚种 *Drosophila (Sophophora) malerkotliana malerkotliana* Parshad *et* Paika, 1965

分布：广东、海南、云南；泰国，印度，缅甸，斯里兰卡，马来西亚，新加坡，印度尼西亚（苏门答腊、爪哇）。

（816）黑腹果蝇 *Drosophila (Sophophora) melanogaster* Meigen, 1830

分布：广东、黑龙江、吉林、辽宁、北京、山东、陕西、新疆、江苏、上海、安徽、浙江、江西、湖南、福建、台湾、海南、广西、四川、贵州、云南；世界广布。

（817）黑端翅果蝇 *Drosophila (Sophophora) prostipennis* Lin, 1972

分布：广东、浙江、湖南、福建、台湾、云南；印度，缅甸，越南。

（818）艳丽果蝇 *Drosophila (Sophophora) pulchrella* Tan, Hsu *et* Sheng, 1949

分布：广东、陕西、安徽、浙江、湖南、福建、台湾、广西、四川、贵州、云南；日本，印度，缅甸，尼泊尔。

（819）小高桥果蝇 *Drosophila* (*Sophophora*) *pyo* Toda, 1991

分布：广东；缅甸。

（820）铃木氏果蝇 *Drosophila* (*Sophophora*) *suzukii* (Matsumura, 1931)

分布：广东、黑龙江、吉林、辽宁、北京、山东、陕西、江苏、上海、安徽、浙江、江西、湖南、福建、海南、广西、四川、贵州、云南；朝鲜，日本，泰国，印度，缅甸，美国（夏威夷）。

（821）高桥果蝇 *Drosophila* (*Sophophora*) *takahashii* Sturtevant, 1927

分布：广东、北京、山东、陕西、新疆、江苏、上海、安徽、浙江、江西、湖南、福建、台湾、海南、广西、贵州、云南；朝鲜，日本，泰国，印度，缅甸，尼泊尔，菲律宾，马来西亚，印度尼西亚，文莱，密克罗尼西亚。

（822）谈氏果蝇 *Drosophila* (*Sophophora*) *tani* Chen *et* Okada, 1985

分布：广东、山东、江苏、安徽、浙江、湖北、湖南、福建、四川、贵州、云南。

（823）梯额果蝇 *Drosophila* (*Sophophora*) *trapezifrons* Okada, 1966

分布：广东、北京、浙江、江西、海南、广西、四川、云南；尼泊尔。

（824）叔白颜果蝇 *Drosophila* (*Sophophora*) *triauraria* Bock *et* Wheeler, 1972

分布：广东、黑龙江、吉林、辽宁、北京、山东、陕西、江苏、上海、安徽、浙江、江西、湖南、福建、广西、云南；日本，朝鲜。

（825）三暗黄果蝇 *Drosophila* (*Sophophora*) *trilutea* Bock *et* Wheeler, 1972

分布：广东、台湾、云南；印度。

258. 毛果蝇属 *Hirtodrosophila* Duda, 1923

（826）斑翅毛果蝇 *Hirtodrosophila fascipennis* (Okada, 1967)

分布：广东、台湾、云南；日本，印度。

（827）毛角毛果蝇 *Hirtodrosophila hirticornis* (de Meijere, 1914)

分布：广东、海南；斯里兰卡，印度尼西亚（苏门答腊、爪哇）。

（828）茎中毛毛果蝇 *Hirtodrosophila mediohispida* (Okada, 1967)

分布：广东；日本。

（829）冈上氏毛果蝇 *Hirodrosophila okadomei* (Okada, 1967)

分布：广东；日本。

（830）四条毛果蝇 *Hirtodrosophila quadrivittata* (Okada, 1956)

分布：广东、云南；俄罗斯（远东），朝鲜，日本，印度。

259. 细翅果蝇属 *Hypselothyrea* De Meijere, 1906

（831）浪斑细翅果蝇 *Hypselothyrea* (*Hypselothyrea*) *guttata* Duda, 1926

分布：广东、安徽、福建、台湾、海南；印度，越南，缅甸，尼泊尔，印度尼西亚（苏门答腊）。

260. 曙果蝇属 *Liodrosophila* Duda, 1922

（832）黄铜曙果蝇 *Liodrosophila aerea* Okada, 1956

分布：广东、北京、山东、江苏、上海、安徽、浙江、湖南、福建、台湾、海南、香港；朝鲜，日本，新加坡，印度尼西亚（爪哇）。

（833）圆身曙果蝇 *Liodrosophila globosa* Okada, 1965

分布：广东、台湾、海南、云南；日本，泰国，印度，斯里兰卡，印度尼西亚，马来西亚，文莱，巴布亚新几内亚，澳大利亚。

（834）尖腹曙果蝇 *Liodrosophila nitida* Duda, 1922

分布：广东、浙江、台湾、海南、香港、云南；日本，越南，泰国，缅甸，尼泊尔，马来西亚，新加坡，印度尼西亚，文莱，澳大利亚。

（835）冈田氏曙果蝇 *Liodrosophila okadai* Dwivedi *et* Gupta, 1979

分布：广东；印度。

（836）毛曙果蝇 *Liodrosophila penispinosa* Dwivedi *et* Gupta, 1979

分布：广东；印度。

（837）红棕曙果蝇 *Liodrosophila rufa* Okada, 1974

分布：广东、安徽、湖南、海南、香港。

（838）锐突曙果蝇 *Liodrosophila spinata* Okada, 1974

分布：广东、台湾。

261. 拱背果蝇属 *Lordiphosa* Basden, 1961

（839）羚角拱背果蝇 *Lordiphosa antillaria* (Okada, 1984)

分布：广东、台湾。

（840）显斑拱背果蝇 *Lordiphosa clarofinis* (Lee, 1959)

分布：广东、安徽、浙江、福建；韩国，日本。

（841）考氏拱背果蝇 *Lordiphosa coei* (Okada, 1966)

分布：广东；尼泊尔。

262. 微果蝇属 *Microdrosophila* Malloch, 1921

（842）长突微果蝇 *Microdrosophila* (*Microdrosophila*) *elongate* Okada, 1965

分布：广东、安徽、台湾、云南；日本，印度，斯里兰卡，菲律宾。

（843）绿春微果蝇 *Microdrosophila* (*Microdrosophila*) *luchunensis* Zhang, 1989

分布：广东、四川、云南。

（844）腹斑微果蝇 *Microdrosophila* (*Microdrosophila*) *maculata* Okada, 1960

分布：广东、安徽、云南；日本。

263. 暮果蝇属 *Mulgravea* Bock, 1982

（845）印氏暮果蝇 *Mulgravea indersinghi* (Takada *et* Momma, 1975)

分布：广东；马来西亚。

264. 菇果蝇属 *Mycodrosophila* Oldenberg, 1914

（846）直菇果蝇 *Mycodrosophila* (*Mycodrosophila*) *erecta* Okada, 1968

分布：广东；朝鲜，日本。

（847）毛菇果蝇 *Mycodrosophila (Mycodrosophila) pennihispidus* Sundaran *et* Gupta, 1991

　　分布：广东、台湾；印度。

（848）杂腹菇果蝇 *Mycodrosophila (Mycodrosophila) poecilogastra* (Loew, 1874)

　　分布：广东、辽宁、湖南、四川；朝鲜，日本，伊朗；欧洲。

（849）亚腹纹菇果蝇 *Mycodrosophila (Mycodrosophila) subgratiosa* Okada, 1965

　　分布：广东；日本。

（850）瓶叶菇果蝇 *Mycodrosophila ampularia* Chen, Shao *et* Fan, 1989

　　分布：广东。

（851）翅基斑菇果蝇 *Mycodrosophila basalis* Okada, 1956

　　分布：广东、台湾、海南；朝鲜，日本。

（852）刺菇果蝇 *Mycodrosophila echinacea* Chen, Shao *et* Fan, 1989

　　分布：广东。

（853）尖齿菇果蝇 *Mycodrosophila stylaria* Chen *et* Okada, 1989

　　分布：广东、江西、湖南。

265. 条果蝇属 ***Phorticella*** **Duda, 1923**

（854）双条条果蝇 *Phorticella (Phorticella) bistriata* (de Meijere, 1911)

　　分布：广东、台湾；缅甸，斯里兰卡，印度尼西亚（苏门答腊、爪哇），澳大利亚。

（855）托孟氏条果蝇 *Phorticella (Phorticella) htunmaungi* Wynn, Toda *et* Peng, 1990

　　分布：广东、云南；缅甸。

（856）无条条果蝇 *Phorticella (Phorticella) nullistriata* Wynn, Toda *et* Peng, 1990

　　分布：广东。

（857）黄翅条果蝇 *Phorticella (Xenophorticella) flavipennis* (Duda, 1929)

　　分布：广东、台湾；日本，印度，缅甸，斯里兰卡，新加坡，印度尼西亚，巴布亚新几内亚。

266. 花果蝇属 ***Scaptodrosophila*** **Duda, 1923**

（858）*Scaptodrosophila abdentata* Li *et* Chen, 2020

　　分布：广东、海南、云南、西藏。

（859）喜竹花果蝇 *Scaptodrosophila bampuphila* (Gupta, 1971)

　　分布：广东；印度。

（860）布氏花果蝇 *Scaptodrosophila bryani* (Malloch, 1934)

　　分布：广东、台湾、广西、云南；日本，印度，缅甸，斯里兰卡，菲律宾，印度尼西亚（苏门答腊、爪哇），澳大利亚，萨摩亚，密克罗尼西亚。

（861）黑花果蝇 *Scaptodrosophila coracina* (Kikkawa *et* Peng, 1938)

　　分布：广东、黑龙江、吉林、辽宁、北京、山东、江苏、上海、安徽、浙江、江西、湖南、福建、广西、四川、云南；朝鲜，日本，马来西亚，印度尼西亚，文莱。

（862）背中花果蝇 *Scaptodrosophila drosocentralis* (Okada, 1965)

　　分布：广东、海南；日本，缅甸，菲律宾，印度尼西亚，马来西亚，文莱。

（863）小花果蝇 *Scaptodrosophila minima* (Okada, 1966)

分布：广东、台湾、海南、云南；日本，印度，尼泊尔，缅甸。

（864）新梅氏花果蝇 *Scaptodrosophila neomedleri* (Gupta *et* Panigrahy, 1982)

分布：广东、云南；印度。

（865）河花果蝇 *Scaptodrosophila riverata* (Singh *et* Gupta, 1977)

分布：广东、云南；印度。

（866）盾缘花果蝇 *Scaptodrosophila scutellimargo* (Duda, 1924)

分布：广东、台湾、海南、广西、贵州、云南；日本。

（867）刚毛花果蝇 *Scaptodrosophila setaria* (Parshad *et* Singh, 1972)

分布：广东；印度。

（868）细花果蝇 *Scaptodrosophila subtilis* (Kikkawa *et* Peng, 1938)

分布：广东、安徽、浙江、福建、四川、云南；朝鲜，日本。

267. 姬果蝇属 *Scaptomyza* Hardy, 1850

（869）尔姆氏姬果蝇 *Scaptomyza* (*Parascaptomyza*) *elmoi* Takada, 1970

分布：广东、安徽、福建、台湾、云南；日本，印度尼西亚，马来西亚，文莱，美国（夏威夷），澳大利亚。

（870）灰姬果蝇 *Scaptomyza* (*Parascaptomyza*) *pallida* (Zetterstedt, 1847)

分布：广东、黑龙江、吉林、辽宁、内蒙古、北京、河北、山东、陕西、新疆、江苏、上海、安徽、浙江、江西、湖南、福建、广西、四川、云南；蒙古国，朝鲜，日本，印度，尼泊尔，马来西亚，阿根廷，澳大利亚；欧洲，非洲。

268. 尖翅果蝇属 *Styloptera* Duda, 1924

（871）丽尖翅果蝇 *Styloptera formosae* Duda, 1924

分布：广东、台湾。

269. 线果蝇属 *Zaprionus* Coquillett, 1901

（872）苏貌氏线果蝇 *Zaprionus* (*Anaprionus*) *aungsani* Wynn *et* Toda, 1988

分布：广东、福建、海南；日本，缅甸，印度尼西亚，马来西亚，文莱。

（873）大线果蝇 *Zaprionus* (*Anaprionus*) *grandis* (Kikkawa *et* Peng, 1938)

分布：广东、福建、云南；朝鲜，日本，缅甸。

冠果蝇亚科 Steganinae Hendel, 1917

270. 嗜粉虱果蝇属 *Acletoxenus* Frauenfeld, 1868

（874）印度嗜粉虱果蝇 *Acletoxenus indicas* Malloch, 1929

分布：广东、海南；印度。

271. 阿果蝇属 *Amiota* Loew, 1862

（875）长田阿果蝇 *Amiota nagatai* Okada, 1971

分布：广东、福建、贵州；日本。

（876）冲绳阿果蝇 *Amiota okinawana* Okada, 1971

分布：广东、福建、台湾；日本，巴布亚新几内亚。

（877）板叶阿果蝇 *Amiota planata* Chen *et* Toda, 2001

分布：广东、广西；日本。

（878）弯叶阿果蝇 *Amiota sinuata* Okada, 1968

分布：广东、海南、云南；日本，缅甸，巴布亚新几内亚。

（879）亚叉阿果蝇 *Amiota subfurcata* Okada, 1971

分布：广东、吉林、北京、河南、陕西、浙江、湖北、福建、台湾、广西、四川；俄罗斯（远东），韩国，日本。

272. 鳞眶鬃果蝇属 *Apenthecia* Tsacas, 1983

（880）叶鳞眶鬃果蝇 *Apenthecia* (*Parapenthecia*) *foliolata* Toda *et* Peng, 1992

分布：广东、海南、云南。

273. 异果蝇属 *Cacoxenus* Loew, 1858

（881）黑点异果蝇 *Cacoxenus* (*Gitonides*) *perspicax* (Knab, 1914)

分布：广东、浙江、台湾、海南、云南；美国（夏威夷）；非洲热带区；澳洲界。

274. 白果蝇属 *Leucophenga* Milk, 1886

（882）残脉白果蝇 *Leucophenga abbreviata* (de Meijere, 1911)

分布：广东、台湾、海南、广西、云南；印度，缅甸，尼泊尔，斯里兰卡，马来西亚，新加坡，印度尼西亚。

（883）尖叶白果蝇 *Leucophenga aculeata* Huang, Su *et* Chen, 2017

分布：广东（韶关）、湖北、湖南、云南。

（884）白头白果蝇 *Leucophenga albiceps* (De Meijere, 1914)

分布：广东、湖南、台湾、海南、云南；日本，印度，尼泊尔，印度尼西亚。

（885）狭叶白果蝇 *Leucophenga angusta* Okada, 1956

分布：广东、浙江、湖南、台湾、海南、广西、重庆、贵州、云南、西藏；韩国，日本，越南，印度，缅甸，尼泊尔，斯里兰卡，菲律宾，马来西亚，新加坡，印度尼西亚；澳洲界。

（886）弓叶白果蝇 *Leucophenga arcuata* Huang *et* Chen, 2013

分布：广东（广州）、江西、湖南、福建、广西、贵州、云南。

（887）银色白果蝇 *Leucophenga argentata* (De Meijere, 1914)

分布：广东（广州）、台湾、海南、云南；日本，尼泊尔，印度尼西亚；澳洲界。

（888）短叶白果蝇 *Leucophenga brevifoliacea* Huang *et* Chen, 2013

分布：广东（韶关）、云南。

（889）山纹白果蝇 *Leucophenga concilia* Okada, 1956

分布：广东、江西、湖南、福建、台湾、广西、云南；韩国，日本，尼泊尔。

（890）暗带白果蝇 *Leucophenga confluens* Duda, 1923

分布：广东、江西、湖南、福建、台湾、海南、广西、贵州、云南；日本，斯里兰卡。

（891）仓桥白果蝇 *Leucophenga kurahashii* Okada, 1987

分布：广东（韶关、惠州）、湖南、云南；泰国。

（892）宽带白果蝇 *Leucophenga latifuscia* Huang, Li *et* Chen, 2014

分布：广东（广州）、江西、福建、台湾、海南、云南、西藏。

（893）长茎白果蝇 *Leucophenga longipenis* Huang *et* Chen, 2016

分布：广东（广州、韶关、肇庆）、浙江、湖南、广西、贵州、云南、西藏。

（894）黑斑白果蝇 *Leucophenga maculata* (Dufour, 1839)

分布：广东、浙江、湖北、湖南、福建、台湾、广西、四川、贵州、云南、西藏；日本，尼泊尔，巴布亚新几内亚，印度尼西亚；欧洲。

（895）大须白果蝇 *Leucophenga magnipalpis* Duda, 1923

分布：广东、山西、陕西、湖北、湖南、台湾、广西、重庆、四川、云南、西藏；日本，马来西亚。

（896）迈氏白果蝇 *Leucophenga meijerei* Duda, 1924

分布：广东、湖南、台湾、贵州、云南；日本，印度尼西亚。

（897）变斑白果蝇 *Leucophenga neointerrupta* Fartyal *et* Toda, 2005

分布：广东（广州、肇庆）、海南、云南；印度。

（898）黑须白果蝇 *Leucophenga nigripalpis* Duda, 1923

分布：广东、云南、海南、台湾；马来西亚，印度尼西亚，巴布亚新几内亚。

（899）东方白果蝇 *Leucophenga orientalis* Lin *et* Wheeler, 1972

分布：广东、陕西、浙江、湖北、江西、福建、台湾、海南、香港、广西、重庆、四川、贵州、云南、西藏；韩国，日本。

（900）斑翅白果蝇 *Leucophenga ornata* Wheeler, 1959

分布：广东、台湾；韩国，朝鲜，日本，尼泊尔，菲律宾，印度尼西亚；澳洲界。

（901）梳翅白果蝇 *Leucophenga pectinata* Okada, 1968

分布：广东（韶关、肇庆）、湖南、台湾、海南、广西、云南；印度尼西亚。

（902）鱼叶白果蝇 *Leucophenga piscifoliacea* Huang *et* Chen, 2013

分布：广东（韶关）、湖北、云南、西藏、广西、海南；印度尼西亚。

（903）帝王白果蝇 *Leucophenga regina* Malloch, 1935

分布：广东（广州）、海南、云南；日本，印度，澳大利亚。

（904）*Leucophenga rugatifolia* Huang, Su *et* Chen, 2017

分布：广东、海南、贵州、云南。

（905）鳞纹白果蝇 *Leucophenga sculpta* Chen *et* Toda, 1994

分布：广东（韶关）、安徽、浙江、湖南、广西、云南。

（906）毛须白果蝇 *Leucophenga setipalpis* Duda, 1923

分布：广东（韶关）、台湾；斯里兰卡。

（907）西隆白果蝇 *Leucophenga shillomgensis* Dwivedi *et* Gupta, 1979

分布：广东、浙江、湖南、贵州、云南；印度。

（908）亚粉白果蝇 *Leucophenga subpollinosa* (De Meijere, 1914)

分布：广东、台湾、海南；日本；东洋界，非洲界，澳洲界。

（909）锥叶白果蝇 *Leucophenga subulata* Huang *et* Chen, 2013

分布：广东（广州、韶关、肇庆）、江西、湖南、福建、台湾、海南、广西。

（910）覆黑白果蝇 *Leucophenga umbratula* Duda, 1924

　　分布：广东（广州）、湖南、台湾、云南；日本，斯里兰卡。

（911）异脉白果蝇 *Leucophenga varinervis* Duda, 1923

　　分布：广东（韶关）、台湾、广西、贵州、云南。

275. 扁腹果蝇属 *Paraleucophenga* Hendel, 1914

（912）银白扁腹果蝇 *Paraleucophenga argentosa* (Okada, 1956)

　　分布：广东、安徽、浙江、广西；日本。

（913）短茎扁腹果蝇 *Paraleucophenga brevipenis* Zhao, Gao *et* Chen, 2009

　　分布：广东、贵州。

（914）爪哇扁腹果蝇 *Paraleucophenga javana* Okada, 1988

　　分布：广东、广西、云南；印度尼西亚。

（915）长鬃扁腹果蝇 *Paraleucophenga longiseta* Zhao, Gao *et* Chen, 2009

　　分布：广东、江西、广西、四川、贵州、云南。

276. 鼻果蝇属 *Pararhinoleucophenga* Duda, 1924

（916）梅溪鼻果蝇 *Pararhinoleucophenga meichiensis* (Chen *et* Toda, 1994)

　　分布：广东、浙江、江西、福建。

277. 毛盾果蝇属 *Parastegana* Okada, 1971

（917）喜露毛盾果蝇 *Parastegana* (*Allstegana*) *drosophiloides* (Toda *et* Peng, 1992)

　　分布：广东、海南、广西、云南。

278. 伏果蝇属 *Phortica* Schiner, 1862

（918）短毛伏果蝇 *Phortica* (*Ashima*) *brachychaeta* Chen *et* Toda, 2005

　　分布：广东、云南。

（919）叶芒伏果蝇 *Phortica* (*Ashima*) *foliiseta* Duda, 1923

　　分布：广东、台湾、广西、贵州；泰国，斯里兰卡，巴布亚新几内亚，印度尼西亚。

（920）光叶伏果蝇 *Phortica* (*Ashima*) *glabra* Chen *et* Toda, 2005

　　分布：广东、江西、广西、贵州。

（921）侦测伏果蝇 *Phortica* (*Ashima*) *speculum* (Máca *et* Lin, 1993)

　　分布：广东、陕西、浙江、江西、福建、台湾、广西、四川、贵州。

（922）对称伏果蝇 *Phortica* (*Ashima*) *symmetria* Chen *et* Toda, 2005

　　分布：广东、云南。

（923）田边伏果蝇 *Phortica* (*Ashima*) *tanabei* Chen *et* Toda, 2005

　　分布：广东、海南、广西、贵州、云南；缅甸，马来西亚。

（924）双突伏果蝇 *Phortica* (*Phortica*) *bipartita* (Toda *et* Peng, 1990)

　　分布：广东（清远、韶关）、江西、海南、广西、云南。

（925）双棘突伏果蝇 *Phortica* (*Phortica*) *biprotrusa* (Chen *et* Toda, 1998)

　　分布：广东、湖北、江西、湖南、海南、广西、贵州、云南；印度，缅甸。

（926）棘突伏果蝇 *Phortica* (*Phortica*) *cardua* (Okada, 1977)

分布：广东、北京、河南、陕西、安徽、浙江、湖北、江西、湖南、福建、台湾、海南、广西、贵州、云南、西藏；越南，印度。

（927）盾茎伏果蝇 *Phortica* (*Phortica*) *eparmata* (Okada, 1977)

分布：广东（韶关）、江西、台湾。

（928）实叉茎伏果蝇 *Phortica* (*Phortica*) *eugamma* (Toda *et* Peng, 1990)

分布：广东（清远、韶关、肇庆）、安徽、浙江、江西、湖南、台湾、广西、云南、西藏。

（929）膨叶伏果蝇 *Phortica* (*Phortica*) *excrescentiosa* (Toda *et* Peng, 1990)

分布：广东、江西、台湾、广西、云南、西藏。

（930）叶突伏果蝇 *Phortica* (*Phortica*) *foliata* (Chen *et* Toda, 1997)

分布：广东、江西、湖南、台湾、海南、广西、贵州、云南、西藏。

（931）叉茎伏果蝇 *Phortica* (*Phortica*) *gamma* (Toda *et* Peng, 1990)

分布：广东（广州、肇庆）、湖北、江西、湖南、福建、海南、广西、四川、贵州、云南。

（932）光板伏果蝇 *Phortica* (*Phortica*) *glabtabula* Chen *et* Gao, 2005

分布：广东（广州、清远）、江西、湖南、广西、四川、云南。

（933）单突伏果蝇 *Phortica* (*Phortica*) *lambda* (Toda *et* Peng, 1990)

分布：广东、海南、广西、云南。

（934）巨伏果蝇 *Phortica* (*Phortica*) *magna* (Okada, 1960)

分布：广东（广州）、福建、湖北、贵州、江西、陕西；日本。

（935）奥米加伏果蝇 *Phortica* (*Phortica*) *omega* (Okada, 1977)

分布：广东、陕西、浙江、湖北、江西、湖南、福建、广西、四川、贵州、云南、西藏；泰国。

（936）东亚伏果蝇 *Phortica* (*Phortica*) *orientalis* (Hendel, 1914)

分布：广东（韶关）、台湾、海南、广西。

（937）沟突伏果蝇 *Phortica* (*Phortica*) *pi* (Toda *et* Peng, 1990)

分布：广东（韶关）、陕西、安徽、浙江、江西、湖南、海南、广西、四川、贵州、云南。

（938）拟沟突伏果蝇 *Phortica* (*Phortica*) *pseudopi* (Toda *et* Peng, 1990)

分布：广东（清远、韶关）、陕西、安徽、浙江、江西、湖南、福建、海南、广西、四川、贵州、云南。

（939）拟双基伏果蝇 *Phortica* (*Phortica*) *pseudotau* (Toda *et* Peng, 1990)

分布：广东（惠州、肇庆）、湖北、江西、湖南、广西、四川、贵州、云南、西藏。

（940）辐突伏果蝇 *Phortica* (*Phortica*) *subradiata* (Okada, 1977)

分布：广东、台湾、海南、广西、云南、西藏；缅甸，马来西亚。

（941）双基伏果蝇 *Phortica* (*Phortica*) *tau* (Toda *et* Peng, 1990)

分布：广东、安徽、浙江、江西、湖南、福建、海南、广西、四川、贵州、云南。

279. 冠果蝇属 *Stegana* Meigen, 1830

（942）端毛冠果蝇 *Stegana* (*Oxyphortica*) *apicopubescens* Cheng, Xu *et* Chen, 2010

分布：广东、广西。

（943）棘突冠果蝇 *Stegana* (*Oxyphortica*) *apicosetosa* Cheng, Xu *et* Chen, 2010

　　分布：广东、广西、贵州。

（944）毛额冠果蝇 *Stegana* (*Oxyphortica*) *setifrons* Sidorenko, 1997

　　分布：广东、福建、湖北、江西、陕西、浙江。

（945）端突冠果蝇 *Stegana* (*Stegana*) *apiciprocera* Cao *et* Chen, 2010

　　分布：广东、海南、云南、西藏。

（946）钩叶冠果蝇 *Stegana* (*Steganina*) *ancistrophylla* Wu, Gao *et* Chen, 2010

　　分布：广东、广西。

（947）宽颊冠果蝇 *Stegana* (*Steganina*) *latigena* Wang, Gao *et* Chen, 2013

　　分布：广东、广西、云南。

（948）岭南冠果蝇 *Stegana* (*Steganina*) *lingnanensis* Cheng, Gao *et* Chen, 2009

　　分布：广东、广西、贵州、云南、西藏。

（949）黑缘冠果蝇 *Stegana* (*Steganina*) *nigrolimbata* Duda, 1924

　　分布：广东、台湾、海南、广西、贵州、云南。

（950）鳞叶冠果蝇 *Stegana* (*Steganina*) *serratoprocessata* Chen *et* Chen, 2009

　　分布：广东、海南。

（951）童氏冠果蝇 *Stegana* (*Steganina*) *tongi* Wang, Gao *et* Chen, 2011

　　分布：广东、台湾、海南、广西。

缟蝇总科 Lauxanioidea

二十九、甲蝇科 Celyphidae Bigot, 1852

280. 甲蝇属 *Celyphus* Dalman, 1818

（952）恼甲蝇 *Celyphus* (*Celyphus*) *difficilis* Malloch, 1927

　　分布：广东、陕西、江西、福建、台湾、海南、香港、广西、贵州；越南。

（953）网纹甲蝇 *Celyphus* (*Celyphus*) *reticulatus* Tenorio, 1972

　　分布：广东、陕西、浙江、江西、福建、广西、贵州、云南。

281. 狭须甲蝇属 *Spaniocelyphus* Hendel, 1914

（954）齿突狭须甲蝇 *Spaniocelyphus dentatus* Tenorio, 1972

　　分布：广东、江西、台湾、海南、香港、重庆、云南、西藏；泰国。

（955）棕足狭须甲蝇 *Spaniocelyphus fuscipes* (Macquart, 1851)

　　分布：广东、浙江、江西、福建、台湾、海南、云南；越南，泰国，印度，马来西亚。

（956）异色狭须甲蝇 *Spaniocelyphus palmi palmi* Frey, 1941

　　分布：广东、海南、香港、云南；越南，泰国，缅甸，菲律宾，马来西亚，印度尼西亚。

三十、斑腹蝇科 Chamaemyiidae Hendel, 1916

282. 小斑腹蝇属 *Leucopis* Meigen, 1830

（957）台湾小斑腹蝇 *Leucopis formosana* Hennig, 1938

　　分布：广东、福建、台湾；俄罗斯，越南，印度，以色列，肯尼亚，南非，澳大利亚。

三十一、缟蝇科 Lauxaniidae Macquart, 1835

283. 同脉缟蝇属 *Homoneura* Wulp, 1891

（958）赤水同脉缟蝇 *Homoneura (Homoneura) chishuiensis* Gao *et* Yang, 2006

分布：广东、贵州、云南、海南。

（959）大东山同脉缟蝇 *Homoneura (Homoneura) dadongshanica* Shi *et* Yang, 2014

分布：广东。

（960）细齿同脉缟蝇 *Homoneura (Homoneura) denticulata* Shi *et* Yang, 2014

分布：广东。

（961）大同脉缟蝇 *Homoneura (Homoneura) grandis* (Kertész, 1915)

分布：广东、台湾；越南。

（962）后斑同脉缟蝇 *Homoneura (Homoneura) occipitalis* Malloch, 1927

分布：广东、浙江、台湾、云南。

（963）假大同脉缟蝇 *Homoneura (Homoneura) pseudograndis* Papp *et* Gaimari, 2013

分布：广东、台湾。

（964）简大同脉缟蝇 *Homoneura (Homoneura) simigrandis* Shi *et* Yang, 2014

分布：广东。

（965）天井山同脉缟蝇 *Homoneura (Homoneura) tianjingshanica* Shi *et* Yang, 2014

分布：广东。

（966）双凹新同脉缟蝇 *Homoneura (Neohomoneura) biconcava* Shi, Wang *et* Yang, 2011

分布：广东。

（967）广东新同脉缟蝇 *Homoneura (Neohomoneura) guangdongica* Shi, Wang *et* Yang, 2011

分布：广东。

（968）长毛新同脉缟蝇 *Homoneura (Neohomoneura) longicomata* Shi, Wang *et* Yang, 2011

分布：广东、广西。

284. 长角缟蝇属 *Pachycerina* Macquart, 1835

（969）十纹长角缟蝇 *Pachycerina decemlineata* Meijere, 1914

分布：广东（韶关）、台湾、广西、四川、贵州、云南、西藏；越南，老挝，尼泊尔，菲律宾，马来西亚，印度尼西亚。

指角蝇总科 Nerioidea
三十二、指角蝇科 Neriidae Westwood, 1840

285. 毛指角蝇属 *Chaetonerius* Hendel, 1903

（970）无刺毛指角蝇 *Chaetonerius inermis* (Schiner, 1868)

分布：广东、台湾；印度（尼科巴），泰国，马来西亚，印度尼西亚。

禾蝇总科 Opomyzoidea
三十三、潜蝇科 Agromyzidae Fallén, 1823

286. 黑潜蝇属 *Melanagromyza* Hendel, 1920

（971）豆秆黑潜蝇 *Melanagromyza sojae* (Zehntner, 1900)

分布：广东、黑龙江、吉林、河北、山东、河南、陕西、江苏、上海、安徽、浙江、湖北、江西、湖南、福建、台湾、广西；日本，印度，马来西亚，印度尼西亚，沙特阿拉伯，埃及，澳大利亚，斐济，密克罗尼西亚。

287. 蛇潜蝇属 *Ophiomyia* Braschnikov, 1897

（972）无花果蛇潜蝇 *Ophiomyia fici* Spencer *et* Hill, 1976

分布：广东、香港。

288. 热潜蝇属 *Tropicomyia* Spencer, 1973

（973）微小热潜蝇 *Tropicomyia atomella* (Malloch, 1914)

分布：广东、山东、安徽、福建、台湾；日本，斯里兰卡，菲律宾，密克罗尼西亚，巴布亚新几内亚，印度尼西亚。

植潜蝇亚科 Phytomyzinae Fallén, 1823

289. 萼潜蝇属 *Calycomyza* Hendel, 1931

（974）蒿萼潜蝇 *Calycomyza artemisiae* (Kaltenbach, 1856)

分布：广东、北京、河北、新疆、上海、台湾、四川；日本，印度，尼泊尔，瑞典，德国，加拿大，美国；欧洲。

290. 斑潜蝇属 *Liriomyza* Mik, 1894

（975）菜斑潜蝇 *Liriomyza brassicae* (Riley, 1884)

分布：广东、福建、台湾、海南、云南；柬埔寨，泰国，印度，斯里兰卡，菲律宾，马来西亚，新加坡，德国，西班牙，埃塞俄比亚，埃及，塞内加尔，肯尼亚，坦桑尼亚，南非，莫桑比克，澳大利亚，斐济，密克罗尼西亚，加拿大，美国，委内瑞拉等。

（976）美洲斑潜蝇 *Liriomyza sativae* Blanchard, 1938

分布：广东、吉林、辽宁、北京、天津、河北、山西、山东、河南、陕西、新疆、安徽、浙江、湖北、湖南、福建、海南、广西、重庆、四川、贵州；阿曼，津巴布韦，所罗门群岛，瓦努阿图，密克罗尼西亚，巴巴多斯，安提瓜和巴布达，牙买加，加拿大，美国，巴哈马，古巴，哥斯达黎加，巴拿马，巴西，智利，多米尼加，圣基茨和尼维斯，哥伦比亚，委内瑞拉，阿根廷，圣卢西亚，秘鲁等。

沼蝇总科 Sciomyzoidea

三十四、沼蝇科 Sciomyzidae Fallén, 1820

291. 负菊沼蝇属 *Pherbellia* Robineau-Desvoidy, 1830

（977）稀斑负菊沼蝇 *Pherbellia nana reticulata* (Thomson, 1869)

分布：广东、北京、河北、新疆、贵州、云南、黑龙江；蒙古国，日本，俄罗斯。

（978）端负菊沼蝇 *Pherbellia terminalis* (Walker, 1858)

分布：广东；泰国，印度，缅甸，尼泊尔，菲律宾，阿富汗。

292. 长角沼蝇属 *Sepedon* Latreille, 1804

（979）铜色长角沼蝇 *Sepedon aenescens* Wiedemann, 1830

分布：广东、黑龙江、辽宁、内蒙古、天津、河北、山西、陕西、宁夏、新疆、上海、浙江、湖北、湖南、福建、台湾、海南、香港、广西、四川、贵州、云南；俄罗斯，朝鲜，日本，泰国，印度，尼泊尔，菲律宾，孟加拉国，巴基斯坦，阿富汗。

三十五、鼓翅蝇科 Sepsidae Walker, 1833

293. 二叉鼓翅蝇属 *Dicranosepsis* Duda, 1926

（980）爪哇二叉鼓翅蝇 *Dicranosepsis javanica* (de Meijere, 1904)

分布：广东、台湾；越南，泰国，印度，尼泊尔，斯里兰卡，菲律宾，马来西亚，印度尼西亚，巴基斯坦。

（981）重凹二叉鼓翅蝇 *Dicranosepsis revcans* (Walker, 1860)

分布：广东、台湾；日本，越南，泰国，印度，缅甸，斯里兰卡，菲律宾，马来西亚，印度尼西亚，澳大利亚，所罗门群岛。

（982）胫狭二叉鼓翅蝇 *Dicranosepsis tibialis* Iwasa *et* Tewari, 1990

分布：广东、台湾、云南；越南，泰国，印度，尼泊尔，斯里兰卡，菲律宾，马来西亚，印度尼西亚，孟加拉国，巴基斯坦，澳大利亚，巴布亚新几内亚，所罗门群岛，美国（关岛）。

294. 并股鼓翅蝇属 *Meroplius* Rondani, 1874

（983）簇生并股鼓翅蝇 *Meroplius fasciculatus* (Brunetti, 1910)

分布：广东、台湾、四川；日本，泰国，印度，尼泊尔，斯里兰卡，菲律宾，马来西亚，印度尼西亚，孟加拉国，巴布亚新几内亚。

295. 鼓翅蝇属 *Sepsis* Fallén, 1810

（984）喜粪鼓翅蝇 *Sepsis coprophila* Meijere, 1906

分布：广东、台湾；日本，越南，泰国，印度，尼泊尔，斯里兰卡，菲律宾，马来西亚，新加坡，孟加拉国，印度尼西亚。

（985）额带鼓翅蝇 *Sepsis frontalis* Walker, 1860

分布：广东、台湾；日本，越南，泰国，印度，尼泊尔，斯里兰卡，菲律宾，马来西亚，新加坡，印度尼西亚，巴基斯坦，澳大利亚，法国（新喀里多尼亚）。

（986）林奈鼓翅蝇 *Sepsis lindneri* Hennig, 1949

分布：广东、四川；蒙古国，俄罗斯。

（987）单斑鼓翅蝇 *Sepsis monostigma* Thomson, 1869

分布：广东、台湾；韩国，俄罗斯，日本，越南，印度，斯里兰卡，菲律宾。

（988）亮鼓翅蝇 *Sepsis nitens* Wiedemann, 1824

分布：广东、台湾；日本，越南，泰国，印度，尼泊尔，斯里兰卡，菲律宾，印度尼西亚，孟加拉国，巴基斯坦，澳大利亚，巴布亚新几内亚。

296. 箭叶鼓翅蝇属 *Toxopoda* Macquart, 1851

（989）白头箭叶鼓翅蝇 *Toxopoda viduata* (Thomson, 1869)

分布：广东、福建、台湾；日本，斯里兰卡，菲律宾，印度尼西亚，巴布亚新几内亚。

小粪蝇总科 Sphaeroceroidea

三十六、小粪蝇科 Sphaeroceridae Macquart, 1835

297. 微小粪蝇属 *Minilimosina* Roháček, 1983

（990）栉索小粪蝇 *Minilimosina* (*Svarciella*) *furculipexa* Roháček *et* Marshall, 1988

分布：广东、浙江、江西、广西、西藏；尼泊尔。

298. 星小粪蝇属 *Poecilosomella* Duda, 1925

（991）具刺星小粪蝇 *Poecilosomella aciculata* (Deeming, 1969)

分布：广东；日本，印度，尼泊尔，斯里兰卡，印度尼西亚。

（992）双刺星小粪蝇 *Poecilosomella biseta* Dong, Yang *et* Hayashi, 2006

分布：广东、山西、浙江、江西、贵州；日本。

（993）广东星小粪蝇 *Poecilosomella guangdongensis* Dong, Yang *et* Hayashi, 2006

分布：广东。

（994）长肋星小粪蝇 *Poecilosomella longinervis* (Duda, 1925)

分布：广东、浙江、湖北、福建、台湾、云南、西藏；印度，缅甸，尼泊尔，巴基斯坦，马来西亚。

（995）斑星小粪蝇 *Poecilosomella punctipennis* (Wiedemann, 1824)

分布：广东、福建、台湾、香港、澳门；日本，越南，印度，尼泊尔，斯里兰卡，菲律宾，印度尼西亚，萨摩亚，澳大利亚，帕劳，巴布亚新几内亚，美国（夏威夷），法国（新喀里多尼亚），斐济，密克罗尼西亚（雅浦）。

实蝇总科 Tephritoidea

三十七、芒蝇科 Ctenostylidae Bigot, 1882

299. 尼泊尔芒蝇属 *Nepaliseta* Barraclough, 1995

（996）奇异尼泊尔芒蝇 *Nepaliseta mirabilis* Barraclough, 1995

分布：广东、四川、西藏；尼泊尔。

三十八、酪蝇科 Piophilidae Macquart, 1835

300. 酪蝇属 *Piophila* Fallén, 1810

（997）普通酪蝇 *Piophila casei* (Linnaeus, 1758)

分布：广东、北京、江苏、湖北、福建、台湾；世界广布。

三十九、广口蝇科 Platystomatidae Schiner, 1862

301. 丽广口蝇属 *Lamprophthalma* Lamprophthalma, 1892

（998）壮丽广口蝇 *Lamprophthalma rhomalea* Hendel, 1914

分布：广东；越南，印度。

302. 肘角广口蝇属 *Loxoneura* Macquart, 1835

（999）福建肘角广口蝇 *Loxoneura melliana* Enderlein, 1924

分布：广东、江西、福建、四川、贵州。

303. 狭翅广口蝇属 *Plagiostenopterina* Hendel, 1912

（1000）边缘狭翅广口蝇 *Plagiostenopterina marginata* (van der Wulp, 1880)

分布：广东、海南、广西、云南；印度尼西亚。

304. 斓矛广口蝇属 *Poecilotraphera* Hendel, 1914

（1001）条纹斓矛广口蝇 *Poecilotraphera taeniata* (Macquart, 1843)

分布：广东；菲律宾，马来西亚，印度尼西亚，文莱。

四十、实蝇科 Tephritidae Newman, 1834

305. 辛实蝇属 *Sinanoplomus* Zia, 1955

（1002）中华辛实蝇 *Sinanoplomus sinensis* Zia, 1955

分布：广东。

306. 短羽实蝇属 *Acrotaeniostola* Hendel, 1914

（1003）四带短羽实蝇 *Acrotaeniostola quinaria* (Coquillett, 1910)

分布：广东、海南、香港；泰国，越南，老挝，马来西亚，印度尼西亚。

307. 拟羽角实蝇属 *Paragastrozona* Shiraki, 1933

（1004）淡笋拟羽角实蝇 *Paragastrozona vulgaris* (Zia, 1937)

分布：广东、江苏、上海、安徽、浙江、福建、四川。

308. 果实蝇属 *Bactrocera* Macqurt, 1835

（1005）桔小实蝇 *Bactrocera (Bactrocera) dorsalis* (Hendel, 1912)

分布：广东（广州、汕头、深圳、中山、珠海、湛江）、湖南、福建、台湾、海南、广西、四川、贵州、云南；日本，越南，老挝，柬埔寨，泰国，印度，缅甸，尼泊尔，不丹，斯里兰卡，菲律宾，马来西亚，新加坡，印度尼西亚，孟加拉国，巴基斯坦，密克罗尼西亚，美国（夏威夷、马里亚纳）。

（1006）木姜子果实蝇 *Bactrocera (Bactrocera) hyalina* (Shiraki, 1933)

分布：广东；日本。

（1007）锈红果实蝇 *Bactrocera (Bactrocera) rubigina* (Wang *et* Zhao, 1989)

分布：广东（广州）、海南、广西。

（1008）瓜实蝇 *Bactrocera (Zeugodacus) cucurbitae* (Coquillett, 1899)

分布：广东（广州、深圳、珠海、湛江）、上海、福建、台湾、海南、香港、广西、贵州、云南；日本，越南，老挝，柬埔寨，泰国，印度，缅甸，尼泊尔，斯里兰卡，菲律宾，马来西亚，印度尼西亚，孟加拉国，巴基斯坦，伊朗，法国（留尼汪），文莱，埃及，索马里，肯尼亚，坦桑尼亚，毛里求斯，巴布亚新几内亚，美国（夏威夷、马里亚纳）。

（1009）宽带果实蝇 *Bactrocera (Zeugodacus) scutellata* (Hendel, 1912)

分布：广东（广州、韶关、汕头）、江苏、上海、安徽、浙江、湖北、江西、湖南、福建、台湾、广西、四川、贵州、云南；韩国，日本。

（1010）南亚果实蝇 *Bactrocera (Zeugodacus) tau* (Walker, 1849)

分布：广东（广州、韶关、汕头、深圳）、浙江、湖北、江西、湖南、福建、台湾、海南、广西、四川、贵州、云南、西藏；越南，泰国，印度，不丹，斯里兰卡，孟加拉国。

花翅实蝇亚科 Tephritinae Newman, 1835

309. 锦翅实蝇属 *Elaphromyia* Bigot, 1859

（1011）四斑锦翅实蝇 *Elaphromyia pterocallaeformis* (Bezzi, 1913)

分布：广东、江苏、浙江、福建、台湾、海南、广西、贵州、云南；日本，老挝，印度，斯里兰卡，菲律宾。

310. 阔翅实蝇属 *Platensina* Enderlein, 1911

（1012）两盾鬃阔翅实蝇 *Platensina zodiacalis* (Bezzi, 1913)

分布：广东、海南、云南；老挝，泰国，印度，尼泊尔，斯里兰卡，菲律宾，马来西亚。

311. 花带实蝇属 ***Sphenella* Robineau–Desvoidy, 1830**

（1013）中华花带实蝇 *Sphenella sinensis* Schiner, 1868

分布：广东、上海、福建、台湾、海南、广西、云南；日本，巴布亚新几内亚；东洋界。

实蝇亚科 Trypetinae Pascoe, 1870

312. 白背实蝇属 ***Diarrhegma* Bezzi, 1913**

（1014）双斑白背实蝇 *Diarrhegma bimaculata* Xu, Liao *et* Zhang, 2009

分布：广东（珠海）。

313. 邻实蝇属 ***Ptilona* van der Wulp, 1880**

（1015）竹邻实蝇 *Ptilona confinis* (Walker, 1856)

分布：广东、福建、台湾、云南；马来西亚，巴基斯坦；东南亚及南太平洋岛屿。

314. 卡咆实蝇属 ***Carpophthoracidia* Shiraki, 1968**

（1016）双条卡咆实蝇 *Carpophthoracidia bivittata* Xu, Liao *et* Zhang, 2009

分布：广东（珠海）。

虱蝇总科 Hippoboscoidea

四十一、虱蝇科 Hippoboscidae Samouelle, 1819

315. 马虱蝇属 ***Hippobosca* Linnaeus, 1758**

（1017）驼马虱蝇 *Hippobosca camelina* Leach, 1817

分布：广东、辽宁、内蒙古、北京、河北、山西、山东、新疆、江苏、浙江、湖南、福建、海南、广西、云南；日本，阿富汗，伊朗，土耳其，巴勒斯坦，沙特阿拉伯，叙利亚，伊拉克，朝鲜，土库曼斯坦，埃及，阿尔及利亚。

（1018）狗马虱蝇 *Hippobosca longipennis* Fabricius, 1805

分布：广东、澳门、辽宁、内蒙古、北京、河北、山西、山东、新疆、江苏、浙江、湖南、福建、台湾、海南、广西、云南；日本，印度，尼泊尔，伊朗，朝鲜；中东地区，欧洲，非洲北部。

316. 喜鸟虱蝇属 ***Ornithophila* Rondani, 1879**

（1019）金光喜鸟虱蝇 *Ornithophila metallica* (Schiner, 1864)

分布：广东、内蒙古、北京、台湾、海南；日本，阿富汗，塔吉克斯坦，乌兹别克斯坦，吉尔吉斯斯坦，哈萨克斯坦，埃及，朝鲜，土库曼斯坦；欧洲。

蝇总科 Muscoidea

四十二、花蝇科 Anthomyiidae Robineau-Desvoidy, 1830

317. 粪种蝇属 ***Adia* Robineau–Desvoidy, 1830**

（1020）粪种蝇 *Adia cinerella* (Fallén, 1825)

分布：广东、黑龙江、吉林、辽宁、内蒙古、北京、天津、河北、山西、山东、河南、陕西、宁夏、甘肃、青海、新疆、江苏、上海、安徽、浙江、湖北、湖南、福建、台湾、四川、贵州、云南、西藏。

318. 花蝇属 *Anthomyia* Meigen, 1803

（1021）横带花蝇 *Anthomyia illocata* Walker, 1857

分布：广东、吉林、辽宁、内蒙古、河北、北京、陕西、山东、河南、湖北、江苏、上海、湖南、浙江、福建、台湾、广西、四川。

319. 海花蝇属 *Fucellia* Robineau–Desvoidy, 1841

（1022）黑斑海花蝇 *Fucellia apicalis* Kertész, 1908

分布：广东、上海、浙江、福建；日本，俄罗斯（千岛）。

（1023）中华海花蝇 *Fucellia chinensis* Kertész, 1908

分布：广东、福建、安徽、上海、山东、浙江。

320. 粪泉蝇属 *Emmesomyia* Malloch, 1917

（1024）海南粪泉蝇 *Emmesomyia kempi* (Brunetti, 1924)

分布：广东、福建、四川、贵州；印度，尼泊尔。

321. 泉蝇属 *Pegomya* Robineau–Desvoidy, 1830

（1025）厚重泉蝇 *Pegomya incrassata* Stein, 1907

分布：广东、青海。

（1026）四条泉蝇 *Pegomya quadrivittata* (Karl, 1935)

分布：广东、辽宁、河南、福建、台湾、四川、贵州、云南；朝鲜，日本；东洋界。

四十三、厕蝇科 Fanniidae Schnabl *et* Dziedzicki, 1911

322. 厕蝇属 *Fannia* Robineau–Desvoidy, 1830

（1027）夏厕蝇 *Fannia canicularis* (Linnaeus, 1761)

分布：广东、黑龙江、吉林、辽宁、内蒙古、北京、河北、山西、山东、河南、陕西、宁夏、甘肃、青海、新疆、江苏、上海、浙江、江西、湖南、台湾、广西、重庆、四川、贵州、云南、西藏；瑞典，德国，英国，法国，西班牙。

（1028）白纹厕蝇 *Fannia leucosticta* (Meigen, 1838)

分布：广东（广州、韶关）、黑龙江、辽宁、内蒙古、北京、河北、山西、山东、河南、陕西、甘肃、新疆、江苏、上海、浙江、湖北、福建、台湾、重庆、四川；俄罗斯，日本，阿富汗，土耳其，芬兰，德国，波兰，捷克，斯洛伐克，匈牙利，罗马尼亚，保加利亚，法国，荷兰，葡萄牙，瑞士，奥地利，意大利，马耳他，阿尔巴尼亚，以色列，美国；东洋界，澳洲界，新热带界。

（1029）元厕蝇 *Fannia prisca* Stein, 1918

分布：广东、黑龙江、辽宁、北京、河北、山西、山东、河南、陕西、宁夏、甘肃、江苏、上海、安徽、浙江、湖北、江西、湖南、福建、台湾、海南、广西、重庆、四川、贵州、云南；蒙古国，韩国，日本，马来西亚，俄罗斯；澳洲界。

（1030）瘤胫厕蝇 *Fannia scalaris* (Fabricius, 1794)

分布：广东（茂名）、黑龙江、吉林、辽宁、内蒙古、北京、天津、河北、山西、山东、河南、陕西、宁夏、甘肃、青海、新疆、江苏、安徽、浙江、湖北、江西、湖南、福建、台湾、广西、重庆、四川、贵州、西藏；蒙古国，俄罗斯，韩国，日本，印度，巴基斯坦，阿富汗，

伊朗，土耳其，挪威，瑞典，芬兰，丹麦，冰岛，德国，波兰，捷克，斯洛伐克，匈牙利，
罗马尼亚，保加利亚，英国，爱尔兰，法国，荷兰，比利时，西班牙，瑞士，奥地利，意大
利，阿尔巴尼亚，希腊，叙利亚，以色列；非洲；澳洲界，新北界，新热带界。

（1031）牛角厕蝇 *Fannia tauricornis* Wang, Xue *et* Su, 2004

分布：广东。

四十四、蝇科 Muscidae Latreille, 1802

芒蝇亚科 Atherigoninae Fan, 1965

323. 茸芒蝇属 *Acritochaeta* Grimshaw, 1901

（1032）端斑茸芒蝇 *Acritochaeta apicemaculata* (Hennig, 1952)

分布：广东（广州）；斯里兰卡，菲律宾，马来西亚，印度尼西亚，澳大利亚，巴布亚新几
内亚。

（1033）东方茸芒蝇 *Acritochaeta orientalis* (Schiner, 1868)

分布：广东（广州、江门、台山）、陕西、江苏、上海、浙江、湖北、江西、湖南、福建、
台湾、海南、香港、四川、贵州；日本，泰国，印度，尼泊尔，斯里兰卡，菲律宾，马来
西亚，印度尼西亚，孟加拉国，巴基斯坦，塞浦路斯，伊拉克，以色列，西班牙（加那利），
埃及，利比亚，佛得角，马达加斯加，萨摩亚，澳大利亚，密克罗尼西亚，美国；南美洲。

324. 芒蝇属 *Atherigona* Rondani, 1856

（1034）黑须芒蝇 *Atherigona atripalpis* Malloch, 1925

分布：广东（湛江）、山西、河南、江苏、上海、浙江、湖北、湖南、福建、海南、重庆、
四川、贵州、云南；印度，缅甸，尼泊尔，斯里兰卡，菲律宾，印度尼西亚，澳大利亚。

（1035）钝突芒蝇 *Atherigona crassibifurca* Fan *et* Liu, 1982

分布：广东（台山）。

（1036）短柄芒蝇 *Atherigona exigua* Stein, 1900

分布：广东（台山）、海南；斯里兰卡，马来西亚，新加坡，印度尼西亚。

（1037）大叶芒蝇 *Atherigona falcata* (Thomson, 1869)

分布：广东（台山）、北京、天津、河北、山西、山东、河南、江苏、上海、浙江、湖北、
江西、湖南、福建、台湾、海南、香港、广西、四川、贵州、云南；印度，缅甸，尼泊尔，
斯里兰卡，孟加拉国，菲律宾，纳米比亚，南非，澳大利亚，巴布亚新几内亚。

（1038）扁跖芒蝇 *Atherigona laeta* (Wiedemann, 1830)

分布：广东、台湾、海南、云南；印度，缅甸，尼泊尔，斯里兰卡，菲律宾，马来西亚，印
度尼西亚，萨摩亚，斐济。

（1039）宽基芒蝇 *Atherigona latibasis* Fan *et* Liu, 1982

分布：广东（台山）。

（1040）黍芒蝇 *Atherigona miliaceae* Malloch, 1925

分布：广东（台山）、吉林、北京、河北、河南、贵州；印度，澳大利亚。

（1041）黑胫芒蝇 *Atherigona nigritibiella* Fan *et* Liu, 1982

分布：广东（台山）。

（1042）圆叶芒蝇 *Atherigona orbicularis* Fan *et* Liu, 1982

分布：广东（台山）。

（1043）稻芒蝇 *Atherigona oryzae* Malloch, 1925

分布：广东（台山）、辽宁、河北、山西、河南、江苏、上海、浙江、湖北、湖南、福建、台湾、海南、广西、四川；日本，印度，缅甸，尼泊尔，斯里兰卡，菲律宾，马来西亚，印度尼西亚，孟加拉国，巴基斯坦，萨摩亚，澳大利亚，巴布亚新几内亚，法国（新喀里多尼亚），瓦努阿图，汤加，密克罗尼西亚，帕劳。

（1044）毛跖芒蝇 *Atherigona reversura* Villeneuve, 1936

分布：广东（台山、湛江）、天津、河北、山西、河南、江苏、上海、浙江、湖北、湖南、福建、台湾、海南、重庆、四川、云南；日本。

（1045）帚叶芒蝇 *Atherigona scopula* Fan *et* Liu, 1982

分布：广东（台山）。

（1046）双疣芒蝇 *Atherigona simplex* (Thomson, 1869)

分布：广东（台山）、江苏、上海、湖北、福建、台湾、海南、香港、云南；印度，缅甸，尼泊尔，斯里兰卡，菲律宾，马来西亚，印度尼西亚，澳大利亚，巴布亚新几内亚，法国（新喀里多尼亚），瓦努阿图。

（1047）高粱芒蝇 *Aherigona soccata* Rondani, 1871

分布：广东（翁源、台山、徐闻）、山西、湖南、海南、广西、四川、贵州、云南；泰国，印度，缅甸，菲律宾，巴基斯坦，阿富汗，土耳其，法国，意大利，也门，伊拉克，以色列，埃塞俄比亚，埃及，利比亚，摩洛哥，尼日利亚。

（1048）彩叶芒蝇 *Atherigona tricolorifolia* Fan *et* Liu, 1982

分布：广东（台山）。

（1049）三齿芒蝇 *Atherigona tridens* Malloch, 1928

分布：广东（广州、台山）、台湾、海南；印度，印度尼西亚，马来西亚，文莱。

点蝇亚科 Azeliinae Robineau–Desvoidy, 1830

325. 齿股蝇属 *Hydrotaea* Robineau–Desvoidy, 1830

（1050）爪哇齿股蝇 *Hydrotaea jacobsoni* (Stein, 1919)

分布：广东（汕头）、湖北、台湾、四川；泰国，斯里兰卡，菲律宾，马来西亚，印度尼西亚。

326. 黑蝇属 *Ophyra* Robineau–Desvoidy, 1830

（1051）斑跖黑蝇 *Ophyra chalcogaster* (Wiedemann, 1824)

分布：广东（广州、江门）、吉林、辽宁、内蒙古、北京、天津、河北、山西、山东、河南、陕西、宁夏、甘肃、江苏、上海、安徽、浙江、湖北、江西、湖南、福建、台湾、海南、广西、重庆、四川、贵州、云南；蒙古国，韩国，日本，印度尼西亚，澳大利亚；非洲；新热带界，新北界。

（1052）暗额黑蝇 *Ophyra obscurifrons* Sabrosky, 1949

分布：广东（深圳、湛江）、辽宁、内蒙古、北京、天津、河北、山西、山东、河南、陕西、甘肃、江苏、上海、浙江、湖南、福建、香港、广西、四川、贵州、云南；日本，越南，印度，缅甸，尼泊尔。

（1053）厚环黑蝇 *Ophyra spinigera* Stein, 1910

分布：广东、黑龙江、吉林、辽宁、内蒙古、北京、天津、河北、山西、山东、河南、陕西、甘肃、江苏、上海、浙江、湖北、湖南、福建、台湾、海南、广西、重庆、四川、贵州、云南；日本，越南，印度，尼泊尔，斯里兰卡，菲律宾，马来西亚，新加坡，印度尼西亚，文莱，朝鲜，俄罗斯，韩国，萨摩亚，澳大利亚，巴布亚新几内亚，所罗门群岛，瓦努阿图，斐济，美国（关岛）。

秽蝇亚科 Coenosiinae Verrall, 1888

327. 溜秽蝇属 *Cephalispa* Malloch, 1935

（1054）钩溜秽蝇 *Cephalispa hamata* Cui *et* Xue, 1995

分布：广东（潮州）。

328. 秽蝇属 *Coenosia* Meigen, 1826

（1055）短跗秽蝇 *Coenosia brevimana* Cui *et* Xue, 2001

分布：广东、贵州。

（1056）褐翅秽蝇 *Coenosia brunneipennis* (Cui, Xue *et* Liu, 1995)

分布：广东（茂名）、福建、贵州。

（1057）短小秽蝇 *Coenosia exigua* Stein, 1910

分布：广东（肇庆）、浙江、湖南、台湾、海南、广西、贵州、云南；印度，缅甸，尼泊尔，斯里兰卡，马来西亚，印度尼西亚，埃塞俄比亚，澳大利亚。

329. 溜头秽蝇属 *Lispocephala* Pokorny, 1893

（1058）牛眼溜头秽蝇 *Lispocephala boops* (Thomson, 1869)

分布：广东、香港、台湾；日本，印度，印度尼西亚。

（1059）羽芒溜头秽蝇 *Lispocephala pecteniseta* Xue, Wang *et* Zhang, 2006

分布：广东、广西、贵州。

（1060）瓣溜头秽蝇 *Lispocephala valva* Xue *et* Zhang, 2011

分布：广东（阳春）。

330. 尾秽蝇属 *Pygophora* Schiner, 1868

（1061）露尾秽蝇 *Pygophora confusa* Stein, 1915

分布：广东（清远）、台湾；日本。

（1062）净翅尾秽蝇 *Pygophora immaculipennis* Frey, 1917

分布：广东（清远、潮州、肇庆、茂名、湛江）、湖南、福建、台湾、海南、四川、贵州、云南；日本，印度，缅甸，斯里兰卡。

（1063）直叶尾秽蝇 *Pygophora recta* (Cui *et* Xue, 1996)

分布：广东（茂名）、云南。

（1064）三支尾秽蝇 *Pygophora trina* (Wiedemann, 1830)

分布：广东、澳门。

331. 毛溜蝇属 *Chaetolispa* Malloch, 1922

（1065）鬃颊毛溜蝇 *Chaetolispa geniseta* (Stein, 1909)

分布：广东、台湾、海南；泰国，印度，缅甸，斯里兰卡，马来西亚，印度尼西亚，澳大利亚；非洲。

332. 池蝇属 *Limnophora* Robineau, 1830

（1066）端鬃池蝇 *Limnophora apiciseta* Emden, 1965

分布：广东（潮州、湛江）、海南、广西、贵州、云南；印度，缅甸，尼泊尔。

（1067）斑板池蝇 *Limnophora exigua* (Wiedemann, 1830)

分布：广东（潮州、湛江）、台湾、贵州、云南；以色列，埃及，澳大利亚；东洋界，新热带界。

（1068）隐斑池蝇 *Limnophora fallax* Stein, 1919

分布：广东（潮州、湛江）、江苏、上海、安徽、浙江、湖北、湖南、台湾、广西、四川、贵州、云南；日本，印度尼西亚；东洋界。

（1069）裂叶池蝇 *Limnophora furcicerca* Xue *et* Liu, 1990

分布：广东（湛江）、广西、海南、云南。

（1070）小隐斑池蝇 *Limnophora minutifallax* Lin *et* Xue, 1986

分布：广东（潮州）、陕西、浙江、湖南、贵州、云南。

（1071）鬃脉池蝇 *Limnophora setinerva* Schnabl, 1911

分布：广东（湛江）、吉林、辽宁、河北、山西、河南、陕西、湖北、湖南、广西、四川、贵州、云南；日本，土耳其，法国，西班牙，葡萄牙，希腊，黑山，以色列，塞尔维亚，埃及。

（1072）坤池蝇 *Limnophora virago* Emden, 1965

分布：广东、海南、云南；印度，马来西亚。

333. 溜蝇属 *Lispe* Latreille, 1796

（1073）肖溜蝇 *Lispe assimilis* Wiedemann, 1824

分布：广东、台湾；日本，泰国，印度，缅甸，尼泊尔，斯里兰卡，菲律宾，印度尼西亚，巴基斯坦，保加利亚，法国，意大利，萨摩亚，斐济，美国。

（1074）黄脉溜蝇 *Lispe flavinervis* (Becker, 1904)

分布：广东、青海；蒙古国，俄罗斯，乌克兰。

（1075）光彩溜蝇 *Lispe geniseta* Stein, 1909

分布：广东、台湾；泰国，印度，缅甸，斯里兰卡，马来西亚，印度尼西亚，埃塞俄比亚，澳大利亚。

（1076）黄跖溜蝇 *Lispe kowarzi* (Becker, 1903)

分布：广东、台湾、海南、广西、云南；泰国，印度，缅甸，尼泊尔，斯里兰卡，马来西亚，印度尼西亚；非洲。

（1077）白点溜蝇 *Lispe leucospila* (Wiedemann, 1830)

分布：广东、山东、河南、上海、浙江、福建、台湾、海南、广西；斯里兰卡，马来西亚，印度尼西亚，巴基斯坦，菲律宾，澳大利亚；非洲。

（1078）长条溜蝇 *Lispe longicollis* Meigen, 1826

分布：广东、黑龙江、吉林、辽宁、北京、天津、河北、山西、山东、新疆、安徽；印度，伊朗，土耳其，丹麦，德国，捷克，斯洛伐克，匈牙利，保加利亚，英国，以色列，阿尔及利亚，俄罗斯，塞尔维亚，黑山。

（1079）东方溜蝇 *Lispe orientalis* Wiedemann, 1824

分布：广东、吉林、辽宁、北京、河北、山东、江苏、上海、安徽、浙江、湖北、福建、台湾、海南、广西、四川、云南；日本，印度，缅甸，斯里兰卡，马来西亚，印度尼西亚，巴基斯坦，朝鲜。

334. 客溜蝇属 *Xenolispa* Malloch, 1922

（1080）黄跖客溜蝇 *Xenolispa kowarzi* (Becker, 1903)

分布：广东、台湾、海南、广西、云南；泰国，印度，缅甸，尼泊尔，斯里兰卡，马来西亚，印度尼西亚，埃及。

家蝇亚科 Muscinae Latreille, 1802

335. 莫蝇属 *Morellia* Robineau–Desvoidy, 1830

（1081）园莫蝇 *Morellia hortensia* (Wiedemann, 1824)

分布：广东（潮安、新会、信宜、湛江）、黑龙江、吉林、辽宁、内蒙古、山西、山东、河南、陕西、甘肃、新疆、江苏、上海、浙江、湖北、湖南、福建、台湾、广西、贵州、云南；俄罗斯，朝鲜，日本，印度，斯里兰卡，马来西亚，新加坡，印度尼西亚，澳大利亚，文莱；非洲热带区。

336. 家蝇属 *Musca* Linnaeus, 1758

（1082）瞿氏家蝇 *Musca chui* Fan, 1965

分布：广东（湛江）、福建、海南、广西、云南；菲律宾。

（1083）带纹家蝇 *Musca confiscata* Speiser, 1924

分布：广东（潮安、信宜、电白）、上海、浙江、湖北、江西、湖南、福建、台湾、海南、贵州、云南；日本，越南，泰国，印度，缅甸，尼泊尔，斯里兰卡，马来西亚，阿富汗；琉球群岛；非洲。

（1084）家蝇 *Musca domestica* Linnaeus, 1758

分布：广东（广州、深圳、江门）等；除南极、北极外世界广布。

（1085）鱼尸家蝇 *Musca pattoni* Austen, 1910

分布：广东（湛江）、海南、香港、广西、云南；缅甸，印度，尼泊尔，孟加拉国，斯里兰卡。

（1086）牲家蝇 *Musca seniorwhitei* Patton, 1922

分布：广东（广州）、台湾、海南、云南；泰国，印度，缅甸，尼泊尔，斯里兰卡，菲律宾，马来西亚，印度尼西亚。

（1087）扰家蝇 *Musca (Eumusca) craggi* Patton, 1922

分布：广东、福建、海南、云南；泰国，印度，尼泊尔，斯里兰卡，菲律宾，马来西亚。

（1088）黄黑家蝇 *Musca* (*Eumusca*) *xanthomelas* Wiedemann, 1824

分布：广东（广州）、海南、四川；泰国，印度，缅甸，印度尼西亚，乌干达，马拉维，科摩罗，毛里求斯，纳米比亚，博茨瓦纳，津巴布韦，莫桑比克，南非。

（1089）毛堤家蝇 *Musca* (*Lissosterna*) *pilifacies* Emden, 1965

分布：广东（广州）、陕西、湖北、台湾、香港、四川；泰国，缅甸。

（1090）市蝇 *Musca* (*Lissosterna*) *sorbens* Wiedemann, 1830

分布：广东（广州、汕头、新会、湛江）、辽宁、内蒙古、河北、山西、山东、河南、陕西、甘肃、新疆、江苏、安徽、浙江、湖北、湖南、福建、台湾、海南、香港、澳门、广西、四川、云南；印度，菲律宾，马来西亚，新加坡；东洋界，古北界南部。

（1091）逐畜家蝇 *Musca* (*Plaxemya*) *conducens* Walker, 1859

分布：广东（新会、开平）、辽宁、河北、山东、河南、陕西、江苏、安徽、浙江、湖北、江西、湖南、福建、台湾、海南、广西、四川、云南、西藏；朝鲜，日本，越南，泰国，印度，缅甸，尼泊尔，斯里兰卡，菲律宾，马来西亚，文莱，印度尼西亚，埃塞俄比亚，巴布亚新几内亚；古北界南部。

（1092）肥喙家蝇 *Musca* (*Plaxemya*) *crassirostris* Stein, 1903

分布：广东（阳春、湛江）、江苏、湖北、福建、台湾、海南、广西、云南；越南，泰国，印度，缅甸，尼泊尔，斯里兰卡，菲律宾，马来西亚，印度尼西亚，埃及，埃塞俄比亚。

（1093）平头家蝇 *Musca* (*Plaxemya*) *planiceps* Wiedemann, 1824

分布：广东、福建、海南、广西、云南；印度，尼泊尔，斯里兰卡，菲律宾，印度尼西亚。

（1094）黄腹家蝇 *Musca* (*Plaxemya*) *ventrosa* Wiedemann, 1830

分布：广东（新会、开平、湛江）、河北、河南、陕西、江苏、浙江、湖北、福建、台湾、海南、广西、四川、云南；日本，泰国，印度，缅甸，尼泊尔，斯里兰卡，菲律宾，马来西亚，印度尼西亚，文莱；澳洲界，新热带界。

（1095）北栖家蝇 *Musca* (*Viviparomusca*) *bezzii* Patton *et* Cragg, 1913

分布：广东（广州）、黑龙江、吉林、辽宁、山东、河南、陕西、甘肃、江苏、安徽、浙江、湖北、湖南、台湾、海南、四川、云南、西藏；日本，印度，缅甸，尼泊尔，马来西亚，朝鲜，俄罗斯；古北界东部。

（1096）突额家蝇 *Musca* (*Viviparomusca*) *convexifrons* Thomson, 1869

分布：广东（从化、新会、鹤山、开平、电白、湛江）、山东、陕西、江苏、上海、浙江、湖北、湖南、福建、台湾、海南、香港、广西、四川、云南；日本，印度，缅甸，尼泊尔，斯里兰卡，菲律宾，马来西亚，印度尼西亚，文莱。

（1097）台湾家蝇 *Musca* (*Viviparomusca*) *formosana* Malloch, 1925

分布：广东（潮州）、上海、浙江、福建、台湾、海南、广西、四川、云南；泰国，印度，尼泊尔，斯里兰卡，马来西亚。

（1098）毛瓣家蝇 *Musca* (*Viviparomusca*) *inferior* Stein, 1909

分布：广东（湛江）、台湾、海南、广西、云南；越南，泰国，印度，缅甸，尼泊尔，斯里兰卡，菲律宾，马来西亚，印度尼西亚，文莱，巴布亚新几内亚。

337. 翠蝇属 *Neomyia* **Walker, 1859**

（1099）明翅翠蝇 *Neomyia claripennis* (Malloch, 1923)

分布：广东（广州）、浙江、湖南、台湾、广西、四川、云南、西藏；日本，泰国，印度，缅甸，尼泊尔，斯里兰卡，菲律宾，马来西亚，印度尼西亚。

（1100）绿额翠蝇 *Neomyia coeruleifrons* (Macquart, 1851)

分布：广东（新会、电白）、河南、浙江、台湾、广西、云南、西藏；日本，老挝，泰国，尼泊尔，菲律宾，马来西亚，印度尼西亚。

（1101）印度翠蝇 *Neomyia indica* (Robineau–Desvoidy, 1830)

分布：广东（广州）、江苏、浙江、江西、福建、台湾、广西、贵州、云南；日本，老挝，泰国，印度，缅甸，斯里兰卡，菲律宾，马来西亚，印度尼西亚，孟加拉国。

（1102）紫翠蝇 *Neomyia gavisa* (Walker, 1859)

分布：广东（江门、电白）、山东、宁夏、甘肃、江苏、上海、安徽、浙江、湖北、江西、湖南、福建、台湾、香港、广西、重庆、四川、贵州、云南、西藏；印度，缅甸，尼泊尔，斯里兰卡，印度尼西亚，巴基斯坦。

（1103）黑斑翠蝇 *Neomyia lauta* (Wiedemann, 1830)

分布：广东（广州、江门、电白）、上海、湖南、福建、台湾、海南、广西、贵州、云南、西藏；日本，越南，老挝，泰国，印度，缅甸，尼泊尔，斯里兰卡，菲律宾，马来西亚，印度尼西亚，巴基斯坦。

（1104）绯角翠蝇 *Neomyia ruficornis* (Shinonaga, 1970)

分布：广东（新会）、广西、云南、海南；印度，越南。

（1105）蓝翠蝇 *Neomyia timorensis* (Robineau–Desvoidy, 1830)

分布：广东（新会）、辽宁、内蒙古、河北、山东、河南、陕西、宁夏、甘肃、江苏、安徽、浙江、湖北、湖南、福建、台湾、香港、广西、四川；日本，越南，泰国，印度，缅甸，尼泊尔，斯里兰卡，菲律宾，马来西亚，印度尼西亚，东帝汶，孟加拉国。

圆蝇亚科 Mydaeinae Verrall, 1888

338. 裸圆蝇属 *Brontaea* **Kowarz, 1873**

（1106）升斑裸圆蝇 *Brontaea ascendens* (Stein, 1915)

分布：广东、河南、陕西、江苏、上海、浙江、江西、湖南、福建、台湾、海南、四川、贵州、云南；日本，泰国，印度，缅甸，斯里兰卡，印度尼西亚。

（1107）毛颊裸圆蝇 *Brontaea lasiopa* (Emden, 1965)

分布：广东、四川、云南；日本，印度，缅甸。

（1108）花裸圆蝇 *Brontaea tonitrui* (Wiedemann, 1824)

分布：广东、上海、浙江、福建、台湾、贵州、云南；印度，尼泊尔，斯里兰卡，马来西亚，孟加拉国，缅甸，泰国，马来西亚，印度尼西亚，巴基斯坦，埃塞俄比亚，埃及，利比亚，摩洛哥，突尼斯，葡萄牙（马德拉）。

339. 纹蝇属 *Graphomya* **Robineau–Desvoidy, 1830**

（1109）绯胫纹蝇 *Graphomya rufitibia* Stein, 1918

分布：广东、吉林、辽宁、北京、天津、河北、山西、山东、河南、陕西、上海、浙江、湖北、江西、湖南、福建、台湾、海南、广西、云南；朝鲜，日本，印度，缅甸，斯里兰卡，印度尼西亚，巴基斯坦，奥地利。

340. 毛膝蝇属 *Hebecnema* Schnabl, 1889

（1110）暗毛膝蝇 *Hebecnema fumosa* (Meigen, 1826)

分布：广东、山西、台湾、贵州；俄罗斯，日本，土耳其，挪威，瑞典，芬兰，德国，波兰，匈牙利，罗马尼亚，保加利亚，英国，爱尔兰，法国，西班牙，葡萄牙，奥地利，意大利，阿尔巴尼亚，塞尔维亚，黑山，希腊，塞浦路斯，叙利亚，以色列，利比亚，捷克，斯洛伐克，摩洛哥，阿尔及利亚。

341. 妙蝇属 *Myospila* Rondani, 1856

（1111）银额妙蝇 *Myospila argentata* (Walker, 1856)

分布：广东、台湾、贵州；泰国，印度，缅甸，斯里兰卡，菲律宾，马来西亚，印度尼西亚。

（1112）双色妙蝇 *Myospila bina* (Wiedemann, 1830)

分布：广东、台湾、贵州、云南；日本，印度，缅甸，斯里兰卡，菲律宾，马来西亚，印度尼西亚，孟加拉国，巴基斯坦。

（1113）短盾妙蝇 *Myospila breviscutellata* (Xue et Kuang, 1992)

分布：广东。

（1114）移妙蝇 *Myospila elongata* (Emden, 1965)

分布：广东、湖南、贵州、云南；尼泊尔，马来西亚。

（1115）黄股妙蝇 *Myospila femorata* (Malloch, 1935)

分布：广东、湖南、台湾、贵州；日本，印度，缅甸，斯里兰卡，菲律宾。

（1116）黄翅妙蝇 *Myospila flavipennis* (Malloch, 1928)

分布：广东；马来西亚。

（1117）拟暗基妙蝇 *Myospila fuscicoxoides* Xue et Lin, 1998

分布：广东（潮安）。

（1118）广东妙蝇 *Myospila guangdonga* Xue, 1998

分布：广东（茂名）。

（1119）棕跗妙蝇 *Myospila laevis* (Stein, 1900)

分布：广东、湖南、台湾、云南；日本，印度，缅甸，斯里兰卡，菲律宾，马来西亚，文莱，印度尼西亚，密克罗尼西亚，巴布亚新几内亚。

（1120）毛眼妙蝇 *Myospila lasiophthalma* (Emden, 1965)

分布：广东、贵州；缅甸，尼泊尔。

（1121）净妙蝇 *Myospila lauta* (Stein, 1918)

分布：广东、台湾、香港；泰国，缅甸，印度尼西亚。

（1122）扁头妙蝇 *Myospila lenticeps* (Thomson, 1869)

分布：广东、湖南、台湾、四川、贵州、云南；日本，泰国，印度，尼泊尔，斯里兰卡，菲律宾，马来西亚，印度尼西亚，基里巴斯（圣诞岛）；非洲。

（1123）庞特妙蝇 *Myospila ponti* Xue *et* Liu, 1998

分布：广东、湖南。

（1124）怯妙蝇 *Myospila pudica* (Stein, 1915)

分布：广东、湖北、湖南、台湾、云南；菲律宾，印度尼西亚。

（1125）红缘妙蝇 *Myospila rufomarginata* (Malloch, 1925)

分布：广东、湖南、四川、云南；日本，泰国，缅甸，尼泊尔，斯里兰卡，菲律宾，印度尼西亚。

（1126）束带妙蝇 *Myospila tenax* (Stein, 1918)

分布：广东、湖南、台湾、贵州、云南；印度，缅甸。

棘蝇亚科 Phaoniinae Malloch, 1917

342. 重毫蝇属 *Dichaetomyia* Malloch, 1921

（1127）暗端重毫蝇 *Dichaetomyia apicalis* (Stein, 1904)

分布：广东、台湾；印度，斯里兰卡，菲律宾，马来西亚，印度尼西亚。

（1128）金缘重毫蝇 *Dichaetomyia aureomarginata* Emden, 1965

分布：广东、福建、台湾、海南；印度，马来西亚，印度尼西亚。

（1129）铜腹重毫蝇 *Dichaetomyia bibax* (Wiedemann, 1830)

分布：广东、吉林、辽宁、内蒙古、河北、山西、山东、河南、陕西、浙江、湖北、福建、台湾、海南、广西、重庆、四川、贵州、云南、西藏；日本，泰国，印度，缅甸，菲律宾，马来西亚，印度尼西亚。

（1130）翘叶重毫蝇 *Dichaetomyia corrugicerca* Xue *et* Liu, 1998

分布：广东。

（1131）毛坡重毫蝇 *Dichaetomyia declivityata* Xue *et* Lin, 1998

分布：广东。

（1132）黄尾重毫蝇 *Dichaetomyia flavocaudata* Malloch, 1925

分布：广东、云南；马来西亚，菲律宾。

（1133）黄端重毫蝇 *Dichaetomyia fulvoapicata* Emden, 1965

分布：广东、湖北、湖南、四川、贵州、云南；印度，马来西亚。

（1134）山栖重毫蝇 *Dichaetomyia monticola* Emden, 1965

分布：广东、福建、云南；泰国，印度，菲律宾，马来西亚，印度尼西亚。

（1135）彭亨重毫蝇 *Dichaetomyia pahangensis* Malloch, 1925

分布：广东、福建、贵州；缅甸，马来西亚。

（1136）四鬃重毫蝇 *Dichaetomyia quadrata* (Wiedemann, 1824)

分布：广东、福建、台湾、广西；日本，印度，缅甸，斯里兰卡，菲律宾，马来西亚，新加坡，印度尼西亚。

（1137）鳞被重毫蝇 *Dichaetomyia scabipollinosa* Xue, 1998

分布：广东。

（1138）鬃股重毫蝇 *Dichaetomyia setifemur* Malloch, 1928

分布：广东；缅甸，马来西亚，印度尼西亚。

343. 阳蝇属 *Helina* Robineau-Desvoidy, 1830

（1139）棕膝阳蝇 *Helina brunneigena* Emden, 1965

分布：广东（湛江、汕头）、云南；马来西亚。

（1140）毛股阳蝇 *Helina hirtifemorata* Malloch, 1926

分布：广东（湛江、潮安、连州）、四川、云南、西藏；印度，菲律宾，印度尼西亚。

（1141）冠阳蝇 *Helina lateralis* (Stein, 1904)

分布：广东（潮安等）、台湾、香港、广西；印度，缅甸，尼泊尔，菲律宾，马来西亚，印度尼西亚。

（1142）六斑阳蝇 *Helina sexmaculata* Preyssler, 1791

分布：广东、吉林、湖南、台湾；俄罗斯，日本，印度，缅甸，尼泊尔，瑞典，芬兰，丹麦，德国，波兰，捷克，斯洛伐克，匈牙利，保加利亚，英国，法国，荷兰，西班牙，葡萄牙，奥地利，意大利，马耳他，塞尔维亚，黑山，塞浦路斯，以色列，罗马尼亚，埃及，新西兰。

344. 棘蝇属 *Phaonia* Robineau-Desvoidy, 1830

（1143）大雾山棘蝇 *Phaonia dawushanensis* Xue *et* Liu, 1985

分布：广东（信宜、湛江）。

（1144）广东棘蝇 *Phaonia guangdongensis* Xue *et* Liu, 1985

分布：广东（信宜、湛江）。

（1145）南岭棘蝇 *Phaonia nanlingensis* Xue *et* Zhang, 2013

分布：广东（乳源）。

邻家蝇亚科 Reinwardtiinae Townsend, 1935

345. 腐蝇属 *Muscina* Robineau-Desvoidy, 1830

（1146）日本腐蝇 *Muscina japonica* Shinonaga, 1974

分布：广东（潮安、新会、湛江）、黑龙江、吉林、辽宁、内蒙古、河北、山西、河南、陕西、宁夏、青海、浙江、湖南；韩国，日本。

（1147）厩腐蝇 *Muscina stabulans* (Fallén, 1817)

分布：广东（新会、江门）、黑龙江、吉林、辽宁、内蒙古、北京、天津、河北、山西、山东、河南、陕西、宁夏、甘肃、青海、新疆、江苏、上海、浙江、湖北、江西、福建、台湾、重庆、四川、贵州、云南、西藏；蒙古国，韩国，俄罗斯，朝鲜，日本，印度，巴基斯坦，阿富汗，塔吉克斯坦，乌兹别克斯坦，土库曼斯坦，吉尔吉斯斯坦，哈萨克斯坦，土耳其，挪威，瑞典，芬兰，丹麦，冰岛，德国，波兰，捷克，斯洛伐克，匈牙利，罗马尼亚，保加利亚，英国，爱尔兰，法国，荷兰，比利时，西班牙，葡萄牙，瑞士，奥地利，意大利，马耳他，阿尔巴尼亚，塞尔维亚，黑山，叙利亚，以色列，肯尼亚，南非，澳大利亚，瓦努阿图，新西兰，斐济，美国，墨西哥，智利，巴西，委内瑞拉，乌拉圭，阿根廷。

346. 雀蝇属 *Passeromyia* Robhain *et* Villeneuve, 1915

（1148）异芒雀蝇 *Passeromyia heterochaeta* (Villeneuve, 1915)

分布：广东（广州）、台湾、四川、云南；印度，缅甸，斯里兰卡，印度尼西亚，塞内加尔，喀麦隆，尼日利亚，肯尼亚，乌干达，坦桑尼亚，布隆迪，刚果（金），赞比亚，马拉维，博茨瓦纳，南非。

347. 综蝇属 *Synthesiomyia* Brauer *et* Bergenstamm, 1893

（1149）裸芒综蝇 *Synthesiomyia nudiseta* (van der Wulp, 1883)

分布：广东（广州、江门）、辽宁、上海、湖南、福建、台湾；日本，印度，法国，文莱，埃及，佛得角，葡萄牙（马德拉），西班牙（加那利），塞舌尔，萨摩亚，澳大利亚，巴布亚新几内亚，瓦努阿图，斐济，汤加，多米尼加（圣多明各），特立尼达和多巴哥，牙买加，美国，墨西哥，尼加拉瓜，智利，巴西，玻利维亚，委内瑞拉，阿根廷，圭亚那，厄瓜多尔，巴拉圭。

螫蝇亚科 Stomoxyinae Meigen, 1824

348. 角蝇属 *Haematobia* Le Peletier *et* Serville, 1828

（1150）东方角蝇 *Haematobia exigua* De Meijere, 1903

分布：广东（广州、湛江）、台湾、海南、香港、云南；越南，泰国，印度，缅甸，尼泊尔，斯里兰卡，菲律宾，马来西亚，东帝汶，印度尼西亚，孟加拉国，澳大利亚，巴布亚新几内亚，所罗门群岛，密克罗尼西亚，帕劳，塞舌尔。

（1151）微小角蝇 *Haematobia minuta* (Bezzi, 1892)

分布：广东（湛江）、海南；泰国，印度，斯里兰卡，伊朗，西班牙，巴勒斯坦，伊拉克，苏丹，索马里，马拉维。

349. 血喙蝇属 *Haematobosca* Bezzi, 1907

（1152）刺血喙蝇 *Haematobosca sanguinolenta* (Austen, 1909)

分布：广东（潮州、信宜、阳春）、吉林、辽宁、内蒙古、北京、河北、山西、山东、河南、陕西、宁夏、甘肃、江苏、上海、浙江、湖北、湖南、福建、台湾、海南、香港、广西、重庆、四川、贵州、云南；越南，老挝，柬埔寨，泰国，印度，缅甸，尼泊尔，斯里兰卡，菲律宾，马来西亚，印度尼西亚，文莱。

350. 螫蝇属 *Stomoxys* Geoffroy, 1762

（1153）厩螫蝇 *Stomoxys calcitrans* (Linnaeus, 1758)

分布：广东（汕头、江门、信宜、湛江）、黑龙江、吉林、辽宁、内蒙古、北京、天津、河北、山西、山东、河南、陕西、宁夏、甘肃、江苏、上海、安徽、浙江、湖北、江西、湖南、福建、台湾、海南、广西、重庆、四川、贵州、云南、西藏；俄罗斯，朝鲜，韩国，日本，越南，泰国，印度，缅甸，尼泊尔，斯里兰卡，菲律宾，马来西亚，印度尼西亚，巴基斯坦；中亚，欧洲等。

（1154）印度螫蝇 *Stomoxys indicus* Picard, 1908

分布：广东（潮州、新会、电白、信宜）、北京、天津、河北、山西、山东、河南、陕西、宁夏、甘肃、江苏、上海、浙江、湖北、江西、湖南、福建、台湾、海南、广西、四川、贵州、云南；日本，越南，泰国，印度，缅甸，斯里兰卡，菲律宾，马来西亚，印度尼西亚，萨摩亚，斐济，密克罗尼西亚，美国。

（1155）南螫蝇 *Stomoxys sitiens* Rondani, 1873

分布：广东（南澳、新会、电白、湛江）、福建、台湾、海南、香港、广西、云南；老挝，泰国，印度，缅甸，斯里兰卡，菲律宾，马来西亚，新加坡，埃塞俄比亚，埃及，冈比亚，佛得角，尼日利亚。

（1156）琉球螫蝇 *Stomoxys uruma* Shinonaga *et* Kano, 1966

分布：广东、台湾、海南、香港；日本，越南，泰国，印度。

狂蝇总科 Oestroidea

四十五、丽蝇科 Calliphoridae Brauer *et* Bergenstamm, 1889

迷蝇亚科 Ameniinae (Kurahashi, 1989)

351. 闪迷蝇属 *Silbomyia* Macquart, 1843

（1157）华南闪迷蝇 *Silbomyia hoeneana* Enderlein, 1936

分布：广东（广州等）、江苏、浙江、湖北、江西、海南、四川、云南。

孟蝇亚科 Bengaliinae Brauer *et* Bergenstamm, 1889

352. 孟蝇属 *Bengalia* Robineau-Desvoidy, 1830

（1158）锡兰孟蝇 *Bengalia bezzii* Senior-White, 1923

分布：广东（潮安、汕头、信宜）、浙江、福建、台湾、海南、四川；日本，越南，老挝，泰国，印度，斯里兰卡，菲律宾，马来西亚，新加坡，印度尼西亚；琉球群岛。

（1159）凹圆孟蝇 *Bengalia emarginata* Malloch, 1927

分布：广东（潮安、信宜）、福建、台湾、海南；泰国，新加坡。

（1160）广东孟蝇 *Bengalia mandarina* (Lehrer, 2005)

分布：广东。

（1161）侧线孟蝇 *Bengalia torosa* (Wiedemann, 1819)

分布：广东（潮安）、台湾、海南、云南；日本，老挝，泰国，印度，斯里兰卡，菲律宾，马来西亚，孟加拉国，澳大利亚。

（1162）变色孟蝇 *Bengalia varicolor* (Fabricius, 1805)

分布：广东（广州、潮安、信宜）、浙江、福建、台湾、海南、四川；日本，越南，老挝，泰国，印度，斯里兰卡，菲律宾，马来西亚，新加坡，印度尼西亚。

353. 阿丽蝇属 *Aldrichina* Townsend, 1934

（1163）巨尾阿丽蝇 *Aldrichina grahami* (Aldrich, 1930)

分布：广东（广州、汕头、大雾岭、湛江等）、黑龙江、吉林、辽宁、内蒙古、北京、天津、河北、山西、山东、河南、陕西、宁夏、甘肃、青海、江苏、上海、安徽、浙江、湖北、江西、湖南、福建、台湾、海南、广西、四川、贵州、云南、西藏；俄罗斯，朝鲜，韩国，日本，印度，巴基斯坦，美国。

354. 丽蝇属 *Calliphora* Robineau-Desvoidy, 1830

（1164）反吐丽蝇 *Calliphora vomitoria* (Linnaeus, 1758)

分布：广东（信宜）、黑龙江、吉林、辽宁、内蒙古、天津、河北、山西、山东、河南、陕西、宁夏、甘肃、青海、新疆、江苏、上海、安徽、浙江、湖北、江西、湖南、福建、台湾、四川、贵州、云南、西藏；蒙古国，俄罗斯，朝鲜，日本，印度，尼泊尔，菲律宾，阿富汗，摩洛哥，美国（夏威夷）；欧洲，北美洲。

355. 台南蝇属 _Tainanina_ Villeneuve, 1926

（1165）毛瓣台南蝇 _Tainanina pilisquama_ (Senior–White, 1925)

分布：广东、台湾；日本，印度，斯里兰卡，菲律宾，马来西亚，印度尼西亚。

（1166）阳春台南蝇 _Tainanina yangchunensis_ (Fan et Yao, 1984)

分布：广东（阳春）、四川。

356. 带绿蝇属 _Hemipyrellia_ Townsend, 1918

（1167）瘦叶带绿蝇 _Hemipyrellia ligurriens_ (Wiedemann, 1830)

分布：广东（广州）、河南、陕西、江苏、上海、浙江、湖北、江西、湖南、福建、台湾、海南、广西、重庆、四川、贵州、云南、西藏；朝鲜，韩国，日本，泰国，印度，斯里兰卡，菲律宾，马来西亚，新加坡，印度尼西亚，孟加拉国，巴布亚新几内亚；澳洲界。

（1168）胖叶带绿蝇 _Hemipyrellia pulchra_ (Wiedemann, 1830)

分布：广东；泰国，印度。

357. 绿蝇属 _Lucilia_ Robineau–Desvoidy, 1830

（1169）南岭绿蝇 _Lucilia bazini_ Séguy, 1934

分布：广东（潮安、枫溪、汕头、深圳）、河南、陕西、甘肃、江苏、上海、浙江、湖北、江西、湖南、福建、台湾、海南、四川、贵州、云南；韩国，俄罗斯，日本。

（1170）铜绿蝇 _Lucilia cuprina_ (Wiedemann, 1830)

分布：广东（广州、汕头、东凤、新会、肇庆、电白、水东、信宜、湛江）、辽宁、内蒙古、山西、山东、河南、宁夏、甘肃、江苏、上海、安徽、浙江、湖北、江西、湖南、福建、台湾、海南、广西、四川、贵州、云南、西藏；韩国，日本，越南，老挝，泰国，印度，菲律宾，马来西亚，新加坡，印度尼西亚，巴基斯坦，阿富汗，沙特阿拉伯，帕劳，澳大利亚，巴布亚新几内亚（俾斯麦，布干维尔），瓦努阿图，法国（新喀里多尼亚），斐济，马绍尔群岛，美国（夏威夷、关岛），基里巴斯（吉尔伯特）；非洲北部，美洲。

（1171）海南绿蝇 _Lucilia hainanensis_ Fan, 1965

分布：广东（凤凰、汕头、电白、信宜）、湖南、台湾、海南、广西、四川。

（1172）巴浦绿蝇 _Lucilia papuensis_ (Macquart, 1842)

分布：广东、河北、河南、陕西、宁夏、甘肃、江苏、上海、安徽、浙江、湖北、江西、福建、台湾、广西、四川、贵州、云南、西藏；朝鲜，日本，老挝，泰国，印度，尼泊尔，斯里兰卡，菲律宾，马来西亚，印度尼西亚，密克罗尼西亚，巴布亚新几内亚，瓦努阿图；澳洲界。

（1173）紫绿蝇 _Lucilia porphyrina_ (Walker, 1856)

分布：广东、山西、山东、河南、陕西、宁夏、甘肃、江苏、上海、浙江、湖北、江西、湖南、福建、台湾、海南、广西、重庆、四川、贵州、云南、西藏；韩国，日本，泰国，印度，斯里兰卡，菲律宾，马来西亚，印度尼西亚，巴布亚新几内亚；澳洲界。

（1174）丝光绿蝇 _Lucilia sericata_ (Meigen, 1826)

分布：广东（广州）、黑龙江、吉林、辽宁、内蒙古、北京、天津、河北、山西、山东、河南、陕西、宁夏、甘肃、青海、新疆、江苏、上海、安徽、浙江、湖北、江西、湖南、福建、台湾、海南、广西、四川、贵州、云南、西藏；蒙古国，俄罗斯，朝鲜，韩国，日本，印度，斯里兰卡，巴基斯坦；中亚，欧洲，非洲。

358. 粉蝇属 *Pollenia* Robineau–Desvoidy, 1830

（1175）*Pollenia angustigena* Wainwright, 1940

分布：广东；中亚，欧洲，北美洲。

（1176）*Pollenia rudis* (Fabricius, 1794)

分布：广东、上海；日本，印度，尼泊尔，巴基斯坦等。

359. 金蝇属 *Chrysomya* Robineau–Desvoidy, 1830

（1177）蛆症金蝇 *Chysomya bezziana* Villeneuve, 1914

分布：广东、湖南、台湾、海南、广西、云南、西藏；越南，泰国，印度，缅甸，斯里兰卡，菲律宾，马来西亚，印度尼西亚，巴布亚新几内亚（俾斯麦）；非洲。

（1178）星岛金蝇 *Chrysomya chani* Kurahashi, 1979

分布：广东、海南、云南；泰国，菲律宾，马来西亚，新加坡，孟加拉国。

（1179）大头金蝇 *Chrysomya megacephala* (Fabricius, 1794)

分布：广东（广州）、黑龙江、吉林、辽宁、内蒙古、天津、河北、山西、山东、河南、陕西、宁夏、甘肃、青海、江苏、上海、安徽、浙江、湖北、江西、湖南、福建、台湾、海南、广西、四川、贵州、云南、西藏；朝鲜，韩国，日本，越南，泰国，孟加拉国，菲律宾，马来西亚，印度尼西亚；大洋洲。

（1180）肥躯金蝇 *Chrysomya pinguis* (Walker, 1858)

分布：广东（潮安、凤凰、汕头、信宜）、辽宁、内蒙古、北京、河北、山西、山东、河南、陕西、宁夏、甘肃、江苏、上海、安徽、浙江、湖北、江西、湖南、福建、台湾、海南、广西、四川、贵州、云南、西藏；韩国，日本，越南，泰国，印度，斯里兰卡，菲律宾，马来西亚，印度尼西亚，孟加拉国。

（1181）绯颜金蝇 *Chrysomya rufifacies* (Macquart, 1843)

分布：广东、河南、江苏、上海、安徽、浙江、江西、福建、台湾、海南、广西、四川、云南；日本，越南，澳大利亚；古北界南部，东洋界，澳洲界。

鼻蝇亚科 Rhiniinae Brauer *et* Bergenstamm, 1889

360. 等彩蝇属 *Isomyia* Walker, 1860

（1182）老挝等彩蝇 *Isomyia isomyia* (Séguy, 1946)

分布：广东、海南、云南；老挝，柬埔寨。

（1183）拟黄胫等彩蝇 *Isomyia pseudoviridana* (Peris, 1952)

分布：广东（广州、潮安）、安徽、浙江、福建、海南、四川；印度，缅甸，尼泊尔，斯里兰卡。

361. 拟金彩蝇属 *Metalliopsis* Townsend, 1917

（1184）毛眉拟金彩蝇 *Metalliopsis ciliilunula* (Fang *et* Fan, 1984)

分布：广东（潮安）、浙江、云南。

（1185）喜马拟金彩蝇 *Metalliopsis setosa* Townsend, 1917

分布：广东（潮安）、福建、台湾、云南、西藏；印度，缅甸，尼泊尔，马来西亚，新加坡。

362. 鼻蝇属 *Rhinia* Robineau–Desvoidy, 1830

（1186）黄褐鼻蝇 *Rhinia apicalis* (Tiedemann, 1830)

分布：广东（广州）、江西、福建、台湾、海南、云南；泰国，印度，斯里兰卡，菲律宾，马来西亚，伊朗，巴勒斯坦，澳大利亚，斐济，美国（夏威夷）；非洲。

363. 鼻彩蝇属 *Rhyncomya* Robineau–Desvoidy, 1830

（1187）黄基鼻彩蝇 *Rhyncomya flavibasis* (Senior–White, 1922)

分布：广东（广州）、海南、四川、云南；印度，斯里兰卡。

（1188）鬃尾鼻彩蝇 *Rhyncomya setipyga* Villeneuve, 1929

分布：广东（广州、潮安）、浙江、福建、台湾；日本，尼泊尔，菲律宾。

364. 口鼻蝇属 *Stomorhina* Randani, 1861

（1189）异色口鼻蝇 *Stomorhina discolor* (Fabricius, 1794)

分布：广东（广州）、浙江、福建、台湾、海南、广西、云南、西藏；越南，泰国，印度，孟加拉国，巴基斯坦，斯里兰卡，菲律宾，马来西亚，印度尼西亚，巴布亚新几内亚，澳大利亚，所罗门群岛，斐济，法国（新喀里多尼亚），基里巴斯（圣诞岛），瓦努阿图。

（1190）不显口鼻蝇 *Stomorhina obsoleta* (Wiedemann, 1830)

分布：广东（广州、三水等）、黑龙江、吉林、辽宁、内蒙古、北京、天津、河北、山西、山东、河南、陕西、宁夏、甘肃、江苏、上海、安徽、浙江、湖北、江西、湖南、福建、台湾、广西、四川、贵州、云南、西藏；韩国，俄罗斯，日本，密克罗尼西亚。

四十六、狂蝇科 Oestridae Leach, 1815

365. 狂蝇属 *Oestrus* Linnaeus, 1758

（1191）羊狂蝇 *Oestrus ovis* Linnaeus, 1758

分布：广东、辽宁、内蒙古、河北、山西、陕西、甘肃、青海、新疆；世界广布。

四十七、麻蝇科 Sarcophagidae Macquart, 1834

蜂麻蝇亚科 Miltogramminae Lioy, 1864

366. 筒蜂麻蝇属 *Cylindrothecum* Rohdendorf, 1930

（1192）西班牙筒蜂麻蝇 *Cylindrothecum ibericum* (Villeneuve, 1912)

分布：广东、吉林、辽宁、河北、山东、河南、陕西、江苏、浙江、福建、海南、广西、四川、云南、西藏；韩国，俄罗斯，日本，越南，印度，马来西亚，芬兰，匈牙利，西班牙，奥地利，意大利，阿尔及利亚，巴布亚新几内亚。

367. 突额蜂麻蝇属 *Metopia* Meigen, 1803

（1193）裸基突额蜂麻蝇 *Metopia nudibasis* (Malloch, 1930)

分布：广东、浙江、香港；日本，越南，老挝，印度，斯里兰卡，菲律宾，马来西亚，肯尼亚、坦桑尼亚，南非，澳大利亚，巴布亚新几内亚，所罗门群岛。

麻蝇亚科 Sarcophaginae Macquart, 1835

368. 奥麻蝇属 *Australopierretia* Verves, 1987

（1194）奥麻蝇 *Australopierretia australis* (Johnston *et* Tiegs, 1921)

分布：广东；印度尼西亚，澳大利亚，巴布亚新几内亚，萨摩亚，法国（新喀里多尼亚）。

369. 钳麻蝇属 *Bellieriomima* Rohdendorf, 1937

（1195）台南钳麻蝇 *Bellieriomima josephi* (Böttcher, 1912)

分布：广东（河源、梅州）、吉林、辽宁、北京、河北、河南、江苏、上海、浙江、湖南、福建、台湾、海南、重庆、四川、贵州、云南；韩国，俄罗斯，日本。

370. 粪麻蝇属 *Bercaea* Robineau–Desvoidy, 1863

（1196）非洲粪麻蝇 *Bercaea africa* (Wiedemann, 1824)

分布：广东、吉林、辽宁、内蒙古、北京、河北、山西、山东、河南、陕西、宁夏、甘肃、青海、新疆、上海、浙江、湖南、重庆、四川、云南、西藏；韩国，俄罗斯，朝鲜，日本，印度，尼泊尔，巴基斯坦，阿富汗，伊朗，塔吉克斯坦，乌兹别克斯坦，土库曼斯坦，吉尔吉斯斯坦，哈萨克斯坦，土耳其，挪威，瑞典，丹麦，德国，波兰，捷克，斯洛伐克，匈牙利，罗马尼亚，保加利亚，英国，爱尔兰，法国，荷兰，比利时，卢森堡，西班牙，葡萄牙，瑞士，奥地利，意大利，马耳他，阿尔巴尼亚，希腊，阿塞拜疆，格鲁吉亚，黎巴嫩，塞浦路斯，沙特阿拉伯，叙利亚，亚美尼亚，伊拉克，以色列，白俄罗斯，拉脱维亚，立陶宛，摩尔多瓦，塞尔维亚，乌克兰，埃及，利比亚，摩洛哥，阿尔及利亚，突尼斯，毛里塔尼亚，利比里亚，贝宁，苏丹，坦桑尼亚，卢旺达，安哥拉，塞舌尔，马达加斯加，毛里求斯，纳米比亚，博茨瓦纳，南非，莱索托，塞拉利昂，尼日利亚，莫桑比克，澳大利亚，美国，加拿大，古巴，墨西哥，哥斯达黎加，巴西，阿根廷，巴拉圭。

371. 折麻蝇属 *Blaesoxipha* Löew, 1861

（1197）亚非折麻蝇 *Blaesoxipha rufipes* (Macquart, 1839)

分布：广东、辽宁、内蒙古、海南、四川、贵州、云南；蒙古国，韩国，俄罗斯，日本，老挝，泰国，印度，斯里兰卡，菲律宾，马来西亚，印度尼西亚，巴基斯坦，阿富汗，伊朗，乌兹别克斯坦，土库曼斯坦，吉尔吉斯斯坦，哈萨克斯坦，德国，克罗地亚，法国，西班牙，意大利，黎巴嫩，塞浦路斯，沙特阿拉伯，叙利亚，也门，以色列，约旦，帕劳，埃及，阿尔及利亚，马里，塞内加尔，冈比亚，佛得角，多哥，肯尼亚，乌干达，刚果（金），安哥拉，赞比亚，科摩罗，马达加斯加，博茨瓦纳，南非，埃塞俄比亚，坦桑尼亚，塞拉利昂，喀麦隆，尼日利亚，澳大利亚，印度尼西亚，巴布亚新几内亚，所罗门群岛，法国（新喀里多尼亚），瓦努阿图，斐济，美国。

372. 别麻蝇属 *Boettcherisca* Rohdendorf, 1937

（1198）台湾别麻蝇 *Boettcherisca formosensis* Kirner *et* Lopes, 1961

分布：广东、辽宁、浙江、台湾、四川。

（1199）棕尾别麻蝇 *Boettcherisca peregrina* (Robineau–Desvoidy, 1830)

分布：广东（河源、梅州）、黑龙江、吉林、辽宁、内蒙古、河北、山西、山东、河南、陕西、宁夏、甘肃、江苏、上海、安徽、浙江、湖北、江西、湖南、福建、台湾、海南、广西、四川、贵州、云南、西藏；朝鲜，日本，泰国，印度，尼泊尔，斯里兰卡，菲律宾，马来西亚，印度尼西亚，塞舌尔，澳大利亚，巴布亚新几内亚，萨摩亚，斐济，基里巴斯（吉尔伯特），美国。

373. 须麻蝇属 *Dinemomyia* Chen, 1975

（1200）黑鳞须麻蝇 *Dinemomyia nigribasicosta* Chen, 1975

分布：广东、浙江、台湾、海南。

374. 冯麻蝇属 *Fengia* Rodendorf, 1964

（1201）印东冯麻蝇 *Fengia ostindicae* (Senior–White, 1924)

分布：广东、台湾、海南、云南；印度。

375. 钩麻蝇属 *Harpagophalla* Rohdendorf, 1937

（1202）曲突钩麻蝇 *Harpagophalla kempi* (Senior–White, 1924)

分布：广东（河源）、甘肃、江西、福建、海南、四川、云南；老挝，泰国，印度，尼泊尔，斯里兰卡，菲律宾，马来西亚，新加坡，印度尼西亚（爪哇），巴布亚新几内亚。

376. 黑麻蝇属 *Helicophagella* Enderlein, 1928

（1203）黑尾黑麻蝇 *Helicophagella* (*Parabellieria*) *melanura* (Meigen, 1926)

分布：广东、黑龙江、吉林、辽宁、内蒙古、北京、天津、河北、山西、山东、河南、陕西、宁夏、甘肃、青海、新疆、江苏、上海、安徽、浙江、江西、湖南、福建、台湾、海南、广西、重庆、四川、贵州、云南、西藏；蒙古国，韩国，俄罗斯，朝鲜，日本，巴基斯坦，阿富汗，伊朗，塔吉克斯坦，乌兹别克斯坦，土库曼斯坦，吉尔吉斯斯坦，哈萨克斯坦，土耳其，挪威，瑞典，芬兰，丹麦，德国，波兰，捷克，斯洛伐克，匈牙利，罗马尼亚，保加利亚，英国，爱尔兰，法国，荷兰，比利时，西班牙，葡萄牙，瑞士，意大利，马耳他，阿尔巴尼亚，希腊，阿塞拜疆，格鲁吉亚，塞浦路斯，叙利亚，伊拉克，以色列，白俄罗斯，拉脱维亚，立陶宛，摩尔多瓦，塞尔维亚，乌克兰，埃及，阿尔及利亚，突尼斯，澳大利亚，美国，加拿大。

377. 欧麻蝇属 *Heteronychia* Brauer *et* von Bergenstamm, 1889

（1204）郭氏欧麻蝇 *Heteronychia* (*Heteronychia*) *depressifrons* (Zetterstedt, 1845)

分布：广东、辽宁、北京、陕西、江苏、上海、广西、四川、贵州；朝鲜，日本，挪威，瑞典，芬兰，丹麦，德国，波兰，捷克，斯洛伐克，匈牙利，罗马尼亚，保加利亚，英国，法国，瑞士，奥地利，意大利，阿尔巴尼亚，白俄罗斯，爱沙尼亚，乌克兰，塞尔维亚，黑山。

378. 堀麻蝇属 *Horiisca* Rodendorf, 1965

（1205）鹿角堀麻蝇 *Horiisca hozawai* (Hori, 1954)

分布：广东、云南；韩国，日本，尼泊尔。

379. 白麻蝇属 *Leucomyia* Brauer *et* Bergenstamm, 1891

（1206）白麻蝇 *Leucomyia alba* (Schiner, 1868)

分布：广东、辽宁、河北、台湾、四川；日本，老挝，泰国，印度，斯里兰卡，菲律宾。

380. 亮麻蝇属 *Lioproctia* Enderlein, 1928

（1207）比森亮麻蝇 *Lioproctia (Burmanomyia) beesoni* (Senior–White, 1924)

分布：广东（肇庆）、河南、江苏、上海、安徽、浙江、湖北、江西、湖南、福建、海南、广西、重庆、四川、贵州、云南；日本，泰国，印度，缅甸，尼泊尔。

（1208）巴顿光麻蝇 *Lioproctia (Coonoria) pattoni* (Senior–White, 1924)

分布：广东、河南、湖北、台湾、海南、四川、云南；越南，印度，尼泊尔，菲律宾，马来西亚，新加坡，印度尼西亚。

381. 利麻蝇属 *Liopygia* Enderlein, 1928

（1209）肥须利麻蝇 *Liopygia (Jantia) crassipalpis* (Macquart, 1839)

分布：广东、黑龙江、吉林、辽宁、内蒙古、天津、河北、山西、山东、河南、陕西、宁夏、甘肃、青海、新疆、江苏、上海、浙江、湖北、重庆、四川、西藏；韩国，俄罗斯，朝鲜，日本，阿富汗，伊朗，塔吉克斯坦，乌兹别克斯坦，土库曼斯坦，吉尔吉斯斯坦，哈萨克斯坦，土耳其，捷克，斯洛伐克，匈牙利，罗马尼亚，保加利亚，克罗地亚，法国，西班牙，葡萄牙，意大利，马耳他，阿尔巴尼亚，希腊，阿塞拜疆，格鲁吉亚，黎巴嫩，塞浦路斯，沙特阿拉伯，叙利亚，亚美尼亚，伊拉克，以色列，摩尔多瓦，塞尔维亚，乌克兰，埃及，利比亚，摩洛哥，阿尔及利亚，突尼斯，南非，澳大利亚，巴布亚新几内亚，新西兰，马绍尔群岛，美国，加拿大，阿根廷，智利，乌拉圭。

（1210）绯角利麻蝇 *Liopygia (Liopygia) ruficornis* (Fabricius, 1794)

分布：广东、台湾、海南；日本，泰国，印度，尼泊尔，不丹，斯里兰卡，菲律宾，马来西亚，新加坡，印度尼西亚，孟加拉国，巴基斯坦，沙特阿拉伯，也门（索科特拉），刚果（金），马达加斯加，博茨瓦纳，南非，澳大利亚，巴布亚新几内亚，萨摩亚，法国（新喀里多尼亚），美国，加拿大，巴拿马，巴西。

382. 酱麻蝇属 *Liosarcophaga* Enderlein, 1928

（1211）义乌酱麻蝇 *Liosarcophaga (Curranea) iwuensis* (Ho,1934)

分布：广东、江苏、浙江、湖南、福建、台湾、海南、广西、四川、贵州、云南；泰国，尼泊尔，不丹，巴基斯坦。

（1212）爪哇酱麻蝇 *Liosarcophaga (Jantiella) javana* (Macquart, 1851)

分布：广东、海南、广西、四川；越南，泰国，尼泊尔，马来西亚，印度尼西亚。

（1213）酱麻蝇 *Liosarcophaga (Liosarcophaga) dux* (Thomson, 1869)

分布：广东、黑龙江、吉林、辽宁、内蒙古、北京、河北、山西、山东、河南、陕西、宁夏、甘肃、新疆、江苏、上海、安徽、浙江、湖北、江西、湖南、福建、台湾、海南、广西、重庆、四川、贵州、云南、西藏；韩国，日本，泰国，印度，尼泊尔，不丹，斯里兰卡，菲律宾，马来西亚，新加坡，印度尼西亚，孟加拉国，巴基斯坦，土库曼斯坦，哈萨克斯坦，罗马尼亚，保加利亚，克罗地亚，法国，西班牙，意大利，马耳他，阿尔巴尼亚，希腊，阿塞拜疆，格鲁吉亚，塞浦路斯，以色列，帕劳，塞尔维亚，葡萄牙（亚速尔），埃及，佛得角，澳大利亚，萨摩亚，密克罗尼西亚，基里巴斯，马绍尔群岛，美国。

（1214）兴隆酱麻蝇 *Liosarcophaga (Liosarcophaga) hinglungensis* (Fan, 1964)

分布：广东、浙江、湖北、海南。

（1215）巧酱麻蝇 *Liosarcophaga* (*Liosarcophaga*) *idmais* (Séguy, 1934)

分布：广东、天津、山西、河南、宁夏、江苏、上海、浙江、江西、湖南、台湾、广西、四川、西藏；泰国，尼泊尔，巴基斯坦。

（1216）短角酱麻蝇 *Liosarcophaga* (*Liosarcophaga*) *kohla* Johnston *et* Hardy, 1923

分布：广东（河源、梅州）、辽宁、北京、河北、山东、河南、甘肃、江苏、上海、浙江、湖北、福建、台湾、海南、广西、重庆、四川、贵州、云南；韩国，俄罗斯，日本，泰国，印度，缅甸，尼泊尔，菲律宾，马来西亚，新加坡，印度尼西亚，巴基斯坦。

（1217）叉形酱麻蝇 *Liosarcophaga* (*Liosarcophaga*) *scopariiformis* (Senior–White, 1927)

分布：广东（梅州）、河北、浙江、福建、台湾、海南、广西；越南，老挝，泰国，斯里兰卡。

（1218）拟野酱麻蝇 *Liosarcophaga* (*Pandelleisca*) *kawayuensis* (Kano, 1950)

分布：广东、吉林；俄罗斯，日本。

（1219）野酱麻蝇 *Liosarcophaga* (*Pandelleisca*) *similis* (Meade, 1876)

分布：广东（汕头）、黑龙江、吉林、辽宁、内蒙古、北京、河北、山西、山东、河南、陕西、宁夏、甘肃、江苏、浙江、湖北、江西、湖南、福建、广西、重庆、四川、贵州；韩国，俄罗斯，日本，伊朗，挪威，瑞典，芬兰，丹麦，德国，波兰，捷克，斯洛伐克，匈牙利，罗马尼亚，保加利亚，英国，爱尔兰，法国，瑞士，意大利，阿尔巴尼亚，阿塞拜疆，格鲁吉亚，白俄罗斯，爱沙尼亚，拉脱维亚，摩尔多瓦，乌克兰，澳大利亚。

383. 圆麻蝇属 *Mehria* Enderlein, 1928

（1220）青岛圆麻蝇 *Mehria tsintaoensis* (Ye, 1965)

分布：广东、吉林、山东。

384. 锉麻蝇属 *Myorhina* Robineau–Desvoidy, 1830

（1221）膝叶锉麻蝇 *Myorhina* (*Pachystyleta*) *genuforceps* (Thomas, 1949)

分布：广东、河南、浙江、重庆、四川、贵州、云南。

（1222）深圳锉麻蝇 *Myorhina* (*Pachystyleta*) *shenzhenensis* (Fan, 2002)

分布：广东。

385. 潘麻蝇属 *Pandelleana* Rohdendorf, 1937

（1223）鸵潘麻蝇 *Pandelleana struthioides* Xue, Feng *et* Liu, 1986

分布：广东、四川。

386. 亚麻蝇属 *Parasarcophaga* Johnston *et* Tiegs, 1921

（1224）白头亚麻蝇 *Parasarcophaga* (*Parasarcophaga*) *albiceps* (Meigen, 1826)

分布：广东、黑龙江、吉林、辽宁、内蒙古、北京、河北、山西、山东、河南、陕西、宁夏、甘肃、江苏、上海、浙江、湖北、江西、福建、台湾、海南、广西、重庆、四川、云南、西藏；韩国，俄罗斯，日本，越南，印度，缅甸，尼泊尔，不丹，斯里兰卡，菲律宾，马来西亚，新加坡，印度尼西亚，巴基斯坦，哈萨克斯坦，土耳其，挪威，瑞典，芬兰，德国，波兰，捷克，斯洛伐克，匈牙利，罗马尼亚，保加利亚，英国，法国，比利时，瑞士，意大利，阿尔巴尼亚，希腊，阿塞拜疆，格鲁吉亚，以色列，白俄罗斯，拉脱维亚，摩尔多瓦，塞尔维亚，乌克兰，澳大利亚，巴布亚新几内亚，所罗门群岛，美国。

（1225）黄须亚麻蝇 *Parasarcophaga* (*Parasarcophaga*) *misera* (Walker, 1849)

分布：广东、吉林、辽宁、北京、河北、山东、河南、陕西、甘肃、江苏、上海、安徽、浙江、湖北、江西、湖南、福建、台湾、海南、广西、重庆、四川、云南；韩国，日本，泰国，印度，尼泊尔，不丹，斯里兰卡，菲律宾，马来西亚，新加坡，印度尼西亚，孟加拉国，巴基斯坦，阿富汗，澳大利亚，巴布亚新几内亚，法国（新喀里多尼亚）。

（1226）带小亚麻蝇 *Parasarcophana* (*Parasarcophaga*) *taenionota* (Wiedemann, 1819)

分布：广东（河源）、吉林、辽宁、内蒙古、北京、河北、山东、河南、陕西、甘肃、江苏、浙江、湖北、江西、湖南、福建、台湾、海南、广西、重庆、四川、云南；俄罗斯，朝鲜，印度，缅甸，斯里兰卡，菲律宾，马来西亚，印度尼西亚，澳大利亚，巴布亚新几内亚。

（1227）海南亚麻蝇 *Parasarcophaga* (*Sinonipponia*) *hainanensis* (Ho, 1936)

分布：广东、福建、台湾、海南、香港、云南。

387. 球麻蝇属 *Phallosphaera* Rohdendorf, 1938

（1228）华南球麻蝇 *Phallosphaera gravelyi* (Senior–White, 1924)

分布：广东、辽宁、山西、上海、浙江、湖北、湖南、福建、台湾、四川、贵州、云南；韩国，日本，泰国，印度，尼泊尔。

388. 伪特麻蝇属 *Pseudothyrsocnema* Rohdendorf, 1937

（1229）鸡尾伪特麻蝇 *Pseudothyrsocnema caudagalli* (Böttcher, 1912)

分布：广东（梅州）、辽宁、河南、江苏、浙江、湖北、福建、台湾、海南、四川、贵州、云南。

389. 拉麻蝇属 *Ravinia* Robineau–Desvoidy, 1863

（1230）股拉麻蝇 *Ravinia pernix* (Harris, 1780)

分布：广东、黑龙江、吉林、辽宁、内蒙古、北京、天津、河北、山西、山东、河南、陕西、宁夏、甘肃、青海、新疆、江苏、湖南、四川、贵州、云南、西藏；蒙古国，韩国，俄罗斯，朝鲜，日本，印度，尼泊尔，不丹，孟加拉国，巴基斯坦，阿富汗，伊朗，塔吉克斯坦，乌兹别克斯坦，土库曼斯坦，吉尔吉斯斯坦，哈萨克斯坦，挪威，瑞典，芬兰，丹麦，德国，波兰，捷克，匈牙利，罗马尼亚，保加利亚，英国，爱尔兰，法国，比利时，西班牙，葡萄牙，瑞士，意大利，马耳他，阿尔巴尼亚，希腊，阿塞拜疆，格鲁吉亚，黎巴嫩，塞浦路斯，沙特阿拉伯，叙利亚，也门，伊拉克，白俄罗斯，爱沙尼亚，拉脱维亚，立陶宛，摩尔多瓦，塞尔维亚，乌克兰，埃及，利比亚，摩洛哥，阿尔及利亚，突尼斯，乍得，澳大利亚，美国。

390. 叉麻蝇属 *Robineauella* Enderlein, 1928

（1231）瓦氏叉麻蝇 *Robineauella* (*Digitiventra*) *walayari* (Senior–White, 1924)

分布：广东；印度。

391. 麻蝇属 *Sarcophaga* Meigen, 1826

（1232）斜沟猬麻蝇 *Sarcophaga* (*Takanoa*) *hakusana* Hori, 1954

分布：广东、辽宁；日本，韩国。

（1233）巨耳亚麻蝇 *Sarcophaga (Parasarcophaga) macroauriculata* Ho, 1932

分布：广东、黑龙江、吉林、辽宁、北京、河北、山西、河南、陕西、宁夏、甘肃、浙江、江西、湖南、福建、四川、贵州、云南、西藏；古北界，东洋界。

392. 鬃麻蝇属 *Sarcorohdendorfia* Baranov, 1938

（1234）羚足鬃麻蝇 *Sarcorohdendorfia antilope* (Böttcher, 1913)

分布：广东、黑龙江、吉林、辽宁、河南、浙江、湖北、台湾、海南、重庆、四川、贵州、云南；韩国，俄罗斯，日本，印度，尼泊尔，菲律宾，马来西亚，新加坡，印度尼西亚，密克罗尼西亚，澳大利亚，巴布亚新几内亚，所罗门群岛。

（1235）黄脉鬃麻蝇 *Sarcorohdendorfia flavinervis* (Senior–White, 1924)

分布：广东、台湾、云南；韩国，日本，泰国，印度，尼泊尔，马来西亚（马六甲），印度尼西亚，巴布亚新几内亚。

（1236）细鬃麻蝇 *Sarcorohdendorfia gracilior* (Chen, 1975)

分布：广东、浙江、湖北、湖南、台湾、重庆、四川、贵州、西藏；尼泊尔。

（1237）拟羚足鬃麻蝇 *Sarcorohdendorfia inextricata* (Walker, I860)

分布：广东、云南；印度尼西亚。

（1238）深圳鬃麻蝇 *Sarcorohdendorfia shenzhenfensis* (Fan, 2002)

分布：广东。

（1239）偻叶所麻蝇 *Sarcosolomonia (Parkerimyia) harinasutai* Kano *et* Sooksri, 1977

分布：广东、云南；泰国，巴基斯坦。

393. 辛麻蝇属 *Seniorwhitea* Rohdendorf, 1937

（1240）拟东方辛麻蝇 *Seniorwhitea princeps* (Wiedemann, 1830)

分布：广东（河源、汕头）、山西、山东、河南、江苏、上海、浙江、湖北、江西、湖南、福建、台湾、海南、广西、四川、云南、西藏；老挝，泰国，印度，缅甸，尼泊尔，不丹，斯里兰卡，马来西亚，新加坡，印度尼西亚，巴基斯坦，法国，美国。

四十八、寄蝇科 Tachinidae Bigot, 1853

长足寄蝇亚科 Dexiinae Macquart, 1834

长足寄蝇族 Dexiini

394. 长足寄蝇属 *Dexia* Meigen, 1826

（1241）卡德长足寄蝇 *Dexia caldwelli* Curran, 1927

分布：广东（肇庆）、浙江、江西、福建、海南、广西、四川、云南、西藏；泰国，印度，缅甸，尼泊尔，不丹。

（1242）多形长足寄蝇 *Dexia divergens* Walker, 1856

分布：广东（广州、湛江）、陕西、浙江、江西、福建、台湾、海南、广西、四川、云南、西藏；泰国，印度，马来西亚，印度尼西亚。

（1243）广长足寄蝇 *Dexia fulvifera von* Röder, 1893

分布：广东（广州、清远、肇庆）、辽宁、北京、河北、山西、陕西、甘肃、安徽、浙江、福建、台湾、海南、香港、广西、四川、云南、西藏；俄罗斯，日本，老挝，印度，缅甸，尼泊尔，斯里兰卡，菲律宾，马来西亚，印度尼西亚，巴基斯坦。

（1244）山长足寄蝇 *Dexia monticola* (Malloch, 1935)

分布：广东（韶关）、西藏；马来西亚，印度尼西亚。

（1245）腹长足寄蝇 *Dexia ventralis* Aldrich, 1925

分布：广东、黑龙江、吉林、辽宁、内蒙古、北京、河北、山西、山东、陕西、宁夏、甘肃、青海、浙江、福建、四川、贵州、云南、西藏；蒙古国，韩国，俄罗斯，朝鲜，美国。

395. 迪内寄蝇属 *Dinera* Robineau–Desvoidy, 1830

（1246）短须迪内寄蝇 *Dinera brevipalpis* Zhang *et* Shima, 2006

分布：广东（南岭）、浙江；越南，泰国，马来西亚。

396. 依寄蝇属 *Estheria* Robineau–Desvoidy, 1830

（1247）大依寄蝇 *Estheria magna* (Baranov, 1935)

分布：广东（惠州）、吉林、辽宁、内蒙古、山西、河南、陕西、宁夏、甘肃、青海、安徽、福建、台湾、广西、四川、贵州、云南、西藏；日本，越南，泰国，印度，尼泊尔，马来西亚，巴基斯坦。

397. 长喙寄蝇属 *Prosena* Le Peletier *et* Serville, 1828

（1248）金龟长喙寄蝇 *Prosena siberita* (Fabricius, 1775)

分布：广东、黑龙江、吉林、辽宁、内蒙古、北京、河北、山西、河南、陕西、宁夏、甘肃、湖北、湖南、福建、台湾、海南、四川、云南、西藏；蒙古国，韩国，俄罗斯，朝鲜，日本，印度，缅甸，尼泊尔，斯里兰卡，菲律宾，马来西亚，印度尼西亚，莫桑比克，澳大利亚，美国（新泽西）；中亚，欧洲。

优寄蝇族 Eutherini

398. 优寄蝇属 *Euthera* Loew, 1866

（1249）塔克优寄蝇 *Euthera tuckeri* Bezzi, 1925

分布：广东（深圳）；日本，巴基斯坦，斯里兰卡，博茨瓦纳，加纳，肯尼亚，马拉维，莫桑比克，南非，苏丹，乌干达，赞比亚。

蜗寄蝇族 Voriini

399. 邻寄蝇属 *Dexiomimops* Townsend, 1926

（1250）白邻寄蝇 *Dexiomimops pallipes* Mesnil, 1957

分布：广东、内蒙古、北京、河北、浙江、福建；缅甸，马来西亚。

（1251）红足邻寄蝇 *Dexiomimops rufipes* Baranov, 1935

分布：广东、黑龙江、吉林、河北、浙江、台湾、广西；俄罗斯，日本。

400. 筒寄蝇属 *Halydaia* Egger, 1856

（1252）金黄筒寄蝇 *Halydaia aurea* Egger, 1856

分布：广东、吉林、辽宁、内蒙古、河北、甘肃、浙江、广西、重庆、四川、云南；蒙古国，日本；欧洲。

（1253）银颜筒寄蝇 *Halydaia luteicornis* (Walker, 1861)

分布：广东、山东、河南、江苏、上海、安徽、浙江、湖北、江西、湖南、福建、台湾、海南、香港、广西、四川、贵州、云南、西藏；日本，老挝，泰国，印度，尼泊尔，斯里兰卡，马来西亚，印度尼西亚，巴布亚新几内亚（俾斯麦）。

401. 海寄蝇属 *Hyleorus* Aldrich, 1926

（1254）矮海寄蝇 *Hyleorus elatus* (Meigen, 1838)

分布：广东、黑龙江、吉林、辽宁、内蒙古、北京、河北、山西、江苏、上海、浙江、广西、四川；韩国，朝鲜，日本；欧洲。

402. 驼寄蝇属 *Phyllomya* Robineau-Desvoidy, 1830

（1255）台湾驼寄蝇 *Phyllomya formosana* Shima, 1988

分布：广东、吉林、青海、台湾、四川。

403. 柔寄蝇属 *Thelaira* Robineau-Desvoidy, 1830

（1256）金粉柔寄蝇 *Thelaira chrysopruinosa* Chao *et* Shi, 1985

分布：广东、辽宁、山西、山东、陕西、甘肃、青海、江苏、上海、安徽、浙江、江西、福建、台湾、海南、香港、广西、四川、贵州、云南、西藏。

（1257）白带柔寄蝇 *Thelaira leucozona* (Paner, 1806)

分布：广东、黑龙江、辽宁、内蒙古、山西、宁夏、新疆、福建、西藏；日本；欧洲。

（1258）巨形柔寄蝇 *Thelaira macropus* (Wiedemann, 1830)

分布：广东、黑龙江、吉林、辽宁、内蒙古、北京、天津、河北、山西、山东、河南、陕西、宁夏、甘肃、江苏、上海、安徽、浙江、湖北、江西、湖南、福建、台湾、海南、香港、广西、重庆、四川、贵州、云南、西藏；日本，泰国，印度，缅甸，斯里兰卡，马来西亚，印度尼西亚，巴布亚新几内亚。

（1259）暗黑柔寄蝇 *Thelaira nigripes* (Fabricius, 1794)

分布：广东、黑龙江、吉林、辽宁、内蒙古、北京、天津、河北、山西、山东、河南、陕西、宁夏、甘肃、青海、江苏、上海、安徽、浙江、江西、湖南、福建、台湾、广西、重庆、四川、贵州、云南、西藏；韩国，朝鲜，日本；欧洲。

（1260）单眼鬃柔寄蝇 *Thelaira occelaris* Chao *et* Shi, 1985

分布：广东、河北、山东、江苏、上海、安徽、浙江、江西、湖南、福建、台湾、海南、香港、广西、四川、云南、西藏。

追寄蝇亚科 Exoristinae Robineau-Desvoidy, 1863

角刺寄蝇族 Acemyini

404. 尤刺寄蝇属 *Eoacemyia* Townsend, 1926

（1261）埃尤刺寄蝇 *Eoacemyia errans* (Wiedemann, 1824)

分布：广东（乐昌、湛江）、青海、海南；马来西亚，新加坡，印度尼西亚，巴布亚新几内亚（俾斯麦）。

卷蛾寄蝇族 Blondeliini

405. 毛颜寄蝇属 *Admontia* Brauer *et* Bergenstamm, 1889

（1262）柔毛颜寄蝇 *Admontia blanda* (Fallén, 1820)

分布：广东、黑龙江、吉林、内蒙古、山西、青海、新疆、四川、云南、西藏；蒙古国，越南；欧洲。

（1263）亮黑毛颜寄蝇 *Admontia continuans* Strobl, 1910

分布：广东、黑龙江、吉林、内蒙古；欧洲西部。

406. 突额寄蝇属 *Biomeigenia* Mesnil, 1961

（1264）黑足突额寄蝇 *Biomeigenia gynandromima* Mesnil, 1961

分布：广东、黑龙江、吉林、辽宁、河北、山西、宁夏；俄罗斯，日本。

407. 刺腹寄蝇属 *Compsilura* Bouché, 1834

（1265）康刺腹寄蝇 *Compsilura concinnata* (Meigen, 1824)

分布：广东、黑龙江、吉林、辽宁、内蒙古、北京、天津、河北、山西、山东、江苏、上海、安徽、浙江、江西、湖南、福建、台湾、海南、广西、重庆、四川、贵州、云南、西藏；韩国，朝鲜，日本，泰国，印度，尼泊尔，菲律宾，马来西亚，印度尼西亚，澳大利亚，巴布亚新几内亚，美国，加拿大；中东地区，中亚，非洲，欧洲。

408. 拟腹寄蝇属 *Compsiluroides* Mesnil, 1953

（1266）普通拟腹寄蝇 *Compsiluroides communis* Mesnil, 1953

分布：广东、黑龙江、湖南、海南、香港、广西、四川、贵州、云南、西藏；缅甸。

（1267）黄须拟腹寄蝇 *Compsiluroides flavipalpis* Mesnil, 1957

分布：广东、辽宁、陕西、台湾、四川、贵州、云南；俄罗斯，日本。

409. 鹨寄蝇属 *Eophyllophila* Townsend, 1926

（1268）华丽鹨寄蝇 *Eophyllophila elegans* Townsend, 1926

分布：广东（清远、肇庆）、山西、陕西、浙江、湖北、湖南、福建、台湾、广西、四川、贵州、云南、西藏；泰国，印度，尼泊尔，马来西亚，印度尼西亚。

（1269）围鹨寄蝇 *Eophyllophila includens* (Walker, 1859)

分布：广东、山西、陕西、安徽、台湾；泰国，尼泊尔，印度尼西亚，巴基斯坦。

410. 裸背寄蝇属 *Istocheta* Rondani, 1859

（1270）双色裸背寄蝇 *Istocheta bicolor* (Villeneuve, 1937)

分布：广东、山西、甘肃、浙江、四川、贵州、云南；俄罗斯，日本，缅甸。

411. 利索寄蝇属 *Lixophaga* Townsend, 1908

（1271）伪利索寄蝇 *Lixophaga fallax* Mesnil, 1963

分布：广东、吉林、辽宁、内蒙古、北京、山西、河南、湖南、广西、四川；日本。

（1272）螟利索寄蝇 *Lixophaga parva* Townsend, 1908

分布：广东、内蒙古；美国。

412. 麦寄蝇属 *Medina* Robineau–Desvoidy, 1830

（1273）白瓣麦寄蝇 *Medina collaris* (Fallén, 1820)

分布：广东、辽宁、北京、河北、山西、陕西、宁夏、江苏、浙江、湖南、海南、香港、广西、重庆、四川、贵州、云南、西藏；蒙古国，日本；欧洲。

（1274）褐瓣麦寄蝇 *Medina fuscisquama* Mesnil, 1953

分布：广东（清远）、辽宁、内蒙古、北京、河北、山西、宁夏、湖北、湖南、广西、四川、贵州、云南、西藏；缅甸，尼泊尔。

（1275）卢麦寄蝇 *Medina luctuosa* (Meigen, 1824)

分布：广东、辽宁、北京、云南、西藏；韩国，日本；欧洲。

413. 美根寄蝇属 *Meigenia* Robineau–Desvoidy, 1830

（1276）丝绒美根寄蝇 *Meigenia velutina* Mesnil, 1952

分布：广东、黑龙江、吉林、辽宁、北京、山西、山东、江苏、上海、安徽、浙江、江西、湖南、福建、台湾、海南、香港、广西、重庆、四川、贵州、云南、西藏；俄罗斯，日本，缅甸，尼泊尔。

414. 纤芒寄蝇属 *Prodegeeria* Brauer *et* Bergenstamm, 1895

（1277）鬃尾纤芒寄蝇 *Prodegeeria chaetopygialis* (Townsend, 1926)

分布：广东、北京、山东、江苏、上海、安徽、浙江、江西、福建、台湾、海南、广西、重庆、四川、贵州、云南、西藏；泰国，马来西亚，印度尼西亚。

（1278）日本纤芒寄蝇 *Prodegeeria japonica* (Mesnil, 1957)

分布：广东、吉林、辽宁、北京、河北、陕西、浙江、湖南、四川、云南；韩国，俄罗斯，日本。

415. 三角寄蝇属 *Trigonospila* Pokorny, 1886

（1279）横带三角寄蝇 *Trigonospila transvittata* (Pandellé, 1896)

分布：广东（清远）、辽宁、浙江、湖南、福建、台湾、海南、广西、四川、贵州、云南；韩国，日本，泰国，印度，马来西亚；欧洲。

416. 柄尾寄蝇属 *Urodexia* Osten–Sacken, 1882

（1280）簇毛柄尾寄蝇 *Urodexia penicillum* Osten–Sacken, 1882

分布：广东（清远、韶关）、浙江、湖南、福建、台湾、广西、四川、贵州、云南；日本，泰国，印度，斯里兰卡，马来西亚，印度尼西亚。

417. 尾寄蝇属 *Uromedina* Townsend, 1926

（1281）暗尾寄蝇 *Uromedina atrata* (Townsend, 1927)

分布：广东、台湾、海南；俄罗斯，日本，泰国，缅甸，尼泊尔，马来西亚，巴布亚新几内亚。

（1282）后尾寄蝇 *Uromedina caudata* Townsend, 1926

分布：广东、浙江、四川、云南；泰国，印度尼西亚，巴布亚新几内亚。

埃里寄蝇族 Eryciini

418. 短尾寄蝇属 *Aplomya* Robineau–Desvoidy, 1830

（1283）毛短尾寄蝇 *Aplomya confinis* (Fallén, 1820)

分布：广东、黑龙江、吉林、辽宁、内蒙古、北京、天津、河北、山西、陕西、宁夏、青海、新疆、海南、四川、云南、西藏；蒙古国，韩国，日本，也门；中东地区，中亚，欧洲，非洲北部。

（1284）裸短尾寄蝇 *Aplomya metallica* (Wiedemann, 1824)

分布：广东、山东、河南、江苏、上海、安徽、浙江、江西、湖南、福建、台湾、海南、香港、广西、重庆、四川、贵州、云南、西藏；日本，印度，印度尼西亚，巴布亚新几内亚；中东地区，非洲热带区。

（1285）瑟氏短尾寄蝇 *Aplomya seyrigi* Mesnil, 1954

分布：广东、海南、广西；马达加斯加。

419. 狭颊寄蝇属 *Carcelia* Robineau–Desvoidy, 1830

（1286）多毛狭颊寄蝇 *Carcelia* (*Calocarcelia*) *hirsuta* Baranov, 1931

分布：广东、浙江、湖南、福建、台湾、海南、广西、四川、贵州、云南。

（1287）屋久狭颊寄蝇 *Carcelia* (*Calocarcelia*) *yakushimana* (Shima, 1968)

分布：广东、湖南、贵州、云南；日本。

（1288）尖音狭颊寄蝇 *Carcelia* (*Carcelia*) *bombylans* Robineau–Desvoidy, 1830

分布：广东、黑龙江、吉林、辽宁、内蒙古、北京、山西、山东、河南、江苏、上海、安徽、浙江、湖北、江西、湖南、福建、台湾、海南、香港、广西、重庆、四川、贵州、云南、西藏；日本；欧洲。

（1289）黑尾狭颊寄蝇 *Carcelia* (*Carcelia*) *caudata* Baranov, 1931

分布：广东、辽宁、北京、山东、陕西、江苏、上海、安徽、浙江、江西、湖南、福建、台湾、海南、广西、贵州、云南；日本，印度，斯里兰卡，马来西亚，印度尼西亚。

（1290）拱瓣狭颊寄蝇 *Carcelia* (*Carcelia*) *iridipennis* (van der Wulp, 1893)

分布：广东、黑龙江、吉林、辽宁、北京、安徽、浙江、湖北、江西、湖南、台湾、海南、广西、四川、云南；泰国，马来西亚，印度尼西亚。

（1291）松毛虫狭颊寄蝇 *Carcelia* (*Carcelia*) *matsukarehae* (Shima, 1969)

分布：广东（肇庆）、黑龙江、吉林、辽宁、北京、河北、山东、河南、陕西、江苏、上海、安徽、浙江、湖北、江西、湖南、福建、海南、广西、四川、贵州、云南；俄罗斯，日本。

（1292）黑角狭颊寄蝇 *Carcelia* (*Carcelia*) *nigrantennata* Chao *et* Liang, 1986

分布：广东、浙江、江西、广西、四川、贵州、云南。

（1293）灰腹狭颊寄蝇 *Carcelia* (*Carcelia*) *rasa* (Macquart, 1849)

分布：广东、黑龙江、吉林、辽宁、北京、河北、山西、陕西、江苏、上海、安徽、浙江、江西、湖南、福建、海南、广西、四川、贵州、云南；日本；中东地区，欧洲。

（1294）拉赛狭颊寄蝇 *Carcelia* (*Carcelia*) *rasella* Baranov, 1931

分布：广东、吉林、辽宁、北京、河北、山西、山东、江苏、上海、安徽、浙江、江西、湖南、福建、海南、广西、重庆、四川、云南；日本；欧洲。

（1295）拉狭颊寄蝇 *Carcelia* (*Carcelia*) *rasoides* Baranov, 1931

分布：广东、台湾、海南；印度，斯里兰卡，马来西亚。

（1296）苏门狭颊寄蝇 *Carcelia* (*Carcelia*) *sumatrana* Townsend, 1927

分布：广东、吉林、辽宁、内蒙古、北京、天津、河北、山西、山东、陕西、甘肃、江苏、上海、安徽、浙江、湖北、江西、湖南、福建、台湾、海南、香港、广西、重庆、四川、贵州、云南、西藏；俄罗斯，日本，斯里兰卡，印度尼西亚，马来西亚。

（1297）短爪狭颊寄蝇 *Carcelia* (*Carcelia*) *sumatrensis* (Townsend, 1927)

分布：广东、吉林、辽宁、内蒙古、山西、浙江、湖北、湖南、福建、海南、广西、四川、云南；印度尼西亚，马来西亚。

（1298）迷狭颊寄蝇 *Carcelia* (*Euryclea*) *delicatula* Mesnil, 1968

分布：广东、内蒙古、北京、天津、河北、山西、山东、陕西、江苏、上海、安徽、浙江、江西、湖南、福建、台湾、海南、香港、广西、四川、贵州、云南、西藏；日本，印度。

（1299）鬃胫狭颊寄蝇 *Carcelia* (*Euryclea*) *tibialis* (Robineau–Desvoidy, 1863)

分布：广东、黑龙江、吉林、辽宁、北京、河北、山西、山东、宁夏、上海、浙江、湖南、福建、广西、四川、贵州、云南；日本；欧洲。

（1300）绒尾狭颊寄蝇 *Carcelia* (*Euryclea*) *villicauda* Chao *et* Liang, 1986

分布：广东（湛江）、浙江、海南、云南、西藏。

420. 似颊寄蝇属 *Carcelina* Mesnil, 1844

（1301）巨似颊寄蝇 *Carcelina nigrapex* (Mesnil, 1944)

分布：广东、河南、陕西、浙江、江西、广西。

421. 赘寄蝇属 *Drino* Robineau–Desvoidy, 1863

（1302）银颜赘寄蝇 *Drino* (*Drino*) *argenticeps* (Macquart, 1851)

分布：广东、浙江、福建、台湾、海南、四川、贵州、云南；日本，泰国，印度，马来西亚。

（1303）狭颜赘寄蝇 *Drino* (*Drino*) *facialis* (Townsend, 1928)

分布：广东、辽宁、内蒙古、北京、天津、河北、山西、山东、河南、宁夏、江苏、上海、安徽、浙江、湖北、江西、湖南、福建、台湾、海南、重庆、四川、贵州、云南、西藏；泰国，印度，斯里兰卡，菲律宾，马来西亚，印度尼西亚，刚果（金）。

（1304）海南赘寄蝇 *Drino* (*Drino*) *hainanica* Liang *et* Chao, 1998

分布：广东、陕西、海南。

（1305）小型赘寄蝇 *Drino* (*Drino*) *minuta* Liang *et* Chao, 1998

分布：广东、辽宁、河北、四川、云南。

（1306）双顶鬃赘寄蝇 *Drino* (*Palexorista*) *bisetosa* (Baranov, 1932)

分布：广东、台湾；马来西亚。

（1307）弯须赘寄蝇 *Drino* (*Palexorista*) *curvipalpis* (van der Wulp, 1893)

分布：广东、黑龙江、北京、河南、浙江、福建、台湾、海南、广西、四川、云南；泰国，尼泊尔，斯里兰卡，马来西亚，印度尼西亚，澳大利亚，巴布亚新几内亚。

（1308）截尾赘寄蝇 *Drino* (*Palexorista*) *immersa* (Walker, 1859)

分布：广东、台湾、海南、广西、四川、云南；印度尼西亚，巴布亚新几内亚（俾斯麦）。

（1309）平庸赘寄蝇 *Drino* (*Palexorista*) *inconspicua* (Meigen, 1830)

分布：广东、黑龙江、吉林、辽宁、内蒙古、北京、天津、河北、山西、山东、河南、江苏、上海、安徽、浙江、湖北、江西、湖南、福建、台湾、海南、广西、重庆、四川、贵州、云南、西藏；中亚，欧洲。

（1310）拟庸赘寄蝇 *Drino* (*Palexorista*) *inconspicuoides* (Baranov, 1932)

分布：广东、黑龙江、辽宁、浙江、湖南、台湾、海南、云南、西藏；日本。

（1311）钩突赘寄蝇 *Drino* (*Palexorista*) *laetifica* Mesnil, 1950

分布：广东、北京、四川；斯里兰卡。

（1312）大毛斑赘寄蝇 *Drino* (*Palexorista*) *lucagus* (Walker, 1849)

分布：广东、福建、海南、广西、云南；泰国，印度，斯里兰卡，马来西亚，巴基斯坦，澳大利亚，巴布亚新几内亚。

（1313）暗黑赘寄蝇 *Drino* (*Zygobothria*) *atra* Liang *et* Chao, 1998

分布：广东、福建、海南、广西。

（1314）天蛾赘寄蝇 *Drino* (*Zygobothria*) *atropivora* (Robineau–Desvoidy, 1830)

分布：广东、辽宁、北京、山西、浙江、湖南、海南、广西、四川；俄罗斯，日本，老挝，印度，斯里兰卡，印度尼西亚，马来西亚，澳大利亚；中亚，欧洲，非洲（热带地区和北部）。

（1315）睫毛赘寄蝇 *Drino* (*Zygobothria*) *ciliata* (van der Wulp, 1881)

分布：广东、江苏、浙江、湖南、福建、台湾、海南、广西、云南；印度，斯里兰卡，印度尼西亚，澳大利亚，巴布亚新几内亚；非洲热带区广布。

（1316）哀赘寄蝇 *Drino* (*Zygobothria*) *lugens* (Mesnil, 1944)

分布：广东、北京、山东、福建、海南、广西、四川；印度尼西亚。

422. 异丛寄蝇属 *Isosturmia* Townsend, 1927

（1317）日本异丛寄蝇 *Isosturmia japonica* (Mesnil, 1957)

分布：广东、辽宁、浙江、湖南；日本。

（1318）多毛异丛寄蝇 *Isosturmia picta* (Baranov, 1932)

分布：广东、辽宁、北京、山西、江苏、上海、安徽、浙江、湖北、江西、湖南、福建、台湾、海南、香港、广西、四川、贵州、云南；韩国，日本，越南，泰国，印度，尼泊尔，斯里兰卡，菲律宾，马来西亚，印度尼西亚。

（1319）黄粉异丛寄蝇 *Isosturmia pruinosa* Chao *et* Sun, 1992

分布：广东、浙江、湖南、贵州。

（1320）刺尾异丛寄蝇 *Isosturmia spinisurstyla* Chao *et* Liang, 1998

分布：广东、海南、福建。

423. 厉寄蝇属 *Lydella* Robineau–Desvoidy, 1830

（1321）玉米螟厉寄蝇 *Lydella grisescens* Robineau–Desvoidy, 1830

分布：广东、黑龙江、吉林、内蒙古、北京、河北、山西、山东、河南、陕西、宁夏、甘肃、青海、新疆、江苏、安徽、湖北、湖南、福建、广西、重庆、四川、云南、西藏；蒙古国；中东地区，中亚，欧洲。

（1322）疣厉寄蝇 *Lydella scirpophagae* (Chao *et* Shi, 1982)

分布：广东、江西、福建、海南、广西、云南。

424. 帕赘寄蝇属 *Paradrino* Mesnil, 1949

（1323）滑帕赘寄蝇 *Paradrino laevicula* (Mesnil, 1951)

分布：广东、湖南、台湾；尼泊尔，斯里兰卡，菲律宾，马来西亚，印度尼西亚，澳大利亚，巴布亚新几内亚（俾斯麦）。

425. 怯寄蝇属 *Phryxe* Robineau–Desvoidy, 1830

（1324）普通怯寄蝇 *Phryxe vulgaris* (Fallén, 1810)

分布：广东、黑龙江、吉林、辽宁、内蒙古、北京、天津、河北、山西、河南、陕西、宁夏、青海、新疆、上海、湖北、重庆、云南、西藏；蒙古国，日本，加拿大（不列颠哥伦比亚），美国，哥伦比亚；中东地区，中亚，欧洲。

426. 赛寄蝇属 *Pseudoperichaeta* Brauer *et* Bergenstamm, 1889

（1325）稻苞虫赛寄蝇 *Pseudoperichaeta nigrolineata* (Walker, 1853)

分布：广东、辽宁、北京、河北、山西、山东、河南、陕西、新疆、江苏、上海、安徽、浙江、湖北、江西、湖南、福建、广西、重庆、四川；韩国，朝鲜，日本；欧洲。

427. 裸基寄蝇属 *Senometopia* Macquart, 1834

（1326）齿肛裸基寄蝇 *Senometopia dentata* (Chao *et* Liang, 2002)

分布：广东、黑龙江、辽宁、内蒙古、北京、河北、宁夏、甘肃、浙江、湖南、海南、四川。

（1327）肿须裸基寄蝇 *Senometopia distincta* (Baranov, 1931)

分布：广东、福建、台湾、海南。

（1328）隔离裸基寄蝇 *Senometopia excisa* (Fallén, 1820)

分布：广东、黑龙江、吉林、辽宁、内蒙古、北京、天津、河北、山西、山东、河南、陕西、甘肃、江苏、上海、安徽、浙江、湖北、江西、湖南、福建、台湾、海南、香港、广西、重庆、四川、贵州、云南、西藏；日本，印度，斯里兰卡；欧洲。

（1329）污裸基寄蝇 *Senometopia illota* (Curran, 1927)

分布：广东、海南；老挝，印度，坦桑尼亚，南非，尼日利亚，澳大利亚。

（1330）粉额裸基寄蝇 *Senometopia interfrontalia* (Chao *et* Liang, 1986)

分布：广东（湛江）、广西。

（1331）长肛裸基寄蝇 *Senometopia lena* (Richter, 1980)

分布：广东、北京、浙江、台湾、海南、广西、四川、云南；日本；欧洲。

（1332）毛叶裸基寄蝇 *Senometopia pilosa* (Baranov, 1931)

分布：广东、吉林、北京、浙江、湖南、福建、海南、四川；日本；欧洲。

（1333）野螟裸基寄蝇 *Senometopia prima* (Baranov, 1931)

分布：广东、黑龙江、北京、山西、山东、江苏、上海、浙江、湖南、福建、台湾、海南、广西、四川、云南；日本，印度，印度尼西亚。

（1334）宽颜裸基寄蝇 *Senometopia quinta* (Baranov, 1931)

分布：广东、福建、台湾、海南、广西、四川；印度。

（1335）宽尾裸基寄蝇 *Senometopia ridibunda* (Walker, 1859)

分布：广东（电白）；印度尼西亚，巴布亚新几内亚。

（1336）离裸基寄蝇 *Senometopia separata* (Rondani, 1859)

分布：广东、黑龙江、辽宁、河北、江苏、浙江、湖北、湖南、福建、海南、四川、云南；日本；欧洲。

（1337）嵩洪裸基寄蝇 *Senometopia shimai* (Chao *et* Liang, 2002)

分布：广东、北京、浙江、福建、海南、广西、云南。

428. 鬃月寄蝇属 *Setalunula* Chao *et* Yang, 1990

（1338）饰腹鬃月寄蝇 *Setalunula blepharipoides* Chao *et* Yang, 1990

分布：广东、江西、福建、海南、广西、云南；泰国，尼泊尔。

429. 皮寄蝇属 *Sisyropa* Brauer *et* Bergenstamm, 1889

（1339）突飞皮寄蝇 *Sisyropa prominens* (Walker, 1859)

分布：广东、河南、浙江、湖南、福建、台湾、海南、广西、云南；印度，菲律宾，马来西亚，印度尼西亚，澳大利亚，巴布亚新几内亚（俾斯麦）。

430. 鞘寄蝇属 *Thecocarcelia* Townsend, 1933

（1340）海南鞘寄蝇 *Thecocarcelia hainanensis* Chao, 1976

分布：广东、海南、广西、云南。

（1341）狭额鞘寄蝇 *Thecocarcelia linearifrons* (van der Wulp, 1893)

分布：广东、海南；马来西亚，印度尼西亚。

（1342）稻苞虫鞘寄蝇 *Thecocarcelia parnarae* Chao, 1976

分布：广东、山东、陕西、江苏、上海、安徽、浙江、湖北、江西、湖南、福建、台湾、海南、香港、广西、重庆、四川、云南；越南，泰国，印度，尼泊尔，印度尼西亚。

（1343）苏门鞘寄蝇 *Thecocarcelia sumatrana* (Baranov, 1932)

分布：广东、黑龙江、吉林、浙江、湖北、江西、湖南、福建、台湾、海南、广西、云南；韩国，朝鲜，日本，泰国，印度，斯里兰卡，菲律宾，马来西亚，印度尼西亚。

拱瓣寄蝇族 Ethillini

431. 侧盾寄蝇属 *Paratryphera* Brauer *et* Bergenstamm, 1891

（1344）髯侧盾寄蝇 *Paratryphera barbatula* (Rondani, 1859)

分布：广东、黑龙江、吉林、辽宁、内蒙古、北京、河北、山西、河南、宁夏、广西、云南、西藏；蒙古国，日本；中东地区，中亚，欧洲。

（1345）双鬃侧盾寄蝇 *Paratryphera bisetosa* (Brauer *et* Bergenstamm, 1891)

分布：广东、黑龙江、吉林、辽宁、内蒙古、北京、天津、河北、山西、宁夏、广西、重庆、四川、贵州、云南、西藏；日本；欧洲。

432. 裸板寄蝇属 *Phorocerosoma* Townsend, 1927

（1346）毛斑裸板寄蝇 *Phorocerosoma postulans* (Walker, 1861)

分布：广东、山东、江苏、上海、安徽、浙江、湖北、江西、湖南、福建、台湾、海南、香港、广西、四川、贵州、云南；尼泊尔，马来西亚，印度尼西亚，澳大利亚。

433. 刀尾寄蝇属 *Zenilliana* Curran, 1927

（1347）佳美寄蝇 *Zenilliana pulchra* Mesnil, 1949

分布：广东、台湾、广西。

追寄蝇族 Exoristini

434. 奥蜉寄蝇属 *Austrophorocera* Townsend, 1916

（1348）大形奥蟀寄蝇 *Austrophorocera grandis* (Macquart, 1851)

分布：广东、山西、山东、浙江、湖南、福建、台湾、海南、广西、四川、云南；越南，老挝，印度，斯里兰卡，菲律宾，马来西亚，印度尼西亚，澳大利亚，巴布亚新几内亚。

（1349）毛瓣奥蟀寄蝇 *Austrophorocera hirsuta* (Mesnil, 1946)

分布：广东、黑龙江、吉林、辽宁、内蒙古、北京、天津、河北、山西、山东、宁夏、江苏、上海、安徽、浙江、江西、湖南、福建、台湾、海南、香港、广西、重庆、四川、贵州、云南、西藏；越南，马来西亚。

435. 盆地寄蝇属 *Bessa* Robineau–Desvoidy, 1863

（1350）黄须盆地寄蝇 *Bessa remota* (Aldrich, 1925)

分布：广东、浙江、福建、台湾、西藏；印度，缅甸，斯里兰卡，马来西亚，印度尼西亚。

436. 刺蛾寄蝇属 *Chaetexorista* Brauer *et* Bergenstamm, 1895

（1351）爪哇刺蛾寄蝇 *Chaetexorista javana* Brauer *et* Bergenstamm, 1895

分布：广东、黑龙江、吉林、辽宁、北京、河北、山东、江苏、上海、安徽、浙江、江西、湖南、福建、台湾、海南、香港、广西、四川、贵州、云南；印度，尼泊尔，菲律宾，马来西亚，印度尼西亚，美国（马萨诸塞）。

437. 追寄蝇属 *Exorista* Meigen, 1803

（1352）拟乡追寄蝇 *Exorista* (*Adenia*) *pseudorustica* Chao, 1964

分布：广东、浙江、湖南、海南、香港、广西、重庆、四川、贵州、云南、西藏。

（1353）短毛追寄蝇 *Exorista* (*Exorista*) *brevihirta* Liang *et* Chao, 1992

分布：广东（湛江）。

（1354）条纹追寄蝇 *Exorista* (*Exorista*) *fasciata* (Fallén, 1820)

分布：广东、黑龙江、吉林、辽宁、内蒙古、北京、天津、河北、山西、山东、青海、新疆、江苏、上海、安徽、浙江、江西、福建、台湾、海南、香港、广西、四川、云南、西藏；蒙古国；中东地区，欧洲。

（1355）日本追寄蝇 *Exorista* (*Exorista*) *japonica* (Townsend, 1909)

分布：广东、黑龙江、吉林、辽宁、内蒙古、北京、天津、河北、山西、山东、河南、宁夏、甘肃、新疆、江苏、上海、安徽、浙江、湖北、江西、湖南、福建、台湾、海南、香港、广西、重庆、四川、贵州、云南、西藏；韩国，日本，越南，泰国，印度，尼泊尔，菲律宾，马来西亚，印度尼西亚。

（1356）古毒蛾追寄蝇 *Exorista* (*Exorista*) *larvarum* (Linnaeus, 1758)

分布：广东、黑龙江、吉林、辽宁、内蒙古、北京、天津、河北、山西、山东、河南、陕西、宁夏、甘肃、青海、新疆、江苏、上海、安徽、浙江、江西、福建、台湾、四川、西藏；蒙古国，日本，印度；中东地区，中亚，欧洲，非洲北部，北美洲。

（1357）坎坦追寄蝇 *Exorista* (*Podotachina*) *cantans* Mesnil, 1960

分布：广东、辽宁、北京、福建；日本。

（1358）家蚕追寄蝇 *Exorista* (*Podotachina*) *sorbillans* (Wiedemann, 1830)

分布：广东、黑龙江、吉林、辽宁、北京、河北、山西、山东、河南、江苏、上海、安徽、浙江、湖北、江西、湖南、福建、台湾、海南、广西、重庆、四川、贵州、云南；蒙古国，韩国，日本，越南，泰国，印度，尼泊尔，斯里兰卡，菲律宾，印度尼西亚，肯尼亚，乌干达，马拉维，塞拉利昂，喀麦隆，澳大利亚，巴布亚新几内亚；中亚，欧洲，非洲北部。

（1359）云南追寄蝇 *Exorista (Podotachina) yunnanica* Chao, 1964

分布：广东、青海、海南、广西、云南。

（1360）伞裙追寄蝇 *Exorista (Ptilotachina) civilis* (Rondani, 1859)

分布：广东、吉林、内蒙古、北京、河北、山西、山东、河南、新疆、江苏、安徽、浙江、湖北、江西、湖南、广西、四川；蒙古国；中亚，欧洲。

（1361）长瓣追寄蝇 *Exorista (Ptilotachina) longisquama* Liang *et* Chao, 1992

分布：广东（湛江）。

（1362）红尾追寄蝇 *Exorista (Ptilotachina) xanthaspis* (Wiedemann, 1830)

分布：广东、黑龙江、吉林、辽宁、内蒙古、北京、河北、山西、山东、河南、陕西、宁夏、新疆、江苏、上海、安徽、浙江、湖北、江西、湖南、福建、台湾、海南、香港、广西、四川、云南、西藏；蒙古国，日本，印度尼西亚，也门；中东地区，中亚，欧洲，非洲。

（1363）双鬃追寄蝇 *Exorista (Spixomyia) bisetosa* Mesnil, 1940

分布：广东、吉林、内蒙古、北京、天津、河北、山西、山东、江苏、上海、安徽、浙江、江西、福建、台湾、海南、香港、广西、西藏；韩国，日本，印度尼西亚。

（1364）强壮追寄蝇 *Exorista (Spixomyia) fortis* Chao, 1964

分布：广东（清远）、辽宁、浙江。

（1365）褐翅追寄蝇 *Exorista (Spixomyia) fuscipennis* (Baranov, 1932)

分布：广东、黑龙江、吉林、辽宁、内蒙古、北京、天津、河北、山西、山东、陕西、江苏、上海、安徽、浙江、江西、福建、台湾、海南、香港、广西、重庆、四川、贵州、云南、西藏。

（1366）宽肛追寄蝇 *Exorista (Spixomyia) grandiforceps* Chao, 1964

分布：广东、广西、云南。

（1367）透翅追寄蝇 *Exorista (Spixomyia) hyalipennis* (Baranov, 1932)

分布：广东、黑龙江、吉林、辽宁、内蒙古、北京、天津、河北、山西、山东、陕西、江苏、上海、安徽、浙江、湖北、江西、湖南、福建、台湾、海南、广西、重庆、四川、贵州、云南、西藏；俄罗斯，日本，越南，泰国。

（1368）刷肛追寄蝇 *Exorista (Spixomyia) penicilla* Chao *et* Liang, 1992

分布：广东、浙江、湖南、海南、四川、西藏。

438. 蚤寄蝇属 *Phorinia* Robineau-Desvoidy, 1830

（1369）黄额蚤寄蝇 *Phorinia aurifrons* Robineau-Desvoidy, 1830

分布：广东、黑龙江、吉林、辽宁、河北、山西、浙江、江西、湖南、福建、广西、四川、云南、西藏；越南，尼泊尔；欧洲。

439. 蜉寄蝇属 *Phorocera* Robineau-Desvoidy, 1830

（1370）锥肛蜉寄蝇 *Phorocera grandis* (Rondani, 1859)

分布：广东、辽宁、山东、河南、浙江、广西、四川、云南；日本；中东地区，欧洲。

膝芒寄蝇族 Goniini

440. 银寄蝇属 *Argyrophylax* Brauer *et* Bergenstamm, 1889

（1371）黑胫银寄蝇 *Argyrophylax nigrotibialis* Baranov, 1935

分布：广东、内蒙古、浙江、台湾、广西；尼泊尔，马来西亚，孟加拉国，澳大利亚，巴布亚新几内亚。

441. 睫寄蝇属 *Blepharella* Macquart, 1851

（1372）拉特睫寄蝇 *Blepharella lateralis* Macquart, 1851

分布：广东、山东、宁夏、江苏、上海、安徽、浙江、江西、福建、台湾、海南、香港、广西、重庆、四川、贵州、云南、西藏；越南，泰国，印度，尼泊尔，斯里兰卡，菲律宾，马来西亚，印度尼西亚，密克罗尼西亚，澳大利亚，巴布亚新几内亚。

（1373）狭颜睫寄蝇 *Blepharella tenuparafacialis* Chao *et* Shi, 1982

分布：广东、河南、湖北、江西、湖南、台湾、海南、香港、广西、重庆、四川、贵州、云南、西藏。

442. 饰腹寄蝇属 *Blepharipa* Rondani, 1856

（1374）暗黑饰腹寄蝇 *Blepharipa fusiformis* (Walker, 1849)

分布：广东、黑龙江、辽宁、北京、河北、山西、上海、江西、四川、云南；印度，缅甸，尼泊尔。

（1375）苏金饰腹寄蝇 *Blepharipa sugens* (Wiedemann, 1830)

分布：广东、浙江、福建、广西；菲律宾，马来西亚，印度尼西亚，巴布亚新几内亚。

（1376）万氏饰腹寄蝇 *Blepharipa wainwrighti* (Baranov, 1932)

分布：广东、云南；印度。

（1377）蚕饰腹寄蝇 *Blepharipa zebina* (Walker, 1849)

分布：广东（肇庆）、黑龙江、吉林、辽宁、内蒙古、北京、天津、河北、山西、山东、河南、陕西、宁夏、甘肃、江苏、上海、安徽、浙江、湖北、江西、湖南、福建、台湾、海南、广西、重庆、四川、贵州、云南；韩国，俄罗斯，泰国，印度，缅甸，尼泊尔，斯里兰卡。

443. 小颊寄蝇属 *Carceliella* Baranov, 1934

（1378）八小颊寄蝇 *Carceliella octava* (Baranov, 1931)

分布：广东（乐昌）、吉林、辽宁、北京、河北、安徽、浙江、湖南、福建、台湾、海南、四川；日本。

444. 长芒寄蝇属 *Dolichocolon* Brauer *et* Bergenstamm, 1889

（1379）东方长芒寄蝇 *Dolichocolon orientale* Townsend, 1927

分布：广东、吉林、辽宁、北京、山西、陕西、宁夏、甘肃、福建、海南、广西、四川、云南；日本，泰国，印度尼西亚，巴布亚新几内亚。

445. 赤寄蝇属 *Erythrocera* Robineau-Desvoidy, 1849

（1380）新长角赤寄蝇 *Erythrocera neolongicornis* O'Hara, Shima *et* Zhang, 2009

分布：广东、安徽。

446. 膝芒寄蝇属 *Gonia* Meigen, 1803

（1381）中华膝芒寄蝇 *Gonia chinensis* Wiedemann, 1824

分布：广东、辽宁、内蒙古、北京、天津、河北、山西、山东、河南、陕西、甘肃、江苏、上海、安徽、浙江、湖北、江西、湖南、福建、台湾、海南、香港、广西、重庆、四川、贵州、云南、西藏；韩国，朝鲜，日本，越南，印度，尼泊尔，菲律宾，巴基斯坦；中亚。

（1382）黄毛膝芒寄蝇 *Gonia klapperichi* (Mesnil, 1956)

分布：广东、辽宁、陕西、青海、新疆、浙江、福建、广西、四川、贵州、云南；韩国，印度，缅甸。

447. 库寄蝇属 *Kuwanimyia* Townsend, 1916

（1383）湛江库寄蝇 *Kuwanimyia zhanjiangensis* Zhao, Zhang *et* Chen, 2012

分布：广东（湛江）。

448. 尼尔寄蝇属 *Nealsomyia* Mesnil, 1939

（1384）四斑尼尔寄蝇 *Nealsomyia rufella* (Bezzi, 1925)

分布：广东、辽宁、山东、河南、安徽、湖北、湖南、福建、广西；日本，越南，老挝，泰国，印度，缅甸，斯里兰卡，印度尼西亚，马来西亚；中东地区。

449. 栉寄蝇属 *Pales* Robineau–Desvoidy, 1830

（1385）炭黑栉寄蝇 *Pales carbonata* Mesnil, 1970

分布：广东、辽宁、北京、山东、陕西、宁夏、甘肃、青海、新疆、江苏、上海、安徽、浙江、江西、福建、台湾、海南、四川、西藏；日本。

（1386）蓝黑栉寄蝇 *Pales pavida* (Meigen, 1824)

分布：广东、黑龙江、辽宁、内蒙古、北京、河北、山西、河南、陕西、宁夏、甘肃、青海、浙江、湖北、湖南、福建、海南、广西、重庆、四川、贵州、云南、西藏；蒙古国，日本；中东地区，中亚，欧洲。

450. 梳寄蝇属 *Pexopsis* Brauer *et* Bergenstamm, 1889

（1387）凯梳寄蝇 *Pexopsis capitata* Mesnil, 1951

分布：广东、吉林、辽宁、北京、山西、宁夏、江苏、上海、浙江、湖南、海南、四川、云南；俄罗斯。

（1388）九州梳寄蝇 *Pexopsis kyushuensis* Shima, 1968

分布：广东、安徽、浙江、福建、四川、云南；日本。

（1389）东方梳寄蝇 *Pexopsis orientalis* Sun *et* Chao, 1993

分布：广东、吉林、辽宁、北京、山西、江苏、上海、浙江、湖南、福建、海南、四川、云南。

451. 拟芒寄蝇属 *Pseudogonia* Brauer *et* Bergenstamm, 1889

（1390）红额拟芒寄蝇 *Pseudogonia rufifrons* (Wiedemann, 1830)

分布：广东、吉林、辽宁、内蒙古、北京、河北、山西、山东、河南、宁夏、新疆、江苏、上海、安徽、浙江、湖北、江西、福建、台湾、香港、广西、四川、云南；蒙古国，韩国，日本，泰国，印度，缅甸，菲律宾，马来西亚，印度尼西亚，巴基斯坦，伊朗，巴勒斯坦，以色列，埃及，摩洛哥，澳大利亚，巴布亚新几内亚，美国（夏威夷）；中亚，欧洲，非洲。

452. 舟寄蝇属 *Scaphimyia* **Mesnil, 1955**

（1391）栗色舟寄蝇 *Scaphimyia castanea* Mesnil, 1955

分布：广东、北京、浙江、广西、四川、西藏；越南。

453. 跃寄蝇属 *Spallanzania* **Robineau–Desvoidy, 1830**

（1392）梳飞跃寄蝇 *Spallanzania hebes* (Fallén, 1820)

分布：广东、黑龙江、吉林、辽宁、内蒙古、北京、天津、河北、山西、陕西、宁夏、甘肃、青海、新疆、江苏、上海、浙江、湖南、海南、西藏；蒙古国，印度，加拿大，美国；中东地区，中亚，欧洲，非洲北部。

454. 丛毛寄蝇属 *Sturmia* **Robineau–Desvoidy, 1830**

（1393）丽丛毛寄蝇 *Sturmia bella* (Meigen, 1824)

分布：广东、辽宁、甘肃、浙江、湖南、福建、台湾、海南、广西、四川、云南；韩国，日本（冲绳），泰国，尼泊尔；中东地区，中亚，欧洲。

455. 三鬃寄蝇属 *Tritaxys* **Macquart, 1847**

（1394）长芒三鬃寄蝇 *Tritaxys braueri* (de Meijere, 1924)

分布：广东、福建、海南、广西、云南、西藏；印度尼西亚。

456. 三色寄蝇属 *Trixomorpha* **Brauer *et* Bergenstamm, 1889**

（1395）印度三色寄蝇 *Trixomorpha indica* Brauer *et* Bergenstamm, 1889

分布：广东、海南、广西、云南；印度。

457. 彩寄蝇属 *Zenillia* **Robineau–Desvoidy, 1830**

（1396）疣肛彩寄蝇 *Zenillia libatrix* (Panzer, 1798)

分布：广东、辽宁、内蒙古、河北、山西；日本；欧洲。

温寄蝇族 Winthemiini

458. 截尾寄蝇属 *Nemorilla* **Rondani, 1856**

（1397）双斑截尾寄蝇 *Nemorilla maculosa* (Meigen, 1824)

分布：广东、黑龙江、吉林、辽宁、内蒙古、北京、天津、河北、山西、山东、宁夏、新疆、江苏、上海、安徽、浙江、湖北、江西、湖南、福建、台湾、海南、香港、广西、四川；蒙古国，韩国，日本，印度，缅甸；中东地区，中亚，欧洲，非洲北部。

459. 温寄蝇属 *Winthemia* **Robineau–Desvoidy, 1830**

（1398）平眼温寄蝇 *Winthemia parallela* Chao *et* Liang, 1998

分布：广东（茂名）、湖南。

突颜寄蝇亚科 Phasiinae

筒腹寄蝇族 Cylindromyiini

460. 筒腹寄蝇属 *Cylindromyia* **Meigen, 1803**

（1399）暗翅筒腹寄蝇 *Cylindromyia* (*Malayocyptera*) *umbripennis* (van der Wulp, 1881)

分布：广东、陕西、宁夏、甘肃、江苏、上海、安徽、浙江、福建、台湾、广西、四川、云南、西藏；韩国，俄罗斯，朝鲜，日本，斯里兰卡，菲律宾，马来西亚，印度尼西亚。

461. 罗佛寄蝇属 *Lophosia* Meigen, 1824

（1400）丽罗佛寄蝇 *Lophosia pulchra* (Townsend, 1927)

分布：广东、浙江、江西、海南、广西、四川、贵州；菲律宾。

球腹寄蝇族 Gymnosomatini

462. 球腹寄蝇属 *Gymnosoma* Meigen, 1803

（1401）狭颊球腹寄蝇 *Gymnosoma inornatum* Zimin, 1966

分布：广东、辽宁、内蒙古、北京、山西、陕西、宁夏、浙江、广西、四川、贵州、云南；韩国，日本；欧洲。

（1402）普通球腹寄蝇 *Gymnosoma rotundatum* (Linnaeus, 1758)

分布：广东、黑龙江、吉林、辽宁、内蒙古、北京、河北、山西、陕西、宁夏、甘肃、湖北、台湾、四川、云南、西藏；韩国，朝鲜，日本，印度，塞浦路斯，摩洛哥，阿尔及利亚，埃塞俄比亚；欧洲。

贺寄蝇族 Hermyini

463. 贺寄蝇属 *Hermya* Robineau–Desvoidy, 1830

（1403）比贺寄蝇 *Hermya beelzebul* (Wiedemann, 1830)

分布：广东、吉林、辽宁、内蒙古、北京、山西、山东、陕西、新疆、江苏、上海、安徽、浙江、湖北、江西、湖南、福建、台湾、海南、香港、广西、四川、贵州、云南；韩国，朝鲜，日本，越南，泰国，印度，缅甸，尼泊尔，斯里兰卡，菲律宾，马来西亚，印度尼西亚。

（1404）台湾贺寄蝇 *Hermya formosana* Villeneuve, 1939

分布：广东、安徽、浙江、福建、台湾、海南、四川、贵州、云南。

（1405）尾贺寄蝇 *Hermya surstylis* Sun, 1994

分布：广东、浙江、广西、云南。

（1406）雅安贺寄蝇 *Hermya yaanna* Sun, 1994

分布：广东、江西、福建、四川。

俏饰寄蝇族 Parerigonini

464. 俏饰寄蝇属 *Parerigone* Brauer, 1898

（1407）金黄俏饰寄蝇 *Parerigone aurea* Brauer, 1898

分布：广东、黑龙江、辽宁、河北、陕西、宁夏、四川；俄罗斯，韩国。

突颜寄蝇族 Phasiini

465. 克寄蝇属 *Clytiomya* Rondani, 1861

（1408）连克寄蝇 *Clytiomya continua* (Panzer, 1798)

分布：广东、辽宁、宁夏、新疆；俄罗斯，蒙古国，比利时，瑞典；中亚。

寄蝇亚科 Tachininae

埃内寄蝇族 Ernestiini

466. 江寄蝇属 *Janthinomyia* Brauer et Bergenstamm, 1893

（1409）叉叶江寄蝇 *Janthinomyia elegans* (Matsumura, 1905)

分布：广东、黑龙江、吉林、辽宁、内蒙古、北京、天津、河北、山西、山东、河南、甘肃、新疆、江苏、上海、安徽、浙江、江西、福建、台湾、四川、云南、西藏；蒙古国，韩国，俄罗斯，日本。

467. 短须寄蝇属 *Linnaemya* Robineau–Desvoidy, 1830

（1410）毛径短须寄蝇 *Linnaemya* (*Ophina*) *microchaetopsis* Shima, 1986

分布：广东、黑龙江、吉林、辽宁、内蒙古、北京、天津、河北、山西、山东、陕西、宁夏、甘肃、青海、新疆、江苏、上海、安徽、浙江、江西、湖南、福建、台湾、海南、广西、重庆、四川、贵州、云南、西藏；韩国，俄罗斯，朝鲜，日本；中亚。

（1411）钩肛短须寄蝇 *Linnaemya* (*Ophina*) *picta* (Meigen, 1824)

分布：广东、黑龙江、吉林、辽宁、内蒙古、北京、山西、山东、陕西、宁夏、甘肃、青海、新疆、江苏、上海、安徽、浙江、湖北、江西、湖南、福建、台湾、广西、重庆、四川、贵州、云南、西藏；韩国，朝鲜，日本，泰国，印度，尼泊尔；欧洲。

（1412）查禾短须寄蝇 *Linnaemya* (*Ophina*) *zachvatkini* Zimin, 1954

分布：广东、黑龙江、吉林、辽宁、内蒙古、北京、天津、河北、山西、河南、宁夏、甘肃、青海、新疆、湖北、福建、四川、云南、西藏；蒙古国，韩国，朝鲜，日本；欧洲。

莱寄蝇族 Leskiini

468. 阿特寄蝇属 *Atylostoma* Brauer *et* Bergenstamm, 1889

（1413）爪哇阿特寄蝇 *Atylostoma javanum* (Brauer *et* Bergenstamm, 1895)

分布：广东、浙江、西藏；印度，缅甸，菲律宾，印度尼西亚。

469. 叶甲寄蝇属 *Macquartia* Robineau–Desvoidy, 1830

（1414）毛肛叶甲寄蝇 *Macquartia pubiceps* (Zetterstedt, 1845)

分布：广东、辽宁、内蒙古、河北、宁夏、安徽；日本；欧洲。

毛瓣寄蝇族 Nemoraeini

470. 毛瓣寄蝇属 *Nemoraea* Robineau–Desvoidy, 1830

（1415）条胸毛瓣寄蝇 *Nemoraea fasciata* (Chao *et* Shi, 1985)

分布：广东、江苏、安徽、浙江、江西、福建、四川、云南、西藏。

（1416）萨毛瓣寄蝇 *Nemoraea sapporensis* Kocha, 1969

分布：广东、黑龙江、辽宁、北京、河北、山西、河南、陕西、宁夏、浙江、湖北、湖南、福建、四川、云南、西藏；俄罗斯，日本。

（1417）巨形毛瓣寄蝇 *Nemoraea titan* (Walker, 1849)

分布：广东、山西、广西、四川、云南；印度，缅甸，不丹，孟加拉国。

长唇寄蝇族 Siphonini

471. 阿寄蝇属 *Actia* Robineau–Desvoidy, 1830

（1418）长喙阿寄蝇 *Actia jocularis* Mesnil, 1957

分布：广东、山西、浙江；日本。

（1419）黑盾阿寄蝇 *Actia nigroscutellata* Lundbeck, 1927

分布：广东、广西；日本；欧洲。

（1420）短颏阿寄蝇 *Actia pilipennis* (Fallén, 1810)

分布：广东、黑龙江、北京；蒙古国，日本；欧洲。

（1421）安松阿寄蝇 *Actia yasumatsui* Shima, 1970

分布：广东、香港。

472. 毛脉寄蝇属 *Ceromya* **Robineau–Desvoidy, 1830**

（1422）刺毛脉寄蝇 *Ceromya punctum* (Mesnil, 1953)

分布：广东（广州）。

473. 等鬃寄蝇属 *Peribaea* **Robineau–Desvoidy, 1863**

（1423）短等鬃寄蝇 *Peribaea abbreviata* Tachi *et* Shima, 2002

分布：广东、陕西；韩国，朝鲜，日本。

（1424）裸等鬃寄蝇 *Peribaea glabra* Tachi *et* Shima, 2002

分布：广东、辽宁、陕西、台湾、香港、四川；俄罗斯，日本。

（1425）香港等鬃寄蝇 *Peribaea hongkongensis* Tachi *et* Shima, 2002

分布：广东、香港。

（1426）短芒等鬃寄蝇 *Peribaea orbata* (Wiedemann, 1830)

分布：广东、湖北、福建、台湾、海南、香港、云南；日本，泰国，印度，缅甸，斯里兰卡，菲律宾，马来西亚，印度尼西亚，也门，密克罗尼西亚，澳大利亚，巴布亚新几内亚（俾斯麦）；中东地区，非洲。

（1427）毛脉等鬃寄蝇 *Peribaea setinervis* (Thomson, 1869)

分布：广东、浙江、香港；韩国，朝鲜，日本，缅甸；欧洲。

（1428）黄胫等鬃寄蝇 *Peribaea tibialis* (Robineau–Desvoidy, 1851)

分布：广东、黑龙江、辽宁、北京、山西、陕西、浙江、湖南、福建、台湾、海南、香港、四川、贵州、云南；蒙古国，韩国，朝鲜，日本，缅甸，肯尼亚，刚果（金），南非；中东地区，中亚，欧洲。

474. 长唇寄蝇属 *Siphona* **Meigen, 1803**

（1429）掠长唇寄蝇 *Siphona* (*Aphantorhaphopsis*) *perispoliata* (Mesnil, 1953)

分布：广东（广州）、台湾、香港；泰国，印度，菲律宾，马来西亚。

（1430）北方长唇寄蝇 *Siphona* (*Siphona*) *boreata* Mesnil, 1960

分布：广东、宁夏、浙江、贵州、西藏；欧洲。

（1431）冠毛长唇寄蝇 *Siphona* (*Siphona*) *cristata* (Fabricius, 1805)

分布：广东、黑龙江、吉林、辽宁、内蒙古、北京、河北、宁夏、甘肃、青海、新疆、浙江、福建、台湾、广西、重庆、四川、贵州、云南、西藏；日本；欧洲。

（1432）袍长唇寄蝇 *Siphona* (*Siphona*) *pauciseta* Rondani, 1865

分布：广东、内蒙古、浙江、西藏；蒙古国，日本；欧洲。

寄蝇族 Tachinini

475. 密克寄蝇属 *Mikia* **Kowarz, 1885**

（1433）华丽密克寄蝇 *Mikia tepens* (Walker, 1849)

分布：广东、吉林、辽宁、内蒙古、广西、重庆、云南；俄罗斯，日本，越南，印度，尼泊尔，不丹，马来西亚，孟加拉国，哈萨克斯坦。

476. 长须寄蝇属 *Peleteria* **Robineau–Desvoidy, 1830**

（1434）粘虫长须寄蝇 *Peleteria iavana* (Wiedemann, 1819)

分布：广东（广州）、黑龙江、吉林、辽宁、内蒙古、北京、天津、河北、山西、山东、河南、陕西、宁夏、甘肃、江苏、上海、安徽、浙江、湖北、江西、湖南、福建、台湾、海南、香港、广西、重庆、四川、贵州、云南、西藏；韩国，朝鲜，日本，泰国，印度，缅甸，尼泊尔，斯里兰卡，菲律宾，马来西亚，印度尼西亚，哈萨克斯坦，澳大利亚，巴布亚新几内亚；欧洲，非洲。

（1435）宽颜长须寄蝇 *Peleteria kuanyan* (Chao, 1979)

分布：广东、内蒙古、湖南、海南、云南。

（1436）微长须寄蝇 *Peleteria versuta* (Loew, 1871)

分布：广东、黑龙江、吉林、辽宁、内蒙古、北京、天津、河北、山西、山东、陕西、宁夏、甘肃、青海、新疆、江苏、上海、浙江、湖南、福建、海南、广西、重庆、四川、贵州、云南、西藏；蒙古国，俄罗斯；中亚。

477. 寄蝇属 *Tachina* **Meigen, 1803**

（1437）肥须寄蝇 *Tachina* (*Nowickia*) *atripalpis* (Robineau–Desvoidy, 1863)

分布：广东、黑龙江、内蒙古、山西、宁夏、甘肃、青海、新疆、浙江、四川、西藏；蒙古国，韩国，朝鲜；中亚，欧洲。

（1438）陈氏寄蝇 *Tachina* (*Tachina*) *cheni* (Chao, 1987)

分布：广东（韶关）、辽宁、北京、河北、山西、河南、陕西、甘肃、四川、云南。

（1439）弯叶寄蝇 *Tachina* (*Tachina*) *gibbiforceps* (Chao, 1962)

分布：广东、福建、四川、云南。

（1440）筒腹寄蝇 *Tachina* (*Tachina*) *longiventris* (Chao, 1962)

分布：广东、海南、四川。

（1441）怒寄蝇 *Tachina* (*Tachina*) *nupta* (Rondani, 1859)

分布：广东、黑龙江、吉林、辽宁、内蒙古、北京、天津、河北、山西、陕西、宁夏、甘肃、青海、新疆、浙江、湖北、广西、四川、云南、西藏；蒙古国，韩国，朝鲜，日本，瑞典，德国，法国，意大利，阿塞拜疆，乌兹别克斯坦；中亚，欧洲。

（1442）栗黑寄蝇 *Tachina* (*Tachina*) *punctocincta* (Villeneuve, 1936)

分布：广东、辽宁、山东、甘肃、江苏、安徽、上海、浙江、湖北、江西、湖南、福建、台湾、海南、香港、广西、四川、西藏。

（1443）明寄蝇 *Tachina* (*Tachina*) *sobria* (Walker, 1853)

分布：广东、陕西、甘肃、新疆、湖南、福建、海南、香港、广西、重庆、四川、贵州、云南、西藏；印度，缅甸，马来西亚，印度尼西亚，孟加拉国，巴基斯坦。

（1444）什塔寄蝇 *Tachina* (*Tachina*) *stackelbergi* (Zimin, 1929)

分布：广东、黑龙江、吉林、辽宁、内蒙古、北京、河北、山西、陕西、甘肃、青海、新疆、
浙江、湖北、湖南、福建、台湾、广西、四川、贵州、云南、西藏；俄罗斯（远东），朝鲜，
日本，尼泊尔。

（1445）蜂寄蝇 *Tachina (Tachina) ursinoidea* (Tothill, 1918)

分布：广东、黑龙江、吉林、辽宁、内蒙古、北京、天津、河北、山西、山东、河南、江苏、
上海、安徽、浙江、湖北、江西、湖南、福建、台湾、海南、香港、广西、重庆、四川、贵
州、云南、西藏；泰国，印度，缅甸，尼泊尔，印度尼西亚。

参考文献：

安继尧，郝宝善，严格，1998. 广东蚋属二新种记述（双翅目：蚋科）[J]. 昆虫学报，41（2）：76-82.

安继尧，严格，杨礼贤，等，1994. 广东蚋科一新种（双翅目：蚋科）[J]. 四川动物，13（1）：4-6.

安淑文，2004. 中国秆蝇亚科分类初步研究（双翅目：秆蝇科）[D]. 北京：中国农业大学.

蔡云龙，2012. 中国伐蚤蝇属分类研究（双翅目：蚤蝇科）[D]. 沈阳：沈阳师范大学.

陈家慧，谢恺琪，唐佳梦，等，2021. 深圳市福田红树林生态公园吸血蠓种类及吸血活动研究. 环境昆虫学报 [J].
43（2）：373-378.

成新跃，2003. 中国迷蚜蝇属 *Milesia* 厘订（双翅目：食蚜蝇科）（英文）[J]. 昆虫分类学报，25（4）：271-280.

范宏烨，2014. 中国长足寄蝇亚科分类及区系分布研究（双翅目：寄蝇科）[D]. 沈阳：沈阳师范大学.

范滋德，刘传禄，1982. 广东省芒蝇属六新种（双翅目：蝇科）[J]. 昆虫分类学报，4（1-2）：7-13.

方红，2008. 中国异蚤蝇区系分类研究（双翅目：蚤蝇科）[D]. 沈阳：沈阳农业大学.

费旭东，2011. 中国丽蝇科分类学研究及在法医昆虫学中应用的探讨 [D]. 沈阳：沈阳师范大学.

甘田，姜玉霞，钱焕丹，等，2019. 中国瘿蚊科一新记录种记述 [J]. 肇庆学院学报，40（5）：22-24.

巩路，2019. 中国伏果蝇属 *Phortica* 等三属多样性研究（双翅目：果蝇科）[D]. 广州：华南农业大学.

韩武，2020. 中国狭摇蚊属（双翅目：摇蚊科）分子鉴定及系统发育研究 [D]. 广州：暨南大学.

户田，正宪，彭统序，1990. 广东 *Amiota* 属 *Phortica* 亚属八新种（双翅目：果蝇科）（英文）[J]. 昆虫分类学报，7（1）：
41-55.

黄柏湘，方建明，范滋德，1997. 广东省南部蝇总科及丽蝇科纪录 [J]. 中国媒介生物学及控制杂志，8（6）：472-
473.

黄柏湘，肖森，1986. 江门市常见蝇类相及其消长规律 [J]. 广东医药学院学报，2（2）：29-34.

黄嘉，2019. 冠果蝇亚科分子系统发育及东洋区白果蝇属系统分类学 [D]. 广州：华南农业大学.

季延娇，2014. 青藏高原—喜马拉雅地区阳蝇属 *Helina* 分类及生物地理研究（双翅目：蝇科）[D]. 沈阳：沈阳师
范大学.

江威，2015. 检疫性实蝇形态和分子鉴定研究 [D]. 北京：中国农业大学.

李超，2008. 双斑截尾寄蝇对草地螟幼虫的寄生选择及密度效应 [D]. 北京：中国农业科学院.

李清西，1995. 中国墨管蚜蝇属种类及新种记述（双翅目：食蚜蝇科）[J]. 昆虫分类学报，17（2）：119-124.

李清西，张军，1996. 中国墨管蚜蝇属（双翅目：食蚜蝇科）分类研究 [J]. 新疆农业科技，19（3）：3-6，8-9.

李文亮，2014. 中国西南地区缟蝇科（双翅目：缟蝇总科）系统分类研究 [D]. 北京：中国农业大学.

李文亮，张魁艳，杨定，2007. 广东柄驼舞虻属新种记述（双翅目，舞虻科）[J]. 动物分类学报，32（2）：482-

485.

李鑫，2017. 欧亚地区厕蝇科Fanniidae系统发育研究［D］. 沈阳：沈阳师范大学.

李杏，2014. 东亚直突摇蚊亚科四属系统学研究（双翅目：摇蚊科）［D］. 天津：南开大学.

梁恩义，赵建铭，1992. 中国追寄蝇属的研究（双翅目：寄蝇科）［J］. 动物分类学报，17（2）：206-223.

廖波，2015. 环京津地区食蚜蝇物种多样性研究［D］. 汉中：陕西理工学院.

刘家宇，张春田，葛振萍，等，2006. 卷蛾寄蝇族（双翅目：寄蝇科）分类研究（一）［J］. 沈阳师范大学学报（自然科学版），24（3）：334-339.

刘金华，郝丽，刘世忠，等，2014. 广东省蠓科昆虫的种类与地理分布［J］. 中华卫生杀虫药械，20（3）：275-278.

刘立群，2009. 中国突眼蝇科系统分类研究（双翅目：突眼蝇科）［D］. 杭州：浙江农林大学.

刘若思，2015. 中国异长足虻亚科的系统分类研究（双翅目：长足虻科）［D］. 北京：中国农业大学.

沈佼皎，2010. 中国栓蚤蝇属分类研究（双翅目：蚤蝇科）［D］. 沈阳：沈阳师范大学.

施凯，2013. 中国眼蕈蚊科8属分类及系统发育研究（双翅目：眼蕈蚊科）［D］. 杭州：浙江农林大学.

宋福春，2007. 淮南蠓类的研究（双翅目：蠓科）［D］. 淮南：安徽理工大学.

田旭，2012. 中国圆蝇亚科的系统分类研究（双翅目：蝇科）［D］. 沈阳：沈阳师范大学.

佟艳丰，郑立军，薛万琦，2002. 中国蝇科池蝇族分布（Ⅰ）（双翅目：蝇科）［J］. 沈阳师范学院学报（自然科学版），20（1）：46-51.

汪兴鉴，赵明珠，1989. 中国寡鬃实蝇属记述（双翅目：实蝇科）［J］. 动物分类学报，14（2）：209-219.

王超，2020. 中国麻蝇属昆虫系统分类研究（双翅目：麻蝇科）［D］. 北京：北京林业大学.

王新华，1998. 毛施密摇蚊属一新种（双翅目：摇蚊科）［J］. 昆虫学报，41（1）：96-98.

王新华，郑乐怡，纪炳纯，1993. 中国摇蚊亚科记述Ⅲ. 哈摇蚊属（双翅目：摇蚊科）［J］. 动物分类学报，18（4）：459-465.

王雪龙，2015. 摇蚊幼虫种类鉴定、龄期划分及各虫态发育历期的研究［D］. 上海：上海海洋大学.

徐保海，2011. 中国虱蝇总科记述（昆虫纲：双翅目）［J］. 中国人兽共患病学报，27（1）：67-71，75.

徐淼锋，廖力，张卫东，2009. 广东实蝇亚科二新种描述（双翅目，实蝇科）（英文）［J］. 动物分类学报，34（1）：69-72.

薛万琦，刘铭泉，1985. 广东省棘蝇属二新种（双翅目：蝇科）［J］. 动物学研究，6（4）增刊：15-19.

杨定，李竹，刘启飞，等，2020. 中国生物物种名录，第二卷动物，昆虫（Ⅴ），双翅目（1）长角亚目［M］. 北京：科学出版社.

杨定，王孟卿，李文亮，等，2020. 中国生物物种名录，第二卷动物，昆虫（Ⅶ），双翅目（3）短角亚目蝇类［M］. 北京：科学出版社.

杨定，张莉莉，张魁艳，等，2018. 中国生物物种名录，第二卷动物，昆虫（Ⅵ），双翅目（2）虻类［M］. 北京：科学出版社.

杨集昆，罗启浩，1999. 中国危害荔枝的瘿蚊科一新属一新种（双翅目：瘿蚊科）［J］. 昆虫分类学报，21（2）：54-57.

杨集昆，汤忠琦，1991. 为害柑桔春芽的达瘿蚊属二新种（双翅月：瘿蚊科）［J］. 华南农业大学学报，12（2）：74-79.

杨萌，2013．中国栅蚤蝇属分类研究（双翅目：蚤蝇科）［D］．沈阳：沈阳师范大学．

姚志远，郑国，张春田，2010．中国追寄蝇族种类新纪录（双翅目，寄蝇科）（英文）［J］．沈阳师范大学学报（自然
科学版），28（4）：530-533．

于姗姗，崔维娜，杨定，2009．中国星水虻属三新种（双翅目：水虻科）（英文）［J］．昆虫分类学报，31（4）：
296-300．

于腾，2016．中国及其周边国家棘蝇属分种团研究（双翅目：蝇科）［D］．沈阳：沈阳师范大学．

张春田，郝博，黄宝平，2021．优寄蝇属一中国新纪录种（双翅目：寄蝇科）［J］．沈阳师范大学学报（自然科学版），
39（2）：174-177．

张学书，2011．中国秽蝇族的系统分类研究（双翅目：蝇科）［D］．沈阳：沈阳师范大学．

张媛媛，2012．基于形态分类的中国棘蝇属研究（双翅目：蝇科）［D］．沈阳：沈阳师范大学．

智妍，李新，刘家宇，等，2016．基于28S rRNA基因序列的中国寄蝇亚科部分种类分子系统发育研究（双翅目：寄
蝇科）［J］．基因组学与应用生物学，35（8）：1999-2006．

朱威，2008．中国蚤蝇科系统发育研究（双翅目）［D］．沈阳：沈阳师范大学．

O'HARA J E，SHIMA H，ZHANG C T，2009. Annotated catalogue of the Tachinidae (Insecta: Diptera) of China ［J］.
Zootaxa，2190：1-236.

TANG H Q，2018. *Conochironomus* Freemen, 1961(Diptera: Chironomidae) newly recorded from China, with description
of a new species ［J］. The pan-pacific entomologist，94（3）：167-180.

XUE W Q，ZHANG X，2013. A study of the *Phaonia angelicae* group (Diptera: Muscidae), with descriptions of six new
species from China ［J］. Journal of insect science，13：1-16.

膜翅目 Hymenoptera

一、锤角叶蜂科 Cimbicidae Kirby, 1837

1. 丽锤角叶蜂属 *Abia* Leach, 1817

（1）紫宝丽锤角叶蜂 *Abia formosa* Takeuchi, 1927

分布：广东、吉林、陕西、安徽、湖南、福建、台湾；朝鲜，韩国，日本。

2. 细锤角叶蜂属 *Leptocimbex* Semenov, 1896

（2）波氏细锤角叶蜂 *Leptocimbex potanini* Semenov, 1896

分布：广东、辽宁、陕西、甘肃、湖北、广西、四川、云南、西藏；俄罗斯，越南，印度，
缅甸。

（3）瘤突细锤角叶蜂 *Leptocimbex tuberculatus* Malaise, 1939

分布：广东、吉林、辽宁、山西、陕西、甘肃、安徽、湖北、江西、湖南、福建、四川。

二、三节叶蜂科 Argidae Konow, 1890

3. 三节叶蜂属 *Arge* Schrank, 1802

（4）震旦黄腹三节叶蜂 *Arge aurora* Wei, 2022

分布：广东、内蒙古、河北、山西、河南、陕西、江苏、上海、安徽、浙江、湖北、江西、
湖南、福建、广西、四川、贵州；俄罗斯，朝鲜，日本。

（5）榆红胸三节叶蜂 *Arge captiva* (Smith, 1874)

分布：广东（始兴）、吉林、辽宁、内蒙古、北京、天津、河北、山东、河南、陕西、宁夏、新疆、江苏、上海、浙江、湖北、湖南、福建、台湾、香港、四川、贵州；蒙古国，俄罗斯，韩国，日本，泰国，印度，哈萨克斯坦。

（6）齿瓣淡毛三节叶蜂 *Arge dentipenis* Wei, 1998

分布：广东、河北、河南、陕西、安徽、湖北、江西、湖南、福建、贵州、云南。

（7）黑肩黑头三节叶蜂 *Arge nigrocollinia* Wei, 1997

分布：广东（始兴）、山西、河南、陕西、甘肃、湖北、贵州、云南。

（8）日本黄腹三节叶蜂 *Arge nipponensis* Rohwer, 1910

分布：广东、内蒙古、河北、山西、河南、陕西、江苏、上海、安徽、浙江、湖北、江西、湖南、福建、广西、四川、贵州；俄罗斯，朝鲜，日本。

（9）玫瑰黄腹三节叶蜂 *Arge pagana* (Panzer, 1798)

分布：广东、北京、河北、山西、山东、陕西、新疆、江苏、浙江、湖北、福建、台湾；蒙古国，朝鲜，日本，印度；欧洲。

（10）光唇黑毛三节叶蜂 *Arge sauteri* (Enslin, 1911)

分布：广东、江西、浙江、福建、海南；俄罗斯，日本，印度，缅甸。

（11）刻颜红胸三节叶蜂 *Arge vulnerata* Mocsáry, 1909

分布：广东（始兴）、吉林、河南、陕西、安徽、浙江、湖北、江西、湖南、福建、台湾、海南、广西、四川、贵州；越南。

（12）列斑黄腹三节叶蜂 *Arge xanthogaster* (Cameron, 1876)

分布：广东、吉林、河南、陕西、江苏、浙江、湖北、江西、湖南、福建、台湾、香港、广西、重庆、四川、贵州、云南；越南，印度，尼泊尔。

三、松叶蜂科 Diprionidae Rohwer, 1910

4. 黑松叶蜂属 *Nesodiprion* Rohwer, 1910

（13）浙江黑松叶蜂 *Nesodiprion zhejiangensis* Zhou et Xiao, 1981

分布：广东、辽宁、山东、河南、陕西、安徽、浙江、湖北、江西、湖南、福建、广西、四川、贵州、云南。

（14）双枝黑松叶蜂 *Nesodiprion biremis* (Konow, 1899)

分布：广东（乳源）、山东、浙江、江西、香港、贵州；朝鲜。

5. 松叶蜂属 *Diprion* Schrank, 1802

（15）六万松叶蜂 *Diprion liuwanensis* Huang et Xiao, 1983

分布：广东、安徽、江西、广西。

四、叶蜂科 Tenthredinidae Latreille, 1803

6. 凹颚叶蜂属 *Aneugmenus* Hartig, 1837

（16）日本凹颚叶蜂 *Aneugmenus japonicus* Rohwer, 1910

分布：广东、河南、陕西、江苏、安徽、浙江、江西、湖南、福建、台湾、广西、贵州；俄罗斯，日本。

7. 沟额叶蜂属 *Corrugia* Malaise, 1944

（17）斑股沟额叶蜂 *Corrugia femorata* Wei, 1997

　　分布：广东、浙江、湖南、福建、广西、重庆、四川、贵州。

（18）台湾沟额叶蜂 *Corrugia formosana* (Rohwer, 1916)

　　分布：广东（始兴）、湖南、福建、台湾；日本。

（19）宽顶沟额叶蜂 *Corrugia Kuanding* Xiao, Niu *et* Wei, 2021

　　分布：广东、北京、浙江、湖北、湖南、福建、台湾、海南、广西、重庆、贵州。

（20）中华沟额叶蜂 *Corrugia sinica* Wei, 1997

　　分布：广东、浙江、福建。

8. 浅沟叶蜂属 *Kulia* Malaise, 1944

（21）中华浅沟叶蜂 *Kulia sinensis* (Forsius, 1927)

　　分布：广东、辽宁、内蒙古、北京、河北、山东、河南、陕西、甘肃、江苏、安徽、浙江、湖北、江西、湖南、福建、广西、重庆、四川、贵州、云南；俄罗斯，韩国，日本。

9. 樟叶蜂属 *Moricella* Rohwer, 1916

（22）樟叶蜂 *Moricella rufonota* Rohwer, 1916

　　分布：广东（中山）、浙江、江西、湖南、福建、广西、四川。

10. 侧齿叶蜂属 *Neostromboceros* Rohwer, 1912

（23）圆额侧齿叶蜂 *Neostromboceros circulofrons* Wei, 2002

　　分布：广东、陕西、浙江、湖北、湖南、福建、广西、重庆、贵州。

（24）白唇侧齿叶蜂 *Neostromboceros leucopoda* Rohwer, 1916

　　分布：广东、河南、陕西、甘肃、安徽、浙江、江西、湖南、福建、台湾、广西、重庆、四川、贵州、云南；日本，越南。

（25）黑肩侧齿叶蜂 *Neostromboceros nigrocollis* Wei, 1998

　　分布：广东、河南、安徽、浙江。

（26）日本侧齿叶蜂 *Neostromboceros nipponicus* Takeuchi, 1941

　　分布：广东、河北、山东、河南、陕西、安徽、浙江、湖北、江西、湖南、福建、广西、重庆、四川、贵州、云南；日本。

11. 平缝叶蜂属 *Nesoselandria* Rohwer, 1910

（27）马氏平缝叶蜂 *Nesoselandria maliae* Wei, 2002

　　分布：广东、陕西、宁夏、浙江、湖南、福建、广西、重庆、四川、贵州。

（28）汪氏平缝叶蜂 *Nesoselandria wangae* Wei, 2002

　　分布：广东、陕西、浙江、湖北、湖南、福建、广西、重庆、贵州。

12. 长背叶蜂属 *Strongylogaster* Dahlbom, 1835

（29）斑腹长背叶蜂 *Strongylogaster macula* (Klug, 1817)

　　分布：广东（韶关）、陕西、安徽、浙江、湖北、湖南、四川、贵州；加拿大；东北亚，欧洲。

13. 粘叶蜂属 *Caliroa* Costa, 1859

（30）刘氏粘叶蜂 *Caliroa liui* Wei, 1997

　　分布：广东、河南、陕西、甘肃、湖南、福建、贵州。

14. 槌缘叶蜂属 *Pristiphora* Latreille, 1810

（31）中华槌缘叶蜂 *Pristiphora sinensis* Wong, 1977

　　分布：广东（乳源）、内蒙古、北京、河北、山西、山东、河南、陕西、江苏、浙江、湖北、湖南、福建、广西、贵州。

15. 十脉叶蜂属 *Allantoides* Wei *et* Niu, 2017

（32）白唇十脉叶蜂 *Allantoides nigrocaeruleus* (Smith, 1874)

　　分布：广东、吉林、北京、天津、山东、河南、陕西、江苏、安徽、浙江、湖北、江西、湖南、福建、台湾、广西、重庆、贵州、云南；韩国，日本。

16. 狭腹叶蜂属 *Athlophorus* Burmeister, 1847

（33）异色狭腹叶蜂 *Athlophorus perplexus* (Konow, 1898)

　　分布：广东、台湾、海南、广西、云南；缅甸，越南。

（34）纤弱狭腹叶蜂 *Athlophorus placidus* (Konow, 1898)

　　分布：广东、河南、陕西、浙江、湖北、湖南、福建、广西、重庆、四川、贵州、云南；越南，老挝，泰国，印度，缅甸。

17. 元叶蜂属 *Taxonus* Hartig, 1837

（35）白唇元叶蜂 *Taxonus alboclypea* (Wei, 1997)

　　分布：广东、陕西、浙江、湖北、湖南、广西、重庆、四川、贵州、云南。

（36）蓬莱元叶蜂 *Taxonus formosacola* (Rohwer, 1916)

　　分布：广东、河南、陕西、安徽、浙江、湖北、江西、湖南、福建、台湾、广西、四川、贵州；越南。

18. 纵脊叶蜂属 *Xenapatidea* Malaise, 1957

（37）朱氏纵脊叶蜂 *Xenapatidea zhui* Wei *et* Zhu, 2012

　　分布：广东、河南、陕西、福建、广西、贵州。

19. 麦叶蜂属 *Dolerus* Panzer, 1801

（38）卡氏麦叶蜂 *Dolerus cameroni* Kirby, 1882

　　分布：广东、内蒙古、北京、河北、山西、河南、陕西、甘肃、江苏、上海、湖北、湖南、福建、海南、广西、重庆、四川。

20. 钝颊叶蜂属 *Aglaostigma* Kirby, 1882

（39）双环钝颊叶蜂 *Aglaostigma pieli* (Takeuchi, 1938)

　　分布：广东（韶关）、河北、山东、河南、陕西、安徽、浙江、湖北、湖南、福建、四川、贵州。

21. 钩瓣叶蜂属 *Macrophya* Dahlbom, 1835

（40）白环钩瓣叶蜂 *Macrophya albannulata* Wei *et* Nie, 1998

　　分布：广东、陕西、安徽、浙江、江西、湖南、福建、广西、重庆、四川、贵州；德国。

（41）长腹钩瓣叶蜂 *Macrophya dolichogaster* Wei *et* Ma, 1997

分布：广东、陕西、江苏、安徽、浙江、湖北、江西、湖南、福建、台湾、海南、广西、重庆、四川、贵州、云南。

（42）宽齿钩瓣叶蜂 *Macrophya latidentata* Li, Liu *et* Wei, 2016

分布：广东（始兴）。

（43）小碟钩瓣叶蜂 *Macrophya minutifossa* Wei *et* Nie, 2003

分布：广东（始兴）、甘肃、浙江、江西、湖南、福建、广西、四川、贵州、云南。

22. 方颜叶蜂属 *Pachyprotasis* Hartig, 1837

（44）波益方颜叶蜂 *Pachyprotasis boyii* Wei *et* Zhong, 2006

分布：广东（始兴）、陕西、甘肃、浙江、湖北、湖南、福建、四川、贵州。

（45）弱齿方颜叶蜂 *Pachyprotasis obscurodentella* Wei *et* Zhong, 2009

分布：广东（始兴）、陕西、湖北、湖南、四川。

（46）锥角方颜叶蜂 *Pachyprotasis subulicornis* Malaise, 1945

分布：广东（始兴）、河南、陕西、安徽、浙江、湖北、湖南、福建、广西、贵州、云南；缅甸，印度。

（47）田氏方颜叶蜂 *Pachyprotasis tiani* Wei, 1998

分布：广东、河北、河南、陕西、甘肃。

（48）武陵方颜叶蜂 *Pachyprotasis wulingensis* Wei, 2006

分布：广东（乳源、始兴）、陕西、浙江、湖南、贵州。

23. 叶蜂属 *Tenthredo* Linnaeus, 1758

（49）列纹平斑叶蜂 *Tenthredo megacephala* Cameron, 1899

分布：广东（龙门、鼎湖）、湖南、福建、广西、云南；越南，老挝，印度，缅甸。

（50）方顶白端叶蜂 *Tenthredo ferruginea* Schrank, 1776

分布：广东、吉林、辽宁、内蒙古、河北、河南、陕西、甘肃、青海、新疆、湖北、四川、云南、西藏；韩国，日本；西亚，欧洲。

（51）突刃槌腹叶蜂 *Tenthredo fortunii* Kirby, 1882

分布：广东、河南、浙江、江西、湖南、福建、台湾。

（52）大斑短角叶蜂 *Tenthredo japonica* (Mocsáry, 1909)

分布：广东、河南、陕西、宁夏、甘肃、安徽、浙江、湖北、重庆、四川；俄罗斯，日本。

（53）黄胫白端叶蜂 *Tenthredo lagidina* Malaise, 1945

分布：广东、湖南、广西、重庆、贵州；印度。

（54）隆盾宽蓝叶蜂 *Tenthredo lasurea* (Mocsary, 1909)

分布：广东、重庆、四川；越南。

（55）黑毛平斑叶蜂 *Tenthredo melli* Mallach, 1933

分布：广东（乳源、龙门）、安徽、浙江、湖北、江西、湖南、福建、广西、重庆、四川、贵州。

（56）室带槌腹叶蜂 *Tenthredo nubipennis* Malaise, 1945

分布：广东、陕西、安徽、浙江、湖北、江西、湖南、福建、广西、贵州；老挝。

（57）秦岭白端叶蜂 *Tenthredo qinlingia* Wei, 1998

　　分布：广东、河南、陕西、宁夏、湖北、云南。

（58）札幌叶蜂 *Tenthredo sapporensis* (Matsumura, 1912)

　　分布：广东、山西、河南、陕西、甘肃、宁夏、浙江、湖北、四川；日本，俄罗斯。

（59）中华平斑叶蜂 *Tenthredo mallachi* Wei, Nie *et* Taeger, 2006

　　分布：广东、河南、陕西、安徽、浙江、湖北、湖南、广西、贵州。

24. 大基叶蜂属 *Beleses* Cameron, 1877

（60）宽斑大基叶蜂 *Beleses latimaculatus* Wei *et* Niu, 2012

　　分布：广东、陕西、浙江、湖北、湖南、福建、海南、广西、重庆、四川。

（61）多斑大基叶蜂 *Beleses multipicta* (Rhohew, 1916)

　　分布：广东、陕西、浙江、湖北、湖南、福建、台湾、海南、广西、重庆、四川。

25. 残青叶蜂属 *Athalia* Leach, 1817

（62）黑胫残青叶蜂 *Athalia proxima* (Klug, 1815)

　　分布：广东（乳源、始兴）、黑龙江、吉林、辽宁、山西、河南、陕西、甘肃、江苏、上海、安徽、浙江、江西、湖南、福建、台湾、海南、香港、广西、重庆、四川、西藏；日本，缅甸，印度，马来西亚，印度尼西亚。

（63）隆齿残青叶蜂 *Athalia tanaoserrula* Chu *et* Wang, 1962

　　分布：广东、陕西、甘肃、江苏、上海、浙江、湖北、湖南、福建、广西、重庆、四川、贵州、云南、西藏；韩国。

26. 真片叶蜂属 *Eutomostethus* Enslin, 1914

（64）宝天曼真片叶蜂 *Eutomostethus baotianmanicus* Wei, 1999

　　分布：广东、河南、湖北、江西、湖南、福建、广西。

（65）台湾真片叶蜂 *Eutomostethus formosanus* (Enslin, 1911)

　　分布：广东、北京、河南、江苏、安徽、浙江、湖北、江西、湖南、福建、台湾、海南、广西、四川、贵州、云南；泰国。

（66）湖南真片叶蜂 *Eutomostethus hunanicus* Wei *et* Ma, 1997

　　分布：广东、陕西、浙江、湖北、江西、湖南、广西、重庆、贵州。

（67）刻眶真片叶蜂 *Eutomostethus occipitalis* Wei, 1998

　　分布：广东（始兴）、山东、陕西、浙江、湖北、湖南、福建、贵州、云南。

27. 栉齿叶蜂属 *Neoclia* Malaise, 1937

（68）中华栉齿叶蜂 *Neoclia sinensis* Malaise, 1937

　　分布：广东（乳源）、河南、陕西、甘肃、江苏、安徽、浙江、湖南、重庆、四川、云南。

28. 珠片叶蜂属 *Onychostethomostus* Togashi, 1984

（69）黑腹珠片叶蜂 *Onychostethomostus insularis* (Rohwer, 1916)

　　分布：广东（乳源、始兴）、北京、山东、河南、陕西、甘肃、安徽、浙江、湖北、湖南、福建、台湾、四川、贵州。

29. 角瓣叶蜂属 *Senoclidea* Rohwer, 1912

（70） 白唇角瓣叶蜂 *Senoclidea decora* (Konow, 1898)

分布：广东、北京、山东、河南、陕西、江苏、浙江、湖北、江西、湖南、福建、台湾、海南、广西、四川、贵州、云南；缅甸。

五、茎蜂科 Cephidae Newman, 1834

30. 哈茎蜂属 *Hartigia* Schiødte, 1838

（71） 白蜡哈氏茎蜂 *Hartigia viator* (Smith, 1874)

分布：广东等。

六、冠蜂科 Stephanidae Leach, 1815

31. 副冠蜂属 *Parastephanellus* Enderlein, 1906

（72） 凹副冠蜂 *Parastephanellus evexus* Tan *et* van Achterberg, 2018

分布：广东、江西。

32. 齿足冠蜂属 *Foenatopus* Smith, 1861

（73） 窄痣齿足冠蜂 *Foenatopus acutistigmatus* Chao, 1964

分布：广东（佛冈）、云南。

（74） 短纹齿足冠蜂 *Foenatopus brevimaculatus* Hong, van Achterberg *et* Xu, 2011

分布：广东（佛冈）、海南。

（75） 中华齿足冠蜂 *Foenatopus chinensis* (Elliott, 1919)

分布：广东（广州、龙门、肇庆）、香港、广西、云南；越南。

（76） 黄齿齿足冠蜂 *Foenatopus flavidentatus* (Enderlein, 1913)

分布：广东（广州、龙门）、台湾；越南。

（77） 红颈齿足冠蜂 *Foenatopus ruficollis* (Enderlein, 1913)

分布：广东（乳源、始兴）、台湾、海南、广西。

（78） 杨氏齿足冠蜂 *Foenatopus yangi* Hong, van Achterberg *et* Xu, 2011

分布：广东（德庆）。

33. 大腿冠蜂属 *Megischus* Brullé, 1846

（79） 桃吉丁大腿冠蜂 *Megischus ptosimae* Chao, 1964

分布：广东（始兴）、陕西、浙江、福建、四川。

七、钩腹蜂科 Trigonalyridae Credsson, 1887

34. 带钩腹蜂属 *Taeniogonalos* Schulz, 1906

（80） 条带钩腹蜂 *Taeniogonalos fasciata* (Strand, 1913)

分布：广东（韶关、封开）、吉林、辽宁、河南、陕西、安徽、浙江、湖南、福建、台湾、海南、广西、贵州；俄罗斯，日本，韩国，伊朗，马来西亚，印度尼西亚。

（81） 台湾带钩腹蜂 *Taeniogonalos formosana* (Bischoff, 1913)

分布：广东（乳源）、吉林、山西、河南、陕西、宁夏、浙江、福建、台湾、四川、贵州、云南、西藏；俄罗斯，日本。

八、旗腹蜂科 Evaniidae Latreille, 1802

35. 短旗腹蜂属 *Brachygaster* Leach, 1815

（82）愈胸短旗腹蜂 *Brachygaster conjungens* Enderlein, 1909

分布：广东（从化、佛冈、始兴）、台湾、海南。

36. 旗腹蜂属 *Evania* Fabricius, 1775

（83）广旗腹蜂 *Evania appendigaster* (Linnaeas, 1758)

分布：广东（广州、佛冈、英德、揭阳、惠州、阳江、高州、遂溪）、江苏、浙江、福建、海南、广西、四川、云南。

（84）中华旗腹蜂 *Evania chinensis* Szepligeti, 1903

分布：广东（韶关）。

37. 副旗腹属 *Parevania* Kieffer, 1907

（85）光副旗腹蜂 *Parevania kriegeriana* (Enderlein, 1905)

分布：广东、浙江、福建、广西、贵州；菲律宾，马来西亚，文莱，印度尼西亚。

38. 脊额旗腹蜂属 *Prosevania* Kieffer, 1911

（86）中华脊额旗腹蜂 *Prosevania sinica* He, 2004

分布：广东、浙江、福建、广西、贵州。

九、举腹蜂科 Aulacidae Shuckard, 1841

39. 锤举腹蜂属 *Pristaulacus* Kieffer, 1900

（87）诺氏锤举腹蜂 *Pristaulacus nobilei* Turrisi *et* Smith, 2011

分布：广东（肇庆）、江苏、香港、澳门。

十、褶翅蜂科 Gasteruptiidae Ashmead, 1900

40. 褶翅蜂属 *Gasteruption* Latreille, 1796

（88）窄头褶翅蜂 *Gasteruption corniculigerum* Enderlein, 1913

分布：广东（乳源）、陕西、浙江、湖南、福建、台湾、海南、广西、贵州。

（89）广布褶翅蜂 *Gasteruption sinarum* Kieffer, 1911

分布：广东（清远、乳源、梅州）、辽宁、内蒙古、北京、天津、河南、陕西、宁夏、江苏、安徽、浙江、湖北、湖南、广西、贵州。

（90）中华褶翅蜂 *Gasteruption sinicola* (Kieffer, 1924)

分布：广东（乳源、五华）、宁夏、江苏、湖南、福建、海南。

十一、细蜂科 Proctotrupidae Latreille, 1802

41. 前沟细蜂属 *Nothoserphus* Brues, 1940

（91）浅沟前沟细蜂 *Nothoserphus debilis* Townes, 1981

分布：广东（乳源）、湖南、台湾、广西、四川；尼泊尔。

（92）珍奇前沟细蜂 *Nothoserphus mirabilis* Brues, 1940

分布：广东（信宜）、浙江、湖南、福建、台湾、贵州；尼泊尔，印度尼西亚。

42. 洼缝细蜂属 *Tretoserphus* Townes, 1981

（93）广东洼缝细蜂 *Tretoserphus guangdongensis* He *et* Xu, 2015

分布：广东（惠州）。

43. 隐颚细蜂属 *Cryptoserphus* Kieffer, 1907

（94）针尾隐颚细蜂 *Cryptoserphus aculeator* (Haliday, 1839)

分布：广东（韶关）、陕西、浙江、福建；尼泊尔，菲律宾，印度尼西亚，匈牙利，奥地利，德国，意大利，西班牙，英国，爱尔兰，瑞典。

44. 脊额细蜂属 *Phaneroserphus* Pschorn–Walcher, 1958

（95）三角脊额细蜂 *Phaneroserphus triangularis* He *et* Xu, 2015

分布：广东（乳源）、浙江。

（96）竖脊脊额细蜂 *Phaneroserphus carinatus* He *et* Xu, 2015

分布：广东（乳源）。

45. 叉齿细蜂属 *Exallonyx* Kieffer, 1904

（97）九沟叉齿细蜂 *Exallonyx novemisulcus* He *et* Xu, 2015

分布：广东（乳源）。

（98）蒲氏叉齿细蜂 *Exallonyx pui* He *et* Xu, 2015

分布：广东（乳源）。

（99）酱色叉齿细蜂 *Exallonyxc rubiginosus* He *et* Xu, 2015

分布：广东（从化）。

（100）南岭叉齿细蜂 *Exallonyx nanlingensis* He *et* Xu, 2015

分布：广东（乳源）。

（101）三角叉齿细蜂 *Exallonyx triangularis* He *et* Xu, 2015

分布：广东（乳源）。

（102）无皱叉齿细蜂 *Exallonyx exrugatus* He *et* Xu, 2015

分布：广东（封开）。

（103）庞氏叉齿细蜂 *Exallonyx pangi* He *et* Xu, 2015

分布：广东（乳源）。

（104）利氏叉齿细蜂 *Exallonyx liae* He *et* Xu, 2015

分布：广东（乳源）。

（105）古氏叉齿细蜂 *Exallonyx gui* Xu *et* He, 2015

分布：广东（乳源）。

（106）短痣叉齿细蜂 *Exallonyx brevistigmus* He *et* Xu, 2015

分布：广东（乳源）。

（107）两色叉齿细蜂 *Exallonyx bicoloratus* He *et* Xu, 2015

分布：广东（乳源）。

（108）红颚叉齿细蜂 *Exallonyx rufimandibularis* Xu, Liu *et* He, 2007

分布：广东（从化）、广西。

（109）裸基叉齿细蜂 *Exallonyx nudatibasilaris* He *et* Xu, 2015

分布：广东（乳源）。

（110）窄翅叉齿细蜂 *Exallonyx stenopennis* He *et* Xu, 2015

分布：广东（始兴）。

十二、窄腹细蜂科 Roproniidae Bradley, 1905

46. 窄腹细蜂属 *Ropronia* Provancher, 1886

（111）兜肚窄腹细蜂 *Ropronia abdominalis* He *et* Xu, 2015

分布：广东（龙门）。

（112）南岭窄腹细蜂 *Ropronia nanlingensis* He *et* Xu, 2015

分布：广东（乳源）。

十三、广腹细蜂科 Platygastridae Haliday, 1833

47. 尖缘腹细蜂属 *Oxyscelio* Kieffer, 1907

（113）兜帽尖缘腹细蜂 *Oxyscelio doumao* Burks, 2013

分布：广东、陕西、浙江、广西、四川。

（114）中尖缘腹细蜂 *Oxyscelio intermedietas* Burks, 2013

分布：广东、河北、陕西、浙江、海南、云南；越南，老挝，泰国，尼泊尔。

（115）柔韧尖缘腹细蜂 *Oxyscelio mollitia* Burks, 2013

分布：广东、浙江、云南；韩国，日本。

（116）额拟兜帽尖缘腹细蜂 *Oxyscelio paracuculli* Mo *et* Chen, 2020

分布：广东、浙江、海南。

十四、黑卵蜂科 Scelionidae Haliday, 1839

48. 黑卵蜂属 *Telenomus* Haliday, 1833

（117）松茸毒蛾黑卵蜂 *Telenomus dasychiri* Chen *et* Wu, 1981

分布：广东、江苏、安徽、浙江、湖北、江西、湖南、福建。

（118）松毛虫黑卵蜂 *Telenomus dendrolimusi* Chu, 1990

分布：广东、山东、江苏、安徽、浙江、湖北、江西、湖南、福建、广西、四川、贵州、云南。

（119）油茶枯叶蛾黑卵蜂 *Telenomus lebedae* Chen *et* Tong, 1980

分布：广东、湖南。

（120）夜蛾黑卵蜂 *Telenomus remus* Nixon, 1937

分布：广东（广州）、香港；印度，印度尼西亚，孟加拉国，巴基斯坦，肯尼亚，南非，墨西哥，美国（关岛），巴西。

49. 粒卵蜂属 *Grylon* Haliday, 1833

（121）环粒卵蜂 *Gryon ancinla* Kozlov *et* Lê, 1996

分布：广东（广州）；越南，柬埔寨。

50. 蟊卵蜂属 *Macroteleia* Westwood, 1835

（122）波里蟊卵蜂 *Macroteleia boriviliensis* Saraswat, 1982

分布：广东（广州、乳源、紫金、佛冈、肇庆、遂溪）、海南、广西、云南；泰国，印度。

（123）长蟊卵蜂 *Macroteleia dolichopa* Sharma, 1980

分布：广东（乳源、始兴、新丰、龙门）、湖北；越南，印度。

（124）凹盾蟊卵蜂 *Macroteleia emarginata* Dodd, 1920

分布：广东（广州、乳源、始兴、龙门）、湖南、福建、海南、贵州、云南；马来西亚。

（125）橙黄螯卵蜂 *Macroteleia flava* Chen *et al.*, 2013

分布：广东（梅州、新丰、龙门）、河北、湖南；泰国。

（126）纤细螯卵蜂 *Macroteleia gracilis* Chen *et al.*, 2013

分布：广东（龙门、英德）。

（127）印度螯卵蜂 *Macroteleia indica* Saraswat *et* Sharma, 1978

分布：广东（广州、遂溪、肇庆、龙门、新丰、五华）、浙江、湖南、福建、台湾、海南、
广西、云南；越南，印度。

（128）基弗氏螯卵蜂 *Macroteleia kiefferi* Crawford, 1910

分布：广东（始兴、紫金、肇庆、珠海）、海南；越南，泰国，菲律宾。

（129）*Macroteleia lamba* Saraswat *et* Sharma, 1978

分布：广东（乳源、始兴、紫金、珠海、五华）、海南、云南；越南，泰国，印度。

（130）里氏螯卵蜂 *Macroteleia livingstoni* Saraswat, 1982

分布：广东（广州、乳源、始兴、紫金、博罗、肇庆、梅州）、湖北、海南、广西、贵州、
云南；印度。

（131）帕里螯卵蜂 *Macroteleia peliades* Lê, 2000

分布：广东（乳源、始兴、龙门）、浙江、广西；越南。

（132）红螯卵蜂 *Macroteleia rufa* Szelényi, 1938

分布：广东（广州、龙门、新丰、紫金）、海南；泰国。

（133）圆盾螯卵蜂 *Macroteleia semicircula* Chen, Johnson, Masner *et* Xu, 2013

分布：广东（乳源）、海南。

（134）线胸螯卵蜂 *Macroteleia striatipleuron* Chen, Johnson, Masner *et* Xu, 2013

分布：广东（乳源）。

（135）线腹螯卵蜂 *Macroteleia striativentris* Crawford, 1910

分布：广东（广州、始兴、郁南、肇庆、紫金）、海南、云南；越南，泰国，菲律宾。

十五、锤角细蜂科 Diapriidae Haliday, 1833

51. 镰颚锤角细蜂属 *Aclista* Förster, 1856

（136）毛镰颚锤角细蜂 *Aclista hirsute* Feng *et* Xu, 2016

分布：广东（乳源）。

十六、寄螯细蜂科 Ismaridae Thomson, 1858

52. 寄螯细蜂属 *Ismarus* Haliday, 1835

（137）巨点寄螯细蜂 *Ismarus areolatus* Chen, 2021

分布：广东（天河、信宜）。

（138）拟黑带寄螯细蜂 *Ismarus paradorsiger* Chen, 2021

分布：广东（信宜）、云南。

十七、瘿蜂科 Cynipidae Latreille, 1802

53. 栗瘿蜂属 *Dryocosmus* Giraud, 1859

（139）栗瘿蜂 *Dryocosmus kuriphilus* Yasumatsu, 1951

　　分布：广东、辽宁、北京、天津、河北、山东、河南、陕西、江苏、安徽、浙江、湖北、江西、湖南、福建、广西、四川；日本。

十八、环腹瘿蜂科 Figitidae Thomson, 1862

54. 剑盾狭背瘿蜂属 *Prosaspicera* Kieffer, 1907

（140）异剑盾狭背瘿蜂 *Prosaspicera confusa* Ros–Farré, 2006

　　分布：广东（封开、信宜）、宁夏、浙江、福建、云南；缅甸。

十九、光翅瘿蜂科 Liopteridae Ashmead, 1895

55. 异节光翅瘿蜂属 *Paramblynotus* Cameron, 1908

（141）日本异节光翅瘿蜂 *Paramblynotus nipponensis* Liu, Ronquist *et* Nordlander, 2007

　　分布：广东（韶关）；日本。

二十、枝跗瘿蜂科 Ibalidae Thomson, 1862

56. 枝跗瘿蜂属 *Ibalia* Latreille, 1802

（142）黑色枝跗瘿蜂 *Ibalia leucospoides* (Hochenwarth, 1785)

　　分布：广东（韶关）、黑龙江、山西、新疆；日本。

二十一、茧蜂科 Braconidae Nees, 1811

内茧蜂亚科 Rogadinae Foerster, 1862

57. 脊茧蜂属 *Aleiodes* Wesmael, 1838

（143）腹脊茧蜂 *Aleiodes gastritor* (Thunberg, 1822)

　　分布：广东、吉林、辽宁、内蒙古、北京、河北、山西、陕西、江苏、安徽、浙江、湖南、福建、台湾、广西、四川、贵州、西藏；日本；欧洲。

（144）静脊茧蜂 *Aleiodes chloroticus* (Shestakov, 1940)

　　分布：广东（广州）、黑龙江、吉林、浙江、湖北、湖南、福建、四川。

（145）凸脊茧蜂 *Aleiodes convexus* van Achterberg, 1991

　　分布：广东（封开）、浙江、湖北、湖南、福建、海南、广西、贵州、云南；越南，泰国，日本。

（146）异脊茧蜂 *Aleiodes dispar* (Curtis, 1834)

　　分布：广东（韶关）、吉林、北京、江苏、安徽、浙江、湖北、湖南、福建、广西、四川、贵州、云南；古北界。

（147）金刚钻脊茧蜂 *Aleiodes earias* Chen *et* He, 1997

　　分布：广东、江苏、浙江、湖北、江西、海南、广西、四川、云南；越南。

（148）松毛虫脊茧蜂 *Aleiodes esenbeckii* (Hartig, 1838)

　　分布：广东（广州）、黑龙江、吉林、辽宁、北京、山东、陕西、新疆、江苏、安徽、浙江、湖北、江西、湖南、福建、台湾、广西、四川、云南；古北界。

（149）黏虫脊茧蜂 *Aleiodes mythimnae* He *et* Chen,1988

　　分布：广东、黑龙江、吉林、河南、新疆、湖北、湖南、浙江、福建、海南、广西、四川、贵州、云南；越南，荷兰。

（150）螟蛉脊茧蜂 *Aleiodes narangae* (Rohwer, 1934)

分布：广东（从化、番禺）、江苏、浙江、江西、湖南、福建、台湾、海南、广西、四川、贵州；日本，越南，泰国，印度，菲律宾，马来西亚。

58. 短跗茧蜂属 *Conobregma* van Achterberg, 1995

（151）阿氏短跗茧蜂 *Conobregma achterbergi* (Tan, He *et* Chen, 2009)

分布：广东、海南。

59. 刺茧蜂属 *Spinaria* Brullé, 1846

（152）白腹刺茧蜂 *Spinaria albiventris* Cameron,1899

分布：广东、浙江、福建、台湾、香港、海南、广西、云南；越南，缅甸，老挝，泰国，印度。

（153）武刺茧蜂 *Spinaria armator* (Fabricius, 1804)

分布：广东（新会）、浙江、台湾、海南、广西；越南，马来西亚，印度尼西亚，文莱。

60. 三缝茧蜂属 *Triraphis* Ruthe, 1855

（154）黄三缝茧蜂 *Triraphis flavus* Chen *et* He, 1997

分布：广东（广州）、浙江。

软节茧蜂亚科 Lysiterminae van Achterberg, 1993

61. 五节茧蜂属 *Pentatermus* Hedqvist, 1963

（155）稻苞虫五节茧蜂 *Pentatermus striatus* (Szépligeti, 1908)

分布：广东（广州）；日本，越南，马来西亚，印度尼西亚，印度，阿曼，肯尼亚，尼日利亚，南非，索马里，尼日尔，马达加斯加，澳大利亚。

蝇茧蜂亚科 Opiinae Blanchard, 1845

62. 全裂蝇茧蜂属 *Diachasmimorpha* Viereck,1913

（156）长尾蝇茧蜂 *Diachasmimorpha longicaudata* (Ashmead,1905)

分布：广东、台湾、贵州；印度，斯里兰卡，菲律宾，泰国，马来西亚，印度尼西亚，肯尼亚，马达加斯加，巴布亚新几内亚，澳大利亚，斐济，瓦努阿图，美国，墨西哥，尼加拉瓜，危地马拉，巴西，秘鲁，阿根廷。

63. 费氏茧蜂属 *Fopius* Wharton,1987

（157）阿里山潜蝇茧蜂 *Fopius arisanus* (Sonan, 1932)

分布：广东、台湾；马来西亚，泰国，老挝，印度，斯里兰卡，马达加斯加，澳大利亚，斐济，毛里求斯，汤加，萨摩那，哥斯达黎加，墨西哥，美国。

（158）布氏潜蝇茧蜂 *Fopius vandenboschi* (Fullaway, 1952)

分布：广东、宁夏、台湾、广西；印度尼西亚，印度，马来西亚，泰国，菲律宾，澳大利亚，墨西哥，美国。

64. 潜蝇茧蜂属 *Opius* Wesmael, 1835

（159）离潜蝇茧蜂 *Opius dissitus* Muesebeck, 1963

分布：广东（广州、深圳、高明、湛江）；塞内加尔，美国，墨西哥，洪都拉斯，哥伦比亚。

65. 虻蝇茧蜂属 *Rhogadopsis* Brethes, 1913

（160）甘蓝虻蝇茧蜂 *Rhogadopsis dimidiata* (Ashmead, 1889)

分布：广东（广州、高明、湛江）、云南；美国，古巴，洪都拉斯。

66. 亮蝇茧蜂属 *Phaedrotoma* Förster, 1863

（161）窄凹唇亮蝇茧蜂 *Phaedrotoma depressus* Li, Achterberg *et* Tan, 2013

分布：广东（始兴、大埔、龙门）、辽宁、河北、山东、陕西、浙江、福建、海南、广西、湖南。

（162）细纹亮蝇茧蜂 *Phaedrotoma rugulifera* Li *et* van Achterberg, 2013

分布：广东（始兴、龙门、郁南）、浙江、湖南、福建、海南、四川、贵州。

67. 短背蝇茧蜂属 *Psyttalia* Walker, 1860

（163）弗蝇潜蝇茧蜂 *Psyttalia fletcheri* (Silvestri,1916)

分布：广东、台湾；日本，印度，斯里兰卡，泰国，印度尼西亚，马来西亚，菲律宾，巴布亚新几内亚，澳大利亚，斐济，美国。

长体茧蜂亚科 Macrocentrinae Foerster, 1862

68. 长体茧蜂属 *Macrocentrus* Curtis, 1833

（164）纵卷叶螟长体茧蜂 *Macrocentrus cnaphalocrocis* He *et* Lou, 1993

分布：广东（广州）、甘肃、江苏、安徽、浙江、湖北、江西、海南、福建、广西、贵州、云南；韩国，菲律宾。

（165）茶梢尖蛾长体茧蜂 *Macrocentrus parametriatesivorus* He *et* Chen, 2000

分布：广东、江西、湖南、浙江。

（166）渡边长体茧蜂 *Macrocentrus watanabei* van Achterberg, 1993

分布：广东（汕头）、黑龙江、辽宁、陕西、江苏、安徽、湖北、四川、贵州；日本。

臂茧蜂亚科 Brachistinae Förster, 1863

69. 全盾茧蜂属 *Schizoprymnus* Firster, 1862

（167）邱全盾茧蜂 *Schizoprymnus chiu* (Chou *et* Hsu, 1996)

分布：广东（乳源、始兴、博罗）、台湾。

折脉茧蜂亚科 Cardiochilinae Ashmead, 1900

70. 折脉茧蜂属 *Cardiochiles* Nees, 1818

（168）横带折脉茧蜂 *Cardiochiles philippensis* Ashmead, 1905

分布：广东（广州、四会）、湖北、福建、台湾、广西、贵州、云南；越南，老挝，泰国，印度，尼泊尔，菲律宾，马来西亚，印度尼西亚。

优茧蜂亚科 Euphorinae Foerster, 1863

71. 蟒茧蜂属 *Aridelus* Marshall, 1887

（169）黑蟒茧蜂 *Aridelus egregius* (Schmiedeknecht, 1907)

分布：广东（封开）、浙江、福建、台湾、广西。

72. 瓢虫茧蜂属 *Dinocampus* Förster, 1863

（170）瓢虫茧蜂 *Dinocampus coccinellae* (Schrank, 1802)

分布：广东、北京、河北、内蒙古、山东、山西、河南、陕西、新疆、上海、湖北、湖南、浙江、福建、台湾、广西、四川、云南；世界广布。

73. 悬茧蜂属 *Meteorus* Haliday, 1835

（171）粘虫悬茧蜂 *Meteorus pendulus* (Müller, 1776)

分布：广东、黑龙江、吉林、辽宁、北京、河北、山西、河南、陕西、江苏、浙江、湖北、江西、福建、四川、贵州、云南；古北界。

（172）斑痣悬茧蜂 *Meteorus pulchricornis* (Wesmael, 1835)

分布：广东（广州、深圳）、安徽、浙江、湖南；日本。

74. 缘茧蜂属 *Perilitus* Nees, 1819

（173）皱背食甲茧蜂 *Perilitus dinghuensis* (Chen *et* van Achterberg, 1997)

分布：广东。

怒茧蜂亚科 Origilinae Ashmead, 1900

75. 角室茧蜂属 *Stantonia* Ashmead, 1904

（174）阿氏角室茧蜂 *Stantonia achterbergi* Chen, He *et* Ma, 2004

分布：广东（肇庆）、吉林、浙江。

（175）屈氏角室茧蜂 *Stantonia qui* Chen, He *et* Ma, 2004

分布：广东（韶关）、浙江。

甲腹茧蜂亚科 Cheloninae Foerster, 1863

76. 甲腹茧蜂属 *Chelonus* Panzer, 1806

（176）台湾甲腹茧蜂 *Chelonus formosanus* Sonan, 1932

分布：广东、浙江、台湾、海南；印度，特立尼达和多巴哥，巴巴多斯。

（177）黄基棒甲腹茧蜂 *Chelonus icteribasis* Zhang, Chen *et* He, 2006

分布：广东、吉林、浙江、福建、广西。

（178）龙栖大甲腹茧蜂 *Chelonus longqiensis* Zhang, Chen *et* He, 2006

分布：广东、福建、广西、海南、云南。

（179）无斑甲腹茧蜂 *Chelonus amaculatus* (Chen *et* Ji, 2003)

分布：广东、浙江、福建、四川、云南、贵州、海南。

（180）尖甲甲腹茧蜂 *Chelonus antenventris* Chen *et* Ji, 2003

分布：广东、浙江、福建、四川。

（181）双斑小甲腹茧蜂 *Chelonus bimaculatus* Ji *et* Chen, 2003

分布：广东、福建。

（182）华丽小甲腹茧蜂 *Chelonus elegantulus* Tobias, 1986

分布：广东、辽宁、山东、浙江、广西、海南、贵州；俄罗斯，日本。

（183）挂墩小甲腹茧蜂 *Chelonus guadunensis* (Ji *et* Chen, 2003)

分布：广东、浙江、福建。

（184）多色甲腹茧蜂 *Chelonus polycolor* (Ji *et* Chen, 2003)

分布：广东、浙江、福建、广西。

（185）裂腹小甲腹茧蜂 *Chelonus rhagius* (Zhang, Shi, He *et* Chen, 2008)

分布：广东。

77. 愈腹茧蜂属 *Phanerotoma* Wesmael, 1838

（186）荔枝蒂蛀虫愈腹茧蜂 *Phanerotoma conopomorphae* Tsang, You *et* van Achterberg, 2011

　　分布：广东。

（187）黄愈腹茧蜂 *Phanerotoma flava* Ashmead, 1906

　　分布：广东、辽宁、山东、河南、甘肃、江苏、上海、湖北、湖南、安徽、浙江、福建、台湾、广西、四川、贵州；日本，马来西亚，尼泊尔，菲律宾，越南。

78. 合腹茧蜂属 *Phanerotomella* Szepligeti, 1900

（188）中华合腹茧蜂 *Phanerotomella sinensis* Zettle, 1989

　　分布：广东、江苏、浙江、湖南、福建。

（189）台湾合腹茧蜂 *Phanerotomella taiwanensis* Zettle, 1989

　　分布：广东（深圳）、浙江、福建、台湾、广西。

（190）博氏合腹茧蜂 *Phanerotomella bouceki* Zeltel, 1989

　　分布：广东。

小腹茧蜂亚科 Microgastrinae Föerster, 1862

79. 绒茧蜂属 *Apanteles* Föerster, 1862

（191）活跃绒茧蜂 *Apanteles agilis* (Ashmead, 1905)

　　分布：广东；越南，印度，菲律宾，印度尼西亚。

（192）皱脸绒茧蜂 *Apanteles annosus* Liu *et* Chen, 2020

　　分布：广东。

（193）金蛛绒茧蜂 *Apanteles argiope* Nixon, 1965

　　分布：广东、浙江、福建、海南、广西、云南；韩国，印度，马来西亚，新加坡，印度尼西亚，菲律宾，斐济，澳大利亚。

（194）弯痣绒茧蜂 *Apanteles artustigma* Liu *et* Chen, 2015

　　分布：广东、浙江。

（195）弄蝶绒茧蜂 *Apanteles baoris* Wilkinson, 1930

　　分布：广东、吉林、辽宁、山东、河南、江苏、安徽、浙江、湖北、江西、湖南、福建、台湾、海南、香港、广西、四川、贵州、云南；日本，越南，印度，尼泊尔，斯里兰卡，菲律宾，马来西亚，巴基斯坦。

（196）眉刺蛾绒茧蜂 *Apanteles caniae* (Wilkinson, 1928)

　　分布：广东（韶关、梅州）、浙江、福建、广西、贵州、云南；泰国，印度，斯里兰卡，印度尼西亚。

（197）粗腿绒茧蜂 *Apanteles carssus* Liu *et* Chen, 2020

　　分布：广东、安徽、浙江。

（198）瑟伯罗斯绒茧蜂 *Apanteles cerberus* Nixon, 1965

　　分布：广东、北京、浙江；印度。

（199）克洛丽丝绒茧蜂 *Apanteles chloris* Nixon, 1965

　　分布：广东、浙江、福建、贵州；越南，菲律宾。

（200）椰树绒茧蜂*Apanteles cocotis* Wilkinson, 1934

　　分布：广东、浙江、福建、台湾、广西、贵州；印度尼西亚。

（201）厚胸绒茧蜂*Apanteles crassus* Liu *et* Chen, 2020

　　分布：广东、福建、贵州。

（202）纵卷叶螟绒茧蜂*Apanteles cypris* Nixon, 1965

　　分布：广东、江苏、安徽、浙江、湖北、江西、湖南、福建、台湾、香港、广西、四川、贵州、云南；日本，越南，印度，尼泊尔，斯里兰卡，菲律宾，马来西亚，巴基斯坦。

（203）后扩绒茧蜂*Apanteles expansus* Liu *et* Chen, 2020

　　分布：广东、辽宁、浙江、福建、海南、云南。

（204）斑驳夜蛾绒茧蜂*Apanteles expulsus* Turner, 1919

　　分布：广东、浙江、福建、海南、广西；越南，斯里兰卡，斐济，萨摩亚。

（205）黄基绒茧蜂*Apanteles flavibasalis* Liu *et* Chen, 2020

　　分布：广东、广西、贵州。

（206）黄头绒茧蜂*Apanteles flavicapus* Liu *et* Chen, 2014

　　分布：广东。

（207）花绒茧蜂*Apanteles florus* Nixon, 1965

　　分布：广东（广州）、湖南。

（208）细足绒茧蜂*Apanteles gracilipes* Song *et* Chen, 2004

　　分布：广东、湖北、福建、海南、云南。

（209）海氏绒茧蜂*Apanteles hyblaeae* Wilkinson, 1919

　　分布：广东；印度，印度尼西亚，越南，斐济，萨摩亚。

（210）库氏绒茧蜂*Apanteles kurosawai* Watanabe, 1940

　　分布：广东、浙江、福建、贵州；日本。

（211）滑衣绒茧蜂*Apanteles lissos* Nixon, 1967

　　分布：广东、海南、四川。

（212）柚木野螟绒茧蜂*Apanteles machaeralis* Wilkinson, 1928

　　分布：广东；印度，缅甸，越南。

（213）米登绒茧蜂*Apanteles medon* Nixon, 1965

　　分布：广东、河南、浙江、湖南、福建、重庆、贵州、云南；越南，马来西亚。

（214）棉大卷叶螟绒茧蜂*Apanteles opacus* (Ashmead, 1905)

　　分布：广东、辽宁、陕西、河南、上海、江苏、安徽、浙江、湖北、湖南、福建、台湾、海南、广西、重庆、四川、云南；日本，越南，印度，马来西亚，菲律宾。

（215）浅翅基绒茧蜂*Apanteles palliditegula* Liu *et* Chen, 2020

　　分布：广东。

（216）刺蛾绒茧蜂*Apanteles parasae* Rohwer, 1922

　　分布：广东、台湾、海南；泰国，印度，斯里兰卡，菲律宾，马来西亚，印度尼西亚。

（217）小绒茧蜂*Apanteles parvus* Liu *et* Chen, 2014

分布：广东、河南、陕西、浙江、福建。

（218）普氏绒茧蜂*Apanteles prisca* Nixon, 1967

分布：广东、北京、河南、浙江、湖南、广西、四川、贵州、云南；越南，印度，斯里兰卡，马来西亚。

（219）突颊绒茧蜂*Apanteles prominens* Liu *et* Chen, 2020

分布：广东、浙江、湖南。

（220）萨拉乌斯绒茧蜂*Apanteles saravus* Nixon, 1965

分布：广东、浙江、湖南、福建、海南、广西、贵州、云南；越南，菲律宾。

（221）安全绒茧蜂*Apanteles sartamus* Nixon, 1965

分布：广东、台湾、广西；菲律宾。

（222）半脊绒茧蜂*Apanteles semicarinatus* Liu *et* Chen, 2020

分布：广东、黑龙江、吉林、辽宁、河南、山东、安徽、浙江、湖北、福建、贵州。

（223）毛背绒茧蜂*Apanteles setosus* Liu *et* Chen, 2020

分布：广东、浙江、福建、海南、四川。

（224）睿绒茧蜂*Apanteles sodalis* (Haliday, 1834)

分布：广东、陕西、浙江；日本，佛得角，加拿大；欧洲。

（225）楚南绒茧蜂*Apanteles sonani* Watanabe, 1932

分布：广东、浙江、台湾、广西、四川、贵州。

（226）疏绒茧蜂*Apanteles sparsus* Liu *et* Chen, 2015

分布：广东。

（227）绢野螟绒茧蜂*Apanteles stantoni* (Ashmead, 1904)

分布：广东、浙江、福建、台湾、广西、贵州；越南，印度，菲律宾，马来西亚。

（228）*Apanteles thoracartus* Liu *et* Chen, 2015

分布：广东。

80. 盘绒茧蜂属 *Cotesia* Cameron, 1891

（229）螟黄足盘绒茧蜂 *Cotesia flavipes* Cameron, 1891

分布：广东（广州、顺德）、山东、陕西、江苏、安徽、浙江、湖北、江西、湖南、福建、台湾、广西、四川、贵州、云南；日本，印度，缅甸，斯里兰卡，菲律宾，马来西亚，印度尼西亚，巴基斯坦，澳大利亚，美国，英国。

（230）螟蛉盘绒茧蜂 *Cotesia ruficrus* (Haliday, 1834)

分布：广东（广州、佛冈、英德、始兴、新丰、河源、大埔、博罗、德庆、阳春、信宜）、黑龙江、吉林、辽宁、北京、河北、山东、河南、陕西、江苏、上海、安徽、浙江、湖北、江西、湖南、福建、台湾、广西、四川、贵州、云南；朝鲜，日本，印度，斯里兰卡，菲律宾。

（231）龙眼蚁舟蛾盘绒茧蜂 *Cotesia taprobanae* (Cameron, 1897)

分布：广东、浙江、福建、台湾、海南；越南，印度，斯里兰卡，印度尼西亚。

（232）菜蛾盘绒茧蜂 *Cotesia vestalis* (Haliday, 1834)

分布：广东（从化、始兴、河源、信宜）、北京、河北、河南、新疆、江苏、浙江、湖南、台湾。

81. 拱脊茧蜂属 *Choeras* Mason, 1981

（233）弱脊拱脊茧蜂 *Choeras infirmicarinatus* Song *et* Chen, 2014

分布：广东、浙江、福建。

（234）长背拱脊茧蜂 *Choeras longitergitus* Song *et* Chen, 2014

分布：广东，湖南、浙江、福建、海南、贵州。

（235）半沟拱脊茧蜂 *Choeras semilunatus* Song *et* Chen, 2014

分布：广东。

（236）多色拱脊茧蜂 *Choeras varicolor* Song *et* Chen, 2014

分布：广东、陕西、浙江、福建、广西、海南、贵州、云南。

82. 背腰茧蜂属 *Deuterixys* Mason, 1981

（237）短距背腰茧蜂 *Deuterixys curticalcar* Zeng *et* Chen, 2011

分布：广东（始兴、信宜）、河南、宁夏、江西、湖南、贵州、云南。

83. 沟腹茧蜂属 *Diolcogaster* Ashmead, 1900

（238）叉沟沟腹茧蜂 *Diolcogaster bifurcifossa* Zeng *et* Chen, 2011

分布：广东（乳源、始兴）、浙江、福建、海南、广西、贵州。

（239）窄背沟腹茧蜂 *Diolcogaster grammata* Zeng *et* Chen, 2011

分布：广东（龙门）、海南。

（240）平背沟腹茧蜂 *Diolcogaster ineminens* Zeng *et* Chen, 2011

分布：广东（乳源）、浙江、福建。

（241）亮角沟腹茧蜂 *Diolcogaster laetimedia* Zeng *et* Chen, 2011

分布：广东（乳源、始兴）、浙江、福建、海南。

（242）光背沟腹茧蜂 *Diolcogaster pluriminitida* Zeng *et* Chen, 2011

分布：广东（郁南）、浙江、湖南、贵州；越南。

（243）点盾沟腹茧蜂 *Diolcogaster punctatiscutum* Zeng *et* Chen, 2011

分布：广东（梅州）。

（244）透沟腹茧蜂 *Diolcogaster translucida* Zeng *et* Chen, 2011

分布：广东（乳源、梅州、郁南）、河南、浙江、湖南、福建。

84. 长颊茧蜂属 *Dolichogenidea* Viereck, 1911

（245）前凹长颊茧蜂 *Dolichogenidea anterocava* Liu *et* Chen, 2019

分布：广东、福建、海南。

（246）拟灯蛾长颊茧蜂 *Dolichogenidea asotae* Watanabe, 1932

分布：广东、黑龙江、浙江、福建、台湾、四川；日本。

（247）双凹长颊茧蜂 *Dolichogenidea biconcava* Liu *et* Chen, 2018

分布：广东。

（248）短角长颊茧蜂 *Dolichogenidea breviattenuata* Liu *et* Chen, 2019

分布：广东、云南。

（249）短脸长颊茧蜂 *Dolichogenidea brevifacialis* Liu *et* Chen, 2018

分布：广东、浙江。

（250）均点长颊茧蜂 *Dolichogenidea conpuncta* Liu *et* Chen, 2019

分布：广东、海南。

（251）优长颊茧蜂 *Dolichogenidea excellentis* Liu *et* Chen, 2019

分布：广东、河北、湖南、海南、四川、贵州、云南。

（252）弯沟长颊茧蜂 *Dolichogenidea flexisulcus* Liu *et* Chen, 2019

分布：广东、江苏、浙江。

（253）圈管长颊茧蜂 *Dolichogenidea funalicauda* Liu *et* Chen, 2018

分布：广东、福建、贵州、云南。

（254）半管长颊茧蜂 *Dolichogenidea hemituba* Liu *et* Chen, 2019

分布：广东、浙江、福建。

（255）豆卷叶螟长颊茧蜂 *Dolichogenidea indicaphagous* Liu *et* Chen, 2018

分布：广东、江西、浙江、福建、海南、广西。

（256）细长颊茧蜂 *Dolichogenidea infirmus* Liu *et* Chen, 2019

分布：广东、浙江、湖南、福建、贵州。

（257）长脉长颊茧蜂 *Dolichogenidea longivena* Liu *et* Chen, 2018

分布：广东、浙江、福建、海南、广西、四川。

（258）杂色长颊茧蜂 *Dolichogenidea multicolor* Liu *et* Chen, 2019

分布：广东。

（259）平背长颊茧蜂 *Dolichogenidea parallodorsum* Liu *et* Chen, 2019

分布：广东、浙江、福建。

（260）*Dolichogenidea parametacarp* Liu *et* Chen, 2018

分布：广东、黑龙江、吉林、辽宁、湖南、浙江、福建、海南、云南。

（261）*Dolichogenidea partergita* Liu *et* Chen, 2018

分布：广东、吉林、辽宁、山东、浙江、台湾、海南、贵州、云南。

（262）*Dolichogenidea punctipila* Liu *et* Chen, 2019

分布：广东、浙江、福建、贵州。

（263）*Dolichogenidea sandwico* Liu *et* Chen, 2018

分布：广东、宁夏、湖南、浙江、福建、四川。

（264）*Dolichogenidea stictoscutella* Liu *et* Chen, 2018

分布：广东、浙江。

（265）*Dolichogenidea vadosulcus* Liu *et* Chen, 2019

分布：广东、浙江、福建、海南、广西。

（266）*Dolichogenidea victoria* Liu *et* Chen, 2019

分布：广东、浙江、福建、广西。

85. 稻田茧蜂属 *Exoryza* Mason, 1981

（267）三化螟稻田茧蜂 *Exoryza schoenobii* (Wilkinson, 1932)

分布：广东、陕西、江苏、湖北、湖南、江西、浙江、福建、台湾、海南、广西、贵州、云南；印度，孟加拉国，马来西亚，菲律宾，斯里兰卡，越南。

86. 小腹茧蜂属 *Microgaster* Latreille, 1804

（268）新小腹茧蜂 *Microgaster novicia* Marshall, 1885

分布：广东（韶关）、浙江；英国，芬兰。

87. 侧沟茧蜂属 *Microplitis* Foerster, 1862

（269）马尼拉侧沟茧蜂 *Microplitis manilae* Ashmead, 1904

分布：广东、浙江、台湾；印度，马来西亚，菲律宾，泰国，越南，韩国，澳大利亚，巴布亚新几内亚。

（270）斜纹夜蛾侧沟茧蜂 *Microplitis prodeniae* Rao *et* Kurian, 1950

分布：广东（广州）、广西；印度，越南。

88. *Neoclarkinella* Rema *et* Narendran, 1996

（271）*Neoclarkinella curvinervus* (Song *et* Chen, 2014)

分布：广东、陕西，湖南、浙江、福建、海南、贵州、云南。

89. 副绒茧蜂属 *Parapanteles* Ashmead, 1900

（272）*Parapanteles folia* (Nixon, 1965)

分布：广东、台湾；印度，菲律宾，马来西亚，巴布亚新几内亚，澳大利亚。

（273）尺蛾副绒茧蜂 *Parapanteles hemitheae* (Wilkinson, 1928)

分布：广东、浙江、福建、台湾、广西；越南，马来西亚。

（274）单白绵副绒茧蜂 *Parapanteles hyposidrae* (Wilkinson, 1928)

分布：广东（乐昌）、浙江、湖北、湖南、福建、台湾、广西、云南；越南，印度，缅甸，马来西亚，印度尼西亚，巴布亚新几内亚，澳大利亚。

90. 锥盾茧蜂属 *Philoplitis* Nixon, 1965

（275）松锥盾茧蜂 *Philoplitis coniferens* Nixon, 1965

分布：广东（从化）、广西；菲律宾。

91. 幽茧蜂属 *Pholetesor* Mason, 1981

（276）*Pholetesor laetus* (Marshall, 1885)

分布：广东、陕西、湖南、浙江、福建、海南、云南；日本；欧洲。

92. 原绒茧蜂属 *Protapanteles* Ashmead, 1898

（277）荔枝蒂蛀虫原绒茧蜂 *Protapanteles* (*Protapanteles*) *conopomorphae* (Tsang *et* You, 2007)

分布：广东（珠海）。

93. 威氏茧蜂属 *Wilkinsonellus* Mason, 1981

（278）衡大威氏茧蜂 *Wilkinsonellus paramplus* Long *et* van Achterberg, 2003

分布：广东（乳源）、广西；越南。

矛茧蜂亚科 Doryctinae Foerster,1863

94. 亚洲陡盾茧蜂属 *Asiontsira* Belokobylskij, Tang *et* Chen, 2013

（279）广东亚洲陡盾茧蜂 *Asiontsira cantonica* Belokobylskij, Tang *et* Chen, 2013

分布：广东（韶关）；越南。

95. 矛茧蜂属 *Doryctes* Haliday, 1836

（280）齿基矛茧蜂 *Doryctes denticoxa* Belokobylskij, 1996

分布：广东（佛冈）、河南、陕西、浙江、福建、台湾、贵州；日本。

（281）马来矛茧蜂 *Doryctes malayensis* (Fullaway, 1919)

分布：广东（广州）、福建、广西、云南；越南，印度。

96. 拢沟茧蜂属 *Eodendrus* Belokobylskij, 1998

（282）具柄拢沟茧蜂 *Eodendrus petiolatus* Belokobylskij *et* Chen, 2005

分布：广东（封开）、广西。

97. 断脉茧蜂属 *Heterospilus* Haliday, 1836

（283）中华断脉茧蜂 *Heterospilus chinensis* Chen *et* Shi, 2004

分布：广东（始兴、龙门、桂山）、河北、辽宁、吉林、黑龙江、陕西、甘肃、宁夏、浙江、福建、湖北、湖南、台湾、海南、四川、云南；日本。

（284）南岭断脉茧蜂 *Heterospilus nanlingensis* Tang, Belokobylskij, He *et* Chen, 2013

分布：广东（乳源）。

（285）离断脉茧蜂 *Heterospilus separatus* Fischer, 1960

分布：广东（始兴、乳源）、河北、吉林、浙江、湖北、湖南、海南、四川、云南、台湾；日本，韩国，蒙古国，哈萨克斯坦；欧洲中西部。

（286）毛盾断脉茧蜂 *Heterospilus setosiscutum* Tang, Belokobylskij, He *et* Chen, 2013

分布：广东（乳源）、贵州。

98. 合沟茧蜂属 *Hypodoryctes* Kokoujev, 1900

（287）二叶合沟茧蜂 *Hypodoryctes bilobus* (Shestakov, 1940)

分布：广东（韶关）、河南、安徽、浙江、湖北、湖南、台湾、四川；俄罗斯（远东、西伯利亚），朝鲜，韩国，日本。

（288）圣利诺合沟茧蜂 *Hypodoryctes serenada* Belokobylskij *et* Chen, 2004

分布：广东（乳源）、浙江、福建；越南。

（289）西伯利亚合沟茧蜂 *Hypodoryctes sibiricus* Kokoujev, 1900

分布：广东（乳源）、浙江、台湾；俄罗斯（远东、西伯利亚），朝鲜，韩国，日本，越南，缅甸，瑞典，波兰。

99. 甲矛茧蜂属 *Ipodoryctes* Granger, 1949

（290）亮甲矛茧蜂 *Ipodoryctes nitidus* Belokobylskij, 2001

分布：广东（始兴、鼎湖、封开）、浙江、福建、海南、台湾、广西、贵州；越南，泰国，马来西亚。

（291）三岛甲矛茧蜂 *Ipodoryctes tamdaoensis* Belokobylskij, 1994

分布：广东（龙门）、福建、海南；越南。

100. 新断脉茧蜂属 *Neoheterospilus* Belokobylskij, 2006

（292）亚热带新断脉茧蜂 *Neoheterospilus subtropicalis* Belokobylskij, 2006

分布：广东（广州）；日本，越南。

101. 厚脉茧蜂属 *Neurocrassus* Šnoflak, 1945

（293）密毛厚脉茧蜂 *Neurocrassus densipilosus* Belokobylskij, Tang *et* Chen, 2013

分布：广东（乳源）、浙江、福建。

（294）变红厚脉茧蜂 *Neurocrassus opis* (Belokobylskij, 1998)

分布：广东（龙门、始兴）、福建（南靖、龙栖山）；日本，越南。

（295）斑头厚脉茧蜂 *Neurocrassus palliatus* (Cameron, 1881)

分布：广东（广州、化州、佛岗）、河南、浙江、福建、湖南、广西、海南、云南、台湾；印度，日本，印度尼西亚，尼泊尔，美国，马来西亚，菲律宾，越南，瓦努阿图，俄罗斯。

102. 陡盾茧蜂属 *Ontsira* Cameron, 1900

（296）火陡盾茧蜂 *Ontsira ignea* (Ratzeburg, 1852)

分布：广东、陕西、福建；韩国，日本，以色列；欧洲。

（297）大陡盾茧蜂 *Ontsira macer* Chen *et* Shi, 2004

分布：广东（始兴）、浙江、福建。

（298）斑头陡盾茧蜂 *Ontsira palliates* (Cameron, 1881)

分布：广东、浙江、湖南、广西；日本，越南，印度，美国，塞舌尔。

103. 泡腿柄腹茧蜂属 *Platyspathius* Viereck, 1911

（299）丽泡腿柄腹茧蜂 *Platyspathius ornatulus* (Enderlein, 1912)

分布：广东（佛岗）、浙江、福建、江西、湖南、云南、海南、台湾；日本，菲律宾，斐济，印度。

104. 条背茧蜂属 *Rhaconotus* Ruthe, 1854

（300）联条背茧蜂 *Rhaconous affinis* Belokobylskij *et* Chen, 2004

分布：广东（阳山、始兴、大埔、封开）、海南、广西、云南；越南，老挝，泰国，印度，马来西亚。

（301）齐条背茧蜂 *Rhaconotus concinnus* (Enderlein, 1912)

分布：广东、福建、台湾、广西；日本，越南。

（302）福建条背茧蜂 *Rhaconotus fujianus* Belokobylskij *et* Chen, 2004

分布：广东（佛冈）、福建。

（303）何氏条背茧蜂 *Rhaconotus hei* Belokobylskij *et* Chen, 2004

分布：广东（龙门、封开）、海南、贵州、云南；尼泊尔，印度，越南。

（304）多毛条背茧蜂 *Rhaconotus heterotrichus* Belokobyskjj *et* Chen, 2004

分布：广东（始兴、大埔）、浙江、福建、海南、贵州、云南；越南，泰国，马来西亚。

（305）六节条背茧蜂 *Rhaconotus hexatermus* Belokobylskij, 1988

分布：广东；越南。

（306）中介条背茧蜂 *Rhaconotus intermedius* Belokobylskij *et* Chen, 2004

　　分布：广东（郁南）、云南；越南。

（307）重复条背茧蜂 *Rhaconotus iterabilis* Belokobylskij *et* Chen, 2004

　　分布：广东（始兴、封开）、河南、贵州；俄罗斯，日本。

（308）大条背茧蜂 *Rhaconotus magnus* Belokobylskij *et* Chen, 2004

　　分布：广东（始兴）、福建、云南；越南。

（309）墨尼帕斯条背茧蜂 *Rhaconotus menippus* Nixon, 1939

　　分布：广东（郁南）、贵州、云南；泰国，印度，马来西亚，南非，乌干达。

（310）尼基塔条背茧蜂 *Rhaconotus nadezhdae* (Tobias *et* Belokobylskij, 1981)

　　分布：广东（始兴、封开）、黑龙江、浙江、福建、云南；朝鲜，韩国，俄罗斯。

（311）东洋条背茧蜂 *Rhaconotus oriens* Belokobylskij *et* Chen, 2004

　　分布：广东（新丰、龙门、桂山）、福建、海南；日本，韩国。

（312）绍氏条背茧蜂 *Rhaconotus sauteri* (Watanabe, 1934)

　　分布：广东、福建、台湾、海南；越南，印度。

（313）三化螟条背茧蜂 *Rhaconotus schoenobivorus* (Rohwer, 1918)

　　分布：广东、海南、台湾、云南；越南，泰国，印度，马来西亚，印度尼西亚。

（314）标记条背茧蜂 *Rhaconous signatus* Belokobylskij, 2004

　　分布：广东、浙江；日本，越南。

（315）具羽条背茧蜂 *Rhaconotus signipennis* (Walker, 1860)

　　分布：广东（龙门、郁南、丰溪、始兴、佛冈）、浙江、湖南、台湾、海南、广西、云南；
日本，密克罗尼西亚，帕劳，印度，印度尼西亚，俄罗斯，斯里兰卡，越南。

（316）有壳条背茧蜂 *Rhaconotus testaceus* (Szépligeti, 1908)

　　分布：广东（郁南）、浙江、福建、河南、湖南、海南、云南、台湾；印度，印度尼西亚，
以色列，塔吉克斯坦，越南。

（317）背甲条背茧蜂 *Rhaconotus tergalis* Belokobylskij *et* Chen, 2004

　　分布：广东（始兴、龙门、阳春）、海南、广西、云南；印度。

（318）泰条背茧蜂 *Rhaconotus thayi* Belokobylskij, 2001

　　分布：广东（肇庆）、海南、台湾；越南。

105. 柄腹茧蜂属 *Spathius* Nees, 1818

（319）狭翅柄腹茧蜂 *Spathius angustalatus* Tang, Belokobylskij *et* Chen, 2015

　　分布：广东（始兴）、海南。

（320）广柄腹茧蜂 *Spathius apicalis* (Westwood, 1882)

　　分布：广东（封开）、海南、云南、台湾；日本，泰国，越南，印度，马来西亚，菲律宾，
印度尼西亚，文莱。

（321）扼柄腹茧蜂 *Spathius aspersus* Chao, 1978

　　分布：广东（龙门、丰溪、始兴）、福建、海南、云南。

（322）近皱柄腹茧蜂 *Spathius aspratiloides* Tang, Belokobylskij *et* Chen, 2015

分布：广东（五华）、海南。

（323）齿基柄腹茧蜂 *Spathius basalis* Tang, Belokobylskij *et* Chen, 2015

分布：广东（郁南）、海南。

（324）茸毛柄腹茧蜂 *Spathius capillaris* Shi *et* Chen, 2004

分布：广东（郁南）、福建。

（325）头柄腹茧蜂 *Spathius cephalus* Tang, Belokobylskij *et* Chen, 2015

分布：广东（韶关、肇庆）、福建。

（326）赵氏柄腹茧蜂 *Spathius chaoi* Shi, 2004

分布：广东（始兴）、浙江、福建、海南。

（327）纯鎏柄腹茧蜂 *Spathius chunliuae* Chao, 1957

分布：广东（英德、佛冈）、福建、贵州、云南。

（328）低柄腹茧蜂 *Spathius deplanatus* Chao, 1978

分布：广东（丰溪、佛冈）、浙江、福建、海南、四川、贵州；日本。

（329）玲柄腹茧蜂 *Spathius evideus* Chao, 1957

分布：广东（乳源、丰溪、始兴）、浙江、福建、云南、海南。

（330）纹腹柄腹茧蜂 *Spathius exarator* (Linnaeus, 1758)

分布：广东（乳源）、福建、云南、贵州；日本，韩国，蒙古国，新西兰；欧洲。

（331）圆口柄腹茧蜂 *Spathius fasciatus* Walker, 1874

分布：广东（乳源）、广西、海南；日本，韩国，俄罗斯。

（332）红腿柄腹茧蜂 *Spathius femoralis* (Westwood, 1882)

分布：广东（始兴）、海南；印度尼西亚，菲律宾。

（333）普柄腹茧蜂 *Spathius generosus* Wilkinson, 1931

分布：广东（始兴、乳源）、北京、吉林、黑龙江、江苏、浙江、福建、江西、河南、台湾；印度，日本，韩国，俄罗斯。

（334）海南柄腹茧蜂 *Spathius hainanensis* Chao, 1977

分布：广东（龙门）、海南。

（335）日本柄腹茧蜂 *Spathius japonicus* Watanabe, 1937

分布：广东（始兴、乳源、郁南、佛冈、黑石顶、五华、丰溪、百涌、龙门、秤架）、浙江、福建、湖北、湖南、广西、海南、贵州、云南；日本，韩国。

（336）小西柄腹茧蜂 *Spathius konishii* Belokobylskij, 2009

分布：广东（乳源）、浙江、海南；日本。

（337）国后柄腹茧蜂 *Spathius kunashiri* Belokobylskij, 1998

分布：广东（乳源）、浙江、福建、河南、海南、云南；俄罗斯，日本。

（338）莱氏柄腹茧蜂 *Spathius leschii* Belokobylskij, 1998

分布：广东（始兴）、海南；俄罗斯，韩国，日本。

（339）长足柄腹茧蜂 *Spathius longipetiolus* Belokobylskij *et* Maeto, 2009

分布：广东（乳源）、浙江、贵州；日本。

（340）间柄腹茧蜂 *Spathius medon* Nixon, 1943

分布：广东（始兴）、浙江、台湾、海南；印度，斯里兰卡。

（341）蛛形柄腹茧蜂 *Spathius melpomene* Nixon, 1943

分布：广东（信宜）、海南；印度，菲律宾。

（342）尼氏柄腹茧蜂 *Spathius nixoni* Belokobylskij *et* Maeto, 2009

分布：广东（乳源）、浙江、福建、广西、云南；日本。

（343）白须柄腹茧蜂 *Spathius paracritolaus* Belokobylskij, 1996

分布：广东（郁南）、云南、台湾。

（344）平行柄腹茧蜂 *Spathius parallelus* Tang, Belokobylskij *et* Chen, 2015

分布：广东（始兴）、浙江、海南。

（345）副妙柄腹茧蜂 *Spathius paramoenus* Belokobylskij *et* Maeto, 2009

分布：广东（始兴、丰溪）、浙江、海南；日本。

（346）近细长柄腹茧蜂 *Spathius parimbecillus* Tang, Belokobylskij *et* Chen, 2015

分布：广东、浙江、海南。

（347）拟裸柄腹茧蜂 *Spathius pseudaphareus* Tang, Belokobylskij *et* Chen, 2015

分布：广东（郁南）。

（348）小柄腹茧蜂 *Spathius pumilio* Belokobylskij, 2009

分布：广东（始兴）、云南；日本。

（349）陡盾柄腹茧蜂 *Spathius rectangulus* Tang, Belokobylskij *et* Chen, 2015

分布：广东（始兴）、海南。

（350）网脊柄腹茧蜂 *Spathius reticulatus* Chao *et* Chen, 1965

分布：广东（封开、丰溪、乳源、始兴、郁南）、吉林、浙江、福建、海南、贵州；韩国，日本，俄罗斯。

（351）多刺柄腹茧蜂 *Spathius spinosus* Tang, Belokobylskij *et* Chen, 2015

分布：广东（龙门、始兴）、四川。

（352）近落羽杉柄腹茧蜂 *Spathius subcyparissus* Tang, Belokobylskij *et* Chen, 2015

分布：广东（始兴）、浙江。

（353）许氏柄腹茧蜂 *Spathius xui* Tang, Belokobylskij *et* Chen, 2015

分布：广东（郁南）。

106. 刺足茧蜂属 *Zombrus* Marshall, 1897

（354）双色刺足茧蜂 *Zombrus bicolor* (Enderlein, 1912)

分布：广东、辽宁、内蒙古、北京、山西、河南、陕西、新疆、江苏、安徽、浙江、湖北、湖南、福建、台湾、广西、重庆、四川、贵州、云南；蒙古国，俄罗斯，韩国，日本，吉尔吉斯斯坦。

窄径茧蜂亚科 Agathidinae Haliday, 1833

107. 窄腹茧蜂属 *Braunsia Kriechbaumer*, 1894

（355）广东窄腹茧蜂 *Braunsia guangdongensis* Tang, van Achterberg *et* Chen, 2017

分布：广东（乳源、大埔、龙门）。

（356）松村窄腹茧蜂 *Braunsia matsumurai* Watanabe, 1937

分布：广东（乳源、龙门）、浙江、湖南、福建、广西；韩国，日本。

108. 褐径茧蜂属 *Coccygidium* Saussre, 1892

（357）窄腹褐径茧蜂 *Coccygidium angostura* (Bhat *et* Gupta, 1977)

分布：广东（广州）、河南、安徽、浙江、湖北、江西、福建、台湾、海南、四川、云南；越南。

109. 长喙茧蜂属 *Cremnops* Förster, 1862

（358）黑角长喙茧蜂 *Cremnops desertor* (Linnaeus, 1758)

分布：广东（佛冈、新丰）、辽宁、陕西、宁夏、新疆、江苏、浙江、湖北、湖南、福建、台湾、广西、四川、贵州、云南；韩国，日本，印度，印度尼西亚，阿塞拜疆，亚美尼亚，俄罗斯。

110. 刺脸茧蜂属 *Disophrys* Förster, 1862

（359）红头刺脸茧蜂 *Disophrys erythrocephala* Cameron, 1900

分布：广东（从化、遂溪）、浙江、福建、台湾、海南；越南，泰国，印度，斯里兰卡，马来西亚，印度尼西亚。

111. 真径茧蜂属 *Euagathis* Szépligeti, 1900

（360）婆罗洲真径茧蜂 *Euagathis borneoensis* Szépligeti, 1902

分布：广东（广州）、内蒙古、陕西、江苏、安徽、浙江、湖南、福建、广西、四川、云南；越南，印度，印度尼西亚。

（361）中华真径茧蜂 *Euagathis chinensis* (Holmgren, 1868)

分布：广东（广州、封开、郁南）、青海、江苏、安徽、浙江、湖南、福建、海南、广西、四川、云南；日本，越南，泰国，缅甸，新加坡，马来西亚，巴基斯坦。

（362）强脊真径茧蜂 *Euagathis forticarinata* (Cameron, 1899)

分布：广东（广州、佛冈、封开、遂溪）、浙江、江西、福建、台湾、海南、香港、澳门、广西、四川、贵州、云南；越南，泰国，印度，尼泊尔，斯里兰卡，马来西亚，印度尼西亚。

蚜茧蜂亚科 Aphidiinae Haliday, 1833

112. 蚜茧蜂属 *Aphidius* Nees von Esenbeck, 1818

（363）燕麦蚜茧蜂 *Aphidius avenae* Haliday, 1834

分布：广东、北京、河北、黑龙江、吉林、辽宁、山东、山西、河南、陕西、宁夏、甘肃、新疆、江苏、上海、安徽、湖北、江西、湖南、浙江、福建、四川、贵州、云南；日本，蒙古国，印度，巴基斯坦，美国；欧洲。

（364）烟蚜茧蜂 *Aphidius gifuensis* Ashmead, 1906

分布：广东、北京、河北、天津、黑龙江、吉林、辽宁、内蒙古、山东、山西、河南、陕西、宁夏、江苏、上海、安徽、湖北、江西、湖南、浙江、福建、台湾、香港、海南、广西、四川、贵州、云南；日本，韩国，印度，俄罗斯，加拿大，美国。

113. 少脉蚜茧蜂属 *Diaeretiella* Starý, 1960

（365）菜少脉蚜茧蜂 *Diaeretiella rapae* (McIntosh,1855)

分布：广东、北京、黑龙江、吉林、辽宁、内蒙古、河北、天津、山东、山西、河南、陕西、宁夏、新疆、上海、湖北、江西、湖南、浙江、福建、台湾、广西、四川、西藏、贵州、云南；世界广布。

114. 全脉蚜茧蜂属 *Ephedrus* Haliday, 1833

（366）黍蚜茧蜂 *Ephedrus* (*Ephedrus*) *nacheri* Quilis, 1934

分布：广东、吉林、辽宁、内蒙古、天津、河北、山西、山东、陕西、甘肃、浙江、湖北、江西、湖南、福建、台湾、四川、贵州、云南、西藏；日本，印度，加拿大，美国；欧洲。

（367）黑全脉蚜茧蜂 *Ephedrus* (*Ephedrus*) *niger* Gautier, Bonnamour *et* Gaumont, 1929

分布：广东、吉林、辽宁、内蒙古、北京、河北、江苏、浙江、湖北、福建、台湾、四川、贵州、西藏；韩国，日本，印度；欧洲。

（368）麦蚜茧蜂 *Ephedrus* (*Ephedrus*) *plagiator* (Nees, 1811)

分布：广东、黑龙江、辽宁、内蒙古、北京、河北、山西、山东、陕西、甘肃、新疆、江苏、上海、浙江、湖北、江西、湖南、福建、台湾、香港、广西、四川、云南、贵州；日本，印度，澳大利亚，美国，巴西；欧洲。

（369）桃蚜茧蜂 *Ephedrus* (*Fovephedrus*) *persicae* (Froggatt, 1904)

分布：广东（广州）、辽宁、北京、天津、山东、陕西、甘肃、江苏、浙江、湖北、江西、湖南、福建、台湾、海南、香港、四川、云南、贵州。

115. 基突蚜茧蜂属 *Fissicaudus* Starý *et* Schlinger, 1967

（370）混基突蚜茧蜂 *Fissicaudus confucius* (Mackauer, 1962)

分布：广东、福建、台湾、香港；日本，泰国。

116. 柄瘤蚜茧蜂属 *Lysiphlebus* Förster, 1863

（371）混乱柄瘤蚜茧蜂 *Lysiphlebus confusus* Tremblay *et* Eady, 1978

分布：广东、黑龙江、吉林、天津、山西、河南、陕西、江苏、湖北、福建、四川、云南；印度，伊朗，以色列，黎巴嫩，阿联酋，阿尔及利亚，埃及，俄罗斯；欧洲。

（372）豆柄瘤蚜茧蜂 *Lysiphlebus fabarum* (Marshall, 1896)

分布：广东、北京、河北、天津、黑龙江、吉林、辽宁、内蒙古、山东、新疆、江苏、湖北、浙江、福建、四川、云南；日本，韩国，蒙古国，哈萨克斯坦，乌兹别克斯坦，塔吉克斯坦，印度，巴基斯坦，阿富汗，伊朗，伊拉克，叙利亚，以色列，黎巴嫩，阿联酋，埃及，摩洛哥，阿尔及利亚，澳大利亚。

117. 少毛蚜茧蜂属 *Paraphidius* Starý, 1958

（373）松少毛蚜茧蜂 *Pauesia pini* (Haliday, 1834)

分布：广东、河北、山西、福建、广西；日本，韩国，蒙古国，印度，以色列；欧洲。

118. 蚜外茧蜂属 *Praon* Haliday, 1833

（374）背侧蚜外茧蜂 *Praon dorsale* (Haliday, 1833)

分布：广东、陕西、新疆、福建、云南；印度；欧洲，中亚。

（375）东方蚜外茧蜂 *Praon orientale* Starý *et* Schlinger, 1967

分布：广东、吉林、香港、云南；韩国，日本，俄罗斯。

（376）翼蚜外茧蜂 *Praon volucre* (Haliday, 1833)

分布：广东（始兴）、黑龙江、吉林、内蒙古、北京、天津、河北、山西、山东、河南、陕西、甘肃、宁夏、新疆、上海、浙江、湖南、福建、海南、四川、云南；亚洲，欧洲。

119. 三叉蚜茧蜂属 *Trioxys* Haliday, 1833

（377）大三叉蚜茧蜂 *Trioxys auctus* (Haliday, 1833)

分布：广东、甘肃、上海、安徽、福建、台湾；日本，乌兹别克斯坦，印度，加拿大；欧洲。

茧蜂亚科 Braconinae Foerster, 1862

120. 异弯脉茧蜂属 *Acampyloneurus* van Achterberg, 1992

（378）阿异弯脉茧蜂 *Acampyloneurus aruensis* (Shenefelt, 1978)

分布：广东（广州）；印度尼西亚。

121. 阿蝇态茧蜂属 *Amyosoma* Viereck, 1913

（379）中华阿蝇态茧蜂 *Amyosoma chinense* (Szépligeti, 1902)

分布：广东、山东、河南、甘肃、上海、安徽、浙江、湖北、江西、湖南、福建、台湾、海南、广西、四川、贵州、云南；朝鲜，日本，越南，泰国，印度，尼泊尔，斯里兰卡，菲律宾，马来西亚，印度尼西亚，巴基斯坦，美国。

122. 奇翅茧蜂属 *Aphrastobracon* Ashmead, 1896

（380）黄翅奇翅茧蜂 *Aphrastobracon flavipennis* Ashmead, 1896

分布：广东（徐闻）、福建；印度，斯里兰卡。

123. 盾茧蜂属 *Aspidobracon* van Achterberg, 1984

（381）龙岩盾茧蜂 *Aspidobracon longyanensis* Wang, Chen *et* He, 2007

分布：广东（广州）。

（382）诺氏盾茧蜂 *Aspidobracon noyesi* van Achterberg, 1984

分布：广东（广州）、福建、台湾、广西、贵州、云南；印度，菲律宾，印度尼西亚。

124. 茧蜂属 *Bracon* Fabricius, 1804

（383）茶卷蛾刻纹茧蜂 *Bracon* (*Bracon*) *adoxophyesi* Minamikawa, 1954

分布：广东、山东、安徽、浙江、湖北、江西、湖南、福建、台湾、广西、四川、贵州；日本。

（384）紫胶白大眼茧蜂 *Bracon* (*Ophthalmobracon*) *greeni* Ashmead, 1896

分布：广东、湖南、福建、海南、广西、四川、贵州、云南；印度，斯里兰卡，孟加拉国。

（385）螟黑纹茧蜂 *Bracon* (*Bracon*) *onukii* Watanabe, 1932

分布：广东、黑龙江、辽宁、山西、山东、河南、陕西、江苏、安徽、浙江、湖北、江西、湖南、福建、台湾、海南、广西、重庆、贵州、云南；韩国，日本，越南。

125. 弯脉茧蜂属 *Campyloneurus* Szépligeti, 1900

（386）混纹弯脉茧蜂 *Campyloneurus promiscuus* Li, van Achterberg *et* Chen, 2020

分布：广东（化州）。

（387）多斑深沟茧蜂 *Campyloneurus stigmosus* Li, van Achterberg *et* Chen, 2020

分布：广东（广州）、福建。

126. 细弱茧蜂属 *Dolabraulax* Quicke, 1986

（388）黄体斧茧蜂 *Dolabraulax flavus* Wang *et* Chen, 2010

分布：广东、福建、四川。

127. 马尾茧蜂属 *Euurobracon* Ashmead, 1900

（389）短管马尾茧蜂 *Euurobracon breviterebrae* Watanabe, 1934

分布：广东（广州）、辽宁、江苏、浙江、江西、海南、广西、四川；日本。

（390）腹沟马尾茧蜂 *Euurobracon triplagiata* Cameron, 1900

分布：广东（广州）、福建、广西；印度，尼泊尔，斯里兰卡。

128. 柔茧蜂属 *Habrobracon* Ashmead, 1895

（391）麦蛾柔茧蜂 *Habrobracon hebetor* (Say, 1836)

分布：广东、黑龙江、吉林、山西、山东、新疆、上海、浙江、湖北、江西、福建、海南、台湾、广西、贵州、云南、西藏；蒙古国，朝鲜，日本，越南，泰国，印度，缅甸，斯里兰卡，马来西亚，新加坡，孟加拉国，巴基斯坦，阿富汗，伊朗，塔吉克斯坦，乌兹别克斯坦，土库曼斯坦，哈萨克斯坦，土耳其，阿塞拜疆，格鲁吉亚，塞浦路斯，沙特阿拉伯，叙利亚，伊拉克，以色列。

129. 深沟茧蜂属 *Iphiaulax* Förster, 1862

（392）阿格拉深沟茧蜂 *Iphiaulax agraensis* (Cameron, 1897)

分布：广东；老挝，印度，孟加拉国。

130. 二叉茧蜂属 *Pseudoshirakia* van Achterberg, 1983

（393）白螟二叉茧蜂 *Pseudoshirakia yokohamensis* (Cameron, 1910)

分布：广东（遂溪）、浙江、湖北、福建、台湾、海南、香港、广西；朝鲜，日本，越南，印度，孟加拉国。

131. 小盾茧蜂属 *Scutibracon* Quicke *et* Walker, 1989

（394）铁甲小盾茧蜂 *Scutibracon hispae* (Viereck, 1913)

分布：广东（龙门）、湖南、海南、台湾、广西、云南；孟加拉国。

132. 平脉茧蜂属 *Spinadesha* Quicke, 1988

（395）中华平脉茧蜂 *Spinadesha sinica* Wang Chen *et* He, 2006

分布：广东（始兴）、海南、广西。

133. 窄茧蜂属 *Stenobracon* Szépligeti, 1901

（396）白螟黑纹窄茧蜂 *Stenobracon (Stenobracon) nicevillei* (Bingham, 1901)

分布：广东、福建、台湾、海南、广西、贵州、云南；越南，印度，尼泊尔，斯里兰卡，菲律宾，马来西亚，孟加拉国，巴基斯坦。

134. 热茧蜂属 *Tropobracon* Cameron, 1905

（397）三化螟热茧蜂 *Tropobracon luteus* Cameron, 1905

分布：广东、湖北、江西、湖南、福建、台湾、海南、香港、广西、四川、贵州、云南；越南，泰国，印度，斯里兰卡，菲律宾，马来西亚，印度尼西亚，孟加拉国，巴基斯坦。

皱腰茧蜂亚科 Rhysipolinae Belokobylskij, 1984

135. 皱腰茧蜂属 *Rhysipolis* Förster, 1863

（398）稻包虫皱腰茧蜂 *Rhysipolis parnarae* Belokobylskij *et* Vu, 1988

分布：广东、湖北、湖南、浙江、海南、广西、四川、贵州、云南；越南。

二十二、姬蜂科 Ichneumonidae Latreille, 1802

分距姬蜂亚科 Cremastinae Foerster, 1869

136. 离缘姬蜂属 *Trathala* Cameron, 1899

（399）黄眶离缘姬蜂 *Trathala flavo orbitalis* (Cameron, 1907)

分布：广东、辽宁、北京、天津、河北、山西、陕西、江苏、浙江、湖北、江西、福建、台湾、广西、四川、贵州、云南；朝鲜，日本，泰国，缅甸，印度，斯里兰卡，菲律宾，马来尼西亚，密克罗尼西亚，美国。

蚜蝇姬蜂亚科 Diplazontinae Viereck, 1918

137. 蚜蝇姬蜂属 *Diplazon* Viereck, 1914

（400）花胫蚜蝇姬蜂 *Diplazon laetatorius* (Fabricius, 1781)

分布：广东、黑龙江、辽宁、内蒙古、河北、山西、山东、河南、陕西、宁夏、甘肃、新疆、江苏、安徽、浙江、湖北、江西、湖南、福建、台湾、广西、四川、贵州、云南；世界广布。

菱室姬蜂亚科 Mesochorinae Foerster, 1869

138. 菱室姬蜂属 *Mesochorus* Gravenhorst, 1829

（401）盘背菱室姬蜂 *Mesochorus discitergus* (Say, 1836)

分布：广东、黑龙江、吉林、辽宁、内蒙古、北京、山西、山东、河南、陕西、江苏、安徽、浙江、湖北、江西、湖南、福建、广西、四川、贵州、云南；世界广布。

139. 脊额姬蜂属 *Gotra* Cameron, 1902

（402）花胸姬蜂 *Gotra octocinctus* (Ashmead, 1906)

分布：广东、陕西、江苏、安徽、浙江、湖北、江西、湖南、福建、广西、贵州、云南；朝鲜，日本。

140. 驼姬蜂属 *Goryphus* Holmgren, 1868

（403）横带驼姬蜂 *Goryphus basilaris* Holmgren, 1868

分布：广东、陕西、江苏、安徽、浙江、湖北、江西、湖南、福建、台湾、香港、海南、广西、四川、贵州、云南；印度，缅甸，马来西亚，印度尼西亚；琉球群岛。

瘤姬蜂亚科 Pimplinae Wesmael, 1845

141. 顶姬蜂属 *Acropimpla* Townes, 1960

（404）无红顶姬蜂 *Acropimpla emmiltosa* Kusigemati, 1985

分布：广东（乳源）、浙江、台湾。

（405）间条顶姬蜂 *Acropimpla hapaliae* (Rao, 1953)

分布：广东（英德、始兴）、四川、云南。

（406）白口顶姬蜂 *Acropimpla leucostoma* (Cameron, 1907)

分布：广东（从化、新丰、信宜）、浙江、福建、台湾、海南、广西、贵州；日本，越南，老挝，印度，缅甸，斯里兰卡，印度尼西亚。

（407）黑顶姬蜂指名亚种 *Acropimpla nigrescens nigrescens* (Cushman, 1933)

分布：广东（乳源）、台湾；尼泊尔。

（408）内田顶姬蜂 *Acropimpla uchidai* (Cushman, 1933)

分布：广东（乳源）、浙江、湖南、福建、台湾、广西、四川；印度，缅甸，尼泊尔。

142. 非姬蜂属 *Afrephialtes* Benoit, 1953

（409）台湾非姬蜂 *Afrephialtes taiwanus* Gupta *et* Tikar, 1976

分布：广东（乳源）、河南、湖南、台湾、四川。

143. 钩尾姬蜂属 *Apechthis* Foerster, 1869

（410）台湾钩尾姬蜂 *Apechthis taiwana* Uchida, 1928

分布：广东（英德、乳源、始兴）、浙江、江西、台湾、广西、四川、贵州。

144. 弯姬蜂属 *Camptotypus* Kriechbaumer, 1889

（411）阿里弯姬蜂指名亚种 *Camptotypus arianus arianus* (Cameron, 1899)

分布：广东（乳源、始兴）、浙江、福建、贵州；越南，老挝，印度，缅甸。

145. 恶姬蜂属 *Echthromorpha* Holmgren, 1868

（412）斑翅恶姬蜂显斑亚种 *Echthromorpha agrestoria notulatoria* (Fabricius, 1804)

分布：广东（广州）、浙江、江西、湖南、台湾、海南、广西、四川；东洋界。

146. 埃姬蜂属 *Itoplectis* Foerster, 1869

（413）螟蛉埃姬蜂 *Itoplectis naranyae* (Ashmead, 1906)

分布：广东（顺德）、吉林、辽宁、山西、河南、陕西、江苏、安徽、浙江、湖北、江西、湖南、海南、广西、四川、贵州、云南；俄罗斯，日本，菲律宾。

147. 瘦瘤姬蜂属 *Leptopimpla* Townes, 1961

（414）长腹瘦瘤姬蜂 *Leptopimpla longiventris* (Cameron, 1908)

分布：广东（龙门）、台湾、云南；越南，印度，缅甸，尼泊尔，马来西亚，印度尼西亚。

148. 巨姬蜂属 *Megataira* Gauld *et* Dubois, 2006

（415）润巨姬蜂 *Megaetaira madida* (Haliday, 1838)

分布：广东（乳源）、浙江；欧洲。

149. 泥囊爪姬蜂属 *Nomosphecia* Gupta, 1962

（416）条斑泥囊爪姬蜂印度亚种 *Nomosphecia zebroides indica* (Gupta, 1962)

分布：广东（韶关）、浙江、台湾、福建、广西；印度。

150. 短姬蜂属 *Pachymelos* Baltazar, 1961

（417）中华短姬蜂 *Pachymelos chinensis* He *et* Chen, 1987

分布：广东（韶关）、浙江。

151. 邻囊爪姬蜂属 *Parema* Gupta, 1962

（418）黑环邻囊爪姬蜂 *Parema nigrobalteata* (Cameron, 1899)

分布：广东（始兴、梅州）、海南、云南；越南，泰国，缅甸。

152. 黑瘤姬蜂属 *Pimpla* Fabricius, 1804

（419）满点黑瘤姬蜂 *Pimpla aethiops* Curtis, 1828

分布：广东（广州）、吉林、辽宁、河北、山东、河南、江苏、上海、安徽、浙江、湖北、江西、湖南、福建、台湾、广西、四川、贵州、云南；日本；古北界。

（420）双条黑瘤姬蜂 *Pimpla bilineata* (Cameron, 1900)

分布：广东（乳源）、浙江、福建、广西、四川、贵州；缅甸，尼泊尔。

（421）布鲁黑瘤姬蜂 *Pimpla brumha* (Gupta *et* Saxena, 1987)

分布：广东（英德、乳源、始兴）、河南、浙江、福建、广西、贵州、云南；印度。

（422）脊额黑瘤姬蜂 *Pimpla carinifrons* Cameron, 1899

分布：广东（英德）、浙江、湖南、福建、台湾、海南、广西、四川、贵州、云南、西藏；古北界，东洋界。

（423）乌黑瘤姬蜂 *Pimpla ereba* Cameron, 1899

分布：广东（乳源）、陕西、浙江、福建、广西、云南；印度，缅甸。

（424）黄须黑瘤姬蜂 *Pimpla flavipalpis* Cameron, 1899

分布：广东（英德）、浙江、台湾、广西、云南、西藏；印度，缅甸，尼泊尔。

（425）天蛾黑瘤姬蜂 *Pimpla laothoe* Cameron, 1897

分布：广东（广州、乳源、佛山、信宜）、江苏、浙江、湖南、台湾、广西、四川、贵州、云南、西藏；印度，巴基斯坦，斯里兰卡。

153. 嗜蛛姬蜂属 *Polysphincta* Gravenhorst, 1829

（426）亚洲嗜蛛姬蜂 *Polysphincta asiatica* Kusigemati, 1985

分布：广东（乳源）、河南、浙江、台湾、贵州；日本。

154. 蓑瘤姬蜂属 *Sericopimpla* Kriechbaumer, 1895

（427）蓑瘤姬蜂索氏亚种 *Sericopimpla sagrae sauteri* (Cushman, 1933)

分布：广东（广州）、辽宁、河南、陕西、江苏、浙江、湖北、湖南、福建、台湾、广西、四川、贵州；朝鲜，韩国，日本，印度。

155. 囊爪姬蜂属 *Theronia* Holmgren, 1859

（428）细格囊爪姬蜂指名亚种 *Theronia clathrata clathrata* Krieger, 1899

分布：广东（佛冈、始兴、郁南）、河南、湖南、台湾、海南。

（429）平背囊爪姬蜂 *Theronia depressa* Gupta, 1962

分布：广东（乳源）、浙江；菲律宾。

（430）马斯囊爪姬蜂黄腿亚种 *Theronia maskeliyae flavifemorata* Gupta, 1962

分布：广东、浙江、广西、云南；菲律宾。

（431）缺脊囊爪姬蜂 *Theronia pseudozebra* Gupta, 1962

分布：广东（广州、英德、乳源、鼎湖）、浙江、海南、广西、贵州、云南；东洋界。

（432）黑纹囊爪姬蜂黄瘤亚种 *Theronia zebra diluta* Gupta, 1962

分布：广东（广州、英德、惠东、鼎湖）、浙江、江西、湖南、福建、台湾、香港、广西、四川、贵州；日本。

156. 聚蛛姬蜂属 *Tromatobia* Foerster, 1869

（433）黄星聚蛛姬蜂 *Tromatobia flavistellata* Uchida *et* Momoi, 1957

分布：广东（广州、龙门）、辽宁、河北、河南、新疆、江苏、浙江、湖北、江西、湖南、福建、台湾、四川、贵州、云南；日本。

157. 盛雕姬蜂属 *Zaglyptus* Foerster, 1869

（434）多色盛雕姬蜂 *Zaglyptus multicolor* (Gravenhorst, 1829)

分布：广东（乳源）、黑龙江、辽宁、河南、宁夏、新疆、浙江、福建、广西、四川、贵州、云南。

158. 多印姬蜂属 *Zatypota* Foerster, 1869

（435）白基多印姬蜂 *Zatypota albicoxa* (Walker, 1874)

分布：广东（乳源）、黑龙江、吉林、河北、河南、陕西、江苏、安徽、浙江、湖南、四川、贵州、云南；俄罗斯（远东），日本。

159. 黑点瘤姬蜂属 *Xanthopimpla* Saussure, 1892

（436）被囊黑点瘤姬蜂 *Xanthopimpla appendicularis* (Cameron, 1899)

分布：广东（乳源、始兴、郁南）、江西、云南；东洋界。

（437）短刺黑点瘤姬蜂 *Xanthopimpla brachycentra* Krieger, 1914

分布：广东（龙门）、浙江、湖南、台湾、海南、四川、贵州；印度。

（438）棒点黑点瘤姬蜂 *Xanthopimpla clavata* Krieger, 1914

分布：广东（乳源）、浙江、福建、台湾、云南、西藏；日本，马来西亚。

（439）锥盾黑点瘤姬蜂 *Xanthopimpla conica* Cushman, 1925

分布：广东（韶关）、福建、台湾、海南；越南，印度，斯里兰卡，马来西亚，印度尼西亚。

（440）华美黑点瘤姬蜂褐翅亚种 *Xanthopimpla elegans apicipennis* (Cameron, 1899)

分布：广东（河源）；老挝，泰国，印度，缅甸。

（441）无斑黑点瘤姬蜂 *Xanthopimpla flavolineata* Cameron, 1907

分布：广东（新丰、阳春）、浙江、湖北、江西、湖南、福建、台湾、海南、香港、广西、四川、贵州、云南；东洋界，澳洲界。

（442）优黑点瘤姬蜂 *Xanthopimpla honorata* (Cameron, 1899)

分布：广东（韶关、梅州、龙门、封开、郁南）、台湾、海南、澳门、云南、西藏；越南、老挝，泰国，印度，尼泊尔，菲律宾，马来西亚，新加坡，印度尼西亚。

（443）樗蚕黑点瘤姬蜂 *Xanthopimpla konowi* Kiege, 1899

分布：广东、浙江、湖南、福建、四川、贵州、云南；日本，越南，泰国，印度，缅甸，马来西亚，印度尼西亚。

（444）利普黑点瘤姬蜂 *Xanthopimpla lepcha* (Cameron, 1899)

分布：广东（乳源）、浙江、福建、台湾、贵州；印度，印度尼西亚。

（445）光盾黑点瘤姬蜂 *Xanthopimpla leviuscula* Krieger, 1914

分布：广东、海南、广西；越南，老挝，缅甸，菲律宾。

（446）小黑点瘤姬蜂相似亚种 *Xanthopimpla nana aequabilis* Krieger, 1914

分布：广东（从化）、福建、台湾、香港。

（447）小黑点瘤姬蜂 *Xanthopimpla nana* Schulz, 1906

分布：广东（广州）、福建、台湾、香港、云南；越南，泰国，印度，尼泊尔，斯里兰卡，菲律宾，印度尼西亚。

（448）松毛虫黑点瘤姬蜂 *Xanthopimpla pedator* (Fabricius, 1775)

分布：广东（广州、乳源、佛山）、北京、山东、江苏、浙江、江西、湖南、广西、四川、贵州、云南；日本，越南，印度，缅甸，菲律宾，马来西亚，印度尼西亚，巴基斯坦，法国。

（449）侧黑点瘤姬蜂 *Xanthopimpla pleuralis* Cushman, 1925

分布：广东（广州）、台湾；尼泊尔。

（450）广黑点瘤姬蜂 *Xanthopimpla punctata* (Fabricis, 1781)

分布：广东（广州、乳源、曲江、连平、四会、鼎湖、阳春）、北京、河北、山东、河南、陕西、江苏、安徽、浙江、湖北、江西、湖南、福建、台湾、海南、香港、广西、四川、贵州、云南、西藏；东洋界。

（451）瑞氏黑点瘤姬蜂 *Xanthopimpla reicherti* Krieger, 1914

分布：广东（阳山、龙门）、福建、西藏；东南亚。

（452）瑞氏黑点瘤姬蜂离斑亚种 *Xanthopimpla reicherti separata* Townes *et* Chiu, 1970

分布：广东（从化）、浙江、福建、广西。

（453）离脊黑点瘤姬蜂 *Xanthopimpla seorsicarina* Wang, 1987

分布：广东。

（454）螟黑点瘤姬蜂 *Xanthopimpla stemmator* (Thunberg, 1824)

分布：广东（广州、揭阳、深圳）、福建、台湾、广西、云南；东洋界。

（455）异斑黑点瘤姬蜂 *Xanthopimpla varimaculata* Cameron, 1907

分布：广东（始兴、龙门）、福建；印度。

粗角姬蜂亚科 Phygadeuontinae Förster, 1869

160. 泥甲姬蜂属 *Bathythrix* Föerster, 1869

（456）负泥虫沟姬蜂 *Bathythrix kuwanae* Viereck, 1912

分布：广东、黑龙江、吉林、陕西、浙江、湖北、江西、湖南、台湾、广西、四川、贵州、云南；朝鲜，日本。

缝姬蜂亚科 Campopleginae Förster, 1869

161. 齿唇姬蜂属 *Campoletis* Holmgren, 1869

（457）棉铃虫齿唇姬蜂 *Campoletis chlorideae* Uchida, 1957

分布：广东（广州、深圳、湛江）、辽宁、河北、山西、山东、河南、陕西、江苏、浙江、湖北、湖南、四川、台湾、贵州、云南；日本，印度，尼泊尔。

162. 凹眼姬蜂 *Casinaria* Holmgren, 1859

（458）黑足凹眼姬蜂 *Casinaria nigripes* (Gravenhorst, 1829)

分布：广东、黑龙江、吉林、辽宁、内蒙古、北京、河北、山西、山东、河南、陕西、江苏、安徽、浙江、湖北、江西、湖南、福建、广西、四川、贵州、云南；俄罗斯，日本，波兰。

163. 悬茧姬蜂属 *Charops* Holmgren, 1859

（459）螟蛉悬茧姬蜂 *Charops bicolor* (Szépligeti, 1906)

分布：广东（广州、深圳）、黑龙江、吉林、辽宁、河北、山东、河南、陕西、江苏、安徽、浙江、湖北、江西、湖南、福建、台湾、海南、广西、四川、贵州、云南；朝鲜，日本，泰国，斯里兰卡，马来西亚，印度，澳大利亚等。

164. 钝唇姬蜂属 *Eriborus* **Foerster, 1869**

（460）大螟钝唇姬蜂 *Eriborus terebrans* (Gravenhorst, 1829)

分布：广东、黑龙江、吉林、河北、山西、山东、河南、陕西、江苏、浙江、湖北、福建、四川、云南；朝鲜，日本，俄罗斯，匈牙利，法国，意大利。

（461）纵卷叶螟钝唇姬蜂 *Eriborus vulgaris* (Morley, 1912)

分布：广东、浙江、湖北、江西、湖南、福建、台湾、广西、四川、贵州、云南；日本，印度。

165. 镶颚姬蜂属 *Hyposoter* **Foerster, 1869**

（462）松毛虫镶颚姬蜂 *Hyposoter takagii* (Matsumura, 1926)

分布：广东、黑龙江、内蒙古、河北、陕西、江苏、浙江、湖南、福建、广西、云南；朝鲜，日本。

短须姬蜂亚科 Tersilochinae Schmiedeknecht, 1910

166. 异短须姬蜂属 *Allophrys* **Förster, 1869**

（463）广东异短须姬蜂 *Allophrys cantonensis* Reshchikov *et* Yue, 2017

分布：广东。

二十三、旋小蜂科 Eupelmidae Walker, 1833

167. 平腹小蜂属 *Anastatus* **Motschulsky, 1859**

（464）丽头平腹小蜂 *Anastatus flavaeratus* Pang *et* Tang, 2020

分布：广东（始兴）。

（465）台湾平腹小蜂 *Anastatus formosanus* Crawford, 1913

分布：广东（开平）、台湾、云南。

（466）麻纹蝽平腹小蜂 *Anastatus fulloi* Sheng *et* Wang, 1997

分布：广东（广州、惠东、阳春、信宜、徐闻）、江西、福建。

（467）舞毒蛾卵平腹小蜂 *Anastatus japonicus* Ashmead, 1904

分布：广东、吉林、辽宁、北京、江苏、福建、广西、香港。

（468）方头平腹小蜂 *Anastarus pariliquadrus* Peng *et* Tang, 2020

分布：广东（始兴）。

168. 短角平腹小蜂属 *Mesocomys* **Cameron, 1905**

（469）松毛虫短角平腹小蜂 *Mesocomys orientalis* Ferriere, 1935

分布：广东、河北、江苏、湖南、福建；印度，缅甸，孟加拉国。

（470）白跗平腹小蜂 *Mesocomys albitarsis* (Ashmead,1904)

分布：广东、辽宁、山东、湖北、江西、湖南、云南；朝鲜，日本。

二十四、赤眼蜂科 Trichogrammatidae Haliday, 1851

169. 毛翅赤眼蜂属 *Chaetostricha* Walker, 1851

（471）圆索毛翅赤眼蜂 *Chaetostricha cirifuniculata* Lin, 1994

分布：广东、黑龙江、吉林、辽宁、湖北、福建、广西；印度。

（472）印度毛翅赤眼蜂 *Chaetostricha terebrata* (Yousuf *et* Shafee, 1984)

分布：广东、湖北、福建、海南、广西、新疆。

170. 爱波赤眼蜂属 *Epoligosita* Girault, 1916

（473）指突爱波赤眼蜂 *Epoligosita digitala* Lin, 1990

分布：广东（广州）、辽宁、湖北、福建、海南。

（474）长棒爱波赤眼蜂 *Epoligosita longiclavata* (Lin, 1990)

分布：广东（广州）、福建、海南。

171. 缨翅赤眼蜂属 *Megaphragma* Timberlake, 1923

（475）十毛缨翅赤眼蜂 *Megaphragma decochaetum* Lin, 1992

分布：广东（广州）、山东、福建、海南。

（476）显痣缨翅赤眼蜂 *Megaphragma macrostingmum* (Lin, 1992)

分布：广东（广州）、福建。

172. 寡索赤眼蜂属 *Oligosita* Walker, 1851

（477）欧洲寡索赤眼蜂 *Oligosita mediterranea* Nowicki, 1935

分布：广东（广州）、黑龙江、吉林、辽宁、北京、山东、河南、湖北、江西、福建、四川；法国，希腊，意大利，罗马尼亚。

（478）长突寡索赤眼蜂 *Oligosita shibuyae* Ishii, 1938

分布：广东（广州）、黑龙江、吉林、辽宁、北京、山东、浙江、湖北、江西、湖南、福建、台湾、广西、云南；日本。

173. 邻赤眼蜂属 *Paracentrobia* Howard, 1897

（479）褐腰赤眼蜂 *Paracentrobia* (*Brachistella*) *andoi* (Ishii, 1938)

分布：广东（广州）、河南、江苏、安徽、浙江、湖北、江西、湖南、福建、台湾、海南、广西、四川、贵州；日本，朝鲜，泰国，菲律宾。

174. 伪寡索赤眼蜂属 *Pseudoligosita* Girault, 1913

（480）叶蝉伪寡索赤眼蜂 *Pseudoligosita nephotetticum* (Mani, 1939)

分布：广东（广州、阳江）、湖北、江西、福建、广西、西藏；印度，日本。

（481）飞虱伪寡索赤眼蜂 *Pseudoligosita yasumatsui* (Viggiani *et* Subba Rao, 1978)

分布：广东（阳江）、黑龙江、河南、新疆、湖北、江西、福建、四川；泰国，印度。

175. 似尤赤眼蜂属 *Pseuduscana* Pinto, 2006

（482）毛角似尤赤眼蜂 *Pseuduscana setifera* (Lin, 1994)

分布：广东（广州）、福建、海南。

176. 分索赤眼蜂属 *Trichogrammatoidea* Girault, 1911

（483）爪哇分索赤眼蜂 *Trichogrammatoidea nana* (Zehntner, 1986)

分布：广东（肇庆）、台湾、海南、云南；印度，缅甸，斯里兰卡，菲律宾，马来西亚，印度尼西亚，澳大利亚，巴西等。

177. 赤眼蜂属 *Trichogramuma* Westwood, 1833

（484）碧岭赤眼蜂 *Trichogramma bilingeasis* He *et* Pang, 2000

分布：广东（广州、深圳）。

（485）螟黄赤眼蜂 *Trichogramma chilonis* Ishii, 1941

分布：广东（广州）、黑龙江、吉林、辽宁、北京、山东、陕西、新疆、安徽、浙江、湖北、江西、湖南、台湾、海南、广西、贵州、云南；韩国，日本，越南，泰国，印度，尼泊尔，菲律宾，马来西亚，印度尼西亚，孟加拉国，巴基斯坦。

（486）松毛虫赤眼蜂 *Trichogramma dendrolimi* Matsumura, 1926

分布：广东、黑龙江、吉林、辽宁、北京、山西、山东、河南、陕西、江苏、安徽、浙江、湖北、湖南、台湾；朝鲜，日本，韩国，越南，印度，巴基斯坦，伊朗，哈萨克斯坦，土耳其。

（487）稻螟赤眼蜂 *Trichogramma japonicum* Ashmead, 1904

分布：广东（广州）、黑龙江、辽宁、安徽、湖北、江西、湖南、福建、台湾、广西、贵州；韩国，日本，越南，缅甸，菲律宾，泰国，印度，马来西亚，印度尼西亚，孟加拉国。

（488）玉米螟赤眼蜂 *Trichogramma ostriniae* Pang *et* Chen, 1974

分布：广东（新会）、黑龙江、吉林、辽宁、北京、山西、山东、河南、江苏、安徽、浙江、湖北、台湾；南非，美国。

（489）短管赤眼蜂 *Trichogramma pretiosum* Riley, 1879

分布：广东（广州）、山西；非洲、大洋洲；新热带界。

（490）微突赤眼蜂 *Trichogramma raoi* Nagaraja, 1973

分布：广东（广州）、福建、海南、台湾、西藏；印度。

（491）显棒赤眼蜂 *Trichogramma semblidis* (Aurivillius, 1898)

分布：广东、江苏；印度，伊朗，美国；欧洲。

178. 肿棒赤眼蜂属 *Tumidiclava* Girault, 1911

（492）小茎肿棒赤眼蜂 *Tumidiclava minoripenis* Lin, 1991

分布：广东（广州）、湖北、江西、福建、海南。

179. 宽翅赤眼蜂属 *Ufens* Girault, 1911

（493）折脉宽翅赤眼蜂 *Ufens rimantus* Lin, 1993

分布：广东（广州）、福建；马来西亚。

二十五、蚜小蜂科 Aphelinidae Thomson, 1876

180. 蚜小蜂属 *Aphelimus* Dalman, 1820

（494）绣线菊蚜小蜂 *Aphelinus spiraecolae* Evans *et* Schauff, 1995

分布：广东；美国。

181. 黄蚜小蜂属 *Aphytis* Howard, 1900

（495）黄皮片蚧黄蚜小蜂 *Aphytis acalcaratus* Ren, 1988

分布：广东（广州）。

（496）金黄蚜小蜂 *Aphytis chrysomphali* (Mercet, 1912)

分布：广东、新疆、江苏、上海、浙江、江西、福建、台湾、香港、四川、贵州；印度，美国；大洋洲。

（497）康氏黄蚜小蜂 *Aphytis comperei* DeBach *et* Rosen, 1976

分布：广东、香港、云南；美国，墨西哥，牙买加，南非。

（498）盾蚧黄蚜小蜂 *Aphytis diaspidis* (Howard, 1881)

分布：广东、辽宁；韩国，日本，印度，斯里兰卡，伊朗，巴基斯坦，土耳其，黎巴嫩，塞浦路斯，以色列，希腊，意大利，波兰，奥地利，荷兰，法国，瑞士，英国，西班牙，美国。

（499）戈氏黄蚜小蜂 *Aphytis gordoni* DeBach *et* Rosen, 1976

分布：广东、香港、云南；印度，美国。

（500）糠片蚧黄蚜小蜂 *Aphytis hispanicus* (Mercet, 1912)

分布：广东、湖南、福建、台湾、香港、云南；印度，缅甸，土耳其，格鲁吉亚，黎巴嫩，以色列，意大利，匈牙利，捷克，法国，西班牙，瑞典，美国。

（501）岭南黄蚜小蜂 *Aphytis lingnensis* Compere, 1955

分布：广东、浙江、福建、台湾、香港、云南；日本，泰国，印度，菲律宾，马来西亚，印度尼西亚，巴基斯坦，土耳其，塞浦路斯，以色列，意大利，西班牙，美国，墨西哥。

（502）马氏黄蚜小蜂 *Aphytis mazalae* DeBach *et* Rosen, 1976

分布：广东、台湾、云南；日本，巴基斯坦。

（503）桑盾蚧黄蚜小蜂 *Aphytis proclia* (Walker, 1839)

分布：广东、辽宁、陕西、新疆、浙江、江西、湖南、福建、台湾、四川、云南；朝鲜，韩国，日本，印度，缅甸，巴基斯坦，伊朗，哈萨克斯坦，土耳其，阿塞拜疆，格鲁吉亚，塞浦路斯。

（504）范氏黄蚜小蜂 *Aphytis vandenboschi* DeBach *et* Rosen, 1976

分布：广东、辽宁、云南；韩国，日本，美国，埃及。

182. 异角蚜小蜂属 *Coccobius* Ratzeburg, 1852

（505）松突圆蚧异角蚜小蜂 *Coccobius azumai* Tachikawa, 1988

分布：广东、福建、云南；日本。

183. 食蚧蚜小蜂属 *Coccophagus* Westwood, 1833

（506）斑翅食蚧蚜小蜂 *Coccophagus ceroplastae* (Howard, 1895)

分布：广东、浙江、江西、福建、台湾、四川、云南；日本，印度，斯里兰卡，菲律宾，美国，巴拿马，南非。

（507）夏威夷食蚧蚜小蜂 *Coccophagus hawaiiensis* Timberlake, 1926

分布：广东、北京、山东、河南、浙江、福建、台湾、四川、贵州、云南；日本，美国。

（508）日本食蚧蚜小蜂 *Coccophagus japonicus* Compere, 1924

分布：广东、辽宁、北京、江苏、上海、浙江、湖南、福建、四川；日本，美国。

（509）闽粤软蚧蚜小蜂 *Coccophagus silvestrii* Compere, 1930

分布：广东、福建。

（510）黑色软蚧蚜小蜂 *Coccophagus yoshidae* Nakayama, 1921

分布：广东、北京、山东、浙江、福建；非洲。

184. 恩蚜小蜂属 *Encarsia* Förster, 1878

（511）可爱恩蚜小蜂 *Encarsia amablis* (Huang *et* Polaszek, 1996)

分布：广东、福建。

（512）友恩蚜小蜂 *Encarsia amicula* Viggiani *et* Ren, 1986

分布：广东、福建。

（513）红圆蚧恩蚜小蜂 *Encarsia aurantii* (Howard, 1894)

分布：广东、河南、浙江、福建、台湾、四川。

（514）双斑恩蚜小蜂 *Encarsia bimaculata* Heraty *et* Polaszek, 2000

分布：广东、福建、香港、广西；泰国，印度，菲律宾，印度尼西亚，以色列，澳大利亚，巴布亚新几内亚，洪都拉斯，美国，墨西哥。

（515）长缨恩蚜小蜂 *Encarsia citrina* (Craw, 1891)

分布：广东、辽宁、江苏、上海、浙江、江西、湖南、福建、台湾、四川、云南、西藏。

（516）盾蚧恩蚜小蜂 *Encarsia diaspidicola* (Silvestri, 1909)

分布：广东、河南、福建、云南、西藏；日本，印度，意大利，美国，巴西，南非。

（517）菲斯恩蚜小蜂 *Encarsia fasciata* (Malenotti, 1917)

分布：广东、黑龙江、辽宁、福建；日本，伊朗，阿塞拜疆，格鲁吉亚，以色列，意大利，德国，法国，瑞士，美国，西班牙。

（518）黄盾恩蚜小蜂 *Encarsia flavoscutellum* Zehntner, 1900

分布：广东、河南、福建、台湾、四川；印度，印度尼西亚。

（519）丽恩蚜小蜂 *Encarsia formosa* Gahan, 1924

分布：广东、吉林、辽宁、北京、山东、新疆、上海、浙江、福建、四川、云南。

（520）伊娜恩蚜小蜂 *Encarsia inaron* (Walker, 1839)

分布：广东（广州）、黑龙江、吉林、辽宁、内蒙古、山东、陕西、福建、台湾、四川、云南；泰国，印度，巴基斯坦，伊朗，乌兹别克斯坦，土库曼斯坦，哈萨克斯坦，土耳其，阿塞拜疆，格鲁吉亚，叙利亚，黎巴嫩，以色列，约旦，俄罗斯，英国，意大利。

（521）糠片蚧恩蚜小蜂 *Encarsia inquirenda* (Silvestri, 1930)

分布：广东、新疆、湖南、福建、云南；日本，黎巴嫩，越南，以色列，西班牙，意大利，阿尔及利亚。

（522）拉霍恩蚜小蜂 *Encarsia lahorensis* (Howard, 1911)

分布：广东、台湾；印度，巴基斯坦，格鲁吉亚，以色列，埃及，意大利，法国，希腊。

（523）丽英恩蚜小蜂 *Encarsia liliyingae* Viggiani *et* Ren, 1987

分布：广东、云南；印度。

（524）单毛长缨恩蚜小蜂 *Encarsia lounsburyi* (Berlese *et* Paoli, 1916)

分布：广东、福建、台湾、四川、云南。

（525）罗氏恩蚜小蜂 *Encarsia luoae* Huang *et* Polaszek, 1998

分布：广东、黑龙江、辽宁、山东。

（526）露狄恩蚜小蜂 *Encarsia lutea* (Masi, 1909)

分布：广东、黑龙江、吉林、辽宁、山东、河南、陕西、福建、台湾、广西、四川；日本，印度，孟加拉国，巴基斯坦，伊朗，土库曼斯坦，哈萨克斯坦，塞浦路斯，叙利亚，以色列，俄罗斯，西班牙，法国，英国，意大利，澳大利亚，美国。

（527）梅氏恩蚜小蜂 *Encarsia merceti* Silvestri, 1926

分布：广东、福建；印度，斯里兰卡，菲律宾，马来西亚，新加坡，印度尼西亚，古巴，墨西哥。

（528）诺氏恩蚜小蜂 *Encarsia noyesana* Huang *et* Polaszek, 1998

分布：广东。

（529）梨圆蚧恩蚜小蜂 *Encarsia perniciosi* (Tower, 1913)

分布：广东、黑龙江、辽宁、山东、浙江、江西、福建、台湾。

（530）平恩蚜小蜂 *Encarsia plana* Viggiani *et* Ren, 1987

分布：广东、福建、海南。

（531）网纹恩蚜小蜂 *Encarsia protransvena* Viggiani, 1985

分布：广东、黑龙江、辽宁、山东、江西、福建、台湾、云南；西班牙，埃及，澳大利亚，斐济，哥伦比亚，英国（开曼），洪都拉斯，美国。

（532）朴秀恩蚜小蜂 *Encarsia pseudoaonidiae* (Ishii, 1938)

分布：广东、新疆；日本。

（533）兴恩蚜小蜂 *Encarsia singularis* (Silvestri, 1930)

分布：广东、河南、福建、台湾、云南。

（534）中华恩蚜小蜂 *Encarsia sinica* Viggiani *et* Ren, 1993

分布：广东。

（535）史氏恩蚜小蜂 *Encarsia smithi* (Silvestri, 1926)

分布：广东、山东、安徽、浙江、湖南、福建、台湾、澳门、广西、四川；日本，印度，斯里兰卡，孟加拉国，巴基斯坦，马尔代夫，美国，墨西哥，古巴、斯威士兰，南非。

（536）苏菲恩蚜小蜂 *Encarsia sophia* (Girnult *et* Dodd, 1915)

分布：广东、北京、陕西、上海、湖北、江西、福建、台湾、香港、四川、云南。

（537）壮恩蚜小蜂 *Encarsia strenua* (Silvestri, 1927)

分布：广东、福建、台湾、香港、澳门；日本，印度，马来西亚，以色列，西班牙，美国，埃及。

185. 花翅蚜小蜂属 *Marietta* Motschulsky, 1863

（538）瘦柄花翅蚜小蜂 *Marietta carnesi* (Howard, 1910)

分布：广东、辽宁、山东、陕西、江苏、上海、浙江、福建、香港、四川；韩国，日本，印度，俄罗斯，埃及，西班牙，加拿大，美国，澳大利亚。

186. 四节蚜小蜂属 *Pteroptrix* Westwood, 1833

（539）中华四节蚜小蜂 *Pteroptrix chinensis* (Howard, 1907)

分布：广东、河北、河南、江苏、浙江、福建、台湾、香港、广西、四川；日本，印度，俄罗斯，意大利，美国。

二十六、花角蚜小蜂科 Azotidae Nikol skaya *et* Yasnosh, 1966

187. 花角蚜小蜂属 *Ablerus* Howard, 1894

（540）合花角蚜小蜂 *Ablerus connectens* Silvestri, 1927

分布：广东、广西；斯里兰卡。

（541）粗鬃花角蚜小蜂 *Ablerus macrochaeta* Silvestri, 1927

分布：广东；孟加拉国，越南。

（542）前尖花角蚜小蜂 *Ablerus promacchiae* Viggiani *et* Ren, 1993

分布：广东、广西。

二十七、缨小蜂科 Mymaridae Haliday, 1833

188. 缨翅缨小蜂属 *Anagrus* Haliday, 1833

（543）白棒缨翅缨小蜂 *Anagrus albiclava* Chiappini *et* Lin, 1998

分布：广东、福建。

（544）无沟缨翅缨小蜂 *Anagrus dalhousieanus* Mani *et* Saraswat, 1973

分布：广东、福建；印度。

（545）无条缨翅缨小蜂 *Anagrus hirashimai* Sahad, 1982

分布：广东、福建；日本。

（546）稻虱缨小蜂 *Anagrus nilaparvatae* Pang *et* Wang, 1985

分布：广东、江苏、浙江、福建。

（547）蔗虱缨翅缨小蜂 *Anagrus* (*Paranagrus*) *optabilis* (Perkins, 1905)

分布：广东、新疆、浙江、台湾；韩国，日本，泰国，印度，斯里兰卡，菲律宾，马来西亚，印度尼西亚。

（548）拟稻虱缨小蜂 *Anagrus paranilaparvatae* Pang *et* Wang, 1985

分布：广东、福建。

（549）长管缨翅缨小蜂 *Anagrus perforator* (Perkins, 1905)

分布：广东、福建；日本，澳大利亚，美国。

（550）伪稻虱缨小蜂 *Anagrus toyae* Pang *et* Wang, 1985

分布：广东。

189. 柄翅缨小蜂属 *Gonatocerus* Nees, 1834

（551）皱胸柄翅缨小蜂 *Gonatocerus rugosus* Xu, 2002

分布：广东（广州）、云南。

190. 缨小蜂属 *Mymar* Curtis, 1832

（552）斯里兰卡缨小蜂 *Mymar taprobanicum* Ward, 1875

分布：广东、吉林、辽宁、北京、新疆、福建、台湾、海南；韩国，日本，泰国，斯里兰卡，菲律宾。

二十八、跳小蜂科 Encyrtidae Walker, 1837

191. 抑虱跳小蜂属 *Acerophagus* Smith, 1880

（553）松粉蚧抑虱跳小蜂 *Acerophagus coccois* Smith, 1880

分布：广东（高明）、广西；巴西，美国。

192. 长索跳小蜂属 *Anagyrus* Howard, 1896

（554）尖长索跳小蜂 *Anagyrus aceris* Noyes *et* Hayat, 1994

分布：广东；印度，印度尼西亚。

（555）阿格长索跳小蜂 *Anagyrus agraensis* Saraswat, 1975

分布：广东、海南；泰国，印度，印度尼西亚，巴基斯坦，伊朗，以色列，约旦。

（556）橙额长索跳小蜂 *Anagyrus aurantifrons* Compere, 1926

分布：广东；刚果，坦桑尼亚，乌干达。

（557）指长索跳小蜂 *Anagyrus dactylopii* (Howard, 1898)

分布：广东、山东、江苏、浙江、福建、台湾、海南、香港、四川；日本，泰国，印度，菲律宾，印度尼西亚，伊朗，土耳其。

（558）剑长索跳小蜂 *Anagyrus kamali* Moursi, 1948

分布：广东、海南；印度，斯里兰卡，印度尼西亚，孟加拉国，巴基斯坦，伊朗，约旦。

（559）粉蚧长索跳小蜂 *Anagyrus pseudococci* (Girault, 1915)

分布：广东、辽宁、河北、山东、陕西、湖北、湖南、福建、台湾、香港、广西、四川、贵州、云南；俄罗斯，印度，巴西，意大利，英国，美国。

（560）泽田长索跳小蜂 *Anagyrus sawadai* Ishii, 1928

分布：广东、湖南、福建、台湾、海南、香港、广西；日本，印度，以色列。

（561）中华长索跳小蜂 *Anagyrus sinensis* Noyes *et* Hayat, 1994

分布：广东。

（562）亚白鞭长索跳小蜂 *Anagyrus subalbipes* Ishii, 1928

分布：广东、辽宁、河北、山东、陕西、浙江、湖北、湖南、四川、福建、台湾、广西、贵州、云南；日本，美国。

（563）泰国长索跳小蜂 *Anagyrus thailandicus* (Myartseva, 1979)

分布：广东、台湾；越南，泰国，印度，印度尼西亚，马来西亚，菲律宾，澳大利亚。

（564）三色长索跳小蜂 *Anagyrus tricolor* (Girault, 1913)

分布：广东、山东、湖北、海南、香港、云南；越南，老挝，泰国，印度，尼泊尔，马来西亚，印度尼西亚，澳大利亚。

193. 扁角跳小蜂属 *Anicetus* Howard, 1896

（565）软蚧扁角跳小蜂 *Anicetus annulatus* Timberlake, 1919

分布：广东、辽宁、山东、宁夏、江苏、上海、浙江、湖北、江西、湖南、福建、台湾、广西、四川、贵州；印度，日本，泰国，阿尔巴尼亚，澳大利亚，墨西哥，美国。

（566）红蜡蚧扁角跳小蜂 *Anicetus beneficus* Ishii *et* Yasumatsu, 1954

分布：广东、河南、江苏、上海、安徽、浙江、江西、湖南、福建、广西、四川、贵州；俄罗斯，朝鲜，韩国，日本，越南，印度，格鲁吉亚，以色列，美国，澳大利亚。

（567）蜡蚧扁角跳小蜂 *Anicetus ceroplastis* Ishii, 1928

分布：广东、山东、河南、陕西、江苏、安徽、浙江、江西、湖南、福建、海南、四川、贵州。

（568）红帽蜡蚧扁角跳小蜂 *Anicetus ohgushii* Tachikawa, 1958

分布：广东、山东、河南、陕西、江苏、浙江、江西、湖南、福建、海南、四川、贵州；日本。

194. 寡索跳小蜂属 *Arrhenophagus* Aurivillius, 1888

（569）盾蚧寡索跳小蜂 *Arrhenophagus chionaspidis* Aurivillius, 1888

分布：广东、浙江、福建、台湾；印度，巴西，俄罗斯，英国，美国。

195. 食甲跳小蜂属 *Cerchysiella* Girault, 1914

（570）科氏食甲跳小蜂 *Cerchysiella koenigsmanni* (Trjapitzin, 1985)

分布：广东。

196. 刷盾跳小蜂属 *Cheiloneurus* Westwood, 1833

（571）隐尾毁鳌跳小蜂 *Cheiloneurus lateocaudatus* (Xu *et* He, 2003)

分布：广东、江苏、上海、安徽、浙江、湖北、江西、湖南、福建、广西、贵州、四川、云南。

197. 盾蚧跳小蜂属 *Coccidencyrtus* Ashmead, 1900

（572）白兰盾蚧跳小蜂 *Coccidencyrtus clavatus* (Hayat, Alam *et* Agarwal, 1975)

分布：广东；印度。

198. 巨角跳小蜂属 *Comperiella* Howard, 1906

（573）双带巨角跳小蜂 *Comperiella bifasciata* Howard, 1906

分布：广东、山东、河南、江苏、上海、浙江、湖北、江西、湖南、福建、台湾、香港、广西、四川、贵州、云南；日本，印度，印度尼西亚，土耳其，马尔代夫，以色列。

（574）纽带巨角跳小蜂 *Comperiella lemniscata* Compere *et* Anneck, 1961

分布：广东、湖南、海南、香港、澳门；印度，澳大利亚。

（575）单带巨角跳小蜂 *Comperiella unifasciata* Ishii, 1925

分布：广东、河南、上海、安徽、浙江、江西、湖南、福建、海南、四川。

199. 透翅跳小蜂属 *Diaphorencyrtus* Hayat, 1981

（576）阿里透翅跳小蜂 *Diaphorencyrtus aligarhensis* (Shafee, Alam *et* Agarwal, 1975)

分布：广东、福建、台湾、广西、贵州；印度，美国。

200. 跳小蜂属 *Encyrtus* Latreille, 1809

（577）球蚧跳小蜂 *Encyrtus aurantii* (Geoffroy, 1785)

分布：广东、湖南、江西、四川、云南；印度，印度尼西亚，澳大利亚，加拿大，俄罗斯，美国。

201. 斑翅跳小蜂属 *Epitetracnemus* Girault, 1915

（578）桑白蚧斑翅跳小蜂 *Epitetracnemus comis* Noyes *et* Ren, 1987

分布：广东、河北、河南、福建。

202. 巨棒跳小蜂属 *Grandiclavula* Zhang *et* Huang, 2001

（579）勺柄巨棒跳小蜂 *Grandiclavula spatulata* Zhang *et* Huang, 2001

分布：广东、海南。

203. 瓢虫跳小蜂属 *Homalotylus* Mayr, 1876

（580）瓢虫隐尾跳小蜂 *Homalotylus flaminius* (Dalman, 1820)

分布：广东、黑龙江、山东、河南、陕西、浙江、江西、湖南、福建、广西、贵州；俄罗斯，印度，印度尼西亚，英国，美国，巴西。

（581）三白瓢虫跳小蜂 *Homalotylus trisubalbus* Xu *et* He, 1997

分布：广东（四会）。

204. 草蛉跳小蜂属 *Isodromus* Howard, 1887

（582）亚非草蛉跳小蜂 *Isodromus axillaris* Timberlake, 1919

分布：广东、江西、福建；印度，美国（夏威夷）。

205. 阔柄跳小蜂属 *Metaphycus* Mercet, 1917

（583）阿氏阔柄跳小蜂 *Metaphycus alberti* (Howard, 1898)

分布：广东（河源）、浙江、福建、重庆、四川；美国，哥斯达黎加，南非，斯威士兰，澳大利亚。

（584）绵蚧阔柄跳小蜂 *Metaphycus pulvinariae* (Howard, 1881)

分布：广东、吉林、河南、陕西、上海、浙江、湖北、江西、湖南、福建、四川、贵州、云南；澳大利亚，加拿大，美国；非洲。

206. 花翅跳小蜂属 *Microterys* Thomson, 1876

（585）二带花翅跳小蜂 *Microterys ditaeniatus* Huang, 1980

分布：广东、福建。

（586）聂特花翅跳小蜂 *Microterys nietneri* (Motschulsky, 1859)

分布：广东、上海、安徽、浙江、湖南、福建、广西、贵州、四川、云南；日本，印度，斯里兰卡，马来西亚，孟加拉国，巴基斯坦，土耳其，阿塞拜疆，格鲁吉亚，黎巴嫩，以色列。

（587）拟聂特花翅跳小蜂 *Microterys pseudonietneri* Xu, 2000

分布：广东、浙江、福建、云南。

（588）窄条花翅跳小蜂 *Microterys tenuifasciatus* Xu, 2002

分布：广东。

（589）窄额花翅跳小蜂 *Microterys tenuifrons* Xu, 2002

分布：广东。

207. 新杜丝跳小蜂属 *Neodusmetia* Kerrich, 1964

（590）东竹粉蚧跳小蜂 *Neodusmetia sangwani* (Rao, 1957)

分布：广东、台湾；印度，孟加拉国，巴基斯坦，以色列，牙买加，肯尼亚，澳大利亚，美国，墨西哥，巴西。

208. 卵跳小蜂属 *Ooencyrtus* Ashmead, 1900

（591）大卵跳小蜂 *Ooencyrtus major* (Perkins, 1906)

分布：广东；澳大利亚。

（592）马来亚卵跳小蜂 *Ooencyrtus malayensis* Ferriere, 1931

分布：广东、福建。

（593）南方凤蝶卵跳小蜂 *Ooencyrtus papilionis* Ashmead, 1905

分布：广东、福建、海南；印度，马来西亚，印度尼西亚，美国。

（594）荔枝蝽卵跳小蜂 *Ooencyrtus phongi* Trjapitzin, Myartseva *et* Kostjukow, 1977

分布：广东、福建、海南、香港、广西；越南，泰国，印度，菲律宾，马来西亚，印度尼西亚。

（595）落叶松毛虫卵跳小蜂 *Ooencyrtus pinicolus* (Matsumura, 1926)

分布：广东、黑龙江、吉林、辽宁、新疆；俄罗斯。

209. 横索跳小蜂属 *Plagiomerus* Crawford, 1910

（596）盾蚧横索跳小蜂 *Plagiomerus diaspidis* Crawford, 1910

分布：广东、浙江、湖南、海南、四川；意大利，美国，墨西哥。

210. 原长缘跳小蜂属 *Prochiloneurus* Silvestri, 1915

（597）长崎原长缘跳小蜂 *Prochiloneurus nagasakiensis* (Ishii, 1928)

分布：广东（广州）、浙江；俄罗斯，日本，泰国。

211. 细柄跳小蜂属 *Psilophrys* Mayr, 1876

（598）红蚧细柄跳小蜂 *Psilophrys tenuicornis* Graham, 1969

分布：广东、河北、河南、浙江、湖北、福建、四川、贵州；俄罗斯。

212. 食蚜蝇跳小蜂属 *Syrphophagus* Ashmead, 1900

（599）蚜虫跳小蜂 *Syrphophagus aphidivorus* (Mayr, 1876)

分布：广东、黑龙江、吉林、河北、山东、河南、浙江、江西、湖南、福建、四川；印度，巴西，俄罗斯，英国，美国。

（600）中华食蚜蝇跳小蜂 *Syrphophagus chinensis* Liao, 1987

分布：广东。

213. 胶蚧跳小蜂属 *Tachardiaephagus* Ashmead, 1904

（601）黄雄胶蚧跳小蜂 *Tachardiaephagus tachardiae* (Howard, 1896)

分布：广东、湖南、福建、台湾、广西、四川、云南；越南，印度，斯里兰卡，马来西亚，印度尼西亚，阿塞拜疆，文莱。

214. 盾绒跳小蜂属 *Teleterebratus* Compere *et* Zinna, 1955

（602）彼菲盾绒跳小蜂 *Teleterebratus perversus* Compere *et* Zinna, 1955

分布：广东、浙江、福建、四川、云南；印度。

215. 皂马跳小蜂属 *Zaomma* Ashmead, 1900

（603）微食皂马跳小蜂 *Zaomma lambinus* (Walker, 1838)

分布：广东、河南、甘肃、青海、海南、江苏、上海、浙江、湖北、湖南、福建、香港。

216. *Zarhopalus* Ashmead, 1900

（604）迪氏跳小蜂 *Zarhopalus debarri* Sun, 1998

分布：广东、广西；美国。

二十九、小蜂科 Chalcididae Latreille, 1817

217. 大腿小蜂属 *Brachymeria* Westwood, 1829

（605）无脊大腿小蜂 *Brachymeria excarinata* Gahan, 1925

分布：广东、新疆、江苏、浙江、湖北、江西、湖南、福建、台湾、海南、广西、四川、贵州；日本，越南，印度，菲律宾，帕劳，伊朗，巴布亚新几内亚，埃及，喀麦隆。

（606）广大腿小蜂 *Brachymeria lasus* (Walker, 1841)

分布：广东、北京、天津、河北、河南、陕西、江苏、上海、安徽、浙江、湖北、江西、湖南、福建、台湾、海南、香港、广西、四川、贵州、云南；韩国，日本，越南，印度，缅甸，菲律宾，马来西亚，印度尼西亚，巴基斯坦，伊朗。

（607）麻蝇大腿小蜂 *Brachymeria minuta* (Linnaeus, 1767)

分布：广东、黑龙江、内蒙古、北京、河北、山西、河南、陕西、宁夏、甘肃、新疆、江苏、浙江、湖北、江西、福建、台湾、广西、云南、贵州；朝鲜，日本，泰国，印度，马来西亚，伊朗，乌兹别克斯坦，哈萨克斯坦，土耳其，叙利亚，以色列。

（608）红足大腿小蜂 *Brachymeria podagrica* (Fabricius, 1787)

分布：广东、黑龙江、内蒙古、北京、河北、山东、河南、陕西、甘肃、江苏、安徽、浙江、江西、湖南、福建、台湾、香港、广西、贵州。

（609）红黑大腿小蜂 *Brachymeria rufinigra* Liao *et* Chen, 1983

分布：广东。

（610）次生大腿小蜂 *Brachymeria secundaria* (Ruschka,1922)

分布：广东、辽宁、内蒙古、北京、山西、江苏、浙江、江西、湖南、福建、海南、广西、四川、贵州、云南；日本，印度，哈萨克斯坦，土耳其。

218. 角头小蜂属 *Dirhinus* Dalman, 1918

（611）贝克角头小蜂 *Dirhinus bakeri* (Crawford, 1915)

分布：广东、浙江、湖南、福建、广西、贵州；日本，印度，斯里兰卡，菲律宾，马来西亚。

（612）吉氏角头小蜂 *Dirhinus giffardii* (Silvestri, 1914)

分布：广东（湛江）。

219. 凸腿小蜂属 *Kriechbaumerella* Dalla Torre, 1897

（613）松毛虫凸腿小蜂 *Kriechbaumerella dendrolimi* Sheng *et* Zhong, 1986

分布：广东、北京、河南、陕西、江苏、浙江、安徽、江西、四川、湖北、湖南、福建、广西、云南。

三十、金小蜂科 Pteromalidae Dalman, 1820

220. 偏眼金小蜂属 *Agiommatus* Crawford, 1911

（614）弄蝶偏眼金小蜂 *Agiommatus erionotus* Huang, 1986

分布：广东（阳江）、江西、湖南、福建、广西、云南。

221. 脊柄金小蜂属 *Asaphes* Walker, 1834

（615）钝缘脊柄金小蜂 *Asaphes suspensus* (Nees, 1834)

分布：广东、黑龙江、吉林、北京、河北、陕西、新疆、福建、四川、云南、西藏；日本；欧洲。

222. 宽头金小蜂属 *Cephaleta* Motschulsky, 1859

（616）黑盔蚧宽头金小蜂 *Cephaleta brunniventris* Motschulsky, 1859

分布：广东、内蒙古、河北、福建、台湾、海南；印度，斯里兰卡，菲律宾，美国。

223. 狭面姬小蜂属 *Elachertus* Spinola, 1811

（617）黄腿狭面姬小蜂 *Elachertus lateralis* (Spinola, 1808)

分布：广东、黑龙江、吉林、辽宁、内蒙古、北京、河北、山东、陕西、宁夏、甘肃、新疆、安徽、湖北、湖南、福建、四川、贵州；澳大利亚；古北界。

224. 稀网姬小蜂属 *Euplectrus* Westwood, 1832

（618）两色稀网姬小蜂 *Euplectrus bicolor* (Swederus, 1795)

分布：广东、黑龙江、吉林、辽宁、内蒙古、北京、天津、河南、山东、甘肃、安徽、湖北、湖南、福建、海南、四川、云南；朝鲜，日本；欧洲，北美洲，非洲。

（619）白口稀网姬小蜂 *Euplectrus leucostomus* Rohwer, 1921

分布：广东（广州）、湖南、福建、海南、广西；印度，斯里兰卡，多米尼加，墨西哥

225. 透基金小蜂属 *Moranila* Cameron, 1883

（620）加州透基金小蜂 *Moranila californica* (Howard, 1881)

分布：广东、河北、安徽、浙江、海南、云南；大洋洲，美洲。

226. 宽胸金小蜂属 *Norbanus* Walker, 1943

（621）轮毛宽胸金小蜂 *Norbanus longifaseitus* (Girault, 1914)

分布：广东、海南、四川；澳大利亚。

227. 蝇蛹帕金小蜂属 *Pachycrepoideus* Ashmead, 1904

（622）家蝇蛹金小蜂 *Pachyerepoideus vindemmiae* (Rondani, 1875)

分布：广东、北京、山东、安徽、湖南；世界广布。

228. 楔缘金小蜂属 *Pachyneuron* Walker, 1833

（623）蚜虫楔缘金小蜂 *Pachyneuron aphidis* (Bouché, 1834)

分布：广东（广州）、黑龙江、吉林、辽宁、内蒙古、北京、河北、山西、山东、陕西、宁夏、甘肃、新疆、江苏、江西、福建、海南、广西、贵州、云南；世界广布。

（624）艾姆楔缘金小蜂 *Pachyneuron emersoni* Girault, 1916

分布：广东（普宁）、河北、新疆、海南。

（625）丽楔缘金小蜂 *Pachyneuron formosum* Walker, 1833

分布：广东（兴宁）、黑龙江、吉林、辽宁、内蒙古、北京、河北、山西、山东、陕西、宁夏、甘肃、新疆、江苏、浙江、福建、四川、贵州、云南、西藏；英国，法国，德国，意大利。

（626）窟胸楔缘金小蜂 *Pachyneuron gibbiscuta* Thomson, 1878

分布：广东（广州）、黑龙江、河北；瑞典，奥地利，捷克。

（627）松毛虫楔缘金小蜂 *Pachyneuron solitarium* (Hartig, 1838)

分布：广东（德庆、阳江）、黑龙江、吉林、辽宁、内蒙古、北京、河北、山西、山东、陕西、甘肃、新疆、江苏、浙江、湖南、福建、广西、四川、云南；日本，德国，捷克，摩尔多瓦。

229. 狭翅金小蜂属 *Panstenon* Walker, 1846

（628）飞虱卵狭翅金小蜂 *Panstenon oxylus* (Walker, 1839)

分布：广东、辽宁、河北、陕西、宁夏、福建、海南；英国，爱尔兰，丹麦，芬兰；欧洲中部。

（629）糙刻狭翅金小蜂 *Panstenon valleculare* Xiao *et* Huang, 2000

分布：广东、福建、海南。

230. 瘿蚊金小蜂属 *Propicroscytus* Szelenyi, 1941

（630）斑腹瘿蚊金小蜂 *Propicroscytus mirificus* (Girault, 1915)

分布：广东（广州、新会）、河北、海南、广西、四川、云南；泰国，印度，斯里兰卡，印度尼西亚，澳大利亚。

（631）四齿瘿蚊金小蜂 *Propicroscytus oryzae* (Subba Rao, 1973)

分布：广东（广州、普宁）、海南；泰国，印度，斯里兰卡，印度尼西亚。

231. 锥腹金小蜂属 *Solenura* Westwood, 1868

（632）丽锥腹金小蜂 *Solenura ania* (Walker, 1846)

分布：广东、陕西、台湾。

232. 俑小蜂属 *Spalangia* Latreille, 1805

（633）光肩俑小蜂 *Spalangia fuscipes* Nees, 1834

分布：广东、北京；欧洲，非洲北部。

233. 蚁形金小蜂属 *Theocolax* Westwood, 1832

（634）精美蚁形金小蜂 *Theocolax elegans* Westwood, 1874

分布：广东、湖北；印度，印度尼西亚，尼日利亚，南非，澳大利亚，美国，墨西哥，巴拿马，秘鲁。

234. 克氏金小蜂属 *Trichomalopsis* Crawford, 1913

（635）绒茧克氏金小蜂 *Trichomalopsis apanteloctena* (Crawford, 1911)

分布：广东（广州）、吉林、辽宁、内蒙古、北京、天津、河北、山西、山东、陕西、甘肃、新疆、江苏、上海、浙江、湖北、江西、湖南、福建、台湾、海南、广西、四川、贵州、云南；朝鲜，日本，越南，印度，菲律宾，孟加拉国，印度尼西亚，文莱，马来西亚，东帝汶，巴布亚新几内亚。

（636）美洲克氏金小蜂 *Trichomalopsis americana* (Gahan, 1933)

分布：广东（翁源）、黑龙江、吉林、北京、河北、山东、河南、陕西、甘肃、江苏、浙江、福建、海南、广西、四川、云南；俄罗斯，加拿大，美国。

（637）卵克氏金小蜂 *Trichomalopsis ovigastra* Sureshan *et* Narendran, 2001

分布：广东（广州）、吉林、天津、河北、山西、河南、陕西、甘肃、福建、四川、云南；

印度。

三十一、姬小蜂科 Eulophidae Westwood, 1829

235. 实蝇啮小蜂属 *Aceratoneuromyia* Girault, 1917

（638）印度实蝇姬小蜂 *Aceratoneuromyia indica* (Silvestri, 1910)

分布：广东（广州、惠州、湛江）；印度，斯里兰卡，菲律宾，马来西亚，意大利，英国，美国，阿根廷，澳大利亚。

236. 长尾啮小蜂属 *Aprostocetus* Westwood, 1833

（639）浅沟长尾啮小蜂 *Aprostocetus asthenogmus* (Waterston, 1915)

分布：广东（广州）；印度，斯里兰卡；北非。

（640）长索长尾啮小蜂 *Aprostocetus eupatorii* Kurdjumov, 1913

分布：广东（鼎湖）、浙江；捷克，斯洛伐克，德国，匈牙利，意大利。

（641）毛利长尾啮小蜂 *Aprostocetus muiri* (Perkins, 1912)

分布：广东。

237. 橘啮小蜂属 *Citrostichus* Bouček, 1988

（642）桔潜短腹啮小蜂 *Citrostichus phyllocnistoides* (Narayanan, 1960)

分布：广东、浙江、江西、福建、海南、台湾；日本，泰国，印度，巴基斯坦，阿富汗，伊朗，阿曼，以色列，约旦，希腊，意大利，西班牙，摩洛哥，阿根廷，澳大利亚。

238. 潜蝇姬小蜂属 *Diglyphus* Walker, 1844

（643）同形潜蝇姬小蜂 *Diglyphus isaea* (Walker, 1838)

分布：广东、吉林、辽宁、内蒙古、北京、河北、山西、山东、河南、陕西、宁夏、甘肃、青海、湖南、福建、重庆、四川、云南、西藏；世界广布。

239. 狭面姬小蜂 *Elachertus* Spinola, 1811

（644）侧狭面姬小蜂 *Elachertus lateralis* (Spinola, 1808)

分布：广东、黑龙江、吉林、辽宁、内蒙古、北京、河北、陕西、山东、甘肃、宁夏、新疆、安徽、湖北、湖南、福建、广西、四川、贵州、云南；古北界。

240. 枝瘿姬小蜂 *Leptocybe* Fisher *et* La Salle, 2004

（645）桉树枝瘿姬小蜂 *Leptocybe invasa* Fisher *et* La Salle, 2004

分布：广东、广西、海南；澳大利亚，法国，意大利，新西兰，葡萄牙，西班牙，希腊，阿尔及利亚，摩洛哥，叙利亚，坦桑尼亚，印度，乌干达，肯尼亚。

241. 红眼姬小蜂属 *Mangocharis* Boucek, 1986

（646）荔枝瘿蚊红眼姬小蜂 *Mangocharis litchii* Yang *et* Luo, 1994

分布：广东（广州）。

242. 瘿姬小蜂属 *Ophelimus* Haliday, 1844

（647）双面叶瘿姬小蜂 *Ophelimus bipolaris* Chen *et* Yao, 2021

分布：广东（广州）。

243. 长缘啮小蜂属 *Neotrichoporoides* Girault, 1913

（648）赛伦长缘啮小蜂 *Neotrichoporoides szelenyii* (Erdös, 1951)

分布：广东（鼎湖）、河南、上海、安徽、海南、云南；伊朗，土耳其，阿联酋，阿塞拜疆，沙特阿拉伯，俄罗斯，保加利亚，捷克，斯洛伐克，希腊，匈牙利，意大利，葡萄牙。

244. 欧米啮小蜂属 *Oomyzus* Rondani, 1870

（649）菜蛾欧米啮小蜂 *Oomyzus sokolowskii* (Kurdjumov, 1912)

分布：广东、黑龙江、辽宁、北京、山东、甘肃、上海、浙江、湖北、台湾；韩国，日本，印度，斯里兰卡，马来西亚，孟加拉国，巴基斯坦，阿塞拜疆，俄罗斯，法国，瑞士，乌克兰，匈牙利，意大利，澳大利亚。

245. 柄腹姬小蜂属 *Pediobius* Walker, 1846

（650）*Pediobius bethylicidus* Kerrich, 1973

分布：广东（广州）、海南、云南。

（651）龟甲柄腹姬小蜂 *Pediobius elasmi* (Ashmead, 1904)

分布：广东、陕西、江苏、湖北、江西、湖南、福建、海南、广西、贵州、云南、西藏。

（652）瓢虫柄腹姬小蜂 *Pediobius foveolatus* (Crawford, 1912)

分布：广东（广州）、北京、山西、江苏、湖北、江西、福建、海南、香港、广西、四川、云南、西藏。

（653）弄蝶柄腹姬小蜂 *Pediobius inexpectatus* Kerrich, 1973

分布：广东（广州）、吉林、江西、福建、台湾、香港、广西、四川、贵州。

246. 胯姬小蜂属 *Quadrastichus* Girault, 1913

（654）短腹胯姬小蜂 *Quadrastichus pteridis* Graham, 1991

分布：广东（惠东）、黑龙江、辽宁、山东、陕西、甘肃；荷兰，瑞典，澳大利亚。

（655）刺桐姬小蜂 *Quadrastichus erythrinae* Kim, 2004

分布：广东（广州、佛山、深圳、珠海、东莞、中山、惠州、江门、肇庆、阳江、茂名、湛江、潮州、汕头、揭阳）、广西、福建、海南、台湾；印度，泰国，日本，塞舌尔，越南，菲律宾，马来西亚，毛里求斯，法国（留尼汪），新加坡，美国（夏威夷）。

247. 啮小蜂属 *Tetrastichus* Haliday, 1844

（656）枫桦小蠹啮小蜂 *Tetrastichus aponiusi* Yang, 1996

分布：广东（始兴）、黑龙江、辽宁、山西。

（657）柏小蠹啮小蜂 *Tetrastichus cupressi* Yang, 1996

分布：广东、云南。

（658）马铃薯瓢虫啮小蜂 *Tetrastichus decrescens* Graham, 1991

分布：广东（鼎湖）、湖北、江西、广西；土耳其，法国，瑞典，英国。

（659）赫特啮小蜂 *Tetrastichus heterus* Graham, 1991

分布：广东（惠东）、海南、广西、重庆、云南；塞尔维亚，黑山。

（660）霍氏啮小蜂 *Tetrastichus howardi* (Olliff, 1893)

分布：广东（鼎湖）、浙江、台湾、海南、广西；泰国，印度，斯里兰卡，马来西亚，巴基斯坦，巴西，澳大利亚。

（661）施氏啮小蜂 *Tetrastichus schoenobii* Ferrière, 1931

分布：广东、湖北；越南，泰国，印度，斯里兰卡，菲律宾，马来西亚，孟加拉国，印度尼西亚。

三十二、褶翅小蜂科 Leucospidae Walker, 1834

248. 褶翅小蜂属 *Leucospis* Fabricius, 1775

（662）等齿褶翅小蜂 *Leucospis aequidentata* Ye *et* Xu, 2017

分布：广东、湖北、湖南、福建。

（663）日本褶翅小蜂 *Leucospis japonica* Walker, 1871

分布：广东、北京、河北、山西、河南、陕西、江苏、上海、浙江、湖北、江西、湖南、台湾、香港、广西、四川、贵州、云南；俄罗斯，朝鲜，日本，印度，尼泊尔。

（664）*Leucospis femoricincta* Bouček, 1974

分布：广东、澳门。

（665）蹼褶翅小蜂 *Leucospis histrio* Maindron, 1878

分布：广东、海南。

（666）束腰褶翅小蜂 *Leucospis petiolata* Fabricius, 1787

分布：广东、香港、澳门、福建。

三十三、长尾小蜂科 Torymidae Walker, 1833

249. 齿腿长尾小蜂属 *Monodontomerus* Westwood, 1833

（667）小齿腿长尾小蜂 *Monodontomerus minor* (Ratzeburg, 1848)

分布：广东（广州）、北京、河北、陕西、内蒙古、辽宁、吉林、黑龙江、江苏、浙江、福建、江西、山东、广西、海南、云南、西藏、山西、甘肃、宁夏、青海、新疆；东洋界，古北界，新北界，新热带界。

三十四、广肩小蜂科 Eurytomidae Walker, 1832

250. 广肩小蜂属 *Eurytoma* Illiger, 1807

（668）粘虫广肩小蜂 *Eurytoma verticillata* (Fabriciuts, 1789)

分布：广东、浙江、江西、湖南、福建、贵州；日本；欧洲，北美洲。

三十五、榕小蜂科 Agaonidae Walker, 1846

251. 栉颚榕小蜂属 *Ceratosolen* Mayr, 1885

（669）对叶榕榕小蜂 *Ceratosolen solmsi marchali* Mayr, 1906

分布：广东、香港；越南，印度，斯里兰卡，马来西亚，澳大利亚。

三十六、肿腿蜂科 Bethylidae Halliday, 1839

252. 硬皮肿腿蜂属 *Sclerodermus* Latreille, 1809

（670）管氏硬皮肿腿蜂 *Sclerodermus guani* Xiao *et* Wu, 1983

分布：广东、辽宁、北京、河北、山西、河南、陕西、甘肃、青海、江苏、上海、浙江、湖南、福建；美国。

三十七、青蜂科 Chrysididae Latreille, 1802

253. 尖胸青蜂属 *Cleptes* Latreille, 1802

（671）亮身尖胸青蜂 *Cleptes metallicorpus* Ha, Lee *et* Kim, 2011

分布：广东、陕西、浙江；韩国。

（672）圆环尖胸青蜂 *Cleptes albonotatus* Wei, Rosa *et* Xu, 2013

分布：广东。

（673）斯氏尖胸青蜂 *Cleptes sjostedti* Hammer, 1950

分布：广东、江苏、安徽、浙江、湖南、台湾、云南；韩国。

254. 伊螨青蜂属 *Imasega* Krombein, 1983

（674）两色伊螨青蜂 *Imasega bicolor* Li *et* Xu, 2017

分布：广东（龙门、封开）。

255. 壮青蜂属 *Praestochrysis* Linsenmaier, 1959

（675）里氏壮青蜂 *Praestochrysis ribbei* (Mocsáry, 1889)

分布：广东；泰国，印度尼西亚。

256. 原始青蜂属 *Primeuchroeus* Linsenmaier, 1968

（676）光华原始青蜂 *Primeuchroeus kansitakuanus* (Tsuneki, 1970)

分布：广东、浙江、湖北、湖南、福建、台湾、海南、贵州、云南；马来西亚，越南。

257. 突背青蜂属 *Stilbum* Spinola, 1806

（677）蓝突背青蜂 *Stilbum cyanurum* (Förster, 1771)

分布：广东（始兴）、内蒙古、浙江、湖南、江西、福建、台湾、海南、云南；日本，越南，印度，菲律宾，俄罗斯，意大利，澳大利亚。

258. 叶腿青蜂属 *Loboscelidia* Westwood, 1874

（678）广西叶腿青蜂 *Loboscelidia guangxiensis* Xu, Weng *et* He, 2006

分布：广东、广西。

（679）滑面叶腿青蜂 *Loboscelidia levigata* Yao, Liu *et* Xu, 2010

分布：广东（乳源、始兴）、福建。

（680）中华叶腿青蜂 *Loboscelidia sinensis* Kimsey, 1988

分布：广东、浙江、福建、海南。

（681）细纹叶腿青蜂 *Loboscelidia striolata* Yao, Liu *et* Xu, 2010

分布：广东（乳源、始兴）。

三十八、螯蜂科 Dryinidae Haliday, 1833

259. 常足螯蜂属 *Aphelopus* Dalman, 1823

（682）斑头常足螯蜂 *Aphelopus maculiceps* Bergman, 1957

分布：广东、台湾、海南、云南；越南，印度，印度尼西亚。

（683）马来亚常足螯蜂 *Aphelopus malayanus* Olmi, 1984

分布：广东、台湾、海南、广西；老挝，泰国，印度，尼泊尔，菲律宾，马来西亚，印度尼西亚，文莱。

（684）尼泊尔常足螯蜂 *Aphelopus nepalensis* Olmi, 1984

分布：广东、河南、陕西、宁夏、甘肃、浙江、福建、海南、贵州、云南；日本，尼泊尔。

（685）赭常足螯蜂 *Aphelopus ochreus* Olmi, 1984

分布：广东、福建、台湾、广西；老挝，马来西亚，印度尼西亚。

（686）东方常足螯蜂 *Aphelopus orientalis* Olmi, 1984

分布：广东、山西、宁夏、浙江、台湾、海南、云南；老挝，泰国，缅甸，斯里兰卡，马来西亚，印度尼西亚。

（687）褐唇常足螯蜂 *Aphelopus spadiceus* Xu *et* He, 1997

分布：广东、宁夏、四川、贵州、云南；泰国，文莱。

（688）台湾常足螯蜂 *Aphelopus taiwanensis* Olmi, 1991

分布：广东、山西、宁夏、甘肃、浙江、湖北、湖南、福建、台湾、四川、贵州、云南；老挝，泰国，印度，缅甸，马来西亚，印度尼西亚。

（689）越氏常足螯蜂 *Aphelopus zhaoi* Xu, He *et* Olmi, 1998

分布：广东、河南、宁夏、浙江、福建。

260. 裸爪螯蜂属 *Conganteon* Benoit, 1951

（690）台湾裸爪螯蜂 *Conganteon taiwanense* Olmi, 1991

分布：广东、陕西、台湾、云南。

261. 菲螯蜂属 *Fiorianteon* Olmi, 1984

（691）周氏菲螯蜂 *Fiorianteon choui* Olmi, 1995

分布：广东、陕西、台湾、贵州、云南。

（692）皱背菲氏螯蜂 *Fiorianteon rugosum* Olmi, 1995

分布：广东、台湾、云南。

262. 单爪螯蜂属 *Anteon* Jurine, 1807

（693）*Anteon actuosum* Xu, Olmi *et* He, 2006

分布：广东。

（694）*Anteon atrum* Olmi, 1998

分布：广东、云南；印度尼西亚。

（695）澳氏单爪螯蜂 *Anteon austini* Olmi, 1989

分布：广东、河南、浙江、福建、台湾、云南；泰国，马来西亚。

（696）石龙门单爪螯蜂 *Anteon bauense* Olmi, 1984

分布：广东（乳源）。

（697）婆罗单爪螯蜂 *Anteon borneanum* Olmi, 1984

分布：广东、山西、宁夏、台湾、海南、四川；泰国，菲律宾，马来西亚，印度尼西亚。

（698）赵氏单爪螯蜂 *Anteon chaoi* Xu *et* He, 1997

分布：广东、浙江、广西、四川。

（699）祝氏单爪螯蜂 *Anteon chui* Xu *et* He, 1998

分布：广东、浙江；泰国，文莱。

（700）丛叶单爪螯蜂 *Anteon confertilaminarum* Xu, He *et* Olmi, 1998

分布：广东、福建。

（701）忠单爪螯蜂 *Anteon fidum* Olmi, 1991

分布：广东、陕西、宁夏、浙江、福建、台湾、海南、贵州、云南、西藏；泰国，缅甸，尼泊尔。

（702）越南单爪螯蜂 *Anteon fyanense* Olmi, 1984

分布：广东、浙江、湖南、海南；越南，马来西亚。

（703）高氏单爪螯蜂 *Anteon gauldi* Olmi, 1987

分布：广东、陕西、福建、台湾、海南、贵州、云南；越南，泰国，印度，缅甸，斯里兰卡，菲律宾，印度尼西亚。

（704）河南单爪螯蜂 *Anteon henanense* Xu, He *et* Olmi, 2001

分布：广东、河南、浙江、云南。

（705）赫单爪螯蜂 *Anteon heveli* Olmi, 1998

分布：广东、陕西、浙江；马来西亚。

（706）希单爪螯蜂 *Anteon hilare* Olmi, 1984

分布：广东、辽宁、陕西、宁夏、甘肃、浙江、福建、台湾、海南、广西、贵州、云南；老挝，泰国，印度，缅甸，尼泊尔，菲律宾，马来西亚，印度尼西亚，文莱。

（707）嵌单爪螯蜂 *Anteon hirashimai* Olmi, 1993

分布：广东、海南、四川、贵州、云南；越南，缅甸，马来西亚。

（708）*Anteon insertum* Olmi, 1991

分布：广东、辽宁、宁夏、浙江、台湾、海南、贵州、云南、西藏；泰国，印度，菲律宾，印度尼西亚。

（709）长单爪螯蜂 *Anteon kresli* Olmi, 2008

分布：广东、宁夏；老挝。

（710）*Anteon lankanum* Olmi, 1984

分布：广东、浙江、台湾、海南、云南；斯里兰卡。

（711）勒氏单爪螯蜂 *Anteon lesagei* Olmi, 1998

分布：广东、台湾。

（712）林氏单爪螯蜂 *Anteon lini* Olmi, 1996

分布：广东、陕西、宁夏、浙江、台湾、贵州。

（713）*Anteon longum* Xu, Olmi *et* He, 2011

分布：广东。

（714）*Anteon munitum* Olmi, 1984

分布：广东、浙江、湖北、湖南、福建、台湾、海南、四川、贵州、云南；韩国，日本，老挝，柬埔寨，泰国，尼泊尔，缅甸，斯里兰卡，菲律宾，马来西亚。

（715）南岭单爪螯蜂 *Anteon nanlingense* Xu, Olmi *et* He, 2011

分布：广东；印度尼西亚。

（716）拟旧单爪螯蜂 *Anteon parapriscum* Olmi, 1991

分布：广东、陕西、浙江、台湾、海南；泰国，菲律宾，马来西亚，印度尼西亚，文莱。

（717）彼氏单爪螯蜂 *Anteon peterseni* Olmi, 1984

分布：广东、河南、浙江、福建、台湾、海南、贵州、云南；越南，印度，缅甸，菲律宾，马来西亚，文莱，澳大利亚。

（718）旧单爪螯蜂 *Anteon priscum* Olmi, 1991

分布：广东、河南、陕西、宁夏、甘肃、浙江、福建、台湾、海南、贵州、云南、西藏；印度，印度尼西亚。

（719）*Anteon pteromaculatum* Xu, Olmi, Guglielmino *et* Chen, 2012

分布：广东（乳源）。

（720）*Anteon silvicolum* Olmi, 1984

分布：广东、台湾、云南；越南，斯里兰卡。

（721）松阳单爪螯蜂 *Anteon songyangense* Xu, He *et* Olmi, 1998

分布：广东、陕西、宁夏、浙江、福建、海南；马来西亚。

（722）*Anteon tenuitarse* Xu, Olmi *et* He, 2010

分布：广东、浙江、海南。

（723）泰单爪螯蜂 *Anteon thai* Olmi, 1984

分布：广东、山东、浙江、台湾、海南、香港、云南、西藏；越南，老挝，泰国，印度，斯里兰卡，菲律宾，马来西亚，印度尼西亚，文莱。

（724）*Anteon tongi* Xu, Olmi *et* He, 2006

分布：广东、湖南、贵州。

（725）*Anteon viraktamathi* Olmi, 1987

分布：广东、浙江、台湾；泰国，印度。

（726）*Anteon wengae* Xu, Olmi *et* He, 2006

分布：广东。

（727）安松单爪螯蜂 *Anteon yasumatsui* Olmi, 1984

分布：广东、浙江、台湾、广西；泰国，印度，马来西亚，印度尼西亚，澳大利亚。

（728）袁氏单爪螯蜂 *Anteon yuani* Xu, He *et* Olmi, 1998

分布：广东、河南、陕西、宁夏、浙江、海南、贵州。

（729）*Anteon zhangae* Xu, Olmi *et* He, 2010

分布：广东、贵州。

263. 后螯蜂属 *Deinodryinus* Perkins, 1907

（730）亚洲后螯蜂 *Deinodryinus asiaticus* Olmi, 1984

分布：广东、福建、云南；老挝，泰国，斯里兰卡。

264. 矛螯蜂属 *Lonchodryinus* Kieffer, 1905

（731）双斑矛螯蜂 *Lonchodryinus bimaculatus* Xu *et* He, 1994

分布：广东、河南、陕西、宁夏、甘肃、台湾、四川、贵州、云南。

265. 栉瓜螯蜂属 *Bocchus* Ashmead, 1893

（732）*Bocchus levis* Olmi, 1991

分布：广东、海南；老挝，马来西亚，文莱。

266. 螯蜂属 *Dryinus* Latreille, 1804

（733）山螯蜂 *Dryinus adgressor* Xu, Olmi *et* He, 2006

分布：广东（始兴）。

（734）勇螯蜂 *Dryinus bellicus* Olmi, 1987

分布：广东、福建、海南、香港；日本，马来西亚，印度尼西亚。

（735）*Dryinus browni* Ashmead, 1905

分布：广东、浙江、湖南、福建、台湾、海南、香港、云南；韩国，日本，老挝，泰国，斯里兰卡，菲律宾，马来西亚，印度尼西亚。

（736）*Dryinus chenae* Xu, Olmi *et* He, 2007

分布：广东、海南；日本，斯里兰卡，澳大利亚。

（737）印度螯蜂 *Dryinus indianus* (Olmi, 1984)

分布：广东、海南；越南，印度。

（738）褐黄螯蜂 *Dryinus indicus* (Kieffer, 1914)

分布：广东、河南、浙江、台湾、广西、贵州、云南；朝鲜，日本，泰国，印度，印度尼西亚，孟加拉国。

（739）*Dryinus irregularis* Olmi, 1984

分布：广东；老挝，泰国。

（740）*Dryinus krombeini* Ponomarenko, 1981

分布：广东、湖南、贵州；越南，泰国，斯里兰卡，菲律宾，马来西亚。

（741）南岭螯蜂 *Dryinus nanlingensis* Xu, Olmi, Guglielmino *et* Chen, 2012

分布：广东（乳源）。

（742）东方螯蜂 *Dryinus orientalis* (Olmi, 1984)

分布：广东（乐昌）。

（743）刻点螯蜂 *Dryinus punctulatus* Xu, Olmi *et* He, 2008

分布：广东、浙江、海南。

（744）短足蜡蝉螯蜂 *Dryinus pyrillae* (Kieffer, 1911)

分布：广东（广州）；印度，斯里兰卡，巴基斯坦。

（745）食蜡蝉螯蜂 *Dryinus pyrillivorus* Olmi, 1986

分布：广东、浙江、海南、澳门、云南；日本，泰国，印度，斯里兰卡，菲律宾，巴基斯坦，文莱。

（746）中华螯蜂 *Dryinus sinicus* Olmi, 1987

分布：广东、陕西、福建、海南、云南；日本，老挝，印度尼西亚。

（747）史氏螯蜂 *Dryinus spathulatus* Xu, Olmi *et* He, 2008

分布：广东。

（748）*Dryinus stantoni* Ashmead, 1904

分布：广东、北京、浙江、湖南、福建、台湾、海南、香港；越南，老挝，柬埔寨，泰国，印度，尼泊尔，斯里兰卡，菲律宾，马来西亚，印度尼西亚。

双距螯蜂亚科 Gonatopodinae Kieffer, 1906

267. 异螯蜂属 *Adryinus* Olmi, 1984

（749）金氏异螯蜂 *Adryinus jini* Xu *et* Yang, 1995

分布：广东、广西。

（750）扁角异螯蜂 *Adryinus platycornis* Xu *et* He, 1995

分布：广东（广州）。

268. 食虱螯蜂属 *Echthrodelphax* Perkins, 1903

（751）两色食虱螯蜂 *Echthrodelphax fairchildii* Perkins, 1903

分布：广东（广州）、黑龙江、吉林、辽宁、河南、陕西、江苏、安徽、浙江、湖北、湖南、福建、台湾、海南、广西、四川、云南；日本，印度，菲律宾，马来西亚，印度尼西亚；大洋洲。

269. 单节螯蜂属 *Haplogonatopus* Perkins, 1905

（752）稻虱红单节螯蜂 *Haplogonatopus apicalis* Perkins, 1905

分布：广东（从化、四会、阳江）、黑龙江、辽宁、山东、陕西、江苏、上海、安徽、浙江、湖北、江西、湖南、福建、台湾、海南、广西、四川、贵州、云南；日本，泰国，印度，斯里兰卡，菲律宾，马来西亚；大洋洲。

（753）黑腹单节螯蜂 *Haplogonatopus oratorius* (Westwood, 1833)

分布：广东（肇庆）、黑龙江、辽宁、北京、山东、河南、陕西、江苏、上海、安徽、浙江、湖北、江西、湖南、福建、台湾、广西、四川、贵州、云南；俄罗斯，韩国，日本，土耳其，黎巴嫩，以色列，捷克，斯洛伐克，奥地利，英格兰，意大利，西班牙，匈牙利，法国，美国（关岛），以色列。

270. 双距螯蜂属 *Gonatopus* Ljungh, 1810

（754）亚洲双距螯蜂 *Gonatopus asiaticus* (Olmi, 1984)

分布：广东（始兴、龙门）、台湾、海南；日本，马来西亚。

（755）广州双距螯蜂 *Gonatopus cantonensis* Olmi, 1987

分布：广东（广州）。

（756）黄腿双距螯蜂 *Gonatopus flavifemur* (Esaki *et* Hashimoto, 1932)

分布：广东（肇庆）、江苏、安徽、浙江、湖南、福建、台湾、海南、广西、四川、贵州、云南；日本，印度，菲律宾，马来西亚，澳大利亚。

（757）新北双距螯蜂 *Gonatopus nearcticus* (Fenton, 1905)

分布：广东、澳门；越南，泰国，印度；非洲热带区；新北界，古北界。

（758）林氏双距螯蜂 *Gonatopus lini* Olmi, 1995

分布：广东、台湾。

（759）黑双距螯蜂 *Gonatopus nigricans* (Perkins, 1905)

分布：广东（从化、肇庆、阳江）、北京、陕西、江苏、上海、安徽、浙江、湖北、江西、湖南、福建、海南、广西、四川、贵州、云南；泰国，马来西亚，印度尼西亚，美国（夏威夷），澳大利亚，斐济。

（760）裸双距螯蜂 *Gonatopus nudus* (Perkins, 1912)

分布：广东、浙江、江西、福建、台湾、海南、广西、贵州、云南；泰国，印度，斯里兰卡，菲律宾，马来西亚，印度尼西亚。

（761）普通双距螯蜂 *Gonatopus plebeius* (Perkins, 1912)

分布：广东；马来西亚，印度尼西亚。

（762）褐双距螯蜂 *Gonatopus rufoniger* Olmi, 1993

分布：广东、山东、江苏、浙江、海南；印度，马来西亚。

（763）酒井双距螯蜂 *Gonatopus sakaii* (Esaki *et* Hashimoto, 1933)

分布：广东、辽宁、安徽、浙江、湖北、江西、台湾、四川、贵州；日本。

（764）*Gonatopus validus* (Olmi, 1984)

分布：广东；斯里兰卡，马来西亚。

（765）安松双距螯蜂 *Gonatopus yasumatsui* Olmi, 1984

分布：广东（广州、阳江）；泰国，马来西亚。

271. 新螯蜂属 *Neodryinus* Perkins, 1905

（766）诡新螯蜂 *Neodryinus dolosus* Olmi, 1984

分布：广东、香港。

（767）大新螯蜂 *Neodryinus grandis* Xu, Olmi *et* He, 2011

分布：广东（乳源）。

（768）苏门答腊螯蜂 *Neodryinus sumatranus* Enderlein, 1907

分布：广东；泰国，斯里兰卡，菲律宾，马来西亚，印度尼西亚。

三十九、胡蜂科 Vespidae Latreille, 1802

272. 狭腹胡蜂属 *Stenogaster* Guérin 1831

（769）丽狭腹胡蜂 *Stenogaster seitula* (Bingham, 1897)

分布：广东（连州）、广西、云南；印度。

273. 胡蜂属 *Vespa* Linnaeus, 1758

（770）黄腰胡蜂 *Vespa affinis* (Linnaeus, 1764)

分布：广东、上海、安徽、浙江、湖北、湖南、福建、台湾、海南、香港、广西；日本，越南，老挝，泰国，印度，斯里兰卡，菲律宾，马来西亚，新加坡，印度尼西亚，巴布亚新几内亚。

（771）三齿胡蜂 *Vespa analis* Fabricius, 1775

分布：广东、黑龙江、辽宁、北京、河南、陕西、浙江、湖北、江西、福建、台湾、海南、广西、四川、云南、贵州、西藏；俄罗斯，朝鲜，韩国，日本，越南，老挝，泰国，印度，缅甸，尼泊尔，菲律宾，马来西亚，新加坡，印度尼西亚。

（772）黑盾胡蜂 *Vespa bicolor* Fabricius, 1787

分布：广东、辽宁、北京、河北、山西、河南、陕西、上海、浙江、江西、福建、台湾、海南、香港、广西、四川、云南、西藏；越南，老挝，柬埔寨，泰国，印度，缅甸，尼泊尔，不丹。

（773）黑尾胡蜂 *Vespa ducalis* Smith, 1852

分布：广东、辽宁、吉林、陕西、甘肃、江苏、上海、湖北、江西、湖南、福建、台湾、海南、香港、四川、云南、贵州；俄罗斯，朝鲜，韩国，日本，越南，老挝，泰国，印度，缅甸，尼泊尔。

（774）金环胡蜂 *Vespa mandarinia* Smith, 1852

分布：广东、辽宁、河南、陕西、江苏、上海、浙江、湖北、江西、福建、台湾、香港、广西、四川、云南、贵州、西藏；俄罗斯，朝鲜，韩国，日本，越南，老挝，泰国，印度，缅甸，尼泊尔，不丹，斯里兰卡，马来西亚。

（775）金箍胡蜂 *Vespa tropica* (Linnaeus, 1758)

分布：广东、江西、福建、香港、广西、云南；越南，老挝，柬埔寨，泰国，印度，缅甸，尼泊尔，不丹，斯里兰卡，菲律宾，马来西亚，印度尼西亚，巴基斯坦，阿富汗，巴布亚新几内亚。

（776）凹纹胡蜂 *Vespa velutina* Lepeletier, 1836

分布：广东、陕西、江苏、浙江、湖北、江西、福建、台湾、广西、四川、贵州、云南、西藏；越南，老挝，泰国，印度，缅甸，马来西亚，印度尼西亚，法国。

（777）凹纹胡蜂墨胸亚种 *Vespa velutina nigrithorax* du Buysson, 1904

分布：广东、河南、陕西、江苏、浙江、湖北、江西、福建、台湾、香港、广西、重庆、四川、贵州、云南、西藏；朝鲜，韩国，越南，老挝，泰国，印度，缅甸，尼泊尔，不丹，马来西亚，新加坡，印度尼西亚，巴基斯坦，阿富汗，也门；欧洲。

274. 黄胡蜂属 *Vespula* Thomson, 1869

（778）额斑黄胡蜂 *Vespula maculifrons* (Buysson, 1926)

分布：广东（连州）、河北、江苏；美国。

（779）台湾黄胡蜂 *Vespula minuta arisana* (Sonan, 1929)

分布：广东（连州）、台湾。

（780）朝鲜黄胡蜂 *Vespula koreensis* (Radoszkowski, 1887)

分布：广东（连州）、黑龙江、辽宁、北京、河北、河南、陕西、安徽、浙江、湖北、江西、湖南、福建、台湾、海南、四川、云南；俄罗斯，朝鲜，韩国，越南，老挝，泰国，印度。

275. 铃胡蜂属 *Ropalidia* Guérin-Méneville, 1831

（781）带铃腹胡蜂 *Ropalidia* (*Anthreneida*) *fasciata* (Fabricius, 1804)

分布：广东、福建、台湾、广西、云南；日本，印度，缅甸，印度尼西亚。

（782）锈边铃腹胡蜂 *Ropalidia marginata* (Leoeletier, 1836)

分布：广东；泰国，印度，缅甸，斯里兰卡。

（783）香港铃腹胡蜂 *Ropalidia hongkongensis hongkongenisis* (De Saussure, 1854)

分布：广东、福建、广西。

（784）刺铃腹胡蜂 *Ropalidia* (*Anthreneida*) *sumatrae sumatrae* (Weber, 1801)

分布：广东；印度，缅甸。

（785）多色铃腹胡蜂 *Ropalidia* (*Anthreneida*) *variegata variegata* (Smilh, 1852)

分布：广东、福建、广西；印度，印度尼西亚，巴基斯坦。

276. 马蜂属 *Polistes* Latreille, 1802

（786）中华马蜂 *Polistes chinensis* Fabricius, 1793

分布：广东（连州）、山东、江苏、福建、广西；日本，法国。

（787）台湾马蜂 *Polistes formosanus* Sonan, 1938

分布：广东、江苏、江西、湖南、福建、台湾、广西、四川、贵州、云南；日本。

（788）棕马蜂 *Polistes* (*Gyrostoma*) *gigas* (Kirby, 1826)

分布：广东（连州）、江苏、浙江、福建、广西、四川。

（789）亚非马蜂 *Polistes hebraeus* Fabricius, 1787

分布：广东、河北、河南、江苏、浙江、广西、福建；印度，缅甸，伊朗，埃及。

（790）家马蜂 *Polistes jadwigae* Dalla Torre, 1904

分布：广东、吉林、河北、江苏、浙江、福建、广西；日本。

（791）日本马蜂 *Polistes* (*Polistella*) *japonicus* De Saussure, 1858

分布：广东（连州）、陕西、安徽、浙江、湖北、江西、湖南、福建、台湾；朝鲜，韩国，日本。

（792）约马蜂 *Polistes* (*Gyrostoma*) *jokahamae* Radoszkowski, 1887

分布：广东、吉林、河北、河南、陕西、江苏、上海、安徽、浙江、江西、福建、台湾、香港、广西、四川、贵州；蒙古国，朝鲜，韩国，日本，越南，印度，马来西亚，美国（夏威夷）。

（793）澳门马蜂 *Polistes macaensis* (Fabricius, 1793)

分布：广东、河北、江苏、福建、广西；日本，印度，缅甸，新加坡，孟加拉国，伊朗。

（794）柑马蜂 *Polistes mandarinus* De Saussure, 1853

分布：广东（连州）、北京、河南、陕西、甘肃、江苏、安徽、浙江、湖北、江西、福建、海南、广西、四川、贵州、云南、西藏；朝鲜，韩国、越南。

（795）果马蜂 *Polistes* (*Gyrostoma*) *olivaceus* (De Geer, 1773)

分布：广东、江西、福建、广西、四川、云南。

（796）陆马蜂 *Polistes* (*Gyrostoma*) *rothneyi* Cameron, 1900

分布：广东（连州）、黑龙江、吉林、辽宁、北京、天津、河北、山东、陕西、江苏、安徽、浙江、江西、湖南、福建、台湾、海南、重庆、四川、贵州、云南、西藏；朝鲜，韩国，日本，印度。

（797）黄裙马蜂 *Polistes* (*Polistella*) *sagittarius* Saussure, 1853

分布：广东、云南；越南，印度，缅甸。

（798）点马蜂 *Polistes* (*Polistella*) *stigma* (Fabricius, 1793)

分布：广东，福建，广西；印度，缅甸，斯里兰卡，马来西亚，新加坡。

（799）畦马蜂 *Polistes* (*Gyrostoma*) *tenebricosus* Lepeletier, 1836

分布：广东（博罗）、江苏、浙江、安徽、江西、福建、广西、四川、云南。

277. 侧异胡蜂属 *Parapolybia* De Saussure, 1854

（800）黄侧异胡蜂 *Parapolybia crocea* Saito–Morooka, Nguyen *et* Kojima, 2015

分布：广东、陕西、福建、台湾、香港；朝鲜，韩国，日本，越南，老挝，泰国。

（801）印度侧异腹胡蜂 *Parapolybia indica indica* (Saussure, 1854)

分布：广东（连州）、江苏、浙江、江西、福建、广西、四川、云南；日本，缅甸，马来西亚。

（802）叉胸侧异腹胡蜂 *Parapolybia nodosa* van der Vecht, 1966

分布：广东、香港。

（803）变侧异胡蜂 *Parapolybia varia varia* (Fabricius, 1787)

分布：广东、陕西、江苏、浙江、湖北、福建、台湾、云南；朝鲜，韩国，日本，泰国，印度，缅甸，尼泊尔，菲律宾，马来西亚。

278. 异喙蜾蠃属 *Allorhynchium* van der Vecht, 1963

（804）中华异喙蜾蠃 *Allorhynchium chinense* (Saussure, 1862)

分布：广东、广西、四川、云南。

279. 啄蜾蠃属 *Antepipona* Saussure, 1855

（805）椭圆啄蜾蠃 *Antepipona biguttata* (Fabricius, 1787)

分布：广东、山西、河南、浙江、江西、福建、台湾、海南、云南；越南，老挝，泰国，印度，缅甸，马来西亚。

（806）多斑啄蜾蠃 *Antepipona plurimacula* Giordani Soika, 1971

分布：广东（博罗）、重庆、云南。

280. 短角蜾蠃属 *Apodynerus* Giordani Soika, 1993

（807）脆啄短角蜾蠃 *Apodynerus troglodytes troglodytes* (De Saussure, 1856)

分布：广东（广州、博罗、新兴）、福建、香港、广西、云南；印度，缅甸，印度尼西亚。

281. 丽腹胡蜂属 *Calligaster* De Saussure, 1852

（808）喜马拉雅丽腹胡蜂 *Calligaster himalayensis* (Cameron, 1904)

分布：广东、香港；越南，老挝，印度。

282. 细蜾蠃属 *Cyrtolabulus* van der Vecht, 1963

（809）简细蜾蠃 *Cyrtolabulus exiguus* (De Saussure, 1853)

分布：广东；埃及。

（810）云南细蜾蠃 *Cyrtolabalus yunnanensis* Lee, 1982

分布：广东、云南。

283. 华丽蜾蠃属 *Delta* Saussure, 1855

（811）原野华丽蜾蠃 *Delta campaniforme esuriens* (Fabricius, 1787)

分布：广东、浙江、福建、广西、云南；印度，缅甸，伊朗，沙特阿拉伯。

（812）黄盾华丽蜾蠃 *Delta campaniforme gracile* (Saussure, 1852)

分布：广东、福建、广西、云南、西藏。

（813）大华丽蜾蠃 *Delta petiolata* (Fabricius, 1781)

分布：广东（博罗）、福建、广西、云南；印度，缅甸，斯里兰卡，马来西亚。

（814）*Delta pyriforme pyriforme* (Fabricius, 1775)

分布：广东、福建、海南、香港、广西、云南；越南，老挝，泰国，缅甸，印度，不丹，尼泊尔，巴基斯坦，斯里兰卡。

284. 代喙蜾蠃属 *Anterhynchium* van der Vecht, 1963

（815）常代喙蜾蠃 *Anterhynchium flavomarginatum curvilineatum* (Smith, 1857)

分布：广东（连州）、江西、广西、云南。

（816）棕腹代喙蜾蠃 *Anterhynchium mellyi* (Saussure, 1852)

分布：广东、湖南、云南；印度，缅甸。

285. 元蜾蠃属 *Discoelius* Latreille, 1809

（817）长腹元蜾蠃 *Discoelius zonalis* (Panzer, 1801)

分布：广东（博罗）、辽宁、北京、陕西、浙江、江西、福建、广西、重庆、四川；朝鲜，韩国，日本；欧洲。

286. 外舌蜾蠃属 *Ectopioglossa* Perkins, 1912

（818）*Ectopioglossa ovalis* Giordani Soika, 1993

分布：广东、海南、香港。

287. 蜾蠃属 *Eumenes* Latreille, 1802

（819）布蜾蠃 *Eumenes buddha* Cameron, 1897

分布：广东（深圳、清远、博罗）、海南、云南；印度。

（820）康格拉蜾蠃 *Eumenes kangrae* Dover, 1925

分布：广东；印度。

（821）黄黑唇蜾蠃 *Eumenes labiatus flavoniger* Giordani Soika, 1941

分布：广东、河南、陕西、江苏、重庆、四川、云南；韩国。

（822）中华唇蜾蠃 *Eumenes labiatus sinicus* (Giordani Soika, 1941)

分布：广东（连州）、北京、河南、陕西、江苏、安徽、浙江、湖北、江西、湖南、福建、广西、重庆、四川。

（823）方蜾蠃指名亚种 *Eumenes quadratus quadratus* Smith, 1852

分布：广东（连州、博罗）、北京、天津、河北、山东、陕西、江苏、上海、浙江、江西、湖南、重庆、四川；韩国，日本，越南，老挝。

（824）显蜾蠃 *Eumenes rubronotatus* Pérez, 1905

分布：广东、陕西、江苏、浙江；俄罗斯（远东），朝鲜，韩国，日本。

（825）种蜾蠃 *Eumenes species* Cameron, 1898

分布：广东（连州）、浙江、四川、云南。

（826）陶氏蜾蠃罗浮亚种 *Eumenes tosawae lofouensis* Giordani Soika, 1973

分布：广东。

288. 佳盾蜾蠃属 *Euodynerus* Dalla Torre, 1904

（827）*Euodynerus dantici violaceipennis* Giordani Soika, 1973

分布：广东、江苏、台湾、香港；朝鲜，日本，越南。

（828）日本佳盾蜾蠃 *Euodynerus nipanicus nipanicus* (von Schulthess, 1908)

分布：广东、黑龙江、吉林、辽宁、河北、山东、陕西、江苏、浙江、广西、四川、云南；俄罗斯（远东），日本。

（829）*Euodynerus (Pareuodynerus) trilobus* (Fabricius, 1787)

分布：广东、甘肃、上海、江苏、安徽、浙江、江西、台湾、海南、香港、广西、四川、贵州；日本，越南，马来西亚，印度尼西亚，法国（留尼汪），马尔代夫，毛里求斯。

289. *Lissodynerus* Giordani Soika, 1993

（830）*Lissodynerus septemfasciatus feanus* (Giordani Soika, 1941)

分布：广东（始兴）。

290. 胸蜾蠃属 *Orancistrocerus* van der Vecht, 1963

（831）黄额胸蜾蠃 *Orancistroceras aterrimus erythropus* (Bingham, 1897)

分布：广东、浙江、广西、四川、云南；泰国，印度，缅甸。

291. 奥蜾蠃属 *Oreumenes* Bequaert, 1926

（832）镶黄蜾蠃 *Oreumenes decoratus* (Smith, 1852)

分布：广东（连州）、吉林、辽宁、河北、山西、山东、陕西、江苏、浙江、湖南、广西、四川；朝鲜，韩国，日本。

292. 秀蜾蠃属 *Pareumenes* Saussure, 1855

（833）棘秀蜾蠃 *Pareumenes quadrispinosus acutus* Liu, 1941

分布：广东（连州）、云南。

293. 费蜾蠃属 *Phimenes* Giordani Soika, 1992

（834）弓费蜾蠃 *Phimenes flavopictus* (Blanchard, 1804)

分布：广东（连州、博罗）、浙江、福建、台湾、广西、四川、云南；印度，缅甸，斯里兰卡，马来西亚，印度尼西亚，巴布亚新几内亚。

294. 喙蜾蠃属 *Rhynchium* Spinola, 1806

（835）*Rhynchium brunneum brunneum* (Fabricius, 1793)

分布：广东、台湾、香港、云南；越南，老挝，柬埔寨，泰国，缅甸，印度，孟加拉国，马来西亚，印度尼西亚；非洲。

（836）黄喙蜾蠃 *Rhynchium quinquecinctum* (Fabricius, 1852)

分布：广东、黑龙江、辽宁、河北、河南、陕西、江苏、浙江、江西、湖南、福建、四川、云南；印度，孟加拉国，缅甸。

295. 同蜾蠃属 *Symmorphus* Wesmael, 1836

（837）阿培同蜾蠃 *Symmorphus apiciornatus* (Cameron, 1911)

分布：广东、北京、陕西、江苏、福建、四川；俄罗斯，朝鲜，韩国，日本。

296. 长腹蜾蠃属 *Zethus* Fabricius, 1804

（838）虚长腹蜾蠃 *Zethus dolosus* Bingham, 1897

分布：广东；缅甸。

（839）南岭长腹蜾蠃 *Zethus nanlingensis* Ngyuen *et* Xu, 2017

分布：广东。

四十、蚁蜂科 Mutillidae Latreille, 1802

297. 何蚁蜂属 *Hemutilla* Lelej, Tu *et* Chen, 2014

（840）双叉何蚁蜂 *Hemutilla bifurcate* (Chen, 1957)

分布：广东（韶关）、浙江、江西、福建。

（841）陈氏何蚁蜂 *Hemutilla cheni* Tu *et* Lelej, 2014

分布：广东（韶关）、福建。

298. 比蚁蜂属 *Bischoffitilla* Lelej, 2002

（842）*Bischoffitilla lamellata* (Mickel, 1933)

分布：广东、香港、澳门；越南。

（843）*Bischoffitilla strangulata* (Smith, 1879)

分布：广东、山西、江苏、安徽、浙江、江西、福建。

299. 东洋蚁蜂属 *Orientilla* Lelej, 1979

（844）婚东洋蚁蜂 *Orientilla desponsa* (Smith, 1855)

分布：广东（从化、英德、博罗）、江苏、安徽、浙江、湖南、福建、台湾、海南、广西、云南；越南。

（845）华东洋蚁蜂 *Orientilla chinensis* (Zavattari, 1922)

分布：广东（从化、英德、南雄）、安徽、浙江、江西、湖南、福建。

300. 安蚁蜂属 *Andreimyrme* Lelej, 1995

（846）大卫安蚁蜂 *Andreimyrme davidi* (André, 1898)

分布：广东（英德）、江苏、江西、福建、台湾。

（847）亚条安蚁蜂 *Andreimyrme substriolata* (Chen, 1957)

分布：广东（英德、韶关、龙门）、安徽、浙江、江西、台湾、海南、贵州。

（848）三齿安蚁蜂 *Andreimyrme tridentiens* (Chen, 1957)

分布：广东（英德、韶关、龙门）、浙江、福建；越南。

301. 栉蚁蜂属 *Ctenotilla* Bischoff, 1920

（849）广东栉蚁蜂 *Ctenotilla guangdongenisis* Lelej, 1992

分布：广东（怀集）、海南、广西；泰国。

302. 黎明驼盾蚁蜂属 *Eotrogaspidia* Lelej, 1996

（850）金斑黎明驼盾蚁蜂 *Eotrogaspidia auroguttata* (Smith, 1855)

分布：广东（海珠、白云、佛冈、新丰、大埔、丰顺、博罗、鼎湖、封开、郁南、化州）、江苏、浙江、湖南、福建、台湾、海南、香港、贵州、云南；泰国。

303. 拟优蚁蜂属 *Ephucilla* Lelej, 1995

（851）南昆拟优蚁蜂 *Ephucilla nankunensis* Zhou, 2018

分布：广东（龙门）。

（852）何氏拟优蚁蜂 *Ephucilla hejunhuai* Lelej, 2020

分布：广东（惠州）。

304. 克蚁蜂属 *Krombeinidia* Lelej, 1996

（853）灰斑克蚁蜂 *Krombeinidia griseomaculata* (André, 1898)

分布：广东（从化、龙川、鼎湖、博罗）、浙江；越南，泰国，印度尼西亚。

（854）亚凹克蚁蜂 *Krombeinidia suossta* (Chen, 1957)

分布：广东（大埔）、福建、云南；越南，泰国，印度尼西亚。

305. 米蚁蜂属 *Mickelomyrme* Lelej, 1995

（855）异形米蚁蜂 *Mickelomyrme abnorma* (Chen, 1957)

分布：广东（始兴）、安徽、浙江、江西、湖南、福建、广西、云南；越南，泰国。

（856）*Mickelomyrme athalia* (Pagden, 1934)

分布：广东、福建、云南；越南。

（857）中华米蚁蜂 *Mickelomyrme chinensis* (Smith, 1855)

分布：广东（从化、始兴）、山西、江苏、上海、安徽、浙江、江西、福建、海南、广西、四川、云南；越南。

（858）*Mickelomyrme exacta* (Smith, 1879)

分布：广东、上海、江苏、安徽、浙江、四川。

（859）哈根米蚁蜂 *Mickelomyrme hageni* (Zavattari, 1913)

分布：广东、福建、台湾、海南、云南；日本。

（860）女神米蚁蜂 *Mickelomyrme morna* (Zavattani, 1913)

分布：广东（韶关、大埔）、台湾、海南、云南；日本。

（861）云南米蚁蜂 *Mickelomyrme yummanensis* Lelej, 1996

分布：广东（韶关）、云南；泰国，老挝。

306. 尼蚁蜂属 *Nemka* Lelej, 1985

（862）林氏尼蚁蜂 *Nemka limi* (Chen, 1957)

分布：广东（博罗）、安徽、上海、浙江、江西、福建、海南；越南。

（863）帕顿尼蚁蜂 *Nemka pagdeni* Lelej, 1995

分布：广东（增城、南雄、始兴）、浙江、湖南、贵州、云南；泰国。

307. 新驼盾蚁蜂属 *Neotrogaspidia* Lelej, 1996

（864）丘疹新驼盾蚁蜂 *Neotrogaspidia pustulata* (Smith, 1873)

分布：广东（从化）、江苏、安徽、浙江、江西、湖南、福建、台湾、广西、四川；韩国，日本。

308. 诺韦蚁蜂属 *Nonveilleridia* Lelej, 1996

（865）巴塔诺韦蚁蜂 *Nonveilleridia bataviama* André, 1909

分布：广东（鼎湖）、海南、广西；越南，泰国，印度尼西亚。

309. 齿蚁蜂属 *Odontomutilla* Ashmead, 1899

（866）大齿蚁蜂 *Odontomutilla speciosa* (Smith, 1855)

分布：广东、香港。

（867）穹窿齿蚁蜂 *Odontomutilla uranioides* Mickel, 1933

分布：广东、福建、香港、云南；越南。

310. 东方蚁蜂属 *Orientidia* Lelej, 1996

（868）围带东方蚁蜂 *Orientidia circumcincta* (André, 1896)

分布：广东、福建、台湾；马来西亚，印度尼西亚。

311. 彼蚁蜂属 *Petersenidia* Lelej, 1992

（869）海针彼蚁蜂 *Petersenidia dorsispinata* (Chen, 1957)

分布：广东、福建；越南。

（870）舟形彼蚁蜂 *Petersenidia scaphella* (Chen, 1957)

分布：广东（信宜）、浙江、江西、湖北、湖南、福建、海南、广西、四川；越南。

312. 普蚁蜂属 *Promecidia* Lelej, 1996

（871）异常普蚁蜂 *Promecidia abnormis* Lelej, 2017

分布：广东（韶关、龙门）、海南。

（872）祝氏普蚁蜂 *Promecidia chui* Lelej *et* Xu, 2017

分布：广东（大埔）、海南、云南。

313. 普罗蚁蜂属 *Promecilla* André, 1902

（873）光唇普罗蚁蜂 *Promecilla levinaris* (Chen, 1957)

分布：广东（东莞）、福建、贵州、云南。

314. 中华蚁蜂属 *Sinoilla* Lelej, 1995

（874）柄中华蚁蜂 *Sinotilla ansula* (Chen, 1957)

分布：广东（韶关）、浙江、湖南、海南。

（875）武夷中华蚁蜂 *Sinotilla boheana* (Chen, 1957)

分布：广东（韶关）、福建、海南、云南；越南。

（876）彩色中华蚁蜂 *Sinotilla colopoda* Okayasu, 2017

分布：广东（梅县）、海南、云南；印度尼西亚。

（877）柱形中华蚁蜂 *Sinotilla columnata* Chen, 1957

分布：广东（龙门）、江西、福建、海南。

（878）窄中华蚁蜂 *Sinotilla contractula* (Chen, 1957)

分布：广东（佛冈）、福建。

（879）青腹中华蚁蜂 *Sinotilla cyaneiventris* (André, 1896)

分布：广东（韶关）、内蒙古、河北、山西、江苏、浙江、江西、云南。

（880）北京中华蚁蜂 *Sinotilla pekiniana* (André, 1905)

分布：广东（英德）、北京、河北、山西、江苏、浙江、福建。

315. 小蚁蜂属 *Smicromyrme* Thomson, 1870

（881）*Smicromyrme strandi* (Zavattari, 1913)

分布：广东、山西、江苏、浙江、福建、台湾。

316. 驼盾蚁蜂属 *Trogaspidia* Ashmead, 1899

（882）台湾驼盾蚁蜂 *Trogaspidia formosana* (Matsumura, 1911)

分布：广东、台湾、云南；越南。

（883）暗翅驼盾蚁蜂 *Trogaspidia fuscipennis* (Fabricius, 1804)

分布：广东、河北、江苏、浙江、安徽、福建、台湾。

（884）*Trogaspidia pagdeni* (Mickel, 1933)

分布：广东、安徽、福建、海南；马来西亚。

（885）*Trogaspidia rhea* (Mickel, 1933)

分布：广东、浙江、安徽、福建、台湾；日本。

317. 华蚁蜂属 *Wallacidia* Lelej *et* Brothers, 2008

（886）眼斑华蚁蜂 *Wallacidia oculatus* (Fabricius, 1804)

分布：广东（广州、始兴）、北京、山东、新疆、江苏、安徽、浙江、江西、湖南、福建、台湾、海南、广西、四川、云南；越南，老挝，柬埔寨，泰国，缅甸，马来西亚。

318. 扎蚁蜂属 *Zavatilla* Tsuneki, 1993

（887）黄片扎蚁蜂 *Zavatilla gutrunae flavotegulata* (Chen, 1957)

分布：广东（从化、英德、韶关、龙门）、浙江、江西、湖南、福建、云南。

（888）洛格扎蚁蜂 *Zavatilla logei* (Zavattari, 1913)

分布：广东（从化）、福建、台湾、云南。

（889）许再福扎蚁蜂 *Zanatilla xuzaifui* Zhou, Lelej *et* Williams, 2018

分布：广东（英德、龙门）、云南；越南。

319. 轭蚁蜂属 *Zeugomutilla* Chen, 1957

（890）篱轭蚁蜂 *Zeugomutilla saepes* (Chen, 1957)

分布：广东（鼎湖）、福建。

四十一、蛛蜂科 Pompilidae Latreille, 1804

320. 棒带蛛蜂属 *Batozonellus* Arnold, 1937

（891）环棒带蛛蜂 *Batozonellus annulatus* (Fabricius, 1793)

分布：广东、河南、陕西、江苏、浙江、福建、台湾、海南、广西、四川、贵州、云南；朝鲜，日本，缅甸，印度。

321. 奥沟蛛蜂属 *Auplopus* Spinola, 1841

（892）巧构奥沟蛛蜂 *Auplopus constructor* (Smith, 1873)

分布：广东、辽宁、山东、陕西、宁夏、浙江、湖北、福建、台湾、四川、云南；俄罗斯，日本。

322. 弯沟蛛蜂属 *Cyphononyx* Dahlbom, 1845

（893）淆弯沟蛛蜂 *Cyphononyx confusus* Dahlbom, 1845

分布：广东、江西、海南、广西、云南；日本，柬埔寨，印度，斯里兰卡，巴基斯坦。

323. 日双角沟蛛蜂属 *Nipponodipogon* Ishikawa, 1965

（894）*Nipponodipogon orientalis* Loktionov, Lelej *et* Xu, 2017

分布：广东（南昆山）、海南、云南。

（895）*Nipponodipogon shimizui* Loktionov, Lelej *et* Xu, 2017

分布：广东（乳源）、云南。

324. 鬏额蛛蜂 *Machaerothrix* Haupt, 1938

（896）*Machaerothrix decorata* Haupt, 1959

分布：广东（广州）。

四十二、蚁科 Formicidae Latreille, 1802

325. 时臭蚁属 *Chronoxenus* Santschi, 1919

（897）戴氏时臭蚁 *Chronoxenus dalyi* (Forel, 1895)

分布：广东、安徽、湖北、湖南、福建、台湾、香港、澳门、广西；印度，尼泊尔，孟加拉国。

326. 臭蚁属 *Dolichoderus* Lund, 1831

（898）邻臭蚁 *Dolichoderus affinis* Emery, 1889

分布：广东、香港、湖南、广西、云南、西藏；越南，老挝，泰国，印度，缅甸，马来西亚，印度尼西亚，菲律宾。

（899）平背臭蚁 *Dolichoderus flatidorsus* Zhou *et* Zheng, 1997

分布：广东（韶关）、湖北、湖南、广西、贵州、西藏。

（900）毛臭蚁 *Dolichoderus pilosus* Zhou *et* Zheng, 1997

分布：广东（广州、博罗）、湖北、广西。

（901）皱头臭蚁 *Dolichoderus rugocapitus* Zhou, 2001

分布：广东（深圳）、广西。

（902）西伯利亚臭蚁 *Dolichoderus sibiricus* Emery, 1889

分布：广东（广州、连州、龙门、珠海、信宜）、河南、陕西、甘肃、新疆、安徽、浙江、湖北、江西、湖南、福建、台湾、香港、广西；蒙古国，朝鲜，韩国，日本，俄罗斯（西伯利亚）。

（903）黑腹臭蚁 *Dolichoderus taprobanae* (Smith, 1858)

分布：广东（广州、连州、大埔、肇庆）、河南、浙江、湖南、福建、台湾、海南、香港、澳门、广西、云南、西藏；越南，老挝，印度，缅甸，斯里兰卡，马来西亚，印度尼西亚。

（904）胸臭蚁 *Dolichoderus thoracicus* (Smith, 1860)

分布：广东（河源、大埔、平远、博罗、深圳）、福建、台湾、香港、广西、云南；越南，老挝，柬埔寨，泰国，印度，缅甸，菲律宾，马来西亚，印度尼西亚，巴布亚新几内亚，澳大利亚。

327. 虹臭蚁属 *Iridomyrmex* Mayr, 1862

（905）扁平虹臭蚁 *Iridomyrmex anceps* (Roger, 1863)

分布：广东（广州、连州、河源、平远、博罗、惠东、珠海、顺德、茂名）、甘肃、上海、安徽、浙江、湖北、湖南、福建、台湾、香港、广西、云南；印度，缅甸，斯里兰卡，马来西亚，印度尼西亚，澳大利亚。

328. 光胸臭蚁属 *Liometopum* Mayr, 1861

（906）中华光胸臭蚁 *Liometopum sinense* Wheeler, 1921

分布：广东、河南、陕西、宁夏、甘肃、江苏、上海、浙江、湖北、江西、湖南、福建、香港、广西、重庆、四川、贵州、云南、西藏；印度，缅甸，斯里兰卡，马来西亚，澳大利亚。

329. 凹臭蚁属 *Ochetellus* Shattuck, 1992

（907）无毛凹臭蚁 *Ochetellus glaber* (Mayr, 1862)

分布：广东（连州、博罗、珠海、湛江）、山东、河南、陕西、江苏、上海、安徽、浙江、湖北、江西、湖南、福建、台湾、海南、澳门、广西、四川、云南；日本，印度，缅甸，澳大利亚。

330. 酸臭蚁属 *Tapinoma* Foerster, 1850

（908）印度酸臭蚁 *Tapinoma indicum* Forel, 1895

分布：广东（平远、东莞、深圳）、台湾、广西、云南；印度。

（909）黑头酸臭蚁 *Tapinoma melanocephalum* (Fabricius, 1793)

分布：广东（广州、韶关、博罗、深圳）、山东、河南、安徽、浙江、湖北、湖南、福建、台湾、海南、香港、澳门、广西、四川、云南、西藏；日本。

331. 狡臭蚁属 *Technomyrmex* Mayr, 1872

（910）白足狡臭蚁 *Technomyrmex albipes* (Smith, 1861)

分布：广东（广州、清新、连州、乳源、始兴、河源、平远、龙门、惠东、深圳、恩平、鼎湖）、山东、河南、陕西、湖北、湖南、福建、台湾、海南、香港、澳门、广西、贵州、云南；日本，澳大利亚；东南亚。

（911）长角狡臭蚁 *Technomyrmex antennus* Zhou, 2001

分布：广东（连州、梅江、惠东）、湖北、湖南、广西、重庆。

（912）褐狡臭蚁 *Technomyrmex brunneus* Forel, 1895

分布：广东（深圳、博罗）、河南、台湾、广西。

（913）高狡臭蚁 *Technomyrmex elatior* Forel, 1902

分布：广东、山东、云南；越南，柬埔寨，印度，尼泊尔，斯里兰卡，菲律宾，马来西亚，新加坡，印度尼西亚，文莱，意大利。

332. 尖尾蚁属 *Acropyga* Roger, 1862

（914）灵动尖尾蚁 *Acropyga acutiventris* Roger, 1862

分布：广东、海南、香港；印度，斯里兰卡，马来西亚，新加坡，印度尼西亚，澳大利亚，巴布亚新几内亚。

（915）邵氏尖尾蚁 *Acropyga sauteri* Forel, 1912

分布：广东、江苏、上海、台湾、香港、澳门；日本。

333. 捷蚁属 *Anoplolepis* Santschi, 1914

（916）细足捷蚁 *Anoplolepis gracilipes* (Smith, 1857)

分布：广东（广州、博罗、东莞、深圳、珠海、鹤山、恩平、湛江）、福建、台湾、海南、香港、澳门、广西、云南；日本，印度；非洲。

334. 弓背蚁属 *Camponotus* Mayr, 1861

（917）黄斑弓背蚁 *Camponotus albosparsus* Forel, 1893

分布：广东（广州、乳源、河源、平远、惠东、深圳、珠海）、河南、江苏、上海、安徽、浙江、湖北、湖南、福建、台湾、香港、广西、重庆、四川；日本，印度。

（918）安宁弓背蚁 *Camponotus anningensis* Wu *et* Wang, 1989

分布：广东（从化）、四川、云南、西藏。

（919）黄毛弓背蚁 *Camponotus auratiacus* Zhou, 2001

分布：广东（广州）、广西。

（920）哀弓背蚁 *Camponotus dolendus* Forel, 1892

分布：广东（广州、平远、惠东、博罗、东莞、深圳、珠海、郁南、信宜、湛江）、河南、海南、广西、四川、贵州、云南、西藏；越南，老挝，印度。

（921）弱斑弓背蚁 *Camponotus exiguoguttatus* Forel, 1886

分布：广东（广州）、山东、福建、海南、香港；印度，缅甸，澳大利亚。

（922）褐毛弓背蚁 *Camponotus fuscivillosus* Xiao *et* Wang, 1989

分布：广东、湖南、江西、香港。

（923）日本弓背蚁 *Camponotus japonicus* Mayr, 1866

分布：广东（乳源）、黑龙江、吉林、辽宁、内蒙古、北京、河北、山西、山东、河南、陕西、宁夏、甘肃、新疆、江苏、上海、浙江、湖北、江西、湖南、福建、台湾、海南、香港、广西、四川、贵州、云南；蒙古国，俄罗斯（远东），朝鲜，韩国，日本，越南，印度，缅甸，斯里兰卡，菲律宾。

（924）江华弓背蚁 *Camponotus jianghuaensis* Xiao *et* Wang, 1989

分布：广东（始兴）、湖南、福建、广西。

（925）毛钳弓背蚁 *Camponotus lasiselene* Wang *et* Wu, 1994

分布：广东（从化、乳源、平远、封开）、广西、云南。

（926）小弓背蚁 *Camponotus minus* Wang *et* Wu, 1994

分布：广东、广西、云南；泰国。

（927）平和弓背蚁 *Camponotus mitis* (Smith, 1858)

分布：广东（广州、惠东、深圳）、陕西、湖北、湖南、福建、海南、香港、广西、贵州、云南；印度，斯里兰卡。

（928）尼科巴弓背蚁 *Camponotus nicobarensis* Mayr, 1865

分布：广东（博罗、恩平、鼎湖、阳春）、河南、福建、台湾、海南、广西、云南；越南，印度，缅甸，菲律宾。

（929）巴瑞弓背蚁 *Camponotus parius* Emery, 1889

分布：广东（广州）、福建、海南、香港、澳门、广西、云南；印度，缅甸，斯里兰卡。

（930）拟光腹弓背蚁 *Camponotus pseudoirritans* Wu *et* Wang, 1989

分布：广东（广州、河源、平远、郁南）、湖南、广西、重庆、四川、贵州、云南；朝鲜，日本，印度，斯里兰卡。

（931）黑褐弓背蚁 *Camponotus rubidus* Xiao *et* Wang, 1989

分布：广东（平远）、河南、安徽、浙江、湖南、福建。

（932）红缘弓背蚁 *Camponotus rufoglaucus* (Jerdon, 1851)

分布：广东（恩平、鼎湖、湛江）、海南、广西；亚洲，非洲。

（933）少毛弓背蚁 *Camponotus spanis* Xiao *et* Wang, 1989

分布：广东（韶关）、河南、江苏、安徽、浙江、湖南、福建、广西、重庆。

（934）红头弓背蚁 *Camponotus singularis* (Smith, 1858)

分布：广东、云南；越南，老挝，柬埔寨，泰国，印度，缅甸，印度尼西亚。

（935）金毛弓背蚁 *Camponotus tonkinus* Santschi, 1925

分布：广东（韶关）、河南、陕西、甘肃、广西、四川、云南；越南。

（936）杂色弓背蚁 *Camponotus variegatus* Smith, 1858

分布：广东（广州、清新、连州、乳源、始兴、新丰、平远、深圳、封开、信宜）、浙江、湖北、福建、台湾、香港、澳门、广西；老挝，缅甸，斯里兰卡，新加坡，印度尼西亚，美国。

（937）瑕疵弓背蚁 *Camponotus vitiosus* Smith, 1874

分布：广东（广州、连州、珠海、茂名、信宜）、辽宁、北京、河北、河南、江苏、上海、安徽、浙江、湖北、江西、湖南、福建、台湾、香港、广西、四川、贵州、云南；朝鲜，韩国，日本。

（938）沃斯曼弓背蚁 *Camponotus wasmanni* Emery, 1893

分布：广东（乳源、惠东、博罗、封开、信宜）、广西；印度。

335. 平头蚁属 *Colobopsis* Mayr, 1861

（939）小平头蚁 *Colobopsis minus* Wu *et* Wang, 1994

分布：广东（电白）、广西、重庆、云南。

336. 真结蚁属 *Euprenolepis* Emery, 1906

（940）埃氏真结蚁 *Euprenolepis emmae* (Forel, 1894)

分布：广东、河南、安徽、浙江、江西、湖南、海南、香港、广西、重庆、四川。

（941）黄腹真结蚁 *Euprenolepis flaviabdominis* (Wang, 1997)

分布：广东（连州、乳源、始兴、平远、龙门、惠东、深圳、信宜）、湖北、湖南、广西、云南。

（942）暗真结蚁 *Euprenolepis umbra* zhou *et* zheng, 198

分布：广东、广西。

337. 蚁属 *Formica* Linnaeus, 1758

（943）丝光褐林蚁 *Formica fusca* Linnaeus, 1758

分布：广东（博罗）、黑龙江、吉林、辽宁、内蒙古、北京、河北、山东、河南、陕西、宁夏、甘肃、新疆、江苏、上海、浙江、湖北、湖南、福建、台湾、香港、重庆、四川、贵州、云南、西藏；日本，印度，葡萄牙，意大利，俄罗斯。

（944）日本黑褐蚁 *Formica japonica* Motschoulsky, 1866

分布：广东、黑龙江、吉林、辽宁、北京、山西、山东、陕西、甘肃、安徽、湖北、江西、湖南、福建、台湾、广西、四川、云南；朝鲜，韩国，日本。

338. 短角蚁属 *Gesomyrmex* Mayr, 1868

（945）豪氏短角蚁 *Gesomyrmex howardi* Wheeler, 1921

分布：广东（广州）、广西、重庆。

339. 毛蚁属 *Lasius* Fabricius, 1804

（946）黄毛蚁 *Lasius flavus* (Fabricius, 1782)

分布：广东（信宜）、黑龙江、吉林、辽宁、内蒙古、北京、山西、河南、陕西、宁夏、甘肃、新疆、浙江、湖北、江西、海南、广西、贵州、云南；俄罗斯，朝鲜，韩国，日本。

（947）亮毛蚁 *Lasius fuliginosus* (Latreille, 1798)

分布：广东、黑龙江、吉林、辽宁、北京、天津、河北、山西、山东、河南、陕西、宁夏、甘肃、浙江、湖北、湖南、福建、海南、香港、广西、重庆、四川、贵州、云南；俄罗斯，朝鲜，韩国，日本，印度。

340. 刺结蚁属 *Lepisiota* (Mayr, 1861)

（948）稍美刺结蚁 *Lepisiota opaca pulchella* (Forel, 1892)

分布：广东（台山）、广西、云南；印度。

（949）罗斯尼刺结蚁 *Lepisiota rothneyi* (Forel, 1894)

分布：广东（广州、清新、连州、平远、惠州、惠东、龙门、博罗、鼎湖、信宜、湛江）、湖北、湖南、福建、海南、广西、四川、云南、西藏；越南，印度，缅甸。

（950）罗斯尼刺结蚁骆代亚种 *Lepisiota rothneyi watsonii* (Forel, 1894)

分布：广东、台湾、澳门。

（951）西昌刺结蚁 *Lepisiota xichangensis* Wu et Wang, 1995

分布：广东（乳源、平远）、福建、广西、四川。

341. 尼氏蚁属 *Nylanderia* Emery, 1906

（952）布氏尼氏蚁 *Nylanderia bourbonica* (Forel, 1886)

分布：广东（深圳、博罗）、河南、陕西、安徽、浙江、湖北、江西、湖南、福建、台湾、海南、广西、四川、贵州、云南、西藏；朝鲜，日本，印度。

（953）黄足尼氏蚁 *Nylanderia flavipes* (F. Smith, 1874)

分布：广东（广州、清新、连州、始兴、平远、惠东、深圳、珠海、龙门、顺德）、吉林、辽宁、北京、河北、山东、河南、陕西、江苏、上海、安徽、浙江、湖北、江西、湖南、福建、台湾、广西、重庆、四川、贵州、云南、西藏；朝鲜，日本，俄罗斯。

（954）全唇尼氏蚁 *Nylanderia integera* Zhou, 2001

分布：广东（深圳）、湖北、湖南、广西。

（955）绣花尼氏蚁 *Nylanderia picta* (Wheeler, 1927)

分布：广东、上海、福建、广西。

（956）夏氏尼氏蚁 *Nylanderia sharpii* (Forel, 1899)

分布：广东（韶关、信宜）、河南、陕西、安徽、浙江、湖北、湖南、福建、广西、四川、贵州、云南；美国。

（957）泰勒尼氏蚁 *Nylanderia taylori* (Forel, 1894)

分布：广东、浙江、湖南、四川、云南；印度，斯里兰卡。

（958）亮尼氏蚁 *Nylanderia vividula* (Nylander, 1846)

分布：广东（广州、连州、平远、惠东、信宜、湛江）、陕西、湖北、福建、海南、香港、广西、重庆、四川、贵州、云南；日本，印度，斯里兰卡，丹麦，瑞典，芬兰。

342. 织叶蚁属 *Oecophylla* Smith, 1860

（959）黄猄蚁 *Oecophylla smaragdina* (Fabricius, 1775)

分布：广东（广州、惠东、深圳、高要）、海南、广西、云南；印度，缅甸，斯里兰卡，马来西亚，印度尼西亚，澳大利亚。

343. 拟立毛蚁属 *Paraparatrechina* Donisthorpe, 1947

（960）无刚毛拟立毛蚁 *Paraparatrechina aseta* (Forel, 1902)

分布：广东（韶关）、陕西、湖北、湖南、广西、西藏；印度。

（961）邵氏拟立毛蚁 *Paraparatrechina sauteri* (Forel, 1913)

分布：广东（番禺、从化、乳源、始兴、平远、深圳）、河南、陕西、安徽、湖北、台湾、海南、广西、四川、贵州、云南；朝鲜，韩国，日本。

344. 立毛蚁属 *Paratrechina* Motschulsky, 1863

（962）长角立毛蚁 *Paratrechina longicomis* (Latreille, 1802)

分布：广东（广州、清新、龙门、博罗、深圳、珠海、阳春、茂名、湛江）、河南、浙江、湖南、福建、台湾、海南、香港、澳门、广西、四川、贵州、云南。

345. 斜结蚁属 *Plagiolepis* Mayr, 1861

（963）德氏斜结蚁 *Plagiolepis demangei* Santschi, 1920

分布：广东（惠东、湛江）、广西、云南；越南。

（964）龙王斜结蚁 *Plagiolepis longwang* Terayama, 2009

分布：广东（潮州）、台湾。

346. 多刺蚁属 *Polyrhachis* F. Smith, 1857

（965）双钩多刺蚁 *Polyrhachis bihamata* Drury, 1773

分布：广东、江苏、浙江、广西、云南；缅甸，马来西亚，印度尼西亚。

（966）德比利多刺蚁 *Polyrhachis debilis* Emery, 1887

分布：广东（广州、东莞、封开、信宜）、海南、广西；巴布亚新几内亚。

（967）德曼多刺蚁 *Polyrhachis demangei* Santschi, 1910

分布：广东（鼎湖、湛江）、海南、广西；东南亚。

（968）双齿多刺蚁 *Polyrhachis dives* Smith, 1857

分布：广东（广州、始兴、梅州、博罗、深圳、恩平、鼎湖、阳春、湛江）、山东、上海、安徽、浙江、湖北、江西、湖南、福建、台湾、海南、香港、澳门、广西、贵州、云南；日本，越南，老挝，柬埔寨，泰国，缅甸，斯里兰卡，菲律宾，马来西亚，新加坡，澳大利亚，巴布亚新几内亚。

（969）费氏多刺蚁 *Polyrhachis fellowesi* Wong *et* Guénard, 2020

分布：广东（肇庆）、浙江、香港、广西。

（970）哈氏多刺蚁 *Polyrhachis halidayi* Emery, 1889

分布：广东（始兴、深圳、鼎湖、湛江）、浙江、福建、海南、广西、云南；越南，老挝，缅甸。

（971）梅氏多刺蚁 *Polyrhachis illaudata* Walker, 1859

分布：广东（广州、韶关、博罗）、陕西、浙江、湖北、江西、湖南、福建、台湾、海南、香港、广西、四川、贵州、云南；印度，缅甸，斯里兰卡，马来西亚，孟加拉国。

（972）江华多刺蚁 *Polyrhachis jianghuaensis* Wang *et* Wu, 1991

分布：广东（连州、始兴）、浙江、湖南、广西、云南。

（973）叶型多刺蚁 *Polyrhachis lamellidens* Smith, 1874

分布：广东（连州、乳源）、吉林、陕西、甘肃、江苏、上海、安徽、浙江、湖北、湖南、台湾、香港、广西、四川、贵州；朝鲜，韩国，日本。

（974）侧多刺蚁 *Polyrhachis latona* Wheeler, 1909

分布：广东（珠海、鹤山、信宜）、台湾、广西、贵州；日本。

（975）光滑多刺蚁 *Polyrhachis levior* Roger, 1863

分布：广东、海南；印度尼西亚，巴布亚新几内亚，澳大利亚。

（976）拟梅氏多刺蚁 *Polyrhachis proxima* Roger, 1863

分布：广东（连州、乳源、深圳、封开）、福建、广西、云南；缅甸，斯里兰卡，印度尼西亚。

（977）半眼多刺蚁 *Polyrhachis pubescens* Mayr, 1879

分布：广东（连州、乳源、新丰、深圳、封开、信宜）、浙江、福建；缅甸。

（978）刻点多刺蚁 *Polyrhachis punctillata* Roger, 1863

分布：广东（信宜）、台湾、海南、广西、四川、贵州、云南；印度，缅甸，斯里兰卡。

（979）结多刺蚁 *Polyrhachis rastellata* Latreille, 1802

分布：广东（连州、乳源、始兴、平远、深圳）、浙江、湖北、江西、湖南、福建、台湾、海南、广西、贵州、云南；泰国，印度，缅甸，斯里兰卡，印度尼西亚，澳大利亚。

（980）始兴多刺蚁 *Polyrhachis shixingensis* Wu *et* Wang, 1995

分布：广东（始兴、河源、蕉岭）、广西。

（981）亚毛多刺蚁 *Polyrhachis subpilosa* Emery, 1895

分布：广东（揭阳）、河南、广西、新疆；蒙古国，缅甸，阿富汗，俄罗斯东南部。

（982）天井山多刺蚁 *Polyrhachis tianjingshanensis* Quin *et* Zhou, 2008

分布：广东（乳源）。

（983）暴多刺蚁 *Polyrhachis tyrannica* Smith, 1858

分布：广东（始兴、鼎湖、湛江）、台湾、海南、广西。

（984）警觉多刺蚁 *Polyrhachis vigilans* Smith, 1858

分布：广东（始兴、鼎湖）、浙江、湖北、福建、台湾、海南、香港、广西；越南。

（985）渥氏多刺蚁 *Polyrhachis wolfi* Forel, 1912

分布：广东（鼎湖、阳春）、台湾、海南、广西。

347. 前结蚁属 *Prenolepis* Mayr, 1861

（986）内氏前结蚁 *Prenolepis naoroji* Forel, 1902

  分布：广东（韶关、博罗、深圳、鼎湖）、河南、陕西、浙江、湖北、江西、湖南、福建、广西、四川、贵州、云南；印度，缅甸。

348. 拟毛蚁属 *Pseudolasius* Emery, 1886

（987）污黄拟毛蚁 *Pseudolasius cibdelus* Wu *et* Wang, 1992

  分布：广东、河南、湖南、湖北、福建、广西、贵州、云南。

（988）埃氏拟毛蚁 *Pseudolasius emeryi* Forel, 1911

  分布：广东（惠东）、河南、浙江、湖北、福建、广西、四川；印度，缅甸，巴布亚新几内亚。

349. 刺切叶蚁属 *Acanthomyrmex* Emery, 1893

（989）光腿刺切叶蚁 *Acanthomyrmex glabfemoralis* Zhou *et* Zheng, 1997

  分布：广东、浙江、广西、云南；越南。

350. 安尼切叶蚁属 *Anillomyrma* Emery, 1913

（990）大陆安尼切叶蚁 *Anillomyrma decamera* (Emery, 1901)

  分布：广东、山东、台湾；越南，柬埔寨，印度，斯里兰卡，菲律宾，印度尼西亚。

351. 盘腹蚁属 *Aphaenogaster* Mayr, 1853

（991）贝卡盘腹蚁 *Aphaenogaster beccarii* Emery, 1887

  分布：广东（韶关）、辽宁、浙江、湖南、福建、广西、四川、云南、西藏；印度，斯里兰卡，印度尼西亚。

（992）雕刻盘腹蚁 *Aphaenogaster exasperata* Wheeler, 1921

  分布：广东（河源、平远）、陕西、浙江、江西、广西、四川、云南；越南。

（993）费氏盘腹蚁 *Aphaenogaster feae* Emery, 1889

  分布：广东（惠东）、湖南、福建、广西、云南、西藏；越南，印度，缅甸，马来西亚，印度尼西亚。

（994）日本盘腹蚁 *Aphaenogaster japonica* Forel, 1911

  分布：广东、辽宁、浙江、湖南、福建、广西、云南、西藏；印度，印度尼西亚。

（995）温雅盘腹蚁 *Aphaenogaster lepida* Wheeler, 1929

  分布：广东（韶关）、湖南、台湾、重庆、云南、西藏。

（996）史氏盘腹蚁 *Aphaenogaster smythiesii* (Forel, 1902)

  分布：广东、辽宁、北京、山东、河南、陕西、安徽、浙江、湖北、江西、湖南、福建、广西、重庆、四川、贵州、云南、西藏；韩国，日本，印度，尼泊尔，巴基斯坦，阿富汗。

（997）湖南盘腹蚁 *Aphaenogaster hunanensis* Wu *et* Wang, 1992

  分布：广东（龙门、封开）、河南、湖南、海南、广西。

（998）小刺盘腹蚁 *Aphaenogaster pumilounca* Zhou, 2001

  分布：广东、湖南、台湾、广西、云南、西藏。

（999）多齿盘腹蚁 *Aphaenogaster polyodonta* Zhou, 2001

分布：广东（韶关）、广西。

352. 叉唇蚁属 *Calyptomyrmex* Emery, 1887

（1000）威氏叉唇蚁 *Calyptomyrmex wittmeri* Baroni Urbani, 1975

分布：广东、广西；印度，不丹。

353. 心结蚁属 *Cardiocondyla* Emery, 1869

（1001）裸心结蚁 *Cardiocondyla nuda* Mayr, 1866

分布：广东（乳源、始兴、平远、惠东、深圳、珠海、湛江）、湖北、湖南、福建、海南、广西、四川、云南、西藏；日本；东南亚，大洋洲。

（1002）罗氏心结蚁 *Cardiocondyla wroughtonii* (Forel, 1890)

分布：广东（广州、乳源、龙门、深圳、珠海、信宜、湛江）、福建、台湾、香港、广西、贵州、云南；日本，越南，老挝，柬埔寨，泰国，印度，菲律宾，马来西亚，印度尼西亚，沙特阿拉伯，以色列，美国，墨西哥。

354. 盲切叶蚁属 *Carebara* Westwood, 1840

（1003）近缘盲切叶蚁 *Carebara affinis* (Jerdon, 1851)

分布：广东（清新、博罗、深圳、珠海、阳春）、台湾、海南、香港、广西、云南、西藏；老挝，泰国，印度，缅甸，菲律宾，马来西亚，印度尼西亚，澳大利亚。

（1004）卷须盲切叶蚁滑头亚种 *Carebara capreola laeviceps* (Wheeler, 1928)

分布：广东。

（1005）全异盲切叶蚁 *Carebara diversa* (Jerdon, 1851)

分布：广东（博罗、深圳、珠海、鼎湖、茂名、湛江）、福建、台湾、海南、香港、澳门、广西、云南；日本，越南，老挝，柬埔寨，泰国，印度，缅甸，菲律宾，马来西亚，印度尼西亚，孟加拉国。

（1006）江西盲切叶蚁 *Carebara jiangxiensis* (Wu *et* Wang, 1995)

分布：广东（始兴）、浙江、江西。

（1007）宽结盲切叶蚁 *Carebara latinoda* (Zhou *et* Zheng, 1997)

分布：广东（深圳）、广西。

（1008）光亮盲切叶蚁 *Carebara lusciosa* (Wheeler, 1928)

分布：广东。

（1009）多音盲切叶蚁 *Carebara polyphemus* (Wheeler, 1928)

分布：广东、山东、云南。

（1010）粗纹盲切叶蚁 *Carebara trechideros* (Zhou *et* Zheng, 1997)

分布：广东（平远、惠东、龙门）、江西、湖南、广西、云南；越南，泰国。

（1011）增城盲切叶蚁 *Carebara zengchengensis* (Zhou, Zhao *et* Jia, 2006)

分布：广东（增城、清新、惠东）、福建、澳门。

355. 沟切叶蚁属 *Cataulacus* Smith, 1853

（1012）粒沟切叶蚁 *Cataulacus granulatus* (Latreille, 1802)

分布：广东（始兴、阳春、梅江、龙门、封开、信宜）、河南、湖南、福建、海南、广西、

云南；越南，老挝，柬埔寨，泰国，印度，缅甸，尼泊尔，斯里兰卡，马来西亚，新加坡，
印度尼西亚。

（1013）斯里兰卡沟切叶蚁 *Cataulacus taprobanae* Smith, 1853

分布：广东、福建、海南、广西、云南；印度，缅甸，斯里兰卡。

356. 举腹蚁属 *Crematogaster* Lund, 1831

（1014）比罗举腹蚁 *Crematogaster biroi* Mayr, 1897

分布：广东（广州、连州、惠东、茂名、信宜）、湖南、台湾、广西、云南；东南亚。

（1015）粗纹举腹蚁 *Crematogaster dohrni artifex* Mayr, 1879

分布：广东（始兴、河源、惠东、龙门、博罗、珠海、信宜、湛江）、海南、澳门、广西、
云南；泰国。

（1016）双突柄举腹蚁 *Crematogaster dohrni* Mayr, 1879

分布：广东（清新、连州、乳源、惠东、封开）、江西、福建、海南、香港；缅甸，斯里兰卡。

（1017）亮胸举腹蚁 *Crematogaster egidyi* Forel, 1903

分布：广东（清新、始兴、深圳、珠海、博罗、台山、信宜）、江西、湖南、香港、广西。

（1018）立毛举腹蚁 *Crematogaster ferrarii* Emery, 1887

分布：广东、湖南、广西、云南、西藏；东南亚。

（1019）霍奇逊举腹蚁 *Crematogaster hodgsoni* Forel, 1902

分布：广东（博罗）；缅甸。

（1020）澳门举腹蚁 *Crematogaster macaoensis* Wheeler, 1928

分布：广东、海南、澳门、广西、云南。

（1021）玛氏举腹蚁 *Crematogaster matsumurai* Forel, 1901

分布：广东、河北、山东、河南、陕西、湖北、安徽、浙江、江西、湖南、福建、台湾、澳
门、广西、四川、云南；日本，印度，马来西亚，印度尼西亚。

（1022）大阪举腹蚁 *Crematogaster osakensis* Forel, 1896

分布：广东（平远）、河南、陕西、江苏、上海、安徽、浙江、湖北、江西、湖南、福建、
海南、广西、重庆、四川、云南、西藏；朝鲜，韩国，日本。

（1023）黑褐举腹蚁 *Crematogaster rogenhoferi* Mayr, 1879

分布：广东（广州、始兴、平远、龙门、鹤山）、陕西、江苏、安徽、浙江、江西、湖南、
福建、海南、广西、云南、西藏；东南亚。

（1024）塞奇举腹蚁 *Crematogaster sagei* Forel, 1902

分布：广东、山东、四川；印度。

（1025）游举腹蚁 *Crematogaster vagula* Wheeler, 1928

分布：广东（广州、连州、乳源、始兴、河源、平远、博罗、深圳、珠海）、河南、湖北、
广西、四川；日本。

（1026）罗夫顿举腹蚁 *Crematogaster wroughtonii* Forel, 1902

分布：广东（阳春）、云南；印度。

357. 双凸切叶蚁属 *Dilobocondyla* Santschi, 1910

（1027）夫氏双凸蚁 *Dilobocondyla fouqueti* Santschi, 1910

分布：广东（连州、龙门、深圳、封开）、湖南、福建、海南、香港、广西；越南。

（1028）高氏双凸切叶蚁 *Dilobocondyla gaoyureni* Bharti *et* Kumar, 2013

分布：广东（始兴）。

358. 摇蚁属 *Erromyrma* Bolton *et* Fisher, 2016

（1029）宽结摇蚁 *Erromyrma latinodis* (Mayr, 1872)

分布：广东（深圳）、湖北、湖南、福建、台湾、重庆、云南、西藏；新西兰；东南亚，非洲。

（1030）拟宽结小家蚁 *Erromyrma latinodoides* (Wheeler, 1928)

分布：广东、福建、香港。

359. 塔形蚁属 *Mayriella* Forel, 1902

（1031）斜塔形蚁 *Mayriella transfuga* Baroni Urbani, 1977

分布：广东（深圳）、香港、广西；泰国，印度，尼泊尔，菲律宾，马来西亚，新加坡，印度尼西亚。

360. 盾胸切叶蚁属 *Meranoplus* Smith, 1854

（1032）二色盾胸切叶蚁 *Meranoplus bicolor* (Guérin Méneville, 1844)

分布：广东（博罗、珠海、湛江）、海南、广西；东南亚。

361. 小家蚁属 *Monomorium* Mayr, 1855

（1033）中华小家蚁 *Monomorium chinense* Santschi, 1925

分布：广东（始兴、博罗、恩平、鼎湖、湛江）、北京、河北、山西、山东、河南、陕西、江苏、上海、安徽、浙江、湖北、江西、湖南、福建、台湾、海南、香港、广西、四川、云南、西藏；朝鲜，韩国，日本。

（1034）同色小家蚁 *Monomorium concolor* Zhou, 2001

分布：广东、广西。

（1035）花居小家蚁 *Monomorium floricola* (Jerdon, 1851)

分布：广东（博罗、深圳、珠海）、浙江、福建、海南、台湾、广西、云南；东南亚。

（1036）黑腹小家蚁 *Monomorium latrudens* Smith, 1874

分布：广东、北京、河北、山西、山东、江苏、上海、安徽、浙江、江西、湖南、福建、广西、四川、云南、西藏；亚洲。

（1037）单小家蚁 *Monomorium monomorium* Bolton, 1987

分布：广东、北京、山东、上海、江苏、安徽、浙江、湖北、江西、福建、台湾；韩国。

（1038）东方小家蚁 *Monomorium orientale* Mayr, 1879

分布：广东、浙江、四川、云南。

（1039）法老小家蚁 *Monomorium pharaonis* (Linnaeus, 1758)

分布：广东（广州、平远、龙门）、吉林、北京、河北、河南、宁夏、甘肃、新疆、江苏、海南、广西、四川、西藏、云南。

362. 红蚁属 *Myrmica* Latreille, 1804

（1040）龙红蚁 *Myrmica draco* Radchenko, Zhou *et* Elmes, 2001

分布：广东、河南、广西。

（1041）玛格丽特红蚁 *Myrmica margaritae* Emery, 1889

分布：广东（信宜）、河北、河南、陕西、甘肃、安徽、浙江、湖北、湖南、福建、台湾、广西、四川、云南、西藏。

363. 脊红蚁属 *Myrmicaria* Saunders, 1842

（1042）褐色脊红蚁 *Myrmicaria brunnea* Saunders, 1842

分布：广东（始兴）、广西。

364. 大头蚁属 *Pheidole* Westwood, 1841

（1043）奇大头蚁 *Pheidole aphrasta* Zhou *et* Zheng, 1999

分布：广东（始兴、深圳）、广西、湖北、四川。

（1044）卡泼林大头蚁 *Pheidole capellinii* Emery, 1887

分布：广东（连州）、湖南、福建、海南、广西、四川、云南；越南，柬埔寨，泰国，印度，缅甸，印度尼西亚。

（1045）康斯坦大头蚁 *Pheidole constanciae* Forel, 1902

分布：广东（深圳）、云南；印度。

（1046）费氏大头蚁 *Pheidole feae* Emery, 1895

分布：广东（韶关）、广西；印度，缅甸。

（1047）长节大头蚁 *Pheidole fervens* Smith, 1858

分布：广东、河南、江西、湖南、福建、台湾、海南、香港、澳门、广西、四川、云南、西藏；日本，越南，泰国，印度，缅甸，斯里兰卡，菲律宾，马来西亚，印度尼西亚，伊朗，美国。

（1048）淡黄大头蚁 *Pheidole flaveria* Zhou *et* Zheng, 1999

分布：广东（韶关）、河南、陕西、湖北、广西、贵州。

（1049）香港大头蚁 *Pheidole hongkongensis* Wheeler, 1928

分布：广东（韶关、博罗）、海南、香港、澳门、广西、四川、云南；越南，老挝，泰国。

（1050）印度大头蚁 *Pheidole indica* Mayr, 1879

分布：广东（广州、连州、平远、博罗、珠海）、江西、湖南、福建、广西、四川、云南；日本，印度，缅甸，斯里兰卡。

（1051）中印大头蚁 *Pheidole indosinensis* Wheeler, 1928

分布：广东（龙门、茂名）、海南、广西、云南；越南。

（1052）广大头蚁 *Pheidole megacephala* (Fabricius, 1793)

分布：广东（深圳、珠海、恩平、鼎湖）、福建、广西；全世界各热带地区。

（1053）宽结大头蚁 *Pheidole nodus* (Smith, 1874)

分布：广东（广州、连州、始兴、河源、平远、博罗、惠东、深圳、珠海、恩平）、黑龙江、辽宁、北京、河北、山东、河南、陕西、江苏、上海、安徽、浙江、湖北、江西、湖南、福建、台湾、香港、广西、四川、云南；俄罗斯，韩国，日本。

（1054）厚结大头蚁 *Pheidole nodifera* (Smith, 1858)

分布：广东（深圳、阳春）、河南、湖南、海南、广西；越南，泰国。

（1055）赭色大头蚁 *Pheidole ochracea* Eguchi, 2008

分布：广东、香港、广西；越南。

（1056）矮大头蚁 *Pheidole parva* Mayr, 1865

分布：广东、台湾、香港、西藏；日本，越南，泰国，印度，缅甸，尼泊尔，斯里兰卡，菲律宾，马来西亚，印度尼西亚，沙特阿拉伯。

（1057）皮氏大头蚁 *Pheidole pieli* Santschi, 1925

分布：广东（广州、平远、深圳、珠海）、河北、河南、江苏、上海、安徽、浙江、湖北、湖南、福建、台湾、海南、香港、广西、重庆、四川、贵州、云南、西藏；韩国，日本，越南，泰国。

（1058）罗伯特大头蚁 *Pheidole roberti* Forel, 1902

分布：广东（深圳）、浙江、福建、重庆、四川、云南、西藏；印度，缅甸，菲律宾，孟加拉国，巴基斯坦。

（1059）中华大头蚁 *Pheidole sinica* (Wu *et* Wang, 1992)

分布：广东、河南、湖南、云南。

（1060）史氏大头蚁 *Pheidole smythiesii* Forel, 1902

分布：广东（连州、信宜）、河南、浙江、湖北、湖南、广西、贵州、云南、西藏；越南，泰国，印度，尼泊尔，马来西亚。

（1061）棒刺大头蚁 *Pheidole spathifera* Forel, 1902

分布：广东（深圳、肇庆）、重庆、四川、贵州、云南、西藏；越南，泰国，印度，缅甸，斯里兰卡，孟加拉国。

（1062）凹大头蚁 *Pheidole sulcaticeps* Roger, 1863

分布：广东（平远）、河南、陕西、宁夏、湖南、福建、广西、湖北、云南、西藏；印度，缅甸，斯里兰卡，孟加拉国。

（1063）大埔大头蚁 *Pheidole taipoana* Wheeler, 1928

分布：广东、台湾、香港、广西；越南，泰国。

（1064）普通大头蚁 *Pheidole vulgaris* Eguchi, 2006

分布：广东（乳源、信宜）、香港、广西、云南；越南，柬埔寨，印度。

（1065）沃森大头蚁 *Pheidole watsoni* Forel, 1902

分布：广东、广西、湖北、四川、重庆、西藏、云南；印度，缅甸，斯里兰卡，孟加拉国。

（1066）伊大头蚁 *Pheidole yeensis* Forel, 1902

分布：广东（广州、清新、平远、惠东、博罗、深圳、肇庆、信宜）、河南、湖南、福建、海南、香港、广西、重庆、四川、云南；越南，老挝，泰国，缅甸。

（1067）亮胸大头蚁 *Pheidole selathorax* Zhou, 2001

分布：广东（深圳）、广西。

365. 棱胸切叶蚁属 *Pristomyrmex* Mayr, 1866

（1068）短刺棱胸切叶蚁 *Pristomyrmex brevispinosus* Emery, 1887

分布：广东（鼎湖）、台湾、云南；日本，缅甸，印度尼西亚。

（1069）刻纹棱胸切叶蚁 *Pristomyrmex punctatus* (Smith, 1860)

分布：广东（始兴、恩平、鼎湖、阳春、湛江）、辽宁、吉林、山东、河南、陕西、江苏、上海、安徽、浙江、湖北、江西、湖南、福建、台湾、海南、香港、广西、四川、贵州、云南、西藏；日本，菲律宾，马来西亚。

366. 角腹蚁属 *Recurvidris* Bolton, 1992

（1070）弯刺角腹蚁 *Recurvidris recurvispinosa* (Forel, 1890)

分布：广东（从化）、安徽、湖北、湖南、福建、台湾、香港、广西、云南；日本，印度，尼泊尔，缅甸。

367. 平胸蚁属 *Rotastruma* Bolton, 1991

（1071）平头平胸蚁 *Rotastruma stenoceps* Bolton, 1991

分布：广东、湖南、云南。

368. 火蚁属 *Solengpsis* Westwood, 1840

（1072）热带火蚁 *Solenopsis geminata* (Fabricius, 1804)

分布：广东（增城、深圳、珠海、湛江）、台湾、海南、香港、广西。

（1073）红火蚁 *Solenopsis invicta* Buren, 1972

分布：广东、浙江、湖北、江西、湖南、福建、台湾、海南、香港、澳门、广西、重庆、四川、贵州、云南；日本，马来西亚，美国，新西兰，澳大利亚，巴西，阿根廷，巴拉圭，巴拿马。

（1074）苏州火蚁 *Solenopsis soochowensis* Wheeler, 1921

分布：广东、江苏、福建。

369. 瘤颚蚁属 *Strumigenys* Smith, 1860

（1075）高雅瘤颚蚁 *Strumigenys elegantula* (Terayama *et* Kubota, 1989)

分布：广东、台湾、香港、广西；泰国。

（1076）长瘤颚蚁 *Strumigenys exilirhina* Bolton, 2000

分布：广东（深圳）、香港、云南；日本，泰国，印度，尼泊尔，不丹。

（1077）费氏瘤颚蚁 *Strumigenys feae* Emery, 1895

分布：广东、香港、广西、云南；越南，柬埔寨，泰国，缅甸。

（1078）粗糙瘤颚蚁 *Strumigenys hispida* Lin *et* Wu, 1996

分布：广东（深圳）、台湾、广西、贵州。

（1079）命运瘤颚蚁 *Strumigenys lachesis* (Bolton, 2000)

分布：广东。

（1080）刘氏瘤颚蚁 *Strumigenys lewisi* Cameron, 1886

分布：广东、山东、陕西、上海、江苏、浙江、湖北、湖南、福建、台湾、广西、四川、贵州、云南；朝鲜，韩国，日本。

（1081）温和瘤颚蚁 *Strumigenys mitis* (Brown, 2000)

分布：广东、香港、云南；泰国，菲律宾，马来西亚，新加坡，印度尼西亚，文莱，巴布亚新几内亚。

（1082）南昆山瘤颚蚁 *Strumigenys nankunshana* (Zhou, 2011)

分布：广东（龙门）。

（1083）西氏瘤颚蚁 *Strumigenys silvestrii* Emery, 1906

分布：广东；美国，阿根廷，巴西，古巴，多米尼加，葡萄牙。

（1084）提西瘤颚蚁 *Strumigenys tisiphone* (Bolton, 2000)

分布：广东、湖北、湖南；日本。

370. 切胸蚁属 *Temnothorax* Mayr, 1861

（1085）长刺切胸蚁 *Temnothorax spinosior* (Forel, 1901)

分布：广东（始兴）、北京、河北、山东、河南、陕西、宁夏、安徽、浙江、湖北、湖南、广西、重庆；朝鲜，日本。

（1086）台湾切胸蚁 *Temnothorax taivanensis* (Wheeler, 1929)

分布：广东、湖南、福建、台湾、海南、广西。

371. 铺道蚁属 *Tetramorium* Mayr, 1855

（1087）双隆骨铺道蚁 *Tetramorium bicarinatum* (Nylander, 1846)

分布：广东（博罗、深圳、恩平）、甘肃、浙江、湖北、湖南、福建、台湾、海南、香港、广西、四川、贵州、云南、西藏；韩国，日本。

（1088）草地铺道蚁 *Tetramorium caespitum* (Linnaeus, 1758)

分布：广东、黑龙江、吉林、辽宁、内蒙古、北京、天津、河北、山东、河南、陕西、宁夏、甘肃、青海、新疆、江苏、上海、安徽、浙江、湖北、江西、湖南、福建、广西、重庆、四川、贵州、西藏；朝鲜，韩国，日本，俄罗斯。

（1089）珠结铺道蚁 *Tetramorium globulinode* (Mayr, 1901)

分布：广东、河南、安徽、湖北、湖南、福建、台湾、海南、广西、四川、云南；刚果，津巴布韦，南非。

（1090）广西铺道蚁 *Tetramorium guangxiense* Zhou *et* Zheng, 1997

分布：广东、湖北、湖南、广西。

（1091）几内亚铺道蚁 *Tetramorium guineense* (Bernard, 1953)

分布：广东、江苏、湖南、福建、台湾、广西；加拿大，印度尼西亚，巴布亚新几内亚，中非，刚果。

（1092）光颚铺道蚁 *Tetramorium insolens* (Smith, 1861)

分布：广东（深圳）、广西、四川、云南、西藏；越南，老挝，泰国，斯里兰卡，菲律宾，马来西亚，印度尼西亚，英国，法国，荷兰，瑞士，德国，奥地利，波兰，匈牙利，美国，墨西哥。

（1093）克氏铺道蚁 *Tetramorium kraepelini* Forel, 1905

分布：广东（连州、始兴、平远、龙门、博罗、惠东、深圳、珠海）、河南、陕西、安徽、湖北、江西、湖南、福建、台湾、香港、广西、四川、云南、西藏；日本。

（1094）茸毛铺道蚁 *Tetramorium lanuginosum* Mayr, 1870

分布：广东（连州、乳源、平远、博罗、深圳、珠海、湛江）、湖南、福建、广西、四川、云南；日本；东南亚。

（1095）日本铺道蚁 *Tetramorium nipponense* Wheeler, 1928

分布：广东（始兴、鼎湖）、浙江、湖北、江西、湖南、福建、台湾、海南、香港、广西、四川、西藏、云南；日本，越南，柬埔寨，泰国，不丹。

（1096）太平洋铺道蚁 *Tetramorium pacificum* Mayr, 1870

分布：广东（恩平）、河南、台湾、海南、香港、四川、云南、西藏；泰国，印度，缅甸，斯里兰卡，菲律宾，马来西亚，印度尼西亚，澳大利亚，美国。

（1097）相似铺道蚁 *Tetramorium simillimum* (Smith, 1851)

分布：广东（湛江）、湖南、台湾、广西、贵州、云南；日本。

（1098）史氏铺道蚁 *Tetramorium smithi* Mayr, 1879

分布：广东（广州、清新、平远、深圳）、江西、海南、台湾、广西、四川、云南、西藏；日本，越南，老挝，泰国，印度，缅甸，不丹，斯里兰卡，菲律宾，马来西亚，印度尼西亚，孟加拉国，巴基斯坦，

（1099）沃氏铺道蚁 *Tetramorium walshi* (Forel, 1890)

分布：广东（乳源、珠海、湛江）、上海、湖南、福建、广西、四川、云南；越南，泰国，印度，斯里兰卡，菲律宾，马来西亚，印度尼西亚，孟加拉国、澳大利亚。

（1100）罗氏铺道蚁 *Tetramorium wroughtonii* (Forel, 1902)

分布：广东（始兴）、辽宁、河南、安徽、浙江、湖北、江西、湖南、福建、台湾、海南、香港、广西、四川、云南、西藏；越南，泰国，印度，缅甸，菲律宾，马来西亚，印度尼西亚，澳大利亚。

372. 毛切叶蚁属 *Trichomyrmex* Mayr, 1865

（1101）细纹毛切叶蚁 *Trichomyrmex destructor* (Jerdon, 1851)

分布：广东（龙门、博罗）、湖南、福建、台湾、海南、香港、广西、云南；斯里兰卡。

（1102）迈氏毛切叶蚁 *Trichomyrmex mayri* (Forel, 1902)

分布：广东（湛江）、海南、广西、四川、云南。

373. 扁胸切叶蚁属 *Vollenhovia* Mayr, 1865

（1103）埃氏扁胸切叶蚁 *Vollenhovia emeryi* Wheler, 1906

分布：广东（广州、始兴）、浙江、湖北、湖南、广西、云南；朝鲜，韩国，日本；北美洲。

374. 沃氏蚁属 *Wasmannia* Forel, 1893

（1104）小火蚁 *Wasmannia auropunctata* (Roger, 1863)

分布：广东（潮南）；美洲，非洲，大洋洲，欧洲，亚洲。

375. 钩猛蚁属 *Anochetus* Mayr, 1861

（1105）里氏钩猛蚁 *Anochetus risii* Forel, 1900

分布：广东（博罗、深圳、肇庆）、浙江、湖南、福建、台湾、海南、香港、广西、云南；越南，印度尼西亚。

376. 短猛蚁属 *Brachyponera* Emery, 1900

（1106）中华短猛蚁 *Brachyponera chinensis* (Emery, 1895)

分布：广东（韶关、信宜、龙门）、北京、山东、河南、陕西、江苏、上海、安徽、浙江、湖北、湖南、福建、台湾、香港、广西、四川、贵州；朝鲜，韩国，日本，印度，菲律宾，印度尼西亚，美国，新西兰。

（1107）黄足短猛蚁 *Brachyponera luteipes* (Mayr, 1862)

分布：广东（从化、清新、连州、乳源、始兴、平远、龙门、博罗、惠东、珠海、深圳、信宜）、吉林、北京、河北、山东、河南、陕西、甘肃、江苏、上海、安徽、浙江、湖北、江西、湖南、福建、台湾、海南、香港、澳门、广西、重庆、四川、贵州、云南、西藏；韩国，日本，越南，印度，缅甸，菲律宾，斯里兰卡，马来西亚，印度尼西亚，澳大利亚，新西兰。

（1108）昏暗短猛蚁 *Brachyponera obscurans* (Walker, 1859)

分布：广东、湖南、香港；印度，斯里兰卡，菲律宾，马来西亚，印度尼西亚，巴布亚新几内亚。

377. 中盲猛蚁属 *Centromyrmex* Mayr, 1866

（1109）费氏中盲猛蚁 *Centromyrmex feae* (Emery, 1889)

分布：广东、台湾、香港、广西、贵州、云南；越南，缅甸，斯里兰卡，菲律宾，印度尼西亚。

378. 双刺猛蚁属 *Diacamma* Mayr, 1862

（1110）聚纹双刺猛蚁 *Diacamma rugosum* (Le Guillou, 1842)

分布：广东（广州、新丰、河源、惠州、东莞、深圳、珠海、鹤山、鼎湖、封开、郁南）、湖南、福建、台湾、海南、香港、澳门、广西、云南；日本，印度，缅甸，斯里兰卡，马来西亚，巴布亚新几内亚。

379. 扁头猛蚁属 *Ectomomyrmex* Mayr, 1867

（1111）安南扁头猛蚁 *Ectomomyrmex annamitus* (Andre, 1892)

分布：广东（惠东）、江苏、浙江、湖北、湖南、福建、广西、四川、云南；越南，泰国，印度，缅甸，菲律宾，马来西亚，澳大利亚。

（1112）敏捷扁头猛蚁 *Ectomomyrmex astutus* (Smith, 1858)

分布：广东（连州、乳源、河源、梅州、龙门、博罗、惠东、深圳、封开）、北京、河北、山东、河南、陕西、甘肃、江苏、上海、安徽、浙江、湖北、湖南、福建、台湾、海南、香港、澳门、广西、四川、贵州、云南、西藏；朝鲜，韩国，日本，印度，缅甸，马来西亚，印度尼西亚，澳大利亚。

（1113）爪哇扁头猛蚁 *Ectomomyrmex javanus* (Mayr, 1867)

分布：广东（清远、始兴、龙门、深圳、封开）、北京、山东、陕西、江苏、上海、浙江、湖北、江西、湖南、福建、台湾、香港、广西、重庆、贵州、云南；朝鲜，韩国，日本，柬埔寨，印度，缅甸，马来西亚，印度尼西亚。

（1114）列氏扁头猛蚁 *Ectomomyrmex leeuwenhoeki* (Forel, 1886)

分布：广东（鼎湖）、甘肃、海南、香港、广西、贵州、云南；越南，泰国，印度，缅甸，印度尼西亚。

（1115）片突扁头猛蚁 *Ectomomyrmex lobocarenus* (Xu, 1996)

分布：广东（信宜）、广西、四川、云南；越南。

（1116）邵氏扁头猛蚁 *Ectomomyrmex sauteri* (Forel, 1912)

分布：广东（始兴）、陕西、浙江、湖南、台湾、重庆、云南；日本。

380. 真猛蚁属 *Euponera* Forel, 1891

（1117）夏氏真猛蚁 *Euponera sharpi* (Forel, 1901)

分布：广东（始兴）、湖南、福建、台湾、澳门、广西；新加坡，美国（夏威夷）。

381. 镰猛蚁属 *Harpegnathos* Jerdon, 1851

（1118）猎镰猛蚁 *Harpegnathos venator* (Smith, 1858)

分布：广东（广州、东莞、深圳、肇庆）、福建、海南、香港、澳门、广西、云南；印度，菲律宾。

382. 姬猛蚁属 *Hypoponera* Santchi, 1938

（1119）邻姬猛蚁 *Hypoponera confinis* (Roger, 1860)

分布：广东、安徽、云南；印度，斯里兰卡，孟加拉国，印度尼西亚，巴布亚新几内亚。

（1120）暗首姬猛蚁 *Hypoponera opaciceps* (Mayr, 1887)

分布：广东（深圳）、台湾；日本，菲律宾，巴西，美国。

（1121）邵氏姬猛蚁 *Hypoponera sauteri* Wheeler, 1929

分布：广东（广州、始兴、惠东）、河南、陕西、安徽、湖北、湖南、台湾、贵州、云南；朝鲜，日本。

383. 细颚猛蚁属 *Leptogenys* Roger, 1861

（1122）中华细颚猛蚁 *Leptogenys chinensis* (Mayr, 1870)

分布：广东（广州、始兴、惠东）、湖南、福建、台湾、广西、贵州、云南；印度，斯里兰卡，菲律宾。

（1123）条纹细颚猛蚁 *Leptogenys diminuta* (Smith, 1857)

分布：广东（广州、清新、河源、龙门、惠东、肇庆）、湖南、福建、台湾、海南、香港、广西、云南；越南，印度，缅甸，斯里兰卡，菲律宾，马来西亚，印度尼西亚，澳大利亚。

（1124）基氏细颚猛蚁 *Leptogenys kitteli* (Mayr, 1870)

分布：广东（连州、始兴、平远、博罗、深圳、恩平、鼎湖、封开、信宜）、浙江、湖北、江西、湖南、福建、台湾、海南、香港、广西、四川、贵州、云南；越南，泰国，印度，缅甸，印度尼西亚。

（1125）明卿氏细颚猛蚁 *Leptogenys minchinii* Forel, 1900

分布：广东、浙江、湖北、湖南、福建、香港、澳门、广西、云南。

（1126）勃氏细颚猛蚁 *Leptogenys peuqueti* (Andre, 1887)

分布：广东（鼎湖）、浙江、湖南、福建、海南、香港、澳门、广西、贵州、云南；越南，缅甸，斯里兰卡，印度尼西亚。

384. 大齿猛蚁属 *Odontomachus* **Latreille, 1804**

（1127）光亮大齿猛蚁 *Odontomachus fulgidus* Wang, 1993

分布：广东（韶关）、湖南、广西、贵州、云南。

（1128）粒纹大齿猛蚁 *Odontomachus granatus* Wang, 1993

分布：广东（肇庆、信宜）、福建、广西、云南。

（1129）血色大齿猛蚁 *Odontomachus haematodus* (Linnaeus, 1758)

分布：广东（韶关）、北京、陕西、浙江、湖北、湖南、福建、海南、香港、广西、四川、贵州；印度，斯里兰卡，美国，巴西。

（1130）山大齿猛蚁 *Odontomachus monticola* Emery, 1892

分布：广东（广州、始兴、鼎湖、阳春、信宜）、吉林、北京、河南、陕西、甘肃、江苏、浙江、湖北、湖南、福建、台湾、海南、香港、广西、四川、贵州、云南；日本。

385. 齿猛蚁属 *Odontoponera* **Mayr, 1862**

（1131）横纹齿猛蚁 *Odontoponera transversa* (Smith, 1857)

分布：广东（广州、龙门、深圳、珠海、鼎湖、封开、郁南）、浙江、湖南、福建、台湾、海南、香港、广西、云南；越南，印度，缅甸，斯里兰卡，马来西亚，新加坡，印度尼西亚。

386. 伪新猛蚁属 *Pseudoneoponera* **Donisthorpe, 1943**

（1132）红足伪新猛蚁 *Pseudoneoponera rufipes* (Jerdon, 1851)

分布：广东（广州、乳源、河源、深圳、封开、郁南、信宜）、河南、福建、海南、香港、澳门、广西、贵州、云南、西藏；越南，印度，缅甸，斯里兰卡，孟加拉国。

387. 厚结蚁属 *Pachycondyla* **Smith, 1858**

（1133）红足厚结蚁 *Pachycondyla rufipes* (Jerdon, 1851)

分布：广东、广西、贵州、云南、西藏、香港；东南亚。

388. 细长蚁属 *Tetraponera* **Smith, 1852**

（1134）飘细长蚁 *Tetraponera allaborans* (Walker, 1859)

分布：广东（韶关、深圳、鼎湖、信宜）、河南、甘肃、浙江、湖北、湖南、福建、台湾、海南、广西、四川、云南、西藏；印度，缅甸，斯里兰卡；东南亚。

（1135）狭唇细长蚁 *Tetraponera attenuata* Smith, 1877

分布：广东（始兴、阳春）、湖南、台湾、海南、香港、广西、云南；印度，马来西亚，文莱，印度尼西亚。

（1136）宾氏细长蚁 *Tetraponera binghami* (Forel, 1902)

分布：广东（深圳）、海南、香港、广西、云南；印度，马来西亚。

（1137）平静细长蚁 *Tetraponera modesta* (Smith, 1860)

分布：广东、湖北、湖南、福建、台湾、海南、广西；朝鲜，印度，菲律宾，印度尼西亚，巴布亚新几内亚。

（1138）黑细长蚁 *Tetraponera nigra* (Jerdon, 1851)

分布：广东（封开、信宜）、河南、广西、云南；印度，缅甸，斯里兰卡。

（1139）红黑细长蚁 *Tetraponera rufonigra* (Jerdon, 1851)

分布：广东、河南、福建、海南、广西、云南；印度；东南亚。

（1140）榕细长蚁 *Tetraponera microcarpa* Wu *et* Wang, 1990

分布：广东（广州、乳源、深圳、信宜）、河南、湖北、江西、湖南、香港、广西、云南。

389. 双节行军蚁属 *Aenictus* Shuckard, 1840

（1141）齿突双节行军蚁 *Aenictus dentatus* Forel, 1911

分布：广东（河源、深圳）、香港、广西、云南；印度，马来西亚，文莱，印度尼西亚。

（1142）卡氏双节行军蚁 *Aenictus camposi* Wheeler *et* Chapman, 1925

分布：广东（连州）、安徽、湖北、湖南、广西、重庆、四川；菲律宾。

（1143）锡兰双节行军蚁 *Aenictus ceylonicus* (Mayr, 1866)

分布：广东（从化、始兴）、安徽、湖北、湖南、福建、台湾、海南、香港、广西、贵州、云南；越南，印度，斯里兰卡，菲律宾，印度尼西亚，马来西亚，文莱，巴布亚新几内亚，新西兰，澳大利亚。

（1144）光柄双节行军蚁 *Aenictus laeviceps* (Smith, 1857)

分布：广东（从化、韶关、平远、博罗、深圳）、河南、江苏、安徽、浙江、湖北、江西、湖南、福建、海南、广西、四川、云南；泰国，印度，缅甸，菲律宾，马来西亚，文莱，印度尼西亚。

390. 粗角蚁属 *Cerapachys* Smith, 1857

（1145）长跗粗角蚁 *Cerapachys longitarsus* (Mayr, 1879)

分布：广东、浙江、湖南、台湾、四川、云南。

（1146）槽结粗角蚁 *Cerapachys sulcinodis* (Emery, 1889)

分布：广东（广州、始兴）、甘肃、湖北、江西、湖南、福建、海南、香港、广西、四川、贵州、云南、西藏；印度，缅甸，斯里兰卡，马来西亚。

391. 行军蚁属 *Dorylus* Fabricius, 1793

（1147）东方行军蚁 *Dorylus orientalis* Westwood, 1853

分布：广东（广州、连州、深圳）、浙江、湖北、江西、湖南、福建、海南、香港、广西、四川、贵州、云南；印度，缅甸，尼泊尔，斯里兰卡，马来西亚。

392. 滑蚁属 *Lioponera* Mayr, 1879

（1148）长跗滑蚁 *Lioponera longitarsus* (Mayr, 1879)

分布：广东、浙江、湖南、台湾、四川、云南；印度，孟加拉国，澳大利亚。

393. 卵角蚁属 *Ooceraea* Roger, 1862

（1149）毕氏卵角蚁 *Ooceraea biroi* (Forel, 1907)

分布：广东、江苏、上海、浙江、湖南、台湾；日本，印度，美国（夏威夷）；东南亚。

394. 曲颊猛蚁属 *Gnamptogenys* Roger, 1863

（1150）双色曲颊猛蚁 *Gnamptogenys bicolor* (Emery, 1889)

分布：广东（龙门、博罗、惠东、深圳、恩平、肇庆、信宜）、福建、海南、香港、广西、云南；印度，缅甸，菲律宾等。

（1151）南岭曲颊猛蚁 *Gnamptogenys nanlingensis* Chen *et al.*, 2017

分布：广东（韶关）。

395. 点猛蚁属 *Stigmatomma* Roger, 1859

（1152）神秘点猛蚁 *Stigmatomma crypticum* (Eguchi *et al*., 2015)

分布：广东、香港；越南。

四十三、方头泥蜂科 Crabronidae Latreille, 1802

396. 刺胸泥蜂属 *Oxybelus* Latreille, 1796

（1153）叶刺刺胸泥蜂 *Oxybelus lamellatus* Olivier,1811

分布：广东、海南、云南；印度；非洲北部。

397. 隆痣短柄泥蜂属 *Carinostigmus* Tsuneki, 1954

（1154）脉隆痣短柄泥蜂 *Carinostigmus costatus* Krombein, 1984

分布：广东（韶关、封开）、广西、贵州、云南；斯里兰卡。

（1155）岩田隆痣短柄泥蜂 *Carinostigmus iwatai* (Tsuneki, 1954)

分布：广东（广州、佛冈、韶关、龙门、封开、郁南、信宜）、陕西、浙江、福建、台湾、海南、广西、贵州、云南。

（1156）开化隆痣短柄泥蜂 *Carinostigmus kaihuanaus* Li *et* Yang, 1995

分布：广东（佛冈、乳源、龙门、封开）、河南、陕西、浙江、湖南、福建、海南、广西、四川、贵州、云南。

（1157）田野隆痣短柄泥蜂 *Carinostigmus tanoi* Tsuneki, 1977

分布：广东（韶关）、陕西、浙江、福建、台湾、四川、贵州、云南。

398. 宏痣短柄泥蜂属 *Spilomena* Shuckard, 1838

（1158）浙江宏痣短柄泥蜂 *Spilomena zhejiangana* Li *et* He, 1998

分布：广东（乳源）、河南、陕西、甘肃、浙江。

399. 短柄泥蜂属 *Pemphredon* Latreille, 1796

（1159）点皱短柄泥蜂 *Pemphredon maurusia* Valkeila, 1972

分布：广东（韶关）、云南；摩洛哥。

（1160）东洋短柄泥蜂 *Pemphroeon orientalis* Valkeila, 1972

分布：广东、云南。

400. 狭额短柄泥蜂属 *Polemistus* De Saussure, 1892

（1161）沟狭额短柄泥蜂 *Polemistus fukuitor* Tsuneki, 1992

分布：广东（封开）、云南；老挝，泰国，菲律宾。

（1162）苏门答腊狭额短柄泥蜂 *Polemistus sumatrensis* (Maidl, 1925)

分布：广东（清远）、上海、台湾、贵州、云南；泰国，马来西亚，印度尼西亚（加里曼丹）。

401. 三室短柄泥蜂属 *Psen* Latreille, 1796

（1163）牯岭三室短柄泥蜂 *Psen kulingensis* van Lith, 1965

分布：广东（博罗、信宜）、浙江、湖北、贵州；日本。

（1164）耀三室短柄泥蜂指名亚种 *Psen nitidus nitidus* van Lith, 1959

分布：广东（韶关）、北京、山东、浙江、福建、广西、云南；日本，印度，尼泊尔，斯里兰卡，印度尼西亚。

402. 唇短柄泥蜂属 *Pseneo* **Malloch, 1933**

（1165）沟唇短柄泥蜂 *Pseneo exaratus* (Eversmann, 1849)

分布：广东（封开）、黑龙江、辽宁、浙江、台湾、云南；韩国，日本，印度，哈萨克斯坦，俄罗斯，意大利，法国，瑞士，捷克，斯洛伐克，奥地利，西班牙，瑞典。

403. 脊短柄泥蜂属 *Psenulus* **Kohl, 1897**

（1166）脊额脊短柄泥蜂茹氏亚种 *Psenulus carinifrons rohweri* van Lith, 1962

分布：广东（广州）、新疆、浙江、福建、台湾、海南、云南；菲律宾，印度尼西亚。

（1167）锡兰脊短柄泥蜂 *Psenulus ceylonicus* van Lith, 1972

分布：广东（大埔）；斯里兰卡。

（1168）陆脊短柄泥蜂 *Psenulus continentis* van Lith, 1962

分布：广东（佛冈、韶关）；马来西亚，新加坡。

（1169）游荡脊短柄泥蜂指名亚种 *Psenulus erraticus erraticus* (Smith, 1860)

分布：广东（韶关）；越南，老挝，菲律宾，印度尼西亚。

（1170）间隙脊短柄泥蜂指名亚种 *Psenulus interstitialis interstitialis* Cameron, 1906

分布：广东（佛冈）；印度尼西亚，巴布亚新几内亚，澳大利亚。

（1171）四齿脊姬柄泥蜂 *Psenulus quadridentatus* van Lith, 1962

分布：广东（韶关）、福建、广西；越南，老挝，尼泊尔，马来西亚。

四十四、泥蜂科 Sphecidae Latreille, 1802

404. 沙泥蜂属 *Ammophila* **Kirby, 1798**

（1172）红足沙泥蜂 *Ammophila atripes* Smith, 1852

分布：广东、北京、河北、山东、陕西、浙江、湖南、福建、海南、广西、四川、贵州、云南；朝鲜，日本等。

（1173）光滑沙泥蜂 *Ammophila laevigata* Smith, 1856

分布：广东、海南、广西、云南；越南，泰国，印度。

（1174）赛氏沙泥蜂指名亚种 *Ammophila sickmanni sickmanni* Kohl, 1901

分布：广东、吉林、辽宁、内蒙古、河北、山西、山东、陕西、甘肃、湖北、江西、湖南、广西、四川、云南。

壁泥蜂亚科 Sceliphrinae Ashmead, 1899

405. 蓝泥蜂属 *Chalybion* **Dahlbom, 1843**

（1175）日本蓝泥蜂 *Chalybion japonicum* (Gribodo, 1883)

分布：广东（连州）、黑龙江、辽宁、内蒙古、北京、河北、山西、山东、陕西、江苏、浙江、江西、湖南、福建、台湾、海南、广西、四川、贵州；朝鲜，日本，泰国，印度。

406. 绿泥蜂属 *Chlorion* **Latrielle, 1802**

（1176）绿泥蜂 *Chlorion lobatum* (Fabricius, 1775)

分布：广东（湛江）、海南。

407. 壁泥蜂属 *Sceliphron* **Klug, 1801**

（1177）黄柄壁泥蜂指名亚种 *Sceliphron madraspatanum madraspatanum* (Fabricius, 1781)

分布：广东、福建、四川、贵州、云南；朝鲜，日本，印度，缅甸，斯里兰卡。

（1178）驼腹壁泥蜂 *Sceliphron* (*Prosceliplron*) *delorme* (Smith, 1856)

分布：广东、黑龙江、吉林、辽宁、内蒙古、北京、山东、河北、甘肃、江苏、浙江、湖北、江西、湖南、台湾、广西、贵州、云南。

（1179）黑盾壁泥蜂中国亚种 *Sceliphron javanum chinense* van Breugel, van der Vecht *et* Breugel, 1968

分布：广东、海南；越南，老挝，印度。

408. 叉小唇泥蜂属 *Dicranorhina* Shuckard, 1840

（1180）齿股叉小唇泥蜂菲律宾亚种 *Dicranorhina ritsemae luzonensis* Rohwer, 1919

分布：广东、海南、云南；菲律宾，美国（夏威夷）。

409. 小唇泥蜂属 *Larra* Fabricius, 1793

（1181）黑小唇泥蜂 *Larra carbonaria* (Smith, 1858)

分布：广东、河北、江苏、浙江、福建、台湾、重庆、四川；朝鲜，日本，印度，菲律宾，新加坡，印度尼西亚。

（1182）刻臀小唇泥蜂 *Larra fenchihuensis* Tsuneki, 1967

分布：广东、河北、江苏、浙江、福建、台湾、重庆、四川、云南。

（1183）磨光小唇泥蜂 *Larra polita polita* (Smith, 1858)

分布：广东、山东、重庆、贵州、云南；菲律宾。

（1184）红腹小唇泥蜂 *Larra amplipennis* (Smlth, 1873)

分布：广东、河北、江苏、江西、福建、台湾、广西、四川、云南；日本，泰国，菲律宾。

410. 脊小唇泥蜂属 *Liris* Fabricius, 1804

（1185）红足脊小唇泥蜂 *Liris aurulenta* (Fabrtclus, 1787)

分布：广东、台湾、海南、云南；日本，印度，菲律宾，马来西亚，印度尼西亚；非洲北部。

（1186）矛脊小唇泥蜂 *Liris docilis* (Smith, 1873)

分布：广东、江苏、福建、台湾、云南；日本，菲律宾，美国（夏威夷）。

（1187）黑足脊小唇泥蜂 *Liris ducalis* (Smith, 1861)

分布：广东、云南；印度，缅甸，斯里兰卡，印度尼西亚。

（1188）*Liris ferrugineimarginalis* Li, Cai *et* Li, 2007

分布：广东（惠州）。

（1189）快脊小唇泥蜂日本亚种 *Liris festinans japonica* (Kohl, 1884)

分布：广东、浙江、福建、台湾、广西、重庆、贵州、云南；韩国，日本，泰国。

（1190）滑臀脊小唇泥蜂 *Liris fuscinervus* Cameron, 1905

分布：广东、陕西、福建、台湾、云南；印度，泰国，菲律宾。

（1191）齿爪脊小唇泥蜂台湾亚种 *Liris larroides taiwanus* (Tsuneki, 1967)

分布：广东、台湾、云南；菲律宾。

（1192）红股脊小唇泥蜂 *Liris subtessellata* (Smith, 1856)

分布：广东、江苏、浙江、福建、台湾、海南、云南；日本，泰国，印度，斯里兰卡，菲律宾，印度尼西亚。

411. 琴完眼泥蜂属 *Lyroda* Say, 1837

（1193）台湾琴完眼泥蜂 *Lyroda taiwana* Tsuneki, 1967

　　分布：广东、山东、浙江、福建、台湾、广西。

412. 豆短翅泥蜂属 *Pison* Jurine, 1808

（1194）刻点豆短翅泥蜂 *Pison punctifrons* Shuckard, 1837

　　分布：广东、黑龙江、河北、江苏、福建、云南；日本；东洋界。

413. 快足小唇泥蜂属 *Tachysphex* Kohl, 1883

（1195）孟加拉快足小唇泥蜂 *Tachysphex bengalensis* Cameron, 1889

　　分布：广东、江苏、浙江、福建、台湾、云南；日本，泰国，印度，缅甸，菲律宾，孟加拉国。

414. 捷小唇泥蜂属 *Tachytes* Panzer, 1806

（1196）窄顶捷小唇泥蜂 *Tachytes angustiverticis* Wu et Li, 2006

　　分布：广东、陕西、浙江。

415. 短翅泥蜂属 *Trypoxylon* Latreille, 1796

（1197）黄蚵短翅泥蜂 *Trypoxylon errans* De Saussure, 1867

　　分布：广东、山东、浙江、福建、台湾、重庆、四川、云南；日本，印度，菲律宾。

（1198）黑角短翅泥蜂 *Trypoxylon petiolatum* Smith, 1857

　　分布：广东、北京、山东、陕西、浙江、福建、台湾、广西、云南；越南，老挝，泰国，尼泊尔，新加坡，马来西亚，马尔代夫。

416. 长背泥蜂属 *Ampulex* Jurine, 1807

（1199）绿长背泥蜂 *Ampulex compressa* Fabricius, 1871

　　分布：广东。

（1200）疏长背泥蜂 *Ampulex dissector* Thunberg, 1822

　　分布：广东、江苏、浙江、福建、台湾、广西、云南；日本，印度。

（1201）塞长背泥蜂 *Ampulex seitzii* Kohl, 1893

　　分布：广东、福建、台湾、广西、云南；印度。

417. 泥蜂属 *Sphex* Linnaeus, 1758

（1202）黑毛泥蜂 *Sphex haemorrhoidalis* Fabricius, 1781

　　分布：广东、辽宁、浙江、江西、福建、云南、台湾；朝鲜，日本，泰国，印度，菲律宾。

（1203）四脊泥蜂 *Sphex aurulentus* Fabriclus, 1793

　　分布：广东、福建、台湾、海南、云南；印度，菲律宾，印度尼西亚。

（1204）银毛泥蜂 *Sphex umbrosus* Christ, 1791

　　分布：广东、河北、山东、陕西、浙江、台湾、广西、四川；日本，印度，菲律宾。

418. 沙大唇泥蜂属 *Bembecinus* Costa, 1859

（1205）断带沙大唇泥蜂 *Bembecinus hungaricus* (Frivaldsky, 1876)

　　分布：广东、黑龙江、河北、山东、江苏、湖南、四川、云南；朝鲜，日本；欧洲。

419. 斑沙蜂属 *Bembix* Fabricius, 1775

（1206）蘑斑沙蜂 *Bembix pugillatrix* Handlirsch, 1893

分布：广东；菲律宾。

420. 节腹泥蜂属 *Cerceris* Latreille, 1802

（1207）褐角节腹泥蜂 *Cerceris varaesimilis* Maldl, 1926

分布：广东、福建、台湾、四川、云南；日本，泰国，菲律宾，马来西亚，印度尼西亚。

四十五、分舌蜂科 Colletidae Lepeletier de Saint Fargeau, 1841

421. 叶舌蜂属 *Hylaeus* Fabricius, 1793

（1208）黄叶舌蜂 *Hylaeus floralis* (Smith, 1873)

分布：广东、江苏、安徽、浙江、江西、福建、广西、云南；日本。

422. 分舌蜂属 *Colletes* Latreille, 1802

（1209）大分舌蜂 *Colletes gigas* Cockerell, 1918

分布：广东（东源）、浙江、江西、湖南、福建、贵州。

四十六、蜜蜂科 Apidae Latreille, 1802

423. 无垫蜂属 *Amegilla* Friese, 1897

（1210）鞋斑无垫蜂 *Amegilla (Zonamegilla) calceifera* (Cockerell, 1911)

分布：广东、北京、天津、河北、山东、河南、甘肃、青海、江苏、安徽、浙江、湖北、江西、福建、台湾、海南、广西、四川、云南；朝鲜，越南，泰国，印度，缅甸，尼泊尔，马来西亚，印度尼西亚。

（1211）考氏无垫蜂 *Amegilla (Zonamegilla) caldwelli* (Cockerell, 1911)

分布：广东、山东、江苏、浙江、江西、湖南、福建、台湾、海南、广西、四川、贵州、云南。

（1212）灰胸无垫蜂 *Amegilla fimbriata* (Somith, 1897)

分布：广东、云南；日本，缅甸，印度。

（1213）花无垫蜂 *Amegilla (Glossamegilla) florea* (Smith, 1879)

分布：广东、河北、山东、陕西、江苏、浙江、安徽、江西、福建、台湾；俄罗斯，日本，尼泊尔。

（1214）褐胸无垫蜂 *Amegilla mesopyrrha* (Cockerell, 1930)

分布：分布：广东、福建、四川、云南。

（1215）绿条无垫蜂 *Amegilla (Zonamegilla) zonata* (Linnaeus, 1785)

分布：广东、辽宁、北京、河北、山东、河南、江苏、安徽、浙江、湖北、江西、湖南、福建、海南、广西、四川、贵州、云南；日本，印度，缅甸，斯里兰卡，菲律宾，马来西亚，澳大利亚。

424. 条蜂属 *Anthophora* Latreille, 1802

（1216）毛跗黑条蜂 *Anthophora (s. str.) plumipes* (Pallas, 1772)

分布：广东、辽宁、北京、河北、陕西、青海、新疆、江苏、安徽、浙江、湖北、江西、福建、广西、四川、贵州、云南、西藏；日本；欧洲，非洲北部。

425. 蜜蜂属 *Apis* Linnaeus, 1758

（1217）中华蜜蜂 *Apis cerana cerana* Fabriecius, 1793

分布：广东、黑龙江、吉林、辽宁、内蒙古、北京、天津、河北、山西、山东、河南、陕西、宁夏、甘肃、青海、江苏、上海、安徽、浙江、湖北、江西、湖南、福建、台湾、海南、香港、澳门、广西、重庆、四川、贵州、云南、西藏。

（1218）意大利蜜蜂 *Apis mellifera ligustica* Linnaeus, 1758

分布：广东等；世界广布。

426. 熊蜂属 *Bombus* Latreille, 1802

（1219）黑足熊蜂 *Bombus* (*Thoracobombus*) *atripes* Smith, 1852

分布：广东（连州）、陕西、江苏、安徽、浙江、湖北、江西、湖南、福建、海南、广西、四川、贵州、云南。

（1220）双色熊蜂 *Bombus* (*Megabombus*) *bicoloratus* Smith, 1879

分布：广东、陕西、甘肃、安徽、浙江、湖北、江西、湖南、福建、台湾、海南、广西、重庆、四川、贵州、云南。

（1221）短头熊蜂 *Bombus* (*Alpigenobombus*) *breviceps* Smith, 1852

分布：广东、河北、浙江、江西、湖南、云南、福建、广西、四川、贵州、西藏。

（1222）萃熊蜂 *Bombus* (*Melanobombus*) *eximius* Smith, 1852

分布：广东、江西、福建、台湾、广西、四川、贵州、云南、西藏。

（1223）黄熊蜂 *Bombus* (*Pyrobombus*) *flavescens* Smith, 1852

分布：广东、山西、陕西、安徽、浙江、湖北、江西、湖南、福建、台湾、海南、广西、重庆、四川、贵州、云南。

（1224）红光熊蜂 *Bombus* (*Bombus*) *ignitus* Smith, 1869

分布：广东、黑龙江、吉林、辽宁、北京、天津、河北、山西、山东、河南、陕西、甘肃、江苏、安徽、浙江、江西、四川、贵州、云南；俄罗斯，朝鲜，韩国，日本，德国。

（1225）三条熊蜂 *Bombus* (*Megabombus*) *trifasciatus* Smith, 1852

分布：广东、河北、陕西、浙江、湖北、江西、湖南、福建、台湾、广西、四川、贵州、云南、西藏；越南，泰国，印度，缅甸，尼泊尔，不丹，巴基斯坦。

427. 回条蜂属 *Habropoda* Smith, 1854

（1226）宽头回条蜂 *Habropoda eurycephala* Wu, 1991

分布：广东。

428. 四条蜂属 *Tetralonia* Spinola, 1838

（1227）带四条蜂 *Tetralonia fasciata* (Smith, 1854)

分布：广东、江苏、福建、四川。

429. 芦蜂属 *Ceratina* Latreille, 1802

（1228）南方芦蜂 *Ceratina* (*Ceratinidia*) *cograta* Smith, 1879

分布：广东、云南；缅甸，印度尼西亚，印度，马来西亚。

（1229）齿胫芦蜂 *Ceratina* (*Neoceratina*) *dentipes* Friese, 1914

分布：广东、江西、云南；斯里兰卡，菲律宾，印度尼西亚。

（1230）黄芦蜂 *Ceratina flavipes* Smith, 1879

分布：广东（连州）、吉林、北京、河北、山东、江苏、浙江、江西、贵州、云南；朝鲜，日本。

（1231）拟黄芦蜂 *Ceratina* (*Ceratinidia*) *hieroglyphica* Smith, 1854

分布：广东、北京、山东、江苏、安徽、浙江、江西、福建、台湾、广西、云南；日本，印度，缅甸，菲律宾。

（1232）莫芦蜂 *Ceratina* (*Ceratinidia*) *morawitzi* Sickmann, 1894

分布：广东、台湾、云南；日本。

（1233）波氏芦蜂 *Ceratina* (*Ceratinidia*) *popovi* Wu, 1963

分布：广东、广西、云南。

430. 绿芦蜂属 *Pithitis* Klug, 1807

（1234）绿芦蜂 *Pithitis* (*s. str.*) *smaragdula* (Fabricius, 1787)

分布：广东、江苏、湖北、湖南、福建、广西、云南；巴基斯坦，菲律宾；南亚，东南亚。

（1235）蓝芦蜂 *Pithitis* (*s. str.*) *unimaculata* (Smith, 1879)

分布：广东、江苏、湖南、福建、广西、云南；印度尼西亚。

431. 木蜂属 *Xylocopa* Laterille, 1802

（1236）黄胸木蜂 *Xylocopa* (*Alloxylocopa*) *appendiculata* Smith, 1852

分布：广东、辽宁、北京、河北、山西、山东、河南、陕西、甘肃、江苏、安徽、浙江、湖北、江西、湖南、福建、海南、广西、四川、贵州、云南、西藏；俄罗斯，韩国，日本。

（1237）蓝胸木蜂 *Xylocopa caerulea* (Fabricius, 1804)

分布：广东、广西、云南；日本，印度，印度尼西亚。

（1238）领木蜂鳖白亚种 *Xylocopa* (*Zonohirsuta*) *collaris alboxantha* Maa, 1963

分布：广东、江西、福建、广西、贵州、云南。

（1239）莆氏绒木蜂 *Xylocopa* (*Bombioxylocopa*) *frieseana* Maa, 1939

分布：广东、福建、云南。

（1240）曼氏木蜂 *Xylocopa* (*Zontohirsuta*) *melli* Hedicke, 1930

分布：广东、福建。

（1241）竹木蜂 *Xylocopa* (*Biluna*) *nasalis* Westwood, 1838

分布：广东（博罗）、江苏、浙江、湖北、湖南、福建、海南、广西、四川、云南；日本，印度，缅甸。

（1242）灰胸木蜂 *Xylocopa phalothorax* Lepeletier, 1841

分布：广东（博罗）、河北、福建、广西、四川。

（1243）中华木蜂 *Xylocopa* (*Koptortosoma*) *sinensis* Smith, 1854

分布：广东、辽宁、河北、浙江、湖北、江西、福建、海南、广西、四川、云南。

（1244）长木蜂 *Xylocopa* (*Biluna*) *tranquebarorum* (Swederus, 1787)

分布：广东、陕西、新疆、江苏、安徽、浙江、湖北、江西、湖南、福建、海南、广西、四川、云南；越南，印度，印度尼西亚。

432. 盾斑蜂属 ***Crocisa* Panzer, 1806**

（1245）凹盾斑蜂 *Crocisa emarginata* Lepeletier, 1841

分布：广东（连州、博罗）、河北、江苏、浙江、福建、台湾、广西、四川；日本，印度，马来西亚。

四十七、隧蜂科 Halictidae Thomson, 1869

433. 隧蜂属 ***Halictus* Latreille, 1804**

（1246）南边隧蜂 *Halictus* (*Seladonia*) *propinquus* Smith, 1853

分布：广东、云南。

434. 淡脉隧蜂属 ***Lasioglossum* Curtis, 1833**

（1247）西部淡脉隧蜂 *Lasioglossum occidens* (Smith, 1873)

分布：广东、北京、天津、河北、山东、陕西、甘肃、新疆、江苏、浙江、湖北、湖南、福建、台湾、重庆、四川、贵州、西藏；朝鲜，日本，俄罗斯。

435. 红腹蜂属 ***Sphecodes* Latreille, 1804**

（1248）淡翅红腹蜂 *Sphecodes grahami* Cockerell, 1923

分布：广东、吉林、河北、山东、江苏、安徽、浙江、四川、贵州、云南、西藏。

436. 棒腹蜂属 ***Lipotriches* Gerstaecker, 1858**

（1249）花棒腹蜂 *Lipotriches* (*Lipotriches*) *floralis* (Smith, 1875)

分布：广东（乳源）、河北、山西、山东、江苏、上海、浙江、湖南、台湾、香港、广西；泰国，菲律宾。

（1250）塔克彩带蜂 *Lipotriches* (*Astronomia*) *takaoensis* (Friese, 1910)

分布：广东（湛江）、福建、台湾、海南、云南；泰国。

437. 彩带蜂属 ***Nomia* Latreille, 1804**

（1251）弯足彩带蜂 *Nomia* (*Nomia*) *crassipes* (Fabricius, 1789)

分布：广东、江苏、福建、台湾、云南；泰国，印度，不丹，斯里兰卡。

（1252）齿彩带蜂 *Hoplonomia incerta* (Gribodo, 1894)

分布：广东（湛江）、北京、天津、河北、山东、陕西、江苏、上海、安徽、浙江、江西、湖南、福建、台湾、海南、香港、广西、四川、云南、西藏；朝鲜，韩国，日本，印度，缅甸。

（1253）黄绿彩带蜂 *Nomia* (*Acunomia*) *strigata* (Fabricius, 1793)

分布：广东、江苏、湖北、湖南、福建、海南、四川、云南；印度，斯里兰卡，菲律宾，马来西亚，印度尼西亚。

（1254）斑翅彩带蜂 *Nomia* (*Maculonomia*) *terminata* Smith, 1875

分布：广东（广州）、湖北、湖南、福建、海南、广西、四川、贵州、云南、西藏；印度，缅甸。

438. 毛带蜂属 ***Pseudapis* Kirby, 1900**

（1255）暹罗毛带蜂 *Pseudapis* (*Pseudapis*) *siamensis* (Cockerell, 1929)

分布：广东、海南；日本，越南，泰国，马来西亚。

（1256）大叶毛带蜂 *Pseudapis oxybeloides* (Smith, 1875)

分布：广东、西藏；印度，巴基斯坦。

四十八、切叶蜂科 Megachilidae Latreille, 1802

439. 尖腹蜂属 *Coelioxys* Latreille, 1809

（1257）宽板尖腹蜂 *Coelioxye afra* Lepeletier, 1841

分布：广东、河北、山东、江苏、福建。

（1258）箭尖腹蜂 *Coelioxys brevis* Eversmann, 1852

分布：广东（连州）、河北、山东、江苏、浙江、福建、云南。

（1259）圆尾尖腹蜂 *Coelioxys decipiens* Spinola, 1838

分布：广东（连州）。

（1260）黄头尖腹蜂 *Coelioxys fulviceps* Friese, 1911

分布：广东、台湾。

（1261）宽颚尖腹蜂 *Celioxys pieliane* Friese, 1935

分布：广东（连州）、内蒙古、江苏、浙江、江西。

（1262）暹罗尖腹蜂 *Coelioxys siamensis* Cockerell, 1927

分布：广东、福建；泰国，缅甸，新加坡，马来西亚。

440. 孔蜂属 *Heriades* Spinola, 1808

（1263）黑孔蜂 *Heriades* (*s. str.*) *sauteri* Cockerell, 1911

分布：广东、北京、河北、山东、江苏、安徽、浙江、湖南、福建、台湾、广西、云南；日本。

441. 刺胫蜂属 *Lithurgus* Berthold, 1827

（1264）黑刺胫蜂 *Lithurgus atratus* Smith, 1853

分布：广东、河北、山西、河南、江苏、安徽、浙江、广西、云南；印度，缅甸，印度尼西亚。

442. 切叶蜂属 *Megachile* Latreille, 1802

（1265）英切叶蜂 *Megachile* (*Xanthosaurus*) *behavanae* Bingham, 1897

分布：广东；印度。

（1266）艳切叶蜂 *Megachile* (*Creightonella*) *bellula* Bingham, 1897

分布：广东、台湾、云南；日本，缅甸，印度尼西亚。

（1267）平唇切叶蜂 *Megachile conjunctiformis* Yasumat, 1938

分布：广东、河北、山西、河南、江苏、浙江、江西、湖南、福建、广西、四川。

（1268）小突切叶蜂 *Megachile* (*Callomegachile*) *disjuncta* (Fabricius, 1781)

分布：广东、福建、广西、云南；日本，印度，缅甸。

（1269）拟小突切叶蜂 *Megachile* (*Callomegachile*) *disjunctiformis* Cockerell, 1911

分布：广东、吉林、北京、河北、山东、江苏、上海、安徽、浙江、江西、福建、台湾、海南、四川、云南、西藏；朝鲜，韩国，日本，越南。

（1270）条切叶蜂 *Megachile* (*Callomegachile*) *faceta* Bingham, 1887

分布：广东、福建、台湾、云南；缅甸，印度。

（1271）锈切叶蜂 *Megachile (Pseudomegachile) ferruginae* Bingham, 1927

分布：广东、海南、福建、云南；印度。

（1272）卡切叶蜂 *Megachile (Amegachile) kagiana* Cockerell, 1911

分布：广东（湛江）、北京、江苏、上海、安徽、浙江、江西、福建、台湾、海南、广西、四川；朝鲜，韩国，日本。

（1273）丘切叶蜂 *Megachile monticola* Smith, 1853

分布：广东、安徽、江苏、浙江、江西、台湾、广西、云南；日本，老挝，缅甸，印度。

（1274）拟丘切叶蜂 *Megachile pseudomonticola* Hedicke, 1925

分布：广东（连州）、江苏、浙江、江西、福建、台湾。

（1275）淡翅切叶蜂 *Megachile remota* Smith, 1879

分布：广东（连州）、吉林、河北、山东、江苏、浙江、江西、福建、四川；朝鲜，日本。

（1276）细切叶蜂 *Megachile (Chelostomoda) spissula* Cockerell, 1911

分布：广东、内蒙古、河北、山东、江苏、安徽、浙江、湖南、福建、台湾；日本。

（1277）达戈切叶蜂 *Megachile (Creightonella) takoensis* Cockerell, 1911

分布：广东、北京、河北、山东、江苏、上海、安徽、浙江、江西、湖南、福建、台湾、香港、广西；日本。

（1278）青岛切叶蜂 *Megachile (Eutricharaea) tsingtauensis* Strand, 1915

分布：广东（普宁）、北京、河北、甘肃、江苏、安徽、福建、海南、四川。

443. 壁蜂属 *Osmia* Panzer, 1806

（1279）凹唇壁蜂 *Osmia (s. str.) excavatla* Alfken, 1903

分布：广东（博罗）、北京、辽宁、河北、山东、江苏、上海；朝鲜，韩国，日本。

参考文献：

柴宏飞，2011. 中国蜜茧蜂亚科分类研究［D］. 杭州：浙江大学.

陈丹妮，陈志林，周善义，2021. 中国蚁科昆虫名录—切叶蚁亚科（补遗）［J］. 广西师范大学学报（自然科学版），39（1）：87-97.

陈家骅，杨建全，2016. 中国动物志，昆虫纲. 第四十六卷，膜翅目，茧蜂科（四）窄径茧蜂亚科［M］. 北京：科学出版社.

陈学新，何俊华，马云，2016a. 中国动物志，昆虫纲. 第三十七卷，膜翅目，茧蜂科（二）［M］. 北京：科学出版社.

陈学新，何俊华，马云，2016b. 中国动物志，昆虫纲. 第十八卷，膜翅目，茧蜂科（一）［M］. 北京：科学出版社.

陈业，2017. 中国蚜小蜂科部分属的分类研究（膜翅目：小蜂总科）［D］. 哈尔滨：东北林业大学.

陈振耀，梁铬球，贾凤龙，等，2002. 广东南岭国家级自然保护区大东山昆虫名录（V）［J］. 昆虫天敌，24（4）：159-169.

陈振耀，梁铬球，贾凤龙，等，2001. 广东南岭国家自然保护区大东山捕食性昆虫及其食性分析［J］. 昆虫天敌，23（1）：6-21.

陈振耀，陈志明，2008. 广东南岭国家级自然保护区大东山昆虫名录（Ⅵ）[J]. 环境昆虫学报，30（2）：188-191.

邓声文，钟象景，2008. 广东象头山自然保护区昆虫种类及群落组成研究[J]. 广东林业科技，24（4）：30-36.

董颖颖，2017. 中国"大瘿蜂"分类研究[D]. 杭州：浙江农林大学.

冯骏，2016. 中国镰颚锤角细蜂属分类研究（膜翅目：锤角细蜂科）[D]. 广州：华南农业大学.

耿慧，2017. 中国恩蚜小蜂属Encarsia分类研究（膜翅目：蚜小蜂科）[D]. 哈尔滨：东北林业大学.

郭瑞，2012. 中国瘿蜂科昆虫系统分类研究[D]. 杭州：浙江农林大学.

何俊华，刘银泉，施祖华，2002. 中国斜纹夜蛾寄生蜂名录[J]. 昆虫天敌，24（3）：128-137.

何俊华，施祖华，刘银泉，2002. 中国甜菜夜蛾寄生蜂名录[J]. 浙江大学学报，28（5）：473-479.

何俊华，许再福，2016a. 中国动物志，昆虫纲. 第二十九卷，膜翅目，螯蜂科[M]. 北京：科学出版社.

何俊华，许再福，2016b. 中国动物志，昆虫纲. 第五十六卷，膜翅目，细蜂总科（一）[M]. 北京：科学出版社.

胡红英，2003. 新疆赤眼蜂科及缨小蜂科分类研究（膜翅目：小蜂总科）[D]. 福州：福建农林大学.

黄大卫，肖晖，2005. 中国动物志，昆虫纲. 第四十二卷，膜翅目，金小蜂科[M]. 北京：科学出版社.

黄海荣，2008. 中国彩带蜂亚科（膜翅目：蜜蜂总科：隧蜂科）系统分类研究[D]. 北京：北京林业大学.

黄家兴，2015. 巨熊蜂亚属的修订及其分子系统学[D]. 北京：中国农业科学院.

黄建华，周善义，2006. 中国蚁科昆虫名录—切叶蚁亚科（Ⅰ）[J]. 广西师范大学学报（自然科学版），24（3）：87-94.

黄建华，周善义，2007a. 中国蚁科昆虫名录—切叶蚁亚科（Ⅱ）[J]. 广西师范大学学报（自然科学版），25（1）：91-99.

黄建华，周善义，2007b. 中国蚁科昆虫名录—切叶蚁亚科（Ⅲ）[J]. 广西师范大学学报（自然科学版），25（3）：88-96.

季清娥，2001. 中国甲腹茧蜂亚科分类（膜翅目：茧蜂科）[D]. 福州：福建农林大学.

纪晓玲，李重阳，马丽，等，2015. 云南沟蛛蜂族分类研究[J]. 云南农业大学学报（自然科学），30（2）：203-209.

黎文建，2021. 中国啮小蜂亚科分类研究（膜翅目：姬小蜂科）[D]. 哈尔滨：东北林业大学.

李宏亮，2010. 上海市跳小蜂科（膜翅目：小蜂总科）分类与生物多样性研究[D]. 上海：上海师范大学.

李明锐，张锐，李成德，2017. 大腿小蜂属1新种记述及中国种类名录（膜翅目：小蜂科）[J]. 东北林业大学学报，45（11）：104-110.

李霜霜，2017. 中国蜾青蜂亚科的分类研究（膜翅目，青蜂科）[D]. 广州：华南农业大学.

李铁生，1985. 中国经济昆虫志. 第三十册，膜翅目，胡蜂总科[M]. 北京：科学出版社.

李杨，2017. 中国茧蜂亚科的分类研究[D]. 杭州：浙江大学.

李意成，2018. 中国旗腹蜂科系统分类研究[D]. 广州：华南农业大学.

李映泉，武星煜，2010. 甘肃叶蜂种类调查及分类研究Ⅴ. 松叶蜂科：松叶蜂亚科和叶蜂科：蕨叶蜂亚科、短叶蜂亚科、长背叶蜂亚科属种名录[J]. 甘肃林业科技，35（2）：1-4.

李永刚，武星煜，辛恒，2012. 叶蜂科甘肃新记录种名录（膜翅目：叶蜂科：叶蜂亚科）[J]. 甘肃林业科技，37（3）：12-18.

厉向向，2013. 中国Aprostocetus属系统分类研究（膜翅目：姬小蜂科）[D]. 杭州：浙江农林大学.

廖定熹，1987. 中国经济昆虫志. 第三十四册，膜翅目，小蜂总科（一）[M]. 北京：科学出版社.

廖定熹，陈泰鲁，1983．中国大腿小蜂属九新种（膜翅目：小蜂总科：小蜂科）[J]．昆虫分类学报，V（4）：267-277．

林乃铨，1993．宽翅赤眼蜂属分类研究，附3新种及1新记录种描述（膜翅目：赤眼蜂科）[J]．武夷科学，10（1）：51-59．

林乃铨，胡红英，田红霞，等，2022．中国动物志：昆虫纲：第七十四卷：赤眼蜂科[M]．北京：科学出版社．

林祥海，2005．中国长尾小蜂科常见属分类研究[D]．杭州：浙江大学．

刘经贤，2009．中国瘤姬蜂亚科分类研究．[D]．杭州：浙江大学．

刘思竹，2019．中国赤眼蜂科部分属的分类研究（膜翅目：小蜂总科）[D]．哈尔滨：东北林业大学．

罗庆怀，2003．中国小腹茧蜂亚科（膜翅目：茧蜂科）分类研究[D]．长沙：湖南农业大学．

吕军，2019．辽东地区主要叶蜂种类名录[J]．辽宁林业科技，（6）：6-10．

马凤林，2004．中国东北地区跳小蜂科分类研究（膜翅目：小蜂总科）[D]．哈尔滨：东北林业大学．

马丽，2010．中国短柄泥蜂亚科分类及系统发育研究[D]．杭州：浙江大学．

牛泽清，朱朝东，张彦周，等，2007．隧蜂属（膜翅目，隧蜂科）相关类元名称的变动及隧蜂属的分类研究现状[J]．动物分类学报，32（2）：376-384．

庞雄飞，1985．中国赤眼蜂属名录[J]．昆虫天敌，7（1）：40-48．

彭文君，黄家兴，吴杰，等，2009．华北地区六种熊蜂的地理分布及生态习性[J]．昆虫知识，46（1）：115-120，168．

冉浩，周善义，2011．中国蚁科昆虫名录——蚁型亚科群（膜翅目：蚁科）（Ⅰ）[J]．广西师范大学学报（自然科学版），29（3）：65-73．

冉浩，周善义，2012．中国蚁科昆虫名录——蚁型亚科群（膜翅目：蚁科）（Ⅱ）[J]．广西师范大学学报（自然科学版），30（4）：81-91．

冉浩，周善义，2013．中国蚁科昆虫名录——蚁型亚科群（膜翅目：蚁科）（Ⅲ）[J]．广西师范大学学报（自然科学版），31（1）：104-111．

任辉，1988．中国黄蚜小蜂属二新种（膜翅目：蚜小蜂科）[J]．昆虫分类学报，X（3-4），219-223．

盛茂领，寇明君，崔永三，等，2002．中国北方地区寄生林木蛀虫的姬蜂种类名录[J]．甘肃林业科技，27（3）：1-5．

盛颖意，2019．中国亮蝇茧蜂属分类研究[D]．杭州：浙江大学．

司胜利，王高平，徐广，等，1994．中国跳小蜂初步名录[J]．华北农学报，9（4）：87-93．

唐觉，1995．中国经济昆虫志．第四十七册，膜翅目：蚁科（一）[M]．北京：科学出版社．

唐璐，2018．中国平腹小蜂属系统分类研究[D]．福州：福建农林大学．

唐璞，2013．中国窄径茧蜂亚科分类研究[D]．杭州：浙江大学．

田红伟，2017．中国全脉蚜茧蜂族和蚜外茧蜂族分类研究[D]．杭州：浙江大学．

田洪霞，2009．海南赤眼蜂科及缨小蜂科分类研究（膜翅目：小蜂总科）[D]．福州：福建农林大学．

汪广鑫，2019．中国卵跳小蜂属*Ooencyrtus*分类研究（膜翅目：跳小蜂科）[D]．哈尔滨：东北林业大学．

王娟，2014．中国环腹瘿蜂科（膜翅目：瘿蜂总科）10属昆虫分类研究[D]．杭州：浙江农林大学．

王师君，2015．中国瘿蜂科（膜翅目）2族10属昆虫分类研究[D]．杭州：浙江农林大学．

王义平，2006．中国茧蜂亚科的分类及其系统发育研究[D]．杭州：浙江大学．

王颖，2013．中国阔柄跳小蜂属（*Metaphycus*）分类研究（膜翅目：跳小蜂科）[D]．哈尔滨：东北林业大学．

王哲哲，2020．贵州省野生熊蜂资源调查及分类研究［D］．贵阳：贵州大学．

魏纳森，ROSA PAOLO，许再福，2015．中国突背青蜂属*Stilbum* Spinola，1806分类研究（膜翅目：青蜂科）［J］．环境昆虫学报，37（3）：664-670．

翁瑞泉，2001．中国潜蝇茧蜂亚科分类（膜翅目：茧蜂科）［J］．福州：福建农林大学．

吴杰，安建东，姚建，等，2009．河北省熊蜂属区系调查（膜翅目，蜜蜂科）［J］．动物分类学报，34（1）：87-97．

吴琼，2005．中国蝇茧蜂亚科分类及系统发育研究（膜翅目：茧蜂科）［D］．杭州：浙江大学．

吴燕如，1965．中国经济昆虫志．第九册，膜翅目，蜜蜂总科［M］．北京：科学出版社．1-99．

吴燕如，2000．中国动物志．昆虫纲：第二十卷，膜翅目，准蜂科蜜蜂科［M］．北京：科学出版社．1-434．

吴燕如，2006．中国动物志，昆虫纲．第四十四卷，膜翅目，切叶蜂科［M］．北京：科学出版社．1-462．

武星煜，杨亚丽，韩绍芝，2010．甘肃叶蜂种类调查及分类研究Ⅶ．叶蜂科：潜叶蜂亚科、粘叶蜂亚科、凹颜叶蜂亚科及平背叶蜂亚科属种名录［J］．甘肃林业科技，35（2）：9-15．

武星煜，杨亚丽，马海燕，2010．甘肃叶蜂种类调查及分类研究Ⅹ．叶蜂科：蔺叶蜂亚科属种名录［J］．甘肃林业科技，35（2）：24-28．

肖晖，黄大卫，2000．中国海南省金小蜂分类研究（膜翅目：小蜂总科：金小蜂科）［J］．昆虫分类学报，22（2）：140-149．

肖晖，黄大卫，矫天扬，2019．中国动物志．昆虫纲．第64卷，膜翅目．金小蜂科．金小蜂亚科［M］．北京：科学出版社．

辛恒，王佩珠，韩绍芝，等，2012．中国新记录种及甘肃叶蜂新记录种补充名录（膜翅目：广腰亚目：叶蜂总科）［J］．甘肃林业科技，37（3）：8-11．

辛恒，郑晶晶，武星煜，2010．甘肃叶蜂种类调查及分类研究Ⅵ．叶蜂科：实叶蜂亚科、突瓣叶蜂亚科属种名录［J］．甘肃林业科技，35（2）：5-8，15．

徐梅，2002．中国缨小蜂科分类研究（膜翅目：小蜂总科）［D］．福州：福建农林大学．

许再福，高泽正，陈新芳，等，1999．广东美洲斑潜蝇寄生蜂常见种类鉴别［J］．昆虫天敌，21（3）：126-132．

闫成进，2013．中国臂茧蜂亚科及长茧蜂亚科分类研究［D］．杭州：浙江大学．

杨建全，2001．中国窄径茧蜂亚科分类研究（膜翅目：茧蜂科）［D］．福州：福建农林大学．

姚艳霞，2005．寄生于林木食叶害虫的小蜂分类研究［D］．北京：中国林业科学研究院．

游菊，2014．中国沟蜾蠃属及啄蜾蠃属分类研究（膜翅目：胡蜂科：蜾蠃亚科）［D］．重庆：重庆师范大学．

游群，2009．南岭国家森林公园和车八岭自然保护区的叶蜂昆虫区系［J］．山西大学学报（自然科学版），32（1）：140-143．

曾洁，2012．中国盘绒茧蜂族分类研究［D］．杭州：浙江大学．

曾玲，吴佳教，张维球，2000．广东美洲斑潜蝇主要寄生蜂种类及习性观察［J］．植物检疫，14（2）：65-69．

张辰，祖国浩，张晶，等，2019．海南省长索跳小蜂属名录及1中国新记录（膜翅目：跳小蜂科）［J］．东北林业大学学报，47（1）：101-104．

张继祖，1989．福建省胡蜂资源名录［J］．福建农学院学报，18（4）：571-578．

钟义海，2010．中国方颜叶蜂属系统分类研究［D］．长沙：中南林业科技大学．

周湖婷，2018．中国蚁蜂科分类研究［D］．广州：华南农业大学．

周鑫，2013．中国蜾蠃属及元蜾蠃属分类研究（膜翅目：胡蜂科：蜾蠃亚科）［D］．重庆：重庆师范大学．

朱兰兰，2008. 中国矛茧蜂族的分类研究 [D]. 杭州：浙江大学.

祖国浩，2016. 中国跳小蜂科（Encyrtidae）分类研究（膜翅目：小蜂总科）[D]. 哈尔滨：东北林业大学.

CHAI H F, HE J H, CHEN X X, 2010. Discovery of the rare genus *Blacometeorus* Tobias, 1976 (Hymenoptera, Braconidae, Blacinae) in the Oriental part of China, with description of a new species [J]. ZooKeys, 65: 63–67.

CHEN H Y, JOHNSON N F, MASNER L, et al., 2013. The genus Macroteleia Westwood (Hymenoptera, Platygastridae s. l., Scelioninae) from China [J]. ZooKeys, 300: 1–98.

FERNANDEZ-TRIANA J, SHAW M R, BOUDREAULT C, et al., 2020. Annotated and illustrated world checklist of Microgastrinae parasitoid wasps (Hymenoptera, Braconidae) [J]. ZooKeys, 920: 1–1090.

HONG C D, VAN ACHTERBERG C, XU Z F, 2011. A revision of the Chinese Stephanidae (Hymenoptera, Stephanoidea) [J]. ZooKeys, 110: 1–108.

HUANG J, POLASZEK A, 1996. The species of *Encarsiella* Forster (Hymenoptera: Aphelinidae) from China [J]. Joumal of NATURAL HISTORY, 30: 1649–1659.

HUANG J, POLASZEK A, 1998. A revision of the Chinese species of *Encarsia* Forster (Hymenoptera: Aphelinidae): parasitoids of whiteflies, scale insects and aphids (Hemiptera: Aleyrodidae, Diaspididae, Aphidoidea) [J]. Joumal of natural history, 32: 1825–1966.

LI F, VAN ACHTERBERG C, HE J, 2000. New species of the family Triozidae (Homoptera: Psylloidac) from China, and the first record of Psyloidae as host of Braconidae (Hymenoptera) [J]. Zoologische mededelingen, 74 (21): 259–366.

LI J, VAN ACHTERBERG C, ZHENG M L, et al., 2020. Review of Neoneurini Bengtsson (Hymenoptera: Braconidae: Euphorinae) from China [J]. Zoological systematics, 45 (4): 281–289.

LI Q, WANG C, HU HY, et al., 2016. Descriptions of three new species of *Dzhanokmenia* (Hymenoptera: Eulophidae) from China [J]. Zootaxa, 4121 (4): 447–457.

LI Q J, CHEN B, 2016. The taxonomic study of the genus *Apodynerus* Giordani Soika (Hymenoptera: Vespidae: Eumeninae) from China, with descriptions of two new species [J]. Entomotaxonomia, 38 (2): 143–155.

LI S J, XUE X Z, AHMED M, et al., Cuthbertson S, Andrew G, Qiu, BL, 2011. Host plants and natural enemies of Bemisia tabaci (Hemiptera: Aleyrodidae) in China [J]. Insect science, 18: 101–120.

LI W J, LI C D, 2020. A new species of *Oomyzus* Rondani (Hymenoptera, Eulophidae) and first record of *O. gallerucae* (Fonscolombe) from China, with a key to Chinese species [J]. ZooKeys, 950 (3): 41–49.

LI W J, LI C D, 2021. Two new species of *Neotrichoporoides* Girault (Hymenoptera, Eulophidae) from China and a key to Chinese species [J]. ZooKeys, 1023 (5): 61–79.

LI X X, XU Z J, ZHU C D, et al., 2014. A new phytophagous eulophid wasp (Hymenoptera: Chalcidoidea: Eulophidae) that feeds within leaf buds and cones of Pinus massoniana [J]. Zootaxa, 3753 (4): 391–397.

LI Y, HE J H, CHEN X X, 2020. Review of six genera of *Braconinae* Nees (Hymenoptera, Braconidae) in China, with the description of eleven new species [J]. Zootaxa, 4818 (1), 001–074.

LI Y C, XU Z F, 2017. First record of the genus *Zeuxevania* Kieffer, 1902 from Oriental Region (Hymenoptera: Evanidae) [J]. Zootaxa, 4286 (1): 129–133.

LI Z J, LIU M M, HE X Y, et al., 2016. Taxonomic study of the histrio group with a new species of *Macrophya*

Dahlbom (Hymenoptera: Tenthredinidae) from China [J]. Entomotaxonomia, 38 (2), 156–162.

LIKTIONOV V M, LELEJ A S, 2018. To the knowledge of genus *Nipponodipogon* Ishikawa, 1965 (Hymenoptera: Pompilidae, Pepsinae) from Laos [J]. Far eastern entomologist, 363: 1–7.

LIU Z, HE J H, CHEN X X, et al., 2019. The *ultor*-group of the genus *Dolichogenidea* Viereck (Hymenoptera, Braconidae, Microgastrinae) from China with the descriptions of thirty–nine new species [J]. Zootaxa, 4710 (1): 1–134.

LIU Z, RONQUIST F, NORDANDER G, 2007. The cynipoid genus *Paramblynotus*: revision, phylogeny, and historical biogeography (Hymenoptera, Liopteridae) [J]. Bulletin of the american museum of natural history, 304: 1–151.

MA L, LI Q, 2009. The genus *Mimwmesa* from China with descriptions of two new species (HYMENOPTERA: APOIDEA: CRABRONIDAE) [J]. Entomologica americana, 115 (2): 160–167.

MA L, LI Q, CHEN X X, 2008. The genus *Mimesa* in China with descriptins of two new species (Hymenoptera: Apoidea: Crabronidac) [J]. Zootaxa, 1745: 19–29.

MA L, LI Q, CHEN X X, 2010. A rare genus *Odontopsen* TSuncki in China (Hymenoptera: Apoidea: Crabronidac), with description of a new species [J]. Zootaxa, 2359: 58–60.

NIU Z Q, KHULMANN M, ZHU C D, 2013. A review of the *Colletes succinctus*-group (Hymenoptera: Colletidae) from China with redescription of the male of *C. gigas* [J]. Zootaxa, 3626 (1): 173–187.

OKAYASU J, 2020. Velvet ants of the tribe Smicromyrmini Bischoff (Hymenoptera: Mutillidae) of Japan [J/OL]. Zootaxa, 4723 (1), 1–110. https://doi.org/10.11646/zootaxa.4723.1.1.

SMITH F, 1858. Catalogue of the hymenopterous insects collected at Sarawak, Borneo; Mount Oph ir, Malacca; and at Singapore by A. R. Wallace [J]. Journal of the proceeding of the linnean Society of London, Zoology, 2: 89–130.

SONG H T, FEI M H, LI B P, et al., 2020. A new species of Oomyzus Rondani (Hymenoptera, Eulophidae) reared from the pupae of Coccinella septempunctata (Coleoptera, Coccinllidac) in China [J]. ZooKeys, 953: 49–60.

TAN J L, VAN ACHTERBERG C, TAN Q Q, et al., 2018. Parastephanellus Enderlein (Hymenoptera: Stephanidae) revisited, with description of two new species from China [J]. Zootaxa, 4459 (2): 327–349.

TAN J L, VAN ACHTERBERG C, WU J X, et al., 2021. An illustrated key to the species of *Gasteruption* Latreille (Hymenoptera, Gasteruptiidae) from Palaearctic China, with description of four new species [J]. ZooKeys, 1038: 1–103.

WANG Y, LI C D, ZHANG Y Z, 2013. Taxonomic Study of Chinese Species of alberti Group in Metaphycus (Hymenoptera: Encyrtidae) [J]. ZooKeys, 285: 53–88.

WANG Y P, CHEN X X, HE J H, 2003a. The discovery of the genus *Shelfordia* Cameron (Hymenoptera: Braconidae) in China with descriptions of new species [J]. Ent. Sin., 10 (3): 215–220.

WANG Y P, CHEN X X, HE J H, 2003b. The Genus *Trispinaria* Quicke (Hymenoptera: Braconidae) found in China with description of a new species [J]. Acta Zoo. Sin, 27 (3): 409–416.

WANG Y P, CHEN X X, HE J H, 2004. A review of Bracon (Rostrobracor) (Hymenoptera: Bracoridae: Braconinae) from China, with descriptions of one new species [J]. Oriental insects, 38: 341–346.

WANG Z H, HUANG J, POLASZEK A, 2014. Two new species of *Encarsia* Forster (Hymenoptera, Aphelinidae) and first description of the male of E. plana Viggiani & Ren from China ［J］. Zootaxa, 3889（4）: 574– 588.

WANG Z H, HUANG J, POLASZEK A, 2016. The species of genus *Ablerus* Howard (Hymenoptera: Chalcidoidea: Azotidae) from China, with description of a new species ［J］. Fla. Entomol, 99: 395–405.

WETTERER J K, PORTER S D, 2003. The little fire ant, *Wasmannia auropunctata*: distribution, impact and control ［J］. Sociobiology, 42（3）: 1–41.

XIAO H, JIAO T Y, ZHAO Y X, 2012. Monodontomerus Westwood (Hymenoptera: Torymidae) from China with description of a new species ［J］. Oriertal insects, 46: 69–84.

XU Z F, HE O J, 2006. Descriptions of ftve new species of anteon jurine from China (Hymenoptera: Chrysidoidea: Dryinidae) ［J］. Journal of the kansas entomological society, 79 (2) : 92–99.

XU Z F, OLMI M, GUGLIELMINO A, et al., 2012. Checklist of Dryinidae (Hymenoptera) from Guangdong Province, China, with descriptions of two new species ［J］. Zootaxa, 3164 (3164) : 1–16.

XU Z F, OLMI M, HE J H, 2011. Two new spelies of Dryinidae Hymenoptera: Chrysidoidea from Nanling National Nature Reserve, China ［J］. Florida entomologist, 94 (2) : 233–236.

XU Z F, OLMI M, HE J H, 2013. Dryinidae of the Oriental region (Hymenoptera: Chrysidoidea)［J］. Zootaxa, 3614(1), 1–460.

YANG M M, LIN Y C, WU Y J, et al., 2014. Two new Aprostocetus species (Hymenoptera: Eulophidae: Tetrastichinae), fortuitous parasitoids of invasive eulophid gall inducers (Tetrastichinae) on Eucalyptus and Erythrina ［J］. Zootaxa, 3846（2）: 261–272.

YUE Q, LI Y C, XU Z F, 2017. A remarkable new species of Polochridium Gussakovskij, 1932 (Hymenoptera: Sapygidae) from China ［J］. Zootaxa, 4227（1）: 119–126.

ZHANG Y Z, SHI Z Y, 2010. The species of Adelencyrtus Ashmead and Epitetracnemus Girault (Hymenoptera: Encyttidae) from China ［J］. Zootaxa, 2605: 1–26.

ZHAO K X, VAN ACHTERBERG C, XU Z F, 2012. A revision of the Chinese Gasteruptiidae (Hymenoptera, Evanioidea)［J］. ZooKeys, 237: 1–123.

ZU G H, LI C D, 2015. Description of three new species and new di stributional data of four species of Anagyrus (Hymenoptera: Encyrtidae) from China ［J］. Zootaxa, 4028（2）: 257–273.

附录1 国家重点保护野生动物名录
（昆虫部分）

中文名	学名	保护级别	备注
双尾目	DIPLURA		
铗虮科	Japygidae		
伟铗扒	*Atlasjapyx atlas*	二级	
䗛目	PHASMATODEA		
叶䗛科	*Phyllidae*		
丽叶䗛	*Phyllium pulchrifolium*	二级	
中华叶䗛	*Phyllium sinensis*	二级	
泛叶䗛	*Phyllium celebicum*	二级	
翔叶䗛	*Phyllium westwoodi*	二级	
东方叶䗛	*Phyllium siccifolium*	二级	
独龙叶䗛	*Phyllium drunganum*	二级	
同叶䗛	*Phyllium parum*	二级	
滇叶䗛	*Phyllium yunnanense*	二级	
藏叶䗛	*Phyllium tibetense*	二级	
珍叶䗛	*Phyllium rarum*	二级	
蜻蜓目	ODONATA		
箭蜓科	Gomphidae		
扭尾曦春蜓	*Heliogomphus retroflexus*	二级	原名"尖板曦箭蜓"
棘角蛇纹春蜓	*Ophiogomphus spinicornis*	二级	原名"宽纹北箭蜓"
缺翅目	ZORAPTERA		
缺翅虫科	Zorotypidae		
中华缺翅虫	*Zorotypus sinensis*	二级	
墨脱缺翅虫	*Zorotypus medoensis*	二级	
蛩蠊目	GRYLLOBLATTODEA		
蛩蠊科	Grylloblattidae		
中华蛩蠊	*Galloisiana sinensis*	一级	
陈氏西蛩蠊	*Grylloblattella cheni*	一级	
脉翅目	NEUROPTERA		
旌蛉科	Nemopteridae		
中华旌蛉	*Nemopistha sinica*	二级	
鞘翅目	COLEOPTERA		
步甲科	Carabidae		
拉步甲	*Carabus lafossei*	二级	

中文名	学名	保护级别	备注
细胸大步甲	*Carabus osawai*	二级	
巫山大步甲	*Carabus ishizukai*	二级	
库班大步甲	*Carabus kubani*	二级	
桂北大步甲	*Carabus guibeicus*	二级	
贞大步甲	*Carabus penelope*	二级	
蓝鞘大步甲	*Carabus cyaneogigas*	二级	
滇川大步甲	*Carabus yunanensis*	二级	
硕步甲	*Carabus davidi*	二级	
两栖甲科	**Amphizoidae**		
中华两栖甲	*Amphizoa sinica*	二级	
长阎甲科	**Synteliidae**		
中华长阎甲	*Syntelia sinica*	二级	
大卫长阎甲	*Syntelia davidis*	二级	
玛氏长阎甲	*Syntelia mazuri*	二级	
臂金龟科	**Euchiridae**		
戴氏棕臂金龟	*Propomacrus davidi*	二级	
玛氏棕臂金龟	*Propomacrus muramotoae*	二级	
越南臂金龟	*Cheirotonus battareli*	二级	
福氏彩臂金龟	*Cheirotonus fujiokai*	二级	
格彩臂金龟	*Cheirotonus gestroi*	二级	
台湾长臂金龟	*Cheirotonus formosanus*	二级	
阳彩臂金龟	*Cheirotonus jansoni*	二级	
印度长臂金龟	*Cheirotonus macleayi*	二级	
昭沼氏长臂金龟	*Cheirotonus terunumai*	二级	
金龟科	**Scarabaeidae**		
艾氏泽蜣螂	*Scarabaeus erichsoni*	二级	
拜氏蜣螂	*Scarabaeus babori*	二级	
悍马巨蜣螂	*Heliocopris bucephalus*	二级	
上帝巨蜣螂	*Heliocopris dominus*	二级	
迈达斯巨蜣螂	*Heliocopris midas*	二级	
犀金龟科	**Dynastidae**		
戴叉犀金龟	*Trypoxylus davidis*	二级	原名"叉犀金龟"
粗尤犀金龟	*Eupatorus hardwickii*	二级	
细角尤犀金龟	*Eupatorus gracilicomis*	二级	
胫晓扁犀金龟	*Eophileurus tetraspermexitus*	二级	
锹甲科	**Lucanidae**		
安达刀锹甲	*Dorcus antaeus*	二级	

中文名	学名	保护级别		备注
巨叉深山锹甲	*Lucanus hermani*		二级	
鳞翅目	**LEPIDOPTERA**			
凤蝶科	**Papilionidae**			
喙凤蝶	*Teinopalpus imperialism*		二级	
金斑喙凤蝶	*Teinopalpus aureus*	一级		
裳凤蝶	*Troides helena*		二级	
金裳凤蝶	*Troides aeacus*		二级	
荧光裳凤蝶	*Troides magellanus*		二级	
鸟翼裳凤蝶	*Troides amphrysus*		二级	
珂裳凤蝶	*Troides criton*		二级	
楔纹裳凤蝶	*Troides cuneifera*		二级	
小斑裳凤蝶	*Troides haliphron*		二级	
多尾凤蝶	*Bhutanitis lidderdalii*		二级	
不丹尾凤蝶	*Bhutanitis ludlowi*		二级	
双尾凤蝶	*Bhutanitis mansfieldi*		二级	
玄裳尾凤蝶	*Bhutanitis nigrilima*		二级	
三尾凤蝶	*Bhutanitis thaidina*		二级	
玉龙尾凤蝶	*Bhutanitis yulongensisn*		二级	
丽斑尾凤蝶	*Bhutanitis pulchristriata*		二级	
锤尾凤蝶	*Losaria coon*		二级	
中华虎凤蝶	*Luehdorfia chinensis*		二级	
蛱蝶科	**Nymphalidae**			
最美紫蛱蝶	*Sasakia pulcherrima*		二级	
黑紫蛱蝶	*Sasakia funebris*		二级	
绢蝶科	**Parnassidae**			
阿波罗绢蝶	*Parnassius apollo*		二级	
君主绢蝶	*Parnassius imperator*		二级	
灰蝶科	**Lycaenidae**			
大斑霾灰蝶	*Maculinea arionides*		二级	
秀山白灰蝶	*Phengaris xiushani*		二级	

附录2　广东省分布的国家重点和省重点保护野生动物名录（昆虫部分）

中文名	学名	保护级别			备注
蜻蜓目	ODONATA				
箭蜓科	**Gomphidae**				
扭尾曦春蜓	*Heliogomphus retroflexus*	二级			原名"尖板曦箭蜓"
蜓科	**Aeshnidae**				
鼎湖头蜓	*Cephalaeschna dinghuensis*			省重点	
鞘翅目	COLEOPTERA				
步甲科	**Carabidae**				
蓝鞘大步甲	*Carabus cyaneogigas*		二级		
硕步甲	*Carabus davidis*		二级		
臂金龟科	**Euchiridae**				
阳彩臂金龟	*Cheirotonus jansoni*		二级		
锹甲科	**Lucanidae**				
安达刀锹甲	*Dorcus antaeus*		二级		
巨叉深山锹甲	*Lucanus hermani*		二级		
鳞翅目	LEPIDOPTERA				
凤蝶科	**Papilionidae**				
金斑喙凤蝶	*Teinopalpus aureus*		一级		
裳凤蝶	*Troides helena*		二级		
金裳凤蝶	*Troides aeacus*		二级		
蛱蝶科	**Nymphalidae**				
黑紫蛱蝶	*Sasakia funebris*		二级		
螳螂目	MANTODEA				
怪螳科	**Amorphoscelidae**				
中华怪螳	*Amorphoscelis chinensis*			省重点	
半翅目	HEMIPTERA				
黾科	**Gerridae**				
巨黾	*Gigantometra gigas*			省重点	

附录3 中文名索引(属)

A

阿波萤叶甲属	416	安大蚊属	775
阿果蝇属	814	安的列摇蚊属	769
阿寄蝇属	863	安盾蚧属	172
阿丽蝇属	838	安凤蛾属	585
阿蠓属	757	安灰蝶属	538
阿拟天牛属	358	安尼切叶蚁属	943
阿特寄蝇属	863	安拟叩甲属	364
阿蚊属	752	安啮属	94
阿夜蛾属	612	安钮夜蛾属	618
阿萤叶甲属	415	安天牛属	390
阿蝇态茧蜂属	896	安小叶蝉属	136
哎猎蝽属	189	安牙甲属	277
埃尺蛾属	699	安野螟属	570
埃蝗属	36	安蚁蜂属	932
埃姬蜂属	899	安缘蝽属	229
埃蠓属	757	安蟊属	55
埃隐甲属	355	桉小卷蛾属	484
皑粉蚧属	168	桉叶甲属	412
皑蓑蛾属	471	鞍象属	447
皑袖蜡蝉属	129	鞍夜蛾属	664
矮颊水蝇属	805	鞍蚤蝇属	797
矮突摇蚊属	770	岸丛螟属	558
霭舟蛾属	597	岸田尺蛾属	705
艾格天牛属	396	按蚊属	751
艾土蝽属	212	暗斑螟属	560
艾蕈甲属	366	暗步甲属	268
爱波赤眼蜂属	904	暗翅蝉属	134
爱丽瘤蛾属	656	暗蝽属	224
嫒璐蜡蝉属	126	暗蝗属	37
安春蜓属	22	暗巾夜蛾属	616
安蟌属	18	暗色螂属	16
		暗野螟属	566

凹板隐翅虫属	285
凹翅萤叶甲属	422
凹翅萤叶甲属	422
凹臭蚁属	937
凹唇跳甲属	426
凹大叶蝉属	137
凹颚叶蜂属	869
凹基牙甲属	280
凹胫跳甲属	424
凹片叶蝉属	139
凹螳螂属	302
凹头花萤属	328
凹犀金龟属	313
凹眼姬蜂	902
凹圆蚧属	181
凹缘斑螟属	561
凹缘飞虱属	122
凹缘跳甲属	425
遨乐舟蛾属	597
螯蜂属	924
螯蛱蝶属	522
奥蜉寄蝇属	856
奥沟蛛蜂属	935
奥钩蛾属	586
奥蝶蠃属	931
奥蛱蝶属	521
奥麻蝇属	841
奥锹甲属	296
奥蟋属	64
奥小叶蝉属	137
奥眼蝶属	533
澳毒蛾属	652

广 东 昆 虫 名 录